PASS

한번에 끝내기

산림기사·산림산업기사

조 림 학

최근 7개년 기출문제

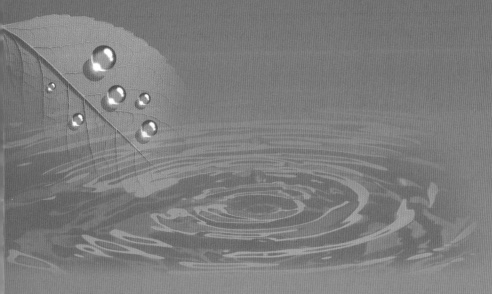

제 上 권

01 핵심이론
02 산림기사 기출문제
03 산림산업기사 기출문제

한솔아카데미
HANSOL ACADEMY

한솔아카데미가 답이다!
산림기사·산림산업기사 인터넷 강좌

한솔과 함께라면 빠르게 합격 할 수 있습니다.

합격전략
CBT 모의고사
질의응답
3일 무료동영상

산림기사·산림산업기사 필기 동영상 강의

구 분	과 목	담당강사	강의시간	동영상	교 재
필 기	조림학	이윤진	약 23시간		PASS
	임업경영학	이윤진	약 19시간		PASS
	산림보호학	이윤진	약 13시간		PASS
	임도공학	이윤진	약 16시간		PASS
	사방공학	이윤진	약 12시간		PASS

• 신청 후 필기강의 4개월 동안 같은 강좌를 **5회씩** 반복수강
• 할인혜택 : 동일강좌 재수강시 **50%** 할인, 다른 강좌 수강시 **10%** 할인

산림기사·산림산업기사 필기
본 도서를 구매하신 분께 드리는 혜택

1 필기 종합반 3일 무료동영상

- 100% 저자 직강
- 출제경향분석
- 필기 종합반 동영상 강의

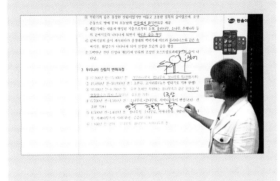

2 CBT 실전테스트

- 산림기사 3회분 모의고사 제공
- 산림산업기사 3회분 모의고사 제공

3 동영상 할인혜택

정규 종합반 2만원 할인쿠폰
(신청일로부터120일 동안)

2024년 대비 동영상강좌 할인권

종목 : 산림기사·산림산업기사 필기종합반

20,000

할인쿠폰 유효기간 : 2023년 10월 1일 ~ 2024년 12월 31일

※ 교재에 있는 인증번호를 입력하면 강의 신청 시 사용가능한 할인쿠폰이 발급되며 중복할인은 불가합니다.

인증번호 입력방법 : 홈페이지 회원가입 → 나의강의실 쿠폰등록/내역에서 인증번호 입력 → 수강신청시 쿠폰적용

할인권문의 (02)575-6144 / 한솔아카데미 www.inup.co.kr

※ 교재의 인증번호를 입력하면 강의 신청 시 사용가능한 할인 쿠폰이 발급되며 **중복할인은 불가**합니다.

수강신청 방법

★ 도서구매 후 무료수강쿠폰 번호 확인 ★

❶ 홈페이지 회원가입
❷ 마이페이지 접속
❸ 쿠폰 등록/내역
❹ 도서 인증번호 입력
❺ 나의 강의실에서 수강이 가능합니다.

교재 인증번호 등록을 통한 학습관리 시스템

❶ 필기 종합반 3일 무료동영상 **❷ CBT 실전테스트** **❸ 동영상 할인혜택**

무료수강 쿠폰번호 **ULLW-1C3I-C6M5**

01 사이트 접속

인터넷 주소창에 **https://www.inup.co.kr** 을 입력하여 한솔아카데미 홈페이지에 접속합니다.

02 회원가입 로그인

홈페이지 우측 상단에 있는 **회원가입** 또는 아이디로 **로그인**을 한 후, **산림 · 조경** 사이트로 접속을 합니다.

03 나의 강의실

나의강의실로 접속하여 왼쪽 메뉴에 있는 **[쿠폰/포인트관리]–[쿠폰등록/내역]**을 클릭합니다.

04 쿠폰 등록

도서에 기입된 **인증번호 12자리** 입력(–표시 제외)이 완료되면 **[나의강의실]**에서 학습가이드 관련 응시가 가능합니다.

■ 모바일 동영상 수강방법 안내

❶ QR코드 이미지를 모바일로 촬영합니다.
❷ 회원가입 및 로그인 후, 쿠폰 인증번호를 입력합니다.
❸ 인증번호 입력이 완료되면 [나의강의실]에서 강의 수강이 가능합니다.

※ QR코드를 찍을 수 있는 앱을 다운받으신 후 진행하시길 바랍니다.

2024
산림기사·산림산업기사

필기 조림학

inup 한솔아카데미

2024

단기완성의 신개념 교재
지금부터 시작합니다!!

한솔아카데미 교재
3단계 합격 프로젝트

1 단계 단원별 핵심이론

- 기출문제 분석을 통한 학습목표 이론정리
- 단원별 학습주안점, 학습키워드

2 단계 핵심 기출문제

- 최근 10개년 기출문제를 통한 CBT 실전감각을
  키울 수 있도록 구성

3 단계 기출문제

- 최근 7개년 기출문제를 합격조건에 맞게 과목별로 맞춤

산림기사

산림기사·산림산업기사 시험일정(예정)

	필기시험	필기합격(예정) 발표	실기시험	최종합격 발표일
정기 1회	2024년 3월	2024년 3월	2024년 4월	2024년 6월
정기 2회	2024년 5월	2024년 6월	2024년 7월	2024년 9월
정기 3회	2024년 7월	2024년 8월	2024년 10월	2024년 11월

산림기사 시험시간 및 합격기준

시험시간	과목당 30분(5과목) 총 2시간 30분
합격기준	100점을 만점으로 하여 과목당 40점 이상, 전 과목 평균 60점 이상

산림기사 응시자격

① 산업기사 등급 이상의 자격을 취득한 후 응시하려는 종목이 속하는 동일 및 유사 직무분야에서
   1년 이상 실무에 종사한 사람
② 기능사 자격을 취득한 후 응시하려는 종목이 속하는 동일 및 유사 직무분야에서 3년 이상
   실무에 종사한 사람
③ 응시하려는 종목이 속하는 동일 및 유사 직무분야의 다른 종목의 기사 등급 이상의 자격을 취득한
   사람
④ 관련학과의 대학졸업자등 또는 그 졸업예정자

산림산업기사 시험시간 및 합격기준

시험시간	과목당 30분(4과목) 총 2시간
합격기준	100점을 만점으로 하여 과목당 40점 이상, 전 과목 평균 60점 이상

산림산업기사 응시자격

① 기능사 등급 이상의 자격을 취득한 후 응시하려는 종목이 속하는 동일 및 유사 직무분야에 1년 이상 실무에 종사한 사람

② 응시하려는 종목이 속하는 동일 및 유사 직무분야의 다른 종목의 산업기사 등급 이상의 자격을 취득한 사람

③ 관련학과의 2년제 또는 3년제 전문대학졸업자 등 또는 그 졸업예정자

④ 관련학과의 대학졸업자 등 또는 그 졸업예정자

산림기사·산림산업기사 필기시험 검정현황

연도	산림기사			산림산업기사		
	응시	합격	합격률(%)	응시	합격	합격률(%)
2022	5057	2259	44.7%	1782	636	35.7%
2021	5749	2083	36.2%	1856	745	40.1%
2020	4778	1069	34.9%	1533	644	42%
2019	4876	1794	36.8%	1519	492	32.4%
2018	4451	1458	32.8%	1529	537	35.1%

단기완성의 신개념 교재 구성
산림기사·산림산업기사 필기

1 한 눈에 파악되는 중요내용

한국산업인력공단의 출제 기준에 맞춰 과목별 세부항목을 구성하였으며 단원별 '학습주안점'과 '학습키워드'로 학습에 중심이 되는 목표 내용을 쉽게 파악할 수 있게 하였으며, 단원별 암기가 필요한 중요한 이론을 '핵심 PLUS'에 담았다. 또한 시험에 출제되었던 중요 내용을 별표(☆)과 형광펜으로 표시해두어 혼자서도 쉽게 학습할 수 있도록 하였습니다.

[1단계]

⊙ 학습주안점, 학습키워드

'핵심 PLUS' 별표(☆)와 형광펜 ⊙

2 단원별 핵심이론으로 실전감각 키우고
최근 7개년 기출문제로 합격완성

핵심이론 학습 후 핵심기출문제를 풀어봄으로써 내용 다지기와 더불어 시험에서 실전감각을 키울 수 있도록 하였고, 왜 정답인지를 문제해설을 통해 바로 확인할 수 있도록 하였습니다. 또한, 산림기사와 산림산업기사에 출제되었던 최근 7개년 기출문제를 풀어봄으로써 스스로를 진단하면서 필기합격을 위한 마무리가 될 수 있도록 하였습니다.

[2단계]

⊙ 단원별 핵심기출문제만 쏙쏙 뽑아
  내용다지기와 시험에 실전감각 키우기

최근 기출문제로 합격완성하기 ⊙

2024
산림기사·산림산업기사 학습전략

❶ 전략적 학습순서

1. 산림기사
- 조림학 → 임업경영학 → 산림보호학 → 임도공학 → 사방공학

2. 산림산업기사
- 조림학 → 임업경영학 → 산림보호학 → 산림공학(임업토목 + 사방공학)

❷ 개인별 전략 수립

1. 산림분야 전공자
- 과목별 주요 이론 정리 → 기출문제 풀이로 실력테스트 → 취약한 과목 집중학습
- 과목별 기출문제, 최근 기출문제 풀이로 접근

2. 산림관련분야 전공자, 산림관련분야 경력자
- 과목별 기초 이론 습득 → 과목별 주요 이론 정리 → 기출문제 풀이로 실력 테스트
  → 취약한 집중학습
- 기초이론 중 조림학은 가장 중요한 과목이므로 철저히 학습한 후 다른 과목을 학습합시다.

1과목 | 조림학 학습법

✔ 과목이해

- 조림지를 준비하고 수확기 전단계로 숲을 조성하고 관리하는 방법에 대한 과목
- 수목의 생리와 숲에 대한 생태적인 이해와 배경지식도 필요한 과목
- 산림을 이해하는데 가장 기본적이며 중요한 과목

✔ 공략방법

- 산림기사와 산림산업기사에 필기시험에서 가장 중요한 과목이자 첫 번째로 학습해야하는 과목
- 수목생리학, 토양학, 입목육종학, 수목학 등 매우 광범위한 내용이므로 교재 내용을 중심으로 반복학습이 필요한 과목
- 목표점수는 60점 이상

✔ 핵심내용

- 산림의 6대 기능과 기능별 관리 목표 및 관리방법
- 산림작업종과 임분전환
- 풀베기, 덩굴제거, 어린나무가꾸기, 가지치기, 솎아베기에 이르는 숲가꾸기 시기와 방법
- 수목생리학, 토양학, 임목육종학, 수목학 등을 포함

✔ **출제기준** (교재 chapter 연계)

주요항목	중요도	세부항목	세세항목	교재 chapter
1. 산림일반	★	국내·외 산림현황	열대림, 온대림, 한대림 등 기타	01
		산림의 분류	순림과 혼효림, 이령림과 동령림, 교림과 왜림, 천연림과 인공림, 국유림과 사유림 등, 기능에 따른 분류 등	
		산림의 역사	지질시대와 산림의 형성, 산림의 변화과정 등 기타	
2. 조림일반	★	수목의 분류	수목의 분류, 수목의 구조와 형태, 수목의 특성 및 이용 등 기타	02
		주요 조림 수종	조림의 역사, 조림정책의 변화, 주요 조림 수종 등 기타	
3. 임목종자	★★★	종자의 구조	종자의 외부형태, 종자의 구조 (종피, 배, 배유), 종자의 성숙식별 등	03
		종자의 산지	종자의 산지, 종자의 생태형 등 기타	
		종자저장관리	종자결실량 예측, 종자의 채취, 종자 탈종 및 정선, 종자의 저장 등	
		개화결실의 촉진	생리적 방법, 화학적 방법, 물리적(기계적) 방법, 기타 방법	
		종자의 품질	유전적 품질, 종자의 분류, 순량율, 실중량 및 용적량, 발아율, 발아세, 종자의 효율 등	
		종자의 발아촉진	종자의 휴면현상, 종자의 발아조건	
4. 묘목생산 및 식재	★	번식일반	묘목의 번식과 관련한 일반사항, 환경 등 기타	04
		실생묘 양성	묘포설계, 종자파종, 판갈이 작업, 묘목의 영양진단, 묘목의 시비관리, 토양소독	
		무성번식묘 생산	접목, 삽목, 분주 및 취목	
		용기묘 생산	용기 및 상토의 특성, 용기묘의 특성, 용기묘의 활용방안, 용기묘의 종류 등 기타	
		묘목의 품질검사 및 규격	검사 표본 추출, 검사방법, 검사결과의 응용	
		묘목의 식재	굴취 및 포장, 운반 및 가식, 식재	05

주요항목	중요도	세부항목	세세항목	교재 chapter
5. 수목의 생리, 생태	★★★	수목의 생장	영양생장, 생식생장	06
		임목과 수분	수분포텐셜, 수분의 흡수과정, 증산작용, 수분스트레스	
		임목과 양분	무기염류 흡수, 양분의 역할, 양분의 결핍 증상	
		임목과 광선	광합성, 호흡, 광도별 생장 반응, 내음성	
		임목과 온도	생육온도, 생장온도	
		임목의 생장조절물질	생장조절물질의 종류, 생장조절물질의 특성	
		임목의 물질대사	탄수화물, 단백질, 지질, 기타 물질 대사	
		산림생태계	산림생태계 구성 요소 및 상호관계, 물질순환, 산림천이, 생물다양성	
		우리나라의 산림기후대	산림대 구분, 산림대별 특성, 수종분포, 기후변화의 영향	
6. 산림토양	★	1. 산림토양의 특성	토양의 분류, 토양의 단면, 토양의 이화학적특성, 토양 소동물 및 미생물	09
		2. 지위	지위지수 산정, 지위영향인자, 적지적수	
		3. 임지시비 방법	비료종류, 효과, 시비량, 조림지 시비, 성림지 시비 등 기타	
7. 숲가꾸기	★★★	1. 숲가꾸기 일반	숲가꾸기 기본원칙, 숲가꾸기 세부지침	06
		2. 풀베기	물리적 풀베기, 화학적 제초(제초제)	
		3. 덩굴제거	물리적 덩굴제거, 화학적 덩굴제거	
		4. 어린나무 가꾸기	작업시기, 강도, 주기, 생장, 관리방법, 특성	
		5. 가지치기	작업시기, 강도, 주기	
		6. 솎아베기[간벌]	방법, 간벌강도, 간벌주기	07
		7. 천연림보육	적용대상, 생육단계, 작업방법	
		8. 임분전환	임분구조 전환, 복층림·다층림 조성	
8. 산림갱신	★★★	1. 갱신방법	천연갱신, 인공갱신	08
		2. 갱신 작업종	모두베기[개벌], 모수작업, 산벌작업, 골라베기[택벌], 중림작업, 왜림작업, 죽림작업	

CONTENTS

PART 01 조림학 핵심이론

CONTENTS

복원 기출문제 CBT 따라하기

홈페이지(www.bestbook.co.kr)에서 최근 기출문제를 CBT 모의 TEST로 체험하실 수 있습니다.

PART 03 산림산업기사 7개년 기출문제

복원 기출문제 CBT 따라하기

홈페이지(www.bestbook.co.kr)에서 최근 기출문제를 CBT 모의 TEST로 체험하실 수 있습니다.

단원별 출제비중

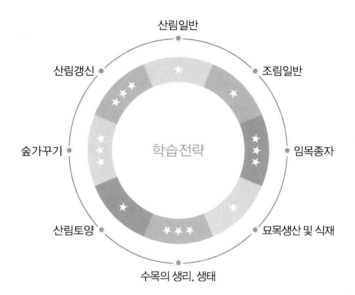

출제경향분석

- 조림학은 가장 중요한 과목이자 첫 번째로 학습해야하는 과목으로 수목생리학, 토양학, 임목육종학, 수목학 등 매우 광범위한 내용이므로 교재 내용으로 반복 학습이 매우 중요한 과목입니다.
- 목표 점수는 60점 이상입니다.

핵심

01 산림일반

핵심 PLUS

학습주안점

- 임분의 개념과 종류에 대해 이해한다.
- 산림대의 결정요인과 온량지수에 대해 알아야한다.
- 우리나라의 수평적 산림대의 구성을 이해한다.
- 산림의 분류가 산림의 이용 · 구성 · 연령 · 생성원인 · 활용목적 · 수종특성 · 소유구분에 따라 이루어지는 것을 이해하고 구분할 수 있어야 한다.

■ 법적인 산림의 개념

지목설	정부기관이 보존하고 있는 토지 대장에 있어서 지목이 산림으로 되어 있으면 이것은 산림으로 규정한다.
목적설	토지가 산림으로 경영될 목적으로 존재하는 것이라면 현재 입목이 서 있지 않거나 임목을 벌채하고 난 뒤 조림이 될 때까지 무입목지 상태로 2~3년간 그대로 방치되어 있더라도 산림으로 본다.
현상설 (임총설)	• 현재 임목이 서 있는 곳을 정의하는 것으로 우리가 항상 받아들이고 긍정하고 있는 것 • 일반적으로 산림을 정의할 때 목적설과 현상설을 절충하여 사용한다.

1 국내 · 외 산림현황

1. 임분(林分)의 개념 및 종류

1) 개념

① 수종 · 수령 · 임상 · 생육상태 등이 비슷하고 인접산림과 구별되는 한 단지의 산림

② 산림의 취급단위가 될 수 있는 임목과 임지를 합하여 임분이라 한다. 임분이란 말은 원래 일제림(一齊林)에 사용되어온 것이지만, 단층림(單層林)과 복층림(複層林), 동령림(同齡林)과 이령림(異齡林), 단순림(單純林)과 혼효림(混淆林) 등으로 구분되는 것과 같이 그 임상이 주위의 산림과 구별되는 산림의 일부라고 볼 때도 있다.

2) 임분의 종류 ☆

수령	• 임분을 구성하는 수목의 연령이 비슷하면 동령임분이라 함. • 임공조림지에서는 15년 이상 차이가 있으면 이령임분으로 취급하나 자연림에서는 25년 또는 그 이상이어도 동령임분으로 취급하기도 함.
수종	임분 구성 수종이 하나로 취급될 단순림이라 하고 두 개 이상일 때는 혼효임분이라 함.
밀도	주로 수관의 접촉으로 나타내거나 평면적으로 하늘을 덮는 율로 나타냄. • 극밀(極密) : 임관이 전체적으로 연결되어 공극이 없고, 광선이 거의 없을 때 • 밀(密) : 임지의 75% 이상 임관으로 점유시 • 중용(中庸) : 임지의 50~75% 이상 임관으로 점유시 • 소(疎) : 임지의 50% 이하가 임관으로 점유되거나 그 투영이 고립적이 아닐 때 • 극소(極疎) : 임관 투영이 고립적으로 산재시

2. 산림대

1) 결정요인

① 가장 중요한 자연조건은 기후로 기온과 강수량이 제한요인이 됨.

② 특히 식물은 수분이 충분하면 5℃ 이상에서 성장이 가능하므로 온량지수로 식생의 수평적 분포를 파악 식물의 분포와 밀접한 영향이 있는 기온관련 지수는 연평균기온, 온량지수, 한량지수, 일생육 적산온도 등이 있음.

온량지수	월평균기온이 5℃ 이상인 달에 대하여 월평균기온과 5℃와의 차를 1년 동안 합한 값
한량지수	월평균기온이 5℃ 이하인 달에 대하여 월평균기온과 5℃를 감한 수치를 1년 동안 합한 값
일생육적산온도	일평균기온이 5℃ 이상인 날에 대하여 5℃ 감한 수치를 1년 동안 합한 값

2) 수평적 · 수직적 산림대

① 수평적 산림대

㉮ 위도와 온량지수에 따라 열대림 → 난대림 → 온대림(남부, 중부, 북부) → 냉대림 → 한대림 등으로 구분

㉯ 우리나라의 수평적 산림대는 난대림 → 온대 남부림 → 온대 중부림 → 온대 북부림 → 한대림으로 구분

㉰ 지구 북반구의 수평적 산림대 중에서 난대림은 상록활엽수, 온대림은 낙엽활엽수, 한대림은 침엽수가 우세함.

② 수직적 산림대

㉮ 고도에 따라 구분한 것으로 높은 산지에서는 산록에서 산정으로 올라갈수록 기온이 떨어져서 식생이 변화하는데, 변화가 일어나는 해발고도는 남쪽에서 북쪽으로 감에 따라 낮아짐.

구분	한라산	지리산	백두산
난대림	600m 이상	–	–
온대림	600~1,500m	1,300m 이하	700m 이하
한대림	1,500m 이상	1,300m 이상	700m 이상

㉯ 지리산의 경우 낙엽수는 고도에 따라 졸참나무 · 떡갈나무대(500~600m 이하), 굴참나무대(500~1,000m), 신갈나무대(900~1,400m), 자작나무대(1,350~1,860m)로 구별됨.

핵심 PLUS

▪ 산림대
산림대는 연평균기온을 중심으로 수평적으로 지대를 구분하여 각 지대별 산림환경의 특성을 파악하고, 지대별로 어떤 수종들이 구성되어 있는가를 나타내는 산림의 분류방법을 뜻한다.

㉰ 울릉도의 경우 대략 해발 600m를 경계로 식물분포가 현저한 차이를 나타냄.

600m 이하 섬주변	동백나무, 후박나무, 굴거리나무, 감탕나무, 식나무, 사철나무 등과 같은 상록활엽수가 자람.
600m 이상	너도밤나무, 털고로쇠나무, 섬단풍나무, 섬피나무, 섬벚나무, 두메오리나무, 신갈나무와 같은 낙엽활엽수와 솔송나무·섬잣나무와 같은 침엽수가 분포하며 상록활엽수는 나타나지 않음.

2 산림의 분류 ☆

■ 산림의 분류
① 산림이용에 따라 : 교림, 왜림, 중림
② 수종구성에 따라 : 순림, 혼효림
③ 수목연령에 따라 : 동령림, 이령림
④ 산림생성 원인에 따라 : 원시림, 천연림, 자연림, 인공림
⑤ 활용 목적에 따라 : 경제림
⑥ 수종 특성에 따라 : 침엽수림, 활엽수림
⑦ 소유 구분에 따라 : 국유림과 사유림

1. 교림(喬林, high forest)과 왜림(矮林, coppice forst)

교림	• 고림(高林)이라고도 하며, 산림을 구성하는 나무가 종자로부터 발달된 경우의 산림 • 소나무, 잣나무, 낙엽송과 같이 키가 높게 크고 목재를 가공해서 이용하고자 만든 숲
왜림	• 움이나 맹아지로 형성되며 아까시나무, 오리나무, 싸리와 같이 주로 활엽수종 • 연료재나 펄프용재 등을 생산하기 위해 이용하는 숲을 말함.
중림	교림수종과 왜림수종이 같은 임지에서 자라는 산림

2. 순림(純林, pure forest)과 혼효림(混淆林, mixed forest)

1) 정의

순림	산림을 구성하는 수종이 한 수종으로 구성된 산림, 보통 한수종의 수관점유 면적이나 입목본수비율이 75% 이상인 임분을 순림으로 규정함.
혼효림	두 가지 이상의 수종이 혼재하는 산림으로 한 나무가 잘 섞여 있는 단목혼효, 무더기로 섞여 있는 군상혼효, 줄로 섞인 열상혼효가 있음.

2) 순림이 형성되는 이유
① 기후와 토지조건이 극단적일 경우 특정 수종의 생존에만 유리하게 됨.
② 산불이 난 후에는 자작나무나 사시나무류가 잘 나타남.
③ 강한 음수는 잘 살아남아 순림을 형성하고, 종자가 많은 수종도 순림형성 용이
④ 인공조림에 의한 경우

3) 동령혼효림의 조성시 고려사항
① 가능한 한 음수와 양수를 혼효시킴.
② 수종의 혼효가 지력을 소모시키는 경우가 적어야 함.
③ 생장 속도와 반응이 비슷해야 함.
④ 내음성이 비슷할 경우 생장이 느린 수종을 먼저 심음.

⑤ 비슷한 윤벌기 내에 성숙하는 것이 바람직함.

⑥ 단목혼효는 기술적·경제적으로 어려우므로 열상 또는 군상혼효가 바람직함.

⑦ 간벌작업을 통해 혼효의 비율을 바람직한 상태로 조절

4) 순림과 혼효림의 장점 ☆☆

순림	혼효림
• 가장 유리한 수종만으로 임분 형성 • 작업과 경영이 간편하고 경제적으로 유리 • 임목의 벌채비용과 시장성 유리 • 바라는 수종으로 쉽게 임분 조성 • 양수일 경우 엽량 생산이 증가하여 사료로 이용에 유리 • 경관상 아름다움	• 심근성 수종과 천근성 수종이 혼효할 때 바람의 저항성이 증가하고, 토양단면 공간 이용이 효과적임. • 유기물의 분해가 빨라져 무기양료의 순환이 잘됨. • 수관에 의한 공간적 이용이 효과적 • 혼효림 내의 기후변화의 폭이 좁아짐. • 각종 피해인자에 대한 저항력이 증가

3. 동령림(同齡林, even-aged forest)과 이령림(異齡林, uneven-aged forest)

1) 정의

동령림	• 산림의 모든 수목의 연령이 같은 경우 • 일반적으로 임령의 범위가 평균임령의 20% 이내이면 동령림으로 볼 수 있음.
이령림	• 한 임분을 구성하는 개체목들의 나이가 서로 다른 임분 • 이층림 또는 다층림이 대표적

2) 경제적 장점 ☆☆

동령림	이령림
• 조림 및 육림작업, 축적조사, 수확 등을 간편하게 실시 • 단위면적당 많은 목재 생산 • 인공식재로 벌기 단축 • 생산되는 원목의 질이 우량(간재의 질이 우량, 나무의 규격이 고름) • 간벌 등이 쉽게 이루어짐.	• 지속적인 수입이 가능하여 소규모의 면적은 산림경영에 적용 • 주기적 윤벌기마다 가치가 없는 개체목 제거 • 시장에 따른 탄력있는 벌채가 가능함. • 천연갱신에 적합하고, 병충해 등 유해인자에 대한 저항력 높음.

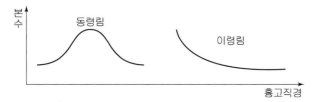

그림. 동령림과 이령림의 흉고직경급별 본수 분포

3) 생물적 견지의 차이점

구분	동령림	이령림
임관	균일하고 얇고 수평적 임관층	불규칙하고 두터운 임관층
풍해	작업상 주의를 요함.	매우 적음.
소경목	피압됨.	장차 유용임목이 됨.
갱신	단기에 이루어짐.	윤벌기 전체에 걸쳐 이루어짐.
지력	감퇴됨.	지력보호상 유리함.
입지정비	불량수종의 정비가 쉬움.	수종정비가 곤란함.
내해성	병충해의 위험이 많음.	병충해의 위험이 적음.
임상 유기물	일시에 다량이 쌓임.	지속적으로 축적됨.

4. 원시림

원시림	인공과 중대한 재해(산불, 벌채, 극심한 병해충 등)를 받은 적이 없는 산림으로 처녀림이라고도 불림.
천연림	자연의 힘으로 이루어진 산림이나 어느 정도 인위적인 간섭을 받아온 산림을 말함.
자연림	원시림과 천연림을 포함함.
인공림	사람에 의한 조림 또는 천연갱신의 방법으로 이루어진 숲을 말함.

5. 경제림

물질생산(목재, 수피, 잎, 수지 등)을 위해 경영되는 산림으로 항상 투입된 자본 또는 비용과 그곳에서 얻어질 수 있는 수익이 비교 검토됨.

6. 침엽수림과 활엽수림

1) 침엽수림

일반적으로 잎이 좁고 평행맥으로 배열된 나자식물(겉씨식물)로 수간이 곧고 수관이 좁아 일정면적에 많은 나무를 심을 수 있어 경제적으로 중요한 수종

2) 활엽수림

일반적으로 잎이 넓고 그물모양으로 배열된 피자식물(속씨식물)로 수간이 곧지 못하고 수관은 넓게 퍼져 일정면적에 많은 나무를 심기 어려운 수종

7. 국유림과 사유림

1) 소유구분에 따라

국유림	국가가 소유한 산림, 우리나라 산림 면적의 약 24%
사유림	개인이 소유한 산림(민유림), 우리나라 산림 면적의 약 69%
공유림	지방자치단체가 소유한 산림(민유림), 우리나라 산림 면적의 약 7%

2) 공유림의 경영목적

공공복지 증진, 지방재정 수입의 확보, 사유림 경영의 시범 등

3 지질시대와 산림의 형성

1. 지질시대의 구분

① 선캄브리아대(38억년 전~5억 6천만년 전) : 지구의 탄생에서부터 안정된 지구의 모습을 찾아가는 시기

② 고생대(5억 6천만년 전~2억 3천만년 전) : 척추동물을 제외한 동물이 거의 출현하였고 바다에서 주로 생활하였던 시기로, 캄브리아기 · 오르도비스기 · 실루리아기 · 데본기 · 석탄기 · 페름기로 구분

③ 중생대(2억 3천만년 전~7천만년 전) : 파충류가 번성하였고 일부 포유류가 생활을 하기 시작하였던 시기로 트라이아스기 · 쥐라기 · 백악기로 구분

④ 신생대(7천만년 전까지) : 포유류가 번성하였고 히말라야 산맥과 알프스 산맥이 형성된 시기로 제 3기 · 제 4기로 구분

2. 산림의 형성

① 하등한 양치식물들이 상륙하기 시작한 실루리아기를 지나 데본기에 이르러 석송, 속새류, 고사리와 같은 양치식물들이 번성

② 데본기의 양치식물들은 점차 내륙으로 퍼져 나갔으며, 중기에 이르러 지구상 최초의 숲을 이루게 되었으나, 그 숲은 오늘날의 숲과는 차이가 큼.

③ 석탄기에는 대형 양치식물들이 거대한 숲을 형성하여 지구를 뒤덮게 되었으며, 이때의 식물들은 지름이 1m, 높이가 30m 이상에 이르는 거목이었음.

④ 석탄기의 숲은 울창한 산림이었지만 어둡고 조용한 침묵의 숲이었으며, 조산운동으로 땅에 묻혀 오늘날의 인류에게 화석연료를 제공

⑤ 페름기에는 새롭게 형성된 지층으로부터 소철, 종려나무, 소나무, 은행나무 등의 겉씨식물의 나타나게 되면서 새로운 숲을 형성

■ 지질시대의 구분
지각이 처음 생성된 이후부터 인류의 역사가 시작되기 전인 1만년 전까지를 지질시대라 하며, 선(先)캄브리아대 · 고생대 · 중생대 · 신생대로 구분한다.

⑥ 겉씨식물의 숲이 계속되다가 중생대의 백악기에 이르러 플라타너스와 같은 속씨
식물, 활엽수가 나타나게 되어 진정한 모습의 숲을 형성

⑦ 5백만년 전인 신생대 제3기에 인류의 조상인 오스트랄로피테쿠스와 숲이 나
타남.

3. 우리나라 산림의 변화과정

① 17,000년 전~15,000년 전 : 가문비나무속, 전나무속, 잣나무류 등(한랭기후)

② 15,000년 전~10,000년 전 : 초본류, 고사리류(늦은 빙하기로 기후 한랭)

③ 10,000년 전~6,700년 전 : 중부 동해안 지방에는 참나무속과 같은 온대성 낙엽
활엽수가 점차 증가(온난 · 습윤한 기후)

④ 6,700년 전~4,500년 전 : 소나무류, 참나무류, 서어나무속이 번성(온난 · 건조
한 기후)

⑤ 4,500년 전~1,400년 전 : 참나무속, 소나무류, 서어나무류, 개암나무, 느릅나무,
가래나무속의 시대(한랭 · 습윤한 기후)

⑥ 1,400년 전~현재 : 소나무류, 참나무류, 서어나무류 등

■■■■ 1. 산림일반

1. 우리나라 산림대에 대한 설명으로 잘못된 것은?

① 연평균기온에 따라 구분된다.
② 난대림의 고유임상은 상록활엽수이다.
③ 온대림의 면적이 제일 크다.
④ 위도에 따라 구분된다.

2. 다음 분류 중 우리나라가 속해 있는 산림대와 가장 가까운 것은?

① 온대우림
② 온대낙엽수림
③ 온대상록수림
④ 온대소개림

3. 우리나라의 산림대 구분에 포함시킬 수 없는 것은?

① 난대림
② 열대림
③ 한대림
④ 온대림

4. 다음 중 우리나라 온대림의 대표 수종은?

① 녹나무
② 후박나무
③ 가시나무
④ 참나무류

5. 우리나라의 난대 수종으로만 구성된 것은?

① 동백나무, 녹나무, 사철나무, 비자나무류, 대나무류
② 가시나무류, 삼나무, 후박나무, 녹나무, 동백나무
③ 밀감류, 편백나무, 해송, 식나무, 잣나무
④ 사철나무, 가시나무류, 동백나무, 전나무, 잎갈나무

해   설

해설 **1**
일부 지역은 같은 위도라도 연평균기온에 차이가 있다.

해설 **2**
우리나라는 낙엽활엽수림이 있는 온대림이다.

해설 **3**
우리나라 산림대에는 열대림은 분포하지 않는다.

해설 **4**
우리나라는 온대림의 대표 수종은 참나무류(신갈나무, 떡갈나무, 졸참나무 등) 낙엽활엽수이다.

해설 **5**
대나무류는 온대남부림 잣나무, 전나무, 잎갈나무는 온대 북부 한대림의 대표수종이다.

정답 1. ④ 2. ② 3. ② 4. ④
5. ②

6. 우리나라 난대림 지역의 연평균 기온은?

① 10℃　　　　　　　　② 14℃
③ 18℃　　　　　　　　④ 22℃

7. 다음 중 우리나라의 한대림을 구성하는 특징 수종은?

① 서어나무　　　　　　② 소나무
③ 분비나무　　　　　　④ 가시나무

8. 다음 산림기후대에 대한 설명 중에서 바르게 기술하고 있는 것은?

① 우리나라의 남한 지역에는 한대림이 없다.
② 난대림의 주요 구성 수종으로 가시나무를 들 수 있다.
③ 온량지수란 월평균기온이 5℃ 이하인 달에 대하여 5℃를 감한 수치를 1년동안 합한 값을 말한다.
④ 열대림은 넓은 지역에 걸쳐 단일 수종으로 단순림을 구성할 때가 많다.

9. 다음 중 단순림은?

① 소나무와 참나무로 구성된 산림이다.
② 소나무로 구성된 산림이다.
③ 낙엽송과 소나무로 구성된 산림이다.
④ 잣나무와 참나무로 구성된 산림이다.

10. 졸참나무 10%, 단풍나무5%, 잣나무 50%, 서어나무20%, 물푸레나무 15%로 구성된 산림은?

① 천연림　　　　　　　② 잣나무림
③ 혼효림　　　　　　　④ 활엽수림

해 설

해설 **6**
우리나라 난대림 지역의 연평균 기온은 14℃ 이상이다.

해설 **7**
우리나라 한대림의 대표수종은 잣나무, 전나무, 주목, 가문비나무, 분비나무, 잎갈나무 등이다.

해설 **8**
바르게 고치면,
① 우리나라 남한 지역에는 열대림이 없다.
③은 한랭지수를 말한다.
④ 열대림은 다양한 수종의 혼효림을 구성할 때가 많다.

해설 **9**
단순림은 한 가지 수종으로 구성된 산림을 말한다.

해설 **10**
혼효림은 두가지 이상의 수종으로 구성된 산림을 말한다.

정답
6. ②　7. ③　8. ②　9. ②
10. ③

11. 다음 중 순림의 장점으로 보기 어려운 것은?

① 가장 유리한 수종만으로 임분을 형성할 수 있다.
② 산림작업과 경영이 간편하다.
③ 임목의 벌채비용과 시장성이 유리하게 될 수 있다.
④ 각종 피해인자에 대한 저항력이 증가한다.

해설 **11**
순림은 외부영향이나 병해충에 대한 저항력이 낮아진다.

12. 다음 중 순림에 비교되는 혼효림의 장점은?

① 산림경영이 경제적으로 수행될 수 있다.
② 토양단면에 대한 공간이용이 효과적이다.
③ 바라는 수종으로 쉽게 임분을 조성할 수 있다.
④ 경관상 더 아름다울 수 있다.

해설 **12**
혼효림은 심근성과 천근성수종이 섞여 있어 바람에 대한 저항성이 증가하고 토양단면에 대한 공간이용에 효과적이다.

13. 다음 중 동령림의 장점으로 가장 적당한 것은?

① 지력 보호상 유리하다.
② 갱신이 짧은 기간에 이루어진다.
③ 풍해가 매우 적다.
④ 동령림 내 작은 나무들이 장차 유용임목으로 된다.

해설 **13**
조림 및 육림작업, 축적조사, 수확 등을 간편하게 실시되고 단위면적당 많은 목재 생산, 인공식재로 벌기 단축된다.

14. 다음 중 이령림의 장점이 아닌 것은?

① 지속적인 수입이 가능하여 소규모 임업경영에 적용할 수 있다.
② 천연갱신을 하는데 유리하다.
③ 동령림에 비해 단위면적당 더 많은 목재를 생산할 수 있다.
④ 병충해 등 각종 유해인자에 대한 저항력이 더 높다.

해설 **14**
일반적으로 동령림이 이령림에 비해 단위면적당 더 많은 목재를 생산할 수 있다.

15. 임목이 주로 종자로 양성된 묘목으로 성립되어 높은 수고를 가지는 임형은?

① 교림   ② 왜림
③ 저림   ④ 중림

해설 **15**
교림(喬林)은 키가 높게 자라는 숲으로 고림(高林)이라고도 불린다.

정답 11. ④ 12. ② 13. ② 14. ③
15. ①

16. 연료재를 얻기 위해 줄기를 끊어 이용하고 그 뒤 줄기의 뿌리목 부근에 다시 움가지가 돋아나고 이 움가지가 자라면 다시 끊어서 연료재로 이용하는 산림은?

① 왜림   ② 교림
③ 중림   ④ 저림

17. 사람이 이용한 적이 없고, 산불이나 바람 또는 병충해에 의한 큰 피해를 받은 사실이 없는 산림은?

① 원시림   ② 자연림
③ 천연림   ④ 인공림

18. 다음 중 설명이 잘못된 것은?

① 자연적으로 발생하는 산림은 혼효림이 많은 편이다.
② 일반적으로 활엽수종보다 침엽수종이 많이 식재되고 있다.
③ 자연적으로 발생하는 산림은 이령림이 많다.
④ 우리나라의 자연림은 거의 원시림에 해당된다.

19. 다음 중 보안림과 가장 유사한 의미의 산림은?

① 경제림   ② 기업림
③ 용재림   ④ 풍치림

20. 침엽수림의 특징을 설명한 것 중 틀린 것은?

① 주로 한대에 분포한다.
② 재질이 우수하다.
③ 수간이 곧고 수관이 밀실하다.
④ 혼효림을 조성하는 경향이 있고 단위면적당 주수가 적다.

해   설

해설 16
움이나 맹아로 형성되는 숲을 왜림이라고 하며, 줄기를 끊어서 이용하므로 키가 높게 자랄 수 없다.

해설 17
원시림은 처녀림이라고도 하며, 천연림은 자연힘으로 이루어진 산림이나 어느 정도 인위적인 간섭을 받아온 산림을 말한다.

해설 18
우리나라에는 원시림은 극히 드물며, 천연림이 분포한다.

해설 19
보안림은 산림에서 직접 물질적인 것을 얻는 것을 목적에 두지 않고 비생산적인 간접적 이익에 목적을 두고 있다. 수원함양, 토사유실방지, 풍치조림 등 간접적 효용을 위해서 보존되고 있는 산림으로 국가에서 지정·고시한다.

해설 20
침엽수림은 주로 단순림을 조성하며, 단위면적당 주수가 많다.

정답 16. ① 17. ① 18. ④ 19. ④
20. ④

21. 현재 우리나라 산림의 임상별 구성에 가장 많은 부분을 차지하고 있는 것은?

① 침엽수림　　　　　　② 활엽수림
③ 혼효림　　　　　　　④ 단순림

해설 21
우리나라 산림에는 침엽수림이 가장 많은 부분을 차지하고 활엽수림과 혼효림은 비슷한 부분을 차지한다.

22. 우리나라 산림 중 소유구분에 의거하여 가장 많은 부분을 차지하고 있는 산림은?

① 공유림　　　　　　　② 국유림
③ 사유림　　　　　　　④ 도유림

해설 22
우리나라 산림의 소유구분에 많은 부분을 차지하는 순은 사유림, 국유림, 공유림 순이다.

23. 다음 중 산림을 잘못 분류한 것은?

① 생성 원인 : 천연림, 인공림
② 수종 구성 : 순림, 혼효림
③ 기후 특성 : 교림, 왜림, 중림
④ 수종 특성 : 침엽수림, 활엽수림

해설 23
교림, 왜림, 중림은 산림의 이용방법에 따른 구별이다.

24. 다음 중 원시림과 유사한 열대림, 온대림, 한대림 등이 출현한 시대는 언제인가?

① 선캄브리아대　　　　② 신생대
③ 고생대　　　　　　　④ 중생대

해설 24
지질시대는 선캄브리아대 → 고생대 → 중생대→신생대로 구분하며 약 5백만년 전인 신생대 3기에 원시림과 유사한 열대림, 온대림, 한대림 등이 출현하였다.

25. 다음 중 우리나라 산림의 변화과정에서 가장 늦게 출현한 것으로 추정되는 수종은?

① 잣나무　　　　　　　② 가문비나무
③ 전나무　　　　　　　④ 소나무

해설 25
전나무속, 잣나무속, 가문비나무속, 낙엽송 등은 1만 7000년~1만 5000년 전에 출현한 것으로 추정하고 있다.

정답 21. ① 22. ③ 23. ③ 24. ②
25. ④

핵심 02 조림총론

핵심 PLUS

학습주안점

- 조림의 기능과 조림수종 선택시 고려사항에 대해 알아야 한다.
- 조림의 역사와 조림 정책의 변화를 이해하고 21세기의 산림 비전과 제 6차 기본계획의 내용은 세부적 내용까지 알아두어야 한다.
- 윤벌기와 보육작업의 기간과 개념을 이해하고 산림작업종과의 관계를 알아야 한다.
- 산림무육의 개념 이해와 기능, 교림에서 무육조치에 대해 알아야 한다.

■ 조림학의 개념 및 용어
① 조림학은 삼림을 조성하고 그것을 보육하며 임지의 생산능력을 높여서 인간생활을 풍요롭게 하고자 하는 학문
② 용어

임분(林分, Stand)	수종, 구성, 수령, 산림의 구조, 그리고 환경 입지인자 등으로 보아 동질성을 띠고 있다고 생각되는 삼림을 뜻함.
윤벌기 (輪伐期, Rotation)	보속작업에 있어서 한 작업급에 속하는 모든 임분을 일순벌(一巡伐) 하는데 요하는 기간임

■ 조림의 기능
① 임분구조의 조절
② 수종구성의 조절
③ 임분밀도의 조절
④ 생산성 향상을 위한 조림
⑤ 산림에 대한 보육적 처리
⑥ 윤벌기의 조절
⑦ 환경의 보호

1 조림학의 개념

1. 조림의 기능 및 주요 조림 수종

1) 조림의 기능

① 임분구조의 조절

산림의 내부구조의 변화 중 수종의 조성, 수령(樹齡)의 변이(變異), 임관층(林冠層)의 분화와 배치, 수간직경급(樹幹直徑級)의 분포 등을 인위적으로 조절함으로써 산림으로부터 생산되는 이익을 되도록 높이고자 함.

② 수종구성의 조절

㉮ 경제성과 생물학적인 면을 고려하여 유용한 수종을 남기고 원하지 않는 수종을 제거

㉯ 식생천이의 과정에 사람의 힘을 가해서 경영대상에 유리한 환경을 조성

㉰ 입지조건에 부합되는 유용수종이나 유전자형을 인공적으로 번식시킬 수 있으며, 때로는 외지로부터 수종을 도입

③ 임분 밀도의 조절

수목은 점유면적이 너무 넓으면 임지의 공간에 쓸모없는 수종이 나타나서 임분의 경제성을 낮추고, 과밀하면 수목의 생리가 쇠약해져서 좋지 못함.

④ 생산성 향상을 위한 조림

불량한 숲 또는 황폐한 임지, 산화적지(山火跡地) 등에 인공적으로 조림을 실시하여 생산성을 향상시킴.

⑤ 산림에 대한 보육적 처리

해충·병해·바람·눈 등 여러 가지 피해원인으로부터 적절한 처리를 통해 숲을 보호함.

⑥ 윤벌기의 조절

조림작업을 통해 윤벌기를 단축시킴.

⑦ 환경의 보호

산림생산의 지속성 유지를 위해 생산성의 결정요인의 입지인자의 보호에 치중하여야 하고, 건전한 조림기술의 적용은 특히 토양을 보존하고 비배(肥培)하게 하는 데 중요함.

2) 조림수종 선택 원칙☆

경제적원칙	재적수확량이 많을 것, 재질이 우량해서 수요가 많을 것, 경제적 가치가 높을 것
생물적원칙	병충해에 저항력이 강할 것, 입지조건에 적응될 수 있는 수종
조림적원칙	조림이 용이할 것, 수종의 상태가 작업종에 맞을 것, 임지보호 및 국토보호에 도움이 될 것

3) 우리나라 조림사적(造林史的) 조림수종

① 고대 조림수종

서기 234년 소나무와 해송이 조림, 서기 890년 죽류가 조림되고 5대목이라 하여 대나무, 뽕나무, 옻나무, 닥나무, 소나무 식재를 권장함, 서기 1206년 전나무, 잎갈나무, 가문비나무, 측백나무, 옻나무, 닥나무가 식재됨.

② 일제 강점기의 조림수종

㉮ 아까시나무, 포플러시대(1910~1918) : 오랫동안 송충의 피해 회복책과 속성수 조림을 위함.

㉯ 오리나무, 리기다 소나무 조림시대(1922~1931) : 사방사업 관계의 영향으로 보며, 족제비 싸리가 처음 식재됨.

㉰ 일제강점기에 소나무, 해송, 낙엽송, 잣나무, 전나무, 상수리나무, 오동나무, 삼나무, 편백 등이 많이 식재됨.

③ 우리나라 주요 도입수종

미국	리기다소나무, 낙우송, 미국 물푸레나무, 방크스소나무, 스트로브잣나무, 플라타너스, 아까시나무, 미루나무
일본	낙엽송, 삼나무, 일본전나무, 편백, 오리나무
유럽	독일가문비, 유럽소나무, 이태리포플러

④ 우리나라 주요 경제수종

구분		수종
장기수	침엽수	소나무, 잣나무, 전나무, 낙엽송, 삼나무, 편백, 해송, 리기테다소나무, 스트로브잣나무, 버지니아소나무
	활엽수	참나무류, 자작나무류, 물푸레나무, 느티나무, 루브라참나무
속성수		이태리포플러(1호, 2호), 현사시나무(3호, 4호), 양황철나무, 수원포플러, 오동나무
유실수		밤나무, 호두나무

2. 조림의 역사와 조림 정책의 변화

1) 산림황폐기(1953년 이전)

조선시대까지 울창했던 산림은 일제의 수탈과 해방 후 사회혼란기의 남벌, 6.25 동란기의 산림소실 등에 의해 극도로 황폐해짐.

2) 치산녹화기(1954~1987년)

① 제1차 치산녹화 10년 계획(1973~1982년)

  ㉮ 국민이 조림사업에 참여하도록 범국민적 조림운동 추진

  ㉯ 조림과 임산물 생산을 국토보전과 소득증대에 연계하여 산지에 새로운 경제권 조성

  ㉰ 속성수 조림을 통하여 황폐된 산림을 조기에 복구

  ㉱ 화전경작을 정리

② 제2차 치산녹화 10년 계획(1979~1987년)

  ㉮ 용재생산을 위한 대규모 경제림 조성을 목표

  ㉯ 국가조림계획과 산림보호 활동의 강화, 사유림 경영 지원을 위한 산림개발기금의 확대, 국유림의 확대와 집단화, 산림의 공익기능 증진을 위한 산림보전사업 추진 등의 시도

  ㉰ 천연림과 유령림의 지속적인 관리 및 황폐임지의 사방사업 실시

  ㉱ 산림작업의 기계화와 산림작업단 훈련 시작

  ㉲ 헬기를 활용한 산불진화와 항공방제의 본격화 및 병충해의 생태적 방제 완료

3) 기반조성기(1988~1997년)

① 국내 사용 목재의 약 90% 이상을 수입목에 의존하고 있었으며, 야외휴양과 환경보전 부문에서도 산림의 수요가 증대하고 있음.

② 산림의 효용가치 제고를 목적으로 하는 산지자원화계획을 수립하여 녹화위주에서 자원화 정책으로 전환함, 산림이용의 효율성 극대화·산지관리기반 구축, 농촌지역의 산림소득 증대, 산림의 다양한 공익기능 증대를 목표로 함.

■ 치산녹화기
산림황폐로 인한 기상재해가 겹침에 따라 2차에 걸친 치산녹화 10년 계획을 범국민식수운동을 전개하여 100억 그루 이상의 나무를 심고, 사방사업을 실시하여 국토 녹화를 이룩함.

4) 지속경영기(1998년~2017년)

① **제 4차 기본계획의 정책 목표 및 내용** (1998~2007년)

㉮ 미래세대를 위한 산림의 역할 증대(미래의 숲) : 경제·문화·환경·정신적 자원으로서 산림자원의 지속적 육성 관리

㉯ 경쟁력 있는 산림 산업 육성(생산의 숲) : 산지의 합리적 보전과 생산적 활용, 임업산업화와 지역임업의 활성화

㉰ 활력이 넘치는 삶의 터전 창조(생명의 숲) : 산촌의 다목적 개발·진흥, 산림 문화의 진흥과 휴양시설의 확충

② 제 5차 기본계획의 정책 목표 및 내용 (2008~2017년)

㉮ 다기능 산림자원의 육성과 통합관리
기후변화 대응 탄소흡수원 확충, 산림의 공익기능 증진 지원체계 강화

㉯ 자원 순환형 산림산업 육성 및 경쟁력 제고
㉠ 친환경 목재산업 육성
㉡ 단기임산물 경쟁력 강화 지역산업 클러스터 육성
㉢ 임산물 수출확대 및 임업통상적극 대응

㉰ 국토환경자원으로서 산림의 보전·관리
㉠ 국토 균형적 산지관리체계 확립
㉡ 산림생물 다양성 보전 및 생태계 건강성 증진
㉢ 백두대간 등 한반도 국토 생태축 보전
㉣ 과학적 산림재해 예방 및 대응

㉱ 삶의 질 제고를 위한 녹색 공간 및 서비스 확충
㉠ 도시 녹색공간 확충
㉡ 국민수요에 맞춘 휴양·문화서비스 확대
㉢ 쾌적한 등산·산업레포츠 환경 조성
㉣ 국유림의 공공서비스 기능 강화

㉲ 자원 확보와 지구산림 보전을 위한 국제 협력 확대
㉠ 자원협력 및 해외조림확대
㉡ 사막화방지와 지구산림보전 협력 확대
㉢ 다자간 국제협력 강화
㉣ 북한산림 복구지원 등 남북 산림협력 강화

5) 21세기 산림비전

① 사람과 숲이 상생·공존하는 세계 일류의 산림복지국가 구현

㉮ 생태적으로 건강하고 지속적으로 이용되는 산림자원
㉯ 임업인에게 희망을 주고 국가경제에 기여하는 산림산업
㉰ 국민들에게 쾌적한 녹색생활공간을 제공하는 산림환경

■ 지속경영기(1998년~2017년)

① 산림청장은 산림자원 및 임산물의 수요와 공급에 관한 장기 전망을 기초로 지속가능한 산림경영이 이루어지도록 전국의 산림을 대상으로 10년마다 산림기본계획 수립 시행하여야 함.

② 산림기본계획은 지역산림계획과 국유림종합계획, 산림경영계획을 수립하는 기준이 되며 분야별 계획 수립의 토대가 되는 최상위 계획이 됨.

② 실천과제☆

㉮ 산림자원 조성 : 아름답고 가치있는 산림조성과 관리, 산림경영기반의 확충

㉯ 산림산업 육성 : 임업경영주체의 육성, 경쟁력 있는 산림산업 육성

㉰ 산림환경 증진과 산촌증진

　ⓐ 건강한 산림생태계의 보전·관리

　ⓑ 맑은 물 공급, 탄소의 흡수·저장기능 강화

　ⓒ 산림휴양·문화공간의 확충

　ⓓ 도시림 조성·관리 강화

　ⓔ 쾌적하고 활력이 넘치는 산촌증진

㉱ 산림관리 기반 구축 : 합리적인 산림관리체계의 확립, 국유림 경영·관리 강화, 지식임업기반 구축

㉲ 임업의 세계화 : 지구촌시대에 걸맞은 국제임업협력 강화, 통일대비 남북 임업협력 확대

6) 제 6차 기본계획의 정책 목표 및 내용(2018 ~ 2037년) (20년 단위) ☆

① 목표

㉮ 산림자원과 관리체계의 고도화

㉯ 산림산업 및 일자리 창출

㉰ 산촌 활성화

㉱ 일상 속 산림복지

㉲ 산림생태계의 건강성 유지

㉳ 산림재해 예방

㉴ 국제산림협력 주도

㉵ 산림정책 기반구축

② 하위목표

㉮ 경제산림 : 지역 일자리 창출, 안전한 생활환경

㉯ 복지산림 : 도시 녹색공간, 산림교육, 산림휴양, 산림 치유

㉰ 생태산림 : 산림보전, 산림이용, 산불, 산사태 예방

3. 조림작업의 범위 ☆☆☆

1) 갱신방법

① 새로운 임분이 들어서고 동시에 그곳에 이미 존재하던 성숙목이 이용 벌채되는 기간

② 갱신기간(Reproduction Period, Regeneration Period) 중에 이루어지는 작업 내용

2) 보육작업

① 갱신이 끝난 후부터 다음 갱신작업이 시작되기 전까지의 기간 중에 실시되는 모든 조림작업으로 이 기간을 중간기(中間期, Intermediate Period)라 할 수 있음.

② 중간기에 적용되는 각종 작업 중 특히 벌채가 중요하기 때문에 보육작업이 보육벌(保育伐, Tending Cutting), 중간벌(Intermediate Cutting)로서 강조됨.

4) 윤벌기(輪伐期, Rotation)

① 산림이 조성될 때부터 이용벌채(利用伐採)되어 갱신이 완료될 때까지의 기간, 즉, 산림의 한 세대의 길이를 말함.

② 한 윤벌기 동안에 주어지는 작업내용이 곧 산림작업종이지만 숲의 구성과 모양, 생태학적 성장, 이용면 등을 고려할 때 갱신기간 중에 이루어지는 작업내용이 결정적 역할을 하기 때문에 일반적으로 갱신방법의 명칭을 산림작업종의 이름으로 함.

5) 나무의 발육단계에 따른 구분☆

치수(稚樹, Seedling)	수고 1m 이하의 나무
유목(幼木, Sapling)	수고 1~3m의 나무
성목(成木, Pole)	흉고직경 10~30cm의 나무
성숙목(成熟木, Standard)	흉고직경 30~60cm의 나무
과숙목(過熟木, Veteran)	흉고직경 60cm 이상의 나무

6) 산림 무육

① 기능

위해방지 (危害防止)	• 예방적 수단으로써 기후적, 생물적, 환경적인 모든 피해 가능성 포함. • 모든 위해를 방지하는 것은 무육경비를 절감시킴
선목(選木)	• 산림의 인위적 도태 즉, 육림적인 선목은 자연도태를 보충해줌. • 산림수확 및 임목형질 구성에 큰 영향을 줌. • 소극적(간접적)도태와 적극적(직접적)도태로 구분하여 단계적으로 실시함.
보육(保育)	• 선목 기능과 연계된 실질적 무육기능 • 선목작업 후 우량목을 보호하고 불량목을 제거함. • 효과적인 환경을 조성해주는 수단(혼효조절, 임층구조 등)

② 동령림(교림)의 생육단계 무육조치

생육 단계	특 징	무육 조치
어린나무가꾸기 (new growth)	임분특성이 시작 될 때부터 임분울폐 직전까지의 단계	어린나무가꾸기-갱신, 치수의 보호(풀베기), 보식, 혼효조절, 웃자란 나무 조절
유령림 (young stand)	임분울폐가 시작될 때부터 흉고직경 약 6cm 이상인 우세목이 임분 내에 50% 이상 다수 분포될 때까지의 단계 ※ 고사지 발생, 임층 분화 시작	어린나무가꾸기
장령림 (pole stand)	임분 평균흉고직경 10cm 이상인 우세목이 임분내 50% 이상 다수 분포될 때의 임분	간벌, 가지치기
성숙림 (timber stand)	임분평균 흉고직경 18cm 이상인 우세목이 임분 내 50% 이상 다수 분포될 때의 임분	간벌

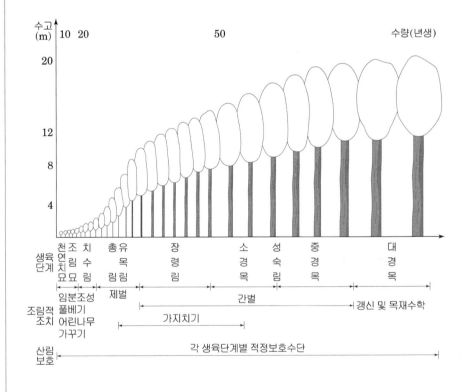

7) 조림의 전체과정

조림
⇩

갱신	육림

⇩　　　　　　　　　　⇩

인공갱신	천연갱신	맹아갱신	숲조성	숲관리
식재조림 파종조림	천연하종갱신	맹아력을 이용한 갱신	풀베기, 덩굴제거, 어린나무가꾸기, 가지치기	간벌(솎아베기), 임연부형성, 수하식재

① 갱신 : 새로운 임분 조성

인공갱신	인위적 임분 조성		

	방법	식재조림	• 대상지에 직접 나근묘, 용기묘 심어서 식재
			• 방법 : 정방형식재, 3본 또는 5본 단위 군상식재,
			  2열 단위 열상식재
			• 식재밀도 : ha당 5,000본 기준 낙엽송, 잣나무는
			  3,000본 식재

		파종조림	종자 파종

천연갱신	자연의 갱신력 활용	
	천연하종갱신	• 자연적으로 떨어져 흩어지는 종자 • 방법 : 임분의 상태와 수종에 따라 개벌, 대상벌, 군상벌, 산벌, 모수작업

맹아갱신	맹아발생력이 강한 참나무류 등 주대상, 소경재 생산을 위한 단벌기 임 분 대상

■ 육림 방법
① 숲조성 : 풀베기, 어린나무가꾸기, 덩굴제거, 가지치기
② 숲관리 : 목적에 맞는 임분 간벌, 임연부형성, 수하식재

② 육림 : 조성된 어린 임분을 가꾸는 일

숲조성	갱신 직후 임분이 자리잡을 때까지 가꾸어 주는 육림방법		
	방법	풀베기	• 식재된 묘목과의 주변의 잡목과의 경쟁을 완화 • 속성수의 경우 3년 정도실시, 생장이 느린 수종은 5년간 실시
		어린나무 가꾸기	갱신종료 단계에서 솎아베기단계에 도달할 때까지의 유령림에 한 모든 무육벌채 수단
		덩굴제거	• 임목의 생장을 방해하거나 재질을 악화시키는 덩굴류를 제거 • 회수에 관계없이 실시
		가지치기	기계적 또는 인위적 가지 제거 또는 자연낙지 촉진

숲관리	• 경쟁으로 인해 우열이 확실해진 임분을 가꾸어 나가는 단계의 육림작업 • 인공림 : 임분상황과 경영목표에 따른 다양한 방법의 솎아베기 • 천연림 : 우량대경재 생산을 위한 천연림 보육, 불량임분 개량을 위한 천연림 개량	
	간벌	장령림과 성숙림에서 목적에 맞게 임분을 형성해주기 한 모든 무육벌채 수단
	임연부형성	산림의 내(內)임연부 및 외(外)임연부의 안정적 형성 수단
	수하식재	• 양수의 수고가 높은 임층의 수관 밑에 내음성 수종을 식재하여 하층을 조성 유지 • 임분안정과 수간무육(樹幹撫育) 도모

4. 수목의 분류

1) 분류일반 ☆☆

① 수목은 목질이 발달한 목본식물(木本植物)과 초본식물(草本植物)로 분류됨.
② 수목은 종(種, species)을 기본 단위로 하여 변종(variety), 품종(cultivated variety), 영양계(clone) 등으로 나뉨.

종	식물 분류에서 기본이 되는 단위, 생식작용을 통해서 유사한 개체가 계승될 수 있는 식물군
변종	한 종안에서 어떤 특성을 달리하는 개체군의 종자 변이에 기인
품종	종이나 변종에서 상당량이 계승되는 것
영양계	접목, 삽목, 취목 등 개체가 증가되어 그 후대를 이루는 개체군

2) 수목 형태에 따른 분류 ☆☆☆

① 교목과 관목

교목	성숙한 단계에서 키가 10m 이상 되는 것으로 뚜렷한 한 개의 줄기를 가진 소나무, 포플러, 낙엽송, 밤나무, 오동나무, 은행나무 등이 해당됨.
관목	• 성숙한 단계에서 5~6m정도 이하 되는 것으로 여러 개의 줄기가 생김. • 싸리, 무궁화, 쥐똥나무, 개나리, 진달래, 회양목, 장미 등

② 겉씨식물(裸子식물, gymnospermae)과 속씨식물(被子식물, angispermae)

㉮ 겉씨식물(침엽수)

㉠ 암꽃과 수꽃으로 구분되는 단성화이며 암꽃의 밑씨가 씨방에 싸여 있지 않고 겉으로 드러나 있음.

㉡ 평행한 잎맥을 보임, 관다발은 발달하나 도관이 없고 가도관이 있으며 꽃받침이 없고 단성화임.

㉢ 소철목(소철과), 은행목(은행나무과), 구과목(낙우송과, 소나무과, 측백나무과), 주목목(주목과, 나한송과, 개비자나무과)

■ 나자식물과 피자식물
① 나자식물
  • 밑씨가 나출되어있는 겉씨식물
  • 배주(이 안에 종자가 될 조직이 있음)가 대포자엽의 밖에 존재해 생성된 종자가 소나무처럼 밖으로 표출되어 성숙
② 피자식물
  • 밑씨가 씨방속에 있는 속씨식물
  • 배주가 대포자엽속에 있어 배주를 볼 수 없음.
  • 쌍떡잎식물과 외떡잎식물로 구별하기도 함.

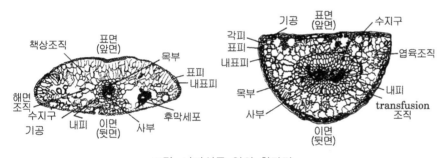

그림. 나자식물 잎의 횡단면

㉯ 속씨식물(활엽수)

㉠ 속씨식물의 꽃에는 꽃잎이 있고, 꽃받침이 발달되어 있으며, 암술에는 씨방이 있고 밑씨는 씨방 속에 들어 있음.

㉡ 그물맥 잎맥을 보임, 관다발은 물이 이동하는 물관과 양분이 이동하는 체관이 있으며 꽃잎과 꽃받침이 있고 양성화임.

㉢ 속씨식물의 수정은 정핵과 난세포, 정핵과 극핵이 결합하는 중복수정을 함.

㉣ 상수리나무, 개나리, 매실나무, 사과나무, 단풍나무, 느티나무, 밤나무 등

㉒ 쌍떡잎식물과 외떡잎식물의 비교☆

쌍떡잎식물	2개의 떡잎을 가지고 유관속은 원통형이며, 잎맥은 그물맥, 뿌리의 주근이 발달
외떡잎식물	1개의 떡잎을 가지고 유관속은 흩어져 있으며 잎맥은 평행맥, 뿌리의 주근이 없음.

구분	떡잎	잎	줄기	뿌리
쌍떡잎식물	떡잎 두 장	그물맥	관다발 규칙적	곧은 뿌리
외떡잎식물	떡잎 한 장	평행맥	관다발 불규칙적	수염 뿌리

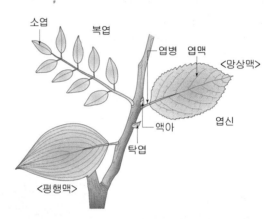

그림. 피자식물잎의 여러모양

③ 상록수와 낙엽수

상록수	• 일년 내내 푸른 잎을 달고 있는 수목 • 주목, 비자, 섬잣나무, 해송, 리기다소나무, 호랑가시나무, 사철나무, 동백나무 등
낙엽수	• 낙엽의 계절에 잎이 일제히 떨어지거나 고엽의 일부분이 붙어있는 수목 • 낙엽송, 낙우송, 상수리나무, 느릅나무, 함박꽃나무, 층층나무, 배롱나무 등

3) 주요 수종

① 침엽수

은행나무과	• 지구에서 가장 오래된 수종, 낙엽침엽교목 • 암수딴그루이며 5월 초에 꽃이 피고 암나무에만 열매가 열림.
낙우송과	• 낙우송, 메타세콰이어 등은 낙엽침엽교목 • 금송, 삼나무 등은 상록침엽교목
소나무과	• 소나무속(소나무류, 잣나무류), 잎갈나무속, 가문비나무속, 전나무속 등 • 소나무류는 소나무 · 해송 · 방크스소나무 · 금송은 잎이 2엽 속생, 리기다소나무 · 테다소나무 · 백송은 3엽 속생, 잣나무 · 스트로브잣나 무는 5엽 속생임. • 낙엽송은 일본 원산으로 일본잎갈나무라고 부르며, 우리나라의 북부 지방에서 자생하는 잎갈나무보다 생장이 빨라 용재림수종으로 쓰 이는 낙엽교목임. • 가문비나무는 상록교목이고 독일가문비나무는 유럽 원산으로 우리 나라에도 식재되고 있음. • 전나무는 줄기가 곧고 높게 크는 상록교목으로 어릴 때에는 생장 이 느리지만 10년생이 되면서 빨리 자람.
측백나무과	• 세계적으로 널리 분포, 측백나무속, 편백속, 향나무속 등
주목과	• 온대에서 한대까지 분포하는 상록수 • 주목은 잎은 선형이고 수피는 붉은색을 띤다. • 비자나무는 잎이 끝이 뾰족하고 단단하며 제주도에 천연생 군락의 비자림이 있음.

② 활엽수

참나무과	• 아열대 및 온대지방에 분포, 우리나라에는 밤나무속, 참나무속, 너도밤나무속, 메밀잣밤나무속 등이 있음. • 밤나무속은 낙엽교목 또는 관목으로 열매는 식 · 약용이며, 사용되 는 목재는 받침목으로 쓰임. • 참나무속의 백색계통은 열매가 그 해에 익는 떡갈나무, 신갈나무, 갈참나무, 졸참나무 등이고, 흑색계통은 열매가 2년마다 익는 상수 리나무, 굴참나무 등이 있음.
단풍나무과	• 북반부의 온대지방에 주로 분포, 우리나라에는 고로쇠나무, 단풍나 무, 복자기나무 등이 분포함.
느릅나무과	• 북반부에 주로 분포, 우리나라에는 느릅나무, 느티나무 등이 있음. • 느티나무는 낙엽교목으로 줄기가 큰 가지로 잘 갈라지고 생장이 빠르며, 정자나무로 많이 심음. • 느릅나무는 낙엽교목으로 재질이 단단하고 껍질은 섬유자원으로 활용됨.

자작나무과	• 북반부의 온대지방에 분포, 우리나라에는 자작나무속, 오리나무속, 서어나무속, 개암나무속 등이 있음. • 자작나무속 박달나무는 단단하고 무거운 목재로 사용, 자작나무는 수피가 희고 수평으로 갈라지며, 거제수나무는 줄기에서 수액을 받아 약용으로 쓰임. • 오리나무속 나무들은 뿌리에 박테리아가 기생하여 토양 중의 질소를 고정하므로 비료목으로 사용됨.
버드나무과	• 북반부 온대지방에 분포, 우리나라에는 포플러속, 버드나무속 등이 있음. • 포플러속은 줄기가 곧게 위로 올라가고 생장이 빠르며 습기있는 토양을 좋아하는 특성이 있음. • 포플러속은 백양절·흑양절·황철나무절 등으로 나뉨. • 버드나무속은 왕버들·능수버들·버드나무 등이 있으며 버드나무는 높이가 20m 이상 자람.

■ 수형, 수관, 수간
　① 수형
　　• 나무전체를 수형이라 하고, 수관과 수간 등을 종합으로 나타냄.
　　• 원추형, 우산형, 구형, 난형 등
　② 수관
　　• 가지와 잎을 합쳐서 광합성을 하는 부분
　　• 가지의 생김새에 따라 수관의 모양 결정됨
　③ 수간
　　• 나무의 줄기 모양이나 갈라진 수에 따라 영향을 끼침.
　　• 줄기가 똑바로 자란 것을 직간, 자연적인 것을 곡간, 줄기가 옆으로 비스듬히 자란 것을 사간이라고 함.

■ 수고생장(높이생장)
　① 고정생장
　　• 겨울 눈속의 원기가 봄에 싹트고 여름에 생장을 멈춤(1년 1회 생장)
　　• 생장량이 적으며, 줄기마디수를 세어 나이를 측정할 수 있음.
　② 자유생장
　　• 겨울 눈속의 원기가 봄에 잎이 나고 다시 어린원기는 가을까지 생장함.
　　• 춘엽 : 봄에 만든 잎, 연두색
　　• 하엽 : 여름에 다시 만든 잎, 녹색

5. 수목의 형태

1) 교목과 관목

① 교목 : 단간이며 성숙했을 때 수고는 8m(자람에 따라 4~5m)를 넘음, 줄기와 수관의 구별이 뚜렷함.

② 관목 : 뿌리목부터 여러 개의 줄기가 모여서 나고, 수고는 낮으며 줄기와 수관의 구별이 뚜렷하지 않음. (예 개나리, 개암나무, 불두화, 국수나무 등)

2) 수관형 ☆☆

① 나무의 살아 있는 가지와 잎을 합쳐서 광합성을 하는 녹색부분으로 주로 가지의 생김새에 따라 수관의 모양이 결정됨.

② 수관형 : 주로 줄기의 신장생장방식에 따라 차이를 보임, 주축성 간형(단축분지)과 분지성 간형(가축분지)으로 구분함.

③ 수관이 모인 수풀 또는 임분의 녹색부분을 임관이라 함.

④ 단축분지와 가축분지

　㉮ 단축분지 : 주축이 항상 측지보다 세력이 강하게 성장, 대개의 침엽수종이 여기에 속하고, 전나무·가문비나무 등은 전형적인 원추형 단축분지임.

　㉯ 가축분지 : 측지가 주축보다 더 세력이 강한 수종으로 성장이 측지에서 측지로 이어짐 (예) 버드나무, 느티나무, 플라타너스, 피나무, 감나무 등

⑤ 정신, 계신 및 첨신

　㉮ 정신 : 단축분지처럼 정아가 그 축의 신장을 계속하는 것

　㉯ 계신

　　㉠ 밤나무처럼 위정아가 신장을 계속할 때(가축분지)

ⓛ 버드나무속, 개암나무속, 밤나무속, 팽나무속, 느릅나무속, 느티나무속, 플라타너스속, 귤속, 황벽나무속, 피나무속, 감나무속, 때죽나무속 등

ⓓ 첨신 : 계신의 일종으로 가지의 끝이 말라서 떨어지는 경우는 없고, 그곳으로부터 자란 측지가 더 세력 있게 자라는 경우

⑥ 정아우세

㉮ 측아억제의 현상으로 일반적으로 나뭇가지의 끝의 정아의 세력이 우세함.

㉯ 호르몬의 작용으로 인돌초산으로 구성된 옥신이라는 호르몬의 작용으로 인함.

㉰ 인돌초산은 측아억제 이외에도 세포의 신장ㆍ생장촉진, 유합조직, 발근촉진, 낙엽의 촉진과 억제, 열매의 생장촉진 등에 관여함.

3) 간형 ☆

① 정신을 하는 침엽수종과 계신을 하는 활엽수종 간의 차이로 발생

② 형수 : 간재적과 간형에 관계되는 용어, 수간의 어떤 점의 직경과 같은 직경을 가지고, 또는 수고와 같은 높이를 가진 가상적 원주의 체적에 대한 수목 체적의 비

㉮ 간의 곡직성 : 유전적, 환경적요인, 침엽수와 활엽수 간의 성장양식의 차이

㉯ 간의 초살도 : 줄기 부분의 생장의 차이

㉰ 간의 횡단면 : 편심생장

㉱ 임분밀도와 간형 : 양수는 밀도의 영향을 더 받고, 음수는 반대임.

㉲ 수령에 따른 간형의 변화 : 어릴 때 완만하고, 성숙하면 완만도가 감소함.

㉳ 입지에 따른 간형의 변화 : 지력이 낮은 곳은 간형이 굽음.

㉴ 유전성 : 지위가 나쁘고 조림기술이 부족하더라도 수형이 곧은 나무

　ⓞ 가문비나무류, 전나무류, 낙우송류, 잣나무 등

　ⓛ 외계인자의 영향을 받지 않아도 때로 휘어지는 나무(소나무류, 편백류, 낙엽송류 등)

　ⓓ 활엽수종은 대체로 휘어짐.

㉵ 외계인자

　ⓞ 기후 및 토양인자가 양호 → 직간성

　ⓛ 토지가 척박하고 표토가 얕음 → 비정상, 간형이 굽음

　ⓓ 주축 또는 정아가 충해ㆍ균해ㆍ동물해ㆍ동해ㆍ사람의 해 등을 받음

　　→ 간형이 비정상으로 됨

핵심 PLUS

■ 무한생장, 유한생장
① 정아에 의해 줄기 생장이 조절됨.
② 무한생장 : 정아가 생장 후 죽고 측아가 자립, 활엽수
③ 유한생장 : 정아가 줄기의 생장을 조절하고 제한함, 침엽수

■ 이상재와 편심생장
① 편심생장하는 나무는 외부의 영향으로 인하여 형성층의 세포분열이 한쪽으로 집중되어 나타남.
② 이러한 형태로 편심생장하는 목재를 '이상재'라고 함.
③ 이상재의 형태
• 침엽수 : 바람이 불어오는 경사지 아랫부분에 압축이상재(compression wood)가 형성
• 활엽수 : 바람이 불어오는 경사지 윗부분에 인장이상재(tersion wood)가 형성

③ 간형설

영양설	• 증산과 동화의 균형 • 간벌시 수관량이 증가하여 증산량이 많아지고 춘재의 형성량이 많아져 초살도가 증가함.
수분통도설	• 수관의 발달과 증산기관 및 수분흡수기관이 서로 관련되어 줄기의 발육에 영향을 끼침.
기계설	• 수직적인 무게, 수평방향의 힘(바람) • 임분밀도의 증가는 바람의 영향을 감소시키므로 나무의 완만성을 증가시킴.
호르몬설	• 형성층 활동의 호르몬 기능을 무시할 수 없음.

④ 간형의 특이 종류

㉮ 차목 : 유전적인 원인이나 정아 및 주축이 해를 받을 때 나무의 줄기가 갈라지는 현상(소나무류, 가문비나무류, 낙엽송, 잣나무 등)

㉯ 맹아지(잠아) : 밀도를 유지하던 임분을 소개하면 맹아지가 발생하는 경우가 있는데, 이것은 재질을 나쁘게 하는 원인이 됨.(느릅나무, 참나무, 단풍나무, 자작나무, 리기다, 낙엽송 등)

㉰ 도장지 : 맹아지 중 특히 성장이 빠른 가지로 모체로부터 다량의 연료와 수분을 탈취하여 수세를 약화시킴(참나무류, 아까시나무류, 오리나무류 등)

⑤ 근형

㉮ 기능 : 뿌리는 한곳에 수목을 고정하고 토양으로부터 수분과 무기영양분을 흡수하며, 탄수화물을 저장함.

㉯ 입지인자의 영향 : 토지인자와 관계, 배수가 원활하고 건조한 토양에서는 뿌리는 밑으로 빠른 속도로 자라 내려가는 직근으로 발달이 깊게 이루어지는 반면, 습기가 많고 배수가 잘 안되는 토양에서는 옆방향으로 넓게 퍼지는 측근이 얕게 퍼지는 경향이 있음.

㉰ 유전적 특성 : 천근성과 심근성은 특성에서 기인, 근계와 수관은 서로 밀접한 관계를 가지며 근계의 일부가 끊어져 그 균형이 파괴되면 가지의 일부가 고사하여 다시 균형을 이룸.

㉱ 뿌리 각 부분의 명칭

근주	줄기와 뿌리의 접속부임
주근	근계의 골격을 형성하는 굵은 뿌리로 심근, 평근으로 구분함.
부근	주근으로부터 분지한 것으로 약간 굵은 뿌리로 수하근, 유근으로 구분함.
세근	더 세분된 가는 뿌리로 물과 양료의 흡수를 담당하고 수근, 백근으로 구분함.

6. 수목의 구조

1) 잎의 구조

① 피자식물의 잎은 햇빛을 많이 받을 수 있도록 넓게 발달한 엽신과 엽신을 지탱하는 엽병으로 구성됨.

② 기공은 수목의 잎이 대기와 직접 가스교환을 하는 곳, 광합성을 하기 위해 탄산가스를 흡수하고 산소를 방출하는 동시에 증산작용을 수행함.

2) 줄기의 구조☆☆

① 세포에 리그닌이 침적되어 단단하며, 형성층이 있어 부피생장을 함.

② 초본식물의 줄기는 관다발에 형성층이 없거나 있더라도 2차 생장이 일어나지 않아 목질부가 발달하지 않고 1~2년이 지나면 말라 죽음.

③ 수간은 나무가 굵은 단일줄기로 목재로 이용됨, 줄기는 잎과 가지가 무성한 부분인 수관을 지탱하고 뿌리에서 흡수한 수분과 무기영양분을 위쪽으로 이동시키며 탄수화물을 주로 아랫방향으로 운반하거나 혹은 저장하는 기능을 가지고 있음.

형성층	• 나무의 줄기와 뿌리의 지름을 굵게 만들어주는 조직 • 수피 바로 안쪽에 원통형으로 모든 가지를 둘러싸고 있으며 두께가 얇음.
심재	• 줄기 한복판에 짙게 착색된 부분으로 형성층이 오래 전에 생산한 목부조직 • 세포가 죽고 대신 기름, 껌, 송진, 페놀, 타닌 등의 물질이 축적되어 같은 색깔을 나타내고 죽은 조직임. • 생리적 역할은 없고 단지 나무를 기계적으로 지탱해주는 역할을 함.
변재	• 줄기 횡단면상의 심재 바깥쪽에 비교적 옅은 색을 가진 부분으로 형성층이 비교적 최근에 생산한 목부조직 • 수분이 많고 살아 있는 부분, 뿌리로부터 수분을 위쪽으로 이동시키는 중요한 역할을 담당하며 동시에 탄수화물을 저장하기도 함. • 변재의 두께는 수종에 따라 다르며 아까시나무와 같이 최근 2~3년 전에 생산된 목부가 변재로 남아있는 경우도 있고, 벚나무와 같이 10년 전에 생산된 목부가 변재로 남아있는 경우, 버드나무·포플러·피나무처럼 구별이 어려운것도 있음.
연륜 (나이테)	• 온대지방의 목본식물이 줄기의 횡단면상에 둥근테를 형성하는 것 • 봄에 형성된 목부(춘재)와 여름에 형성된 목부(추재)간의 해부학적 구조가 다르기 때문에 나타나며, 보통 1년에 1개의 테를 만들기 때문에 나무의 나이를 알 수 있음. • 춘재는 세포의 지름이 크고 세포벽이 얇은 반면, 여름과 가을에 만들어진 추재는 세포의 지름이 작고 세포벽이 두꺼워서 추재와 춘재 사이에 뚜렷한 경계선이 만들어짐.

핵심 PLUS

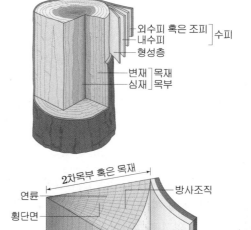

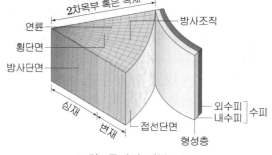

그림. 줄기의 기본 구조

■ 생장, 발육, 생육
 ① 생장 : 양적증가, 영양생장
 ② 발육 : 질적변화, 생식생장
 ③ 생육 : 생장+발육

■ 생장
 ① 세포분열 : 세포의 숫자가 늘어남.
 ② 세포신장 : 세포의 크기가 커짐.
 ③ 세포분화 : 세포가 전문화되고 복
   잡해짐.

7. 수목의 생장

1) 유묘기 ☆

 ① **자엽지상위발아(지상자엽)**
  ㉮ 배유가 발달하는 유배유 종자는 발아할 때 자엽이 땅위로 올라오는 것을 말함.
  ㉯ 단풍나무, 물푸레나무, 아까시나무, 나자식물 등

 ② **자엽지하위발아(지하자엽)**
  ㉮ 무배유종자는 자엽에 녹말과 지방이 저장되어 있고, 발아한 후 대개 자엽이
    땅속에 남아 있는 것을 말함.
  ㉯ 호두나무, 칠엽수, 밤나무, 참나무류 등

2) 유경의 발달

 ① 경정
  ㉮ 생장점이란 말을 사용하기도 하지만 이것은 점이 아니고 여러 개의 세포로
    이루어진 분열 조직임.
  ㉯ 경정의 정단분열조직에 기원하는 조직의 증가에 따라 신장생장이 이루어
    지고, 비대생장은 목부와 수피간에 있는 측생분열조직인 유관속형성층에 기원
    하는 조직의 증가에 의함.
 ② 신장생장(1차생장) : 정단분열조직의 세포군은 분열활동을 하며 아래쪽으로
   새로운 세포를 만들고 스스로는 위쪽으로 떠밀려 올라가면서 신장생장을 함.

③ 비대생장(2차생장) : 유관속형성층은 안쪽에 목부세포를 바깥쪽에 사부세포를 분열시키면서 확장시켜 나감, 춘재·추재·나이테·변재·심재

3) 뿌리

배의 유근은 주근이 되고 측근은 근단으로부터 약간 떨어진 위치에서 뿌리의 내부조직에서부터 내생분지를 하여 발생함.

4) 잎

① 잎은 경정의 중심을 좀 벗어난 곁쪽에 혹과 비슷한 돌기에서 생기는데 이것을 엽원기라고 함.
② 잎의 생장과정은 정단생장, 주연생장, 부간생장으로 구분함.
③ 잎의 기본조직계는 대부분 엽육조직으로 이것은 책상조직과 해면상조직으로 구분됨.

■ 뿌리생장
① 배의 유근이 발아 → 착근생성발달 → 측근생성 → 세근형성
② 뿌리털은 뿌리의 표면적 확대시켜 무기염과 수분흡수에 크게 기여함.

■■■ 2. 조림총론

1. 조림의 기능이 아닌 것은?

① 임분 구조의 조절   ② 환경의 보호
③ 수종 구성의 조절   ④ 지력의 향상

2. 나무의 발육 단계에 따른 구분이 잘못된 것은?

① 치수 – 1m 이하의 나무
② 유목 – 흉고직경 10~30cm의 나무
③ 성숙목 – 흉고직경 30~60cm의 나무
④ 과숙목 – 흉고직경 60cm 이상의 나무

3. 수목의 분류에서 기본이 되는 단위는?

① 과(科)   ② 종(種)
③ 품종(品種)   ④ 변종(變種)

4. 접목, 삽목 또는 취목 등으로 한 개체가 증가했을 때의 개체군을 무엇이라 하는가?

① 종   ② 변종
③ 품종   ④ 영양계

5. 변종의 개념으로 가장 적합한 것은?

① 생식작용을 통해서 유사한 개체가 계승될 수 있는 식물군
② 한 종 안에서 어떤 특성을 달리하는 개체의 군
③ 종자를 통해서 그 특성의 상당량이 계승되는 것
④ 지리적 분포에 의하여 그 특성이 정해지는 것

해 설

[해설] 1

조림의 기능은 임분 구조의 조절, 수종 구성의 조절, 임분 밀도의 조절, 생산성 향상, 산림에 대한 보육적 처리 등의 기능을 가진다.

[해설] 2

바르게 고치면,
유목 : 수고 1~3m의 나무, 흉고직경 10~30cm 나무 : 성목

[해설] 3

수목은 종을 기본단위로 하여 변종, 품종, 영양계 등으로 구분된다.

[해설] 4

영양계는 접목, 삽목, 취목으로 한 개체가 증가했을 때 그 후대를 이루는 개체군을 말한다.

[해설] 5

변종은 한 종안에서 어떤 특성을 달리하는 개체의 군을 말한다.

정답 1. ④   2. ②   3. ②   4. ④
5. ②

6. 식물분류의 기준이 되기도 하며, 때로는 양분을 저장하는 구실을 하는 종자의 구조는?

① 어린줄기
② 어린눈
③ 떡잎(자엽)
④ 종피

7. 배유가 발달하면서 유배유 종자가 발아할 때 자엽이 땅위로 올라오는 자엽지상위 발아(지상자엽)이 아닌 것은?

① 단풍나무
② 호두나무
③ 물푸레나무
④ 아까시나무

8. 다음 중 겉씨식물(나자식물)의 특성을 나타낸 것은?

① 씨방(ovary)이 없고 밑씨가 노출 상태에 있다.
② 씨방이 발달해 있고 밑씨가 그 안에 들어 보호를 받고 있다.
③ 배가 두 개의 자엽을 가지고 있다.
④ 배가 한 개의 자엽을 가지고 있다.

9. 침엽수의 특성에 대한 설명으로 옳지 않은 것은?

① 용재 생산에 적합하다.
② 수관의 폭이 좁다.
③ 보통 잎이 넓다.
④ 대부분 상록수이다.

10. 침엽수를 구성하는 세포의 90% 이상을 차지하고 있는 것은?

① 도관
② 수선
③ 목섬유
④ 가도관

해설 **6**
겉씨식물의 떡잎은 몇 개에서 다수가 있으며 속씨식물 중 쌍떡잎 식물은 2장, 외떡잎식물은 1장이 있다.

해설 **7**
호두나무는 자엽지하위발아 수종이다.

해설 **8**
겉씨식물은 암꽃의 구조에서 씨방이 없어 밑씨가 노출되어 있으며, 평행한 잎맥과 도관이 없고 가도관이 있으며 체관에는 반세포가 없다.

해설 **9**
침엽수는 잎의 폭이 좁고 활엽수는 잎의 폭이 넓다.

해설 **10**
침엽수는 나자식물이며 단자엽식물, 평행맥, 가도관 수종이다.

정답 6. ③ 7. ② 8. ① 9. ③
10. ④

11. 잎이 3개씩 뭉쳐나는 소나무는?

① 소나무, 유럽적송
② 리기다소나무, 테다소나무
③ 스트로브잣나무, 방크스소나무
④ 해송, 만주흑송

12. 다음 수종 중에서 우리나라에서 인공교배한 수종은?

① 스트로브잣나무
② 리기다소나무
③ 리기테다소나무
④ 은백양나무

13. 나무의 수분은 주로 어느 부분을 통하여 이루어지는가?

① 뿌리
② 줄기
③ 잎
④ 기공

14. 줄기의 횡단면상의 심재 바깥쪽에 비교적 옅은 색을 가진 부분으로 형성층이 비교적 최근에 생산한 목부조직을 무엇이라 하는가?

① 심재
② 형성층
③ 변재
④ 나이테

15. 다음 중 심재를 잘못 설명한 것은?

① 줄기 한 폭판의 짙게 착색된 부분으로 형성층이 오래 전에 생산한 목부조직이다.
② 수분이 많고 살이 있는 부분이다.
③ 세포가 죽고 대신 기름, 껌, 송진, 타닌, 페놀 등의 물질이 축적된 부분이다.
④ 나무를 기계적으로 지탱해 주는 역할을 한다.

해　　설

해설 11
소나무류의 소나무·곰솔·방크스소나무·반송 잎이 2개씩 뭉쳐난다. 리기다소나무·테다소나무·리기테다소 나무는 잎이 3개씩 뭉쳐난다.

해설 12
리기테다소나무는 한국의 현신규 박사가 리기다소나무와 테다소나무의 우수한 성질을 인공적으로 교잡해서 개량한 소나무이다. 두 종 모두 외국에서 들여온 도입종으로 리기다소나무는 추위에 잘 견딜 뿐 아니라 메마른 땅에서 잘 자라는 성질이 있으며, 테다소나무는 재질이 뛰어나다.

해설 13
나무의 수분공급은 주로 뿌리를 통하여 이루어진다.

해설 14
변재는 탄수화물을 저장하고, 뿌리로부터 수분을 위쪽으로 이동시키는 중요한 역할을 담당한다.

해설 15
수분이 많고 살이 있는 부분은 변재이다.

정답 11. ② 12. ③ 13. ① 14. ③ 15. ②

핵심

03 임업종자

1 종자의 형성

1. 꽃의 구조

1) 피자식물

① 꽃받침, 화관, 수술, 암술로 구성
② 꽃받침과 화관을 합쳐 화피라고 하며, 불완전화는 네 기관 중 하나라도 없는 것으로 포플러류가 대표적임.

2) 나자식물의 꽃의 구조

① 꽃의 기본 구조인 꽃받침, 화관, 수술, 암술이 없어 나자식물의 꽃은 진정한 꽃이 아니라고 함.
② 그러나 유한생장을 하며, 생식세포를 만들어 내는 기관으로서 꽃의 기능을 가지고 있기 때문에 넓은 의미에서 꽃의 범주에 포함됨.

2. 화분과 배낭세포

1) 화분

침엽수종에 있어서는 화아분화가 일어난 뒤 약(藥, 꽃밥) 안에 화분모세포가 만들어지고, 이것이 감수분열해서 4분자로 되고 화분으로 됨.

핵심 PLUS

■ 생식(生殖, Reproduction)기관
① 무성생식(無性生殖, Asexual Reproduction ; 영양생식)
② 유성생식(有性生殖, Sexual Reproduction)
③ 단성화와 양성화 ☆☆

단성화 (單性花)	• Unisexual Flower, 자웅이화 • 수꽃과 암꽃을 따로 가짐. • 소나무, 잣나무, 전나무, 은행나무, 오리나무, 상수리나무 등
양성화 (兩性花)	• Bisexual Flower • 한꽃 안에 수꽃과 암꽃을 같이 가짐. • 무궁화, 목련, 벚나무, 동백나무, 녹나무 등

④ 자웅동주와 자웅이주

자웅동주 (雌雄同株)	• 일가화, 한 나무에 암꽃과 수꽃이 달리는 나무 • 소나무류, 삼나무, 오리나무류, 참나무류, 호두나무 등
자웅이주 (雌雄異株)	• 이가화, 암꽃과 수꽃이 각각 다른 나무에 달리는 나무 • 은행나무, 포플러류, 주목, 호랑가시나무, 꽝꽝나무, 가중나무 등

2) 배낭세포

① 주심(珠心)의 안쪽에 1개 또는 2개 이상의 배낭모세포가 생기고 그것이 감수 분열해서 4분자로 되며, 그 중 1개만 발달하여 배낭세포가 됨.

② 배낭세포는 크기가 비교적 크고 그 안에서 핵이 분열을 계속해 많은 유리핵 (遊離核)을 만들며 배낭의 내벽에 붙으며, 이후 유리핵 사이에 격막이 만들어져 배유가 됨.

■ 수분
화분이 수술에서 암술머리로 이동하는 현상

3. 수분과 수정

1) 수분

① 피자식물

㉮ 피수분이 이루어질 때 주두가 감수성을 나타내어 화분을 받아들일 수 있는 상태에 있어야 수분이 성공적으로 이루어짐.

㉯ 화분이 비산할 때 주두가 감수성이 높은 상태에 있을 경우 동시성이 있다 고 하며, 일가화를 가진 수목 간에는 암꽃과 수꽃의 화기가 일치하는 것을 의미

② 나자식물

㉮ 감수기간에 노출된 배주의 입구에 있는 주공에서 수분액을 분비하여 화분 이 부착되기 쉽게 함.

㉯ 주공 안으로 수분액이 후퇴할 때 화분이 함께 안으로 빨려 들어감.

2) 수정

① 피자식물

㉮ 화분립이 발아할 때 화분관핵과 생식핵이 화분관 속으로 들어가면서, 생식핵 은 반 번 분열하여 두 개의 정핵을 만듦.

㉯ 화분관이 배주에 도달하면, 한 개의 정핵은 난자와 결합하여 배(胚)를 만들고, 다른 정핵은 2개의 극핵과 결합하여 배유를 만듦으로써 수정을 두 번 실시하는 중복수정을 함.

㉰ 중복수정은 피자식물의 특징이며, 염색체수에서 배는 난자(n)와 정핵(n)이 결합하여 2n이 되고, 배유는 2개의 극핵(2n)과 정핵(n)이 결합하여 일반적 으로 3n이 됨.

② 나자식물 수정과정의 3가지 특징

㉮ 개화 상태에서 암꽃의 배주는 난모세포를 형성하는 단계에 머물러 있으며, 아직 난자를 형성하지 않고 있음.

㉯ 수정과정에서 단일수정으로 그침.

㉰ 수정과정에서 난세포의 소기관이 소멸되어 웅성배우체의 세포질유전이 이 루어짐.

③ 수정을 완료한 배 및 배유의 원핵은 분열을 일으켜 발육하게 되며 차차 수분이 줄어들고 주피(珠皮)는 종피(種皮)가 되며 드디어 모체의 생활기능에서 분리되어 독립하게 되는데 이것을 종자라고 함.

4. 종실의 발달과 성숙 ☆☆☆

1) 개화기와 성숙기

① 침엽수종의 구과발달의 4가지 형

개화한 그해 5~6월경에 빨리 자라서 수정하고 가을에 성숙하는 것	A형, 삼나무
개화한 해에 수정해서 크게 되고 다음해에는 크게 자라지 않으며 2년째 가을에 성숙하는 것	B형, 향나무
개화한 해에는 거의 자라지 않고 다음 해 5~6월경에 빨리 자라서 수정하며 2년째 가을에 성숙하는 것	C형, 소나무
개화한 해에는 거의 자라지 않고 다음해 봄에 수정하여 크게 자라며 3년째 가을에 가서 성숙하는 것	D형, 노간주나무

② 활엽수종의 종자발달의 3가지 형

개화한 후 빨리 자라서 3~4개월 만에 열매가 성숙	사시나무, 버드나무, 회양목, 떡느릅나무
개화한 해의 8~9월에 빨리 자라서 가을에 성숙	자작나무, 오동나무, 졸참나무, 떡갈나무, 신갈나무, 갈참나무
개화한 해에는 거의 자라지 않고 다음해 가을에 빨리 자라서 성숙	상수리나무, 굴참나무

2 종자의 구조

1. 종자의 외형적 특징

① 크기 : 임목종자는 대립·중립·소립·세립종자로 구분, 우리나라는 편의상 잣나무 종자 크기를 기준으로 분류함.
② 모양 : 임목종자의 일반적 모양은 원형이나 타원형이지만, 난형·방추형·삼각형 등 매우 다양한 모양을 가지고 있음.
③ 색상 : 종피의 색상은 주로 흑갈색~담갈색이며 광택이 있는 것과 없는 것이 있음.

■ 종자의 외부형태
  [종자와 열매의 차이]
  ① 종자는 배주(胚珠)가 성숙해서 발달한 것으로, 열매는 자방(子房)과 그 안에 있는 배주가 함께 발달한 것을 말함.
  ② 소나무·낙엽송·전나무·가문비나무 등의 침엽수종은 자방이 원래 없고 배주만 있어 종자가 얻어지고, 밤나무·상수리나무·개암나무·단풍나무·물푸레나무·오리나무와 같은 피자식물은 열매가 얻어짐.
  ③ 꽃의 구조와 종자 및 열매의 구조 사이의 관계
  • 씨방(자방) → 열매(때로는 자방 이외의 부분의 열매의 일부가 되는 일이 있음)
  • 밑씨(배주) → 종자
  • 주피 → 종피(씨껍질)
  • 주심 → 내종피(대부분이 퇴화함)
  • 극핵(2n) + 정핵 → 배젖(배유, 胚乳), 속씨식물
  • 난핵 + 정핵 → 배(胚)

2. 종자의 구조 ☆☆☆

① 종피 : 배주를 싸고 있는 주피가 변화해 이루어진 것으로 성숙한 종자에는 배꼽, 배꼽줄, 씨구멍등이 있음.

② 배주 : 내주피와 외주피는 내종피와 외종피로 되어 종자의 외곽을 보호함, 자방 안의 배주는 수정 후 발달하여 종자가 됨.

③ 배 : 난핵과 정핵이 합쳐져 이루어지며, 떡잎과 어린줄기 및 뿌리가 될 배축, 유아, 근축으로 구성됨.

④ 배젖(배유) : 정핵과 2개의 극핵이 합쳐서 이루어짐, 외배유·떡잎과 함께 배에 필요한 양분을 공급하며, 이 양분의 유무에 따라 배유종자와 무배유 종자로 구분함.

■ 소나무의 열매
소나무·낙엽송·잣나무 등은 구과 (毬果, cone)를 달고 있고 구과 안에는 종자가 들어 있다. 소나무류의 구과를 솔방울이라 부르며 소나무 구과의 한 인편당 종자 수는 2개이다.

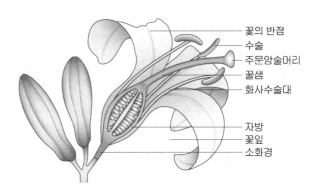

그림. 꽃의 구조

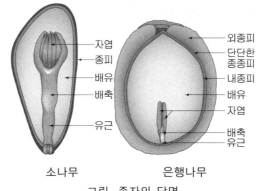

소나무   은행나무
그림. 종자의 단면

배유종자	배와 배유의 두 부분으로 형성, 배유에는 양분이 저장되어 있고 배는 잎·생장점·줄기·뿌리 등의 어린 조직이 모두 구비되어 있음.
무배유종자	저장양분이 자엽에 저장되어 있고, 배는 유아·배축·유근의 세부분으로 형성됨, 밤나무·호두나무·자작나무 등(배유 ✕)

⑤ 열매 및 종자는 바깥쪽으로부터 과피(씨방벽) → 주피(씨껍질) → 주심(내종피) → 배유(씨젖) → 배(씨눈)의 순으로 배치되어 있음.

3 열매의 분류 ☆☆☆

1. 침엽수종 종자의 분류

1) 건구과(乾球果, Dry Strobili, Duy Cone)
① 성숙한 구과로부터 나출된 상태로 붙어 있던 종자가 떨어져 나오는 것
② 소나무류, 전나무류, 가문비나무류, 솔송나무류, 삼나무

2) 육과(肉果, Fleshy Fruit)
① 1개의 종자가 종의상(種衣狀)의 구조물로 둘러싸여 있는 것
② 은행나무, 주목류, 비자나무류, 향나무류

2. 활엽수종 열매의 분류

1) 건열과(乾裂果, Dry Dehiscent Fruit)
과피가 건조하고 성숙하게 되면 그 안의 종자가 떨어져 나오는 것
① 삭과(蒴果, Capsule)
  ㉮ 2개 또는 여러 개의 심피(心皮)가 모여서 1실 또는 여러 실로 된 자방(子房)을 만들고 각 심피에 종자가 붙어 있다. 성숙하면 여러 가지 방법으로 열개(裂開)해서 종자가 나오게 된다.
  ㉯ 포플러류, 버드나무류, 오동나무류, 개오동나무류, 동백나무 등
② 협과(莢果, Legume, Pod)
  ㉮ 1개의 심피로 된 자방이 성숙하면 2개의 봉선(縫線, Sature)에 따라 갈라지는 것
  ㉯ 자귀나무, 아까시나무, 주엽나무, 박태기나무 등
③ 대과(大果, Follicle)
  ㉮ 1심피 자방이 성숙한 열매로서 한 봉선에 의해서만 갈라지는 것
  ㉯ 목련류

2) 건폐과(乾閉果, Dry Indehiscent Fruit)
건조한 과피를 가지나 성숙해도 갈라지지 않는 것을 말하며, 일반적 방법으로는 종자를 과피로부터 분리할 수 없음.
① 수과(瘦果, Achene)
  ㉮ 과피가 얇고 막질이며, 1개의 종자가 과피 안에 있고 과피와 종피가 전면유착을 하지 않으며, 얼핏 보기에 1개의 종자처럼 생긴 것을 말함.
  ㉯ 으아리류
② 견과(堅果, Nut)
  ㉮ 과피가 목질 또는 혁질로 되고, 그 안에 1개의 종자가 들어 있으나 과피와 종자가 밀착하지 않는 것
  ㉯ 밤나무, 참나무류, 너도밤나무, 오리나무류, 자작나무류, 개암나무류

핵심 PLUS

■ 열매의 분류
① 침엽수종 종자의 분류 : 건구과, 육과
② 활엽수종 종자의 분류
  • 건열과 : 삭과, 협과, 대과
  • 건폐과 : 삭과, 견과, 시과 영과
  • 습과 : 핵과, 장과, 이과, 감과

CHAPTER 03
임업종자

③ 시과(翅果, Samara, Key Fruit)
　㉮ 과피가 발달해서 날개처럼 된 것
　㉯ 단풍나무류, 물푸레나무류, 느릅나무류, 가죽나무
④ 영과(穎果, Crain, Caryopsis)
　㉮ 과피가 얇은 피질이고, 종피와 완전히 유착되어 있는 것
　㉯ 대나무류, 벼과식물

3) 습과(濕果, Fleshy, Juicy Fruit)
성숙 후 중과피와 내과피가 육질 또는 장질로 된 것
① 핵과(核果, Drupe, Stone Fruit)
　㉮ 과피가 3개의 층으로 뚜렷이 나누어지며, 외과피가 얇고 중과피가 육질 또는 장질이며, 내과피가 단단한 핵으로 된 것
　㉯ 살구나무, 호두나무, 복숭아나무, 오얏나무, 벚나무, 산딸나무류
② 장과(漿果, Berry, Bacca)
　㉮ 액과(液果)라고도 하며, 중·내과피가 육질 또는 장질로 되고 단단한 종자를 가지는 것
　㉯ 포도나무류, 감나무류, 까치밥나무류, 매자나무류
③ 이과(梨果, Pome)
　㉮ 화탁(화통)이 발달하여 열매 생성에 참가한 것으로 외과피는 피질이고, 중과피는 육질이며, 내과피는 지질 또는 연골질로 되어 있음.
　㉯ 배나무류, 사과나무류, 마가목류, 산사나무류
④ 감과(柑果, Hespridium)
　㉮ 외과피는 질기고 유선(油線)이 많으며, 중과피는 두껍고 해선상(海線狀)이며 내과피는 얇고 다수의 포낭(胞囊)을 만드는 것
　㉯ 밀감, 레몬 등

그림. 구과

그림. 핵과

그림. 이과

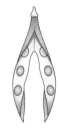
그림. 협과

그림. 견과

그림. 시과

그림. 분리과

그림. 삭과

그림. 열매의 분류

4 종실의 성숙기

1. 유형

1) 색깔로 알 수 있는 종실의 성숙기

향나무류의 구과는 성숙하면 진한 청색을 띠고, 스트로브잣나무의 구과는 녹갈색을 띠며, 소나무나 해송의 구과는 그 표면의 반정도가 황갈색으로 변함.

2) 비중으로 알 수 있는 종실의 성숙기

① 소나무 구과는 비중이 0.85 정도일 때 성숙
② 구과는 성숙적기에 수분이 감소하여 비중이 낮아짐.

3) 관찰

버드나무류, 사시나무류, 느릅나무속, 자작나무속 등의 수종은 종자가 성숙되면 단시일내에 전부 낙하되므로 채종시기를 매일 관찰하여 적기에 채취함.

2. 주요 수종의 종자 성숙기☆☆☆

월별	해당 수종
5월	버드나무류, 미루나무, 양버들, 황철나무, 사시나무 등
6월	떡느릅나무, 시무나무, 비술나무, 벚나무
7월	회양목, 벚나무
8월	스트로브잣나무, 향나무, 섬잣나무, 귀룽나무, 노간주나무
9월	대부분 수종
10월	
11월	동백나무, 회화나무

5 개화 · 결실의 촉진☆☆

1. 생리적 방법

1) C/N율의 조절

① 식물체 내의 탄수화물(C)와 질소(N)의 비율로 식물의 생육 · 화성 · 결실을 지배하는 기본요인임, C/N율이 높으면 화성을 유도하고 C/N율이 낮으면 영양생장이 계속됨.

② 환상박피나 단근, 접목 등의 방법으로 수목 지상부의 탄수화물 축적을 많게 하여 개화결실을 조장함.

③ 낙엽송의 경우 C/N율이 65~95%일 때 화아형성률이 높은 것으로 알려져 있음.

2) 시비

① 비료의 3요소인 질소, 인산, 칼리(칼륨)를 주어 착화를 촉진시킴.

② 채종림은 헥타르(ha)당 질소 50~100(kg), 인산 및 칼리(칼륨)는 각각 100~200kg의 사용이 알맞음.

2. 화학적 방법

1) 생장조절물질

① 지베렐린(GA_3)을 삼나무와 편백의 화아분화를 촉진시킴, 여름철 50~500ppm의 농도로 엽면 살포를 실시하고, 대경목의 경우 수간에 입제를 넣어줌.

② 소나무와 해송의 화아착생지에 옥신(NA·NAA)의 10ppm 수용액을 뿌려주면 암꽃이 수꽃으로 성전환이 가능

2) 인식화분(認識花粉, 멘토르화분)

① 수정 능력을 없게 한 혼합용 화분

② 불화합성을 인식해서 화합성으로 유도하는 물질을 가지고 있는 화분을 말함.

3. 물리적(기계적) 방법

1) 입지조건

종자가 생산된 지역보다 따뜻하고 개방적인 곳에 채종원을 조성하면 종자의 결실이 촉진됨.

2) 스트레스

결실을 촉진하기 위해 건조, 상처주기 등 어떤 스트레스를 주면 개화량이 많고 결실량이 증대됨(환상박피, 철사 등으로 줄기를 동여매는 긴박, 전지, 단근, 접목 등).

3) 임분의 밀도 조절

간벌 등으로 임분의 입목밀도가 낮아지면 수목의 수관이 확장되어 햇빛을 충분히 받아 결실량이 증대됨.

6 채종림(採種林)과 채종원(採種園)

1. 채종원

1) 수형목 선발 고려사항 ☆☆

수고, 축적, 수관의 크기, 자연전지능력, 가지의 굵기, 분지각, 수령, 목재비중

2) 채종원의 입지조건 ☆☆

① 외부 화분에 의한 수정을 막기 위하여 동종 임분으로부터 500m 이상 떨어져 있을 것
② 고도에 있어서 다소 낮으며, 선발된 수형목의 위치에서 남쪽으로 되도록 근거리에 떨어진 곳
③ 통풍이 잘 되어 한해(寒害)가 없는 곳
④ 기후조건이 개화·결실에 알맞은 곳
⑤ 대기오염 등 각종 피해가 없는 곳
⑥ 평지 또는 완경사지로서 기계화 작업이 가능한 곳
⑦ 한 채종원의 면적은 적어도 5ha를 초과해야 하고, 지면이 정방형이거나 원형에 가까울 것
⑧ 노동력의 공급이 잘 되고 교통이 편리한 곳

3) 클론의 수와 식재본수 ☆☆☆

① 불량종자의 생산을 방지하기 위하여 한 클론 주변의 2열은 적어도 다른 클론으로 둘러싸이도록 배치 (최소한 25clone 이상 필요)
② 클론의 배치
  ㉮ 각 클론 간의 교배기회가 고르게 될 수 있도록 함.
  ㉯ 같은 클론 간의 교배빈도가 되도록 적게 함.
  ㉰ 클론의 특성검정에도 도움이 되도록 함.
③ 채종원의 관리 유의사항
  ㉮ 채종원은 풀을 나게 해서 지표면 침식을 막도록 하나, 해마다 풀을 깎아 줌. 콩 등의 녹비작물을 심으면 좋음.
  ㉯ 수목의 요구량과 토지의 양료함을 고려해 시비함.
  ㉰ 환상박피, 긴박 등의 외상적 처치와 같은 일시적 효과를 노리는 일은 하지 않음.
  ㉱ 고지, 도장지, 세력이 약한 가지, 피해지 등은 끊어주고, 수고가 4m 정도 되면 3m 높이에서 절간해서 과목형을 유도함.
  ㉲ 둘레에 다른 수종으로 방풍림대를 조성함.
  ㉳ 병충해는 수시로 방제토록 함.

■ 관련용어 ☆☆☆
① **채종림** : 채종원산 종자로 조림에 필요한 소요량을 충당할 수 없다고 판단될 때 부족한 종자수요를 충족시킬 목적으로 지정된 우량 임분을 말함.
② **채종원** : 우량한 조림용 종자를 지속적으로 생산·공급할 목적으로 수형목의 종자 또는 클론(Clone)에 의해 조성된 1세대 채종원으로 인위적인 수목의 집단임.
③ **채종임분** : 채종원과 채종림에서 조림용 종자 공급량이 부족하다고 판단되거나 채종원 및 채종림이 지정되지 않은 수종의 종자를 잠정적으로 채취하는 임분으로서 채종림 지정요건에 미달되나 형질이 일반적으로 우량한 임분을 말함.
④ **수형목(秀型木)** : 우수한 유전형질을 가진 임목, 채종원 또는 채수포 조성에 필요한 접·삽수 및 종자를 채취할 목적으로 수형과 표현적 형질이 우량하여 지정한 수목을 말함.
⑤ **채수포** : 우량한 접·삽수를 채취할 목적으로 조성된 수목의 집단(클론보존원)을 말함.
⑥ **클론(clone)** : 접·삽목, 취목, 조직배양 등으로 무성번식된 단일 개체들의 집합체를 말함.
⑦ **종자산지구역** : 산림용 종자가 생산된 지역으로 유전적 특성이나 생태적 조건의 유사성을 고려하여 구획된 지역을 말함.

■ 녹비작물
① 농경지에서 식물을 일정기간 자라게 한 후 지상부를 직접 갈아 엎어 녹비로 사용하는 작물
② 자운영, 클로버류, 자주개자리 등의 구과식물
③ 호맥, 연맥, 옥수수, 메밀 등의 비두과식물

■ 채종림 선발시 우량목과 불량목 구성비
  ① 우량목 50% 이상
  ② 불량목 20% 이하

2. 채종림 등의 지정·해제 기준

1) 채종림 지정 기준 ☆☆☆

① 1단지의 면적이 1만m²(1ha) 이상이고, 모수가 1만m²(1ha)당 150본 이상인 산림

② 지정기준을 명확히 판정할 수 있는 수령·수고에 달한 산림이거나 생육발달 단계에 이르고 개체간 특성이 균일한 임분으로 구성된 산림

③ 벌채나 도남벌이 없었던 산림

④ 동일 수종의 불량 또는 교잡종을 형성할 수 있는 수종의 임분과 충분한 거리가 있는 산림

⑤ 임분 내 임목은 병해충 피해가 없고 생태적 조건이 적응이 된 산림

⑥ 재적생산은 유사한 생태적 환경에서 평균 재적생산보다 우수하고 생장형태는 수간의 통직성과 원통성이 좋아야 하고 분지상태가 양호하며 가지가 가늘고 자연낙지가 잘 된 산림

⑦ 보호관리 및 채종 작업이 편리한 산림

⑧ 특수 목적의 수종이나 채종림으로 ① 내지 ⑦의 일부분을 충족시키지 못할 경우 지정기준은 국립산림품종관리첸터장과 협의를 거쳐 정함.

2) 채종림 해제 기준

① 수령이 노쇠하여 종자의 결실을 기대할 수 없는 임분으로써 피해 및 노쇠 모수가 현존 본수의 50% 이상일 때

② 조림계획의 변경으로 해당 수종의 종자가 불필요할 때

③ 그 밖에 해제의 필요성이 있거나 해제가 불가피할 때

3) 수형목의 지정 기준 ☆☆☆

① 침엽수

구분	인공림	천연림
요령	• 임상의 둘레나 도로변의 나무 혹은 고립목은 제외한다. • 수령은 20년생 이상이고, 벌기령 이전의 것으로 한다. • 지위는 한 지위에 편중하지 않도록 한다. • 1만m²당 3본 이상은 선발하지 아니하도록 한다.	• 임상의 둘레나 도로변의 나무 혹은 고립목은 제외한다. • 수령은 될 수 있는 한 30년 이상의 것으로 한다. • 지위는 한 지위에 편중하지 않도록 한다. • 1만m²당 1본 이상은 선발하지 아니하도록 한다.

구분	인공림	천연림
기준	• 상층 임관에 속할 것 • 주위 정상목 10본의 평균보다 수고 5%, 직경 20% 이상 클 것. 다만, 형질이 뛰어날 때는 생장이 평균 이상일 경우 선발할 수 있다. • 생장이 왕성할 것 • 수관이 좁고 가지가 가늘며 수관이 한쪽으로 치우치지 말 것 • 밑가지들이 말라서 떨어지기 쉽고 그 상처가 잘 아물 것 • 심한 병충에 걸리지 않은 것 • 수간이 완만하고 굽거나 비틀어지지 않은 것 • 상당량의 종자가 달릴 것	• 최근 30~50년간의 직경생장이 20% 이상, 수고 5% 이상 주위 정상목 10본의 평균보다 클 것. 다만, 형질이 뛰어날 때는 생장이 평균 이상일 경우 선발할 수 있다. • 생장이 왕성할 것 • 수관이 좁고 가지가 가늘며 수관이 한쪽으로 치우치지 말 것 • 밑가지들이 말라서 떨어지기 쉽고 그 상처가 잘 아물 것 • 심한 병충에 걸리지 않은 것 • 수간이 완만하고 굽거나 비틀어지지 않은 것 • 상당량의 종자가 달릴 것

② 활엽수

구분	인공림	천연림
요령	• 임상의 둘레나 도로변의 나무 혹은 고립목은 제외한다. • 수령은 될 수 있는 한 10년생 이상 벌기령 이전의 것으로 한다. • 지위는 한 지위에 편중하지 않도록 한다. • 1만m²당 3본 이상은 선발하지 아니하도록 한다.	• 임상의 둘레나 도로변의 나무 혹은 고립목은 제외한다. • 수령은 될 수 있는 한 30년 이상의 것으로 한다. • 지위는 한 지위에 편중하지 않도록 한다. • 1만m²당 2본 이상은 선발하지 아니하도록 한다.
기준	• 상층 임관에 속할 것 • 주위 정상목 10본의 평균보다 수고 5%, 직경 20% 이상 클 것. 다만, 형질이 뛰어날 때는 생장이 평균 이상만 되면 선발할 수 있다. • 수간이 완만하고 굽거나 비틀어지지 않아야 한다. • 수간이 분지하지 않은 것. 다만, 중앙부 이상에서 분지한 것은 무방함. • 지하고가 높은 것 • 자연 낙지성이 큰 것 • 가지가 가는 것 • 병충에 걸리지 않은 것 • 상당량의 종자가 달릴 것	• 최근 15년 이상의 생장이 직경 20% 이상, 수고가 5% 이상 주위 정상목 10본의 평균보다 클 것. 다만, 형질이 뛰어날 때는 생장이 평균 이상만 되면 선발할 수 있다. • 수간이 완만하고 굽거나 비틀어지지 않아야 한다. • 수간이 분지하지 않은 것. 다만, 중앙부 이상에서 분지한 것은 무방함. • 지하고가 높은 것 • 자연 낙지성이 큰 것 • 가지가 가는 것 • 병충에 걸리지 않은 것 • 상당량의 종자가 달릴 것

4) 수형목의 지정해제 기준

① 차대검정 실시 후 형질이 불량한 것으로 판정될 때

② 선발된 수형목의 클론보존원 조성이 완료된 때

③ 그 밖에 불가피한 사유로 수형목의 지정가치가 없거나 해제가 불가피할 때

■ 종자결실의 예측
① 자연적인 종자결실을 예측은 결실
이 많고 적음을 짐작하는 것
② 결실연도의 전해 가을이나 결실년
의 봄에 꽃 핀 수의 많고 적음, 익는
시기의 환경 등을 살펴서 예측함.

■ 전나무결실
60~70년이 되어야 충실한 종자가 결
실됨.

7 종자결실량 예측

1. 결실주기 ☆☆☆☆

해마다 결실을 보이는 것	버드나무류, 포플러류, 오리나무류
격년결실을 하는 것	소나무류, 오동나무, 자작나무류, 아까시나무
2~3년을 주기로 하는 것	참나무류, 들메나무, 느티나무, 삼나무, 편백
3~4년을 주기로 하는 것	전나무, 녹나무, 가문비나무
5년 이상을 주기로 하는 것	너도밤나무, 낙엽송

2. 결실풍흉의 예상

① 결실 전년의 가을 또는 결실년의 봄에 결실량을 미리 조사 · 예측하여 종자
생산량과 채집계획을 수립

② 결실량의 예지를 위해 화아(花芽)의 착생상태를 조사하는 방법으로 소나무류,
전나무류, 삼나무, 편백 등은 암꽃눈(자화아)와 수꽃눈(웅화아)를 구별하기 쉬움,
반면 가문비나무류 · 자작나무류 · 오리나무류는 구별하기 어려움.

③ 특히 낙엽송은 결실의 주기성 현상이 있고 임성(稔性, 발아력)에도 변화가 심하
므로 결실량의 예지가 유익할 경우가 많음.

㉮ 낙엽송은 7월에 화아 분화가 일어나고 다음해 4~5월에 개화해서 수정이
되며 7~10월에 종자가 성숙함, 10월경에 다음해 결실하게 될 화아의 상태
를 미리 조사할 수 있음.

㉯ 낙엽송 화아식별 요령

암꽃눈	녹색의 긴 잎과 포린이 복층으로 생장점을 덮고 있다
수꽃눈	아린을 제거하면 녹색 알맹이 모양의 꽃밥이 덮고 있다.
잎눈	아린을 제거하면 녹색의 가늘고 긴 잎이 단층으로 생장점을 덮고 있다.

㉰ 수관을 상 · 중 · 하의 3부분으로 나누고 각부에서 가지를 선발해 그곳에 붙어
있는 화아의 수를 측정, 이 때 각 눈의 총수에 대한 암꽃눈의 비율을 알고 계산
에 의해서 전체의 것을 추정함.

8 종자 채집

1. 채취시 주의점과 방법

1) 주의점

① 채집시 나무에 상처를 주지 않도록 주의하며, 특히 가지채로 끊어서 채취하는 방법은 나무에 상처를 줄 뿐만 아니라 미래의 결실지를 제거하는 결과가 되므로 삼가함.

② 우량한 나무는 지하고가 높고 위쪽의 가지가 가늘며 열매와 구과가 가지의 끝에 붙어있는 경우가 많으므로 종자 채취에 어려움이 많음.

③ 키가 낮고 구과가 많이 달리는 나무는 종자의 형질이 나쁘거나 불량한 종자가 많으므로 채취하지 않음.

2) 채취방법

벌도법 (伐倒法)	종자성숙기에 벌채예정목 또는 이용가치가 적은 나무를 벌도하여 채집하는 것
절지법 (切枝法)	결실가지의 기부 또는 중간부로부터 자르는 것으로 깊은 산에서 흔히 이용되나 결실한 가지가 없어지므로 종자의 보속생산이 불가능하게 됨.
장대따기	밤나무, 참나무류 등과 같이 종자가 잘 떨어지는 나무는 나무에 올라가 장대로 털어서 떨어진 것을 주어 모음
훑어따기	편백, 느티나무, 느릅나무, 거제수나무 등 종자가 가지에 모여서 달린 수종은 낱개로 따는 것 보다 손으로 훑어서 따는 것이 효과적임.
송이따기	소나무, 잣나무, 전나무, 분비나무 등 송이가 잘 떨어지지 않는 수종은 전정가위, 고절가위, 고절낫 등으로 송이째 따야 하며 고로쇠나무 등 단풍나무류와 물푸레나무류, 오동나무 등은 종자가 모여 달리기 때문에 송이째 따는 것이 능률적임.

2. 종자산지 ☆

① 종자를 채집하면 반드시 수종명, 채집지의 위치·고도 및 방위, 채집 연월일, 종자모수의 수령·수고·흉고직경·지하고, 임황, 채집자의 성명 등을 기록으로 남겨 항상 종묘의 내력을 알 수 있게 함.

② 종자산지와 종자출처

㉮ 종자산지란 종자를 얻은 원래의 지리적 위치를 뜻하는데, 지역품종 또는 지리적 출처라고도 함.

㉯ 종자출처 : 종자가 채집(생산)된 곳

㉰ 경기도에서 얻어진 리기다소나무의 종자로 전남 보성에서 조림한 경우
→ •종자산지 : 미국, •종차출처 : 경기도

㉱ 일반적으로 종자출처보다는 종자산지가 조림상 의미를 더 지니게 된다.

■ 종자채집과 시기
① 종자채집은 채종림 또는 채종원에서 실시하나, 비교적 우량하다고 생각되는 임분에서도 채집함
② 채집 시기는 침엽수종의 경우 종자의 자연탈락 직전이 좋으나, 일반적으로 조금 미리 채집함.

■ 종자의 산지
① 조림지 부근에서 채취한 것이 좋다.
② 종자의 산지와 조림지는 기후 등의 입지조건이 유사해야 한다.
③ 모수의 연령은 장년기 이상의 노령목이 좋다.
④ 산지번호 1–1의 종자 산지구역은 제주도이다.

■ 종자조제
채취한 열매나 구과에서 우량종자를
얻어내는 과정

■ 종자의 건조방법
① 양광건조법 : 햇빛이 잘 드는 곳에
구과를 얇게 편 다음 하루에 2~3회
뒤집어서 건조하는 방법
② 반음 건조법 : 햇볕에 약한 종자를
통풍이 잘되는 옥내에 얇게 펴서 건
조하는 방법
③ 인공건조법 : 구과건조기를 이용하
여 건조시키는 방법으로 종자의 양
이 많을 때 이용

9 종자조제☆☆☆

1. 구과 및 열매의 건조

1) 주의점

① 채취한 종자나 열매는 함수율이 높아 부패할 우려가 있으므로 가능한 빨리 건조시킴.

② 침엽수의 구과를 너무 일찍 채집하였으면 그늘에서 1주일 정도 건조시켜 후숙한 다음 햇빛에 건조시키는 것이 좋음.

③ 활엽수의 열매 중 밤, 도토리 등은 채취 즉시 흐르는 물에 1주일 가량 침지하거나 밤바구미 등의 피해를 막기 위해 아황산탄소(CS_2)로 살충함.

④ 벚나무, 호두나무 등 과육이 있는 열매는 습한 모래에 섞어서 썩게 한 후 과육을 제거하며, 은행나무는 외종피의 육질을 제거하고 세척하여 건조시킨 불완전 종자임.

⑤ 구과는 건조기간 동안 종자의 산지가 혼돈되지 않도록 항상 주의함.

2) 방법

양광건조법 ☆	• 평탄한 곳에 방수포를 펴서 그 위에 구과를 얇게 펴 하루에 2~3회 갈퀴질을 해서 뒤엎어 주고, 밤에는 방수포를 덮어 습기를 얻지 못하도록 함. • 양광건조법의 건조 정도는 구과의 인편이 벌어져서 그 안에 들어 있는 종자의 약 60~70%가 나올 때까지 실시, 회양목은 과피가 터지면서 종자가 날아가므로 눈이 좁은 망을 덮어줌. • 소나무류, 낙엽송, 전나무, 회양목 등
반음건조법 ☆	• 햇볕에 약한 종자를 통풍이 잘 되는 옥내에 펴서 건조하는 방법 • 오리나무류, 포플러류, 편백, 참나무류, 밤나무 등
인공건조법	• 구과건조기를 이용하여 건조시키는 방법, 종자의 양이 많을 때 이용 • 함수량이 많은 생구과를 급히 건조시키면 종자의 활력이 저하되거나 표면만 건조하고 구과가 벌어지지 않을 우려가 있으므로 보통 25℃에서 시작해서 최고 40℃까지 올리도록 하고, 50℃ 이상 되지 않게 함. • 실내의 관계습도를 낮게 하도록 하며, 건조가 끝난 구과는 곧 탈종함.

2. 탈종법☆☆

① 건조가 끝난 구과에서 종자를 빼내는 작업으로 탈종법은 종자의 형태와 특성에 따라 다름.
② 침엽수는 구과를 건조시켜야 종자를 탈종할 수 있으며 느릅나무, 싸리나무, 단풍나무, 물푸레나무 등은 그대로 파종함.
③ 방법

건조봉타법	• 막대기로 가볍게 두들겨 탈종 • 건조한 구과나 아까시나무, 박태기나무와 같은 협과, 오리나무의 열매 등
부숙마찰법	• 가마니나 풀로 덮고 물을 부어 썩히는 등으로 부숙을 시킨 뒤 탈종 • 은행나무, 주목, 비자나무, 벚나무, 가래나무
도정법	• 정미기에 넣어 외각(바깥껍질)을 깎아 내는 탈종법으로 발아 촉진법을 겸함. • 옻나무
구도법	• 열매를 절구에 넣어 공이로 약하게 찧는 방법 • 옻나무, 아까시나무

3. 종자의 정선법☆

① 협잡물인 쭉정이, 나무껍질, 나뭇잎, 모래 등을 제거하여 좋은 종자를 얻는 방법
② 소나무류, 가문비나무류 등은 종자에 날개가 붙어 있으므로 용적을 줄이기 위해 날개를 제거함.
③ 방법

풍선법		• 키, 선풍기 또는 종자풍선용으로 만든 중력식 장치들로 종자와 잡물의 비중 차이를 이용하여 종자 중에 섞여 있는 종자날개, 잡물, 쭉정이 등을 선별 • 소나무류, 가문비나무류, 낙엽송류, 자작나무에 효과적이고 전나무, 삼나무에는 효과가 낮음.
사선법		• 체로 종자보다 크거나 작은 것을 쳐서 가려내는 방법 • 대부분 수종의 1차 선별방법
액체선법		• 물, 식염수, 비눗물, 알코올 등 여러 가지 비중액을 이용하여 정선
	수선법	• 깨끗한 물을 사용, 가라앉는 종자를 취하는 방법 • 잣나무, 향나무, 주목, 도토리 등 대립종자에 적용 • 낙엽송 종자의 경우 침수 후 20~30시간에 가라앉는 것이 충실, 삼나무는 10시간 침수 후 가라 앉는 것이 충실종자
	식염수선법	• 비중이 큰 종자의 선별에 적용 • 옻나무는 물 1리터에 소금 28g을 넣어 비중 1.18의 액으로 선별
	알코올선법	• 시료로 충실립을 취할 때만 쓰임.
입선법		• 밤나무, 가래나무, 호두나무, 칠엽수, 참나무류, 목련 등 대립종자에 적용 • 1립씩 눈으로 감별하면서 손으로 선별하는 방법

■ 탈종법
① 씨를 빼내는 방법
② 방법
• 건조봉타법(건조해 두들김)
• 부숙마찰법: 부숙(가마니나 풀로 덮고 물을 부어 썩힘) 후 탈종
• 도정법
• 구도법

■ 종자 정선법
① 쭉정이, 나무껍질, 나뭇잎, 모래 등을 제거하고 좋은 종자를 얻음.
② 방법
• 풍선법(바람을 이용해 가려냄)
• 사선법(체에 쳐서 가려냄)
• 액체선법(비중액을 이용해 가려냄): 수선법, 식염수선법, 알콜수선법
• 입선법(손으로 선별)

■ 종자수득률
① 박달나무 23.3%
② 잣나무 12.5%
③ 향나무 12.4%
④ 호두나무 52%

4. 정선종자의 수득율

구분	수득율	구분	수득율	구분	수득율
소나무	2.7	방크스소나무	1.7	노간주나무	4.1
해송	2.4	물갬나무	5.1	가래나무	50.9
리기다소나무	2.8	약밤나무	9.0	호두나무	50.2
잣나무	12.5	삼나무	7.5	박달나무	23.3
이깔나무	8.2	편백	11.4	옻나무	40.2
전나무	19.3	화백	10.4	붉나무	35.0
가문비나무	2.1	금송	8.4	무궁화	20.2
분비나무	6.4	측백나무	3.2	아까시나무	3.4
벚나무	18.2	향나무	12.4	–	–

■ 종자의 저장
① 건조저장법
• 상온(실온)저장법 : 0~10도의 실온에서 보관, 기온과 습도를 낮게 유지
• 저온(밀봉)저장법 : 결실주기가 긴 종자, 상온저장으로 발아력이 쉽게 상실하는 종자
② 보습저장법
• 노천매장법 : 저장과 동시에 발아를 촉진시키는 효과
• 보호저장법(건사저장법) : 모래와 종자를 섞어 용기 안에 저장, 함이 많은 전분종자
• 냉습적법 : 종자를 발아촉진 후 후숙에 중점을 둠, 보습재료인 이끼 · 모래 · 토탄 · 모래 등과 종자를 섞어 냉장보관

10 종자 저장 ☆☆☆☆☆

1. 건조저장법

소나무, 해송 리기다소나무, 삼나무, 편백, 낙엽송 등 소립종자를 가지는 침엽수종에 적용

1) 상온(실온)저장법

① 종자를 용기 안에 넣어 0~10℃의 실온에 보관하는 방법

② 보통 가을부터 이듬해 봄까지 저장하며, 저장시 기온과 습도를 낮은 상태로 유지하고 장기간 저장에는 적당하지 않음.

2) 저온(밀봉)저장법

① 적용 경우

㉮ 결실주기가 긴 수종의 종자 : 낙엽송은 5~7년마다 종자가 많이 달리므로 풍작인 해에 종자를 채취하여 장기간 저장함.

㉯ 상온저장으로 발아력을 쉽게 상실하는 종자 : 1년 저장이 곤란한 수종(전나무 · 분비나무 · 오리나무)과 1년 저장에 발아력을 50% 상실하는 수종(잎갈나무 · 가문비나무 · 삼나무 · 편백 · 종비나무) 등에 적용함.

② 종자를 건조시켜 탈기하고 진공상태로 밀봉시켜 저온(보통4℃의 냉장고)에 저장하는 방법으로 수년 길게는 수십 년까지 발아력을 유지하는 경우도 있음.

③ 함수율을 5~7% 이하로 유지한 종자를 밀봉용기에 건조제(실리카겔)와 종자의 활력억제제인 황화칼륨을 종자 무게의 10% 정도 함께 넣어 보관함.

④ 종자건조제 : 실리카겔 외 나뭇잎, 생석회, 산성백토, 유산 등이 있으며, 실리카겔의 경우 코발트염소를 처리하면 상대습도가 45%정도 높아졌을 때 청색에서 적색으로 변함.

2. 보습저장법

1) 노천매장법

① 시기☆☆☆☆☆

종자를 정선한 후 곧 노천 매장해야 할 수종(9월 상순~10월 하순)	들메나무, 단풍나무류, 벗나무류, 잣나무, 섬잣나무, 백송, 호두나무, 가래나무, 느티나무, 은행나무, 목련류 등
토양동결 전 늦어도 11월 말까지 매장해야 할 수종	벽오동나무, 팽나무, 물푸레나무, 신나무, 피나무, 층층나무, 옻나무 등
토양동결이 풀린 후 파종하기 1개월 전(3월중순)에 매장하는 것이 발아촉진에 도움을 주는 수종	소나무, 해송, 낙엽송, 가문비나무, 전나무, 측백나무, 리기다소나무, 방크스소나무, 삼나무, 편백, 무궁화 등

② 방법

㉮ 종자를 땅 속에 50~100cm 깊이에 모래와 섞어서 묻어둠.

㉯ 저장의 목적보다는 종자의 후숙을 도와 발아를 촉진시키는 데 더 큰 의의를 지님.

㉰ 양지바르고 배수가 잘 되는 곳을 택하며, 때로는 콘크리트로 틀을 짜서 영구적으로 사용가능함.

㉱ 구덩이 안 바닥에 모래나 포대를 깔고 그 위에 종자를 깨끗한 모래와 교대로 넣으며 나중에 땅 표면 가까이에 가서는 흙을 15~20cm 가량의 두께로 덮어둠.

㉲ 쥐의 피해가 예상될 때에는 철망을 덮고, 그 위를 흙으로 덮어둠.

㉳ 겨울 동안 눈이나 빗물은 그대로 스며들어갈 수 있도록 함.

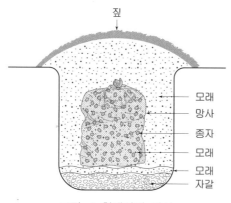

그림. 노천매장의 예시

■ 보습저장법
건조에 의하여 생활력을 쉽게 상실하는 참나무류, 가시나무류, 가래나무, 목련류 등은 습도가 높은 조건 하에 두어서 저장한다.

핵심 PLUS

2) 보호저장법(건사저장법)

① 밤, 도토리 등 함수량이 많은 전분종자를 추운 겨울 동안 동결하지 않고 동시에 부패하지 않도록 저장하는 방법

② 습하지 않은 깨끗한 모래를 종자와 함께 큰 용기 안에 보관

③ 그 함수량이 건중량의 30% 이하로 떨어지지 않도록 해야 함.

3) 냉습적법

① 종자의 발아촉진을 위한 후숙에 중점을 둔 저장법

② 용기 안에 보습재료인 이끼, 토회(土灰), 모래 등을 섞어서 넣고 3~5℃ 정도 되는 냉실 또는 냉장고 안에 두는 방법

③ 종자의 함수율은 건물중의 20~25%를 유지하며 다른 보습저장법에 비해 효과가 높은 편임.

11 종자검사

1. 유전적 품질 ☆☆

1) 종자의 유전성

① 종자는 우량품종에 속하며 이형종자의 혼입이 없어 유전적으로 순수한 것이어야 함. 우량품종의 종자를 육성 및 보존하려면 기본적으로 다음의 조건을 구비하야 함.

■ 종자의 유전적 품질
① 종자의 유전성 : 우수성, 균일성, 영속성
② 종자의 퇴화원인 : 유전적 퇴화, 생리적 퇴화, 병리적 퇴화
③ 종자의 특성 유지방법 : 영양번식, 격리재배, 종자의 저온저장, 종자갱신

우수성	재배적 특성이 다른 품종들보다 우수해야 함.
균일성	• 품종 안의 모든 개체들의 특성이 균일해야만 재배·이용상 편리함. • 특성이 균일하려면 모든 개체들의 유전질이 균일해야 함.
영속성	• 균일하고 우수한 특성이 대대로 변하지 않고 유지되어야 함. • 특성이 연속되려면 유전질이 균일하게 고정되어 있어야 하며 종자가 유전적·생리적·병리적으로 퇴화하는 것이 방지되어야 함.

② 우량한 종자라 하더라도 재배세대가 경과하는 동안에 유전적·생리적·병리적으로 퇴화하는 것이 방지되어야 함.

유전적 퇴화	수목의 종류에 따라 다르나 이형유전자형의 분리, 자연교잡, 돌연변이, 이형종자의 기계적 혼입 등이 있음.
생리적 퇴화	재배환경(토양환경, 기상환경 및 생물환경)과 재배적 조건 등의 불량으로 생리적으로 열세화하여 생산력과 품질의 저하와 그의 따른 우수성이 저하되는 경우임.
병리적 퇴화	종자로 전염하는 병해나 바이러스병 등으로 퇴화하는 것

③ 종자의 퇴화를 방지하고 품종의 특성을 유지하기 위해서는 육성된 신품종이나 기존우량품종의 종자를 증식을 위한 기본식물종자로 사용함.

④ 종자의 퇴화를 방지하는 동시에 특성을 유지하는 방법

영양번식	영양번식하면 유전적 원인에 의한 퇴화가 방지됨.
격리재배	격리재배하면 자연교잡이 방지됨.
종자의 저온저장	새품종의 종자를 고도로 건조시켜 밀폐 냉장하여 두고 해마다 종자증식의 기본식물종자로 사용함.
종자갱신	체계적으로 퇴화를 방지하면서 채종한 종자를 해마다 보급함.

2) 종자의 품질검사

① 임목종자의 유전적 품질은 양모사업상 계획수립에 필수적인 것으로 수종별로 10년간 반복 검사하여 표준품질표를 작성 및 고시, 검사항목은 순량률, 용적중, 실중, L당 입수, kg당 입수, 수분, 발아율, 효율 등이다.

② 모든 측정치는 소수점 이하 1위까지 산출하며 감정치의 소수점 이하 1위에서 4사5입 함.

③ 시료의 축분은 4분법 또는 시료균분기에 의함.

④ 4분법에 의한 시료축분법

> 시료를 축분전에 충분히 혼합함. → 혼합된 시료는 원형으로 평평히 넓게 넓힌 다음 종횡으로 선을 균등하게 그려 4등분함. → 4등분된 시료는 대각끼리 모아 2개로 축분함. → 2개로 축분된 시료 중 그 하나를 임의로 택하여 전항과 같은 조작을 반복하여 소정의 작업시료량이 될 때까지 축분함.

⑤ 종자검사에 필요한 작업시료량 및 반복횟수 : 대립종자는 잣보다 큰 종자, 중립종자는 잣종자, 소립종자는 잣보다 작은 종자로 함.

⑥ 종자검사에 합격한 종자에 대하여는 품질보증표를 종자의 용기 또는 포장 외부에 부착하여야 하며 채종임분 종자는 황색, 채종림 종자는 녹색, 미검정 채종원 종자는 분홍색, 검정 채종원 종자는 청색으로 각각 구분하여 표시함.

핵심 PLUS

■ 종자의 분류
① 종자의 크기에 의한 분류 : 대립종자, 중립종자, 소립종자, 세립종자
② 양묘사업상의 분류 : 진정종자(정선하기 쉬운 종자), 건과종자(과피를 벗기지 않고 그대로 씨뿌리기 하거나 날개 등 제거 후 씨뿌림), 장과종자(과피를 부숙해 정선하는 종자)
③ 종자성분에 의한 분류 : 유지종자, 단백질종자, 전분종자
④ 발아력에 의한 분류 : 발아가 잘되는 종자, 발아가 잘 되지 않는 종자(발아촉진처리)

2. 종자의 분류

1) 종자의 크기에 의한 분류☆☆

크기별	구 분
대립종자	밤나무, 상수리나무, 호두나무, 은행나무 등 L당 1,000립 이하의 잣보다 큰 종자
중립종자	잣나무, 물푸레나무, 백합나무, 피나무 등 L당 1,000~3,000립의 잣과 비슷한 크기의 종자
소립종자	소나무, 전나무, 분비나무, 느티나무, 벚나무 등 L당 3,000~100,000립 되는 종자
세립종자	낙엽송, 자작나무, 삼나무, 편백 등 L당 10만립 이상 되는 종자

2) 양묘사업상의 분류

진정(眞正) 종자	소나무·전나무·낙엽송 등의 구과, 아까시나무·자귀나무 등 협과, 오동나무류·포플러류·버드나무류의 삭과 등과 같이 건조하면 탈각이 잘되는 종자로서 정선하기가 쉬운 종자
건과(乾果) 종자	참나무류·개암나무류·오리나무류의 견과, 단풍나무류·물푸레나무류·느릅나무류 등의 시과 등과 같이 과피를 벗기지 않고 그대로 씨뿌리기하거나 날개 등을 제거하고 씨뿌림하는 종자
장과(漿果) 종자	벚나무·매자나무·호두나무·뽕나무·산수유 등과 같이 과피를 부숙시켜 정선하는 종자

3) 종자성분에 의한 분류

유지종자	동백나무, 비자나무등과 같이 지방질이 많은 종자
단백질종자	호두와 같이 단백질이 많은 종자
전분종자	밤, 도토리 등 탄수화물이 많은 종자

4) 발아력에 의한 분류

발아가 잘되는 종자	소나무, 낙엽송, 자작나무, 물갬나무 등과 같이 발아촉진처리를 하지 않아도 발아가 잘 되는 종자
발아가 잘 않되는 종자	잣나무, 향나무, 주목, 옻나무, 복자기나무 등과 같이 발아촉진처리를 해야 발아되는 종자

3. 시료채취

① 종자군

한 지역 또는 한 고도에서 얻은 종자로서, 비교적 고른 내용을 가지고 있는 일군의 종자를 말함. 종자군이 다르면 그 품질이 다르게 되므로 군별로 검사가 실시됨.

② 검사용 시료는 전체 종자를 대표할 수 있도록 추출

③ 종자검사 의뢰 시료량

㉮ 밤나무, 호두나무, 칠엽수 등의 특대립종자는 6리터 이상

㉯ 참나무류, 은행나무, 비자나무, 동백나무, 살구나무 등의 대립종자는 1리터 이상

㉰ 전나무, 잣나무, 벚나무, 목련, 옻나무, 물푸레나무, 들메나무, 단풍나무 등의 중립종자는 0.4리터 이상

㉱ 소나무, 해송, 낙엽송, 가문비나무, 자작나무, 오리나무, 아까시나무 등의 소립종자는 0.2리터 이상

4. 검사기준 ☆☆☆

1) 실중(實重,1000 seeds weight)

① 종자의 충실도를 무게로 파악하는 기준으로 종자 1,000립의 무게를 말함, 그램(g)단위로 표시함.

② 대립종자는 100립, 4반복의 무게를 측정해서 그 평균치로 1,000립중으로 환산

③ 소립종자는 1,000립, 4반복의 평균치로 함.

④ 순정종자를 대상으로 하는데 실중의 값이 높으면 종자가 무겁고 충실한 것으로 판단함.

2) 순량률(純量率, purity percent)

① 시료종자를 육안으로 순정한 것과 그 밖의 잡물로 나누어 다음 공식으로 계산

$$순량률(\%) = \frac{순정종자량}{전체시료량} \times 100$$

② 도토리, 동백나무, 비자나무, 호두나무, 칠엽수 등 대립종자에 대한 순량률 측정은 대체로 하지 않음.

<예시> 소나무 종자 200g 중 수피, 종피 등 협잡물이 15g 측정되었다. 순량률을 구하시오.

$$순량률(\%) = \frac{200-15}{200} \times 100 = 92.5\%$$

핵심 PLUS

■ 종자 품질 검사 항목

① 실중 : 종자(씨앗)의 충실도를 무게로 파악하는 검사법, 씨앗의 알 수를 무게(g)로 나타냄.

② 순량률(%)

$$= \frac{순정종자량\ (순정씨앗의\ 무게)}{전체시료량\ (시료무게)} \times 100$$

③ 용적중 : 1L에 대한 무게를 그램 단위로 나타낸 것

④ 발아력(%)

• 발아율

$$= \frac{발아한\ 종자수}{발아시험용\ 종자수} \times 100$$

• 발아세

$$= \frac{가장\ 많이\ 발아한\ 날까지\ 발아한\ 종자수}{발아시험용\ 종자수} \times 100$$

⑤ 효율(%) $= \dfrac{순량률 \times 발아율}{100}$

3) 용적중(容積重)

① 종자 1L에 대한 무게를 그램(g)단위로 나타낸 것, 씨뿌림량을 결정하는 중요한 인자임.

② 종자가 1L 미만일 경우에는 보조방법으로 부라웰곡립계로 측정함.

③ 부라웰곡립계 측정방법

먼저 곡립계를 안치하고 수평을 유지한 다음 조절나사를 움직여서 영점조정함. → 측정시 개전을 잡아당길 때에는 곡립계가 움직이지 않도록 일시에 가볍게 잡아당김 → 눈금을 각도 0.5(1/2) 단위로 읽되 눈금과 수평선상에서 읽음.

$$용적중(g) = \frac{100}{각도수} \times 100$$

4) 발아율(發芽率, germination percent)

① 일정수의 종자에 대하여 알맞은 방법으로 발아시험을 해서 일정기간 내의 발아립수를 공시수에 대한 백분율로 나타낸 것

$$발아율(\%) = \frac{발아한\ 종자\ 수}{발아시험용\ 종자\ 수} \times 100$$

② 발아율은 수종, 계절, 산지, 모수, 발아율의 측정방법에 따라 달라짐.

③ 종묘사업실시요령에 의한 종자품질기준에서 발아율 80% 이상인 종자는 곰솔(92%), 테다소나무(90%), 소나무·떡갈나무(87%), 무궁화·리기다소나무·리기테다소나무(85%), 측백나무(84%)임.

5) 발아세(發芽勢, germination energy)

① 대다수가 고르게 발아하는 시간이 짧아야만 발아성적이 양호하고, 그 후의 묘목생장도 일정하여 득묘율을 높일 수 있음.

② 발아시험에 있어서 일정한 기간 내(대다수가 고르게 발아하는 기간)에 발아하는 종자 수의 비율(%)를 말하며, 발아율보다 그 수치가 적음.

$$발아세(\%) = \frac{가장\ 많이\ 발아한\ 날까지\ 발아한종자수}{발아시험용\ 종자수} \times 100$$

③ 발아력이 있는 종자라도 이 기간 내에 발아하지 않는 것은 계산에서 제외되며 그러한 종자는 발아하더라도 생장이 매우 약하고 건전한 묘목이 될 가능성이 매우 적음.

[예시] 소나무 종자 100립을 항온발아기에서 2주간 발아시험한 결과이다. 발아율과 발아세를 구하시오.

경과일수	1	2	3	4	5	6	7	8	9	10	11	12	13	14
발아종자수	0	0	1	3	9	11	13	14	17	18	4	2	1	0

① 발아율 $= \dfrac{1+3+9+11+13+14+17+18+4+2+1}{100} \times 100 = 93\%$

② 발아세 $= \dfrac{1+3+9+11+13+14+17+18}{100} \times 100 = 86\%$

6) 효율☆

① 실제 종자의 사용가치, 순량률×발아율로 표시

$$효율(\%) = \frac{순량률 \times 발아율}{100}$$

② 파종량을 결정하기 위한 단위면적당 발아본수를 예상하는데 적용, 종자에 대한 최종적인 평가 기준임.

[예시] 소나무 종자의 순량률이 95%이고 발아율이 40%이다. 이 종자의 효율을 구하시오.

$$효율(\%) = \frac{95 \times 40}{100} = 38\%$$

■ 종자품질기준에서 효율(순량률×발아율)이 80% 이상인 종자
  • 곰솔(해송) 88%, 테다소나무 86%, 소나무 81%, 까마귀쪽나무 81%, 리기테다소나무 80%

12 종자의 발아촉진, 검사

1. 종자 발아 조건 ☆☆

① 생활력을 가진 종자는 알맞은 온도, 습도, 공기, 광선의 4조건이 구비되면 발아함.
② 종자를 최적조건 하에 두었을 때의 결과로 평가하며, 정온기를 사용하는 것이 가장 확실한 방법
③ 정온기 내의 온도는 수종에 따라 다소 다르나 일반적으로 23℃ 정도가 알맞으며, 25℃ 이상 되면 미생물의 발생이 심해짐, 수종에 따라서 변온이 발아에 좋은 영향을 끼침.

■ 종자 발아 조건
  ① 3대 조건
    습도(수분), 온도, 공기(산소)
  ② 4대 조건
    습도(수분), 온도, 공기(산소), 광선(빛)

발아조건	내용
수분	• 모든 종자는 어느 정도 수분을 흡수해야함. • 종자가 수분을 흡수하면 종피가 찢어지기 쉽게 되고, 가스교환이 용이해짐, 각종 효소들의 작용이 활발해짐. • 수분은 종자의 발아가 중요한 조건이고, 발아에 필요한 수분의 흡수량은 각 수종에 따라 다름.
산소	• 많은 종자는 산소가 충분히 공급되어 호기호흡이 잘 이루어져야 발아가 잘 됨. • 산소가 없을 경우 무기호흡에 의해 발아에 필요한 에너지를 얻을 수 있는 것도 있음.
온도	• 발아의 최저온도는 0~10℃, 최적온도는 20~30℃, 최고온도는 35~40℃인데 저온지대의 수목은 고온지대의 수목에 비하여 발아온도가 낮음.
광선	• 대부분 종자는 광선이 발아에 무관하나 종류에 따라서는 광선에 의해 조장되는 것도 있고, 반대로 억제되는 것도 있음.

2. 종자발아 과정

① 종자가 발아에 필요한 조건을 얻게 되면 생장기능을 발휘하기 시작하여 생장점이 종자외부에 나타나게 됨.

② 발아시 밑씨의 주공부위에 종피를 뚫고 어린 뿌리가 나와 땅속에 뿌리를 내리며 종피에서 떡잎과 어린줄기가 나온다. 이때 떡잎은 땅위로 올라오는 식물이 많으나 밤나무, 칠엽수, 상수리나무, 호두나무와 같이 떡잎이 땅속에 묻혀있고 뿌리와 줄기가 성장함에 따라 말라버리는 경우도 있는데 이때 자엽을 지하자엽이라 함.

③ 수분의 흡수 → 효소의 활성 → 배의 생장개시 → 종피의 파열 → 유묘의 출아

3. 종자의 발아촉진 ☆☆

1) 종피의 기계적 가상(加傷)

① 투수가 안되고 기계적 강도를 가지는 종피에 상처(종자를 깨거나 마멸)를 주어 흡수를 용이하게 해주고 그 강도를 약화시킴.

② 콩과수목, 향나무속, 주목속, 옻나무속 등의 견고한 종피나 과피는 기계적으로 파쇄해주는 것도 효과적임.

■ 종자의 발아촉진
① 종피의 기계적 가상 : 씨 껍질에 상처를 내는 법
② 침수처리 : 냉수처리법(낙엽송, 소나무류, 삼나무, 편백), 온탕침지법
③ 황산처리법(산처리법) : 옻나무, 피나무, 주엽나무, 콩과수목의 경립종자(자귀나무)
④ 노천매장법
⑤ 화학자극제의 사용 : 지베렐린(GA₃), 시토키닌, 에틸렌, 질산칼륨
⑥ 층적법
⑦ 광처리법

2) 침수처리

① 종자를 침수처리하면 종피가 연해지고 발아억제물질이 제거되며 발아가 촉진

② 건조저장 후 파종하는 수종은 대부분 이 방법을 사용함.

냉수침지법	• 1~4일간 온도가 낮은 신선한 물에 침지해 충분히 흡수시킨 다음 파종하는 방법 • 발아가 잘 되는 종자에 사용하며 정체된 물은 수시로 신선한 물로 교환함. • 낙엽송, 소나무류, 삼나무, 편백 등의 종자에 적용함.
온탕침지법	• 냉수침지법이 효과가 없을 때 사용, 경제적이며 실행이 쉽고 수종에 따라 큰 효과를 볼 수 있음. • 콩과수목의 종자는 대략 40~50℃ 온탕에 1~5일간 침지하거나, 80~90℃의 열탕에 수분간 담갔다가 다시 냉수에 옮겨서 약 12시간 침지하면 종자의 흡수팽창이 잘 되어 발아가 촉진됨. • 침지시간을 적절히 조절하지 못하면 발아력을 상실하므로 주의해야 함.

3) 황산처리법

① 진한 황산에 종자를 15~60분간 침지시켜 종피의 표면을 부식시킨 다음 물에 씻어서 파종하는 방법으로 탈납법이라고도 함.

② 옻나무, 피나무, 주엽나무, 그 밖의 콩과수목의 경립종자에 적용

4) 노천매장법

종자의 저장과 함께 발아촉진을 겸할 수 있는 방법

5) 화학자극제의 사용

지베렐린	각종 종자의 휴면타파와 발아촉진에 효과가 큼, 약제의 침투를 돕기 위해 종피를 제거
시토키닌	식물체 내에서 생성되는 호르몬으로 호광성종자 등의 발아촉진 및 암발아유도
에틸렌	식물체 내에서 생성되는 호르몬으로 발아촉진의 효과가 있음.
질산칼륨	0.1~0.2%의 수용액은 화본과 등 발아를 촉진

■ 화학자극제의 사용
지베렐린(GA_3), 시토키닌, 에틸렌, 질산칼륨 등 각종 호르몬제와 화학약품을 이용한 발아촉진법이 사용

6) 층적법(層積法)

① 습한 모래나 이끼를 종자와 엇바꾸어 층상으로 쌓아 올려 저온에 두는 방법

② 배휴면을 하는 종자에 효과적

③ 처리기간은 대략 1~4개월정도, 이 방법을 적용하면 어떤 수종은 15~20일의 처리로 80~90% 발아율을 기록함.

CHAPTER 03 임업종자

7) 광처리법

① 종자에 광선을 비추어 발아는 촉진시키는 방법으로 오렌지색~적색광이 유효하고 청색광은 휴면을 유도한다고 알려짐.

② 소나무류, 자작나무류, 오리나무류, 포플러류, 버드나무류, 오동나무류 등은 광선이 있으면 발아에 유리함.

4. 발아검사

1) 항온발아기에 의한 방법

① 종자를 최적조건에 두었을 때 결과로 평가하며, 23℃가 최적 온도임. ☆☆

기간	해당수종
14일간	사시나무, 느릅나무 등
21일간	가문비나무, 편백, 화백, 아까시나무 등
28일간	소나무, 해송, 낙엽송, 솔송나무, 삼나무, 자작나무, 오리나무 등
42일간	전나무, 느티나무, 목련, 옻나무 등
광선이 필요없이 넓은 온도범위	가문비나무, 느릅나무류 등
광선이 필요없이 특정 온도범위	라일락, 측백나무, 소나무 등

② 순량률 조사가 끝난 순정종자 중에서 무작위 소정의 작업시료를 추출하여 발아상 일정한 간격으로 소립종자는 '발아상'당 100립, 중립종자 이상은 한 '발아상'당 50립씩 배열하여 발아율 최종조사 마감일에 발아한 입수를 백분율로 표시함.

$$발아율(\%) = \frac{발아입수}{발아상\ 종자\ 입수} \times 100$$

③ 발아상에 까는 여과지, 솜, 그밖에 매체가 함한 수분은 매체 최대흡수 함량의 60~70%를 유지하며, 발아립은 유아나 유근이 종피를 뚫고 나온 립으로 함.

- 각 반복구간의 발아율이 다음 범위를 초과할 때는 재시험 실시함.
  - 평균발아율이 90% 이상일 때, 각 반복구의 발아율의 차가 10% 이상일 때
  - 평균발아율이 80% 이상~90% 미만일 때, 각 반복구의 발아율의 차가 12% 이상일 때
  - 평균발아율이 80% 미만일 때, 각 반복구의 발아율의 차가 15% 이상일 때

■ 발아검사
① 항온발아기에 의한 방법을 원칙으로 하고 보조방법에는 환원법, 절단법, 가열벌 등이 있음.
② 보조방법은 항온발아기에 의한 발아율 조사가 불리한 종자, 시급한 감정결과가 필요한 경우 적용

■ 발아검사방법
① 항온발아기에 의한 방법(원칙)
② 환원법에 의한 활력검사 : 테트라졸륨에 의한 활력검사
③ 절단법 : 종자를 절단하여 배와 배유 발달 상태 조사
④ X선 분석법 : 종자를 X선 촬영

2) 환원법에 의한 활력검사 ☆☆☆

① 테트라졸륨(2, 3, 5-Triphenyltetrazolium Chloride ; TZ) 0.1~1.0%의 수용액에 생활력이 있는 종자의 조직을 접촉시키면 붉은색으로 변하고, 죽은 조직에는 변화가 없다. 국제 종자검사규정에 따라 서나무류, 물푸레나무류, 살구나무와 같은 핵과류, 장미류, 주목류, 피나무류 등은 이 검사법을 적용하도록 함.

② 테트라졸륨의 반응은 휴면종자에도 잘 나타나는 장점이 있음, 백색분말이고 물에 녹아도 색깔이 없음, 광선에 조사(照射)되면 곧 못쓰게 되므로 어두운 곳에 보관하고, 저장이 양호하면 수개월 사용이 가능함.

③ 테트라졸륨 대신 테룰루산칼륨(Potassium Tellurite ; K2TeO3) 1%액도 사용되는데, 건전한 배는 흑색으로 나타남.

3) 절단법

① 종자를 절단하여 배와 배유의 발달 상태를 보고 종자의 발아력과 충실도를 조사함.

② 오래되어 활력을 잃어버린 종자에 대한 판별이 어렵지만, 채집시기와 그 동안의 보관 상태를 알 수 있다면 믿을 만한 정보를 얻을 수 있음.

4) X선 분석법

종자를 X선으로 사진 촬영함으로써 종자의 내부형태와 파손, 해충의 침해상태를 조사할 수 있음.

5. 종자의 발아휴면성

1) 종자의 휴면성

① 종자가 성숙해서 자연적으로 모수와 분리되어 땅에 떨어진 것을 얻어 알맞은 발아조건에 두어도 발아하지 않고 발아의 시작이 뒤로 지연되는 일을 말함.

② 불량한 환경의 극복수단

2) 발아휴면성의 원인 ☆

① 종피불투수성

㉮ 종피 또는 과피가 단단하여 흡수가 잘 안 되어 발아가 지연되는 휴면

㉯ 잣나무, 산수유나무, 대추나무, 피나무류, 가래나무, 때죽나무, 자귀나무 등

㉰ 대개 종자가 건습의 반복 또는 야간의 냉온과 주간의 고온에 의하여 변온처리를 받게 되면 투수성을 잃음.

② 종피의 기계적 작용

㉮ 종자껍질이 물리적 강도를 가져서 배의 자람을 기계적으로 압박해서 나타나는 휴면성

㉯ 잣나무, 산사나무, 호두나무, 가래나무, 주목, 올리브나무, 복숭아나무 등

■ 발아휴면성의 원인과 관련 수종
① 종피불투수성 : 잣나무, 산수유나무, 대추나무, 피나무류, 가래나무, 때죽나무, 자귀나무
② 종피의 기계적 작용 : 잣나무, 산사나무, 호두나무, 가래나무, 주목, 올리브, 복숭아나무
③ 가스교환의 억제
④ 생장억제물의 존재 : 귤류, 핵과류, 사과나무, 배나무, 피나무, 포도나무
⑤ 미발달배(미숙배) : 들메나무, 은행나무, 향나무, 주목
⑥ 이중휴면성 : 주목

③ 가스교환의 억제

㉮ 내배유, 내종피 조심조직 등이 가스의 이동을 억제해서 배가 공기 공급을 받을 수 없어 나타난 휴면성

㉯ 종자의 호흡 결과 이산화탄소가 종자 내부에 축적되어 이것이 원인이 되어 휴면을 일으킨다는 설명도 있음.

④ 생장억제물의 존재

㉮ 배를 둘러싸고 있는 조직에서 종자의 발아를 억제하는 물질을 가지고 있어 휴면의 원인이 됨.

㉯ 건조하기 전에 과피나 종피에서 얻은 즙액은 강력한 발아억제작용을 보이는 일이 있음.

㉰ 귤류, 핵과류, 사과나무, 배나무, 피나무, 포도나무 등

㉱ ABA(Abscisis Acid)가 발아를 억제하는 사실이 알려져 있음.

⑤ 미발달배

㉮ 종자의 배가 형태적으로 미발달배의 상태에 있어서 발아가 안 되는 경우로, 보통 후숙이 필요함.

㉯ 들메나무, 은행나무, 향나무, 주목

㉰ 후숙 : 모수에서 떨어진 뒤 배가 발육해서 성숙할 수 있도록 조치하는 것.

⑥ 이중휴면성

㉮ 한 종자가 휴면의 원인을 두 가지 이상 가지고 있는 경우

㉯ 주목의 핵은 배의 자람을 기계적으로 억제하고 또 불투수성과 배의 미숙도 들 수 있음.

■■■ 3. 임업종자

1. 다음 중 배(embryo)가 형성되는 것으로 맞게 설명한 것은?

① 극핵과 정핵이 만나서 형성된다.
② 난핵과 정핵이 만나서 형성된다.
③ 난핵과 조세포가 만나서 이루어진다.
④ 정핵과 조세포가 만나서 이루어진다.

해설 **1**
배(胚)는 난핵(卵核)과 정핵(精核)이 합쳐진 것이며, 떡잎과 어린줄기 및 뿌리가 될 배축, 유아, 근축으로 구성된다.

2. 화기(花器)의 구조와 종자 및 열매의 구조관계를 바르게 연결한 것은?

① 씨방(자방) – 종자
② 배주 – 열매
③ 주피– 종피
④ 주심 – 배

해설 **2**
바르게 고치면, 씨방(자방) → 열매(果實), 배주(胚珠) → 종자(種子), 주심(珠心) → 내종피(대부분 퇴화됨)

3. 임목종자 중 씨젖조직이 없는 무배유종자(無胚乳種子) 수종은?

① 잣나무
② 소나무
③ 피나무
④ 호두나무

해설 **3**
밤나무, 호두나무, 벽오동, 자작나무, 단풍나무, 참나무 등은 저장양분이 자엽에 저장되어 있는 무배유종자이다.

4. 침엽수와 활엽수의 씨젖(배유)은 염색체 구성이 다른 것이 가장 큰 특징의 하나라고 할 수 있다. 다음 중 침엽수 씨젖(배유)과 활엽수 씨젖(배유)의 염색체 구성을 바르게 서술한 것은?

① 침엽수 씨젖(배유 2n), 활엽수 씨젖(배유 n)
② 침엽수 씨젖(배유 3n), 활엽수 씨젖(배유 n)
③ 침엽수 씨젖(배유 n), 활엽수 씨젖(배유 3n)
④ 침엽수 씨젖(배유 n), 활엽수 씨젖(배유 n)

해설 **4**
침엽수종(겉씨식물)은 한 개의 정핵과 한 개의 난핵이 수정하여 n의 배유를 형성한다. 활엽수종(속씨식물)은 제1정핵과 난핵이 수정하여 2n의 배(胚)가 되고, 제2정핵은 2개의 극핵과 유합하여 3n의 배유(胚乳)가 되는 중복수정을 한다.

정답 1. ② 2. ③ 3. ④ 4. ③

5. 종자의 산지에 대한 설명으로 잘못된 것은?

① 조림지 부근에서 채취된 것이 좋다.
② 남쪽 것이 북쪽 것보다 좋다.
③ 조림지의 임지조건과 같은 곳이 좋다.
④ 모수의 연령은 장년기 이상의 노령목이 좋다.

해 설

해설 **5**
종자는 기후환경과 유사한 우량임분과 조림예정지의 입지에서 채종해야 한다.

6. 종자의 산지와 조림지 사이의 입지조건 특히 기후조건이 다를 경우 나타나는 현상으로 잘못된 것은?

① 임목생장이 늦어진다.
② 임목재질이 우수해진다.
③ 병해충에 대한 저항력이 약해진다.
④ 종자발아나 묘목활착이 불량해진다.

해설 **6**
종자의 산지는 기후조건이 조림성과에 큰 영향을 주게 된다.

7. 임업용 종자의 산지 선택에 알맞지 않은 조건은?

① 조림지와 종산지의 온도가 비슷해야 한다.
② 조림지와 종산지의 강우량이 비슷해야 한다.
③ 조림지와 종산지의 토지조건이 비슷해야 한다.
④ 조림지와 종산지의 동계 강설량은 관계없다.

해설 **7**
종자의 산지와 조림지는 기후 등의 입지조건이 유사해야 한다.

8. 산지번호 1-1이 나타난 종자의 산지구역은?

① 동남부 내륙
② 서남부 해안
③ 서남부 내륙
④ 제주도

해설 **8**
종자의 산지구역은 산림용 종자가 생산된 지역으로 유전적 특성이나 생태적 조건의 유사성을 고려해 구획된 지역을 말한다.

9. 종자 성숙 후 종자와 인편이 함께 떨어지는 수종은?

① 비자나무
② 잎갈나무
③ 전나무
④ 소나무

해설 **9**
전나무속의 종자는 구과가 성숙되면 종자가 인편과 함께 떨어진다.

정답 5. ② 6. ② 7. ④ 8. ④
9. ③

10. 소나무의 종자를 채취할 때 성숙종자와 미성숙종자의 구분기준은?

① 수량 ② 무게
③ 실중 ④ 색깔

11. 다음 수종 중 종자 숙기가 5월인 것은?

① 귀룽나무 ② 자작나무
③ 박달나무 ④ 사시나무

12. 다음 중 회양목의 종자 채집 시기로 적당한 것은?

① 6월 중 · 하순경 ② 7월 중 · 하순경
③ 8월 중 · 하순경 ④ 9월 중 · 하순경

13. 종자 채집시기와 수종이 알맞게 짝지어진 것은?

① 2월 - 소나무 ② 4월 - 섬잣나무
③ 6월 - 떡느릅나무 ④ 7월 – 단풍나무

14. 오리나무류와 포플러류 등 건조에 대해 약한 종자를 통풍이 잘 되는 옥내에 펴서 건조시키는 방법으로 가장 적당한 것은?

① 인공건조법 ② 양광건조법
③ 반음건조법 ④ 실내건조법

15. 다음 수종 중 종자의 성숙 시기가 가장 늦은 것은?

① 버드나무 ② 벚나무
③ 해송 ④ 회화나무

해설 **10**
소나무는 종자가 성숙되면 반정도 황갈색을 띤다.

해설 **11**
종자의 숙기가 5월인 수종은 버드나무류, 미류나무, 양버들, 황철나무, 사시나무 등이다.

해설 **12**
회양목 · 벚나무 등은 7월경에 종자가 성숙하는 수종이다.

해설 **13**
소나무 : 9~10월, 섬잣나무 : 8월, 단풍나무 : 10월

해설 **14**
오리나무류, 포플러류, 편백, 참나무류, 밤나무 등 햇볕에 약한 종자는 통풍이 잘 되는 옥내에 얇게 펴서 건조하는 반음건조법을 적용한다.

해설 **15**
버드나무 : 5월, 벚나무 : 7월, 해송 : 10월, 회화나무 : 11월

정답 10. ④ 11. ④ 12. ② 13. ③
14. ③ 15. ④

16. 종자를 조제할 때 육질의 외종피를 제거하므로 불완전종자라 할 수 있는 것은?

① 소나무   ② 플라타너스

③ 밤나무   ④ 은행나무

17. 구과나 열매를 햇빛에 건조시켜 탈종하는 종자로 짝지은 것은?

① 상수리나무, 밤나무   ② 소나무, 전나무

③ 오리나무, 편백   ④ 비자나무, 포플러류

18. 수목 종자 중 단백질과 지방이 주성분인 종자의 탈각은 어떻게 처리하는 것이 가장 적당한가?

① 양달건조하여 탈각한다.   ② 응달건조하여 탈각한다.

③ 부숙법으로 탈각한다.   ④ 유궤법으로 탈각한다.

19. 부숙법으로 종자를 탈각하는 수종은?

① 옻나무, 붉나무   ② 사시나무, 물박달나무

③ 만주곰솔, 잎간나무   ④ 비자나무, 은행나무

20. 다음 중에서 종자 정선 방법이 아닌 것은?

① 입선법   ② 사선법

③ 수선법   ④ 건조법

21. 다음 수종 중 종자 선정 시 수선법으로 정선해야 하는 수종으로 짝지은 것은?

① 칠엽수, 돌메나무   ② 삼나무, 주목

③ 물푸레나무, 소나무   ④ 가래나무, 해송

해 설

해설 16

은행나무는 육질을 외종피를 제거하고 세척하여 건조시킨 불완전종자이다.

해설 17

소나무, 전나무, 낙엽송과 같은 침엽수는 구과를 햇빛에 건조시켜야 종자를 탈종할 수 있다.

해설 18

양달건조는 양광(陽光)건조법으로 단백질과 지방을 저장 양분으로 하는 소나무, 전나무 등의 소립종자에 이용한다.

해설 19

부숙법은 종자를 일단 부숙시킨 후에 과실과 모래를 섞어서 마찰하여 과피를 분리하는 방법이다.

해설 20

종자정선은 협잡물인 쭉정이, 나무껍질, 나뭇잎, 모래 등을 제거하여 좋은 종자를 얻는 방법으로 입선법, 풍선법, 사선법, 수선법 등이 있다.

해설 21

수선법은 깨끗한 물에 2시간 침수시켜 가라 앉은 종자를 취하는 방법으로 잣나무, 향나무, 주목, 도토리, 낙우송, 잎갈나무, 삼나무 등에 적용된다.

정답   16. ④   17. ②   18. ①   19. ④
      20. ④   21. ②

22. 우량종자의 선발요령이 아닌 것은?

① 물에 담갔을 때 뜨는 것　　② 광택이나 윤기가 나는 것
③ 오래되지 않은 것　　④ 알이 알차고 완숙한 것

23. 밤나무, 호두나무, 가래와 같은 씨앗의 정선법은?

① 수선법　　② 노천매장법
③ 입선법　　④ 풍선법

24. 풍선법으로 종자를 정선하는 수종은?

① 자작나무　　② 호두나무
③ 밤나무　　④ 상수리나무

25. 종자를 체로 쳐서 굵고 작은 협잡물을 분별하는 정선방법은?

① 입선법　　② 수선법
③ 풍선법　　④ 사선법

26. 종자 수득률이 가장 높은 것은?

① 잣나무　　② 향나무
③ 박달나무　　④ 호두나무

27. 종자저장의 장점이 아닌 것은?

① 발아촉진
② 종자를 먹는 동물로부터 보호
③ 유전형질의 변형
④ 흉년에 대한 대비

해설 **22**
물에 뜨는 종자는 비중이 낮은 종자로
우량종자로 볼 수 없다.

해설 **23**
밤, 호두, 가래 등의 대립종자는 눈으로
확인하고 손으로 선별하는 입선법으로
정선한다.

해설 **24**
자작나무처럼 가볍고 작은 종자는 바람
을 이용하여 정선하고, 호두나무, 밤나
무, 상수리나무 등과 같은 대립종자는
입선법으로 종자를 정선한다.

해설 **25**
사선법은 종자보다 크거나 작은체를 이
용하여 종자를 정선하는 방법으로 대부
분 수종의 1차 선별방법이다.

해설 **26**
채취한 열매 중에서 정선하여 얻은 종
자의 비율을 수득률이라 한다.

해설 **27**
종자를 저장하면 종자의 발아 촉진 및
수명이 연장된다.

정답 22. ① 23. ③ 24. ① 25. ④
26. ④ 27. ③

28. 종자의 수명에 가장 영향을 적게 미치는 조건은?

① 종자의 수분함량　　　② 저장습도
③ 저장온도　　　　　　④ 광선

해설 **28**

종자의 수명에 영향을 미치는 요인은 종자 내의 수분, 저장고내의 가스, 내부 요인, 상대습도와 온도, 유전적 요인, 기계적 손상 등이 있다.

29. 종자를 건조저장(乾燥貯藏)할 때 가장 적당한 저장온도는?

① 0℃ ~ 10℃　　　　② -2℃ ~ -5℃
③ -5℃ ~ -10℃　　　④ 10℃ ~ 15℃

해설 **29**

0℃ ~ 10℃의 실온에서 건조상태로 저장한다.

30. 다음 수종 중 밀봉저장을 하는 종자는?

① 참나무　　　　　　② 가시나무
③ 잎갈나무　　　　　④ 은행나무

해설 **30**

잎갈나무 · 가문비나무 · 삼나무 · 편백나무 · 종비나무 등은 상온에서 1년 정도 저장하면 발아력을 50% 상실하므로 밀봉저장한다.

31. 밀봉 저장할 종자의 일반적인 함수율은 얼마인가?

① 1 ~ 3%　　　　　② 5 ~ 7%
③ 8 ~ 12%　　　　　④ 15 ~ 20%

해설 **31**

밀봉저장시 함수율을 5~7% 이하로 유지한 종자를 밀봉용기에 저장한다.

32. 종자를 저온저장할 때 적당한 저장온도는?

① -5℃ ~ -2℃　　　② -2℃ ~ 0℃
③ 4℃ ~ 7℃　　　　④ 10℃ 이상

해설 **32**

보통 4℃의 냉장고에 저장하며, 최고 온도가 10℃를 넘지 않게 한다.

33. 다음 중 밀봉저장 시 건조제로 사용하지 않는 것은?

① 나뭇재　　　　　　② 생석회
③ 산성백토　　　　　④ 황토

해설 **33**

종자의 건조제로는 실리카겔 외 나뭇재, 생석회, 산성백토, 유산 등이 있다.

34. 밀봉저장한 통 속에 건습의 정도를 알기 위하여 실리카겔에 코발트염소를 처리했을 때 어느 색으로 변하면 건조제를 갈아 주어야 하는가?

① 적색
② 청색
③ 노란색
④ 백색

35. 종자의 밀봉저장을 적용하는 데 타당하지 않은 것은?

① 결실주기가 긴 수종에 적용한다.
② 수분이 많은 종자에 적용한다.
③ 생명력을 쉽게 상실하는 씨앗에 적용한다.
④ 연구와 시험을 목적으로 할 때 이용한다.

36. 채종 직후 노천매장을 해야 하는 수종은?

① 벗나무, 잣나무
② 소나무, 벽오동나무
③ 삼나무, 옻나무
④ 해송, 전나무

37. 가을에 종자(또는 열매)를 노천매장하는 것이 가장 이로운 것은?

① 상수리나무
② 오동나무
③ 오리나무
④ 잣나무

38. 파종하기 1개월 전에 노천 매장해야 할 수종으로 짝지은 것은?

① 잣나무, 느티나무
② 삼나무, 소나무
③ 층층나무, 피나무
④ 들메나무, 은행나무

해설 34
실리카겔을 코발트염소를 처리시 상대 습도가 45% 정도로 높아지면 청색에서 적색으로 변한다.

해설 35
밀봉저장을 하는 종자는 결실주기가 긴 수종의 종자, 상온저장으로 발아력을 쉽게 상실하는 종자, 연구 및 시험용 종자 등이다.

해설 36
채종 직후 노천매장을 해야 하는 수종의 종자는 들메나무, 단풍나무, 벗나무류, 잣나무, 섬잣나무, 백송, 호두나무, 느티나무, 백합나무, 은행나무, 목련 등이다.

해설 37
잣나무는 종자채취 직후인 9월 상순~10월 하순에 노천매장하는 것이 유리하다.

해설 38
가문비나무, 전나무, 측백나무, 삼나무, 소나무, 해송, 낙엽송 등은 토양동결이 후 파종 1개월 전인 3월 중순경에 노천매장하는 것이 유리하다.

정답 **34.** ① **35.** ② **36.** ① **37.** ④ **38.** ②

39. 은행을 채종하고 종자를 가장 잘 보관한 것은?

① 종이로 싸서 얼지 않게 방안에 보관하였다.
② 후숙을 시키기 위하여 고온 건조상태를 유지시켰다.
③ 모래와 섞어 땅속에 묻었다.
④ 채종하자마자 바로 파종하였다.

40. 다음 수종 중 1년 주기성으로 결실하는 수종으로 짝지어진 것은?

① 편백, 들메나무
② 낙엽송, 스트로브잣나무
③ 삼나무, 전나무
④ 소나무, 자작나무

41. 다음 종자 중 결실 주기가 2~3년인 것은?

① 버드나무
② 오동나무
③ 참나무류
④ 잎갈나무

42. 다음 수종 중 결실주기가 가장 짧은 수종은?

① 너도밤나무
② 낙엽송
③ 가문비나무
④ 버드나무

43. 다음 수종 중에서 종자 결실의 주기가 가장 긴 수종은?

① 너도밤나무
② 소나무
③ 오리나무류
④ 자작나무

44. 종자 결실 풍흉 예지를 하고 있는 수종은?

① 사시나무
② 잣나무
③ 상수리나무
④ 낙엽송

해 설

해설 39
은행은 종피가 단단하므로 충분히 후숙시켜 발아가 촉진되는 보호저장법을 이용하는 것이 좋다.

해설 40
소나무류, 자작나무류, 오동나무, 아까시나무 등은 격년으로 결실한다.

해설 41
참나무류, 들메나무, 느티나무, 삼나무, 편백 등은 2~3년을 주기로 결실한다.

해설 42
버드나무류, 포플러류, 오리나무류는 해마다 결실한다.

해설 43
너도밤나무, 낙엽송 등은 결실주기가 5년 이상이다.

해설 44
낙엽송은 결실의 주기성 현상이 있고 종자 임성에도 변화가 심하기 때문에 결실량의 예지가 효율적이다.

정답 39. ③ 40. ④ 41. ③ 42. ④
43. ① 44. ④

45. 개화 익년에 결실(結實)하는 수종은?

① 잎갈나무　　　　　② 전나무
③ 잣나무　　　　　　④ 편백

46. 개화 당년에 종자가 결실하는 수종으로 묶여진 것은?

① 소나무, 회양목　　② 상수리나무, 해송
③ 떡갈나무, 오동나무　④ 잣나무, 버드나무

47. 소나무와 잣나무의 화아분화(花芽分化)는 어느 때에 일어나는가?

① 종자 채취년도 당년 봄에 일어난다.
② 종자 채취년도 전년(前年) 봄에 일어난다.
③ 종자 채취년도 전년(前年) 가을에 일어난다.
④ 종자 채취년도 전전년(前前年)에 일어난다.

48. 낙엽송(일본잎갈나무) 풍흉판단의 기준이 되는 것은?

① 암꽃눈 수　　　　　② 수꽃눈 수
③ 암꽃눈 비율　　　　④ 수꽃눈 비율

49. 채종림 선발시 전체 나무에 대한 우량목과 불량목의 구성비가 가장 바르게 표시된 것은?

① 우량목 30% 이상, 불량목 10% 이하
② 우량목 40% 이상, 불량목 10% 이하
③ 우량목 50% 이상, 불량목 20% 이하
④ 우량목 70% 이상, 불량목 30% 이하

해　설

해설 **45**
잣나무는 꽃핀 이듬해의 가을에 종자가 성숙하는 수종이다.

해설 **46**
삼나무, 편백, 낙엽송, 전나무, 떡갈나무, 오동나무 등은 꽃핀 해의 가을에 종자가 성숙하는 수종이다.

해설 **47**
소나무와 잣나무는 꽃핀 이듬해의 가을에 종자가 성숙하는 수종이므로 전전년에 화아분화되고, 전년에 개화, 당년에 종자채취가 이루어진다.

해설 **48**
낙엽송은 암꽃눈의 비율로 풍흉을 판단한다.

해설 **49**
채종림을 선발할 때는 대상이 되는 임분의 나무를 우량목, 중간목, 불량목으로 구분한 후 우량목이 전체 나무의 50% 이상, 불량목이 20% 이하이어야 좋은 채종림이 될 수 있다.

정답 45. ③　46. ③　47. ④　48. ③
49. ③

50. 생장·수형·재질·내병충성·내건성·내한성 등의 형질 중 하나 또는 그 이상의 형질이 뛰어나게 좋은 우수한 유전자형을 가진 임목은?

① 모수
② 우세목
③ 수형목
④ 열세목

51. 다음 중 개량종자를 공급할 목적으로 인위적으로 조성된 것은?

① 채종림
② 잠정 채종림
③ 채종원
④ 채수원

52. 수목 종자의 채종원에 대하여 가장 바르게 설명하고 있는 것은?

① 수목 종자를 채취하는 모든 숲이 채종원으로 분류된다.
② 수형목의 종자나 접수 또는 삽수로 묘목을 양성하여 채종 목적으로 일정한 지역에 식재한 곳이다.
③ 형질이 우량한 현지의 숲을 채종을 목적으로 무육하고 그 수형을 다듬은 곳이다.
④ 채종원에 식재되는 묘목은 반드시 유전형질의 우수성이 확인된 수형목의 무성번식 차대만이 사용된다.

53. 클론(Clone)이란 무엇인가?

① 교잡 육종한 것을 말한다.
② 채종원이 조성된 것을 말한다.
③ 종자를 채취 개체수를 늘린 것을 말한다.
④ 가지, 뿌리 등 영양기관의 일부로 만들어진 것을 말한다.

54. 채종원을 구성하는 최소한의 clone수는?

① 12
② 16
③ 25
④ 36

해   설

해설 50

수형목은 동령일제림에서 줄기가 곧고 흉고직경과 수고가 특히 뛰어나게 크며, 수관이 좁고 한쪽으로 치우치지 않으며 가지가 가늘고 줄기와의 각도가 큰 것 등의 선발기준을 가지고 있다.

해설 51

채종원은 우량한 조림용 종자를 계속 공급할 목적으로 채종림에서 선발된 수형목의 종자 또는 클론에 의해 조성된 1세대 채종원으로 이루어진 인위적인 수목의 집단이다.

해설 52

채종원은 접수·삽수 및 종자를 채취할 목적으로 수형과 표현적 형질이 우량하여 지정된 수형목의 종자 또는 클론에 의해 조성된 인위적인 수목의 집단이다.

해설 53

클론(Clone)은 접목, 삽목, 취목, 조직배양 등으로 무성번식된 단일 개체들의 집합체를 말한다.

해설 54

채종원의 클론은 같은 클론간의 수정에 의한 불량종자의 생산을 방지하기 위해 적어도 한 클론주변의 2열은 다른 클론으로 배치하는데 최소한 25클론 이상이 필요하다.

정답 50. ③ 51. ③ 52. ② 53. ④
54. ③

55. 채종원을 만들 때 클론의 식재 배열은?

① 같은 클론을 한 줄씩 심는다.
② 같은 클론을 두 줄씩 심는다.
③ 같은 클론을 하나 걸러서 나타나도록 심는다.
④ 주위에 같은 클론이 나타나지 않도록 심는다.

56. 다음 중 개화결실을 촉진하는 방법은?

① 물을 충분히 준다.　　　② 질소질비료를 준다.
③ 가지치기를 한다.　　　④ 환상박피를 한다.

57. 다음 중 종자의 결실량을 증가시키기 위한 방법이 아닌 것은?

① 수피의 일부를 제거하여 C/N율을 조절한다.
② 단근을 실시하여 질소의 흡수를 조정한다.
③ 간벌을 실시하여 생육공간을 확장한다.
④ 건조, 접목, 상처주기 등의 자극을 준다.

58. 다음 중 개화결실 촉진 기술이 아닌 것은?

① 뿌리자르기(단근)　　　② 환상박피
③ 지베렐린처리법　　　④ 배수체처리법

59. 다음 중 일반적으로 이용되고 있는 개화촉진방법이 아닌 것은?

① 환상박피　　　② 단근
③ 전정　　　④ 질소비료의 다량시비

해설 55
클론의 식재배열은 같은 클론간의 교배빈도가 적게 되도록 하며, 각 클론 간의 교배기회가 고르도록 한다.

해설 56
환상박피, 단근, 접목 등은 수목 지상부의 탄수화물 축적을 많게 하여 개화결실을 촉진한다.

해설 57
① 생리적 방법
③④ 물리적(기계적)방법
②은 단근을 실시하여 자극을 주며, 수목 지상부의 탄수화물 축적을 많게 한다.

해설 58
배수체 처리법은 임목의 육종에 이용되는 방법이다.

해설 59
질소보다는 인산과 칼륨을 다량으로 시비 하는 것이 개화결실에 효과적이다.

정답 55. ④　56. ④　57. ②　58. ④
59. ④

60. 다음 중 우량종자의 조건으로 보기 어려운 것은?

① 균일성   ② 우수성

③ 저항성   ④ 영속성

61. 다음 중 우량종자가 갖추어야 할 조건이 아닌 것은?

① 우량한 유전적 형질을 갖춘 것

② 채종 후 오래되지 않은 신선한 것

③ 발아력을 좋게 하려고 오래 저장한 것

④ 충실하고 균일하며 이물질이 없는 것

62. 우량종자의 구비조건 중 가장 중요한 것은?

① 유전적 형질이 좋아야 한다.   ② 발아율이 좋아야 한다.

③ 발아세가 좋아야 한다.   ④ 협잡물이 없어야 한다.

63. 다음 중 종자의 퇴화 원인으로 볼 수 없는 것은?

① 유전적 퇴화   ② 생리적 퇴화

③ 병리적 퇴화   ④ 영양적 퇴화

64. 종자의 유전적 퇴화 요인이 아닌 것은?

① 이형유전자형의 분리   ② 기상적 요인

③ 자연교잡   ④ 돌연변이

65. 다음 중 품종의 병리적 퇴화 방지책이 아닌 것은?

① 종자 소독   ② 재배 시기의 조절

③ 병충해 방제의 철저   ④ 이병주의 도태

해   설

해설 **60**

우량종자는 이형종자의 혼입이 없어 유전적으로 순수한 것이어야 한다.

해설 **61**

종자의 장기저장은 변질, 부패 등으로 발아력이 상실될 수 있다.

해설 **62**

우량종자는 유전적으로 순수해야 한다.

해설 **63**

종자의 퇴화원인은 유전적 퇴화, 생리적 퇴화, 병리적 퇴화가 있다.

해설 **64**

종자의 유전적 퇴화에는 이형유전자형의 분리, 자연교잡, 돌연변이, 이형종자의 기계적 혼입 등이 있다.

해설 **65**

재배시기의 조절은 품종의 생리적 퇴화 방지책이다.

정답 60. ③   61. ③   62. ①   63. ④
64. ②   65. ②

66. 종자의 품질검사 항목으로 볼 수 없는 것은?

① 실중   ② 휴면율

③ 순량률   ④ 효율

67. 종자의 품질검사 중 순량률 · 용적중 · 실중 · 수분검사에 필요한 반복횟수는?

① 2반복   ② 3반복

③ 4반복   ④ 5반복

68. 종지검사에 합격한 종자의 품질보증표 색이 잘못 연결된 것은?

① 채종임분 종자 : 황색

② 채종림 종자 : 녹색

③ 미검정 채종원 종자 : 분홍색

④ 검정 채종원 종자 : 적색

69. 다음 중 종자가 가장 작은 수종은?

① 낙엽송, 편백   ② 밤나무, 상수리나무

③ 잣나무, 물푸레나무   ④ 소나무, 전나무

70. 종자의 천립중(실중)이라 함은?

① 종자 10개의 무게를 말한다.

② 종자 1,000개의 무게를 말한다.

③ 종자 1kg의 무게를 말한다.

④ 종자 1.8kg의 무게를 말한다.

해설 **66**
종자의 품질검사 항목은 순량률, 용적중, 실중, L당 입수, kg당 입수, 수분, 발아율, 효율 등이다.

해설 **67**
순량률 · 용적중 · 실중 · 수분검사는 4반복, 발아율은 5반복한다.

해설 **68**
종자검사에 합격한 종자는 품질 보증표를 종자의 용기 또는 포장 외부에 부착하며 채종임분 종자는 황색, 채종림 종자는 녹색, 미검정 채종원 종자 : 분홍색, 검정 채종원 종자 : 청색으로 각각 구분하여 표시한다.

해설 **69**
① 세립종자
② 대립종자
③ 중립종자
④ 소립종자

해설 **70**
실중은 종자의 충실도를 무게로 파악하는 기준으로 그램(g) 단위로 표시한다.

정답 66. ②   67. ③   68. ④   69. ①
70. ②

71. 종자의 천립중(실중)을 설명한 것은?

① 소립종자는 1,000립씩 4회 평량한 평균무게이다.
② 소립종자는 10,000립씩 4회 평량한 평균무게이다.
③ 소립종자는 100립씩 3회 평량한 평균무게이다.
④ 소립종자는 1,000립씩 3회 평량한 평균무게이다.

해설 71

실중은 대립종자는 100립씩 4반복으로, 중립종자는 500립씩 4반복으로, 소립종자는 1,000립씩 4반복의 평균치를 구한다.

72. 다음 수종 중 발아율이 높은 순에서 낮은 순으로 배열된 것은?

① 낙엽송 – 박달나무 – 해송 – 잣나무
② 잣나무 – 낙엽송 – 박달나무 – 해송
③ 박달나무 – 해송 – 잣나무 – 낙엽송
④ 해송 – 잣나무 – 낙엽송 – 박달나무

해설 72

발아력이 높은 순서는 해송 92%, 잣나무 64%, 낙엽송 40%, 박달나무 21% 순이다.

73. 다음 임목종자의 표준품질 중 발아율이 가장 좋은 것은?

① 주목
② 전나무
③ 해송
④ 물오리나무

해설 73

해송 92%, 주목 55%, 물오리나무 29%, 전나무 25%

74. 종묘사업실시요령에 의한 종자의 품질기준에서 다음 중 발아율이 가장 높은 수종은?

① 테다소나무
② 벗나무
③ 측백나무
④ 독일가문비

해설 74

테다소나무(85%), 벗나무(62%), 측백나무(84%), 독일가문비(80%)

75. 소나무의 발아율은 보통 몇 %인가?

① 40~50%
② 50~70%
③ 80~90%
④ 95~100%

해설 75

종자품질기준에서 소나무의 종자발아율은 87%이다.

정답 71. ① 72. ④ 73. ③ 74. ①
75. ③

76. 다음 중 발아율이 90%, 순량률이 70%인 종자의 효율은?

① 20% ② 63%
③ 80% ④ 96%

77. 종자의 품질을 가장 잘 나타낸 것은?

① 효율 ② 실중
③ 발아세 ④ 순도

78. 순량률 50%, 득묘율 70%, 고사율 60%, 발아율 80%일 때 그 종자의 효율은?

① 100% ② 80%
③ 60% ④ 40%

79. 리기다소나무 종자의 협잡물을 제거하기 전 종자 중량 27.70g, 발아율 87%일 때 효율은?

① 66.6% ② 72.4%
③ 76.9% ④ 814.%

80. 다음 종자의 저장과 관련된 내용 중 틀린 것은?

① 종자를 탈각한 후 그 품질을 감정하고 저장한다.
② 종자의 품질은 발아율과 효율로 표시한다.
③ 발아율이란 일정한 수의 종자 중에서 발아력이 있는 것을 백분율로 표시한다.
④ 순량률이란 일정한 종자 중 협잡물을 제외한 종자량을 백분율로 표시한다.

해설 **76**

$$효율 = \frac{순량률 \times 발아율}{100} = \frac{70 \times 90}{100}$$
$$= 63\%$$

해설 **77**

효율은 실제 종자의 사용가치를 말하는 것으로 순량률 × 발아율로 표시한다.

해설 **78**

$$효율 = \frac{순량률 \times 발아율}{100} = \frac{50 \times 80}{100}$$
$$= 40\%$$

해설 **79**

$$순량률 = 순정종자량 \times 작업시료량$$
$$= 24.49 \times 27.70$$
$$= 88.4\%$$
$$효율 = \frac{순량률 \times 발아율}{100} = \frac{88.4 \times 87}{100}$$
$$= 76.9\%$$

해설 **80**

종자의 품질은 순량률, 용적중, 실중, L당 입수, kg당 입수, 수분, 발아율, 효율 등을 종합해 결정된다.

정답 76. ② 77. ① 78. ③ 79. ③
80. ②

81. 다음 중 휴면현상의 가장 주요한 생리적 의의는?

① 냉병충성의 강화
② 격년결실의 방지
③ 웅성불임의 방지
④ 불량환경의 극복

82. 종자 휴면의 원인으로 거리가 먼 것은?

① 종피의 산소흡수 저해
② 발아억제물질의 존재
③ 배의 미숙
④ 후숙

83. 다음 중 임목종자의 휴면을 일으키는 원인으로 볼 수 없는 것은?

① 발아억제물질의 존재
② 씨눈(胚)의 미성숙(未成熟)
③ 지베렐린, 옥신 그리고 에틸렌의 다량 함유
④ 수분과 산소에 대한 종피의 불투과성

84. 종자 발아가 늦어지는 원인이 아닌 것은?

① 경질(硬質) 또는 납질(蠟質) 종자
② 후숙에서 장기간을 요하는 수종
③ 단명종자
④ 배의 선천적 휴면

85. 다음 중 발아촉진을 위하여 황산처리를 하는 것이 유효한 수종은 어느 것인가?

① 밤나무
② 전나무
③ 옻나무
④ 낙엽송

해   설

[해설] 81
휴면은 식물 자신이 처하게 되는 불량환경의 극복수단이다.

[해설] 82
종자휴면의 원인은 종피의 불투과성, 발아억제물질의 존재, 배의 미성숙성 등이다.

[해설] 83
지베렐린 등으로 종자의 휴면을 타파할 수 있다.

[해설] 84
단명종자는 수명이 짧은 종자로 종자휴면 원인에 해당되지 않는다.

[해설] 85
종피가 밀납으로 덮혀있는 옻나무나 피나무, 주엽나무, 콩과수목의 종자에는 황산처리법이 적용된다.

정답 81. ④ 82. ④ 83. ③ 84. ③
85. ③

86. 수분침투와 가스교환이 잘 되지 않아 발아가 어려운 것에 실시하는 발아촉진의 방법은?

① 재위묻기　　　　　② 냉수침지법
③ 온탕침지법　　　　④ 탈납법

87. 열매의 껍질을 정미기에 넣어서 약간 깎아 주거나 때로는 황산으로 처리해 주는 것이 발아 촉진으로 효과적이라고 알려진 것은?

① 잣나무　　　　　　② 대추나무
③ 옻나무　　　　　　④ 충충나무

88. 테룰루산소다 또는 테트라졸륨을 사용하여 종자의 발아력을 검사하는 방법은?

① 항온발아기에 의한 방법　　② 환원법
③ 가열법　　　　　　　　　　④ 절단법

89. 다음 중 은행나무, 잣나무, 백합나무, 벚나무, 느티나무, 단풍나무류 등의 발아 촉진법으로 가장 적당한 것은?

① 장기간 노천매장을 한다.
② 씨뿌리기 한 달 전에 노천매장을 한다.
③ 보호저장을 한다.
④ 습적법으로 한다.

90. 발아촉진 방법을 서술한 내용 가운데 틀린 항목은?

① 투수(透水)가 잘 안 되는 종자는 종피에 상처를 주면 화과가 있다.
② 종자를 노천매장하면 어느 정도 발아가 촉진된다.
③ 호르몬 중 시토키닌(cytokinin)을 처리하면 발아가 억제된다.
④ 에틸렌은 발아촉진의 효과가 있다.

해　설

[해설] 86
황산처리법을 탈납법이라고도 하며 종자를 황산에 일정 시간 처리하여 종피의 표면을 부식시킨 다음 물에 씻어서 파종하는 방법을 말한다.

[해설] 87
옻나무에는 종피파상법과 황산처리법이 모두 적용된다.

[해설] 88
종자의 배(胚)를 적출하여 30℃ 항온기 내에 광(光)을 차단하고 24시간 처리 후 착색 반응을 조사하는 방법이다.

[해설] 89
은행나무, 잣나무, 백합나무, 벚나무, 느티나무, 단풍나무류 등은 종피가 단단하므로 장기간 노천매장으로 종자를 충분히 후숙하여 발아를 촉진시킨다.

[해설] 90
시토키닌은 식물체 내에서 생성되는 호르몬으로 호광성종자 등의 발아촉진 및 암발아를 유도한다.

정답 86. ④　87. ③　88. ②　89. ①
90. ④

91. 종자의 발아촉진 처리 방법이 아닌 것은?

① 노천매장, 냉습적
② 황산처리, 열탕처리
③ 침수처리, 기계적처리
④ 옥신, 리조칼린처리

해설 **91**
옥신과 리조칼린은 식물의 뿌리가 잘 나오도록 하는 물질이다.

92. 종자의 발아촉진법이 아닌 것은?

① X선 분석법
② 종피에 상처를 내는 법
③ 침수처리
④ 노천매장법

해설 **92**
X선 분석법은 종자의 발아검사방법이다.

93. 다음 중 종자의 발아촉진에 냉수침지법을 적용하기 곤란한 수종은?

① 낙엽송
② 소나무류
③ 콩과수목
④ 편백

해설 **93**
냉수침지법이 큰 효과가 없을 때 사용하는 방법으로 온탕침지법이 있으며 콩과수목의 종자는 효과를 볼 수 있다.

94. 단기간의 냉수침지법으로도 발아촉진의 효과가 상대적으로 나타나는 것은?

① 잣나무 종자
② 소나무 종자
③ 옻나무 종자
④ 산수유 종자

해설 **94**
냉수침지법은 1~4일간 온도가 낮은 신선한 물에 침지해서 충분히 흡수시킨 후 파종하며, 낙엽송, 소나무류, 삼나무, 편백 등 비교적 발아가 잘 되는 종자에 적용한다.

95. 종자 후숙(After ripening)에 장기간을 요하는 종자는?

① 졸참나무 종자
② 느릅나무 종자
③ 해송 종자
④ 은행나무 종자

해설 **95**
은행나무, 잣나무, 벚나무, 느티나무 등은 종피가 단단해 장기간 후숙하여 발아를 촉진시킨다.

96. 배(胚) 휴면을 하는 종자의 휴면타파에 흔히 사용하는 방법은?

① 종피파상법
② 층적법
③ 종피제거법
④ 진탕법

해설 **96**
층적법은 습한 모래나 이끼를 종자와 엇바꾸어 쌓아 올려 저온에 두는 방법으로 배휴면 종자에 사용된다.

정답　91. ④　92. ①　93. ③　94. ②
　　　95. ④　96. ②

97. 다음 중 휴면타파 방법이 아닌 것은?

① 기계적 종피 파상　　② 청색광 처리
③ 층적저장　　④ 화학제 처리

98. 종자가 발아하는 순서 중 제일 먼저 일어나는 과정은?

① 수분의 흡수　　② 효소의 활성
③ 씨눈의 생장 개시　　④ 종피의 파열

99. 종자의 발아에 필요한 3대 조건은?

① 비료, 수분, 공기　　② 광선, 수분, 온도
③ 수분, 온도, 산소　　④ 소독, 온도, 비료

100. 종자의 발아시 유근(幼根)과 유아(幼芽)의 출현 순서는?

① 유근이 먼저 나온다.
② 유아가 먼저 나온다.
③ 거의 같이 나온다.
④ 수분의 다소에 따라 다르지만 보통 유근이 먼저 나온다.

101. 종자가 발아할 때 떡잎이 땅속에 남는 수종만으로 된 것은?

① 잣나무, 전나무　　② 소나무, 은행나무
③ 밤나무, 상수리나무　　④ 오리나무, 아까시나무

해　설

해설 97
휴면타파에 오렌지색~적색광이 유효하고, 청색광은 휴면을 유도한다.

해설 98
종자발아과정
수분의 흡수 → 효소의 활성 → 배의 생장개시 → 종피의 파열 → 유묘의 출아

해설 99
종자발아 3대 조건은 수분, 온도, 산소이다.

해설 100
종자에 일정한 수분, 산소, 온도 등을 부여하면 생장기능이 발현하여 생장점이 종자의 외부에 나타나며, 배의 유근이나 유아가 종자 밖으로 나와서 발아한다.

해설 101
발아시 떡잎이 땅 위로 올라오는데, 밤나무·상수리나무와 같이 떡잎이 땅속에 묻혀있고 뿌리와 줄기가 성장함에 따라 그대로 말라버리는 경우도 있다. 이와 같은 자엽을 지하자엽이라 한다.

정답　97. ②　98. ①　99. ③
100. ④　101. ③

102. 종자의 발아력 조사에 쓰이는 약제는?

① 염소산나트륨　　　　　　② 황산화탄소
③ 테트라졸륨　　　　　　　　④ 인돌낙산

103. 종자의 발아검사방법으로 적당하지 않은 것은?

① 항온발아기에 의한 방법　　② 환원법
③ 양건법　　　　　　　　　　④ 절단법

104. 종자가 발아하는 주요 순서를 올바르게 나타낸 것은?

① 수분 흡수 → 씨눈의 생장 개시 → 효소의 활성 → 과피(종피)의 파열 → 유묘의 출아
② 효소의 활성 → 수분 흡수 → 씨눈의 생장 개시 → 과피(종피)의 파열 → 유묘의 출아
③ 수분 흡수 → 효소의 활성 → 과피(종피)의 파열 → 씨눈의 생장 개시 → 유묘의 출아
④ 수분 흡수 → 효소의 활성 → 씨눈의 생장 개시 → 과피(종피)의 파열 → 유묘의 출아

105. 종자의 발아력 검사에서 발아 최적조건에 알맞은 온도는?

① 18℃　　　　　　　　　② 23℃
③ 26℃　　　　　　　　　④ 28℃

106. 항온발아기에 의한 방법에서 발아시험기간이 21일이 아닌 수종은?

① 사시나무　　　　　　② 가문비나무
③ 편백　　　　　　　　④ 아까시나무

해　　설

[해설] 102
테트라졸륨 1%의 수용액(ph6.5~7.0%의 증류수 사용)을 사용한다.

[해설] 103
종자의 발아력 검사시 항온발아기에 의한 방법을 원칙으로 하며, 이 방법에 의한 발아율 조사가 불리한 종자 또는 시급한 감정결과가 필요한 경우에는 환원법, 절단법, 가열법 등의 보조방법을 적용한다.

[해설] 104
종자가 수분을 흡수하면 종피는 가스교환이 용이하게 되어 호흡작용이 활발해지고 각종 효소들이 작용하여 저장물질의 전류 등이 이루어진다.

[해설] 105
종자 발아력 검사시 일반적으로 23℃가 최적온도이다.

[해설] 106
사시나무의 발아시험기간은 14일 이다.

정답 102. ③　103. ③　104. ④
　　　105. ②　106. ①

107. 종자의 발아검사방법에서 재시험이 필요한 각 반복구간의 발아율이 아닌 것은?

① 평균발아율이 90% 이상일 때, 각 반복구의 발아율의 차가 10% 이상일 때
② 평균발아율이 80% 이상 90 미만일 때, 각 반복구의 발아율의 차가 12% 이상일 때
③ 평균발아율이 80% 미만일 때, 각 반복구의 발아율의 차가 15% 이상일 때
④ 평균발아율이 60% 미만일 때, 각 반복구의 발아율의 차가 20% 이상일 때

108. 테트라졸륨에 의한 발아시험 시 충실한 종자에 나타나는 현상은?

① 흰색으로 변한다. ② 적색으로 변한다.
③ 녹색으로 변한다. ④ 흑색으로 변한다.

해설 **107**
종자의 발아검사시 각 반복구간의 발아율이 ①, ②, ③의 범위를 초과할 때는 재시험해야 한다.

해설 **108**
테트라졸륨을 사용한 종자는 배가 적색 또는 분홍색일 때 건전립으로 본다.

핵심

04 묘목양성

학습주안점

• 묘목양성을 위한 묘포장의 조건과 묘포의 정지순서와 각 과정의 효과, 작상방법에 대해 이해하고 암기해야 한다.
• 실생묘의 양성과 파종시기, 파종방법, 파종 후의 보호와 관리의 내용에 대해 알아야 한다.
• 상체의 목적과 시기, 연도, 밀도($1\,m^2$)에 상체할 묘목의 수에 이해해야 한다.
• 묘포의 잡초의 방제법과 약제종류에 대해 알아야 한다.
• 종자번식(유성번식)와 영양번식(무성번식)을 구분할 수 있어야 한다.
• 삽목, 접목, 분주 및 취목의 방법을 이해하고 적용 수종을 암기해야 한다.
• 묘목의 품질검사시 우량묘의 조건과 묘목의 연령을 표시방법, 묘목규격의 측정기준에 대해 알아야 한다.

■ 임업묘포의 종류
① 고정묘포와 임시묘포(이동묘포)
② 파종묘포(실생묘 양성)와 상체묘포 (묘목을 옮겨 키운 뒤 산지에 냄)
③ 전업묘포와 부업묘포
④ 영업용묘포(상품생산)와 자가용묘포 (자기산에 심기 위함)

1 임업묘포의 종류

1. 임업묘포의 종류

1) 고정묘포와 임시묘포

고정묘포	• 한 포지를 계속해서 사용함. • 여러 설비를 해서 관리를 집약화할 수 있으나 계속적인 사용으로 지력의 퇴화가 오는 단점이 있을 수 있음.
임시묘포	• 이동묘포라고도 함. • 조림예정지 부근에 포지를 선정해서 일시적으로 묘목을 양성하며, 식재용 묘목을 조림지의 환경에 순치시키는 것이 큰 목적 • 임내에 임시적으로 설치하는 임간묘포가 있는데, 이것은 성격상 임시묘포에 해당

2) 파종묘포와 상체묘포

파종묘포	종자를 뿌려 실생묘를 양성하는 것이 주목적
상체묘포	양성된 어린 묘목을 옮겨 심어서 더 크게 키운 뒤 산지에 내도록 하는 것

3) 전업묘포와 부업묘포

전업묘포	묘목을 양성하는 사람이 주업적으로 경영하는 경우
부업묘포	농가에서 부업적으로 경영하는 경우

4) 영업용 묘포와 자가용 묘포

영업용 묘포	묘목을 상품으로 생산하는 경우
자가용 묘포	자기 산에 나무를 심기 위하여 양성하는 경우

2. 묘포의 적지 ☆☆☆

1) 토양

① 묘목생산량에 필요한 충분한 면적을 확보할 수 있는 곳

② 점토질토양은 배수와 통기가 불량하고, 잡초발생이 심하며, 유해한 토양미생물이 많아 작업을 더 어렵게 하며, 토양동결의 문제가 있고, 묘목의 근계 발달에도 좋지 않음.

③ 점토가 50% 미만인 사질양토로 토심이 30cm 이상 되는 곳, 다만 너무 비옥한 토지는 도장(徒長)의 우려가 있으므로 피함.

⑤ 토양산도는 침엽수종에 대해서는 pH 5.0~6.5, 활엽수의 경우 pH 5.5~6.0이 적당하고 칼슘(Ca)을 사용하여 토양산도를 조절함, 표토 12cm 이내에 최소한 1.5% 유기물이 함되어 있어야 토양의 물리적 성질을 유지하는데 중요한 역할을 함.

2) 포지의 경사와 방위

① 포지는 약간의 경사를 가지는 것이 관수·배수 등에 유리하고, 평탄한 점질토양의 포지는 좋지 않음.

② 침엽수를 파종할 곳은 1~2° 정도의 경사지, 기타는 3~5° 이하의 완경사지가 바람직하며, 그 이상이 되면 토양유실이 우려되어 계단식 경작을 해야 함.

③ 위도가 높고 한랭한 지역에서는 동남향이 좋고, 따뜻한 남쪽지방에 있어서는 북향이 유리함.

3) 교통과 노동력 공급

① 매우 중요한 조건, 대규모의 고정묘포경영의 경우 중요함.

② 교통과 관리가 편리하고 조림지와 가깝고 묘목수급이 용이한 곳

■ 핵심 PLUS

■ 묘포의 적지 조건(요약)
① 토양 : 점토가 50% 미만인 사질양토, 토심 30cm 이상, 토양산도는 침엽수종은 ph 5.0~6.5가 적당
② 포지의 경사와 방위
  • 약간의 경사를 가지는 것이 관수·배수 등에 유리, 5° 이하의 완경사지가 바람직함.
  • 관개와 배수가 동시에 편리한 곳에 조성
  • 한랭한 지역 동남향, 따뜻한 남쪽은 북향이 유리함.
③ 교통편리, 노동력공급이 원활한 곳
④ 조림지의 기후와 비슷한 환경을 가진 곳이 좋음.

2 묘포설계

1. 묘포면적

① 생산예정본수, 생산표의 종류, 생산기간, 이식횟수 등을 고려해 결정
② 묘포면적은 육묘지, 부속지, 제지로 구분

육묘지	현재 묘목이 양성되고 있는 재배지, 일시휴한지, 상간의 통로면적을 합친 것
부속지	묘목재배를 위하여 필요한 여러 시설의 부지
제지	육묘지, 부속지를 제외한 면적

③ 일반적으로 묘포의 용도별 소요면적 비율은 육묘포지 60~70%, 관배수로 · 부대시설 · 방풍림 등 20%, 기타 퇴비장 등 묘포경영을 위한 소요면적 10%로 함.
④ 묘포시설 : 묘포에는 종자, 기구, 기계, 비료, 약제 등을 보관하는 창고가 있어야 하고, 이밖에 관리사, 퇴비사, 작업장, 용수시설 등이 필요함.

2. 묘포의 구획

① 면적을 서로 같게 하는 2개의 장방형의 대구획으로 나누고, 각 구획은 다시 통로에 의하여 나누어짐.
② 대구획은 주도로와 부도로 즉, 고정도로에 의하여 구획됨, 그 안에 10개의 소구획이 있으며 크기는 20m×20m 정도로 함.
③ 일반적으로 묘포는 중앙에 너비 2m 이상의 주도로를 두고 이에 직각으로 1m의 부도로를 두며 그 사이에 모판을 설치, 한 구획은 250~500m² 정도로 구획하나 트랙터나 경운기 등의 기계를 이용할 경우는 보다 크게 하도록 함.
④ 육묘용 포지는 경지와 휴경지로 구분되며, 삽목상 · 파종상 · 이식상 등으로 나누어 정함.
⑤ 모판의 너비는 관리에 편리하도록 1m로 하고 동서로 길게 설치하여 모판이 남쪽을 향하도록 함, 모판과 모판 사이의 통로인 보도는 30~50cm 정도의 너비로 함.
⑥ 관수로와 배수로는 도로와 평행되게 하며 방풍림은 서북쪽에 조성하는 것이 포지의 건조와 찬바람을 막을 수 있음, 저수지는 포지 상부에 유수지는 하부에 설치함.

3 묘포의 정지 및 작상

1. 정지

1) 순서

밭갈이(경운) → 쇄토 → 작상의 순서로 진행

2) 밭갈이

① 묘목성장에 필요한 깊이로 흙을 갈아엎는 것으로 경토심은 20~25cm 정도가 적당
② 밭갈이 시기는 늦가을이나 초봄인데, 병충해의 구제를 생각한다면 가을갈이가 좋음.

3) 쇄토

① 지면을 평평히 고르고 흙덩이를 곱게 부수는 작업, 토양의 알맞은 입단 크기는 1~5mm 정도임.
② 동력쇄토기, 괭이, 레이크 등으로 쇄토를 실시

4) 진압

① 파종 후 복토하기 전이나 후에 종자 위를 눌러주는 작업으로 토양이 긴밀해지고 종자가 토양에 밀착되므로 지하수가 모관상승하여 종자에 흡수되는데 알맞게 발아가 조장됨.
② 로러 등의 기계 또는 발로 밟아 줌.

5) 지존(地存)작업

인공조림의 준비작업으로 조림지에 있는 잡초, 덩굴식물, 관목 등을 제거해서 묘목의 식재에 적합하도록 정리하는 것

2. 작상(作床) ☆

① 밭갈이와 쇄토가 끝나고 파종상을 만드는 작업
② 상의 폭은 1m로 하고, 길이 10~20m, 보도 폭은 해가림이 필요한 상은 50cm, 필요없는 상은 30~40cm, 상면은 보도면보다 15cm 정도 더 높게 함.
③ 상의 방향은 특별한 사유가 없는 한 해가림 설치나 일사 관계 등으로 보아 동서로 설치함.

고상(高床)	상면의 높이가 보도면보다 10~15cm 정도 높음, 소나무 · 전나무 · 낙엽송
평상(平床)	상면의 높이가 보도면과 같음, 오리나무류
저상(低床)	상면의 높이가 보도면보다 7~10cm 정도 낮음, 버드나무 · 사시나무 · 백합나무

■ 밭갈이(경운)의 효과
① 토양의 투수성 · 통기성이 좋아져 파종 · 관리작업이 용이해짐.
② 종자발아 · 유근신장 및 근균의 발달이 조장됨.
③ 토양의 통기가 좋아지므로 호기성 토양 미생물의 활동이 활발해져 유용 토양미생물의 활동이 활발해져 유기물 분해가 촉진됨.
④ 잡초가 경운에 의해 지하로 매몰되어 잡초 발생량을 어느 정도 억제되며, 땅속에 은둔하는 해충이나 번데기를 지표에 노출시켜 얼어 죽게 함.

■ 묘포에 종자 흩어뿌리기 순서
묘판만들기 → 롤러(진압) → 파종 → 복토

핵심 PLUS

■ 실생묘 (유성 번식, 실생 번식) 양성
  ① 씨앗으로 번식하는 씨앗 번식을 말함.
  ② 실생묘의 장점: 대량의 묘목을 생산, 새로운 품종을 만들 수 있음.
  ③ 파종시기 : 춘파, 추파, 직파
  ④ 파종방법 : 산파(흩어뿌림), 조파(줄뿌림), 점파
  ⑤ 파종 → 복토(흙덮기) → 짚덮기 → 묘목의 보호 및 관리(해가림, 솎기 작업, 제초, 관수, 단근작업, 시비, 병충해 및 조수해방지) → 상체작업

4 실생묘양성

1. 파종량 ☆☆

$$W = \frac{A \times S}{D \times P \times G \times L}$$

W : 소요면의 파종상에 대한 파종량(g)
A : 파종상의 면적(m²)
S : 가을이 되어 m²당 남길 묘목수
D : 1g당 종자립수
P : 순량률
G : 실험실 종자 발아율
L : 득묘율(묘목잔존율, 득묘율의 범위 0.3~0.5)

2. 파종시기 ☆

① 보통 종자 발아 온도가 5~7℃로 봄에 토양의 동결이 풀리는 대로 빨리 파종하는 춘파를 함.

② 춘파
  ㉮ 봄철의 파종은 되도록 일찍 파종하는 것이 생장기간을 연장하여 주는 결과가 되어서 좋으나 발아 후에 지나친 온도의 변화가 발생하거나 늦서리가 내리면 오히려 피해를 받기 쉬움.
  ㉯ 적합한 시기는 마지막 서리가 내리게 되는 약 2주일 전을 택하는 것이 좋으며, 남부지방이 3월 하순, 중부지방 4월 상순, 북부지방 4월 하순~5월 상순경이 적합

③ 추파
  ㉮ 가을에 파종하면 자연 상태와 흡사하게 되므로 대체로 발아 기간이 단축되어 일제히 발아됨
  ㉯ 묘목의 형태가 균일하게 되고 춘파에 비하여 발아완료 기간이 2~3주일 빠르며 묘목의 생장량이 20~30%, 중량이 30~50% 증가하는 것으로 알려져 있음.

④ 직파(채파)
  ㉮ 종자를 채종하는 즉시 파종하는 것
  ㉯ 가을에 채종하여 추파를 실시하는 것도 직파 범위에 속하나, 주로 종자가 결실되는 시기가 늦봄이나 여름철에 채종하자마자 바로 파종하는 것을 직파라고 함.(떡느릅나무, 비술나무, 회양목 등)
  ㉰ 여름에 성숙하는 버드나무류, 사시나무류, 미루나무 등의 종자는 여름을 지나는 동안 발아력을 상실하므로 채취하여 바로 파종함.

3. 파종조림의 성과에 영향을 끼치는 인자

인자	내용
동물의 해(害)	밤·도토리 등 대립종자는 토끼 또는 들쥐 등이 먹어서 해를 주고, 소나무·해송 등의 종자는 새들이 큰 해를 줌.
기상의 해(害)	나지에 어린 묘가 나타났을 때 여름철의 강한 일사로 죽게 되는 열해가 있고, 초봄에 나타나는 서릿발의 해가 있음.
수분조건	묘포에 있어서는 수분조건을 조절해주지 못하기 때문에 흙을 다소 두텁게 덮어 줌.
타감작용	식물의 낙엽 중에는 다른 식물의 종자발아를 저해하는 수용성 물질이 있음.
흙옷	• 직파조림을 할 때에는 토양을 노출시켜야 하므로 그곳에 발아한 어린 묘목은 빗방울로 흙을 덮어쓰게 되는 것을 흙옷이라고 함. • 흙옷으로 인해 묘목이 죽게 되며, 때로는 강우로 표토가 유실되고 뿌리가 노출되어 후에 건조의 해와 열해로 고사하게 됨.
종자의 품질	생활력이 충실한 종자를 사용

핵심 PLUS

■ 파종조림에 영향을 미치는 인자
① 동물의 해
② 기상의 해
③ 수분조건
④ 타감작용
⑤ 흙옷
⑥ 종자의 품질

4. 파종조림이 용이한 수종과 어려운 수종☆

1) 파종 조림이 용이한 수종

침엽수종	소나무, 해송 등
활엽수종	상수리나무, 굴참나무, 떡갈나무, 졸참나무, 밤나무, 가래나무, 벚나무, 옻나무, 물푸레나무 등

2) 파종조림이 어려운 수종

침엽수	이깔나무(잎갈나무), 전나무, 분비나무 등
활엽수	단풍나무

5. 파종방법 ☆☆

1) 산파(散播, 흩어뿌림)

① 묘상전면에 종자를 고르게 흩어 뿌리는 방법
② 각 상에 뿌릴 종자량을 계산, 용기에 담아 처음에는 종자의 반을 전면에 고르게 뿌리고 나머지 반으로 부족한 곳에 보충함.
③ 파종의 노력은 적으나 제초·시비·단근·굴취 등의 작업이 불편, 소나무·오리나무류·자작나무류 등과 같은 세립종자의 파종에 많이 이용

■ 파종방법
① 산파 : 흩어뿌림, 세립종자
② 조파 : 줄뿌림, 보통종자
③ 점파 : 한립씩 파종, 대립종자
④ 상파 : 원형상 파종

2) 조파(條播, 줄뿌림)

① 뿌림골을 만들고 종자를 줄로 뿌려주는 것
② 발아력이 강하고 생장이 빠르며, 해가림 필요 없는 수종의 파종방법
③ 느티나무, 아까시나무, 옻나무 등 보통종자의 파종에 많이 이용
④ 조파작업을 쉽게 하기 위하여 조파판을 사용

3) 점파(點播)

① 일정한 한격을 두고 종자를 한 립씩 뿌리는 방법
② 묘판에 선상으로 골을 파거나 이식삽, 기타 파종기를 사용하여 묘목생장에 적합하도록 1~3립씩 파종하는 방법
③ 호두나무, 밤나무, 상수리나무, 칠엽수, 은행나무 등과 같은 대립종자의 파종에 많이 이용

■ 복토
파종상 습도유지, 토양 미생물의 피해를 줄이고, 잡초발생을 막기 위해 흙덮기 후 깨끗한 모래를 2~3mm 정도 뿌려준다.

6. 복토(覆土, 흙덮기)

① 씨를 뿌린 후에 흙을 덮는 작업
② 흙덮기의 두께는 대개 종자 지름의 2~3(3~4)배로 하나 자작나무·오리나무 등 극세립종자는 흙보다는 깨끗한 모래로 종자를 약간 덮어줌.
③ 일반적으로 침엽수 종자는 1cm 이상의 두께로 덮어주는 것을 피함.
④ 발아촉진처리가 된 종자는 건조하면 발육이 저해되고 무게가 가벼운 세립종자는 바람에 날아가기 쉬우므로 씨를 뿌린 후 즉시 복토함.

7. 짚덮기 ☆

① 빗물로 인한 흙과 종자의 유실을 막고 파종상의 습도를 높여 발아를 빠르게 하며 잡초발생을 억제
② 종자의 발아가 진행되면 2~3회에 나누어 짚을 걷고, 대신 짚을 잘라 묘목사이에 깔아주어 묘상의 수분보존은 물론 복토의 피해를 예방하도록 함.

〈주요 수종별 종자품질·파종량 및 잔존본수〉

구분	파종법	효율(%)	파종량		짚덮기(g)	해가림	잔존본수	입수/kg
			무게(g)	용적(L)				
은행나무	점파	100	189	0.30	긴짚 400	사용	100	540
주목	산파	79.3	152	0.29	여물 600	사용	1,200	25,079
비자나무	산파	90.3	1,340	3.28	여물 600	사용	700	1,085
소나무	산파	81.6	28	0.05	긴짚 400	–	600	99,416
해송	산파	87.8	39	0.07	긴짚 400	–	600	65,850
리기다소나무	산파	76.7	25	0.05	긴짚 400	–	600	122,462

구분	파종법	효율(%)	파종량 무게(g)	파종량 용적(L)	짚덮기(g)	해가림	잔존본수	입수/kg
잣나무	산파	94.2	338	0.59	여물 600	사용	400	1,890
이깔나무	산파	41.9	23	0.06	긴짚 400	사용	700	259,668
낙엽송	산파	35.8	23	0.06	긴짚 400	사용	600	255,609
가문비나무	산파	44.8	15	0.03	여물 600	사용	1,200	441,291
종비나무	산파	63.89	25	0.05	여물 600	사용	1,200	261,259
전나무	산파	23.3	419	0.79	여물 600	사용	1,000	21,877
찝방나무	산파	34.9	15	0.15	긴짚 500	사용	600	1,229,230
측백나무	산파	81.1	53	0.09	긴짚 600	−	600	48,086
향나무	산파	40.6	157	0.26	긴짚 400	−	1,000	47,983
노간주나무	산파	54.9	70	0.13	긴짚 400	−	1,000	75,679
호두나무	점파	100	369	1.29	−	−	36	98
박달나무	산파	15.7	15	0.05	여물 600	−	100	2,439,996
산오리나무	산파	17.5	20	0.09	여물 600	−	100	1,230,552
물오리나무	산파	22.8	23	0.08	여물 600	−	100	831,926
밤나무	점파	100	509	1.00	−	−	49	134
상수리나무	점파	100	252	0.42	−	−	49	226
신갈나무	점파	100	146	0.29	−	−	49	462
굴참나무	점파	100	241	0.41	−	−	49	273
비술나무	산파	15.3	20	0.53	긴짚 400	−	120	201,790
느티나무	조파	58.4	21	0.04	긴짚 400	−	120	63,420
참싸리	조파	45.7	8	0.03	−	−	60	113,002
아까시	조파	57.2	15	0.02	−	−	60	50,420
회양목	산파	46.0	53	0.10	긴짚 1,200	−	1,000	82,746
옻나무	조파	54.9	73	0.11	긴짚 400	사용	60	25,567
붉나무	조파	73.4	26	0.04	긴짚 400	−	100	97,779
개박달나무	조파	37.8	135	1.14	긴짚 400	−	120	5,389
고로쇠나무	조파	53.8	27	0.18	긴짚 400	−	120	23,520
무궁화	조파	77.5	8	−	긴짚 400	−	100	63,059
들메나무	조파	61.6	35	0.28	긴짚 400	−	120	15,131
물푸레나무	조파	43.6	26	0.22	긴짚 400	−	120	27,877
개나리	산파	17.2	10	0.04	긴짚 400	−	100	410,730
개벚나무	산파	61.1	18	0.03	−	−	60	15,749
가래나무	점파	100	323	0.86	−	−	36	115

CHAPTER 04 묘목양성

■ 묘목의 보호 및 관리 내용
① 해가림
② 솎기작업
③ 제초
④ 관수
⑤ 단근작업(뿌리끊기 작업)
⑥ 시비
⑦ 병충해 및 조수해 방제

8. 묘목의 보호 및 관리

1) 해가림

① 어린 묘가 강한 일사를 받아 건조되는 것을 방지하기 위해 인공적으로 광선을 차단하는 방법으로 음수 및 습윤지성 수종에 적합

② 잣나무 · 주목 · 가문비나무 · 전나무 등의 음수나 낙엽송의 유묘는 해가림이 필요하며, 소나무류 · 포플러류 · 아까시나무 등의 양수는 해가림이 필요 없음.

③ 해가림용의 비닐망사가 시판되고 있어서 가설하기 편리함.

④ 해가림은 짚걷기를 시작할 때 지상 40~50cm 높이로 수평으로 가설함.

⑤ 해가림을 일시에 제거하면 묘목이 일소의 피해를 받을 우려가 있으므로 8월 하순~9월 상순부터 점차적으로 제거하기 시작함.

⑥ 지나친 해가림은 연약한 묘목을 생산하므로 비가 오는 날 · 구름끼는 날, 아침과 저녁 등에는 거두는 것이 좋음.

■ 솎기작업
① 묘목이 밀생하면 웃자라고 통풍이 불량하여 연약해지므로 묘목의 간격을 일정하게 하여 건전한 생육을 할 수 있도록 하는 작업을 솎기라고 함.
② 허약묘, 기형묘, 피해묘, 도장묘 등을 솎아 냄.

2) 솎기작업

① 횟수 : 성장주기가 두 번 있는 낙엽송 · 삼나무 · 편백 등은 2~3회, 성장주기가 1회뿐인 소나무류 · 전나무류 · 가문비나무류는 1~2회에 나누어 실시

② 시기 : 본엽이 나올 때, 처음에는 묘목이 서로 닿는 것을 솎아주고 다음에는 불량묘나 허약묘를 솎아줌.

③ 마지막 솎기는 기준묘만 남기고 전부 제거하며 8월 상순 이전에 끝내도록 함.

3) 제초

노동력과 비용이 많이 소요되는 부분으로 제초는 되도록 잡초가 어릴 때 실시

4) 관수

① 보도관수를 원칙으로 하되, 필요에 따라 상면(床面)관수를 실시할 수 있음.

② 상토가 충분이 물을 먹을 때까지 실시

③ 관수시간은 아침에 실시

■ 단근작업의 목적
① 묘목의 철늦은 자람(웃자람)을 방지
② 잔뿌리의 발생을 촉진시킴 (T/R률 향상)
③ 옮겨 심었을 때 활착률을 높임.
④ 내한성을 높일 목적으로 실시

5) 단근작업 ☆

① 묘목의 철늦은 자람을 억제하고, 동시에 측근과 세근을 발달시켜 산지에 재식하였을 때 활착률을 높이기 위하여 실시

② 단근묘가 이식묘에 비하여 T/R률이 낮고 활착률이 높은 우량한 묘목이 생산되며, 묘목을 대량생산할 경우에도 경제적으로 유리함.

③ 시기 : 측근과 세근의 발육이 목적일 때는 5월 상순~7월 상순에, 웃자라기 쉬운 수종(삼나무, 낙엽송 등)은 8월 상순~9월 상순에 실시함.

④ 단근의 깊이는 대체로 뿌리의 2/3를 땅속에 남기도록 하며, 흔히 20cm 깊이를 적용

⑤ 그해 기후에 따라 도장의 염려가 없을 때에는 단근작업을 생략할 수도 있음.

〈뿌리의 성상과 묘령에 따른 단근작업〉

단근의 가부	직근성	천근성
1년생 산출묘로서 단근하는 것	상수리나무·굴참나무·졸참나무 등	–
1년생 산출묘로서 단근하지 않는 것	–	낙엽송·느티나무·전나무·삼나무·편백
2년생 이상으로 단근하는 것	소나무·해송·상수리나무·졸참나무 등	낙엽송·느티나무·전나무·가문비나무·편백·삼나무

6) 시비

① 건전한 생육을 위해서는 부족되기 쉬운 질소·인산·칼륨의 비료 3요소와 석회·고토·망간·규산 등을 토양에 보급해야 함, 다만 묘목이 웃자라지 않도록 질소질 비료를 많이 시비하지 않음.(낙엽송은 10~14(g/본), 소나무·잣나무·해송 등은 6~8(g/본)정도의 질소를 시비함)

② 시비량 $= \dfrac{\text{비료요소흡수량} - \text{천연공급량}}{\text{비료요소의 흡수율}}$

③ 방법

기비	• 파종상, 상체상 등 미리 묘상에 주는 것으로 잘 부숙한 퇴비와 무기질 비료를 사용 • 지효성 비료로 상만들기 1개월전에 시비함. • 석회질비료는 늦어도 파종 2주 전에 묘포지 전면에 살포 후 경운하여 고루 섞이도록 하고 퇴비·질소·인산·칼륨질비료는 파종 직전에 시비함.
추비	• 묘목의 생육 도중에 주는 것으로 묘목의 생육상태를 보아 가며 속효성 비료를 사용 • 묘목의 생장을 촉진하기 위해서 시비하는 것으로 분말이나 소립상비료는 묘상 위에 고루 뿌리고 잎줄기에 붙은 비료는 털어줌.

7) 병충해 및 조수해 방제

① 침엽수의 파종상에 입고병과 적고병이 흔히 발생하는데, 방제를 위하여 보르도액을 살포

② 종자소독 및 토양소독을 하고 묘상의 통풍, 해가림, 솎기 등에 주의

③ 선충은 묘목의 뿌리에 기생하며 클로로피크린, 메틸브로마이드 등을 이용하여 방제

④ 새가 침엽수종의 파종상에서 종자와 유묘를 식해하므로 망을 친다거나 종자를 연단이나 알루미늄 가루로 처리해서 파종

▪ 시비목적 및 효과
식물의 흡수에 의하여 부족하게 된 토양 중의 양료를 보급하며 토양미생물의 번식을 도와 토양의 이학적 성질을 개선

CHAPTER 04 묘목양성

5 상체(床替, 이식, 판갈이)작업

1. 상체시기(봄)

① 흙이 녹고 수액이 유동되기 직전 봄에 실시, 가을상체는 한해 또는 건조의 해를 받기 쉬움.

② 남부지방은 3월 중·하순, 중부지방은 3월 하순~4월 상순이 적당함.

2. 상체연도☆☆☆☆

① 소나무류, 낙엽송류, 삼나무, 편백 등은 1년생으로 상체하고, 자람이 늦는 전나무류·가문비나무류는 거치(상에 그대로 두는 것)하였다가 2~4년 후에 상체 실시

② 참나무류는 직근만 발달하고 세근이 거의 없으므로 1년생으로 상체하면 고사하기 쉬움, 만 2년생이 되어 측근이 발달한 후에 상체하는 것이 좋음.

③ 잣나무는 첫해 파종상에서 경과하고, 2년생을 상체한 후 3~4년생일 때에 식재, 가문비나무류 3년생을 상체한 후 5년생일 때 다시 상체를 함.

④ 측근의 발달은 토양의 성질에 크게 좌우되는 것으로 퇴비 또는 톱밥을 넣어 보수력을 높이면 측근발생이 촉진되고 상체도 더 빨리 할 수 있음.

연수＼수종	1	2	3	4	5	6	7
소나무류, 낙엽송	○	×	△				
삼나무, 편백	○	×	△(×)	(△)			
가문비나무류	○	–	–	×	–	×	△
전나무류	○	–	×	–	△(×)	(△)	
잣나무	○	–	×	△(–)	(△)		

○ : 파종, × : 판갈이, △산에 심기, – 거치,( ) : 또는 표, 묘목 판갈이 작업의 연도에 따른 경과

3. 밀도(1m²)에 상체할 묘목의 수 ☆☆☆☆

① 묘목이 클수록 소식(疏植)함.

② 지엽이 옆으로 확장되는 삼나무·편백 등은 소식하고, 반대로 소나무·해송은 더 밀식함.

③ 상체상에 거치할 때에는 소식함.

④ 양수는 음수보다 소식함.

⑤ 땅이 비옥할수록 소식함.

4. 상체의 실행 및 관리

1) 상체의 형식

상식	• 상을 만들어 정방형으로 심는 것 • 배수가 잘 되기 때문에 점질토양에 알맞으며 후에 묘목의 굴취작업을 더 편리하게 할 수 있음.
열식	• 상을 만들어 열로 심는 것 • 제초, 시비에 편리하고 작업이 더 능률적으로 이루어질 수 있음.

2) 상체방법

① 밭갈이를 하고 미리 퇴비를 뿌려 흙과 혼합해 둠
② 열식에 있어서는 줄을 치고 줄을 따라 심고, 상식은 파종상처럼 상을 만들어 줌.
③ 상체할 묘목의 뿌리를 일정한 길이로 끊어 줌.
④ 묘목은 크고 작은 것을 선별해서 비슷한 것끼리 모아서 상체함.
⑤ 묘목은 건조하지 않도록 흙물처리함.
⑥ 흙물처리는 포지의 한 곳에 깊이 50cm 가량 되는 구덩이를 파고 표토나 점토를 넣고 물을 부어 흙물을 만들고 이에 다발로 된 묘목의 뿌리를 담가 흙물이 뿌리를 덮도록 함.

3) 상체상의 관리

① 상체한 후 건조에 따라 묘목의 고손(枯損)이 발생하므로 상체 직후 관수하는 것이 바람직함.
② 짚이나 낙엽, 목칩 등으로 상면을 덮어 수분조절과 잡초발생을 방지함.
③ 제초는 파종상이나 상체상에 모두 중요한 포지 관리의 하나로서 노동력과 비용을 많이 요하는 작업임.

6 제초제

1. 잡초방제법과 제초제 처리법

1) 잡초의 방제법

① 재배적 방제법 : 밭갈이, 중경, 윤작, 멀칭 등
② 기계적 방제법 : 손이나 기구를 이용해 뽑아 제거
③ 화학적 방제법 : 제초제를 사용하여 제거

CHAPTER 04 묘목양성

■ 묘포의 잡초
양료와 수분을 빼앗고, 일사와 통풍을 방해해서 묘목의 생육을 저해하며 다범성 병균의 전염 등 그 피해가 심함.

2) 제초제처리법 ☆

① 토양처리법

㉮ 제초제를 토양에 처리하는 방법으로 응용범위가 넓음.

㉯ 잡초종자는 대체로 지표 아래 10cm보다 더 깊은 곳에서 발아할 수 없기 때문에 이 깊이를 약제처리층으로 함.

② 잡초처리법

㉮ 잡초에 제초제를 뿌려 지상부의 잎과 줄기가 흡수함으로써 고사되는 방법

㉯ 묘목 자체에 약해를 주는 일이 있으므로 사용방법에 주의를 요함.

㉰ 제초는 인력에 의해 기구로 직접 뽑아주거나 제초제를 사용, 한 해에 보통 6~8회 실시, 묘목은 약해가 없도록 주의, 특히 세립종자는 파종상에서 발아 30일 이후에 사용함이 좋음.

③ 토양처리와 잡초처리를 병용도 하지만 임업묘포에 있어서는 토양처리에 중점을 두고 있음.

2. 약제종류 ☆

1) 시마진(Simazine ; CAT)

① 이행성제초제로 물에는 거의 용해되지 않고 보통 50%를 물에 타서 유탁액으로 사용

② 지상부 제체에는 거의 흡수되지 않고 뿌리에 흡수되어 해를 나타냄.

③ 토양 중의 효력지속기간이 길어 2개월 이상에 이름

④ 땅속의 이동성이 약하고, 토양처리를 하면 표층토양부터 발아하는 1~2년생초에 대한 살초력이 나타나며, 깊게 파종된 종자나 뿌리가 깊게 들어간 묘목에는 해가 없음.

2) 메틸브로마이드(Methyl Bromide)

① 냄새가 없는 액체로서 휘발성이 강하고 사람에게 대단히 유독함.

② 토양처리시 대부분의 잡초, 종자, 선충, 해충이 죽게 됨.

③ 10m²에 약 2kg을 주입하는데, 땅을 구멍을 뚫고 약액을 넣은 다음 구멍을 메우고 약 48시간 그대로 둔다. 침투력이 매우 강해 땅속 약 25cm까지 효력을 미침.

④ 토양용적에 대한 용량은 1m³의 흙에 360mg의 비율로 처리함.

⑤ 처리 후 10~40일간 통풍시켜 약성분을 날려 보낸 뒤에 작업 실시함.

3) 근사미(Keunsami, Roundup)

① 비호르몬형 이행성제초제로 일반명은 글라이포세이트(Glyphosate)임.

② 식물체의 경엽에 처리된 약제가 서서히 뿌리로 옮겨 가서 살초 효과를 나타냄.

③ 선택성이 없으며, 1년생 잡초는 4~10일, 다년생 잡초는 15~30일 사이 차차 황화현상을 나타내며 고사함.

④ 약제살포 6시간 이내에 비가 오면 약효가 떨어지고, 2시간 이내에 많은 비가 오면 다시 살포함.

⑤ 토양에 살포한 즉시 불활성화되기 때문에 잡초가 발생하기 전의 토양처리효과 나 후에 발생하는 잡초의 억제효과는 기대할 수 없음.

7 무성번식묘 생산

1. 영양번식과 종자번식 ☆☆☆

1) 영양번식

① 단위생식으로 발달한 배(밀감, 귤 등), 근맹아(은백양, 사시나무 등), 위목(석류, 식나무, 조팝나무, 벚나무, 고무나무, 소나무류, 포도나무, 사과나무 등), 분주 (산앵두나무, 황매화)

② 장단점

장점	• 모체와 유전적으로 완전히 동일한 개체를 얻을 수 있음. • 초기생장이 좋고 조기결과의 효과가 있음. • 종자번식이 불가능한 경우 유일한 번식 수단임
단점	• 바이러스에 감염되면 제거가 불가능함. • 종자번식한 식물에 비해 저장과 운반이 어려움. • 종자번식에 비해 증식률이 낮음.

③ 종류

삽목	• 근삽 : 오동나무 • 지삽 : 포플러류, 개나리, 주목, 사철나무, 향나무, 무화과, 플라타너스, 동백나무, 버드나무류 등
접목☆	• 절접 : 사과나무, 배나무 • 할접 : 소나무류, 감나무, 동백나무, 참나무류 등 • 복접 : 가문비나무류, 소나무류 등 • 박접 : 밤나무 • 아접 : 복숭아나무, 호두나무, 장미 등
마이크로번식	• 조직배양 • 배배양(세포배양) • 기관배양

▪ 식물번식법

종자번식 (유성번식)	• 유성번식 · 실생번식, 종자로 번식하는 방법 • 실생묘(實生苗)란 종자로 번식하여 얻은 묘목을 말함.
영양번식 (무성번식)	• 무성번식, 식물체의 일부분을 이용하여 번식하는 번식 • 삽목, 접목, 취목 등의 묘목양성 방법

2) 종자번식의 장단점

장점	• 번식방법이 쉽고 다수의 모를 생산할 수 있음. • 품종개량을 목적으로 우량종의 개발이 가능함. • 영양번식에 비교하여 발육이 왕성하고 수명이 김. • 종자수송이 용이하며 원거리 이동이 안전·용이함. • 육묘비가 저렴함.
단점	• 육종된 품종에서는 변이가 일어나 결과가 대부분 좋지 못함. • 불임성(不稔性)과 단위결과성 식물의 번식 어려움. • 목본류는 개화까지 기간이 오래 걸리는 수가 많음.

■ 삽목
① 식물체로부터 뿌리, 잎, 줄기 등 식물체 일부분을 분리한 다음 발근시켜 하나의 독립된 개체를 만드는 것으로 잘라서 번식에 이용할 일부분을 삽수(揷穗)라고 함.
② 삽수발근 → 캘러스형성 → 연결 → 가교 → 분화

2. 삽목(揷木, cuttings)

1) 식물의 전체 형성능력

① 식물은 하나의 기관이나 조직 또는 세포 하나라도 적당한 조건이 주어지면 모체와 똑같은 유전형질을 갖는 완전한 식물체로 발달할 수 있는 재생능력을 말함.

② 재생력을 이용하여 새로운 개체를 만드는 것을 삽목이라 함.

2) 삽목의 장점

① 모수의 특성을 그대로 이어받음.

② 결실이 불량한 수목 번식에 적합

③ 묘목의 양성기간이 단축됨.

④ 개화결실이 빠르고 병충해에 대한 저항력이 큼.

3) 수종에 따른 발근이 난이성 ☆☆

① 삽목발근이 용이한 수종 : 포플러류, 버드나무류, 은행나무, 플라타너스, 개나리, 주목, 실편백, 연필향나무, 측백나무, 화백, 향나무, 비자나무, 찝방나무, 노간주나무, 눈향나무, 히말라야시다, 메타세쿼이아, 식나무, 댕강나무, 꽝꽝나무, 동백나무, 담쟁이, 협죽도, 치자나무, 보리장나무류, 진달래류, 아왜나무, 서향, 인동덩굴, 피라칸사, 회양목, 마삭줄, 덩굴사철나무, 광나무, 팔손이나무, 수국, 족제비싸리, 무화과, 쥐똥나무, 모과나무, 닥나무, 구기자, 칡, 닥나무, 찔레나무, 삼나무, 명자나무, 삼지닥나무, 무궁화, 매자나무, 황매화 등

② 삽목발근이 어려운 수종 : 소나무, 해송, 리기다소나무, 잣나무, 전나무, 낙엽송, 금송, 섬잣나무, 스트로브잣나무, 솔송나무, 참나무류, 귤나무류, 태산목, 목련류, 비파나무, 소귀나무, 유칼리류, 단풍나무류, 매실나무, 옻나무류, 팽나무, 오리나무류, 감나무, 계수나무, 자작나무, 밤나무, 호두나무, 느티나무, 벚나무류, 산초나무, 두릅나무, 아까시나무, 자귀나무, 너도밤나무, 사시나무, 고욤나무, 복숭아나무, 백합나무, 사과나무, 대나무류 등

4) 삽수의 극성

① 삽수의 끝을 초극에서 줄기가 발생하며, 아래쪽을 기극에서 뿌리가 발생

② 가지 대신에 뿌리의 일부분을 삽수로 했을 때에는 초극에서 뿌리를, 기극에서 줄기를 발생시켜 가지나 줄기의 경우와는 역으로 됨. 삽수를 중력 방향에 대해서 역위로 두더라도 이 관계에는 변화가 없음.

③ 극성효과의 강도는 줄기는 강하고, 뿌리는 다소 미약하며 잎 삽수의 경우에는 같은 부위에서 뿌리도 나고 줄기가 나기도 함.

5) 관련인자 ☆

① 모수의 유전성에 의해 삽목 난이성이 결정

② 삽수의 생리적 요건 : 삽수 안에 함되어 있는 탄수화물의 양이 많고 질소의 양이 비교적 적을 때 발근이 더 잘되는 경향이 관찰되고 있음.(C/N율이 클수록 발근에 유리함)

③ 늙은 나무보다 어린 나무에서 삽수를 따면 발근이 더 잘 됨.

④ 삽수의 모체상의 위치

  ㉮ 모체의 개체성 : 동일 수종이라도 개체에 따라 삽수발근에 차이가 심함.

  ㉯ 주지와 측지의 차이 : 자람이 왕성한 주지는 측지보다 발근율이 일반적으로 낮고, 수조직이 발달한 가지는 일반적으로 발근이 불량. 대개 주지는 수조직이 더 발달해 있음.

  ㉰ 영양지와 생식지 : 영양지를 가진 삽수가 발근이 잘 됨.

  ㉱ 수관 상의 위치 : 수관 하부에서 얻는 삽수가 발근이 잘 됨.

6) 삽목시기 ☆

① 삽수를 채취하는 시기는 삽수의 발근과 밀접한 관계

② 일반적으로 생육개시 직전(중부지방 3월 상순)의 어린나무에서 생장 왕성한 1년생 가지를 채취함.

휴한지삽목	• 삽수를 휴면 중인 초봄에 따서 삽목 • 포플러류, 플라타너스류, 버드나무류, 주목, 은행나무, 향나무류, 삼나무, 편백, 히말라야시다, 식나무, 사철나무, 장미류, 족제비싸리, 무화과나무, 칡, 자목련, 개나리, 대추나무, 네군도단풍나무, 수국류, 포도나무, 무궁화 등
반숙지삽목	• 대개 6월경, 그해 자란 어린 가지를 삽목 • 은행나무, 실편백, 향나무, 개비자나무, 낙엽송, 메다세쿼이아, 편백, 화백, 향나무류, 찝방나무류, 히말라야시다, 낙우송, 식나무, 호랑가시나무류, 꽝꽝나무, 협죽도, 목서류, 치자나무, 피라칸사, 진달래류, 동백나무, 사철나무류, 돈나무, 광나무, 팔손이나무, 불두화, 쥐똥나무, 위상류, 닥나무, 산사나무, 담쟁이, 딱총나무, 무궁화, 자목련 등

■ 삽수발근에 관여하는 인자

① 모수(어미나무)의 유전성 : 선천적 유전 형질

② 모수의 연령 : 어린나무에서 딴 삽수가 늙은 나무에서 딴 삽수보다 발근이 잘 됨.

③ 삽수의 양분 조건 : 모수의 영양 상태가 좋을 때 채취한 삽수는 발근이 더 잘되며, 질소의 함량보다 탄수화물의 함이 더 많을 때 발근이 잘 됨.

④ 삽수 채취 위치 : 나뭇가지의 어느 위치에서 채취하였는가에 따라 발근에 차이가 있음(전나무류, 소나무류는 수관의 아래쪽에서 따는 것이 좋고, 낙엽 활엽수는 대부분 가지의 윗부분에서 얻은 삽수가 발근이 잘 됨)

③ 채취의 위치

㉮ 소나무, 전나무 등의 침엽수류는 보통 수관의 아래쪽에서 삽수를 채취

㉯ 낙엽활엽수는 대부분 가지의 윗부분에서 얻은 삽수가 발근이 잘됨.

㉰ 채취한 삽수는 온도 3~5℃, 습도 80% 유지할 수 있는 저장고에 삽수의 하단을 젖은 모래에 10cm 정도 묻어서 삽목전까지 저장함.

㉱ 삽목은 수액이 유동할 때(3월 하순~4월 하순)에 실시하는 것이 좋으며 늦게 삽목하면 활착률이 불량함.

7) 삽목상과 환경 ☆

① 삽목상은 삽수에 발근기간을 통해서 기계적 지지를 하고, 수분을 공급, 발근 부위에 공기를 공급함.

② 좋은 삽목상은 무균적이고 보수력이 높은 동시에 잘 배수되어 통기성이 좋은 곳을 말함.

수분조건	• 공중 및 지중의 습도와 관계되며, 수분을 충분히 공급할 필요는 있지만 지나친 공급은 과습을 초래하여 발근이 되지 않거나 고사의 원인이 되기도 함. • 공중습도가 높은 것이 좋으며 완전히 발근하는데 90% 이상의 습도를 유지하는 것이 필요함.
온도조건 ☆☆	• 겨울에 채취된 삽수는 비교적 발근능력이 높으나, 저온조건에서는 발근활동이 진행되지 않음. 봄에 삽목을 했을 경우 삽수는 일정 시기까지 기다렸다가 발근활동이 진행됨. • 휴면지 삽목을 할 때는 발근에 알맞은 온도에 이르는 시기까지 삽수를 저온상태(대체로 2~5℃)로 저장함. • 삽목상은 적온은 낮 21~27℃, 밤 15~21℃일 때 발근이 잘 되나 25℃를 넘어 30℃에 이르면 발근활동에 지장을 주고 삽수를 부패 시키는 토양미생물의 활동이 왕성해짐. • 삽목상 온도는 기온보다 지온이 다소 높은 것에 유리함.
광선조건	• 삽목상의 건조를 막기 위해 흔히 해가림을 실시 • 휴면지는 그 안에 이미 발근에 필요한 양료와 호르몬을 간직하고 있기 때문에 광선이 없는 조건에서도 잘 발근할 수 있으나, 잎을 달고 있는 작은 삽수는 그렇지 못하고 광합성을 통해 물질을 생성

토양미생물	• 삽수의 발근기간이 길면 토양미생물의 활동과 병원균이 발근율 저하의 가장 큰 원인이 됨.
	• 고온다습한 조건, 높은 밀도로 삽목시 파종상에 있어서와 같이 입고병의 발생이 크게 우려됨.
	• 삽목부패의 원인이 되는 세균류와 사상균
	  – Fusarium, Pythium, Phytophthora, Botrytis
	  – 주로 삽수 하단의 절단면, 상처부위를 통해서 침입
	  – 마사토, 버미큘라이트를 상토로 사용하면 부패방지에 효과적
	  – 석회보르도액, 유기수은제, 스트렙토마이신 등으로 삽수를 처리하면 부패를 방지

7) 삽수의 조제법

① 지삽

㉮ 삽수를 채취하여 작업장까지 운반하는 시간이 3~4일을 요할 때에는 비닐 주머니에 휴면지와 물이끼 같은 보습제를 함께 넣고 위아래를 느슨하게 묶고 일사를 막으면서 운반

㉯ 건조하고 일사가 강할 때에는 되도록 재료채취를 피하는 것이 좋으며, 채수한 것은 하단을 물 속에 담가 생기를 잃지 않도록 유의함.

㉰ 삽수의 길이는 긴 것이 40cm, 보통 20~25cm로 조제하며, 일반적으로 침엽수종은 5~25cm, 상록활엽수종은 7~15cm, 낙엽활엽수종은 15~20cm로 마련

㉱ 삽수 기부의 조제법

직각절	가위로 절단하는 작업으로 작업이 가장 쉬우나 상처가 잘 남
사절	기부를 30~45° 각도로 깎고 다시 반대쪽을 1/3 되깎아 줌.
종삽	손으로 그냥 부착부에서 떼어내는 방법과 칼로 기부에 가지 일부분을 붙여 팔꿈치 모양으로 만들어 삽목
당목삽	가지 기부에 T자 모양의 가지를 남겨 조제
할삽	기부를 잘라 주는 것

② 근삽

㉮ 늦겨울이나 초봄, 아직 뿌리에 저장양분이 많고 휴면 중에 있을 때 실시

㉯ 사시나무류처럼 지삽이 어려운 경우 또는 오동나무, 귤류, 보리수나무류, 장미류, 개오동나무, 산닥나무, 은백양, 뽕나무, 닥나무, 산사나무, 가죽나무, 아까시, 대추나무, 엄나무, 등나무, 페칸, 아가씨꽃나무류, 모과나무, 아그배나무, 황매화나무, 백합나무, 라일락 등은 근삽을 실시

8) 삽수의 발근촉진처리

① 삽수의 소독 : 삽수는 세균성 부패병·균류에 오염되지 않도록 항상 깨끗하게 취급하고 보르도액으로 소독해주는 것이 좋음.

② **식물호르몬처리**

㉮ 호르몬제 : 인공적으로 합성된 발근촉진제에는 IBA, IAA, NAA 등이 있으며 특히, IBA는 각종 식물에 유효함.

㉯ 분제처리법 : IBA, NAA, IAA 등의 분말을 탈크가루와 잘 혼합한 것에 삽수의 하단부 1~2cm 가량을 가볍게 꽂아 흰 가루가 묻도록 처리하는 방법으로서 대량의 삽수를 처리하는 데 편리함, 처리된 삽수는 곧 삽목하도록 하고 분제농도는 1% 정도가 무난함.

ⓓ 저농도액침지법 : 삽수의 하단에 1~2cm를 호르몬 희석액에 24시간 가량 침지하였다가 삽목하는 방법

9) 삽목밀도와 깊이

① 밀도

㉮ 공간을 충분히 이용하기 위해서 삽수의 잎이 서로 접촉될 정도이거나 또는 상면이 약간 보일 정도로 꽂음.

㉯ 전열온상과 분무관수시설 등이 되어 있는 경우라면 삽목밀도를 높게 할 수 있음.

㉰ 소나무류의 삽목밀도는 1m²당 400본 이상 꽂을 수 있고, 삼나무 삽수로서 길이가 25cm 정도이면 1m²당 60~100본을 꽂을 수 있음.

㉱ 특히, 생장이 빠른 것은 1m²당 10~25본 정도를 꽂고 열간을 50cm 정도로 해서 줄로 꽂기도 함.

② 삽목의 깊이

㉮ 꽂는 깊이가 너무 깊을 때에는 기부 부근의 통기부족으로 부패하기 쉽고, 너무 얕을 때에는 건조의 해를 받기 쉬움.

㉯ 삽목상의 조건, 삽수의 크기에 따라 꽂는 깊이가 다르지만 가능하면 삽수길이의 1/3~2/3정도가 땅속에 들어가도록 함.

3. 접목(接木)묘 양성

1) 접목의 장점과 조직유합

① 접목의 장점 ☆

㉮ 클론보존 : 무성번식에 의하면 모체의 유전성을 그대로 이차개체에 계승시킴.

㉯ 대목효과 : 토양환경에 대한 적응과 접수의 생산성 등이 한 개체의 나무에 결합될 수 있고, 접목부위에 의한 지상부의 생리적 변화가 열매 생산, 화색 등에 이로운 영향을 주기도 함.

㉰ 상처의 보철 : 귀중한 나무의 줄기가 상처를 받았을 때 그 상처 부분을 접목으로 보철해서 생존을 유지시킴, 뿌리를 접해줌으로써 수세를 회복시킬 수도 있음.

㉱ 바이러스의 연구 : 병징이 없는 보균식물의 바이러스 종류를 알기 위해 병징이 잘 나타나는 수종에 접목해서 바이러스를 규명이 가능함.

㉲ 개화, 결실 촉진 : 어린 대목에 오래된 접수를 대목하면 실생묘보다 개화·결실이 빨라짐.

■ 접목
서로 분리되어 있는 식물체를 조직적으로 연결시켜 생리적 공동체가 되게 하는 것으로 접목부위의 위에 오는 것을 접수라고 하는데, 이것은 식물체의 지상부 주요부를 형성하게 되며, 아래에 위치하는 부분을 대목이라고 하는데, 이것은 식물체의 지하부, 즉 근계를 형성하게 된다.

■ 접목의 이점
① 클론보존
② 대목효과
③ 상처의 보철
④ 바이러스의 연구
⑤ 개화, 결실의 촉진

② 접목부위의 조직유합 ☆☆

㉮ 대목과 접수의 삭면세포는 분열해서 유조직세포를 만들고 이들 세포가 서로 엉켜서 연결하게 되는데 이것이 캘러스 조직임.

㉯ 대목과 접수사이에 있는 캘러스 조직 중, 특히 양쪽 형성층 사이에 놓인 것이 분화해서 형성층 세포로 되어 형성층 연락이 먼저 이루어지고 새로 만들어진 형성층세포군이 분화해서 목부세포와 사부세포를 만들어 접목부위의 유합이 이루어짐.

㉰ 접수와 대목의 친화력은 동종간 > 동속이품종간 > 동과이속간의 순으로 큼.

2) 접목에 영향을 끼치는 인자 ☆☆

① 접목친화성

㉮ 친화성이 가까운 것끼리 접목 실시

㉯ 대목과 접수의 친화력이 떨어지는 수종에서 발생하는 현상

㉠ 같은 접목방법을 적용하여도 접목률이 낮거나 활착이 되지 않음.

㉡ 처음 유착은 되었지만 1~2년 지나서 죽음.

㉢ 수세가 현저하게 약하거나 가을에 일찍 낙엽이 짐.

㉣ 대목과 접수의 생장속도에 차이가 심함.

② 대목의 생활력 : 대목의 생리적 활동이 시작할 무렵에 접목을 실시한다.

③ 수종의 특성

접목이 쉬운 수종	밤나무, 뽕나무, 포도나무, 귤나무류, 소나무류, 사과나무 등
접목이 어려운 수종	호두나무류, 참나무류, 너도밤나무류 등

④ 온도와 습도

㉮ 접목 후에는 20~30℃의 온도가 유지되어야 캘러스 조직의 발달에 유리함.

㉯ 특히 호두나무는 25~30℃ 정도의 온도가 유지되어야 접목에 성공할 수 있음.

㉰ 접목 후에는 습도가 높게 유지되어야 하는데 특히 접수가 잎을 달고 있는 경우 높은 관계습도가 요구됨.

⑤ 접목기술과 재료 : 접목은 경험과 기술을 요하는 것으로 좋은 기구와 재료를 사용하는 것은 접목성과에 큰 영향을 끼침.

3) 유전적 소인과 접목가능성 ☆

동질적 접목	대목과 접수의 유전형이 같을 때
이질적 접목	대목과 접수의 유전형이 다를 때
동종내 접목	종이 같을 때
종간 접목	종이 다를 때

- 접수와 대목의 접목시기
  ① 접수 – 휴면상태
  ② 대목 – 활동을 개시한 직후

- 접목에 영향을 끼치는 인자
  ① 접목 친화성(대목과 접수의 친화성)
  • 종간 접목(접붙이기가 잘되는 종간접목)

해송(대목)	섬잣나무·백송
가래나무(대목)	호두나무
목련(대목)	백목련

  • 속간 접목 : 탱자나무에 감귤
  ② 수종의 특성(수목의 특성)
  ③ 온도와 습도
  • 20~30도 유지, 높은 관계 습도 유지
  • 접붙인 부위에 접밀을 바르고 비닐로 싸주면 건조를 막고, 빗물 등의 이물질이 못 들어가게 하며, 접붙인 부위를 고정시킴.
  ④ 대목의 생활력(대목과 접수의 생활상태)
  • 일반적으로 대목은 활동 개시 직후, 접수는 휴면상태가 적기
  ⑤ 접목기술과 재료
  ⑥ 호르몬제의 사용

4) 접수의 채취와 저장

① 접수는 품종이 확실하고 병충해와 동해를 입지 않은 직경 1cm 정도의 발육이 왕성한 1년생 가지가 좋음.

② 접수는 봄철에 수액이 유동하기 1~4주 전(2월하순~3월상순)에 채취하여 저장 후 사용하는 것이 좋음, 아접용 접수는 접목 직전에 채취함.

③ 접수는 길이 30cm 정도로 잘라 20~50본씩 다발을 묶어서 온도 0~5℃, 공중 습도 80%의 저장고 등에 접수 하단을 습한 모래에 묻어서 저장함.

④ 아접용 접수는 엽병만 남기고 엽을 제거한 후 약제를 침지시키는 것이 좋음.

⑤ 밤나무, 호두나무 등 장기저장을 해야하는 접수는 2~3주일 간격으로 온도, 습도, 눈의 발육여부 등을 관찰하여 저장고 바닥의 모래가 건조하지 않도록 주의해야 함.

5) 대목의 준비

① 대목은 생육이 왕성하고 병충해 및 재해에 강한 묘목으로 접목하고자 하는 수종의 1~3년생 실생묘를 사용

② 대목은 특히 발육이 좋은 직경 1~2cm의 건묘를 사용, 가급적 접수와 같은 공대를 사용하는 것이 활착률도 높고 불화합성도 낮음.

③ 대목은 접수와 같은 속이나 과에 속하는 식물을 이용하지만 탱자나무에 감귤을 접목하는 것과 같은 속이 다른 수종의 접목이 가능한 경우도 있음.

④ 접목이 잘 되는 경우라면 가능한 한 야생종의 대목으로 사용하는 것이 환경에 견디는 저항성이 높아짐.

〈주요 수종의 접목용 대목〉

접수	대목	접수	대목
소나무류	곰솔	장미나무	찔레나무
섬잣나무, 백송	곰솔	호두나무	가래나무
대추나무	산조인	사과나무	해당화
매실나무	개복숭아	배나무	산돌배나무

6) 접목의 시기

① 대부분의 춘계 접목 수종은 일평균기온이 15℃ 전후로 대목의 새 눈이 나오고 본엽이 2개가 되었을 때가 적기임.

② 접수는 휴면 상태이고 대목은 활동을 개시한 직후가 접목의 적기임.

③ 박접법은 4월 중·하순, 아접은 7월 중순~9월 상순, 기타는 4월 상·중순에 실시함, 밤나무는 4월 상순~5월 상순에 접목을 실시하는 것이 활착에 가장 좋음.

7) 접목법(접붙이기) ☆☆

① 절접(깎기접)

⑦ 과목류에 흔히 적용됨.

⑭ 접목시기는 대목의 눈이 생리적 활동을 시작하려는 봄철 실시

⑭ 대목의 절접부위는 지표면에서 7~12cm 되는 곳이며, 수종에 따라 대목 뿌리목 부근의 흙을 약간 제거하고 조직이 부드럽다고 생각되는 곳에 접목

⑭ 접수는 가지의 중간부 이하를 쓰고 눈 2~3개를 붙여 5~7cm의 길이로 마련

⑭ 대목의 수평단면은 칼로 미리 다듬어서 평활하게 해놓음.

⑭ 다음 접수의 삭면을 삽입하고 비닐끈으로 묶어 마무리함.

a : 대목의 마련   b : 접수의 마련   c : 접목상태   d : 형성층의 바른 접착

그림. 절접순서

② 복접

⑦ 대목의 중심부를 향해 비스듬히 2~4cm 칼을 넣어 칼집을 만들고 이에 맞는 접수를 삽입하여 접목함.

a   b   c   d

그림. a,b : 대목에 만든 삭면 , c : 접수에 마련된 삭면, d : 접목된 모습

■ 접목법
① 절접 : 과목류 적용
② 복접 : 대목을 절단하지 않고 접목
③ 할접 : 대목이 굵고 접수가 가늘 때 적용
④ 박접 : 밤나무
⑤ 설접(혀접) : 대목과 접수의 굵기가 비슷할 때 적용
⑥ 아접 : 눈접, 수피에 T자 칼자국을 내고 접아를 넣어 줌.
⑦ 교접 : 나무의 줄기가 상처를 받아 수분의 상승과 양료의 하강에 지장을 받았을 때 생활력을 회복·유지시켜 주는 접목법
⑧ 유대접

CHAPTER 04

묘목양성

③ 할접

㉮ 대목이 비교적 굵고 접수가 가늘 때 적용

㉯ 흔히 소나무에 적용되는데 이때 접수에는 끝눈을 붙이고 1cm 길이만 침엽을 남기고 아래에 삭면을 만들어 접목함.

| a | b | c | d |

그림. a : 삭면이 만들어진 접수,
　　 b : 접수의 삭면이 잘못 만들어져 접착면이 거의 없는 상태,
　　 c : 대목과 접수의 형성층의 위치가 올바른 상태,
　　 d : 접수의 삽입위치가 나빠서 대목과 접수의 형성층이 접촉되지 않은 상태

④ 박접

㉮ 접수보다 대목이 굵을 때 이용되며 대목의 굵기는 3cm 이상인 경우 적용

㉯ 작업이 간편하고 접목율도 높으며, 밤나무에서 흔히 적용

㉰ 수액유동이 왕성하여 수피가 쉽게 벗겨지는 4월 하순~5월 상순이 적기임.

㉱ 박피가 쉽게 되는 초봄에 내목에 한 줄 또는 두 줄로 길을 아래로 넣음.

㉲ 한 줄로 칼자국을 내었을 때에는 접수를 목부와 껍질사이에 넣고 아래로 밀어 내려 접착시킴.

| a | b | c |

그림. a : 대목에 두 줄로 칼을 넣어 껍질을 젖힌 모양
　　 b : 접수에 넣은 삭면,
　　 c : 대목에 접수를 접착

⑤ 설접(혀접)

  ㉮ 접수와 대목의 굵기가 비슷하며 조직이 유연하고 굵지 않을 때 적용

  ㉯ 대목을 뿌리로 하고 접수를 가지로 해서 설접함.

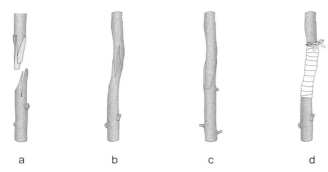

　　　　a　　　　　　b　　　　　　c　　　　　　d

그림. a : 대목과 접수에 만들어진 사방향의 삭면과 그 중간에 다시 칼을 넣어 혀 모양
　　　　　으로 된 모습,
　　　　b,c : 대목과 접수를 접착,
　　　　d : 비닐끈으로 묶어 접목이 완성된 모습

⑥ 아접(눈접)

  ㉮ 수피에 T자형으로 칼자국을 내고, 그 안에 접아를 넣어 줌.

  ㉯ T아접은 대목의 지름이 0.7cm~2.5cm 가량 되고 수피가 얇으며, 또 형성
　　층의 활동이 왕성해서 잘 벗겨질 때 적용

  ㉰ 복숭아나무, 자두나무, 장미 등에 적용

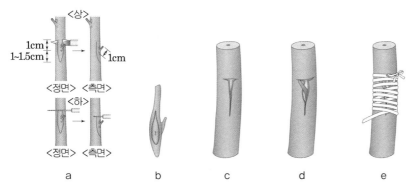

　　　　a　　　　　　b　　　　　　c　　　　　　d　　　　　　e

그림. a : 접수를 절취,
　　　　b : 방패모양의 접아,
　　　　c : 대목에 T자형 절상을 넣은 모습,
　　　　d : 접아삽입,
　　　　e : 마무리된 모습

⑦ 교접

㉮ 나무의 줄기가 상처를 받아 수분의 상승과 양료의 하강에 지장을 받았을 때

㉯ 상처부위를 건너서 회초리같은 가지로 접목해서 생활력을 회복, 유지시켜 주는 접목법

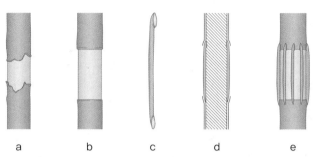

그림. a,b 상처받은 줄기, c : 접수에 넣어준 삭면의 모습,
d,e : 접목이 완료된 모습(밀랍을 칠해 건조를 막음)

⑧ 유대접

㉮ 참나무류, 밤나무와 같이 대립종자를 미리 최아해서 발아시킴.

㉯ 자엽병이 붙어 있는 곳으로부터 약간 위에서 유경을 끊고 자엽병 사이로 칼을 넣어 배축을 내려 쪼개어, 마련된 접수를 꽂아 접목을 완성

8) 접목 후의 관리

① 접목 후 접목용 비닐테이프로 접목부를 가볍게 묶고 노출된 접수부위는 접밀을 바름.

② 접밀은 접목 부위에 바르는 점성을 가진 물질로, 말라 죽기 쉬운 접수를 중심으로 대목에 까지 외부로 증발되는 수분을 막아 접수의 활력을 유지하고 병균의 침입을 막음.

③ 접목 후 활착이 이루어져 접수가 생장기에 도달하면 접목 결박재료를 제거하여 접합부의 이상적 팽대현상이 발생되지 않게 함.

4. 분주 및 취목묘양성

1) 분주(分株)

① 뿌리가 달려있는 포기를 나누어 개체를 얻는 방법

② 관목류와 같이 땅속에서부터 여러 개의 줄기가 올라오는 나무나 땅속에서 뿌리가 자라면서 맹아지를 발생하는 경우 이들을 나누어 독립된 개체를 만드는 방법

③ 대나무, 대추나무 등에 이용되며 새로운 맹아지의 발생시기에는 밟아주는 것을 금함.

■ 접밀
① 접 붙인 부위에 칠하는 점성을 가진 물질
② 접밀의 효과
 • 접밀을 바르면 자른 면 부근의 관계 습도를 100%로 유지
 • 그 속에 병균 등의 침입을 막아줌
③ 접밀의 재료
 • 식물체에 해가 없는 재료로 만드는 데 송진, 파라핀, 밀랍, 돼지기름을 끓여 이용했음
 • 근래에는 수목 전정 후에 수분증발억제와 살균작용을 하는 발코트를 구입해 이용

2) 취목(取木, 휘묻이)

① 공중취목법

㉮ 지상부에 있는 가지에 상처를 내어 발근촉진제를 바른 뒤 물이끼로 싸서 습기를 보호시켜주면서 발근시킴

㉯ 처리될 가지는 1cm 가량의 폭으로 수피를 윤상으로 제거함.

㉰ 목련, 고무나무, 소나무류에 적용

② 단순취목법

㉮ 가지가 잘 휘는 나무에서 지상 가까이에 있는 가지를 휘어 중간을 땅에 묻고 그 끝이 지상에 나오도록 하여 뿌리를 내는 방법

㉯ 철쭉류, 조팝나무류

③ 그 밖에 파상취목, 단부취목, 매간취목, 맹아지취목 등이 있음.

---

8 포트묘양성

1. 기본 양묘시설의 종류와 형태

1) 시설 자재

① 시설

㉮ 전자동, 반자동, 최소 시설 양묘(비닐하우스) 세 가지로 구분

㉯ 온실은 시설 양묘의 핵심, 이를 보조하는 온상 · 냉상 · 피음실 · 미스트실 등이 필요함.

② 골조 재료

㉮ 온실의 골조 재료에는 금속, 목재, 플라스틱 등 사용, 금속 재료에는 철재 · 아연 도금 재료 등 사용

㉯ 골조는 이들을 원료로 앵글 또는 파이프의 형태로 제작되며, 현재는 아연 도금 파이프가 일반적으로 사용되는 골조 재료임.

③ 온실 피복재료

㉮ P.V.C 필름과 유리가 많이 이용

㉯ P.V.C. 필름은 값이 싸고 가벼우며 설치가 용이하여 널리 사용되고 있지만, 수명이 짧은 것이 단점

㉰ 유리는 반영구적인 재료이지만 재료값과 설치비가 많이 들고 충분한 강도와 일정한 형태를 지니는 골조 기둥과 지붕에만 설치가 가능함.

■ 취목

① 살아있는 나무에서 가지 일부분의 껍질을 벗겨 땅속에 묻어 뿌리를 내리는 방법

② 삽목이 어려운 경우 이용함.

③ 방법 : 공중취목, 단순취목, 파상취목, 단부취목, 매간취목, 맹아지취목

■ 포트묘(용기묘)
묘목을 처음부터 용기 안에서 키워 옮겨 심는 묘목 양성법으로, 묘목의 굴취 없이 뿌리와 흙이 밀착된 상태로 심겨진다.

■ 포트(용기)의 종류
종이포트, 비닐포트, 퇴비포트, 플라스틱포트, 지피포트(가장 많이 사용)

④ 포트설치대

㉮ 용기에 놓을 수 있는 포트설치대가 필요함.

㉯ 포트설치대의 바닥은 물이 절대 고이지 않고 공기의 유동이 자연스러워야 하는데, 이는 포트 밑으로 자란 뿌리는 건조한 조건에서 죽고 대신 새로운 뿌리가 포트 내에서 자라기 때문에 포트 내에 잔뿌리가 많아지기 때문임.

㉰ 포트설치대의 높이는 작업이 용이하도록 지면에서 60~80cm 정도 위에 포트가 놓이도록 높이를 조절함.

2) 소모성 자재

① 배양토

피트	• 이끼가 오랜 세월 동안 땅에 묻혀있던 것을 말하는 것 • 가볍고 보습력이 매우 크고 비료를 가지고 있는 힘도 큼.
펄라이트	• 흰색의 알갱이로 가벼우면서 보습력이 크고 또한 알갱이로 되어 있어 상토의 통기성을 양호하게 함.
질석	• 짙은 갈색의 알갱이로 되어 있으나 쉽게 부서져서 분말상태 • 가볍고 보습력이 좋으며, 피트와 섞어서 사용할 경우에는 피트사이에 질석이 섞여 들어가 상토의 결속력을 높여 상토가 쉽게 부서지지 않게 함. • 피트의 사이에서 수분을 지속적으로 보유하고 있어 피트의 보습력을 최대한 유지할 수 있게 함.
부엽토	• 나뭇잎이 썩어서 된 것으로 일반 원예분야에서 많이 사용되고 있음. • 침엽수의 경우 입고병 등의 발생이 많이 되므로 부엽토를 사용할 경우에는 살균제 처리, 혹은 훈증처리 등을 요함.
분쇄수피	• 소나무류의 나무껍질을 3~5mm 정도로 잘게 부수어 놓은 것 • 보습력과 비료를 지니는 힘이 클 뿐 아니라 통기성이 좋기 때문에 상토가 과습하는 것을 막아줌.
논흙	• 가장 손쉽게 확보, 각종 무기양료의 흡착능력이 크므로 생장에 유리함. • 현재 원예분야에서는 널리 사용되고 있으나 임업분야 특히 시설양묘 분야에서는 아직 사용되고 있지는 않음.

② 상토

㉮ 상토는 각종 배양토를 여러 가지 비율로 섞어 만든 흙

㉯ 배양토의 혼합비에 따라 여러 가지 특성을 보이며, 가장 일반적으로 널리 사용할 수 있는 상토는 피트와 질석을 위주로 한 상토가 발아억제나 생장억제가 나타나지 않아 안전하기 때문에 일반적으로 사용됨.

㉰ 배양토를 섞어 상토를 만들 때는 배양토 모두 건조상태, 주재료인 피트는 압축되어 부수어 섞어 주는데 이때, 물을 뿌려 축축하게 하여 함.

㉱ 피트의 경우 아무리 보습력이 좋다고 하더라도 일단 마르게 되면 다시 물을 머금기가 어렵기 때문에 물을 뿌려 축축하게 함.

③ 장·단점

장점	• 활착률이 높고, 옮겨 심은 후 생장이 빠름 • 식재계절이 따로 없고 수시로 심을 수 있음(여름철에도 옮겨심기가 가능) • 묘목양성과정에서 온실재배가 가능하고, 제초작업 등이 생략됨. • 포트는 나중에 풍화되어 비료로 변하게 됨.
단점	• 양묘비용이 많이 들고 양묘에 기술과 시설을 요함. • 산지운반에 부피가 증가되어 특수한 배양토가 만들어져야 함. • 관리가 복잡함.

④ 파종 및 복토
  ㉮ 상수리나무와 같은 대립종자와 잣나무와 같은 중립종자는 한 알씩 뿌리고 소나무와 같은 소립종자는 기계로 자작나무와 같이 발아율이 나쁜 세립종자는 인력으로 여러 알씩 뿌리는 것이 유리함.
  ㉯ 파종 후에는 종자를 완전히 덮어서 안보일 정도로 복토함.

⑤ 파종 후 관리
  ㉮ 포트 하나에서 묘목이 한 그루만 자랄 수 있도록 본수를 조절함.
  ㉯ 시설 내부는 난방이나 햇빛 때문에 증발량이 많아 포트의 흙이 쉽게 마르므로 수시로 관수함.
  ㉰ 용기묘는 배양토 내에 아무런 비료성분이 없으므로 외부에서 질산암모늄, 인산, 황산칼륨, 미량원소가 첨가된 식물영양제 등의 양분을 공급해 주어야 함.
  ㉱ 용기묘는 짧은 기간내에 묘목을 최대한 생장시켜야 하므로 광합성을 활발하게 할 수 있도록 전등을 이용하여 밤과 낮의 길이를 인위적으로 조절해 주어야 함, 일반적으로 해가 지기 30분 전에 전등을 키고 해가 뜬 후 30분 뒤에 전등을 끄는 방법이 많이 이용되고 있음.

⑥ 묘목군히기(경화, hardening) ☆
  ㉮ 시설 내에서 자란 묘목이 좋지 않은 실제 조림지의 자연환경에 적응할 수 있도록 묘목을 굳히는 것을 말함.
  ㉯ 저온·건조 등 자연환경에 대한 저항성 증대, 흡수력 증대, 착근이 빨라짐, 엽육이 두꺼워짐, 뿌리의 발달 촉진, 건물량(乾物量)이 증가, 내한성 증가 등을 목적으로 함.
  ㉰ 경화시에는 관수량을 줄이고 온도를 낮추어 서서히 직사광선을 받게 하며, 질소질비료를 적게 주고 칼륨질 비료를 많이 주도록 함.

■ 나근묘(裸根苗)와 비교한 용기묘의 특징
  ① 양묘에 있어서 입지의 영향이 적음.
  ② 묘목 운반시 묘목이 건조, 고사하는 등의 피해를 줄일 수 있음.
  ③ 식재 기간을 분산하여 노동력을 적절하게 사용할 수 있음.
  ④ 양묘 비용이 많이 들고 기술과 시설이 요구됨
  ⑤ 일반적으로 용기묘는 나근묘에 비하여 활착과 생장이 좋음.

9 묘목의 품질검사 및 규격

1. 묘목품질

① 우량묘목은 묘목을 옮겨심거나 산지에 식재하였을 경우 활착과 생장이 잘 되는 형질과 형태를 구비한 묘목을 말함.

② 우량묘의 조건 ☆

> ㉮ 우량한 유전성을 지닌 것
> ㉯ 줄기가 곧고 굳으며 도장되지 않고 갈라지지 않으며 근원경이 큰 것
> ㉰ 발육이 완전하고 조직이 충실하며 정아의 발달이 잘 되어 있는 것
> ㉱ 소나무류, 전나무류 등 침엽수종의 묘에 있어서는 줄기가 곧고 정아가 측아보다 우세하며 되도록 하지가 발달하지 않은 것
> ㉲ 가지가 사방으로 고루 뻗어 발달한 것
> ㉳ 근계의 발달이 충실한 것, 즉 측근과 세근의 발달이 많을 것(지상부와 지하부 간의 발달이 균형되어 있을 것)
> ㉴ 가을눈이 신장하거나 끝이 도장하지 않은 것
> ㉵ 병충해의 피해가 없는 것
> ㉶ T-R율 : 지상부와 지하부의 중량비를 말하며 수종과 묘목의 연령에 따라 다르나 일반적으로 3.0 정도가 좋다.

2. 묘목의 연령

1) 일반사항

① 묘령은 묘목의 성립으로부터 포지에서 경과한 연수를 말함. 묘령에는 실생묘인 경우와 삽목묘인 경우의 두 가지로 표시됨.

② 묘령은 각 수종에 대한 특유의 산출(山出)연도 및 품질 기준의 한 척도로도 사용됨.

③ 묘령은 수종에 따라 차이가 있으며 어릴 때의 생장이 빠른 수종은 1~2년생 묘를 생산하고 생장이 느린 수종은 3~5년묘를 생산함.

2) 실생묘의 묘령 ☆☆

① 실생묘

㉮ S=spring : 봄에 씨를 뿌린 것, F=fall : 가을에 씨를 뿌린 것, P : 단근작업

㉯ 파종상의 거치연수에 따라 1-0, 2-0, 3-0으로 표시

㉰ 옮겨심기를 한 것은 옮겨심기 묘령을 앞에 쓰고 거치연수를 뒤로 하여 1-1, 1-2, 2-1, 2-2로 표시

㉱ 앞의 숫자는 파종상에서 지낸 연수이고, 뒤의 숫자는 판갈이 상에서 지낸 연수를 나타냄.

■ 묘령
① 실생묘 : A-B묘, A-B-C묘
② 파종상 A년 – 상체B년 – 2차 상체 C년
⇒ 총 A+B+C년 생

1-0묘	파종상에서 1년을 경과하고 상체된 일이 없는 1년생 실생묘
1-1묘	파종상에서 1년, 그 뒤 한 번 상체되어 1년을 지낸 1년생 묘
2-0묘	상체된 일이 없는 2년생 묘
2-1묘	파종상에서 2년, 그 뒤 상체상에서 1년을 지낸 3년생 묘목
2-1-1 묘	파종상에서 2년, 그 뒤 두 번 상체된 일이 있고 각 상체상에서 1년을 경과한 4년생 묘목

② 삽목묘

   ㉮ 삽목묘에 있어서는 삽수를 실생묘의 종자에 해당하는 것으로 취급하고 분자는 지상부, 분모는 지하부(근계)를 나타내는 것으로 취급 C1/1 · C1/2 등으로 표시

   ㉯ 접목묘는 삽목묘와 같이 앞 기호를 G로 하여 G1/1, G1/2 등으로 표시

1/1묘	뿌리의 나이가 1년, 줄기의 나이가 1년인 삽목묘
1/2묘	뿌리의 나이가 2년, 줄기의 나이가 1년인 묘목이다. 1/1묘에 있어서 지상부를 한번 절단해 주고 1년이 경과하면 1/2묘로 됨.
2/3묘	1/2묘가 포지에서 1년 경과하면 뿌리는 3년생, 그리고 지상부는 2년생으로 되어 2/3묘로 됨.
0/2묘	뿌리의 연령이 2년, 그리고 지상부는 절단 제거한 삽목묘로 뿌리묘라고 함.
1/2묘, 1/3묘, 2/3묘	뿌리가 줄기보다 더 오래된 것을 대절묘라 하고, 그렇지 않고 서로 나이가 같을 때 삽목묘라고 한다. 넓은 뜻으로 대절묘도 삽목묘의 범주 안에 들어감.

3. 검사방법

1) 묘목의 규격 ☆

① 묘목의 품질은 형태적 · 생리적 · 유전적 특성으로 구분하여 평가하나 묘목의 규격은 대개 형태적 특성만으로 판정

② 형태적 규격기준 : 묘령, 묘고, 간장, 근원경, 뿌리의 길이 및 발달형태, 피해유무, 이식횟수, H/D율, T/R률, 잎의 색 등을 평가대상으로 함.

③ 가늘고 웃자람 묘목을 생산하여 조림 후 생장이 불량하거나 고사되었던 피해를 사전에 예방하기 위하여 묘목의 규격을 범위기준(H/D을 포함)으로 개선

④ H/D율은 검사 대상묘목이 최대 간장기준 이상일 때 적용

2) 산림용 묘목규격의 측정기준

간장 (幹長)	• 근원경에서 정아까지의 길이cm • 뿌리와 줄기의 경계인 근원부에서부터 원줄기의 꼭지눈까지의 길이 • 지표면에서 묘목의 눈까지의 길이를 측정
근원경	• 근원의 지름, 포지에서 묘목줄기가 지표면에 닿았던 부분의 최소 직경cm • 직경이 굵을수록 우량묘로 취급되며, 근원경과 근계발달과는 서로 정비례의 상관성이 있음.
H/D율	• 근원경 대비 간장의 비율(%)로 건전율이라고도 함. • 낮은 H/D율은 강건한 묘목을 의미하며, 식재시 생존율이 높음.

■ T/R률
① T/R률은 지상부의 무게를 지하부의 무게로 나눈 값으로 일반적으로 T/R률의 값이 작아야 묘목이 충실함.
② T/R률은 근계 발달과 근계의 충실도를 판단하는데 자주 쓰임.
③ T/R률이 3.0 정도가 우량한 묘목으로 평가받음

3) T/R율 ☆☆

① 식물의 지하부 생장량에 대한 지상부 생장량의 비율을 T/R율(top/root ratio) 또는 S/R율(shoot/root ratio)이라 하며 생육상태의 변동을 나타내는 지표, 생장량은 생태 또는 건물(乾物)의 중량으로 표시

② 지상부에 비해 지하부의 생육이 나빠지면 T/R율이 커짐. : 토양 내 수분이 많거나 일조 부족, 석회시용 부족시

③ 질소를 다량 시비하면 지상부의 질소 집적이 많아지고 단백질 합성이 왕성해지며 탄수화물이 적어져서 지하부로의 전류가 상대적으로 감소함. 뿌리의 생장이 억제되므로 T/R율은 커짐.

④ 묘목의 T/R율은 뿌리를 다치지 않게 캐내어 흙을 물로 깨끗이 씻고 측정하며, 일반적으로 3.0정도가 우량한 묘목으로 평가받음.

〈조림용 묘목규격〉

구분	묘령	간장(cm 이상)	근원직경(mm 이상)	근장(cm 이상)
낙엽송	1-1	35	6	20
잣나무	2-0	13	3.5	15
잣나무	2-1	16	4.5	15
삼나무	1-1	27	5.5	18
편백	1-1	27	4.5	18
강송	1-1	16	5	18
해송	1-1	16	6	18
리기다소나무	1-1	25	6	18
오리나무류	1-0	18	5	18
오동나무	1-0	50	15	20
이태리포플러	1/1	220	12	20
은행나무	2-0	30	7	15

〈우리나라 조림용 묘목의 T-R율〉

구분	묘령	T-R율	구분	묘령	T-R율
낙엽송	1-0	1.6~1.7	리기테다소나무	1-0	4.8~5.3
	1-1	2.0~2.3		1-1	3.4~3.7
해송	1-0	3.1~3.2	상수리나무	1-0	1.15
	1-1	3.1~3.3	오리나무류	1-0	0.7~1.9
리기다소나무	1-0	3.8~4.1	물갬나무	1-0	1.0~1.1
	1-1	2.5~3.5			

4. 묘목의 생산

① 지정된 대행생산자가 지정 산림용 묘목을 생산시 채종원·채종림·채종임분에서 채취한 종자 또는 도입종자 중에서 합격종자를 사용하여야 함.

② 묘목생산 대행자는 양묘시업 시 종자공급원 및 종자산지별로 구분하여 시업하고 표지판을 설치함.

합격종자	종자품질기준에 적합한 종자로 종자수급 및 저장
예비종자	• 종자품질기준에는 미달(50% 이내)되나 활용 가능한 종자 • 시험용, 유전자원, 보존용, 보완 파종용 등으로 활용
폐기종자	• 종자품질기준의 50% 미만의 종자로 즉시 폐기 • 다만 희귀·멸종위기 등 가치가 있는 수종은 해당 관서의 장이 따로 지정하여 저장·활용함.

5. 묘목의 검사 및 방법

1) 묘목검사

묘목생산 대행자가 묘목검사를 받고자 할 때에는 생산된 묘목을 선별하여 수종·산지·묘령 별로 50,000본 단위로 모집단을 만든다.

2) 묘목검사 방법

① 묘목검사원은 묘목이 가식 또는 선묘된 상태에서 검사 모집단의 묘목 품질을 우선 육안으로 확인하여 고사목·병해충피해목·절간목 등 불량 묘목이 5%를 초과하지 않을 경우 검사를 실시

② 묘목검사원은 모집단의 총 속수검사를 실시한 후 모집단별로 500본에 해당하는 속을 임의로 추출하며 모집단이 50,000본 이하인 경우에는 1%에 해당하는 묘목을 추출하여 수량검사 및 품질검사를 다음과 같이 실시함, 단 산지확인이 안된 묘목은 검사대상에서 제외함.

▪ 묘목검사원
① 지방산림청장, 시장·군수는 「산림자원의 조성 및 관리에 관한 법률」의 규정에 따라 묘목검사를 할 때에는 묘목검사원을 지정.
② 지정된 묘목검사원이 묘목을 검사할 때에는 별지 제10호서식의 산림용 묘목검사 통보서를 묘목검사 7일전에 보냄.

⑦ 수량검사는 추출한 묘목의 실제 본수를 검사 후 표본 기준본수로 나누어 실제 비율로 산출

⑭ 품질검사는 추출된 묘목의 간장·근원경을 계측하고 규격 미달묘, 병충해묘, 연약한묘, 굴곡묘, 동·상해묘 및 형질불량묘(뿌리 충실도 포함) 등의 불합격묘목을 가려낸 후 합격묘 본수의 비율이 표본 실제본수의 95% 이상 되어야 함.

③ 육안조사 결과 또는 품질검사 결과 불합격 묘목이 5%를 초과한 때에는 그 모집단을 불합격 묘목으로 판정하고 즉시 재선별 통지함.

④ 재선별 통지를 받은 자가 재검사 요청기한까지 재검사 요청이 없으면 재검사를 포기한 것으로 봄.

⑤ 묘목검사원은 묘목 생산자의 재검사 요청이 있을 때에는 지체 없이 이에 응해야 함.

■■■ 4. 묘목양성

1. 묘목의 입지 조건으로 접합하지 못한 것은?

① 토양은 유기물의 함량이 많고 질소함량이 많은 질참흙일 것
② 관수와 배수가 편리할 것
③ 가능한 조림지의 환경과 같은 곳일 것
④ 노동력의 공급 등이 편리할 것

2. 임업묘포로서 적지가 아닌 곳은?

① 토양은 양토나 식양토로서 너무 비옥하지 않은 곳이 좋다.
② 15° 정도의 약간 경사진 곳이 배수에 유리하다.
③ 위도가 높고 한랭한 곳은 동남향이 좋다.
④ 지하수위가 적절한 곳이 좋다.

3. 다음 중 영양번식묘가 아닌 묘목은?

① 삽목묘　　　　② 취목묘
③ 접목묘　　　　④ 실생묘

4. 침엽수인 경우 묘포의 알맞은 토양 산도는?

① pH3.0 ~ 4.0　　　② pH4.0 ~ 5.0
③ pH5.0 ~ 5.5　　　④ pH5.5 ~ 6.0

5. 묘포 토양의 산도 조절을 위해서 가장 효과적인 것은?

① N(질소)　　　　② P(인산)
③ K(칼륨)　　　　④ Ca(칼슘)

해　　설

해설 **1**

묘포가 너무 비옥하면 묘목이 도장(徒長)할 우려가 있으며 사질양토가 유리하다.

해설 **2**

임업묘포의 적지는 평탄한 곳보다 약간 경사진 곳이 관수나 배수가 용이하고, 침엽수를 파종할 곳은 1~2° 정도의 경사지, 기타는 3~5° 정도의 경사지를 선정하는 것이 적합하다.

해설 **3**

영양번식묘는 접목, 삽목, 취목 등의 방법을 이용하여 얻은 묘이고, 실생묘는 종자로 번식하여 얻은 묘목이다.

해설 **4**

토양산도는 침엽수의 경우 pH5.0 ~ 5.5, 활엽수의 경우 pH5.5 ~ 6.0이 적당하다.

해설 **5**

칼슘은 산성토양의 중화 역할을 한다.

정답 1. ①　2. ②　3. ④　4. ③
　　 5. ④

6. 묘포의 구획 및 작상에 관한 설명 중 옳지 않은 것은?

① 충분한 밑거름을 준다.
② 모판의 너비는 1m로 한다.
③ 모판 사이의 보도너비는 30~50cm로 한다.
④ 모판의 길이 방향은 남북으로 한다.

7. 묘포에서 제지에 속하는 것은?

① 휴한지　　　　　　② 보도
③ 퇴비사　　　　　　④ 계단의 경사면

8. 묘포에서 묘상의 폭과 묘상의 길이는 다음 어느 것이 적당한가?

① 폭 1m, 묘상 길이 20m　　② 폭 1.2m, 묘상 길이 20m
③ 폭 1.2m, 묘상 길이 30m　　④ 폭 2m, 묘상 길이 30m

9. 묘포 설계구획시에 시설부지, 부도 및 보도를 제외한 순묘목을 양성하는 포지를 전체면적의 몇 % 정도로 하는 것이 적당한가?

① 30 ~ 40%　　　　② 40 ~ 50%
③ 50 ~ 60%　　　　④ 60 ~ 70%

10. 다음은 종자 추파의 장점이 아닌 것은?

① 종자의 저장처리가 필요 없어 노동력을 분배시킬 수 있다.
② 우량한 묘목의 생산이 가능하다.
③ 발아력이 억제되기 쉬운 종자에 적합하다.
④ 종자의 수명이 긴 수종에 적용한다.

해　설

[해설] **6**
모판은 길이는 동서로 하며, 남쪽을 향하도록 한다.

[해설] **7**
경사지에 묘포를 만들 때 계단상의 경사면은 제지에 속한다.

[해설] **8**
묘상의 크기는 작업이 편리하도록 폭 1m, 묘상 길이 10~20m를 기준으로 한다.

[해설] **9**
묘포 구획시 용도별 소요면적 비율은 육묘포지 60~70%, 관배수로 · 부대시설 · 방풍림 등 20%, 기타 퇴비장 등 묘포 경영을 위한 소요면적 10% 등이다.

[해설] **10**
추파(채파)는 수명이 짧은 종자의 발아력이 상실되지 않도록 채취하여 바로 파종하는 것이다.

정답　6. ④　7. ④　8. ①　9. ④
10. ④

11. 파종상을 만들고 종자를 뿌리기전 롤러(roller)로 진압(鎭壓)하는 이유 중에서 가장 적당한 것은?

① 모든 종자파종은 평상(平床)으로 만들어야하기 때문이다.
② 토양의 모세관을 회복하여 토양의 건조를 막고 보수력을 높이기 위함이다.
③ 제초를 잘 하기 위함이다.
④ 지면이 단단하므로 뿌리가 많이 발생하기 위함이다.

12. 묘포에 종자를 흩어뿌리기 할 때의 합리적인 순서로 된 것은?

① 묘판만들기 → 롤러(진압) → 파종 → 복토
② 묘판만들기 → 파종 → 롤러(진압) → 복토 → 롤러(진압)
③ 묘판만들기 → 파종 → 복토 → 롤러(진압)
④ 묘판만들기 → 파종 → 복토

13. 다음은 종자 m²당 파종량을 산정하기 위한 공식이다. A×S를 옳게 설명한 것은?

$$W = \frac{A \times S}{D \times P \times G \times L}$$

① 파종면적에 m²당 묘목의 잔존보수를 곱한 값이다.
② 종자입수에 파종 면적을 곱한 값이다.
③ 순량률과 발아율을 곱한 값이다.
④ 순량률과 발아세를 곱한 값이다.

14. 파종면적 1m², 가을이 되어 1m²에 남길 묘목의 수 500본, 종자효율 0.9, 1g당 종자입수 40,000개, 잔존율 0.3의 조건이 주어진 경우 이 종자의 파종량은 얼마인가?

① 0.012kg
② 0.024kg
③ 0.036kg
④ 0.046kg

[해설] **11**

롤러로 진압하면 토양이 긴밀해지고 종자가 토양에 밀착되므로 지하수가 모관상승해 종자에 흡수되어 발아가 잘 된다.

[해설] **12**

묘판을 형성한 후 토양의 물리성을 향상을 위해 롤러로 진압하고 종자를 파종 후에 흙을 덮는 복토작업을 실시한다.

[해설] **13**

공식에서 W : 파종할 종자의 양(g), A : 파종면적(m²), S : m²당 남길 묘목수, D : g당 종자입수, P : 순량률, G : 발아율, L : 득묘율(묘목잔존율, 득묘율의 범위는 0.3 ~ 0.5), P×G=E (종자효율, 발아율×순량률)

[해설] **14**

$$W = \frac{A \times S}{D \times P \times G \times L}$$

$$= \frac{1 \times 500}{40,000 \times 0.9 \times 0.3}$$

$$= 0.04629$$

$$\rightarrow 0.046kg$$

CHAPTER 04 묘목양성

15. 소나무 종자의 1m²당 파종량(부피)으로 가장 적당한 것은?

① 0.01L　　　　　　　　② 0.02L

③ 0.03L　　　　　　　　④ 0.05L

해 설

해설 **15**

파종량은 m²당 생산예정본수의 150~
200%가 발아될 수 있는 양으로 0.05L
가 적당하다.

16. 실제로 파종하여야 할 상면적이 100m², 가을에 가서 m²당 남겨질 1년생 묘목의
수는 500본, 1g당 종자의 평균입수 60립, 순량률 90%, 실험실의 발아율 90%, 득
묘율 0.3으로 할 때 100m²에 소요되는 파종량은?

① 약 1,234kg　　　　　② 약 2,429kg

③ 약 3,429kg　　　　　④ 약 4,938kg

해설 **16**

$$W = \frac{A \times S}{D \times P \times G \times L}$$

$$= \frac{100 \times 500}{60 \times 0.9 \times 0.9 \times 0.3}$$

$$= 약 \ 3.429kg$$

17. 파종면적 1m², 1m²당 묘목본수 600본, 종자효율 : 81.6%, 종자입수 : 52,804
개, 잔존율 : 0.5일 때 소나무 1m²의 파종량은?

① 0.015L　　　　　　② 0.027L

③ 0.083L　　　　　　④ 0.125L

해설 **17**

$$W = \frac{A \times S}{D \times P \times G \times L}$$

$$= \frac{1 \times 600}{52,804 \times 0.816 \times 0.5}$$

$$= 약 \ 0.027L$$

18. 조림할 땅에 종자를 직접 뿌려 조림하는 것은?

① 식수조림　　　　　　② 파종조림

③ 삽목조림　　　　　　④ 취목조림

해설 **18**

파종조림은 묘목을 식재하는 대신 종자
를 임지에 직접 파종하는 방법을 말한다.

19. 다음 수종 중 파종조림이 어려운 것은?

① 상수리나무　　　　　② 신갈나무

③ 단풍나무　　　　　　④ 소나무

해설 **19**

파종조림은 종자의 결실량이 많고 발아
가 잘 되는 수종에 적합한 조림방법으로
낙엽송, 전나무, 가문비나무, 단풍나무
등은 실시하기 어렵다.

정답　15. ④　16. ③　17. ②　18. ②
19. ③

20. 파종조림이 용이한 수종으로만 구성된 것은?

① 소나무, 굴참나무, 밤나무
② 해송, 떡갈나무, 일본잎갈나무
③ 리기다소나무, 밤나무, 전나무
④ 졸참나무, 가문비나무, 가래나무

21. 다음 중 파종조림의 성공에 영향을 미치는 요인이 아닌 것은?

① 동물의 피해
② 발아 후 건조의 피해
③ 발아 후 습기의 피해
④ 서릿발의 피해

22. 점뿌림(점파)으로 종자 파종하는 것이 가장 좋은 수종은?

① 은행나무
② 전나무
③ 느티나무
④ 옻나무

23. 일반적으로 줄뿌림(조파)으로 파종하는 수종은?

① 느티나무, 옻나무
② 향나무, 신갈나무
③ 해송, 은행나무
④ 가래나무, 전나무

24. 종자 파종시 흙덮기에 알맞은 일반적인 두께는?

① 종자두께의 2~3배
② 종자두께의 4~5배
③ 종자두께의 5~6배
④ 종자두께의 7배 이상

[해설] **20**

파종조림은 소나무, 해송 등 침엽수종 또는 가래나무, 밤나무, 상수리나무, 굴참나무, 졸참나무, 갈참나무, 신갈나무 등 활엽수종에 적합하다.

[해설] **21**

파종조림의 성공에 영향요인은 동물의 해, 기상의 해, 수분 조건, 타감작용, 흙옷, 종자의 품질 등이다.

[해설] **22**

점파는 밤나무, 호두나무, 상수리나무, 은행나무 등과 같은 대립종자의 파종 방법으로 일정한 간격을 두고 종자를 띄엄띄엄 뿌리는 방법이다.

[해설] **23**

조파는 느티나무, 물푸레나무, 들메나무, 싸리나무류, 옻나무 등 발아력이 강하고 생장이 빠르며 해가림이 필요 없는 수종에 이용하며, 줄뿌림은 뿌림골을 만들고 종자를 줄지어 뿌리는 방법이다.

[해설] **24**

씨를 뿌린 후에 흙을 덮는 작업을 복토라고 하며, 두께는 종자 크기의 2~3배로 하며 소립종자는 체로 쳐서 덮는다.

정답 20. ① 21. ③ 22. ① 23. ①
24. ①

25. 다음 중 묘목의 상체(床替, 판갈이)에 관한 설명으로 가장 바른 것은?

① 상체는 직근 발달을 촉진시킨다.
② 지상부 생장을 촉진시킨다.
③ 상체시기는 가을이 적당하다.
④ 양수는 음수보다 소식한다.

26. 다음 수종 중 양묘시에 해가림이 필요 없는 것은?

① 잎갈나무   ② 소나무
③ 전나무   ④ 가문비나무

27. 파종상에 해가림을 하여야 할 수종들로 구성되어 있는 것은?

① 소나무, 해송   ② 분비나무, 오리나무
③ 전나무, 리기다소나무   ④ 잣나무, 주목

28. 1년생 묘목을 판갈이(床替)하면 고사율이 높은 수종은?

① 소나무   ② 신갈나무
③ 낙엽송   ④ 해송

29. 양묘시 일반적으로 1년생을 이식하지 않는 수종은?

① 잣나무   ② 삼나무
③ 편백   ④ 리기테다소나무

해 설

해설 25

①, ② 상체는 웃자람을 막고 잔뿌리와 겉뿌리의 발달을 촉진시킨다.
③ 상체는 수액이 유동되기 직전 봄에 실시하며 남부지방은 3월 중~하순, 중부지방은 3월 하순~4월 상순이 적당하다.
④ 판갈이시 밀도는 묘목이 클수록, 지엽이 옆으로 확장할수록, 양수는 음수보다, 땅이 비옥할수록 판갈이상에 거치할 때 소식(疎植)한다.

해설 26

소나무류, 포플러류, 아까시나무 등의 양수는 해가림이 필요 없다.

해설 27

잣나무, 주목, 가문비나무, 전나무 등의 음수나 낙엽송의 유묘는 해가림이 필요하다.

해설 28

참나무류는 직근이 발달하고 잔뿌리가 없으므로 1년생으로 판갈이하지 않고 측근이 발달한 만 2년생 일 때 판갈이한다.

해설 29

전나무류, 잣나무, 가문비나무류는 1년생을 이식하지 않고 파종상에 거치한다.

정답 25. ④   26. ②   27. ④   28. ②
29. ①

30. 파종상의 해가림 시설을 제거하는 시기는?

① 5월 중순 ~ 6월 중순
② 8월 하순 ~ 9월 중순
③ 9월 중순 ~ 10월 하순
④ 10월 중순 ~ 11월 중순

31. 묘목을 이식할 때 단근을 하는 주된 이유는?

① 양분 소모를 적게 하기 위하여
② 잔뿌리의 발달 촉진을 위하여
③ 수분소모를 적게 하기 위하여
④ 노력을 절감하기 위하여

32. 양묘시 묘목을 이식이나 단근(斷根)하는 이유 주 가장 타당성이 있는 것은?

① 근계 발달을 좋게 하여 산지이식 후 묘목활착을 좋게 하기 위함이다.
② 모든 묘목의 곧은 뿌리의 발달을 촉진하기 위해서 꼭 실시해야 한다.
③ 도장묘 발생을 위해서 묘목 출하시 중량이 적게 나가기 위함이다.
④ 묘목 주변의 잡초제거를 할 필요가 없기 때문에 행한다.

33. 파종 후의 작업 관리 중 삼나무 묘목의 단근작업 시기로 적합한 것은?

① 5월 중순
② 6월 중순
③ 7월 중순
④ 8월 중순

34. 다음 중 1년생 산출묘로써 단근작업을 해야 하는 수종은?

① 느티나무
② 상수리나무
③ 삼나무
④ 낙엽송

해설 **30**
해가림 시설을 제거하면 묘목이 일소(日燒)의 피해를 받을 우려가 있으므로 8월 하순~9월 상순부터 점차적으로 제거한다.

해설 **31**
단근은 묘목의 직근과 측근을 끊어주어 잔뿌리의 발달을 촉진시키는 작업으로 건강한 묘를 생산하고, 활착율을 좋게 하는 이점이 있다.

해설 **32**
묘목을 대량생산할 경우에도 경제적으로 이식묘 보다 단근묘가 유리하며, 단근묘는 이식묘에 비하여 T/R률이 낮고 활착률이 높은 우량한 묘목이 생산된다.

해설 **33**
단근은 5월 중순~7월 상순에 실시하며, 삼나무와 낙엽송 등 웃자라기 쉬운 수종은 8월 상순~9월 상순에 실시한다.

해설 **34**
상수리나무 · 굴참나무 · 졸참나무 등 직근성 1년생 산출묘는 단근하고, 낙엽송 · 느티나무 · 전나무 · 삼나무 · 편백 등 천근성 1년생 산출묘는 단근하지 않는다.

정답 30. ② 31. ② 32. ① 33. ④
34. ②

CHAPTER 04 묘목양성

35. 접목의 이점이 아닌 것은?

① 클론의 보존　　　　　　② 대목의 효과
③ 접목 친화성　　　　　　④ 결과 촉진

36. 수종간 접목의 친화력(親和力)이 식물계통상 가장 가까운 것은?

① 동종이품종간(同種異品種間)　　② 동속이종간(同屬異種間)
③ 이속간(異屬間)　　　　　　　　④ 이과간(異科間)

37. 캘러스(Callus)가 형성되는 주된 부위는?

① 겉껍질　　　　　　② 형성층
③ 목질부　　　　　　④ 수(목질부 중앙)

38. 접목을 할 때 접수와 대목이 밀착되어야 하는 부분은?

① 외피　　　　　　② 내피
③ 형성층　　　　　④ 중심부

39. 접목의 이상적인 조건을 설명한 것 중 옳지 않은 것은?

① 접수는 1년생지로 굵고 동아가 충실한 중간 부위가 좋다.
② 가능한 종간 접목으로 친화력이 있는 것끼리 접목한다.
③ 대목의 활동이 접수보다 앞서야 활착률이 높다.
④ 대목이 크고 여러 해 자란 것일수록 좋다.

40. 가장 높은 온도 조건에서 접목이 실시되는 것이 이로운 수종은?

① 잣나무　　　　　　② 소나무
③ 밤나무　　　　　　④ 호두나무

해　　설

해설 35
접목친화성은 접목의 영향을 끼치는 인자이다.

해설 36
접수와 대목의 친화력은 동종간>동속이품종간>동과이속간의 순으로 크다.

해설 37
캘러스는 식물의 생장조직으로 형성층(形成層) 또는 부름켜에서 형성된다.

해설 38
접목시 접수와 대목의 형성층이 서로 밀착시켜야 캘러스조직이 생기고 서로 융합된다.

해설 39
대목은 생육이 왕성하고 병충해 및 재해에 강한 묘목으로 접목하고자 하는 수종의 1~3년생 실생묘를 사용한다.

해설 40
접목시 호두나무는 25~30℃ 정도의 온도가 유지되어야 캘러스가 발달하여 접목에 성공할 수 있다.

정답 35. ③　36. ①　37. ②　38. ③
39. ④　40. ④

41. 주로 접목에 의한 번식방법을 이용한 수종은?

① 오동나무   ② 무궁화
③ 개나리   ④ 호두나무

42. 일반적으로 속이 다르면 접목이 어렵지만, 접목을 실시하고 있는 경우는?

① 탱자나무에 감귤   ② 해송에 섬잣나무
③ 가래나무에 호두나무   ④ 고욤나무에 감나무

43. 다음 중 소나무에 주로 이용되는 접목법은 무엇인가?

① 절접법   ② 박접법
③ 할접법   ④ 설접법

44. 대목의 수피에 T자형으로 칼자국을 내고 그 안에 접아를 넣어 접목하는 방법은 무슨 방법인가?

① 절접   ② 눈접
③ 설접   ④ 할접

45. 섬잣나무 접목에서 다음 중 대목으로 친화성이 높은 수종은?

① 소나무   ② 해송(곰솔)
③ 대왕송   ④ 테다소나무

해설

해설 41
사과나무, 호두나무 등은 삽수의 발근이 어려우므로 접목을 이용하여 번식한다.

해설 42
접목시 일반적으로 대목은 접수와 같은 속이나 과에 속하는 식물을 이용하지만 탱자나무에 감귤은 같이 속이 다른 수종과 접목이 가능한 경우도 있다.

해설 43
할접은 소나무류나 낙엽활엽수의 고접에 흔히 사용되며 직경이 큰 나무는 활착이 불량하다.

해설 44
눈접은 아접(芽椄)이라고도 하며 접수 대신에 눈을 대목의 껍질을 벗기고 끼워 붙이는 방법으로 복숭아나무, 자두나무, 장미 등에 적용된다.

해설 45
섬잣나무는 해송(곰솔)과 친화성이 높다.

정답 41. ④ 42. ① 43. ③ 44. ②
45. ②

46. 접목에 관한 기술 중 옳지 않은 것은?

① 대목과 접수의 형성층을 서로 맞추어야 접목이 잘 된다.
② 접수는 휴면상태, 대목은 활동을 시작한 상태가 좋다.
③ 대목은 휴면상태, 접수는 활동을 시작한 상태가 좋다.
④ 접수와 대목은 친화성이 높아야 접목이 잘 된다.

47. 다음 중 삽목묘 양성이 가장 쉬운 것으로 짝지은 것은?

① 향나무, 오리나무　　　　② 오동나무, 소나무
③ 개나리, 능수버들　　　　④ 밤나무, 떡갈나무

48. 다음 중 삽목발근이 가장 용이한 수종은?

① 해송　　　　　　　　　② 잣나무
③ 소나무　　　　　　　　④ 버드나무류

49. 다음 중 삽목 발근이 어려운 수종은?

① 밤나무　　　　　　　　② 모과나무
③ 삼나무　　　　　　　　④ 무궁화

50. 목본류의 삽목에 있어 발근 촉진에 가장 적합한 처리는?

① 지상부는 따뜻하고 지하부는 서늘하게
② 지상부는 서늘하고 지하부는 따뜻하게
③ 지상부, 지하부 모두 서늘하게
④ 지상부, 지하부 모두 따뜻하게

해　　설

해설 **46**
일반적으로 접수는 휴면상태이고, 대목은 활동을 개시한 직후가 접목의 적기이다.

해설 **47**
개나리, 능수버들 등은 삽목의 발근이 용이한 수종이다.

해설 **48**
소나무, 해송, 낙엽송, 잣나무 등은 삽목 발근이 어려운 수종이다.

해설 **49**
모과나무, 삼나무, 무궁화 등은 삽목 발근이 용이한 수종이다.

해설 **50**
삽목상의 온도는 지상부는 서늘하고 지하부는 따뜻하게 하는게 좋은데, 기온보다 지온이 다소 높은 것이 유리하다.

정답　46. ③　47. ③　48. ④　49. ①
　　　50. ②

51. 삽수의 생리적 조건을 일반적으로 설명한 것 중 가장 옳은 것은?

① C/N율에서 C=N일 때 삽수의 발근이 가장 왕성하다.
② C/N율에서 C>N일 때 삽수의 발근이 가장 왕성하다.
③ C/N율에서 C<N일 때 삽수의 발근이 가장 왕성하다.
④ C/N율에서 삽수의 발근에 아무런 영향도 미치지 않는다.

52. 삽목의 발근율을 높이는 요인으로 적합하지 못한 것은?

① 삽수는 질소 함량에 비하여 탄수화물의 함량이 많을수록 좋다.
② 전나무, 소나무류는 수관의 위쪽에서 딴 것보다 아래쪽에서 딴 것이 좋다.
③ 모수의 연령은 어린 것 보다 늙은 것이 좋다.
④ 삽목상의 습도는 90% 이상이고 해로운 토양 미생물이 없어야 한다.

53. 소나무류 삽수 채취부위로 가장 알맞은 것은?

① 수관 내부에서 딴다.   ② 수관의 위에서 딴다.
③ 수관 아래쪽에서 딴다.   ④ 도장지에서 딴다.

54. 삽수 저장에 알맞은 온도는?

① -5℃ 내외   ② 4℃ 내외
③ 15℃ 내외   ④ 25℃ 내외

55. 다음 중에서 삽수의 발근 촉진에 도움이 되는 내용은?

① 늙은 나무에서 삽수를 채취한다.
② 삽수의 기부에 인돌젖산(IBA)를 발라준다.
③ 삽목상에 삽수를 거꾸로 꽂는다.
④ 꽃이 피는 생식지를 삽수로 사용한다.

해설 **51**
C/N율이 큰 것 즉, C>N일 때 삽수의 발근이 가장 왕성하다.

해설 **52**
일반적으로 모수가 나이가 어리고 영양적으로 충실할수록 발근율이 높다.

해설 **53**
삽수의 채취 위치는 소나무, 전나무 등의 침엽수류는 보통 수관의 아래쪽에서, 낙엽활엽수는 대부분 가지의 위부분에서 얻은 삽수가 발근이 잘 된다.

해설 **54**
삽수는 습도 80%, 온도는 3~5℃를 유지할 수 있는 저장고에 삽수의 하단을 젖은 모래에 10cm 정도 묻어서 삽목전까지 저장한다.

해설 **55**
삽목 전에 하부의 절단면을 발근 촉진제인 인돌젖산(IBH) 등에 담근 후 삽목하면 발근호르몬이 발생하여 활착률이 좋아진다.

정답 51. ② 52. ③ 53. ③ 54. ②
55. ②

56. 발근촉진제로서 광선에 대해서 불안정하고 비교적 쉽게 약효가 소실될 수 있는 것은?

① 포도당액   ② IBA

③ NAA   ④ 2,4-D

해   설

해설 56

발근촉진제인 인돌젖산(IBA)은 농도의 적용범위가 넓고 발근효과가 높아 많이 사용되고 있다.

57. 무성번식에 의한 묘목양성 방법 중 취목방법이 아닌 것은?

① 단순취목   ② 공중취목

③ 파상취목   ④ 파종취목

해설 57

취목에는 단순취목, 공중취목, 파상취목, 단부취목, 매간취목, 맹아지취목 등이 있다.

58. 다음 중 우량묘는?

① 뿌리의 발달은 적지만, 키가 큰 것

② 직근(直根)이 발달하고 측근(側根)이 적은 것

③ 직근이 발달하고 가지가 굵은 묘일 것

④ 지상부와 지하부가 균형이 되고 T/R률이 낮은 것

해설 58

뿌리는 측근과 세근이 발달하고 충실한 것이 우량묘목이다.

59. 용기묘(pot)의 장, 단점에 대한 설명 중 틀린 것은?

① 제초작업이 생략될 수 있다.

② 묘포의 적지조건, 식재시기 등이 문제가 되지 않는다.

③ 묘목의 생산비용이 많이 들고 관수가 까다롭다.

④ 운반이 용이하여 운반비용이 적게 든다.

해설 59

용기묘는 일반묘에 비하여 묘목운반과 식재에 많은 비용이 소요된다.

60. 정식 전 묘상에서 실시하는 모의 경화방법으로 옳지 않은 것은?

① 관수량을 점차 늘린다.

② 온도를 점차 낮춘다.

③ 직사광선에 서서히 노출시킨다.

④ 환기 시간을 늘린다.

해설 60

모의 경화방법은 관수량을 줄이고 온도를 낮추며 서서히 직사광선을 받게 한다.

정답 56. ②   57. ④   58. ④   59. ④
60. ①

61. 다음 중 모종 굳히기에 대한 설명이 틀린 것은?

① 건물량(乾物量)이 증가한다.
② 잎살(葉肉)이 두꺼워지고 큐티클층이 발달한다.
③ 지상부의 생장은 촉진되고 지하부는 억제된다.
④ 불량환경에 대한 저항성이 강해진다.

62. 이식된 사실이 없는 만 2년생 묘목의 연령표시 방법으로 맞는 것은?

① 2-0 묘
② 2-1 묘
③ 2-1-1 묘
④ 1-1 묘

63. 파종상에서 그대로 2년을 지낸 실생 묘목의 연령표시법이 옳은 것은?

① 1-1 묘
② 2-0 묘
③ 0-2 묘
④ 2-1-1 묘

64. 다음은 1-1 묘를 설명한 것이다. 틀린 것은?

① 파종상에서 1년을 경과했다.
② 판갈이되어 1년을 경과했다.
③ 만 2년생 묘목이다.
④ 묘목의 줄기와 뿌리의 비가 1 : 1이다.

65. 파종상에서 3년, 1년에 1회씩 2년 계속해 이식한 5년생 묘목의 표시방법으로 알맞은 것은?

① 1-1-3 묘
② 1-3-2 묘
③ 3-1-2 묘
④ 3-1-1 묘

해설 61
지상부의 생장이 둔화되고 지하부의 발달이 촉진된다.

해설 62
묘령은 파종상의 거치 연수에 따라 1-0, 2-0, 3-0으로 표시하고 옮겨심기를 한 것은 옮겨 심는 묘령을 앞에 쓰고 거치년 수를 뒤로 하여 1-1, 1-2, 2-2, 1-2 등으로 표시한다.

해설 63
실생묘 표시법은 파종상의 년 수 - 이식포에서의 년 수 - 이식포에서의 년 수로 나타낸다.

해설 64
1-1 묘는 파종상에서 1년, 그 뒤 한번 이식되어 1년을 지낸 2년생 묘목이다.

해설 65
파종상에서 3년, 그 뒤 두 번 이식되었고 각 이식상에서 1년을 지낸 5년생 묘목으로 3-1-1 묘로 표시한다.

정답 61. ③ 62. ① 63. ② 64. ②
65. ④

66. 1-1 묘목에 대한 설명 중 옳은 것은?

① 생장이 불량한 2년생 묘목
② 한번 이식된 2년생 묘목
③ 1년생의 침엽수 묘목
④ 파종상에서 2년 지낸 묘목

67. 묘령(苗齡)이 2-1-2인 묘목의 이식 횟수는?

① 1 회
② 2 회
③ 3 회
④ 4 회

68. 뿌리가 1년, 지상부가 1년생인 삽목묘의 올바른 표시법은?

① C 0/2
② C 1/1
③ C 1/2
④ C 2/1

69. 묘목의 뿌리가 2년생, 줄기가 1년생을 나타내는 삽목묘의 연령 표기를 바르게 한 것은?

① 2-1 묘
② 1-2 묘
③ C 1/2 묘
④ G 2/1 묘

70. 묘목을 선별하는 규격에 해당되지 않는 것은?

① 흉고직경
② 간장
③ 근원경
④ H/D율

71. 묘목 검사 시 모집단의 묘목 품질 조사결과 불합격묘가 몇 % 초과할 때 재선별 하게 되는가?

① 5%
② 10%
③ 15%
④ 20%

해　설

해설 **66**

앞의 숫자는 파종상의 거치 연수, 뒤의 숫자는 이식된 횟수를 나타낸다.

해설 **67**

2-1-2 묘는 파종상에서 2년, 첫번째 이식포에서 1년, 두 번째 이식포에서 2년을 지낸 묘목을 총 이식횟수는 2회이다.

해설 **68**

삽목묘는 분모는 뿌리의 묘령으로 분자는 줄기의 나이로 하여 C1/1, C1/2 등으로 표시한다. C1/1묘는 뿌리의 나이가 1년, 줄기의 나이가 1년 된 삽목묘이다.

해설 **69**

접목묘는 G 1/1, G 1/2 등으로 표기하며, 뿌리의 묘령을 분모로 하고 줄기의 나이를 분자로 하여 삽목묘 C 1/1, C 1/2 등으로 표기한다.

해설 **70**

산림용 묘목의 측정기준은 간장(幹長), 근원경(根元徑), H/D율 등이다.

해설 **71**

육안조사 결과 또는 품질검사 결과 불합격 묘목이 5%를 초과할 때에는 그 모집단을 불합격 묘목으로 판정하고 즉시 재선별 통지를 하여야 한다.

정답 66. ② 67. ② 68. ② 69. ③
70. ① 71. ①

72. 묘목의 T/R률을 설명한 것 중 틀린 것은?

① 지상부와 지하부의 중량비이다.
② 수종과 묘목의 연령에 따라서 다르다.
③ 묘목의 근계발달과 충실도를 설명하는 개념이다.
④ 일반적으로 큰 값을 가지는 묘목이 충실하다.

73. T/R률이 크게 된 경우의 조건이 아닌 것은?

① 과습하고 일조량이 적은 곳에서 생육하였을 때
② 인산과 칼륨이 소량인 경우
③ 질소가 인산, 칼륨보다 많을 경우
④ 생립본수(生立本數)가 단위 면적당 적을 경우

74. 우리나라 침엽수 산출묘(山出苗)의 T/R률 범위는?(단, 침엽수의 종류는 소나무류, 낙엽송, 삼나무, 편백 등)

① −5 ~ 1.0　　　　　② 2.5 ~ 4.5
③ 4.7 ~ 6.0　　　　　④ 7.7 ~ 9.5

75. 다음 중 일반적으로 묘목의 뿌리상태가 가장 좋은 것은?

① T/R률이 1.0 ~ 1.5 인 경우
② T/R률이 1.5 ~ 2.0 인 경우
③ T/R률이 2.0 ~ 2.5 인 경우
④ T/R률이 2.5 ~ 3.0 인 경우

해설 **72**
활착률이 높은 우량한 묘목은 T/R률이 낮다.

해설 **73**
토양이 과습하고 일조부족, 석회사용 부족 등의 경우는 지상부에 비해 지하부의 생육이 나빠져 T/R률이 커진다. 질소를 다량 시비하면 지상부의 질소집적이 많아지고 단백질의 합성이 왕성해지며 탄수화물이 적어져서 지하부로의 전류가 상대적으로 감소하여 뿌리의 생장이 억제되므로 T/R률은 커진다.

해설 **74**
T/R률은 지상부의 무게를 지하부의 무게로 나눈 값으로 일반적으로 3.0 정도가 우량한 묘목으로 평가받고 있다.

해설 **75**
T/R률이 작을수록 활착이 좋은 상태를 나타낸다.

05 묘목식재

학습주안점

• 묘목의 굴취와 선묘 → 곤포 → 수송 → 가식의 과정을 이해하고 방법을 알아두어야 한다.
• 식재 밀도법칙에 대해 이해하고, 밀도에 영향하는 요인과 밀식과 소식이 적용에 대해 이해하고 암기해야 한다.
• 묘목식재의 시기와 식재망 정하기, 식재방법, 조림수종의 선택요건에 대해 알고 있어야 한다.
• 조경수의 선정조건과 굴취·이식과정의 이해, 가로수 조경·관리 기준에 대한 내용이해가 필요하다.

1 묘목의 굴취, 선묘, 곤포

1. 묘목굴취

① 굴취는 나무를 옮겨심기 위해 땅으로부터 파내는 것으로 대부분의 묘목은 봄에 굴취하나 낙엽수는 생장이 끝나고 낙엽이 완료된 후인 11~12월에 굴취함.
② 묘목은 기계굴취기를 사용하여 굴취하며 가능한 가식기간은 줄이기 위해 다음 날 산출할 양만큼 또는 옮겨 심을 양만큼 굴취함.
③ 굴취기는 예리한 것을 사용하여 가급적 깊이 파고 뿌리가 상하지 않게 함.
④ 포지에 어느 정도 습기가 있을 때 캐면 뿌리의 손상도 적고 작업하기도 쉬우며 묘목의 건조도 감소시킴.
⑤ 굴취는 비가 오는 날, 바람이 많이 부는 날, 잎의 이슬이 마르지 않는 새벽 등은 피함.
⑥ 캐낸 묘목의 건조를 막기 위하여 축축한 거적으로 덮어 선묘할 때까지 보호하거나 묘포에 도랑을 파서 일시적 가식하기도 함.

2. 선묘(選苗)

① 묘목 고르기, 굴취한 묘목을 묘목규격에 따라 나누는 것
② 대체로 간장, 뿌리의 길이, 근원직경, 가지의 발달, 상처의 유무, 병해의 유무, 묘목 고유의 색깔 등을 기준으로 함.
③ 선묘가 끝나면 다발로 묶는데, 한 다발의 본수는 수종과 묘령에 따라 달라지며 다발로 묶은 것은 가식해 두거나 또는 곤포해서 심을 곳으로 수송하거나 일시 냉암소에 보관
④ 각 수종별 규격에 대하여 합격 및 불합격으로 구분하고 합격묘에 대하여는 간장의 크기에 따라 대, 중, 소로 구분함.

■ 선묘의 정의 및 방법
① 정의 : 굴취된 묘목의 줄기와 뿌리와 크기가 규격에 적합한가, 병충해나 기계적 상처가 없는가, 묘목의 형태가 정상적인가, 품종이 확실한가 등을 조사하여 조림이나 옮겨심기에 적합한 묘목을 가려내는 작업
② 방법
• 불량한 묘목은 아낌없이 버림
• 묘목을 굴취한 즉시 실시
• 작업실 안이나 천막 속에서 실시하여 묘목이 마르지 않도록 함.
• 가급적 빨리 끝내야 하며, 선묘 중에도 가급적 거적 속에 묘목을 보관함.
• 각자 선묘의 기준이 되는 표준을 정해 놓고 비교해 가면서 선묘

3. 곤포 ☆

① 묘목을 식재지까지 운반하려면 알맞은 크기로 곤포하여야 함.

② 곤포재료

  ㉮ 거적, 비닐주머니, 비닐막 등

  ㉯ 묘목의 뿌리를 물이끼, 잘 처리된 물수세미, 흡수성 수지 등 보습제로 싸고 비닐주머니 등으로 싸서 꾸러미로 만듦.

  ㉰ 묘목 건조방지제로 물수세미를 사용시 곤포당 4kg 이상의 짚을 1개월 이상 물에 담근 후 사용함.

③ 묘령이 높을수록 곤포당 수종의 본수는 적어지며 묘목의 포장재료는 헌쌀가마 니 또는 이중비닐을 사용함.

④ 속당본수는 대부분 20본이며, 속당본수가 10본인 것은 밤나무, 포플러, 현사시 나무, 황철나무 등임.

⑤ 낙엽송 2년생 노지묘를 포장할 경우 곤포당 본수 500, 곤포당속수는 25, 속당 본수는 20임 (곤포당본수 = 곤포당속수 × 속당본수)

〈속당 본수 및 곤포당 속수〉

구분	묘령	속당 본수	곤포당 속수
낙엽송	2	20	25
잣나무	2	20	100
	3	20	50
	4	20	25
소나무류	2	20	50
오리나무류	1	20	100
상수리나무	1	20	50
아까시	1	20	50
포플러류	1/1	8	10
싸리류	1-0	20	100

4. 수송

① 대수송 : 포지에서 식재지까지 운반되어 가식함.

② 소수송 : 식재현장까지의 운반

③ 운반시 묘목이 건조하지 않도록 함.

5. 가식 ☆

① 묘목을 심기 전 일시적으로 도랑을 파서 그 안에 뿌리를 묻어 건조를 방지하고 생기를 회복시키는 작업

② 1~2개월 정도 장기간 가식하고자 할 때에는 묘목을 다발에서 풀어 도랑에 한 줄로 세우고 충분한 양의 흙으로 뿌리를 묻은 다음 관수를 함.

③ 산지에 가식할 때는 조림지의 최근거리에서 실시함.

④ 봄에 굴취된 묘목은 동해가 발생하기 쉬우므로 배수가 좋은 남향의 사양토나 식양토에 가식하고, 가을에 굴취된 묘목은 건조한 바람과 직사광선을 막는 동북향의 서늘한 곳에 가식함.

⑤ 가식할 때는 반드시 뿌리부분을 부채살 모양으로 열가식 함.

⑥ 가식의 실제 ☆

  ㉮ 묘목의 끝이 가을에는 남쪽으로, 봄에는 북쪽으로 45도 경사지게 함.

  ㉯ 지제부가 10cm 이상 묻히도록 깊게 가식함.

  ㉰ 단기간 가식할 때는 다발로, 장기간 가식할 때는 결속된 다발을 풀어서 뿌리 사이에 흙이 충분히 들어가도록 하고 밟아 줌.

  ㉱ 비가 오거나 비가 온 후에는 바로 가식하지 않음.

  ㉲ 동해에 약한 수종은 움가식을 하며, 낙엽 및 거적으로 피복하였다가 해빙되면 2~3회로 나누어 걷어 냄.

  ㉳ 가식지 주변에는 배수로를 설치함.

2 식재밀도 ☆☆☆

1. 밀도법칙

① 수고생장에는 큰 영향을 끼치지는 않지만 직경생장에는 큰 영향을 끼침.

② 밀도가 높으면 지름은 가늘지만 완만재가 되고 소립시키면 초살형이 됨.

③ 일정 면적으로부터 생산되는 양은 어느 밀도까지는 본수가 많을수록 증가되나 어떤 밀도를 초과하면 면적당 총생산량은 일정하게 되는 데 그 최대밀도는 수종에 따라 다름.

④ 밀도가 높으면 총 생산량 중 가지가 차지하는 비율이 낮고 간재적 비율이 높아짐.(밀립상태에서는 가지와 마디가 적은 목재 생산)

⑤ 밀도가 지나치게 높은 임분에 있어서는 단목의 생활력이 약해지고 임분의 안정성이 감소되므로 간벌의 필요성이 있게 됨.

2. 밀식의 장·단점

1) 밀식의 장점

① 표토의 침식과 건조를 방지하여 개벌에 의한 지력의 감퇴를 줄이고 하예기간을 단축하며 가지가 가늘게 되어 임복의 형질을 높여 가지치기의 비용을 줄이고 개체 간의 경쟁으로 연륜목이 균일하게 되어 고급재를 생산할 수 있음.

② 제벌 및 간벌에 있어서 선목의 여유가 있으므로 우량임분으로 유도할 수 있음.

③ 간벌수입이 기대됨.

④ 풀베기작업 횟수감소로 비용 절약

2) 밀식의 단점

① 초기에 묘목대 및 조림비 과다소요, 노동력이 많이 소요

② 제벌 및 간벌이 지연될 경우 줄기가 가늘고 연약해져 고사목 등의 발생 및 병충해 피해가 우려됨.

③ 임목의 직경생장이 완만하여 큰나무 생산의 경우 수확기간이 늦어짐.

3. 식재밀도에 영향을 미치는 요인 ☆☆

① 소경재생산을 목표로 할 때에는 그렇지 않을 때에 비하여 밀식

② 교통이 불편한 오지림의 경우에는 목재의 운반이 어려우므로 소식

③ 땅이 비옥하면 성장속도가 빠르므로 소식하고, 지력이 좋지 못한 곳에서는 빠른 울폐를 기대해서 밀식하여 지력을 돕는 것이 유리함.

④ 일반적으로 양수는 소식하고, 전나무와 같은 음수는 밀식함.

⑤ 소식할 때 느티나무처럼 굵은 가지를 내고 줄기가 굽는 경향이 있는 활엽수종은 밀식하는 것이 좋다. 침엽수종으로는 소나무, 해송 등이 이 범주에 들어감.

⑥ 소나무처럼 피해를 잘 받는 수종은 밀식해서 건전목이 남을 수 있는 여유를 줌.

4. 수종별 식재 기준본수(ha당) ☆

① 장기 용재수의 밀도는 1ha당 3,000본 정도

② 연료림 등의 단벌기작업을 목적으로 조림시 10,000~20,000본 정도로 밀식

③ 침엽수의 식재밀도는 ha당 3,000본, 활엽수는 3,000~6,000본을 기준

④ 속성수나 유실수를 제외하고 용재 생산을 목표로 활엽수를 식재하는 경우에는 ha당 5,000~6,000본을 식재하는 것이 좋음.

■ 밀식과 소식☆

밀식	• 작은 나무로 이용시 (소경재 생산이 목표일 때) • 지력이 약하면 나무의 생장이 늦어지기 때문에 밀식을 하여 지력을 높임 • 음수는 밀식 • 줄기가 굽는 경향이 강한 수종은 밀식 • 완만재, 우량재유도
소식	• 교통이 불편하고 노동력의 공급이 어려운 곳 • 양수는 소식 • 소식을 하면 나무의 초살도가 높아짐(초살형)

〈수종별 식재 기준본수(ha당)〉

3,000~6,000본	참나무류, 자작나무, 물푸레나무, 느티나무, 편백
3,000본	소나무, 잣나무, 전나무, 낙엽송, 삼나무, 해송
600본	수원포플러, 양황철나무, 오동나무
400본	밤나무
330~400본	이태리포플러
300본	호두나무

■ 지존작업
정지작업이라고도 하며, 식재지에는 잡초, 덩굴식물, 산죽, 관목, 나뭇가지, 말목 등이 있어서 식재에 방해가 되므로 이러한 것을 제거하는 준비작업을 말한다.

3 지존작업

1. 쳐내기법

① 낫, 손도끼, 톱, 그리고 이러한 작업 목적으로 고안된 동력식 톱을 이용해서 쳐내는 방법

② 방법

모두베기(전예)	식재지 전면에서 대하여 쳐내는 법
줄베기(조예)	• 식재열에 따라 줄로 쳐내는 법 • 등고선에 따른 수평조예와 경사방향에 따른 경사조예가 있음.
둘레베기(평예, 점예)	• 묘목의 식재지점만 쳐내는 법 • 극음수의 조림에 적용될 수 있으며 흔히 실시하는 작업은 아님

2. 화입법

① 소각이 가능할 때 불을 놓아 처리하는 방법이나 산불의 위험성이 있으므로 피함.
② 지력의 감퇴를 유발시킴.

3. 약제처리법

1) 산죽

염소산나트륨($NaClO_3$) 30배액을 m²당 0.4L로 뿌려 고살시킴.

2) 아까시나무

근사미액제(글라신액제)를 100배로 희석하여 m²당 0.5L를 성장이 왕성한 여름에 엽면에 고루 살포하여 고사시킴.

3) 칡

① 여름에 칡의 자람이 왕성할 때 줄기를 달아 둔 채로 주두를 지름 2cm까지는 일자로 쪼개고, 4cm 이상이면 십자로 갈라 그 깊이를 4~5cm로 하고 그 사이에 죽편으로 약제를 넣음.

② 지름 1cm당 0.3g을 표준으로 함.

4) 고사리

쳐낸 뒤에 석회질소를 1ha당 1,000~2,000kg을 살포함.

4 묘목식재의 실행

1. 식재시기

1) 봄철

① 묘목의 생장 직전의 식재가 가장 좋음.

② 수체 내부의 팽압을 감소시키는 온도의 계절에 식목

2) 가을철

① 땅이 건조하지 않고 바람의 피해가 없는 곳

② 낙엽활엽수종이 적당하며, 상록수종은 심지 않음.

3) 지역별 식재 적기

지방	봄철식재	가을철식재
온대남부	2월 하순~3월 중순	10월 하순~11월 중순
온대중부	3월 중순~4월 초순	10월 중순~11월 초순
고산지대 및 온대 북부	3월 하순~4월 하순	9월 하순~10월 중순

2. 식재망 ☆☆

① 나무를 일정한 간격에 맞추어 심을 때 형성되는 일정한 모양을 말하며, 급경사지·지형이 복잡한 곳을 제외하고는 정조식재(正條植栽) 하는 것이 좋음.

② 정조식재법

㉮ 정방형(정사각형), 장방형(직사각형), 정삼각형(일정면적당 가장 많은 묘목 식재), 이중정방형

㉯ 일반적으로 정방형 식재를 하며, 식재 이후에 각종조림작업을 능률적으로 할 수 있음. 편백·참나무류 등은 ha당 5,000본 기준 1.4×1.4m 간격으로 식재하고, 잣나무·낙엽송 등은 ha당 3,000본 기준 1.8×1.8m 간격으로 식재함.

■ 참고

① 묘목식재가 조림성과에 미치는 영향이 매우 큼.

② 묘목의 발근 과정(상록침엽수종)

• 가는 뿌리는 주로 가는 뿌리에서 발생

• 굵은 뿌리로부터는 굵은 뿌리와 가는 뿌리가 발생

• 삽목이 잘 되는 수종에 있어서는 땅속에 묻힌 줄기로부터 굵은 뿌리가 생긴다.

• 뿌리의 절단면 및 표피를 통해서 약간의 흡수가 이루어진다.

• 가는 뿌리로부터 백색의 모근이 생겨 초기의 흡수가 시작된다.

• 발생한 굵은 뿌리에 지근이 생기고 지근에 가는 뿌리가 생겨 왕성한 수분 및 양료의 흡수가 시작되어 성장이 시작된다.

• 땅속에 묻힌 줄기로부터 생긴 굵은 측근의 활동이 왕성하게 되면 포지에서 발달하였던 뿌리는 퇴화해 간다.

핵심 PLUS

■ 식재할 묘목의 수☆

$$= \frac{조림지의 \ 면적}{묘간거리 \times 열간거리}$$

※ 묘간거리 : 묘목사이의 거리
열간거리 : 줄사이의 거리

③ 식재본수의 계산

㉮ 규칙적 식재를 할 때에는 공식에 의하여 필요한 묘목수를 계산

㉯ 정삼각형 식재를 할 때에는 묘목 1본이 차지하는 면적이 정방형 식재에 비하여 86.6%이고, 식재할 묘목본수는 15.5%가 증가함.

㉰ 이중정방형 식재에 있어서는 정방형 식재의 2배

㉱ 1.8m×1.8m의 정방형 식재를 할 때 ha당 소요되는 묘목의 본수는 3,086본으로서 이러한 식재밀도가 넓게 적용되고 있음.

〈식재망에 따른 소요묘목수 계산공식〉

식재망	묘목 1본당 면적	묘목본수	전면적
장방형	$a = w_1 \cdot w_2$	$N = \dfrac{A}{a} = \dfrac{A}{w_1 \cdot w_2}$	$A = N \cdot w_1 \cdot w_2$
정방형	$a = w^2 = \dfrac{A}{N}$	$N = \dfrac{A}{a} = \dfrac{A}{w^2}$	$A = N \cdot w^2$
정삼각형	$a = w^2 \cdot 0.866 = w \cdot (0.866w)$	$N = \dfrac{A}{w^2 \cdot 0.866}$	$A = N \cdot w^2 \cdot 0.866$
이중정방형	$a = \dfrac{1}{2} w^2$	$N = \dfrac{2A}{w^2}$	$A = \dfrac{1}{2} w^2 N$

여기서, w_1 : 묘간거리, w_2 : 열간거리, w : 묘간거리와 열간거리가 같을 때, A : 식재지 총면적, a : 묘목 1본의 점유면적, $0.866w$: 3각형의 높이, N : 묘목 총본수

④ 식재지점의 결정

㉮ 한 사면마다 계곡쪽에서 산릉부를 향해 식재열을 정함.

㉯ 식재열을 목측으로 묘간거리를 나누어 가며 식재

㉰ 열간 거리를 따져 식재열을 정하고 식재지점을 목측으로 정하면서 식재

⑤ 식재거리

㉮ 식재거리는 원래 수평거리를 나타냄.

㉯ 경사도 20°까지는 차이가 거의 없으므로 가감할 필요가 없음.

㉰ 25°에서는 10%, 30°에서는 15%, 40°에서는 30%를 더 증가해서 사거리를 정함.

㉱ 식재지점에 벌근과 암석이 있어서 심을 수 없을 때에는 묘간방향(경사방향)으로 옮겨 심음.

■ 묘목식재순서
지피물 제거 → 구덩이 파기 → 묘목 삽입 → 흙 채우기 → 다지기

3. 식재방법

1) 묘목식재의 순서(일반법)

① 식재 구덩이를 팔 때는 눈금이 표시된 줄을 사용하여 구덩이의 크기보다 넓게 파고, 지피물(풀, 가지, 낙엽)을 벗겨내고, 구덩이를 충분히 팜.

② 겉흙과 속흙을 따로 모아놓고 돌, 낙엽 등을 가려낸 후 부드러운 겉흙을 5~6cm 정도 넣음.

③ 묘목의 뿌리를 잘 펴서 곧게 세우고 겉흙부터 구덩이의 2/3가 되게 채운 후 묘목을 살며시 위로 잡아당기면서 밟아줌

④ 토양과 뿌리가 잘 밀착되도록 하면서 발로 밟아 흙을 다짐

⑤ 나머지 흙을 모아 주위 지면보다 약게 높게 정리한 후 수분의 증발을 막기 위해 낙엽이나 풀 등으로 덮어둠.

⑥ 너무 깊거나 얕게 심지 않으며, 다만 건조하거나 바람이 강한 곳에서는 약간 깊게 심는 것이 안전함.

⑦ 비탈진 곳에서 심을 때는 덮은 흙이 비탈지지 않고 수평이 되게 함.

2) 특수식재법 ☆

① 봉우리식재

㉮ 천근성이며 측근이 잘 발달하고 직근성이 아닌 묘목이 적당 (㉠ 가문비나무 묘목)

㉯ 심을 구덩이 바닥 가운데에 좋은 흙을 모아 원추형의 봉우리를 만든 다음 묘목의 뿌리를 사방으로 고루 펴서 이 봉우리 위에 얹고 그 뒤 다시 좋은 흙으로 뿌리를 덮음.

② 치식

㉮ 배수가 불량한 곳 또는 석력이 많아서 구덩이를 파기 어려운 곳에 적용

㉯ 구덩이를 파는 대신에 지표면에 흙을 모아 심는 방법

3) 대교목 이식법

① 근분뜨기

㉮ 근원직경 3~5배가 되는 근분 직경의 주위에 사람이 들어갈 수 있는 폭 50cm 정도로 도랑을 파고, 주근의 박피가 되도록 함.

㉯ 근분의 깊이는 근계의 형태, 토질을 고려해서 근원직경의 2~4배 함.

㉰ 토질상 근분이 깨어지기 쉬울 때에는 사전에 관수해서 흙에 습기를 주도록 함.

㉱ 근분 밖으로 나온 세근은 절단하고, 비교적 굵은 측근의 약 반수는 나무를 안정시키는 지지근으로 남김.

㉲ 뿌리의 절단면은 다듬어서 평활하게 하며, 주근도 여러 개가 있을 때에는 하나만 남기고 절단함.

㉳ 나무의 안정이 염려될 때에는 지지근으로서의 측근은 되도록 남기고 다음에 박피를 해서 부정근의 발생을 촉진시킴.

핵심 PLUS

■ 대교목이식시 예비조치
① 뿌리돌림을 미리 실시해서 근주 부근에 세근을 발달시키고 뒤에 근분을 떠서 활착을 도움
② 뿌리돌림의 시기
  • 낙엽수종(낙엽송 포함) : 11~12월 상순, 2~3월 상순
  • 상록침엽수종 : 3~4월 상순, 10월 중순
  • 상록활엽수종 : 5~6월(장마철), 9~10월

② 박피

㉮ 약 10cm 폭으로 지지근의 껍질부분만 제거함.

㉯ 박피된 뿌리는 근단부분 부터 땅속의 수분과 양료를 흡수해서 목질부를 통해 수체 안으로 보낼 수 있으나, 수액의 하강은 박피부에서 저지되어 뿌리의 신장은 약해지지만 박피 상단부에 있어서 부정근의 발생이 촉진됨.

4. 시비와 보식

1) 시비

① 수림을 빠르게 성장하게 하고 풀베기 작업량을 적게 하는데 도움을 줌. 땅이 비옥하지 않을 경우에는 2~3년 연속해서 시비하도록 함.

② 고형복합비료

㉮ 질소, 인산, 칼리를 12 : 16 : 4의 비율로 함유

㉯ 1개의 무게가 15g으로서 사용하기에 편리하고 비효가 오래가는 장점

㉰ 소나무, 해송, 낙엽송, 잣나무 등 소위 장기수종은 2개, 포플러류, 오동나무 등 속성수종에는 6개, 아까시나무와 같은 연료수종은 2개를 시비

㉱ 2년째에 가서는 첫해 분량의 20% 증가, 3년째에는 2년째의 20% 증가의 비율로 시비

2) 보식

① 1~2년이 지나게 되면 일부가 고사하게 되는데, 이러한 고사목을 보충해서 묘목을 심을 때 이를 보식이라고 함.

② 활착률이 80% 미만일 경우에는 당초 조림수종 또는 적지적수의 범위내에서 다른 수종으로 대체하여 보식함.

③ 활착률이 50% 미만일 경우에는 재조림을 실시하되 적지적수내에서 다른 수종으로 대체 가능함.

5 조림수종의 선택

1. 조림수종의 선택 요건 ☆☆☆

① 성장속도가 빠르고 재적성장량이 높은 것
② 가지가 가늘고 짧으며, 줄기가 곧은 것
③ 위해에 대한 저항력이 강한 것
④ 입지에 대하여 적응력이 큰 것
⑤ 생물의 이용가치가 높고 수요량이 많은 것
⑥ 임분 조정이 용이하고 조림이 실패율이 적은 것

2. 우리나라의 산림식물대와 조림수종

〈주요 경제수종의 조림구역〉

구분	천연생수종	식재 또는 중요 외래수종
제Ⅰ구 (난대)	• 침엽수 : 소나무·해송·비자나무·구상나무 • 활엽수 : 가시나무류·졸참나무·붉나무·느티나무·서어나무류·상수리나무·거양옻나무·삼지닥나무·닥나무	• 대나무류 : 참대·솜대·이대·맹종죽·해장죽 • 침엽수 : 삼나무·편백·리기다소나무·은행나무·낙우송·유럽적송·테다소나무 • 활엽수 : 오동나무·옻나무·멀구슬나무·밤나무·회화나무·참중나무·포플러류
제Ⅱ구 (온대남부)	• 침엽수 : 소나무·향나무 • 활엽수 : 상수리나무·굴참나무·졸참나무·떡갈나무·서어나무류·밤나무·느티나무·느릅나무류·벚나무류·물푸레나무류·푸조나무·동백나무·노각나무·붉나무·때죽나무·닥나무·싸리류	• 침엽수 : 해송·삼나무·편백·리기다소나무·유럽적송·스트로브잣나무·은행나무 • 활엽수 : 오동나무·옻나무·회화나무·호두나무·참중나무·아까시·포플러류·오리나무류·일본전나무
제Ⅲ구 (온대중부)	• 침엽수 : 소나무·향나무·잣나무·전나무 • 활엽수 : 상수리나무·굴참나무·졸참나무·떡갈나무·서어나무류·밤나무·느티나무·느릅나무류·벚나무류·물푸레나무류·붉나무·단풍나무류·황벽나무·자작나무류·오리나무류·음나무·황철나무류·때죽나무·버드나무류·주엽나무·닥나무·대추나무·피나무류·산수유나무·싸리류	• 침엽수 : 해송·리기다소나무·낙엽송·은행나무·방크스소나무 • 활엽수 : 옻나무·오동나무·회화나무·밤나무·아까시나무·포플러류·플라타너스·일본전나무
제Ⅳ구 (온대북부)	• 침엽수 : 소나무·잣나무·전나무 • 활엽수 : 밤나무·떡갈나무·졸참나무·물푸레나무류·벚나무류·느릅나무류·단풍나무류·황벽나무·음나무·오리나무류·가래나무·황철나무·버드나무류·자작나무류·피나무류·싸리류	• 침엽수 : 가문비나무·이깔나무 • 활엽수 : 옻나무·약밤나무·아까시·포플러류
제Ⅴ구 (한대)	• 침엽수 : 잣나무·전나무·가문비나무·분비나무·이깔나무·주목 • 활엽수 : 떡갈나무·졸참나무·황철나무·음나무·가래나무·버드나무류·자작나무류	

※ 난대는 온난대 또는 상록활엽수림대라고 말하기도 하며, 한대는 아한대 또는 상록침엽수림대라고 말하기도 함.

핵심 PLUS

* 조림사업의 종류
  ① 경제림 조성 : 양질의 목재를 지속적으로 생산 공급하는 산림
  ② 바이오순환림 조성 : 짧은 기간 (20~35년)에 목재를 수확하여 목재 펠릿 등 산림바이오매스와 산업용재를 공급하는 산림

3. 우리나라의 산림청에서 제시하는 조림사업 구분

1) 경제림 조성용 중점 조림 수종

강원·경북	경기·충북·충남	전북·전남·경남	남부해안 및 제주
소나무	소나무	소나무	편백
낙엽송	낙엽송	편백	삼나무
잣나무	백합나무	백합나무	가시나무류
참나무류	참나무류	참나무류	–

2) 바이오매스용 수종

백합나무, 리기테다소나무, 참나무류, 포플러류, 아까시나무, 자작나무 등

3) 조림 권장 수종(78개)

용재수종	소나무, 잣나무, 낙엽송, 가문비나무, 구상나무, 편백, 분비나무, 삼나무, 자작나무, 음나무, 버지니아소나무, 상수리나무, 졸참나무, 스트로브잣나무, 피나무, 노각나무, 서어나무, 가시나무, 박달나무, 거제수나무, 이태리포플러, 물푸레나무, 오동나무, 리기테다소나무, 황철나무, 백합나무, 들메나무
유실수종	밤나무, 호두나무, 대추나무, 감나무
조경수종	은행나무, 느티나무, 복자기, 마가목, 벚나무, 층층나무, 매자나무, 화살나무, 산딸나무, 쪽동백, 채진목, 이팝나무, 때죽나무, 가죽나무, 당단풍나무, 낙우송, 회화나무, 칠엽수, 향나무, 꽝꽝나무, 백합나무
특용수종	옻나무, 다릅나무, 쉬나무, 두충나무, 두릅나무, 단풍나무, 음나무, 느릅나무, 동백나무, 후박나무, 황칠나무, 산수유, 고로쇠나무
내공해수종	산벚나무, 때죽나무, 사스레피나무, 오리나무, 참죽나무, 벽오동, 해송, 은행나무, 상수리나무, 가죽나무, 까마귀쪽나무, 버즘나무
내음수종	서어나무, 음나무, 주목, 녹나무, 전나무, 비자나무
내화수종	황벽나무, 굴참나무, 아왜나무, 동백나무

6 조경수

1. 조경수 조건 및 용어

1) 조경수 조건
  ① 수형이 정돈되어 있을 것
  ② 발육이 양호할 것

③ 가지와 잎이 치밀하게 발달되었을 것

④ 병충해의 피해가 없을 것

⑤ 이식시 활착이 용이하도록 미리 이식하였거나 완전한 단근작업 및 뿌리돌림을 실시하여 세근이 발달한 재배품일 것

⑥ 재배품이 아닐 경우에는 수형, 지엽 등이 표준 이상으로 우량하고 충분한 크기의 분을 떠서 식재할 수 있을 것

⑦ 수형이 조경 목적에 부합할 것

2) 조경수에 관련된 용어

① 수고(樹高, H) : 지표면에서 수관 정상까지 길이, 수관의 정상부에 돌출된 도장지는 제외함.

② 수관고(樹冠高, L) : 역지 끝을 형성하는 최하단의 가지에서 정상까지의 수직거리, 능수형은 최하단의 가지 대신 역지(力枝)의 분지된 부위를 채택함.

③ 지하고(枝下高, B.H) : 지표면에서 역지끝을 형성하는 최하단 가지까지의 수직거리, 능수형은 최하단의 가지 대신 역지의 분지된 부위를 채택

④ 흉고직경(胸高直徑, B) : 지표면에서 1.2m 지점의 줄기의 직경, 흉고직경 부위의 줄기가 2개 이상일 경우 각 줄기의 흉고직경 합의 70%가 당해수목의 최대 흉고직경보다 클 때는 이를 채택하며, 작을 때는 최대 흉고직경으로 함.

⑤ 근원직경(根元直經, R) : 근원직경은 흉고직경을 측정할 수 없는 관목이나 흉고 이하에서 줄기가 분기하는 교목성 수종, 만경목, 어린묘목 등에 적용함을 원칙, 지표면의 줄기의 굵기를 말함.

⑥ 수관폭(W) : 타원형 수관은 최대축의 수관축을 중심으로 한 최단과 최장의 폭을 합하여 나눈 것을 수관폭으로 채택함. 또한 조형한 교목이나 관목도 이에 준하며 도장지는 제외함.

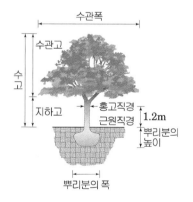

■ 식재시기

① 봄철과 가을철에 심는 것이 바람직

② 혹서기와 혹한기, 수목의 생장이 왕성한 하절기는 가급적 피함. (단, 혹서기 · 혹한기 · 하절기 식재시에는 추가적인 조치가 요구)

■ 수종선정 기준

① 식재 지역의 기후와 토양에 적합한 수종

② 식재 지역의 역사와 문화에 적합하고 향토성을 지닌 수종

③ 식재 지역의 주변 경관과 어울리는 수종

④ 국민의 보건에 나쁜 영향을 끼치지 않는 수종

⑤ 환경오염 저감, 기후조절 등에 적합한 수종

⑥ 기타 조경 목적에 적합한 수종

■ 조경수 굴취 준비작업
① 굴취작업 2~3일 전에 충분한 관수와 수관의 30% 내외의 가지를 전정하고 하단가지나 근주부분의 맹아지를 제거한 후 수관을 새끼로 묶어 운반을 편리하게 함.
② 수고 4.5m 이상인 수목의 경우는 굴취 전에 밧줄을 사용하여 사방으로 고정시킨 후 굴취

2. 조경수 굴취

1) 분의 크기

① 분의 크기는 수종·토성 등에 따라 다르지만 가장 작은 크기로 가장 많은 뿌리를 보호할 수 있어야 함.
② 분의 직경은 근원직경 5~7배로 함.
③ 분의 깊이는 중앙부 3배, 가장자리는 2배를 원칙으로 하되, 측근의 발생 밀도가 현저하게 줄어든 부위를 보아 다소 조절

2) 분의 모양

① 수목 이식에 있어서 수목의 뿌리 형태는 이식방법과 활착에 많은 영향을 미치며, 각 수목의 뿌리 형태를 파악하여 알맞은 분모양으로 굴취하여야 할 착률을 높일 수 있음.
② 근계의 형태는 심근성, 중근성, 천근성으로 나뉨.
  ㉮ 심근성은 근원직경 20cm를 기준으로 주근의 깊이가 2m 이상까지 발달한 수종
  ㉯ 중근성은 1~2m 사이까지 주근이 분포
  ㉰ 천근성은 지하 1m 내에 주근과 측근이 분포하는 것을 기준으로 함.
③ 뿌리분의 둘레는 원형으로 측면은 수직으로 하며 밑부분은 둥글게 다듬음.

3) 분뜨기

① 분의 크기보다 약간 넓게 하여 수직으로 파 내려가되 분의 외부로 돌출되는 뿌리는 분보다 조금 길게 하여 톱으로 자른 다음 잘 드는 칼로 절단면을 깨끗이 잘 다듬어 주면서 새끼로 단단히 감아 내려감.
② 뿌리 직경이 2cm 미만은 전정가위로 2cm 이상은 톱으로 절단하고, 직경 3cm 이상의 절단된 뿌리단면은 깨끗하게 하여 상처유합제(톱신엠)를 즉시 발라줌, 발근촉진제(루톤 등)를 처리하여 병균의 침입을 예방하고 세근의 발근을 촉진시킴.
③ 굴취시와 운반도중 시들음을 방지하기 위해 증산억제제를 살포
④ 새끼 감기가 끝나면 고무바로 묶어준 후 다시 철선으로 감아 분을 완전히 고정시킨 후 밑 부분으로 비스듬히 파 들어가 주근을 끊고 나무를 눕힌 다음 다시 새끼를 아래 위로 감아줌.
⑤ 보통 재료는 새끼나 가마니가 이용되나 현재는 손쉽게 구할 수 있는 녹화마대가 많이 이용

⑥ 이식할 수목의 크기가 아주 큰 나무이거나, 토양이 사질토로 쉽게 부서질 우려가 있는 경우에는 각목 또는 판자를 이용하여 분을 만드는 방법을 활용, 수목의 주위를 정사각형으로 파고 판자 4개를 사면에 부착시킨 다음 바닥을 판 후 판자를 넣어 상자를 완성시킴.

⑦ 특히 소나무, 주목, 구상나무 등 상록침엽수를 가을철에 이식할 때에는 반드시 유기질 부숙 퇴비를 사용하여야 봄철에 한건풍의 피해를 줄일 수 있음.

4) 수간보호

피소(皮燒)예방과 보습효과를 얻도록 녹화마대와 새끼로 수간보호를 하고 수목을 이식할 때 분의 파손방지와 중장비를 이용하여 분을 운반할 경우 수목과 뿌리 분의 이완을 방지하기 위하여 다다미(0.9×1.8m)와 철선을 이용하여 겹분을 짬.

5) 전지와 전정

① 축소된 지하부와 균형을 유지하기 위하여 전지, 전정을 실시함. (단, 수목의 고유수형을 유지하는 범위 내)

② 전지 및 전정의 순서는 상향지, 하향지, 교차지, 내향지, 도장지를 우선 제거하고 전체의 균형을 고려함.

③ 굵은 가지를 제거할 때에는 갈라지지 않도록 하고, 미관을 고려하여 주간에 붙여 바싹 잘라야 하며, 병충해의 침입방지 및 방부조치를 함.

④ 이식목의 경우는 이식 후의 수세 회복을 위해 전지를 실시함.

7 가로수 조성 · 관리 기준

1. 용어의 정의

1) 바꿔심기

경관을 해치거나 도로교통안전에 장애를 주는 경우, 보행자나 지역주민의 안전에 문제가 있는 경우 또는 병충해 등의 피해가 발생한 경우 일정구간의 가로수 전체를 제거하고 동일한 장소에 적정한 가로수를 다시 심는 것

2) 메워심기

동일한 간격으로 심겨진 가로수가 빠져 있는 곳이나 고사한 가로수를 제거하고 가로수를 식재하는 것

3) 가로수 지주대

가로수의 기상적 · 인위적 피해로부터 보호하기 위하여 설치하는 버팀 시설물

■ 가로수 조성 · 관리의 기본방향
① 국민의 생활환경으로서 녹지공간을 확대한다.
② 보행자와 운전에게 쾌적하고 안전한 이동공간을 제공한다.
③ 국토 녹색네트워크의 연결축으로서 그 기능이 충분히 발휘되도록 하여야 한다.

4) 가로수 보호틀

가로수의 생육영역 확보와 보행자 등으로부터 피해를 예방하기 위하여 가로수 하단부의 지표면에 보도 포장과 구분하여 설치하는 시설물

5) 가로수 보호덮개

보호틀 안의 흙의 굳음을 방지하여 수분흡수, 공기순환 등을 원활하게 하기 위한 인공설치물, 나무파쇄물 또는 자갈 등의 시설물

6) 가로수 보호대

정류장 · 횡단보도 주변 등과 각종 건설공사로 가로수의 훼손이 예상되는 곳에 피해를 방지하기 위하여 가로수 둘레에 설치한 시설물

2. 식재 가로수의 크기와 식재지역

1) 식재 가로수의 크기

식재할 가로수의 수고와 지하고는 운전자와 보행자의 통행에 지장이 없는 범위에서 지방자치단체의 장이 따로 정한다.

2) 식재 지역

① 외곽 산림 또는 하천으로부터 도시지역의 녹지 또는 하천까지 연결할 수 있는 지역

② 도시지역의 단절된 녹지 간 또는 하천 간을 연결할 수 있는 지역

③ 도시지역 중 보행이동인구와 교통량이 많고 녹지가 부족한 시가지 지역

3. 식재 제한지역

1) 식재 제한지역

① 도로의 길어깨

② 수려한 자연경관을 차단하는 구간

③ 도로표시가 가려지는 지역

④ 신호등 등과 같은 도로안전시설의 시계를 차단하는 지역

⑤ 교차로의 교통섬 내부. 다만, 운전자의 시계를 확보할 수 있도록 수관폭 · 수고 · 지하고를 유지할 경우에는 식재할 수 있다.

■ 바꿔심기 및 메워심기 대상 가로수
① 고사 가로수
② 수피 및 수형이 극히 불량한 가로수
③ 수간이 부러졌거나 부패하여 부러질 위험이 있는 가로수
④ 구간 배열이 극히 불규칙한 가로수
⑤ 병충해에 감염되어 생육 가망이 없는 가로수
⑥ 도로의 구조 또는 교통에 장애를 주는 가로수
⑦ 미관을 해치거나 공해를 유발하는 가로수
⑧ 재해와 재난으로부터 피해를 본 가로수

2) 농작물 피해 우려 지역

① 교목성 가로수를 식재하려는 지역의 상층에 전송·통신시설이 있어 가로수의 정상적인 생육에 지장이 있는 경우 지방자치단체의 장은 해당 시설물의 관리기관과 협의하여 지하에 배설하거나 이설 또는 보완시설을 설치한 후에 식재하여야 한다.

② 지방자치단체의 장이 식재 제한지역에 가로수를 식재하고자 할 경우 이해 당사자와 협의하여 식재할 수 있다.

4. 관리 및 점검·시행

1) 가지치기

① 가로수는 자연형으로 육성하여야 한다.

② 수형에 변화를 주지 아니하는 범위 안에서 가로수의 건강한 생육, 아름다운 수형, 도로표지 및 신호등 등과 같은 도로안전시설에 대한 시계확보, 통행공간의 확보, 전송·통신시설물의 안전 그 밖에 지방자치단체의 장이 인정하는 경우에는 가지치기를 할 수 있다.

③ 가지치기는 산림경영기술자 등 관련 전문가가 작업하도록 하여야 한다.

2) 병해충 방제

지방자치단체의 장은 병해충의 발생 및 확산을 방지하기 위하여 가로수에 대한 병해충 방제를 실시하여야 한다.

3) 외과수술 등

병해충, 분지, 매연, 화학약품, 물리적 압력 등에 의해 피해를 받았거나 수세가 쇠약하여 피해를 받을 우려가 있는 가로수 중에서 특별히 보호해야 할 노거수, 보호수 등의 가로수는 외과수술, 영양공급, 환토·객토, 통기·관수시설의 설치 등의 조치를 할 수 있다.

4) 지형과 토양 보전

가로수 식재지역의 지형과 토양을 보전하기 위하여 필요한 경우 생육환경개선, 환토 등의 조치를 할 수 있다.

5) 가로수 관리시설물

지주대, 보호틀, 보호덮개, 보호대, 통기·관수시설 등 가로수 관리시설물은 가로수의 생육 및 보행자 등의 통행에 지장이 없도록 설치·관리하여야 한다.

6) 점검

① 지방자치단체의 장은 노선별·수종별로 가로수 점검을 실시하여야 한다.

② 지방자치단체의 장은 가로수 점검시 갱신을 요하는 가로수, 병충해의 감염 여부, 고사목 메워심기 또는 신규 식재량 및 생육상태, 식재지 토양상태 등을 확인하여야 한다.

7) 식재와 관리의 시행

식재와 관리의 시행은 지방자치단체 관계 공무원의 감독하에 실시하여야 한다.

8) 관리 협의 및 재정

① 행정구역의 경계 지역에 있는 가로수의 관리는 관계지방자치단체의 장간 협의에 따라 그 관리의 방법을 따로 결정할 수 있다.

② 관계지방자치단체의 장 사이의 협의가 성립되지 아니할 때에는 관계지방자치단체가 기초자치단체인 경우에는 광역자치단체의 장에게, 광역자치단체인 경우에는 산림청장에게 각각 재정신청을 할 수 있다.

9) 보고 등

지방자치단체의 장은 가로수기본계획이 수립되는 산림청장에게 제출하고 가로수 조성실적을 해당연도 12월 말까지 산림청장에게 보고하여야 한다.

■■■ 5. 묘목식재

1. 잣나무의 굴취시기로 가장 알맞은 때는?

① 늦가을 서리가 내릴 때   ② 초겨울 살얼음이 얼 때

③ 이른 봄 해빙이 될 때   ④ 식재 전 어느 때나

2. 묘목의 굴취와 선묘에 대한 설명 중 틀린 것은?

① 굴취 시 뿌리에 상처를 주지 않도록 주의한다.

② 굴취 시 포지에 어느 정도 습기가 있을 때 작업한다.

③ 굴취는 잎의 이슬이 마르지 않은 새벽에 실시한다.

④ 굴취는 묘목의 건조를 막기 위해 선묘 시까지 일시 가식한다.

3. 묘목을 포장할 때 건조방지를 위하여 물수세미를 사용할 때는 짚인 경우 곤포당 명 kg 이상을 최소한 넣어야 하는가?

① 1kg   ② 2kg

③ 3kg   ④ 4kg

4. 묘목을 식재지까지 운반하기 위하여 알맞은 크기로 포장을 한다. 이것을 곤포(parcking)라고 하는데 낙엽송 2년생 묘목을 포장할 때 속당 본수와 곤포당 속수로 가장 적당한 것은?

① 속당 본수 10본, 곤포당 속수 25속

② 속당 본수 20본, 곤포당 속수 25속

③ 속당 본수 20본, 곤포당 속수 50속

④ 속당 본수 50본, 곤포당 속수 50속

해　설

해설 1

굴취는 나무를 옮겨심기 위하여 땅으로 부터 파내는 것으로 대부분의 묘목은 봄에 굴취한다.

해설 2

묘목의 굴취는 바람이 없고 흐리며 서늘한 날 실시하며, 비바람이 심하거나 아침이슬이 있는 날은 작업을 피하는 것이 좋다.

해설 3

묘목을 포장할 때 건조방지제로서 물수세미를 사용하고자 할 때에는 곤포당 4kg 이상의 짚을 1개월 이상 물에 담근 후에 사용한다.

해설 4

낙엽송 2년생 묘목은 곤포당 본수 500, 속수 25본, 속당본수 20본이다.

CHAPTER 05
묘목식재

정답 1. ③ 2. ③ 3. ④ 4. ②

5. 묘목 포장을 할 때 잣나무 2-2의 곤포당 본수는?

① 2,000본 　　　　　　　② 1,500본
③ 1,000본 　　　　　　　④ 500본

6. 다음 중 노지묘 형태의 곤포당 수종의 본수가 가장 적은 것은?

① 삼나무(묘령2년) 　　　　② 편백(묘령2년)
③ 물푸레나무(묘령1년) 　　④ 전나무(묘령5년)

7. 다음 중에서 속당 본수(묶음별 그루수)가 10본인 것은?

① 잣나무 　　　　　　　　② 오리나무류
③ 자작나무 　　　　　　　④ 포플러류

8. 묘목을 묶어 가식할 때 일반적인 속당 본수의 단위는?

① 10 　　　　　　　　　　② 20
③ 75 　　　　　　　　　　④ 100

9. 묘목을 먼 곳으로 운반할 때 가장 먼저 주의할 사항은?

① 무게에 의하여 억눌려 뜨지 않도록 해야 한다.
② 손상이 오지 않도록 한다.
③ 묘목이 건조하지 않도록 한다.
④ 포장을 크게 해야 한다.

해　　설

해설 5

• 곤포당 본수＝곤포당속수×속당본수
• 잣나무 4년생 묘목은 곤포당 본수 500본, 속수 25본, 속당본수 20본이다.

해설 6

①, ② 500본 ③ 1000본 ④ 400본

해설 7

속당 본수가 10본인 것은 밤나무·포플러·현사시나무·황철나무 등이며, 잣나무·자작나무·오리나무는 20본이다.

해설 8

속당 본수는 대부분 20본이다.

해설 9

묘목은 포장한 당일 조림지에 운반되도록 하며 운반 중에는 햇빛이나 바람에 노출되어 건조하지 않도록 한다.

정답 5. ④　6. ④　7. ④　8. ②
9. ③

10. 묘목을 일시 가식할 때의 사항으로 옳지 않은 것은?

① 굴취한 묘목을 땅에 잠시 뿌리를 묻어두는 것이다.
② 가식은 운반도중 약해진 묘목을 회복시키기 위해서 한다.
③ 가식기간이 길지 않을 때는 다발채로 흙에 묻는다.
④ 가식장소는 응달인 모래땅이 좋다.

11. 가식(假植)을 설명한 것으로 옳지 않은 것은?

① 가식장소는 배수가 잘 되는 곳을 택한다.
② 묘목의 끝을 봄에는 북쪽으로, 가을에는 남쪽으로 향하도록 묻는다.
③ 상록수는 묘목 전체를 묻는다.
④ 오랫동안 가식할 때는 다발을 풀고 낱개로 펴서 묻는다.

12. 묘목을 가식할 때의 설명으로 틀린 것은?

① 가식이란 묘목을 심기 전 일시적으로 땅에 뿌리를 묻어 건조하지 않도록 해주는 작업이다.
② 1~2개월 장기간 가식을 할 경우에는 관수가 필요하다.
③ 추위나 바람의 피해가 우려되는 곳은 묘목의 정단 부분을 바람과 반대방향이 되도록 누여서 묻어준다.
④ 될 수 있는 대로 햇볕이 강한 나지(裸地)에 묻어준다.

13. 우리나라에 장기 용재수의 밀도는 1ha당 몇 그루인가?

① 1,000그루
② 2,000그루
③ 3,000그루
④ 4,000그루

14. 인공 조림지에서 해송이나 잣나무 등의 1ha당 식재 본수는 얼마 정도가 실시되는가?

① 1,000본
② 2,000본
③ 3,000본
④ 4,000본

해설 **10**
가식장소는 사토보다는 남향의 사양토나 식양토에 가식한다.

해설 **11**
지제부가 10cm 이상 묻히도록 깊게 가식한다.

해설 **12**
가식장소는 서늘하고 습도가 알맞으며 배수가 용이한 곳이 적당하다.

해설 **13**
일반적으로 장기 용재수의 밀도는 1ha당 3,000본 정도이나 연료림 등 단벌기 작업을 목적으로 조림 할 때는 10,000~ 20,000본 정도로 밀식하기도 한다.

해설 **14**
소나무, 잣나무, 전나무, 낙엽송, 삼나무, 편백, 해송 등은 3,000본을 기준으로 한다.

정답 10. ④ 11. ③ 12. ④ 13. ③
14. ③

CHAPTER 05 묘목식재

15. 나무를 심을 때 가장 많이 쓰이는 방법은?

① 정사각형 식재　　　　　② 정삼각형 식재
③ 직사각형 식재　　　　　④ 등고선 식재

16. ha당 3000본 식재를 하고자 할 경우 가장 알맞은 식재거리는?

① 1.5m × 1.8m　　　　　② 1.8m × 1.8m
③ 1.8m × 2.0m　　　　　④ 2.0m × 2.0m

17. 400만m²의 정방형 임지에 2m × 2.5m의 간격으로 식재하려한다. 몇 본의 묘목이 필요한가?

① 500,000 본　　　　　② 600,000 본
③ 700,000 본　　　　　④ 800,000 본

18. 밤나무 접목묘를 1ha에 816본을 정방형 식재하고자 할 때 적당한 묘간거리는?

① 4m　　　　　② 4.5m
③ 3m　　　　　④ 3.5m

19. 5ha의 면적에 묘간 거리 1.5m 열간 거리 1.8m로 식재 조림하였을 때 총 조림 본 수는?

① 약 18,000본　　　　　② 약 18,250본
③ 약 18,520본　　　　　④ 약 18,750본

20. 밤나무를 5m × 5m로 1,800본을 정방형 식재를 하려면 소요 면적은 몇 ha인가?

① 3.0　　　　　② 3.5
③ 4.0　　　　　④ 4.5

해　설

해설 15

정사각형 식재는 묘목 사이의 간격과 줄 사이의 간격이 동일한 일반적인 식재 방법이다.

해설 16

식재할 묘목의 수

$$= \frac{조림지 면적}{묘간거리 \times 열간거리}$$

1ha = 10,000m²
10,000m²/(1.8m×1.8m) = 3,086본

해설 17

식재할 묘목의 수

$$= \frac{조림지 면적}{묘간거리 \times 열간거리}$$

4,000,000m²/(2m×2.5m)
= 800,000본

해설 18

816본

$$= \frac{10,000m²}{묘간거리 \times 열간거리},$$

묘목사이의 거리 = 3.5m

해설 19

5ha = 50,000m²,
50000m²/(1.5m×1.8m)
= 약 18,520본

해설 20

조림지 면적 = 묘간거리 × 열간거리
　　　　　　　× 식재할 묘목의 수
5m×5m×1,800본 = 4.5ha

정답 15. ①　16. ②　17. ④　18. ④
　　　 19. ③　20. ④

21. 이태리포플러를 6ha에 조림하고자 할 때에 묘목 소요 본수에 가장 가까운 것은 다음 어느 것인가?

① 3,600본
② 4,800본
③ 6,000본
④ 2,400본

22. 묘간거리, 열간거리가 동일한 경우 정삼각형 식재는 정방형식재보다 얼마나 더 식재할 수 있는가?

① 3 %
② 15 %
③ 30 %
④ 40 %

23. 묘목의 식재순서를 바르게 나열한 것은?

① 지피물제거 → 구덩이 파기 → 묘목삽입 → 흙 채우기 → 다지기
② 구덩이 파기 → 흙 채우기 → 묘목삽입 → 다지기
③ 지피물 제거 → 구덩이 파기 → 흙 채우기 → 묘목삽입 → 다지기
④ 구덩이 파기 → 묘목삽입 → 다지기 → 흙 채우기

24. 다음 중 묘목 식재 방법의 설명으로 틀린 것은?

① 구덩이를 팔 때 유기질이 많은 흙을 별도로 모은다.
② 식재 지점의 땅 표면에서 나온 지피물(풀 또는 가지 등)은 구덩이 밑에 넣는다.
③ 묘목의 뿌리를 구덩이 속에 넣을 때 뿌리를 고루 펴서 굽어지는 일이 없도록 한다.
④ 흙이 70% 가량 채워지면 묘목의 끝쪽을 쥐고 약간 위로 올리면서 뿌리를 자연스럽게 편다.

25. 묘목 식재시 유의사항이 아닌 것은?

① 구덩이 속에 지피물, 낙엽 등이 유입되지 않도록 한다.
② 뿌리나 수간 등이 굽지 않도록 한다.
③ 비탈진 곳에서의 표토 부위는 경사지게 한다.
④ 너무 깊거나 얕게 식재 되지 않도록 한다.

해   설

[해설] 21
이태리포플러는 보통 1ha당 400본을 식재되므로, 6ha에 조림할 때는 2,400 본의 묘목이 필요하다.

[해설] 22
정삼각형식재는 정삼각형의 꼭지점에 심는 것으로 묘목 사이의 간격이 같으며, 정방형식재에 비해 묘목 1본이 차지하는 면적은 86.6%로 약간 감소하고, 식재할 묘목본수는 15.5% 증가한다.

[해설] 23
구덩이를 팔 때는 구덩이의 크기보다 넓게 지피물을 제거하고 규격에 맞추어 충분히 파는 것이 좋다.

[해설] 24
식재구덩이를 팔 때 나온 지피물은 구덩이 속에 유입되지 않게 한다.

[해설] 25
비탈진 곳에 심을 때는 덮은 흙이 비탈지게 하지 않고 수평이 되게 한다.

정답 21. ④ 22. ② 23. ① 24. ②
25. ③

06 숲가꾸기

핵심 PLUS

■ 숲가꾸기의 정의
① 숲가꾸기, 무육(撫育)은 어린 조림목이 자라서 갱신기(벌기)에 이르는 사이 주임목의 자람을 돕고 임지의 생산능력을 높이기 위하여 실시되는 육림수단
② 보육은 갱신된 임분에 대하여 임상의 정리, 성장촉진, 개체목의 형질 향상 등 산림의 양적 및 질적 생산을 고도의 수준으로 높이고자 하는 조림방법

■ 무육작업(보육작업) 순서와 시기
① 순서 : 풀베기 → 덩굴제거 → 제벌 → 가지치기 → 간벌
② 시기

무육 작업명	작업하는 시기(계절)
풀베기 (하예작업, 밑깎기)	1회 5~7월 2회 8월
덩굴치기 (덩굴제거)	5월~6월(7월경)
제벌 (잡목 솎아내기)	6월~8월
가지치기	늦가을~이른봄
간벌	겨울~봄 (봄이 적당함)

■ 무육작업, 벌채종의 구별

무육작업	덩굴치기, 밑깎기, 제벌, 가지치기, 간벌
벌채종	개벌, 산벌, 택벌

• 숲가꾸기의 기능과 과정·내용에 대해 이해해야 한다.
• 풀베기의 형식과 시기에 대해 암기하고, 제초제 사용시 각 제초제의 처리방법과 적용식물에 대해 알고 있어야 한다.
• 제벌(어린나무가꾸기)의 목적과 실행시기 방법에 대해 이해하고 암기해야 한다.
• 가지치기의 장단점과 작업적기, 생가지치기 대상에 대해 알아야 한다.

1 일반사항

1. 기능

1) 위해방지(危害防止) 기능
예방적 수단으로 기후적, 생물적, 환경적인 모든 위해 가능성이 포함되고 모든 위해를 방지하는 것은 무육 경비를 절감시킴.

2) 선목(選木) 기능
산림의 인위적 도태인 육림적인 선목은 자연도태를 보충해 줌.
① 산림수확과 임목형질 구성에 큰 영향을 줌.
② 소극적(간접적)도태와 적극적(직접적)도태로 구분하여 단계적을 실시함.

3) 보육 기능 ☆
① 선목 기능과 연계된 실질적 무육기능
② 선목작업 후 우량목을 보호하고 불량목을 제거함.
③ 혼효조절, 임층구조 등 효과적인 환경을 조성해 주는 수단임.

2. 숲가꾸기(무육)의 내용

① 임목무육과 임지무육 ☆☆

유령림의 무육	풀베기, 덩굴치기, 제벌(잡목 솎아내기)
성숙림의 무육	가지치기, 솎아베기(간벌)
임지의 무육	지피물 보존, 임지시비, 하목시비, 수평구설치 등

② 산림에서 이루어지는 모든 선택적·도태적·무육적 조림조치로 임분전체의 생육과정을 조절하여 경영목표에 도달될 수 있도록 추구하는 것을 말함.

임분무육	치수무육, 유령림무육, 장령림무육, 성숙림무육
입지적 무육	자연적입지, 경제적 입지, 정책적 입지, 기술적 입지, 법적 입지, 개인적 입지
자연친화적 무육	• 생태적무육 : 수종선택, 수종 혼효, 자연에 맞는 갱신 형태 등이 강조되는 생태적 원리에 입각한 무육, 자연친화적 산림사업을 중요시하며 최대 목재 생산의 무육목표는 가능한 한 기피함. • 환경적무육 : 환경이 생물, 인간, 토양 등을 보호할 수 있는 무육, 인간적인 환경은 생물-생태적 문화-사회적 환경이 포함됨. • 지속적-다기능적 무육 : 산림의 고유 기능에 대한 최소한의 지속성이 보장되는 무육, 지속성이란 각 임목과 산림의 모든 기능에 대한 활력과 안정성을 보속성을 전체 조건으로 함.

2 풀베기

1. 정의, 목적, 대상지

1) 풀베기(하예)의 정의

조림목의 자람에 지장을 주는 잡초 또는 쓸모없는 관목을 제거하는 것으로 조림지의 임목이 일정한 크기(높이)에 이를 때까지 일정기간 동안 잡초목을 매년 1~2회 잘라주는 작업을 말함.

2) 풀베기의 목적

① 수분과 양료의 쟁탈의 경쟁을 완화하여 조림목을 이롭게 함.
② 잡초목이 무성해서 조림목에 피압을 주어 광합성에 지장을 주는 것을 막음.
③ 임분의 성패를 결정하는 가장 기본적이며 필수적인 작업으로 임목에 대한 직접적인 보육작업의 양적 또는 질적인 영향을 미치는 중요한 전작업(前作業)임.

3) 풀베기 대상지

① 어린나무를 식재한 곳, 식재목의 크기가 작은 곳, 주위의 식생에 의하여 피압되기 쉬운 곳
② 초목이 무성하여 초장이 큰 곳, 식재수종이 피음에 약한 수종으로 식재된 것
③ 연 2회 풀베기를 실시할 예정인 곳은 1차 풀베기를 다소 이르게 시작하면 작업효과를 높일 수 있음.

핵심 PLUS

CHAPTER 06 숲가꾸기

핵심 PLUS

■ 풀베기의 형식(요약)

모두베기	• 전면깎기, 전예 • 조림목만 남겨놓고 주변 잡초목을 모두 깎아 버리는 방법 • 양수 적용
줄베기	• 줄깎기, 조예 • 조림목이 심어진 줄에 따라 잡초목을 제거하고, 줄 사이의 것은 남겨 두는 방법 • 어릴 때 많은 광선을 요구하지 않는 수목 적용
둘레베기	• 둘레깎기, 평예 • 조림목의 주변에 나는 잡초목만을 깎아 버림, 원형내의 것 제거 • 강한 음수나 바람과 동해에 대하여 보호가 필요한 수종에 적용

2. 풀베기의 형식 ☆

1) 모두베기(전면깎기, 전예)

① 조림목은 남겨 놓고 그 밖의 모든 잡초목을 제거하는 방법

② 임지가 비옥하거나 식재목이 광선을 많이 요구하는 수종(양수)에 적합

③ 낙엽송, 소나무, 편백, 잣나무 등

④ 식재목과 토양에 나쁜 영향을 줌(토양침식 등).

2) 줄베기(줄깎기, 조예)

① 흔히 적용되는 풀베기 방식으로 조림목이 심어진 줄을 따라 잡초목을 제거하는 방법

② 조림목의 식재열에 따라 약 90~100cm 폭으로 잘라내므로 모두베기 비해 경비와 노력이 절약됨.(30%~40% 더 작업이 가능함)

③ 묘목을 한풍해로부터 보호할 수 있고, 풀베기 비용도 절감할 수 있음.

④ 등고선방향으로 베는 수평조예와 경사에 따른 경사조예가 있는데 경사조예가 일반적임.

⑤ 어릴 때 광선이 많이 요구하지는 않는 수종에 적합

3) 둘레베기(둘레깎기, 평예)

① 조림목의 주변에 나는 잡초목만을 깎아 버리는 방법

② 강한 음수나 바람·동해에 대하여 보호가 필요한 조림목을 중심으로 약 50cm 의 지름을 가지는 원형 내의 것만을 제거

③ 군상식재지에 적용시 풀베기 면적을 50~60% 감소시킬 수 있는 효과적인 방법임.

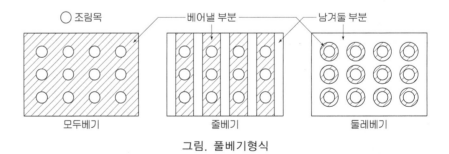

그림. 풀베기형식

3. 풀베기의 시기 및 횟수

1) 시기

① 일반적으로 1회 실행지는 5월~7월에 실시, 2회 실행지는 8월에 추가로 실시, 9월 초순 이후의 풀베기는 피함, 조림수종에 따라 생장주기가 다르므로 각 수종에 따라 풀베기 시기를 선택해야 함.

② 풀베기는 묘목을 심은 뒤 3~4년간 계속해서 해마다 실시하고, 가문비나무, 전나무, 잣나무 등 어릴 때 자람이 늦은 수종은 5~6년까지 실시, 조림목이 지상식생층보다 80cm 정도 더 높게 자라는 것을 목표로 함.

③ 지역별 권장 시기는 온대남부 5월 중순~9월 초순, 온대중부 5월 하순~8월 하순, 고산 및 온대북부 6월 초순~8월 중순임.

④ 따뜻하고 습기가 있는 곳 또는 지력이 높은 곳, 양수조림지, 비료를 준 조림지에 있어서는 처음 1~2년간은 한 해에 두 번 정도 실시

⑤ 9월 이후부터는 대개 수종의 성장이 끝나므로 풀베기는 실시하지 않음.

2) 횟수

① 조림목이 주위에 다른 식생과의 경쟁에서 벗어날 때까지 실시하며, 조림목의 수고생장량에 의하여 결정하는 것이 가장 바람직함.

② 수종과 입지에 따라 다르나 일반적으로 생장이 빠른 속성수는 식재 후 3년간, 어릴 때는 생장이 느린 장기수는 5년간 실시함.

③ 조림목의 수고가 풀베기 대상물 수고에 비해 약 1.5배 또는 60~80cm 정도 더 클 때까지 실시하는 것이 적합함.

④ 잣나무, 소나무류는 5~8회, 참나무류(상수리나무)는 5회 기준으로 하되 수목과 풀베기 대상물의 생장 상황에 따라 가감할 수 있음.

⑤ 잡초목이 무성할 때 연 2회 실시, 양수는 주위 식생에 의한 피압을 받기 쉬우므로 다른 수종보다 우선해서 실시함.

⑥ 비료를 준 조림지에서는 최소 식재당년과 이듬해에는 연 2회 풀베기를 실시함.

4. 풀베기의 실행

① 낫을 사용하는 수작업, 동력을 이용하는 기계작업(하예기, 예불기)과 제초제에 의한 방법

② 제초제의 작용기구

㉮ 화학작용에 의한 세포원형질의 파괴

㉯ 물리적 작용에 의한 세포원형질의 분리

㉰ 토양반응의 변경과 효소작용의 교란

③ 제초제 종류

㉮ 헥사지논(Hexasinone) : 선택성 제초제로서 입제가 시판, 침엽수 중 소나무·해송·리기다소나무·전나무 조림지와 식재 2년차 이상 조림지에 실시함, 낙엽송·잣나무·편백·화백에는 약해가 있음, 초봄이나 늦가을 토양수분이 많을 때 살포함, 살포량은 ha 당 50kg을 초과하지 않도록 함.

㉯ 글라신액제 : 비선택성 경엽살포제, 헥사지논입제에 대해 내약성을 갖지 않는 수종 조림지에 적용, 약제살포시 조림목에 닿지 않도록 보호조치하면 모든 수종의 조림지에 적용할 수 있음, 잡관목이 번무한 시기인 7~8월에 실시, 10월 중순 이후 단풍이 들면 잡초목에 대한 처리효과 없으므로 중부지방에서 초목류가 단풍이 들기전에 10월초순까지만 작업이 가능, 희석농도를 100배로 하여 ha당 6~8L 정도를 살포하되 흙탕물이거나 너무 차가운 물을 사용하면 약효가 떨어지므로 깨끗한 상온의 물을 사용함.

㉰ 염소산염제 : 조릿대, 새 등을 제거를 위한 비호르몬형, 비선택성의 접촉형 제초제로서 토양표면처리 또는 경엽에 살포, 발화의 위험이 있으므로 화기에 주의함.

㉱ 피클로람(Picloram) K : K-pin이라고 하며, 칡 등 덩굴식물의 주두에 처리하는 호르몬형 제초제로서 흡수 이행성이 큼, 칡은 주두에 송곳으로 구멍을 뚫고 K-pin 나무침의 침지부위(흰 부분)가 보이지 않도록 1~3본을 삽입

㉲ 시마진(Simazine;CAT) : 선택성의 흡수이행형 제초제로서 주로 뿌리로부터 흡수되어 도관을 통해 지상부의 어린 조직에 이행하여 광합성을 저해함으로써 살초작용을 나타냄, 경엽에 대한 작용력은 거의 없고 광엽잡초에 대한 효과가 큼.

㉳ 파라콰트(Paraquat, Paraco) : 상품명으로 그라목손(Gramoxone)이라고 하며, 비선택성이고 비호르몬형의 접촉성 제초제, 경엽에 처리하면 빨리 흡수되어 24~48시간 내에 강력한 살초력을 나타냄, 비선택성이나 화본과식물에 대한 작용이 광엽식물에 대한 작용보다 다소 큰 편임.

㉴ TFP-Na : 비호르몬형의 이행성 제초제로서 뿌리와 경엽부터 흡수되어 식물체로 이행, 조릿대 등 화본과식물에 효과, 조릿대 등을 쳐내고 살포하여 그 뒤의 재생을 막는 것이 좋은 사용법임.

㉵ MCP제 : 목본식물 및 칡, 그리고 잎이 넓은 잡초를 처리하는데 쓰이는 제초제로서 2, 4-D와 비슷한 호르몬형이고 흡수이행성이 크며, 경엽에 살포함.

3 덩굴제거

1. 덩굴식물에 의한 해

① 수관이 빈약해지고 줄기가 굽고 갈라지며 감고 올라간 덩굴 줄기의 자국이 줄기에 남아서 재질에 큰 결점을 줌.

② 덩굴이 줄기를 압박하면 양료의 하강이 불가능해져서 줄기에 팽대부가 생겨 기형을 발생시킴(풍해, 설해의 조장 및 병해충의 발생 거점)

2. 덩굴제거

1) 물리적 덩굴제거

① 작업 횟수는 대상지 덩굴의 종류와 양을 고려하여 2~3회 실시, 인력으로 덩굴의 줄기를 제거하거나 뿌리를 굴취함.

② 우리나라에서 수목에 가장 큰 피해를 주는 칡은 어릴 때 캐내는 것이 가장 효과적이지만 쉽지 않으므로 칡채취기, 동력식 칡뿌리 절단기 등을 활용하여 뿌리를 채취하며, 친환경 비닐랩 밀봉처리 방법을 통해 칡을 고사시킴.

2) 화학적 덩굴제거

① 약제 횟수는 대상지 덩굴의 종류와 양을 고려하여 2~3회 실시함.

② 약제가 빗물이나 관개수 등에 흘러 조림목이나 다른 작물에 피해를 줄 수 있으므로 약액을 땅에 흘리지 않도록 함.

③ 약제 처리 후 24시간 이내에 강우가 예상될 경우 약제처리를 중지함.

④ 디캄바액제는 고온 시(30도 이상)에 증발에 의한 주변 식물에 약해를 일으킬 수 있으므로 작업을 중지함.

⑤ 사용한 처리도구는 잘 세척하여 보관하고 빈병은 반드시 회수하여 지정된 장소에 처리함.

⑥ 약제처리방법 ☆

할도법	칡의 생장이 왕성한 여름철에 덩굴줄기는 남겨둔 채로 근관부에 I자 X자로 깊이 4~5cm의 상처를 내어 그 안에 그 안에 약액을 붓고 그 위에 흙이나 낙엽을 덮음.
얹어두기	상처를 내지 않고 근주위의 단면에 약을 발라주는 것으로 일은 간단하나 효과는 할도법에 비하여 떨어짐, 칡의 발생량이 많을 때 사용하는 방법임.
살포법	약제를 잎과 줄기에 살포하는 방법으로 잎에 물기가 있을 때 처리해야 효과적이며 살포 후에 비가 오면 좋지 않음.
흡수법	칡의 몸 안에 약제를 흡수시키는 것으로 근주의 수가 적을 때 쓰며 염소산나트륨이 주로 사용됨.

핵심 PLUS

■ 덩굴식물
① 덩굴제거란 조림목을 감고 올라가서 피해를 주는 각종 덩굴식물을 제거하는 일을 말함.
② 덩굴식물은 칡(가장 큰 피해), 으름, 다래, 등나무, 담쟁이, 청미래덩굴, 마삭줄, 으아리류, 인동덩굴 등으로 일반적으로 양수이며, 첫해는 세력이 빈약하나 3년이 지나면 완성해지고 덩굴을 잘라도 쉽게 제거되지 않음.

■ 약제처리방법(요약)
① 할도법 : 뿌리부분에 상처를 만들어 쪼개고 약제를 붓는 방법
② 얹어두는법 : 상처를 내지 않고 뿌리 주변의 단면에 약제를 발라주는 방법
③ 살포법 : 약제를 잎과 줄기에 살포(뿌리는) 방법
④ 흡수법 : 칡의 몸 안에 약을 흡수시키는 방법

⑦ 글라신액제처리

㉮ 일반적인 덩굴류에 적용, 작업 시기는 덩굴류 생장기에 5~9월에 실시

㉯ 약제주입기나 면봉을 이용하여 주두부의 살아있는 조직 내부로 약액을 주입

㉰ 1회의 주입약량은 원액 0.3~1.0mL 정도를 1~2회 주사함.

㉱ 면봉사용시 약제원액에 15분 이상 침지시켜 제거 대상 덩굴에 송곳으로 1본당 2개 정도 구멍을 뚫고 각각 1개씩 꽂음.

⑧ 디캄바액제(반벨)처리

㉮ 칡, 아까시나무, 콩 등 콩과 식물을 비롯한 광엽 잡초에 적용

㉯ 작업시기는 초본류 발생과 낙엽수의 잎이 피기 전인 2~3월 중이나 낙엽이 진 후인 10~11월에 실시함.

㉰ 대상임지는 조림목의 뿌리가 넓게 뻗지 않은 조림 후 1~3년 경과된 임지에 실시하며 조림목이 큰 임지에서는 약액이 지면에 떨어지거나 흐르지 않도록 함.

㉱ 약제는 원액 그대로 사용하며 지름이 2cm 일 경우 0.2mL, 5cm 일 경우 0.5mL를 주입하고 주두부에서 나온 줄기가 1개 이상일 때 가장 굵은 줄기 한 곳에만 처리함.

4 제벌(除伐, 어린나무 가꾸기)

1. 제벌의 주요임무

① 유해수종의 제거, 임관 상층에 돌출된 초우세목의 관리

② 급경사 임연부 보호 및 임연목 관리

③ 수종 혼효 조절 및 수형 교정, 유해목 제거 및 밀생지 공간 조절

2. 제벌의 실행

① 제벌의 시작 임령은 풀베기 방법, 나무의 성장 상태, 침엽식물의 종류, 자람의 상태에 따라 다르나, 일반적으로 수관간의 경쟁이 시작되고 조림목의 생육이 저해된다고 판단될 때 실시

② 첫 번째 제벌이 실시되는 임령 ☆☆☆

㉮ 소나무, 낙엽송 : 식재 후 7~8년

㉯ 삼나무, 편백 : 식재 후 10년

㉰ 전나무, 가문비나무 : 13~15년

③ 제벌은 조림 후 5~10년이 되고 풀베기 작업이 끝난지 2~3년이 지나 조림목의 수관 경쟁과 생육저해가 시작되는 곳으로 조림지 구역 내 군상(群狀)으로 발생한 우량 천연림도 보육대상지에 포함됨.

④ 작업은 6~9월 사이에 실시하는 것을 원칙으로 하되 늦어도 11월말까지 완료함.

■ 제벌의 정의와 목적

① 제벌은 어린나무 가꾸기로, 조림목이 임관을 형성한 뒤부터 간벌할 시기에 이르는 사이에 침입 수종을 제거하고, 아울러 조림목 중 자람과 형질이 매우 나쁜 것을 끊어 없애는 것을 말함.

② 목적

• 목표로 하는 수종을 원하는 수종으로부터 보호하고 임목상호 간의 적정 생육환경을 조기에 확립함.

• 경영목표상 임분구성목으로 부적당한 개체를 선별 및 제거하여 목표임분의 기초를 확립

• 각 임목들이 목표임분으로 입지를 빨리 지배할 수 있도록 양호한 조건을 제공함, 조림목 하나하나의 성장 증가에 중점을 두는 것이 아님

■ 제벌시기

① 나무의 고사상태를 알고 맹아력을 감소시키기 위해서 여름철에 실행하는 것이 좋음.

② 적어도 초가을까지는 작업을 끝내도록 하며, 겨울철에 실행하면 조림목이 한해 · 풍해 등의 피해를 받기 쉬움.

③ 일반적으로 수관간의 경쟁이 시작되고 조림목의 생육이 저해된다고 판단할 때 실시함.

⑤ 잡목, 형질불량목 등이 조림목의 생장을 방해하여 시작하는 연도에 1회 실시하고 피해가 계속 발생할 경우 반복하여 실행

3. 작업의 방법

① 제거 대상목은 보육 대상목의 생장에 지장을 주는 유해수종, 덩굴류, 피해목, 생장 또는 형질이 불량한 나무, 폭목(暴木)으로 함.
② 조림목의 생장이 불량한 경우 천연적으로 발생한 우량목을 보육대상목으로 선정하여 보육함.
③ 보육 대상목의 생장에 지장을 주는 나무의 제거부위는 가급적 지표에 가깝게 제거함.
④ 보육 대상목의 생장에 피해를 주지 않는 유용한 하층식생은 작업에 지장을 주지 않을 경우 제거하지 않음.
⑤ 대상지 내 조림목이 없을 경우 천연적으로 발생한 형질우량목을 목적수종으로 보육함.
⑥ 조림 당시 잔존시킨 기존의 상층목이 인접목 수관에 지장을 줄 때는 가지치기를 실시함.
⑦ 폭목의 제거는 벌채시 인접목에 대한 피해가 발생하지 않도록 고려하여 제거하되, 야생동·식물의 서식처나 먹이, 경관유지, 밀도조절 등을 감안하여 제거하지 않을 수도 있음.
⑧ 보육 대상의 수종 중 수관형태가 불량한 나무는 가지치기, 쌍간지 중 한 가지 제거 등 수형을 교정하되 보육 대상목인 어린나무의 가치치기는 전정가위로 함.
⑨ 가지치기는 침엽수일 경우 형질 우세목 중심으로 실시함.

5 가지치기

1. 장단점 ☆☆

장점	단점
• 연륜폭을 조절해서 수간의 완만도를 높임. • 직경 생장을 촉진 • 하목의 수광량을 증가시켜 생장을 촉진시킴. • 임목간의 부분적 경쟁을 완화시킴. • 산불이 있을 때 수관화를 경감시킴. • 마디 없는(無節) 간재(幹材)를 얻을 수 있음.	• 나무의 성장이 줄어들 수 있음. • 부정아가 줄기에 나타나 해를 주는 경우가 있음. • 노력과 비용이 소모됨.

CHAPTER 06 숲가꾸기

■ 가지치기 계절
① 성장휴지기로서 수액이동 시작의 직전이 좋음.
② 가지치기를 성장기에 하면 수액유동으로 껍질이 잘 벗겨지므로 피해가 우려되고, 유합에 좋지 않음.

■ 생가지치기 대상 수종(요약)
① 위험성이 없는 수종
 • 소나무류, 낙엽송, 포플러류, 삼나무, 편백 등 침엽수
② 위험성이 조금 있는 수종
 • 자작나무류, 너도밤나무, 가문비나무류, 버드나무류, 사시나무류
 • 생가지치기로 상당한 부후의 위험성이 있어서 원칙적으로 고지치기만을 실시
 • 죽은 가지와 쇠약한 가지만 잘라줌.
③ 위험성이 가장 높은 수종
 • 단풍나무, 느릅나무류, 벚나무류, 물푸레나무 등 활엽수

■ 역지(으뜸가지)
① 가장 굵고 긴 가지
② 가장 많은 엽량을 가지고 있는 가지 수관의 최대폭을 이루는 가지
③ 활력이 가장 왕성한 가지

2. 작업적기

① 어린나무가꾸기, 솎아베기 시 가지치기를 함께 할 수 있으나 가지치기를 별도의 작업으로 실행할 수 있음.
② 죽은 가지의 제거는 작업시기에 큰 상관이 없으나 절단부위 융합을 빠르게 하기 위하여 수관의 비대생장이 시작되는 5월 이전에 하는 것이 좋음.
③ 생장기에는 작업 시에 수피가 벗겨지는 등 피해가 우려되므로 생장휴기지인 11월 이후부터 이듬해 3월까지가 가지치기의 적기임.
④ 일반적으로 으뜸가지(力枝, 역지) 이하의 가지는 자르는 것으로 하고 역지의 구별이 어려울 때에는 수관의 아랫 부분이 서로 맞닿아 울폐한 부분 이하의 가지를 자름.

3. 적용 대상 수종 ☆☆

1) 침엽수

① 소나무, 잣나무, 낙엽송, 전나무, 해송, 삼나무, 편백 등 침엽수는 일반적으로 상처 유합이 잘 됨.
② 목표생산재가 톱밥, 펄프, 숯 등 일반 소경재일 경우에는 가지치기를 하지 않음.
③ 특히 낙엽송은 극양수로서 울폐도가 높은 임분에서 자연낙지(自然落枝)가 잘 되기 때문에 가지치기를 생략할 수 있음.
④ 가문비나무류는 상처가 썩을 위험이 있으므로 죽은 가지와 쇠약한 가지만 잘라줌.

2) 활엽수

① 일반적으로 상처의 유합이 잘 안되고 썩기 쉽기 때문에 직경 5cm 이상의 가지는 원칙적으로 자르지 않음.
② 참나무류(신갈나무 제외), 포플러나무류는 으뜸가지(力枝) 이하의 가지만 잘라줌.
③ 자작나무 · 너도밤나무 등은 상처가 썩을 위험이 있으므로 죽은 가지와 쇠약한 가지만 잘라줌.
④ 단풍나무 · 느릅나무 · 벚나무 · 물푸레나무 등은 상처의 유합이 잘 되지 않고 썩기 쉬우므로 죽은 가지만 잘라주고, 밀식으로 자연낙지를 유도하는 것이 바람직함.

4. 자연전지(자연낙지)

① 줄기에 붙어 있는 가지가 수광량 및 확장할 공간의 부족으로 고사하여 떨어지는 현상으로 수간의 아래쪽부터 시작되어 위로 진전됨.

② 자연전지의 과정

㉮ 가지의 고사 : 아랫가지의 고사속도는 주로 임분의 초기밀도와 관련이 깊음.

㉯ 고사지의 탈락 : 주로 균의 작용에 의하여 이루어지며, 이 밖에 자중과 바람에 의한 동요를 들 수 있음.

㉰ 잔지의 생활조직에 의한 매입 : 치유속도는 줄기의 직경생장속도에 관계되는 것이며 잔지의 굵기와는 상관이 적음.

③ 자연전지 유도

㉮ 이층 형성에 의해 자연전지가 잘되는 수종은 포플러류, 버드나무류, 느릅나무, 단풍나무, 가래나무, 벚나무류, 참나무류, 삼나무, 편백 등

㉯ 자연전지현상은 임목을 밀생시킴으로써 촉진되며 대부분의 활엽수는 침엽수에 비하여 자연낙지가 잘 이루어지나 가지가 큰 경우에는 어렵기 때문에 적당한 밀도를 유지시켜 가지직경이 4cm 이상으로 굵어지지 않도록 함.

5. 생절과 사절

① 생절은 가지가 살아 있는 동안에 만들어진 마디를 말하며, 사절은 죽은 뒤에 생긴 마디를 말함.

② 생절에 관계되어 발달한 연륜은 밖을 향해 굽는 반면에 사절에 관련된 연륜은 안쪽을 향해 굽고 가지의 연륜과는 연결되지 않음.

6. 지조량과 수관구조

1) 지조량

① 지조량은 대체로 간중량의 20~30%

② 지조율은 유령기에는 큰 비중을 차지하지만 울폐도가 높아지면서 엽기부에서 합성된 양료는 밀도의 지배를 받아 간부에 주로 배분하며 지조율은 감소함.

2) 수관구조

① 지엽현존량이 큰 층은 수관부의 중층보다 더 낮은 곳에 있고, 이 층의 기부부터 연륜성장이되지 않는 가지가 나타나기 시작함

② 지엽성장량이 큰 층은 지엽량 최대층보다 더 높은 층이다.

③ 줄기의 성장에 크게 기여하고 있는 층은 임관의 중층부터 상층임

④ 가지의 성장률은 상층에서 하층으로 향하면서 감소하는데 이것은 하층의 가지일수록 마디의 형성량을 크게 하고 있으나 그 가지의 잎의 동화량은 적고 무절성의 줄기생산에 대한 기여도가 낮다는 것을 뜻함

⑤ 역지는 가장 굵고 긴 가지, 가장 많은 엽량을 가지고 있는 가지, 수관의 최대폭을 이루고 있는 가지, 활력이 가장 왕성한 가지 등의 뜻으로 역지 이하부의 가지치기를 해주고 있음.

■ 가지치기의 치유속도
지엽의 최대성장량층이 가장 뛰어나고, 수관 하부로부터 지표사이에 있어서는 직선적으로 감소하고 있다. 이것은 수관부로부터 아래 거리가 증가하는데에 따라 줄기의 비대성장이 감소하므로 가지치기한 곳의 치유에 요하는 시간이 아래일수록 늦어진다는 것을 말해준다.

■ 가지치기 강도와 수목의 성장
① 가지치기의 강도는 일반적으로 수고율(樹高律)로 나타냄.
② 가지치기의 강도가 줄기생장에 미치는 영향을 비교 분석하려면 수종, 밀도, 임령 그리고 이 때까지 취급한 내용 등이 비슷해야 함.
③ 한 번 실시한 가지치기의 강도가 그다지 심하지 않더라도 매년 연속되는 가지치기라면 전체적으로 강한 작업으로 될 수 있음.
④ 침엽수 수종에 있어서 대체적으로 약도의 가지치기는 생장에 영향이 없지만, 정도가 강해지면 수고생장은 감퇴함.

■ 지피융기선(BBR : branch bark ridge)
① 나무의 두가지가 서로 맞닿아서 생긴 주름살 모양의 선
② 지융부는 지피융기선으로 수목의 가지와 줄기가 만나는 지점에 도톰하게 솟은 부분
③ 지피융기선 보호

■ 가지치기 방법(보충내용)
① 가지를 절단할 때에는 줄기에는 상처를 주지 않고 잔지의 길이는 되도록 짧게 하고, 절구를 평활하게 하며, 또한 나무에 충격을 되도록 주지 않도록 함.
② 지피융기선을 고려한 가지치기
 • 부위를 침범하면서까지 평절(수간에 접근한 평탄한 절단)을 하지 않아야 함.
 • 고지와 생지를 상관할 것 없이 잔지를 남기지 않도록 함.
 • 지융에 상처를 주거나 절제하는 일이 없도록 함.
 • 상처보호제로서 페인트 등을 칠하지 않아야 하고, 목재방부제를 사용하는 것은 오히려 해로우므로, 나무는 스스로 상면을 치유하는 자구책을 마련하고 있음.
 • 실시계절은 나무가 휴면 중에 있는 초봄이 좋으며, 예리한 기구로 절구면을 평활하게 다듬어 주고 상해를 받는 조직은 조심스럽게 제거함.

7. 가지치기의 강도와 줄기성장

1) 수고생장

임목의 수고생장은 상부 수관에서 형성된 호르몬과 축적된 탄수화물의 양에 의하여 결정되기 때문에, 수관 밑부분을 30~70%까지 제거하여도 수고생장에는 크게 영향을 미치지 않음.

2) 직경생장

① 직경생장에 있어서 가지치기와 간벌의 효과는 서로 상반된다. 간벌은 수간 하부의 비대생장을 촉진시키는데 비하여 가지치기는 가지가 제거됨에 따라 목질부의 증가가 수간 상부에 집중되어 수간의 완만도를 증대시킴.
② 수관의 30~40% 이상을 제거하는 경우 직경 생장량이 다소 감소되나 수관 상부의 생장을 증대시켜 수간의 완만도를 높임으로써 원목의 이용률을 높일 수 있음.

8. 수관재와 지하재

1) 수관재

생절과 사절 경계부위의 안쪽 재부로 연륜폭이 넓고 가벼움

2) 지하재

① 생절과 사절 경계부의 바깥 재부로 연륜폭이 좁으며, 수관재에 비해 재질이 좋고 무거움
② 지하재의 재질이 더 좋으므로 가지의 고사를 촉진시키는 밀식 또는 가지치기 작업이 요구됨.

9. 가지치기의 방법 ☆☆

① 가지치기 톱을 사용하여 절단면이 평활하도록 자르며, 침엽수는 절단면이 줄기와 평행하게 함.
② 지융부가 형성될 수 있는 활엽수종은 고사지의 경우 캘러스 형성부위에 가능한 한 가깝게 캘러스가 상하지 않도록 고사지를 제거하고 살아있는 가지는 지융부에 가깝게 제거함.

③ 느티나무, 가시나무 등과 같은 활엽수의 굵은 가지를 절단함으로써 줄기에 상처가 날 위험이 있는 경우, 가지 기부에 3~4cm 또는 10~20cm의 잔지를 남긴 후 이를 다시 절단하는 것이 바람직함.

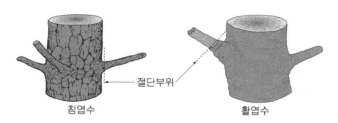

침엽수 / 활엽수

절단부위

그림. 가지절단 방법

10. 가지치기의 대상목

① 가지치기의 대상목이 될 수 있는 나무는 자람이 왕성하고 수관과 수간에 결점이 없어서 벌기목이 될 수 있어야 함.

② 상처가 있거나 건전하지 못해 장차 간벌목으로 제거될 나무는 가지치기를 하지 않음.

11. 작업방법

① 가급적 1차 솎아베기나 천연림보육(수고 10~12m 또는 목표생산재 직경의 1/3시점) 시기에서 가지치기를 완료하되, 경관 개선 또는 작업의 편의를 목적으로 고사지를 정리할 경우에는 그 이후라도 가능함.

② 최종수확 대상목(도태간벌의 경우 미래목) 선정되기 전까지는 형질이 좋은 나무에 대해서, 선정되고 난 후에는 최종수확 대상목에 대해서만 가지치기를 실시함.

③ 어린나무가꾸기 작업 대상목에 대한 가지치기와 수형교정은 가급적 전정가위로 실행하고 수고의 50%내외의 높이까지 가지를 제거함.

④ 솎아베기 작업 대상목에 대한 가지치기는 톱으로 실행하고 최종수확대상목을 중심으로 50~60% 내외의 높이까지 가지를 제거함.

⑤ 삼나무나 편백의 경우 유령림에서는 수고의 1/2, 장령림에서는 3/5 정도를 가지치기함, 포플러는 8년생까지 수고의 약 1/3, 8~15년생은 수고의 1/2, 15년생이후에는 지상부 높이 8~10m까지 가지치기함.

작업전

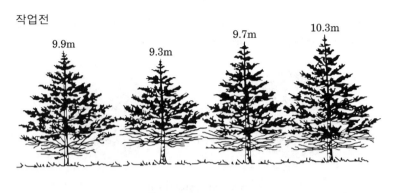

9.9m 9.3m 9.7m 10.3m

작업후

5.9m 6.2m

그림. 가지치기작업 방법도

■■■ 6. 숲가꾸기

1. 다음 중 일반적인 산림무육 목적과 가장 거리가 먼 것은?

① 임상의 정리　　　　　② 임목의 생장촉진
③ 나무의 형질향상　　　④ 병해충 방지

2. 치수 무육을 하는 이유로 가장 적합한 것은?

① 목재를 생산하여 수익을 얻기 위함이다.
② 숲을 보기 좋게 하기 위함이다.
③ 산불 피해를 줄이기 위함이다.
④ 불량목을 제거하여 치수의 생육 공간을 충분히 제공하기 위함이다.

3. 유령림에 대한 무육에 해당하는 것은?

① 풀베기　　　　　　　② 솎아베기
③ 임지시비　　　　　　④ 가지치기

4. 유령림 무육에 속하지 않는 작업은?

① 치수 무육　　　　　　② 유령림 무육
③ 간벌　　　　　　　　④ 제벌

5. 임목의 무육작업이 아닌 것은?

① 가지치기　　　　　　② 간벌(間伐)
③ 택벌(擇伐)　　　　　④ 제벌(除伐)

해설 **1**
산림무육은 임목의 재적생장 및 재질향상을 목적으로 하는 임목무육과 이를 뒷받침하기 위한 지력유지 및 증진을 목적으로 하는 임지무육으로 나눌 수 있다.

해설 **2**
치수 무육은 어린나무 가꾸기로 치수의 생육공간을 충분히 제공하기 위함이다.

해설 **3**
무육(撫育)은 어린 조림목이 자라서 갱신기에 이르는 사이 주임목의 자람을 돕고 임지의 생산능력을 높이기 위해 실시되는 육림수단으로, 유령림의 무육에는 풀베기와 덩굴치기, 제벌 등이 있다.

해설 **4**
간벌은 성숙림의 무육방법이다.

해설 **5**
임목의 무육작업에는 풀베기, 가지치기, 제벌(잡목 솎아베기), 간벌(솎아베기)이 있다.

정답 1. ④　2. ④　3. ①　4. ③
5. ③

6. 산림을 가꾸기 위한 벌채인 무육벌(撫育伐)에 속하는 것은?

① 개벌   ② 산벌
③ 택벌   ④ 간벌

7. 다음 중 무육작업을 순서대로 바르게 나타낸 것은?

① 풀베기 – 덩굴치기 – 제벌 – 가지치기 – 간벌
② 풀베기 – 덩굴치기 – 가지치기 – 제벌 – 간벌
③ 풀베기 – 덩굴치기 – 가지치기 – 간벌 – 제벌
④ 풀베기 – 가지치기 – 덩굴치기 – 간벌 – 제벌

8. 다음 중 숲가꾸기의 기능으로 보기 어려운 것은?

① 위해방지기능   ② 선목 기능
③ 보육 기능   ④ 최대의 목재생산 기능

9. 기능별 숲가꾸기에서 도시와 생활권 주변의 경관유지 등 쾌적한 환경의 제공은 어느 산림의 구체적인 목표인가?

① 수원함양림   ② 산지재해방지림
③ 생활환경보전림   ④ 산림휴양림

10. 풀베기의 실시시기로 가장 적당한 것은?

① 3 ~ 5월   ② 5 ~ 7월
③ 9 ~ 11월   ④ 12 ~ 2월

해 설

해설 6
산림의 양적·질적 생산을 고도의 수준 높이고자 하는 작업인 무육에는 제벌, 간벌 등이 있다.

해설 7
유령림 무육 : 풀베기·덩굴치기·제벌
성숙림 무육 : 가지치기·솎아베기

해설 8
숲가꾸기 기능은 생태적·자연친화적 산림사업을 중시하며, 최대 목재생산의 무육 목표는 가능한 기피한다.

해설 9
생활환경보전림은 생태적·경관적으로 다양한 다층혼효림, 방풍과 방음의 기능을 최대한 발휘할 수 있는 다층림 또는 계단식 다층림, 생태적으로 건강한 목재생산림을 목표로 한다.

해설 10
풀베기는 일반적으로 1회 실행지는 5월~7월에 실시하고, 2회 실행지의 경우에는 8월에 추가로 실시할 수 있으며 9월 초순 이후의 풀베기는 피한다.

정답 6. ④   7. ①   8. ④   9. ③
10. ②

11. 조림목을 제외하고 모든 잡초목을 깎아 버리는 풀베기 방법은?

① 모두베기 ② 줄베기
③ 구멍베기 ④ 둘레베기

12. 임지가 비옥하거나 식재목이 광선을 많이 요구할 때 실시하며, 소나무나 낙엽송 등의 조림지에 적합한 풀베기 방법은?

① 모두베기 ② 줄베기
③ 둘레베기 ④ 솎아베기

13. 지력이 좋고 수분이 많아 잡초가 무성하고 기후가 온난한 임지의 6년생 소나무 조림지에 적합한 풀베기는?

① 모두베기 ② 줄베기
③ 둘레베기 ④ 점베기

14. 풀베기 작업 시 식재목과 토양에 가장 나쁜 영향을 주는 방법은?

① 모두베기 ② 줄베기
③ 둘레베기 ④ 식재목 주위 경운하기

15. 풀베기 방법으로서 음수에 적합한 방법은?

① 모두베기 ② 군상베기
③ 줄베기 ④ 제벌

16. 풀베기 공정에서 줄베기는 모두베기보다 몇 % 더 일을 할 수 있는가?

① 10 ~ 20% ② 30 ~ 40%
③ 50 ~ 60% ④ 70 ~ 80%

해설 **11**
모두베기는 임지가 비옥하거나 양수의 조림 또는 갱신지에 적용한다.

해설 **12**
모두베기는 소나무, 낙엽송, 삼나무, 편백 등의 양수조림 또는 갱신지에 적용한다.

해설 **13**
모두베기는 조림지 전면의 잡초목을 베어내는 방법으로 임지가 비옥한 조림지에 적용한다.

해설 **14**
모두베기는 줄베기와 둘레베기에 비해 토양침식 등 식재목과 토양에 가장 나쁜 영향을 주기도 한다.

해설 **15**
줄베기는 일반적으로 가장 많이 사용하는 방법으로, 어릴 때 그다지 많은 광선을 요구하지 않는 수종(음수)에 적합하다.

해설 **16**
줄베기는 조림목의 식재열을 따라 약 90~100cm 폭으로 잘라내므로 모두베기에 비하여 경비와 노력이 절약된다.

정답 11. ① 12. ① 13. ① 14. ①
15. ③ 16. ②

17. 강한 음수인 경우 또는 찬바람으로부터 묘목을 보호하기 위해서 실시되는 풀베기 방법은?

① 둘레베기
② 두베기
③ 줄베기
④ 줄베기와 모두베기

18. 다음 풀베기 작업 중 둘레베기를 실시하기에 적합한 조림지는?

① 밀식 조림지
② 한ㆍ풍해 우려 지역
③ 토양이 비옥한 조림지
④ 소나무 등 양수를 조림한 지역

19. 풀베기방법 중 모두베기에 해당하는 것은? (단, 그림 중 O은 임목을, 빗금은 풀 베기한 부분을 나타낸다)

①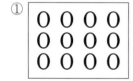

③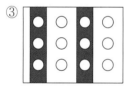

② ④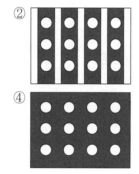

20. 일반적으로 조림지에 대한 풀베기작업을 바르게 설명하고 있는 것은?

① 풀베기작업은 제벌작업과 함께 실시하는 것이 좋다.
② 풀베기작업의 반복 횟수는 수종이나 묘목 등에 따라 가감할 수 있다.
③ 풀베기작업을 연 1회 실시할 경우에는 초가을 이후에 실시하는 것이 바람직하다.
④ 낙엽송 조림지는 가능한 한 빨리 6월 이전에, 소나무 조림지는 다소 늦은 8월 하순에 풀베기 작업을 실시한다.

21. 침엽수 중 소나무·해송·리기다소나무 등의 조림지에 사용하나 낙엽송·잣나무·편백·화백에 약해가 있는 화학적 제초제는?

① 글라신　　　　　　　　② 디캄바
③ 시마진　　　　　　　　④ 핵사지논

22. 임지 풀베기 작업의 생력화 방법으로 많이 사용되는 비선택성 경엽살포제인 약제는?

① 글라신　　　　　　　　② 디캄바
③ 시마진　　　　　　　　④ 핵사지논

23. 다음의 제초제 가운데 조릿대, 새 등을 제거하는 데 효과가 있는 비호르몬형, 비선택성의 접촉형 제초제이며 발화의 위험이 있는 것은?

① 염소산염제　　　　　　② 피코클람
③ 시마진　　　　　　　　④ 핵사지논

24. 덩굴치기의 대상 식물만으로 구성된 것은?

① 개나리, 다래나무, 싸리나무
② 노박덩굴, 조팝나무, 자귀나무
③ 댕댕이덩굴, 개암나무, 화살나무
④ 칡, 담쟁이덩굴, 머루

25. 덩굴식물을 설명한 것 중 옳지 못한 것은?

① 대체로 햇빛을 좋아하는 식물이다.
② 움돋는 첫해에는 세력이 빈약하나 3년이 지나면 세력이 왕성해진다.
③ 잎과 줄기에 살포하는 약제로는 글라신액제가 있다.
④ 덩굴을 잘라 주면 쉽게 제거할 수 있다.

해설 **21**
핵사지논은 대상지 전면에 고루 살포하되 조림목의 수관 직하부에는 약제가 떨어지지 않도록 한다.

해설 **22**
글라신액제는 약제살포 시 약액이 조림목에 닿지 않도록 보호조치하면 모든 수종의 조림지에 적용할 수 있어 노동력을 줄일 수 있다.

해설 **23**
염소산염제는 토양표면이나 경엽에 처리하며 발화의 위험이 있다.

해설 **24**
조림지에 많이 발생하는 덩굴류로는 칡, 다래, 머루, 사위질빵, 담쟁이덩굴, 노박덩굴, 으름덩굴, 댕댕이덩굴 등이 있다.

해설 **25**
덩굴식물의 덩굴은 잘라도 쉽게 제거되지 않고 세력이 더 왕성해진다.

CHAPTER 06 숲가꾸기

정답 21. ④　22. ①　23. ①　24. ④
25. ④

26. 덩굴치기에 관한 설명 중 바르지 않은 것은?

① 칡, 으름, 다래, 청미래덩굴 등이 대상이 된다.
② 덩굴식물은 일반적으로 음수성이다
③ 뿌리 속의 저장 양분을 소모한 7월경이 적기이다
④ 칡을 고사시키는 약제로 K-pin을 사용할 수 있다.

27. 우리나라 산지에서 수목에 가장 피해를 많이 주는 덩굴식물은?

① 머루덩굴   ② 칡덩굴
③ 다래덩굴   ④ 담쟁이덩굴

28. 화학적 덩굴제거 시 주의사항으로 잘못된 것은?

① 덩굴이 확실하게 제거되도록 땅속 깊숙한 곳까지 약제를 살포한다.
② 약제 처리 후 24시간 이내에 강우(降雨)가 예상될 경우 약제처리를 중지한다.
③ 사용한 빈병은 반드시 회수하여 지정된 장소에서 처리한다.
④ 사용한 처리도구는 잘 세척하여 보관한다.

29. 뿌리목 부분을 I자형 또는 X자형으로 깊이 4~5cm의 상처를 만들어 쪼갠 후 약
제를 부어 덩굴식물을 죽이는 방법은?

① 엎어두는법   ② 할도법
③ 살포법   ④ 흡수법

30. 다음 중 칡의 발생량이 많을 때 사용하는 덩굴식물 방제법은?

① 살포법   ② 할도법
③ 엎어두는법   ④ 흡수법

해   설

해설 26
바르게 고치면, 덩굴식물은 일반적으로 양수성이다.

해설 27
칡은 우리나라 산지에 피해를 많이 주는 식물로 어릴 때 캐내는 것이 효과적이다.

해설 28
약제가 빗물이나 관개수 등에 흘러 조림목이나 다른 작물에 피해를 줄 수 있으므로 약액을 땅에 흘리지 않도록 주의한다.

해설 29
할도법은 칡의 생장이 왕성한 여름철에 덩굴줄기는 남겨둔 채로 근관부에 I자 X로 상처를 낸 후, 약액을 붓는 방법이다.

해설 30
엎어두는법은 상처를 내지 않고 근주위의 단면에 약을 발라주는 방법으로 작업은 간단하나 할도법에 비하여 효과는 떨어진다.

정답 26. ② 27. ② 28. ① 29. ②
30. ③

31. 칡, 아까시나무, 콩 등 콩과식물을 비롯한 광엽(廣葉)잡초에 적용되는 제초제는?

① 디캄바액제(반벨)　　　② 이황화탄소
③ 만코지 수화제(다이센엠 45)　　④ 다수진 유제(다이아톤)

32. 제벌작업(除伐作業)을 가장 정확하게 설명한 것은?

① 목적 이외의 수종이나 형질이 불량한 임목을 제거하는 것이다.
② 조림 후 임목이 성장하여 밀식된 임목을 벌채하는 것이다.
③ 조림 후 병해충의 피해를 받은 임목만 벌채하는 것이다.
④ 맹아력이 강한 수종만을 골라 벌채하는 것이다.

33. 다음 중 제벌의 목적으로 알맞은 것은?

① 목표로 하는 수종을 원하지 않는 수종으로부터 보호하기 위해
② 산불 예방을 위하여
③ 임목의 생장을 촉진하고 임분 구성을 조절하기 위해
④ 임내 퇴적물의 부후 분해 촉진을 위하여

34. 제벌(除伐)작업에 대하여 가장 올바르게 설명하고 있는 것은?

① 풀베기 작업과 동시에 실시하는 것이 효과적이다.
② 중간 벌채 수입을 목적으로 하지 않는다.
③ 농한기인 겨울철에 실시하는 것이 좋다.
④ 제벌 횟수는 어느 수종이나 1회 실시하는 것으로 충분하다.

35. 다음 중 제벌에 관한 설명으로 가장 적당한 것은?

① 주로 간벌기에 실시한다.
② 수종의 혼효조절 및 수형교정의 역할도 한다.
③ 미래목 제거가 주목적이다.
④ 조림지에서는 우량목이 대상이 된다.

[해설] **31**
디캄바액제는 광엽잡초 제초제로 고온 시(30℃ 이상)에 증발에 의해 주변 식물에 약해를 일으킬 수도 있으므로 작업을 중지한다.

[해설] **32**
제벌은 조림목이 임관을 형성한 후부터 속아베기 할 시기에 이르는 기간 동안 주로 침입수종을 제거하고 아울러 조림목 중에서 자람과 형질이 매우 나쁜 것을 베어주는 것을 말한다.

[해설] **33**
제벌은 목표로 하는 수종을 보호하기 위해 실시한다.

[해설] **34**
제벌은 임목상호 간의 적정 생육환경을 조기에 확립하기 위한 것으로 벌채수입을 목적으로 하지 않는다.

[해설] **35**
제벌의 대상목은 보육 대상목의 생장에 지장을 주는 피해목, 생장 또는 형질이 불량한 나무, 유해수종, 덩굴류, 폭목(暴木) 등이다.

정답 31. ① 32. ① 33. ① 34. ②
　　35. ②

36. 제벌작업의 가장 적합한 시기는?

① 봄 ~ 초여름   ② 여름 ~ 초가을
③ 가을 ~ 초겨울   ④ 겨울 ~ 초봄

37. 제벌작업은 밑깎기가 끝난 후 어느 정도 지난 후에 하는 것이 가장 좋은가?

① 1 ~ 2년   ② 2 ~ 3년
③ 4 ~ 5년   ④ 6 ~ 7년

38. 제벌작업에 관한 설명 중 틀린 것은?

① 토양의 수분관리, 임(林)내의 미세환경 등을 고려한다.
② 제벌작업은 간벌작업 실시 후 실시하는 작업단계로서 보육작업에서 가장 중요한 단계이다.
③ 제벌작업에 필요한 작업 도구로는 낫, 톱, 도끼 등이다.
④ 제거 대상목으로는 폭목, 형질불량목, 밀생목 등이다.

39. 제벌작업에서 제거대상목이 아닌 것은?

① 열등형질목   ② 침입목 또는 가해목
③ 하층식생   ④ 폭목

40. 가지치기 목적을 바르게 설명하고 있는 내용은?

① 무절재(無節材)를 생산하기 위해 실시한다.
② 수간의 초살도(梢殺度)를 높이기 위해 실시한다.
③ 수간 하부의 직경 생장을 촉진시키기 위해서 실시한다.
④ 줄기의 편심생장을 유도하여 고급재를 생산할 목적으로 실시한다.

해 설

[해설] 36
제벌은 6~9월 사이에 실시하는 것을 원칙으로 하며, 늦어도 11월말까지 완료한다.

[해설] 37
제벌작업의 대상지는 조림 후 5~10년이 되고 풀베기 작업이 끝난 지 2~3년이 지나 조림목의 수관 경쟁과 생육 저해가 시작되는 곳이다.

[해설] 38
제벌은 조림목이 임관을 형성한 후부터 솎아베기할 시기에 이르는 기간 동안 실시한다.

[해설] 39
제벌시 보육 대상목의 생장에 피해를 주지 않는 하층식생은 제거하지 않는다.

[해설] 40
가지치기는 마디가 없는 무절재(無節材)를 얻기 위해 실시한다.

정답   36. ②   37. ②   38. ②   39. ③
       40. ①

41. 다음 중 가지치기의 효과가 아닌 것은?

① 산림화재의 위험성이 줄어든다.
② 하목의 생장이 촉진된다.
③ 줄기에 부정아가 생겨 미관을 아름답게 한다.
④ 수간의 완만도를 높인다.

해설 **41**
줄기에 부정아가 나타나는 것은 가지치기의 단점이다.

42. 가지치기 작업의 주목적은 무엇인가?

① 중간 수입
② 연료 공급
③ 각종 위해 방지
④ 우량목재생산

해설 **42**
가지치기는 우량목재 생산을 목적으로 가지의 일부분을 계획적으로 끊어주는 것을 말한다.

43. 가지치기에 가장 알맞은 시기는?

① 늦은봄
② 여름
③ 여름 ~ 가을
④ 초겨울 ~ 초봄

해설 **43**
생장기에는 수피가 벗겨지는 등의 피해가 우려되므로 생장휴지기인 11월 이후부터 이듬해 3월까지가 가지치기의 적기이다.

44. 가지치기의 설명 중 가장 옳은 것은?

① 벚나무의 절단면이 잘 유합된다.
② 가지치기 시기는 봄부터 여름까지가 좋다.
③ 형질이 좋은 나무를 골라서 우선적으로 가지치기를 한다.
④ 임목의 비대생장과 관계가 없다.

해설 **44**
최종수확 대상목(미래목)이 선정되기 전까지는 형질이 좋은 나무에 대해서, 선정되고 난 후에는 최종수확 대상목에 대해서만 가지치기한다.

45. 가지치기 작업에서 가지치기의 정도는 어느 것이 가장 적당한가?

① 수간 하부의 고지(姑技)를 치는 정도가 좋다.
② 역지(力技) 이하의 가지는 치는 것이 좋다.
③ 역지(力技) 위까지 치는 것이 성장을 촉진하고 좋다.
④ 수초(樹梢)까지의 가지를 치는 것이 통직(通直)한 간재(幹材)를 생산한다.

해설 **45**
일반적으로 으뜸가지(力技, 역지) 이하의 가지를 자르며, 역지의 구별이 어려울 때는 수관의 아랫부분이 서로 맞닿아 울폐한 부분 이하의 가지를 자른다.

정답 41. ③ 42. ④ 43. ④ 44. ③ 45. ②

CHAPTER 06 숲가꾸기

46. 포플러를 식재한 후 6~7년 정도 되었을 때 가장 적당한 가지치기 작업의 정도는?

① 나무 높이의 1/3 정도
② 나무 높이의 1/2 정도
③ 나무 높이의 8 ~ 10m 정도
④ 전 수간의 2/3 정도

47. 삼나무나 편백 등의 장령림에서 가지치는 정도는 나무 높이의 어느 정도까지 가능한가?

① 1/2
② 1/3
③ 1/4
④ 3/5

48. 생가지치기로 부후의 위험성이 가장 높은 수종은?

① 소나무
② 낙엽송
③ 삼나무
④ 단풍나무류

49. 자연낙지(自然落技)가 잘 되는 수종은?

① 구상나무, 분비나무
② 낙엽송, 소나무
③ 전나무, 주목
④ 편백, 삼나무

50. 다음 수종 중에서 생가지치기 작업을 피하는 것이 좋은 나무는?

① 소나무
② 포플러류
③ 낙엽송
④ 벚나무

해 설

해설 46
포플러는 8년생까지는 수고의 약 1/3, 8~15년생은 수고의 1/2, 15년생 이후에는 지상부의 높이 8~10m 까지 가지치기한다.

해설 47
삼나무나 편백의 경우 유령림에서는 수고의 1/2, 장령림에서는 3/5 정도를 가지치기한다.

해설 48
단풍나무·느릅나무·벚나무·물푸레나무 등은 상처의 유합이 잘 안되고 썩기 쉬운 수종이다.

해설 49
자연낙지가 잘 되는 수종은 삼나무, 낙엽송, 측백나무, 소나무류(대왕송), 포플러, 버드나무, 느릅나무, 벚나무, 참나무류(졸참나무) 등이 있다.

해설 50
가문비나무류·자작나무·너도밤나무·단풍나무·느릅나무·벚나무·물푸레나무 등은 상처의 유합이 잘 안되고 썩기 쉬우므로 생가지치기 작업을 피하는 것이 좋다.

정답 46. ① 47. ④ 48. ④ 49. ②
50. ④

51. 가지치기에 관한 설명으로 옳지 못한 것은?

① 가지치기는 많은 작업비가 소요되므로 장차 우량목 생산 대상목에 한하여 실시해야 한다.
② 우량목 생산을 위한 가지치기 도구로는 도끼나 낫 등이 있다.
③ 가지치기 요령으로는 절단면이 가급적 적게, 매끈하게 실시하여 빨리 상처 부위가 아물게 해야 한다.
④ 가지치기 시기로는 침엽수인 경우 수액이동이 왕성하지 않은 시기를 택해야 한다.

52. 가지치기에 대한 설명으로 맞는 것은?

① 과거에는 지융부를 제거하지 않았는데 최근에는 지융부에 유해호르몬이 있기 때문에 지융부 전체를 제거한다.
② 작업은 11월부터 이듬해 2월 사이에 실시하는 것이 좋다.
③ 활엽수는 상처의 유합이 잘 안되고 썩기 쉽기 때문에 직경 10cm 이상의 가지는 원칙적으로 자르지 않는다.
④ 가문비나무류는 극양수로서 울폐도가 높은 임분에서 자연낙지가 잘 되기 때문에 가지치기를 생략할 수도 있다.

해   설

해설 **51**
가지치기 도구로 톱을 사용하여 절단면을 평활하게 자른다.

해설 **52**
바르게 고치면,
① 지융부(技隆部)가 형성될 수 있는 활엽수종은 캘러스가 상하지 않도록 지융부를 제거하지 않는다.
③ 활엽수는 직경 5cm 이상의 가지는 원칙적으로 자르지 않는다.
④ 낙엽송에 해당된다.

CHAPTER 06 숲가꾸기

정답 51. ② 52. ②

07 간벌(솎아베기)

학습주안점

- 간벌의 목적과 효과에 대해 알아야 한다.
- 침엽수종의 간벌개시임령, 간벌순서에 대해 암기해야 한다.
- Hawley의 수관급과 사기(데라사끼)의 수형급을 구분할 수 있어야 한다.
- 정성적간벌과 정량적 간벌을 구분하고 특성을 이해할 수 있어야 한다.
- 미래목의 요건 및 관리 방법을 암기해야 한다.
- 도태간벌시 임목을 구분 할 수 있어야 한다.
- 천연림보육 대상지와 작업시기, 생육단계에 대해 구분할 수 있어야 한다.

1 간벌의 정의 및 효과

1. 정의 ☆

① 소경목단계에서 중경목 단계까지의 임분에 있어 남게 될 나무의 자람을 촉진시키고 유용한 목재의 총생산량을 증가시키고자 할 때 그 벌채를 간벌(Thinning)이라고 함.

② 벌구식 교림작업에서는 무육단계로서 간벌단계가 성립하지만 택벌작업의 경우에는 무육과 갱신, 수확이 동시에 이루어지기 때문에 무육단계를 구분하지 않으면 간벌단계가 성립되지 않음.

■ 간벌을 하는 이유와 방법
① 이유 : 간벌은 제벌(잡목 솎아내기)이 끝난 임분에 대하여 나무를 솎아 냄으로써 남게 되는 나무에 더 넓은 공간을 주어, 지름 생장을 촉진하고 숲을 건전하게 하는데 도움을 줌.
② 방법 : 약하게 자주 해주는 것이 좋음.

2. 간벌의 효과 ☆☆☆

① 임목의 생육을 촉진하고 재적생장과 형질생장을 증가시킴.
② 벌기수확이 양적 · 질적으로 매우 높아짐.
③ 임목을 건전하게 발육시켜 여러 가지 해에 대한 저항력을 높임.
④ 조기에 간벌수확이 얻어짐.
⑤ 우량한 개체를 남겨서 임분의 유전적 형질을 향상시킴.
⑥ 산불의 위험성을 감소시킴.
⑦ 결실이 촉진되고 천연갱신이 용이해짐.

2 간벌의 실행

1. 간벌방식의 결정

1) 1차 간벌시기

수종, 지위, 기후에 따라 임분밀도(경쟁관계), 임분구조, 임분 안정성, 시장성 및 이용가치 등을 고려하여 결정

2) 간벌양식

입지 및 임분상태와 경영목표(생산목표)에 따라 결정(도태간벌, 열식간벌, 정량간벌)

3) 간벌주기

① 육림적 인자(지위, 경합 정도, 임분 안정도, 임분의 건전도)와 경제적 인자(벌목비, 시장성, 인력 및 기계 비용, 요구되는 최소 수확량)에 따라 결정
② 유령림 또는 지위가 양호한 임분은 노령림 또는 지위가 낮은 임분보다 간벌주기가 짧음.

4) 간벌강도

① 간벌양식 및 수형급에 따라 결정
② 작업강도는 대개 존치할 임분밀도(ha당 본수, 단면적 등)에 따라 조절
③ 임분의 밀도조절은 수고, 생육공간율, 기준표에 의한 본수 조절 등에 따라 결정

2. 간벌의 시기 ☆

① 산 가지치기를 수반하지 않을 경우에는 연중 실행이 가능함.
② 산 가지치기를 수반하는 경우에는 11월 이후~이듬해 5월 이전까지 실행하여야 하나 가지치기를 솎아베기 · 어린나무가꾸기 작업과 별도의 사업으로 구분하여 추진할 경우 작업여건 · 노동력 공급 여건 등을 감안하여 연중 실행이 가능함.
③ 도태간벌의 미래목, 정량간벌의 제거대상목 선목작업을 솎아베기와 별도의 사업으로 구분하여 실행할 수 있음.
④ 활엽수종은 보육해야 할 입목이 뚜렷이 구별될 수 있는 때가 간벌개시시기인데, 활엽수종의 경우 지위가 상(上)이면 20~30년, 중(中)이면 30~40년, 하(下)이면 40~50년 정도임.

CHAPTER 07 간벌(솎아베기)

〈침엽수종에 대한 간벌개시임령〉 ☆☆

구분	식재밀도 (본/ha)	간벌개시임령 (년)	구분	식재밀도 (본/ha)	간벌개시임령 (년)
소나무	5,000	15~20	편백	4,000	20~25
잣나무	3,000	15~20	가문비나무	4,000	20~25
낙엽송	3,000	10~15	전나무	4,500	20~25
삼나무	3,500	15~20	–	–	–

■ 간벌순서
① 간벌예정지 답사 → ② 표준지의 선정 및 조사 → ③ 표준지 내 전임목 매목조사 (수고, 흉고 지름 측정) → ④ 계획 간벌 방식에 따라 간벌목 선정 → ⑤ 간벌은 평균 나무 사이 거리를 참작 → ⑥ 선목 작업 → ⑦ 나무의 수와 재적을 계산 → ⑧ 벌채작업 및 집재 → ⑨ 벌채 후 확인

3. 간벌순서 ☆

① 예정지답사 : 간벌사업 전 예정지를 답사하여 지황 및 임황, 공극지, 각종 피해 상황, 임상변화 등을 사전에 파악
② 표준지조사 : 임분생장, 밀도에 따라 임분을 크게 구분하고 각 임분마다 0.1~0.2ha 이상의 표준지를 설정
③ 표준지매목조사 : 전임목의 수고, 흉고직경 측정 및 조사결과를 계산하여 정리
④ 간벌률 및 간벌본수 결정
⑤ 선목작업 : 간벌종 및 선목기준 수형급에 따라 간벌목을 선정 및 표시
⑥ 벌채작업 및 집재 : 결정된 간벌양식 및 강도에 따라 벌채 후 집재
⑦ 벌채 후 확인 : 벌채 후 전체 임분을 답사하여 벌도되지 않은 간벌목, 벌채 운반에 의한 피해목 등을 확인

■ 수관급이 발생하는 요인
⇒ 수고, 수관의 확장, 줄기 모양 등에 차이가 나는 원인
① 유전적 소질의 차이
② 여러 피해
③ 인공림의 경우 묘목의 인위적 취급의 차이

3 수관급(樹冠級, tree-shape class) ☆☆☆

1. 개념

① 수목급, 수형급, 수간급으로도 불림.
② 임분을 구성하는 나무들은 입지의 변화, 유전적 소질의 차이, 여러 피해, 인공림의 경우 묘목의 인위적 취급의 차이 등으로 수고, 수관의 확장, 간형 등에 차이가 발생
③ 수형급을 조사하고 식별한다는 것은 우량형질의 나무와 형질이 불량한 나무를 판별하는 것으로, 임목생육의 경쟁상태를 알아내는 근본이 됨.

2. Hawley의 수관급의 구분

① 우세목(優勢木) : 상층임관을 구성하고, 상방광선을 충분히 받으며, 상당량의 측방광선도 받을 수 있는 수관을 가지고 있는 나무, 임분 구성 인자로는 평균 이상의 크기를 가지고 있음.

② 준우세목 : 우세목과 비슷하나 측방광선을 받는 양이 비교적 적고, 수관의 크기는 평균에 가깝다. 수관은 측방적으로 압력을 받고 있음.

③ 중간목(개재목) : 수고에 있어서 우세목과 준우세목에 다소 떨어지나 수관은 그들 사이에 끼어들고 있고, 상방광선을 받는 양은 제한됨, 측방광선은 거의 받지 못하고 있다. 수관이 작고, 측방으로부터 많은 압력을 받고 있음.

④ 피압목 : 하층임관을 구성하는 것으로 직사광선을 거의 받지 못하고 있는 것을 말함.

3. 寺崎(데라사끼)의 수형급 ☆☆

1) 특징

상층임관을 구성하는 우세목(1급목, 2급목)과 하층임관(3급목, 4급목, 5급목)을 구성하는 열세목으로 먼저 구분한 다음 수관의 모양과 줄기의 결점을 고려해서 다시 세분함.

2) 구분

① 1급목 : 수관의 발달이 이웃한 나무에 의하여 방해를 받는 일이 없고, 확장되거나 기울어지지 않고 수관형태에 결함이 없는 나무

② 2급목 : 수관의 발달이 이웃한 나무에 의해 방해를 받아 정상적이지 못하고 줄기에도 결함이 있는 나무로 2급목은 그 내용에 따라 a, b, c, d, e의 5계급으로 나눔.

a	수관의 발달이 지나치게 왕성하고, 넓게 확장하거나 또는 위로 솟아올라 수관이 편평한 것(폭목)
b	수관의 발달이 지나치게 약하고 이웃한 나무 사이에 끼어서 줄기가 매우 세장한 것(개재목)
c	이웃한 나무 사이에 끼어서 수관발달에 측압을 받아 자람이 편의된 것(편의목)
d	줄기가 갈라지거나 굽는 등 수형에 결점이 있는 것, 그리고 모양이 불량한 전생수(곡차목)
e	피해를 받는 나무(피해목)

③ 3급목 : 생장은 뒤떨어져 있으나 수관과 줄기가 정상적이고 그 둘레의 1,2급목이 제거되면 생장을 계속할 수 있는 나무 (중간목, 중립목)

④ 4급목 : 생장은 계속하고 있으나 너무 피압되어 충분한 공간을 주어도 쓸만한 나무가 될 가능성이 없는 나무 (피압목)

⑤ 5급목 : 고사목, 도목, 살아남을 가능성이 없는 나무

■ Hawley의 수관급
줄기의 형태와 수관의 특성으로 구분되는 수관급을 바탕으로 하여 정해진 간벌형식에 따라 간벌대상목을 선정함.

우세목	상방광선, 측방광선을 충분히 받는 수관
준우세목	측방광량이 적음, 수관크기가 평균적임.
중간목	우세목과 준우세목에 끼어 상방광선이 제한됨
피압목	하층임관을 구성

■ 사기(데라사끼)의 수형급

상층임관 (우세목)	1급목	수관이 발달하기 알맞은 수목
	2급목	폭목(a) 개재목(b) 편의목(c) 곡차목(d) 피해목(e)
하층임관 (열세목)	3급목	중간목, 중립목
	4급목	피압목
	5급목	고사목, 도목

CHAPTER 07

간벌(숲가꾸기)

4. 河釜(가와다)의 활엽수 수관급

① A : 우세목으로서 형질이 좋은 나무
② B : 우세목으로서 형질에 결점이 있는 나무
③ B̄ : B와 비슷하지만 당장 간벌하면 소개되는 공간이 너무 커서 염려되는 나무
④ C : 보통의 열세목
⑤ D : 수고가 C와 비슷하나 이미 초두가 고사하고 죽게 된 나무 또는 수형이 매우 불량한 나무
⑥ E : 수고에 관계없이 전염성의 병목 또는 도목, 경사목, 고목 등으로 임분 구성인자로 인정하기 어려운 나무

5. 활엽수에 대한 덴마크의 수관급

① 주목(A) : 곧은 수간과 정상인 수관을 가지는 것으로 이것은 남겨서 그 자람을 촉진시키는 대상이 됨.
② 유해부목(B) : 주목의 수관발달에 지장을 주는 것으로 제거대상이 되는 나무
③ 유요부목(C) : 주목의 지하간장을 길게 하기 위하여 남겨 두어야 할 필요성이 있는 나무
④ 중립목(D) : A, B, C 어느 것에 소속되는지 확실하지 않아서 간벌할 때 일단 그냥 남겨두었다가 다음번 간벌할 때 다시 고려할 나무로서 때로는 마지막 간벌 때까지 남게 되는 나무

4 간벌의 양식

1. 정성적 간벌 ☆☆☆

1) 개요
① 수관급을 기준으로 해서 양을 구체화하지 않고 간벌의 종류에 따라서 행하는 간벌(데라사끼 간벌)
② 하층간벌·상층간벌·택벌식간벌·기계식간벌·활엽수간벌 등이 있음.
③ 하층간벌(보통간벌)은 A종간벌(약도간벌)·B종간벌(중도간벌)·C종간벌(강도간벌)이 있음.
④ 상층간벌은 D종간벌·E종간벌로 구분

2) 사기(데라사끼)의 간벌형식

간벌형식		방법
하층간벌	A	• 4급목과 5급목을 제거, 2급목의 소수를 끊는 간벌 (1급목 : 전부 남김, 2급목 : 일부 끊음, 3급목 : 전부 끊음, 4급목 : 전부 끊음, 5급목 : 전부 끊음) • 간벌하기 앞서서 제벌 등 선행되는 중간 벌채가 잘 이루어졌다면 A종간벌을 할 필요성은 거의 없음.
하층간벌	B	• 4·5급목 전부와 3급목의 일부, 2급목의 상당수를 끊는 것 (1급목 : 전부 남김, 2급목 : 일부 남김, 3급목 : 일부 끊음, 4급목 : 전부 끊음, 5급목 : 전부 끊음) • C종과 함께 단층림에 있어서 가장 넓게 실시
하층간벌	C	• B종보다 벌채하는 수관급이 광범위하고, 1급목의 일부도 벌채되는 것이 B종간벌과 다른 점(우량목이 많은 임내에 적용) (1급목 : 일부 끊음, 2급목 : 전부 끊음, 3급목 : 일부 남김, 4급목 : 전부 끊음, 5급목 : 전부 끊음)
상층간벌	D	• 상층임관을 강하게 벌채하고 3급목을 남겨서 수간과 임상이 직사광선을 받지 않도록 하는 것 (1급목 : 일부 끊음, 2급목 : 전부 끊음, 3급목 : 전부 남김, 4급목 : 전부 끊음, 5급목 : 전부 끊음)
상층간벌	E	• 최하층의 4급목이 전부 남게 되는 것이 D종간벌과 크게 다른 점 (1급목 : 일부 남김, 2급목 : 전부 끊음, 3급목 : 전부 남김, 4급목 : 전부 남김, 5급목 : 전부 끊음)

〈간벌의 종류에 따른 간벌률〉　　　　(단위: %)

구분	A종	B종	C종	상층간벌
재적률(%)	15~20	20~30	30~40	25~30
본수율(%)	25~35	35~45	45~60	25~35

3) Hawley의 간벌형식 ☆☆

① 하층간벌
  ㉮ 하층목을 주로 끊어 냄.
  ㉯ 처음에는 피압된 가장 낮은 수관층의 나무를 벌채하고, 그 후 점차로 높은 층의 나무를 끊어 내는 방법
② 수관간벌
  ㉮ 상층임관구성분자가 간벌의 대상
  ㉯ 상층임관을 소개하여 같은 층을 구성하고 있는 우량개체의 생육을 촉진하는 데 목적이 있고, 주로 준우세목이 벌채되며, 우량목에 지장을 주는 중간목과 우세목의 일부도 벌채됨.

핵심 PLUS

■ 사기(데라사끼)의 간벌 ☆

	1급목	2급목	3급목	4급목	5급목
A종간벌	○	◑	×	×	×
B종간벌	○	▲	◑	×	×
C종간벌	◑	×	▲	×	×
D종간벌	◑	×	○	×	×
E종간벌	▲	×	○	○	×

○ : 전부 남김.
◑ : 일부 끊음.
▲ : 일부 남김(많이 끊음).
× : 전부 끊음.

■ Hawley의 간벌형식
  ① 하층간벌 : 보통간벌, 독일식 간벌법
  ② 수관간벌 : 프랑스법, 덴마크법, 상층수관간벌
  ③ 택벌식간벌 : Borggreve법, 상층간벌, 우세목간벌
  ④ 기계적간벌 : 일정한 양의 간벌

③ 택벌식 간벌

㉮ 일찍부터 수확을 올리고 잔존임목에 충분한 공간을 주어 우세목을 만들 목적으로 1급목 중 가장 큰나무, 때로는 1급 전부와 5급목의 전부를 벌채하는 방법으로 일종의 상층간벌에 속함.

㉯ 수익성이 없다고 생각되는 나무는 벌채 대상목으로 하지 않음.

㉰ 우세목으로 대체될 좋은 하급목이 충분히 있어야 하며, 펄프재, 그밖에 중경목의 생산이 유리한 경우에 적용됨.

④ 기계적 간벌

㉮ 간벌 후에 남겨질 수목간 거리를 사전에 정해 놓고 수관의 위치와 모양에 상관없이 실시

㉯ 수고가 비슷하고 형지에 차이가 잘 인정되지 않는 유령 임분에 흔히 적용

㉰ 기계적 간벌은 등거리간벌과 열식간벌이 있음.

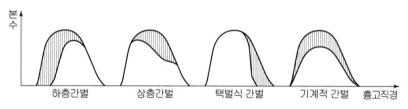

그림 Hawley의 4가지 간벌방법 (모두 동령림이며 실선 부분은 간벌되는 부분)

2. 정량간벌

1) 개요

① 간벌의 실행기준을 간벌량에 두고 임목밀도를 조절해 나가는 간벌

② 수종별로 일정한 임령의 수고, 또는 흉고직경에 따라 잔존 임목본수를 미리 정해 놓고 기계적으로 간벌을 실행하는 방법

2) 정량간벌의 장점 · 단점 ☆

장점	단점
• 간벌량과 최종 수확량 생산재의 규격 등의 예측이 가능 • 임분을 체계적이고 계획적으로 관리 • 공간을 최대한으로 적절하게 활용	• 임목의 형질과 기능이 고려되지 않음. • 간벌할 때 잔존목에 대한 균일한 공간 배치를 우선하되 형질불량목 및 열세목, 피압목 등을 간벌목으로 선정함으로써 이러한 단점을 보완함.

3) 간벌량의 결정

① 간벌대상의 임분의 평균수고, 평균직경, 임령 등에 대한 적정본수, 재적, 흉고단면적 합계 등을 결정해야 하며 임분 수확표나 밀도관리도 등을 이용

② 현행 대상임분 내 주임목 평균 흉고직경을 조사하여 임분 수확표상 해당 직경에 대한 주임목 본수를 간벌 후의 적정잔존본수로 결정하는 방법을 적용

③ 적정간벌은 해당경급을, 약도간벌은 낮은 경급을, 강도간벌을 상위경급을 적용하여 경영목표에 맞추어 간벌량을 임의로 결정할 수 있음.

④ 목표생산재, 임분의 상태, 작업의 경제성 등을 고려하여 기준본수의 30% 범위내에서 간벌량의 조정이 가능함.

⑤ 과도한 벌채가 되는 과밀한 임분은 적정한 간벌 비율을 기준으로 60%범위 내에서 5년 내외의 간격으로 나누어 간벌을 실시함.

⑥ 기타 활엽수(포플러류 제외)임지에서는 참나무류 기준표를 적용하고 전나무 등 기타 침엽수는 유사 침엽수 기준표를 적용함.

4) 간벌목 선정 ☆

① 간벌 후의 잔존본수가 결정되면 다음의 계산식으로 간벌 후 잔존목의 거리간격을 결정

② 거리간격을 감안하여 고사목 및 피해목 > 피압목 > 생장불량목 > 형질열등목 > 우량목, 생장에 방해가 되는 임목순으로 제거목을 선정

③ 잔존본수가 가능한 임지 전체에 균일하게 분포되도록 간벌목을 선정

④ 간벌 후 잔존목의 거리간격 계산식

$$잔존목의\ 간격(m) = \sqrt{\dfrac{10{,}000m^2}{ha당\ 간벌\ 후\ 잔존본수}}$$

5) 간벌의 대상지

① 수종이 단순하고 수목의 형질이 비슷한 산림

② 우세목의 평균수고가 10m 이상인 임분으로서 15년생 이상인 산림

③ 어린나무가꾸기 등 숲가꾸기를 실행한 산림, 다만 숲가꾸기를 실행하지 않았더라도 상층 입목간의 우열이 시작되는 임분은 실행이 가능함.

■ 도태간벌(보충설명)
① 장벌기로 가꿀 미래목을 미리 선정하고, 이 나무에 방해가 되는 나무를 벌채하는 방법
② 우리나라에서는 1985년부터 산림시책에 반영, 실행되고 있음.
③ 도태간벌의 대상지
  • 숲땅이 비옥한 곳
  • 임목의 생육이 좋은 곳
  • 도태간벌을 실행하기 전에 잡목 솎아내기(제벌) 및 예비 간벌을 실행한 숲땅
  • 주림(임)목 평균 높이가 6~10m 내외의 숲땅
  • 형질이 우량한 대경목 생산을 목표로 하는 숲땅

■ 미래목 선정 요령
① 미래목 선정 본수는 수종과 경영목표에 따라 달라짐.
② 임분밀도는 미래목과 중용목으로 유지하되, 수고·수종 및 생장 특성 등을 고려하여 미래목을 선정
③ 미래목은 가치 있는 수종을 선정하되, 줄기의 형질이 좋고 수관의 발달이 건전한 우세목 중에서 선정
④ 미래목과 중용목으로 남겨두어 보육하여야 할 대상 수종은 가급적 유용 경제수종으로 선정함.

3. 도태간벌

1) 개념

① 도태간벌은 쉐델린(1934)의 간벌방식이라고도 하는데, 최고의 가치생장을 위해 자질이 우수한 나무를 항상 집중적으로 선발 탐색하여 조절해 주는 것으로 심하게 경쟁하는 나무는 제거하고 우수한 나무의 생장이 발달되도록 촉진시키는 방법

② 현재의 가장 우수한 나무 즉, 미래목을 선발하여 관리하는 것을 핵심으로 하는데 우리나라에서 보편적으로 사용하고 있는 간벌방법

③ 미래목과 중용목의 하층 임관을 이루고 있는 보호목은 제거하지 않음.

④ 칡, 머루, 다래, 담쟁이 등 미래목에 피해를 주거나 향후 피해가 예상되는 덩굴류는 제거함.

2) 도태간벌의 이론상의 임목 구분 ☆☆☆

미래목	수목사회적 위치, 건전성, 형질 등이 가장 우수한 나무로 선발된 정형수로 목표하는 최종수확목으로 남기는 나무
선발목	• 일정한 조건(동일한 수령, 동일한 입지환경 등) 하에서 주위 인접목보다 외형상으로 한 가지 또는 그 이상의 특성이 아주 우수하게 나타나는 수형목 • 일단 선발되었어도 목표하는 최종 수확목으로 끝까지 남을 수도 있고 중도에 생장과 형질이 저조해져 다른 나무로 대체될 수도 있는 나무
후보목	• 임목형질과 생장의 우열이 확실히 분화되지 않은 유령림 단계의 임분에서 차후 선발목으로 선택될 가능성이 있는 우량한 나무 • 보육작업시 선발하지는 않지만 특별히 보호하고 장려됨.

3) 특성

① 도태간벌은 간벌양식으로 볼 때 상층간벌에 속하지만 전통적 간벌양식과는 다른 새로운 간벌양식임.

② 도태간벌은 가장 우수한 우세목들을 선발하여 그 발달을 조장시켜 주는 명쾌한 목표의 무육벌채 수단을 갖고 있는 간벌양식임.

③ 도태간벌은 상층임관의 일시적 소개에 의해서 지피식생과 중·하층목이 발달되어 미래목의 수간 맹아 형성 억제와 복층구조 유도가 용이해짐.

④ 무육목표를 최종수확목표인 미래목에 집중시킴으로써 장벌기 고급 대경재 생산에 유리하여, 간벌 대상목이 주로 미래목의 생장 발해목에 한정되기 때문에 간벌목 선정되어 비교적 용이함.

⑤ 미래목 생장에 방해되지 않는 중·하층목 대부분은 존치되고 주로 미래목의 생장 방해목이 간벌됨으로써 간벌재 이용에 유리함.

4) 미래목의 요건 및 관리 방법 ☆☆

① 요건

수종	• 침·활엽수의 모든 경제수종에서 미래목 선발이 가능하고, 혼효림에서는 유용수종을 우선 선발하되 그 임지의 우점 수종이어야 함.
생활력과 임지적응력	• 건전하고 생장이 왕성한 것(근부, 수간 및 수관) • 피압을 받지 않은 상층의 우세목일 것(폭목은 제외됨)
형질	• 나무줄기가 곧고 갈라지지 않으며, 병충해 등 물리적인 피해가 없어야 함.
거리 및 간격	• 미래목간의 거리는 최소 5m 이상 • 미래목간의 거리, 간격을 일정하게 유지할 필요는 없으며, 임분 전체로 볼 때 대체로 고루 배치되는 것이 이상적임. • 최대 400본/ha 미만으로 활엽수는 100~200본/ha, 침엽수는 200~400본ha본을 미래목으로 함.

② 미래목의 관리방법

표시	가슴높이에서 10cm 폭으로 황색 수성페인트를 둘러서 표시함.
가지치기	• 미래목에 대해서만 실시하며 산 가지치기일 경우 11월부터 이듬해 5월 이전까지 실행하여야 하나 작업여건, 노동력 공급 여건 등을 감안하여 작업시기의 조정이 가능함. • 가지치기 높이는 나무 키의 1/3~2/5 정도로 하며 마른가지는 전부 잘라줌. • 활엽수 가지치기는 지융부를 손상치 않도록 하며, 반드시 톱을 사용하고 낫을 사용한 가지치기는 금지함. • 주의사항 : 활엽수(포플러류 제외)는 가지 직경이 5cm 이상이면 상처 유합이 어려우므로 절단해서는 안 됨.
관리	• 벌채 및 산물의 하산작업, 기타 작업시 미래목을 손상하지 않도록 주의 • 덩굴류(칡, 머루, 다래, 담쟁이 등)는 수시로 제거

6) 미래목 외 임분 구성목 구분 ☆

① 중용목

㉮ 미래목과 함께 선발되지 못한 우세목 또는 준우세목으로서 미래목과 충분히 떨어져 있어 미래목에 영향을 주지 않으며 임분 구성에 필요한 예비목

㉯ 차후 임분밀도가 과밀해지거나 간벌재를 이용할 필요가 있을 때는 간벌대상이되나 상황에 따라 미래목을 대신할 수도 있음.

② 보호목(유용목)

㉮ 하층임관을 이루고 있는 유용한 임목

㉯ 미래목 생육에 지장을 주지 않으며, 수간하부의 가지발달 억제와 임지 보호를 목적으로 잔존시킴.

핵심 PLUS

• 대상임분
① 장벌기 우량대경재생산을 목표
② 지위 '중' 이상으로 임목의 생육상태가 양호
③ 우세목의 평균수고 10m 이상인 임분(임령 20년생 이상)
④ 간벌실행 전에 제벌 등 무육을 실시한 임지, 다만 무육을 실행하지 않은 임지라도 상층 임목간의 우열이 현저한 우량임분의 경우에는 실행이 가능

• 도태간벌시 임목 구분
① 미래목 : 최종 수확기에 벌채하게 될, 줄기가 곧고 피해가 없는 나무
② 중용목(무해목) : 줄기가 곧고 흠이 없으며, 미래목이 피해를 받게 되면 대치할 수 있는 나무
③ 보호목(유용목) : 하층 임관을 이루는 나무로, 미래목 벌채 후 가꿀 나무(산림을 보호하고 임분밀도를 조절하기 위해 남겨 두는 나무)
④ 방해목(유해목) : 경합목, 지장목
⑤ 무관목 : 미래목과 중용목에 전혀 지장을 주지 않는 형질 불량목, 차후 제거

③ 방해목(또는 유해목)

㉮ 미래목 및 중용목 생육에 지장을 주는 간벌대상목임.

㉯ 경합목 : 미래목과 중용목에 인접하여 압박을 주거나 경합하는 모든 나무

㉰ 지장목 : 미래목과 중용목에 인접한 세장목 또는 기대어 있는 나무

④ 무관목 : 미래목과 중용목에 전혀 지장을 주지 않는 형질 불량목, 피해목 등으로서 임분 구성상 일단 존치시키는 나무, 차후 제거 대상이 됨.

4. 열식간벌

1) 적용대상지

① 입목의 생장이 균일하여 입목 간의 우열이 심하지 않은 임지

② 열식 인공조림지로서 입목밀도가 식재본수의 70% 이상인 임지

③ 솎아베기를 실행하지 않는 유령임분

④ 잣나무나 낙엽송의 인공조림지로서 도태간벌, 정량간벌의 적용이 어려운 임지 등 특별한 경우가 아니고는 열식간벌을 적용하지 않음.

2) 작업방법

① 2열 이상 존치시키고 1열을 간벌열로 선정함.

② 간벌열의 첫 번째 입목은 존치시키되 기계화 작업시 장애가 되는 입목은 제거할 수 있음.

③ 간벌열 내의 우량입목은 존치시킬 수 있으며 잔존열 내의 불량목은 제거할 수 있음.

5. 종합 ☆☆☆

구분	정량간벌	도태간벌	열식간벌
대상지	모든 임지	지위 '중' 이상	–
임분특성	동령단순림	모든임분	동령단순림
선목기준	임목본수, 흉고단면적, 재적	미래목	식재열
선목방법	상층목, 하층목, 간벌강도 (약도, 적정, 강도)	미래목의 생장에 방해되는 임목제거	제거열

5 천연림의 조성 관리

1. 천연림의 구분

1) 활엽수림

활엽수로 구성된 천연림

2) 소나무림

소나무로 구성된 천연림

3) 침·활엽수혼효림

침엽수와 활엽수가 혼효된 숲으로 침엽수는 소나무가 주 수종임.

2. 천연림보육 대상지 및 작업시기

1) 대상지 ☆☆☆

① 우량대경재 이상을 생산할 수 있는 천연림
② 조림지 중 형질이 우수한 조림목은 없으나 천연 발생목을 활용하여 우량대경재를 생산할 수 있는 인공림
③ 평균 수고 8m 이하이며 입목 간의 우열이 현저하게 나타나지 않는 임분으로서 유령림단계의 숲가꾸기가 필요한 산림
④ 평균 수고 10~20m이며 산림으로서 상층목 간의 우열이 현저하게 나타나는 임분으로서 솎아베기 단계의 숲가꾸기가 필요한 산림

2) 작업 시기 및 사업종의 구분 추진 ☆☆

① 산 가지치기를 수반하지 않을 경우에는 연중 실행 가능
② 산 가지치기를 수반하는 경우에는 11월 이후부터 이듬해 5월 이전까지 실행하여야 하나 가지치기를 천연림보육 작업과 별도의 사업으로 구분하여 추진할 경우 작업 여건·노동력 공급 여건 등을 감안하여 연중 실행 가능
③ 미래목을 선발하는 선목작업은 천연림보육 작업과 별도의 사업으로 구분하여 실행할 수 있음.

3. 생육단계 ☆

① 천연림의 보육작업은 생육단계(임분발달단계)인 치수림 단계, 유령림 단계, 간벌림 단계의 3단계로 구분하여 실시함.
② 치수림단계 : 상층임관을 이루는 임목의 평균수고가 2m 내외인 임분에서 제거대상 임목을 제거함으로써 형질 우량목을 어릴 때부터 보호하여 임분의 질을 높이고 장차 미래목을 선정할 수 있는 기초를 만드는 보육작업 단계

핵심 PLUS

■ 기본원칙
① 임분의 발육단계별로 보육작업을 구분하여 실시함.
② 경제적이고 생태적인 방법으로 실시함.
③ 늦은 임분개량이 어려우므로 적기에 실시함.
④ 존치 대상목의 생장을 방해하거나 해를 주지 않는 하층식생은 존치함.
⑤ 적합한 도구를 사용하여 충분한 작업능률을 고려하여 실시함.
⑥ 이론 및 원칙에 집착하지 말고 임지 및 임분상태 및 경영목표를 충분히 고려하여 실행함.

■ 천연림의 보육단계(임분발달단계)
치수림단계(평균수고 2m 내외)→유령림단계(평균수고 8m 이하)→간벌림단계(평균수고 10~12m)

③ 유령림단계 : 임목의 평균수고가 8m 이하의 임분으로 상층 임목간의 우열이 현저하게 나타나지 않는 천연임분에서 형질 불량목을 제거해주고 우량목을 보호함으로써 임분의 질을 높이고, 장차 간벌단계 보육시 미래목을 선정할 수 있는 기반을 조성하는 보육작업 단계, 치수림보육을 실시하지 아니한 유령림보육 대상임분은 바로 유령림 보육 작업을 할 수 있음.

④ 간벌림단계 : 임목의 평균수고가 10~12m 정도의 임분으로 상층임목 간 우열이 뚜렷한 천연 임분에서 우세목 중 미래목을 선정하고 미래목 위주로 무육하는 도태간벌을 실시하는 단계임.

표. 천연림의 보육단계

보육단계		평균수고
치수림		2m 내외
유령림		8m 이하
간벌림	1차	10~12m
	2차	15~17m
	3차	20~21m

4. 작업 방법

1) 치수림 보육

① 치수림 내 형질이 불량한 폭목은 제거하며, 치수의 피해를 최소화하기 위하여 수피벗기기나 살목제를 이용

② 칡, 다래, 아까시나무, 싸리나무 등 필요로 하지 않는 수종들은 광선 · 수분 · 양분 경합을 최소화하기 위하여 제거

③ 불량 형질목, 병든 나무 등은 제거함.

④ 치수간격은 보통 1~1.5m가 되도록 조절하며 천연치수가 우점종을 이룰 수 있도록 혼효상태를 조절함.

2) 유령림(幼齡林) 보육

① 상층목 중 형질이 불량한 나무, 폭목을 제거 대상목으로 함.

② 형질이 불량한 상층목이라도 잔존하는 상층목에 피해를 주지 않고 경관 유지와 야생조류의 서식지 · 먹이 등의 목적으로 필요할 경우 제거하지 않을 수 있음.

③ 상층을 구성하고 있는 수종이 대부분 소나무일 경우, 형질이 불량한 대경목과 폭목은 제거

④ 불량 상층목과 폭목의 벌채시 남아 있는 나무에 피해를 줄 우려가 있을 경우 수피벗기기 등의 방법을 사용할 수 있음.

⑤ 칡, 다래 등 덩굴류와 병충해목은 제거

⑥ 과다한 임지노출이 우려될 경우를 제외하고 형질 불량목, 아까시나무, 싸리나무, 불량 참나무류, 활엽수 움싹 등은 제거

⑦ 임분이 과밀할 경우 우량 상층목이라도 솎아 주고 제거 대상목은 지표에 가깝게 베어냄.

⑧ 움싹이 발생되었을 경우 각 근주에서 생긴 2본 정도 남기고 정리하며, 유용한 실생묘는 존치

⑨ 제거하지 않은 나무 중 쌍가지로 자란 경우에 하나는 잘라주고, 원형수관은 원추형(圓錐形)으로 유도

⑩ 상층목의 생육에 지장이 없는 하층식생은 제거하지 않고 존치

⑪ 침엽수의 경우, 산 가지치기를 수반할 경우 11월 이후부터 이듬해 5월 이전까지 실행하고 가지치기는 전정가위를 사용하여 실시

⑫ 가지치기는 침엽수일 경우 형질우세목 중심으로 실시

6 움싹갱신지 보육

1. 대상지는 움싹갱신을 실시한 임지

2. 작업 시기

① 보완조림은 천연림갱신의 움싹갱신 방법에 따름.

② 풀베기, 덩굴제거는 인공림과 같음.

③ 움싹 본수 조절은 움싹갱신 2~3년 후 생장휴지기인 11월 이후부터 이듬해 5월 이전까지 실시

3. 작업 방법

① 보완조림은 움싹이 발생하지 않은 지역에 실시

② 풀베기, 덩굴제거는 임지상황에 따라 횟수를 지정하여 실시

③ 움싹 본수 조절은 그루터기 당 신갈나무, 갈참나무 등은 2~3본, 상수리나무, 굴참나무 등은 1~2본을 남김.

④ 임분유형에 따라 밀생형, 소생형, 균일형으로 구분하여 적용

　㉮ 밀생형(密生形)은 버섯용원목 또는 10~20cm 내외의 소경재를 생산하는 특용·소경재를 목표생산재로 적용

　㉯ 소생형(疏生形)은 상층의 우세목은 우량중경재를 목표생산재로 하고 중·하층은 버섯용 원목 또는 소경재를 생산하는 특용·소경재를 목표생산재로 함.

　㉰ 균일형(均一形)은 천연림보육의 작업 방법을 적용함.

■ 움싹갱신지 보육
　① 풀베기, 덩굴제거
　② 움싹 본수 조절
　③ 임분 유형에 따라
　　• 밀생형(특용·소경재 생산)
　　• 소생형(우량중경재 생산)
　　• 균일형(천연림 보육작업 적용)

핵심 PLUS

■ 복층림의 조성관리
　① 단목택벌에 의한 조성
　　• 우량대경재 생산가능한 임지
　　• 최종 수확 본수 200~300본/ha
　　　내외 조절
　　• 상층목에서 2m 떨어진 공간에 1.8m
　　　간격으로 수하식재
　② 대상벌채에 의한 조성
　　• 산림병해충 피해지, 임목형질 불량
　　　임지
　　• 식재열 기준으로 2~3열 교호대상
　　　으로 벌채

■ 수하식재
　① 하목식재라고도 함.
　② 임분의 연령이 높아짐에 따라 임관
　　이 엉성해지고, 햇빛이 직사해서
　　임지를 건조하게 하고 표토가 유실
　　이 될 수 있으므로 임지를 보호하기
　　위해 그 밑에 비효와 내음성이 있는
　　나무를 심는 일

7 복층림의 조성 · 관리

1. 단목택벌(單木擇伐)에 의한 조성

1) 대상지

① 입지 조건이 양호하고 집약적인 산림관리가 가능한 Ⅴ 영급 이상인 임지로 우량 대경재 생산이 가능한 임지

② ha당 침엽수림은 300본, 활엽수림은 200본 가량의 우량대경재를 최종 수확 할 수 있는 임지

③ 공익기능 유지 및 입지 조건상 모두베기가 부적당한 임지

2) 작업 방법

① 최종 수확본수가 ha당 200~300본 내외가 되도록 조절

② 상층목에서 2m 떨어진 공간에 1.8m 간격으로 수하식재

③ 천연하종갱신이 가능한 임지는 갱신상을 조성하거나 움싹갱신, 수하식재(樹下 植栽)와 병행할 수 있음.

2. 대상벌채(帶狀伐採)에 의한 조성

1) 대상지

① 산림병해충 피해지, 입목형질이 불량한 임지 중 임분 전환 또는 수종갱신이 필요한 임지

② Ⅲ 영급 이상의 조림지, 형질이 불량한 활엽수림, 15년생 내외의 현사시나무 조림지

③ 인공림의 일반소경재와 천연림의 특용 · 소경재 생산 임지

④ 공익기능 유지 및 입지 조건상 모두베기가 부적당한 임지

2) 작업 방법

① 식재열을 기준으로 하여 2~3열을 교호대상으로 벌채

② 잔존대로부터 2m 떨어진 벌채대 내에 1.8m×1.8m 간격으로 식재

③ 식재목이 하층식생의 영향을 받지 않고 생장할 수 있는 시기에 잔존대 벌채

④ 천연갱신이 가능한 임지는 갱신상을 조성하거나 움싹갱신, 식재조림을 병행할 수 있음.

8 임연부의 조성 · 관리

1. 대상지

산림과 산림이 아닌 지역의 경계 지점으로부터 산림 지역 방향으로 30m 내외까지의 거리. 다만, 생태적 격리라고 판단되지 않는 5m 미만인 임도 또는 시설물 등은 임연부(林緣部)에서 제외

2. 작업 방법

① 다양한 수종의 조성과 발생촉진을 통해 생태계의 종다양성과 시각적 다양성을 제고하고 보존해야 할 생물의 서식지역은 서식환경을 보전 또는 개선
② 가급적 산림이 아닌 지역으로부터 초본, 관목, 아교목, 교목순의 계단형이 되도록 조성 · 관리
③ 밀생임분은 약도의 솎아베기를 5년 이상의 간격으로 수회 실시하여 활력도 및 생태계 종다양성과 시각적 다양성을 제고
④ 임연부 내에서 발생하는 산물을 전량 수집하여 활용하거나 산불 · 산사태 · 산림병해충 등 산림재해의 우려가 없다고 판단될 경우 지면에 닿도록 잘라 부식을 촉진
⑤ 임내를 투시하여 감상할 수 있는 지역, 경관적으로 중요한 지역을 제외하고는 풍해 등 피해 예방을 위해 가지치기를 하지 않고 교목 수림대의 경우 입목밀도를 조절하여 풍해를 예방

9 내화수림대의 조성 · 관리

1. 대상지

① 대형산불 피해지의 복구 지역
② 대형산불의 피해가 있었거나 발생의 위험이 있는 침엽수림의 벌채 후 조림 또는 갱신 지역
③ 대형산불의 피해가 있었거나 발생의 위험이 있는 침엽수림의 숲가꾸기 지역

2. 작업 방법

① 내화수림대의 폭은 30m 내외로 함.
② 조림 작업을 할 경우에는 마을, 도로, 농경지의 인접 산림에 참나무류 등 활엽수종을 중심으로 내화수림대 조성
③ 숲가꾸기 작업을 할 경우에는 마을, 도로, 농경지의 인접 산림의 솎아베기를 통해 침 · 활엽수 혼효림의 내화수림대로 전환

■■■■ 7. 간벌(솎아베기)

1. 간벌(間伐)의 효과가 아닌 것은?

① 임목의 생장을 촉진시키고 재질을 향상시킨다.
② 지력의 유지를 약화시킨다.
③ 각종 위해를 방지한다.
④ 간벌재를 이용할 수 있다.

2. 간벌의 효과와 거리가 먼 것은?

① 벌기 수확이 양적·질적으로 높아진다.
② 생산될 목재의 형질이 향상된다.
③ 조기에 간벌 수확이 얻어진다.
④ 수고생장을 촉진하여 연륜폭이 넓어진다.

3. 간벌에 대해서 가장 바르게 설명하고 있는 내용은?

① 산화 위험을 크게 한다.
② 옹이가 없는 나무를 생산하기 위해 실시한다.
③ 생산목재의 품질을 향상시킬 목적으로 실시된다.
④ 초살도를 낮추고 수고생장을 촉진시킬 목적으로 실시된다.

4. 간벌작업의 실시 과정에서 그 작업 방법을 가장 바르게 설명하고 있는 내용은?

① 간벌에서 1급목을 벌채하는 일은 없다.
② 간벌은 강하게 자주하는 것이 좋다.
③ 지위가 높은 임지는 지위가 저조한 임지보다 간벌주기가 짧아진다.
④ 간벌은 여름에 실시하는 것이 유리하다.

해설 1
간벌은 임목의 밀도를 조절하여 지력을 증진시킨다.

해설 2
바르게 고치면, 간벌은 직경생장을 촉진하여 연륜폭이 넓어진다.

해설 3
간벌은 임목의 생육을 촉진하고 재적생장과 형질생장을 증가시킨다.

해설 4
지위가 양호한 임분은 노령림 또는 지위가 저조한 임분보다 간벌주기가 짧아진다.

정답 1. ② 2. ④ 3. ③ 4. ③

5. 간벌을 위한 지침기준으로 입목밀도(Stand Density)를 나타내는 인자가 아닌 것은?

① 입목수
② 흉고단면적
③ 우세목의 수고
④ 간재적(幹材積)

6. 간벌률을 결정하는 기준으로 사용되는 용어가 아닌 것은?

① 본수율
② 재적률
③ 수광률
④ 흉고단면적률

7. 어린 임분에 대한 간벌량 결정에 가장 많이 이용되는 것은?

① 그루수율
② 재적률
③ 흉고직경률
④ 흉고단면적률

8. 일반 임지에서 낙엽송의 간벌개시임령으로 가장 알맞은 것은?

① 5 ~ 10년
② 10 ~ 15년
③ 20 ~ 25년
④ 25 ~ 30년

9. 주요 침엽수종에서 간벌개시임령이 가장 짧은 것은?

① 소나무
② 편백
③ 가문비나무
④ 전나무

10. 다음 중 간벌개시임령이 적당하게 표현되지 않은 것은?

① 소나무 : 15 ~ 20년 (5,000본/ha의 식재밀도)
② 잣나무 : 15 ~ 20년 (3,000본/ha의 식재밀도)
③ 낙엽송 : 10 ~ 15년 (3,000본/ha의 식재밀도)
④ 전나무 : 10 ~ 15년 (4,500본/ha의 식재밀도)

해설 **5**

간벌작업의 강도는 대개 존치할 입목밀도(입목수, 단면적 등)에 따라 조절한다.

해설 **6**

간벌률은 적절한 입목의 본수를 유지하기 위한 간벌의 정도를 나타내는 것으로 수광률은 관계가 없다.

해설 **7**

어린 임분의 간벌은 그루수율(주수율, 본수율)을 기준으로 한다.

해설 **8**

ha당 3.000본의 식재밀도일 때 낙엽송의 간벌개시임령은 10~15년이다.

해설 **9**

소나무의 간벌개시임령은 15~20년이고, 편백 · 가문비나무 · 전나무의 간벌개시임령은 20~25년이다.

해설 **10**

전나무의 간벌개시임령은 20~25년(4,500본/ha의 식재밀도)이다.

CHAPTER 07 간벌(솎아베기)

11. 다음 중 수형급과 같은 의미가 아닌 것은?

① 수관급   ② 수간급
③ 수목급   ④ 수령급

12. 우세목을 가장 옳게 설명한 것은?

① 상층수관을 이루는 임목으로 1, 2급목이 해당된다.
② 상층수관을 이루는 임목으로 1급목만 해당된다.
③ 상층수관을 이루는 임목으로 1, 2, 3급목이 해당된다.
④ 상층수관 및 하층수관을 이루고 있는 임목 중 키가 큰 것이다.

13. 상층임관을 구성하고 있으며 병해를 받은 임목의 수관급은?

① 1급목   ② 2급목
③ 3급목   ④ 4급목

14. 데라사끼 간벌목 선정에서 2급목에 대한 설명이 아닌 것은?

① 수관의 발달이 지나치게 약하고 이웃 나무 사이에 끼어 줄기가 매우 세장한 것이다.
② 수관이 상층목의 평균 수관높이보다 위에 위치할 수도 있다.
③ 피압상태에 있으나 아직 살아있는 것을 말한다.
④ 상층 수관에 속하나 피압되어 수관이 기울어졌다.

15. 수관과 줄기가 정상이지만 생장이 다소 늦어 임분의 하층임관을 구성하는 나무의 수관급은?

① 2급목   ② 3급목
③ 4급목   ④ 준우세목

해   설

해설 **11**
수형급은 수목 우열의 계급을 정하는 것으로 수간급, 수관급, 수목급 등으로도 불린다.

해설 **12**
수형급은 먼저 상층임관을 구성하는 우세목(1급목과 2급목)과 하층임관을 구성하는 열세목(3급목, 4급목, 5급목)으로 구분한다.

해설 **13**
2급목은 1급목과 함께 상층임관을 구성하고 있으나 수관의 발달이 이웃 나무에 의해 방해를 받아 정상적이지 못하고 줄기에도 결함이 있는 나무이다.

해설 **14**
생장은 계속하고 있으나 다만, 피압되어서 충분한 공간을 주어도 쓸 만한 나무가 될 가능성이 없는 나무는 4급목에 속한다.

해설 **15**
3급목은 생장은 뒤떨어져 있으나 수관과 줄기가 정상적이고 그 둘레의 1, 2급목이 제거되면 생장을 계속할 수 있는 나무를 말한다.

정답 11. ④   12. ①   13. ②   14. ③
15. ②

16. 약도간벌은 다음 중 어느 것과 관련이 있는가?

① A종간벌　　　　　　② B종간벌
③ C종간벌　　　　　　④ D종간벌

17. 하층간벌 중 2급목의 상당수, 3급목의 일부 및 4·5급목의 전부를 벌채하는 간벌 방법은?

① A종간벌　　　　　　② B종간벌
③ C종간벌　　　　　　④ D종간벌

18. 간벌의 기준이 되며 수관급 3급목이 임분의 중요 구성인자가 되고, 1급목이 비교적 적은 곳에서 적용되는 간벌방식은 어느 것인가?

① A종간벌　　　　　　② B종간벌
③ C종간벌　　　　　　④ D종간벌

19. 다음 중 정성간벌이 아닌 것은?

① 하층간벌　　　　　　② 상층간벌
③ 기계적 간벌　　　　　④ 본수에 의한 간벌

20. 줄기의 형태와 수관의 특성으로 구분되는 수관급을 바탕으로 해서 정해진 간벌 형식에 따라 간벌대상목을 선정하는 방법이 아닌 것은?

① 정량간벌　　　　　　② 하층간벌
③ 기계적 간벌　　　　　④ 택벌식 간벌

해　　설

해설 **16**
약도간벌은 임분을 구성하는 주요 임목은 손을 대지 않고 4·5급목의 전부를 벌채하는 A종간벌을 말한다.

해설 **17**
B종간벌은 3급목의 대부분과 2급목의 일부 및 1급목 전부를 남겨두는 것으로 널리 적용되는 방법이다.

해설 **18**
B종간벌은 4·5급목 전부, 3급목의 일부, 2급목의 상당수를 벌채하는 것으로 3급목의 경쟁완화에 목적이 있다.

해설 **19**
정성적 간벌에는 하층간벌·상층간벌·택벌식 간벌·기계적 간벌·활엽수 간벌 등이 있다.

해설 **20**
정성간벌은 주로 수관급을 기준으로 행하는 간벌을 말한다.

정답 16. ① 17. ② 18. ② 19. ④
20. ①

21. 하층간벌의 일종으로 4·5급목의 전부를 벌채하는 것으로 임관을 구성하는 다른 급의 임목 대부분은 벌채하지 않는 것은?

① A종간벌　　　　　　　　② B종간벌
③ C종간벌　　　　　　　　④ D종간벌

22. 데라사끼 간벌에서 우량목이 많은 임내에서 적용하면 그 효과가 큰 간벌방법은?

① A종간벌　　　　　　　　② B종간벌
③ C종간벌　　　　　　　　④ D종간벌

23. 다음 중 C종간벌 실시 후에 남겨지는 수관급은?

① 1급목만 남아있다.
② 1급목과 2급목만 남아있다.
③ 1급목과 3급목 일부가 남아있다.
④ 1급목 일부와 2급목, 3급목이 남아있다.

24. 하층간벌에 속하지 않는 것은?

① 중도간벌　　　　　　　　② 강도간벌
③ 약도간벌　　　　　　　　④ 택벌식 간벌

25. 다음 중 간벌량이 가장 많은 간벌방식은?

① A종간벌　　　　　　　　② B종간벌
③ C종간벌　　　　　　　　④ D종간벌

해　　설

해설 **21**
A종간벌은 임상을 깨끗하게 정리하는 정도의 간벌로 실질적인 간벌수단이라 할 수 없다.

해설 **22**
C종간벌은 2·4·5 급목의 전부, 3급목의 대부분을 벌채하고 1급목 이라도 다른 1급목에 지장을 줄 것은 벌채하는 것으로 우량목이 많은 임내에서 적용하면 그 효과가 크다.

해설 **23**
C종간벌은 1급목이 많은 임내에 적용하여 1급목과 3급목의 일부만 남긴다.

해설 **24**
A종간벌(약도간벌), B종간벌(중도간벌), C종간벌(강도간벌)로 나타낸다.

해설 **25**
C종간벌은 2,4,5급목의 전부, 3급목의 대부분, 1급목의 일부를 벌채하는 강도간벌이다.

정답　21. ①　22. ③　23. ③　24. ④
25. ③

26. 다음 중 상층간벌은?

① A종간벌   ② B종간벌
③ C종간벌   ④ D종간벌

27. 다음과 같은 작업을 실시하는 간벌의 종류는 무엇인가?

| 1급목 : 일부만 자른다. | 2급목 : 모두 자른다. |
| 3급목 : 자르지 않는다. | 4급목 : 자르지 않는다. |

① A종간벌   ② B종간벌
③ C종간벌   ④ E종간벌

28. 밀도가 높은 어린 임분에 적용하는 간벌방법은?

① 하층 간벌   ② 택벌식 간벌
③ 상층 간벌   ④ 기계적 간벌

29. 간벌방법에 따른 간벌률을 나타낸 것 중 옳지 않은 것은?

① A종 간벌 : 본수율 25 ~ 35%, 재적률 15 ~ 20%
② B종 간벌 : 본수율 35 ~ 45%, 재적률 20 ~ 30%
③ C종 간벌 : 본수율 45 ~ 60%, 재적률 30 ~ 40%
④ D종 간벌 : 본수율 40 ~ 50%, 재적률 40 ~ 50%

30. 1급목 중 가장 큰 것이나 1급목의 전부와 5급목을 벌채하는 방법은?

① 택벌식 간벌   ② 기계적 간벌
③ 하층 간벌   ④ 자유 간벌

해설 **26**
상층간벌은 D종간벌과 E종간벌이다.

해설 **27**
E종간벌은 1급목의 일부만 벌채하고 4급목을 벌채하지 않아 최하층의 4급목이 모두 남게 된다.

해설 **28**
기계적 간벌은 아직 수형급이 구분되지 않은 균일한 임목, 벌기까지 남겨 둘 우세목이 필요 이상으로 많은 밀도가 높은 어린 임분에 적용된다.

해설 **29**
상층간벌인 D종간벌의 본수율은 25~35%, 재적률은 25~30%이다.

해설 **30**
택벌식 간벌은 일찍부터 수확을 올리고 잔존임목에 충분한 공간을 주어 우세목을 만들 목적으로 1급목 중 가장 큰 나무, 때로는 1급목 전부와 5급목의 전부를 벌채하는 방법으로 일종의 상층간벌에 속한다.

정답 26. ④ 27. ④ 28. ④ 29. ④
30. ①

31. 그림과 같은 구성을 보이는 동령임분에서 빗금 친 부분을 간벌하였다면 어떠한 간벌방식이 적용된 것인가?

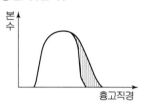

① 하층 간벌　　　　　　② 상층 간벌
③ 택벌식 간벌　　　　　④ 기계적 간벌

해설 **31**
택벌식 간벌은 우세목으로 대체될 좋은 하급목이 충분이 있어야 하며 펄프재, 그밖에 중경목의 생산이 유리한 경우에 적용된다.

32. 그림과 같은 구성을 보이는 동령임분에서 빗금 친 부분을 간벌하였다면 어떠한 간벌방식이 적용된 것인가?

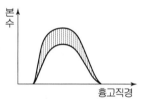

① 하층 간벌　　　　　　② 상층 간벌
③ 택벌식 간벌　　　　　④ 기계적 간벌

해설 **32**
기계적 간벌은 수형급에 관계없이 미리 정해진 임의의 간격에 따라 남겨 둘 임목을 제외하고 모두 벌채하는 방법을 말한다.

33. 다음 중 간벌에 대한 설명으로 옳지 못한 것은?

① 1차 간벌시기는 수종, 지위, 기후에 따라 임분 밀도, 구조, 임분안정성, 시장성 및 이용가치 등을 고려하여 결정하는 것이 일반적이다.
② 간벌양식에는 정성간벌, 정량간벌 등이 있다.
③ 간벌작업의 강도는 임지에 남길 나무의 수를 주로 대상으로 결정하고 베어져 없어질 수목의 정도가 정해지는 것이다.
④ 간벌의 가장 중요한 목적은 옹이가 없는 무절재를 생산하는 것이다.

해설 **33**
마디가 없는 무절재를 생산하는 것은 가지치기의 목적이다.

정답 31. ③　32. ④　33. ④

34. 다음 중 현행 간벌법에서 간벌 대상목이 아닌 것은?

① 가늘고 긴 불량목
② 고사목 및 피해목
③ 피압목
④ 우량목 생육에 장해가 없는 나무

35. 간벌목의 선정기준에서 가장 먼저 벌채해야 할 것은?

① 피압목
② 고사목 및 피해목
③ 생장불량목
④ 형질열등목

36. 목적임목의 생육을 적극적으로 촉진시키기 위하여 목적임목생육에 방해가 되는 임목을 제거시키고 산림생태계를 유지 및 증진시키기 위한 간벌방법은?

① 도태 간벌
② 기계적 간벌
③ 택벌식 간벌
④ 약도 간벌

37. 가꿀 나무를 미리 선정하고 이 나무에 방해되는 나무를 베어내는 방법은?

① 도태 간벌
② A종 간벌
③ 택벌식 간벌
④ 기계적 간벌

38. 도태간벌 이론상의 임목 구분에서 수목사회적 위치, 건전성, 형질 등이 가장 우수한 나무로 선발된 최종 수확목으로 남겨지는 나무는?

① 중용목
② 보호목
③ 미래목
④ 지장목

해설 **34**
간벌 대상목은 우량목의 생장에 방해가 되는 임목을 말한다.

해설 **35**
벌채순서는 거리간격을 감안하여 고사목·피해목 〉 피압목 〉 생장불량목 〉 형질열등목 〉 우량목 등 생장에 방해가 되는 임목 순으로 제거목을 선정한다.

해설 **36**
도태간벌은 최고의 가치생장을 위해 자질이 있는 우수한 나무를 항상 집중적으로 선발 탐색하여 조절해주는 것으로 심하게 경쟁되는 나무는 제거시키고 우수한 나무의 생장이 발달되도록 촉진시키는 간벌 방법이다.

해설 **37**
도태간벌은 우리나라에서 현재 실행하는 방법으로 벌채시기를 장기간으로 하고 미래목을 선정한 후, 이 나무를 방해하는 나무를 솎아내는 방법을 말한다.

해설 **38**
도태간벌에서는 현재의 가장 우수한 나무 즉, 미래목을 선발하여 관리하는 것을 핵심으로 한다.

CHAPTER 07 간벌(숲아배기)

정답 **34.** ④ **35.** ② **36.** ① **37.** ①
38. ③

39. 다음 중 도태간벌에서 미래목 선정에 적당하지 않은 것은?

① 피압 받지 않는 나무
② 혼효림인 경우 목적으로 하는 수종
③ 수관 및 수간에 관계없이 방해받지 않는 나무
④ 형질이 우수한 나무

40. 미래목의 구비 요건이 아닌 것은?

① 적정한 간격을 유지할 것
② 수간이 곧고 수관폭이 좁을 것
③ 상층 임관을 구성하고 건전할 것
④ 주위 임목보다 월등히 수고가 높을 것

41. 미래목의 선정·관리에서 미래목 간의 최소거리로 알맞은 것은?

① 3m　　　　　　　② 7m
③ 5m　　　　　　　④ 9m

42. 천연림의 보육작업의 3단계가 아닌 것은?

① 치수림 단계　　　② 유령림 단계
③ 간벌림 단계　　　④ 성숙림 단계

43. 천연림 보육에서 잡목 솎아베기(제벌)의 벌채 대상목이 아닌 것은?

① 적정 밀도 유지에 있어 경합된 나무
② 수관이 지나치게 확장된 나무
③ 보호목 또는 비료목의 효과가 있는 나무
④ 형질이 불량하거나 피압된 나무

해　　설

해설 **39**
미래목은 나무줄기가 곧고 갈라지지 않으며 병충해 등 물리적 피해가 없어야 한다.

해설 **40**
미래목이 주위 임목보다 월등히 수고가 높을 필요는 없다.

해설 **41**
미래목 간의 거리는 최소 5m 이상으로 임지 내에 고르게 분포하도록 한다.

해설 **42**
천연림의 보육작업은 임분발달 단계인 치수림 단계, 유령림 단계, 간벌림 단계의 3단계로 구분하여 실시한다.

해설 **43**
천연림 보육시 밀도유지에 경합된 나무, 수관이 지나치게 확장된 나무, 형질이 불량한 나무, 피압된 나무는 제벌한다.

정답　39. ③　40. ④　41. ②　42. ④
43. ③

44. 다음 중 천연림 보육작업에 사용하지 않는 작업도구는?

① 소형 기계톱   ② 소형 천공기
③ 무육톱   ④ 무육낫

45. 복층림의 장점으로 보기 어려운 것은?

① 단위면적당 생산량과 임목축적이 증대한다.
② 벌기연장 및 경영의 안정을 기할 수 있다.
③ 조림작업의 생력화 및 노동력의 탄력적 배분이 가능하다.
④ 설비비가 저렴하여 경제적으로 유리하다.

46. 임분전환을 위한 갱신 중 우세목과 보호목 등이 이용되는 방법은?

① 보식   ② 수하식재
③ 천연갱신   ④ 인공조림

해설 **44**
미래목의 가지치기는 반드시 톱을 사용하여 실시하며 구멍을 뚫는 천공기는 필요하지 않다.

해설 **45**
복층림작업은 비개벌시업으로 벌채시 많은 설비비와 반출경비가 소요된다.

해설 **46**
수하식재란 상층과 하층림의 총생장량 증진, 임지보존, 우세목 수간무육, 복층림 임관 조성을 위해 보호목 하에 인공 식재하는 것이다.

CHAPTER 07 간벌(숲가꾸기)

핵심

08 산림갱신

학습주안점

- 산림작업종의 의의와 중요인자, 분류에 대해 이해해야 한다.
- 천연갱신과 인공갱신의 차이점과 장점과 단점을 이해하고 암기해야 한다.
- 갱신작업종에서 개벌작업의 장점과 단점에 대해 알고 있어야 한다.
- 모수작업법시 모수의 조건과 작업방법, 변법인 보잔목작업에 대한 이해가 필요하다.
- 산벌작업의 개념과 작업방법, 장점과 단점을 알아야 한다.

■ 용어정리
① 조림(Rorestation) : 산림을 조성하고 이것을 키워 나가는 것
② 식림(Afforestation) : 입목이 없던 곳에 산림을 조성하는 것
③ 갱신(Regeneration) : 서 있는 나무들을 일부 또는 전체를 벌채하고 그 자리에 새로운 산림을 만들어 내는 것

1 산림작업종(silvicultural system)

1. 의의

① 조림원칙에 따라 임분을 조성, 무육, 수확, 갱신하기 위한 조림 기술적 개념
② 작업종은 임분의 기원, 벌채종, 벌구의 모양과 크기에 따라 여러 종류가 있으며 교림, 중림, 왜림의 구조형태가 나타난다.

2. 중요인자 ☆

① 산림성립의 기원은 실생묘 · 삽목묘로 만들어진 교림(喬林), 줄기를 자른 그루에서 맹아가 생겨나 만들어진 왜림(矮林)인지의 요소
② 갱신벌채의 방법 즉, 개벌 · 산벌 · 택벌 · 이단림 · 모수림의 선택
③ 갱신벌구의 크기와 모양

■ 산림작업종
어떤 규격의 목재를 생산하기 위해 임목에 주어지는 보육, 벌채, 신생임분의 도입(갱신)과 관련되는 작업과정을 말한다.

3. 분류 ☆☆☆

1) 벌채종(伐採種)

개벌(皆伐)	모든 나무가 일시에 벌채되고 새로운 임분이 대를 이을 때를 말함.
산벌(傘伐)	이용기에 이른 임목을 몇 번에 나누어 벌채하고, 이와 같이 하는 동안에 그 임지에 어린 임분이 발생하도록 하는 것
택벌(擇伐)	갱신기간이란 것이 특히 따로 정해져 있지 않고 전 윤벌기간에 걸쳐 전 임분으로부터 벌채대상목을 선출해서 주벌과 간벌의 구별 없이 벌채를 계속 반복하는 것
군상벌(群狀伐)	임목들을 소군상, 군상, 단상 형태 등 불규칙적으로 벌채하는 방법으로 치수집단을 일시적 · 전면적으로 보호함.

대상벌(帶狀伐)	좁고 긴 띠 모양으로 모든 임목을 벌채하는 방법으로 치수집단을 일시적 · 부분적으로 보호함.

2) 벌구형(伐區型)

① 일시 또는 일정 기간 안에 갱신하고자 하는 구역

② 대벌구와 소벌구

대벌구	• 넓은 면적의 임분을 하나의 구역으로 하거나 또는 구획한다고 하더라도 그 면적이 넓어서 측방에 서 있는 임분으로부터 그 벌구 상의 치수가 환경적 또는 조림적으로 영향을 받을 수 없을 정도로 넓은 것 • 벌채면이 5ha 이상 면적인 경우
소벌구	• 벌채면이 소면적인 경우를 말하며, 일반적인 벌구는 대상벌구와 군상벌구로 구분함. • 대상벌구 : 벌채면이 좁고 긴띠 모양의 벌구 • 군상벌구 : 벌채면이 모지거나 둥근 모양의 벌구

3) 작업종의 분류표

임분의 기원	벌채종	벌구크기의 모양	
		대벌구	소벌구
교 림	개벌	개벌작업	대상개벌작업 · 군상개벌작업
	산벌	산벌작업	대상산벌작업 · 군상산벌작업
	택벌	택벌작업	대상택벌작업 · 군상택벌작업
왜 림	개벌	개벌 왜림 작업	
중 림	택벌 또는 개벌	중림작업	

구분	전갱(前更)작업	후갱(後更)작업
내용	• 갱신임분이 조성된 후에 그것을 보호하고 있던 전세대 임목을 제거 • 윤벌기가 완료되기 전 갱신 완료	• 벌기임목이 제거된 후에 후계림 조성 • 벌채적지에 신생림을 조성하는 작업
작업종	산벌	개벌작업

■ 임형

교림	임목이 주로 종자로 양성된 묘목으로 성립된 것으로 높은 수고를 가지며 성숙해서 열매를 맺게 됨.
왜림 (맹아림)	• 임목의 기원이 맹아이고 비교적 단벌기로 이용되며 키가 낮음. • 연료생산에 주로 이용되었기 때문에 연료림이라고도 함.
중림	동일한 임지에 교림과 왜림을 성립시킨 것
죽림	대나무는 지하경(근경)에 의하여 증식되며, 죽림은 임업상 예외적인 것으로 취급

CHAPTER 08 산림경신

4) 작업종과 후계림의 산림형태

작업종	후계림
개벌작업	동령림
택벌작업	이령림
산벌작업	일제림
왜림작업	연료재 또는 소형재 생산림

- 갱신방법 : 천연갱신과 인공갱신
  ① 천연갱신
     • 기존의 임분에서 자연적으로 공급된 종자나 임목 자체의 재생력 등으로 새로운 산림이 조성될 수 있도록 하는 방법
     • 벌채 후 새로운 임분이 만들어지는 일이 자연의 힘으로 이루어지는 것으로 숲땅에 서 있는 성숙한 나무로부터 씨앗이 떨어져서 어린 나무들이 자라고, 이것이 커서 숲이 되도록 함.
  ② 인공갱신
     • 무임지나 기존의 임목을 끊어 내고 그곳에 파종 또는 식재 등의 수단으로 산림을 성립시키는 일
     • 벌채 후 새로운 임분이 만들어지는 일이 사람에 의해 인위적으로 이루어지는 것
     • 후계림을 성립시킴에 있어서 묘목 식재, 인공파종 또는 삽목 등의 인공적 조림수단에 의함.
  ③ 국립 공원, 풍치나 휴양을 위한 숲은 주로 천연 갱신을 하고, 집약적인 수종 갱신이나 천연 갱신이 어려운 수종은 인공 조림을 하는 것이 유리함.

- 천연하종 갱신에 활용 종자
  ① 아주 작은 씨앗 : 낙엽송, 자작나무 등
  ② 작은 씨앗 : 소나무, 전나무, 느티나무, 벚나무 등
  ③ 중간 씨앗 : 잣나무, 물푸레나무, 피나무 등
  ④ 큰 씨앗 : 참나무류, 호두나무, 은행나무

2 갱신방법

1. 천연갱신

1) 정의

① 후계림을 성립시킴에 있어서 자연적으로 낙하되어 산포된 종자가 발아하는 천연하종 또는 근주·뿌리·지하경 등에서 나오는 맹아의 발생을 촉진시키는 등 임목의 번식력과 재생력을 최대한 이용하여 새 임분을 성립시키는 것으로 휴양림 조성에 적합한 방법임

② 천연하종갱신에는 상방천연하종과 측방천연하종이 있음.

상방천연하종	• 참나무류의 열매처럼 성숙한 뒤 중력에 의하여 수직방향으로 아래로 떨어져 그것이 후에 발아해서 묘목으로 되는 것 • 울폐되어 있는 임분을 소개벌채해서 임관에 틈새를 만들어 임상에 광선이 들어오도록 해서 치수의 발육을 돕도록 해야 함.
측방천연하종	• 소나무류의 가벼운 종자처럼 성숙한 뒤 바람에 날려서 입목의 측방으로 떨어지게 되는 것 • 임분의 측방에 있는 나무를 벌채하여 천연으로 하종되는 종자가 착상되도록 처리해 주어야 함.

2) 천연갱신의 장·단점 ☆

① 장점
  ㉮ 모수가 되는 임목은 이미 긴 세월을 통해서 그곳 환경에 적응된 것이므로 성립의 실패가 적음.
  ㉯ 임목의 생육환경을 그대로 잘 보호·유지할 수 있고, 특히 임지의 퇴화를 막을 수 있음.
  ㉰ 치수는 모수의 보호를 받아 안정된 생육환경을 제공받음.
  ㉱ 임지가 나출되는 일이 드물며 적당한 수종이 발생하고 또 혼효하므로 지력 유지에 적합함.

② 단점
  ㉮ 벌채목의 선정이 곤란할 뿐만 아니라 벌도, 조림, 집재, 운재 시 치수를 손상
     하기 쉬움.
  ㉯ 결실년에 다량 벌목하고 갱신의 요구에 따라 벌채목을 선정하게 되므로
     해마다의 수확이 격변하는 등 수확의 규정이 불편함.
  ㉰ 열등수종이 증가하여 새 임분의 경제적 가치가 저하되기 쉬움.
  ㉱ 갱신의 시기가 불확실하고 갱신기간이 길어지기 쉬움.
  ㉲ 인공조림과 같이 임분조성이 확실성이 결여되어 보완조림 등이 필요한 경우가
     있음.

3) 천연갱신이 가능한 수종

| 침엽수종 | 소나무, 곰솔, 리기다소나무, 잣나무, 전나무, 가문비나무 등 |
| 활엽수종 | 상수리나무, 그 밖의 참나무류, 아까시나무, 오리나무 등 |

4) 천연하종갱신 및 갱신상(更新床) 조성
  ① 대상지 : 수확 예정지, 종자의 결실 주기가 짧고 풍부한 수종, 임지 내의 하층
     식생이 많아 인공조림이 힘들고 임지보존이 필요한 산림, 종자발아와 어린나무의
     생장 환경이 좋은 임지
  ② 수종과 임지 상황에 따라 개벌작업, 택벌작업, 모수작업 등을 적용
  ③ 갱신상 조성은 모수에서 종자가 떨어지기 전에 떨어진 종자가 잘 발아할 수
     있도록 지피물 제거 등 지면정리 작업을 실시
  ④ 보완조림
     ㉮ 천연하종갱신 지역에 천연발생 어린나무가 부족할 경우에는 ha당 5,000본
        기준으로 동일 수종을 식재하되 묘목의 크기에 따라 본수 조절 가능
     ㉯ 식재할 묘목은 천연 발생 어린나무의 수고와 유사한 크기로 식재

2. 인공갱신

1) 개념
  ① 후계림을 성립시킴에 있어서 묘목식재, 인공파종 또는 삽목 등의 인공적 조림
     수단에 의하는 것
  ② 무임지나 기존의 임목을 끊어 내고 그곳에 파종 또는 식재 등의 수단으로 산림
     을 성립
  ③ 인공조림은 임목을 성립시킬 묘목이나 종자가 사람의 힘에 의하여 도입되는
     것이나 천연갱신은 그러한 번식재료가 기존의 성숙임분에서 공급된다는 차이
     가 있음.

■ 갱신수종의 선정기준

갱신능력	결실량이 풍부하고 치수의 생육이 용이한 수종을 우선적으로 선택
지력	수종에 따른 지력요구도를 고려하면서 지력향상에 유리한 수종의 선택
산림보호	풍해 · 충해 · 균해에 대한 저항력이 큰 수종 선택
생장량	임목의 생장속도에 따른 경영목표를 설정
재질	수요가 많은 재질의 수종을 선택
재종	지역시장에 맞는 재종(갱목, 침목 등)을 생산

■ 인공갱신의 장 · 단점
  ① 장점
    • 좋은 씨앗으로 묘목을 길러서 식재하고 무육 작업에 힘씀
    • 짧은 기간에 좋은 목재를 생산가능
  ② 단점
    • 경비가 많이 소요
    • 수종이 단순한 동령림이 되기 때문에 지력을 이용하는 데 무리가 있음.
    • 병충해 · 바람 등의 외부 환경 요인들에 대한 저항력이 약함.

2) 인공조림의 특징 ☆☆

① 조림할 수종과 종자의 선택의 폭이 넓음.
② 천연분포구역을 넘어서까지 조림할 때 위험성이 따름.
③ 조림을 실행하기 용이하고 빠르게 성립
④ 조림 실행 면적이 일반적으로 넓어 임지가 건조하기 쉽고, 토양생태계의 변화로 질이 저하되며 토양유실 등 환경의 퇴화로 조림성적이 불량하게 되는 경향이 있음.
⑤ 노동력와 비용이 집약적으로 투입됨.
⑥ 조림시 단근으로 비정상적인 근계발육과 성장이 우려
⑦ 동령단순림이 조성되므로 환경 인자에 대한 저항성이 약화
⑧ 규격화된 목재를 대량적으로 생산할 수 있어 경제적으로 유리

3 갱신작업종

1. 개벌작업

1) 개념

① 현존 임분의 전체를 1회의 벌채로 제거하고 그 자리에 주로 인공식재나 파종 및 천연갱신에 의하여 후계림을 조성하는 방법으로 후갱(後更)작업에 속하며 우리나라에서 많이 실행됨.
② 개벌후에 성립되는 임분은 모두 동령림을 형성하고, 형성된 임분은 대개 단순림이지만 두가지 수종을 심으면 동령의 혼효림을 만들 수 있음.
③ 개벌작업은 주로 양수에 적용되는 작업종임.

2) 후계림조성

① 인공갱신에 의한 방법 : 간단하고 확실한 방법으로 파종조림보다는 식수조림을 함.
② 천연갱신에 의한 방법
⑦ 임목이 개벌되고 난후에 어린 나무가 자연적으로 나타나도록 하는 방법으로 수종이 강한 햇빛을 요구하고 환경조건이 적당하면 개벌작업에 의해서도 천연갱신이 가능
⑭ 갱신에 소요되는 연수가 길고 실패율이 작기 때문에 인공조림이 어려운 곳에 실시하여 소나무류, 자작나무류, 사시나무류에 적용될 수 있음.

■ 개벌
① 숲 땅에 있는 모든 나무가 일시에 벌채되고 새로운 임분이 조성될 때
② 후계림 조성 : 인공갱신, 천연갱신

3) 천연갱신에 의한 개벌작업에 사용되는 종자

① 개벌지역에 인접해 있는 임분의 종자가 산포하는 경우로 측방임분으로부터 종자가 떨어지는 방법에 의한 것

② 성숙림의 벌채 시에 떨어지거나 또는 구과가 붙은 가지를 임지 전면에 깔아주어서 종자의 산포가 고르게 되는 경우

③ 토양부식 속에서 매장되었던 그 환경의 변화로서 발생 및 발육하여 갱신되는 경우

④ 주요 수종별 종자의 비산거리 ☆

자작나무류, 느릅나무	모수 수고의 4~8배
소나무, 해송, 오리나무류	모수 수고의 3~5배
단풍나무류, 물푸레나무류	모수 수고의 2~3배

4) 개벌작업법의 변법

① 개념 : 대면적 개벌작업에서 생기는 위험요소를 방지할 목적으로 임분을 여러 개의 대상(帶狀) 또는 군·단상(群·團狀)의 소면적으로 나누어 개벌함.

② 교호 대상 개벌작업

㉮ 벌채 예정지를 띠 모양으로 구획하고 교대로 두 번의 개벌에 의하여 갱신을 끝내는 방법

㉯ 처음의 벌채가 끝나고 그 곳의 갱신이 완료되면 남아 있는 측방 임분으로부터 종자가 떨어지거나 인공조림으로 갱신되기도 함.

㉰ 측방천연하종갱신의 경우 일반적으로 대상 벌채구의 폭은 모수림 수고의 2~3배로 함.

㉱ 2차 벌채면의 갱신은 현존 임목의 결실연도에 벌채하지 않고서는 개벌에 의한 천연갱신이 어려우므로 인공조림이 실시되고 1차 벌채와 2차 벌채의 사이 간격은 5~10년임, 갱신이 끝난 다음의 임분은 동령림이 됨.

■ 개벌작업의 변법(요약)
① 임분을 대상 또는 군·단상으로 소면적으로 나누어 개벌
② 방법
• 대상 개벌작업 : 벌채 예정지를 띠 모양으로 구획하고, 교대로 두 번의 개벌에 의하여 갱신을 끝내는 방법
• 연속대상 개벌작업 : 대상개벌작업보다 띠의 수를 늘린 것으로, 벌채와 갱신이 동시에 이루어지는 방법
• 군상 개벌작업 : 임지의 기복이 심한 경우, 지세가 험한 임지에 군상 개벌지에 의해 갱신하는 방법

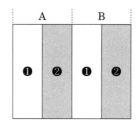

〈그림〉 A,B는 벌채열구 ❶ 은 1차, ❷ 는 2차로 개벌되는 부분으로 약 25m의 너비를 가진 띠가 이어지게 개벌된 것이다.

③ 연속 대상 개벌작업

㉮ 대상 개벌작업보다 띠의 수를 늘린 것으로 벌채와 갱신이 동시에 이루어짐.

㉯ 임분 전체의 벌채는 갱신된 뒤 모든 나무가 동령림이 될 수 있도록 가능하면 10~15년 정도의 짧은 기간 안에 끝나야 함.

㉰ 외국에서는 소나무류에 이 방법이 적용되며 수종의 벌기 연령이 80~120년에 이르고 있으므로 갱신에 20년이 걸리더라도 나중에는 동령림의 모습을 갖추게 됨.

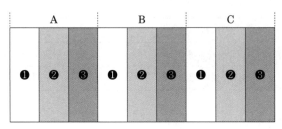

〈그림〉 A,B,C는 벌채 열구이며 ❶은 1차 ❷는, 2차, ❸은 3차로 개벌되는 부분이다.

④ 군상 개벌작업

㉮ 임지의 기복이 심한 경우나 지세가 험한 임내에서는 규칙적인 대상개벌을 하기 어려우므로 산림 내에 군상으로 개벌지를 만들어 주위의 모수에서 하종시켜 갱신하고 수년 후 다시 주위의 임목을 군상으로 벌채하여 갱신지를 확장해 나가는 방법임.

㉯ 최초의 갱신지는 이미 발생된 치수가 있는 곳이나 햇빛의 투사가 좋아 치수 생장이 좋은 곳을 택하며 군상지의 크기는 보통 0.03~0.1ha정도가 적당함.

㉰ 치수가 생장함에 따라 갱신면을 4~5년 간격으로 점차 바깥 쪽으로 개벌하여 모든 임분의 갱신을 완료함.

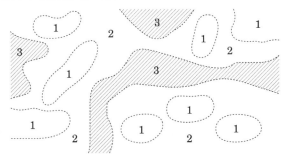

그림. 1은 최초의 개벌, 2는 1보다 몇 년 뒤에 개벌, 3은 2보다 몇 년 뒤에 개벌한다.

■ 군상 벌채가 착수될 곳
① 임목이 피해를 받은 곳, 과숙상태로 있거나 때로는 전생치수가 발생된 곳
② 표토가 얕아서 임목의 근계가 천근성으로 되어 있어 미리 벌채하여 풍도를 피해야 할 곳

5) 개별작업의 장단점 ☆☆

장점	• 현재수종을 타 수종으로 변경할 때 적합한 방법임. • 성숙, 과숙 임분에 대해서 가장 좋은 방법임. • 작업이 간단하고 벌채목을 선정할 필요가 없음. • 비슷한 크기의 목재를 일시에 많이 수확하므로 경제적임
단점	• 임지를 황폐시키고, 지력을 저하시킴. • 표토유실이 있음. • 잡초, 관목 등의 유해식생이 번성함. • 건조가 심하고 한해를 받기 쉽고, 병충해 발생이 심함. • 숲이 단조롭고 아름답지 못함. • 천연갱신의 경우 갱신의 성과가 충분하지 못한 경우가 있음.

4 모수작업법

1. 개념

① 성숙한 임분을 대상으로 벌채를 실시할 때 형질이 좋고 결실이 잘되는 모수(어미 나무)만을 남기고 그 외의 나무를 일시에 베어내는 방법

② 모수작업에 의해 나타나는 산림은 동령림(일제림)이며 벌채되는 곳에 나타나는 나무의 나이 차이는 대개 10년 또는 20년임.

2. 모수의 조건 ☆☆

① 유전적 형질이 좋아야 함.

② 풍도에 대하여 저항력이 있어야 함.

③ 종자를 많이 생산할 수 있는 개체를 남겨야 함.(결실연령에 도달해 있어야함)

④ 우세목 중에서 고르도록 하며, 선천적 불량형질의 나무는 모수로 하지 않음.

⑤ 물푸레나무류와 사시나무류처럼 나무의 자웅의 구별이 있는 것은 두 가지를 함께 남겨야 함.

3. 작업방법 ☆

① 종자공급을 위해 남겨질 모수는 전 임목 본수의 2~3%, 재적으로는 약10% 1ha 당 약15~ 30그루 정도. 종자의 비산력이 낮은 활엽수종은 더 많이 남겨야 함.

② 모수는 바람에 대한 저항성이 강하고 종자를 많이 생산해야 하고 결실연령에 도달되어야 하며 형질적으로 우수해야 함.

③ 모수작업은 소나무, 해송과 같은 양수에 적용되며 종자나 열매가 작아 바람에 날려 멀리 전파될 수 있는 수종에 알맞음.

■ 모수작업
① 갱신시킬 임지에 종자공급을 위한 모수를 단목 또는 군상으로 남기고, 그 밖의 모든 임목을 전부 벌채함으로써, 모수로부터 천연하종이 되어 갱신이 이루어짐
② 씨앗이 가볍고 비산력이 큰 침엽수, 천근성 수종이 적당함.
③ 모수로 남겨야 할 임목의 본수는 전 임목에 대하여 본수로는 2~3%, 재적으로는 약 10%가 적당

CHAPTER 08

산림경신

■ 모수작업시 갱신특성
① 1ha에 남겨질 임목본수는 30본 내외가 적당하고 경우에 따라 5~50본까지 남길 수 있으며, 보잔목법에 의하여 성립된 임분은 2단 임형을 가지게 됨.
② 소나무, 낙엽송 등과 같은 양수수종에 적합한 갱신방법임.
③ 지하고가 높으며 후계림 생장에 지장을 주지 않음.
④ 모수로서 보호하는 기능이 우수하여 갱신이 안전하고 확실하게 이루어짐.

4. 모수작업의 변법

1) 군생모수법(群生母樹法)

모수를 무더기로 남겨 바람에 대한 저항력을 크게 하는 것으로 모수들의 폭이 나무의 높이와 비슷해야 함.

2) 보잔목(保殘木) 작업(보잔모수법)

① 모수의 왕성한 생장을 다음 윤벌기까지 계속시켜 그 형질을 향상시키고 갱신을 천연적으로 진행시키는데 목적을 두며 종자의 공급과 신속한 생장을 할 수 있는 나무의 능력 등을 고려하여 실시함.
② 품질좋은 대경재 생산이 목적임.

3) 대화산모수

① 벌채적지에 임목을 남겨 모수로서 의미를 잃은 뒤라도 벌채하지 않고 산불에 대비함.
② 신생임분이 밀생한 뒤 산불로 소실될 경우 모수로서 역할을 하는 임목

5. 모수작업의 장 · 단점

장점	• 벌채작업이 한 곳에 있어 운반 및 비용 등이 절약 • 양수에 갱신에 적당하며 남겨질 모수의 종류를 조절하여 수종의 구성을 변화시킬 수 있음. • 갱신이 완료될 때까지 모수를 남겨두어 실패를 줄일 수 있음.
단점	• 임지가 노출되어 환경이 급변하기 때문에 갱신에 무리가 있음. • 잡초나 관목 등이 무성하고 표토의 보호가 완전할 수 없음. • 미관상 산벌이나 택벌작업만 못함. • 종자가 비교적 가벼워 잘 날아갈 수 있는 수종에 적합함.

■ 산벌의 개념
① 10~20년 정도의 비교적 짧은 갱신기간 중에 몇 차례의 갱신벌채로써 모든 나무를 벌채 및 이용하는 동시에 새 임분을 출현시키는 방법으로 윤벌기가 완료되기 이전에 갱신이 완료되는 전갱작업
② 음수수종, 종자가 약간 무거우며 발아휴면성이 강하지 않는 수종에 알맞으며 극양수 이외의 양수도 갱신이 가능, 산벌작업은 천연하종갱신이 가장 안전한 작업종으로 갱신된 숲은 동령림으로 취급함.

5 산벌작업(Shelter-wood system) ☆☆☆

1. 갱신기간

① 수종, 결실의 특성, 입지조건에 따라 다름.
② 유럽의 경우 너도밤나무 · 가문비나무 등은 20~30년, 소나무는 양수이므로 4~10년 정도임.

2. 임형

성숙목이 많은 불규칙한 산림에 적용될 수 있으나 동령림 갱신에 가장 알맞은 방법

3. 작업방법 ☆☆☆

1) 예비벌

① 밀집상태에 있는 성숙임분에 대해 1~수 회에 걸쳐 벌채

② 벌채대상은 중용목과 피압목이고, 형질이 불량한 우세목과 중우세목도 벌채함.

③ 임목재적의 10~30%를 제거

④ 간벌작업이 잘된 임분에 있어서는 예비벌이 거의 필요 없고 때에 따라서는 예비벌이 생략되고 직접 하종벌을 시작할 수 있음.

2) 하종벌

① 예비벌 실시 3~5년 후 종자가 충분히 결실한 해에 종자가 완전히 성숙된 후 벌채하여 지면에 종자를 다량 낙하시켜 일제히 발아시키기 위한 벌채작업

② 1회의 벌채로 목적을 달성하는 것이 바람직하나 수종 및 입지조건에 따라 갱신에 필요한 치수가 발생되지 않을 경우 한 번 더 벌채를 실시할 수 도 있음.

③ 예비벌 이전의 임분재적의 25~75% 제거

3) 후벌

① 치수를 보호하기 위해 하종벌 때 남겨 둔 모수를 치수의 생육 촉진을 위해 벌채하는 것

② 갱신 임분에 지장이 되지 않는 이상 가장 굵고 자람이 왕성하며 형질이 좋은 것을 종벌까지 남기도록 함.

③ 하종벌 후 3~5년 후에 실시하며, 1회로 끝나기도 하지만 수 회에 걸쳐 실시하기도 하는데 후벌의 처음 벌채를 수광벌(受光伐), 마지막 벌채를 종벌(終伐)이라 하며 치수의 높이가 50~150cm 정도 되면 종벌을 완료함.

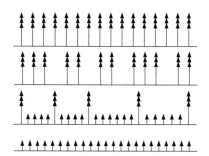

(A) 예비벌 이전 임상

(B) 예비벌을 한 뒤

(C) 하종벌을 한 뒤

(D) 후벌을 한 뒤

■ 핵심 PLUS

■ 작업방법(요약)

① 갱신준비를 위한 예비벌(豫備伐) →치수의 발생을 완성하는 하종벌(下種伐) →치수의 발육을 촉진하는 후벌(後伐) →후벌의 마지막인 종벌(終伐)

② 산벌은 순차적으로 벌채가 진행되므로 순차벌이라고도하며 하종벌부터 종벌까지의 기간을 갱신기간이라 함.

■ 후벌(종벌)

① 새 임분을 덮고 있는 성숙임목(산목)을 점차적으로 벌채하여 그들의 보호로부터 벗어나게 하는 작업을 말함.

② 양수수종은 흔히 단 한번의 벌채로 후벌의 목적이 달성될 수도 있으나, 집약적 작업에서는 몇 번에 나누어 실시됨.

■ 하종벌과 후벌의 차이점

하종벌	• 갱신치수가 없는 하종상(下種床)에 모수로부터 종자를 공급하는데 필요한 벌채 • 종자결실과 벌채목의 형질, 하종상의 상태 등을 고려
후벌	• 갱신치수의 보호, 발육촉진 등의 고려 • 벌채 시 잔존노목보다는 치수생육관계에 치중되어야 하며, 하종벌의 종자결실이나 벌채목의 형질과는 거의 무관함.

4) 변법

① 대상산벌 천연하종갱신 : 임분을 여러 개의 대상지로 나누고 한쪽부터 대에 따라 점진적으로 산벌작업을 진행시켜 상방 또는 임분천연하종에 의하여 갱신을 도모하는 것으로 풍해를 막기 위해 고안

② Wagner의 대상산벌(대상택벌) 천연하종갱신 : 대의 폭을 대단히 좁게 하여 실시하며, 대의 폭 30m 이내에 있어서 한쪽에는 예비벌을 다른 한쪽에는 종벌을 할 정도로 대상의 갱신이 점진적 변화를 함.

③ 군상산벌 천연하종갱신 : 전생치수의 발생지점을 중심으로 해서 그곳의 성숙목을 후벌해서 치수의 발육을 돕고 점차 외부의 산벌갱신을 확대시켜 나가는 방법

④ 대상초벌(획벌)법

㉮ 대상산벌법과 군상산벌법을 동시에 병용하는 갱신법

㉯ 풍해를 고려한 대상작업과 전생치수를 이용하여 갱신기간의 단축을 도모하는 일제림조성 갱신법

⑤ 설형산벌 천연하종갱신

㉮ 대상산벌법의 한 변법으로서 벌채열구의 중앙부부터 갱신을 시작하고 쐐기 모양으로 갱신의 대를 양쪽으로 확대시켜 나아가는 방법으로 풍해에 유리

㉯ 쐐기의 축선방향은 평지림에 있어서 폭풍방향으로 하나, 경사지에 있어서는 임목의 벌채와 반출을 고려하여 산허리 상부로부터 하부로 향해 설정함.

5) 산벌작업의 장·단점

장점	• 동령 교림을 만드는 작업법으로 개벌 작업과 모수 작업에 비하여 갱신이 더 안전하고 확실한편임. • 치수가 발생한 뒤에도 우량한 대형목이 존치된다는 것은 보속연년수확을 조절해 나가는 데 도움이 됨. • 윤벌기가 끝나기 전에 갱신이 이미 시작되는 것으로 윤벌기간을 단축시킬 수 있음(하종벌 이후에 남아 있는 임목은 생장이 촉진되어 왕성한 직경 생장을 하게 되는데, 이것이 치수에는 좋은 영향을 끼치지는 못함). • 중력 종자를 가진 수종 및 음수 수종의 갱신에 잘 적용, 극단의 양수를 제외한 모든 수종은 이 방법으로 갱신시킬 수 있음. • 성숙한 임목의 보호 하에서 동령림이 갱신될 수 있는 유일한 방법 • 미관적으로 또 임지를 보호한다는 면에서 볼 때 택벌 작업 다음으로 좋은 방법임. • 우량한 임목들을 남김으로써 갱신되는 임분의 유전적 형질을 개량할 수 있음.
단점	• 집약적으로 실시할 때 소형재와 펄프재 등이 소비될 수 있는 시장이 있어야 함. • 벌채면의 배치를 잘못하면 산목이 벌채될 때 어린 나무가 손상받기 쉬움. • 모든 것이 천연력에 의하여 진행될 경우 비교적 긴 갱신기간을 요함. • 후벌에서 벌채될 나무들은 바람의 피해를 받을 염려가 있음.

6 택벌(擇伐)작업

1. 임형과 벌채목의 선정

1) 임형

① 일반적으로 택벌작업이 실시된 임분에는 크고 작은 임목이 혼재해 있으므로 임관구조는 다층이 됨.

② 단목택벌림

㉮ 대경목이 비교적 많음.

㉯ 대경목이 상층임관을 만들고, 그 아래에 중경목과 소경목이 있어서 전체적으로 수직적 울폐를 하고 있어, 이상적인 전령임형에 가까움.

③ 군계택벌림

㉮ 대경목이 비교적 적음.

㉯ 대경목이 서로 멀리 떨어져 있고 중경목과 소경목은 대체적으로 무더기꼴로 나며, 임관선은 계단상으로 복잡하므로 군상구조의 균형적 이령림형에 가까움.

2) 벌채목의 선정 ☆

〈택벌목의 선정표준〉

남겨야 할 나무	벌채되어야 할 나무
• 현재 건전하고 질적 및 양적으로 좋은 성장을 할 수 있는 나무 • 소경목군 안에 서 있는 임목으로서 제거되면 풍도·벌채손상 등의 피해를 가져올 수 있는 나무 • 군상벌채면의 갱신을 위한 모수로서 역할을 하는 나무 • 풍치상 남길 가치가 있는 나무 • 토양조건과 수종의 보호상 필요하다고 생각되는 나무	• 나무성장이 왕성하지 못하고 그대로 남겨 둘 때 병충해·상해 등으로 고사하거나 희망 없는 나무 • 그대로 남겨 두면 주변의 장래성이 있는 나무에 지장을 주는 나무(이와 같은 나무는 비교적 키가 큰 군상목 중에서 세장하게 자라는 경우가 흔함) • 불량한 수종 • 이용가치가 낮은 나무

2. 작업방법

1) 순환택벌 ☆☆☆

이론상으로는 1년생부터 윤벌기에 달한 나무가 같은 면적을 점유하여 연년생장량에 해당하는 재적이 매년 벌채되어야 하나 경제적·기술적으로 실행이 곤란하므로 택벌림의 전구역을 몇 개의 벌채구로 구분하고 한 구역을 택벌하고 다시 처음 구역으로 되돌아오는 것을 말함.

핵심 PLUS

■ 택벌작업의 개념

① 벌기, 벌채량, 벌채방법 및 벌채구역의 제한이 없고 성숙한 일부 임목만을 국소적으로 골라 벌채하는 방법

② 어떤 설정된 갱신기간이 없고 임분은 항상 대소노유의 각 영급의 나무가 서로 혼생하도록 하는 작업방법을 말함.

③ 무육, 벌채 및 이용이 동시에 이루어지며 직경급 배분 및 임목축적에 급격한 변화를 주지 않는 갱신방법으로 풍치림, 국립공원 등 자연림에 가까운 숲에 적용함.

■ 순환택벌 관련 개념

① 회귀년 : 순환택벌시 처음 구역으로 되돌아오는 데 소요되는 기간

② 회귀년은 윤벌기를 벌채구로 나눈 값으로 회귀년이 길면 한번에 벌채되는 재적이 증가하고 짧은 경우에는 감소함.

③ 회귀년의 길이는 집약적 경영인 경우 10~15년이나 보통 20~30년임.

핵심 PLUS

2) 단목택벌작업

① 이령림을 구성하는 단목(또는 극소수의 임목군)을 벌채하고 전임분에 걸쳐 곳 곳에 산재하는 공극지면의 갱신을 도모하는 것

② 음수수종의 천연하종에 적합

■ 군상택벌작업의 적용
단목택벌작업은 음수 수종에는 적용이 가능하나 광선 요구량이 더 큰 수종에 는 적용하기 어려우며, 갱신면이 지나 치게 좁아서 치수의 정상적인 발달도 어렵다. 그래서 갱신면을 넓혀 군상으 로 택벌을 유도할 때 적용한다.

3) 군상택벌작업

① 임분을 작은 구역으로 나누어 일정 주기마다 순차적으로 대상목을 택벌하는 방식

② 군상지의 면적이 0.25ha 보다 넓거나 인접목의 수고 보다 더 넓으면 택벌작업 에 수반되는 갱신작업의 기능이 크게 떨어질 위험이 있고, 개벌작업과 구분도 모호해짐.

3. 장·단점 ☆

1) 장점

① 임관이 항상 울폐한 상태에 있으므로 임지가 보호되고 치수도 보호를 받게 됨.

② 병충해에 대한 저항력이 높음.

③ 지상의 유기물이 항상 습기를 가져서 산불의 발생 가능성이 낮음.

④ 음수 수종의 갱신에 적당

⑤ 소면적 임지에 보속생산을 하는 데 가장 알맞은 방법

⑥ 심미적 가치가 가장 높음.

⑦ 상층의 성숙목은 일광을 잘 받아서 결실이 잘 됨.

2) 단점

① 작업에 고도의 기술을 요하고 경영내용이 복잡하며 갱신이 쉽지 않음.

② 임목 벌채가 까다롭고 이때 치수에 손상을 주게 됨.

③ 양수 수종의 적용에 곤란함.

④ 일시의 벌채량이 적으므로 경제상 비효율적임.

⑤ 벌채 비용이 많이 들게 됨, 성숙목이 산재해 있고 넓은 면적에서 적은 벌채를 하고 또한 벌채 운반이 잔존임목으로 불편함.

⑥ 이령 임분에서 생산된 목재는 동령임분에서 생산된 것보다 대체적으로 불량함.

7 항속림 작업

1) 개념

삼림은 많은 생물과 비생물이 유기적으로 결합되어 있는 생물사회이고, 그 구성 요소가 모두 건전할 때, 또 서로 잘 조화되어 있을 때 생산성이 높아진다는 것

2) 항속림사상

① 항속림은 이령혼효림임.
② 개벌을 금하고 해마다 간벌형식의 벌채를 반복
③ 지력을 유지하기 위하여 지표유기물을 잘 보존
④ 항속림 작업에 있어서 인공식재를 단념하는 것은 아니며, 갱신은 천연갱신을 원칙으로 함.
⑤ 단목택벌을 원칙으로 함.
⑥ 벌채목의 선정은 택벌작업의 선정기준에 준함.

핵심 PLUS

■ 항속림
① 항속림은 택벌림에 가까운 것으로 Moller이 주장
② 항속(생산력 유지)을 기본으로 하는 경영을 해야 보속 수확을 할 수 있다고 주장
③ 항속림에는 정해진 윤벌기가 없고 갱신에 특별한 고려를 하지 않음.

8 왜림(矮林)작업

1. 맹아의 종류 및 적용 수종

1) 종류

단면맹아 (절단면맹아)	대개의 수종에 관찰되나 바람, 건조 등의 영향을 받아 떨어져 나가는 결점이 있음.
측면맹아 (근주맹아)	줄기 옆부분에서 돋아나는 것으로 세력이 강하고 생장이 좋아 갱신에 효과적임.
근맹아	뿌리에서 돋아나는 것으로 사시나무, 은백양, 아까시나무 등에서 볼 수 있음.

2) 적용 수종

맹아로 갱신이 가능한 수종은 상수리나무, 신갈나무 등 참나무류, 서어나무, 물푸레 나무, 오리나무류, 벚나무류, 포플러류, 피나무류 등이며 자작나무는 맹아력이 약함.

■ 왜림작업 개념
① 활엽수림에서 연료재 생산을 목적으로 비교적 짧은 벌기령으로 개벌하고 근주(根株, 움)로부터 나오는 맹아로 갱신하는 방법
② 맹아력이 강한 수종에 대해 맹아갱신에 의하는 방법
③ 맹아는 줄기 안에서 잠자고 있던 눈이 줄기의 절단으로 자극을 받아 생활력을 회복하여 밖으로 나타나는 것으로 수종, 수령, 절단위치, 벌채계절에 따라 다름.

2. 대상지 및 방법

1) 대상지

① 참나무류 임지로서 움싹을 이용하여 후계림을 조성할 수 있는 임지
② 톱밥, 펄프, 숯 등 소경재 생산을 목적으로 하는 산림으로 지위 '중' 이상의 지력 이 좋고 지리적 조건이 유리한 임지

CHAPTER 08
산림갱신

③ 참나무류의 경우 움싹의 발생이 왕성한 Ⅱ~Ⅲ영급 임지 중에서 ha당 1,200본 내외로 균일하게 분포하거나 1,200본이 되지 않더라도 보완조림을 통해 움싹 갱신이 가능한 임지

2) 방법

① 벌채점인 그루터기의 높이는 가능한 낮게(지상10cm 이내) 벌채하여 움싹이 지하부 또는 지표 근처에 발생하도록 유도함.

② 벌채면은 평활하고 약간 기울이게 하여 물이 고이지 않게 함.

③ 그루터기(벌근) 주위는 움싹이 잘 발생할 수 있도록 정리함.

④ 벌채는 생장휴지기인 11월 이후부터 이듬해 2월 이전까지 실시함.

⑤ 대상지의 면적이 5ha 이상일 경우 하나의 벌채구역은 5ha 이내로 하고, 각 벌채 구역 사이에는 폭 20cm 이상의 수림대를 남겨두어야 함.

⑥ 맹아갱신지의 보육까지 완료하여야 함.

⑦ 3년 이내 맹아가 ha당 4,000본 미만(그루터기 기준 ha당 1,200개)일 경우에는 조림 또는 보완조림을 실행함.

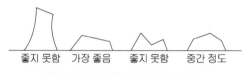

| 좋지 못함 | 가장 좋음 | 좋지 못함 | 중간 정도 |

그림. 맹아를 위한 줄기베기 ☆

3. 왜림작업의 실행

1) 개벌왜림 작업법

① 벌기 : 연료재와 소경재를 생산하기 위해 모든 임목을 개벌하고 근주부부터 맹아를 발생시켜 후계림을 조성하는 방법

② 맹아력 증강
  ㉮ 근주의 맹아력은 벌채 전의 수세와 밀접한 관계
  ㉯ 일제림의 각 개체의 수세는 일반적으로 지름의 크기에 비례

③ 벌채방법
  ㉮ 벌채점을 높게 하면 근주의 고사율은 감소하고 주당 맹아주는 많아지나 이때 근주의 상부부터 발생한 맹아는 세력이 강하지만 양료의 공급을 어디까지나 모수근계에 의존하게 되므로 자람이 점차 쇠약해지는 결점이 있음.
  ㉯ 벌채점을 낮게 하면 지표면 가까운 곳에서 맹아가 발생하는데, 이러한 맹아는 스스로 근계를 형성하고 모근주가 썩은 뒤 건전한 독립목으로 되어 왕성한 자람을 하게 됨.
  ㉰ 급경사지의 벌채작업은 실행상 어려움이 있으나 되도록 10~15cm 정도로 하는 것이 바람직함.

2) 택벌왜림작업법

① 회귀년을 윤벌기의 1/3로 하고 대체로 영계임목을 혼생시켜 다층림을 만드는 것

② 회귀년을 벌기에 1/2로 해서 2개의 영계임목을 혼생시키는 것

③ ①은 ②보다 작업은 복잡하나 택벌의 효과를 위해서는 상·중·하 3층의 임목으로 형성되는 택벌임형이 더 좋음.

4. 두목작업법과 갱신지 관리

1) 두목작업법

① 벌채점을 지상 1~4m 정도로 높게 하는 작업

② 조경적 목적으로 플라타너스·버드나무류·포플러류에 흔히 적용

2) 갱신지 관리

① 본수 조절은 자연경합에 의하여 우세 및 열세맹아의 구분이 확실해지는 벌채 2~3년 후 가을에 실시함.

② 맹아 본수 조절 방법은 지하부 또는 지제부에서 발생한 맹아 1~2본을 남기고 나머지는 제거하며, 가지정리 및 수형조절을 실시함.

③ 지제부 또는 지하부에서 발생한 맹아는 새로운 갱신근을 발생시켜 생장하므로 그루터기상에 발생한 맹아에 비해 쓰러지지 않고, 잘 썩지 않음.

9 중림(中林)작업

1. 수종선정과 구성

1) 수종선정

① 상목은 양성의 나무로 줄기에 부정아가 발생하지 않는 소나무류, 느티나무류, 전나무류, 낙엽송 등을 선택함.

② 하목은 비교적 응달에 견디는 참나무류, 서어나무류, 단풍나무류 등을 선택함.

2) 구성

① 하목은 한 층으로, 상목은 몇 개의 층으로 구성됨.

② 하목의 윤벌기는 보통 10~20년이고, 상목의 윤벌기는 하목의 2~4배로 되어 있으며 벌채는 택벌형으로 하목에 피해를 주지 않게 해야 함.

- 중림작업의 개념
  ① 교림과 왜림을 동일 임지에 함께 세워서 경영하는 작업법으로서 하목으로서의 왜림은 맹아로 갱신되며 일반적으로 연료재와 소경목을 생산하고, 상목으로서의 교림은 일반용재를 생산함.
  ② 임형은 상·하목의 두 층으로 이루어지며, 상목은 실생묘로 육성하는 침엽수종으로 하목은 맹아로 갱신하는 활엽수종으로 함.

2. 장 · 단점

1) 장점

① 임지에 큰 공지를 만드는 일이 없어, 노출이 방지
② 상목은 수광량이 많아서 좋은 성장을 하게 됨.
③ 조림비용이 일반 교림작업보다 적음.
④ 벌채로 잔존임목에 주는 피해가 적음.
⑤ 각종 피해에 대한 저항력이 큼.
⑥ 상목으로부터 천연하종갱신이 가능함.
⑦ 심미적 가치가 높음.
⑧ 소면적의 임지에서도 연료재 및 소량의 일반용재를 생산할 수 있음.

2) 단점

① 세밀한 조림기술을 쓰지 않으면 상목은 지하고가 낮고 분지성이 조잡해져서 수형이 불량해짐.
② 높은 작업기술을 요하고 상목에 대한 벌채량 조절이 어려우며, 작업의 집약성이 요구됨.
③ 상목의 피음으로 하목의 맹아발생과 성장이 억제됨.
④ 상목과 하목이 다른 수종일 때 그 사이의 친화성이 문제가 될 수 있음.

■■■■ 8. 산림갱신

1. 산림 작업종 분류의 기준이 될 수 없는 것은?

① 벌채면의 크기   ② 수종 또는 품종
③ 벌채종   ④ 벌채면의 모양

2. 대벌구는 한구역의 면적이 광대하여 측방 임분의 영향이 미치지 않는 것을 말하는데 보통 몇 ha 이상을 말하는가?

① 3ha 이상   ② 5ha 이상
③ 7ha 이상   ④ 10ha 이상

3. 작업종을 결정하는 주요한 요인이 아닌 것은?

① 임분령   ② 벌구형태
③ 임분의 기원   ④ 벌채종

4. 산림갱신과 관련된 용어 설명이 옳은 것은?

① 소나무처럼 가벼운 종자는 성숙한 뒤에 바람에 날려 떨어지는데 이것을 상방천연하종이라고 한다.
② 벌구는 일시 또는 일정 기간 안에 갱신하고자 하는 구역을 말한다.
③ 임형은 벌채방식과 목적에 따라 개벌림, 산벌림, 택벌림으로 구분된다.
④ 산벌은 주벌과 간벌의 구별 없이 3번의 벌채로 수행되기 때문 3벌(伐)이라는 별명을 갖고 있다.

해설 **1**
벌채면은 벌구를 나타내며 벌구는 대벌구와 소벌구로 나눈다.

해설 **2**
대벌구는 벌채면이 보통 5ha 이상의 대면적인 경우를 말한다.

해설 **3**
작업종의 분류 기준은 임분의 기원, 벌채종, 벌구의 모양과 크기 등이다.

해설 **4**
바르게 고치면,
① 소나무 종자는 측방천연하종으로 비산된다.
③ 임형은 교림, 왜림, 중림 등으로 구분된다.
④ 산벌은 예비벌, 하종벌, 후벌로 실시된다.

CHAPTER 08
산림갱신

정답 1. ② 2. ② 3. ① 4. ②

5. 다음 중 천연갱신의 장점이 아닌 것은?

① 수종, 품종의 선택을 잘못하여 조림에 실패할 염려가 없다.
② 완만하지만 건전한 발육을 할 수 있다.
③ 지력의 유지에 적합하다.
④ 철저하게 갱신할 수 있다.

6. 천연갱신을 하는 것이 가장 적합한 산림은?

① 보안림, 휴양림
② 경제림, 용재림
③ 특용수림, 순림
④ 동령림, 순림

7. 천연갱신에 관한 기술 중 옳지 않은 것은?

① 동령단순림으로의 갱신에 적합하다.
② 임지가 나출되는 일이 드물다.
③ 수종, 품종의 선정을 잘못하여 갱신에 실패할 염려가 적다.
④ 임관이 다소 복잡해서 재해에 대한 저항력이 강하다.

8. 다음 중에서 천연갱신을 가장 바르게 설명한 것은?

① 인공조림에 비해 순림의 조성이 쉽다.
② 인공조림에 비해 동령림의 조성이 잘 된다.
③ 인공조림에 비해 초기 노동인력이 많이 필요하다.
④ 인공조림에 비해 생태적으로 보다 안정된 임분을 조성할 수 있다.

9. 천연갱신에 관한 설명 중 틀린 것은?

① 천연갱신은 천연하종, 맹아갱신 등에 의해 이루어진다.
② 자연적인 상태하에서의 천연갱신은 양수보다 음수가 더 유리하다.
③ 천연하종갱신의 실시는 모수에 종자가 많이 맺힌 해를 선택하여 실시해야한다.
④ 천연갱신은 인공갱신에 비하여 각종 피해에 대하여 저항력이 약하다.

해　　설

해설 5
천연갱신은 임분조성이 불확실성해 보완 조림 등이 필요한 경우도 있다.

해설 6
천연갱신은 보안림이나 휴양림조성에 적합한 방법이다.

해설 7
동령단순림갱신은 인공조림이 적합하다.

해설 8
천연갱신은 그 임지의 기후와 토질에 가장 적합한 수종이 생육하게 되므로 인공갱신에 비하여 생태적으로 안정된 임분 조성이 가능하다.

해설 9
천연갱신은 자연의 힘으로 이루어지기 때문에 각종 피해에 대한 저항력이 강하다.

정답 5. ④　6. ①　7. ①　8. ④
9. ④

10. 천연갱신에 해당하지 않는 것은?

① 나무의 씨앗이 자연적으로 땅에 떨어져 새로운 어린 나무가 자라게 되는 것을 말한다.
② 씨앗이 새나 짐승에 의해 땅에 떨어져 싹이 나오는 것도 천연갱신이라 할 수 있다.
③ 벌채한 나무의 그루터기에서 맹아가 나오는 것도 천연갱신이라 할 수 있다.
④ 사람이 직접 씨앗을 뿌려 숲을 만드는 것도 천연갱신이라 할 수 있다.

11. 임지에 서 있는 성숙한 나무로부터 종자가 떨어져 어린 나무를 발생시키는 갱신 방법은?

① 천연하종갱신　　　　　② 인공조림
③ 맹아갱신　　　　　　　④ 파종조림

12. 인공조림의 장점으로 옳은 것은?

① 좋은 종자로 묘목을 기르고 무육작업에 힘을 써서 원하는 목재를 생산한다.
② 어떤 숲 땅에 서있는 성숙한 나무로부터 종자가 저절로 떨어져 자라기 때문에 인건비가 절감된다.
③ 오랜 세월을 지내는 동안 그곳의 환경에 적응되어 견디어내는 힘이 강하다.
④ 우량한 나무들을 남겨 다음 대를 이을 수 있게 할 수 있다.

13. 인공갱신에 대한 설명 중 가장 옳은 것은?

① 천연치수에 의하여 임분을 형성시킨다.
② 개벌작업에 의한 갱신을 말한다.
③ 무육작업을 말한다.
④ 묘목을 식재하여 임분을 형성시킨다.

해 설

해설 10
인공파종, 묘목식재, 삽목 등의 방법으로 숲을 만드는 것을 인공 갱신이라고 한다.

해설 11
임지에 종자가 떨어져 자연발생적으로 어린 나무가 자라는 것을 천연갱신이라고 한다.

해설 12
인공조림은 적은 비용으로 경제적 가치가 있는 용재림을 유도할 수 있다.

해설 13
인공갱신은 후계림을 성립시킴에 있어서 묘목식재, 인공파종 또는 삽목 등의 인공적 조림수단에 의한 방법을 말한다.

CHAPTER 08 산림갱신

14. 천연갱신과 인공조림의 장·단점 중에서 잘못된 것은?

① 천연갱신은 그 곳의 환경에 잘 적응된 나무들로 구성되고 경비가 적게 드는 것이 장점이다.
② 천연갱신으로 조성된 숲에서는 생산된 목재가 균일하다.
③ 천연갱신으로 새로운 숲이 조성되기까지 오랜 세월을 필요로 한다.
④ 인공조림은 좋은 씨앗으로 묘목을 길러 식재하고 무육에 힘써 좋은 목재를 생산한다는 것이 장점이다.

해 설

해설 **14**
인공조림으로 조성된 숲은 동령단순림으로 조성되므로 생산된 목재가 균일하다.

15. 임분 갱신에 관한 설명 중 틀린 것은?

① 파종조림, 식재조림은 인공갱신에 속한다.
② 천연하종갱신은 경제적이고 적지적수가 될 수 있다.
③ 모든 임분갱신은 천연하종갱신으로 하는 것이 좋다.
④ 맹아갱신은 대경 우량재 생산이 곤란하다.

해설 **15**
임분갱신은 경제적·생태적 조건 등을 종합하여 갱신의 방법을 결정한다.

16. 개벌작업을 바르게 설명한 것은?

① 인공갱신을 목적으로 일정구역 내 입목을 모두 벌채하는 작업이다.
② 인공갱신을 목적으로 일정구역 내 입목을 골라 벌채하는 작업이다.
③ 인공갱신을 목적으로 일정구역 내 입목 중 좋은 나무만 벌채하는 작업이다.
④ 인공갱신을 목적으로 일정구역 내 입목 중 나쁜 나무만 벌채하는 작업이다.

해설 **16**
개벌작업이란 현존 임분의 전체를 1회의 벌채로 제거하고 그 자리에 주로 인공식재나 파종 및 천연갱신에 의하여 후계림을 조성하는 방법이다.

17. 다음 중 대면적의 임분이 일시에 벌채되어 동령림으로 구성되는 작업종은 무엇인가?

① 개벌작업   ② 산벌작업
③ 택벌작업   ④ 모수작업

해설 **17**
개벌은 임분이 일시에 벌채되어 동령림을 구성되는 작업종으로 작업방법에는 대면적개벌, 대상개벌, 군상개벌 등이 있다.

정답 14. ② 15. ③ 16. ① 17. ①

18. 현재 리기다소나무가 있는 임지를 잣나무숲으로 전면 갱신하고자 한다. 무슨 작업종이 좋은가?

① 개벌작업
② 제벌작업
③ 산벌작업
④ 택벌작업

19. 개벌작업의 특성을 설명한 것 중 바르지 못한 것은?

① 개벌작업을 할 때 형성되는 임분은 대개 단순림이다.
② 개벌작업에 의하여 갱신된 새로운 임분은 동령림을 형성하게 된다.
③ 개벌작업은 어릴 때 음성을 띠는 수종에 제일 적합하다.
④ 개벌작업은 작업이 복잡하지 않아 시행하기 쉬운 편이다.

20. 발생 치수 보호에 가장 불리한 작업종은?

① 택벌작업
② 산벌작업
③ 모수작업
④ 개벌작업

21. 인공조림이 갱신의 주요 방법으로 적용될 수 있는 작업종은?

① 택벌작업
② 모수작업
③ 두목작업
④ 개벌작업

22. 다음 중 후갱(後更)작업에 속하는 것은?

① 산벌작업
② 중림작업
③ 택벌작업
④ 개벌작업

해설 **18**

개벌작업은 임지에 있는 모든 나무가 일시에 벌채되고 새로운 임분이 조성되는 것으로, 인공갱신이나 천연갱신으로 인한 후계림 조성이 모두 가능하다.

해설 **19**

개벌작업은 주로 양수(陽樹)에 적용되는 작업종이다.

해설 **20**

개벌면은 대개 인공조림에 방해가 되는 잡초, 잡목 등이 나기 쉬워 갱신된 치수가 방해받을 수 있으므로 이에 대한 보호대책이 마련되어야 한다.

해설 **21**

개벌작업은 인공갱신에 의해 후계림을 조성할 수 있는 간단하고 확실한 방법이다.

해설 **22**

개벌작업은 1회의 벌채로 성숙목이 제거되고 1회의 결실로 갱신이 진행되는 후갱작업이다.

정답 18. ① 19. ③ 20. ④ 21. ④
22. ④

23. 개벌 천연갱신작업이 적용되는 수종은?

① 가문비나무   ② 소나무
③ 전나무   ④ 잣나무

24. 대면적 개벌이후 갱신할 때는 종자의 비산거리가 중요한데, 다음 중 수종과 종자의 비산거리가 잘못 짝지어진 것은?

① 자작나무, 느릅나무 : 모수 수고의 4 ~ 8배
② 소나무, 해송 : 모수 수고의 3 ~ 5배
③ 단풍나무류 : 모수 수고의 2 ~ 3배
④ 물푸레나무 : 모수 수고의 4 ~ 7배

25. 측방천연하종갱신에서 교호 대상(帶狀)개벌 시 일반적으로 대상 벌채구의 폭은 어느 정도로 하나?

① 모수림 수고의 8 ~ 9배   ② 모수림 수고의 6 ~ 7배
③ 모수림 수고의 5 ~ 6배   ④ 모수림 수고의 2 ~ 3배

26. 개벌작업 중 아래의 그림과 같이 임분을 대(帶)의 계열로 나누어 하는 작업은?

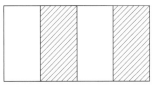

① 연속대상 개벌작업   ② 교호대상 개벌작업
③ 군상 개벌작업   ④ 대면적 개벌작업

해   설

해설 **23**
개벌에 의한 천연갱신은 갱신에 소요되는 연수가 길고 실패율이 적기 때문에 인공조림이 어려운 곳에 실시하며 소나무류, 자작나무류, 사시나무류에 적용된다.

해설 **24**
바르게 고치면,
단풍나무류, 물푸레나무류 : 모수 수고의 2~3배

해설 **25**
측방천연하종갱신의 경우 일반적으로 대상 벌채구의 폭은 모수림 수고의 2~3배로 한다.

해설 **26**
교호대상 개벌작업은 벌채 예정지를 띠 모양(帶狀)으로 구획하고 교대로 두 번의 개벌에 의하여 갱신을 끝내는 방법이다.

정답 23. ② 24. ④ 25. ④ 26. ②

27. 군상 개벌작업을 할 때 적당한 군상지의 면적은?

① 0.1 ha
② 0.5 ha
③ 1 ha
④ 2 ha

28. 군상 개벌작업은 보통 몇 년 간격으로 다음 군상지를 벌채하는가?

① 2 ~ 3년
② 4 ~ 5년
③ 6 ~ 7년
④ 8 ~ 10년

29. 다음 중 개벌작업의 장점이 아닌 것은?

① 작업이 용이하고 경제적 수입면에서 좋다.
② 양수림의 갱신에 용이하다.
③ 성숙임분 갱신에 유리하다.
④ 토양의 이화학적 성질이 좋아진다.

30. 개벌작업의 장단점에 관한 설명 중 옳은 것은?

① 작업이 복잡하여 고도의 기술을 필요로 한다.
② 임지가 보호되어 지력이 증진될 수 있다.
③ 음수 수종의 갱신이 적당하다.
④ 동일한 규격의 목재를 생산하여 경제적으로 유리하다.

31. 개벌작업의 장점에 해당되지 않는 것은?

① 미관상 가장 아름다운 수풀로 된다.
② 성숙한 임목의 숲에 적용할 수 있는 가장 간편한 방법이다.
③ 벌채작업이 한 지역에 집중되므로 경제적으로 진행될 수 있다.
④ 현재의 수종을 다른 수종으로 변경하고자 할 때 적절한 방법이다.

해설 **27**
군상지의 면적은 보통 0.03 ~ 0.1 ha 정도가 적당하다.

해설 **28**
군상 개벌작업은 치수가 생장함에 따라 갱신면을 4~5년 간격으로 점차 바깥쪽으로 개벌하여 모든 임분의 갱신을 완료한다.

해설 **29**
개벌 작업시 임지가 일시에 노출되어 임지를 황폐시키기 쉽고 지력을 저하시킨다.

해설 **30**
개벌작업은 비슷한 크기의 목재를 일시에 많이 수확할 수 있다.

해설 **31**
개벌작업에 의해 조성된 숲은 단조롭고 아름답지 못하다.

CHAPTER 08

산림경영

정답 27. ① 28. ② 29. ④ 30. ④
31. ①

32. 갱신시킬 임지에 종자를 공급하기 위한 임목을 남기고 나머지는 모두 벌채하는 방법은?

① 개벌작업　　　　　② 택벌작업
③ 모수작업　　　　　④ 산벌작업

33. 모수작업에 관해서 알맞은 설명은?

① 양수 갱신에 적합하다.
② 모수는 되도록 한 지역에 집중적으로 남긴다.
③ 자웅이주에 유리하다.
④ 전체 재적의 약 50%를 벌채한다.

34. 종자가 비교적 가벼워서 잘 날아갈 수 있는 수종에만 적용될 수 있는 작업은?

① 개벌작업　　　　　② 중림작업
③ 택벌작업　　　　　④ 모수작업

35. 모수작업 시의 모수 선택에 관한 설명 중 옳지 않은 것은?

① 모수는 ha당 70본정도 선정하여 잔존시켜야 한다.
② 모수는 바람에 대한 저항력이 강해야 한다.
③ 모수는 결실연령에 도달해 있어야 한다.
④ 모수는 형질적으로 우수한 나무여야 한다.

36. 모수의 조건으로 적합하지 않은 것은?

① 유전적 형질이 좋아야한다.
② 풍도에 대하여 저항력이 있어야 한다.
③ 종자는 많이 생산하지 않아도 된다.
④ 우세목 중에서 고르도록 한다.

해설

해설 32
모수작업은 성숙한 임분을 대상으로 벌채를 실시할 때 형질이 좋고 결실이 잘 되는 모수(어미나무)만을 남기고 그 외의 나무를 일시에 베어내는 방법이다.

해설 33
바르게 고치면,
② 남겨질 모수는 산생시키거나 군생시켜 갱신에 필요한 종자를 공급하게 한다.
③ 자웅동주가 유리하나 자웅이주의 수목은 암수를 섞어서 남겨야 한다.
④ 전체 재적의 약 90%를 벌채한다.

해설 34
모수작업은 양수(소나무, 해송 등)에 적용되며, 종자나 열매가 가벼워 바람에 날려 멀리 날아갈 수 있는 수종이 적합하다.

해설 35
바르게 고치면,
종자공급을 위해 남겨질 모수는 1ha당 약 15~30그루 정도이다.

해설 36
모수의 조건은 바람에 대한 저항성이 강하고 종자를 많이 생산해야 하고 결실연령에 도달되어야 하며 형질적으로 우수해야 한다.

정답　32. ③　33. ①　34. ④　35. ①
36. ③

37. 수풀의 작업종 중에서 어미나무 작업에 의해 갱신되는 임분은 어떤 형태인가?

① 복층림　　　　　　　　② 천연림
③ 동령림　　　　　　　　④ 혼효림

38. 어미나무(母樹)작업법으로 갱신할 때 어미나무로 잔존시키는 양은 원래 임목재적의 몇 %로 하는가?

① 10%　　　　　　　　② 30%
③ 40%　　　　　　　　④ 60%

39. 모수작업에 대해 올바르게 설명하고 있는 것은?

① 주로 음수의 갱신에 적용된다.
② 모수의 잔존본수는 종자의 생산량 및 비산거리에 따라 가감할 수 있다.
③ 후계림은 전형적인 이령림이 된다.
④ 갱신이 완료된 이후에 잔존모수는 반드시 제거해야 한다.

40. 소나무에 가장 적당한 천연갱신방법으로 짝지어진 것은?

① 모수작업, 택벌작업　　　② 모수작업, 대상개벌작업
③ 모수작업, 산벌작업　　　④ 산벌작업, 택벌작업

41. 윤벌기까지 어미나무를 보존하는 모수작업의 변법은?

① 보잔목작업　　　　　　② 개벌작업
③ 산벌작업　　　　　　　④ 택벌작업

해설 **37**
모수작업에 의해 나타나는 산림은 동령림(일제림)이다.

해설 **38**
종자공급을 위해 남겨질 모수는 전임목본수의 2~3%. 재적으로는 약 10% 정도이다.

해설 **39**
모수의 잔존본수는 종자의 생산량 및 비산거리에 따라 가감할 수 있으며 종자의 비산력이 낮은 활엽수종은 더 많이 남겨야 한다.

해설 **40**
소나무는 양수이고 종자가 잘 비산(飛散)하므로 모수작업과 대상개벌작업 등으로 천연갱신한다.

해설 **41**
보잔목작업은 모수의 왕성한 생장을 다음 윤벌기까지 계속시켜 그 형질을 향상시키고 갱신을 천연적으로 진행시키는 데 목적을 둔다.

정답 37. ③　38. ①　39. ②　40. ②
41. ①

CHAPTER 08 산림갱신

42. 다음 중 천연하종갱신이 가장 안전한 작업법은?

① 중림작업   ② 왜림작업

③ 개벌작업   ④ 산벌작업

43. 산벌작업에 대한 설명 중 바르게 기술하고 있는 것은?

① 전형적인 이령림작업이다.

② 모수작업이나 개벌작업보다 기술적으로 쉬운 갱신방법이다.

③ 갱신방법은 일반적으로 예비벌-하종벌-후벌 군으로 이어진다.

④ 갱신에 소요되는 기간은 개벌작업이나 모수작업에 비해서 짧다.

44. 산벌작업의 일반적인 갱신기간은?

① 5 ~ 10년   ② 10 ~ 20년

③ 20 ~ 40년   ④ 40 ~ 80년

45. 다음 중 전갱(前更)작업에 속하는 것은?

① 산벌작업   ② 택벌작업

③ 중림작업   ④ 개벌작업

46. 양수, 음수성 수목에 다 같이 사용할 수 있는 작업종은?

① 개벌작업   ② 산벌작업

③ 순환작업   ④ 모수작업

해 설

해설 42

산벌작업의 천연하종갱신으로 생산된 숲은 동령림으로 취급된다.

해설 43

산벌작업으로 동령림 작업이며, 개벌작업이나 모수작업보다 벌채 방법이 복잡하고 갱신소요기간이 길다.

해설 44

산벌작업은 10~20년 정도의 비교적 짧은 갱신기간을 가지고 있다.

해설 45

산벌작업은 윤벌기가 완료되기 이전에 갱신이 완료되는 전갱작업이다.

해설 46

산벌작업은 음수와 양수에 모두 적용이 가능한 방법이다.

정답 42. ④   43. ③   44. ②   45. ①
46. ②

47. 산벌작업에서 벌채대상을 중용목·피압목으로 하고, 형질불량 우세목, 준우세목
도 벌채대상이 될 수 있는 벌채방법은?

① 예비벌   ② 하종벌
③ 후벌   ④ 종벌

해   설

해설 **47**
예비벌은 모수로서 부적합한 병충해목, 피압목, 수형불량목, 상해목, 폭목 등을 벌채한다.

48. 솎아베기가 잘 된 임지와 유령림 단계에서 집약적으로 관리된 임분에서 생략이
가능한 산벌작업방식은?

① 예비벌   ② 하종벌
③ 후벌   ④ 종벌

해설 **48**
예비벌은 유령림 단계에서부터 집약적으로 관리된 임분, 치수가 이미 임내에 상당히 발생되어 있는 임분, 천연림 중 과숙임분으로써 임관이 이미 소개되어 있는 임분에서는 생략할 수 있다.

49. 산벌작업에서 결실량이 많은 해에 일부 임목을 벌채하여 하종을 돕는 것으로 1회
의 벌채로 목적을 달성하는 것은?

① 후벌   ② 종벌
③ 하종벌   ④ 예비벌

해설 **49**
하종벌은 산벌작업시 결실량이 많은 해에 종자가 완전히 성숙된 후 벌채하여 지면에 종자를 다량 낙하시켜 일제히 발아시키기 위한 벌채작업이다.

50. 산벌작업의 3단계 갱신벌에 속하지 않는 것은?

① 예비벌(豫備伐)   ② 하종벌(下種伐)
③ 개벌(皆伐)   ④ 후벌(後伐)

해설 **50**
산벌작업은 예비벌, 하종벌, 후벌로 나누어 실시한다.

51. 산벌작업의 작업순서로 맞는 것은?

① 하종벌 – 후벌 – 예비벌 – 갱신완료
② 후벌 – 예비벌 – 하종벌 – 갱신완료
③ 하종벌 – 예비벌 – 후벌 – 갱신완료
④ 예비벌 – 하종벌 – 후벌 – 갱신완료

해설 **51**
산벌작업의 작업은 갱신준비를 위한 예비벌, 치수의 발생을 완성하는 하종벌, 치수의 발육을 촉진하는 후벌의 순으로 이루어진다.

정답 47. ①   48. ①   49. ③   50. ③
51. ④

CHAPTER 08

산림갱신

52. 산벌작업의 갱신기간을 알맞게 설명한 것은?

① 예비벌부터 하종벌까지 ② 하종벌부터 종벌까지
③ 후벌부터 하종벌까지 ④ 수광벌부터 종벌까지

53. 산벌작업(傘伐作業)의 특징은?

① 갱신기간이 비교적 오래 걸린다.
② 비용이 적게 소요된다.
③ 갱신기간 중의 임분은 풍해에 강하다.
④ 중종자(重種子)의 천연갱신에 적합하다.

54. 산벌작업의 장점이 아닌 것은?

① 벌채방법이 개벌작업보다는 복잡하지만 보다 간단하다.
② 우량한 임목들을 남김으로써 임분의 유전적 형질을 개량할 수 있다.
③ 수령이 거의 비슷하고 줄기가 곧게 자라게 할 수 있다.
④ 어린나무가 상하지 않고 비용이 적게 들게 작업할 수 있다.

55. 다음 중 산벌작업의 장점인 것은?

① 벌채 대상목이 흩어져 있어서 작업이 다소 복잡하다.
② 천연갱신으로만 진행될 때에는 갱신기간이 길어진다.
③ 음수의 갱신에 잘 적용될 수 있다.
④ 일시에 모두 갱신을 하므로 경제적이다.

56. 이령림과 가장 관계가 깊은 작업은?

① 개벌작업 ② 산벌작업
③ 택벌작업 ④ 왜림작업

해   설

[해설] 52
산벌작업의 갱신기간은 치수의 발생을 완성하는 하종벌부터 후벌의 마지막인 종벌까지의 기간을 말한다.

[해설] 53
산벌작업은 음수나 양수를 띤 수종, 종자가 약간 무거우며 발아휴면성이 강하지 않은 수종에 적합하다.

[해설] 54
산벌작업은 벌채면의 배치를 잘못하면 어린 나무가 상하기 쉬우며 성목의 벌채가 분산되어 비용이 많이 든다.

[해설] 55
산벌작업은 성숙한 임목의 보호하에 진행되며 중력종자를 가진 수종 및 음수 수종의 갱신에 잘 적용될 수 있다.

[해설] 56
택벌작업에 의한 임분은 항상 크고 작은 나무가 섞여있는 이령림에 적용된다.

정답 52. ② 53. ④ 54. ④ 55. ③
56. ③

57. 갱신기간에 제한이 없고 성숙 임분만 일부 벌채되는 작업종은?

① 개벌작업　　　　　　② 모수작업
③ 산벌작업　　　　　　④ 택벌작업

58. 윤벌기와 함께 회귀년이란 말이 사용되는 작업종은?

① 산벌작업　　　　　　② 모수작업
③ 택벌작업　　　　　　④ 개벌작업

59. 이론상의 택벌림형을 바르게 나타낸 것은?

① 어린나무가 대부분의 면적을 점유한다.
② 한 치수와 장령목의 두 계층이 같은 면적을 점유한다.
③ 1년생부터 윤벌기에 달한 나무가 같은 면적을 점유한다.
④ 장령목과 노령목이 보다 많은 같은 면적을 점유한다.

60. 윤벌기가 100년이고 작업구의 수가 5개인 지역의 회귀년은?

① 10년　　　　　　　　② 20년
③ 25년　　　　　　　　④ 50년

61. 다음 작업종 중에서 벌구의 개념이 없는 것은?

① 택벌작업　　　　　　② 개벌작업
③ 모수작업　　　　　　④ 산벌작업

해　　설

[해설] 57
택벌작업은 무육, 벌채 및 이용이 동시에 이루어지며 직경급 배분 및 임목축적에 급격한 변화를 주지 않는 갱신방법이다.

[해설] 58
택벌작업은 순환택벌을 적용하며 회귀년은 순환택벌시 처음 구역으로 되돌아오는 데 소요되는 기간을 말한다.

[해설] 59
택벌작업은 이론상으로 1년생부터 윤벌기에 달한 나무가 같은 면적을 점유하여 연년생장량에 해당하는 재적이 매년 벌채되어야 한다.

[해설] 60
회귀년은 윤벌기를 작업구로 나누어 구한다. 100/5=20년

[해설] 61
택벌작업은 벌기, 벌채량, 벌채방법 및 벌채구역의 제한이 없다.

정답 57. ④　58. ③　59. ③　60. ②
61. ①

62. 국토보안 및 지력유지, 자연보호적 측면에서 가장 바람직한 산림 작업종은?

① 개벌작업   ② 택벌작업
③ 모수작업   ④ 산벌작업

63. 풍치가 좋고 계속적으로 목재 생산이 가능한 작업종은?

① 개벌작업   ② 택벌작업
③ 중림작업   ④ 모수작업

64. 다음의 〈보기〉 특징을 갖는 작업종은?

<보기>
- 임지가 노출되지 않고 항상 보호되고 표토의 유실이 없다.
- 음수의 갱신에 좋고 임지의 생산력이 높다.
- 미관상 가장 아름다우며 작업에 많은 기술이 필요하다.

① 산벌작업   ② 택벌작업
③ 모수작업   ④ 중림작업

65. 택벌작업(擇伐作業)의 특이한 요건은 어떤 것인가?

① 일정한 벌기(伐期)가 없다.
② 벌기와 벌채구역이 없다.
③ 벌기, 벌채량, 벌채방법 및 벌채구역이 없는 작업방법이다.
④ 일정한 벌구(伐區)에서 상층목(上層木)을 벌채하는 방법이다.

66. 내음성이 약한 양수를 갱신하는 데 적용하기 힘든 작업종은?

① 택벌작업   ② 개벌작업
③ 모수작업   ④ 왜림작업

해 설

해설 62

택벌작업은 직경급 배분 및 임목축적에 급격한 변화를 주지 않는 산림갱신방법으로 보안림, 풍치림, 국립공원 등 자연림에 가까운 숲에 적용된다.

해설 63

택벌작업은 심미적 가치가 가장 높고 계속적 목재 생산이 가능한 작업종이다.

해설 64

택벌은 직경급 배분 임목축적에 급격한 변화가 없는 산림갱신방법으로 미관상 수려하고 작업에는 많은 기술이 요한다.

해설 65

택벌작업은 벌기, 벌채량, 벌채방법 및 벌채구역의 제한이 없고 성숙한 일부 임목만을 국소적으로 선택하여 벌채하는 방법이다.

해설 66

택벌작업은 음수갱신에 적합하고, 비옥한 토지가 아니면 적용이 어렵다.

정답 62. ②   63. ②   64. ②   65. ③
66. ①

67. 대경목을 매년 생산할 수 있는 작업종은?

① 개벌작업　　　　　② 택벌작업
③ 산벌작업　　　　　④ 중림작업

68. 택벌작업으로 천연갱신을 유도할 수 있는 적절한 수종은?

① 소나무　　　　　　② 낙엽송
③ 전나무　　　　　　④ 해송

69. 택벌작업에서 이용기에 달하여도 남겨둘 수 있는 나무는?

① 우세목의 생장에 지장을 주는 나무
② 원하지 않는 나무
③ 건전하고 생장이 왕성하여 어린나무의 생장에 지장을 주지 않는 나무
④ 피압목

70. 택벌작업의 벌채 대상목이 될 수 있는 것은?

① 풍치상 가치가 있는 나무
② 토양조건을 보호할 수 있는 나무
③ 비교적 키가 큰 군상목 중 세장하게 자란 나무
④ 소경목군 안의 나무로 벌채 후 풍도의 피해를 가져올 수 있는 나무

71. 다음 중 택벌작업의 단점은?

① 경관 조성　　　　　② 건전한 생태계 유지
③ 벌채비용이 많이 든다.　　④ 보속적인 생산

해설 **67**

택벌작업은 성숙한 일부 임목만을 국소적으로 골라 벌채하므로 대경목을 매년 생산할 수 있다.

해설 **68**

택벌작업은 전나무와 같은 음수의 갱신에 적당하다.

해설 **69**

택벌작업에서는 건전목으로 완전한 생장을 하여 어린나무의 생장에 지장을 주지 않는 나무, 모수로서 필요한 나무 등은 이용기에 달하여도 벌채하지 않는다.

해설 **70**

택벌작업시 벌채 대상목은 병해목, 완전한 피압목, 고사목, 불량목, 장차 좋은 나무가 될 수 없다고 단정된 나무, 인접목의 성장에 장해가 되는 나무, 이용기에 달한 성숙목 등이다.

해설 **71**

택벌작업은 성숙목이 산재해 있고 넓은 면적에서 적은 벌채를 하기 때문에 벌채비용이 많이 든다.

정답　67. ②　68. ③　69. ③　70. ③
71. ③

CHAPTER 08 산림경신

해 설

72. 택벌작업의 장점이 아닌 것은?

① 토지가 항상 나무로 덮여져 지력이 유지된다.
② 경영내용이 간단하여 고도의 기술이 필요 없다.
③ 상층목은 채광이 좋아 결실이 잘 된다.
④ 면적이 좁은 산림에서 보속적 수확을 할 수 있다.

해설 72
택벌은 작업에 고도의 기술을 요하며 경영내용이 복잡하다.

73. 다음 중 택벌작업의 장점이 아닌 것은?

① 음수수종의 갱신에 적당
② 병해충에 대한 저항력 낮음.
③ 산불의 발생 가능성 낮음.
④ 심미적 가치가 높음.

해설 73
택벌작업은 산림생태계의 안정을 유지하여 각종 위해를 줄여 주는 등 병해충에 대한 저항력이 높다.

74. 주로 맹아에 의하여 갱신되는 작업종은?

① 모수작업
② 왜림작업
③ 교림작업
④ 중림작업

해설 74
왜림작업이란 근주(根株, 움)로부터 나오는 맹아(萌芽)로 갱신하는 방법이다.

75. 줄기를 벌채 이용하고 난 후 그 그루에서 발생한 움돋이가 자라서 이루어진 수풀을 무엇이라고 하는가?

① 왜림
② 교림
③ 복합림
④ 중림

해설 75
왜림은 연료재나 소형재를 생산에 알맞은 산림을 말한다.

76. 참나무류로 이루어진 임분에서 효율적인 연료재 생산을 목적으로 할 때 실시되는 갱신작업은?

① 택벌작업
② 산벌작업
③ 왜림작업
④ 보잔목작업

해설 76
왜림작업은 활엽수림에서 연료재 생산을 목적으로 하는 갱신작업으로 비교적 짧은 벌기령으로 개벌한다.

정답   72. ②   73. ②   74. ②   75. ①
     76. ③

77. 다음 중 왜림작업으로 갱신하기 적당하지 않은 수종은?

① 참나무류
② 포플러류
③ 오리나무류
④ 대다수의 침엽수류

78. 다음 중 왜림작업의 특징이 아닌 것은?

① 맹아로 갱신된다.
② 벌기가 길다.
③ 수고가 낮다.
④ 땔감 생산용으로 알맞다.

79. 다음 중 왜림작업의 벌채계절로 가장 적당한 시기는?

① 여름
② 초겨울
③ 늦가을
④ 늦겨울 ~ 초봄

80. 왜림작업의 경영을 설명한 것 중 가장 적당하지 않은 것은?

① 땔감이나 소형재를 생산하기에 알맞다.
② 벌기가 짧아 적은 자본으로 경영할 수 있다.
③ 벌채점을 지상 1.5m 정도 되도록 높게 하는 것이 좋다.
④ 벌채는 근부에 많은 양분이 저장된 늦겨울부터 초봄사이에 실시한다.

81. 다음 그림 중 왜림작업의 움돋이를 위한 줄기베기에서 가장 적합한 것은?

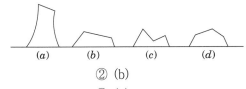

① (a)
② (b)
③ (c)
④ (d)

해 설

해설 **77**
왜림작업은 맹아력이 강한 참나무류, 오리나무류, 물푸레나무류, 포플러류 등의 활엽수에 적용된다.

해설 **78**
왜림작업은 벌기가 짧고 단위면적당 물질 생산량이 많다.

해설 **79**
왜림작업의 벌채는 생장휴지기인 11월 이후부터 이듬해 2월 이전까지 실시한다.

해설 **80**
벌채점의 높이는 가능한 낮게 하여 움싹이 지하부 또는 지표 근처에서 발생하도록 유도한다.

해설 **81**
a : 좋지 못함
b : 가장 좋음
c : 좋지 못함
d : 중간 정도

CHAPTER 08
산림경신

정답 77. ④ 78. ② 79. ④ 80. ③
81. ②

82. 다음 중 잘못 짝지어진 것은?

① 택벌작업 : 회귀년   ② 개벌작업 : 임지황폐
③ 모수작업 : 예비벌   ④ 왜림작업 : 연료림

83. 교림작업과 왜림작업을 혼합한 갱신작업종은?

① 개벌작업   ② 산벌작업
③ 중림작업   ④ 왜림작업

84. 연료재와 소경재, 일반용재를 동일임지에서 생산하는 작업종은?

① 군상개벌   ② 택벌작업
③ 중림작업   ④ 왜림작업

해   설

해설 **82**
바르게 고치면,
모수작업 → 보잔목, 산벌작업 → 예비벌

해설 **83**
중림작업은 용재 생산을 목적으로 하는 교림작업과 연료재 생산을 목적으로 하는 왜림작업을 동시에 하는 것이다.

해설 **84**
중림작업은 교림과 왜림을 동일 임지에 함께 세워서 경영하는 작업법으로서 하목으로서의 왜림은 맹아로 갱신되며 일반적으로 연료재와 소경목을 생산하고, 상목으로서의 교림은 일반용재를 생산한다.

정답   82. ③   83. ③   84. ③

09 수목의 생리·환경

학습주안점

• 수목의 생장, 발육, 생육, 영양생장과 생식생장을 구분하고 이해할 수 있다.
• 토양수의 종류 알고 토양수분의 측정법에 대해 알아야 한다.
• 식물의 뿌리가 수분을 흡수하고 증산되는지의 과정을 이해해야 한다.
• 다량원소와 미량원소를 구분하고, 각 원소의 기능을 암기한다.
• 식물호르몬의 종류와 이용에 대해 암기해야 한다.
• 광합성의 관련인자와 탄수화물의 생성, 양엽과 음엽, 수목의 내음성 등 광선과 임목생육에 관한 이해하고 중요내용은 암기할 수 있도록 한다.

1 수목의 생장

1. 영양생장(발아 → 화아분화 전까지)

1) 개념

① 수목의 키나 지름이 커지는 것은 분열조직에 의해 이루어지며, 분열조직은 줄기와 뿌리 끝 부분의 생장점과 형성층에 위치해 있으며, 수고생방·비대생장·뿌리생장에 관여함.

② 수목의 각 부위는 생장속도나 생장시기가 서로 다르며 생장형태도 기후조건에 따라 다름, 열대지방에서는 연중 생산이 가능하나 온대지방에서는 봄부터 가을까지 생육기간이 정해져 있어 계절적으로 생장의 차이가 뚜렷함.

2) 수고생장

① 수목의 잎과 줄기가 자라서 키가 커지는 현상, 수목의 키는 가지 끝에 있는 눈이 자라서 새로운 가지를 만드는 만큼 커짐.

② 온대지방에서 수목의 줄기가 자라는 양상은 유한생장과 무한생장, 고정생장과 자유생장의 종류로 나누어 짐.

유한생장	• 소나무, 정아(꼭지눈)이 뚜렷하며 한가지당 1년에 1회 또는 2~3회 꼭지눈이 형성되어 자라는 것 • 소나무류, 가문비나무류, 참나무류 등의 줄기
무한생장	• 정아를 형성하지 않고 줄기가 자라다가 끝이 죽고, 맨 위쪽의 측아(곁눈)가 정아의 역할을 하여 이듬해 봄에 다시 줄기로 자라는 것 • 자작나무, 버드나무, 느티나무, 버즘나무, 아까시나무, 피나무, 가중나무, 느릅나무 등의 줄기

■ 핵심 PLUS

■ 정의
① 생장(生長) : 시간의 경관에 따르는 식물체의 크기 증가, 양적 증가 → 영양생장
② 발육(發育) : 식물체가 시간이 경과함에 따라서 완성에 다가오는 과정, 질적 변화 → 생식생장
③ 생육(生育) : 생장과 발육은 서로 짝이 되는 것으로 전자가 식물체의 양적인 변화인데 대하여 후자는 질적인 변화임, 식물의 생육이라는 말은 생장과 발육 양자를 포함한 개념임.
④ 영양생장 : 잎·줄기·뿌리가 자라서 개체의 크기가 커지는 생장, 종자의 발아 → 줄기·잎의 증가 → 꽃눈 형성
⑤ 생식생장 : 꽃과 열매로 종자를 생산하거나 무성번식으로 다음 세대를 만들기 위한 생장, 꽃눈형성 → 개화 → 결실

고정생장	• 줄기생장이 전년도에 형성된 눈에 이미 결정되어 있는 경우 • 봄에만 키가 크고 그 이후에는 키가 안 자라기 때문에 결국 수고 생장이 느리게 됨. • 소나무, 잣나무, 가문비나무, 솔송나무, 너도밤나무, 참나무 등
자유생장	• 전년도 겨울눈 속에 봄에 자랄 새 가지의 원기가 만들어져 있다가 봄에 겨울눈이 크면서 새가지가 나와 봄잎을 만들고, 곧 이어 여름잎을 만들면서 가을까지 계속 새가지가 올라오는 경우 • 가을 늦게까지 자라다가 겨울눈을 미처 만들지 못해 새 가지가 얼어 죽는 경우가 많지만 생장이 빠른 속성수에 해당함. • 은행나무, 낙엽송 등의 침엽수, 포플러, 자작나무, 플라타너스, 버드나무, 아까시 나무 등의 활엽수 • 사철나무, 회양목, 쥐똥나무와 같은 관목과 주목이 속함.

③ 정아가 측아보다 뚜렷이 잘 자라는 현상을 정아우세라 하며, 이러한 특징을 가진 수종은 대체로 뾰족한 원뿔 모양의 수형을 가짐, 정아우세가 뚜렷하지 않거나 없는 수종들은 공 모양의 수형을 가지게 됨.

3) 비대생장

① 수목의 직경생장은 수로 수간, 줄기, 뿌리 부분의 목부와 사부 사이에 위한 형성층 활동에 의한 비대생장으로 이루어짐.

■ 방사조직(放射組織, ray)
① 관다발 내를 방사방향으로 수평하게 뻗는 가늘고 긴 조직
② 형성층의 방사조직 시원세포에서 그 내외 양측에 만들고, 일반적으로 물관부에서 체관부에 걸쳐 존재하며, 각각 물관부방사조직, 체관부방사조직이라고 함

목부(물관부)	뿌리털에서 흡수한 물과 무기양분이 위로 이동하는 통로로 잎까지 연결되어 있음.
사부(체관부)	잎에서 광합성으로 만들어진 유기양분의 이동통로로 뿌리까지 연결되어 있음.

② 수목의 비대생장은 형성층이 광합성산물을 이용하여 병층분열과 수층분열을 하면서 줄기 안쪽으로는 물관세포를, 바깥쪽으로는 체관세포를 만들어가며 이루어짐.

병층분열	물관세포(목부)와 체관세포(사부)를 생산하는 분열
수층분열	형성층의 세포 수를 증가시키는 분열

③ 형성층이 생산하는 목부와 사부조직의 비율은 일정하지 않으나, 수종이나 환경에 상관없이 목부의 생산량이 사부보다는 많음.

④ 형성층의 활동은 환경의 영향을 많이 받고 상록수가 낙엽수보다 더 오래 지속되며 우세목이 피압목보다 더 오래 일어남, 형성층의 활동은 일반적으로 봄에 줄기생장이 시작될 때 함께 시작하여 여름에 줄기생장이 정지한 다음에도 더 지속되는 경향이 있음.

4) 뿌리생장

① 유근에서부터 직근이 발달하기 시작하면서 측근이 생기고, 이들로부터 무수히 많은 뿌리털들이 발달함.

② 뿌리털은 뿌리의 표면적을 넓게하여 양분과 물을 흡수하며, 일반적으로 뿌리끝의 생장점 바로 윗부분에 분포함.

③ 뿌리는 시간이 지나면 직경이 굵어지면서 2차생장을 하는데, 직경이 굵어지는 원리는 줄기(수간)가 굵어지는 원리와 같음.

④ 뿌리의 수직적 분포는 토성의 영향을 받으며, 점토가 많은 토양에서는 뿌리의 침투가 불량하지만 사질토에서는 통기성이 좋아 근계가 더 깊게 발달함, 건조한 지역에서 자라는 수목일수록 T/R률이 작아 상대적으로 근계가 많이 발달함.

⑤ 수목의 뿌리 분포는 수종에 따라 형태가 독특하여 적송은 심근성을, 낙엽송은 중간형을, 자작나무는 천근성을 나타냄.

2. 생식생장

1) 꽃의 형성

① 수목이 어느 정도 자라면 줄기의 생장점은 줄기나 잎을 만들고 시작하는 일을 멈추고 꽃눈을 형성하여 꽃을 피우게 됨.

② 침엽수종의 꽃눈분화 시기는 보통 꽃피는 전해의 여름으로 소나무나 해송의 암꽃은 8월 중순~9월 상순, 낙엽송은 7월상순~하순에 암수의 꽃눈이 분화함.

2) 꽃눈의 구조

① 완전화 : 한 꽃 속에 수술과 암술이 함께 들어 있는 꽃으로 아까시나무, 백합나무 등이 있음.

② 불완전화 : 수술이나 암술 중 하나가 없는 구조로 경제성이 있는 침엽수종과 대부분의 활엽수종이 해당됨.

③ 자웅동주 : 한 그루에 암꽃과 수꽃이 함께 달림, 소나무 · 밤나무 · 자작나무 등이 있음.

④ 자웅이주 : 암꽃이 달리는 그루와 수꽃이 달리는 그루가 각각 따로 존재하는 것으로 버드나무 · 은행나무 · 소철 등이 있음.

핵심 PLUS

■ 토양수의 흡착력 표시
① 토양이 물을 흡착 유지하는 힘은 같은 힘을 가지고 있는 단위수주의 높이(cm)로 표시
② 수주의 높이의 대수를 취하여 이것을 pF로 표시

• pF=log H(여기서 H는 수주의 높이, cm)

2 수분과 임목생육

1. 관련용어

1) 최대용수량

모관수가 최대로 포함된 상태, 토양의 모든 공극이 물로 포화된 상태, pF값은 0으로 포화용수량이라고도 함.

2) 포장용수량

① 식물에게 이용될 수 있는 수분범위의 최대수분량으로 작물재배상 매우 중요함, 최소용수량이라고도 하며 pF값은 1.7~2.7임.
② 최대용수량에서 중력수가 완전히 제거된 후 모세관에 의해서만 지니고 있는 수분함량
　㉮ 포화용수량에서 포장용수량으로 되는데 2~3일이 소요됨.
　㉯ 포장용수량의 수분장력 : 1/3기압 또는 pF 2.7

3) 위조점과 위조계수

토양수분의 장력이 커서 식물이 흡수하지 못하고 영구히 시들어버리는 점, 이때의 수분함량을 위조계수라고 함.(pF 4.2)

초기위조점	• 토양의 수분함량이 점차 감소함에 따라 작물의 지상부가 시들기 시작하는 함수상태 • 식물 생육억제의 초기단계 pF 값은 3.9 정도임.
일시적위조	• 초기위조가 더욱 진행한 상태, 세포가 팽압을 잃고 외관적으로 위조상태를 나타내지만 강우나 관수에 의하지 않아도 쉽게 회복됨. • 작물의 증산작용이 흡수작용보다 클 때 발생
영구위조점	토양이 초기위조점을 지나 수분이 계속 감소되면 작물의 뿌리는 수분흡수가 곤란해져 포화습도의 공기 중에 24시간 정도 두어도 회복될 수 없는 토양함수상태 (pF 4.2)

4) 흡습계수

흡습수로 함량 즉, 마른 토양의 수분함량(pF 4.5)

5) 수분당량

물을 포화시킨 토양에 1,000배 상당의 원심력을 작용시킬 때 토양 중에 남아 있는 수분(pF 2.7~3.0)

2. 토양수의 종류와 유효수분·무효수분

1) 토양수종류

① 결합수(결정수) : pF가 7.0 이상인 수분으로서 식물에는 흡수되지 않으나 토양 화합물의 성질에 영향을 줌.

② 흡습수 : 건조한 토양을 관계습도가 높은 공기 중에 두면 분자 간 인력에 의하여 토양입자의 표면에 물이 흡착되는데, 이 물은 pF가 4.5 이상인 수분으로서 식물이 이용하지 못함.

③ 모세관수

㉮ 토양입자에 물이 흡착되어 그 물의 두께가 커지고, 다시 물의 양이 많아지면 토양입자와 입자 사이의 작은 공극, 즉 모세관에 물이 채워지는데, 이를 모세관수라 하며 이 물은 표면장력에 의하여 흡수·유지함.

㉯ pF가 2.7~4.5 이상인 수분으로서 식물에 이용하는 유효수분임.

④ 중력수(유리수, 자유수) : 토양 입자 사이를 자유롭게 이동하는 물

2) 유효수분과 무효수분

① 수목이 토양 중에서 흡수 이용하는 물을 유효수분이라 함.

② 수목이 생장할 수 있는 토양의 유효수분은 포장용수량에서부터 영구위조점까지의 범위이며 약 pF 2.7~4.2 임.

③ 수목생육에 가장 알맞은 최적함량은 대개 최대 용수량의 60~80% 범위임.

④ 유효수분은 토양입자가 작을수록 많아짐.

⑤ 포장용수량 이상의 토양수분은 과습의 피해를 유발하고, 영구위조점 이하의 토양수분은 수목이 이용할 수 없음.

⑥ 무효수분은 영구위조점(pF 4.2)에서 토양에 보유되어 있는 수분으로 고등식물의 생육이나 미생물의 활동에 이상적인 수분은 되지 못함.

3. 수분의 흡수과정과 증산작용

1) 수분의 흡수과정

① 수목의 뿌리는 생장이나 조직분화를 하고 있는 것은 그 선단 또는 이에 가까운 부분이며 물, 비료양분 등의 흡수도 이루어짐.

② 뿌리의 선단부는 뿌리골무, 생장점, 신장부, 근모부 등으로 나누어지며, 근모부에서 수분의 흡수가 가장 왕성하게 이루어지고, 생장점에서는 양분의 흡수가 이루어짐.

③ 목부(도관세포)는 수분의 이동통로이고, 사부(체관세포)는 양분의 이동통로임.

④ 도관의 지름이 크면 수액상승 속도가 빠르고, 참나무류의 수액 이동 속도는 30m/hr 정도임.

---

⑤ 뿌리의 능동적 흡수

  ㉮ 세포의 삼투압은 토양용액의 삼투압보다 높으므로 뿌리는 삼투현상에 의하여 물을 흡수함.

  ㉯ 뿌리털세포나 그 부근의 표피세포가 물을 흡수하면 세포액의 삼투압은 저하되고 팽압은 증대하므로 세포의 흡수력은 줄어들어 물은 뿌리의 내부 세포로 이동하여 물관에 도달함.

  ㉰ 뿌리털세포에서 물이 피층세포로 이동하면 뿌리털세포의 흡수압(삼투압과 막압의 차이)은 다시 증대하여 토양으로부터 물을 흡수함.

삼투압	세포 내로 수분이 들어가는 압력
막압	세포 외로 수분을 배출하는 압력
흡수압	확산압차, 삼투압과 막압의 차이에서 이루어짐.

  ㉱ 뿌리의 세포자체의 흡수력에 의하여 행해지는 물의 흡수를 능동적흡수(active absorption)라고 함.

2) 증산작용

① 수목내의 수분이 기화하여 대기 중으로 배출되는 것을 증산이라 함, 주로 잎의 기공에 의해 증산작용이 발생함.

② 증산작용은 광도는 강할수록, 습도는 낮을수록, 온도는 높을수록, 기공의 개폐가 빈번할수록, 기공이 크고 그 밀도가 높을수록, 어느 범위까지는 엽면적이 증가할수록 왕성함.

③ 토양이 건조하면 뿌리의 수분흡수력이 증가하여 증산작용이 억제되고 증산작용이 심하면 수목은 위조하여 고사함.

④ 증산작용은 잎의 온도를 낮추고, 무기염의 흡수와 이동을 촉진시키는 역할을 함.

⑤ 햇빛이 부족하거나 바람이 심할 때, 공중습도가 낮고 토양이 척박할 경우, 저온과 고온, 토양수분의 과다 및 과소 등 수분소비보다 건물생성이 상대적으로 낮아질 때 요수량이 커짐.

⑥ 비교적 높은 토양습도를 요구하는 참나무류, 가문비나무류, 삼나무, 서어나무류, 버드나무류, 양버들, 낙우송, 오리나무 등은 요수량이 크고 향나무, 노간주나무, 자작나무, 소나무 등 비교적 건조한 토양에서 견디는 수종들은 요수량이 작음.

■ 관련개념 ☆

① 요수량 (water requirement) : 건물(乾物)1g을 생산하는데 소요되는 수분량(g)

② 증산계수 : 건물 1g을 생산하는데 소비된 증산량으로 요수량이 작은 수목이 건조한 토양과 가뭄에 대한 저항성이 강함.

③ 공기습도 : 공기가 다습하면 증산작용이 약해지고 뿌리의 수분흡수력이 감퇴하므로 필요물질의 흡수와 순환이 쇠퇴함, 과습은 수목의 개화수정에 장해가 되고, 과도한 건조는 불필요한 증산을 크게 하여 가뭄의 해를 유발함.

3 양분과 생장조절 물질

1. 양분의 역할과 이동

1) 역할

식물체 내에서 식물조직의 형성, 각종 생리작용에 대한 촉매, 삼투작용의 조절,
완충체계, 막투과성의 조절

2) 양분의 이동

① 양분은 주로 체관부를 통해 이동, 수목체관부의 수명은 약 1년 정도임.
② 양분의 이동은 광선, 온도, 수분에 영향을 받음.

광선	• 일반적으로 광도가 높아지면 잎에서의 이산화탄소 흡수량이 증가하여 광합성량이 많아지므로 뿌리쪽으로의 양분 이동량이 증가함. • 광도가 낮은 조건에서 자라는 식물은 양분의 이동이 정지됨.
온도	보통 30도 까지는 온도가 증가함에 따라 양분의 이동도 증가하며, 그 이상 온도가 증가하면 양분의 이동량은 감소하는데, 이는 호흡에 의하여 탄수화물량의 소모량이 증가함.
수분	수분의 결핍이 심해지면 뿌리의 대사과정과 잎의 이산화탄소의 흡수량이 감소하기 때문에 양분의 이동량도 감소함.

2. 다량원소의 기능

1) 질소

① 단백질의 구성에 필요한 아미노산의 내용을 이루고, 그 밖에 비타민 · 호르몬류 · 알칼로이드(Alkaloid) 등의 성분으로서 식물의 건중의 5~30%는 질소화합물임.
② 질소가 부족하면 엽록소가 형성되지 않고, 노엽은 위황병(Chlorosis)에 걸리며, 심할 경우에는 유엽도 이와 같은 현상을 나타냄.
③ 식물이 필요로 하는 질소의 대부분은 생육초기에 주로 토양 중에 흡수되어 분열조직에 저장되며, 수목체 내의 질소함량은 부위별로는 잎에 가장 많음.

결핍시	• 늙은 잎에서 먼저 나타나며 생장이 불량하여 잎이 짧아지고 식물체가 작아짐. • 잎은 전체가 황백화하며 심해지면 잎 전체 또는 잎의 한 부분이 괴사함. • 토양 중에는 뿌리의 신장이 나쁘고 잔뿌리도 적게 나옴. • 침엽수는 잎이 황녹색으로 변하며 잎의 길이가 축소됨. • 활엽수는 잎이 황녹색으로 변하고 작아지며 수가 감소
과잉시	• 생장은 증대하나 잎은 짙은 녹색이 되고 마디가 긴 도장현상이 발생 • 세포벽이 연화되므로 가뭄, 저온, 병충해에 대한 저항성이 약해짐.

■ 다량원소와 미량원소

다량원소	• 건전한 잎의 건중에 대한 각 원소의 비교량으로 1천ppm 이상의 양을 가지고 있는 원소 • 질소(N), 인산(P), 칼륨(K), 칼슘(Ca), 황(S), 마그네슘(Mg)
미량원소	• 건전한 잎의 건중에 대한 각 원소의 비교량으로 1천ppm 이하의 양을 가지고 있는 원소 • 철(Fe), 붕소(B), 망간(Mn), 아연(Zn), 구리(Cu), 몰리브덴(Mo), 염소(Cl)

■ 질소
① 유기화합물 구성
② 아미노산, 단백질, 핵산 등 구성

■ 수목의 부위별 질소의 양
잎 > 측지 > 주지 > 수간

핵심 PLUS

■ 인산
① 체내의 이동성이 높음.
② 수목의 뿌리 발달 촉진 관여
③ 토양중의 철, 알루미늄과 결합해 이용률이 떨어짐.
④ PO_4^{2-}로 식물에 흡수

2) 인산

① 핵단백질과 인지질을 구성하는 원소로서 에너지의 공급과 관계가 깊고, 무기 또는 유기의 상태로 발견되며, 또 두 가지 형으로 전류도 잘 됨.
② 식물체에 있어서는 종자와 열매에 인산의 함유율이 높음.

결핍시	• 뿌리의 생육이 나빠 식물의 발육이 늦어지고, 결핍되면 잎이 말리고 농록색화 되고 갈색 반점이 생기고 고사함. • 열매와 종자의 형성이 감소함. • 침엽수는 잎 끝이 황갈색으로 변함, 활엽수는 잎과 잎맥이 작아지고 잎이 담황색 또는 적자색으로 변함.
과잉시	과용하면 토양중의 철이나 알루미늄과 결합하여 철과 붕소의 결핍을 초래하며, 황화현상을 일으킴.

3) 칼륨

① 양이온(K+) 형태로 이용되며 광합성량 촉진, 기공의 폐쇄, 세포 내의 수분공급 등에 관여하는 등 여러 생화학적 기능에 중요한 역할을 함.
② 공변세포 주변에서 칼륨과 ABA의 영향으로 기공이 열림.
③ 질소와 인산 다음으로 결핍되기 쉬우며, 결핍증상으로 황화현상이 발생

결핍시	• 노엽부터 증상이 나타나며 잎의 끝이나 둘레가 황화하고 갈색으로 변함. • 과실의 비대가 불량하고 형상과 품질이 나빠짐 • 침엽수는 잎끝이 괴사되고 담황색과 담녹색으로 변함. • 활엽수는 잎 가장자리가 말라죽고 잎이 황녹색으로 변함.
과잉시	• 뚜렷한 증상은 없으나 잎이 다소 황록색을 띠고 단단해짐. • 길항원소는 칼슘과 마그네슘으로 흡수를 저해하여 결핍을 일으킴.

4) 칼슘

① 세포막의 구성성분이며 잎에 함유하고 있으며, 질소의 흡수를 돕고 알루미늄의 과잉 흡수를 억제함.
② 식물체 내에서의 이동이 비교적 잘 안 되고, 칼슘이 부족하면 분열 조직에 심한 피해를 주며 고등식물에 있어서는 칼슘이 잎 안에 많고 해독작용을 함.
③ 유독물질의 중화작용을 하며 엽록소의 생성, 탄수화물의 이전, 체내 당의 생성과 이행에 관여함.

결핍시	• 생장점 등 분열조직의 생장이 감퇴하며 산성토양에서 장애현상을 나타냄. • 칼슘은 이동성이 낮아 결핍증상이 먼저 신엽 또는 경엽부터 나타남. • 침엽수는 잎 끝이 황백화되고 잎 중간에 황색줄이 생김. • 활엽수는 잎과 잎 수가 작아지고 잎이 녹황색으로 변함.
과잉시	• 마그네슘, 철, 아연, 붕소 등의 흡수를 저해하여 결핍증상을 나타냄.

5) 황

① 아미노산·비타민 등에 들어 있고 SH기를 가지는 화합물에는 생리적으로 중요한 작용을 하는 여러 가지 효소가 있음.

② 고등식물의 체내에는 황이 필요 이상으로 함유되어 있고, 황이 부족하면 단백질의 합성이 이루어지지 않으며 위황증이 일어나고, 아미노산의 축적이 있게 됨.

③ 황의 전류는 질소·인산·칼륨 등 보다 어려움.

④ 침엽수는 잎이 괴사하고 잎의 끝부분이 황색으로 변함, 활엽수는 잎이 담녹색에서 담황색으로 변함.

6) 마그네슘

① 엽록소를 구성하고, 효소의 활동에 관계하며, 이것이 부족하면 위황증이 나타남.

② 식물체 내에서의 이동은 용이한 편으로, 종자와 잎에 비교적 많고, 종자에 있어서는 전분종자(Starch Seed)보다는 지방종자(Fatty Seed)에 많으며, 뿌리에는 비교적 적음.

③ 칼륨, 망간 등과 길항작용을 하여 마그네슘의 공급량을 증가시키면 망간의 과잉 흡수를 줄일 수 있음.

④ 지온이 낮아 인산의 흡수가 불량해지면 마그네슘의 흡수도 영향을 받음.

결핍시	• 오래된 잎에서 먼저 황백화현상이 나타나며 어린잎으로 확대됨. • 뿌리나 줄기의 생장점의 발육이 저해되며, 인산의 이용이 감소함. • 침엽수는 잎 끝이 괴사하거나 갈색으로 변함, 잎 주간에 황색 띠가 생김. • 활엽수는 잎맥은 담녹색으로 잎맥 주위는 담황색으로 변함.
과잉시	• 식물의 생육에 영향을 미치며 석회를 다량으로 사용하면 완화할 수 있음.

3. 미량원소의 기능

1) 철

① 토양의 pH가(價)가 높을 때 엽록소가 결핍되는 가장 큰 원인 중의 하나는 철을 잘 이용할 수 없기 때문임.

② 엽록소단백질의 합성과 호흡효소의 활동에도 관여하고, 이동성이 낮음.

③ 식물체에 미량만 포함되어도 충분한 효과를 나타냄.

④ 철이 결핍되면 엽록소가 생성되지 않으며 주로 어린 잎에 황화현상이 많이 나타남, 알칼리성 토양에서 결핍현상이 자주 나타남.

⑤ 침엽수는 연한 초록색 침엽의 생장이 저하됨, 활엽수는 담녹색의 잎맥이 뚜렷해지고 잎이 백색 또는 황색으로 변함.

2) 망간

① 엽록소의 합성에 관계되고, 효소의 활동을 활발하게 하는 작용을 하며, 철의 이용률을 증가시킴.

② 식물체 내에서의 이동성은 약한 편임.

③ 토양에 망간이 결핍되는 경우는 거의 없지만, 중성에 가까운 토양에 석회를 주면 결핍되는 경우가 발생, 각종 효소작용에 활성제 또는 조인자(조요소 : Cofactor)로서 작용

④ 부족하면 조직이 작고 세포벽이 두꺼워지고, 표피조직 사이가 오므라드는 현상이 나타남, 엽록체에 가장 큰 영향을 미침.

⑤ 침엽수는 잎이 갈색으로 변하면서 괴사함, 활엽수는 잎이 녹황색으로 변함.

3) 아연

① 인돌초산(Indole Acetic Acid ; IAA)의 선구물질인 Tryptophane의 합성에 관여함.

② 부족하면 바이러스(Virus)에 피해를 입은 것과 같은 기형의 잎이 나타남.

4) 구리

① 각종 효소의 성분이지만, 이것이 지나치게 많으면 오히려 식물에 해로움.

② 황산구리를 0.5ppm 이상 함유하는 배양액에 수목의 치묘를 키우면 생장이 크게 저해를 받음.

5) 붕소

① 1~15ppm 정도의 농도가 필요하고, 그 이상이 되면 해로움.

② 부족하면 당류의 전류가 잘 안 되고, 수분의 흡수와 증산에 지장을 초래함.

③ 대체로 질소대사에 관계되며, 감귤류에 필요함.

④ 결핍되면 단백질의 합성을 억제하고, 콩과작물에 있어서는 뿌리혹(Root Nodule, Root Tubercle)의 발육에도 필요함.

⑤ 침엽수는 잎 가장자리가 연한 갈색으로 변함, 활엽수는 잎의 수가 감소하고 변형됨.

6) 염소

광합성에 관여함.

7) 몰리브덴

① 1ppm과 같은 가장 낮은 농도로서 충분한 필수원소임.

② 질소의 고정을 도우며, 질산의 동화 또는 환원에 관계함.

4. 무기양료의 결핍증세(종합)

1) 가시적 결핍증세

① 양료가 결핍되는 가장 현저한 증세는 엽록소의 합성이 안 돼서 오는 황화 및 생장의 부진이라고 할 수 있음.

② 잎에 나타나는 증세 : 기형·위축·잎의 선단과 둘레가 말라 죽게 되는 현상 등이 나타나고, 때로는 잎이 무더기로 몰려나고, 근출엽(Rosette)의 모양을 나타내기도 하며 소나무류에 있어서 인산이 결핍되면 한 곳에서 나타나는 3개의 침엽이 두 개만 나는 경우가 관찰되고 있음.

③ 각 원소의 결핍증세는 그 원소의 이동성에도 관계됨. 즉, 질소·인산·칼륨·마그네슘 등의 결핍증세는 노엽에 나타나고, 이것은 이동성 때문에 노엽 안의 것이 신엽 안으로 이동하는데 그 원인이 있다, 그러나 붕소와 칼슘의 결핍증세는 가지의 선단에 나타나고, 철·망간·황 등의 결핍은 유엽에 나타나는데, 이것은 노엽 안에 있는 이들 원소가 신엽 안으로 전류가 잘 되지 않는 데 그 원인이 있음.

④ 단일원소의 결핍이 때로는 여러 가지 증세를 나타내는 경우가 있는데, 예를 들면, 사과나무에서 붕소가 결핍되면 잎의 기형·사부의 괴사(Necrosis)·수피조직의 장해(Lesion)·과실의 상해 등이 나타날 수 있음.

2) 위황증

질소의 부족과 가장 연관이 깊으나, 철, 망간, 마그네슘, 칼륨, 그 밖의 원소의 결핍, 그 밖에 수분의 과부족, 부적당한 온도, 이산화황 등 유독성분의 존재, 양료의 과잉 등도 위황증을 일으킴.

식물이 토양으로부터 흡수하는 원소의 형태

질소	NO_3^-, NH_4^+
칼륨	K^+
마그네슘	Mg^{+2}
철	Fe^{+2}, Fe^{+3}
아연	Zn^{+2}
몰리브덴	MoO_4^{-2}
염소	Cl^-
인	$H_2PO_4^-$, HPO_4^{-2}
칼슘	Ca^{+2}
황	SO_4^{-2}
망간	Mn^{+2}
구리	Cu^{+2}
붕소	$H_2BO_3^-$
규소	SiO_3^{-2}

핵심 PLUS

- **생장조절물질**
  ① 식물체내에는 어떤 기관이나 조직에서 생합성되어 체내를 이동하면서 다른 조직이나 기관에 대하여 미량으로도 형태적 · 생리적 특수변화를 일으키는 화학물질을 말함.
  ② 광의적으로는 식물의 생육을 조절하는 모든 화학물질, 협의적으로는 극미량으로 식물의 생육을 조절하는 양분 이외의 유기 · 무기화합물을 의미함.

- **식물호르몬과 성장**
  ① 성장에 도움을 주는 호르몬 : 옥신, 지베렐린, 시토키닌
  ② 성장을 억제하는 호르몬
  아브시스산(ABA) : 생장억제물질, 발아휴면의 원인을 제공

- **옥신(auxins)의 역할**
  ① 근계 형성에 영향을 미침.
  ② 높은 온도에서는 제초제의 역할을 하는 옥신이 있음.

5. 식물호르몬의 종류

1) 옥신(auxin)

① 세포신장에 관여하는 식물의 생장을 촉진하는 호르몬으로 줄기나 뿌리의 선단에서 생성되어 체내로 이동하면서 주로 세포의 신장촉진을 통하여 조직이나 기관의 생장을 조장

② 정아에서 생성된 옥신은 정아의 생장을 촉진하고 아래로 확산하면서 측아의 발달을 억제하는 정아우세 현상을 나타냄. 줄기에 정아우세를 보일 경우 정아를 제거하면 측아가 발달함.

③ 종류에는 천연호르몬(체내합성)IAA와 합성호르몬인 NAA, 2 · 4-D, 4-CPA, IBA, BNOA 등이 있음.

④ 재배적 이용 : 발근촉진, 접목에서의 활착촉진, 개화촉진, 낙과방지, 과실의 비대와 성축의 촉진, 제초제로의 이용

2) 지베렐린(bibberellin)

① 식물체 내에서 생합성 되어 모든 기관에 널리 분포하며 특히 미숙종자에 많이 함유되어 있음.

② 극성이 없으며 어느 부분에 공급하더라도 자유로이 이동하여 다면적인 생리작용을 나타냄.

③ 재배적 이용 : 종자의 휴면 타파 및 호광성 종자의 암발아 유도, 화성의 유도 · 촉진, 경엽의 신장촉진, 단위결과의 유도 등

3) 시토키닌(cytokinin)

① 세포분열을 촉진하며 식물체 내에서 충분히 생성

② 뿌리에서 합성되어 물관을 통해 지상부의 다른 기관으로 전류됨.

③ 조직배양에서 많이 이용하며, 옥신과 함께 존재해야 그 효력을 발휘할 수 있음.

④ 재배적 이용 : 작물의 내한성, 발아촉진, 잎의 생성촉진, 호흡억제, 엽록소와 단백질의 분해억제, 노화방지, 저장 중 신선도 유지, 기공의 개폐촉진 등

4) ABA(abscisic acid)

① 대표적 생장억제물질로 건조, 무기양분의 부족 등 식물체가 스트레스를 받는 상태에서 발생이 증대

② ABA는 IAA와 지베렐린에 의해 일어나는 신장을 저해하는 등 다른 생장촉진 호르몬과 상호 및 길항작용

③ 재배적 이용 : 잎의 노화, 낙엽촉진, 휴면유도, 발아억제, 화성촉진, 내한성 증진

5) 에틸렌(ethylene)

① 기체상태로 존재하며 과실의 성숙을 유도 또는 촉진

② 식물체는 마찰이나 압력 등 기계적 자극이나 병해충의 피해를 받으면 에틸렌의 생성이 증가되어 식물체의 길이가 짧아지고 굵어지는 형태적인 변화가 나타남.

③ 재배적 이용 : 발아촉진, 정아우세현상타파, 꽃눈수가 많아짐, 낙엽촉진, 성숙 촉진, 건조효과 등

4 광선과 임목생육

1. 광합성

1) 개념

① 호흡을 무시하고 본 절대적인 광합성을 진정 광합성이라 하고, 호흡에 의한 유기 물소모(이산화탄소 방출)를 빼고 외견상으로 나타난 광합성을 외견상광합성 (外見上光合成)이라 함.

② 보상점 : 진정광합성속도와 호흡속도가 같아서 외견상광합성속도가 0이 되는 광의 조도로서 음지식물은 보상점이 낮고, 양지식물은 보상점이 높음.

③ 광포화점 : 광의 조도가 보상점을 넘어서 커짐에 따라 광합성 속도도 증대하나 어느 한계에 이르면 조도가 더 증대되어도 광합성 속도는 증가하지 않는 상태를 광포화라고 하며 광포화가 개시되는 광의 조도를 광포화점이라 함.

④ 낮잠현상 : 점심때쯤에 광합성 속도가 현저히 저하되었다가 회복되는 현상, 동화생산물의 축적·기공의 폐쇄, 이산화탄소의 농도 부족 등이 원인임.

⑤ 대기 중의 이산화탄소의 양은 약 0.03%인데 광합성량을 최고도로 높일 수 있는 이산화탄소의 농도는 0.25%이므로 자연 상태에서는 이산화탄소의 양이 제한인자가 됨, 맑은 날 광도나 온도를 높여서는 광합성량은 늘릴 수 없지만 이산화탄소의 농도를 증가시키면 광합성량을 늘릴 수 있고 약광이나 저온 에서는 이산화탄소의 농도를 높여도 광합성량은 증가되지 않음.

2) 광반응

① 엽록소가 있는 엽록체의 그라나(grana) 부분에서 일어남.

② 햇빛이 있을 때 NADPH를 만들고 ATP를 생산함.

③ 암반응에서 광반응의 결과물을 소비하여 이산화탄소로부터 당 등을 생성하는 순환 과정에 관여하는 부분을 캘빈사이클이라 함.

핵심 PLUS

■ 광도의 개념

① 광도는 태양광선이 어떤 면에 도달 하고 있는 강도(밀도)를 말하며, 수목의 내음성, 울폐된 임분 하에 서의 나무의 갱신, 광합성에 영향함.

② 광도는 음수림이 양수림보다 낮으 며, 식물이 생활하는데 필요한 최소 수광량은 전나무류 4%, 낙엽송은 15~20% 정도임

■ 광합성(탄소동화작용)

① 녹색식물이 토양으로부터의 물 (H_2O)과 대기(공기) 중의 이산화탄 소(CO_2)를 흡수하여 태양에너지 (광선)를 이용하여 당류(탄수화물) 를 만드는 작용

② 태양복사에너지가 화학에너지로 되어 축적함.

CHAPTER 09

수목의 생리·환경

■ 광합성 작용에 관련된 환경 인자
  광선, 온도, 수분(습도)

■ C₃ 식물군
  우리나라 활엽수는 C_3 식물군 광합성
  과정에서 이산화탄소를 처음 고정할
  때 만들어지는 탄소화합물이 탄소 3개
  인 식물인 C_3 식물군에 속한다.

■ 양엽과 음엽
  ① 양엽
    • 햇빛을 가장 잘 받는 남쪽의 양지
      쪽에 위치한 잎
    • 높은 광도에서 광합성을 효율적
      으로 하도록 적응한 잎
    • 광포화점이 높음
    • 책상조직이 빽빽하게 배열
    • 증산작용을 억제하기 위해 큐티
      클층과 잎의 두께가 두꺼움
  ② 음엽
    • 수관 깊숙이 그늘 속에 있는 잎
    • 낮은 광도에서도 광합성이 효율
      적으로 하도록 적응한 잎
    • 광포화점이 낮음
    • 잎이 양엽보다 더 넓음
    • 엽록소의 함량이 더 많음
    • 책상조직이 엉성하게 발달함
    • 큐티클층과 잎 두께가 얇음

■ 물질의 분배
  ① 식물에 필요한 탄수화물은 식물체
    의 필요에 따라 체관(사부)을 통하
    여 각 부분으로 이동되며 식물의
    생장, 호흡, 저장 물질로 이용됨.
  ② 노령목이 되면서 광합성량에 대한
    호흡량의 비율, 즉 호흡률이 점차
    높아짐.

3) 관련인자

일변화	• 날씨의 변화, 오전 오후에 따른 광도의 차이가 있기 때문 • 대체로 11시경이 최대치에 달함.
계절적변화	• 온도, 광도, 엽면적이 계절적으로 변하는 것에 따름. • 침엽수는 겨울이라도 조건만 갖추면 광합성을 함.
광도	임내의 광도는 임관층 내의 빛의 명도를 임지 외의 경우와 비교한 비율인 상대조도로 표시하는 것이 일반적임.
온도	어느 정도 증가까지는 온도의 증가에 따라 광합성이 증가되나 25℃가 넘으면 광합성은 미약해짐.
수종	• 수종에 따라 광합성 능력에 차이가 있음. • 침엽수는 겨울이라도 조건만 갖추면 광합성을 함.
양엽과 음엽	음엽은 양엽보다 색깔이 더 진하고 흡수가 더 능률적임.
내음성	음수는 부족한 광도 하에서도 광합성을 함.
잎의 연령	노엽은 광합성이 저하됨.
약제살포	약제의 잔액이 기공을 덮고 광도를 줄여 광합성량을 저하시킴.
탄수화물의 축적	탄수화물이 잎 속에 축적되고 전류가 늦어지면 광합성이 저하됨.
토양과 무기양분	수분부족과 질소의 결핍은 광합성을 억제함.

4) 탄수화물의 생성

① 광합성에 의해 만들어진 탄수화물은 식물체의 필요에 따라 체관(사부)를 통해 각 부분으로 이동, 이동된 탄수화물은 식물의 생장 · 호흡 · 저장물질로 이용됨.

② 탄수화물은 광합성에 의해 만들어지며 동화작용과 호흡에 의해 소비되며 남은 양은 임목에 축적됨.

③ 온대지방의 낙엽활엽수종은 낙엽이 시작되는 가을에 탄수화물의 축적함량이 최대에 달하며, 성장과 호흡이 소비되면서 늦겨울에는 감소하기 시작하고 초봄에는 급격히 감소함.

④ 가을의 단풍현상은 탄수화물과 관련이 있는 안토시아닌 색소에 의해 나타나는 것으로, 임목은 가을에 온도가 내려가면 엽록소의 생산을 중지하며 탄수화물을 많이 포함한 일부 수종은 안토시아닌을 형성하기 시작함.

⑤ 탄수화물의 분배는 생육시기, 환경조건, 식물체의 건강상태 등에 따라 약간씩 달라지며 결실이 많은 해에는 탄수화물의 소비량이 많아 격년결실의 현상이 나타남.

5) 지질(Lipid)

① 특징

㉮ 나무는 3대 영양소(탄수화물, 단백질, 지질) 중 외부 환경으로부터 버텨내기 위해 지질을 가장 다양하게 활용

㉯ 지질은 극성이 없는 물질로 극성을 가진 물에 잘 녹지 않음 (단, 페놀 화합물은 약간의 수용성)

㉰ 주성분은 탄소와 수소이며, 극성을 유발하는 산소분자를 극히 적게, 또는 전혀 가지고 있지 않음

② 기능: 세포 구성성분, 저장물질, 보호층, 저항성, 2차산물

세포의 구성성분	세포막(원형질막)은 인지질로 구성(선택적 투과성), 세포벽은 페놀화합물인 리그닌으로 구성
저장물질	종자나 열매의 중요한 저장물
보호층	왁스(납, wax), 큐틴(cutin), 수베린(목전질,suberin)은 잎·줄기 또는 종자의 표면을 보호하는 피복층 형성하며 추위, 압력, 압박으로부터 보호함
저항성 증진	수지(resin)는 병원균, 곤충의 침입을 막고, 인지질은 수목의 내한성을 증가시킴
2차 산물의 역할	고무(rubber), 타닌(tannin), 카로티노이드(carotenoids) 등은 대사의 2차 산물로 기능은 아직 잘 알려져 있지 않지만, 생태학적 중요성이 밝혀지고 있음

③ 종류 : 지방산, 이소프레노이드, 페놀

㉮ 지방산

단순지질 (단순결합)	• 포화지방산 : 지방(fat), 상온에서 고체, 이중결합이 없는 것, palmitic 산 • 불포화지방산 : 기름(oil), 상온에서 액체, 이중결합을 가진 것, oleic, linoleic산 • 추운지방에서 자라는 식물은 따뜻한 지방의 식물보다 불포화지방산, 특히 linoleic산, linolenic산의 함량이 많다.
복합지질	• 단순지질의 3분자의 지방산 중 한 개가 인산이나 당으로 대체된 형태의 지질 • 인지질 : 인산으로 대처, 극성을 띤 부분과 극성을 띠지 않는 부분이 있음, 원형질막의 독특한 반투과성 기능 • 당지질 : 인산대신 당류가 대체된 지질로서 엽록체에서 주로 발견, 일부 미토콘드리아에도 존재

㉯ 왁스(납, wax), 큐틴(cutin), 목전질(수베린, suberin)

㉠ 줄기, 잎, 꽃, 열매 등 전 기관의 표면에 방수성 각피층이 존재

ⓒ 각피층은 증산작용을 억제하여 식물이 마르는 것을 방지, 병원균의 침입을 막고, 물리적 손상을 작게 해주는 보호층의 역할, 각피층은 표면에 층이 있고, 밑에 cutin이 세포벽의 구성성분인 pectin과 결합하여 두꺼운 층을 만듦

ⓒ 각피층의 두께는 햇빛에 노출된 양엽에서는 두껍게 발달, 음엽에는 얇게 발달

왁스	• 긴사슬을 가진 알코올이 긴 사슬을 가진 지방산과 에스테르를 만들어 이루어진 화합물로 산소분자가 거의 없어 친수성이 매우 적다. • 식물체내에서도 물에 안 녹기 때문에 이동이 잘 안되어 wax가 축적되는 곳에 가까운 표피세포에서 합성되어 밖으로 분비된다. • 기공의 표면이나 침엽수의 내려 앉은 기공 윗부분의 공간에는 wax가 싸여 있어서 증산작용을 억제
큐틴	수산기(−OH)를 2개 이상 가진 지방산이 다른 지방산과 중합체를 만들면서 화합물이 약간 첨가된 형태
수베린	• 큐틴과 비슷한 성분으로, 긴 사슬을 가진 지방산, 긴 사슬을 가진 알코올, 페놀 화합물의 중합체, cutin보다 페놀화합물의 함량이 많음 • 수피의 코르크세포를 둘러싸고 있어 수분의 증발을 억제하며, 가지에서 가을에 낙엽이 진 후 형성되는 이층에 축적되어 상처를 보호 • 지하부 조직을 보호하는 역할, 수분을 효율적으로 흡수하지 않는 수베린화된 뿌리에 축적 • 어린뿌리의 내피에는 카스페리안대는 수베린으로 이루어져 있어 친수성이 적음

ⓑ 이소프레노이드(Isoprenoid) 화합물

ⓐ 정유 : 자기보호를 위한 방향성 지질(허브, 향, 소나무과, 녹나무과, 운향과 등). 독특한 풀향기, 소나무과 잎이나 목재의 향. 외부로 나오는 물질, 타감물질

ⓒ 고무 : 원래 흰색, 식물 유액

ⓒ 수지 : 투명했다가 상온에서 색 바뀌거나 안바뀜(송진). 목재 부패 방지. 나무좀의 공격에 대한 저항성.

ⓒ 카로티노이드 : 색소체와 엽록체에 존재. 카로틴(주홍색계열)+크산토필(노란색계열).

ⓒ 페놀(phenol) 화합물

ⓐ 탄소연결고리 숫자가 많아 분해가 잘 안되며, 지질보다는 약간의 수용성을 가지고 있음

ⓒ 지구상에서 두번째로 흔한 유기화합물(가장 많은 화합물은 셀룰로즈). 세포벽 구성성분. 셀룰로즈와 함께 목부 물리적 지지능력을 높임, 셀룰로즈가 미생물·곤충·초식동물의 먹이로 되는 것 방지(리그닌은 동물에 의해 소화 안됨)

ⓒ 탄닌

　　　　㉠ 폴리페놀의 중합체

　　　　㉡ 떫은맛, 타감작용(낙엽 후에 토양 속에 분해되지 않고 남아 식물 생장 억제)

　　ⓓ 플라보노이드 (flavonoids)

　　　　㉠ 페놀화합물로서는 드물게 수용성을 나타내 꽃잎에서 붉은색, 보라색, 노란색 등의 화려한 색을 만듦

　　　　㉡ 안토시아닌(anthocyanins)그룹은 꽃에서 붉은색, 보라색, 청색을 나타내며, 열매, 줄기, 잎, 간혹 뿌리에서도 존재 (나자식물은 안타시아닌을 거의 갖고 있지 않음)

　　　　㉢ 안토시아닌의 기능은 열매와 꽃잎에서 아름다운 색을 만들어 종자의 번식과 수분을 용이하게 하고, 단풍이 들 때 엽록소가 없어진 후에 잎의 광산화를 방지하고 잎의 질소의 회수를 촉진하며, 진딧물의 피해를 줄임

6) 일장과 임목생육

① 광주성(phytoperiodism) : 일장효과라고도 함, 일장이 식물의 화아분화, 개화 등 발육에 미치는 현상

② 일장에 따른 개화반응

단일식물	12시간 이하의 일장으로 개화가 촉진되는 식물
장일식물	14시간 이상의 일장으로 개화가 촉진되는 식물
중성식물	일장으로 개화가 영향을 받지 않는, 즉 한계일장이 없는 식물로 일정 크기에 도달하면 개화하는 식물
중간식물	12시간과 14시간 사이의 일장으로 개화가 촉진되는 식물로 정일식물이라고도 함, 어느 좁은 범위의 특정한 일장에서만 개화하는 식물
단장일식물	처음에 단일에 두었다가 그 후 장일에 옮기면 개화되고 계속 일정한 일장에 두면 개화하지 못함.
장단일식물	처음에는 장일에 두었다가 그 후 단일에 옮기면 개화가 일어나나 장일 또는 단일에 두면 개화가 안됨.

③ 광색소 피토크롬(phytochrome)

　　ⓐ 식물체내에 있는 색소 중에서 광질에 반응을 나타내며, 광주기 현상과 관련됨.

　　ⓑ 햇빛을 받으면 합성이 일부 금지되거나 파괴됨.

　　ⓒ 암흑 속에서 자란 식물체에는 피토크롬이 가장 많이 들어있음.

　　ⓓ pyrrole(피롤) 4개가 모여서 이루어진 발색단을 가짐.

　　ⓔ 분자량이 120,000 Dalton가량 되는 두 개의 동일한 polypeptide로 구성됨.

■ 일장과 식물분포
일장의 장단으로 식물의 분포에 영향을 미치며, 열대지방에는 단일식물이 분포하고 북부지방에는 장일식물, 온대지방에는 장·단일 식물이 분포하며, 중성식물은 지구상 어디서나 분포함.

④ 광질과 임목생육

㉮ 수목의 생장에 대한 광의 작용은 광을 구성하는 파장에 따라 달라지며 적외선(700nm), 자외선(400nm), 가시광선(400~700nm) 중 가시광선의 영향이 가장 큼.

㉯ 광합성에는 675nm를 중심으로 한 650~700nm의 적색부분과 450nm을 중심으로한 400~500nm의 청색 부분이 가장 효과적임, 자외선과 같은 짧은 파장의 광은 식물의 신장을 억제시킴.

㉰ 일반적으로 활엽수의 임관아래에는 파장이 짧은 청색광과 자외선은 수관층에서 흡수 및 반사되어 부족함, 반면에 파장이 긴 녹색광과 적색광, 적외선은 많은 편임.

㉱ 혼효림에 있어 두 가지 수종이 광합성에 이용하는 파장부분에 차이가 있어 혼효가 잘될 수 있음.

7) 수목의 내음성

① 내음성의 결정 방법

㉮ 직접적 판단법 : 광도를 달리하는 각종 임관 아래 각종 수목을 심고 그 후의 생장상태를 관찰하여 비교 내음성을 결정

㉯ 간접적 판단법

㉠ 수관밀도 : 수관밀도가 빽빽하면 잎의 광량이 적어 음수로 취급

㉡ 자연전지 : 가지 고사의 속도가 빠르면 양수로 취급

㉢ 지서의 수 : 해에 따라 측지의 서열을 가져야 하는데 광선의 부족이나 공간 등으로 말미암아 가지가 고사하는데, 그 정도는 양수가 심하고 음수가 약함.

㉣ 임분의 자연간벌 : 어린 임분의 수관이 접촉하면 나무 수의 감소속도 또는 정도는 그 수종의 내음성에 관계됨.

㉤ 인공피음법 : 인공적인 피음장치를 만들어 그 안에 묘목을 양성한 후 비교 내음도를 결정

㉥ 수고생장속도 : 양수와 음수를 한 공지에 식재해 두면 양수의 생장은 음수의 생장보다 빠름.

② 내음성의 관계인자

㉮ 온도 : 온도가 높을수록 수목이 요구하는 광량은 감소한다. 고위도 지방에 자라는 수목은 광합성을 위하여 더 높은 광도를 요구하게 되므로 이들 수목은 직사광선을 더 많이 받아야 함.

㉯ 고도 : 일정한 고도에 이르기까지는 고도의 증가에 따라 그 수종의 광선 요구량도 증가함.

ⓒ 수령 : 어릴 때는 내음성이 더 강하고, 음수도 연령이 지나면 수고의 생장이 빨라지고 양성으로 됨.

ⓓ 토양양분와 수분 : 양료와 수분조건이 적당하면 요광량은 감소하고 내음성이 증가됨, 다른 수목과 근계경쟁 차단은 내음성의 증대를 초래함.

ⓔ 종자의 크기 : 크고 무거운 대립종자를 가진 수종은 종자 내의 저장양분으로 1년 이상의 내음성을 지탱할 수 있음.

③ 각 수종별 내음성

㉮ 음수와 양수

음수	• 광보상점과 광포화점이 양수보다 낮아 낮은 광조건에서도 광합성을 효율적으로 수행 • 하층식생으로 오랫동안 자랄 수 있음. • 주위의 경쟁목이 제거되면 수고생장과 직경생장이 촉진됨. • 아랫부분의 가지가 잘 떨어지지 않아 지하고가 낮음.
양수	• 양수는 음수와 반대로 광보상점과 광포화점이 높아 낮은 광도보다는 높은 광도에서 광합성효율이 높음. • 아랫부분의 가지가 자연고사하거나 떨어지기 쉬움. • 피압으로 인한 피해가 심하게 나타남.

㉯ 수종별 내음성

강음수	주목, 개비자나무, 나한백, 사철나무, 회양목, 굴거리나무 등
음수	가문비나무류, 전나무, 솔송나무, 너도밤나무, 서어나무류, 녹나무, 칠엽수 등
중용수	잣나무류, 느릅나무류, 잣나무, 참나무류, 은단풍, 목련류, 피나무류, 단풍나무류, 벚나무류, 아까시나무, 팽나무, 후박나무, 회화나무, 스트로브잣나무 등
양수	은행나무, 소나무, 향나무, 낙우송, 밤나무, 오리나무, 버즘나무, 해송, 삼나무, 노간주나무, 사시나무류, 낙엽송 등
극양수	버드나무, 자작나무, 포플러, 잎갈나무, 방크스소나무 등

5 생태계의 일반

1. 자연계의 생태적 구성요소

1) 독립영양 구성요소

① 무생물적 요소

② 산소와 이산화탄소의 양, 빛의 세기와 파장, 온도, 물, 토양 등 생물에게 필요한 물질과 생활장소에 제공하는 요소

2) 종속영양 구성요소

① 생물적 요소
② 독립영양자에 의하여 만들어진 물질을 이용하여 재구성하고 분해함.

3) 생태계 구성요소

① 생산자 : 광합성을 하며 독립영양을 하는 녹색식물이나 미생물
② 소비자 : 다른 생물을 포식하여 종속영양을 하는 동물
③ 분해자 : 동식물의 사체나 배설물에 들어있는 유기물을 분해시켜 에너지를 얻어 생활하는 미생물

2. 물질순환

1) 개념

① 물질순환은 생태계에서 생물들 사이 또는 생물과 비생물과의 사이에 물질을 무한하게 이용하는 일련의 과정을 말함.
② 생태계에서는 태양에너지를 화학에너지로 전환시켜 유기물을 생산·축적되고 이 유기물을 소비·환원하여 물질 순환이 이루어짐.

2) 질소 순환 ☆☆

① 생물의 몸을 구성하는 단백질, 핵산 등의 중요 성분으로 대기를 구성하는 기체의 약 78%에 해당됨.
② 대부분의 생물은 질소가스를 직접 이용할 수 없으며 대기 중의 질소가 질소고정세균에 의해 암모늄으로 고정되거나 빗물에 녹아 땅 속으로 들어가 질산염이 된 다음 식물에 이용됨.
③ 녹색식물은 질소동화작용에 의해 암모늄염이온(NH_4^+)이나 질산이온(NO_3^-)의 상태로 흡수한 질소를 이용하여 단백질과 같은 유기질소화합물을 합성함.
④ 질소의 순환과 변동

암모니아 화성작용	유기태 질소화합물이 분해되어 암모니아(NH_3) 생성
질산화성작용	암모니아 산화되어 아질산(NO_2^-)과 질산(NO_3^-) 생성
질산환원작용	아질산과 질산이 환원되어 암모니아 생성
탈질작용	산과 아질산이 환원되어 질소가스(N_2)나 아산화질소(N_2O) 생성
질소고정작용	공기 중의 질소가스가 유기질소화합물로 생성

3. 삼림생태계의 천이

1) 우리나라 온대지역의 산림천이

이끼류 → 1·2년생 초본류 → 다년생초본류 → 관목류 → 양수교목류 → 음수교목류순으로 이루어짐.

2) 극상

식생과 생육환경의 상호작용을 거쳐 최종적으로 안정된 식생이 오랜기간 동안 지속되는 상태, 천이의 마지막 단계

3) 천이의 종류

① 제1차 천이(자발적 천이) : 어떤 곳에 선구식물이 들어와 점차 안정되는 식물사회로 변화하는 것

② 제2차 천이(타발적 천이) : 화재·병충해·벌채 등의 외부적 요인에 의해 도중기로부터 종극기로 이동하는 천이로 제1차 천이보다 그 속도가 더 빠름

③ 전진적 천이 : 낮은 단계의 식물군락이 높은 단계의 식물군락으로 변화하는 경우

④ 후퇴적 천이 : 전진적 천이의 반대현상

⑤ 건생천이 : 암석의 표면에서 시작되고 토양형성의 속도가 곧 천이의 속도에 관계되는 것으로 임업의 사방조림에서 중요

⑥ 습생천이 : 호소나 습지에서 시작하는 천이

⑦ 중성천이 : 천이가 이미 어느 정도의 습기와 통기가 될 수 있는 생활 장소에서 시작되는 경우

■ 천이정의
어느 지역에서 시간에 따라 종조성과 식생의 모습이 방향성을 가지고 자연적으로 변화하는 현상을 천이라고 함.

■■■■ 9. 수목의 생리·환경

1. 다음 중 바르게 설명된 것은?

① 생장은 질적 증가를 뜻한다.
② 발육은 세포들이 형태적 · 기능적으로 변하는 것을 뜻한다.
③ 생장과 발육은 상호 독립적인 현상이다.
④ 수목의 생육은 생장으로 완성된다.

해설 **1**
생장은 양적 증가를 말한다. 생장과 발육은 상호 연관성이 있으며 생육은 발육으로 완성된다.

2. 다음 중 수목의 생장을 바르게 설명한 것은?

① 시간의 경과에 따라 크기가 증대되는 현상
② 종자가 발아하여 생장하는 것
③ 분열된 세포가 커져서 수목의 크기가 커지는 것
④ 시간의 경과에 따라 수목이 완성되는 과정

해설 **2**
수목의 생장과 발육을 포함한 개념이 생육이다.

3. 다음 중 수목의 영양생장기간은?

① 종자형성에서 발아까지
② 맹아에서 발아까지
③ 발아에서 화아분화 전까지
④ 발아에서 결실까지

해설 **3**
화아분화는 영양생장에서 생식생장으로 전환되는 기점이다.

4. 수목이 영양생장에서 생식생장으로 생육기가 전환하는 데 가장 크게 영향을 미치는 환경조건은?

① 수분, 광   ② 온도, 수분
③ 온도, 일장   ④ 광강도, 일장

해설 **4**
수목이 영양생장에서 생식생장으로 생육기 전환하기 위해서는 일정한 온도와 일장환경이 충족되어야 한다.

정답 1. ② 2. ① 3. ③ 4. ③

5. 다음 영양생장 과정 중 가장 핵심적인 것은?

① 잎의 분화
② 줄기의 분화
③ 화아분화
④ 종자의 발달

6. 줄기의 생장이 전년도에 형성된 겨울눈에 이미 결정되어 있는 고정생장을 하는 수종은?

① 은행나무
② 잣나무
③ 포플러
④ 버드나무

7. 다음 중 수목의 자유생장에 대해 잘못 설명한 것은?

① 사철나무·회양목·쥐똥나무와 같은 관목과 주목은 자유생장을 한다.
② 전년도의 겨울눈 속에 봄에 자랄 새 가지의 원기가 만들어져 있다.
③ 자유생장은 생장이 느린 수종의 생장이다.
④ 자유생장을 하는 수종은 가을 늦게까지 자라다가 겨울눈을 미처 만들지 못해서 새 가지가 얼어 죽는 경우가 많다.

8. 수고생장에 있어서 주축의 무한적 생장을 하는 수종이 아닌 것은?

① 참나무
② 아까시나무
③ 가중나무
④ 느티나무

9. 소나무, 해송 암꽃의 꽃눈 분화 시기는 언제인가?

① 3월 하순부터 4월 상순
② 4월 하순부터 5월 상순
③ 5월 하순부터 6월 상순
④ 8월 하순부터 9월 상순

해설 **5**

영양생장 과정에서 가장 핵심적인 것은 화아분화이며, 화아분화를 전환점으로 하여 수목은 영양생장에서 생식생장단계로 전환한다.

해설 **6**

고정생장을 하는 수종은 봄에만 키가 크고 그 이후에는 키가 안 자라지 않으므로 수고생장이 느리게 된다.

해설 **7**

바르게 고치면, 자유생장은 생장이 빠른 속성수의 생장이다.

해설 **8**

참나무류는 유한생장 수종으로 정아가 뚜렷하여 한 가지 당 1년에 1회 또는 2~3회 정아가 형성되면서 신장하는 수종이다.

해설 **9**

침엽수종의 꽃눈 분화 시기는 보통 꽃 피는 전해의 여름으로 소나무나 해송의 암꽃은 8월 중순~9월 상순에, 낙엽송은 7월 상순~하순에 암수의 꽃눈이 분화한다.

정답 5. ③ 6. ② 7. ③ 8. ①
9. ④

10. 다음 중 자웅이주인 것은?

① 은행나무   ② 측백나무

③ 향나무   ④ 전나무

11. 다음 중 토양수분 흡착력의 단위는?

① erg/g   ② cm/g

③ DPD   ④ pF

12. 수목이 가장 유용하게 이용하는 토양수분의 종류는?

① 중력수   ② 모관수

③ 흡습수   ④ 결합수

13. 다음 중 포장용수량(field capacity)을 바르게 나타낸 것은?

① 최대용수량   ② 최소용수량

③ 수분당량   ④ 흡습계수

14. 토양의 큰 공극에 있는 물은 중력에 의해 빠져나가고 토양내 수분이 평형상태에 도달해 있을 때를 나타내는 토양수분함량은?

① 포장용수량   ② 포화용수량

③ 수분당량   ④ 영구위조점

15. 수목의 생육에 알맞은 최적 함량은?

① 최대용수량의 30~40%   ② 최대용수량의 40~50%

③ 최대용수량의 50~60%   ④ 최대용수량의 60~80%

해 설

해설 10
자웅이주는 암꽃과 수꽃이 달리는 그루가 각각 따로 존재하는 것으로 버드나무, 은행나무, 소철 등이 해당된다.

해설 11
수주(물기둥) 높이의 대수(log)를 취하여 pF(potential force)로 표시한다.

해설 12
모관수는 표면장력에 의하여 토양공극간에서 중력에 저항하여 남아있는 수분으로, 지하수가 토양의 모관공극을 상승하여 공급된다. 수목이 주로 이용하는 수분이다.

해설 13
포장용수량은 최소용수량이라고도 하며, 수분으로 포화된 토양으로부터 증발을 방지하면서 중력수를 완전히 배제하고 남은 수분상태를 말한다.

해설 14
포장용수량은 최대용수량에서 중력수가 완전히 제거된 후 모세관에 의해서만 지니고 있는 수분함을 말한다.

해설 15
수목에 따라 차이는 있으나 60~80% 정도로 포장용수량에 해당된다.

정답 10. ①   11. ④   12. ②   13. ②
14. ①   15. ④

16. 다음 중 토양 유효수분의 범위는?

① 최대용수량과 포장용수량 사이
② 최대용수량과 최소용수량 사이
③ 포장용수량과 영구위조점 사이
④ 영구위조점과 흡습수 사이

17. 수목의 뿌리에서 수분의 흡수가 가장 왕성하게 이루어지는 부위는?

① 근관   ② 생장점
③ 신장부   ④ 근모부

18. 수목의 양분과 수분의 흡수부위가 옳게 표시된 것은?

	양분	수분
①	생장점	근모부
②	근모부	생장점
③	생장점	생장점
④	근모부	근모부

19. 뿌리털이 땅속의 물을 흡수하는 작용은?

① 증산작용에 의한다.   ② 모세관현상에 의한다.
③ 팽압에 의한다.   ④ 삼투현상에 의한다.

20. 다음 중 능동적 흡수에 의한 것은?

① 삼투현상   ② 증산작용
③ 광합성   ④ 호흡

해설 **16**
수목이 생장할 수 있는 토양의 유효수분은 포장용수량에서부터 영구위조점까지의 범위이다.

해설 **17**
뿌리의 수분흡수는 근모부에서 가장 왕성하다.

해설 **18**
생장부근에서 호흡작용과 양분흡수가 가장 왕성하다.

해설 **19**
뿌리털의 물의 흡수는 원형질막 내·외액의 농도차이로 삼투를 일으키는 압력인 삼투현상에 의한다.

해설 **20**
능동적 흡수와 증산작용 같이 도관 내의 압력에 의한 흡수는 삼투압에 의한다.

정답 16. ③ 17. ④ 18. ① 19. ④
20. ①

CHAPTER 09 수목의 생리·환경

21. 수목이 시드는 현상은 다음 중 어느 작용이 심할 때 발생하는가?

① 호흡작용(呼吸作用) ② 광합성작용(光合成作用)

③ 흡수작용(吸水作用) ④ 증산작용(蒸散作用)

22. 수목의 증산작용이 주로 이루어지는 부위는?

① 잎 ② 줄기

③ 뿌리 ④ 열매

23. 다음 중 잎의 증산작용이 억제되는 경우는?

① 대기습도가 낮다. ② 기온이 높다.

③ 토양이 건조하다. ④ 바람이 약하게 분다.

24. 증산작용이 왕성한 조건을 옳게 설명한 것은?

① 광도는 약할수록, 습도는 낮을수록, 온도는 높을수록

② 광도는 약할수록, 습도는 높을수록, 온도는 낮을수록

③ 광도는 강할수록, 습도는 높을수록, 온도는 높을수록

④ 광도는 강할수록, 습도는 낮을수록, 온도는 높을수록

25. 다음 중 증산량의 증가를 가져오는 것은?

① 적당한 바람 ② 엽온 하강

③ 공중습도 증가 ④ 일조 감소

해   설

해설 **21**
증산작용은 수목체내의 수분이 기화하여 대기 중으로 배출되는 것으로 증산작용이 심하면 수목은 위조하여 고사한다.

해설 **22**
증산작용은 주로 잎의 기공(氣孔)에 의해 일어난다.

해설 **23**
토양이 건조하면 뿌리의 수분흡수력이 증가하여 증산작용이 억제된다.

해설 **24**
④ 이외에는 기공의 개폐가 빈번할수록, 기공이 크고 그 밀도가 높을수록, 어느 범위까지는 엽면적이 증가할수록 증산량이 많아진다.

해설 **25**
증산량의 증가는 높은 온도, 낮은 상대습도, 일조량 증가, 적당한 바람 등으로 증가된다.

정답 21. ④ 22. ① 23. ③ 24. ④
25. ①

26. 외계조건이 수목의 증산작용에 미치는 현상으로 잘못된 것은?

① 낮에는 왕성해지고 밤이면 감소한다.
② 공기가 건조하면 증산은 촉진된다.
③ 기온이 높으면 증기압이 높아지므로 증산작용이 억제된다.
④ 바람이 불면 엽면의 증기압 부족으로 증산작용이 촉진된다.

27. 수목의 요수량(要水量)이란?

① 개화에 필요한 수분량
② 수목체내에 들어있는 수분함량
③ 건물(乾物) 1kg을 생산하는데 소비된 수분량
④ 생초(生草) 1kg을 생산하는데 소비된 수분량

28. 수목의 요수량에 대하여 올바르게 설명하고 있는 것은?

① 요수량이 큰 수목은 내건성이 강하다.
② 요수량이 작은 수목은 관수효과가 크다.
③ 요수량이 큰 수목은 생육 중 많은 양의 수분을 요구한다.
④ 요수량이 작은 수목은 수분의 이용효율이 나쁘다.

29. 다음 중 과습의 피해가 나타날 수 있는 상태는?

① 최대용수량   ② 포장용수량
③ 수분당량   ④ 초기위조점

30. 생장에 요하는 수분량 값이 가장 적은 것은?

① 소나무류의 수풀   ② 참나무류의 수풀
③ 가문비나무류의 수풀   ④ 서어나무류의 수풀

해설 **26**
기온이 높아지면 대기의 증기압 부족량이 증대되어 증산작용이 촉진된다.

해설 **27**
요수량은 건물 1kg을 생산하는데 소비된 수분량으로 증산계수라고도 한다.

해설 **28**
요수량이 큰 수목은 생육 중 많은 양의 수분을 요구하므로 관수를 해주어야 한다.

해설 **29**
최대용수량은 모관수가 최대로 포함된 상태로 토양의 모든 공극이 물로 포화된 상태를 말한다.

해설 **30**
건조한 토양에서 잘 견디는 소나무류, 향나무, 노간주나무, 자작나무 등은 요수량이 작다.

정답 26. ③ 27. ③ 28. ③ 29. ①
    30. ①

31. 토양수분의 부족으로 작물이 시들기 시작하는 상태를 나타내는 말은?

① 수분당량　　　　　　② 영구위조점

③ 위조계수　　　　　　④ 초기위조점

32. 생장에 요하는 수분량 값이 가장 적은 것은?

① 소나무류의 수풀　　　② 참나무류의 수풀

③ 가문비나무류의 수풀　④ 서어나무류의 수풀

33. 나무가 건조물질 1g을 생산하는 데 필요한 수분의 양을 증산계수라고 한다. 다음 중 증산계수의 값이 큰 나무는?

① 소나무　　　　　　　② 자작나무

③ 향나무　　　　　　　④ 버드나무

34. 수목의 재배에 있어서 초기위조현상이 발생하는 pF 값은?

① 1.7　　　　　　　　② 2.5

③ 3.9　　　　　　　　④ 5.6

35. 토양수분 요구도가 낮아 산의 능선부에 많이 나타나는 수종은?

① 소나무　　　　　　　② 낙우송

③ 버드나무　　　　　　④ 오리나무

36. 다음 중에서 천근성 수종에 속하는 것은?

① 상수리나무　　　　　② 전나무

③ 밤나무　　　　　　　④ 사시나무

해　설

해설 **31**
초기위조점 작물이 시들기 시작하는 상태이나 식물체를 습기가 많은 대기 중에 두면 다시 회복된다.

해설 **32**
건조한 토양에서 잘 견디는 소나무류, 향나무, 노간주나무, 자작나무 등은 요수량이 작다.

해설 **33**
요수량(증산계수)값이 큰나무는 비교적 높은 토양습도를 요구하는 수목으로 참나무류, 가문비나무류, 서어나무류, 버드나무류, 미류나무, 양버들, 낙우송, 오리나무 등이 해당된다.

해설 **34**
• 초기위조점(pF=3.9) : 식물의 생육이 정지하고 위조하기 시작하는 상태
• 영구위조점(pF=4.2) : 포화습도의 공기 중에 24시간정도 두어도 회복될 수 없는 상태

해설 **35**
소나무는 토양수분에 대한 요구도가 낮다.

해설 **36**
버드나무, 미류나무, 사시나무 등은 천근성 수종에 해당된다.

정답 31. ④　32. ①　33. ④　34. ③
　　 35. ①　36. ④

37. 수목생육에 영양원이 되는 무기성분 중 미량원소로만 묶여진 것은?

① 철(Fe), 망간(Mn), 붕소(B)
② 칼슘(Ca), 마그네슘(Mg), 붕소(B)
③ 철(Fe), 인산(P), 칼슘(Ca)
④ 질소(N), 망간(Mn), 붕소(B)

38. 다음 무기원소 중 필수원소가 아닌 것은?

① 철(Fe)
② 규소(Si)
③ 아연(Zn)
④ 질소(N)

39. 생육하는 데 있어서 다량의 무기양료를 요구하는 것으로 짝지은 것은?

① 오동나무, 느티나무, 밤나무
② 낙엽송, 소나무, 향나무
③ 잣나무, 자작나무, 해송
④ 리기다 소나무, 노간주나무, 버드나무

40. 다음 수종 중 무기영양소 요구도가 가장 큰 것은?

① 소나무
② 오동나무
③ 자작나무
④ 향나무

41. 식물체 내에서 단백질을 합성하는 데 필요하며 주로 생장에 사용되는 양분은?

① 질소(N)
② 인산(P)
③ 칼륨(K)
④ 석회(CaO)

해설 **37**
미량원소 : 철, 망간, 구리, 아연, 붕소, 몰리브덴, 염소

해설 **38**
• 다량원소 : 탄소, 수소, 산소, 질소, 인산, 칼륨, 칼슘, 마그네슘, 황
• 미량원소 : 철, 망간, 구리, 아연, 붕소, 몰리브덴, 염소

해설 **39**
오동나무, 느티나무, 전나무, 밤나무, 물푸레나무류, 참나무류 등은 양분을 많이 요구하는 수종이다.

해설 **40**
소나무, 해송, 향나무, 오리나무, 아까시나무, 자작나무류 등은 양분을 적게 요구하는 수종이다.

해설 **41**
질소는 수목의 생육에 중요한 많은 유기화합물(아미노산, 단백질, 핵산 등)을 구성하는 가장 필수적인 원소 중의 하나이다.

정답 37. ① 38. ② 39. ① 40. ②
41. ①

42. 결핍 증상이 공통적으로 잎에 황화현상(Chlorosis)이 생기는 것은?

① P, K, S, Zn
② N, Mg, Fe, Mn
③ C, H, Mo, Si
④ Al, Ca, Na, B

43. 어느 성분이 과다하면 잎색이 진하고 과실의 착색이 지연되는 현상이 나타나는가?

① 질소(N)
② 인산(P)
③ 칼륨(K)
④ 석회(CaO)

44. 다음 중 토양입지에 가장 잘 흡착되는 질소의 형태는?

① 암모니아태
② 질산태
③ 단백태
④ 요소태

45. 질소비료 결핍 시 가장 심하게 나타나는 증상은?

① 어린 묘목엣 자주 빛을 띠고 2차엽은 거의 없다.
② 생장이 잘 안되고, 짧은 잎, 황화현상이 나타난다.
③ 잎의 대부분이 떨어지고 잘 자라지 않는다.
④ 새로 생장한 부분의 발육이 매우 불량하고 백화현상이 나타난다.

46. 일반적으로 수목의 부위별 질소의 양을 바르게 나타낸 것은?

① 잎 〉 측지 〉 주지 〉 수간
② 수간 〉 주지 〉 측지 〉 잎
③ 잎 〉 수간 〉 주지 〉 측지
④ 잎 〉 주지 〉 수간 〉 측지

해   설

[해설] 42
질소(N), 마그네슘(Mg), 철(Fe), 망간(Mn)이 결핍시 잎에 황화현상이 나타난다.

[해설] 43
질소(N)가 과다하면 잎색이 진해지고 과실의 착색이 지연된다.

[해설] 44
암모니아태 질소는 식물이 직접 흡수하여 이용할 수 있는 유효태로, 주로 토양의 콜로이드에 흡착되어 쉽게 용탈되지 않는다.

[해설] 45
질소가 부족시 생장이 불량하여 잎이 짧아지고 식물체가 작아진다.

[해설] 46
수목의 부위별 질소 함량은 조직, 임령, 계절에 따라 달라지나 부위별로는 잎에 가장 많다.

정답 42. ② 43. ① 44. ① 45. ②
46. ①

47. 상수리나무의 잎색이 황백색이 되고 잎 길이가 작아졌다. 어느 식물양분의 결핍증상인가?

① 칼륨(K)　　　　　　　② 인산(P)
③ 질소(N)　　　　　　　④ 칼슘(Ca)

48. 수목체 내에서 이동이 가장 쉬운 양분은?

① 석회(CaO)　　　　　　② 인산(P)
③ 규소(Si)　　　　　　　④ 철(Fe)

49. 인산질 비료가 질소나 칼륨 비료보다 이용률이 떨어지는 주된 이유는?

① 빗물에 의하여 쉽게 유실되므로
② 수용성 성분이 적으므로
③ 탈질되기 쉬워서
④ 철이나 알루미늄과 결합하여 고정되므로

50. 다음 비료성분 중 수목의 뿌리발달 촉진과 가장 관계가 깊은 것은?

① 질소(N)　　　　　　　② 인산(P)
③ 칼륨(K)　　　　　　　④ 칼슘(Ca)

51. 영양요소가 과다할 때 어린잎에 황화현상을 유발시키는 요소는?

① 질소(N)　　　　　　　② 인산(P)
③ 칼륨(K)　　　　　　　④ 칼슘(Ca)

해설 **47**
잎의 황백화와 작아짐은 질소의 결핍증상이다.

해설 **48**
인산(P)은 체내의 이동성이 매우 높다.

해설 **49**
인산은 토양 중의 철, 알루미늄과 잘 결합한다.

해설 **50**
인산(P)은 뿌리의 발육을 촉진시키며, 부족시 뿌리의 성장이 정지한다.

해설 **51**
인산을 과잉으로 시비하면 토양 중의 철이나 알루미늄과 결합하여 철, 붕소의 결핍을 초래하며 황화현상을 유발시킨다.

정답 | 47. ③　48. ②　49. ④　50. ②
　　| 51. ②

CHAPTER 09
수목의 생리·환경

52. 다음 원소 중 칼륨(K)의 역할과 직접적인 관계가 가장 적은 것은?

① 유기성분과 결합하여 작물의 도복을 막고 품질을 양호하게 한다.
② 원형질막의 투과성, 원형질의 완충 작용과 관계가 깊다.
③ 탄소동화 작용을 촉진한다.
④ 탄수화물의 이동을 돕는다.

해설 **52**
①는 규소(Si)의 역할이다.

53. 마이너스(-)이온으로서 수목의 뿌리로부터 흡수되는 것은?

① NH_4
② PO_4
③ Ca
④ Na

해설 **53**
NH_4^+, PO_4^{2-}, Ca^{2+}, Na^+의 형태로 식물에 흡수된다.

54. 다음 중 칼륨질 비료가 과다하면 부족 되기 쉬운 성분은?

① 인산(P)
② 칼슘(Ca)
③ 질소(N)
④ 철(Fe)

해설 **54**
칼륨을 과다 사용하면 칼슘, 마그네슘, 붕소 등의 부족 되기 쉽다.

55. 수목체 내에 가장 많이 함되어 있으며 생리적 기능에 중요한 생체촉매 역할을 하는 양(+)이온은?

① 칼륨(K)
② 인산(P)
③ 질소(N)
④ 칼슘(Ca)

해설 **55**
칼륨은 K^+의 형태로 광합성 및 생화학적 기능에 중요한 역할을 한다.

56. 수목체 내의 흡수량이 적게 되면 내건성이 저하되는 원소는?

① 질소(N)
② 인산(P)
③ 칼륨(K)
④ 칼슘(Ca)

해설 **56**
칼륨은 세포 내의 수분공급, 기공의 개폐 등에 관여하여 흡수량이 적어지면 내건성이 저하된다.

정답 52. ① 53. ② 54. ② 55. ①
56. ③

57. 수목체 내에서 이동이 잘 안 되는 원소는?

① 질소(N)
② 칼륨(K)
③ 칼슘(Ca)
④ 마그네슘(Mg)

58. 양분의 결핍증상이 먼저 신엽 또는 경엽부터 나타나는 것은?

① 칼슘(Ca)
② 인산(P)
③ 칼륨(K)
④ 질소(N)

59. 마그네슘 성분의 식물체 내 작용에 대한 설명 중 맞지 않는 것은?

① 늙은 잎에 많이 포함되어 있다.
② 부족하면 잎맥사이의 색이 누렇게 된다.
③ 결핍증상은 새 잎에서 많이 나타난다.
④ 엽록소의 중요한 구성 성분이다.

60. 다음의 무기원소 중에서 수목에 반드시 필요한 필수양료로 볼 수 없으며 과다 시에는 오히려 수목에 해독을 끼치는 원소는?

① 질소(N)
② 마그네슘(Mg)
③ 철(Fe)
④ 알루미늄(Al)

61. 대기 중의 CO_2 농도(0.03%)는 일반적으로 광합성에 어떠한가?

① 부족하다.
② 충분하다.
③ 여름철에만 부족하다.
④ 가을철에만 부족하다.

해   설

[해설] 57
칼슘(Ca)은 보통 식물의 잎에 함이 많으며, 종자나 과실에는 적고 체내의 이동성이 매우 낮다.

[해설] 58
칼슘은 수목 체내에서는 이동이 잘 안 되므로 결핍증상은 어린 조직이나 경엽에서 먼저 나타나고 오래된 잎에 많이 축적된다.

[해설] 59
결핍증상은 초기에 나타나는 일이 드물고 오래된 잎에서 많이 나타난다.

[해설] 60
알루미늄(Al), 구리(Cu), 망간(Mn) 등의 중금속이온은 수목에 유해작용을 한다.

[해설] 61
식물의 광합성은 공기 중의 이산화탄소 농도를 대기 중의 농도보다 높여주면 증가한다.

정답 57. ③ 58. ① 59. ③ 60. ④
61. ①

CHAPTER 09 수목의 생리·환경

62. 다음 중에서 영양소의 요구량에 따른 순서가 맞게 표현된 것은?

① 농작물 〉 침엽수 〉 활엽수 〉 소나무류
② 농작물 〉 활엽수 〉 침엽수 〉 소나무류
③ 활엽수 〉 농작물 〉 침엽수 〉 소나무류
④ 농작물 〉 활엽수 〉 소나무류 〉 침엽수

63. 묘목 상부의 새잎에 심한 황화현상(chlorosis)이 일어났다면 다음 중 어떤 영양소의 과부족(過不足)으로 보는 것이 좋겠는가?

① 인산의 부족
② 칼륨의 부족
③ 철의 부족
④ 질소의 과잉

64. 식물이 빛을 받아 광에너지 및 CO_2와 H_2O를 원료로 하여 동화물질을 합성하는 작용을 무엇이라고 하는가?

① 광합성작용
② 호흡작용
③ 분해작용
④ 탈질작용

65. 수목의 광합성 작용에 가장 효과적인 빛은?

① 적색
② 녹색
③ 황색
④ 주황색

66. 일반적으로 수목의 광합성이 활발히 일어나는 광파장 영역은?

① 200 ~ 350nm
② 200nm 이하
③ 650 ~ 700nm
④ 750nm 이상

해　　설

해설 62

일반적으로 수목은 농작물보다 양분 요구량은 적으므로 생장속도가 느리다. 또한 활엽수가 침엽수보다 더 많은 영양소를 요구한다.

해설 63

철이 부족시 엽록소가 생성되지 않으며 주로 어린잎에 황화현상이 나타난다.

해설 64

녹색식물이 태양의 복사에너지를 흡수하여 이산화탄소와 물을 재료로 탄수화물을 생성하는 작용을 광합성 또는 탄소동화작용이라고 한다.

해설 65

광합성에는 675nm을 중심으로 한 650~700nm의 적색부분이 가장 유효하고 그 다음으로 450nm을 중심으로 한 400~500nm의 청색부분이 유효하다.

해설 66

수목 광합성이 활발히 일어나는 광파장은 400~500nm의 청색부분과 650~700nm의 적색부분이 가장 유효하다.

정답 62. ② 63. ③ 64. ① 65. ①
66. ③

67. 수목의 광합성에 가장 적게 이용되는 광파장은?

① 적색광　　　　　　　　② 녹색광
③ 청색광　　　　　　　　④ 자색광

해설 **67**
녹색·황색·주황색 광의 대부분은 투과 및 반사되어 광합성의 효과가 적다.

68. 다음 중 수목의 생장량을 바르게 설명한 것은?

① 광합성의 결과 생긴 탄수화물의 축적량
② 뿌리로부터 흡수된 양분의 양
③ 호흡에 의한 탄수화물의 양
④ 산화작용에 의해 쓰여진 탄수화물의 양

해설 **68**
녹색식물은 광을 받아서 엽록소에서 형성하고 광합성을 수행하여 유기물을 생성하다.

69. 광에너지를 이용하는 광합성작용에서 이산화탄소는 주로 어디에서 공급되는가?

① 물관　　　　　　　　　② 뿌리
③ 기공　　　　　　　　　④ 줄기

해설 **69**
광합성은 뿌리에서 흡수된 물과 잎의 기공을 통하여 대기중에서 흡수된 이산화탄소가 엽록체에서 태양에너지에 의해 탄수화물로 합성되는 과정이다.

70. 하루 중 수목의 광합성이 가장 활발하게 이루어지는 시간은?

① 아침 해뜬 직후　　　　② 오전 11시경
③ 오후 3시경　　　　　　④ 저녁 해지기 직전

해설 **70**
광합성작용은 보통 해가 뜨면서부터 시작되어 정오경 가장 활발하고 그 뒤 점차로 떨어진다.

71. 다음 중 광합성과 관련 있는 광보상점(光輔相點)을 바르게 설명한 것은 어느 것인가?

① 광의 강도가 더 이상 증가하여도 CO_2 동화량은 증가하지 않는다.
② 식물체에 의한 CO_2의 방출량과 흡수량은 같은 점
③ 온도가 동화능력에 관계없는 점
④ 대기중 CO_2 농도가 광합성능력에 관계없는 점

해설 **71**
①은 광포화점에 관한 설명이다.

정답　67. ②　68. ①　69. ③　70. ②
71. ②

72. 다음 중 수목의 광합성과 날씨와의 관계를 옳게 설명한 것은?

① 흐린 날이 광합성에 좋다.
② 습도가 높을수록 광합성이 잘된다.
③ 기온이 낮아도 햇빛만 있으면 광합성에는 지장이 없다.
④ 미풍(微風)은 광합성에 좋다.

73. 수목의 생장과 광요인에 관한 내용이다. 틀린 것은?

① 수목생장에 미치는 광요인은 광도, 광질, 일장으로 구분할 수 있다.
② 광도는 위도, 해발고, 방위, 경사, 계절, 시각, 구름양에 따라 다르다.
③ 임내 광도는 수령, 수종, 밀도에 따라 다르다.
④ 임내 광도는 절대조도로 표시하는 것이 일반적이다.

74. 작물의 광합성에 있어서 광강도와 CO_2 농도의 영향을 옳게 나타낸 것은?

① 광이 약할수록 CO_2 농도가 높아야 광합성이 증가한다.
② 광이 강할수록 CO_2 농도가 높아야 광합성이 증가한다.
③ 광이 약할수록 CO_2 농도가 낮아야 광합성이 증가한다.
④ 광합성의 증가와 광의 강도 및 CO_2와는 관계가 없고 온도가 제한 요인이 된다.

75. 산림의 환경인자 중 광선은 임목생육에 있어 가장 큰 영향을 끼친다. 일반적인 광선에 대한 설명으로 가장 바르게 설명한 것은?

① 보통나무는 어릴 때 내음력이 증대하고 자라면서 줄어든다.
② 땅이 적윤 또는 비옥하면 내음력이 감소한다.
③ 양수도 어릴 때 모두 내음력이 증대한다.
④ 비옥지를 최종적으로 점령하는 수종은 양수이다.

해 설

[해설] 72
미풍은 이산화탄소를 공급하는 효과가 있으므로 광합성에 유리하다.

[해설] 73
임내의 광도는 임관층 내의 빛의 명도를 임지 외의 경우와 비교한 비율이 상대조도로 표시하는 것이 일반적이다.

[해설] 74
광이 강하고, CO_2 농도가 높아야 광합성이 증가하지만, 광포화점에 이르면 광의 강도가 더 이상 증가하여도 CO_2 동화량은 증가하지 않는다.

[해설] 75
일반 수목은 수령이 많아짐에 따라 내음성이 감소한다. 어릴 때는 내음력이 강하나 성장함에 따라 점차 내음력이 감퇴되며 장령기 이후에는 많은 광량을 필요로 한다.

정답 72. ④ 73. ④ 74. ② 75. ①

76. 다음 음수(陰樹), 양수(陽樹)를 설명한 것 중에 틀린 것은?

① 일반적으로 음수는 측지의 서열수가 많다.
② 일반적으로 양수는 임분의 자연간벌(自然間伐) 속도가 빠르다.
③ 일반적으로 음수는 자연전지(自然剪枝) 속도가 빠르다.
④ 음수는 수관밀도(樹冠密度)가 일반적으로 높다.

77. 내음수의 간접적인 판단방법이 아닌 것은?

① 내음수는 자연전지 속도가 낮다.
② 내음수는 가지의 수가 많다.
③ 내음수는 수관밀도가 높다.
④ 내음수는 자연간벌 속도가 빠르다.

78. 나무의 내음성에 대한 설명 중 틀린 것은?

① 수관의 밀도로서 내음성을 판단할 수도 있다.
② 너도밤나무, 주목 등은 음수의 대표적인 수종이다.
③ 고위도지방의 수목은 일반적으로 내음성이 강하다.
④ 참나무류는 양수에 속한다.

79. 다음 중 양수로만 구성된 것은?

① 밤나무, 소나무, 오리나무
② 주목, 비자나무, 편백
③ 동백나무, 전나무, 회양목
④ 느릅나무, 잣나무, 피나무

80. 다음 수종 중 많은 광선을 필요로 하는 것으로 짝지은 것은?

① 주목, 금송
② 편백, 회양목
③ 비자나무, 전나무류
④ 오동나무, 은행나무

해 설

해설 76

일반적으로 음수는 자연간벌 속도가 느리다, 자연전지 속도가 느리고 수관밀도가 높고 측지의 서열수가 적다.

해설 77

일반적으로 양수는 수관밀도가 낮고 자연전지 속도가 빠르며 측지의 서열수가 적다. 따라서 임분의 자연간벌 속도는 빠르다.

해설 78

고위도지방에 자라는 수목은 광합성을 위하여 더 높은 광도를 요구하므로 일반적으로 내음성이 약하다.

해설 79

은행나무, 소나무류, 측백나무, 향나무, 낙우송, 밤나무, 오리나무, 버즘나무 등은 대표적인 양수이다.

해설 80

양수는 광보상점과 광포화점이 높다.

81. 다음 중 양수성 수종과 음수성 수종이 혼효된 것은?

① 느릅나무 - 단풍나무　　② 피나무 - 물푸레나무
③ 자작나무 - 주목　　　　④ 사시나무 - 팽나무

82. 태양광선에 잘 적응하여 광도가 높을 때 생장이 더 좋은 수종은?

① 개비자나무　　　　　　② 서어나무
③ 낙엽송　　　　　　　　④ 전나무류

83. 다음 수종 중에서 내음성이 상대적으로 높은 음수는?

① 너도밤나무　　　　　　② 오리나무
③ 사시나무　　　　　　　④ 자작나무

84. 다음 중 수목체 내에서 합성되는 천연호르몬 옥신은?

① NAA　　　　　　　　　② 2,4-D
③ IAA　　　　　　　　　④ IBA

85. 다음 중 옥신의 재배적 이용과 거리가 먼 것은?

① 발근 촉진　　　　　　　② 과실의 비대와 성숙 촉진
③ 정아우세현상의 타파　　④ 단위결과의 유도

86. 다음 중 수목에 대한 옥신의 기능이 아닌 것은?

① 발근 촉진　　　　　　　② 가지의 굴곡 유도
③ 낙과방지　　　　　　　④ 개화지연

해　설

해설 81
① 중용수-음수 ② 중용수 ③ 극양수-극음수 ④ 양수-중용수

해설 82
양수는 높은 광도에서 광합성효율이 높아 생장이 더 빠르다.

해설 83
너도밤나무-음수, 오리나무 · 사시나무-양수, 자작나무-극양수

해설 84
옥신 IAA는 체내에서 생성되며, ①②④는 인공적으로 합성된 합성호르몬이다.

해설 85
옥신은 정아생장촉진, 발근 및 개화 촉진, 낙과 방지, 과실의 비대와 성숙 촉진, 단위결과 유도 등에 효과가 있다.

해설 86
옥신은 개화를 촉진하는 작용을 한다.

정답 81. ③　82. ③　83. ①　84. ③
85. ③　86. ④

87. 다음 중 지베렐린의 생리작용이 아닌 것은?

① 꽃눈 형성 및 개화를 억제한다.
② 화성을 유도한다.
③ 종자의 휴면을 타파하고 발아를 촉진한다.
④ 신장의 생장을 촉진한다.

[해설] **87**
지베렐린은 꽃눈 형성 및 개화를 촉진한다.

88. 식물의 세포분열을 촉진하는 호르몬은?

① 옥신   ② 지베렐린
③ 시토키닌   ④ ABA

[해설] **88**
시토키닌은 세포분열 촉진, 내한성 증대, 노화방지, 저장 중 신선도 증진의 효과가 있다.

89. 노화억제 효과가 있는 시토키닌은 주로 어디에서 합성되는가?

① 생장점   ② 잎
③ 줄기   ④ 뿌리

[해설] **89**
시토키닌은 주로 뿌리에서 합성되어 물관을 통해 지상부의 다른 기관으로 전류된다.

90. 식물호르몬 가운데 불량환경이나 스트레스조건에서 많이 생성되는 것은 어느 것인가?

① 옥신   ② 지베렐린
③ 시토키닌   ④ ABA

[해설] **90**
ABA는 식물체가 스트레스를 받는 상태(건조, 무기양분 부족) 또는 식물체가 노쇠하거나 생육이 지연 혹은 정지되는 과정에서 많이 생성된다.

91. 다음 식물 호르몬류 중 가을 낙엽 등 식물 노화촉진 효과와 관계가 있는 것은?

① IAA   ② Gibberellin
③ Cytokinin   ④ Abscisic acid

[해설] **91**
ABA(Abscisic acid)는 잎의 노화, 낙엽 촉진과 관계있는 생장억제물질이다.

정답 87. ① 88. ③ 89. ④ 90. ④ 91. ④

CHAPTER 09

수목의 생리·환경

92. 수목 생장에 있어서 바람이나 물리적 접촉자극을 주면 신장이 억제되는데, 다음 중 어느 호르몬과 관련되는가?

① 지베렐린 ② 에틸렌
③ ABA ④ 옥신

93. 옥신 계통인 IAA의 생성을 억제하는 생장억제는?

① B-9 ② MH
③ CCC ④ Phosfon-D

94. 다음 중 생장억제물질이 아닌 것은?

① Phosfon-D ② CCC
③ BNOA ④ Amo-1618

95. 산림생태계 구성 요소 중 무생물적 요소는?

① 녹색식물 ② 토양미생물
③ 이산화탄소 ④ 야생동물

96. 다음 중 식물에 흡수되는 질소의 형태는?

① N, N_2 ② N_2, NH_4^+
③ NH_4^+, NO_3^- ④ NH_4^+, N_2

97. 다음 중 에틸렌의 효과로 적절하지 않은 것은?

① 과실의 성숙 촉진 ② 과실의 착색 촉진
③ 정아우세 현상 타파 ④ 세포분열의 촉진

해   설

해설 **92**
에틸렌은 식물체는 마찰이나 압력 등 기계적 자극이나 병 · 해충의 피해를 받으면 증가되어 식물체의 신장이 억제되고 굵어지는 형태적인 변화가 발생한다.

해설 **93**
MH는 옥신 기능과 반대되는 기능의 Antiauxin이다.

해설 **94**
BNOA는 옥신의 한 종류이다.

해설 **95**
무생물적 요소(독립영양요소)는 생물에게 필요한 물질과 생활장소를 제공하는 요소이다.

해설 **96**
질소는 질산태(NO_3^-)와 암모니아태(NH_4^+) 형태로 식물에 흡수된다.

해설 **97**
에틸렌은 과실의 성숙 및 착색촉진, 정아우세 현상 타파, 낙엽촉진 등의 효과가 있다.

정답 92. ② 93. ② 94. ③ 95. ③
96. ③ 97. ④

98. 토양부식물을 포함한 유기물이 분해되어 식물이 흡수할 수 있는 질소로 변화되는 첫 현상은?

① 암모니아화성작용
② 질산화작용
③ 탈질작용
④ 질소의 부동화작용

해설 98

유기태 질소화합물이 미생물에 의하여 암모니아태 질소로 변하는 작용을 암모니아화성작용이라 한다.

99. 다음 토양에서의 반응 중 환원반응과 관계없는 것은?

① 탈질작용
② 질산환원작용
③ 질산화성작용
④ 암모니아화정작용

해설 99

질산화성작용은 암모니아가 질산으로 산화되는 과정이다.

100. 다음 중 탈질작용을 바르게 설명한 것은?

① 산화층에서 일어난다.
② NH_4태로 공기 중에 방출된다.
③ NO_3태로 공기 중에 방출된다.
④ 환원층에서 N_2로 방출된다.

해설 100

탈질작용은 질산이 아산화질소(N_2O), 산화질소(NO), 질소가스(N_2) 등으로 되어 달아나는 현상을 말하며, 공기의 유통이 불량한 환경에서 일어나는 혐기성세균에 의한 질산의 환원작용이다.

101. 온대지역에 있어서의 산림 식생의 천이 순서는?

① 이끼류 → 1·2년생 초본류 → 다년생 초본류 → 관목류 → 양수교목류 → 음수교목류
② 이끼류 → 1·2년생 초본류 → 다년생 초본류 → 관목류 → 음수교목류 → 양수교목류
③ 1·2년생 초본류 → 다년생 초본류 → 관목류 → 음수교목류 → 양수교목류
④ 교목류 → 관목류 → 초본류 → 이끼류

해설 101

우리나라와 같은 온대지역 산림식생의 천이는 이끼류→1·2년생 초본류→다년생 초본류→관목류→양수교목류→음수교목류의 순서로 이루어진다.

102. 생태학적으로 자연생태가 완전히 회복되어 안정된 숲이며, 풍치림으로 중요한 가치를 지니고 있는 숲은?

① 단순림
② 동령림
③ 단층림
④ 극상천연림

해설 102

자연생태가 안정된 숲은 극상이라고 하며, 천이의 마지막 단계를 말한다..

CHAPTER 09

수목의 생리·환경

정답 98. ① 99. ③ 100. ④
101. ① 102. ④

PART

02 산림기사 기출문제

7개년 기출문제

학습전략

핵심이론 학습 후 핵심기출문제를 풀어봄으로써 내용 다지기와 더불어 시험에서 실전감각을 키울 수 있도록 하였고, 왜 정답인지를 문제해설을 통해 바로 확인 할 수 있도록 하였습니다.

이후, 산림기사에 출제되었던 최근 7개년 기출문제를 풀어봄으로써 스스로를 진단 하면서 필기합격을 위한 실전연습이 될 수 있도록 하였습니다.

1. 묘포지 선정 조건으로 가장 적합한 것은?

① 평탄한 점질토양   ② 10° 정도의 경사지
③ 남쪽지방에서 남향   ④ 배수가 좋은 사양토

해설 묘포의 적지 사질양토로 관수나 배수가 용이한 약간 경사
진 곳으로 동서로 길게 설치하는 것이 좋다.

2. 대면적의 임분을 한꺼번에 벌채하여 측방천연하종으로 갱신하는 방법은?

① 택벌작업   ② 개벌작업
③ 산벌작업   ④ 보잔목작업

해설 개벌작업
현존 임분의 전체를 1회의 벌채로 제거하고 그 자리에 주로 인공식재나 천연갱신에 의하여 후계림을 조성하는 방법

3. 염기성 토양에 가장 잘 견디는 수종은?

① 곰솔   ② 오리나무
③ 떡갈나무   ④ 가문비나무

해설 염기성 토양
① pH 6.6~7.3
• 미생물의 활동이 대단히 왕성하고 양료의 이용률이 높으며, 부식이 쉽게 진행됨
• 호두나무 · 백합나무 · 전나무류의 일부분 등이 생육
② pH 7.4~8.0
• 칼슘, 마그네슘의 양이 많고 철분의 양이 적어 침엽수 생육에는 불리함
• 네군도단풍, 물푸레나무의 일종, 오리나무 등
③ pH 8.1~8.5
• 가용성의 황산염과 염화물이 지나쳐서 생육이 어려움
• 포플러류의 몇 종이 생육

4. 결실주기가 5년 이상인 수종은?

① *Salix koreensis*
② *Larix kaempferi*
③ *Betula platyphylla*
④ *Chamaecyparis obtusa*

해설 수목의 결실주기
① 1년 주기 결실 : 포플러류, 버드나무류, 오리나무류 등
② 격년 결실 : 소나무, 오동나무, 자작나무류, 아카시나무
③ 2~3년 주기 결실 : 참나무류, 들메나무, 느티나무, 삼나무, 편백나무 등
④ 3~4년 주기 결실 : 전나무, 녹나무, 가문비나무 등
⑤ 결실주기가 5년 이상 : 너도밤나무, 일본잎갈나무
① 버드나무, ② 일본잎갈나무, ③ 자작나무, ④ 편백

5. 식재 밀도에 따른 수목 생장에 대한 설명으로 옳은 것은?

① 식재 밀도가 높으면 초살형으로 자란다.
② 식재 밀도가 높을수록 단목재적이 빨리 증가된다.
③ 식재 밀도는 수고생장보다 직경생장에 더 큰 영향을 끼친다.
④ 식재 밀도가 낮으면 경쟁이 완화되어 단목의 생활력이 약해진다.

해설 식재 밀도
① 수고생장에는 큰 영향을 끼치지 않으나, 직경생장에는 큰 영향을 끼친다.
② 식재밀도가 높으면 원통형에 가까워지고, 단목재적은 천천히 증가한다.
③ 식재밀도가 높으면 경쟁이 심화되어 단목의 생활력이 약해진다.

정답   1. ④   2. ②   3. ②   4. ②   5. ③

6. 제벌 작업에 대한 설명으로 옳은 것은?

① 6~9월에 실시하는 것이 좋다.
② 숲가꾸기 과정에서 한 번만 실시한다.
③ 간벌 이후에 불량목을 제거하기 위해 실시한다.
④ 산림경영 과정에서 중간 수입을 위해서 실시한다.

[해설] 제벌은 어린나무 가꾸기로 6~9월 사이에 실시하며, 수익을 위한 작업이 아니다.

7. 난대 수종에 해당하지 않는 것은?

① *Abies nephrolepis*
② *Pittosporum tobira*
③ *Machilus thunbergii*
④ *Cinnamomum camphora*

[해설] 한대림의 대표 수종 : 가문비나무, 분비나무, 잎갈나무, 잣나무, 전나무, 주목 등
보기 – ① 분비나무, ② 돈나무, ③ 후박나무, ④ 녹나무

8. 종자가 5월경에 성숙하는 수종은?

① 회화나무
② 사시나무
③ 자작나무
④ 구상나무

[해설] ① 회화나무 : 개화당년 11월에 성숙
② 사시나무 : 개화당년 5월에 성숙
③ 자작나무 : 개화당년 9~10월에 성숙
④ 구상나무 : 개화당년 9~10월에 성숙
• 5월에 성숙하는 종자 : 버드나무류, 미루나무·양버들·황철나무·사시나무 등

9. 수목에 나타나는 미량요소 결핍증에 대한 설명으로 옳지 않은 것은?

① 아연이 결핍되면 잎이 작아진다.
② 철 결핍은 주로 알칼리성 토양에서 일어난다.
③ 구리가 결핍되면 잎 끝부분부터 괴사현상이 일어 난다.
④ 칼륨 결핍 증상은 잎에 검은 반점이 생기거나 주변에 황화현상이 나타나는 것이다.

[해설] 칼륨부족시 잎 끝부분부터 괴사현상이 일어난다.

10. 수목 체내의 질소화합물에 해당하지 않는 것은?

① 핵산 관련 그룹
② 대사의 2차 산물 그룹
③ 아미노산과 단백질 그룹
④ 지방산과 지방산 유도체 그룹

[해설] ① 질소화합물
• 핵산 관련 그룹
• 대사의 2차 산물 그룹
• 아미노산과 단백질 그룹
• 대사의 2차 산물 그룹
② 지질
• 지방산과 지방산 유도체 그룹
• 페놀(phenol) 화합물
• 이소프레노이드(isoprenoid) 화합물

11. 소나무의 구과 발달에 대한 설명으로 옳은 것은?

① 개화한 후 빨리 자라서 3~4개월 만에 성숙한다.
② 개화한 그 해 5~6월경에 빨리 자라서 수정하고 가을에 성숙한다.
③ 개화한 해에 수정해서 크게 되고 다음 해에는 크게 자라지 않으며 2년째 가을에 성숙한다.
④ 개화한 해에는 거의 자라지 않고 다음 해 5~6월경에 빨리 자라서 수정하며 2년째 가을에 성숙한다.

정답 6. ① 7. ① 8. ② 9. ③ 10. ④ 11. ④

해설 침엽수종의 구과발달의 4가지 형
① 개화한 그 해 5~6월경에 빨리 자라서 수정하고 가을에 성숙하는 것 (A형 : 삼나무)
② 개화한 해에 수정해서 크게 되고 다음해에는 크게 자라지 않으며 2년째 가을에 성숙하는 것 (B형 : 향나무)
③ 개화한 해에는 거의 자라지 않고 다음해 5~6월경에 빨리 자라서 수정하면 2년째 가을에 성숙하는 것 (C형 : 소나무)
④ 개화한 해에는 거의 자라지 않고 다음해 봄에 수정하여 크게 자라며 3년째 가을에 가서 성숙하는 것 (D형 : 노간주나무)

12. 간벌방법 중 피압목부터 제거하는 방법은?

① 택벌간벌 ② 상층간벌
③ 하층간벌 ④ 기계적간벌

해설 하층간벌
① 피압된 가장 낮은 수관층의 나무를 벌채하고 점차 높은 층의 나무를 벌채하는 방법
② 미성숙목들로 이루어진 숲에서 임목생장을 돕기 위해 하층임관에 속하는 열세목을 위주로 실시하는 솎아베기
③ 우세목과 준우세목이 남으며 침엽수종의 일제임분에 적용하는 것이 바람직하다.

13. 광합성 색소인 카로테노이드(carotenoids)에 관한 설명으로 옳지 않은 것은?

① 식물에서 노란색, 오렌지색, 빨간색 등을 나타내는 색소이다.
② 광도가 높을 경우 광산화작용에 의한 엽록소의 파괴를 방지한다.
③ 식물체내에 있는 색소 중에서 광질에 반응을 나타내며 광주기 현상과 관련된다.
④ 엽록소를 보조하여 햇빛을 흡수함으로써 광합성 시 보조색소 역할을 담당한다.

해설 광질에 반응, 광주기 현상과 관련된 색소
파이토크롬(phytochrome)

14. 가지치기의 목적과 효과에 대한 설명으로 옳지 않는 것은?

① 무절재를 생산한다.
② 역지 이하의 가지를 제거한다.
③ 산불발생 시 수간화를 줄여준다.
④ 연륜폭을 조절하여 수간의 완만도를 높인다.

해설 산불이 있을 때 수관화를 줄여준다.

15. 잣나무 묘목을 가로 2.5m, 세로 2.0m 간격으로 2ha에 식재할 경우 필요한 묘목 본수는?

① 100주
② 400주
③ 1,000주
④ 4,000주

해설 1ha = 10,000m^2

묘목 본수 $= \dfrac{20,000}{2.5 \times 2} = 4,000$본

16. 택벌작업을 통한 갱신방법에 대한 설명으로 옳은 것은?

① 양수 수종 갱신이 어렵다.
② 병충해에 대한 저항력이 낮다.
③ 임목벌채가 용이하여 치수 보존에 적당하다.
④ 일시적인 벌채량이 많아 경제적으로 효율적이다.

해설 택벌작업
① 음수 수종 갱신방법
② 병충해 저항력이 높으며 임목 벌채가 용이하지 않아 치수보존이 어렵다.
③ 벌채량은 적지만 대경재를 벌채하므로 고가의 목재를 생산 할 수 있다.

정답 12. ③ 13. ③ 14. ③ 15. ④ 16. ①

17. 모수작업에 의한 갱신이 가장 유리한 수종은?

① 소나무
② 잣나무
③ 호두나무
④ 상수리나무

해설 모수작업
① 하종천연갱신이 우수한 나무로 소나무. 해송과 같은 양수에 적용
② 종자나 열매가 작아 바람에 날려 멀리 전파될 수 있는 수종

18. 비교적 작은 입자(2.5mm)로 구성되어 모서리가 둥글고 딱딱하고 치밀하며 주로 건조한 곳에서 발달 하는 토양 구조는?

① 벽상구조
② 입상 구조
③ 단립상 구조
④ 세립상 구조

해설 입상구조
① 외관이 구형이며 유기물이 많은 건조지역에서 발달
② 작물 및 임목생육에 가장 좋은 구조이다.

19. 음이온의 형태로 수목의 뿌리로부터 흡수되는 것은?

① K
② Ca
③ NH₄
④ SO₄

해설 K^+, Ca^{2+}, NH_4^+, SO_4^{2-}의 형태로 수목의 뿌리로부터 흡수된다.

20. 순림의 장점이 아닌 것은?

① 병충해에 강하다.
② 간벌 등 작업이 용이하다.
③ 조림이 경제적으로 될 수 있다.
④ 경관상으로 더 아름다울 수 있다.

해설 한 가지 수종으로 구성된 산림을 순림이라 하며, 순림은 각종 기상재해와 병해충에 대한 저항력이 낮아 피해를 받기 쉽다.

정답 17. ① 18. ② 19. ④ 20. ①

2회

1회독 □ 2회독 □ 3회독 □

1. 테트라졸륨의 사용 목적으로 옳은 것은?

① 바이러스 검출
② 종자활력 검사
③ 발아 촉진 유도
④ 대기오염의 영향 검사

해설 테트라졸륨
① 종자의 활력 측정 방법
② 사용한 종자의 배가 적색 또는 분홍색일 때 건전립이고 죽은 조직은 변화가 없다.

2. 식재 후 첫 번째 제벌작업이 실시되는 임종별 임령으로 옳은 것은?

① 소나무림 : 15년
② 삼나무림 : 20년
③ 상수리나무림 : 15년
④ 일본잎갈나무림 : 8년

해설 제벌작업
① 조림 후 5~10년이 되고 풀베기 작업이 끝난 지 2~3년이 지나 조림목의 수관 경쟁과 생육 저해가 시작되는 곳
② 조림지 구역 내 군상으로 발생한 우량 천연림도 보육대상지에 포함
③ 첫 번째 제벌이 실시되는 임령
  • 소나무, 낙엽송, 상수리나무 : 식재 후 7~8년
  • 삼나무, 편백 : 식재 후 10년
  • 전나무, 가분비나무 : 식재 후 13~15년

3. 단순림과 비교한 혼효림의 장점으로 옳은 것은?

① 산림병해충 등 각종 재해에 대한 저항력이 높다.
② 가장 유리한 수종으로만 임분을 형성할 수 있다.
③ 산림작업과 경영이 간편하고 경제적으로 수행할 수 있다.
④ 숲을 구성하는 임목의 나이차이가 거의 없어 관리하기 용이하다.

해설 혼효림
① 두 가지 이상의 수종으로 구성된 산림
② 병해충에 대한 저항성은 높으나, 시장성·경제성·용이성 등은 낮음

4. 소립종자 1,000개의 무게로 나타내는 종자 검사기준은?

① 실중
② 효율
③ 용적중
④ 발아력

해설 실중
① 종자의 크기를 판정하는 기준으로 g단위로 나타낸다.
② 대립종자 : 100립씩 4반복의 평균치
③ 중립종자 : 500립씩 4반복의 평균치
④ 소립종자 : 1,000립씩 4반복의 평균치

5. Moller의 항속림 사상의 강조 내용으로 옳은 것은?

① 인공갱신을 원칙으로 한다.
② 정해진 윤벌기에 군상목 택벌을 원칙으로 한다.
③ 벌채목 선정은 산벌작업의 선정기준에 준해서 한다.
④ 개벌을 금하고 해마다 간벌 형식의 벌채를 반복 한다.

해설 항속림
① 항속림은 이령혼효림
② 개벌을 금하고 해마다 간벌형식의 벌채를 반복지력을 유지하기 위하여 지표유기물을 잘 보존
③ 항속림 시업에 있어서 인공식재를 단념한 것은 아니며, 갱신은 천연갱신을 원칙
④ 단목택벌을 원칙
⑤ 벌채목의 선정은 택벌작업의 선정기준에 준함

6. 천연림 보육에 대한 설명으로 옳지 않은 것은?

① 하층임분은 특별한 이유가 없는 한 그대로 둔다.
② 미래목은 실생목보다 맹아목을 우선적으로 고려하여 선정하는 것이 좋다.
③ 세력이 너무 왕성한 보호목은 가지를 제거하여 미래목의 생장에 영향이 없도록 한다.
④ 상층목의 생육공간을 확보해주기 위하여 수관경쟁을 하고 있는 불량형질목과 가치가 낮은 임목을 제거한다.

해설 바르게 고치면
맹아목보다 실생묘를 우선적으로 고려하여 선정한다.

7. 소나무류에서 주로 실시하는 접목 방법은?

① 절접   ② 박접
③ 아접   ④ 할접

해설 할접
① 대목을 절단면의 직경방향으로 쪼개고 쐐기모양으로 깎은 접수를 삽입하는 방법
② 소나무류나 낙엽활엽수의 고접에 흔히 사용

8. 잎의 유관속이 1개인 수종은?

① *Pinus rigida*   ② *Pinus densiflora*
③ *Pinus koraiensis*   ④ *Pinus thunbergii*

해설 잣나무류의 유관속은 1개이고 소나무류는 2개다.
① 리기다 소나무, ② 소나무, ③ 잣나무, ④ 해송

9. 수목의 개화촉진 방법이 아닌 것은?

① 환상박피 실시   ② 단근, 이식 실시
③ 봄철에 질소 시비   ④ 간벌, 가지치기 실시

해설 질소보다는 인산과 칼륨을 더 많이 사용하는 것이 개화결실에 효과적이다.

10. 나자식물의 엽육조직에서 책상조직과 해면조직이 분화되지 않은 수종은?

① 주목   ② 전나무
③ 소나무   ④ 은행나무

해설 나자식물의 엽육조직에서 책상조직과 해면조직이 분화되지 않은 수종은 소나무이다.

11. 산림 내에서 나무가 죽어 공간이 생기면 주변의 나무들이 빈 공간 쪽으로 자라오고, 숲의 가장자리에 위치한 나무는 햇빛이 많이 있는 바깥쪽으로 빨리 자란다. 이는 어떤 현상과 가장 밀접한 관련이 있는가?

① 굴지성   ② 주광성
③ 휴면성   ④ 삼투성

해설 ① 굴지성 : 식물이 중력에 반응해 줄기가 광합성을 위해 위로 자라고, 뿌리는 영양분 흡수를 위해 밑으로 자라는 현상
② 주광성 : 빛이 자극이 되는 주성으로 빛으로 향하는 성질

12. 파종량을 산정할 때 필요한 인자가 아닌 것은?

① 발아세   ② 종자수
③ 발아율   ④ 순량률

해설 파종량 계산의 필요인자
파종면적, 묘목잔존본수, g당 종자입수, 순량률, 발아율, 묘목잔존율

13. 인공조림에 의하여 새로운 수종의 숲을 조성하는데 가장 효율적인 갱신방법은?

① 모수작업   ② 산벌작업
③ 택벌작업   ④ 개벌작업

해설 개벌작업
현존 임분의 전체를 1회의 벌채로 제거하고 그 자리에 주로 인공식재나 파종 및 천연갱신에 의하여 후계림을 조성하는 방법을 말한다.

정답 6. ② 7. ④ 8. ③ 9. ③ 10. ③ 11. ② 12. ① 13. ④

14. 묘목의 자람이 늦어 묘상에 가장 오랫동안 거치하는 수종은?

① *Picea jezoensis*
② *Larix kaempferi*
③ *Pinus densiflora*
④ *Quercus acutissima*

해설 ① 잣나무, 전나무, 가문비나무 : 유묘 시의 생장이 늦어 상에 그대로 두었다가 나중에 상체
② 소나무류, 낙엽송, 삼나무, 편백 등 : 1년생에서 상체
① 가문비나무, ② 일본잎갈나무, ③ 소나무, ④ 상수리나무

15. 토양 수분에서 수목이 이용 가능한 것은?

① 결합수
② 흡습수
③ 팽윤수
④ 모세관수

해설 모세관수
중력에 저항하여 토양입자와 물분자간의 부착력에 의해 모세관 사이에 남아 있는 수분으로 수목이 이용가능하다.

16. 관다발 형성층의 시원세포가 목부방향으로 분열하여 형성하는 조직은?

① 부정아
② 체관부
③ 물관부
④ 수피층

해설 물관부
형성층의 시원세포가 목부방향으로 분열해, 뿌리털에서 흡수한 물과 무기양분이 위로 이동하는 통로로 잎까지 연결되어 있다.

17. 잎의 기공을 열게 하여 증산작용을 촉진시키는 방법은?

① 암흑 조건을 제공한다.
② 잎의 수분포텐셜을 높여 준다.
③ 휴면 유도 물질인 ABA를 주입한다.
④ 잎의 엽육조직 세포간극에 존재하는 탄산가스 농도를 높여 준다.

해설 식물은 수분포텐셜이 낮아지면 위조현상과 기공폐쇄가 수반되면서 CO_2의 부족으로 광합성률이 저하되고, 팽압이 저하되어 생장감소가 일어난다. 잎의 수분포텐셜을 높여 주어 잎의 기공을 열게 하여 증산작용을 촉진한다.

18. 산벌작업 방법에 속하는 것은?

① 단벌
② 윤벌
③ 후벌
④ 전벌

해설 산벌작업
예비벌, 하종벌, 후벌, 종벌

19. 침엽수의 적절한 가지치기 방법은?

① 역지 이상의 가지를 자른다.
② 역지 이하의 가지를 자른다.
③ 수고의 1/2 이상의 가지를 자른다.
④ 수고의 1/2 이하의 가지를 자른다.

해설 침엽수의 가지치기
역지(으뜸가지) 이하의 가지는 자르는 것으로 하고, 역지의 구별이 어려울 때는 수관의 아랫부분이 서로 맞닿아 울폐한 부분 이하의 가지를 자른다.

정답 14. ① 15. ④ 16. ③ 17. ② 18. ③ 19. ②

20. 광합성 작용에 의해서 생성된 탄수화물이 이동 · 운반되는 통로는?

① 체관
② 물관
③ 헛물관
④ 수지관

[해설] 체관
　　영양분을 식물의 부분으로 운반하는 기관

3회   1회독 □   2회독 □   3회독 □

1. 종자의 실중(A), 용적중(B), 1L당 종자수(C)의 관계식으로 옳은 것은?

① C = B × (A × 1000)
② C = B ÷ (A × 1000)
③ C = B × (A ÷ 1000)
④ C = B ÷ (A ÷ 1000)

해설 ① 실중 : 종자 1,000립의 무게
② 용적중 : 종자 1ℓ에 대한 무게를 그램(g) 단위

2. 중림작업의 장점으로 옳지 않은 것은?

① 임지의 노출이 방지된다.
② 교림작업보다 조림비용이 낮다.
③ 높은 작업 기술을 필요로 하지 않는다.
④ 상목은 수광량이 많아서 좋은 성장을 하게 된다.

해설 바르게 고치면
중림작업은 기술과 숙련을 필요로 한다.

3. 묘목의 T/R율에 대한 설명으로 옳지 않은 것은?

① 지상부와 지하부의 중량비이다.
② 수치가 클수록 묘목이 충실하다.
③ 묘목의 근계발달과 충실도를 설명하는 개념이다.
④ 수종과 묘목의 연령에 따라서 다르지만 일반적으로 3.0정도가 좋다.

해설 바르게 고치면
T/R률의 값이 작은 묘목이 충실하다.

4. 잎의 수분포텐셜에 대한 설명으로 옳은 것은?

① 뿌리보다 높은 값을 가진다.
② 삼투포텐셜은 대부분 + 값이다.
③ 시든 잎의 압력포텐셜은 대부분 + 값이다.
④ 일반적으로 한낮보다 한밤중에 높아진다.

해설 바르게 고치면
① 잎의 수분 포텐셜은 뿌리보다 낮은 값을 가진다.
② 삼투 포텐셜은 삼투압에 의한 것으로 대부분 -값이다.
③ 시든 잎의 압력 포텐셜은 그 값은 0보다 작은 -값이다.

5. 삽목의 장점으로 옳지 않은 것은?

① 모수의 특성을 계승한다.
② 묘목의 양성 기간이 단축된다.
③ 천근성이 되어 수명이 길어진다.
④ 종자 번식이 어려운 수종의 묘목을 얻을 수 있다.

해설 삽목의 장점
① 모수의 특성을 그대로 이어받는다.
② 결실이 불량한 수목의 번식에 적합하다.
③ 묘목의 양성기간이 단축된다.
④ 개화결실이 빠르고 병충해에 대한 저항력이 크다.

6. 가지치기 작업에 따른 효과가 아닌 것은?

① 무절재를 생산한다.
② 부정아 발생을 억제한다.
③ 수간의 완만도를 높인다.
④ 하층목의 생장을 촉진한다.

해설 가지치기는 수목의 스트레스를 유발하여 부정아가 줄기에 나타나 해를 주는 경우가 있다.

정답   1. ④   2. ③   3. ② 4. ④ 5. ③ 6. ②

7. 개벌작업 이후 밀식을 하는 경우의 장점으로 옳지 않은 것은?

① 줄기는 가늘지만 근계발달이 좋아 풍해 및 설해 등을 입지 않는다.
② 개체 간의 경쟁으로 연륜폭이 균일하게 되어 고급재를 생산할 수 있다.
③ 제벌 및 간벌작업을 할 때 선목의 여유가 생겨 우량 임분으로 유도할 수 있다.
④ 수관의 울폐가 빨리 와서 표토의 침식과 건조를 방지하여 개벌에 의한 지력의 감퇴를 줄일 수 있다.

해설 밀식한 임분은 줄기가 가늘어 근계 발달이 약해 풍해 및 설해 등을 입기 쉽다.

8. 목본식물의 조직 중 사부의 기능으로 옳은 것은?

① 수분 이동
② 탄소 동화작용
③ 탄수화물 이동
④ 수분 증발 억제

해설 사부(체관)는 반세포와 유세포 및 섬유로 구성되며 탄수화물의 이동 통로이다.

9. 어린나무 가꾸기 작업에 대한 설명으로 옳은 것은?

① 여름철에 실시하는 것이 좋다.
② 제초제 또는 살목제를 사용하지 않는다.
③ 윤벌기 내에 1회로 작업을 끝내는 것이 원칙이다.
④ 일반적으로 벌채목을 이용한 중간 수입을 기대할 수 있다.

해설 바르게 고치면
② 제초제 또는 살목제를 사용할 수 있다.
③ 윤벌기 내에 1차 작업 후 2차 작업(1차 작업 후 3~4년 후)을 하는 원칙이다.
④ 일반적으로 벌채목을 이용한 중간수입을 기대할 수 있는 작업은 간벌이다.

10. 정아우세현상을 억제시키는 호르몬은?

① 옥신
② 지베렐린
③ 아브시스산
④ 사이토키닌

해설 사이토키닌
① 식물의 생장촉진, 식물의 기관형성, 종자의 발아와 세포분열의 촉진, 세포의 비대효과 등에 관여하는 식물생장조절물질
② 사이토키닌은 정아우세를 억제하고 측아생장을 촉진한다. 반면 옥신은 정아우세현상에 관여한다.

11. 낙엽성 침엽수에 해당하는 수종은?

① *Pinus thunbergii*
② *Juniperus chinensis*
③ *Taxodium distichum*
④ *Cryptomeria japonica*

해설 낙엽침엽수 – 낙우송, 메타세콰이어, 은행나무
보기 ① 해송, ② 향나무, ③ 낙우송, ④ 삼나무

12. 간벌의 효과로 거리가 먼 것은?

① 산불위험도 감소
② 직경의 생장 촉진
③ 임목 형질의 향상
④ 개체목간 생육공간 확보 경쟁 촉진

해설 간벌의 효과
① 임목생육을 촉진하고 재적생장과 형질생장을 증가시킨다.
② 각종 위해를 감소시키고 삼림의 보호관리가 편리하다.
③ 지력을 증진시킨다.
④ 간벌재를 이용할 수 있다.
⑤ 결실이 촉진되고 천연갱신이 용이해진다.

정답 7. ① 8. ③ 9. ① 10. ④ 11. ③ 12. ④

13. 혼효림과 비교한 단순림의 장점으로 옳은 것은?

① 식재 후 관리가 용이하다.
② 양료 순환이 빠르게 진행된다.
③ 생물 다양성이 비교적 높은 편이다.
④ 토양양분이 효율적으로 이용될 수 있다.

해설 바르게 고치면
② 단순림은 양료순환이 어렵다
③ 단순림은 생물 다양성이 낮은 편이다.
④ 단순림은 토양양분이 효율적으로 이용될 수 없다.

14. 종자의 순량률을 구하는 산식에 필요한 사항으로만 올바르게 나열한 것은?

① 순정 종자의 수, 전체 종자의 수
② 순정 종자의 무게, 전체 종자의 무게
③ 발아된 종자의 수, 발아되지 않은 종자의 수
④ 발아된 종자의 무게, 발아되지 않은 종자의 무게

해설 순량률 = $\dfrac{순정종자무게}{전체시료무게} \times 100$

15. 점성이 있는 점토가 대부분인 토양은?

① 식토
② 사토
③ 석력토
④ 사양토

해설 식토
점토가 대부분인 토양으로 점토 함유량이 50% 이상

16. 개벌작업에 대한 설명으로 옳지 않은 것은?

① 음수 수종 갱신에 유리하다.
② 벌목, 조재, 집재가 편리하고 비용이 적게 든다.
③ 작업의 실행이 빠르고 높은 수준의 기술이 필요 하지 않다.
④ 현재의 수종을 다른 수종으로 바꾸고자 할 때 가 장 쉬운 방법이다.

해설 개벌작업
양수 수종갱신에 유리하다.

17. 산벌작업 중 결실량이 많은 해에 1회 벌채하여 종자 가 땅에 떨어지도록 하는 것은?

① 종벌
② 후벌
③ 예비벌
④ 하종벌

해설 하종벌
예비벌을 실시한 3~5년 후에 종자가 충분히 결실한 해를 택하여, 종자가 완전히 성숙된 후 벌채하여 지면에 종자를 다량 낙하시켜 일제히 발아시키기 위한 벌채작업

18. 열매의 형태가 삭과에 해당하는 수종은?

① *Acer palmatum*
② *Ulmus davidiana*
③ *Camellia japonica*
④ *Quercus acutissima*

해설 ① 단풍나무-시과, ② 느릅나무-시과, ③ 동백나무-삭 과, ④ 상수리나무-견과

19. 일본잎갈나무, 소나무, 삼나무, 편백 등의 종자저장 및 발아 촉진에 가장 효과가 있는 종자 처리방법은?

① 고온 처리법
② 냉수 처리법
③ 황산 처리법
④ 기계적 처리법

해설 냉수처리법
① 1~4일간 온도가 낮은 신선한 물에 침지해서 충분히 흡수시킨 다음 파종하는 방법
② 낙엽송, 소나무류, 삼나무, 편백 등 비교적 발아가 잘 되는 종자에 적용

정답 13. ① 14. ② 15. ① 16. ① 17. ④ 18. ③ 19. ②

20. 온량지수 계산 시 기준이 되는 온도는?

① 0℃   ② 5℃

③ 10℃   ④ 15℃

해설 온량지수

① 식물은 수분이 충분하면 5℃ 이상에서 성장이 가능하므로 온량지수로 식생의 수평적인 분포를 파악할 수 있다.

② 월평균온도가 5℃ 이상의 값을 적산한 것을 그곳의 온량지수라고 하며, 5℃ 이하를 적산한 값을 한랭지수라고 한다.

정답   20. ②

1. 삽목상의 조건으로 가장 적합한 것은?

① 건조를 막기 위해 해가림이 필요하다.
② 온도가 30℃ 이상 높은 온도에서 발근이 유리하다.
③ 토양 내 미생물의 종류가 다양할수록 발근에 유리하다.
④ 발근에 시간이 오래 걸리는 수종의 경우 잎의 증산이 원활하도록 공중습도를 조절한다.

해설 삽목상 조건
① 삽목상의 온도는 발근에 큰 영향을 미친다. 수종에 따라 다소의 차이는 있으나 적당한 온도는 20~ 25℃이다.
② 수분 조건
  • 삽수의 수분은 대부분이 삽수의 기부로 통하여 흡수되나 잎이나 줄기 표면의 외부로 노출된 부분을 통하여 흡수하기도 한다. 숙지삽목 혹은 녹지삽목에 따라 습도 유지의 차이는 있지만 발근이 되기 전까지는 80% 이상의 습도를 유지해 주는 것이 필수적이다
③ 광도 조건
  • 해가림은 삽목상의 건조를 막는 데 목적이 있다. 낙엽활엽 수종의 휴면지는 이미 그 안에 발근에 필요한 양료와 생장조절물질을 가지고 있으므로 광선이 없는 조건에서도 발근이 될 수 있으나 잎을 달고 있는 녹지삽목의 경우 그렇지 못하고 광합성을 통해 그러한 물질을 생성하게 된다.

2. 토양산성화로 인한 수목 생육 장애요인으로 옳지 않은 것은?

① 인산 이용의 결핍
② 염기성 양이온의 용탈
③ 뿌리의 양분 흡수력 저하
④ 토양 미생물과 소동물의 활성 증가

해설 토양이 산성화는 토양미생물과 소동물의 활성을 저하시킨다.

3. 어린나무 가꾸기의 대상 임목은?

① 폭목
② 중용목
③ 경합목
④ 피해목

해설 어린나무 가꾸기의 제거 대상목
① 목적 : 원치 않은 수종으로부터 임목상호간의 적정한 생육환경을 확보하고 부적당한 개체를 선별하고 제거하여, 임목들이 임지를 빨리 지배할 수 있도록 양호한 조건을 제공
② 대상임목 : 보육 대상목의 생장에 지장을 주는 유해수종, 덩굴류, 피해목, 생장 또는 형질이 불량한 나무, 폭목(暴木)으로 한다.
(한국산업인력공단의 정답은 ②이었으나, 저자의 의견으로는 문제오류로 제거대상은 폭목, 경합목, 피해목이 정답으로 사료된다.)

4. 개화한 당년에 종자가 성숙하는 수종과 개화한 다음해에 종자가 성숙하는 수종이 바르게 짝지어진 것은?

① 졸참나무 – 떡갈나무
② 신갈나무 – 갈참나무
③ 신갈나무 – 상수리나무
④ 굴참나무 – 상수리나무

해설 활엽수종의 종자발달의 3가지 형
① 개화한 후 빨리 자라서 3~4개월 만에 열매가 성숙 – 사시나무, 버드나무, 회양목, 떡느릅나무
② 개화한 해의 8~9월에 빨리 자라서 가을에 성숙 – 졸참나무, 떡갈나무, 신갈나무, 갈참나무
③ 개화한 해에는 거의 자라지 않고 다음해 가을에 빨리 자라서 성숙 – 상수리나무, 굴참나무

정답   1. ①   2. ④   3. ②   4. ③

5. 묘포의 경운작업에 대한 설명으로 옳지 않은 것은?

① 호기성 토양 미생물이 증식할 수 있는 환경을 제공한다.
② 토양의 풍화작용을 억제하여 영양분을 가용성으로 만든다.
③ 토양의 보수력 및 흡열력, 그리고 비료의 흡수력을 증가시킨다.
④ 토양을 부드럽게 하고 통기가 잘 되도록 하여 토양 산소량을 많게 한다.

[해설] 묘포의 경운 작업은 토양의 풍화작용을 도와 영양분을 가용성으로 만든다.

6. 수목의 체내에서 양료의 이동성이 떨어지는 무기원소는?

① 인   ② 질소
③ 칼슘   ④ 마그네슘

[해설] 양료의 이동성
　① 질소(N) – 체내 및 토양이동이 쉽다
　② 인(P) – 체내 이동이 쉽다
　③ 칼륨(K) – 체내 이동이 쉽다
　④ 칼슘(Ca) – 체내 이동은 극히 안된다.
　⑤ 황(S) – 체내 이동 중간정도
　⑥ 마그네슘(Mg) – 체내 이동이 쉽다.

7. 우량 묘목의 조건으로 가장 부적합한 것은?

① 우량한 유전성을 지닌 것
② 근계의 발달이 충실한 것
③ 가지가 사방으로 고루 뻗어 발달한 것
④ 정아보다 측아의 발달이 잘 되어 있는 것

[해설] 바르게 고치면
　측아보다 정아의 발달이 잘 되어 있는 것

8. 속씨식물에 대한 설명으로 옳지 않은 것은?

① 중복수정을 하지 않는다.
② 배유의 염색체는 3배체(3n)이다.
③ 완전화의 경우 배주가 심피에 싸여있다.
④ 건조지에서 자라는 수목의 잎은 책상조직이 양쪽에 있어서 앞뒤의 구별이 불분명하다.

[해설] 속씨식물의 암술에 화분(생식핵(n)과 화분관핵을 가짐)이 닿으면 화분관핵이 화분에서 씨방 안쪽으로 화분관을 형성한다. 생식핵은 정핵(n) 두개로 나뉘고, 화분관의 뒤를 따른다. 두 정핵중 하나는 두개의 극핵(n)과 수정하여 배젖(3n)을 만들고, 난세포와 수정하여 배(2n)를 만든다.

9. 동령적 혼효림 조성 시 고려해야 할 사항으로 옳지 않은 것은?

① 가급적 양수와 음수를 모두 식재한다.
② 생장속도가 비슷한 수종으로 식재한다.
③ 각 수종이 비슷한 윤벌기 내에 성숙하도록 한다.
④ 내음성이 비슷한 수종의 경우 생장속도가 빠른 수종은 일찍 식재한다.

[해설] 바르게 고치면
　내음성이 비슷한 수종의 경우 생장속도가 늦은 수종을 일찍 식재한다.

10. 포플러류 중 양버들에 해당하는 것은?

① *Populus alba*
② *Populus nigra*
③ *Populus davidiana*
④ *Populus tomentiglandulosa*

[해설] ① 은백양, ② 양버들, ③ 사시나무, ④ 은사시나무

정답　5. ②　6. ③　7. ④　8. ①　9. ④　10. ②

11. 간벌에 대한 설명으로 옳은 것은?

① 임목의 형질을 퇴화시키는 단점이 있다.
② 정량간벌은 간벌목 선정이 수형급을 중심으로 이루어진다.
③ 간벌을 하지 않은 임분은 입지 조건이 열악해지는 단점이 있다.
④ 직경 생장을 촉진시켜 연륜폭을 고르게 하는데 도움을 줄 수 있다.

해설 바르게 고치면
① 임목의 형질을 개선시키는 장점이 있다.
② 정성간벌은 간벌목 선정이 수형급을 중심으로 이루어진다.
③ 간벌을 하지 않은 임분은 생장 조건이 열악해지는 단점이 있다.

12. 종자의 휴면타파 방법이 아닌 것은?

① 후숙
② 노천매장
③ 침수처리
④ 밀봉저장

해설 종자의 휴면타파 방법
종피의 기계적 가상, 노천매장법, 침수처리, 황산처리법, 화학자극제의 사용, 파종시기의 변경, 고저온처리법, 후숙 등

13. 수분의 주요 이동통로로 이용되는 조직은?

① 수
② 사부
③ 목부
④ 형성층

해설 ① 수분 이동 통로 – 목부
② 영양분의 이동통로 – 사부

14. 우리나라 온대 중부지방을 대표하는 특징 수종은?

① 신갈나무
② 분비나무
③ 후박나무
④ 너도밤나무

해설 ① 신갈나무 : 온대중부
② 분비나무 : 한대
③ 후박나무 : 난대림
④ 너도밤나무 : 온대남부

15. 자연생태계의 물순환 과정에서 산림의 역할에 대한 설명으로 옳지 않은 것은?

① 산림토양의 특성은 지표의 우수유출경로를 결정하며 홍수에 큰 영향을 끼친다.
② 물은 광합성에 의해 물질생산에 기여하고, 생산된 물질순환 과정에서 산림토양이 형성된다.
③ 증산작용에 의한 지표면의 열환경 변화는 도시림에서는 거의 무시할 수 있을 정도로 미미하다.
④ 산림의 대규모 소실은 지표의 열환경 변화와 대량의 증산량 감소로 인해 광역의 물순환을 변화시킨다.

해설 바르게 고치면
증산작용에 의한 지표면의 열환경 변화는 도시림에서도 가장 크다.

16. 열대우림에 대한 설명으로 옳지 않은 것은?

① 종다양성이 높다.
② 임목의 뿌리는 대부분 심근성이다.
③ 과도한 침식과 용탈로 토양이 척박해지기 쉽다.
④ 연평균 강우량이 2,000mm 이상의 적도 주변 지역에 분포한다.

해설 열대 우림의 뿌리
① 임목의 뿌리는 대부분 천근성이고 온대림이 심근성이다.
② 낙엽량이 많아 영양 공급량이 많은 반면, 하루에 한번 있는 스콜 때 집중적으로 활발하게 그 양분을 흡수하기 때문이다.

정답   11. ④   12. ④   13. ③   14. ①   15. ③   16. ②

17. 단벌기 작업에서 맹아에 의한 갱신 방법은?

① 왜림작업   ② 중림작업
③ 이단림작업   ④ 모수림작업

해설 맹아갱신
     왜림작업

18. 종자의 결실주기가 가장 짧은 수종은?

① *Alnus japonica*   ② *Picea jezoensis*
③ *Larix kaempferi*   ④ *Abies holophylla*

해설 종자의 결실주기
     ① 오리나무(*Alnus japonica*) : 해마다 결실
     ② 전나무(*Abies holophylla*), 가문비나무(*Picea jezoensis*) : 3~4년을 결실주기로 함.
     ③ 낙엽송 (*Larix kaempferi*) : 5년 이상 주기

19. 활엽수의 가지치기 절단 위치로 가장 적합한 곳은?

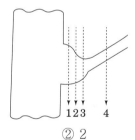

① 1   ② 2
③ 3   ④ 4

해설 가지치기의 절단 위치
     ① 지피융기선과 지륭의 보호
       • 지피융기선(Branch Bark Ridge, BBR) : 줄기조직과 가지조직을 갈라 놓는 경계선, 가지위의 약간 튀어나온 부분
       • 지륭 (branch collar) : 가지 밑살, 가지아래의 불룩한 부분

     ② 지피융기선의 상단부 바로 바깥쪽에서 시작해서 지륭이 끝나는 지점을 향해 가지를 절단하여 자르면, 줄기조직이 상하지 않을 뿐 아니라 가지의 보호대가 들어 있는 지륭도 그대로 남아 있게 되므로 병원균이 줄기조직으로 침입하는 것을 억제하여 줄기가 부패되는 것을 막을 수 있다.

20. 산벌작업에 적용이 가장 적합한 수종은?

① 곰솔, 소나무
② 전나무, 너도밤나무
③ 사시나무, 자작나무
④ 리기다소나무, 일본잎갈나무

해설 전나무, 너도밤나무는 음수수종이므로 산벌작업에 가장 적합하다.

정답   17. ①   18. ①   19. ③   20. ②

2회

1회독 ☐ 2회독 ☐ 3회독 ☐

1. 수목 체내에서 이동이 어렵고 결핍증상이 어린잎에서 먼저 나타나는 무기원소는?

① 칼슘   ② 질소
③ 인산   ④ 칼륨

[해설] 칼슘
> 세포막의 가소성에 관계되고, 질소대사와도 관계가 깊다. 이것은 식물체 내에서의 이동이 비교적 잘 안 되고, 칼슘이 부족하면 분열 조직에 심한 피해를 준다.

2. 동일 임분에서 대경목을 지속적으로 생산할 수 있는 작업종은?

① 택벌작업
② 개벌작업
③ 산벌작업
④ 제벌작업

[해설] 택벌
> 상층 대경목만 지속적으로 베어낸다.

3. 열대우림에 대한 설명으로 옳지 않은 것은?

① 동식물의 종다양성이 높다.
② 낙엽의 분해가 빨라서 1차생산성이 낮다.
③ 연중 비가 내리는 열대우림에는 상록활엽수가 우점한다.
④ 토양은 화학적 풍화가 빠르고 수용성물질의 용탈이 심하다.

[해설] 바르게 고치면
> 낙엽의 분해가 빨라 1차 생산성이 높다.

4. 자엽 내에 저장물질을 가지고 있거나 배유가 전혀 없는 무배유종자에 해당하는 것은?

① 소나무   ② 전나무
③ 물푸레나무   ④ 아까시나무

[해설] 아까시나무 – 배와 떡잎
> 소나무, 전나무, 물푸레나무 – 배와 배유

5. 맹아갱신을 적용하는 작업종이 아닌 것은?

① 모수작업   ② 왜림작업
③ 중림작업   ④ 두목작업

[해설] 모수
> 종자로 인한 천연갱신을 말한다.

6. 옥신의 효과로 옳지 않은 것은?

① 종자 휴면 유도
② 정아 우세 현상
③ 뿌리의 생장 촉진
④ 고농도에서 제초제의 역할

[해설] 옥신
> 줄기의 생장촉진, 뿌리의 생장 억제, 줄기삽수의 발근촉진, 살초제의 역할 등

7. 종자의 저장수명이 가장 긴 수종은?

① *Salix koreensis*
② *Quercus variabilis*
③ *Robinia pseudoacacia*
④ *Cryptomeria japonica*

[해설] ① 버드나무 : 1~5℃에서 6개월
> ② 굴참나무 : 0~5℃에서 30개월
> ③ 아까시나무 : 상온에서 3~4년
> ④ 삼나무 : 상온에서 3년

정답   1. ①   2. ①   3. ②   4. ④   5. ①   6. ①   7. ③

8. 겉씨식물의 특성으로 옳은 것은?

① 중복수정을 한다.
② 헛물관 세포가 있다.
③ 대부분 잎은 그물맥이다.
④ 밑씨가 씨방 속에 들어 있다.

해설

겉씨식물	속씨식물
밑씨가 겉으로 드러나 있다.	씨방 속에 밑씨가 있다.
중복수정을 하지 않는다.	중복 수정 정핵(n) + 난세포(n) → 배(씨눈 : 2n) 정핵(n) + 극핵(n, n) → 배젖(3n)
암꽃과 수꽃이 따로 있다.	꽃잎, 꽃받침, 암술, 수술 모두 있다.
잎은 침엽, 엽맥은 평행맥이다.	잎은 활엽, 엽맥은 대부분 망상(그물맥)이다.
목부에 헛물관 발달	목부에 도관이 잘 발달

9. 테트라졸륨 용액을 이용한 종자 활력검사에 대한 설명으로 옳지 않은 것은?

① 휴면종자에도 잘 나타난다.
② 테트라졸륨 용액은 어두운 곳에 보관한다.
③ 침엽수의 종자는 배와 배유가 함께 염색되도록 한다.
④ 활력이 없는 종자의 조직을 접촉시키면 붉은색으로 변한다.

해설 테트라졸륨 0.1~1.0%의 수용액에 생활력이 있는 종자의 조직을 접촉시키면 붉은색으로 변하고, 죽은 조직에는 변화가 없다.

10. 잎이 5개씩 모여서 나는 것은?

① *Pinus rigida*　　② *Pinus parviflora*
③ *Pinus bungeana*　　④ *Pinus thunbergii*

해설 ① 리기다소나무 – 3엽속생
② 섬잣나무 – 5엽속생
③ 백송 –3엽속생
④ 곰솔 – 2엽속생

11. 식재 조림을 위한 묘목의 선정과 관리에 대한 설명으로 옳지 않은 것은?

① 악취가 나는 묘목은 조림 대상에서 제외한다.
② 묘목은 약간 건조한 상태에서 저장하여야 한다.
③ 묘목의 뿌리나 줄기를 손톱이나 칼로 약간 벗겨보면 습기가 있고 백색으로 윤기가 돌아야 한다.
④ 묘목의 동아가 자라지 않고 단단하여야 하며 흰색의 세근이 45mm 이상 자라지 않은 상태여야 한다.

해설 묘목은 건조를 막기 위하여 축축한 거적으로 덮어 선묘할 때까지 보호하거나 묘포에 도랑을 파서 일시 가식하기도 한다.

12. 어린나무 가꾸기 작업에 대한 설명으로 옳지 않은 것은?

① 임분 전체의 형질 향상이 목적이다.
② 목적하는 수종의 완전한 생장과 건전한 자람을 도모한다.
③ 조림목이 임관을 형성한 후부터 간벌 시기 이전에 시행한다.
④ 하목의 수광량을 감소시켜 불필요한 수목 및 잡초의 생장을 지연시킨다.

해설 바르게 고치면
어린나무가꾸기는 육성대상이 되는 수목의 생육을 방해하는 다른 수종을 잘라내는 작업으로 하목의 수광량을 증가시킨다.

정답　8. ②　9. ④　10. ②　11. ②　12. ④

13. 풀베기 작업을 시행하기에 가장 적절한 시기는?

① 3월 상순 ~ 5월 하순
② 4월 하순 ~ 6월 하순
③ 6월 상순 ~ 8월 상순
④ 8월 하순 ~ 10월 상순

해설 풀베기의 작업시기

풀들이 왕성한 자람을 보이는 6월 상순~8월 상순 사이에 실시하며, 풀의 자람이 무성한 곳에서는 1년에 두 번 실시한다.

14. 수목 내에서 물의 주요 기능이 아닌 것은?

① 원형질의 구성성분이다.
② 세포의 팽압을 유지한다.
③ 엽록소를 구성하고 동화작용을 한다.
④ 여러 대사물질을 다른 곳으로 운반시키는 운반체이다.

해설 수목 내에서의 물의 주요 기능

① 수목을 구성하는 기본 단위인 세포의 원형질의 주요 구성성분으로 세포 생체량의 80~90%를 차지하며, 세포가 팽압을 유지하고 제 기능을 한다.
② 기체, 무기염류, 유기물의 용매 역할을 하고 이러한 물질을 이동시키는 운반체 역할을 하기 때문에 뿌리로부터 무기양분을 흡수하여 잎까지 운반할 수 있고, 잎에서 만들어진 양분을 가지, 뿌리 등에 양분을 필요로 하는 부분으로 이동시킬 수 있다.
③ 광합성이나 기타 생화학적 과정의 반응 물질로 체내에서 가지고 있는 물질을 분해하거나 새로운 물질을 합성하는 등의 과정에서 필요하다.
④ 물은 끓는 온도, 녹는 온도 등이 다른 액체보다 높기 때문에 식물체 온도의 급격한 변화를 억제하고 잎의 온도를 조절한다.

15. 묘목의 가식에 대한 설명으로 옳지 않은 것은?

① 산지 가식은 조림지 근처에 한다.
② 가식지 주변에 배수로를 만들어 준다.
③ 일반적으로 45° 정도 경사지게 가식한다.
④ 비가 오거나 또는 비가 온 후에는 수분이 충분하므로 즉시 가식한다.

해설 묘목의 가식

① 묘목을 굴취한 후 즉시 선묘하여 가식하거나 포장한다.
② 산지가식은 조림지 최근거리에 한다.
③ 추기가식은 배수가 좋고 북풍을 막는 남향의 사양토 또는 식양토에 한다.
③ 춘기가식은 건조한 바람과 직사광선을 막는 동북향의 서늘한 곳에 한다.
④ 가식시 뿌리에 공기가 들어가지 않게 반드시 뿌리부분을 부채살모양으로 펴서 한다.
⑤ 관수가능시 뿌리부분에 물을 충분히 주어 바람이 통하지 않게 보관한다.

16. 토양산도와 수목의 상호관계에 대한 설명으로 옳은 것은?

① 일본잎갈나무는 알칼리성 토양에서 가장 잘 자란다.
② 철은 산성 토양에서 결핍현상이 자주 발생한다.
③ 참나무류, 단풍나무류, 피나무류 등은 pH 5.5 ~6.5에서 양호한 생장을 보인다.
④ 묘포의 토양산도가 pH 4.5 이하의 강산성을 보일 경우에는 모잘록병이 자주 발생한다.

해설 바르게 고치면

① 일본잎갈나무는 산성토양에서 잘 자란다.
② 철은 알칼리성토양에서 결핍현상이 자주 발생한다.
④ 모잘록병은 토양의 배수가 불량할 때 자주 발생한다.

정답 **13.** ③ **14.** ③ **15.** ④ **16.** ③

17. 우리나라 난대림에 대한 설명으로 옳지 않은 것은?

① 제주도는 난대림만 존재한다.
② 특징 임상은 상록활엽수림이다.
③ 연평균 기온이 14℃ 이상의 지역이다.
④ 우리나라 산림대 중에 가장 적은 면적을 차지한다.

해설 제주도
　　한라산 등은 난대림, 온대림과 한대림이 공존

18. 간벌의 효과가 아닌 것은?

① 목재의 형질 향상
② 임목의 초살도 감소
③ 산불의 위험성 감소
④ 벌기수확이 양적 및 질적으로 증가

해설 간벌의 효과
　　① 직경생장을 촉진하여 연륜폭이 넓어짐
　　② 생산될 목재의 형질이 향상됨
　　③ 벌기수확은 양적·질적으로 매우 높아짐
　　④ 임목을 건전하게 발육시켜 여러 가지 해에 대한 저항력
　　　을 높아짐
　　⑤ 우량한 개체를 남겨서 임분의 유전적 형질을 향상
　　⑥ 산불의 위험성을 감소
　　⑦ 조기에 간벌수확이 얻어진다.
　　⑧ 입지조건의 개량에 도움을 준다.

19. 삽목상의 환경조건에 대한 설명으로 옳지 않은 것은?

① 통기성이 좋아야 한다.
② 해가림을 하여 건조를 막는다.
③ 온도는 10~15℃가 가장 적합하다.
④ 삽수에 적절한 수분을 공급하여야 한다.

해설 삽목상 적온은 20~25℃이고 10℃에서는 미약한 발근활
　　동이 시작되나 15℃가 되면 대체로 발근활동이 가능하게
　　된다.

20. 인공조림과 비교한 천연갱신에 대한 설명으로 옳은 것은?

① 순림의 조성이 쉽다.
② 동령림의 조성이 잘 된다.
③ 초기 노동인력이 많이 필요하다.
④ 생태적으로 보다 안정된 임분을 조성할 수 있다.

해설 바르게 고치면
　　① 천연갱신은 순림 조성이 어렵다.
　　② 천연갱신은 동령림의 조성이 잘 안 된다.
　　③ 천연갱신은 노동인력이 많이 필요없다.

정답　17. ①　18. ②　19. ③　20. ④

3회

1회독 ☐ 2회독 ☐ 3회독 ☐

1. 우리나라 난대림의 특징 수종으로 옳은 것은?

① 곰솔   ② 후박나무
③ 서어나무   ④ 가문비나무

해설 ① 곰솔, ③ 서어나무 : 온대중부
② 후박나무 : 난대
④ 가문비나무 : 한대

2. 광합성의 광반응에 대한 설명으로 옳지 않은 것은?

① ATP를 소모한다.
② NADPH를 생산한다.
③ 햇빛이 있을 때에 일어난다.
④ 엽록체의 Grana에서 진행된다.

해설 광화학 반응(광반응)
① 반응 장소 : 엽록체의 그라나
② 반응 요인 : 빛의 세기, 빛의 파장, 일조시간
③ 반응 결과 : 18 ATP(adenosine triphosphate), 12 NADPH2(Nicotinamide adenine dinucleotide phosphate), $6O_2$ 생성

3. 우리나라에서 넓은 분포면적을 가지고 있으며 지역품종(생태형)이 다양한 것은?

① *Pinus rigida*   ② *Pinus densiflora*
③ *Pinus koraiensis*   ④ *Pinus thunbergii*

해설 소나무(*Pinus densiflora*) 6가지의 지역형
동북형, 금강형, 위봉형, 안강형, 중남부 평지형, 중남부 고지형

4. 밤나무 품종 중 조생종은?

① 미풍   ② 석추
③ 은기   ④ 단택

해설 ① 조생종 : 단택, 삼조생, 대화조생, 국견, 출운
② 중생종 : 유마, 광은, 은기, 주옥, 축파, 평기, 옥광, 산대, 상림, 대보, 박미2호, 순성, 대단파 등
③ 만생종 : 은산, 안근, 석추, 다압, 만적

5. 대립 종자를 파종하는데 가장 알맞은 방법은?

① 점파   ② 산파
③ 상파   ④ 조파

해설 대립종자인 호두, 밤, 도토리, 칠엽수 등은 점파한다.

6. 벌채지에 종자를 공급할 수 있는 나무를 산생 또는 군상으로 남기고 나머지 임목들은 모두 벌채하는 방법은?

① 개벌작업   ② 산벌작업
③ 택벌작업   ④ 모수작업

해설 모수작업
단목 또는 군상으로 남김

7. 다음 설명에 해당하는 것은?

• 땅 속 50~100cm 깊이에 종자를 모래와 섞어서 저장하는 방법이다.
• 종자를 후숙하여 발아를 촉진하는 방법으로도 사용된다.

① 냉습적법   ② 저온저장법
③ 보호저장법   ④ 노천매장법

정답   1. ②   2. ①   3. ②   4. ④   5. ①   6. ④   7. ④

해설 노천매장법
① 보습저장법에 속함
② 땅속 50~100cm 깊이에 종자를 모래와 섞어서 묻어 둔다.
③ 저장과 발아를 촉진에 목적이 있으며, 노천매장하는 곳은 양지 바르고 지하수가 고이지 않으며 배수가 잘 되고 관리하기 편한 장소를 택한다.

8. 가지치기의 장점으로 옳지 않은 것은?

① 무절재 생산
② 부정아 발생 감소
③ 연륜폭을 고르게 함
④ 산불로 인한 수관화 피해 경감

해설 가지치기의 장점
① 연륜폭을 조절하여 수간의 완만도를 높인다.
② 신장생장을 촉진한다.
③ 하목의 수광량을 증가시켜 생장을 촉진시킨다.
④ 이목간의 부분적 균형에 도움을 준다.
⑤ 산불이 있을 때 수관화를 경감시킨다.
⑥ 무절재(마디없는 간재)를 생산한다.

9. 열매가 핵과에 속하는 수종은?

① *Alnus japonica*
② *Cercis chinensis*
③ *Prunus serrulata*
④ *Albizia julibrissin*

해설 ① 오리나무 -견과
② 박태기나무 - 협과
③ 벚나무 - 핵과
④ 자귀나무 -협과

10. 모두베기 작업에 대한 설명으로 옳지 않은 것은?

① 양수성 수종 갱신에 유리하다.
② 숲 생태계 기능 복원에 가장 유리한 갱신방법이다.
③ 성숙한 임분에 가장 간단하게 적용할 수 있는 방법이다.
④ 기존 임분을 다른 수종으로 갱신할 때 가장 빠른 방법이다.

해설 바르게 고치면
모두베기는 숲 생태계 기능복원에 가장 불리한 갱신방법이다.

11. 삽목 작업에 사용하는 발근촉진제로 가장 부적합한 것은?

① 인돌초산
② 인돌부티르산
③ 테트라졸륨산
④ 나프탈렌초산

해설 발근촉진제
IBA(Indolebutyric Acid, 인돌부티르산),
IAA(Indoleacetic Acid, 인돌초산),
NAA(Naphthaleneacetic Acid, 나프탈렌초산)

12. 조림 후 육림실행 과정 순서로 옳은 것은?

① 풀베기 → 어린나무가꾸기 → 솎아베기 → 가지치기 → 덩굴제거
② 풀베기 → 덩굴제거 → 어린나무가꾸기 → 가지치기 → 솎아베기
③ 풀베기 → 솎아베기 → 가지치기 → 어린나무가꾸기 → 덩굴제거
④ 가지치기 → 어린나무가꾸기 → 덩굴제거 → 솎아베기 → 풀베기

해설 육림실행순서
풀베기(덩굴제거) -어린나무가꾸기(제벌작업) -간벌(가지치기, 솎아베기)

정답   8. ②   9. ③   10. ②   11. ③   12. ②

13. 종자의 정선방법으로만 올바르게 나열한 것은?

① 사선법, 풍선법, 수선법
② 봉타법, 유궤법, 침수법
③ 구도법, 사선법, 풍선법
④ 수선법, 도정법, 부숙법

해설 종자의 정선방법
풍선법, 사선법, 액체선법(수선법, 식염수선법, 알코올선법), 입선법 등

14. 수목의 직경생장에 대한 설명으로 옳지 않은 것은?

① 성목의 경우 목부의 생장량이 사부보다 많다.
② 형성층의 활동은 식물호르몬인 옥신에 의해 좌우된다.
③ 목부와 사부 사이에 있는 형성층의 분열활동에 의해서 이루어진다.
④ 형성층의 분열조직은 안쪽으로 체관세포를 형성하고, 바깥쪽으로 물관세포를 형성한다.

해설 바르게 고치면
형성층의 분열조직은 안쪽으로 물관세포를 바깥쪽으로 체관세포를 형성한다.

15. 솎아베기 작업의 목적이 아닌 것은?

① 산불의 위험 감소
② 임분 밀도의 조절
③ 임분의 수평구조 안정화
④ 조림목의 생육공간 조절

해설 바르게 고치면
솎아베기 작업은 임분의 수직적 구조를 안정화시킨다.

16. 임업 묘포에 대한 설명으로 옳은 것은?

① 임간묘포는 대부분 고정묘포에 속한다.
② 포지의 토양은 부식질이 풍부한 점토질 토양이 좋다.
③ 해가림이 필요한 수종은 묘상의 구획을 동서방향으로 길게 하는 것이 좋다.
④ 우리나라 남부지방에서는 경사 5°이상의 북향사면에 포지를 조성하는 것이 좋다.

해설 바르게 고치면
① 임간묘포는 대부분 임시묘포이다.
② 포지의 토양은 가벼운 사양토가 적당하다.
④ 포지는 5° 이하의 완경사지가 바람직하다.

17. 인공조림과 천연갱신에 대한 설명으로 옳지 않은 것은?

① 천연갱신은 산림 작업 및 임분 관리가 용이하다.
② 천연갱신은 성림으로 조성하는 데 오랜기간이 소요된다.
③ 인공조림은 임지생산력과 조림성과의 저하를 초래할 수 있다.
④ 인공조림은 묘목의 근계발육이 부자연스럽고 각종 재해에 취약할 수 있다.

해설 바르게 고치면
인공갱신은 산림작업 및 임분 관리가 용이하다.

18. 우리나라 산림대에서 난대림지대의 연평균기온 기준은?

① 4℃ 이상
② 8℃ 이상
③ 14℃ 이상
④ 18℃ 이상

해설 ① 난대림은 열대와 온대의 경계에 있는 산림으로 상록활엽수가 분포하며, 연평균기온이 14℃ 이상이다.
② 온대림은 열대림과 한대림 사이에 발달한 낙엽활엽수림 또는 소나무 등으로 형성된 산림을 말한다. 4~11월의 평균 기온이, 20℃이며 사계절이 뚜렷하다.
③ 한대림은 연평균기온이 6℃ 이하인 산림으로 한라산, 지리산, 설악산 등의 높은 산악지대로 가문비나무, 분비나무, 주목, 전나무, 잣나무 등 수종이 분포한다.

정답   13. ①   14. ④   15. ③   16. ③   17. ①   18. ③

19. 질소고정 미생물 중 생활형태가 독립적인 것은?

① Frankia   ② Anabaena
③ Rhizobium   ④ Azotobacter

해설 ① 근류균 속(Rhizobium) : 콩과식물의 뿌리에 감염하여 뿌리 피층세포의 분열과 비대를 촉진시켜 뿌리혹(root nodule)을 형성하며 그 속에서 증식하면서 공생적으로 질소를 고정하는 세균을 총칭하며 뿌리혹박테리아라고도 한다.
② 아조토박(Azotobacter]) : 그람 음성세균의 하나로 호기성이며 특수한 생리작용을 가지고 공기 중의 유리 질소를 고정시켜 화합태의 질소로 만드는 것으로 토양 속에서 독립생활을 한다.
③ 공생질소고정(Symbiotic nitrogen fixation)
• 질소고정력을 갖는 미생물이 숙주와 공생관계를 가지면서 공중질소를 고정한다.
• 식물뿌리와 연관된 뿌리혹에서 생활하며 탄수화물을 식물뿌리로부터 얻고 공중질소를 정하는 과정이다.
• 공생적 질소고정은 콩과작물과 근류균과의 관계, 오리나무, 산사나무 등과 방성균 Frankia(actinorhizal symbiosis)와의 관계, 곰팡이와 지의류와의 관계에서 성립된다.

20. 산림 생태계에서 생물종 간 상호작용에 대한 설명으로 옳지 않은 것은?

① 타감작용은 생물종 간에 기생이라고 할 수 있다.
② 간벌은 생물종 간의 경쟁을 완화하기 위한 작업에 해당된다.
③ 두 가지 생물종이 생태적 지위가 다를 경우 서로 중립이라고 한다.
④ 한 생물종은 이로움을 받지만 다른 생물종은 무관한 경우를 편리공생이라고 한다.

해설 타감작용
식물에서 일정한 화학물질이 생성되어 다른 식물의 생존을 막거나 성장을 저해하는 작용을 말한다.

1회

1회독 ☐ 2회독 ☐ 3회독 ☐

1. 임지가 비옥하거나 식재목이 광선을 많이 요구할 때 실시하며, 소나무나 일본잎갈나무등의 조림지에 가장 적합한 풀베기 방법은?

① 줄깎기   ② 둘레깎기
③ 전면깎기   ④ 솎아깎기

해설 양수 또는 천연갱신지는 전면깎기(모두베기)를 적용한다.

2. 종자 결실 주기가 가장 긴 수종은?

① *Alnus japonica*
② *Abies holophylla*
③ *Betula platyphylla*
④ *Robinia pseudoacacia*

해설 ① 오리나무 : 해마다 결실
　　② 전나무 : 3~5년
　　③ 자작나무 : 격년
　　④ 아까시나무 : 격년

3. 천연림 보육과정에서 간벌작업 시 미래목 관리 방법으로 옳은 것은?

① 미래목간의 거리는 2m 정도로 한다.
② 활엽수는 100~150본/ha 정도로 선정한다.
③ 침엽수는 200~300본/ha 정도로 선정한다.
④ 가슴높이에서 10cm의 폭으로 적색 수성 페인트를 둘러서 표시한다.

해설 바르게 고치면
　　① 미래목간의 거리는 5m 정도로 한다.
　　② 활엽수는 200본/ha 정도로 선정한다.
　　④ 가슴높이에서 10cm의 폭으로 황색 수성 페인트를 둘러서 표시한다.

4. 종자의 검사 방법에 대한 설명으로 옳은 것은?

① 효율은 발아율과 순량율의 곱으로 계산한다.
② 실중은 종자 1L에 대한 무게를 kg 단위로 나타낸 것이다.
③ 순량율은 전체시료무게를 순정종자무게에 대한 백분율로 나타낸 것이다.
④ 발아세는 발아시험기간 동안 발아입수를 시료수에 대한 백분율로 나타낸 것이다.

해설 ② 실중은 종자 천립중에 대한 무게를 이다.
　　③ 순량율은 순정종자무게를 전체시료무게에 대한 백분율로 나타낸 것이다.
　　④ 발아세는 발아시험기간 동안 일시에 발아된 종자의 수를 전체 시료종자의 수로 나누어 백분율로 나타낸 것이다.

5. 묘포에서 시비에 대한 설명으로 옳은 것은?

① 기비는 무기질 비료, 추비는 속효성 비료를 사용하는 것이 좋다.
② 기비는 유기질 비료, 추비는 완효성 비료를 사용하는 것이 좋다.
③ 기비는 완효성 비료, 추비는 유기질 비료를 사용하는 것이 좋다.
④ 기비는 속효성 비료, 추비는 무기질 비료를 사용하는 것이 좋다.

해설 기비(밑거름)은 지효성 유기질 비료를 추비는 속효성 무기질 비료를 사용한다.

6. 생가지치기를 피해야 하는 수종이 아닌 것은?

① *Acer palmatum*   ② *Zelkova serrata*
③ *Prunus serrulata*   ④ *Populus davidiana*

해설 ① 단풍나무, ② 느티나무, ③ 벚나무, ④ 사시나무
• 생가지치기를 피해야 하는 수종 : 단풍나무류, 느릅나무, 느티나무, 벚나무류, 물푸레나무류

정답　1. ③　2. ②　3. ③　4. ①　5. ①　6. ④

7. 산림대에 대한 설명으로 옳은 것은?

① 우리나라의 남한 지역에는 한 대림이 존재하지 않는다.
② 우리나라 난대림의 주요 특징 수종으로 가시나무가 있다.
③ 열대림은 넓은 지역에 걸쳐 단일 수종으로 단순림을 구성할 때가 많다.
④ 지중해 연안 지역의 산림은 우리나라 온대 북부의 산림 구성과 유사하다.

해설 바르게 고치면
    ① 우리나라의 남한 지역에는 한라산, 지리산 등에는 한 대림이 존재한다.
    ③ 열대림은 넓은 지역에 걸쳐 여러 수종으로 혼합림을 구성할 때가 많다.
    ④ 지중해 연안 지역의 산림은 우리나라 온대 남부의 산림 구성과 유사하다.

8. 수목의 광보상점에 대한 설명으로 옳은 것은?

① 호흡에 의한 이산화탄소 방출량이 최대인 경우의 광도이다.
② 광합성에 의한 이산화탄소 흡수량이 최대인 경우의 광도이다.
③ 광합성에 의한 이산화탄소 흡수량이 최소인 경우의 광도이다.
④ 호흡에 의한 이산화탄소 방출량과 광합성에 의한 이산화탄소 흡수량이 동일한 경우의 광도이다.

해설 광보상점
    호흡에 의한 이산화탄소 방출량과 광합성에 의한 이산화탄소 흡수량이 동일한 경우의 광도

9. 여름 기온이 높고 강수량이 풍부한 낙엽활엽수림에 주로 분포하는 우리나라의 산림토양은?

① 갈색산림토양   ② 암적색산림토양
③ 적황색산림토양   ④ 회갈색산림토양

해설 ① 갈색산림토양 : 습윤한 온대 및 난대 기후하에 분포하는 토양으로 우리나라 산지토양의 대부분을 차지한다.
    ② 암적색산림토양 : 염기성암, 석회암에 분포
    ③ 적황색산림토양 : 해안지대, 야산에 분포
    ④ 회갈색산림토양 : 현무암, 화산지대에 분포

10. 파종상에 짚덮기를 하는 이유로 옳지 않은 것은?

① 잡초의 발생을 억제한다.
② 약제 살포의 효과를 증대시킨다.
③ 빗물로 인한 흙과 종자의 유실을 막는다.
④ 파종상의 습도를 높여 발아를 촉진시킨다.

해설 짚덮기의 목적
    ① 잡초발생억제
    ② 빗물로 인한 흙과 종자유실 방지
    ③ 파종상 습도를 높여 발아촉진

11. 옥신의 생리적 효과에 대한 설명으로 옳지 않은 것은?

① 뿌리 생장
② 정아 우세
③ 제초제 효과
④ 탈리현상 촉진

해설 옥신의 효과
    ① 정아우세
    ② 줄기생장 촉진
    ③ 줄기 삽수발근 촉진
    ④ 제초제의 역할

정답 7. ②   8. ④   9. ①   10. ②   11. ④

12. 산벌작업에 대한 설명으로 옳은 것은?

① 인공적으로 조림하여 갱신한다.
② 왜림을 조성하기 위한 작업이다.
③ 음수 수종은 갱신이 어려운 작업이다.
④ 예비벌, 하종벌, 후벌 순서로 작업을 진행한다.

해설 산벌작업
　　① 나무를 비교적 짧은기간동안 몇차례 베어 마지막에는
　　　 모두 벌채함과 동시에 새로운 숲이 나타나게 하는 작
　　　 업, 내음성수종에 적합하다.
　　② 윤벌기가 완료되기 전에 갱신이 완료되는 전갱작업으로
　　　 동령림에 적합하다.
　　③ 예비벌, 하종벌, 후벌 순서로 작업을 진행한다.

13. 잎의 끝이 두 갈래로 갈라지는 수종은?

① 비자나무
② 구상나무
③ 가문비나무
④ 일본잎갈나무

해설 구상나무
　　① 한국 특산종으로 한라산, 덕유산, 지리산 등지에 자란다.
　　② 어린가지는 황록색을 띠는 어린 가지에 약간의 털이
　　　 자라다가, 없어지고 갈색으로 변한다. 잎의 끝이 앝게
　　　 두 갈래로 갈라진다.

14. 수분 부족 스트레스를 받은 수목의 일반적인 현상이 아닌 것은?

① 춘재 비율이 추재 비율보다 더 많아진다.
② 체내의 수분이 부족하여 팽압이 감소한다.
③ ABA를 생산하기 시작해서 기공의 크기에 영향을 준다.
④ 생화학적인 반응을 감소시켜 효소의 활동을 둔화시킨다.

해설 수분스트레스는 춘재에서 추재로 이행되는 것을 촉진하
　　 며, 추재의 비율이 춘재의 비율보다 많아진다.

15. 수목의 내음성에 대한 설명으로 옳지 않은 것은?

① 주목은 음수 수종이다.
② 소나무는 양수 수종이다.
③ 수목이 햇빛을 좋아하는 정도이다.
④ 수목이 그늘에서 견딜 수 있는 정도이다.

해설 수목의 내음성은 그늘에 견딜 수 있는 정도를 말한다.

16. 천연하종갱신에 대한 설명으로 옳은 것은?

① 노동력과 비용이 많이 필요하다.
② 동령단순림으로 숲이 빠르게 성립한다.
③ 조림지의 교란으로 토양 환경이 악화된다.
④ 오랜 시간 동안 환경에 적응되어 숲 조성에 실패가 적다.

해설 바르게 고치면
　　① 노동력과 비용이 적게 필요하다.
　　② 혼효림으로 숲이 느리게 성립한다.
　　③ 조림지의 교란이 없어 토양 환경이 개선된다.

17. 택벌작업에 대한 설명으로 옳지 않은 것은?

① 보속수확이 가능하다.
② 음수 수종 갱신에 적합하다.
③ 작업 과정에서 하층목의 손상 위험이 매우 작다.
④ 임분 내에는 다양한 연령의 수목이 존재한다.

해설 바르게 고치면
　　 벌채작업 과정에서 하층목의 손상 위험이 매우 크다.

정답　　12. ④　　13. ②　　14. ①　　15. ③　　16. ④　　17. ③

18. 조림용 묘목의 규격을 측정하는 기준이 아닌 것은?

① 간장　　　　　　② 근원경
③ 수관폭　　　　　④ H/D율

해설 묘목의 규격
　　나이, 간장(줄기의 길이), 근원직경, 근장(뿌리의 길이), H
　　(묘고)/D(근원직경)율

19. 버드나무류나 사시나무류의 종자를 채취한 후 바로 파종하는 이유로 옳은 것은?

① 종자의 수명이 짧기 때문에
② 종자의 크기가 작기 때문에
③ 종자의 발아력이 높기 때문에
④ 종자가 바람에 잘 흩어지기 때문에

해설 채파
　　① 배유가 작은 종자로 수명이 짧고 쉽게 발아력이 상실되
　　　므로 채종 즉시 파종한다.
　　② 포플러 4~5월, 느릅나무·사시나무 6월하순, 회양
　　　목 7월 중순~8월, 음나무·복자기11월에 실시한다.

20. 편백에 대한 설명으로 옳지 않은 것은?

① 암수한그루이다.
② 편백나무과에 속한다.
③ 성숙한 구과는 적갈색이다.
④ 잎에 Y자형의 흰 기공선이 나타난다.

해설 편백은 측백나무과에 속한다.

1. 종자의 결실 주기가 가장 긴 수종은?

① *Alnus japonica*   ② *Larix leptolepis*
③ *Pinus densiflora*   ④ *Betula platyphylla*

해설 ① 오리나무 : 해마다 결실
     ② 일본잎갈나무 : 5년 이상
     ③ 소나무 : 격년결실
     ④ 자작나무 : 격년결실

2. 개벌왜림작업법에 대한 설명으로 옳은 것은?

① 지력의 소모가 낮다.
② 대경재 생산이 가능하다.
③ 비용이 많이 들지만 자본회수가 빠르다.
④ 작업이 간단하여 단벌기 경영에 적합하다.

해설 개벌왜림작업
    ① 장점
      • 작업 간단하고 갱신도 확실하며 단벌기 경영에 적합하다.
      • 비용이 적게 들고 자본의 회수가 빠르다.
      • 병충해 등 환경인자에 대한 저항력이 크다.
      • 단위면적당 유기물질의 연평균생산량이 최고치에 달한다.
      • 모수의 유전형질을 그대로 유지시키는데 가장 좋은 방법이다.
      • 야생동물의 보호와 관리를 위해 적당하다.
    ② 단점
      • 큰 용재를 생산할 수 없다.
      • 맹아는 자람이 빠르고, 양료의 요구도가 높으므로 지력이 좋지 않은 이상 경영이 어렵다.
      • 맹아는 발생 당시 한해(寒害)에 약해서 고지한냉지의 작업으로는 부적당하다.
      • 지력소모가 심하며, 악화를 초래하는 일이 많다.
      • 단위면적당 생육축적이 낮다.
      • 심미적 가치가 낮다.
      • 개벌왜림작업일 경우 임지가 나출되어 표토침식의 우려가 있다.
      • 산불발생의 위험성이 교림(喬林)보다 높다.

3. 가지치기에 대한 설명으로 옳지 않은 것은?

① 부정아가 감소한다.
② 무절 완만재를 생산한다.
③ 수관화로 인한 산불 피해를 줄일 수 있다.
④ 자연낙지가 잘 되는 수종은 가지치기를 생략할 수 있다.

해설 가지치기의 효과
     ① 마디 없는 간재(수목 줄기의 목재)를 얻을 수 있다.
     ② 신장 생장을 촉진한다.
     ③ 나이테 폭의 넓이를 조절하여 수간의 완만도를 높인다.
     ④ 밑에 있는 나무에 수광량을 증가하여 성장을 촉진시킨다.
     ⑤ 임목 상호간에 부분적 경쟁을 완화시킨다.
     ⑥ 산림화재의 위험성이 줄어든다.

4. 우수우상복엽이며 소엽은 긴 타원형이고 가장자리에 파상톱니가 있고 가끔 가시가 줄기에 발달하는 콩과의 교목성 수종은?

① 다릅나무
② 회화나무
③ 주엽나무
④ 아까시나무

해설 ① 다릅나무 : 잎줄기에 길이 5~8cm 정도의 잎은 기수우상복엽, 끝이 조금 뾰족한 타원형이며 가장자리는 밋밋하다. 어릴 때는 흰 잔털이 있다가 점차 없어진다.
     ② 회화나무 : 작은가지는 녹색이며 자르면 냄새가 난다. 잎은 어긋나고 기수우상복엽, 달걀 모양 또는 달걀 모양의 타원형이며, 뒷면에는 작은 잎자루와 더불어 누운 털이 있다.
     ④ 아까시나무 : 잎은 어긋나고 기수우상복엽으로 작은잎은 타원형이거나 달걀 모양이고 길이 2.5~4.5cm이다. 양면에 털이 없고 가장자리가 밋밋하다.

 정답   1. ②   2. ④   3. ①   4. ③

5. 수목에 반드시 필요한 필수원소가 아닌 것은?

① 철
② 질소
③ 망간
④ 알루미늄

해설 필수원소
   ① 다량원소
      • 조직 내에 건중량의 0.1% 이상 존재
      • 탄소(C), 수소(H), 산소(O), 질소(N), 인(P), 칼륨(K), 칼슘(Ca), 마그네슘(Mg), 황(S)
   ② 미량요소
      • 조직 내에 건중량의 0.1% 이하 존재
      • 철(F), 망간(Mn), 몰리브덴(Mo), 붕소(B), 아연(Zn), 구리(Cu), 염소(Cl)

6. 실생묘의 묘령 표시 방법으로 2-2-1에 대하여 옳은 것은?

① 파종상에서 2년, 그 뒤 두 번 상체된 일이 있고, 첫 상체상에서 2년과 이후 1년을 경과한 5년생 묘목이다.
② 파종상에서 2년, 그 뒤 두 번 상체된 일이 있고, 각 상체상에서 1년을 경과한 5년생 묘목이다.
③ 파종상에서 2년, 그 뒤 세 번 상체된 일이 있고, 각 상체상에서 1년을 경과한 5년생 묘목이다.
④ 파종상에서 2년, 그 뒤 한 번 상체된 일이 있고, 상체상에서 2년 경과 후 산지에 식재된지 1년된 5년생 묘목이다.

해설 2-2-1
   파종상에서 2년, 그 뒤 두 번 상체된 일이 있고, 첫 상체상에서 2년과 이후 1년을 경과한 5년생 묘목이다.

7. 인공 조림지의 무육작업 순서로 옳은 것은?

① 어린나무 가꾸기 → 풀베기 → 솎아베기 → 가지치기
② 가지치기 → 풀베기 → 어린나무 가꾸기 → 솎아베기
③ 풀베기 → 어린나무 가꾸기 → 가지치기 → 솎아베기
④ 가지치기 → 어린나무 가꾸기 → 솎아베기 → 풀베기

해설 조림지 무육작업 순서
풀베기 → 어린나무 가꾸기(제거) → 가지치기 → 솎아베기(간벌)

8. 모수작업법에 대한 설명으로 옳은 것은?

① 풍치적 가치를 보면 개별 작업보다 월등히 낮다.
② 모수는 되도록 한 지역에 집중적으로 남긴다.
③ 임지에 잡초와 관목이 발생하여 갱신에 지장을 주기도 한다.
④ 전체 재적의 절반 정도만 벌채하여 이용하고 모수를 절반 정도 남긴다.

해설 모수작업법
   ① 방법
      • 형질이 좋고 결실이 잘 되는 모수를 단목적, 군상으로 남기고 그 외는 벌채한다.
      • 갱신이 완료되면 모수도 벌채한다.
      • 모수로 남길 임목은 전임목 본수의 2~3%, 재적으로는 약 5~10%
      • 종자비산력이 클수록 모수의 본수가 적어진다.
   ② 단점
      • 전임지가 노출되어 종자발아와 치묘발육에 불리하다.
      • 토양침식과 유실우려, 풍도의 해가 우려된다.
      • 종자결실량과 비산능력을 갖춘 수종이 필요하다.
      • 과숙임분에는 적용하기 어렵다.
      • 풍치적 가치로 보아 개별작업보다는 낮지만 그다지 좋지 못하다.

9. 자웅이주에 해당하는 수종은?

① *Ilex crenata*
② *Alnus japonica*
③ *Pinus densiflora*
④ *Cryptomeria japonica*

해설 꽝꽝나무 - 자웅이주
   ① 꽝꽝나무, ② 오리나무, ③ 소나무, ④ 삼나무

10. 주로 종자에 의해 양성된 묘목으로 높은 수고를 가지며 성숙해서 열매를 맺게 되는 숲은?

① 왜림   ② 교림
③ 중림   ④ 죽림

해설 교림
   산림을 구성하는 나무가 종자로부터 발달된 숲이 형성되어 용재 생산을 목적으로 이용된다.달된 숲이 형성되어 용재 생산을 목적으로 이용된다.

11. 수목 체내에서 일어나는 변화에 대한 설명으로 옳은 것은?

① 낙엽수는 가을에 탄수화물 농도가 최저로 떨어진다.
② 낙엽수는 겨울철에 전분 함량이 증가하고 환원당의 함량이 감소된다.
③ 상록수의 탄수화물 함량의 계절적인 변화는 낙엽수에 비하여 적은 편이다.
④ 재발성 개엽 수종은 줄기 생장이 이루어질 때마다 탄수화물이 증가한 다음 다시 감소한다.

해설 바르게 고치면
   ① 낙엽수는 가을에 탄수화물 농도가 최고가 된다.
   ② 낙엽수는 겨울철에 전분 함량이 줄어들고 환원당의 함량이 증가된다. (전분이 설탕과 환원당으로 바뀌어 가지의 내한성을 증가시킨다.)
   ③ 재발성 개엽 수종은 줄기 생장이 이루어질 때마다 탄수화물이 감소한 다음 다시 증가한다.

12. 다음 조건에서 파종량은?

- 파종상 면적 : $500m^2$
- 묘목 잔존본수 : $600본/m^2$
- 1g 당 평균입수 : 99립
- 순량률 95%
- 발아율 90%
- 묘목 잔존률 30%

① 약 11.8 kg   ② 약 12.3 kg
③ 약 31.6 kg   ④ 약 37.3 kg

해설 $\dfrac{500 \times 600}{99 \times 0.95 \times 0.9 \times 0.3} = 11.814 \rightarrow$ 약 11.8kg

13. 산림 생태계의 천이에 대한 설명으로 옳은 것은?

① 우리나라 소나무림은 극성상에 있다.
② 식물의 이동은 천이의 원인이 될 수 없다.
③ 식생이 입지에 주는 영향을 식생의 반작용이라 한다.
④ 아극성상은 어떤 원인에 의해 극성상의 뒤에 올 수 있다.

해설 ① 우리나라 소나무림은 극상의 아랫단계에 있다.
   ② 식물의 이동은 천이의 원인이 될 수 있다.
   ④ 아극성상은 최종 극상에 도달하지 못하고 겉보기에 안정된 군락을 형성한 상태를 말한다.

14. 개화 결실 촉진을 위한 처리 방법으로 옳지 않은 것은?

① 단근작업을 한다.
② 질소 비료의 과용을 피한다.
③ 수광량이 많아질 수 있도록 한다.
④ 환상박피와 같은 스트레스를 주는 작업은 하지 않는다.

해설 개화결실촉진방법
   ① 인공에 의한 화분살포
      • 선발목의 화분을 모수로부터 채취하여 인공으로 살포하여 수분을 유도
   ② 기계적 방법
      • 수체 내의 C/N율을 높여 줌으로써 개화를 촉진하는 방법이다
      • 환상박피와 둘레베기, 전지(가지치기), 수피를 역위로 붙이는 일, 단근처리, 접목 등
   ③ 화학적 방법
      • 지베렐린을 비롯한 호르몬제의 처리로 개화를 촉진시킬 수 있다
   ④ 수관의 소개
      • 수관이 많은 광선을 쪼이게 해서 탄수화물의 생산을 돕게 한다.

정답   10. ②   11. ③   12. ①   13. ③   14. ④

15. 택벌작업의 장점에 대한 설명으로 옳지 않은 것은?

① 심미적 가치가 가장 높다.
② 양수 수종의 갱신에 적합하다.
③ 병충해에 대한 저항력이 높다.
④ 임지와 치수가 보호를 받을 수 있다.

해설 택벌의 장점
　① 임지가 항상 나무로 덮여 있어 임지와 어린나무가 보호를 받으며 겉흙이 유실되지 않는다.
　② 임지가 입체적으로 이용되어 생산력이 높다.
　③ 상층의 성숙목은 햇빛을 잘 받아 결실이 잘 된다.
　④ 음수(내음성 강한 나무)의 갱신에 유리하다.
　⑤ 건전한 생태계를 유지하고 각종 재해 요인에 대한 저항력이 높으며 병충해에 대한 저항력이 높다.
　⑥ 지상의 유기물이 항상 습기를 가져서 산불의 발생가능성이 낮다.
　⑦ 면적이 좁은 숲에서 보속적 수확을 올릴 수 있는 작업종이다.
　⑧ 미관상 아름다운 숲이 된다.

16. 산림토양 단면에서 층위에 순서로 옳은 것은?

① 모재층 → 용탈층 → 집적층 → 유기물층
② 모재층 → 집적층 → 용탈층 → 유기물층
③ 모재층 → 용탈층 → 유기물층 → 집적층
④ 모재층 → 유기물층 → 용탈층 → 집적층

해설 모재층(C층) → 집적층(B층)→ 용탈층(A층,표층) → 유기물층(Ao층)

17. 자귀나무와 박태기나무의 열매 유형에 해당하는 것은?

① 견과　　　　　② 협과
③ 장과　　　　　④ 영과

해설 자귀나무, 박태기나무
　콩과 −열매는 협과

18. 식재밀도의 특징으로 옳은 것은?

① 식재밀도가 높을수록 단목 재적이 빨리 증가한다.
② 식재밀도가 낮으면 수목의 지름은 가늘지만 완만재가 된다.
③ 식재밀도가 낮을수록 총생산량 중 가지의 비율이 낮아진다.
④ 식재밀도가 높으면 수관이 조기에 울폐되어 임지의 침식을 줄일 수 있다.

해설 밀도법칙
　① 밀도는 수고생장에는 큰 영향을 끼치지 않지만, 직경생장에 더 영향을 끼치며, 그 결과 단목(單木)의 재적성장이 달라진다. 소립할수록 흉고직경이 커지고 단목재적이 빨리 증가한다.
　② 밀도가 높으면 지름은 가늘지만 완만재가 되고, 소립시키면 초살형이 된다.
　③ 일정 면적으로부터 생산되는 양은 어느 밀도까지는 본수가 많을수록 증가하지만, 어떤 밀도를 초과하면 면적당 총생산량은 일정하게 되는데, 그 최대밀도는 수종에 따라 다르다.
　④ 밀도가 높을수록 총생산량 중 가지가 차지하는 비율이 낮고 간재적의 점유비율이 높다. 밀립상태에서는 가지와 마디가 적은 목재가 생산된다. 임업에 있어서는 임목이 어느 정도의 굵기를 가지며, 동시에 간재적을 크게 할 필요가 있다.
　⑤ 밀도가 지나치게 높은 임분에 있어서는 단목의 생활력이 약해지고 임분의 안정성이 감소되므로 간벌의 필요성이 있게 된다.

정답　15. ②　16. ②　17. ②　18. ④

19. 간벌에 대한 설명으로 옳지 않은 것은?

① 주로 6~8월에 실시한다.
② 정성적 간벌과 정량적 간벌이 있다.
③ 조림목 간의 경쟁을 최소화하기 위한 것이다.
④ 잔존목의 생장촉진과 형질향상을 위하여 실시한다.

해설 ① 간벌의 시기 : 시장성 및 이용가치 등을 고려하여 결정
② 간벌양식 : 입지 및 임분상태와 경영목표에 따라 정성 간벌, 정량간벌 등 결정
③ 간벌효과
- 직경생장을 촉진하고 목재의 형질을 좋게 하여 벌기 수 확량이 양질로 증대
- 임목을 건전하게 발육시켜 풍해, 설해, 병충해에 대한 저항력을 높임

20. 수분과 수목생장의 관계에 대한 설명으로 옳지 않은 것은?

① 수분의 증산은 기공에서 공변세포의 칼륨 펌프와 관련이 있다.
② 토양의 수분 가운데 수목이 이용 가능한 수분을 모세관수라고 한다.
③ 수목이 영구위조점을 넘어서면 수분을 공급해 주어도 회복되지 않는다.
④ 토양의 수분포텐셜이 뿌리의 수분포텐셜보다 낮아야 식물 뿌리가 토양으로부터 수분을 흡수할 수 있다.

해설 토양의 수분포텐셜이 뿌리의 수분포텐셜보다 높아야 식물 뿌리가 토양으로부터 수분을 흡수할 수 있다.
(수분포텐셜이 높은 순 : 토양 → 식물체 → 대기)

1회독 □ 2회독 □ 3회독 □

1. 솎아베기 작업에 대한 설명으로 옳은 것은?

① 잔존목의 수고생장을 크게 촉진한다.
② 최종 생산될 목재의 형질을 개선한다.
③ 자연낙지를 유도하여 지하고를 높인다.
④ 줄기에 발생하는 부정아를 감소시킨다.

해설 간벌(솎아베기)
① 직경생장을 촉진하여 연륜 폭이 넓어진다.
② 생산될 목재형질을 좋아진다.
③ 임목의 건전생육을 도와 각종저항력을 높아진다.
④ 우량개체 남겨 임분유전형질 향상된다.
⑤ 산불위험성감소
⑥ 입지조건 개량에 도움을 준다.
⑦ 조기에 간벌수확이 얻어진다.

2. 우리나라 산림대에 대한 설명으로 옳지 않은 것은?

① 연평균 기온에 따라 구분된다.
② 온대림이 차지하는 면적이 가장 넓다.
③ 멀구슬나무, 녹나무, 모새나무는 난대림의 특징 수종이다.
④ 한라산보다는 설악산에서 난대, 온대, 한대의 수직적 분포가 잘 나타난다.

해설 바르게 고치면
한라산이 난대, 온대, 한대의 수직적 분포가 잘 나타난다.

3. 윤벌기가 완료되기 전에 짧은 갱신기간 동안 몇 차례 벌채를 실시하여 임목을 완전히 제거하는 작업은?

① 모수작업   ② 산벌작업
③ 개벌작업   ④ 택벌작업

해설 산벌작업
① 나무를 비교적 짧은 기간 동안 몇 차례 베어 마지막에는 모두 벌채함과 동시에 새로운 숲이 나타나게 하는 작업
② 내음성수종에 적합
③ 윤벌기가 완료되기 전에 갱신이 완료되는 전갱작업이다.

4. 온대 남부지역에서 수하식재가 가장 용이한 수종은?

① 편백   ② 소나무
③ 오동나무   ④ 잎본잎갈나무

해설 편백
음수로 수하식재에 적합하다.

5. 인공림 침엽수의 수형목 지정기준으로 옳지 않은 것은?

① 상층 임관에 속할 것
② 수관이 넓고 가지가 굵을 것
③ 밑가지들이 말라서 떨어지기 쉽고 그 상처가 잘 아물 것
④ 주위 정상목 10본의 평균보다 수고 5%, 직경 20% 이상 클 것

해설 바르게 고치면
수관이 좁고 가지가 가늘고 수관이 한쪽으로 치우치지 않을 것

6. 가지치기를 시행하는 시기로 가장 적합한 것은?

① 11월~2월   ② 3월~6월
③ 7월~8월   ④ 9월~10월

해설 가지치기 시기
성장휴지기로 수액유동시작 직전이 좋다.(겨울철)

정답 1. ② 2. ④ 3. ② 4. ① 5. ② 6. ①

7. 지베렐린에 대한 설명으로 옳지 않은 것은?

① 줄기의 신장 생장을 촉진한다.
② 개화 및 결실을 돕는 역할을 한다.
③ 대부분의 지베렐린은 알칼리성이다.
④ 벼의 키다리병을 일으키는 것과 관련이 있다.

해설 바르게 고치면
대부분의 지베렐린은 산성이다.

8. 꽃의 구조와 종자 및 열매의 구조가 올바르게 연결된 것은?

① 주심 – 배
② 주피 – 종피
③ 배주 – 열매
④ 씨방 – 종자

해설 종자의 발달
• 자방 : 열매로 발달
• 배주 : 종자로 발달
• 주피 : 배주를 둘러싸고 있는 주피는 나중에 종피로 변화
• 주심 : 퇴화하거나 저장조직의 일부인 외배유나 내종피로 변화

9. 일본에서 도입하여 조림된 수종은?

① Pinus rigida
② Larix kaempferi
③ Zelkova serrata
④ Quercus acutissima

해설 ① 리기다소나무 – 미국
② 낙엽송 – 일본
③ 느티나무 – 한국
④ 상수리나무 – 한국

10. 종자의 크기가 가장 작은 수종은?

① Alnus japonica ② Pinus koraiensis
③ Camellia japonica ④ Aesculus turbinata

해설 ① 오리나무 – 견과, 길이 3~3.7mm
② 소나무 – 구과, 길이5~6mm
③ 동백나무 – 삭과, 지름 3~4cm
④ 칠엽수 – 삭과, 지름 4~5cm

11. 수목에서 질소 결핍 증상으로 나타나는 주요 현상은?

① T/R률 증가
② 겨울눈 조기 형성
③ 성숙한 잎의 황화 현상
④ 모잘록병 발생율 증가

해설 질소결핍 증상
① 하위엽부터 황색을 나타내고 줄기와 잎은 많이 자라지 않는다.
② 최초에 엽맥 사이가 황화되어 잎 전체로 번진다.

12. 조림지의 풀베기 작업에 대한 설명으로 옳은 것은?

① 모두베기는 음수를 조림한 지역에서 적합하다.
② 풀베기 작업의 시기는 가을철인 9월에 실시한다.
③ 한풍해가 우려되는 조림지에서는 둘레베기가 바람직하다.
④ 전나무 조림지에 대한 풀베기 작업은 조림후 2년 이내에 종료한다.

해설 바르게 고치면
① 모두베기는 양수를 조림한 지역에 적합하다.
② 풀베기 작업의 시기는 6~8월에 실시한다.
(9월 이후 풀이 조림목을 보호하는 효과가 있어 9월 이후에는 실시하지 않는다.)
④ 전나무 조림지에 대한 풀베기 작업은 조림후 5~6년까지 실시한다.

정답 7. ③ 8. ② 9. ② 10. ① 11. ③ 12. ③

13. 흙 속에서 공기와 물이 차지하고 있는 부분은?

① 균근　　　　　　② 비중
③ 공극　　　　　　④ 교질

[해설] 공극(간극) = 물 + 공기

14. 지존작업에 대한 설명으로 옳은 것은?

① 묘목을 심기 위하여 구덩이를 파는 작업이다.
② 개간한 곳에 조림용 묘목을 식재하는 작업이다.
③ 조림지에서 덩굴치기 및 제벌작업을 행하는 것을 뜻한다.
④ 조림 예정지에서 잡초, 덩굴식물, 관목 등을 제거하는 작업이다.

[해설] 지존작업
　① 조림예정지 정리작업
　② 식재에 방해가 되는 잡초, 덩굴식물, 관목, 나뭇가지 등을 제거하는 식재 준비사업
　③ 인공조림의 준비로서 조림지에 있는 잡초목 및 말목과 가지를 제거해서 묘목의 식재에 적당하도록 정리하는 것

15. 파종상을 만들고 실시하는 경운 작업에 대한 설명으로 옳지 않은 것은?

① 시비의 효과를 고르게 한다.
② 토양이 팽윤해지고 공기와 수분의 유통이 좋아진다.
③ 토양의 보수력, 흡열력 및 비료의 흡수력이 증가한다.
④ 잡초의 뿌리는 땅속 깊이 묻어주고 잡초의 종자는 땅 위로 노출되게 한다.

[해설] 경운작업
　① 토양의 물리적·화학적 성질 개선 : 투수성, 통기성 양호, 풍화작용 촉진, 근류균 증식
　② 파종이나 이식 작업이 용이
　③ 토양수분 조절용이 : 과습한 토양의 토양표면을 넓혀서 조절하는 효과
　④ 잡초발생 억제
　⑤ 선충, 탄저균, 해충 등 방제 효과(20~30%)
　⑥ 비료, 농약의 사용효과 증진 : 표토의 유기물 등을 땅속에 묻어서 효과를 높여줌

16. 수목의 호흡 작용이 일어나는 세포 내 기관은?

① 핵
② 액포
③ 엽록체
④ 미토콘드리아

[해설] 미토콘드리아
　호흡작용은 세포 속에 있는 아주 작은 소기관인 미토콘드리아에서 이뤄지며, 포도당이 단계적으로 분해되어 이산화탄소로 바뀌면서 ATP 에너지를 가지고 있는 조효소를 만든다.

17. 묘간 거리가 가로 1m, 세로 4m의 장방형 식재시 1ha에 식재되는 묘목 본수는?

① 2500본
② 3000본
③ 3333본
④ 5000본

[해설] $\dfrac{10,000}{1 \times 4}$ = 2,500본

18. 임목의 직경분포가 다음과 같이 나타나는 임형은?

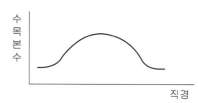

① 동령림　　　　　② 택벌림
③ 이령림　　　　　④ 보잔목림

[해설] 동령림은 일정한 직경급에 수목본수가 가장 많이 분포한다.

19. 모수작업에서 모수에 대한 설명으로 옳은 것은?

① 열세목을 대상으로 선발한다.
② 유전적 형질과는 관련이 없다.
③ 바람에 대한 저항력이 높아야 한다.
④ 종자를 적게 생산하는 개체 중에서 택한다.

해설 바르게 고치면
① 우세목을 대상으로 선발한다.
② 유전적 형질이 좋아야 한다.
④ 종자를 많이 생산하는 개체 중에서 택한다.

20. 택벌작업의 장점이 아닌 것은?

① 임분의 지력유지에 유리하다.
② 상층목은 채광이 좋아 결실이 잘 된다.
③ 면적이 좁은 산림에서 보속 수확이 가능하다.
④ 작업 내용이 간단하여 고도의 기술이 필요하지 않다.

해설 택벌의 단점
① 작업에 고도의 기술을 요하고 경영내용이 복잡하며 갱신이 쉽지 않다.
② 임목의 벌채가 매우 까다롭고 이 때 어린나무에 손상을 줄 수 있다.
③ 양수의 갱신에 적합하지 않다.
④ 한꺼번에 벌채되는 양이 적으므로 경제적으로 비효율적이다.

정답 19. ③ 20. ④

1 · 2회   1회독 □   2회독 □   3회독 □

1. 양엽과 비교한 음엽에 대한 설명으로 옳지 않은 것은?

① 두께가 얇다.
② 광포화점이 높다.
③ 책상조직이 엉성하다.
④ 엽록소의 함량이 많다.

해설 양엽과 음엽의 비교

양엽	음엽
• 햇빛을 가장 잘 받는 남쪽의 양지쪽에 위치한 잎 • 높은 광도에서 광합성을 효율적으로 하도록 적응한 잎 • 광포화점이 높다. • 책상조직이 빽빽하게 배열되어 있다. • 증산작용을 억제하기 위해 큐티클층과 잎의 두께가 두껍다.	• 수관 깊숙이 그늘 속에 있는 잎 • 낮은 광도에서도 광합성을 효율적으로 하도록 적응한 잎 • 광포화점이 낮다. • 잎이 양엽보다 더 넓다. • 엽록소의 함량이 더 많다. • 책상조직이 엉성하게 발달해 있다. • 큐티클층과 잎의 두께가 얇다.

2. 대면적 개벌 천연하종갱신에 대한 설명으로 옳은 것은?

① 작업 소요기간이 길다.
② 이령림 형성에 유리하다.
③ 양수의 갱신에 적합하다.
④ 토양의 이화학적 성질이 좋아진다.

해설 대면적 개벌 천연하종갱신
  ① 양수 갱신에 적용한다.
  ② 새로운 수종 도입이 불가하다.
  ③ 성숙임분 갱신에는 부적당하다.
  ④ 토양의 이화학적 성질이 나빠진다.

3. 모수작업에 대한 설명으로 옳은 것은?

① 소경재 생산을 목적으로 벌기를 짧게 하는 갱신 방법이다.
② 모수를 제외하고 성숙한 임목만을 벌채하여 갱신을 유도하는 방법이다.
③ 비교적 짧은 갱신기간 중에 몇 차례에 걸친 벌채로 작업 구역에 있는 임목이 완전히 제거된다.
④ 새로 형성된 임분은 모수가 상층을 구성하는 것을 제외하고는 동령림으로 되지만, 모수가 많으면 이단림으로 볼 수 있다.

해설 모수작업
  ① 형질이 우량한 임지로서 종자의 결실이 풍부하여 천연하종갱신이 확실한 임지에서 실행한다.
  ② 성숙한 임목의 대부분을 한꺼번에 벌채하고 보통 1ha에 30~50본의 모수를 남겨 천연하종으로써 후계림을 조성하고자 하는 작업방법이다.

4. 간벌에 대한 설명으로 옳지 않은 것은?

① 가지치기 작업 이전에 실시한다.
② 생산될 목재의 형질을 좋게 한다.
③ 수목의 직경 생장을 촉진하고 연륜폭이 넓어진다.
④ 수목의 수액이동 정지기인 겨울철에 실시하는 것이 좋다.

해설 간벌의 특징
  ① 직경생장을 촉진하여 연륜 폭이 넓어진다.
  ② 생산될 목재의 형질을 좋게 한다.
  ③ 벌기수확은 양적 · 질적으로 매우 높아진다.
  ④ 임목을 건전하게 발육시켜 여러 가지 해에 대한 저항력을 높인다.
  ⑤ 우량한 개체를 남겨서 임분의 유전적 형질을 향상시킨다.
  ⑥ 산불의 위험성을 감소시킨다.
  ⑦ 조기에 간벌수확이 얻어진다.
  ⑧ 입지조건의 개량에 도움을 준다.

정답   1. ②   2. ③   3. ④   4. ①

5. 택벌작업을 통한 갱신방법에 대한 설명으로 옳은 것은?

① 양수 수종 갱신이 어렵다.
② 병충해에 대한 저항력이 낮다.
③ 임목벌채가 용이하여 치수 보존에 적당하다.
④ 일시적인 벌채량이 많아 경제적으로 효율적이다.

해설 택벌

① 성숙목을 부분적 벌채하여 항상 일정한 임상을 유지 시키는 것
② 장점
  • 병충해에 대한 저항력이 높다
  • 음수 수종의 갱신여부에 달려있다.
  • 상층목은 일광을 충분히 받아서 결실이 잘된다.
  • 면적이 좁은 산림에서 보속적 수확을 올리는 작업이 가능하다.
  • 심미적 가치가 가장 높다

6. 옻나무, 피나무, 콩과 수목 종자의 발아를 촉진시키는 방법으로 가장 적합한 것은?

① 환원법   ② 황산처리법
③ 침수처리법   ④ 고저온처리법

해설 황산처리법

① 진한 황산에 종자를 15~60 분간 담가두어 종피의 표면을 부식시키는 방법이다.
② 옻나무, 피나무, 주엽나무, 그 밖의 콩과수목의 딱딱한 종자에 적용되는 방법이다.

7. 토양의 무기양료에 대한 요구도가 가장 낮은 수종은?

① *Zelkova serrata*
② *Abies Holophylla*
③ *Juniperus chinensis*
④ *Quercus acutissima*

해설 ① 느티나무, ② 전나무, ③ 향나무, ④ 상수리나무

8. 실생묘 생산을 위한 임목 종자의 파종량 계산에 필요한 인자가 아닌 것은?

① 순량율
② 종자 발아율
③ 잔존 묘목수
④ 발아묘 생장율

해설 파종량

$$= \frac{\text{파종면적}(m^2) \times \text{잔존묘목수}(\text{본수}/m^2)}{1g\text{당 종자입수} \times \text{순량율} \times \text{발아율} \times \text{득묘율}}$$

9. 이중정방형으로 묘간거리 5m로 1ha에 식재되는 묘목의 본수는?

① 200본   ② 800본
③ 2000본   ④ 8000본

해설 이중정방형 묘목본수

$$= \frac{2 \times \text{면적}}{\text{묘간거리} \times \text{묘간거리}} = \frac{2 \times 10,000}{5 \times 5}$$
$$= 800\text{주}$$

10. 종자가 발아하기에 적합한 환경에서 발아하지 못하는 휴면에 해당하지 않는 것은?

① 배휴면
② 종피휴면
③ 이차휴면
④ 생리적 휴면

해설 이차휴면

종자가 모수에서 성숙할 때 이미 휴면상태에 있을 경우 1차 휴면이라고 하고 모수로부터 떨어져 나와 여러 가지 특정한 환경자극 (광조건, 산소조건, 온도조건, 수분조건 등 주로 발아에 부적합한 환경자극)에 의하여 유발되는 휴면을 2차 휴면이라고 한다.

정답 5. ① 6. ② 7. ③ 8. ④ 9. ② 10. ③

11. 수목의 측아 발달을 억제하여 정아우세를 유지시켜 주는 호르몬은?

① 옥신
② 지베렐린
③ 사이토키닌
④ 아브시스산

[해설] 옥신

식물 줄기 생장점의 정아에서 생성된 옥신이 정아의 생장은 촉진하나 아래로 확산하여 측아의 발달은 억제하여 정단 우세 현상이 일어나게 한다.

12. 생가지치기를 하는 경우 절단면이 썩을 위험성이 가장 큰 수종은?

① *Acer palmatum*
② *Pinus densiflora*
③ *Cryptomeria japonica*
④ *Chamaecyparis obtusa*

[해설] 생 가지치기로 가장 위험성이 높은 수종

단풍나무류, 느릅나무류, 벚나무류, 물푸레나무 등으로 자연낙지 또는 고지치기만 실시한다.
① 단풍나무, ② 소나무, ③ 삼나무, ④ 편백

13. 조림목이 심어진 줄에 따라 잡초목을 제거하는 풀베기 작업방법은?

① 점베기
② 줄베기
③ 모두베기
④ 둘레베기

[해설] 풀베기 작업방법

① 모두베기
  • 조림지 전면의 잡초목을 모두 베어내는 방법
  • 소나무, 낙엽송, 삼나무, 편백 등 조림 또는 갱신지에 적용
② 줄베기
  • 조림목의 식재열을 따라 약 90~100cm 폭으로 잘라내는 방법
  • 한해와 풍해가 예상되는 지역에 적용

③ 둘레베기
  • 조림목 주변 반경 50cm 내외로 정방형 또는 원형으로 잘라내는 방법
  • 군상식재 등 조림목의 특별한 보호가 필요한 경우 적용

14. 외떡잎식물의 특징이 아닌 것은?

① 떡잎이 한 장이다.
② 엽맥은 그물맥이다.
③ 관다발 조직이 줄기 내에 흩어져 있다.
④ 보통 원뿌리가 없는 수염뿌리를 가지고 있다.

[해설] 외떡잎식물(단자엽식물)의 특징

① 1장의 떡잎이 있다.
② 주요 잎맥이 평행맥(나란히맥)이다.
③ 기공은 잎 앞면과 뒷면에 고르게 분포되어 있다.
④ 기본조직 전체에 관다발이 분포한다.
⑤ 꽃잎은 3의 배수로 구성되어 있다.
⑥ 뿌리는 수염뿌리이다.
⑦ 뿌리는 식물체 지지역할과 뿌리 표면적을 넓혀 물과 무기염류를 쉽게 흡수한다.

15. 수목의 뿌리를 통하여 흡수된 질소, 인, 칼륨 등의 무기양료가 잎까지 이동되는 주요 통로가 되는 조직은?

① 수
② 사부
③ 목부
④ 수지관

[해설] 목부, 사부와 코르크 조직

① 목부
  • 형성층 안쪽에 있는 모든 조직을 말하며, 목부는 심재와 변재로 구성되어 있다. 심재는 줄기가 굵어지면서 어릴 때 만들어진 목부조직으로서 목재의 중앙부위를 차지하고 있다. 심재는 수분이동의 역할을 하지 않기 때문에, 고목의 경우 썩어서 심재가 없는 경우가 있지만 나무가 자라는 데 전혀 지장을 주지 않는다.
  • 변재는 목부의 바깥쪽에 있는데, 심재보다 더 최근에 만들어진 조직이며, 수피의 바로 안쪽에 위치한다. 수분 이동을 담당하며, 탄수화물을 저장하는 기능도 있다.

② 사부와 코르크 조직
- 수피는 형성층 바깥쪽에 있는 모든 조직을 말하며, 나무껍질에 해당한다. 수피의 안쪽에는 사부(목본의 경우 2차 사부에 해당)가 있으며, 잎에서 합성한 광합성 물질을 뿌리까지 내려 보내는 역할을 한다.
- 코르크 조직은 코르크 형성층을 가지고 있어 코르크를 지속적으로 생산하여 형성층을 보호한다.

16. 산림이나 묘포장의 토양 산도에 대한 설명으로 옳은 것은?

① 묘포 토양은 pH 6.5 이상이 되어야 좋다.
② pH 7.4~8.0 토양에서는 침엽수종의 생육에 유리하다.
③ pH 4.0~4.7 토양에서는 망간, 알루미늄이 다량 용해되어 수목의 생육에 적합하다.
④ pH 6.6~7.3 토양에서는 미생물의 활동이 왕성하고 양료의 이용이 높으며 부식의 형성이 쉽게 진전된다.

해설 산림 및 묘포 토양 산도
일반적인 경우 pH 6.6~7.3의 중성토양이 적당하며, 토양 콜로이드의 표면에서의 이온 교환이 많아지고 인산시비의 효능이 높은 토양 산도가 된다.

17. 산림에 해당되지 않는 것은?

① 휴양 및 경관 자원
② 집단적으로 자라고 있는 대나무와 그 토지
③ 산림의 경영 및 관리를 위하여 설치한 도로
④ 집단적으로 자라고 있던 입목이 일시적으로 없어지게 된 토지

해설 산림과 산림자원(산림 관련법)
① 산림
- 집단적으로 자라고 있는 입목·대나무와 그 토지
- 집단적으로 자라고 있던 입목·대나무가 일시적으로 없어지게 된 토지
- 입목·대나무를 집단적으로 키우는 데에 사용하게 된 토지

- 산림의 경영 및 관리를 위하여 설치한 도로(임도)
- 위의 토지에 있는 암석지와 소택지(늪과 연못으로 둘러싸인 습한 땅)
- 다만, 농지, 초지(草地), 주택지, 도로, 그 밖의 대통령령으로 정하는 토지에 있는 입목(立木)·대나무와 그 토지는 제외한다.
② 산림자원
- 국가경제와 국민생활에 유용한 것을 말한다.
- 산림에 있거나 산림에서 서식하고 있는 수목, 초본류, 이끼류, 버섯류 및 곤충류 등의 생물자원
- 산림에 있는 토석·물 등의 무생물자원
- 산림 휴양 및 경관 자원

18. 산림토양 내에 존재하는 질소에 대한 설명으로 옳은 것은?

① 호기성 세균은 질산태 질소를 암모늄태 질소로 변화시키는 과정에서 중심 역할을 한다.
② 산성이 강한 산림토양에서는 질산화작용에 의해 질소 성분이 주로 질산태 질소 형태로 존재한다.
③ 동식물의 사체가 분해되면 처음에 질산태 질소가 생성되며, 그 후에 세균에 의해 암모늄태 질소로 변화된다.
④ 산성이 강한 산림토양에서는 세균보다 진균이 동식물의 사체를 암모늄 형태의 질소로 분해하는데 더 크게 기여한다.

해설 산림토양 내에 존재하는 질소
① 호기성 세균은 암모늄태를 질산태로 변화시키는 과정에서 중심역할을 한다.
② 산성이 강한 산림토양에서는 질산화작용이 어려워, 암모늄태 형태로 존재한다.
③ 동식물의 사체가 분해되면, 암모늄태가 생성된 후 세균에 의해 질산태 질소로 변화한다.
④ 산성이 강한 산림토양에는 세균의 활동이 빈약하고, 진균의 활동이 활발하다.

정답 16. ④ 17. ① 18. ④

19. 종자 발아 시험에서 일정 기간 내의 발아 종자수를 시험에 사용한 전체 종자수에 대한 백분율로 나타낸 것은?

① 효율　　　　　② 순량률
③ 발아율　　　　④ 발아세

해설 종자 발아 관련 개념
① 효율 : 실제 득묘하는 양을 예측함,
$\dfrac{순량률 \times 발아율}{100}$
② 순량률 : 전체 시료중 순정 종자의 무게 비율
③ 발아율 : 일정 기간 내에 발아한 종자의 수를 전체 종자의 수로 나누어 비율을 구함
④ 발아세 : 초기나 후기의 산발적으로 발아한 것을 제외, 단기간에 일제히 발아된 종자의 수를 전체 종자의 수로 나누어 비율을 구함

20. 삽목 작업에 대한 설명으로 옳지 않은 것은?

① 삽수의 끝눈은 남향으로 향하게 한다.
② 비가 온 후 상면이 습하면 작업을 하지 않는다.
③ 작업 중 삽수가 건조하거나 눈이 상하지 않도록 주의한다.
④ 삽목 토양으로는 배수성이 좋은 토양보다는 양료가 충분히 있는 양토 계통의 토양을 이용하는 것이 좋다.

해설 바르게 고치면
삽목 토양은 배수성, 통기성, 투수성이 우수해야 한다

정답　19. ③　20. ④

3회 1회독 □ 2회독 □ 3회독 □

1. 이태리포플러와 유연관계가 가장 가까운 수종은?

① 왕버들 ② 황철나무
③ 미루나무 ④ 은수원사시나무

해설 ① 유연관계(relationship) : 생물의 분류상 단위 또는 단
위군의 통계발생상의 근연관계
② 이태리포플러 : 양버들과미루나무의 혼합교배종

2. 순림에 대한 설명으로 옳은 것은?

① 입지 자원을 골고루 이용할 수 있다.
② 경제적으로 가치 있는 나무를 대량으로 생산할 수 있다.
③ 숲의 구성이 단조로우며 병충해, 풍해에 대한 저항력
이 강하다.
④ 침엽수로만 형성된 순림에서는 임지의 악화가 초래
되는 일이 없다.

해설 순림의 장점
① 가장 유리한 수종만으로 임분 형성
② 작업과 경영이 간편하고 경제적으로 유리
③ 임목의 벌채비용과 시장성 유리
④ 바라는 수종으로 쉽게 임분 조성
⑤ 양수일 경우 엽량 생산이 증가하여 사료 이용에 유리
⑥ 경관상 아름다움

3. 소나무를 양묘하려고 채종을 하였다. 열매를 탈각하여
5kg을 얻었으며, 정선하여 얻은 순정종자는 4.5kg이었다.
이 종자의 발아율을 조사하니 80%였다면 이 종자의 효율은?

① 64% ② 72%
③ 80% ④ 90%

해설 ① 순량률(%)

$$= \frac{\text{순정종자량(순정씨앗의 무게)}}{\text{전체시료량(시료무게)}} \times 100$$

$$= \frac{4.5}{5.0} \times 100 = 90\%$$

② 효율

$$= \frac{\text{순량률} \times \text{발아율}}{100} = \frac{90\% \times 80\%}{100} = 72\%$$

4. 간벌에 대한 설명으로 옳지 않은 것은?

① 정성간벌은 임목본수와 현존량으로 결정한다.
② 수액 이동 정지기인 겨울과 봄에 실시하는 것이 좋다.
③ 수목의 생장량이 증가함에 따라 생육 공간 조절을 위
해 실시한다.
④ 지위가 '상'이면 활엽수종의 간벌 개시 시기는 임령이
20~30일 때부터이다.

해설 바르게 고치면
정량간벌은 임목본수와 현존량으로 결정한다.

5. 묘목의 연령표시에 대한 설명으로 옳지 않은 것은?

① 1/2묘 : 뿌리는 1년, 줄기는 2년 된 삽목묘
② 1-0묘 : 판갈이를 하지 않고 1년이 경과한 실생묘목
③ 1-1묘 : 파종상에서 1년, 판갈이하여 1년이 경과된
2년생 묘목
④ 2-1-1묘 : 파종상에서 2년, 판갈이하여 1년, 다시 판
갈이하여 1년을 지낸 4년생 묘목

해설 바르게 고치면
1/2묘 : 뿌리의 나이가 2년, 줄기의 나이가 1년인 묘목이다.

6. 일반적으로 파종 1년 후에 판갈이 작업을 실시하는 것이 좋은 수종으로만 올바르게 나열한 것은?

① 삼나무, 전나무
② 소나무, 잣나무
③ 소나무, 일본잎갈나무
④ 전나무, 독일가문비나무

해설 상체연도
　소나무류, 낙엽송류, 삼나무, 편백 등은 1년생으로 상체하고, 자람이 늦은 전나무류·가문비나무류는 거치(상에 그대로 두는 것)하였다가 2~4년 후에 상체실시한다.

7. 종자의 후숙이 필요하지 않는 수종은?

① *Salix koreensis*
② *Tilia amurensis*
③ *Cornus offcinalis*
④ *Robinia pseudoacacia*

해설 종자의 후숙이 필요한 수종
　피나무, 산수유, 아까시나무, 가래나무, 때죽나무, 자귀나무
　① 버드나무, ② 피나무, ③ 산수유, ④ 아까시나무

8. 양료간에 흡수를 상호 촉진하는 비료 성분으로 올바르게 짝지어진 것은?

① 철 – 망간
② 칼륨 – 칼슘
③ 인산 – 마그네슘
④ 칼륨 – 마그네슘

해설 인(P)
　철(Fe), 칼륨(K), 구리(Cu)의 흡수를 방해하지만, 마그네슘(Mg)의 흡수를 돕는다.

9. 택벌작업에 대한 설명으로 옳지 않은 것은?

① 심미적 가치가 가장 높다.
② 음수 수종의 갱신에 적합하다.
③ 일시의 벌채량이 많으므로 경제상 효율적이다.
④ 소면적 임지에 보속생산을 하는데 가장 적합한 방법이다.

해설 바르게 고치면
　일시의 벌채량이 적으므로 경제상 비효율적이다.

10. 일반적으로 연료재와 소경재, 일반용재를 동일 임지에서 생산하는 산림작업종은?

① 군상개벌　　　　② 모수작업
③ 왜림작업　　　　④ 중림작업

해설 중림작업
　① 교림과 왜림을 동일 임지에 함께 세워서 경영하는 작업법으로서 하목으로서의 왜림은 맹아로 갱신되며 일반적으로 연료재와 소경목을 생산하고, 상목으로서의 교림은 일반용재를 생산한다.
　② 임형은 상·하목의 두 층으로 이루어지며, 상목은 실생묘로 육성하는 침엽수종으로 하목은 맹아로 갱신하는 활엽수종으로 한다.

11. 빛과 관련된 수목 생리에 대한 설명으로 옳은 것은?

① 우리나라에서 자라는 대부분의 활엽수는 C4 식물군에 속한다.
② 엽록체 내에서 광에너지를 이용한 광반응이 일어나는 곳은 스트로마(stroma)이다.
③ 내음성은 동일 수종이라도 수목의 연령이나 생육조건 등에 따라서 변할 수 있다.
④ 수목 한 개체 내에서는 양엽이나 음엽에 상관없이 광보상점이나 광포화점이 동일하다.

정답　6. ③　7. ①　8. ③　9. ③　10. ④　11. ③

해설 빛과 관련된 수목 생리
① C4식물 : 옥수수, 사탕수수, 기장 등이 해당된다.
② 엽록체 내에서 광에너지를 이용한 광반응이 일어나는 곳은 엽록체의 그라나(grana)이다.
③ 수목 한 개체 내에서 양엽은 광합성에 유리하고 광포화점 높은 반면, 음엽은 광포화점이 낮다.

12. 인공조림의 특징으로 옳은 것은?

① 동령단순림 형성이 많다.
② 주로 택벌작업지에 실시된다.
③ 다양한 규격의 목재 생산이 용이하다.
④ 천연갱신에 비해 성숙림이 늦게 이루어진다.

해설 인공조림과 천연갱신의 대비
① 조림할 수종과 종자의 선택의 폭이 넓음.
② 천연분포구역을 넘어서까지 조림할 때 위험성이 따름.
③ 조림을 실행하기 용이하고 빠르게 성립
④ 조림 실행 면적이 일반적으로 넓어 임지가 건조하기 쉽고, 토양생태계의 변화로 질이 저하되며 토양유실 등 환경의 퇴화로 조림성적이 불량하게 되는 경향이 있음.
⑤ 노동력과 비용이 집약적으로 투입됨.
⑥ 조림시 단근으로 비정상적인 근계발육과 성장이 우려
⑦ 동령단순림이 조성되므로 환경 인자에 대한 저항성이 약화
⑧ 규격화된 목재를 대량적으로 생산할 수 있어 경제적으로 유리

13. 환원법에 의한 종자활력검사 방법에 대한 설명으로 옳지 않은 것은?

① 단기간 내에 실시할 수 있다.
② 휴면 종자에는 적용이 어렵다.
③ 테트라졸륨 대신에 테룰루산칼륨도 사용한다.
④ 침엽수의 종자는 배와 배유가 함께 염색되도록 한다.

해설 바르게 고치면
테트라졸륨의 반응은 휴면종자에도 잘 나타나는 장점이 있다.

14. 토양 수분에 대한 설명으로 옳지 않은 것은?

① 토양의 모세관수는 수목이 이용할 수 있다.
② 토양 수분이 포화 상태일 때의 pF는 3.8이다.
③ 토양의 수분포텐셜은 포화 상태로부터 건조해짐에 따라 낮아진다.
④ 위조점은 토양 수분의 부족으로 수목이 시들기 시작하는 수분상태를 말한다.

해설 바르게 고치면
모관수가 최대로 포함된 상태, 토양의 모든 공극이 물로 포화된 상태, pF값은 0으로 포화용수량이라고도 한다.

15. 생가지치기를 하여도 부후의 위험성이 거의 없는 수종으로만 올바르게 나열한 것은?

① 편백, 포플러　　　② 벗나무, 느릅나무
③ 삼나무, 물푸레나무　④ 자작나무, 단풍나무

해설 생가지치기의 위험성이 없는 수종
소나무류, 낙엽송, 포플러류, 삼나무, 편백 등 침엽수

16. 근삽에 의한 무성번식 방법을 적용하는데 가장 적합한 수종은?

① 소나무　　　　② 벗나무
③ 밤나무　　　　④ 오동나무

해설 근삽
① 늦겨울이나 초봄, 아직 뿌리에 저장양분이 많고 휴면 중에 있을 때 실시한다.
② 사시나무류처럼 지삽이 어려운 경우 또는 오동나무, 귤류, 보리수나무류, 장미류, 개오동나무, 산닥나무, 은백양, 뽕나무 등 적용한다.

정답　12. ①　13. ②　14. ②　15. ①　16. ④

17. 복층림 조성에 대한 설명으로 옳지 않은 것은?

① 경관 유지 및 관리에 적절하다.
② 벌채 시 설비비와 반출경비가 많이 절약된다.
③ 임목의 수확 기간이 길어져서 대경목 생산이 가능하다.
④ 생장이 균일하여 연륜폭이 균등하고 치밀한 목재를 생산할 수 있다.

해설 복층림의 조성관리
① 일반적으로 2층 이상 목본 임관층을 갖는 산림
② 고가치재생산, 경영에 안정, 단위면적당 생산량과 축적량의 증대
③ 벌채와 반출에 하층목 손상되며 경비가 커짐

18. 우리나라에서 한대림의 특징 수종이 아닌 것은?

① *Larix olgensis*
② *Picea jezoensis*
③ *Taxus cuspidata*
④ *Quercus myrsinaefolia*

해설 ① 잎갈나무, ② 가문비나무, ③ 주목, ④ 가시나무(상록활엽교목, 남부수종)

19. 수목 잎의 기공에 대한 설명으로 옳지 않은 것은?

① 잎의 수분포텐셜이 낮아지면 기공이 닫힌다.
② 온도가 30℃ 이상으로 상승하면 기공이 닫힌다.
③ 기공이 열리는데 필요한 광도는 순광합성이 가능한 광도이면 된다.
④ 엽육 세포 내부의 이산화탄소 농도가 높아지면 기공이 열린다.

해설 환경 변화와 기공개폐
① 햇빛
• 기공이 열리는데 필요한 광도는 전광(全光) 1/1000 ~ 1/30 가량으로, 순광합성이 가능한 광도이다.
• 기공은 아침에 해가 뜰 때 1시간에 걸쳐 열리며, 저녁에는 서서히 닫힌다.
• 그늘에서 자라는 음수인 너도밤나무는 밝은 햇빛이 들어오면 3초 만에 기공을 열 만큼 짧은 기간의 햇빛을 최대한 이용하며, 양수인 튤립나무의 기공은 20초 만에 열린다.
② CO_2의 농도 : 엽육조직의 세포간극에 있는 CO_2의 농도가 낮으면 기공이 열리며, CO_2의 농도가 높으면 기공이 닫힌다.
③ 수분퍼텐셜 : 잎의 수분퍼텐셜이 낮아지면 수분 스트레스가 커지며 기공이 닫히는데, CO_2의 농도나 햇빛과는 관계없이 독립적으로 작용한다.
④ 온도 : 온도가 높아지면(30~35℃) 기공이 닫히는데, 이것은 수분 스트레스가 커지거나 혹은 호흡작용이 높아짐으로써 잎 속의 CO_2 농도가 증가하여 간접적으로 나타나는 현상이다.

20. 쌍떡잎식물에 대한 설명으로 옳지 않은 것은?

① 잎은 그물맥이다.
② 떡잎이 두 장이다.
③ 원뿌리에 곁뿌리가 붙어있다.
④ 관다발이 줄기에 산재되어 있다.

해설 쌍떡잎식물과 외떡잎식물 비교

구분	떡잎	잎	줄기	뿌리
쌍떡잎식물	떡잎 두 장	그물맥	관다발 규칙적	곧은 뿌리
외떡잎식물	떡잎 한 장	평행맥	관다발 불규칙적	수염 뿌리

4회

1회독 □   2회독 □   3회독 □

1. 가지치기에 대한 설명으로 옳은 것은?

① 벚나무는 절단면이 잘 유합된다.
② 지름 5cm 이상의 가지를 잘라낸다.
③ 형질이 좋은 수목을 대상으로 우선 실시한다.
④ 살아있는 가지를 치는 시기는 봄부터 여름까지가 좋다.

해설 가지치기 목적
　　우량한 목재를 생산이 목적으로 수관을 구성하는 가지의
　　일부를 계획적으로 끊어 주는 조림 작업 행위

2. 종자가 휴면하는 원인으로 옳지 않은 것은?

① 미성숙한 배
② 가스교환 촉진
③ 종피의 기계적 작용
④ 종자 내의 생장억제 물질 존재

해설 발아휴면성의 원인
　　① 종피불투수성
　　② 종피의 기계적 작용
　　③ 가스교환의 억제
　　④ 생장억제물의 존재
　　⑤ 미발달배(미숙배)
　　⑥ 이중휴면성

3. 순림과 비교한 혼효림에 대한 설명으로 옳은 것은?

① 병충해나 기상재해에 대한 저항력이 높다.
② 산림작업과 경영을 경제적으로 수행할 수 있다.
③ 원하는 수종으로 임분을 용이하게 조성할 수 있다.
④ 임목의 벌채비용 절감 등 시장성이 유리하다.

해설 혼효림의 장점
　　① 심근성 수종과 천근성 수종이 혼효할 때 바람의 저항성
　　　이 증가하고, 토양단면 공간 이용이 효과적임
　　② 유기물의 분해가 빨라져 무기 양료의 순환이 잘됨
　　③ 수관에 의한 공간적 이용이 효과적
　　④ 혼효림 내의 기후변화의 폭이 좁아짐
　　⑤ 각종 피해인자에 대한 저항력이 증가

4. 무성 번식에 의한 묘목이 아닌 것은?

① 용기묘　　　　　　② 삽목묘
③ 접목묘　　　　　　④ 취목묘

해설 무성번식
　　접목묘, 삽목묘, 취목묘, 조직배양

5. 택벌작업에 대한 설명으로 옳은 것은?

① 양수 수종의 갱신에 적당하다.
② 일시 벌채량이 많아 경제적이다.
③ 소면적 임지에서 보속생산이 가능하다.
④ 임목 벌채가 쉽고 치수에 손상을 주지 않는다.

해설 택벌작업의 장점
　　① 지력이 유지된다.
　　② 상층목은 일광이 충분하여 결실이 잘 된다
　　③ 음수 갱신에 적절하며 면적이 좁아도 보속적 수확을
　　　올릴 수 있다.

6. 수목의 개화생리에 대한 설명으로 옳지 않은 것은?

① 지베렐린은 개화에 영향을 미친다.
② 개화 능력은 유전적 요인과 관련이 있다.
③ 생리적 스트레스를 주면 개화가 억제된다.
④ 수목의 영양 상태를 좋게 하면 개화가 촉진된다.

해설 바르게 고치면
　　생리적 스트레스를 주면 개화가 촉진된다.

정답　1. ③　2. ②　3. ①　4. ①　5. ③　6. ③

7. 양묘과정 중 해가림 시설을 해야 하는 수종으로만 올바르게 나열한 것은?

① 편백, 삼나무, 아까시나무
② 곰솔, 소나무, 가문비나무
③ 잣나무, 소나무, 사시나무
④ 잣나무, 전나무, 가문비나무

해설 해가림
　　① 어린 묘가 강한 일사를 받아 건조되는 것을 방지하는 것
　　② 적용 : 잣나무, 가문비나무, 전나무, 낙엽송, 삼나무, 편백 및 소립종자 등

8. 개화 및 결실 과정에서 화기의 구조와 종자 또는 열매의 상호 관계를 올바르게 연결한 것은?

① 자방 – 종자
② 배주 – 열매
③ 난핵 – 배유
④ 주피 – 종피

해설 종자의 발달
　　① 자방 : 열매로 발달
　　② 배주 : 종자로 발달
　　③ 주피 : 배주를 둘러싸고 있는 주피는 나중에 종피로 변화
　　④ 주심 : 퇴화하거나 저장조직의 일부인 외배유나 내종피로 변화

9. 왜림작업에 대한 설명으로 옳지 않은 것은?

① 단벌기 작업에 적합하다.
② 연료재와 소경재 생산을 목적으로 한다.
③ 벌채 계절은 늦겨울부터 초봄 사이가 좋다.
④ 참나무류, 아까시나무, 소나무가 주요 대상 수종이다.

해설 왜림작업
　　① 맹아력이 강한 참나무류, 오리나무류, 물푸레나무류, 포플러류 등의 활엽수에 적용된다.
　　② 침엽수는 맹아력이 거의 없거나 약하므로 왜림작업에 부적당하다.

10. 수목의 내음성에 대한 설명으로 옳지 않은 것은?

① 버드나무와 자작나무는 양수이다.
② 양수는 음수보다 광포화점이 높다.
③ 음수는 어릴 때 그늘에서 잘 견딘다.
④ 양수와 음수를 구분하는 기준은 햇빛을 좋아하는 정도이다.

해설 수목이 음지에 견디는 정도를 기준으로 내음성이 아주 강한 수종을 음수, 보통을 중용수, 아주 약한 수종을 양수로 구분한다.

11. 묘포 작업 중 밭갈이, 쇄토, 작상 작업의 효과가 아닌 것은?

① 잡초의 발생을 억제한다.
② 유용 토양미생물이 증가한다.
③ 토양의 통기성을 증가시켜 준다.
④ 토양의 풍화작용을 지연시켜 준다.

해설 밭갈이, 쇄토, 작성 작업의 효과
　　① 토양의 투수성·통기성이 좋아져 파종·관리작업이 용이해짐
　　② 종자발아·유근신장 및 근균의 발달이 조장됨.
　　③ 토양의 통기가 좋아지므로 호기성 토양 미생물의 활동이 활발해져 유용 토양미생물의 활동이 활발해져 유기물 분해가 촉진됨.

12. 풀베기 작업을 실시하기에 가장 적합한 시기는?

① 3월~5월
② 6월~8월
③ 9월~11월
④ 12월~1월

해설 풀베기의 작업시기

풀들이 왕성한 자람을 보이는 6월 상순~8월 상순 사이에 실시하며, 풀의 자람이 무성한 곳에서는 1년에 두 번 실시한다.

13. 측아의 발달을 억제하는 정아우세 현상에 관여하는 호르몬은?

① 옥신
② 지베렐린
③ 사이토키닌
④ 아브시스산

해설 옥신

정아에서 생성된 옥신은 정아의 생장을 촉진하고 아래로 확산하면서 측아의 발달을 억제하는 정아우세 현상을 나타냄, 줄기에 정아우세를 보일 경우 정아를 제거하면 측아가 발달함.

14. 수목 생육에 있어 필요한 다량 원소에 해당하는 것은?

① 황
② 철
③ 붕소
④ 아연

해설 다량원소

탄소, 수소, 산소, 질소, 인산, 칼륨, 칼슘, 마그네슘, 황

15. 토양 입자에 매우 큰 분자 인력에 의하여 얇은 층으로 흡착되어 있는 토양 수분은?

① 결합수
② 흡습수
③ 모관수
④ 중력수

해설 흡습수(보충설명)

건조한 토양을 관계습도가 높은 공기 중에 두면 분자 간 인력에 의하여 토양입자의 표면에 물이 흡착되는데, 이 물은 pF가 4.5 이상인 수분으로서 식물이 이용하지 못함.

16. 산벌작업에서 결실량이 많은 해에 일부 임목을 벌채하여 종자 산포를 돕는 것으로 1회의 벌채로 목적을 달성하는 것은?

① 후벌
② 간벌
③ 하종벌
④ 예비벌

해설 산벌작업

① 갱신준비를 위한 예비벌, 치수의 발생을 완성하는 하종벌, 치수의 발육을 촉진하는 후벌, 후벌의 마지막인 종벌 등이 있다.
② 하종벌 : 예비벌 실시 3~5년 후 종자가 충분히 결실한 해에 종자가 완전히 성숙된 후 벌채하여 지면에 종자를 다량 낙하시켜 일제히 발아시키기 위한 벌채작업

17. 잎의 유관속이 1개인 수종은?

① *Pinus rigida*
② *Pinus densiflora*
③ *Pinus koraiensis*
④ *Pinus thunbergii*

해설 잣나무류의 유관속은 1개이고 소나무류는 2개다.
① 리기다 소나무, ② 소나무, ③ 잣나무, ④ 해송

18. 장미과에 속하는 수종은?

① *Taxus cuspidata*
② *Prunus serrulata*
③ *Albizia julibrissin*
④ *Populus davidiana*

해설 ① 주목 : 주목과
② 겹벚나무 : 장미과
③ 자귀나무 : 콩과
④ 사시나무 : 버드나무과

정답 12. ② 13. ① 14. ① 15. ② 16. ③ 17. ③ 18. ②

19. 활엽수림의 어린나무 가꾸기 작업에 가장 효과적인 시기는?

① 3~5월   ② 6~8월

③ 9~11월   ④ 12~2월

해설 제벌작업은 어린나무가꾸기로 주로 여름에 실시한다.

20. 임목 종자의 품질기준 중 효율에 대한 설명으로 옳은 것은?

① 발아율과 순량율을 곱한 값이다.

② 종자가 일제히 싹트는 힘을 의미한다.

③ 씨앗의 충실도를 무게로 파악하여 나타낸다.

④ 전체 종자수에 대한 발아 종자수의 백분율이다.

해설 종자 효율
① 실제 종자의 사용가치, 순량률×발아율로 표시

② 효율(%) = $\dfrac{\text{순량률} \times \text{발아율}}{100}$

1회   1회독 □ 2회독 □ 3회독 □

1. 산벌작업에서 결실량이 많은 해에 일부 임목을 벌채하여 하종을 돕는 과정은?

① 택벌   ② 후벌
③ 예비벌   ④ 하종벌

해설 하종벌
예비벌을 실시한 3~5년 후에 종자가 충분히 결실한 해를 택하여, 종자가 완전히 성숙된 후 벌채하여 지면에 종자를 다량 낙하시켜 일제히 발아시키기 위한 벌채작업

2. 가지치기 작업에 대한 설명으로 옳은 것은?

① 대체로 5월경이 작업 적기이다.
② 원칙적으로 역지 이하를 잘라주어야 한다.
③ 가지 기부에 존재하는 지융부도 잘라주어야 한다.
④ 가지치기 작업한 나무 아래쪽의 상구는 위쪽 상구보다 유합이 빠르다.

해설 바르게 고치면
① 대체로 11월에서 2월사이인 겨울에 실시한다.
③ 가지 기부에 존재하는 지융부도 잘라주어야 한다.
④ 가지치기 작업한 나무 위쪽의 상구는 아래쪽의 상구보다 유합이 빠르다.

3. 수관의 모양과 줄기의 결점을 고려하여 우세목을 1급목과 2급목, 열세목을 3, 4, 5급목으로 구분하는 수형급은?

① 덴마크   ② KRAFT
③ 데라사키   ④ HAWLEY

해설 데라사키 수형급
상층임관을 구성하는 우세목(1급목, 2급목)과 하층임관(3급목, 4급목, 5급목)을 구성하는 열세목으로 먼저 구분한 다음 수관의 모양과 줄기의 결점을 고려해서 다시 세분한다.

4. 강원도 지역에서 수하식재 방법을 이용하여 조림을 실시하고자 할 때 가장 적합한 수종은?

① *Larix kaempferi*
② *Pinus densiflora*
③ *Abies holophylla*
④ *Betula platyphylla*

해설 수하식재
• ① 일본잎갈나무, ② 소나무, ③ 전나무, ④ 자작나무
• 내음력이 강한 음수 또는 반음수가 적합하다.
• 소나무림에 2단림 및 수종갱신을 위하여 심는 경우남부 지방에서는 소나무 숲 아래에 삼나무 및 편백을, 중부지방에서는 잣나무 및 전나무를 심는다.

5. 다음 설명에 해당하는 무기양료로만 나열된 것은?

> 수목의 체내 이동이 어려워 생장점이나 어린 잎 등 세포분열이 일어나는 곳에서 결핍증상이 잘 나타난다.

① 칼슘, 철, 붕소
② 질소, 칼슘, 칼륨
③ 철, 망간, 마그네슘
④ 구리, 마그네슘, 질소

해설 무기양료결핍
붕소와 칼슘의 결핍증세는 가지의 선단에 나타나고, 철·망간·황 등의 결핍은 유엽에 나타나는데, 이것은 노엽 안에 있는 이들 원소가 신엽 안으로 전류가 잘 되지 않는데 그 원인이 있다.

정답 1. ④ 2. ② 3. ③ 4. ③ 5. ①

6. 산림작업종을 분류하는 기준으로 가장 거리가 먼 것은?

① 벌채종   ② 임분의 기원
③ 갱신 임분의 수종   ④ 벌구의 크기와 형태

해설 산림작업종의 분류 기준
    임분의 기원, 벌채종, 벌구의 모양과 크기

7. 다음 중 삽목 발근이 가장 용이한 수종은?

① *Salix koreensis*   ② *Acer palmatum*
③ *Zelkoua serrata*   ④ *Pinus koraiensis*

해설 • ① 버드나무, ② 단풍나무, ③ 느티나무, ④ 잣나무
    • 삽목 발근이 용이한 수종 : 포플러류, 버드나무류, 은행
    나무, 플라타너스, 개나리, 주목 등

8. 종자의 활력 시험 중 종자 내 산화 효소가 살아있는지의 여부를 시약의 발색반응으로 검사하는 방법은?

① 절단법   ② 환원법
③ X선분석법   ④ 배추출시험법

해설 환원법
    • 테트라졸륨의 반응은 휴면종자에도 잘 나타나는 장점
    • 백색분말이고 물에 녹아도 색깔이 없음, 광선에 조사되
    면 곧 못쓰게 되므로 어두운 곳에 보관하고, 저장이 양호
    하면 수개월 사용이 가능하다.

9. 덩굴제거 시 사용되는 디캄바 액제에 대한 설명으로 옳지 않은 것은?

① 페녹시계 계통이다.
② 호르몬형 이행성 제초제이다.
③ 약효가 높아지는 30℃ 이상 고온 조건에서 사용한다.
④ 주로 콩과 식물에 해당하는 광엽 잡초에 효과적이다.

해설 디캄바액제
    고온 시(30도 이상)에 증발에 의한 주변 식물에 약해를
    일으킬 수 있으므로 작업을 중지한다.

10. 모수작업에 대한 설명으로 옳은 것은?

① 모수는 ha당 100본 이상이어야 한다.
② 전 임목 본수에서 10% 정도로 모수를 남긴다.
③ 모수는 소나무, 곰솔 등 양수 수종이 적합하다.
④ 작업 대상 임지의 토양 침식과 유실이 발생하지 않는다.

해설 모수작업
    • 종자공급을 위해 남겨질 모수는 전 임목 본수의 2~3%,
    재적으로는 약10% 1ha당 약15~30그루 정도 종자의 비
    산력이 낮은 활엽수종은 더 많이 남겨야 한다.
    • 소나무, 해송과 같은 양수에 적용되며 종자나 열매가
    작아 바람에 날려 멀리 전파될 수 있는 수종이 적합하다.

11. 다음 설명에 해당하는 목본 식물의 조직은?

> • 대사 기능이 없고, 지탱 역할을 한다.
> • 세포벽이 두껍고, 원형질이 없다.

① 유조직   ② 후막조직
③ 후각조직   ④ 분비조직

해설 목본식물 조직
  ① 유조직
    • 기능 : 원형질을 가지고 살아 있으면서 신장, 세포분열,
    탄소동화작용, 호흡, 양분 저장, 저수, 통기, 상처 치
    유, 부정아와 부정근 생성 등 가장 왕성한 대사작용
    을 담당
    • 관련 조직 및 세포 : 생장점, 분열조직, 형성층, 수선,
    동화조직, 저장조직, 저수조직, 통기조직 등의 유세포
  ② 후막조직
    • 기능 : 목본식물의 지탱 역할, 세포벽이 두껍고 원형
    질이 없음
    • 관련 조직 및 세포 : 섬유세포

정답   6. ③   7. ①   8. ②   9. ③   10. ③   11. ②

③ 후각조직
- 어린 목본 식물의 표면 가까이에서 지탱 역할을 하는 특수한 형태의 유세포
- 관련 조직 및 세포: 엽병, 엽맥, 줄기

④ 분비조직
- 기능 : 점액, 유액, 고무질, 수지 등을 분비함
- 관련 조직 및 세포 : 수지구, 선모, 밀선

[해설] 이소프레노이드(isoprenoid) 화합물
- 정유 : 자기보호를 위한 방향성 지질 (허브, 소나무과, 녹나무과, 운향과 등), 소나무과 잎이나 목재의 향. 외부로 나오는 물질
- 고무 : 원래 흰색, 식물 유액
- 수지 : 투명했다가 상온에서 색 바뀌거나 안바뀜 (송진) 목재 부패 방지
- 카로티노이드 : 색소체와 엽록체에 존재, 카로틴, 크산토필

12. 밤나무, 상수리나무, 굴참나무 종자를 저장하는 방법으로 가장 적합한 것은?

① 기건저장법
② 보호저장법
③ 밀봉냉장법
④ 노천매장법

[해설] 보호저장법(건사저장법)
- 모래와 종자를 섞어 용기 안에 저장하는 방법
- 밤, 도토리 등 함수량이 많은 전분종자를 추운 겨울 동안 동결하지 않고 동시에 부패하지 않도록 저장하는 방법

15. 원생림이 파괴된 뒤에 회복된 산림은?

① 1차림
② 2차림
③ 원시림
④ 극상림

[해설]
- 원시림 = 원생림(primary forest) : 인간의 손이 닿지 않은 자연림
- 2차림(secondary forest) : 벌채나 산불 등으로 훼손되었다가 군락이 발달해 다시 성숙된 자연림

13. 난대림 자생 수종이 아닌 것은?

① 동백나무
② 가시나무
③ 후박나무
④ 박달나무

[해설] 박달나무 : 낙엽활엽교목, 중부지방 수종

16. 100~110℃로 가열해도 분리되지 않는 토양 수분은?

① 결합수
② 중력수
③ 흡습수
④ 모세관수

[해설] 결합수와 흡습수
① 결합수(combined water)
- 토양입자의 한 구성 성분으로 되어 있는 수분(결정수·화합수)
- 토양을 100~110℃로 가열해도 분리되지 않는 10,000bar(pF 7) 이상인 수분
- 식물에는 흡수되지 않지만 화합물의 성질에 영향 줌
② 흡습수(hygroscopic water)
- 분자간 인력에 의하여 토양입자 표면에 흡착된 수분
- 31bar(pF 4.5) 이상의 힘으로 흡착되어서 식물이 이용하지 못하는 무효수분
- 100~110℃에서 8~10 시간 가열하면 제거됨

14. 지질의 종류 가운데 수목의 2차 대사 물질인 이소프레노이드(isoprenoid) 화합물이 아닌 것은?

① 고무
② 수지
③ 테르펜
④ 리그닌

정답 12. ② 13. ④ 14. ④ 15. ② 16. ①

17. 다음 조건에 따른 파종량은?

- 파종상 실면적 : 500m²
- 묘목 잔존본수 : 60본/m²
- 1g당 종자평균입수 : 66.5립
- 순량율 : 0.95
- 실험실 발아율 : 0.9
- 묘목 잔존율 : 0.3

① 약 1.8kg   ② 약 3.5kg
③ 약 17.6kg   ④ 약 35.2kg

해설 파종량(g)

$$= \frac{파종면적 \times 묘목\,잔존본수}{g당\,종자입수 \times 순량률 \times 발아율 \times 묘목\,잔존율}$$

$$= \frac{500 \times 60}{66.5 \times 0.95 \times 0.9 \times 0.3} = 1,7587829..g$$

$$= 1.75878.. \rightarrow 약1.8kg$$

18. 다음 중 측백나무과 및 낙우송과 수목의 개화·결실 촉진에 가장 효과적인 식물호르몬은?

① GA_3 ② IAA
③ NAA   ④ 2,4 – D

해설 지베렐린(GA3)

- 삼나무와 편백의 화아분화를 촉진시킴
- 여름철 50~500ppm의 농도로 엽면 살포를 실시하고, 대경목의 경우 수간에 입제를 넣어준다.

19. 묘목을 식재할 때 밀도가 높은 경우에 대한 설명으로 옳은 것은?

① 입목의 초살도가 증가한다.
② 솎아베기 작업을 생략할 수 있다.
③ 수고 생장보다는 직경 생장을 촉진한다.
④ 임관이 빨리 울폐되어 표토의 침식과 건조를 방지한다.

해설 밀식의 효과

- 숲땅이 보호된다.
- 밑가지의 발생을 억제(지하고가 높아짐) 된다.
- 수고(나무높이) 생장을 촉진하여 밋밋하고 마디가 작은 용재를 얻을 수 있다.
- 가지치기 작업이 줄고 간벌 수입을 얻을 수 있다.

20. 소나무 종자가 수분된 후 성숙되는 시기는?

① 개화 당년
② 개화 3년째 가을
③ 개화 이듬해 여름
④ 개화 이듬해 가을

2회

1회독 ☐ 2회독 ☐ 3회독 ☐

1. 가지치기에 대한 설명으로 옳은 것은?

① 활엽수종의 지융부를 제거하면 안 된다.
② 생장휴지기에는 가급적 실시하지 않는다.
③ 수간 상부보다 하부의 비대생장을 촉진시킨다.
④ 가지치기 작업으로 인해 부정아는 생성되지 않는다.

해설 지융부가 형성될 수 있는 활엽수종은 고사지의 경우 캘러스 형성부위에 가능한 한 가깝게 캘러스가 상하지 않도록 고사지를 제거하고 살아있는 가지는 지융부에 가깝게 제거한다.

2. 어린나무가꾸기에 대한 설명으로 옳은 것은?

① 조림목은 제거하지 않는다.
② 간벌 작업 이전에 실시한다.
③ 생육 휴면기인 겨울철이 적정시기이다.
④ 일반적으로 수관경쟁이 시작되고 조림목의 생육이 저해되는 시점이 적정 시기이다.

해설 어린나무가꾸기
• 조림목이 임관을 형성한 뒤부터 간벌할 시기에 이르는 사이에 침입 수종을 제거하고, 아울러 조림목 중 자람과 형질이 매우 나쁜 것을 끊어 없애는 것을 말한다.
• 나무의 고사상태를 알고 맹아력을 감소시키기 위해서 여름철에 실행하는 것이 좋다.
• 작업은 6~9월 사이에 실시하는 것을 원칙으로 하되 늦어도 11월말까지 완료한다.

3. 체내에서 이동이 용이하여 성숙 잎에서 먼저 결핍증이 나타나는데, 잎에 검은 반점과 황화현상이 나타나고, 결핍 시 뿌리썩음병에 잘 걸리게 되는 무기영양소는?

① 철 ② 칼슘
③ 질소 ④ 칼륨

해설 칼륨
• 양이온(K+) 형태로 이용되며 광합성량 촉진, 기공의 폐쇄, 세포 내의 수분공급 등에 관여하는 등 여러 생화학적 기능에 중요한 역할을 한다.
• 세포 내의 수분공급, 기공의 개폐 등에 관여하여 흡수량이 적어지면 내건성이 저하된다.
• 질소와 인산 다음으로 결핍되기 쉬우며, 결핍증상으로 황화현상이 발생한다.

4. 풀베기작업을 두 번하고자 할 때 첫 번째 작업 시기로 가장 적당한 것은?

① 1~3월
② 3~5월
③ 5~7월
④ 7~9월

해설 풀베기작업
1회는 5~7월, 2회는 8월에 실시한다.

5. 음엽과 비교한 양엽의 특성으로 옳은 것은?

① 잎이 넓다.
② 광포화점이 낮다.
③ 책상 조직의 배열이 빽빽하다.
④ 큐티클층과 잎의 두께가 얇다.

해설 양엽의 특성
• 햇빛을 가장 잘 받는 남쪽의 양지쪽에 위치한 잎
• 높은 광도에서 광합성을 효율적으로 하도록 적응한 잎
• 광포화점이 높음
• 책상조직이 빽빽하게 배열
• 증산작용을 억제하기 위해 큐티클층과 잎의 두께가 두꺼움

정답 1. ① 2. ②, ④ 3. ④ 4. ③ 5. ③

6. 다음 (　) 안에 들어갈 용어로 올바르게 나열한 것은?

> 중림작업은 (　) 작업과 (　) 작업의 혼합림 작업이다.

① 교림, 죽림　　　② 교림, 왜림
③ 죽림, 순림　　　④ 죽림, 왜림

해설 중림

교림과 왜림을 동일 임지에 함께 세워서 경영하는 작업법으로서 하목으로서의 왜림은 맹아로 갱신되며 일반적으로 연료재와 소경목을 생산하고, 상목으로서의 교림은 일반용재를 생산한다.

7. 종자를 건조한 상태로 저장하여도 발아력이 크게 손상되지 않는 수종으로만 올바르게 나열한 것은?

① 목련, 침엽수　　　② 편백, 삼나무
③ 밤나무, 가시나무　　　④ 신갈나무, 가래나무

해설 건조저장법

• 소나무, 해송 리기다소나무, 삼나무, 편백, 낙엽송 등 소립종자를 가지는 침엽수종에 적용
• 종자를 용기 안에 넣어 0~10℃의 실온에 보관하는 방법
• 보통 가을부터 이듬해 봄까지 저장하며, 저장시 기온과 습도를 낮은 상태로 유지하고 장기간 저장에는 적당하지 않다.

8. 묘목을 식재할 때 뿌리돌림 시기로 가장 적합한 것은?

① 상록활엽수종 : 한겨울
② 상록침엽수종 : 7~8월 상순
③ 낙엽수종 : 11~2월 상순, 혹은 2~3월 상순
④ 수종마다 큰 차이가 없고 연중 어느 때든지 적합하다.

해설 뿌리돌림의 시기

• 낙엽수종(낙엽송 포함) : 11~12월 상순, 2~3월 상순
• 상록침엽수종 : 3~4월 상순, 10월 중순
• 상록활엽수종 : 5~6월(장마철), 9~10월

9. 난대 수종으로 일반적으로 온대 중부 이북에서 조림하기 어려운 수종은?

① *Quercus acuta*
② *Picea jezoensis*
③ *Abies holophylla*
④ *Pinus koraiensis*

해설 ① 붉가시나무, ② 가문비나무, ③ 전나무,
　　④ 잣나무

10. 삽목 발근이 용이한 수종만으로 올바르게 나열한 것은?

① 감나무, 자작나무
② 백합나무, 사시나무
③ 꽝꽝나무, 동백나무
④ 두릅나무, 산초나무

해설 삽목 발근이 용이한 수종

포플러류, 버드나무류, 은행나무, 플라타너스, 개나리, 주목, 실편백, 연필향나무, 측백나무, 화백, 향나무, 비자나무, 찝방나무, 노간주나무, 눈향나무, 히말라야시다, 메타세쿼이아, 식나무, 댕강나무, 꽝꽝나무, 동백나무, 담쟁이, 협죽도, 치자나무, 보리장나무류, 진달래류, 아왜나무, 서향, 인동덩굴, 피라칸사, 회양목 등

11. 비료목에 해당하는 수종으로만 올바르게 나열한 것은?

① 자귀나무, 가시나무, 백합나무
② 자귀나무, 오리나무, 족제비싸리
③ 오리나무, 졸참나무, 물푸레나무
④ 아까시나무, 나도밤나무, 물푸레나무

해설 비료목
　　콩과수종, 오리나무, 보리수나무 등

12. 종자 결실을 촉진하기 위해 일반적으로 사용하는 방법이 아닌 것은?

① 충분한 관수
② 단근 작업 실시
③ 인산 및 칼륨 시비
④ 임분의 입목밀도 조절

해설 종자결실 촉진방법
　　단근 작업 실시, 인산 및 칼륨 시비, 임분의 입목밀도 조절 등

13. 택벌에 대한 설명으로 옳지 않은 것은?

① 양수 수종의 갱신에 유리하다.
② 기상 피해에 대한 저항력이 높다.
③ 임관이 항상 울폐된 상태를 유지한다.
④ 경관적 가치가 다른 작업종에 비해 높다.

해설 바르게 고치면
　　음수 수종의 갱신에 유리하다.

14. 지베렐린에 대한 설명으로 옳지 않은 것은?

① 알칼리성이다.
② 신장 생장을 촉진한다.
③ 일반적으로 지베렐린이 처리된 수목은 개화량과 개화기간이 길어진다.
④ gibbane의 구조를 가진 화합물이며 일반적으로 GA_3라고 표기한다.

해설 지베렐린은 산성을 띠며 지베렐린산이라서 GA, GA_3라고 한다.

15. 순림과 비교한 혼효림의 장점으로 옳지 않은 것은?

① 생물의 다양성이 높다.
② 환경적 기능이 우수하다.
③ 병해충에 대한 저항력이 크다.
④ 무육작업과 산림경영이 경제적이다.

해설 순림이 작업과 경영이 간편하고 경제적으로 유리하다.

16. 수목의 증산작용에 대한 설명으로 옳지 않은 것은?

① 잎의 온도를 낮추어 준다.
② 무기염의 흡수와 이동을 촉진시키는 역할을 한다.
③ 식물의 표면으로부터 물이 수증기의 형태로 방출되는 것을 의미한다.
④ 증산작용을 할 수 없는 100%의 상대습도에서는 식물이 자라지 못한다.

해설 수목은 상대습도가 100%에서는 증산을 거의 하지 않으나, 증산자체가 식물의 생존을 좌우하지는 않는다.

정답　11. ②　12. ①　13. ①　14. ①　15. ④　16. ④

17. 파종상에서 1년, 이식상에서 2년, 그 뒤 1번 더 이식한 실생묘의 표시는?

① 1/2 − 1　　　　② 1 − 1/2
③ 1 − 2 − 1　　　④ 2 − 1 − 1

해설 실생묘의 묘령
- 옮겨심기를 한 것은 옮겨심기 묘령을 앞에 쓰고 거치연수를 뒤로 하여 표시한다.
- 앞의 숫자는 파종상에서 지낸 연수이고, 뒤의 숫자는 판갈이 상에서 지낸 연수를 나타낸다.

18. 다음 조건에서 종자의 효율은?

- 종자시료 전체 무게 : 100g
- 순정종자 무게 : 50g
- 종자시료 전체 개수 : 160개
- 발아한 종자 개수 : 80개

① 25%　　　　② 50%
③ 75%　　　　④ 100%

해설
$$\cdot\ \text{순량률}(\%) = \frac{\text{순정종자량}}{\text{전체시료량}} \times 100 = \frac{50}{100} \times 100$$
$$= 50\%$$

$$\cdot\ \text{발아율}(\%) = \frac{\text{발아한 종자 수}}{\text{발아시험용 종자 수}} \times 100$$
$$= \frac{80}{160} \times 100 = 50\%$$

$$\cdot\ \text{종자효율}(\%) = \frac{\text{순량률} \times \text{발아율}}{100} = \frac{50 \times 50}{100} = 25\%$$

19. 모수작업에 의한 갱신이 가장 유리한 수종은?

① *Juglans regia*　　② *Pinus densiflora*
③ *Pinus koraiensis*　④ *Quercus acutissima*

해설 모수
소나무, 해송과 같은 양수에 적용되며 종자나 열매가 작아 바람에 날려 멀리 전파될 수 있는 수종에 알맞다.
① 호두나무, ② 소나무, ③ 잣나무, ④ 상수리나무

20. 소나무와 곰솔을 비교한 설명으로 옳지 않은 것은?

① 곰솔의 침엽은 굵고 길다.
② 소나무의 겨울눈은 굵고 회백색이다.
③ 소나무의 수피는 적갈색이고 곰솔은 암흑색이다.
④ 침엽 수지도가 곰솔은 중위이고 소나무는 외위이다.

해설 소나무와 곰솔의 겨울눈의 구분
- 소나무 : 적갈색
- 곰솔 : 은백색

1. 종자를 습한 상태로 낮은 온도에서 보관하여 휴면을 타파하는 방법은?

① 추파법   ② 노천매장
③ 2차 휴면   ④ 상처 유도

해설 노천매장법

저장의 목적보다는 종자의 후숙을 도와 발아를 촉진시키는 데 더 큰 의의를 지닌다.

2. 관다발 형성층의 시원세포가 수피 방향으로 분열하여 형성되며, 체내 물질의 이동 통로가 되는 것은?

① 물관부   ② 체관부
③ 수지구   ④ 수피층

해설 형성층의 방사조직 시원세포에서 그 내외 양측에 만들고, 일반적으로 물관부에서 체관부에 걸쳐 존재하며, 각각을 물관부방사조직, 체관부방사조직이라고 한다.

3. 묘목 양성에 대한 설명으로 옳은 것은?

① 밤나무에 흔히 적용하는 접목법은 복접이다.
② 용기묘 양성은 양묘 비용이 많이 들지 않고 특별한 기술이 필요 없다.
③ 발육이 완전하고 조직이 충실하며 측아의 발달이 잘 되어 있는 것이 우량묘의 조건이다.
④ 모식물의 가지를 휘어지게 하여 땅속에 묻어 고정하고 발근하게 하는 방법은 압조법이라 한다.

해설 보충설명

① 밤나무의 접목법의 박접이다.
② 양묘 비용이 많이 들고 기술과 시설이 요구된다.
③ 발육이 완전하고 조직이 충실하며 정아의 발달이 잘 되어 있는 것이 우량묘의 조건이다.
④ 압조법(壓條法)은 휘묻이 혹은 복조법(伏條法), 취목법(取木法)과 같은 용어 쓰인다.

4. 산림 종자의 생리적 휴면을 유지시키는 호르몬은?

① 옥신(auxin)
② 지베렐린(gibberellin)
③ 사이토키닌(cytokinin)
④ 아브시식산(abscisic acid)

해설 abscisic acid

① 대표적 생장억제물질로 건조, 무기양분의 부족 등 식물체가 스트레스를 받는 상태에서 발생이 증대
② 잎의 노화, 낙엽촉진, 휴면유도, 발아억제, 화성촉진, 내한성증진

5. 산림 토양에서 질산화 작용에 대한 설명으로 옳지 않은 것은?

① 질산화 작용이 거의 일어나지 않아 질소가 NH_4^+ 형태로 존재한다.
② 질산화 작용을 담당하는 박테리아는 중성 토양에서 활동이 왕성하다.
③ 질산화 작용이 억제되더라도 뿌리는 균근의 도움으로 암모늄태 질소를 직접 흡수할 수 있다.
④ 질산태 질소는 토양 내 산소 공급이 잘될 때 환원되어 N_2 가스나 NO_x 화합물 형태로 대기권으로 돌아간다.

해설 질산태 질소(NO_3-)는 토양이 혐기성으로 산소공급이 안 될 때 환원되어 N_2가스 혹은 NO_x화합물로 되어 다시 대기권으로 돌아간다.(탈질작용)

6. 왜림 작업에 가장 적합한 수종은?

① *Alnus japonica*
② *Larix kaempferi*
③ *Abies holophylla*
④ *Pinus koraiensis*

정답 1. ② 2. ② 3. ④ 4. ④ 5. ④ 6. ①

해설 왜림

① 움이나 맹아지로 형성되며 아까시나무, 오리나무, 싸리와 같이 주로 활엽수종
② 연료재나 펄프용재 등을 생산하기 위해 이용하는 숲을 말함.

[학명] ① 오리나무, ② 일본잎갈나무, ③ 전나무, ④ 잣나무

7. 덩굴식물 가운데 조림목에 피해를 가장 많이 주고 제거가 가장 어려운 것은?

① 칡
② 머루
③ 사위질빵
④ 으름덩굴

해설 덩굴식물

① 덩굴제거란 조림목을 감고 올라가서 피해를 주는 각종 덩굴식물을 제거하는 일을 말한다.
② 칡(가장 큰 피해), 으름, 다래, 등나무, 담쟁이, 청미래덩굴, 마삭줄, 으아리류, 인동덩굴 등

8. 수목의 기공 개폐에 대한 설명으로 옳지 않은 것은?

① 30~35℃ 이상 온도가 올라가면 기공이 닫힌다.
② 기공은 아침에 해가 뜰 때 열리며 저녁에는 서서히 닫힌다.
③ 엽육 조직의 세포 간극에 있는 이산화탄소 농도가 높으면 기공이 열린다.
④ 잎의 수분 포텐셜이 낮아지면 수분 스트레스가 커지며 기공이 닫힌다.

해설 수목의 기공 개폐

• CO_2농도가 낮으면 열리고, CO_2농도가 높으면 닫힌다.
• 대기 중의 농도가 아닌, 엽육조직의 세포간극에 있는 이산화탄소 농도를 말한다.

9. 봄철에 종자가 성숙하는 수종은?

① *Abies koreana*
② *Pinus densiflora*
③ *Populus davidiana*
④ *Quercus mongolica*

해설 봄철(5월) 꽃이 핀 직후 종자 성숙하는 수종

버드나무, 양버들, 황철나무, 사시나무
① 구상나무, ② 소나무, ③ 사시나무, ④ 신갈나무

10. 잣나무에 대한 설명으로 옳지 않은 것은?

① 심근성 수종이다.
② 잎 뒷면에 흰 기공선을 가지고 있다.
③ 한대성 수종으로 잎이 5개씩 모여난다.
④ 어려서는 음수이고 자라면서 햇빛 요구량이 줄어든다.

해설 바르게 고치면

어린나무는 음수이지만 자라면서 햇빛 요구량이 늘어난다.

11. 다음 조건에 따른 파종량은?

• 파종상 실면적 : 500m²
• 묘목 잔존본수 : 1,000본/m²
• 1g당 종자평균입수 : 60립
• 순량율 : 0.90
• 발아율 : 0.90
• 묘목 잔존율 : 0.4

① 25.7kg
② 27.2kg
③ 28.7kg
④ 29.2kg

해설 $W = \dfrac{A \times S}{D \times P \times G \times L} = \dfrac{500 \times 1,000}{60 \times 0.9 \times 0.9 \times 0.4}$

$= 25.7\text{kg}$

정답 7. ① 8. ③ 9. ③ 10. ④ 11. ①

2021년 3회

12. 우리나라 천연림 보육에서 적용하고 있는 수형급이 아닌 것은?

① 미래목
② 중용목
③ 중립목
④ 방해목

[해설] 천연림 보육에서 적용하는 수형급
미래목, 중용목(무해목), 보호목(유용목),
방해목(유해목), 무관목

13. 임분 갱신 방법 및 용어에 대한 설명으로 옳은 것은?

① 소벌구의 모양은 일반적으로 원형이다.
② 산벌은 임목을 한꺼번에 벌채하는 것이다.
③ 소벌구는 측방 성숙 임분의 영향을 받는다.
④ 모수는 갱신될 임지에 식재목을 공급하기 위한 묘목이다.

[해설] 소벌구
성숙 임분의 영향이 벌구상에 미칠 수 있다. 대의 길이는 제한이 없으나, 폭은 수고의 1/2~2배로 한다.

14. 택벌 작업 시 고려 사항으로 옳지 않은 것은?

① 하종벌과 후벌 시기
② 주요 임분의 물리적 안정성
③ 상층으로 자랄 임목의 건전성
④ 자체 조절 능력이 가능한 단계적 갱신

[해설] 하종벌과 후벌은 산벌 작업에 관한 사항이다.

15. 토양의 공극에 대한 설명으로 옳은 것은?

① 토양의 단위 체적 중량이다.
② 토양 내 물의 용적 비율이다.
③ 토양 측정 시 건조된 토립자의 무게이다.
④ 토양 내 공기 및 물에 의해서 채워진 부분이다.

[해설] 토양 공극
토양 내 공기와 물로 채워진 부분으로 공극 또는 간극이라고 한다.

16. 엽록소의 주요 구성 성분에 해당하는 무기 영양소는?

① 칼슘
② 칼륨
③ 마그네슘
④ 몰리브덴

[해설] 식물조직의 구성성분
Ca : 세포벽, Mg : 엽록소, N와S : 단백질,
P : 인지질과 핵산

17. 숲의 종류를 구분하는데 있어 작업종 또는 생성 기원에 따르지 않은 것은?

① 교림
② 순림
③ 왜림
④ 중림

[해설] 산림의 분류
① 수종구성에 따라 : 순림, 혼효림
② 산림 이용에 따라 : 교림, 왜림, 중림
③ 수목연령에 따라 : 동령림, 이령림

정답 12. ③　13. ③　14. ①　15. ④　16. ③　17. ②

18. 소나무과 수종의 개화생리에 대한 설명으로 옳지 않은 것은?

① 암꽃은 주로 수관의 상단에 핀다.
② 같은 가지에서 암꽃이 수꽃보다 위쪽에 핀다.
③ 수꽃은 생장이 저조한 끝가지의 기부에 많이 핀다.
④ 수꽃은 화분 비산이 끝나도 계속 가지에 붙어 있다가 가을에 떨어진다.

해설 소나무의 암꽃과 수꽃
① 암꽃과 수꽃이 같은 가지에 핀다.(암수한그루)
② 암꽃은 상단 끝부분에 자주색 달걀모양으로 달리고, 수꽃은 생장이 저조한 밑부분에 달리고 노란색으로 길이 1cm의 타원형으로 달린다.
② 수꽃이 핀 직후 4월에 시작해 6월 초순까지 꽃가루가 날리는 화분 비산이 이루어진다.

19. 판갈이 작업에 대한 설명으로 옳지 않은 것은?

① 작업 시기로는 봄이 알맞다.
② 땅이 비옥할수록 판갈이 밀도는 밀식하는 것이 좋다.
③ 지하부와 지상부의 균형이 잘 잡힌 묘목을 양성할 수 있다.
④ 참나무류는 만 2년생이 되어 측근이 발달한 후에 판갈이 작업하는 것이 좋다.

해설 바르게 고치면
땅이 비옥할수록 소식한다.

20. 가지치기에 대한 설명으로 옳지 않은 것은?

① 수령이 높을수록 효과가 높다.
② 수목의 직경생장을 증대시킨다.
③ 산불이 발생했을 때 수관화를 경감시킨다.
④ 임지 표면에 햇빛을 받는 양이 많아져 하층목 발생에 도움을 준다.

해설 가지치기의 단점
① 나무의 성장이 줄어들 수 있다.
② 부정아가 줄기에 나타나 해를 주는 경우가 있다.

정답 18. ④ 19. ② 20. ①

1. 묘목 양성 시 해가림을 해 주어야 할 수종으로만 올바르게 나열한 것은?

① 주목, 소나무
② 전나무, 삼나무
③ 밤나무, 은행나무
④ 벚나무, 아까시나무

해설 묘목 양성시 해가림 실시 수종
가문비나무, 전나무, 낙엽송. 삼나무, 편백 등

2. 산림에서 식물군락의 일정한 계열적 변화를 의미하는 것은?

① 식생교란
② 식생변이
③ 식생순화
④ 식생천이

해설 식생천이
어느 지역에서 시간에 따라 종조성과 식생의 모습이 방향성을 가지고 자연적으로 변화하는 현상을 천이라고 한다.

3. 침엽수의 가지치기 작업방법으로 옳은 것은?

① 줄기와 직각이 되도록 잘라낸다.
② 으뜸가지 이상의 가지를 잘라낸다.
③ 생장 휴지기에 실시하는 것이 좋다.
④ 초두부까지 가지를 잘라내어 통직한 간재를 생산하도록 한다.

해설 침엽수 가치치기 시 줄기와 평행이 되도록 잘라내며, 으뜸가지 이하의 가지를 잘라내어 통직한 간재를 생산하도록 한다.

4. 대면적 산벌작업의 장점으로 옳지 않은 것은?

① 개별작업 및 모수작업에 비해 갱신이 더 확실하다.
② 어린나무가 상하지 않고 적은 비용으로 작업할 수 있다.
③ 우량한 임목들을 남겨 갱신되는 임분의 유전적 형질을 개량할 수 있다.
④ 수령이 거의 비슷하고 줄기가 곧은 동령일제림으로 조성할 수 있다.

해설 산벌 시 벌채될 때 어린 나무가 손상될 수 있으므로 주의해야 한다.

5. 간벌작업을 병행하여 실시하는 갱신 작업종은?

① 개벌작업
② 왜림작업
③ 택벌작업
④ 모수림작업

해설 택벌은 무육, 벌채 및 이용이 동시에 이루지는 갱신 방법이다.

6. 임목의 생육에 필요한 양분에 대한 설명으로 옳지 않은 것은?

① 황, 철, 붕소는 미량원소에 속한다.
② 침엽수는 활엽수보다 양분 요구도가 낮다.
③ 토양 산도에 따라 무기영양소의 유용성이 달라진다.
④ 성숙잎이 먼저 황화현상을 나타내는 것은 마그네슘 및 질소의 주요 결핍증상이다.

해설 황은 다량원소에 속한다.

정답 1. ② 2. ④ 3. ③ 4. ② 5. ③ 6. ①

7. 종자를 정선한 후 곧바로 노천매장하는 것이 가장 적합한 수종은?

① *Alnus japonica*
② *Pinus koraiensis*
③ *Quercus acutissima*
④ *Robinia pseudoacacia*

해설 종자를 정선한 후 곧 노천 매장해야 할 수종(9월 상순~10월 하순)
들메나무, 단풍나무류, 벚나무류, 잣나무, 섬잣나무, 백송, 호두나무, 가래나무, 느티나무, 은행나무, 목련류 등
① 오리나무, ② 잣나무, ③ 상수리나무, ④ 아까시나무

8. 산림토양에서 집적층에 해당되는 층은?

① A층
② B층
③ C층
④ O층

해설 O층 : 유기물층, A층 : 용탈층, B층 : 집적층, C층 : 모재층

9. 무성번식에 대한 설명으로 옳지 않은 것은?

① 초기생장 및 개화, 결실이 빠르다.
② 실생번식에 비해 기술이 필요하다.
③ 번식 방법으로는 삽목, 접목, 취목 등이 있다.
④ 모수와는 다른 다양한 후계 양성이 가능하다.

해설 모수와 같은 후계양성이 가능하다.

10. 종자의 활력을 검정하는 방법으로 옳지 않은 것은?

① 절단법
② 환원법
③ 양건법
④ X선 분석법

해설 양건법은 종실을 햇빛에 건조시키므로서 종자가 자연이탈되도록 하는 종자탈곡법이다.

11. 다음 조건에 따른 파종량은?

- 파종상 면적 : 500m^2
- 묘목 잔족본수 : $600본/\text{m}^2$
- 1g 당 평균입수 : 99입
- 순량률 : 95%
- 발아율 : 90%
- 묘목 잔존율 : 30%

① 약 11.8kg
② 약 12.3kg
③ 약 31.6kg
④ 약 37.3kg

해설 파종량 $= \dfrac{500 \times 600}{99 \times 0.95 \times 0.9 \times 0.3}$
$= 11.816 \rightarrow$ 약 11.8kg

12. 우리나라의 소나무 중에서 수고가 높고, 줄기가 곧으며, 수관이 가늘고 좁고, 지하고가 높은 특성을 보이는 지역형은?

① 금강형
② 안강형
③ 위봉형
④ 중남부평지형

해설 ① 안강형 : 수관은 거의 수평이고, 줄기가 굽어 있다.
② 위봉형 : 수고가 낮고 수관이 좁으며 전나무와 비슷한 형태를 가지고 있다.
③ 중남부평지형 : 줄기가 굽고, 수관이 넓게 퍼지며 지하고가 길다.

13. 침엽수에 해당하는 수종은?

① *Abies koreana*
② *Betula platyphylla*
③ *Quercus mongolica*
④ *Cornus controuersa*

해설 ① 구상나무(상록침엽교목)
② 자작나무(낙엽활엽교목)
③ 신갈나무(낙엽활엽교목)
④ 층층나무(낙엽활엽교목)

정답 7. ② 8. ② 9. ④ 10. ③ 11. ① 12. ① 13. ①

14. 주로 종자에 의해 양성된 묘목으로 높은 수고를 가지며 성숙해서 열매를 맺게 되는 숲은?

① 왜림　　　　　　② 중림
③ 죽림　　　　　　④ 교림

해설 왜림과 죽림은 맹아로 갱신, 중림은 맹아와 종자로 갱신된다.

15. 다음 설명에 해당하는 개벌 방법은?

- 대상 임지가 기복이 심하고 임상이 불규칙하거나 소면적 내에서도 입지 차이가 심한 곳에 적합하다.
- 풍설해 및 병충해 등으로 임관이 소개되어 있는 곳이나 치수가 이미 발생하여 생육을 하고 있는 곳을 우선하여 실시하면 좋다.

① 군상개벌　　　　② 대면적개벌
③ 연속대상개벌　　④ 교호대상개벌

해설 군상 개벌작업
임지의 기복이 심한 경우, 지세가 험한 임지에 군상 개벌지에 의해 갱신한다.

16. 너도밤나무가 자연적으로 분포하고 있는 곳은?

① 홍도　　　　　　② 제주도
③ 강화도　　　　　④ 울릉도

해설 너도밤나무
참나무과 낙엽활엽교목이며 울릉도 특산으로 높이 300~900m에 분포한다.

17. 일반적으로 수목의 광합성에 유효한 광파장 영역은?

① 0~200nm　　　　② 200~400nm
③ 400~700nm　　　④ 700~1,000nm

해설 수목의 광합성에 유효한 광파장 영역
광합성에는 675nm를 중심으로 한 650~700nm의 적색 부분과 450nm을 중심으로 한 400~500nm의 청색 부분이 가장 효과적이다.

18. 풀베기 작업에 대한 설명으로 옳은 것은?

① 여름철보다 겨울철에 실시한다.
② 모두베기할 경우 조림목이 피압될 염려가 없다.
③ 모두베기보다 둘레베기는 노동력이 더 많이 필요하다.
④ 조림목이 양수 수종인 경우 모두베기보다 줄베기 작업을 실시한다.

해설 바르게 고치면
① 겨울철보다 여름철에 실시한다.
③ 둘레베기보다 모두베기는 노동력이 더 많이 필요하다.
④ 조림목이 양수 수종인 경우 모두베기를 실시한다.

19. 어린나무가꾸기 작업에 대한 설명으로 옳은 것은?

① 병해충의 피해를 받은 임목만 벌채하는 것이다.
② 임분의 수직 구조를 개선하기 위해 실시한다.
③ 목적 이외의 수종이나 형질이 불량한 임목을 제거하는 것이다.
④ 생육공간 확보를 위한 경쟁 과정에서 생육공간 조절을 위하여 벌채하는 것이다.

해설 바르게 고치면
① 병해충의 피해를 받은 임목과 침입목 등 경쟁대상목을 벌채한다.
② 임분의 수평구조를 개선하기 위해 실시한다.
④ 생육공간 확보를 위한 경쟁과정에서 생육공간확보를 위하여 벌채한다.

20. 포플러류 등 건조에 약한 종자를 통풍이 잘 되는 옥내에 펴서 건조시키는 방법은?

① 인공건조법 ② 양광건조법
③ 자연건조법 ④ 반음건조법

해설 반음건조법
건조에 약한 종자를 옥내에서 통풍이 잘되게해 자연적으로 건조시키는 방법이다.

2022년 1회

2회

1회독 ☐ 2회독 ☐ 3회독 ☐

1. 순림과 혼효림에 대한 설명으로 옳지 않은 것은?

① 순림은 산림작업과 경영이 간편하고 경제적으로 수행될 수 있다.
② 순림은 혼효림보다 유기물의 분해가 더 빨라져 무기양료의 순환이 더 잘 된다.
③ 혼효림은 인공적으로 조성하기에는 기술적으로 복잡하고 보호관리에 많은 경비가 소요된다.
④ 혼효림은 심근성과 천근성 수종이 혼생할 때 바람 저항성이 증가하고 토양단면 공간 이용이 효과적이다.

해설 바르게 고치면
순림은 혼효림보다 유기물의 분해가 느려져 무기양료의 순환이 원활하지 않다.

2. 곰솔에 대한 설명으로 옳지 않은 것은?

① 수피는 흑갈색이다.
② 소나무과 수종이다.
③ 겨울눈은 붉은색이다.
④ 해안 지역에 주로 분포한다.

해설 바르게 고치면
곰솔의 겨울눈은 회백색이다.

3. 덩굴제거 방법으로 옳지 않은 것은?

① 덩굴의 줄기를 제거하거나 뿌리를 굴취한다.
② 디캄바 액제는 비선택성 제초제로 일반적인 덩굴에 적용한다.
③ 주로 칡, 다래, 머루 같은 덩굴류가 무성한 지역을 대상으로 한다.
④ 글라신 액제를 이용한 덩굴 제거에서는 도포보다는 주로 주입 방법을 이용한다.

해설 바르게 고치면
디캄바 액제는 선택성 제초제이다.

4. 밤, 도토리 등 함수량이 많은 전분 종자를 추운 겨울 동안 동결하지 않고 부패하지 않도록 저장하는 방법으로 가장 적합한 것은?

① 노천매장법
② 보호저장법
③ 상온저장법
④ 저온저장법

해설 보호저장법
밤, 도토리 등 함수량이 많은 전분종자를 추운 겨울 동안 동결하지 않고 동시에 부패하지 않도록 저장하는 방법으로 습하지 않은 깨끗한 모래를 종자와 함께 큰 용기 안에 보관한다.

5. 작업종을 분류하는 기준으로 가장 거리가 먼 것은? (단, 대나무는 제외)

① 벌채 종류
② 벌구 크기
③ 벌채 위치
④ 벌구 모양

해설 작업종의 분류 기준은 임분의 기원, 벌채종, 벌구의 모양과 크기 등으로 위치와는 관계가 없다.

6. 산림 토양에서 부식에 대한 설명으로 옳지 않은 것은?

① 토양의 입단구조를 형성하게 한다.
② 임상 내 H층에 해당되며 유기물이 많이 함유되어 있다.
③ 토양 미생물의 생육에 필요한 영양분으로 사용 가능하다.
④ 칼슘, 마그네슘, 칼륨 등 염기를 흡착하는 능력인 염기치환용량이 작다.

해설 바르게 고치면
칼슘, 마그네슘, 칼륨 등 염기를 흡착하는 능력인 염기치환용량이 크다.

정답 1. ② 2. ③ 3. ② 4. ② 5. ③ 6. ④

7. 묘목의 굴취를 용이하게 하고 묘목의 생장을 조절하기 위해 실시하는 작업은?

① 심경　　　　　　② 관수
③ 단근　　　　　　④ 철선감기

해설 단근
　　묘목의 철늦은 자람을 억제하고, 동시에 측근과 세근을 발달시켜 산지에 재식하였을 때 활착률을 높이기 위하여 실시한다.

8. 음수 갱신에 가장 불리한 작업 방법은?

① 산벌작업　　　　② 택벌작업
③ 이단림작업　　　④ 모수림작업

해설 모수림작업은 양수 갱신 작업이다.

9. 비료의 농도가 너무 높아 묘목이 말라죽는 경우에 토양과 묘목의 수분포텐셜(ψ)의 관계로 옳은 것은?

① $\psi_{토양} > \psi_{묘목}$　　　② $\psi_{토양} = \psi_{묘목}$
③ $\psi_{토양} < \psi_{묘목}$　　　④ $\psi_{토양} \propto \psi_{묘목}$

해설 식물과 토양수분 사이의 관계에서 식물체 내의 양분농도보다 토양수분속 양분농도가 높으면 water potential이 낮아지며 역삼투현상이 일어나 식물이 물을 흡수하지 못하고 시들게 된다.

10. 우량한 침엽수 묘목에 대한 설명으로 옳지 않은 것은?

① 측아가 정아보다 우세하다.
② 왕성한 수세를 지니며 조직이 단단하다.
③ 균근이나 공생미생물이 충분히 부착되어 있다.
④ 근계가 충실하며 뿌리가 사방으로 균형있게 발달한다.

해설 바르게 고치면
　　정아가 측아보다 우세하다.

11. 임목 종자에 대한 설명으로 옳지 않은 것은?

① 리기다소나무 종자의 산지는 미국의 동부 지역이다.
② 상수리나무 종자는 보습 저장하여 활력을 유지시킨다.
③ 발아율이 80%이고, 순량율이 70%인 종자의 효율은 56%이다.
④ 박태기나무, 아까시나무 종자 탈종에 가장 적합한 방법은 부숙마찰법이다.

해설 바르게 고치면
　　박태기나무, 아까시나무 종자 탈종에 가장 적합한 방법은 건조봉타법이다.

12. 수목에 필요한 무기영양원으로 필수 원소가 아닌 것은?

① 철　　　　　　　② 질소
③ 망간　　　　　　④ 알루미늄

해설 수목의 무기영양원
　　질소(N), 인산(P), 칼륨(K), 칼슘(Ca), 황(S), 마그네슘(Mg), 철(Fe), 망간(Mn), 붕소(B), 구리(Cu), 염소(Cl), 아연(Zn), 몰리브덴(Mo)

13. 파종 후 발아 과정에서 해가림이 필요한 수종은?

① *Zelkova serrata*
② *Picea jezoensis*
③ *Robinia pseudoacacia*
④ *Fraxinus rhynchophylla*

해설 해가림 수종
　　잣나무·주목·가문비나무·전나무 등의 음수나 낙엽송의 유묘는 해가림이 필요하다.
　　① 느티나무, ② 가문비나무, ③ 아까시나무,
　　④ 물푸레나무

정답　7. ③　8. ④　9. ③　10. ①　11. ④　12. ④　13. ②

14. 식재 밀도에 따른 임목의 형질과 생산량에 대한 설명으로 옳은 것은? (단, 수종과 연령 및 입지는 동일함)

① 고밀도일수록 연륜폭은 좁아진다.
② 고밀도일수록 지하고는 낮아진다.
③ 고밀도일수록 단목의 평균 간재적은 커진다.
④ 임목밀도에 따라 상층목의 평균수고가 달라진다.

해설 바르게 고치면
② 고밀도일수록 지하고는 높아진다.
③ 고밀도일수록 단목의 평균 간재적은 작아진다.
④ 임목밀도에 따라 하층목의 평균수고가 달라진다.

15. 광합성 색소인 카로테노이드(carotenoids)에 대한 설명으로 옳지 않은 것은?

① 노란색, 오렌지색, 빨간색 등을 나타내는 색소이다.
② 광도가 높을 경우 광산화작용에 의한 엽록소의 파괴를 방지한다.
③ 수목 내에 있는 색소 중에서 광질에 반응을 나타내며 광주기 현상과 관련된다.
④ 엽록소를 보조하여 햇빛을 흡수함으로써 광합성 시 보조색소 역할을 담당한다.

해설 식물체내에 있는 색소 중에서 광질에 반응을 나타내며, 광주기 현상은 광색소 피토크롬(phytochrome)과 관련된다.

16. 왜림작업으로 갱신하기 가장 부적합한 수종은?

① 잣나무
② 오리나무
③ 신갈나무
④ 물푸레나무

해설 왜림작업
① 활엽수림에서 연료재 생산을 목적으로 비교적 짧은 벌기령으로 개벌하고 근주(根株, 움)로부터 나오는 맹아로 갱신하는 방법
② 대상수종 : 상수리나무, 신갈나무 등 참나무류, 서어나무, 물푸레나무, 오리나무류, 벚나무류, 포플러류, 피나무류 등

17. 참나무류 줄기에서 수액상승 속도가 다른 수종에 비해 빠른 이유는?

① 뿌리가 심근성이기 때문이다.
② 도관의 지름이 크기 때문이다.
③ 심재가 잘 형성되기 때문이다.
④ 잎의 앞면과 뒷면에 모두 기공이 있기 때문이다.

해설 참나무류 도관의 경우에는 지름이 거의 0.5mm 가량 되어 육안으로도 보일 정도로 구멍이 뚫려 있으며, 도관의 지름이 크기 때문에 수분 이동 속도가 다른 어느 수종보다도 빠르다.

18. 어린나무가꾸기 작업에 대한 설명으로 옳은 것은?

① 주로 6월~9월에 실시하는 것이 좋다.
② 숲가꾸기 과정에서 한 번만 실시한다.
③ 간벌 이후에 불량목을 제거하기 위해 실시한다.
④ 산림경영 과정에서 중간 수입을 위해서 실시한다.

해설 어린나무가꾸기(제벌)
조림목이 임관을 형성한 뒤부터 간벌할 시기에 이르는 사이에 침입 수종을제거하고, 아울러 조림목 중 자람과 형질이 매우 나쁜 것을 끊어 없애는 것을 말한다.

정답 14. ① 15. ③ 16. ① 17. ② 18. ①

19. 종자가 성숙하고 산포하는 시기가 개화 당년 봄철인 수종은?

① *Populus nigra*

② *Taxus cuspidata*

③ *Torreya nucifera*

④ *Machilus thunbergii*

해설 ① 양버들 : 당년 5월경
② 주목 : 당년 9~10월
③ 비자나무 : 개화 이듬해 가을
④ 후박나무 : 개화 이듬해 여름

20. 수목이 외부 환경으로부터 받은 스트레스를 감지하는 역할을 수행하는 호르몬은?

① 옥신   ② 지베렐린

③ 사이토키닌   ④ 에브시스산

해설 아브시스산(ABA)
대표적 생장억제물질로 건조, 무기양분의 부족 등 식물체가 스트레스를 받는 상태에서 발생이 증대한다.

1. 천연림 무육에서 제벌 시 벌채 대상목이 아닌 것은?

① 적정 밀도 유지에 있어 경합된 나무
② 줄기가 구부러지거나 여러 줄기로 갈라진 나무
③ 보호목 또는 비료목의 효과가 있는 나무
④ 형질이 불량하거나 피압된 나무

해설 제벌 시 보육 대상목의 생장에 지장을 주는 유해수종, 덩굴
류, 피해목, 생장 또는 형질이 불량한 나무, 폭목 등을 제거
한다.

2. 택벌작업의 장점으로 틀린 것은?

① 임지가 보호된다.
② 심미적 가치가 높다.
③ 양수수종의 갱신에 적합하다.
④ 병해충에 대한 저항력이 높다.

해설 택벌작업은 고도의 기술이 필요하며 양수수종에 적용은
적합하지 않다.

3. 참나무속의 표현으로 맞는 것은?

① *Acer*
② *Alnus*
③ *Quercus*
④ *Ulmus*

해설 ① *Acer* : 단풍나무속   ② *Alnus* : 오리나무속
③ *Quercus* : 참나무속   ④ *Ulmus* : 느릅나무속

4. 낙엽 낙지 등에 의한 임지피복의 효과가 아닌 것은?

① 강우에 의한 표토의 침식과 유실을 막는다.
② 토양수분의 증발을 막고 표토의 온도를 조절하여 토양 미
생물상을 보호한다.
③ 임지의 투수성과 보수성을 막아 근계발달에 도움을 준다.
④ 토양에 유기물을 공급하여 양료를 증가시켜 나무의 생
장을 돕는다.

해설 투수성과 보수성이 증대되어 임지의 성질이 개량되고 근
계발달에 도움을 준다.

5. 종자 발아를 위해 후숙이 필요한 수종은?

① 버드나무
② 느릅나무
③ 졸참나무
④ 주목

해설 종자 발아를 위해 후숙이 필요한 수종
은행나무, 들메나무, 향나무, 주목 등은 종자가 성숙해도
아직 배의 형태적 발달이 불완전한 미발달배이므로 휴
면 타파를 위한 후숙이 필요하다.

6. 다음 중 모수(母樹) 작업의 일종인 것은?

① 대상초벌작업(帶狀抄伐作業)
② 보잔목작업(保棧木作業)
③ 두목작업(頭木作業)
④ 중림작업(中林作業)

해설 보잔목 작업
모수의 왕성한 생장을 다음 윤벌기까지 계속시켜 형질을
향상시키고 갱신을 천연적으로 진행시킨다.

정답   1. ③   2. ③   3. ③   4. ③   5. ④   6. ②

7. 침엽수종 중 삽목발근이 용이한 수종은?

① 향나무
② 잣나무
③ 낙엽송
④ 전나무

해설 향나무는 삽목발근이 용이한 수종이다.

8. 산림작업의 하나의 체계에 해당하는 숲이 다음과 같은 구조로 나타날 경우 어떻게 해석할 수 있는가?

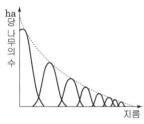

① 동령림으로 구성되어 있는 산림
② 순환벌채를 받고 있는 택벌림
③ 벌채를 받은 일이 없는 산림
④ 우리나라 소나무 숲에 흔히 나타나고 있는 구조

해설 그림은 택벌림으로 이령 임분을 이룬 구조를 나타낸다.

9. Moller의 항속림사상(恒續林思想) 강조 내용으로 옳게 설명한 것은?

① 정해진 윤벌기에 군상목택벌을 원칙으로 한다.
② 항속림은 이령혼효림이다.
③ 벌채목의 선정은 산벌작업의 선정기준에 준해서 한다.
④ 갱신은 인공갱신을 원칙으로 한다.

해설 항속림은 이령혼효림의 택벌림을 나타낸다.

10. 종자의 품질을 나타내는 기준인 순량율이 50%, 60g, 실중이 발아율이 90%라고 할 때 종자의 효율은?

① 30%　　　　② 54%
③ 27%　　　　④ 45%

해설 종자의 효율$=\dfrac{\text{발아율}\times\text{순량률}}{100}=\dfrac{50\%\times90\%}{100}$
$=45\%$

11. 수목의 줄기를 구성하는 다음 조직 중에서 수분이 이동하는 주요 통로가 존재하는 곳은?

① 수(pith)
② 목부(xylem)
③ 사부(phloem)
④ 형성층(cambium)

해설 목부(물관세포)
뿌리털에서 흡수한 물과 무기양분이 위로 이동하는 통로로 잎까지 연결되어 있다.

12. 우량묘의 조건을 가장 옳게 설명한 것은?

① 가지가 특정한 방향으로 뻗어 발달한 것
② 온도의 저하에 따른 고유의 변색(變色)과 광택을 가지고 있을 것
③ 발육이 완전하고 조직이 충실하며 측아의 발달이 잘 되어 있는 것
④ 지상부보다 지하부의 측근과 세근의 발달이 왕성한 것

해설 우량묘
묘목의 발육이 완전하고 조직이 충실하며 정아발달이 잘 되어 있어야 한다. 또한 지상부와 지하부가 균형이 있고 다른 조건이 같다면 T/R률의 값이 작아야 한다.

2022년 3회

13. 다음 그림은 데라사끼 수관급(또는 수목급)을 나타낸 것이다. 이중 8번의 나무는 어느 급에 해당하는가?

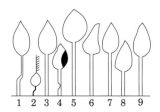

① 1급목
② 2급목
③ 3급목
④ 4급목

[해설] 8번 입목은 생장은 더디지만 수관과 줄기가 정상적이며, 그 둘레의 1·2급목이 제거되면 생장을 계속할 수 있는 수종이다.

14. 수목은 토양의 무기양료가 부족하면 여러 가지 생리 반응이 나타난다. 잎의 황화현상(chlorosis)을 일으키는 무기양료가 아닌 것은?

① N
② Cl
③ Fe
④ Mg

[해설] 염소(Cl)
광합성에서 광화합반응의 촉매제로 작용한다.

15. 조림지 풀베기(밑깎기)의 시기 및 기간 설명으로 옳은 것은?

① 조림 당년에는 2회만 실시한다.
② 조림 후 2년간만 실시한다.
③ 조림 후 4년간만 실시한다.
④ 조림묘목이 주위의 잡목에게 피압되지 않을 때까지 실시한다.

[해설] 조림지 풀베기
조림목이 주위에 다른 식생과의 경쟁에서 벗어날 때까지 실시하며 조림목의 수고생장량에 의하여 결정한다.

16. 묘목을 식재할 때 밀도가 높은 경우에 대한 설명으로 옳은 것은?

① 입목의 초살도가 증가한다.
② 솎아베기 작업을 생략할 수 있다.
③ 수고 생장보다는 직경 생장을 촉진한다.
④ 임관이 빨리 울폐되어 표토의 침식과 건조를 방지한다.

[해설] 밀식의 효과
① 숲땅이 보호된다.
② 밑가지의 발생을 억제(지하고가 높아짐) 된다.
③ 수고(나무높이) 생장을 촉진하여 밋밋하고 마디가 작은 용재를 얻을 수 있다.
④ 가지치기 작업이 줄고 간벌 수입을 얻을 수 있다.

17. 같은 임지에 있어서 수종과 연령은 같고 밀도만을 다르게 할 때, 임목의 형질과 생산량에 나타나는 현상에 대한 설명으로 옳지 않은 것은?

① 밀도가 높을수록 연륜폭은 좁아진다.
② 밀도가 높을수록 지하고는 낮아진다.
③ 밀도가 높을수록 수간형은 완만해진다.
④ 밀도가 높을수록 평균흉고직경은 작아진다.

[해설] 밀도가 높을수록 나무 간의 경쟁으로 인해 지하고는 높아진다.

18. 종자의 배(Embryo) 형성에 대한 설명으로 옳은 것은?

① 극핵과 정핵이 만나서 형성된다.
② 난핵과 정핵이 만나서 형성된다.
③ 난핵과 조세포가 만나서 이루어진다.
④ 정핵과 조세포가 만나서 이루어진다.

[해설] 배 = 난핵 + 정핵

정답   13. ③   14. ②   15. ④   16. ④   17. ②   18. ②

19. 묘포지 선정 조건으로 가장 적절한 것은?

① 평탄한 점토질 토양
② 5° 이하의 완경사지
③ 한랭한 지역에서는 북향
④ 남향에 방풍림이 있는 곳

해설 묘포의 적지

① 토양 : 가벼운 사양토가 적당하며, 토심이 깊고 부식질 함량이 많으면 좋다.
② 관수나 배수가 용이한 약간 경사진 곳으로 동서로 길게 설치한다.
③ 5° 이하의 완경사지가 적합하며, 그 이상은 토양 유실이 우려되어 계단식 경작을 해야 한다.
④ 위도가 높고 한랭한 지역은 동남향이 유리하고, 남쪽 지방은 북향이 유리하다.

20. 열매의 형태가 견과에 해당하는 수종은?

① *Acer palmatum*   ② *Ulmus davidiana*
③ *Camellia japonica* ④ *Quercus acutissima*

해설 ① 단풍나무 – 시과
② 느릅나무 – 시과
③ 동백나무 – 삭과
④ 상수리나무 – 견과

1. 개벌작업의 장점에 대한 설명으로 옳지 않은 것은?

① 현재의 수종을 다른 수종으로 바꾸고자 할 때 가장 쉬운 방법이다.
② 작업의 속도가 빠르고 높은 수준의 기술이 필요하지 않다.
③ 음수 갱신에 유리하다.
④ 벌목, 조재, 집재가 편리하고 비용이 적게 든다.

해설 개벌작업
　주로 양수에 적용되는 작업종

2. 다음 조건에서 1m²당 파종량은?

- 실제 파종하여야 할 상면적 10m²
- 가을에 m²당 남겨질 소나무 1년생 묘목의 수 1,000본
- 1g당의 종자의 평균입수 100립
- 순량률 90%, 발아율 90%, 득묘율 20%

① 약 42g
② 약 52g
③ 약 62g
④ 약 72g

해설 파종량

$$= \frac{파종면적 \times m^2당 세워 둘 묘목수}{g당 종자입수 \times 순량률 \times 발아율 \times 득묘율},$$

$$\frac{10 \times 1,000}{100 \times 0.9 \times 0.9 \times 0.2} ≒ 617.2g(10m^2당 파종량)$$

1m²당 파종량=61.7g

3. 다음 무기영양소 중 수목 내 이동이 상대적으로 어려운 원소는?

① 질소, 마그네슘   ② 황, 철
③ 칼슘, 붕소   ④ 칼륨, 구리

해설 ① 칼슘(Ca)
- 보통 식물의 잎에 함유량이 많고 세포막의 구성성분
- 칼슘 부족시 분열 조직에 심한 피해를 준다.
- 식물체내 이동이 비교적 어렵다.
② 붕소(B)
- 질소대사에 관계되며, 식물의 생장점이나 형성층 같은 분열조직의 활동과 관계가 깊다.
- 식물체내 이동이 비교적 어렵다.

4. 시비량 산출공식($M = \dfrac{A-B}{C}$) 중 B의 내용은?

① 비료의 흡수율
② 비료의 성분비
③ 비료천연공급량
④ 묘목이 필요로 하는 비료의 요소량

해설 시비량$= \dfrac{비료 요소량 - 비료 천연공급량}{비료의 흡수율}$

5. 종자를 구성하고 있는 배가 미성숙배라서 후숙이 필요한 수종은?

① 소나무   ② 잣나무
③ 사시나무   ④ 주목

해설 미성숙배
① 종자가 성숙해도 아직 배의 형태적 발달이 불완전한 미발달배이므로 휴면 타파를 위한 후숙이 필요하다.
② 적용수종 : 은행나무, 들메나무, 향나무, 주목 등

정답   1. ③   2. ③   3. ③   4. ③   5. ④

6. 종자발아 촉진방법으로 옳지 않은 것은?

① 변온처리법   ② 고온처리법
③ 환원처리법   ④ 침수처리법

해설 발아촉진법
종피의 기계적 파상법, 침수처리법, 황산처리법, 노천매장법, 충적법, 화학약품처리법, 고온처리법 등

7. 종자의 배(Embryo) 형성에 대한 설명으로 옳은 것은?

① 극핵과 정핵이 만나서 형성된다.
② 난핵과 정핵이 만나서 형성된다.
③ 난핵과 조세포가 만나서 이루어진다.
④ 정핵과 조세포가 만나서 이루어진다.

해설 배 = 난핵 + 정핵

8. 열매의 형태가 삭과에 해당하는 수종은?

① *Ulmus Davidiana var. Japonica*
② *Acer Palmatum THUNB.*
③ *Quercus Acutissima CARRUTH.*
④ *Camillia Japonica L.NAKAI.*

해설 삭과
① 2개 이상의 심피로 구성된 자방이 성숙하여 열매로 익으면 과피가 저절로 벌어져 종자가 산포되는 종류이다.
② 동백나무, 개오동나무류, 포플러류, 버드나무류, 오동나무류
※ 예문 ① 느릅나무 ② 단풍나무 ③ 상수리나무 ④ 동백나무

9. 참나무류 임분을 왜림작업으로 갱신하려 할 때 벌채시기로 가장 적절한 것은?

① 늦가을 ~ 초겨울   ② 늦봄 ~ 초여름
③ 늦여름 ~ 초가을   ④ 늦겨울 ~ 초봄

해설 왜림작업의 벌채는 생장휴지기인 늦겨울 이후부터 이듬해 초봄 이전까지 실시한다.

10. 솎아베기(간벌)에 대한 옳은 설명은?

① 도태간벌은 하층간벌에 속한다.
② Hawley가 제시한 택벌식 간벌에서는 주로 우세목을 간벌한다.
③ 일본잎갈나무의 최초 간벌 적기는 조림 후 25~30년이 경과한 이후이다.
④ 지위가 나쁜 곳에서는 지위가 좋은 지역에 비해 빨리 간벌을 하는 것이 좋다.

해설 바르게 고치면
① 도태간벌은 벌채시기를 장기간으로 하고 미래목을 선정한 후 이 나무를 방해하는 나무를 솎아내는 방법으로 상층간벌에 속한다.
③ 일본잎갈나무의 최초 간벌은 조림 후 10~15년이 경과한 이후이다.
④ 유령림 또는 지위가 양호한 임분은 노령림 또는 지위가 저조한 임분보다 간벌주기가 짧아진다.

11. 토양의 수분 부족으로 인한 잎의 생리현상으로 옳지 않은 것은?

① 기공 폐쇄   ② 광합성 중단
③ 팽압 상승   ④ 단백질 합성 감소

해설 수목 내의 함수량이 저하되면 세포는 팽압을 감소된다.

12. 풀베기 시행 시 전면깎기를 실시하는 수종은?

① 낙엽송
② 전나무
③ 비자나무
④ 가문비나무

해설 모두베기(전면깎기)
① 조림지 전면의 잡초목을 베어내는 방법
② 임지가 비옥하거나 식재목이 광선을 많이 요구하는 삼나무, 낙엽송, 강송, 편백 등의 조림 또는 갱신지에 적용

13. 묘포지 선정 조건으로 가장 적절한 것은?

① 한랭한 지역에서는 북향
② 평탄한 점토질 토양
③ 5° 이하의 완경사지
④ 남향에 방풍림이 있는 곳

해설 묘포의 적지
① 토양 : 가벼운 사양토가 적당하며, 토심이 깊고 부식질 함량이 많으면 좋다.
② 관수나 배수가 용이한 약간 경사진 곳으로 동서로 길게 설치한다.
③ 5° 이하의 완경사지가 적합하며, 그 이상은 토양 유실이 우려되어 계단식 경작을 해야 한다.
④ 위도가 높고 한랭한 지역은 동남향이 유리하고, 남쪽지방은 북향이 유리하다.

14. 겉씨식물의 특성으로 옳은 것은?

① 대부분 잎은 그물맥이다.
② 헛물관 세포가 있다.
③ 중복수정을 한다.
④ 밑씨가 씨방 속에 들어 있다.

해설

겉씨식물	속씨식물
밑씨가 겉으로 드러나 있다.	씨방 속에 밑씨가 있다.
중복수정을 하지 않는다.	중복 수정 정핵(n) + 난세포(n) → 배(씨눈 : 2n) 정핵(n) + 극핵(n, n) → 배젖(3n)
암꽃과 수꽃이 따로 있다.	꽃잎, 꽃받침, 암술, 수술 모두 있다.
잎은 침엽, 엽맥은 평행맥이다.	잎은 활엽, 엽맥은 대부분 망상(그물맥)이다.
목부에 헛물관 발달	목부에 도관이 잘 발달

15. 동일 임분에서 대경목을 지속적으로 생산할 수 있는 작업종은?

① 제벌작업
② 개벌작업
③ 산벌작업
④ 택벌작업

해설 택벌
상층 대경목만 지속적으로 베어낸다.

16. 종자의 저장수명이 가장 긴 수종은?

① *Robinia pseudoacacia*
② *Quercus variabilis*
③ *Salix koreensis*
④ *Cryptomeria japonica*

해설 ① 아까시나무 : 상온에서 3~4년
② 굴참나무 : 0~5℃에서 30개월
③ 버드나무 : 1~5℃에서 6개월
④ 삼나무 : 상온에서 3년

정답 **12.** ① **13.** ③ **14.** ② **15.** ④ **16.** ③

17. 삽목상의 환경조건에 대한 설명으로 옳지 않은 것은?

① 온도는 10~15℃가 가장 적합하다.
② 삽수에 적절한 수분을 공급하여야 한다.
③ 통기성이 좋아야 한다.
④ 해가림을 하여 건조를 막는다.

해설 삽목상 적온은 20~25℃이고 10℃에서는 미약한 발근활동이 시작되나 15℃가 되면 대체로 발근활동이 가능하게 된다.

18. 이중정방형으로 묘간거리 5m로 1ha에 식재되는 묘목의 본수는?

① 200본 ② 2,000본
③ 800본 ④ 8,000본

해설 이중정방형 묘목본수
$$= \frac{2 \times 면적}{묘간거리 \times 묘간거리} = \frac{2 \times 10,000}{5 \times 5} = 800주$$

19. 수목의 측아 발달을 억제하여 정아우세를 유지시켜 주는 호르몬은?

① 사이토키닌
② 지베렐린
③ 옥신
④ 아브시스산

해설 옥신
식물 줄기 생장점의 정아에서 생성된 옥신이 정아의 생장은 촉진하나 아래로 확산하여 측아의 발달은 억제하여 정단 우세 현상이 일어나게 한다.

20. 산림토양에서 부식에 대한 설명으로 옳지 않은 것은?

① 토양의 입단구조를 형성한다.
② 토양미생물의 생육을 자극한다.
③ 임상 내 H층에 해당되며 유기물이 많이 함유 되어 있다.
④ 칼슘, 마그네슘, 칼륨 등 염기를 흡착하는 능력인 염기치환용량이 작다.

해설 산림토양의 부식
① 산림토양은 논토양, 밭토양에 비해 낙엽이 쌓여 부식이 많고, 토양구조가 잘 발달되어 있다.
② 점토치환성염기이온의 흡착능(염기치환용량)이 월등히 크므로 작물생육에 필요한 각종 무기성분을 흡착·보유하여 이들의 용탈·유실을 억제한다.

1. 조림수종을 선택하는 요건 중 틀린 것은?

① 성장속도가 빠르고 재적생장량이 높은 것
② 위해에 대하여 저항력이 강한 것
③ 가지가 굵고 길며, 줄기가 곧은 것
④ 산물의 이용가치가 높고 수요량이 많은 것

해설 바르게 고치면
　　 가지가 가늘고 짧으며, 줄기가 곧은 것

2. 잡목림 3ha를 개벌하고 이곳에 1~3년생 잣나무를 2m×3m 장방형으로 조림하고자 한다. 필요한 묘목수는?

① 3,000주
② 4,000주
③ 5,000주
④ 6,000주

해설 $\dfrac{30,000\mathrm{m}^2}{2\mathrm{m} \times 3\mathrm{m}} = 5,000$주

3. 다음 접목 방법 중 소나무류에서 주로 실시하는 것은?

① 절접   ② 할접
③ 박접   ④ 아접

해설 할접
　　 소나무류, 참나무류, 감나무, 동백나무류

4. 학명에 대한 설명 중에서 틀린 것은?

① 종명은 대문자로 쓴다.
② 사용하는 언어는 라틴어이거나 라틴어화하여 사용해야 한다.
③ 속명과 명명자 이름은 모두 대문자로 쓴다.
④ 품종표기는 명명자 다음에 온다.

해설 바르게 고치면
　　 속명은 대문자, 명명자는 대문자로 표기한다.

5. 온도가 식물에 끼치는 영향에 대한 설명으로 틀린 것은?

① 월평균온도에 있어서 5℃ 이상의 값을 적산한 값을 온량지수라 한다.
② 산간에서 흐르는 찬물로 관개를 하면 위조가 올 수 있다.
③ 환경이 제한으로 받게 되는 휴면을 타발휴면이라 한다.
④ 많은 식물의 경우 광합성에 대한 최적온도는 최적호흡에 대한 최적온도보다 높다.

해설 바르게 고치면
　　 광합성에 대한 최적온도는 최적호흡에 대한 최적온도보다 낮다.

6. 가지치기의 주 효과가 아닌 것은?

① 직경 생장을 증대한다.
② 무절 완만재를 생산한다.
③ 지엽에 부식되어 토양비옥도를 높인다.
④ 산림의 여러 가지 해를 예방한다.

해설 지엽의 부식과 토양비옥도와는 관계성이 적다.

정답   1. ③   2. ③   3. ②   4. ③   5. ④   6. ③

7. 파종상실면적 500m², 묘목잔존본수 1,000본/m², 1g 당 종자 평균입수 60립, 순량률 0.90, 실험실발아율 0.90, 묘목잔존율을 0.4로 가정할 때의 파종량은?

① 25.7kg   ② 28.2kg

③ 28.7kg   ④ 29.2kg

해설 $\dfrac{500 \times 1,000}{60 \times 0.9 \times 0.9 \times 0.4} = 25,720\,g \rightarrow 25.7\,kg$

8. 수종간 접목의 친화력(親和力)이 식물계통상 가장 가까운 것은?

① 이속간(異屬間)

② 이과간(異科間)

③ 동속이종간(同屬異種間)

④ 동종이품종간(同種異品種間)

해설 접목의 친화력은 종이 같은 경우(동종간) 장 뛰어나다.

9. 임지의 지위지수(Site Index)를 평가하는 방법에 대하여 바르게 기술하고 있는 것은?

① 특정 임령에서 그 임분의 우세목의 재적으로 지위지수를 결정한다.

② 특정 임령에서 그 임분의 우세목의 수고로 지위지수를 결정한다.

③ 특정 임령에서 그 임분의 전체 축적으로 지위지수를 결정한다.

④ 특정 임령에서 그 임분을 구성하는 우세목과 열세목의 평균직경으로 지위지수를 결정한다.

해설 임지의 지위지수
임지의 생산력 판단지표로 우세목의 수령과 수고를 결정한다.

10. 제벌(除伐)의 실행에 관한 설명 중 옳은 것은?

① 일반적으로 수관간의 경쟁이 시작되고 조림목의 생육이 저해되는 시점이 적정시기이다.

② 낙엽송은 식재 후 15년 정도가 적정시기이다.

③ 생육 휴면기인 겨울철이 적정시기이다.

④ 침입수종 제거가 목적으로 조림목은 원칙적으로 제거하지 않는다.

해설 제벌
어린나무가꾸기로 수관간의 경쟁이 시작되는 시점에 시행한다.

11. 파종 1개월 정도 전에 노천매장하여 발아촉진에 도움이 되는 수종은?

① 소나무   ② 잣나무

③ 느티나무   ④ 은행나무

해설 파종 1개월 정도 전에 노천매장하는 수종
소나무, 곰솔, 낙엽송, 가문비나무, 전나무, 측백나무, 리기다소나무, 방크스소나무, 삼나무, 편백, 무궁화 등

12. 다음 중 수목종자의 표준품질기준에서 효율이 가장 높은 수종은?

① 주목   ② 잣나무

③ 소나무   ④ 은행나무

해설 ① 주목 : 52.9%
② 잣나무 : 63.0%
③ 소나무 : 81.6%
④ 은행나무 : 65.8%

13. 수목 호르몬인 지베렐린에 대한 설명으로 틀린 것은?

① 벼의 키다리병을 일으키는 곰팡이에서 처음 추출된 호르몬이다.
② 거의 모든 지베렐린은 알칼리성을 띤다.
③ 줄기의 신장을 촉진한다.
④ 개화 및 결실을 돕는 역할을 한다.

해설 바르게 고치면
　　지베렐린은 산성을 띤다.

14. 판갈이(상체) 밀도에 대한 설명 중 옳은 것은?

① 묘목이 클수록 밀식한다.
② 양수는 음수보다 밀식한다.
③ 땅이 비옥할수록 소식한다.
④ 잎과 가지가 확장하는 것은 밀식한다.

해설 판갈이 밀도
　　• 묘목이 클수록 소식한다.
　　• 양수는 음수보다 소식한다.
　　• 잎과 가지가 확장하는 것은 소식한다.

15. 수목과 건조한 환경에 대한 설명으로 옳지 않은 것은?

① 일반적으로 내건성 수목은 얕고 넓은 근계를 형성한다.
② 내건성이란 건조한 환경에 견딜수 있는 능력을 말한다.
③ 내건성 수종은 주로 소나무, 은행나무, 상수리나무 등이 있다.
④ 건조한 지역에서 자라는 수목은 각피층이 두껍고, 증산량이 낮은 경엽을 가지고 있다.

해설 내건성 수목은 건조한 환경을 잘 견딜 수 있도록 깊고 좁은 근계를 형성한다.

16. 천연림보육에 대한 설명으로 옳지 않은 것은?

① 하층임분은 특별한 이유가 없는 한 그대로 둔다.
② 미래목은 장차 미래에 효용가치가 실생목보다 맹아목을 우선적으로 고려하여 선정하는 것이 좋다.
③ 세력이 너무 왕성한 보호목은 가지를 제거하여 그 세력을 줄이고 미래목의 생장에 영향이 없다.
④ 상층목의 생육공간을 확보해주기 위하여 수관경쟁을 하고 있는 불량형질목과 가치가 낮은 임목은 제거한다.

해설 바르게 고치면
　　미래목은 맹아목보다는 실생목을 우선적으로 고려하여 선정하는 것이 좋다.

17. 지하자엽형으로 발아하는 수종으로만 짝지어진 것은?

① 개암나무, 양버즘나무　② 단풍나무, 물푸레나무
③ 버즘나무, 아까시나무　④ 호두나무, 상수리나무

해설 지하엽형 수종
　　• 무배유종자는 자엽에 녹말과 지방이 저장되어 있고, 발아 후 자엽이 땅속에 남아있다.
　　• 호두나무, 칠엽수, 밤나무, 참나무류 등

18. 덩굴제거 방법으로 옳지 않은 것은?

① 줄기를 제거하거나 뿌리를 굴취한다.
② 약제주입기로 글라신액제를 대상 덩굴에 주입하고 고사시킨다.
③ 디캄바액제는 비선택성 제초제로 일반적인 덩굴류에 적용한다.
④ 주로 칡, 다래, 머루 같은 덩굴류가 무성한 지역을 대상으로 한다.

해설 디캄바액제
　　호르몬형 이행성의 선택성 제초제로 화본과 식물은 내약성이 강하나, 광엽잡초에 대한 살초 효과가 우수하다.

정답　13. ②　14. ③　15. ①　16. ②　17. ④　18. ③

19. 중림작업에 대한 설명으로 옳은 것은?

① 교림작업과 왜림작업의 혼합림 작업이다.
② 교림작업과 중림작업의 혼합림 작업이다.
③ 교림작업과 순림작업의 혼합림 작업이다.
④ 교림작업과 치수림작업의 혼합림 작업이다.

[해설] 중림작업
교림작업과 왜림작업을 동시에 실시하는 혼합림 작업이다.

20. 묘목 잎의 엽록소 형성에 미치는 영향이 가장 작은 영양소는?

① B   ② N
③ Fe   ④ Mg

[해설] 붕소(B)는 질소대사과정에 관여하는 미량원소이다.

3회

1. 다음 중 내음력이 가장 강한 수종은?

① 주목
② 향나무
③ 사시나무
④ 물푸레나무

해설 음수

주목, 금송, 비자나무, 편백, 솔송나무, 가문비나무류, 전나무, 회양목, 너도밤나무, 서어나무류, 동백나무, 녹나무 등

2. 광합성 색소인 카로티노이드(Caro-tenoids)에 관한 설명으로 옳지 않은 것은?

① 식물에서 노란색, 오렌지색, 적색 등을 나타내는 색소이다.
② 광도가 높을경우 광산화작용에 의한 엽록소의 파괴를 방지한다.
③ 엽록소를 보조하여 햇빛을 흡수함으로써 광합성시 보조색소 역할을 담당한다.
④ 식물체 내에 있는 색소 중에서 광질에 반응을 나타내며, 광주기 현상과 관련된다.

해설 카로티노이드

• 식물체에서 합성되어 노란색·오렌지색·적색 등으로 주로 꽃·과실·잎에 축적된다.
• 잎에서는 엽록체 속에서 클로로필과 거의 일정한 비율로 공존하며 광합성에서 빛의 흡수를 돕는다.
• 광도가 높을 경우 광산화작용에 의한 엽록소의 파괴를 방지한다.

3. 건조에 의해 생활력을 쉽게 잃게 되는 종자를 저장하는 데 가장 적합한 방법은?

① 노천매장법
② 실내창고저장법
③ 저온밀봉저장법
④ 저온건조제저장법

해설 보습저장법

• 건조에 의해 생활력을 쉽게 잃게 되는 참나무류, 가시나무류, 가래나무, 목련 등을 습도가 높은 조건 하에 두어서 저장
• 노천매장법, 보호저장법, 냉습적법

4. 다음 설명에 해당하는 것은?

• 엽록소를 구성하고 효소의 활동에 관계하며, 식물체 내에서의 이동은 용이한 편이다.
• 이것은 종자와 잎에 비교적 많고 뿌리에는 비교적 적다.
• 이것이 결핍되면 인산의 이용이 감소한다.

① Mg
② Ca
③ N
④ K

해설 마그네슘

• 엽록소를 구성하는 효소의 활동에 관계하며 부족하면 위황증이 나타난다.
• 식물체의 이동은 용이하다.
• 종자와 잎에 비교적 많고, 종자에 있어서 전분종자보다는 지방종자에 많으며 뿌리에는 비교적 적다.
• 인산의 영향과 효소작용에 관계가 있고 결핍되면 인산의 이용이 감소된다.

5. 다음 공식은 종자 m²당 파종량을 산정하기 위한 공식이다. A×S를 옳게 설명한 것은?

$$W = \frac{A \times S}{D \times P \times G \times L}$$

① 순량률과 발아세를 곱한 값이다.
② 발아율과 파종면적을 곱한 값이다.
③ 종자입수에 파종면적을 곱한 값이다.
④ 파종면적에 m²당 묘목의 잔존본수를 곱한 값이다.

해설 A : 파종상의 면적, S : 가을이 되어 m²당 세워 둘 묘목수, D : 1g 당 종자립수, P : 순량률, G : 발아율, L : 묘목잔존율

6. 다음 중 모수작업의 일종인 것은?

① 중림작업
② 두목작업
③ 보잔목작업
④ 대상초벌작업

해설 보잔목작업(보잔모수법)
모수림작업의 변법으로 모수작업을 할 때 남겨 둘 모수의 수를 많게 하고 다음 벌기까지 남겨서 품질이 좋은 대경재 생산을 목적으로 한다.

7. 생가지치기를 하는 경우 절단면이 썩을 위험성이 가장 큰 수종은?

① 사시나무
② 단풍나무
③ 소나무
④ 삼나무

해설 생가지치기시 위험성이 높은 수종
단풍나무, 물푸레나무, 느릅나무류, 벚나무류

8. 소나무 종자의 용적중이 500g/L, 실중이 10g, 순량률이 90%, 발아율이 50%일 경우에 이 종자의 효율은?

① 45%
② 50%
③ 85%
④ 90%

해설 효율(%)$= \dfrac{발아율(\%) \times 순량율(\%)}{100} = \dfrac{90 \times 50}{100}$
$= 45\%$

9. 겉씨식물의 특징에 대한 설명으로 옳지 않은 것은?

① 배주가 심피에 싸여 있다.
② 배유의 염색체는 반수체(n)이다.
③ 꽃잎, 꽃받침, 수술, 암술이 없다.
④ 수체 내의 수분 이동은 헛물관(가도관)을 통하여 이루어진다.

해설 겉씨식물(나자식물)은 배주가 노출되어 있다.

10. 숲아베기(간벌)의 효과로 거리가 먼 것은?

① 간벌 수확을 얻을 수 있다.
② 생산될 목재의 형질이 향상된다.
③ 옹이가 없는 완만재로 목재가치가 높아진다.
④ 임목의 건강성을 향상시켜 병충해에 대한 저항력을 높인다.

해설 • 간벌의 효과 : 간벌수확, 생산될 목재의 형질이 향상, 임목의 건강성이 향상되어 병충해에 대한 저항력이 커진다.
• 옹이를 없애거나 완만재를 위해서는 밀식이나 가지치기를 실시한다.

11. Moller의 항속림 사상의 강조 내용으로 옳은 것은?

① 갱신은 인공갱신을 원칙으로 한다.
② 정해진 윤벌기에 군상택벌을 원칙으로 한다.
③ 개벌을 금하고 해마다 간벌형식의 벌채를 반복한다.
④ 벌채목의 선정은 산벌작업의 선정 기준에 준해서 한다.

해설 항속림사상
• 항속림은 이령혼효림이다.
• 개벌을 금하고 해마다 간벌형식의 벌채를 반복한다.
• 지력을 유지하기위해 지표유기물을 잘 보존한다.
• 항속림사업시 천연갱신을 원칙으로 한다.
• 단목택벌을 원칙으로 한다.
• 벌채목의 선정은 택벌작업의 선정기준에 준해서 한다.

12. 성숙한 종자가 발아하기에 적합한 환경에서도 발아하지 못하고 휴면상태에 있는 원인에 해당하지 않는 것은?

① 배휴면　　　　　② 종피휴면
③ 생리적 휴면　　　④ 이차휴면

해설 종자의 발아휴면성의 원인
- 종피의 불투수성　　・종종의 기계적작용
- 미발달배　　　　　・이중휴면
- 가스교환의 억제　　・생장억제물의 존재

13. 조림수종을 선택하는 요건 중 틀린 것은?

① 성장속도가 빠르고 재적생장량이 높은 것
② 위해에 대하여 저항력이 강한 것
③ 가지가 굵고 길며, 줄기가 곧은 것
④ 산물의 이용가치가 높고 수요량이 많은 것

해설 조림수종의 선택요건
- 성장속도가 빠르고 재적생장량이 높은 것
- 임지에 대하여 적응력이 큰 것
- 위해에 대하여 저항력이 강한 것
- 생물의 이용가치가 높고 수요량이 많은 것
- 임분 조성이 용이하고 조림의 실패율이 적은 것

14. 수종과 연령 및 입지를 동일하게 하고 밀도만을 다르게 했을 때 임목의 형질과 생산량에 나타나는 현상으로 옳은 것은?

① 지하고는 고밀도일수록 낮아진다.
② 상층목의 평균수고는 임목밀도에 따라 크게 다르다.
③ 단목의 평균간재적은 고밀도일수록 커진다.
④ 고밀도일수록 연륜폭은 좁아진다.

해설 식재가 고밀도일수록 연륜의 폭이 좁아지고 가지발달이 어려워진다.

15. 순림(純林)의 장점이 아닌 것은?

① 간벌 등 작업이 용이하다.
② 경관상으로 더 아름다울 수 있다.
③ 조림이 경제적으로 될 수 있다.
④ 병충해에 강하다.

해설 순림은 병충해에 약하며, 혼효림은 병충해에 강하다.

16. 식물체 내 여러 가지 중요한 기능을 나타내는 무기양료에서 건전한 잎의 건중(乾重)에 포함된 다량원소가 아닌 것은?

① 철　　　　　　　② 질소
③ 마그네슘　　　　④ 황

해설 다량원소
- 건전한 잎의 건중에 대한 원소의 비교량으로 1,000ppm 이상의 양을 가지고 있는 원소
- 질소, 인산, 칼륨, 칼슘, 황, 마그네슘

17. 다음 중 내음성이 가장 강한 수종은?

① *Prunus yedoensis Matsum.*
② *Pinus koraiensis Siebold & Zucc.*
③ *Chamaecyparis obtusa Endl.*
④ *Cephalotaxus koreana Nakai.*

해설 ① 왕벚나무
　　② 잣나무
　　③ 편백－중용수
　　④ 개비자나무－극음수

정답　12. ④　13. ③　14. ④　15. ④　16. ①　17. ④

18. 회양목 종자 채취시기로 가장 적합한 시기는?

① 3월 중순   ② 5월 중순
③ 7월 중순   ④ 9월 중순

해설 회양목은 3~5월에 개화하며 7월 중순에 종자를 채취한다.

19. 종자의 활력 시험 중 종자 내 산화 효소가 살아있는 지의 여부를 시약의 발색반응으로 검사하는 방법은 무엇인가?

① 종자발아시험   ② 테트라졸륨시험
③ 배추출시험   ④ X선 사진법

해설 테트라졸륨 시약을 이용해 종자의 활력도를 시험한다.

20. 참나무류나 밤나무같은 대립종자에 주로 사용하며, 어린새싹 대목에 접목하는 방법은?

① 유대접   ② 분얼법
③ 취목법   ④ 분근법

해설 유대접
- 참나무류나 밤나무 같이 대립종자에 주로 사용
- 미리 발아시킨 대립종자를 자엽병이 붙어 있는 곳 약간 위에서 유경을 끊고 자엽병사이로 칼을 넣어 배축을 내려 쪼개어, 마련된 접수를 꽂아 접목을 완성

7개년 기출문제

학습전략

핵심이론 학습 후 핵심기출문제를 풀어봄으로써 내용 다지기와 더불어 시험에서 실전감각을 키울 수 있도록 하였고, 왜 정답인지를 문제해설을 통해 바로 확인할 수 있도록 하였습니다.

이후, 산림산업기사에 출제되었던 최근 7개년 기출문제를 풀어봄으로써 스스로를 진단하면서 필기합격을 위한 실전연습이 될 수 있도록 하였습니다.

1. 묘포지 구비조건에 대한 설명으로 옳지 않은 것은?

① pH 7.5 이상의 알칼리성 토양이 좋다.
② 평탄지보다는 5° 이하의 완경사지가 좋다.
③ 토심이 깊고, 부식질이 많은 비옥한 사양토가 좋다.
④ 사방이 높은 산으로 막힌 산간지역의 좁은 계곡지역은 피해야 한다.

해설 묘포지의 구비 조건
　　① 토질은 가급적 점토가 50% 미만인 양토나 사질양토로 토심이 30cm이상 되는 곳
　　② 교통 및 관리가 편리하고 노동력이 많은 곳
　　③ 경사도가 5도 미만으로 조림지와 가까우며 묘목수급이 용이한 곳
　　④ 가급적 평탄지로서 국부적 기상변화가 없는 곳
　　⑤ 관배수가 자유로울 것
　　⑥ 연작을 피할 것

2. 생가지치기를 할 경우 부후의 위험성이 가장 높은 수종은?

① 소나무　　　　　② 삼나무
③ 단풍나무　　　　④ 일본잎갈나무

해설 생가지치기로 가장 위험성이 높은 수종
　　단풍나무류, 느릅나무류, 벚나무류, 물푸레나무 등

3. 묘목식재를 위하여 뿌리를 잘라 주는 주요 목적은?

① 인건비가 절감된다.　② 양분소모를 막는다.
③ 수분의 소모를 막는다.④ 가는 뿌리발달이 좋아진다.

해설 단근의 목적
　　잔뿌리 발달을 촉진

4. 동령임분의 흉고직경 분포를 나타낸 그림에서 빗금친 부분을 간벌하였다면 어떠한 간벌방식이 적용된 것인가?

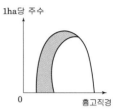

① 하층간벌　　　　② 상층간벌
③ 택벌식간벌　　　④ 기계적간벌

해설 흉고직경이 작은 임목의 간벌
　　하층간벌

5. 무성번식의 장점으로 옳지 않은 것은?

① 초기생장이 빠르다.
② 개화 및 결실이 빠르다.
③ 실생묘에 비해 대량생산이 쉽다.
④ 모수의 유전형질을 이어받을 수 있다.

해설 바르게 고치면
　　실생묘는 종자에 의한 대량생산이 용이하다.

6. 글라신 액제를 사용한 덩굴제거작업에 대한 설명으로 옳지 않은 것은?

① 모든 임지에 적용 가능하다.
② 광엽잡초나 콩과식물을 선택적으로 제거한다.
③ 신진대사를 교란시켜 뿌리까지 고사시킬 수 있다.
④ 덩굴류 생장기인 5~9월 중에 작업하는 것이 효과적이다.

해설 바르게 고치면
　　일반적인 덩굴류에 적용한다.

정답　1. ②　2. ③　3. ①　4. ①　5. ④　6. ②

7. 왜림작업에 관한 설명으로 옳은 것은?

① 소나무림의 갱신에 쉽게 적용할 수 있다.
② 신탄재나 연료재 생산림을 경영할 때 적용하기 쉽다.
③ 왜림작업 지역은 산불 발생의 위험성이 교림지역보다 낮다.
④ 왜림 조성을 위한 갱신벌채는 맹아발생이 왕성한 여름철이 좋다.

해설 바르게 고치면
　　① 소나무림의 갱신에 쉽게 적용할 수 있다 → 교림
　　③ 왜림작업 지역은 산불 발생의 위험성이 교림지역보다 높다.
　　④ 왜림 조성을 위한 갱신벌채는 생장정지기인 11월 이후부터 이듬해 2월 이전까지 실시하는 것이 좋다.

8. 꽃이 핀 그 해 가을 종자가 성숙하는 수종은?

① *Larix kaempferi*　　② *Pinus densiflora*
③ *Torreya nucifera*　　④ *Quercus variabilis*

해설 ① *Larix kaempferi* (낙엽송) : 개화한 그 해 5~6월경에 빨리 자라서 수정하고 가을에 성숙
　　② *Pinus densiflora* (소나무) : 개화한 해에는 거의 자라지 않고 다음 해 5~6월경에 빨리 자라서 수정하며 2년째 가을에 성숙
　　③ *Torreya nucifera* (비자나무) : 개화한 해에는 거의 자라지 않고 다음 해 5~6월경에 빨리 자라서 수정하며 2년째 가을에 성숙
　　④ *Quercus variabilis* (굴참나무) : 개화한 해에는 거의 자라지 않고 다음 해 가을에 빨리 자라서 성숙

9. 산림토양의 수직적 단면순서를 표면에서부터 바르게 나열한 것은?

① 유기물층 → 집적층 → 용탈층 → 모재층
② 유기물층 → 집적층 → 모재층 → 용탈층
③ 유기물층 → 용탈층 → 모재층 → 집적층
④ 유기물층 → 용탈층 → 집적층 → 모재층

해설 산림토양의 수직적 단면순서
　　유기물층 → 용탈층 → 집적층 → 모재층

10. 숲의 교란과 복원에 대한 설명으로 옳지 않은 것은?

① 교란의 종류에는 산불, 산사태, 병충해가 해당된다.
② 교란은 생태계의 구조와 기능에 심각한 영향을 끼친다.
③ 훼손은 발생빈도, 공간규모, 훼손강도가 일정한 패턴을 띤다.
④ 훼손된 생태계가 복원되기란 매우 어렵고, 시간이 많이 걸린다.

해설 숲의 훼손은 발생빈도, 공간규모, 훼손강도가 서로 다르기 때문에 유형화하기가 어렵다.

11. 풍매화에 해당하지 않는 수종은?

① 호두나무　　　　② 자작나무
③ 버드나무　　　　④ 이태리포플러

해설 버드나무
　　충매화

12. 산벌작업 순서로 옳은 것은?

① 후벌 → 하종벌 → 예비벌
② 하종벌 → 예비벌 → 후벌
③ 예비벌 → 후벌 → 하종벌
④ 예비벌 → 하종벌 → 후벌

해설 산벌작업 순서
　　예비벌 → 하종벌 → 후벌

정답　7. ②　8. ①　9. ④　10. ③　11. ③　12. ④

13. 이령림과 비교한 동령림에 대한 특징으로 옳지 않은 것은?

① 대부분 사람에 의해 조성된 숲이다.
② 숲을 구성하고 있는 나무의 나이가 같거나 거의 비슷하다.
③ 숲의 공간적 구조가 복잡하고 생태적 측면에서 안정적이다.
④ 일반적으로 크기가 비슷한 나무를 단위면적당 많이 생산할 수 있다.

해설 이령림은 개체목들의 나이가 개체목들의 나이게 서로다른 임분으로 숲의 공간적 구조가 복잡하고 생태적 측면에서 안정적이다.

14. 택벌작업의 장점이 아닌 것은?

① 토양이 보호된다.
② 하층목 손상이 거의 없다.
③ 잔존 수목의 결실이 잘된다.
④ 좁은 면적의 경우 보속적 수확을 올리는 작업을 할 수 있다.

해설 택벌림
① 개요
• 성숙한 일부 임목만을 벌채하고 생긴 공간을 갱신하는 방법
• 일정면적은 임목갱신을 위하여 일정기간 동안에는 제거되는 일이 없으며 성숙한 일부 임목만이 국부적으로 벌채되어, 항상 각 영급의 임목이 서로 혼재되어 택벌임형을 이루게 된다.
• 무육, 벌채 및 이용이 동시에 이루어지며, 직경배분 및 임목축적에 급격한 변화를 주지 않는 갱신방법이다.
② 장점
• 지력이 유지된다.
• 상층목은 일광이 충분하여 결실이 잘 된다.
• 음수 갱신에 적절하며 면적이 좁아도 보속적 수확을 올릴 수 있다.
③ 단점
• 작업에 고도의 기술을 요하고 경영내용이 복잡하다.
• 임목벌채가 어렵고 유목에 손상을 입힐 수 있다.
• 양수에 적용이 곤란하다.

15. 동일한 수목의 양엽과 음엽을 비교한 설명으로 옳지 않은 것은?

① 양엽은 음엽보다 광포화점이 높다.
② 음엽은 양엽보다 잎의 두께가 두껍다.
③ 음엽은 양엽보다 엽록소 함량이 더 많다.
④ 양엽은 음엽보다 책상조직이 빽빽하게 배열되어 있다.

해설 양엽과 음엽
① 양엽
• 동일 수목 내 바깥쪽에 빛을 직접적으로 받는 잎
• 높은 광도의 광합성에 효율적으로 하도록 적응한 잎
• 광포화점이 높고 책상조직이 빽빽하게 배열되어 있으며, 증산작용을 억제하기 위하여 큐티클(cuticle)층과 잎의 두께가 두껍다.
② 음엽
• 동일 수목 내 안쪽에서 빛을 간접적으로 받는 잎
• 낮은 광도에서도 효율적인 광합성을 위해 잎은 양엽보다 더 넓으며, 엽록소의 함량이 더 많다.
• 광포화점이 낮고, 책상조직이 엉성하게 발달하고, 큐티클(cuticle)층과 잎의 두께가 얇다.

16. 종자의 품질을 나타내는 순량률은 종자의 무엇을 기준으로 한 것인가?

① 수량   ② 부피
③ 크기   ④ 무게

해설 $순량률(\%) = \dfrac{순정종자 무게}{전체시료종자 무게} \times 100$

17. 수목의 기본구조 중에서 영양구조에 해당하는 기관만으로 올바르게 짝지어진 것은?

① 잎, 뿌리, 줄기   ② 꽃, 열매, 종자
③ 종자, 열매, 줄기   ④ 뿌리, 줄기, 열배

해설 ① 수목의 영양생장 기관 : 잎, 뿌리, 줄기
② 수목의 생식생장 기관 : 꽃, 열매, 종자

정답 13. ③ 14. ② 15. ② 16. ④ 17. ①

18. 광색소에서 파이토크롬에 대한 설명으로 옳지 않은 것은?

① 햇빛을 받으면 합성이 일부 금지되거나 파괴된다.
② 높은 광조건 하에서 기른 식물체 내에서 많이 검출된다.
③ 피롤(Pyrrole) 4개가 모여서 이루어진 발색단을 가진다.
④ 분자량이 120,000Da(Dalton)가량 되는 두 개의 동일한 폴리펩타이드로 구성되어 있다.

해설 파이토크롬(phytochrome)
  ① 식물이 빛에 반응할 때, 빛의 수용체가 되는 단백질 색소
  ② 유형에는 적색광 흡수형(Pr형)과 원적색광 흡수형(Pfr형)이 있으며, 둘의 관계는 Pr형이 빛을 흡수해 Pfr형으로 전환되기도 하고, Pfr형이 근적외선을 흡수해 Pr형으로 되돌아가기도 하는 가역적 상호 전환관계이다.
  ③ 고등식물에게 환경 속 빛의 조건을 감지하고 꽃눈을 형성하는 등 여러 가지 기능을 하는 것으로 알려져 있다.

19. 소나무 종자시료를 1kg 채취하여 협잡물 100g을 골라내어 정선하였고, 정선된 종자의 발아율 시험 결과 87%인 경우 소나무 종자의 효율은?

① 78.3%   ② 79.2%
③ 84.7%   ④ 85.8%

해설 ① 효율(%) = $\dfrac{\text{발아율(\%)} \times \text{순량률(\%)}}{100}$

$= \dfrac{87\% \times 90\%}{100} = 78.3\%$

② 순량률(%) = $\dfrac{900g}{1,000g} \times 100 = 90\%$

20. 수목의 개화생리 순서로 옳은 것은?

| 가 : 화아형성 | 나 : 화아분화 |
| 다 : 수정 | 라 : 수분 |

① 나 – 가 – 다 – 라
② 나 – 라 – 가 – 다
③ 가 – 나 – 다 – 라
④ 가 – 나 – 라 – 다

해설 수목의 개화생리 순서
  화아형성 → 화아분화 → 수분(화분의 표면 분자가 암술머리의 표면 분자에 닿는 현상)→ 수정(화분관을 통해 이동한 정세포가 배낭에 있는 난세포와 결합하는 현상)

1. 겉씨식물에 속하는 종자는?

① 비자나무   ② 오동나무
③ 신갈나무   ④ 오리나무

해설 겉씨식물 (gymnosperm)
    ① 나자식물이라고도 하며, 꽃이 피지 않고 밑씨에서 발달한 종자가 나출되는 식물군을 말한다.
    ② 소철과, 소나무과, 주목나무과, 개비자나무과, 측백나무과, 낙우송과, 은행나무 등에 속한다.

2. 종자의 품질 평가기준으로 발아율과 순량률을 곱하여 알 수 있는 것은?

① 효율   ② 순도
③ 발아력   ④ 발아세

해설 효율(%) $= \dfrac{\text{발아율}(\%) \times \text{순량률}(\%)}{100}$

3. 인공조림과 천연갱신을 비교한 설명으로 옳지 않은 것은?

① 인공조림은 조림할 수종의 선택의 폭이 넓다.
② 인공조림은 천연갱신에 비해 조림지의 기후와 토양에 적합하지 못할 경우 조림 실패율이 높다.
③ 천연갱신은 그 곳의 임목이 이미 긴 세월을 통해서 그 곳 환경에 적응된 것이므로 성림의 실패가 적다.
④ 인공조림은 일반적으로 동령단순림을 조성하는데 이러한 인공조림법의 반복은 임지생산력과 조림성과를 점차적으로 향상시킨다.

해설 바르게 고치면
인공조림은 일반적으로 동령단순림을 조성하는데 이러한 인공조림법의 반복은 임지생산력과 조림성과가 쇠퇴된다.

4. 내음력이 가장 약한 수종은?

① 녹나무   ② 전나무
③ 자작나무   ④ 가문비나무

해설 자작나무 – 극양수

5. 온대지역에 있어서 인위적인 요인으로 산림이 파괴되지 않는다면 최종적으로 산림이 형성되는 수종은?

① 양수수종   ② 음수수종
③ 중용수종   ④ 조림수종

해설 온대지역 천이
    ① 나지 → 지의류 · 선태류 → 1년생 초본 → 다년생 초본 → 관목류 → 양수교목 → 음수 교목
    ② 최종적으로 양수림 아래서 자라난 음수림이 형성 된다

6. 내음성이 약한 양수를 갱신하는데 적용하기 힘든 작업종은?

① 택벌작업   ② 개벌작업
③ 모수작업   ④ 왜림작업

해설 음수수종 갱신 – 택벌작업

7. 아래의 종자 단면도에서 내종피는?

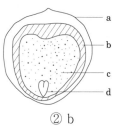

① a   ② b
③ c   ④ d

해설 a : 외종피, b : 내종피, c : 배유, d : 자엽

정답   1. ①   2. ①   3. ④   4. ③   5. ②   6. ①   7. ②

8. 수목 체내에서 이동이 비교적 잘 안되고 부족하면 분열조직에 심한 피해를 주는 양분원소는?

① 인   ② 칼슘

③ 질소   ④ 마그네슘

해설 칼슘의 주요 역할
① 세포벽의 기본 구성성분
② 각종 생리활동 전달자 역할로 세포의 신장과 세포의 삼투조절을 관여한다.
③ 세포분열에 있어서는 뿌리와 꽃가루관의 생장에 관계한다.
④ 과실의 결실과 성숙에 관여하고 과일을 단단하게 한다.
⑤ 단백질분해 효소의 억제로 각종 곰팡이류 감염을 줄여준다.

9. 생가지치기를 하면 상처 부위가 부패될 수 있는 가능성이 가장 높은 수종은?

① *Larix kaempferi*   ② *Pinus densiflora*

③ *Prunus serrulata*   ④ *Populus davidiana*

해설 ③ *Prunus serrulata*(벚나무)
① 낙엽송, ② 소나무, ④ 사시나무
• 생가지치기로 가장 위험성이 높은 수종 : 단풍나무류, 느릅나무류, 벚나무류, 물푸레나무 등으로 원칙적으로 생가지치기를 피하고 자연낙지 또는 죽은 가지치기만 실시한다.

10. 묘포지를 선정할 때 고려해야 할 사항으로 거리가 먼 것은?

① 기후   ② 경사

③ 토양   ④ 인접 산지의 식생형태

해설 묘포지의 선정시 고려 요소
토양, 포지의 경사와 방위, 수리의 편리, 교통·노동력공급

11. 묘목 곤포작업의 정의로 옳은 것은?

① 굴취한 묘목을 규격에 따라 나누는 일
② 포지에서 양성된 묘목을 식재될 산지까지 수송하는 일
③ 묘목을 식재지까지 운반하기 위해 알맞은 크기로 다발 묶음하여 포장하는 일
④ 묘목을 심기 전 일시적으로 도랑을 파서 그 안에 뿌리를 묻어 건조를 방지하고 생기를 회복시키는 일

해설 곤포는 묘목을 묶음(뭉치)으로 포장하는 것을 말한다.

12. 수관급에 기초해서 행하여지는 간벌방법으로 옳지 않은 것은?

① 정량간벌   ② 하층간벌

③ 상층간벌   ④ 택벌식간벌

해설 ① 정성간벌
• 미래목의 입목본수로 결정
• 줄기의 형태와 수관의 특성으로 구분되는 수관급을 바탕으로 해서 정해진 간벌 형식에 따라 간벌 대상목을 선정하는 것
• 객관적 기준이 약함, 선정자의 주관에 의해 결정, 고도의 숙련이 요구
② 정량간벌
• 임분의 구성상태 및 생장조건을 고려해서 보육해야 할 알맞은 입목본수와 현존량을 결정한 뒤 그것에 준해서 벌기에 이르는 전기간을 통해서 수적 또는 양적으로 조절하는 방법

13. 산벌작업에서 충분한 결실연도가 되어 실시하며, 1회의 벌채로 그 목적을 달성하는 작업방법은?

① 후벌   ② 하종벌

③ 결실벌   ④ 예비벌

정답   8. ②   9. ③   10. ④   11. ③   12. ①   13. ②

해설 산벌작업의 순서

① 예비벌
  • 밀림상태에 있는 성숙 임분에 대한 갱신준비의 벌채
  • 임목재적의 10~30%를 제거한다.

② 하종벌
  • 결실량이 많은 해를 택하여 일부 임목을 벌채 하여 하종을 돕는 것으로 1회의 벌채로 그 목적을 달성하는 것이 바람직하다.
  • 예비벌 이전의 임분재적의 25~75% 제거

③ 후벌
  • 새 임분을 덮고 성숙임목을 점차적으로 벌채해서 그들의 보호로부터 벗어나게 하는 작업이다.
  • 갱신 임분에 지장이 되지 않은 이상 가장 굵고 자람이 왕성하며 형질이 좋은 것을 종벌까지 남기도록 한다.

14. 덩굴치기 작업에 대한 설명으로 옳지 않은 것은?

① 덩굴식물이 뿌리 속의 저장양분을 소모한 7월경에 실시하는 것이 좋다.
② 조림목을 감고 올라가서 피해를 주는 각종 덩굴식물을 제거하는 작업이다.
③ 약제처리할 때 방제효과를 높이기 위하여 비 오는 날은 실시하지 않는다.
④ 칡과 같은 덩굴은 줄기의 지표면 부근을 절단하는 것이 가장 효과적이다

해설 바르게 고치면
  칡과 같은 덩굴은 뿌리까지 제거하는 것이 가장 효과적이다.

15. 종자 발아에 후숙을 필요로 하지 않는 수종으로만 짝지어진 것은?

① 잣나무, 버드나무
② 잣나무, 물푸레나무
③ 버드나무, 이태리포플러
④ 물푸레나무, 이태리포플러

해설 종자 발아에 후숙이 필요한 수종
  주목, 향나무, 들메나무, 은행나무, 호두나무, 가래나무, 잣나무, 산사나무, 대추나무, 산수유, 물푸레나무 등

16. 교림의 정의로 옳은 것은?

① 두 가지 이상의 수종으로 이루어진 숲
② 현저한 수령 차이가 있는 수목들로 구성된 숲
③ 영양번식에 의한 맹아가 기원이 되어 이루어진 숲
④ 종자에서 발생한 치수가 기원이 되어 이루어진 숲

해설 ①은 혼효림에 대한 설명
  ②는 택벌림림에 대한 설명
  ③은 왜림(맹아림)에 대한 설명

17. 식재본수 및 식재밀도 결정에 영향을 미치는 인자가 아닌 것은?

① 경영목표   ② 지리적 조건
③ 수종의 특성   ④ 식재인력의 숙련도

해설 식재밀도를 결정인자
  • 경영목적이나 목표
  • 수종이나 임지의 특성
  • 조림지 주변여건
  • 산주의 경영조건 등

18. 일본잎갈나무의 꽃눈이 분화하는 시기는?

① 3월경   ② 5월경
③ 7월경   ④ 9월경

해설 일본잎갈나무의 분화시기
  • 꽃은 5월에 타원형의 암꽃송이와 구형 또는 난형의 수꽃송이가 같은 가지 끝에 1개씩 피며, 7월경에 꽃눈이 분화한다.
  • 3각형의 씨는 9월에 익으며, 구과를 이루는 실편의 수는 50~60개이며, 실편의 끝이 조금 뒤로 젖혀진다.

정답 14. ④ 15. ③ 16. ④ 17. ④ 18. ③

19. 산림 천이에 대한 설명으로 옳지 않은 것은?

① 산림 천이 초기에는 종다양성이 증가한다.
② 1차 천이는 2차 천이보다 생산력이 높은 단계에서 시작된다.
③ 산림 벌채 후 산불, 기상재해 등은 산림의 2차 천이를 유발하는 주요요인이다.
④ 1차 천이는 기존 식물상 자체에 의하여 유도되는 자발천이의 과정으로 볼 수 있다.

해설 바르게 고치면
2차 천이는 1차 천이보다 생산력이 높은 단계에서 시작된다.

20. 산림토양의 지력을 증진하기 위한 작업에 해당하지 않는 것은?

① 개벌 실시
② 적당한 비음유지
③ 토양의 산도조정
④ 낙엽 및 낙지보호

해설 개벌로 인해 산림 토양의 지력이 감퇴된다.

3회
1회독 □ 2회독 □ 3회독 □

1. 소나무림을 갱신하는데 가장 적합한 작업종은?

① 택벌작업　　　　② 산벌작업
③ 모수작업　　　　④ 왜림작업

[해설] 소나무 갱신
극양수이므로 개벌작업 또는 모수작업이 적당하다.

2. 산림군집을 수직적으로 볼 때 산림식생의 층상구조가 잘 나타나는 산림은?

① 인공림　　　　② 동령림
③ 천연림　　　　④ 경제림

[해설] 천연림은 산림 식생이 층상(층위)구조로 다양하게 분포되어 나타난다.

3. 다음 중 성격이 다른 숲은?

① 천연림　　　　② 맹아림
③ 원시림　　　　④ 불완전 천연림

[해설] 맹아림 – 인공림

4. 수목의 어린뿌리가 토양 중에 있는 곰팡이와 공생을 하는 균근의 역할이 아닌 것은?

① 수목에게 탄수화물을 공급한다.
② 토양 중에 있는 양료의 흡수를 돕는다.
③ 토양의 건조에 대한 저항성을 높여준다.
④ 생육환경이 나쁜 곳에서는 생장에 중요한 역할을 한다.

[해설] 균근
① 정의
　• 균류(곰팡이)와 공생 또는 기생하는 식물의 뿌리를 말한다.
　• 균(곰팡이)는 식물에게 무기영양소를 대신 흡수해서 전달해 주고, 식물은 곰팡이에게 탄수화물(곰팡이 먹이)을 전해주면서 공생관계를 유지한다.
② 역할
　• 무기염 흡수촉진
　• 인산흡수촉진
　• 항생제생산 병원균 저항성증가
　• 암모늄태질소흡수
　• 건조한 토양에서 수분흡수증가

5. 묘목의 가식에 대한 설명으로 옳은 것은?

① 가식장소는 배수가 양호한 사질양토가 좋다.
② 묘포에서 캐낸 묘목의 뿌리를 충분히 말린 후 묻는다.
③ 2~3일 정도 단기간 가식할 경우 묘목 다발을 풀어서 묻는다.
④ 봄에는 노출된 줄기의 끝이 남쪽으로 향하도록 비스듬히 눕혀 묻는다.

[해설] 바르게 고치면
② 묘포에서 캐낸 묘목의 뿌리는 수분증발을 막기 위해 바로 묻는다.
③ 2~3일 정도 단기간 가식할 경우 묘목을 다발채로 묻는다.
④ 봄에는 노출된 줄기의 끝이 북쪽으로 향하도록 비스듬히 눕혀 묻는다.

6. 우량한 묘목의 조건으로 옳지 않은 것은?

① 측아가 정아보다 우세한 것
② 발육이 완전하고 조직이 충실할 것
③ 주지의 세력이 강하고 곧게 자란 것
④ 양호한 발달상태와 왕성한 수세를 지닌 것

정답　1. ③　2. ③　3. ②　4. ①　5. ①　6. ①

해설 우량한 묘목의 조건
- 우량한 유전성을 지닌 것
- 발육이 완전하고 조직이 충실하며 정아의 발달이 잘 되어 있는 것
- 가지가 사방으로 고루 뻗어 발달한 것
- 근계의 발달이 충실한 것, 즉 측근과 세근의 발달량이 많을 것(지상부와 지하부간의 발달이 균형되어 있을 것)
- 온도의 저하에 따른 고유의 변색과 광택을 가지는 것
- T/R률이 작고 병충해의 피해가 없는 것

7. 수형급 구분에 의하지 않고 임목간 거리를 대상으로 하는 간벌방법은?

① 도태간벌   ② 하층간벌
③ 자유간벌   ④ 기계적 간벌

해설 기계적 간벌
- 간벌 후에 남겨질 수목간 거리를 사전에 정해 놓고 수관이 위치와 모양에 상관없이 실시하는 방법
- 수형급 구분에 의하지 않고 수간 거리를 대상으로 한 간벌

8. 양수수종에 해당하는 것은?

① *Larix kaempferi*   ② *Abies holophylla*
③ *Taxus cuspidata*   ④ *Euonymus japonicus*

해설 ① 낙엽송 : 양수
② 전나무, ③ 주목, ④ 사철나무 : 음수

9. 내음성에 대한 설명으로 옳은 것은?

① 양수는 음수보다 광포화점이 낮다.
② 과수류는 대부분 음수에 해당한다.
③ 수목이 햇빛을 좋아하는 정도에 따라 구분한다.
④ 수목이 그늘에서 견딜 수 있는 정도에 따라 구분한다.

해설 바르게 고치면
① 양수는 음수보다 광포화점이 높다.
② 과수류는 대부분 양수에 해당한다.
③ 수목이 그늘에서 견딜 수 있는 정도에 따라 구분한다.

10. 설형(쐐기형) 산벌작업에 대한 설명으로 옳지 않은 것은?

① 풍해에 대비하기 위한 방법이다.
② 벌기가 짧은 소경재 생산에 용이하다.
③ 음수와 양수를 혼합하여 조성할 수 있다.
④ 모수의 보호효과가 크고 갱신과정이 안정적이다.

해설 벌기가 짧은 소경재 생산에 용이한 산림 – 왜림작업

11. 주로 5월 전후에 채종하는 수종은?

① 주목   ② 미루나무
③ 단풍나무   ④ 측백나무

해설 5월 전후로 채종하는 수종
버드나무, 미루나무, 포플러, 은단풍, 느릅나무, 비술나무 등

12. 꽃이 완전화에 속하는 수종은?

① 자작나무   ② 자귀나무
③ 버드나무   ④ 가래나무

해설 ① 완전화 : 목련, 백합나무, 자귀나무, 벚나무 등
② 불완전화 : 참나무류, 자작나무, 사시나무류, 호두나무, 밤나무, 오리나무, 버드나무류 등

정답   7. ④   8. ①   9. ④   10. ②   11. ②   12. ②

13. 산림용 묘목규격을 결정하는데 사용되지 않는 것은?

① 간장
② 묘령
③ 근원경
④ 흉고직경

해설 산림용 묘목규격 결정 – 간장, 근원경, 묘령

14. 고립목에서의 양엽과 음엽의 특징 중 양엽에 대한 설명으로 옳은 것은?

① 잎이 넓다.
② 광포화점이 낮다.
③ 잎의 두께가 두껍다.
④ 엽록소 함량이 더 많다.

해설 양 엽
• 잎이 음엽보다 좁다.
• 광포화점이 높다.
• 잎의 두께가 두껍다.
• 엽록소 함량이 음엽보다 더 적다.

15. 종자의 보관방법으로 보습저장법이 아닌 것은?

① 냉습적법
② 보호저장법
③ 상온저장법
④ 노천매장법

해설 보습저장법
① 건조에 의하여 생활력을 쉽게 상실하는 종자에 적용
② 참나무류, 가시나무류, 가래나무, 목련류 등은 습도가 높은 조건 하에 두어서 저장함
③ 방법
• 노천매장법
• 보호저장법(건사저장법)
• 냉습적법

16. 택벌작업에 대한 설명으로 옳지 않은 것은?

① 양수 수종의 갱신에 적합하다.
② 작업한 임분의 심미적 가치가 높다.
③ 병해충에 대한 저항력을 높일 수 있다.
④ 보속생산을 하는데 가장 적절한 방법이다.

해설 바르게 고치면
택벌작업 음수 수종의 갱신에 적합하다.

17. 경제적 수입을 기대하면서 실시하는 작업종은?

① 제벌
② 간벌
③ 밑깎기
④ 덩굴치기

해설 작업종 중 간벌부터 경제적 수입을 기대한다.

18. 종자가 성숙한 후 가장 오랫동안 모수에 붙어있는 수종은?

① 단풍나무
② 느티나무
③ 양버즘나무
④ 방크스소나무

해설 개잎갈나무류와 소나무류는 개화 3년째 가을에 성숙한다.

19. 종자의 개화결실을 촉진시키기 위한 방법으로 옳지 않은 것은?

① 줄기에 철선묶기 등의 자극을 준다.
② 간벌을 실시하여 생육공간을 확장 한다.
③ 수피의 일부를 제거하여 C/N율을 높인다.
④ 단근을 실시하여 질소의 흡수를 증가시킨다.

[해설] 바르게 고치면
① 수관의 소개
  • 경쟁하는 수목을 제거하여 수광량을 많게 해주면 수목은 광합성을 활발하게 하여 탄수화물의 생산이 증대되고 결실량도 촉진된다.
  • 수관의 소개는 2 ~ 3년 후에 효과가 보인다.
② 호르몬처리와 스트레스
  • 인위적으로 결실을 촉진하기 위해서는 지베렐린과 같은 호르몬을 처리하거나 수목에 스트레스를 주어 스스로 호르몬을 분비하도록 유도한다.
  • 스트레스를 받는 수목은 본능적으로 종족번식을 위하여 호르몬을 분비하여 결실을 유도한다.
③ 환상박피 또는 단근처리
  • 환상박피 처리된 나무는 체관부를 통하여 내려오는 탄수화물과 수관부를 통하여 올라오는 수분이 차단된다.
  • C/N율은 높아지고 결실이 촉진된다.
④ 시비효과
  • 종자를 수확하기 전에 비료(N, P, K)를 주면 수확량이 증가하고 결실이 촉진된다.
  • 결실을 촉진하기 위하여 시비할 때에는 다른 때보다 질소의 비율을 낮추어 주는 것이 효과적이다.

20. 소나무와 일본잎갈나무의 첫 번째 제벌을 시작하는 임령으로 옳은 것은?

① 1 ~ 2년   ② 4 ~ 5년
③ 7 ~ 8년   ④ 10 ~ 15년

[해설] 첫 번째 제벌이 실시되는 임령
  • 소나무, 낙엽송 : 식재 후 7~8년
  • 삼나무, 편백 : 식재 후 10년
  • 전나무, 가문비나무 : 13~15년

1회　　　　　　1회독 □　2회독 □　3회독 □

1. 우리나라 산림에서 적용하는 지위지수의 정의로 옳은 것은?

① 일정한 수령을 기준으로 하여 그 때의 재적으로 결정한다.
② 일정한 수령을 기준으로 하여 그 때의 흉고직경으로 결정한다.
③ 일정한 수령을 기준으로 하여 그 때의 흉고직경의 평균치로 결정한다.
④ 일정한 수령을 기준으로 하여 그 때 우리나라 산림에서 적용하는 지위지수는 수고로 결정한다.

해설 **지위지수**
① 임지가 가지고 있는 잠재적인 생산능력을 말하며, 이 지위의 양부에 의하여 임지의 생산성이 좌우된다. 결과적으로 지위는 토지가 가지고 있는 임목의 생산능력을 말하는 것이다.
② 지위지수는 종종 임분 내의 기준령 (index age)에서 우세목과 준우세목의 평균수고로 지위를 표현한다.

2. 수목이 필요로 하는 무기양분 중에서 미량원소에 속하는 무기양분은?

① 인　　　　　　　　② 철
③ 황　　　　　　　　④ 칼슘

해설 **미량원소**
① 건전한 잎의 건중에 대한 각 원소의 비교량으로 1천 ppm 이하의 양을 가지고 있는 원소
② 철, 붕소, 망간, 아연, 구리, 몰리브덴 등

3. 자유생장을 하는 수종은?

① 잣나무　　　　　　② 은행나무
③ 신갈나무　　　　　④ 가문비나무

해설 **자유생장**
① 특징
 • 동아 속에 지난해에 만들어진 엽원기가 봄에 자라서 춘엽(Early leaves)을 만들고, 그 후에 정단분열조직에서 새로운 엽원기를 만들어 당년 여름 내내 하엽(Late leaves)을 만들어 줄기생장을 한다.
 • 고정생장을 하는 수종보다 생장조건이 좋으면 가을 늦게까지 생장을 하기 때문에 수고생장 속도가 빠르다.
 • 자유생장 수종의 수고생장은 당년의 기후의 영향을 많이 받고, 고정생장 수종은 당년의 기후뿐만 아니라 지난해의 기후의 영향도 크게 받는다.
② 수종 : 자작나무, 포플러, 버드나무, 사과나무, 은행나무, 낙엽송 등

4. 개벌작업에 대한 설명으로 옳은 것은?

① 음수 수종의 갱신에 적당하다.
② 임지가 보호되어 지력이 증진될 수 있다.
③ 작업이 복잡하여 고도의 기술을 필요로 한다.
④ 동일한 규격의 목재를 생산하여 경제적으로 유리하다.

해설 **바르게 고치면**
① 양수 수종의 갱신에 적당하다.
② 임지가 노출되어 지력이 약화될 수 있다.
③ 작업이 단순하여 고도의 기술을 필요로 하지 않는다.

5. 우리나라 산림대의 일반적 구분으로 옳은 것은?

① 한대림, 난대림, 열대림
② 한대림, 난대림, 아열대림
③ 아한대림, 온대림, 난대림
④ 한대림, 온대림, 난대림, 열대림

해설 우리나라의 산림대에 열대림과 아열대림은 해당되지 않는다.

정답　1. ④　2. ②　3. ②　4. ④　5. ③

6. 제벌작업을 통해 나무의 고사상태를 알고 맹아력을 감소시키기에 가장 적합한 시기는?

① 봄　　　　　　② 여름
③ 가을　　　　　④ 겨울

해설 제벌작업은 어린나무가꾸기로 주로 여름에 실시한다.

7. 수목의 가지치기 방법으로 옳지 않은 것은?

① 늦은 겨울이나 이른 봄에 실시하는 것이 좋다.
② 가지의 지피융기선을 다치지 않게 주의해야 한다.
③ 죽은 가지도 잘라주어 유합조직의 형성을 도와준다.
④ 절단면이 마르면 줄기 쪽으로 다시 한 번 잘라준다.

해설 수목 가지치기는 한 번에 실시한다.

8. 숲의 기능에 대한 설명으로 옳지 않은 것은?

① 소음방지　　　　② 토사유출방지
③ 야생생물 보호　　④ 목재 생산성 향상

해설 바르게 고치면
　　　목재공급기능

9. 종자의 활력을 검사하는 방법이 아닌 것은?

① 절단법
② 환원법
③ 부숙마찰법
④ X선 분석법

해설 부숙마찰법
　　　종자조제(탈종법)

10. 잣나무에 대한 설명으로 옳지 않은 것은?

① 뿌리는 심근성이다.
② 잎은 5개가 모여난다.
③ 천연갱신이 대체로 잘되는 편이다.
④ 고산지대 및 한랭한 기후에서 잘 자란다.

해설 잣나무는 천연갱신이 용이한 수종에 해당되지 않는다.

11. 묘목간 거리를 4m×4m로 2ha 조림하려 할 때 필요한 묘목수량은?

① 약 1,250본　　　② 약 2,500본
③ 약 12,500본　　④ 약 25,000본

해설 $\dfrac{20,000\text{m}^2}{4\text{m} \times 4\text{m}} = 1,250$본

12. 우량 묘목의 조건이 아닌 것은?

① T/R 값이 3 정도인 것
② 측아가 정아보다 우세한 것
③ 발육이 왕성하고 조직이 충실한 것
④ 가지와 잎이 골고루 분포하고 줄기가 굵은 것

해설 바르게 고치면
　　　정아가 측아보다 우세한 것

13. 발아 촉진을 위해 침수처리를 하는 수종이 아닌 것은?

① 편백
② 피나무
③ 삼나무
④ 일본잎갈나무

해설 냉수처리법
　　　낙엽송, 소나무류, 삼나무, 편백 등

정답　6. ②　7. ④　8. ④　9. ③　10. ③　11. ①　12. ②　13. ②

14. 겉씨식물에 해당되지 않은 수종은?

① 소철   ② 편백
③ 나한송   ④ 협죽도

해설 협죽도는 상록활엽관목으로 속씨식물에 해당된다.

15. 도태간벌에 대한 설명으로 옳지 않은 것은?

① 간벌양식으로 볼 때 하층간벌에 해당된다.
② 현재의 가장 우수한 개체를 선발하여 남기는 것이다.
③ 미래목 생장에 방해되지 않는 중층목과 하층목의 대부분은 존치한다.
④ 하층식생에 일시적으로 큰 수광량을 주어 복층구조를 유도하는 데는 좋다.

해설 도태간벌은 미래목의 생장에 방해되는 불량 품종 또는 개체를 제거하고 형질이 우량한 나무를 남기는 간벌 작업으로 상층간벌에 해당된다.

16. 상온의 건조한 실내에 종자를 저장할 때 발아력에 가장 심한 손상을 입는 수종은?

① 편백   ② 소나무
③ 신갈나무   ④ 일본잎갈나무

해설 ① 냉수처리법 – 낙엽송, 소나무류, 삼나무, 편백 등의 저장종자
② 보호저장법 – 신갈나무·상수리나무 등 전분질 종자에 적용하며 마른 모래와 같이 혼합하여 활력을 유지시켜 저장하는 방법

17. 한 임분을 구성하고 있는 임목 중 성숙한 임목만을 선별·벌채하는 갱신 방법은?

① 택벌작업   ② 산벌작업
③ 모수작업   ④ 중림작업

해설 선별 벌채 갱신법 – 택벌법

18. 왜림작업에 사용되는 수종으로 묘목의 맹아력이 가장 강한 것은?

① 밤나무   ② 서어나무
③ 단풍나무   ④ 물푸레나무

해설 소나무, 낙엽송, 밤나무는 맹아력이 매우 약한 수종이다.(저자의 의견으로는 문제오류로 보입니다.)

19. 내음성이 가장 강한 수종은?

① *Ginkgo biloba*   ② *Thuja orientalis*
③ *Abies holophylla*   ④ *Juniperus chinensis*

해설 ① 은행나무
② 측백나무
③ 전나무 – 음수
④ 향나무

20. 파종상에 해가림을 해주어야 하는 수종으로만 나열한 것은?

① 잣나무, 전나무
② 곰솔, 포플러류
③ 소나무, 가문비나무
④ 아까시나무, 일본잎갈나무

해설 해가림
① 어린 묘가 강한 일사를 받아 건조되는 것을 방지하는 것
② 적용 : 잣나무, 가문비나무, 전나무, 낙엽송, 삼나무, 편백 및 소립종자 등

2회

1회독 ☐ 2회독 ☐ 3회독 ☐

1. 속아베기(간벌)에 대한 설명으로 옳지 않은 것은?

① 임분의 수평 구조를 개선하여 임분 안정화 도모
② 임연부를 보호 관리하고 자연고사에 의한 손실을 방지
③ 수령과 생장이 증가됨에 따라 확장되는 일정한 생육공간을 조절
④ 임분 구성에 부적당하거나 해로운 나무를 제거하여 임분의 가치 증진

해설 간벌
　① 방법
　　• 나무가 자라는 초기에 잡목 솎아내기(제벌) 작업 후 나무가 일정한 크기 이상으로 자란 다음, 또는 일반적으로 식재 후 10~20년 사이에 비교적 굵은 나무들을 다시 솎아내는 낸다.
　② 목적
　　• 숲 내의 나무 상호간의 경쟁을 완화시키고, 알맞은 생육공간을 만들어 주며 남아 있는 나무의 지름 생장을 촉진한다.
　　• 건전한 숲으로 이끌어 우량한 목재를 생산한다.
　(저자의 의견으로는 해당문제는 문제오류로 보입니다.)

2. 어떤 수목이 1,000cc의 물을 증산시켜 2g의 건물질을 생산하였다. 이에 대한 설명으로 옳지 않은 것은?

① 증산능은 1이다.
② 증산비는 1 : 500이다.
③ 증산계수는 500이다.
④ 1g의 건물질을 만드는 증산량은 500cc 이다.

해설 바르게 고치면
　1g의 건물질을 만드는 증산량은 500cc이므로 증산능은 500 이다.

3. 참나무류에 대한 지위지수(A)와 경사도(B)의 관계를 가장 잘 나타낸 것은?

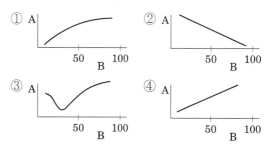

해설 지위지수는 임지가 가지고 있는 잠재적인 생산능력으로 일반적으로 경사도는 낮고 토심이 깊은 곳은 생장이 좋다.

4. 주요 조림 수종인 잣나무에 대한 설명으로 옳지 않은 것은?

① 내한성이 강하다.
② 잎은 5개씩 모여난다.
③ 충청 이남 지역에 주로 식재한다.
④ 학명은 *Pinus koraiensis*(Siebold&Zucc.) 이다.

해설 바르게 고치면
　충청 이북 지역에 주로 식재한다.

5. 양수 수종을 조림할 경우 밑깎기 작업으로 가장 적합한 방법은?

① 줄깎기
② 평깎기
③ 둘레깎기
④ 전면깎기

해설 양수는 광량이 많아야 하므로, 전면깎기를 하여 공간을 확보해 준다.

정답　1. ①　2. ①　3. ②　4. ③　5. ④

2018년 2회

6. 참나무류의 숲을 왜림작업에 의해 갱신하려고 할 때 적절한 벌채 시기는?

① 연중 실시
② 성장 휴지기
③ 성장 왕성기
④ 성장휴지기 2~3개월 전

해설 왜림작업벌채계절
① 늦겨울 ~ 초봄 사이에 성장휴지기 중에 실시
② 늦가을의 벌채는 수피의 동상과 돋아난 맹아의 만상해가 있을 수 있어 일반적으로 3월에 가장 효과가 좋다.

7. 수목에 필요한 무기영양 중에서 질소와 인 다음으로 결핍되기 쉬우며, 결핍증상으로 황화현상이 나타나며 뿌리썩음병이 잘 걸리게 되는 원소는?

① 칼륨
② 질소
③ 붕소
④ 알루미늄

해설 칼륨
① 생장이 왕성한 부분에 많고, 근계의 생장을 촉진시키며 결실을 돕는다.
② 산소의 활동과 관계가 깊고, 칼륨이 부족하면 탄수화물의 전류와 질소대사에 지장이 있다.
③ 광합성에 의한 탄수화물의 생성과 그 이동, 특히 전분의 생성에 필요하다.

8. 숲을 구성하고 있는 나무의 나이가 같거나 거의 비슷하게 구성된 산림은?

① 혼효림
② 천연림
③ 이령림
④ 동령림

해설 동령림
숲을 구성하고 있는 나무의 나이가 같거나 거의 비슷하게 구성된 산림

9. 수목이 이용 가능한 토양의 수분은?

① 흡습수
② 중력수
③ 결합수
④ 모관수

해설 모관수(모세관수)
수목이 이용 가능한 토양수분으로 유효수라고도 한다.

10. 결실주기가 가장 긴 수종은?

① *Alnus japonica*
② *Larix kaempferi*
③ *Zelkova serrata*
④ *Cryptomeria japonica*

해설 ① 오리나무 – 해마다 결실
② 낙엽송 – 5년 이상
③ 느티나무 – 2~3년 주기
④ 삼나무 – 2~3년 주기

11. 묘포적지 선정 시 고려 사항으로 옳지 않은 것은?

① 교통과 노동력의 공급 조건을 검토한다.
② 위도가 높고 한랭한 지역은 동남향이 유리하다.
③ 보통 묘포토양은 평탄한 지역의 점토질 토양이 유리하다.
④ 봄철 파종 시 건조조건이 문제가 되므로 관개 및 배수의 편리성을 검토한다.

해설 바르게 고치면
가벼운 사양토이며 토심이 깊고 부식 함량이 많은 곳

12. 개벌천연하종갱신을 적용하여 후계림을 조성하는데 적절하지 않은 수종은?

① 잣나무
② 소나무
③ 오리나무
④ 물푸레나무

해설 잣나무는 개벌천연하종갱신이 어렵다.

정답 6. ② 7. ① 8. ④ 9. ④ 10. ② 11. ③ 12. ①

13. 제벌에 대한 설명으로 옳지 않은 것은?

① 조림목이 임관을 형성한 뒤부터 간벌하기 전에 실행한다.
② 조림목 하나하나의 성장보다는 임상을 정비하여 임분 전체의 형질을 향상시키는데 목적을 둔다.
③ 조림수종이 그 임지에 적합하여 성림이 잘될 것 같으면 침입한 천연생목은 원칙적으로 제거한다.
④ 비용만 들고 산물은 거의 이용되지 않으므로 임분의 형질향상을 위해 실시 시기를 늦추는 것이 유리하다.

해설 바르게 고치면
비용만 들고 산물은 거의 이용되지 않더라도 임분의 형질향상을 위해 실시 시기를 앞당기는 것이 유리하다.

14. 발아율을 나타내는 계산식은?

① (시험한 종자의 수 ÷ 발아한 종자의 수) × 100%
② (발아한 종자의 수 ÷ 시험한 종자의 수) × 100%
③ (발아한 종자의 수 − 시험한 종자의 수) × 100%
④ (시험한 종자의 수 − 발아한 종자의 수) × 100%

해설 발아율=(발아한 종자의 수 + 시험한 종자의 수) × 100%

15. 삽목 번식이 가장 잘되는 수종은?

① 개나리, 회양목
② 밤나무, 소나무
③ 낙우송, 느티나무
④ 두릅나무, 아까시나무

해설 밤나무, 소나무, 느티나무, 두릅나무, 아까시나무 등 삽목발근이 어려운 수종

16. 양수에 해당하는 수종은?

① 주목, 비자나무
② 편백, 솔송나무
③ 소나무, 사시나무
④ 전나무, 가문비나무

해설 소나무, 사시나무 − 양수

17. 발아촉진 방법이 아닌 것은?

① 냉수침적법
② 노천매장법
③ X선처리법
④ 화학약품 처리

해설 X선 분석법 − 종자의 활력검사 방법

18. 자웅이주에 해당하는 수종으로만 나열된 것은?

① 주목, 소나무
② 주목, 은행나무
③ 잣나무, 은행나무
④ 잣나무, 상수리나무

해설 자웅이주(雌雄異株, 이가화)
① 암꽃과 수꽃이 각각 다른 나무에 달리는 나무
② 은행나무, 포플러류, 주목, 호랑가시나무, 꽝꽝나무, 가중나무 등

19. 식재거리가 같을 때 정삼각형 식재는 정방형 식재보다 몇 %나 더 묘목을 식재하는가?

① 7.5
② 10.0
③ 12.0
④ 15.5

해설 묘목 1본이 차지하는 면적
정삼각형식재 시 정방형식재에 비하여 86.6%, 식재할 묘목본수는 15.5%가 증가하게 된다.

20. 산벌작업에서 하종벌을 적용하기에 가장 적절한 시기는?

① 유령기 때
② 갱신 준기 때
③ 결실량이 많을 때
④ 하층식생이 많을 때

정답 13. ④ 14. ② 15. ① 16. ③ 17. ③ 18. ② 19. ④ 20. ③

해설 **하종벌**

① 결실량이 많은 해를 택하여 일부 임목을 벌채하여 하종을 돕는 것으로 1회의 벌채로 그 목적을 달성하는 것이 바람직하다.

② 예비벌 이전의 임분 재적의 25~75% 범위로 실시하며, 후벌을 할 때 치수의 손상이 적도록 되도록 많은 벌채가 바람직하다.

③ 종자착상을 위하여 교토작업을 하는 것이 도움이 되고, 하종벌 때 종자의 양이 부족하면 인공식재를 해서 이것을 보완하도록 한다.

정답

1회독 □ 2회독 □ 3회독 □

1. 어린나무 가꾸기 작업 시기에 대한 설명으로 옳은 것은?

① 식재 후 바로 실시한다.
② 주로 겨울철에 작업한다.
③ 수관경쟁이 시작될 때 실시한다.
④ 솎아베기 작업 후 1년 이내에 실시한다.

해설 어린 나무가꾸기
① 조림을 하고 풀베기 작업이 끝난 이후 조림목의 수관 경쟁이 시작되고 조림목의 생육이 저하되는 단계
② 조림 후 5~10년인 임지에서 조림목의 생장에 지장을 주는 나무 등을 벌채한다.

2. 가지치기에 대한 설명으로 옳은 것은?

① 수액 유동이 원활한 계절에 실시한다.
② 포플러류는 으뜸가지 이하의 가지만 제거한다.
③ 가지의 절단면에 빗물이 고이면 유합이 빨라진다.
④ 단풍나무 및 느릅나무는 생가지치기를 하여도 부후의 위험성이 없다.

해설 바르게 고치면
① 가지치기는 가급적 생장휴지기에 실시한다.
③ 가지 절단면은 빗물이 고이지 않도록 한다.
④ 단풍나무류, 느릅나무류, 벚나무류, 물푸레나무 등은 생가지치기 위험성이 높은 수종이다.

3. 종자의 품질에 대한 설명으로 옳지 않은 것은?

① 순량율은 순정종자의 비율을 의미한다.
② 발아율은 일정 기간 내에 발아된 종자의 비율을 의미한다.
③ 발아세는 단기간 내 일시에 발아된 종자의 비율을 의미한다.
④ 효율은 발아율과 발아세를 곱하여 표시한 것으로 종자의 품질을 의미한다.

해설 종자의 효율
① 종자에 대한 최종적인 평가 기준
② $효율(\%) = \dfrac{발아율(\%)}{순량률(\%)} \times 100$

4. 갱신이 어떤 기간 안에 이루어져야 한다는 제한이 없고 성숙한 임목을 선택적으로 벌채하는 작업종은?

① 택벌작업
② 개벌작업
③ 모수작업
④ 산벌작업

해설 택벌작업
① 숲을 구성하고 있는 나무 중에서 성숙목을 국소적으로 선택해서 일부 벌채하고, 이와 동시에 불량한 어린나무도 제거해서 갱신이 이루어지도록 하는 작업 방법이다.
② 보안림·풍치림·국립공원과 같이 숲을 항상 일정한 상태로 유지해야 할 곳에 주로 적용한다.

5. Hawley 간벌 방법 중 주로 준우세목이 벌채되며 우량목에 지장을 주는 중간목과 우세목도 일부 벌채하는 간벌 방법은?

① 하층간벌
② 수관간벌
③ 도태간벌
④ 택벌식 간벌

해설 수관간벌
① 상층임관을 소개해서 같은 층을 구성하고 있는 우량개체의 생육을 촉진시킨다.
② 주로 준우세목이 벌채되면, 우량목에 지장을 주는 중간목과 우세목의 일부도 벌채된다.

정답 1. ③ 2. ② 3. ④ 4. ① 5. ②

2018년 3회

6. 수목이 이용하는 필수원소 중 미량원소에 해당하는 것은?

① 철   ② 황

③ 칼슘   ④ 마그네슘

[해설] 미량원소
    ① 건전한 잎의 건중에 대한 각 원소의 비교량으로 1천 ppm 이하의 양을 가지고 있는 원소
    ② 아연, 철, 구리, 붕소, 망간, 몰리브덴 등

7. 모수작업으로 천연갱신이 가장 어려운 수종은?

① 곰솔   ② 소나무

③ 자작나무   ④ 서어나무

[해설] 모수작업
    ① 형질이 우량한 임지로서 종자의 결실이 풍부하여 천연하종갱신이 확실한 임지에서 실행한다.
    ② 주로 양수수종에 적용하며, 서어나무는 음수수종으로 천연갱신이 어렵다.

8. 정삼각형 식재와 정방형 식재의 본수관계로 옳은 것은?

① 정삼각형 식재가 정방형 식재보다 11.5% 적다.
② 정삼각형 식재가 정방형 식재보다 11.5% 많다.
③ 정삼각형 식재가 정방형 식재보다 15.5% 적다.
④ 정삼각형 식재가 정방형 식재보다 15.5% 많다.

[해설] 묘목 1본이 차지하는 면적비교
    정삼각형식재 시 정방형식재에 비하여 86.6%, 식재할 묘목본수는 15.5%가 많아진다.

9. 주로 입선법으로 종자를 정선하는 수종은?

① *Picea jezoensis*   ② *Larix kaempferi*

③ *pinus densiflora*   ④ *Juglans mandshurica*

[해설] 입선법
    ① 대립종자에 적용되는 것으로 1립씩 눈으로 감별하면서 손으로 선별하는 방법
    ② 밤나무, 가래나무(*Juglans mandshurica*), 호두나무, 칠엽수, 도토리, 목련 등

10. 파종조림이 가장 용이한 수종으로만 나열한 것은?

① 잣나무, 박달나무
② 복자기, 단풍나무
③ 소나무, 상수리나무
④ 분비나무, 일본잎갈나무

[해설] 파종조림이 용이한 수종
    ① 침엽수종 : 소나무, 해송
    ② 활엽수종 : 상수리나무, 굴참나무, 떡갈나무, 졸참나무, 밤나무, 가래나무, 벚나무, 옻나무, 물푸레나무 등

11. 암수한그루로만 바르게 나열한 것은?

① 왕버들, 소철   ② 은행나무, 버드나무
③ 굴참나무, 오리나무   ④ 물푸레나무, 사시나무

[해설] 자웅동주(일가화)
    ① 한 나무에 암꽃과 수꽃이 달리는 나무
    ② 소나무류, 오리나무류, 참나무류 등

12. 지하자엽 발아형에 속하는 수종은?

① 버드나무   ② 단풍나무
③ 아까시나무   ④ 물푸레나무

[해설] 자엽지하위발아(지하자엽)
    ① 호두나무, 밤나무류, 참나무류(도토리)처럼 종자가 싹이 틀 때 자엽이 땅속에 남는 것
    ② 자엽은 지하에 남아있고, 상배축이 지상으로 자라 올라와서 본엽을 형성한다.

정답   6. ①   7. ④   8. ④   9. ④   10. ③   11. ③   12. ①

13. 벌구 위에 서 있는 임목 전부를 일시 벌채하는 용어에 해당하는 것은?

① 1벌　　　　　② 3벌
③ 윤벌　　　　　④ 초벌

해설 개벌시 벌구 위에 서 있는 임목 전부를 일시에 벌채하는 것을 말하며 이것을 1벌이라고도 한다.

14. 수목이 이용 가능한 수분으로, 토양입자와 물분자 간의 부착력에 의하여 토양에 남아 있는 수분은?

① 결합수　　　　② 중력수
③ 범람수　　　　④ 모세관수

해설 모세관수는 수목이 이용가능 한 수분으로 유효수라고도 한다.

15. 계절적으로 종자의 성숙시기가 가장 빠른 수종은?

① 오리나무　　　② 버드나무
③ 호두나무　　　④ 느티나무

해설 개화한 후 빨리 자라서 3~4개월 만에 종자가 성숙하는 수종
사시나무, 버드나무, 회양목, 떡느릅나무 등

16. 사람이 이용한 적이 없고 산불이나 병해충 등에 의한 큰 피해가 없는 산림은?

① 순림　　　　　② 원시림
③ 천연림　　　　④ 인공림

해설 원시림과 인공림
　① 원시림 : 오랫동안 해(산불, 벌채, 극심한 병해충 등)을 받은 적이 없는 산림
　② 천연림 : 사람의 힘이 크게 주어지지 않은 산림
　③ 자연림 : 인공림의 반대말로 원시림과 천연림을 합한 말
　④ 인공림 : 사람에 의한 조림을 통해 이루어진 숲

17. 묘목 식재에 대한 설명으로 옳지 않은 것은?

① 겨울철에는 동해나 한해를 고려하여야 한다.
② 주로 봄에 식재하지만 가을에 식재하기도 한다.
③ 용기묘는 온실에서 키운 후 곧바로 산지에 식재한다.
④ 봄철 식재는 서리의 피해가 우려되지 않을 때 심는 것이 좋다.

해설 용기묘는 경화처리(묘목굳히기) 후 식재한다.

18. 임지에 질소 성분을 증가시키기 위해 식재하는 비료목으로만 나열한 것은?

① 싸리, 오리나무
② 소나무, 잣나무
③ 대나무, 삼나무
④ 리기다소나무, 리기테다소나무

해설 비료목
　싸리, 오리나무, 아까시나무 등

19. 양수 및 음수에 대한 설명으로 옳지 않은 것은?

① 양수는 음수보다 광보화점이 높다.
② 소나무는 양수이고 주목은 음수이다.
③ 양수는 음수보다 낮은 광도에서 광합성 효율이 높다.
④ 양수와 음수는 햇빛을 좋아하는 정도가 아니라 그늘에 견딜 수 있는 내음성의 정도에 따라 구분한다.

해설 바르게 고치면
　양수는 음수보다 높은 광도에서 광합성 효율이 높다.

20. 뿌리를 건전하게 하고 에너지의 저장과 공급에 중요한 역할을 하는 원소는?

① 철   ② 인산
③ 질소   ④ 칼슘

해설 인산
  ① 탄수화물, 유기산, 아미노산 등 인산과 결합에 대사작용을 하는 중간체 역할
  ② 에너지대사(ATP)에 주체가 되어 대사활성이 활발하게 일어나는 어린잎과 새 뿌리의 끝 부분에 인산이 많이 존재
  ③ 수목이 성숙해짐에 따라 인은 종자, 과실로 이동하여 집적된다.

1회

1회독 ☐ 2회독 ☐ 3회독 ☐

1. 1.2ha의 임야에 4m×2m의 장방형으로 식재할 때 필요한 묘목 수는?

① 500본 ② 1500본
③ 2000본 ④ 2500본

[해설] $\dfrac{12,000}{4 \times 2}$ = 1,500 본

2. 간벌의 효과로 옳지 않은 것은?

① 산림관리 비용을 크게 줄인다.
② 임분의 수직구조 및 안정화를 도모한다.
③ 직경생장을 촉진하여 연륜폭이 넓어진다.
④ 우량한 개체를 남겨서 임분의 유전적 형질을 향상시킨다.

[해설] 바르게 고치면
　　간벌은 산림관리 비용을 증대시킨다.

3. 수목에서 카스페리안 대(casparian strip)에 대한 설명으로 옳은 것은?

① 내피에서 양료의 자유 이동이 가능하도록 해준다.
② 무기염의 비선택적 흡수에 관여하는 조직이다.
③ 뿌리의 삼투압에 관여하여 뿌리의 수분흡수에 결정적으로 관여하는 조직이다.
④ 내피에서 자유공간을 없애 무기염이 더 이상 자유롭게 뿌리 속으로 이동할 수 없도록 막아준다.

[해설] 카스페리안대(Casparian strip)
　　① 뿌리에 흡수된 무기염이 내피에 도착하면 자유공간은 일단 없어진다.
　　② 무기염은 카스페리안대라 불리는 띠 모양의 조직에 의해 차단된다.

③ 리그닌(lignin)과 수베린(suberin, 목전질)과 같은 불침투성 물질로 구성되어 있으며, 일반 세포벽은 리그닌만으로 이루어져 있다
④ 밴드는 내배엽 세포막에 밀착되어 삼투(세포 내외의 물의 흐름)로 인해 세포가 수축하거나 팽창할 때 세포가 분열되지 않도록 한다.

4. 자웅이주에 해당하지 않는 수종은?

① *Ginkgo biloba*
② *Taxus cuspidata*
③ *Ailanthus altissima*
④ *Cryptomeria japonica*

[해설] ① 은행나무, ② 주목, ③ 가중나무 : 자웅이주
　　④ 삼나무 : 자웅동주

5. 풀베기에 대한 설명으로 옳은 것은?

① 줄베기는 모두베기에 비하여 많은 인력이 소요된다.
② 보통 5~7월 중에 실시하며 연 2회 실시할 경우 8월에 추가로 실시한다.
③ 한해 및 풍해의 위험성이 있는 지역에서는 9월 이후에 풀베기를 실시한다.
④ 삼나무, 편백 등의 조림지에서는 묘목의 보호를 위하여 풀베기 작업을 실시하지 않는다.

[해설] 바르게 고치면
　　① 모두베기는 줄베기에 비하여 많은 인력이 소요된다.
　　③ 9월 이후에 풀베기를 실시하지 않는다.
　　④ 삼나무, 편백 등의 조림지에서는 묘목의 보호를 위하여 풀베기 실시한다.

정답 1. ② 2. ① 3. ④ 4. ④ 5. ②

2019년 1회

6. 다음 중 그늘에서 가장 잘 견디는 수종은?

① 향나무 ② 자작나무
③ 사철나무 ④ 버드나무

해설 • 사철나무 – 음수
• 향나무 · 자작나무 · 버드나무 – 양수

7. 잎의 가공에서 이뤄지는 개폐기작에 가장 큰 영향을 주는 무기원소는?

① 인산 ② 칼슘
③ 칼륨 ④ 질소

해설 **칼륨의 역할**
① 질소를 단백질로 합성, 식물체내 다량 함유
② 체내에 이동이 용이하며, 동화작용촉진, 내한성 및 병충해저항성 증대
③ 토양내 흡수형태 : K +
④ 생체 내 세포전해질 주성분으로 삼투압을 조절하고 막전위를 형성한다.
⑤ 항상성 유지나 신경전달, 식물 기공의 개폐조절에 중요한 역할을 한다.

8. 조림지 준비 작업에 대한 설명으로 옳지 않은 것은?

① 산불 위험을 줄일 수 있다.
② 식재된 묘목과 경쟁식생의 경합을 완화시킬 수 있다.
③ 벌채 잔해물을 제거하여 식재 작업 조건을 개선할 수 있다.
④ 하층목의 밀도를 조절하여 식재된 묘목의 초기 활착과 생장을 개선할 수 있다.

해설 바르게 고치면
조림지 준비 작업시 하층목은 제거한다.

9. 주로 종자로 인하여 숲이 형성되어 주로 용재 생산을 목적으로 이용하는 것은?

① 죽림 ② 왜림
③ 교림 ④ 중림

해설 ① 교림 : 산림을 구성하는 나무가 종자로부터 발달된 숲이 형성되어 용재 생산을 목적으로 이용된다.
② 왜림 : 움(sprout)이나 뿌리움(root suckers)이 숲을 형성할 경우, 단기간에 연료재나 펄프 용재 등을 생산하고자 할 때 흔히 이용된다.

10. 우량 묘목의 조건으로 가장 적합한 것은?

① T/R율의 값이 큰 것
② 줄기가 곧으며 도장된 것
③ 근계 중에 주근이 길고 곧고 세근이 적은 것
④ 묘목의 가지가 균형 있게 뻗고 정아가 완전한 것

해설 바르게 고치면
① T/R율의 값이 3.0인 것
② 줄기가 곧으며 도장되지 않은 것
③ 근계 중에 주근이 발달하고 곧고 세근이 많은 것

11. 다음 설명에 해당하는 갱신작업은?

> • 일정면적은 임목갱신을 위하여 일정기간 동안에는 제거되는 일이 없다.
> • 성숙한 일부 임목만이 국부적으로 벌채되어 항상 각 영급의 임목이 서로 혼재되어 있다.
> • 직경분포 및 임목축적에 급격한 변화를 주지 않는 방법이다.

① 산벌작업 ② 중림작업
③ 택벌작업 ④ 모수작업

정답 6. ③ 7. ③ 8. ④ 9. ③ 10. ④ 11. ③

2019년 1회

해설 택벌작업

① 성숙한 나무만 일부 골라 벌채, 갱신이 소규모로 이뤄진다.
② 크고 작은 나무가 다양한 연령으로 자라는 임분(이령림, 다층림)
③ 보안림, 풍치림, 국립공원 등 자연림에 가까운숲에 적용된다.
④ 대경재 생산가능, 수관안정 · 항상성 · 조절능력이 커진다.

---

12. 군상개벌작업에서 한 벌채구역의 일반적인 크기는?

① 0.03~0.1ha
② 0.3~1.0ha
③ 1.0~3.0ha
④ 3.0~5.0ha

해설 군상개벌작업

① 한 벌채구역의 크기는 보통 0.03~0.1ha이다.
② 모양은 지형에 따라 적당히 결정한다.
③ 숲틈이나 어린나무가 많이 자라고 있는 곳부터 시작한다.
④ 어린나무가 자라나는 것에 맞추어서 갱신지를 사방으로 넓혀 나간다.
⑤ 보통 4~5년의 간격으로 작업

---

13. 종자가 일반적으로 11월경에 성숙하는 수종은?

① 버드나무
② 동백나무
③ 비술나무
④ 소사나무

해설 11월경 성숙 : 동백나무, 회화나무, 회양목 등

---

14. 곰솔에 대한 설명으로 옳지 않은 것은?

① 잎은 두 개씩 모여서 난다.
② 바다의 바람을 이겨내는 힘이 강하다.
③ 소나무에 비해 실생묘의 양성이 어렵다.
④ 직사광선을 받는 곳에서 생장이 왕성하다.

해설 바르게 고치면

곰솔은 소나무에 비해 실생묘의 양성이 쉽다.

---

15. 파종하기 1개월 전에 노천매장을 하면 발아에 유리한 수종으로만 올바르게 나열된 것은?

① 삼나무, 소나무
② 피나무, 층층나무
③ 벚나무, 물푸레나무
④ 들메나무, 단풍나무

해설 노천매장법(후숙)

① 잣나무, 주목, 향나무, 삼나무, 소나무 등은 가을에 파종, 겨울지나 종피가 연해지거나 후숙되게 하는 것이 좋다.
② 건조하면 발아력 떨어지는 수종 및 변온 처리해야 되는 수종에 적합하다.

---

16. 질소 결핍으로 인한 주요 증상으로 옳은 것은?

① 잎에 검은 반점이 나타난다.
② 성숙한 잎에 황화현상이 나타난다.
③ 절간생장이 억제되고 잎이 작아진다.
④ 새로 생장한 부분의 발육이 매우 불량하고 백화현상이 나타난다.

해설 질소

① 아미노산, 단백질의 구성, 엽록소의 주요 성분(필수원소)
② 토양내 흡수형태 : NO_3^-, NH_4^+
③ 결핍
  • 성숙한 잎에 먼저 나타난다,
  • 생장률저조, 잎전체 황백화, T/R률 저하된다.
④ 과잉
  • 짙은녹색이 됨, T/R률이 커진다.
  • 지상부가 왕성하게 자란다.

---

17. 종자를 탈각할 때 부숙 마찰법이 가장 적합한 수종은?

① 주목
② 옻나무
③ 오리나무
④ 아까시나무

해설 부숙 마찰법
① 부숙시킨 후에 과실과 모래를 섞어서 마찰하여 과피를 분리시키는 방법
② 향나무, 주목, 노간주나무, 은행나무, 벚나무, 가래나무 등

18. 어린나무 가꾸기나 천연림 보육작업 등의 잡목 솎아내기 작업이 끝난 후부터 최종 수확때까지 숲을 가꾸는 작업은?

① 간벌
② 제벌
③ 덩굴제거
④ 가지치기

해설 간벌(솎아베기)
① 직경생장을 촉진하여 연륜폭이 넓어진다.
② 생산될 목재형질을 좋게 한다.
③ 임목의 건전생육을 도와 각종저항력을 높인다.
④ 우량개체 남겨 임분유전형질 향상시킨다.

19. 토양에서 탄질률에 대한 설명으로 옳지 않은 것은?

① 토양 비옥도를 판정하는 기준이 된다.
② 낙엽층의 탄질률은 시간이 경과함에 따라 높아진다.
③ 토양과 식물체 등에 포함된 유기탄소와 총 질소의 함유 비율이다.
④ 분해가 매우 잘된 산림토양 표토층의 탄질률은 12~13 정도이다.

해설 탄질비(C/N비, carbon-nitrogen ratio)
① 토양의 유기물인 부식의 탄질비는 유기 탄소함량과 전 질소함량으로 토양 비옥도를 판정하는 기준이 된다.
② 탄소함량은 거의 일정하나 질소함량의 차이로 탄질비(C/N비)의 차이가 생긴다.

③ 미생물의 분해 활동은 분해 물질의 성분 속에서 탄질비는 영향을 받으며, 탄소는 생명에너지의 공급원으로, 질소는 단백질 형성 요소로서 미생물에게는 중요한 영양소이다
④ 낙엽층은 분해과정에서 질소는 미생물, 리그닌, 점토 등에 의해 유지되고, 탄소와 질소는 거의 같은 양으로 감소한다.

20. 인공조림과 비교할 때 천연갱신의 장점으로 옳지 않은 것은?

① 수종 선정의 잘못으로 인한 실패의 염려가 적다.
② 임지가 나출되는 일이 드물며 지력 유지에 적합하다.
③ 해당 임지의 기후와 토질에 가장 적합한 수종으로 갱신된다.
④ 전문적인 육림기술이 필요 없고 향후 벌목과 운재 작업이 용이하다.

해설 천연갱신의 장단점
① 장점
• 기후와 토양에 적응한 모수로부터의 하종갱신은 그 지역에 알맞은 수종이므로 실패율이 적다.
• 치수는 모수의 보호를 받으므로 각종 위해에 대한 저항력이 크다.
• 임지가 완전 나출되지 않으므로 지력유지 및 환경관리상 유리하다.
• 조림비를 절약할 수 있다.
• 생태적으로 안정된 건전한 숲을 만들 수 있다.
② 단점
• 갱신기간이 오래 걸리며 확실성이 낮다.
• 종자의 비산거리를 고려해야 하므로 소구역으로 작업을 실행해야 한다.
• 생산된 목재가 균일하지 못하다.
• 목재수확이 어려우며 치수가 상하기 쉽다.
• 전문적인 육림기술이 필요하다.

정답   17. ①   18. ①   19. ②   20. ④

1. 묘간거리 4m로 정방형 식재를 할 때 1ha당 식재 본수는?

① 63본
② 250본
③ 625본
④ 2500본

해설 $\dfrac{10,000}{4 \times 4} = 625$본

2. 수목에서 수분 통도 및 지탱의 역할을 하는 조직은?

① 밀선   ② 목부
③ 사부   ④ 유조직

해설   목부
     ① 기능 - 수분 통도 및 지탱
     ② 관련 조직 또는 세포 - 도관, 가도관, 수선, 춘재, 추재

3. 1/2묘에 대한 설명으로 옳은 것은?

① 뿌리의 나이가 1년이고 줄기의 나이가 2년인 삽목묘이다.
② 뿌리의 나이가 2년이고 줄기의 나이가 1년인 삽목묘이다.
③ 파종상에서 1년, 그 뒤 한 번 상체되어 1년을 지낸 2년생 실생묘이다.
④ 파종상에서 1년, 그 뒤 한 번 상체되어 2년을 지낸 3년생 실생묘이다.

해설 분모는 뿌리의 나이, 분자는 줄기의 나이를 나타낸다.

4. 아래 그림에 해당되는 Hawley의 간벌 양식은? (단, 모두 동령림이며 빗금은 간벌 대상임)

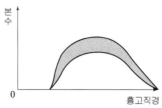

① 하층간벌   ② 수관간벌
③ 택벌식 간벌   ④ 기계적 간벌

해설   기계적 간벌
     흉고직경에 따라 임목본수를 미리 정해 놓고 기계적으로 간벌을 실행하는 간벌이다.

5. 밤나무 재배환경에 대한 설명으로 옳지 않은 것은?

① 토양산도가 pH5.0~5.5인 곳이 좋다.
② 해발 고도가 400m 이상인 고산지역이 좋다.
③ 재배 적지의 토성은 사질양토나 양토가 좋다.
④ 경사도 25° 미만의 완경사지에서 생육이 좋다.

해설   바르게 고치면
     해발고도가 400m 이하인 지역이 좋다.

6. 수목에서 양료의 이동에 대한 설명으로 옳지 않은 것은?

① 질소, 인, 칼륨 등은 이동이 쉬운 원소들이다.
② 이동이 쉽게 이루어지지 않는 원소는 칼슘, 철, 붕소 등이 있다.
③ 이동성이 좋은 양료는 결핍 현상이 어린잎에서 먼저 나타난다.
④ 어떤 원소의 이동성이란 용해도와 사부조직으로 들어갈 수 있는 용이성을 의미한다.

해설   바르게 고치면
     이동성이 좋은 양료의 결핍현상은 잎이나 가지선단에 다양하게 나타난다.

정답   1. ③   2. ②   3. ②   4. ④   5. ②   6. ③

2019년 2회

7. 종자의 실중에 대한 설명으로 옳은 것은?

① 소립종자는 1000립씩 4회 반복한 평균 무게이다.
② 소립종자는 10000립씩 4회 반복한 평균 무게이다.
③ 대립종자는 1000립씩 4회 반복한 평균 무게이다.
④ 대립종자는 10000립씩 4회 반복한 평균 무게이다.

해설 ① 소립종자 : 1000립씩 4회 반복한 평균 무게
② 대립종자 : 100립씩 4회 반복한 평균 무게를 1,000립 중으로 환산

해설 입선법
① 충실한 종자를 가려내는 방법의 하나로 종자 알갱이 하나하나를 살펴서 가려내는 방법
② 수종 : 밤나무, 은행나무, 참나무류

11. 가래나무와 호두나무에 대한 설명으로 옳지 않은 것은?

① 자웅이주이다.
② 9월경에 결실한다.
③ 4~5월에 개화한다.
④ 열매는 핵과에 속한다.

해설 바르게 고치면
자웅동주이다.

8. 입목이 주로 종자로 양성된 임형은?

① 교림   ② 왜림
③ 중림   ④ 죽림

해설 교림은 종자로 양성된 임형을 말한다.

9. 장령림에서 동해를 예방하기 위해 비료 주기를 피해야 하는 시기는?

① 늦가을에서 초봄   ② 늦봄에서 초여름
③ 늦여름에서 초가을   ④ 늦가을에서 초겨울

해설 늦여름에서 초가을에 비료를 주면 비료효과가 커지고 휴면기가 오면서 생장력이 왕성해져 동해를 입기 쉽다.

12. 풀베기 시기로 가장 적합한 것은?

① 3월~5월   ② 6월~8월
③ 9월~11월   ④ 12월~3월

해설 풀베기는 6~8월에 실시한다.

10. 입선법으로 종자를 선별하는 것이 가장 효과적인 수종은?

<보기 수종>
① 측백나무   ② 소나무
③ 주목   ④ 호두나무

① *Thuja orientalis*   ② *Pinus densiflora*
③ *Taxus cuspidata*   ④ *Juglans mandshurica*

13. 왜림작업 적용이 가능한 가장 용이한 수종은?

① 소나무
② 잣나무
③ 굴참나무
④ 일본잎갈나무

해설 왜림작업
① 맹아를 이용하여 갱신된 산림
② 벌기가 짧고 신탄재 등 소경재를 생산하기 위해 실시
② 아까시나무와 참나무류가 가장 용이

정답   7. ①   8. ①   9. ③   10. ④   11. ①   12. ②   13. ③

14. 가지치기에 대한 설명으로 옳지 않은 것은?

① 생장 휴지기에 수목의 수액 유동 시작 직전에 실시한다.
② 옹이가 없고 통직한 완만재를 생산할 목적으로 실시한다.
③ 참나무류와 포플러나무류는 으뜸가지 이상의 가지만 잘라준다.
④ 너도밤나무, 가문비나무의 생가지치기 작업은 부후의 위험성이 있어 원칙적으로 제거만 실시한다.

해설 가지치기의 대상
① 대상 수종은 소나무, 잣나무, 낙엽수, 전나무, 해송, 삼나무, 편백 등이다.
② 목표생산재가 톱밥, 펄프, 숯 등 일반소경재일 경우에는 가지치기를 실시하지 않는다.
③ 자연 낙지가 잘 되는 수종은 가지치기를 생략할 수 있다.
④ 지름 5cm 이상의 가지는 자르지 않는다.
⑤ 활엽수는 가급적 밀식으로 자연 낙지를 유도하고 죽은 가지를 제거한다.
⑥ 포플러는 으뜸가지(力枝) 이하의 가지만 제거한다.

15. 묘목의 가식 방법으로 옳지 않은 것은?

① 묘목을 삼기 전 일시적으로 도랑을 파서 그 안에 뿌리를 묻어 건조를 방지한다.
② 단시일 가식하고자 할 때에는 묘목을 다발채로 비스듬히 뉘여서 뿌리를 묻는다.
③ 장기간 가식하고자 할 때에는 묘목을 다발에서 풀어 도랑에 세우고 묻은 후 관수한다.
④ 한풍해가 우려되는 경우에는 묘목의 정단부가 바람과 같은 방향으로 되도록 누여서 묻는다.

해설 바르게 고치면
한풍해가 우려되는 경우에는 묘목의 정단부가 바람에 영향을 받지 않도록 한다.

16. 부숙마찰법에 의하여 탈종시키는 수종으로만 올바르게 나열한 것은?

① 밤나무, 참나무, 옻나무
② 잣나무, 호두나무, 비자나무
③ 느릅나무, 단풍나무, 물푸레나무
④ 싸리나무, 주엽나무, 아까시나무

해설 부숙 마찰법
① 일단 부숙시킨 후에 과실과 모래를 섞어서 마찰하여 과피를 분리한다.
② 수종 : 향나무, 주목, 노간주나무, 은행나무, 벚나무, 가래나무 등

17. 전형적인 이령림 작업에 속하는 갱신 작업종은?

① 개벌작업
② 모수작업
③ 산벌작업
④ 택벌작업

해설 일정한 주기로 상층목을 벌채하고 갱신시키는 택벌작업에 의해 조성되는 임분도 전형적인 이령림이 된다.

18. 수목의 뿌리가 이용 가능한 토양수분은?

① 결합수
② 중력수
③ 범람수
④ 모세관수

해설 모세관수는 중력에 저항하여 토양입자와 물분자 간의 부착력에 의해 모세관 사이에 남아있는 수분으로 수목이 이용가능하다.

19. 중력이 작용하는 방향으로 수목이 생장한다는 의미에 해당하는 것은?

① 굴지성
② 주지성
③ 주광성
④ 굴광성

해설 굴지성
식물이 중력에 반응해 줄기는 광합성을 위해 위로, 뿌리는 영양분 흡수를 위해 밑으로 자라는 현상을 말한다.

정답 14. ③ 15. ④ 16. ② 17. ④ 18. ④ 19. ①

20. 천연갱신과 인공조림에 대한 설명으로 옳지 않은 것은?

① 천연갱신으로 조성된 숲에서 생산된 목재는 균일하다.

② 천연갱신은 새로운 숲이 조성되기까지 오랜 세월을 필요로 한다.

③ 천연갱신은 그 곳의 환경에 잘 적응된 나무들로 구성되고 갱신 비용이 적게 드는 것이 장점이다.

④ 인공조림은 좋은 씨앗으로 묘목을 길러 식재하고 무육에 힘써 좋은 목재를 생산한다는 것이 장점이다.

해설 천연갱신의 단점
　① 갱신기간이 오래 걸리며 확실성이 낮다.
　② 종자의 비산거리를 고려해야 하므로 소구역으로 작업을 실행해야 한다.
　③ 생산된 목재가 균일하지 못하다.
　④ 목재수확이 어려우며 치수가 상하기 쉽다.
　⑤ 전문적인 육림기술이 필요하다.

정답 **20.** ①

1. 가지치기의 효과로 옳지 않은 것은?

① 무절재를 생산할 수 있다.
② 하목의 수광량을 증가시킨다.
③ 산불이 있을 때 수관화를 경감시킨다.
④ 연륜폭을 조절해서 수간의 완만도를 낮춘다.

해설 가지치기의 효과
① 마디 없는 간재(수목 줄기의 목재)를 얻을 수 있다.
② 신장 생장을 촉진한다.
③ 나이테 폭의 넓이를 조절하여 수간의 완만도를 높인다.
④ 밑에 있는 나무에 수광량을 증가하여 성장을 촉진시킨다.
⑤ 임목 상호간에 부분적 경쟁을 완화시킨다.
⑥ 산림화재의 위험성이 줄어든다.

2. 모수작업법에 대한 설명으로 옳지 않은 것은?

① 벌채가 집중되므로 경비가 절약된다.
② 토양침식과 유실이 발생할 가능성이 낮다.
③ 작업의 용이성으로 보아서는 개벌작업과 상당히 유사하다.
④ 모수는 종자의 결실량이 많고 비산능력이 좋은 수종을 선택한다.

해설 모수작업
① 모수작업은 형질이 우량한 임지로서 종자의 결실이 풍부하여 천연하종갱신이 확실한 임지에서 실행한다.
② 1개 벌채구역은 5만제곱미터 이내로 하며, 벌채구역과 다른 벌채구역 사이에는 폭 20m 이상의 수림대를 남겨 두어야 한다.
② 모수는 1만제곱미터에 15~20본을 존치시키되, 형질이 우량하고 종자가 비산할 수 있도록 바람이 불어오는 방향에 위치한 입목이어야 한다.

3. 풀베기 방법으로 모두베기에 대한 설명으로 옳은 것은?

① 한풍해가 예상되는 곳에서 실시한다.
② 조림목이 양수 수종인 경우에 적용한다.
③ 조림목에 광선을 제대로 주지 못하는 단점이 있다.
④ 조림목이 심어진 줄에 따라 모든 잡초목을 제거하는 방법이다.

해설 풀베기 방법 중 모두베기
① 조림지 전면의 잡초목을 모두 베어내는 방법
① 양수 수종의 조림지 또는 천연갱신지에 일반적으로 적용

4. 동일한 수목의 양엽과 음엽을 비교한 설명으로 옳지 않은 것은?

① 양엽은 음엽보다 광포화점이 높다.
② 음엽은 양엽보다 잎의 두께가 두껍다.
③ 음엽은 양엽보다 엽록소 함량이 더 많다.
④ 양엽은 음엽보다 책상조직이 빽빽하게 배열되어 있다.

해설 양엽과 음엽
① 양엽
• 광합성에 유리, 광포화점 높음, 책상조직 빽빽하게 배열된다.
• 증산작용 억제하기 위하여 cuticle층과 잎의 두께가 두껍다.
② 음엽
• 항상 햇빛 부족, 광포화 낮고, 책상조직이 엉성하게 발달한다.
• 낮은 광도에서도 광합성을 효율적으로 하기 위하여 잎이 양엽보다 더 넓다.
• 엽록소의 함량이 더 많고, cuticle층과 잎의 두께가 얇다.

5. 대상 산벌갱신에 대한 설명으로 옳지 않은 것은?

① 일반적으로 양수 수종 갱신에 유리하다.
② 대상지의 폭은 수고의 2~3배 정도이다.
③ 벌채는 주풍방향과 반대방향으로 진행하는 것이 유리하다.
④ 풍해를 예방하기 위한 방법으로 상방하종 및 측방하종도 가능하다.

해설 대상산벌갱신
① 대상개벌작업법과 비슷하게 임분을 여러 개의 대상지로 나누고 한쪽부터 대에 따라 점진적으로 산벌작업을 진행시켜 상방 또는 천연하종에 의해 갱신을 도모하는 것으로 풍해를 피하고자 고안된 방법이다.
② 일반적으로 음수 수종 갱신에 유리하다.

6. 묘목의 가식에 대한 설명으로 옳지 않은 것은?

① 1~2개월 장기간 가식을 할 경우에는 관수가 필요하다.
② 가급적 비가 오거나 비가 온 후 바로 가식하여 묘목이 건조하지 않게 한다.
③ 묘목을 심기 전 일시적으로 땅에 뿌리를 묻어 건조하지 않도록 해 주는 작업이다.
④ 추위나 바람의 피해가 우려되는 곳은 묘목의 정단 부분을 바람과 반대방향으로 되도록 눕혀 묻어준다.

해설 가식
① 조림하기 전 임시로 땅에 뿌리를 묻어 건조하지 않도록 하는 작업이다.
② 가식 장소
 • 습기가 적당히 있고 배수와 통기가 잘 되며 햇빛이 많이 들지 않아 서늘하고 바람을 피할 수 있으며 주변 대기의 습도가 높은 곳을 선택해야 한다.
 • 조림지 근처에 가식하는 것이 좋다.
③ 가식방법
 • 보통 줄지어 묻는데 이 때 뿌리 사이에 흙이 충분히 들어가 공간이 생기지 않도록 한다.
 • 한 줄에 들어가는 묘목의 수를 일정하게 하여 관리할 때 용이하도록 한다.

④ 추위에 약한 묘목을 월동 가식할 경우에는 움 속에 가식하거나, 낙엽, 짚 등을 덮어 추위를 막아주어야 한다. 너무 밀집되게 가식하여 장기간 방치하면 통기불량으로 인해 뿌리가 부패하므로 가식 밀도를 조절하고 쇠약해진 묘목의 뿌리는 물에 담가서 회복시킨 후 가식한다.
⑤ 가을에는 묘목의 끝이 남쪽으로, 봄에는 북쪽으로 기울어지도록 하며, 단기간 가식할 때에는 다발째로, 장기간 가식할 때에는 다발을 풀어서 가식한다. 또한 한풍해가 우려되는 경우에는 묘목의 정단부분이 바람과 반대방향으로 되도록 뉘어서 묻는다.

7. 종자의 결실 주기가 2~3년인 수종은?

① *Salix koreensis*
② *Picea jezoensis*
③ *Larix kaempferi*
④ *Quercus acutissima*

해설 ① 버드나무 – 해마다 결실
② 가문비나무 – 3~4년 주기
③ 낙엽송 – 5년이상 주기
④ 상수리나무 – 2~3년 주기

8. 다음 설명에 해당하는 원소는?

• 결핍될 경우 왜성화로 인해 묘목의 생장이 불량하다.
• 초기에는 뚜렷한 다른 증세가 나타나지 않으나 소나무의 경우에는 자주색을 띤다.

① P
② N
③ K
④ Mg

해설 인산의 역할과 결핍
① 역할
 • DNA, 핵염색체, 엽록체, 핵과 핵단백질, 인지질과 종자와 관련
 • 탄수화물, 유기산, 아미노산 등 인산과 결합에 대사작용을 하는 중간체 역할

정답 5. ① 6. ② 7. ④ 8. ①

- 에너지대사(ATP)에 주체가 되어 대사활성이 활발하게 일어나는 어린잎과 새 뿌리의 끝 부분에 인산이 많이 존재하고, 작물이 성숙해짐에 따라 인은 종자, 과실로 이동하여 집적된다.

② 인의 결핍
- 분열조직 활동의 감소로 개화가 불량해지고 잎, 줄기의 성장이 저하되어 작아지고 가늘어지며 결실이 좋지 않게 된다.

9. 온대남부의 조림수종으로 상록성인 참나무류만 올바르게 나열한 것은?

① 개가시나무, 먼나무
② 개가시나무, 황칠나무
③ 붉가시나무, 종가시나무
④ 붉가시나무, 홍가시나무

해설 ① 개가시나무 – 참나무과 상록교목, 먼나무 – 감탕나무과의 상록교목
② 황칠나무 – 두릅나무과의 상록교목
③ 붉가시나무 – 참나무과의 상록교목, 종가시나무 – 참나무과의 상록교목
④ 홍가시나무 – 장미과의 상록소교목

10. 토양수 중 식물이 쉽게 이용할 수 있는 pF 1.8 ～ 4.2 에 상당하는 유효수분은?

① 화합수   ② 흡습수
③ 모관수   ④ 중력수

해설 모세관수는 중력에 저항하여 토양입자와 물분자 간의 부착력에 의해 모세관 사이에 남아있는 수분으로 수목이 이용가능하다.

11. 1-2-1묘는 몇 번 판갈이 작업한 묘인가?

① 1번   ② 2번
③ 3번   ④ 4번

해설 파종상에서 1년, 이후 2번 상체하고, 1년 경과한 4년생 묘목

12. 편백과 화백에 대한 설명으로 옳지 않은 것은?

① 편백과 화백은 측백나무과이다.
② 편백과 화백은 모두 암수딴그루이다.
③ 편백은 잎 끝이 예리하고 화백의 잎은 비늘모양이다.
④ 편백은 잎의 뒷면이 백색기공선이 Y자형이고 화백은 V 또는 W자형이다.

해설 편백은 잎이 비늘모양이며, 화백은 잎 끝이 예리하다.

13. 수목의 개화생리 순서로 옳은 것은?

| 가. 화아형성 | 나. 화아분화 |
| 다. 수정 | 라. 수분 |

① 가 - 나 - 라 - 다   ② 가 - 나 - 다 - 라
③ 나 - 가 - 다 - 라   ④ 나 - 라 - 가 - 다

해설 수목 개화생리 순서
화아형성 – 화아분화 – 수분 – 수정

14. 교림에 대한 설명으로 옳은 것은?

① 맹아에 의하여 갱신된 산림
② 순수한 원시림으로 유지된 산림
③ 숲가꾸기가 적기에 실시된 산림
④ 주로 실생묘로 성립된 키 큰 산림

해설 교림
산림을 구성하는 나무가 종자로부터 발달된 숲이 형성되어 용재 생산을 목적으로 이용된다.

15. 종자의 순량을 기준이 가장 낮은 수종은?

① 잣나무
② 밤나무
③ 오리나무
④ 은행나무

해설 종자의 순량률

은행나무, 잣나무 : 98% – 밤나무 96% – 오리나무 73%

16. 묘목의 단근 작업에 대한 설명으로 옳지 않은 것은?

① 묘목의 철늦은 자람을 억제한다.
② 측근과 세근의 발달을 촉진시킨다.
③ 묘목을 포지에 세워두고 도구를 이용해서 절단한다.
④ 단근 작업을 통해서 건전한 묘목을 생산할 수는 있어도 산지에 식재하는 경우에는 활착률은 떨어진다.

해설 단근 작업은 수목의 활착을 높이고자 실시한다.

17. 산림 갱신을 위한 작업종에 해당되지 않는 것은?

① 간벌
② 개벌
③ 산벌
④ 획벌

해설 ① 간벌

•나무가 자라는 초기에 잡목 솎아내기(제벌) 작업 후 나무가 일정한 크기 이상으로 자란 다음, 또는 일반적으로 식재 후 10~20년 사이에 비교적 굵은 나무들을 다시 솎아내는 작업이다.
•나무 상호간의 경쟁을 완화시키고, 알맞은 생육공간을 만들어 주며 남아 있는 나무의 지름 생장을 촉진하고, 건전한 숲으로 이끌어 우량한 목재를 생산하는 데 목적이 있다.
② 개벌, 산벌, 택벌, 획벌 등 – 산림 갱신 작업종

18. 비료목의 정의, 식재 및 관리에 대한 설명으로 옳지 않은 것은?

① 비료목을 식재한 지역에는 시비하지 않는다.
② 임지 비배효과 증대를 위해 비료목을 혼합 식재한다.
③ 임목의 건전한 생산성을 위해 심는 보조적 임목을 말한다.
④ 척박한 임지에 주임목의 생장촉진을 위해 비료목을 혼합 식재한다.

해설 비료목

① 정의
•임지의 생산력을 유지하고 높이기 위해 보조적으로 심는 나무
② 종류
•콩과식물의 비료목 : 아까시나무, 자귀나무, 싸리류 등
•그 밖의 비료목 : 오리나무류, 보리수나무류, 소귀나무, 갈매나무, 붉나무, 딱총나무 등

19. 종자를 채집하여 11월말까지는 노천매장을 해야 좋은 수종은?

① 전나무
② 단풍나무
③ 층층나무
④ 느티나무

해설 ① 전나무 – 파종하기 한 달 전에 매장
② 단풍나무 ④ 느티나무 – 종자정선 후 바로 노천매장

20. 숲의 교란과 복원에 대한 설명으로 옳지 않은 것은?

① 산불, 산사태, 병충해 등으로 숲이 교란된다.
② 교란은 생태계의 구조와 기능에 심각한 영향을 끼친다.
③ 훼손된 생태계는 복원되기란 매우 어렵고 시간이 많이 걸린다.
④ 훼손은 발생빈도, 공간규모, 훼손강도가 일정한 패턴을 보인다.

해설 바르게 고치면

훼손은 발생빈도, 공간규모, 훼손강도가 다양한 패턴을 보인다.

정답 15. ③ 16. ④ 17. ① 18. ① 19. ③ 20. ④

1 · 2회

1회독 ☐ 2회독 ☐ 3회독 ☐

1. 산벌작업의 순서로 옳은 것은?

① 전벌 → 하종벌 → 종벌
② 예비벌 → 전벌 → 종벌
③ 하종벌 → 예비벌 → 후벌
④ 예비벌 → 하종벌 → 후벌

해설 **산벌작업**
　① 일제림이 벌기에 달하였을 때 천연하종갱신을 목적
　　으로 성숙목을 몇 회로 나누어 벌채하는 방법
　② 순서 : 예비벌 → 하종벌 → 후벌

2. 수목 잎의 기공개폐에 대한 설명으로 옳지 않은 것은?

① 온도가 높아지면 기공이 닫힌다.
② 잎의 수분포텐셜이 낮으면 기공이 열린다.
③ 순광합성이 가능한 정도의 광도이면 기공은 충분히 열린다.
④ 엽육 조직의 세포간극에 있는 이산화탄소의 농도가 높으면 기공이 닫힌다.

해설 **바르게 고치면**
　잎이 수분포텐셜이 낮아지면 수분스트레스가 커져 기공
　이 닫힌다.

3. 조림지의 풀베기 작업 시기로 가장 적합한 것은?

① 여름철인 6~8월이 좋다.
② 잡초목의 생장이 완료된 늦가을에 실시한다.
③ 수목의 수액이 이동하기 전인 4월 이전이 좋다.
④ 잡초목의 생장이 시작되는 4~5월에 실시한다.

해설 **풀베기**
　6월에서 8월중에 실시하며 잡초가 적은 곳은 1회 정도, 무
　성한 곳은 두 차례에 걸쳐 실시한다.

4. 종자의 활력을 검사하는 방법이 아닌 것은?

① 절단법   ② 양건법
③ X-선법   ④ 효소검출법

해설 **양건법(air drying, 陽乾法)**
　종실을 햇빛에 쪼여 건조시키므로서 종자가 자연 이탈되
　도록 하는 종자탈곡방법 중 하나이다.

5. 단순히 토양 입자의 크기로만 평가하였을 때 단위 부피당 토양이 지닌 양이온치환용량이 가장 큰 것은?

① 역토   ② 양토
③ 식토   ④ 사토

해설 **양이온치환능력(CEC: Cation Exchange Capacity)**
　① 토양이 보유할 수 있는 치환가능한 양이온의 총량으로
　　토양이 식물에게 필요한 영양소를 갖게 되는 것은
　　CEC 영향이다.
　② 식토(점토)는 상대적으로 CEC가 높고 토양 중 유기물
　　이 많이 있는 토양은 CEC가 매우 높아지게 된다.

6. 간벌에 대한 설명으로 옳지 않은 것은?

① 임목을 건전하게 발육시킨다.
② 임분의 형질을 개선하는데 도움을 준다.
③ 직경 생장을 촉진시킬 목적으로 실시한다.
④ 정량간벌은 수관급의 고려를 하는 것이 가장 중요하다.

해설 **바르게 고치면**
　줄기의 형태와 수관의 특성으로 구분되는 수관급을 고려
　하는 것은 정성간벌로 베어낼 나무와 남겨 둘 나무의 질에
　중점을 두는 방법이다.

정답　1. ④　2. ②　3. ①　4. ②　5. ③　6. ④

7. 배주에 해당하지 않는 것은?

① 주피   ② 자방
③ 주심   ④ 난핵

해설 ① 자방(씨방) - 열매(과실), 밑씨를 보호
     ② 밑씨(배주) - 종자(씨), 주피(밑씨 껍질, 종피), 주피
       (내종피), 극핵+정핵 : 배젖(배유), 난핵+정핵 : 배

8. 잣나무의 특성 및 임분 관리 방법에 대한 설명으로 옳은 것은?

① 천연갱신이 잘 이루어진다.
② 식재 후 30~40년경 간벌을 시작한다.
③ 토양 수분이 충분한 계곡이나 산복의 비옥지에 식재한다.
④ 자연 번식력이 강하므로 어떠한 작업종을 선택하여도 갱신에 지장이 없다.

해설 잣나무는 인공조림 되었으며 식재 후 20년경 간벌을 시작한다.

9. 삽수의 발근을 촉진하는 방법으로 식물호르몬 처리에 해당하지 않는 것은?

① 분제 처리법   ② 저농도액 침지법
③ 증산억제제 처리법   ④ 고농도 순간침지법

해설 증산억제제 처리방법은 삽목 후에 건조를 방지할 목적으로 처리한다.

10. 자연의 힘으로 이루어진 극상림의 숲은?

① 보안림   ② 열대림
③ 원시림   ④ 동령림

해설 원시림은 극상림이 자연의 힘으로 이루어진 숲을 말한다.

11. 다음 설명에 해당하는 갱신작업 방법은?

- 임관이 항상 울폐한 상태에 있어 임지 및 치수가 보호된다.
- 병충해에 대한 저항력과 심미적 가치가 높다.
- 음수수종 갱신에 적합하고 상층의 성층목은 일광을 잘 받아 결실이 잘 된다.

① 택벌작업   ② 개벌작업
③ 산벌작업   ④ 왜림작업

해설 ① 택벌작업 : 성숙한 일부 임목만을 벌채하고 생긴 공간을 갱신하는 방법, 보안림·풍치림·국립공원과 같이 숲을 항상 일정한 상태로 유지되는 곳에 적용
     ② 개벌작업 : 임분의 전 임목을 일시에 개벌한 후 갱신하는 방법
     ③ 산벌작업 : 임분을 예비벌, 하종벌, 후벌 등 3단계 갱신벌채를 실시하여 갱신하는 방법
     ④ 왜림작업 : 큰 나무를 잘라내고 움을 키워서 새로운 숲을 만드를 방법, 농용자재 생산이나 연료림작업에 한하여 적용하는 방법

12. 육묘 시 해가림이 필요 없는 수종은?

① *Pinus rigida*   ② *Larix kaempferi*
③ *Abies holophylla*   ④ *Pinus koraiensis*

해설 해가림은 음수인 잣나무, 전나무, 주목, 가문비나무, 낙엽송 등에 적용한다.
     ① 리기다소나무, ② 일본잎갈나무, ③ 전나무, ④ 소나무

13. 종자의 순량률에 대한 설명으로 옳은 것은?

① 종피와 종자 크기에 대한 비율이다.
② 1000개의 종자 무게를 비율로 정한 것이다.
③ 충실종자와 미숙종자에 대한 무게의 비율이다.
④ 전체 시료종자 무게에 대한 순정종자 무게의 비율이다.

정답   7. ②   8. ③   9. ③   10. ③   11. ①   12. ①   13. ④

종자의 순량률

① 정선종자의 순도를 나타내는 용어

② 정선된 시료종자 내에 섞여 있는 각종 불순물과 육안으로 일일이 골라낸 순정한 건전종자를 분리

③ 순량률(%) = $\dfrac{순정종자무게}{전체 시료종자무게} \times 100$

14. 임목의 잎에 있는 엽록체가 주로 흡수하여 광합성에 이용하는 광선은?

① 적외선 ② 자외선

③ 근적외선 ④ 가시광선

식물과 가시광선

식물의 잎에 있는 엽록체는 가시광선 중에서 붉은색과 청색의 빛을 많이 흡수하고, 그 파장에서 광합성량도 증가한다.

15. 묘목 식재 시 낙엽수종의 뿌리 돌림 작업시기로 가장 적합한 것은?

① 4~5월 ② 6~7월

③ 9~10월 ④ 11~12월

뿌리돌림

세근의 발달을 좋게 하여, 물과 양분을 흡수를 돕기 위해 실시한다.

16. 가지치기의 장점이 아닌 것은?

① 부정아 발생

② 무절재 생산

③ 하층목 생장 촉진

④ 산불로 인한 수관화 경감

가지치기의 장점·단점

① 장점

• 마디없는 간재(幹材, stemwood)를 얻을 수 있다.

• 신장 생장을 촉진한다.

• 나이테 폭의 넓이는 조절하여 수간의 완만도를 높인다.

• 밑에 있는 나무에 수광량을 증가하여 성장을 촉진시킨다.

• 임목 상호간에 부분적 경쟁을 완화시킨다.

• 산림화재의 위험성이 줄어든다.

② 가지치기의 단점

• 노력과 비용이 소요된다.

• 가지를 지나치게 잘라 임목의 생산을 감퇴시킬 우려가 있다.

• 부정아가 줄기에 나타나 해를 주는 경우가 있다.

17. 난대림에 분포하는 주요 수종이 아닌 것은?

① 전나무 ② 동백나무

③ 가시나무 ④ 후박나무

전나무

① 소나무과 상록침엽교목으로 추위에 강하여 전국 어디서나 월동이 가능하다.

② 생육적지는 토양습도가 높고 공중습도도 높은 곳이며, 비옥한 토양에서 잘 자라며 어려서는 강한 나무그늘 속에서도 잘 자라는 음수이다.

18. 모수작업에 가장 알맞은 수종은?

① 잣나무 ② 소나무

③ 밤나무 ④ 일본잎갈나무

모수작업

① 주로 양수수종인 침엽수림의 천연하종갱신을 위한 벌채을 말한다.

② 소나무, 해송 등에 적합하다.

19. 콩과 수목으로 비료목인 것은?

① 사시나무 ② 오리나무

③ 아까시나무 ④ 보리장나무

사시나무 – 버드나무과, 오리나무 – 자작나무과, 보리장나무 – 보리수나무과

정답 14. ④ 15. ④ 16. ① 17. ① 18. ② 19. ③

20. 양분요구도가 가장 낮은 수종은?

① 밤나무   ③ 소나무
② 오동나무   ④ 느티나무

해설 소나무는 양분의 요구도가 낮고 광선 요구도가 높은 수종
이다.

1. 우세목을 간벌재로 이용하고자 할 때 적용하는 간벌 방법은?

① 하층간벌   ② 수관간벌
③ 택벌식 간벌   ④ 기계적 간벌

해설 택벌식 간벌
    ① 우세목으로 대체될 좋은 하급목이 충분히 있어야 하며, 펄프재, 그밖에 중경목의 생산이 유리한 경우에 적용된다.
    ② 수익성이 없다고 생각되는 나무는 벌채 대상목으로 하지 않는다.

2. 종자 결실량을 증가시키는 방법이 아닌 것은?

① 간벌 작업을 실시한다.
② 건조, 접목, 상처주기 등의 스트레스를 준다.
③ 꽃눈이 분화하는 시기에 비료를 주지 않는다.
④ 수피의 일부분을 제거하여 C/N율을 조절한다.

해설 개화 · 결실의 촉진
    ① 생리적 방법 : C/N률 조절(C/N률이 높으면 화성유도, 수관의 소개), 시비(질소, 인산, 칼리(칼륨)의 삼요소를 주어 착화를 촉진)
    ② 화학적 방법 : 생장조절물질, 인식화분(멘트로화분)
    ③ 물리적(기계적)방법 : 입지조건(따뜻하고 개방된 곳), 스트레스(건조 · 상처주기), 간벌 등을 통한 임분 밀도 조절

3. 뿌리의 내피에 발달한 카스페리안대(Casparian strip)의 역할에 대한 설명으로 옳은 것은?

① 뿌리털을 통해 흡수한 물의 이동을 효율적으로 차단하는 역할을 한다.
② 뿌리털을 통한 물의 흡수를 촉진하는 역할을 한다.
③ 뿌리털을 통해 흡수한 물에 녹아있는 무기양료를 모아서 보관하는 역할을 한다.
④ 뿌리털을 통해 흡수한 물에 녹아있는 무기양료만 통과시키는 거름종이 역할을 한다.

해설 카스페리안대
내배엽 세포벽의 일부가 두꺼워져서 토양으로부터 물과 영양소의 흡수를 조절하고 식물 방어에 적극적인 역할을 하며, 식물이 얼마나 많은 물과 미네랄을 토양으로부터 흡수 하는지를 조절할 수 있게 해주는 기능을 한다.

4. 식물이 필요로 하는 필수원소 중에서 수목의 체내 이동이 상대적으로 어려운 원소는?

① 칼륨   ② 칼슘
③ 질소   ④ 마그네슘

해설 칼슘
    ① 세포막의 구성성분이며 잎에 함유하고 있으며, 질소의 흡수를 돕고 알루미늄의 과잉 흡수를 억제한다.
    ② 식물체 내에서의 이동이 비교적 잘 안 되고, 칼슘이 부족하면 분열 조직에 심한 피해를 주며 고등식물에 있어서는 칼슘이 잎 안에 많고 해독작용을 한다.

5. 가지치기 작업 시 부후의 위험성이 가장 높은 수종은?

① *Cedrus deodara*   ② *Pinus densiflora*
③ *Abies holophylla*   ④ *Prunus serrulata*

해설 가지치기시 부후의 위험성이 가장 높은 수종
단풍나무, 느릅나무류, 벚나무류, 물푸레나무 등 활엽수가 해당된다.
① 히말라야시더, ② 소나무, ③ 전나무, ④ 겹벚나무

6. 수종별 파종 방법으로 적합하지 않은 것은?

① 소나무 – 산파   ② 호두나무 – 산파
③ 느티나무 – 조파   ④ 상수리나무 – 점파

해설 바르게 고치면
    호두나무 – 점파

정답   1. ③   2. ③   3. ①   4. ②   5. ④   6. ②

7. 중림작업에 대한 설명으로 옳지 않은 것은?

① 교림작업과 왜림작업을 혼합한 갱신작업이다.

② 일반적으로 하층임분은 개벌에 의한 맹아갱신을 반복한다.

③ 동일 임지에서 일반용재와 신탄재 등을 동시에 생산하는 것을 목적으로 한다.

④ 하층목은 양수 수종, 상층목은 지하고가 높고 수관의 틈이 많은 음수 수종이 적합하다.

[해설] 바르게 고치면

하층목은 음수 수종, 상층목은 줄기에 부정아가 발생하지 않는 양수 수종이 적합하다.

8. 내음력이 가장 약한 수종은?

① 녹나무   ② 전나무
③ 자작나무   ④ 가문비나무

[해설] 자작나무 - 극양수

9. 종자 검사 항목에 대한 설명으로 옳지 않은 것은?

① 효율은 발아율과 순량률을 곱한 값이다.

② 순량률은 순정종자무게를 전체시료무게로 나눈 값이다.

③ 용적중은 100mL에 대한 무게를 그램 단위로 나타낸 것이다.

④ 소립종자의 실중은 1000립의 무게를 4번 반복하여 측정한 값의 평균치로 한다.

[해설] 바르게 고치면

용적중은 종자 1L에 대한 무게를 그램(g)단위로 나타낸 값이다.

10. 산림 보육 작업에 해당되지 않는 것은?

① 제벌   ② 간벌
③ 개벌   ④ 풀베기

[해설] 산림 보육 작업

풀베기, 덩굴제거, 제벌, 가지치기, 간벌

11. 접목 실시 방법에 대한 설명으로 옳은 것은?

① 접수와 대목이 활동을 시작할 때 실시한다.

② 접수와 대목이 휴면상태에 있을 때 실시한다.

③ 접수는 활동을 시작하고 대목은 휴면상태일 때 실시한다.

④ 접수는 휴면상태에 있고 대목이 활동을 시작할 때 실시한다.

[해설] 접목 실시 방법

일반적으로 대목은 활동 개시 직후, 접수는 휴면상태가 적기이다.

12. 식재 간격을 2.4m×2.4m 정방형으로 조림을 하고자 할 때에 1ha당 식재본수는?

① 약 1800본   ② 약 2400본
③ 약 3000본   ④ 약 4200본

[해설] 식재본수

$$= \frac{\text{조림지의면적}}{\text{묘간거리} \times \text{열간거리}}$$

$$= \frac{10,000}{2.4 \times 2.4} = 1,736.111 \rightarrow 약 \ 1800본$$

13. 종자의 결실주기가 가장 긴 수종은?

① 소나무   ② 오리나무
③ 아까시나무   ④ 일본잎갈나무

[해설] ① 소나무 - 격년결실
② 오리나무 - 해다마결실
③ 아까시나무 - 격년결실
④ 낙엽송 - 5년이상 주기

정답   7. ④   8. ③   9. ③   10. ③   11. ④   12. ①   13. ④

14. 리기다소나무에 대한 설명으로 옳지 않은 것은?

① 맹아력이 약하다.
② 잎은 3개씩 나오고 비틀린다.
③ 소나무에 비해 송충이 피해가 적다.
④ 사방 조림 수종으로 사용할 수 있다.

해설 리기다소나무
　① 3엽속생
　② 맹아력이 강하므로 어릴 때는 맹아갱신을 할 수 있으며 건조한 곳이나 습지에서도 잘 자라므로 사방조림용으로도 사용할 수 있고 송충이의 피해에도 강하다

15. 다음 설명에 해당하는 갱신 작업종은?

- 벌채지에서 종자를 공급할 수 있는 나무를 단독 또는 군상으로 남기고, 나머지는 벌채목으로 이용한다.
- 소나무, 곰솔 등이 적합하다.

① 모수작업
② 개벌작업
③ 택벌작업
④ 중림작업

해설 모수작업
　성숙한 임분을 대상으로 벌채를 실시할 때 형질이 좋고 결실이 잘되는 모수(어미나무)만을 남기고 그 외의 나무를 일시에 베어내는 갱신 작업종을 말한다.

16. 암수딴그루에 해당하는 수종은?

① 편백
② 소나무
③ 벚나무
④ 은행나무

해설 자웅이주
　암꽃이 달리는 그루와 수꽃이 달리는 그루가 각각 따로 존재하는 것으로 버드나무·은행나무·소철 등이 있다.

17. 비료목으로 적합하지 않은 수종은?

① 싸리
② 고로쇠나무
③ 물오리나무
④ 아까시나무

해설 비료목
　콩과식물(아까시나무, 싸리나무, 회화나무, 등나무 등), 사방오리나무, 물오리나무, 보리수나무 등

18. 광색소에서 파이토크롬에 대한 설명으로 옳지 않은 것은?

① 햇빛을 받으면 합성이 일부 금지되거나 파괴된다.
② 높은 광 조건에서 생장한 수목에서 많이 검출된다.
③ 피롤(pyrrole) 4개가 모여서 이루어진 발색단을 가진다.
④ 분자량이 120000Da(dalton) 가량 되는 두 개의 동일한 폴리펩타이드로 구성되어 있다.

해설 바르게 고치면
　암흑 속에서 자란 식물체에는 피토크롬이 가장 많이 들어있다.

19. 종자 또는 삽목에 의해 시작된 숲으로 주로 높은 수고의 수목으로 이루어진 숲은?

① 교림
② 왜림
③ 중림
④ 죽림

해설 임형

교림	임목이 주로 종자로 양성된 묘목으로 성립된 것으로 높은 수고를 가지며 성숙해서 열매를 맺게 됨.
왜림 (맹아림)	• 임목의 기원이 맹아이고 비교적 단벌기로 이용되며 키가 낮음. • 연료생산에 주로 이용되었기 때문에 연료림이라고도 함.
중림	동일한 임지에 교림과 왜림을 성립시킨 것
죽림	대나무는 지하경(근경)에 의하여 증식되며, 죽림은 임업상 예외적인 것으로 취급

정답　14. ①　15. ①　16. ④　17. ②　18. ②　19. ①

20. 인공조림과 비교한 천연갱신에 대한 설명으로 옳지 않은 것은?

① 임지가 나출되지 않아 지력이 유지된다.

② 전문적인 육림기술이 필요하지만 벌목과 운재 작업은 용이하다.

③ 임분 조성의 확실성이 결여되어 보완조림 등이 필요한 경우가 있다.

④ 치수가 모수의 보호를 받고, 여러 가지 위해에 대한 저항력이 강하다.

해설 천연갱신의 장점

　　① 모수가 되는 임목은 이미 긴 세월을 통해서 그곳 환경에 적응된 것이므로 성림의 실패가 적다.

　　② 임목의 생육환경을 그대로 잘 보호·유지할 수 있고, 특히 임지의 퇴화를 막을 수 있다.

　　③ 치수는 모수의 보호를 받아 안정된 생육환경을 제공받는다.

　　④ 임지가 나출되는 일이 드물며 적당한 수종이 발생하고 또 혼효하므로 지력유지에 적합하다.

1. 모수림작업으로 천연갱신이 어려운 수종은?

① 곰솔   ② 소나무
③ 자작나무   ④ 일본잎갈나무

해설 일본잎갈나무는 천연갱신이 어렵다.

2. 가지치기에 대한 설명으로 옳은 것은?

① 11월부터 이듬해 2월 사이에 실시하는 것이 좋다.
② 1차 가지치기는 수고의 20~30% 높이까지 실시한다.
③ 지융부에 유해 호르몬이 있기 때문에 지융부 전체를 제거해 준다.
④ 1차 간벌 실시 전에 1차 가지치기 작업은 모든 수목에 대하여 실시한다.

해설 가지치기는 11월에서 2월사이인 겨울에 실시한다.

3. 육묘 시 해가림을 해 주어야 하는 수종으로만 짝지어진 것은?

① *Quercus Acutissima, Ulmus Pumila*
② *Picea Jezoensis, Abies Holophylla*
③ *Pinus Densiflora, Juglans Sinensis*
④ *Pinus Thunbergii, Ailanthus Altissima*

해설 해가림의 목적과 수종
• 목적 : 어린 묘가 강한 일사를 받아 건조되는 것을 방지함
• 수종 : 가문비나무(*Picea jezoensis*), 전나무 (*Abies holophylla*), 낙엽송, 삼나무, 편백 및 소립종자

4. 개벌작업의 장점으로 옳지 않은 것은?

① 작업방법이 간단한다.
② 음수조림에 적합하다.
③ 수종을 다른 수종으로 바꾸고자 할 때 가장 쉬운 방법이다.
④ 택벌작업에 비해서 높은 수준의 기술을 필요로 하지 않는다.

해설 개벌작업은 양수조림에 적합하다.

5. 종자로 산림이 형성되고, 용재생산을 목적으로 하는 산림은?

① 죽림   ② 왜림
③ 교림   ④ 중림

해설 교림
종자로 교목을 만드는 작업

6. 밀식에 대한 설명으로 옳지 않은 것은?

① 묘목 및 식재비용이 증가한다.
② 가지치기 비용을 줄일 수 있다.
③ 임지침식과 건조 피해가 줄어든다.
④ 연륜폭이 넓은 목재를 얻을 수 있다.

해설 밀식과 연륜폭(年輪幅)
나무 사이에 경쟁이 일어나 연륜폭이 균일하고 조밀하게 되어 우량한 목재 생산에 유리함

7. 광선을 많이 받는 양엽과 광선을 적게 받는 음엽의 특징을 설명한 것으로 옳은 것은?

① 음엽은 양엽보다 책상조직의 배열이 빽빽하다.
② 음엽은 양엽보다 엽록소 함량이 상대적으로 많다.
③ 음엽은 양엽보다 광포화점과 광보상점이 높고 호흡량도 많다.
④ 양엽은 음엽보다 광선을 많이 받아서 잎이 상대적으로 넓다.

정답   1. ④   2. ①   3. ②   4. ②   5. ③   6. ④   7. ②

해설 음엽과 양엽
① 음엽 : 광합성에 유리, 광포화점이 높음, 책상조직 빽빽하게 배열, 증산작용을 억제하기 위해 큐티클층과 잎의 두께가 두꺼움
② 양엽 : 항상 햇빛이 부족, 광포화점이 낮음, 책상조직이 엉성하게 발달, 낮은 광도에서 광합성을 효율적으로 하기 위하여 잎이 양엽보다 넓음, 엽록소의 함량이 더 많음, 큐티클층과 잎의 잎의 두께가 얇음

8. 수관급에 기초해서 행하여지는 간벌방법으로 옳지 않은 것은?

① 정량간벌
② 하층간벌
③ 상층간벌
④ 택벌식간벌

해설 ① 정성간벌
• 미래목의 입목본수로 결정,
• 줄기의 형태와 수관의 특성으로 구분되는 수관급을 바탕으로 해서 정해진 간벌 형식에 따라 간벌 대상목을 선정하는 것
• 객관적 기준이 약함, 선정자의 주관에 의해 결정, 고도의 숙련이 요구
② 정량간벌
• 임분의 구성상태 및 생장조건을 고려해서 보육해야 할 알맞은 입목본수와 현존량을 결정한 뒤 그것에 준해서 벌기에 이르는 전기간을 통해서 수적 또는 양적으로 조절하는 방법

9. 덩굴치기 작업에 대한 설명으로 옳지 않은 것은?

① 덩굴식물이 뿌리 속의 저장양분을 소모한 7월경에 실시하는 것이 좋다.
② 조림목을 감고 올라가서 피해를 주는 각종 덩굴식물을 제거하는 작업이다.
③ 약제처리할 때 방제효과를 높이기 위하여 비 오는 날은 실시하지 않는다.
④ 칡과 같은 덩굴은 줄기의 지표면 부근을 절단하는 것이 가장 효과적이다

해설 바르게 고치면
칡과 같은 덩굴은 뿌리까지 제거하는 것이 가장 효과적이다.

10. 우리나라 산림대의 일반적 구분으로 옳은 것은?

① 한대림, 난대림, 열대림
② 한대림, 난대림, 아열대림
③ 아한대림, 온대림, 난대림
④ 한대림, 온대림, 난대림, 열대림

해설 우리나라의 산림대에 열대림과 아열대림은 해당되지 않는다.

11. 묘목간 거리를 4m×4m로 2ha 조림하려 할 때 필요한 묘목수량은?

① 약 1,250본
② 약 2,500본
③ 약 12,500본
④ 약 25,000본

해설 $\dfrac{20,000\text{m}^2}{4\text{m} \times 4\text{m}} = 1,250$본

12. 다음 무기영양소 중 수목 내 이동이 상대적으로 어려운 원소는?

① 황, 철
② 칼륨, 구리
③ 칼슘, 붕소
④ 질소, 마그네슘

해설 ① 칼슘(Ca)
• 보통 식물의 잎에 함유량이 많고 세포막의 구성성분
• 칼슘 부족시 분열 조직에 심한 피해를 준다.
• 식물체내 이동이 비교적 어렵다.
② 붕소(B)
• 질소대사에 관계되며, 식물의 생장점이나 형성층 같은 분열조직의 활동과 관계가 깊다.
• 식물체내 이동이 비교적 어렵다.

정답 8. ① 9. ④ 10. ③ 11. ① 12. ③

13. 접목의 장점으로 옳지 않은 것은?

① 클론보존　　　　② 대목효과
③ 개화·결실의 촉진　④ 과간(科間) 접목 가능

해설 접목
　　① 접수와 대목의 형성층이 서로 밀착하도록 접하여 캘러스조직이 생기고 서로 융합되는 것이 가장 중요
　　② 접수와 대목의 친화력은 동종간 > 동속이품종간 > 동과이속간의 순
　　③ 이점 : 클론보존, 대목효과, 상처의 보철, 바이러스 연구, 개화·결실 촉진

14. 목본식물의 조직 중 사부의 기능으로 옳은 것은?

① 수분 이동　　　　② 탄소 동화작용
③ 탄수화물 이동　　④ 수분 증발 억제

해설 사부(체관)는 반세포와 유세포 및 섬유로 구성되며 탄수화물의 이동 통로이다.

15. 정아우세현상을 억제시키는 호르몬은?

① 옥신　　　　　② 지베렐린
③ 아브시스산　　④ 사이토키닌

해설 사이토키닌
　　① 식물의 생장촉진, 식물의 기관형성, 종자의 발아와 세포분열의 촉진, 세포의 비대효과 등에 관여하는 식물 생장조절물질
　　② 사이토키닌은 정아우세를 억제하고 측아생장을 촉진한다. 반면 옥신은 정아우세현상에 관여한다.

16. 묘포지 선정 조건으로 가장 적합한 것은?

① 평탄한 점질토양　② 10° 정도의 경사지
③ 남쪽지방에서 남향　④ 배수가 좋은 사양토

해설 묘포의 적지 사질양토로 관수나 배수가 용이한 약간 경사진 곳으로 동서로 길게 설치하는 것이 좋다.

17. 순림의 장점이 아닌 것은?

① 병충해에 강하다.
② 간벌 등 작업이 용이하다.
③ 조림이 경제적으로 될 수 있다.
④ 경관상으로 더 아름다울 수 있다.

해설 한 가지 수종으로 구성된 산림을 순림이라 하며, 순림은 각종 기상재해와 병해충에 대한 저항력이 낮아 피해를 받기 쉽다.

18. 꽃의 구조와 종자 및 열매의 구조가 올바르게 연결된 것은?

① 주심 - 배
② 주피 - 종피
③ 배주 - 열매
④ 씨방 - 종자

해설 종자의 발달
　　• 자방(씨방) : 열매로 발달
　　• 배주 : 종자로 발달
　　• 주피 : 배주를 둘러싸고 있는 주피는 나중에 종피로 변화
　　• 주심 : 퇴화하거나 저장조직의 일부인 외배유나 내종피로 변화

19. 온대 남부지역에서 수하식재가 가장 용이한 수종은?

① 편백　　　　② 소나무
③ 오동나무　　④ 잎본잎갈나무

해설 편백
　　음수로 수하식재에 적합하다.

2020년 4회

20. 임목의 직경분포가 다음과 같이 나타나는 임형은?

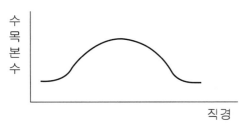

① 동령림   ② 택벌림
③ 이령림   ④ 보잔목림

해설 동령림은 일정한 직경급에 수목본수가 가장 많이 분포한다.

1회
1회독 □ 2회독 □ 3회독 □

1. 가문비나무류, 잣나무 등의 생육에 적절한 토양산도의 범위는?

① pH 4.0~4.7
② pH 4.8~5.5
③ pH 5.6~6.5
④ pH 6.6~7.3

해설 토양산도와 산림수종
- pH 3.9 이하 : 지의류, 키가 낮은 관목
- pH 4.0~4.7 : 유럽적송, 소나무, 낙엽송 등
- pH 4.8~5.5 : 가문비나무류, 잣나무 등
- pH 5.6 6.5 : 대부분의 침엽수, 피나무, 단풍나무, 느릅나무, 참나무 등
- pH 6.6~7.3 : 호두나무, 백합나무, 측백나무 등
- pH 7.4~8.0 : 개오동나무, 네군도단풍, 오리나무, 물푸레나무 등
- pH 8.1~8.5 : 일부 포플러류

2. 다음 중 종자가 해마다 결실하는 수종은?

① 전나무
② 소나무
③ 오리나무
④ 낙엽송

해설 종자의 결실주기
- 해마다 결실 : 버드나무류, 포플러류, 오리나무류 등
- 격년 결실 : 소나무류, 오동나무, 자작나무류, 아카시나무 등
- 2~3년 주기 : 참나무류, 들메나무, 느티나무, 삼나무, 편백 등
- 3~4년 주기 : 전나무, 녹나무, 가문비나무 등
- 5년 이상 주기 : 너도밤나무, 낙엽송 등

3. 순림(純林)의 장점이 아닌 것은?

① 간벌 등 작업이 용이하다.
② 경관상으로 더 아름다울 수 있다.
③ 조림이 경제적으로 될 수 있다.
④ 병충해에 강하다.

해설 순림
한 가지 수종으로 구성된 산림으로 각종 피해인자에 대한 저항력이 약하다.

4. 다음 접목 방법 중 소나무류에서 주로 실시하는 것은?

① 절접
② 할접
③ 박접
④ 아접

해설 할접
- 대목을 절단면의 직경방향으로 쪼개고 쐐기모양으로 깎은 접수를 삽입하는 방법
- 소나무류나 낙엽활엽수에 활용

5. 식물체 내 여러 가지 중요한 기능을 나타내는 무기양료에서 건전한 잎의 건중(乾重)에 포함된 다량원소가 아닌 것은?

① 철
② 질소
③ 마그네슘
④ 황

해설 다량원소와 미량원소
- 다량원소(9종) : 탄소(C), 수소(H), 산소(O), 질소(N), 황(S), 마그네슘(Mg)
- 미량원소(7종) : 철(Fe), 망간(Mn), 아연(Zn), 구리(Cu), 몰리브덴(Mo), 붕소(B), 염소(Cl)

6. 조림수종을 선택하는 요건 중 틀린 것은?

① 성장속도가 빠르고 재적생장량이 높은 것
② 위해에 대하여 저항력이 강한 것
③ 가지고 굵고 길며, 줄기가 곧은 것
④ 산물의 이용가치가 높고 수요량이 많은 것

해설 조림수종의 선택은 경제적 원칙, 생물적 원칙, 조림적 원칙에 의한다.

정답 1. ② 2. ③ 3. ④ 4. ② 5. ① 6. ③

2021년 1회

7. 파종상실면적 500m², 묘목잔존본수 1,000본/m², 1g 당 종자 평균입수 60립, 순량률 0.90, 실험실발아율 0.90, 묘목잔존율을 0.4로 가정할 때의 파종량은?

① 25.7kg
② 28.2kg
③ 28.7kg
④ 29.2kg

해설 $W = \dfrac{A \times S}{D \times P \times G}$

W : 소요면의 파종상에 대한 파종량(g)
A : 파종상의 면적(m²)
S : 가을이 되어 m²당 남길 묘목수
D : 1g당 종자립수
P : 순량률
G : 실험실 종자 발아율

$\dfrac{500 \times 1000}{60 \times 0.9 \times 0.4} = 25,720 \ g$

8. 가지치기의 주 효과가 아닌 것은?

① 지엽에 부식되어 토양비옥도를 높인다.
② 무절 완만재를 생산한다.
③ 직경 생장을 증대한다.
④ 산림의 여러 가지 해를 예방한다.

해설 가지치기의 장점
• 무절 완만재 생산
• 직경 생장을 증대
• 산림의 여러 가지 해를 예방
• 산림화재의 위험성 감소
• 임목 상호간의 부분적 경쟁을 완화시키며 밑에 있는 나무에 수광량을 증가하여 성장을 촉진

9. 종자의 활력 시험 중 종자 내 산화 효소가 살아있는지의 여부를 시약의 발색반응으로 검사하는 방법은 무엇인가?

① 종자발아시험
② 테트라졸륨시험
③ 배추출시험
④ X선 사진법

해설 테트라졸륨을 사용한 종자는 배가 적색 또는 분홍색일 때 건전립으로 본다.

10. 수종간 접목의 친화력(親和力)이 식물계통상 가장 가까운 것은?

① 이속간(理屬間)
② 이과간(理科間)
③ 동속이종간(同屬異種間)
④ 동종이품종간(同種異品種間)

해설 접수와 대목의 친화력 순서
동종간 〉동속이품종간 〉동과이속간

11. 다음 수목 중 자웅이주가 아닌 것은?

① 소나무
② 은행나무
③ 꽝꽝나무
④ 호랑가시나무

해설 자웅동주와 자웅이주
• 자웅동주 : 한 그루에 암꽃과 수꽃이 함께 달림. 소나무·밤나무·자작나무 등이 있음.
• 자웅이주 : 암꽃이 달리는 그루와 수꽃이 달리는 그루가 각각 따로 존재하는 것으로 버드나무·은행나무·소철·호랑가시나무·가중나무 등이 있음.

12. 생가지치기를 피해야 하는 수종으로 적합하지 않은 것은?

① 벚나무류
② 단풍나무류
③ 느릅나무류
④ 참나무류

해설 가문비나무, 자작나무, 너도밤나무, 단풍나무, 느릅나무, 벚나무, 물푸레나무 등은 상처의 유합이 잘 안되고 썩기 쉬우므로 생가지치기 작업을 피하는 것이 좋다.

정답 7. ① 8. ① 9. ② 10. ④ 11. ① 12. ④

13. 숲을 구성하고 있는 나무 중에서 성숙목을 국소적으로 선택해서 일부 벌채하고, 이와 동시에 불량한 어린나무도 제거해서 갱신이 이루어지도록 하는 것은?

① 택벌작업   ② 왜림작업
③ 죽림작업   ④ 개벌작업

해설 택벌작업
    벌기, 벌채량, 벌채방법 및 벌채구역의 제한이 없고 성숙한 일부 임목만을 국소적으로 골라 벌채하는 방법이다.

14. 우수우상복엽이며 소엽은 긴 타원형이고 가장자리에 파상톱니가 있고 가끔 가시가 줄기에 발달하는 콩과의 교목성 수종은?

① 아까시나무
② 다릅나무
③ 회화나무
④ 주엽나무

해설 주엽나무
    • 콩과, 낙엽활엽교목
    • 줄기와 가지에 가시가 있으며, 6월에 녹색 꽃이 총상 꽃차례로 달리며, 꼬투리 모양의 열매가 가을에 익음

15. 판갈이(상체) 밀도에 대한 설명 중 옳은 것은?

① 묘목이 클수록 밀식한다.
② 양수는 음수보다 밀식한다.
③ 땅이 비옥할수록 소식한다.
④ 잎과 가지가 확장하는 것은 밀식한다.

해설 판갈이(상체)밀도
    • 묘목이 클수록 소식함
    • 지엽이 옆으로 확장되는 삼나무 · 편백 등은 소식하고, 반대로 소나무 · 해송은 더 밀식함
    • 상체상에 거치할 때에는 소식함
    • 양수는 음수보다 소식함
    • 땅이 비옥할수록 소식함

16. 장령림의 시비에 대한 설명으로 올바른 것은?

① 항공시비에서는 가루 형태의 비료보다 굵은 입자 형태의 비료를 살포하는 것이 좋다.
② 임지시비의 시기는 노동력을 동원하기 쉬운 늦여름이나 초가을이 적기이다.
③ 임지시비는 묘목을 식재한 이듬해의 가을에 1회 시비하는 것만으로 충분하다.
④ 뿌리가 땅속 깊이 뻗어있기 때문에 구덩이를 깊이 파고 시비해야 한다.

해설 장령림 시비
    ① 임상직경은 2 ± 0.5mm
    ② 질소 : 인산 : 칼륨의 비율
      • 장기수용 – 15 : 20 : 5
      • 사방지용 – 10 : 25 : 5

17. 개화–결실과정에서 화기의 구조와 종자 또는 열매의 상호관계를 올바르게 연결한 것은?

① 자방 – 종자
② 배주 – 열매
③ 주피 – 종피
④ 난핵 – 배유

해설 ① 자방(씨방)–열매, ② 배주(밑씨)–종자,
    ④ 난핵+정핵–배

18. 제벌에 대해 바르게 설명하고 있는 내용은?

① 중간수입을 주목적으로 하는 벌채 작업이다.
② 작업의 효율성을 고려하여 겨울철에 실시하는 것이 원칙이다.
③ 윤벌기 내에 가지치기와 병행하여 단 1회만 실시하는 것이 원칙이다.
④ 조림목에 있어서 불량목을 제거하여 임목의 생장과 형질을 향상시키는 작업이다.

정답   13. ①   14. ④   15. ③   16. ①   17. ③   18. ④

해설 제벌(어린나무 가꾸기)
- 목적 : 조림목이 임관을 형성한 후부터 솎아베기할 시기에 이르는 동안 주로 침입수종을 제거하고 조림목 중에서 자람과 형질이 매우 나쁜 것을 베어주는 것
- 시기 : 6~9월 사이에 실시하는 것을 원칙으로 하되 늦어도 11월말까지 완료함

19. 접목을 할 때 접수와 대목 수종(접수-대목)이 옳지 않은 것은?

① 소나무-곰솔
② 밤나무-밤나무
③ 호두나무-가래나무
④ 은행나무-비자나무

해설 대목

대목은 생육이 왕성하고 병충해 및 재해에 강한 묘목으로 접목하고자 하는 수종의 1~3년생 실생묘를 사용하며, 은행나무대목은 은행나무이다.

20. 다음 중 내음력이 가장 강한 수종은?

① 주목
② 향나무
③ 사시나무
④ 물푸레나무

해설 주목은 극음수, 향나무와 사시나무는 양수, 물푸레나무는 중용수이다.

1회독 □ 2회독 □ 3회독 □

1. 임목의 기원이 맹아이고, 주로 연료 생산을 위해 비교적 단벌림으로 이용하는 것은?

① 교림　　　　　② 왜림
③ 중림　　　　　④ 죽림

해설 왜림은 임목이 맹아림이고 단벌림으로 이용한다.

2. 풀베기 작업에 대한 설명으로 옳지 않은 것은?

① 풀들이 왕성히 생장하는 시기에 실시한다.
② 음수의 조림지는 모두베기보다 줄베기가 효과적이다.
③ 풀베기 작업은 수종 생장 속도에 따라 5~6년 까지도 실행한다.
④ 동해에 약한 수종에 대해서는 모두베기를 하여 햇볕을 많이 받도록 한다.

해설 바르게 고치면
　　　동해에 약한 수종에 대해서는 둘레베기를 하여 동해에 노출되지 않도록 한다.

3. 다음 수종 중 자유생장을 하는 것은?

① 잣나무　　　　② 자작나무
③ 신갈나무　　　④ 가문비나무

해설 자유생장수종
　　① 자유생장을 하는 수종은 고정생장을 하는 수종보다 생장조건이 좋으며, 가을 늦게까지 생장을 하기 때문에 수고생장 속도가 빠르다.
　　② 해당 수종
　　　• 자작나무, 포플러, 버드나무, 사과나무, 은행나무, 낙엽송 등
　　　• 동아 속에 지난해에 만들어진 엽원기가 봄에 자라서 춘엽(Early Leaves)을 만들고, 그 후에 정단분열조직에서 새로운 엽원기를 만들어 당년 여름 내내 하엽(Late Leaves)을 만들어 줄기생장을 함

4. 개벌작업이 단점이 아닌 것은?

① 갱신된 숲이 단조로워진다.
② 잡초, 관목 등이 무성하게 된다.
③ 작업 후에는 임지가 황폐해지기 쉽다.
④ 대면적으로 벌채되어 양수의 갱신에 불리하다.

해설 양수갱신에 유리함

5. 소나무와 전나무, 낙엽송 등의 파종상을 제작하려고 한다. 가장 적합한 형태는?

① 저상(低床)　　② 고상(高床)
③ 평상(平床)　　④ 준고상(準高床)

해설 ① 고상
　　　• 상면의 높이가 보도면 보다 10~15cm 정도 높게 한다.
　　　• 소나무, 전나무, 낙엽송
　　② 평상
　　　• 상면의 높이가 보도면과 같다.
　　　• 오리나무
　　③ 저상
　　　• 사면의 높이가 보도면보다 7~10cm 정도 낮게 한다.
　　　• 버드나무, 사시나무, 백합나무

6. 다음 학명에 대한 설명으로 옳지 않은 것은?

> *Pinus densiflora for. multicaulis* UYEKI

① *Pinus*는 속명을 나타낸다.
② *densiflora*는 종명을 나타낸다.
③ *for. multicaulis*는 변종을 나타낸다.
④ UYEKI는 명명자의 이름을 나타낸다.

해설 바르게 고치면
　　　• *for. multicaulis* - 품종
　　　• *var.* - 변종

정답　1. ②　2. ④　3. ②　4. ④　5. ②　6. ③

2021년 2회

7. 종자발아율 조사를 위해서 TTC 용액에 종자를 넣었을 때 생활력이 있는 경우는?

① 청색으로 변한다.
② 흑색으로 변한다.
③ 적색으로 변한다.
④ 아무런 빛깔의 변화가 없다.

해설 테트라졸륨(2, 3, 5-triphenyltetrazolium chloride : TZ, TTC용액) 0.1~1.0%의 수용액에 생활력이 있는 종자의 조직을 접촉시키면 붉은색으로 변하고, 죽은 조직에는 변화가 없다.

8. 굵은 가지를 생가지치기하면 부후 위험성이 높은 수종으로만 짝지어진 것은?

① 편백, 물푸레나무
② 느릅나무, 물푸레나무
③ 느릅나무, 일본잎갈나무
④ 자작나무, 일본잎갈나무

해설 생가지치기 부후 위험성이 높은 수종
① 단풍나무, 느릅나무, 벚나무, 물푸레나무 등
② 상처의 유합이 잘 안되고 썩기 쉬우므로 죽은 가지만 잘라주고, 밀식으로 자연낙지를 유도하는 것이 바람직하다.

9. 2-1로 표시된 묘목의 설명으로 옳은 것은?

① 2년생 실생묘
② 3년생 이식묘
③ 3년생 접목묘
④ 3년생 삽목묘

해설 2-1은 파종상에서 2년, 상체(이식)하여 1년을 보낸 3년생 묘목을 말한다.

10. 양묘 과정 중 해가림시설을 해야 하는 수종으로만 짝지어진 것은?

① 아까시나무, 삼나무, 편백
② 잣나무, 소나무, 사시나무
③ 소나무, 아까시나무, 곰솔
④ 가문비나무, 잣나무, 전나무

해설 해가림시설을 하는 수종
① 어린 묘가 강한 일사를 받아 건조되는 것을 방지
② 잣나무, 주목, 가문비나무, 전나무 등의 음수나 낙엽송의 유묘

11. 산벌작업의 특징으로 옳지 않은 것은?

① 임지보호 효과가 있다.
② 음수의 갱신이 가능하다.
③ 개벌작업에 비해 기술요구도가 낮다.
④ 예비벌, 하종벌, 후벌 순서로 진행한다.

해설 산벌작업
벌채 방법이 복잡하고 갱신소요기간이 길다.

12. 활엽수에 대한 설명으로 옳은 것은?

① 활엽수 모두 떡잎식물이다.
② 밑씨가 노출되고 씨방이 없다.
③ 잎맥이 그물 모양으로 되어 있다.
④ 목부는 주로 헛물관으로 되어 있다.

해설 활엽수
잎이 넓고 그물 모양(망상)으로 배열되어 피자식물(속씨식물)에 속하며, 원줄기가 곧지 못하고 많은 가지가 나와 수관이 넓게 퍼져있다.

정답　7. ③　8. ②　9. ②　10. ④　11. ③　12. ③

13. 열매의 형태가 삭과에 해당하는 수종은?

① *Acer palmatum*
② *Ulmus davidiana*
③ *Camellia japonica*
④ *Quercus acutissima*

해설 ① 단풍나무–시과
② 느릅나무–시과
③ 동백나무–삭과
④ 상수리나무–견과

14. 모수작업에 의한 갱신이 가장 유리한 수종은?

① 소나무
② 잣나무
③ 호두나무
④ 상수리나무

해설 모수작업
① 하종천연갱신이 우수한 나무로 소나무·해송과 같은 양수에 적용
② 종자나 열매가 작아 바람에 날려 멀리 전파될 수 있는 수종

15. 종자의 순량률을 구하는 산식에 필요한 사항으로만 올바르게 나열한 것은?

① 순정 종자의 수, 전체 종자의 수
② 순정 종자의 무게, 전체 종자의 무게
③ 발아된 종자의 수, 발아되지 않은 종자의 수
④ 발아된 종자의 무게, 발아되지 않은 종자의 무게

해설 순량률 = $\dfrac{순정종자무게}{전체시료무게} \times 100$

16. 온량지수 계산 시 기준이 되는 온도는?

① 0℃
② 5℃
③ 10℃
④ 15℃

해설 온량지수
① 식물은 수분이 충분하면 5℃ 이상에서 성장이 가능하므로 온량지수로 식생의 수평적인 분포를 파악할 수 있다.
② 월평균온도가 5℃ 이상의 값을 적산한 것을 그곳의 온량지수라고 하며, 5℃ 이하를 적산한 값을 한랭지수라고 한다.

17. 수목의 체내에서 양료의 이동성이 떨어지는 무기원소는?

① 인
② 질소
③ 칼슘
④ 마그네슘

해설 양료의 이동성
① 질소(N) – 체내 및 토양이동이 쉽다.
② 인(P) – 체내 이동이 쉽다.
③ 칼륨(K) – 체내 이동이 쉽다.
④ 칼슘(Ca) – 체내 이동은 극히 안된다.
⑤ 황(S) – 체내 이동 중간정도
⑥ 마그네슘(Mg) – 체내 이동이 쉽다.

18. 종자의 휴면타파 방법이 아닌 것은?

① 후숙
② 노천매장
③ 침수처리
④ 밀봉저장

해설 종자의 휴면타파 방법
종피의 기계적 가상, 노천매장법, 침수처리, 황산처리법, 화학자극제의 사용, 파종시기의 변경, 고저온처리법, 후숙 등

19. 옥신의 효과로 옳지 않은 것은?

① 종자 휴면 유도
② 정아 우세 현상
③ 뿌리의 생장 촉진
④ 고농도에서 제초제의 역할

해설 옥신
줄기의 생장촉진, 뿌리의 생장 억제, 줄기삽수의 발근촉진, 살초제의 역할 등

정답 13. ③ 14. ① 15. ② 16. ② 17. ③ 18. ④ 19. ①

20. 인공조림과 비교한 천연갱신에 대한 설명으로 옳은 것은?

① 순림의 조성이 쉽다.

② 동령림의 조성이 잘 된다.

③ 초기 노동인력이 많이 필요하다.

④ 생태적으로 보다 안정된 임분을 조성할 수 있다.

해설 바르게 고치면

① 천연갱신은 순림 조성이 어렵다.

② 천연갱신은 동령림의 조성이 잘 안 된다.

③ 천연갱신은 노동인력이 많이 필요 없다.

1. 다음 중 수목의 자유생장에 대해 잘못 설명한 것은?

① 사철나무 · 회양목 · 쥐똥나무와 같은 관목과 주목은 자유생장을 한다.
② 전년도의 겨울눈 속에 봄에 자랄 새 가지의 원기가 만들어져 있다.
③ 자유생장은 생장이 느린 수종의 생장이다.
④ 자유생장을 하는 수종은 가을 늦게까지 자라다가 겨울눈을 미쳐 만들지 못해서 새 가지가 얼어 죽는 경우가 많다.

해설 바르게 고치면
　　자유생장은 생장이 빠른 속성수의 생장이다.

2. 다음 중 이령림의 장점이 아닌 것은?

① 지속적인 수입이 가능하여 소규모 임업경영에 적용할 수 있다.
② 천연갱신을 하는데 유리하다.
③ 동령림에 비해 단위면적당 더 많은 목재를 생산할 수 있다.
④ 병충해 등 각종 유해인자에 대한 저항력이 더 높다.

해설 일반적으로 동령림이 이령림에 비해 단위면적당 더 많은 목재를 생산할 수 있다.

3. 측방천연하종갱신에서 교호 대상(帶狀)개벌 시 일반적으로 대상 벌채구의 폭은 어느 정도로 하나?

① 모수림 수고의 8~9배
② 모수림 수고의 6~7배
③ 모수림 수고의 5~6배
④ 모수림 수고의 2~3배

해설 측방천연하종갱신의 경우 일반적으로 대상 벌채구의 폭은 모수림 수고의 2~3배로 한다.

4. 산벌작업의 장점이 아닌 것은?

① 벌채방법이 개벌작업보다는 복잡하지만 보다 간단하다.
② 우량한 임목들을 남김으로써 임분의 유전적 형질을 개량할 수 있다.
③ 수령이 거의 비슷하고 줄기가 곧게 자라게 할 수 있다.
④ 어린나무가 상하지 않고 비용이 적게 들게 작업할 수 있다.

해설 산벌작업은 벌채면의 배치를 잘못하면 어린 나무가 상하기 쉬우며 성목의 벌채가 분산되어 비용이 많이 든다.

5. 다음 중 산림을 잘못 분류한 것은?

① 생성 원인 : 천연림, 인공림
② 기후 특성 : 순림, 혼효림
③ 산림이용 방법 : 교림, 왜림, 중림
④ 수종 특성 : 침엽수림, 활엽수림

해설 바르게 고치면
　　수종구성에 따라 : 순림, 혼효림

6. 다음 중 겉씨식물(나자식물)의 특성을 나타낸 것은?

① 씨방(ovary)이 없고 밑씨가 노출 상태에 있다.
② 씨방이 발달해 있고 밑씨가 그 안에 들어 보호를 받고 있다.
③ 배가 두 개의 자엽을 가지고 있다.
④ 배가 한 개의 자엽을 가지고 있다.

해설 겉씨식물은 암꽃의 구조에서 씨방이 없어 밑씨가 노출되어 있으며, 평행한 잎맥과 도관이 없고 가도관이 있으며 체관에는 반세포가 없다.

7. 다음 수종 중 종자 선정 시 수선법으로 정선해야 하는 수종으로 짝지은 것은?

① 칠엽수, 돌메나무 ② 삼나무, 주목
③ 물푸레나무, 소나무 ④ 가래나무, 해송

해설 **수선법**
- 깨끗한 물에 침수시켜 가라 앉은 종자를 취하는 방법
- 잣나무, 향나무, 주목, 참나무류, 낙우송, 잎갈나무, 삼나무 등에 적용

8. 수목 종자의 채종원에 대하여 가장 바르게 설명하고 있는 것은?

① 수목 종자를 채취하는 모든 숲이 채종원으로 분류된다.
② 수형목의 종자나 접수 또는 삽수로 묘목을 양성하여 채종 목적으로 일정한 지역에 식재한 곳이다.
③ 형질이 우량한 현지의 숲을 채종을 목적으로 무육하고 그 수형을 다듬은 곳이다.
④ 채종원에 식재되는 묘목은 반드시 유전형질의 우수성이 확인된 수형목의 무성번식 차대만이 사용된다.

해설 **채종원**
접수·삽수 및 종자를 채취할 목적으로 수형과 표현적 형질이 우량하여 지정된 수형목의 종자 또는 클론에 의해 조성된 인위적인 수목의 집단이다.

9. 밤나무 접목묘를 1ha에 816본을 정방형 식재하고자 할 때 적당한 묘간거리는?

① 4m ② 4.5m
③ 3m ④ 3.5m

해설 $816본 = \dfrac{10,000\text{m}^2}{\text{묘간거리} \times \text{열간거리}}$

묘간거리 = 3.5m

10. 파종상에 해가림을 하여야 할 수종들로 구성되어 있는 것은?

① 소나무, 해송 ② 분비나무, 오리나무
③ 전나무, 리기다소나무 ④ 잣나무, 주목

해설 잣나무, 주목, 가문비나무, 전나무 등의 음수나 낙엽송의 유묘는 해가림이 필요하다.

11. 다음 중 가지치기의 효과가 아닌 것은?

① 산림화재의 위험성이 줄어든다.
② 하목의 생장이 촉진된다.
③ 줄기에 부정아가 생겨 미관을 아름답게 한다.
④ 수간의 완만도를 높인다.

해설 줄기에 부정아가 나타나는 것은 가지치기의 단점이다.

12. 다음 중 도태간벌에서 미래목 선정에 적당하지 않은 것은?

① 피압 받지 않는 나무
② 혼효림인 경우 목적으로 하는 수종
③ 수관 및 수간에 관계없이 방해받지 않는 나무
④ 형질이 우수한 나무

해설 미래목은 나무줄기가 곧고 갈라지지 않으며 병충해 등 물리적 피해가 없어야 한다.

13. 순량률 60%, 득묘율 70%, 고사율 60%, 발아율 80%일 때 그 종자의 효율은?

① 93% ② 56%
③ 48% ④ 42%

해설 $효율 = \dfrac{순량률 \times 발아율}{100} = \dfrac{60 \times 80}{100} = 48\%$

정답 7. ② 8. ② 9. ④ 10. ④ 11. ③ 12. ③ 13. ③

14. 다음 중 은행나무, 잣나무, 백합나무, 벚나무, 느티나무, 단풍나무류 등의 발아 촉진법으로 가장 적당한 것은?

① 보호저장을 한다.
② 씨뿌리기 한 달 전에 노천매장을 한다.
③ 장기간 노천매장을 한다.
④ 습적법으로 한다.

해설 은행나무, 잣나무, 백합나무, 벚나무, 느티나무, 단풍나무류 등은 종피가 단단하므로 장기간 노천매장으로 종자를 충분히 후숙하여 발아를 촉진시킨다.

15. 파종상에서 3년, 1년에 1회씩 2년 계속해 이식한 5년생 묘목의 표시방법으로 알맞은 것은?

① 1-1-3 묘   ② 1-3-2 묘
③ 3-1-2 묘   ④ 3-1-1 묘

해설 파종상에서 3년, 그 뒤 두 번 이식되었고 각 이식상에서 1년을 지낸 5년생 묘목으로 3-1-1묘로 표시한다.

16. 다음 중 무육작업을 순서대로 바르게 나타낸 것은?

① 풀베기 - 덩굴치기 - 제벌 - 가지치기 - 간벌
② 풀베기 - 덩굴치기 - 가지치기 - 제벌 - 간벌
③ 풀베기 - 덩굴치기 - 가지치기 - 간벌 - 제벌
④ 풀베기 - 가지치기 - 덩굴치기 - 간벌 - 제벌

해설 • 유령림 무육 : 풀베기 · 덩굴치기 · 제벌
　　 • 성숙림 무육 : 가지치기 · 솎아베기

17. 다음 중 대면적의 임분이 일시에 벌채되어 동령림으로 구성되는 작업종은 무엇인가?

① 개벌작업   ② 산벌작업
③ 택벌작업   ④ 모수작업

해설 개벌
임분이 일시에 벌채되어 동령림을 구성되는 작업종으로 작업방법에는 대면적개벌, 대상개벌, 군상개벌 등이 있다.

18. 다음 중 제벌의 목적으로 알맞은 것은?

① 목표로 하는 수종을 원하지 않는 수종으로부터 보호하기 위해
② 산불 예방을 위하여
③ 임목의 생장을 촉진하고 임분 구성을 조절하기 위해
④ 임내 퇴적물의 부후 분해 촉진을 위하여

해설 제벌은 목표로 하는 수종을 보호하기 위해 실시한다.

19. 질소비료 결핍 시 가장 심하게 나타나는 증상은?

① 어린 묘목엣 자주 빛을 띠고 2차엽은 거의 없다.
② 생장이 잘 안되고, 짧은 잎, 황화현상이 나타난다.
③ 잎의 대부분이 떨어지고 잘 자라지 않는다.
④ 새로 생장한 부분의 발육이 매우 불량하고 백화현상이 나타난다.

해설 질소가 부족시 생장이 불량하여 잎이 짧아지고 식물체가 작아진다.

20. 관다발 형성층의 시원세포가 수피 방향으로 분열하여 형성되며, 체내 물질의 이동 통로가 되는 것은?

① 물관부   ② 체관부
③ 수지구   ④ 수피층

해설 형성층의 방사조직 시원세포에서 그 내외 양측에 만들고, 일반적으로 물관부에서 체관부에 걸쳐 존재하며, 각각을 물관부방사조직, 체관부방사조직이라고 한다.

정답 14. ③   15. ④   16. ①   17. ①   18. ①   19. ②   20. ②

1회

1회독 ☐ 2회독 ☐ 3회독 ☐

1. 가지치기에 대한 설명으로 옳지 않은 것은?

① 일반적으로 가지치기 굵기의 한계는 6cm 정도이다.
② 소나무는 가지치기 상면이 유합하는데 3~4일 정도 걸린다.
③ 가지치기 시기는 성장휴지기로서 수액유동 시작의 직전이 좋다.
④ 수목의 수고생장에 따라 마디 없는 우량재 생산을 위해서 실시한다.

해설 바르게 고치면
　　가지치기는 옹이 없는 우량재 생산을 위해서 실시한다.

2. 산림토양의 지력을 증진하기 위한 작업에 해당 하지 않는 것은?

① 개벌 실시   ② 적당한 비음유지
③ 토양의 산도조정   ④ 낙엽 및 낙지보호

해설 개벌로 인해 산림 토양의 지력이 감퇴된다.

3. 도태간벌의 특성에 대한 설명으로 옳지 않은 것은?

① 장벌기 고급 대경재 생산에 유리하고 간벌목 선정이 유리하다.
② 우세목의 수관맹아 형성의 억제와 임분의 복층구조 유도가 용이하다.
③ 미래목의 수관맹아 형성의 억제와 임분의 복층구조 유도가 용이하다.
④ 미래목 사이의 거리는 최소 2m 이상으로 임지 내에 고르게 분포하도록 한다.

해설 도태간벌
　　① 미래목의 생장에 방해되는 나무와 형질불량목을 제거하는 간벌방법을 말한다.

② 최고 가치생장을 위해 자질이 있는 우수한 나무를 집중적으로 선발 탐색하여 조절해주는 것이며 심하게 경쟁되는 나무는 제거시키고 우수한 나무의 생장이 발달되도록 촉진시키는 것을 말한다.
③ 미래목을 선발 표시하는 것을 핵심으로 한다.
④ 미래목 사이의 거리는 최소 5m 이상이 필요하다.

4. 일반적으로 대부분의 침엽수 및 단풍나무류, 참나무류 등의 활엽수 생육에 가장 적합한 토양산도의 범위는?

① pH 4.0~4.7   ② pH 4.8~5.5
③ pH 5.6~6.5   ④ pH 6.6~7.3

해설 활엽수 생육에 가장 적합한 토양산도는 pH 5.6~6.5이다.

5. 겉씨식물에 속하는 종자는?

① 비자나무   ② 오동나무
③ 신갈나무   ④ 오리나무

해설 겉씨식물(gymnosperm)
　　① 나자식물이라고도 하며, 꽃이 피지 않고 밑씨에서발달한 종자가 나출되는 식물군을 말한다.
　　② 소철과, 소나무과, 주목나무과, 개비자나무과, 측백나무과, 낙우송과, 은행나무 등에 속한다.

6. 아래의 종자 단면도에서 내종피는?

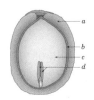

① a   ② b   ③ c   ④ d

해설 a : 외종피, b : 내종피, c : 배유, d : 자엽

정답   1. ④   2. ①   3. ④   4. ③   5. ①   6. ②

7. 묘목 곤포작업의 정의로 옳은 것은?

① 굴취한 묘목을 규격에 따라 나누는 일
② 포지에서 양성된 묘목을 식재될 산지까지 수송하는 일
③ 묘목을 식재지까지 운반하기 위해 알맞은 크기로 다발 묶음하여 포장하는 일
④ 묘목을 심기 전 일시적으로 도랑을 파서 그 안에 뿌리를 묻어 건조를 방지하고 생기를 회복시키는 일

해설 곤포는 묘목을 묶음(뭉치)으로 포장하는 것을 말한다.

8. 덩굴치기 작업에 대한 설명으로 옳지 않은 것은?

① 덩굴식물이 뿌리 속의 저장양분을 소모한 7월경에 실시하는 것이 좋다.
② 조림목을 감고 올라가서 피해를 주는 각종 덩굴식물을 제거하는 작업이다.
③ 약제처리할 때 방제효과를 높이기 위하여 비 오는 날은 실시하지 않는다.
④ 칡과 같은 덩굴은 줄기의 지표면 부근을 절단하는 것이 가장 효과적이다

해설 바르게 고치면
칡과 같은 덩굴은 뿌리까지 제거하는 것이 가장 효과적이다.

9. 생가지치기를 하면 상처 부위가 부패될 수 있는 가능성이 가장 높은 수종은?

① *Larix kaempferi*   ② *Pinus densiflora*
③ *Populus davidiana*   ④ *Prunus serrulata*

해설 생가지치기로 가장 위험성이 높은 수종
단풍나무류, 느릅나무류, 벚나무류, 물푸레나무 등으로 원칙적으로 생가지치기를 피하고 자연낙지 또는 죽은 가지치기만 실시한다.
① 낙엽송, ② 소나무, ③ 사시나무, ④ 벚나무

10. 모수작업으로 천연갱신이 가장 어려운 수종은?

① 서어나무   ② 소나무
③ 자작나무   ④ 곰솔

해설 모수작업
① 형질이 우량한 임지로서 종자의 결실이 풍부하여 천연하종갱신이 확실한 임지에서 실행한다.
② 주로 양수수종에 적용하며, 서어나무는 음수수종으로 천연갱신이 어렵다.

11. 묘목 식재에 대한 설명으로 옳지 않은 것은?

① 겨울철에는 동해나 한해를 고려하여야 한다.
② 용기묘는 온실에서 키운 후 곧바로 산지에 식재한다.
③ 주로 봄에 식재하지만 가을에 식재하기도 한다.
④ 봄철 식재는 서리의 피해가 우려되지 않을 때 심는 것이 좋다.

해설 용기묘는 경화처리(묘목굳히기) 후 식재한다.

12. 1-2-1묘는 몇 번 판갈이 작업한 묘인가?

① 1번   ② 2번
③ 3번   ④ 4번

해설 파종상에서 1년, 이후 2번 상체하고, 1년 경과한 4년생 묘목

13. 동일한 수목의 양엽과 음엽을 비교한 설명으로 옳지 않은 것은?

① 음엽은 양엽보다 잎의 두께가 두껍다.
② 양엽은 음엽보다 광포화점이 높다.
③ 양엽은 음엽보다 책상조직이 빽빽하게 배열되어 있다.
④ 음엽은 양엽보다 엽록소 함량이 더 많다.

정답 7. ① 8. ④ 9. ④ 10. ① 11. ② 12. ② 13. ①

해설 양엽과 음엽
① 양엽
- 광합성에 유리, 광포화점 높음, 책상조직 빽빽하게 배열된다.
- 증산작용 억제하기 위하여 cuticle층과 잎의 두께가 두껍다.
② 음엽
- 항상 햇빛 부족, 광포화 낮고, 책상조직이 엉성하게 발달한다.
- 낮은 광도에서도 광합성을 효율적으로 하기 위하여 잎이 양엽보다 더 넓다.
- 엽록소의 함량이 더 많고, cuticle층과 잎의 두께가 얇다.

14. 접목의 장점으로 옳지 않은 것은?

① 대목효과
② 클론보존
③ 과간(科間) 접목 가능
④ 상처의 보철

해설 접목
① 접수와 대목의 형성층이 서로 밀착하도록 접하여 캘러스조직이 생기고 서로 융합되는 것이 가장 중요하다.
② 접수와 대목의 친화력은 동종간 > 동속이품종간 > 동과이속간의 순
③ 이점 : 클론보존, 대목효과, 상처의 보철, 바이러스연구, 개화·결실 촉진

15. 종자가 발아할 때 자엽이 땅속에 남아 있는 수종으로 짝지어진 것은?

① 소나무, 잣나무
② 칠엽수, 상수리나무
③ 전나무, 칠엽수
④ 상수리나무, 물푸레나무

해설 자엽지하위발아
① 밤나무, 호두나무, 칠엽수, 상수리나무 등
② 떡잎(자엽)이 땅속에 묻혀 있고 뿌리가 성장함에 따라 그대로 말라버리는 경우를 말한다.

16. 다음 무기영양소 중 수목 내 이동이 상대적으로 어려운 원소는?

① 황, 철
② 칼륨, 구리
③ 칼슘, 붕소
④ 질소, 마그네슘

해설 ① 칼슘(Ca)
- 보통 식물의 잎에 함유량이 많고 세포막의 구성성분
- 칼슘 부족시 분열 조직에 심한 피해를 준다.
- 식물체내 이동이 비교적 어렵다.
② 붕소(B)
- 질소대사에 관계되며, 식물의 생장점이나 형성층 같은 분열조직의 활동과 관계가 깊다.
- 식물체내 이동이 비교적 어렵다.

17. 극양수에 해당하는 수종은?

① 주목
② 일본잎갈나무
③ 단풍나무
④ 서어나무

해설 주목-극음수, 단풍나무와 서어나무-음수

18. 잣나무 묘목을 가로 2.5m, 세로 2.0m 간격으로 2ha에 식재할 경우 필요한 묘목 본수는?

① 100주
② 400주
③ 1,000주
④ 4,000주

해설 1ha=10,000m

$$묘목본수 = \frac{20,000}{2.5 \times 2} = 4,000본$$

19. 비교적 작은 입자(2.5mm)로 구성되어 모서리가 둥글고 딱딱하고 치밀하며 주로 건조한 곳에서 발달하는 토양 구조는?

① 벽상구조
② 세립상 구조
③ 단립상 구조
④ 입상 구조

해설 입상구조
① 외관이 구형이며 유기물이 많은 건조지역에서 발달한다.
② 작물 및 임목생육에 가장 좋은 구조이다.

20. 종자발아율 조사를 위해서 TTC 용액에 종자를 넣었을 때 생활력이 있는 경우는?

① 청색으로 변한다.
② 흑색으로 변한다.
③ 적색으로 변한다.
④ 아무런 빛깔의 변화가 없다.

해설 테트라졸륨(2, 3, 5-triphenyltetrazolium chloride: TZ, TTC용액) 0.1~1.0%의 수용액에 생활력이 있는 종자의 조직을 접촉시키면 붉은색으로 변하고, 죽은 조직에는 변화가 없다.

정답 20. ③

1회독 □ 2회독 □ 3회독 □

1. 아래 그림에 해당되는 Hawley의 간벌 양식은?
(단, 모두 동령림이며 빗금은 간벌 대상임)

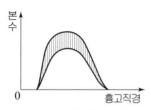

① 하층간벌 ② 수관간벌
③ 택벌식 간벌 ④ 기계적 간벌

해설 기계적 간벌

흉고직경에 따라 임목본수를 미리 정해 놓고 기계적으로 간벌을 실행하는 간벌이다.

2. 산벌작업에서 결실량이 많은 해에 일부 임목을 벌채하여 하종을 돕는 과정은?

① 택벌 ② 후벌
③ 예비벌 ④ 하종벌

해설 하종벌

예비벌을 실시한 3~5년 후에 종자가 충분히 결실한해를 택하여, 종자가 완전히 성숙된 후 벌채하여 지면에 종자를 다량 낙하시켜 일제히 발아시키기 위한 벌채작업

3. 5ha 임지에 묘간거리 4m, 열간거리 5m의 장방형 식재를 위한 필요 묘목수는?

① 250본 ② 500본
③ 2,500본 ④ 5,000본

해설 $\dfrac{50,000\text{m}^2}{4\text{m} \times 5\text{m}} = 2,500$본

4. 수목의 뿌리가 이용 가능한 토양수분은?

① 결합수 ② 모세관수
③ 흡습수 ④ 중력수

해설 식물이 이용 가능한 수분 – 모세관수

5. 다음 ( ) 안에 들어갈 용어로 올바르게 나열한 것은?

중림작업은 ( ) 작업과 ( ) 작업의 혼합림 작업이다.

① 교림, 죽림 ② 교림, 왜림
③ 죽림, 순림 ④ 죽림, 왜림

해설 중림

교림과 왜림을 동일 임지에 함께 세워서 경영하는 작업법으로서 하목으로서의 왜림은 맹아로 갱신되며 일반적으로 연료재와 소경목을 생산하고, 상목으로서의 교림은 일반용재를 생산한다.

6. 삽목 발근이 용이한 수종만으로 올바르게 나열한 것은?

① 꽝꽝나무, 동백나무
② 두릅나무, 산초나무
③ 감나무, 자작나무
④ 백합나무, 사시나무

해설 삽목 발근이 용이한 수종

포플러류, 버드나무류, 은행나무, 플라타너스, 개나리, 주목, 실편백, 연필향나무, 측백나무, 화백, 향나무, 비자나무, 찝방나무, 노간주나무, 눈향나무, 히말라야시다, 메타세쿼이아, 식나무, 댕강나무, 꽝꽝나무, 동백나무, 담쟁이, 협죽도, 치자나무, 보리장나무류, 진달래류, 아왜나무, 서향, 인동덩굴, 피라칸사, 회양목 등

7. 수목의 증산작용에 대한 설명으로 옳지 않은 것은?

① 잎의 온도를 낮추어 준다.
② 무기염의 흡수와 이동을 촉진시키는 역할을 한다.
③ 식물의 표면으로부터 물이 수증기의 형태로 방출되는 것을 의미한다.
④ 증산작용을 할 수 없는 100%의 상대습도에서는 식물이 자라지 못한다.

해설 수목은 상대습도가 100%에서는 증산을 거의 하지 않으나, 증산자체가 수목의 생존을 좌우하지는 않는다.

8. 모수작업에 의한 갱신이 가장 유리한 수종은?

① *Juglans regia*　　② *Pinus densiflora*
③ *Pinus koraiensis*　④ *Quercus acutissima*

해설 모수
소나무, 해송과 같은 양수에 적용되며 종자나 열매가 작아 바람에 날려 멀리 전파될 수 있는 수종에 알맞다.
① 호두나무, ② 소나무, ③ 잣나무, ④ 상수리나무

9. 수분의 주요 이동통로로 이용되는 조직은?

① 수　　　　　　　② 사부
③ 목부　　　　　　④ 형성층

해설 ① 수분 이동 통로 – 목부
　　 ② 영양분의 이동통로 – 사부

10. 풀베기 작업을 시행하기에 가장 적절한 시기는?

① 3월 상순 ~ 5월 하순
② 4월 하순 ~ 6월 하순
③ 6월 상순 ~ 8월 상순
④ 8월 하순 ~ 10월 상순

해설 풀베기의 작업시기
풀들이 왕성한 자람을 보이는 6월 상순~8월 상순 사이에 실시하며, 풀의 자람이 무성한 곳에서는 1년에 두 번 실시한다.

11. 간벌의 효과가 아닌 것은?

① 목재의 형질 향상
② 임목의 초살도 감소
③ 산불의 위험성 감소
④ 벌기수확의 양적 및 질적으로 증가

해설 간벌의 효과
① 직경생장을 촉진하여 연륜폭이 넓어짐
② 생산될 목재의 형질이 향상됨
③ 벌기수확은 양적·질적으로 매우 높아짐
④ 임목을 건전하게 발육시켜 여러 가지 해에 대한 저항력을 높아짐
⑤ 우량한 개체를 남겨서 임분의 유전적 형질을 향상
⑥ 산불의 위험성을 감소
⑦ 조기에 간벌수확이 얻어진다.
⑧ 입지조건의 개량에 도움을 준다.

12. 수목의 직경생장에 대한 설명으로 옳지 않은 것은?

① 성목의 경우 목부의 생장량이 사부보다 많다.
② 형성층의 활동은 식물호르몬인 옥신에 의해 좌우된다.
③ 목부와 사부 사이에 있는 형성층의 분열활동에 의해서 이루어진다.
④ 형성층의 분열조직은 안쪽으로 체관세포를 형성하고, 바깥쪽으로 물관세포를 형성한다.

해설 바르게 고치면
형성층의 분열조직은 안쪽으로 물관세포를 바깥쪽으로 체관세포를 형성한다.

정답　7. ④　8. ②　9. ③　10. ③　11. ②　12. ④

13. 옥신의 생리적 효과에 대한 설명으로 옳지 않은 것은?

① 뿌리 생장 ② 정아 우세
③ 제초제 효과 ④ 탈리현상 촉진

해설 옥신의 효과
① 정아우세
② 줄기생장 촉진
③ 삽수 발근 촉진
④ 제초제 역할

14. 다음 수종 중 자유생장을 하는 것은?

① 잣나무 ② 가문비나무
③ 신갈나무 ④ 은행나무

해설 자유생장 수종
① 자유생장을 하는 수종은 고정생장을 하는 수종보다 생장조건이 좋으며, 가을 늦게까지 생장을 하기 때문에 수고생장 속도가 빠르다.
② 해당 수종 : 자작나무, 포플러, 버드나무, 사과나무, 은행나무, 낙엽송 등은 동아 속에 지난해에 만들어진 엽원기가 봄에 자라서 춘엽(Early Leaves)을 만들고, 그 후에 정단분열조직에서 새로운 엽원기를 만들어 당년 여름 내내 하엽(Late Leaves)을 만들어 줄기 생장을 한다.

15. 임목의 수정에 대한 설명으로 옳은 것은?

① 활엽수종은 3배체의 세포로 배유조직을 형성한다.
② 침엽수종은 2종류의 수정형태를 가진 중복수정이 이루어진다.
③ 침엽수종은 2개의 정핵이 각각 난세포의 핵 및 극핵과 합쳐 수정한다.
④ 활엽수종은 1개의 정핵이 난세포의 핵과 합쳐서 수정이 이루어진다.

해설 중복수정
활엽식물인 피자식물의 특징이며. 염색체수에서 배는 난자(n)와 정핵(n) 결합하여 2n이 되고, 배유는 2개의 극핵(2n)과 정핵(n) 결합하여 일반적으로 3n이 된다.

16. 옻나무, 피나무, 주엽나무 등의 종자 발아촉진방법으로 가장 적합한 것은?

① 침수처리 ② 노천매장
③ 황산처리법 ④ 파종시기의 변경

해설 황산처리법
① 진한 황산에 종자를 15~60분간 침지시켜 종피의 표면을 부식시키는 방법
② 옻나무, 피나무, 주엽나무, 그 밖의 콩과 수목의 경립종자에 적용

17. 참나무류나 밤나무같은 대립종자에 주로 사용하며, 어린새싹 대목에 접목하는 방법은?

① 유대접 ② 분얼법
③ 취목법 ④ 분근법

해설 유대접
① 참나무류나 밤나무 같이 대립종자에 주로 사용한다.
② 미리 발아시킨 대립종자를 자엽병이 붙어 있는 곳 약간 위에서 유경을 끊고 자엽병사이로 칼을 넣어 배축을 내려 쪼개어, 마련된 접수를 꽂아 접목을 완성한다.

18. 순림에 관한 설명으로 옳은 것은?

① 수령이 동일한 산림을 뜻한다.
② 한 가지 수종으로 구성된 산림을 뜻한다.
③ 순림은 병충해, 풍수해 등에 대하여 저항성이 비교적 강하다.
④ 음수인 수종은 양수인 수종보다, 천연림은 인공림보다 순림이 쉽게 형성된다.

해설 순림은 단일수종으로 구성된 산림을 말한다.

정답 14. ④ 15. ① 16. ③ 17. ① 18. ②

19. 종자휴면의 원인이 아닌 것은?

① 배의 성숙　　　② 두꺼운 종피
③ 생장촉진제 부족　④ 생장억제물질 분비

해설　배의 미성숙
　　　종자 배가 형태적으로 미발달배의 상태에 있어서 발아가 안
　　　되는 경우

20. 소나무류 접목방법으로 주로 사용하는 것은?

① 절접　　　　② 할접
③ 설접　　　　④ 아접

해설　할접
　　　① 방법 : 대목을 절단면의 직경방향으로 쪼개고 쐐기모
　　　　양으로 접수를 삽입하는 방법
　　　② 적용 : 소나무류, 참나무류, 감나무, 동백나무 등

3회

1회독 □ 2회독 □ 3회독 □

1. 가지치기의 주 효과가 아닌 것은?

① 지엽에 부식되어 토양비옥도를 높인다.
② 무절 완만재를 생산한다.
③ 직경 생장을 증대한다.
④ 산림의 여러 가지 해를 예방한다.

해설 가지치기의 장점
① 무절 완만재 생산
② 직경생장 증대
③ 수간의 완만도 향상
④ 원목의 이용률 증가
⑤ 산림의 여러 가지해(害) 예방
⑥ 산림화재의 위험성 감소
⑦ 임목 상호간의 부분적 경쟁 완화
⑧ 수광량 증가로 하목(밑에 있는 나무)의 성장 촉진 등

2. 종자의 활력 시험 중 종자 내 산화 효소가 살아있는지의 여부를 시약의 발색반응으로 검사하는 방법은 무엇인가?

① 종자발아시험
② 테트라졸륨시험
③ 배추출시험
④ X선 사진법

해설 테트라졸륨
① 종자의 활력 측정 방법
② 사용한 종자의 배가 적색 또는 분홍색일 때 건전립이고 죽은 조직은 변화가 없다.

3. 소립종자 1,000개의 무게로 나타내는 종자 검사 기준은?

① 실중
② 효율
③ 용적중
④ 발아력

해설 실중
① 종자의 크기를 판정하는 기준으로 g단위로 나타낸다.
② 대립종자 : 100립씩 4반복의 평균치
③ 중립종자 : 500립씩 4반복의 평균치
④ 소립종자 : 1,000립씩 4반복의 평균치

4. 옻나무, 피나무, 주엽나무 등의 종자 발아촉진방법으로 가장 적합한 것은?

① 침수처리
② 노천매장
③ 황산처리법
④ 파종시기의 변경

해설 황산처리법
• 진한 황산에 종자를 15~60분간 침지시켜 종피의 표면을 부식시키는 방법
• 옻나무, 피나무, 주엽나무, 그 밖의 콩과 수목의 경립 종자에 적용

5. 온도가 식물에 끼치는 영향에 대한 설명으로 틀린 것은?

① 많은 식물의 경우 광합성에 대한 최적온도는 최적호흡에 대한 최적온도보다 높다.
② 산간에서 흐르는 찬물로 관개를 하면 위조가 올 수 있다.
③ 환경이 제한으로 받게 되는 휴면을 타발휴면이라 한다.
④ 월평균온도에 있어서 5℃ 이상의 값을 적산한 값을 온량지수라 한다.

해설 광합성과 온도
수목의 광합성은 호흡에 비해 더 낮은 온도에서 최고치에 도달한다.

6. 파종상실면적 500m², 묘목잔존본수 1,000본/m², 1g당 종자 평균입수 60립, 순량률 0.90, 실험실발아율 0.90, 묘목잔존율을 0.4로 가정할 때의 파종량은?

① 25.7kg
② 28.2kg
③ 28.7kg
④ 29.2kg

해설 파종량 $= \dfrac{500 \times 1,000}{60 \times 0.9 \times 0.9 \times 0.4}$ 25,720.16..g

→ 약 25.72kg

7. 순림(純林)의 장점이 아닌 것은?

① 간벌 등 작업이 용이하다.
② 경관상으로 더 아름다울 수 있다.
③ 조림이 경제적으로 될 수 있다.
④ 병충해에 강하다.

해설 순림의 특징
한 가지 수종으로 구성된 산림을 순림이라 하며, 간벌 등 작업에 유리하며 경관상 아름다울 수 있으나 각종 기상재해와 병해충에 대한 저항력이 낮아 피해를 받기 쉽다.

8. 잡목림 3ha를 개벌하고 이곳에 1~3년생 잣나무를 2m×3m 장방형으로 조림하고자 한다. 필요한 묘목수는?

① 3,000주
② 4,000주
③ 5,000주
④ 6,000주

해설 묘목수 $= \dfrac{30,000}{2 \times 3} = 5,000$주

9. 성숙한 종자가 발아하기에 적합한 환경에서도 발아하지 못하고 휴면상태에 있는 원인에 해당하지 않는 것은?

① 배휴면
② 종피휴면
③ 생리적 휴면
④ 이차휴면

해설 발아휴면성의 원인
종피불투수성, 종피의 기계적 작용, 가스교환의 억제, 생장억제물질 존재, 미발달배, 이중휴면성

10. 조림수종을 선택하는 요건 중 틀린 것은?

① 성장속도가 빠르고 재적생장량이 높은 것
② 위해에 대하여 저항력이 강한 것
③ 가지가 굵고 길며, 줄기가 곧은 것
④ 산물의 이용가치가 높고 수요량이 많은 것

해설 바르게 고치면
가지가 가늘고 짧으며, 줄기가 곧은 것

11. 수종과 연령 및 입지를 동일하게 하고 밀도만을 다르게 했을 때 임목의 형질과 생산량에 나타나는 현상으로 옳은 것은?

① 지하고는 고밀도일수록 낮아진다.
② 상층목의 평균수고는 임목밀도에 따라 크게 다르다.
③ 단목의 평균간재적은 고밀도일수록 커진다.
④ 고밀도일수록 연륜폭은 좁아진다.

해설 저밀도일수록 지경생장이 촉진되어 연륜폭이 넓어진다.

12. 모수림작업에서 단풍나무류의 1ha당 적정한 잔존본수는?

① 10본 내외
② 15~30본 정도
③ 50~100본 정도
④ 100본 이상

해설 종자 공급을 위해 남겨질 모수
전임목 본수의 2~3%, 재적으로 약 10%, 1ha당 15~30본 정도를 남긴다.

13. 윤벌기가 100년일 때 순환택벌에서 회귀년의 년수로 옳은 것은?

① 8년
② 15년
③ 20년
④ 35년

해설 회귀년은 순환택벌시 처음 구역으로 되돌아오는 데 소요되는 기간으로 윤벌기는 회귀년의 정수배로 한다.

정답 7. ④ 8. ③ 9. ④ 10. ③ 11. ④ 12. ② 13. ③

14. 다음 중 택벌작업의 장점으로 보기 어려운 것은?

① 병충해에 대한 저항력이 높다.
② 양수와 음수 수종 모두 갱신이 가능하다.
③ 상층목은 일광을 충분히 받아서 결실이 잘 된다.
④ 면적이 좁은 산림에서 보속적 수확을 올리는 작업을 할 수 있다.

해설 바르게 고치면
　　택벌은 음수 수종 갱신에 적당하다.

15. 학명에 대한 설명 중에서 틀린 것은?

① Linnaeus의 이명법을 사용한다.
② 속명, 종소명, 명명자 이름으로 구성되어 있다.
③ 명명자 이름 이외에는 항상 소문자로 표기한다.
④ 변종을 표기할 때는 종명 다음에 var.로 표시하여 나타낸다.

해설 학명
　　속명(대문자)+종명(소문자)+명명자

16. 산벌작업 방법에 속하지 않는 것은?

① 택벌
② 후벌
③ 하종벌
④ 예비벌

해설 산벌작업
　　예비벌 – 하종벌 – 후벌

17. 식물체에서 지질의 기능과 가장 거리가 먼 것은?

① 저장물질
② 보호층 조성
③ 세포의 구성성분
④ 광합성에서 전자전달계 역할

해설 지질의 기능
　　세포 구성성분, 저장물질, 보호층, 저항성, 2차산물

18. 종자의 정선방법으로만 올바르게 나열한 것은?

① 사선법, 풍선법, 수선법
② 봉타법, 유궤법, 침수법
③ 구도법, 사선법, 풍선법
④ 수선법, 도정법, 부숙법

해설 종자의 정선방법
　　풍선법, 사선법, 액체선법(수선법, 식염수선법, 알코올선법), 입선법 등

19. 조림 후 육림실행 과정 순서로 옳은 것은?

① 풀베기 → 어린나무가꾸기 → 솎아베기 → 가지치기 → 덩굴제거
② 풀베기 → 덩굴제거 → 어린나무가꾸기 → 가지치기 → 솎아베기
③ 풀베기 → 솎아베기 → 가지치기 → 어린나무가꾸기 → 덩굴제거
④ 가지치기 → 어린나무가꾸기 → 덩굴제거 → 솎아베기 → 풀베기

해설 육림실행순서
　　풀베기(덩굴제거)−어린나무가꾸기(계벌작업)−간벌(가지치기, 솎아베기)

정답 　14. ②　15. ③　16. ①　17. ④　18. ①　19. ②

20. 우리나라 난대림에 대항 설명으로 옳지 않은 것은?

① 제주도는 난대림과 온대림, 한대림이 공존한다.
② 특징 임상은 낙엽활엽수림이다.
③ 연평균 기온이 14℃ 이상의 지역이다.
④ 우리나라 산림대 중에 가장 적은 면적을 차지한다.

해설 특징 임상은 상록활엽수림이다.

1. 산벌작업의 3단계를 바르게 묶어 놓은 것은?

① 산벌, 개벌, 택벌
② 예비벌, 하종벌, 후벌
③ 초벌, 중벌, 종벌
④ 정지벌, 무육벌, 성숙벌

해설 산벌의 3단계작업
　　　예비벌 → 하종벌 → 후벌

2. 다음 목본식물 내 지질(脂質)의 종류 가운데 수목의 2차 대사물질인 Isoprenoid 화합물이 아닌 것은?

① 고무　　　　　　　② 수지
③ Terpenes　　　　 ④ Lignin

해설 수목의 2차 대사물질
　　　식물에 의해 생성된 것으로 테르펜, 수지, 고무, 오레진 등이 있다.
　　　*Lignin: 목재의 실질을 이루고 있는 성분

3. 테트라졸륨 테스트(TTC Test)는 다음 중에서 어디에 사용되는 방법인가?

① 종자의 발아촉진 처리방법
② 화아분화 촉진 처리방법
③ 종자의 발아력 검정방법
④ 삽수의 발근 촉진 처리방법

해설 테트라졸륨 테스트
　　　종자환원법에 의한 발아력 활력검사방법으로 종자 내 산화효소가 살아 있는지의 여부를 시약의 발색반응으로 검사하는 방법을 말한다.

4. Moller는 항속림 사상을 주장하였다. 다음에서 해당하지 않는 것은?

① 항속림은 동령순림이다.
② 지표 유기물을 잘 보존한다.
③ 천연갱신을 원칙으로 한다.
④ 단목택벌을 원칙으로 한다.

해설 바르게 고치면
　　　항속림은 이령혼효림이다.

5. 1.8m×1.8m의 정방형 식재를 할 때 ha당 소요되는 묘목의 본수는?

① 3,086본　　　　　② 3,776본
③ 5,132본　　　　　④ 2,887본

해설 $\dfrac{10,000\text{m}^2}{1.8\text{m} \times 1.8\text{m}} = 3,086$본

6. 중림작업법에 대한 설명으로 틀린 것은?

① 교림과 왜림을 동일 임지에 함께 세워서 경영하는 작업법이다.
② 하목으로서의 왜림은 맹아로 갱신되며 일반적으로 연료재와 소경재를 생산한다.
③ 상목으로서의 교림은 일반용재로 생산할 수 없다.
④ 일반적으로 하층목은 개벌되고 맹아갱신을 반복한다.

해설 중림작업
　　　교림과 왜림을 동일 임지에 함께 세워서 경영하는 작업법으로 하목으로서의 왜림은 맹아로 갱신되어 연료재와 소경목을 생산하고, 교림은 일반용재로 생산한다.

정답　1. ②　2. ④　3. ③　4. ①　5. ①　6. ③

7. 소나무 종자 1kg에 대한 협잡물이 0.1kg이고, 발아율이 87%인 경우 그 효율은?

① 78.3% ② 84.7%
③ 76.7% ④ 81.8%

해설 효율(%) = $\dfrac{\text{발아율}(\%) \times \text{순량률}(\%)}{100}$

$= \dfrac{87\% \times 90\%}{100} = 78.3\%$

* 순량률 = $\dfrac{0.9\text{kg}}{1.0\text{kg}} \times 100 = 90\%$

8. 느티나무, 아까시나무에 알맞은 파종법은?

① 점파 ② 조파
③ 산파 ④ 상파

해설 느티나무, 아까시나무, 참싸리 파종법 - 조파

9. 다음 중 줄기를 해부했을 때 환공재(環孔材)로 특징되는 수종은?

① 갈참나무 ② 단풍나무
③ 포플러   ④ 호두나무

해설 환공재, 산공재, 반환공재
① 환공재와 산공재는 춘재와 추재의 도관 크기 차이에 의해 발생한다.
② 환공재: 나이테에 물관 구멍이 동심원 모양으로 있는 목재로 춘재 도관의 지름이 추재 도관의 지름보다 크다. 예) 참나무류, 물푸레나무, 음나무 등
③ 산공재: 춘재와 추재의 도관 크기가 같거나 비슷하다. 예) 단풍나무, 벚나무, 플라타너스
④ 반환공재: 환공재와 산공재의 중간형태 예)호두나무, 가래나무

10. 임목의 잎에 있는 엽록체가 주로 흡수하여 광합성에 이용되는 광선은?

① 적외선
② 근적외선
③ 자외선
④ 가시광선

해설 식물에 이용되는 광선은 가시광선이다.

11. 파종하기 전에 종자의 정착 및 발아, 그리고 어린 묘목을 발육이 잘 되도록 하기 위하여 정지작업을 한다. 이 작업의 진행 순서는?

① 쇄토 → 밭갈이 → 작상
② 밭갈이 → 쇄토 → 작상
③ 작상 → 쇄토 → 밭갈이
④ 쇄토 → 작상 → 밭갈이

해설 정지작업순서
밭갈이 → 쇄토 → 작상

12. 다음 그림은 잣나무의 가지치기를 나타낸 것이다. a, b, c, d 중 잣나무의 가지치기 방법으로써 가장 좋은 것은?

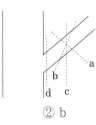

① a ② b
③ c ④ d

해설 침엽수는 가지치기시 절단면이 줄기와 평행하게 한다.

13. 최근 목재로써 인기가 높은 편백의 조림 적지를 가장 잘 나타낸 것은?

① 한대지방

② 온대중부지방

③ 온대북부지방

④ 온대남부, 난대지방

해설 편백나무는 난대수종으로 온대남부까지 조림이 가능하다.

14. 뿌리에 근류(根瘤)를 가지는 것만으로 나열된 것은?

① 아까시나무, 리기다소나무, 향나무

② 갈매나무, 싸리나무, 소나무

③ 오리나무, 보리수나무, 소귀나무

④ 물푸레나무, 오동나무, 자귀나무

해설 ① Rhizobium속: 아까시나무, 족제비싸리, 싸리류, 자귀나무, 칡 등의 콩과수목

② 방사상균속: 오리나무, 사방오리나무, 보리장나무, 소귀나무 등의 비콩과수목

15. 밤나무를 조림할 때 수분수를 혼식해야 한다. 수분수는 주품종의 몇 % 정도 식재하는 것이 가장 적합한가?

① 10~20%   ② 20~30%

③ 30~40%   ④ 40~50%

해설 수분수는 과수에서 화분이 공급을 위해 섞어심는 나무로 밤나무는 20~30% 정도 식재한다.

16. 다음 수종 중 생가지치기를 할 경우 부후의 위험성이 가장 높은 수종은?

① 단풍나무   ② 소나무

③ 일본잎갈나무   ④ 삼나무

해설 생가지치기로 가장 위험성이 높은 수종

① 단풍나무류, 느릅나무류, 벚나무류, 물푸레나무 등

② 원칙적으로 생가지치기를 피하고 자연낙지 또는 고지치기만 실시한다.

17. 다음 중 하층간벌에 대한 설명으로 가장 거리가 먼 것은?

① 가장 오랜 역사를 지닌 간벌방법으로 보통간벌이라고 한다.

② 우세목 중 결점이 있는 2급목만 벌채하는 방법이다.

③ 일반적으로 양수성의 수종으로 구성된 임분에 적용된다.

④ 처음에는 피압된 가장 낮은 수관층의 나무를 벌채하고 그 후 점차 높은 층의 나무를 벌채하는 방법이다.

해설 하층간벌

주로 피압된 열세목을 자르며, 경우에 따라서는 우세목의 일부도 자르는 간벌로 보통간벌이라고도 한다.

18. 조림 수종을 선택하는 요건으로 틀린 것은?

① 성장속도가 빠르고 재적성장량이 높은 것

② 지하고가 낮고 조림의 실패율이 적은 것

③ 가지가 가늘고 짧으며, 줄기가 곧은 것

④ 입지에 대하여 적응력이 큰 것

해설 바르게 고치면

지하고가 높고 조림 실패율이 적은 것

19. 종자발아촉진법 중에서 종자의 발아를 돕는 화학자극제가 아닌 것은?

① 지베렐린   ② 에틸렌

③ 메틸렌   ④ 질산칼륨

종자의 발아 촉진법

① 종피의 기계적 가상, 침수처리, 황산처리법, 노천매장법, 화학자극제, 고저온처리법

② 화학자극제: 지베렐린, 시토키닌, 에틸렌, 질산칼륨 등

20. 다음 풀베기 방법 가운데 모두베기에 대한 설명으로 맞는 것은?

① 한풍해가 예상되는 곳에서 실시한다.
② 조림목이 음수 수종에 적용하면 좋다.
③ 조림목에 광선을 제대로 주지 못하는 단점이 있다.
④ 조림목을 남겨두고 그 지역의 모든 잡초목을 제거하는 방법이 있다.

해설 모두베기(전예)

조림목은 남겨두고 주변의 모든 잡초목을 제거하는 방법이다 .

1. 묘포에서 단근작업을 하는 주목적은?

① 근계정리를 위해
② 생장을 억제하기 위해
③ 묘목 식재작업을 용이하게 하기 위해
④ 측근과 세근을 발달시켜 활착률을 높이기 위해

해설 단근작업은 측근과 세근을 발달시켜 활착이 잘 될 수 있도록 하는 작업이다.

2. 간벌 방법 중에서 임분의 밀도조절을 목적으로 하는 정량간벌의 개념이 가장 강한 것은?

① 도태간벌   ② 하층간벌
③ 자유간벌   ④ 기계적간벌

해설 기계적간벌=정량간벌

3. 장령림에 대한 시비효과로 옳지 않은 것은?

① 엽장과 엽량이 증가한다.
② 엽색이 더 진한 녹색으로 된다.
③ 임내는 더 어두워지는 외관적 변화가 나타난다.
④ 비배 후 3~4년이 경과한 임분에서는 흉고직경의 성장 차이를 볼 수 없다.

해설 시비는 임분의 생장을 촉진하게 위해 실시한다.

4. 다음 중 핵과를 결실하는 수종은?

① 벗나무   ② 자귀나무
③ 상수리나무   ④ 이태리포플러

해설 ① 벗나무-핵과
② 자귀나무-콩과
③ 상수리나무-견과
④ 이태리포플러-삭과

5. 제벌의 시기로 가장 적합한 것은?

① 식재 후 바로 실시한다.
② 주로 겨울철에 실시한다.
③ 간벌(솎아베기) 후 1년 이내에 실시한다.
④ 조림목의 수관이 거의 접촉하는 시기에 한다.

해설 제벌은 어린나무가꾸기로 육성대상이 되는 수목의 생육을 방해하는 다른 수종을 잘라내는 작업을 말한다.

6. 일반적으로 극핵이 발달하여 다음 어떤 부분의 형성에 이바지하게 되는가?

① 배   ② 배유
③ 배강   ④ 배주

해설 꽃의 구조와 종자 및 열매의 관계
① 극핵 → 배유
② 난핵 → 배
③ 자방 → 열매
④ 배주 → 종자
⑤ 주피 → 종피
⑥ 주심 → 내종피

7. 접목 활착의 성패를 좌우하는 요인으로 옳지 않은 것은?

① 수종의 특성
② 대목의 생활력
③ 접목묘의 생산량
④ 대목과 접수의 친화성

정답 1. ④ 2. ④ 3. ④ 4. ① 5. ④ 6. ② 7. ③

[해설] 접목 활착 성패를 좌우하는 요인
① 접목 친화성
② 수종의 특성
③ 온도와 습도
④ 대목의 생활력
⑤ 접목기술과 재료
⑥ 호르몬제의 사용

8. 수목의 부위별 질소 함량을 바르게 나타낸 것은?

① 잎 > 수간 > 주지 > 측지
② 잎 > 주지 > 측지 > 수간
③ 잎 > 측지 > 주지 > 수간
④ 잎 > 주지 > 수간 > 측지

[해설] 질소 함량
① 광합성을 하는 잎에 질소함량이 가장 많고 목부인 수간은 셀룰로오스로 되어 있어 질소함량이 낮다.
② 잎 > 측지 > 주지 > 수간

9. 다음은 토양공극에 대한 설명이다. 빈칸 ㉮와 ㉯ 에 해당하는 용어로 올바른 것은?

토양의 전체 용적에서 (㉮) 부분의 용적을 빼낸 값으로 (㉯)이/가 차지하는 부분이다.

① ㉮ : 고체   ㉯ : 물과 공기
② ㉮ : 액체   ㉯ : 토양과 물
③ ㉮ : 액체   ㉯ : 토양과 공기
④ ㉮ : 고체와 기체   ㉯ : 영하 온도에서 얼음

[해설] 토양의 공극
① 토양전체부피(용적)으로부터에서 토양(고체)만의 부피를 제한 값을 말한다.
② 공극(간극)은 물(액체)과 공기(기체)를 말한다.

10. 일반적인 개화생리 순서를 옳게 표시한 것은?

| 가 : 화기형성 | 나 : 화아분화 |
| 다 : 꽃의 성숙 | 라 : 개화 |

① 가 – 나 – 다 – 라
② 가 – 나 – 라 – 다
③ 나 – 가 – 다 – 라
④ 나 – 라 – 가 – 다

[해설] 개화생리순서
화아분화 → 화기형성 → 꽃의 성숙 → 개화

11. 지하자엽발아형에 속하는 수종은?

① 단풍나무   ② 칠엽수
③ 아까시나무   ④ 물푸레나무

[해설] 자엽지하위발아(지하자엽)
① 무배유종자는 자엽에 녹말과 지방이 저장되어 있고, 발아한 후 대개 자엽이 땅속에 남아 있는 것을 말한다.
② 호두나무, 칠엽수, 밤나무, 참나무류 등

12. 토양 수분함수량 중에 영구위조점(Permanent Wilting Point)의 pF 값으로 가장 적당한 것은?

① 약 2.7   ② 약 4.2
③ 약 5.7   ④ 약 7.2

[해설] pF값과 수분상태

pF	수분상태
1.8	포장용수량, 자연상태에서 토양의 가장 많은 물의 양
1.8~4.2	식물유효수분, 식물이 흡수하고 이용할 수 있는 상태
3.8	초기위조점, 수분을 공급하면 위조가 회복할 수 있는 상태
4.2	영구위조점, 수분을 공급해도 위조가 회복되기 불가능한 상태

정답 8. ③ 9. ① 10. ③ 11. ② 12. ②

13. 간벌의 효과로 옳지 않은 것은?

① 산림관리 비용을 크게 줄인다.
② 임분의 수직구조 및 안정화를 도모한다.
③ 직경생장을 촉진하여 연륜폭이 넓어진다.
④ 우량한 개체를 남겨서 임분의 유전적 형질을 향상시킨다.

해설 간벌시 산림관리비용이 증가된다.

14. 신엽 또는 정엽부터 결핍증상이 나타나는 영양소는?

① 인　　　　　　② 칼슘
③ 칼륨　　　　　④ 질소

해설 ① 오래된잎, 노엽에서 결핍증상이 나타나는 영양소: 질소, 인산, 칼륨, 마그네슘
② 어린잎, 신엽에서 결핍증상이 나타나는 영양소: 칼슘, 붕소, 철, 망간, 황

15. 종자에 수분침투와 가스교환이 잘 되지 않을 때 실시하는 발아 촉진 방법으로 옳은 것은?

① 탈납법　　　　② 재위묻기
③ 온탕 침적법　　④ 냉수 침적법

해설 탈납법
① 종자와 같이 종피 표면에 밀랍이 덮여져 있어 수분침투가 되지 못해 발아한 곤란한 종자를 탈납처리하여 발아를 촉진하는 방법
② 옻나무속 종자에 적용

16. 산벌작업법에 관한 설명으로 옳지 않은 것은?

① 갱신기간은 보통 10~20년 정도이다.
② 예비벌, 하종벌 및 후벌로 나누어진다.
③ 윤벌기에 비하여 짧은 갱신기간 중에 실시하는 벌채이다.
④ 성숙목이 많은 불규칙한 산림과 이령림 갱신에 알맞은 작업법이다.

해설 바르게 고치면
성숙목이 많은 불규칙한 산림과 동령림 갱신에 알맞은 작업법이다.

17. 양수 또는 음수에 관한 설명으로 옳지 않은 것은?

① 소나무는 양수이고, 주목은 음수이다.
② 양수는 음수보다 광포화점이 높다.
③ 양수는 음수보다 낮은 광도에서 광합성 효율이 낮다.
④ 양수와 음수는 햇빛을 좋아하는 정도가 아니라 그늘에 견딜 수 있는 내음성의 정도에 따라 구분 한다.

해설 음수는 양수보다 낮은 광도에서 광합성 효율이 높다.

18. 일본잎갈나무의 꽃눈이 분화하는 시기는?

① 3월경
② 5월경
③ 7월경
④ 9월경

해설 잎본잎갈나무(낙엽송)은 7월경에 꽃눈이 분화한다.

19. 종자의 결실량을 증가시키기 위한 방법으로 옳지 않은 것은?

① 간벌을 실시하여 생육공간을 확장한다.
② 수피의 일부를 제거하여 C/N율을 높인다.
③ 단근을 실시하여 질소의 흡수를 조장한다.
④ 줄기에 환상박피, 철선묶기 등의 자극을 준다.

해설 단근은 활착율을 높이기 위해 실시하는 방법을 결실량 증가와는 관계가 없다.

정답　13. ①　14. ②　15. ①　16. ④　17. ③　18. ③　19. ③

20. 산림작업종의 주요 인자로 옳지 않은 것은?

① 벌채의 종류
② 임도의 위치
③ 새로운 임분의 기원
④ 벌채 및 갱신의 작업면적 크기

해설 산림작업종의 주요인자는 임분, 벌채의 종류, 벌채 및 갱신의 작업면적 크기와 관련된다.

3회

1회독 ☐ 2회독 ☐ 3회독 ☐

1. 어린나무 가꾸기에 가장 적절한 시기는?

① 12~2월 ② 3~5월
③ 6~8월 ④ 10~12월

해설 어린나무가꾸기는 여름철(6~8월)에 실시한다.

2. 다음 중 주로 입선법으로 종자를 정선하는 수종은?

① 일본잎갈나무 ② 가문비나무
③ 호두나무 ④ 가문비나무

해설 입선법
① 칠엽수, 도토리, 목련, 밤나무, 가래나무, 호두나무 등 대립종자에 적용
② 1립씩 눈으로 감별하면서 손으로 선별하는 방법

3. 다음 중 그늘에서 가장 잘 견디는 수종은?

① 층층나무 ② 비자나무
③ 아까시나무 ④ 소나무

해설 그늘에 강한 수종
비자나무, 주목, 전나무, 화백 등

4. 육묘 시 해가림을 해 주어야 하는 수종으로만 짝지어진 것은?

① *Quercus acutissima, Ulmus pumila*
② *Picea jezoensis, Abies holophylla*
③ *Pinus densiflora, Juglans sinensis*
④ *Pinus thunbergii, Ailanthus altissima*

해설 해가림의 목적과 수종
① 목적 : 어린 묘가 강한 일사를 받아 건조되는 것을 방지한다.
② 수종 : 가문비나무(*Picea jezoensis*), 전나무 (*Abies holophylla*), 낙엽송, 삼나무, 편백 및 소립종자

5. 개벌작업의 장점으로 옳지 않은 것은?

① 음수조림에 적합하다.
② 작업방법이 간단하다.
③ 수종을 다른 수종으로 바꾸고자 할 때 가장 쉬운 방법이다.
④ 택벌작업에 비해서 높은 수준의 기술을 필요로 하지 않는다.

해설 개벌작업은 양수조림에 적합하다.

6. 묘목 가식에 대한 설명으로 옳지 않은 것은?

① 묘목의 끝이 남쪽을 향하게 하여 15° 경사지게 한다.
② 가식지 주변에는 배수로를 설치한다.
③ 묘목 가식은 비가 오기 전에 실시하여 생존율을 높인다.
④ 조림예정지가 원거리에 있거나 해빙이 늦은 지역은 조림예정지 부근에 가식 월동을 한다.

해설 묘목의 끝이 남쪽을 향하게 하여 45° 경사지게 한다.

7. 흙을 비벼보거나 육안으로 보아 끈적이는 느낌이 많은 점토로 고운 모래 기운이 있다고 느껴지는 토양은?

① 양토 ② 식양토
③ 사질양토 ④ 미사질양토

정답 1. ③ 2. ③ 3. ② 4. ② 5. ① 6. ① 7. ②

토성	기준
S(사토)	거의 모래 성분만 거칠게 느껴짐
LS(양질사토)	거의 모래 성분만 거칠게 느껴짐
SL(사양토)	1/3~2/3의 모래 성분이 느껴짐
L(양토)	모래성분이 1/3 이하로 느껴짐
SiL(미사질양토)	모래성분은 거의 없고 끈적이는 느낌이 없는 고운모래가 대부분임
CL(식양토)	끈적이는 느낌이 많은 점토로 고운 모래 기운이 있음
SCL(사질식양토)	모래성분이 많고 끈적임이 느껴짐
SiCL(미사질식양토)	모래성분이 약간 있으나 끈적임이 많이 느껴짐

8. 가지치기에 대한 설명으로 옳지 않은 것은?

① 일반적으로 가지치기 굵기의 한계는 10cm 정도이다.
② 가지치기는 옹이 없는 우량재 생산을 위해서 실시한다.
③ 가지치기 시기는 성장휴지기로서 수액유동 시작의 직전이 좋다.
④ 소나무는 가지치기 상면이 유합하는데 3~4일 정도 걸린다.

해설 바르게 고치면
일반적으로 가지치기 굵기의 한계는 6cm 정도이다.

9. 연중 종자 생산시기가 가장 느린 수종은?

① 버드나무
② 벗나무
③ 회화나무
④ 회양목

해설 연중 종자 성숙기

월별	해당 수종
5	버드나무류, 미루나무, 양버들, 황철나무, 사시나무
6	떡느릅나무, 시무나무, 벗나무, 비술나무
7	회양목, 벗나무
8	섬잣나무, 귀룽나무, 노간주나무, 스트로브잣나무, 향나무
9	소나무, 낙엽송, 주목, 구상나무, 분비나무, 종비나무, 가문비나무, 향나무, 물참나무, 자작나무, 박달나무, 팽나무, 물푸레나무, 사스래나무, 밤나무, 신나무, 가래나무, 쉬나무, 호두나무, 졸참나무, 닥나무, 거제수나무, 삼지닥나무, 들메나무, 층층나무
10	소나무, 잣나무, 낙엽송, 리기다소나무, 곰솔, 구상나무, 삼나무, 편백, 전나무, 측백나무, 은행나무, 비자나무, 오동나무, 아까시나무, 졸참나무, 상수리나무, 굴참나무, 붉가시나무, 갈참나무, 단풍나무, 고로쇠나무, 싸리류, 가래나무, 느티나무, 밤나무, 황벽나무, 대추나무, 피나무류, 멀구슬나무, 가중나무, 주엽나무, 옻나무, 오리나무류, 서어나무류, 층층나무, 두릅나무, 산닥나무
11	동백나무, 회화나무

10. 1-1 묘목에 대한 설명으로 옳은 것은?

① 1년생의 침엽수 묘목
② 한 번 이식된 2년 지낸 묘목
③ 파종상에서 2년 지낸 묘목
④ 대목이 1년생이고 접수가 1년생인 묘목

해설 1-1 묘목 : 파종상에서 1년, 그 뒤 한 번 상체(이식)되어 1년을 지낸 2년생 묘목

11. 묘간거리가 2m인 정삼각형 식재 때 의 1ha당 묘목 본수는?

① 약 1,848본
② 약 2,283본
③ 약 2,887본
④ 약 5,132본

해설 정삼각형 식재 시 1ha 당 묘목본수

① 1ha $= 10,000\text{m}^2$

② 묘목수 $=$ 조림면적$(\text{m}^2) \times \dfrac{1.155}{\text{묘간거리} \times \text{묘간거리}}$

$= 10,000 \times \dfrac{1.155}{2 \times 2} = 2,887$본

12. 도태간벌의 특성에 대한 설명으로 옳지 않은 것은?

① 장벌기 고급 대경재 생산에 유리하고 간벌목 선정이 유리하다.
② 미래목 사이의 거리는 최소 3m 이상으로 임지 내에 고르게 분포하도록 한다.
③ 미래목의 수관맹아 형성의 억제와 임분의 복층구조 유도가 용이하다.
④ 우세목의 수관맹아 형성의 억제와 임분의 복층구조 유도가 용이하다.

해설 도태간벌

① 미래목의 생장에 방해되는 나무와 형질불량목을 제거하는 간벌방법을 말함
② 최고 가치생장을 위해 자질이 있는 우수한 나무를 집중적으로 선발 탐색하여 조절해주는 것이며 심하게 경쟁되는 나무는 제거시키고 우수한 나무의 생장이 발달되도록 촉진시키는 것을 말함
③ 미래목을 선발 표시하는 것을 핵심으로 함
④ 미래목 사이의 거리는 최소 5m 이상이 필요함

13. 덩굴치기 작업에 대한 설명으로 옳지 않은 것은?

① 덩굴식물이 뿌리 속의 저장양분을 소모한 10월경에 실시하는 것이 좋다.
② 칡과 같은 덩굴은 뿌리까지 제거하는 것이 가장 효과적이다.
③ 약제처리할 때 방제효과를 높이기 위하여 비 오는 날은 실시하지 않는다.
④ 조림목을 감고 올라가서 피해를 주는 각종 덩굴식물을 제거하는 작업이다.

해설 바르게 고치면

덩굴식물이 뿌리 속의 저장양분을 소모한 7월경에 실시하는 것이 좋다.

14. 종자 발아에 후숙을 필요로 하지 않는 수종으로만 짝지어진 것은?

① 잣나무, 주목
② 은행나무, 물푸레나무
③ 대추나무, 호두나무
④ 버드나무, 이태리포플러

해설 종자 발아에 후숙이 필요한 수종

주목, 향나무, 들메나무, 은행나무, 호두나무, 가래나무, 잣나무, 산사나무, 대추나무, 산수유, 물푸레나무 등

15. 겉씨식물에 속하는 종자는?

① 상수리나무
② 오동나무
③ 측백나무
④ 오리나무

해설 겉씨식물 (gymnosperm)

① 나자식물이라고도 하며, 꽃이 피지 않고 밑씨에서 발달한 종자가 나출되는 식물군을 말한다.
② 소철과, 소나무과, 주목나무과, 개비자나무과, 측백나무과, 낙우송과, 은행나무 등에 속한다.

정답 **11.** ③ **12.** ② **13.** ① **14.** ④ **15.** ③

16. 온대지역에 있어서 인위적인 요인으로 산림이 파괴되지 않는다면 최종적으로 산림이 형성되는 수종은?

① 양수수종   ② 조림수종
③ 중용수종   ④ 음수수종

해설 온대지역 천이
① 나지 → 지의류·선태류 → 1년생 초본 → 다년생 초본
→ 관목류 → 양수교목 → 음수 교목
② 최종적으로 양수림 아래서 자라난 음수림이 형성 된다.

17. 교림의 정의로 옳은 것은?

① 두 가지 이상의 수종으로 이루어진 숲
② 현저한 수령 차이가 있는 수목들로 구성된 숲
③ 영양번식에 의한 맹아가 기원이 되어 이루어진 숲
④ 종자에서 발생한 치수가 기원이 되어 이루어진 숲

해설 ①은 혼효림에 대한 설명
②은 택벌림림에 대한 설명
③은 왜림(맹아림)에 대한 설명

18. 다음은 Hawley의 4가지 간벌법이다. 이 중 기계적 간벌을 뜻하는 그림은? (단, 모두 동령림이며, 빗금 친 부분은 간벌예정이다.)

①    ②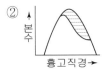

③   ④

해설 Hawley의 기계적 간벌은 일정한 간벌로 대상목의 흉고직경 분포가 고르다.

19. 다음 중 해마다 결실하는 수종은?

① *Alnus japonica*
② *Larix kaempferi*
③ *Zelkova serrata*
④ *Cryptomeria japonica*

해설 ① 오리나무 – 해마다 결실
② 낙엽송 – 5년 이상
③ 느티나무 – 2~3년 주기
④ 삼나무 – 2~3년 주기

20. 발아촉진 방법이 아닌 것은?

① X선처리법   ② 화학약품 처리
③ 냉수침적법   ④ 저온처리법

해설 X선 분석법 – 종자의 활력검사 방법

정답   16. ④   17. ④   18. ④   19. ①   20. ①

산림기사 · 산림산업기사 ①권

조림학 上

저 자 이   윤   진
발행인 이   종   권

2023年 10月 20日 초 판 인 쇄
2023年 10月 26日 초 판 발 행

發行處 (주) 한솔아카데미

(우)06775 서울시 서초구 마방로10길 25 트윈타워 A동 2002호
TEL : (02)575-6144/5   FAX : (02)529-1130
〈1998. 2. 19 登錄 第16-1608號〉

ISBN 979-11-6654-371-5 14520
ISBN 979-11-6654-370-8 (세트)

목표달성

취업을 이루는 첫 걸음,
기사 자격취득을 도와준 고마운 사람들이 있습니다.
그 중에서도 가장 든든한 멘토는
한솔아카데미의 철저한 교육 System입니다.

inup 한솔아카데미

PASS

2024 한번에 끝내기

산림기사·산림산업기사

조 림 학

최근 7개년 기출문제

산림기사·산업기사 CBT실전테스트

실제 컴퓨터 필기 자격시험 환경과 동일하게 구성하여 CBT(컴퓨터기반시험) 실전 테스트 풀기

www.bestbook.co.kr

www.inup.co.kr

PASS

2024 한번에 끝내기

산림기사·산림산업기사

임업경영학

최근 7개년 기출문제

제 下 권

01 핵심이론
02 산림기사 기출문제
03 산림산업기사 기출문제

한솔아카데미

CBT 시험대비 실전테스트

홈페이지(www.bestbook.co.kr)에서 일부 필기시험 문제를 CBT 모의 TEST로 체험하실 수 있습니다.

CBT 필기시험문제	▶ 산림기사	산림산업기사
	■ 2023년 제1회 시행	■ 2023년 제1회 시행
	■ 2023년 제2회 시행	■ 2023년 제2회 시행
	■ 2023년 제3회 시행	■ 2023년 제3회 시행

■ 무료수강 쿠폰번호안내

회원 쿠폰번호	ULLW-1C3I-C6M5

■ 산림기사 · 산림산업기사 CBT 필기시험문제 응시방법

① 한솔아카데미 인터넷서점 베스트북 홈페이지(www.bestbook.co.kr) 접속 후 로그인합니다.
② [CBT모의고사] − [산림기사] 또는 [산림산업기사] 메뉴에서 쿠폰번호를 입력합니다.
③ [내가 신청한 모의고사] 메뉴에서 모의고사 응시가 가능합니다.

※ 쿠폰 사용 유효기간은 2024년 12월 31일까지입니다.

PASS

2024 한번에 끝내기

산림기사·산림산업기사

임업경영학

최근 7개년 기출문제

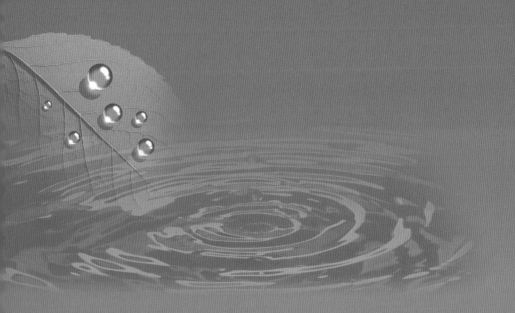

한솔아카데미

한솔아카데미가 답이다!
산림기사·산림산업기사 인터넷 강좌

한솔과 함께라면 빠르게 합격 할 수 있습니다.

합격전략
CBT 모의고사
질의응답
3일 무료동영상

산림기사·산림산업기사 필기 동영상 강의

구 분	과 목	담당강사	강의시간	동영상	교 재
필 기	조림학	이윤진	약 23시간		
	임업경영학	이윤진	약 19시간		
	산림보호학	이윤진	약 13시간		
	임도공학	이윤진	약 16시간		
	사방공학	이윤진	약 12시간		

• 신청 후 필기강의 4개월 동안 같은 강좌를 **5회씩 반복수강**
• 할인혜택 : 동일강좌 재수강시 **50% 할인**, 다른 강좌 수강시 **10% 할인**

산림기사·산림산업기사 필기
본 도서를 구매하신 분께 드리는 혜택

1 필기 종합반 3일 무료동영상

- 100% 저자 직강
- 출제경향분석
- 필기 종합반 동영상 강의

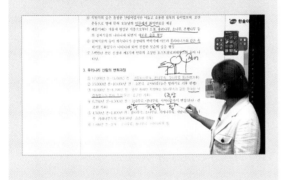

2 CBT 실전테스트

- 산림기사 3회분 모의고사 제공
- 산림산업기사 3회분 모의고사 제공

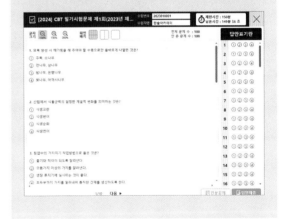

3 동영상 할인혜택

정규 종합반 2만원 할인쿠폰
(신청일로부터 120일 동안)

2024년 대비 동영상강좌 할인권

종목 : 산림기사·산림산업기사 필기종합반

20,000 (이십만원)

할인권 유효기간 : 2023년 10월 1일 ~ 2024년 12월 31일

※ 교재에 있는 인증번호를 입력하면 강의 신청 시 사용가능한 할인쿠폰이 발급되며 중복할인은 불가합니다.

인증번호 입력방법 : 홈페이지 회원가입 → 나의강의실 쿠폰등록내역에서 인증번호 입력 → 수강신청시 쿠폰사용

할인권문의 (02)575-6144 / 한솔아카데미 www.inup.co.kr

※ 교재의 인증번호를 입력하면 강의 신청 시 사용가능한 할인쿠폰이 발급되며 **중복할인은 불가**합니다.

수강신청 방법

★ 도서구매 후 무료수강쿠폰 번호 확인 ★

❶ 홈페이지 회원가입
❷ 마이페이지 접속
❸ 쿠폰 등록/내역
❹ 도서 인증번호 입력
❺ 나의 강의실에서 수강이 가능합니다.

교재 인증번호 등록을 통한 학습관리 시스템

❶ 필기 종합반 3일 무료동영상　❷ CBT 실전테스트　❸ 동영상 할인혜택

무료수강 쿠폰번호　**ULLW-1C3I-C6M5**

01 사이트 접속

인터넷 주소창에 https://www.inup.co.kr 을 입력하여 한솔아카데미 홈페이지에 접속합니다.

02 회원가입 로그인

홈페이지 우측 상단에 있는 **회원가입** 또는 아이디로 **로그인**을 한 후, **산림 · 조경** 사이트로 접속을 합니다.

03 나의 강의실

나의강의실로 접속하여 왼쪽 메뉴에 있는 [**쿠폰/포인트관리**]–[**쿠폰등록/내역**]을 클릭합니다.

04 쿠폰 등록

도서에 기입된 **인증번호 12자리** 입력(–표시 제외)이 완료되면 [**나의강의실**]에서 학습가이드 관련 응시가 가능합니다.

■ 모바일 동영상 수강방법 안내

❶ QR코드 이미지를 모바일로 촬영합니다.

❷ 회원가입 및 로그인 후, 쿠폰 인증번호를 입력합니다.

❸ 인증번호 입력이 완료되면 [나의강의실]에서 강의 수강이 가능합니다.

※ QR코드를 찍을 수 있는 앱을 다운받으신 후 진행하시길 바랍니다.

2024

산림기사·산림산업기사

필기 임업경영학

inup 한솔아카데미

2024
산림기사·산림산업기사 학습전략

2과목 | 임업경영학 학습법

✔ 과목이해

- 산림경영계획·시행·산림경영의 순환과정에 있어 경제적 의사 결정, 조림적 의사결정, 산림· 현황조사 및 평가, 산림경영계획서 작성에 관한 학습
- 임업경영학은 조림학과 수목생리학의 기본개념에 대한 이해가 필요

✔ 공략방법

- 산림경영계획과 관련된 실무능력배양과 조사·평가·예측의 구체적인 방법을 숙지
- 교재를 중심으로 핵심내용을 익히고 객관식 문제를 풀어가며 실전 적응 능력을 배양
- 조림학과 더불어 중요한 과목이며 교재 내용을 중심으로 반복학습이 필요한 과목
- 목표점수는 60점 이상

✔ 핵심내용

- 목재의 수확량을 조절하는 방법
- 산림의 조사·평가·변화를 예측에 관한 내용
- 산림경영계획 및 산림지리정보에 관한 내용

주요항목	중요도	세부항목	세세항목	교재 chapter
1. 산림경영 일반	★	1. 산림경영의 뜻과 주체	경영의 정의, 경영의 주체	01
		2. 우리나라 산림경영의 실태	국유림의 경영, 공유림의 경영, 사유림의 경영	
		3. 산림경영의 특성	산림의 기술적 특성, 산림의 경제적 특성, 산림의 환경적 특성	
		4. 산림경영의 생산요소	산림노동, 임지의 특성, 자본재(임목축적), 자본장비도	
		5. 산림의 경영순환과 경영형태	산림의 구조와 산림경영, 산림경영의 여건(자연, 사회, 경제, 경영주체), 산림경영의 형태, 산림경영 조직의 유형, 경영조직상의 유의점, 산림계획과 산림경영조직	
		6. 복합산림경영과 협업	복합산림경영, 협업의 형태	02
2. 산림경영 계획 이론	★★★	1. 산림경리의 의의와 내용	산림경리의 의의, 산림경리의 내용	
		2. 산림경영의 목적과 지도원칙	산림경영의 목적, 산림경영의 지도원칙	
		3. 산림의 생산기간	벌기령과 벌채령, 윤벌기와 회귀년, 정리기와 갱신기	
		4. 법정림	법정림의 개념, 법정상태, 법정 벌채량, 법정림의 응용범위	
		5. 산림생산	산림경영과 지위, 임목축적과 밀도	03
		6. 산림의 수확조정	수확조정의 개념, 수확조정의 기법	05
3. 산림평가	★★★	1. 산림평가의 이론	산림평가의 개념, 산림의 구성내용과 특수성, 산림평가의 산림경영요소, 산림평가의 계산적 기초, 부동산평가방법과 산림평가법	06
		2. 임지의 평가	임지평가의 개요, 원가방식에 의한 임지평가, 수익방식에 의한 임지평가, 비교방식에 의한 임지평가, 절충방식에 의한 임지평가	
		3. 임목의 평가	임목평가의 개요, 유령림의 임목평가, 벌기 미만인 장령림의 임목평가, 중령림의 임목평가, 벌기 이상의 임목평가	

주요항목	중요도	세부항목	세세항목	교재 chapter
4. 산림경영 계산	★★★	1. 산림경영계산과 산림관리회계	산림경영계산의 정의, 관리회계의 체계와 내용, 산림관리회계와 산림평가	07
		2. 산림자산과 부채	산림자산, 부채, 감가상각	
		3. 산림원가 관리	원가의 개념과 유형, 원가관리의 의의, 원가계산, 표준원가계산과 원가 차이	
		4. 산림경영의 분석	분석내용, 현황분석, 성과분석, 육림비 분석	
		5. 손익분기점의 분석	수익과 비용의 본질, 손익분기점분석의 정의, 손익분기점의 분석방법	
		6. 산림투자 결정	투자결정의 중요성과 내용, 경제분석과 재무분석, 투자효율의 측정, 불확실성과 감응도 분석	
5. 산림측정	★★★	1. 직경의 측정	측정기구, 흉고직경, 수피후측정	09
		2. 수고의 측정	측고기의 종류와 사용법, 측고기 사용상의 주의 사항, 벌채목의 수고측정, 임분의 수고측정	
		3. 연령의 측정	단목의 연령측정, 임분의 연령측정	
		4. 생장량 측정	생장량의 종류, 연년생장량과 평균 생장량간의 관계, 생장률, 임분생장량	08
		5. 벌채목의 재적측정	임목의 형상, 주요 구적식, 정밀 재적측정, 이용재적의 계산, 공제량, 층적재적, 수피·지조 및 근주의 재적측정법	
		6. 수간석해	수간석해의 목적, 수간석해의 방법	09
		7. 임목재적	구적기의 응용, 형수법, 흉고형수의 결정법, 약산법과 목측법, 입목재적표에 의한 방법	
		8. 임분재적	매목조사법, 표준목법, 표본조사법, 기타 방법	

주요항목	중요도	세부항목	세세항목	교재 chapter
6. 산림경영 계획 실제	★	1. 산림경영계획의 업무 내용	일반조사, 산림측량과 산림구획, 산림조사, 부표와 도면, 시업체계의 조직, 산림경영계획의 결정, 산림경영계획의 총괄, 운용, 변경	03 04
		2. 산림의 다목적 경영 계획	계획기간, 수확계획, 갱신계획, 시설계획, 조림벌채 계획부 작성, 산림노동력확보계획	
		3. 산림경영계획의 기법	선형계획법(LP), LP에 의한 목재수확조절, LP에 의한 산림경영계획, 산림계획문제의 기본요소	
7. 산림휴양	★★	1. 산림휴양자원	산림휴양자원의 정의, 산림휴양자원의 유형과 기능, 산림휴양 및 환경관련법규, 휴양수요 예측 및 공급	10
		2. 산림휴양시설의 조성 및 관리	자연휴양림, 삼림욕장, 치유의 숲, 숲길, 숲속야영장, 산림레포츠시설 등 기타	

CONTENTS

CONTENTS

복원 기출문제 CBT 따라하기

홈페이지(www.bestbook.co.kr)에서 최근 기출문제를 CBT 모의 TEST로 체험하실 수 있습니다.

PART 03 산림산업기사 7개년 기출문제

복원 기출문제 CBT 따라하기

홈페이지(www.bestbook.co.kr)에서 최근 기출문제를 CBT 모의 TEST로 체험하실 수 있습니다.

01 임업경영학 핵심이론

단원별 출제비중

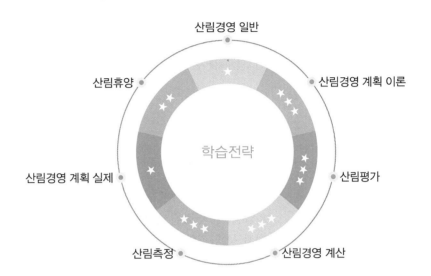

산림경영 일반

산림휴양

산림경영 계획 이론

학습전략

산림경영 계획 실제

산림평가

산림측정

산림경영 계산

출제경향분석

- 임업경영학은 조림학과 더불어 중요한 과목이며 교재 내용을 중심으로 반복학습이 필요한 과목입니다.
  산림경영계획과 관련된 실무능력배양과 조사 · 평가 · 예측의 구체적인 방법을 숙지하여야 합니다.
- 목표 점수는 60점 이상입니다.

산림경영총론

학습주안점

• 경영의 주체에 따른 산림 구분과 산림경영의 실태를 분류할 수 있어야 한다.
• 임업의 기술적 특성과 경제적 특성을 이해하고 차이점을 인식하고 있어야 한다.
• 임업경영의 생산요소, 임지의 특성을 이해하고 암기해야 한다.
• 유동자본재와 고정자본재를 유형을 알고 있어야 한다.
• 산림 임령 구조별 특징을 이해해야 한다.
• 임업경영형태를 구분할 수 있어야 한다.

1 산림경영

1. 정의

① 일정한 목적을 가지고 임업생산을 하는 조직과 활동을 말하는데, 여기에서
임업생산은 산림을 대상으로 노동과 자본재(임도, 기계, 기구)를 투입하여 육림,
벌채 등의 작업에 의하여 목재와 기타 임산물(종실, 수피)을 생산하는 것을
말함.
② 산림에서 임산물(林産物)을 생산하는 산림경영(山林經營)은 농업이나 축산업
과 같이 토지를 이용하는 토지생산업(土地生産業)이라는 점에서는 같으나 농업
이나 축산업에서 찾아볼 수 없는 고유의 특징을 많이 지니고 있어 경영상에
특이한 점이 많음.

2. 지속가능한 산림자원 관리의 기본방향

① 산림의 생물다양성의 보전
② 산림의 생산력 유지 · 증진
③ 산림의 건강도와 활력도 유지 · 증진
④ 산림 내의 토양 및 수자원의 보전 · 유지
⑤ 산림의 지구탄소순환에 대한 기여도 증진
⑥ 산림의 사회 · 경제적 편익 증진
⑦ 지속가능한 산림관리를 위한 행정 절차 등 체계 정비

2 경영의 주체

1. 산림의 구분 : 산림은 그 소유자에 따라 구분

국유림 (國有林)		국가가 소유하는 산림
민유림(民有林)	공유림(公有林)	지방자치단체 그 밖의 공공단체가 소유하는 산림
	사유림(私有林)	국·공유림 외의 산림

2. 경영의 주체

1) 국유림

「국유림의 경영 및 관리에 관한 법률」에 의하여 국가가 경영의 주체

2) 공유림

지방자치단체 그 밖의 공공단체가 경영의 주체

3) 사유림

개인·회사·단체·문중 등이 경영의 주체

3 우리나라 산림경영의 실태

1. 국유림 경영

① 국유림 안에서 조림·육림·임목생산·산림 관리 기반시설 설치, 산림유전자원보호 등의 산림사업을 통해 목재 등 임산물을 생산하고 산림의 경제·사회, 문화, 환경 등 다양한 기능을 유지·증진하는 활동을 말함.

② 국유림경영의 목표 ☆

총체적 목표	산림생태계의 보호 및 다양한 산림기능의 최적발휘
주목표(5가지)	산림보호기능, 임산물 생산기능, 휴양 및 문화기능, 고용기능, 경영수지개선

③ 국유림의 경영 및 관리에 관한 법률에서 산림청장은 소관 국유림을 보전국유림(요존 국유림)과 준보전국유림(불요존국유림)으로 구분하고 이를 관리해야 한다고 규정

핵심 PLUS

■ 우리나라 산림자원
　① 국토면적 : 1,003만 ha
　② 산림면적 : 6,3335천 ha(63.2%)
　③ 소유별 산림면적

국유림	1,618천 ha(25.5%)
공유림	467천 ha(7.4%)
사유림	4,250천 ha(67.1%)

　④ 산림축적 : 150.2m³/ha

■ 국유림경영관리의 기본원칙
　① 지역사회의 발전을 고려한 국가 전체의 이익 도모
　② 지속가능한 산림경영을 통한 임산물의 안정적 공급
　③ 자연친화적 국유림 육성을 통한 산림의 공익기능 증진
　④ 국유림의 국민이용 증진을 통한 국민의 삶의 질 향상
　⑤ 공·사유림 경영의 선도적 역할 수행

요존국유림 (보전국유림)	• 산림경영임지의 확보. 임업기술개발 및 학술연구를 위하여 보존할 필요가 있는 국유림 • 사적(史蹟)·성지(城址)·기념물·유형문화재 보호, 생태계보전 및 상수원보호 등 공익상 보존할 필요가 있는 국유림 • 일단의 면적이 농림축산식품부령이 정하는 기준에 해당되는 국유림 • 도서지역에 있는 국유림. 다만, 읍·면 소재지가 있는 도서지역 내의 국유림으로서 보존할 가치가 없다고 인정되는 10만제곱미터 미만의 국유림을 제외
불요존국유림 (준보전국유림)	요존국유림 외의 국유림

④ 불요존국유림이 「산림자원의 조성 및 관리에 관한 법률」에 따른 채종림(採種林) 및 시험림, 「산림보호법」에 따른 산림보호구역, 「산림문화·휴양에 관한 법률」에 의한 자연휴양림 및 「사방사업법」에 의한 사방지로 지정되는 경우에는 이를 요존 국유림으로 본다.

2. 공유림 경영

① 공유림은 모범적인 산림경영을 실시하여 사유림 경영의 시범이 되고, 공공 복지를 증진하고, 지방재정 수입의 확보를 목적으로 국유림을 무상대여한 것을 말함.

② 도유림과 군유림으로 구분

3. 사유림 경영 ☆

농가 임업	• 5ha 미만 규모 • 연료, 사료, 농용재 등 또는 조상의 묘를 모시기 위하여 소유하는 산림으로 목재 생산을 주로 하지 않는 산림 • 협업경영 등이 대안
부업적 임업	• 5~30ha의 규모 • 농업이 축산 또는 기타 사업을 하면서 여력을 이용하여 임업을 경영
겸업적 임업	• 30~100ha의 규모 • 다른 사업을 하면서 임업에도 투자하는 경영 • 부업적 임업과 아울러 우리나라 사유림의 핵심
주업적 임업	• 100ha 이상의 규모 • 임업경영을 전념으로 하거나, 임업을 위한 경영 부서를 두고 경영하는 경우

4 임업경영의 특성

1. 임업의 기술적 특성 ☆

① 생산기간이 장기간이다.
② 산림은 재생산가능 자원이다.
③ 토지나 기후조건에 대한 요구도가 낮다.
④ 자연조건의 영향을 많이 받는다.
⑤ 수목은 기후나 지력에 대한 요구도가 낮다.
⑥ 수목은 보호 및 무육하는데 노력이 적게 든다.
⑦ 천연적 임업생산이 가능하다.
⑧ 임목축적과 수확을 구분하기 위하여 임목성장의 측정이 필요하고 수확조절법이 발달하게 되었다.

2. 임업의 경제적 특성 ☆

① 임업에는 육성적 임업과 채취적 임업이 있다.
② 자본회수가 장기성이다.
③ 원목가격의 구성요소의 대부분이 운반비이다.
④ 임업노동은 계절적 제약을 크게 받지 않는다.
⑤ 임업생산은 조방적(粗放的)이다.
⑥ 임업은 공익성이 크므로 제한성이 많다.

3. 경제적 산림경영과 생태적 산림경영의 차이점 ☆

경제적 산림경영	생태적 산림경영
투입량과 산출량에 기초	조건과 과정에 중점을 둠.
알고 있는 것을 강조함.	알지 못하는 것을 강조함.
단기성을 강조	장기성을 강조
목표에 대한 최대의 업적	불확실성을 고려한 목표의 중간 정도 업적
재난을 무시	재난에 중점
기술적 향상을 신뢰	기술적 향상과 진보는 신뢰하지 않음.

핵심 PLUS

5 임업경영의 생산요소

1. 임업노동

1) 임업노동의 특성

① 산림면적이 넓어 자재의 수송이 어렵고 작업감독이 곤란
② 이동시간이 길어 작업시간이 짧음.
③ 기계사용여건이 좋지 못하여 기계를 공동으로 구입하는 것이 효율적임.
④ 노동량이 적어 노동분쟁 등이 없음.
⑤ 벌채, 운반을 위해서는 별도의 훈련이 필요
⑥ 조림, 육림작업은 농한기 이용 가능

2) 임업노동 능률 향상의 방법

① 노동기구의 개량   ② 작업의 능률화
③ 작업의 공동화   ④ 노동 배분의 합리화
⑤ 노동자 합숙소 운영   ⑥ 작업로의 설치
⑦ 휴양, 의료 시설의 구비   ⑧ 임업작업단 구성

2. 임지의 특성 ☆

① 넓고 험하여 집약적인 작업이 어려움.
② 한랭한 곳이 많아서 임업 이외의 다른 사업은 적당치 않음.
③ 수직적으로 여러 가지 수종이 생육함.
④ 임지의 경제적 가치는 교통의 편리에 따라 결정됨.
⑤ 적은 자본으로 구입하여 임업경영이 가능함.
⑥ 임지는 투자 자본의 회수가 어려움.
⑦ 임지는 임업 이외의 산지전용이 가능함.
⑧ 자산 보유적 견지에서 임지 소유 경향이 있음.
⑨ 임지는 유지비가 적게 듦.
⑩ 임지는 산림노동이 이루어지는 곳이지만 임지 자체가 노동의 대상이 아니며 노동이 성립할 수 있도록 하는 매개체의 역할
⑪ 임지는 일반적으로 교통이 불편한 산악지로 구성되어 있고 그 면적이 광활하며 단위면적당 생산성이 농업에 비하여 낮음.

■ 임업경영의 생산요소 ☆
① 임업생산에 있어서도 다른 생산업과 같이 토지(임지), 노동 및 자본의 3요소가 요구되며 이들 3요소가 곧 산림경영주의 소득의 근원을 이룸, 즉 토지는 지대를, 자본은 이자를, 노동은 노임이라는 보수를 가져옴.
② 산림경영의 생산요소인 임지, 노동, 자본재 중 임지와 자본재는 생산수단에 속함.
③ 어느 생산업이나 그 경영의 궁극적인 목적은 최대의 생산물을 얻기 위함이고 생산물을 얻기 위함.

3. 자본재(임목축적) ☆☆☆

1) 유동 자본재

조림비	종자, 묘목, 비료, 정지·식재·풀베기 등의 비용
관리비	감독자의 급료, 사업소의 사무비, 수선비. 공과잡비 등
사업비	벌목, 운반, 제재 등에 요하는 임금 및 소모품비

2) 고정 자본재

일반고정사업자본	임지, 임목, 건물, 벌목기구, 기계 등
운반장치자본	임도, 차도. 차량, 삭도, 운하, 하천 등
제재소설비자본	육림자가 제재하여 판매하려 할 때 설치하는 제재설비

3) 임목축적

① 자본재 중 산림경영의 기본이 되는 것은 노동 대상인 임목이며, 임목을 계속해서 목재를 생산하는 자본으로 볼 때에는 임목축적이라 함.

② 목재수확을 거두기 위하여 임지에 보유되어 있는 임목의 전체를 말하며 이는 인간의 노동이 가해짐과 동시에 묘목을 유령목, 장령목 등 순차적 단계를 거쳐 최종적 소비원료로서의 목재를 생산하기 위하여 완성되어 가고 있는 것

③ 입목이 벌채되기 전까지는 고정자본이고, 입목이 벌채되면 생산기능을 잃게 되므로 유동자본으로 분류함.

④ 임목축적은 연령이 많아짐에 따라 점점 커가므로 벌기령이 긴 산림에 있어서는 임목축적이 차지하는 자본액이 거대하게 됨, 축적가는 산림가의 80% 이상을 점유하는 수가 많아 임업은 자본집약적인 산업이라고도 함.

⑤ 임목축적은 다른 1차 산업의 토지, 자본, 노동 등과 차별되는 산림생산의 요소임.

4. 자본 장비도

① 경영의 총자본(고정자본+유동자본)을 경영에 종사하는 사람으로 나눈 값

② 자본장비도는 경영 종사자 1인당 자본액으로서 자본장비율이라고도 하며, 자본액에서 유동자본을 뺀 고정자산을 종사자 수로 나눈 것을 기본장비도라고 함.

③ 일반적으로 농림업의 자본장비도는 다른 산업과는 달리 고정자본에서 토지(임지)를 제외하는 것이 보통임.

④ 자본장비도와 자본효율의 개념을 임업에 적용할 경우 임목축적과 생장률이 너무 크거나 작으면 생장량이 작아지므로 적절한 자본장비도(임목축적)와 자본효율(생장률)을 갖추어야 소득(생장량)이 증가함.

핵심 PLUS

■ 자본재(요약)
① 유동자본재 : 조림비, 관리비, 사업비
② 고정자본재 : 일반고정사업자본, 운반장치자본, 제재소설비자본
③ 임목축적 : 입목이 벌채되기 전까지는 고정자본, 입목이 벌채되면 유동자본

■ 자본장비도
자본장비도= 경영의 총자본(고정자본+ 유동자본)÷경영에 종사하는 사람

$$자본장비도 = \frac{K}{N} \qquad 1인당\ 생산성 = \frac{Y}{N} \qquad 자본효율 = \frac{Y}{K}$$

$$\frac{Y}{N} = \frac{K}{N} \times \frac{Y}{K}$$

여기서, K : 어떤 경영의 자본액, N : 경영에 종사하는 사람 수, Y : 산림 소득

■ 수종선택시 유의사항
　① 여러 향토수종 중에서 주요 수종을 선택
　② 새로운 수종을 한번에 대량으로 도입하지 않음.
　③ 조림기술과 임지의 환경조건에 적합한 수종을 선택

■ 산림의 임령 구조별 특징

A형	유령림이 많으므로, 임령 투자는 많으나 수입은 적음.
B형	당분간 산출할 수 있지만, 앞으로의 산출의 보속을 위해서는 산림구조를 D형에 가깝도록 벌채와 갱신을 통하여 유도해야 함.
C형	장령림이 많으므로 앞으로 일정 기간 후에는 수확을 많이 기대할 수 있지만, 역시 보속을 도모하려면 산림구성을 수정하도록 벌채와 갱신을 조절함.
D형	여러 계층의 임목이 골고루 있으므로 이상적인 구성을 하고 있어서 보속생산이 가능한 이상적 산림구성

6 산림의 경영순환과 경영형태

1. 산림의 구조와 산림경영

1) 산림의 임령 구조 ☆☆☆

산림구조의 기본형은 유령림이 많은 산림, 장령림이 많은 산림, 성숙림이 많은 산림, 유령림 · 장령림 · 성숙림이 혼재한 산림

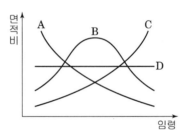

여기서, A : 유령림이 많은 산림, B : 장령림이 많은 산림,
C : 성숙림이 많은 산림, D : 유령림 · 장령림 · 성숙림이 혼재한 산림

2) 각 기본형의 산림시책

① A형 : 임지비배와 같은 산림사업 도입, 속성수의 도입, 소경목의 이용 개발, 유실수의 식재, 버섯재배, 특수 임산물의 생산, 부산물의 증식, 복합임업경영의 도입

② B형 : 당장 벌채와 갱신을 한꺼번에 하지 않고 적은 벌채를 서서히 진행하면서 임령의 구성을 수정

③ C형 : 임령이 점차 커짐에 따라 벌채, 갱신면적을 늘리되 상당히 긴 시일에 걸쳐서 임령의 구성 조절

④ D형 : 산림의 이상적 구조, 우리나라의 산림은 대부분 A형 구조이므로 임업경영 만으로는 경제적인 자립이 어렵기 때문에 수입의 다변화를 꾀하는 것이 바람직함.

⑤ A형 구조인 유령급은 가급적 벌채를 억제하면서 현재의 임분을 법정상태에 가깝도록 유도해야하며, 이를 위해 수확조절에 관한 지도와 국내의 임산물 수요에 대한 충당을 고려해야 함.

2. 임업경영의 여건

1) 자연조건

① 자연조건에 순응할 수 있는 수종 선택을 고려
② 산림조성에 있어서 수종을 의도적으로 이용가치가 높은 수종으로 갱신을 유도
③ 활잡목의 이용방안에 관해 용도개발이 수반

2) 사회·경제적 여건

① 경제성에만 치중할 수 없으며 사회적 요구도 고려
② 산림이 국민경제 및 국민생활에 있어서 미치는 기여도는 직접 효과에 비하여 간접 효과가 훨씬 크기 때문에 현재의 직접적인 효용으로서만 측정되어 그 기준에서 투자하는 것은 모순된 점으로 장차의 국가발전을 위하여 반드시 사회 투자가 증대되어야 함.
③ 경영주체 : 경영조건이 같더라도 경영담당자의 목적과 방향에 따라 경영조직을 편성

산림면적	작을 때는 간단작업, 클 때는 보속작업
재정상태	재정이 어려울 때는 유실수와 속성수를 심어 벌기령을 짧게 하고, 재정이 좋을 때는 장기수를 심어 벌기령을 길게 함.
경영목적	• 연료나 농용재 생산이면 여러 수종을 선택하여 벌기령을 짧게 하고, 원료재 생산이면 한 가지 수종을 밀식하여 모두베기 작업을 함. • 용재를 생산할 때는 택벌작업을 하고, 공익증대가 목적이면 벌기령을 길게 하고 택벌하며 침·활엽수를 혼식함.
경영기술	경영기술이 부족할 때는 조방적인 경영에 적합한 수종을 선택하고 간단작업을 적용

3. 임업경영의 형태

1) 주업적 임업경영 ☆

① 판매 수입, 노력, 자금 투입면에서 개별경제에 대하여 큰 비중을 차지하고 경영되는 형태, 즉 산림부문이 생산경영의 중심을 차지하고 있는 경우 또는 독립된 경영조직을 가지고 산림을 경영하는 산림
② 국유림·공유림·회사림·종교재단림·독림가 등
③ 형태
   ㉮ 식재-육림-임목-매각 : 산림경영의 일반적인 생산형태이나 임목의 부가가치가 낮다.
   ㉯ 식재-육림-벌채-임목-매각 : 조림과 육림은 벌채와는 노동의 성질이 다르기 때문에 경영자가 일관된 작업을 할 수 없으며 벌채에 필요한 장비가 요구

■ 임업경영의 형태
① 임업경영의 형태는 경영적인 측면과 기업적인 측면으로 크게 분류할 수 있으며, 현실적으로는 경영적인 측면의 경영형태가 그 적용 가치가 크다고 볼 수 있음.
② 다른 산업과의 결합정도에 따라 주업적 임업경영, 부차적 임업경영, 종속적 임업경영으로 구분함.

■ 경영형태 ☆
① 주업적 산림경영 : 산림이 생산 경영이 중심
② 부차적 산림경영 : 생산의 유휴화를 막고 이용률을 높여 임업을 부업 또는 겸업으로 경영
③ 종속적 산림경영 : 다른 산업에 원자재를 공급하기 위해
④ 복합산림경영 : 공동작업, 공동이용, 공동관리, 협업경영, 공동출역, 균등출자, 균등분배

ⓓ 식재-육림-벌채-원료재-공급 : 회사의 산업비림에서 나타나는 형태로 기계화 산림경영을 시도

ⓔ 식재-육림-벌채-표고 생산, 숯 생산, 제재 : 임목의 부가가치를 높여 수입을 증가시키기 위한 형태이나 자본과 기술이 필요

ⓕ 위 (식재-육림-벌채-원료재-공급)(식재-육림-벌채-표고 생산, 숯 생산, 제재)의 경영형태는 외부형태로는 주업적 산림경영에 속하지만, 경영의 내부형태로는 최종 생산물의 원료를 제공하므로 종속적 산림경영에 속함.

④ 주업적 산림경영의 유리성이 충분히 발휘되려면 다음과 같은 조건이 필요

　ⓐ 산림은 가능한 한 집단화되어야 함.

　ⓑ 매년 큰 차이가 없는 임산물을 생산할 수 있는 산림 구조이어야 함.

　ⓒ 산림관리조직이 정비되어야 함, 경영의 재정 · 계획 · 감독을 담당하는 상부조직과 경영을 실천하는 하부조직이 알맞게 구성되어야 함.

　ⓓ 생산과정을 분석하고 조직을 정비하는 등 경영순환의 합리화가 정착되어야 함.

2) 부차적 임업경영

① 다른 주업적인 생산경영을 하면서 이 생산경영에 따르는 토지, 자금 등 생산요소의 유휴화를 막고 이용률을 높여 경영 전체의 수익을 높이기 위해 임업을 부업 또는 겸업으로 경영하는 형태

② 농업을 주로 하면서 산림도 경영하는 농가산림과 대부분의 독림가(篤林家)와 육림업이나 벌채업을 경영하는 소규모의 회사, 단체 등의 산림경영은 부차적 임업 경영에 속함.

③ 임업경영의 주체성이 강하지 못하고 주로 유휴 노력이나 유휴 자본을 이용하여 식재 · 임상개량(林相改良) 등의 사업을 하거나 비축적 자산으로 보유함.

④ 이러한 산림을 발전시키려면 생산성이 높은 새로운 품종과 새로운 기술보급에 힘쓰고 판매체제를 확립하고, 금융지원 등의 임업 경영 개선에 노력해야 함.

3) 종속적 임업경영 : 다른 산업에 원자재를 공급하기 위한 형태

① 농업종속적 임업경영

　ⓐ 농가가 영농용 자재생산을 목적으로 산림을 경영한다든가 표고재배업자가 자기에게 필요한 버섯나무를 생산하는 경영

　ⓑ 규모가 작고 주로 자기 임지에 자기 노동력을 들여서 경영하는 기업적 산림이며, 경영 주체성이 약함.

② 공업종속적 산림경영

　ⓐ 제지회사가 펄프원료를 공급하기 위하여 산림을 경영하는 등 제지회사나 제재업자가 자기 수요의 원목을 공급하는 경영

　ⓑ 농업종속적 산림경영에 비해 산림의 보유 규모가 크며 경영활동 내용은 주업적 산림경영과 별 차이가 없음.

③ 일반적으로 종속적 산림경영은 주요 생산부문의 경영동향에 따라 그 경영이 크게 좌우되지만 대체로 임산물의 생산은 매년 이루어지는 특색을 지니고 있음.

4. 경영조직상의 유의점

① 자연환경 : 자연적 환경조건에 적응하는 경영조직(수종, 벌채갱신 등)을 갖춤
② 시장성 : 장기적인 면에서 임산물의 소비와 가격을 전망
③ 집약성 : 노동집약적 경영과 자본집약적 경영에서 입지조건, 수종, 재정상황에 따라 선택
④ 시간성 : 생장기간에 따라 속성수, 유실수, 장기수를 선택할 것인가를 고려
⑤ 거리성 : 부피가 크고 무거운 임목의 이동성을 고려
⑥ 가격의 안정성 : 생장기간이 긴 임목의 가격을 추정하는 일은 매우 어려우나 최근연도의 가격을 조사하여 유리한 가격을 선택

7 복합산림경영과 협업경영

1. 복합산림경영

1) 형태

농지임업, 비임지임업, 혼농임업, 혼목임업, 양봉임업, 부산물임업(목재 이외의 생산물), 수예적 임업, 관광임업(수렵 및 휴양)등, 관광임업 · 부산물임업 · 혼농임업의 순으로 이루어짐.

2) 개별 형태 ☆

농지임업 (農地林業)	농지의 주변이나 농지와 산지의 경계선 등에 유실수나 특용수 또는 속성수 등을 식재하여 임업수입의 조기화를 도모하는 형태의 임업
비임지임업 (非林地林業)	임지가 아닌 하천부지. 도로변. 공한지 주변에 속성수. 밀원식물. 연료목 등 을 식재하여 수입의 다원화를 도모하는 형태의 임업
혼농임업 (混農林業)	임지의 일부 또는 수목 사이에 있는 임지를 이용하여 목초, 특용작물(약초, 인삼 등), 산채 등을 재배하는 형태의 임업
혼목임업 (混牧林業)	임목이 무성하기 전의 일정 기간 산림 내에 가축을 방목하여 임지의 산야초를 이용하는 형태의 임업
양봉임업 (養蜂林業)	산림 내의 밀원식물을 이용하여 양봉을 하는 형태 임업
부산물임업 (副産物林業)	버섯, 산채, 수액, 수피 등 산림의 부산물 채취나 증식하여 농가소득을 증대시키는 임업

핵심 PLUS

■ 산림경영조직의 유형
수종, 작업종, 벌기, 수확방식 등의 유형이 있음.
① 수종 : 속성수 · 유실수 · 장기수, 입지조건과 경영목적을 참작하되 산림의 생육과 수확량 관계. 임산물의 수요 · 가격, 시장성. 사업의 적합성 여부 등을 감안
② 작업종 : 택벌작업, 개벌작업, 모수작업, 산벌작업, 용재림작업은 자연적 요소 · 축적관계 · 재정적 관계 · 지방적 목재수요 · 운반설비 등을 감안
③ 벌기 : 단벌기, 장벌기, 임분생장 · 목재이용면을 고려하여 임목의 평균생장량이 최대인 시기(재적수확최대의 벌기령)를 정하여 결정함.
④ 수확방식 : 간단작업, 보속작업

■ 복합산림경영과 협업의 개념
① 복합산림경영은 일반적으로는 여러 기능들을 복합적으로 생산하도록 경영하는 산림이 많으며, 농가의 산림수입을 늘릴 수 있도록 다각적으로 생산하는 것
② 협업이라 함은 규모가 작은 경영자들이 자본과 노동을 합쳐서 대형시설의 확대 판매 및 구매의 대량화, 기술의 고도화 등을 도모하여 개별경영으로 얻을 수 없는 경제적 이익을 얻고자 하는 조직과 활동을 말함.

수예적 임업 (樹藝的林業)	산림에서 간벌한 임목을 환경미화목으로 이용하거나 관광수를 생산하여 수입을 올리는 형태의 임업
관광임업 (觀光林業)	산림 내에 휴양시설 등의 관광시설을 갖추어 관광객을 유치함으로써 수입을 올리는 형태의 임업

2. 협업의 형태 및 문제점

1) 협업의 형태

① 공동작업 : 노동력 부족에 의한 농기계작업 등에 공동작업이 이루어짐.

② 공동이용 : 개별 경영으로 구입하기 어려운 기계·기구 등을 공동으로 구입하여 이용하는 것으로 관리의 소홀한 문제점이 있음.

③ 공동관리 : 경영자가 충분한 경영기술을 갖추지 못하였을 때 조직의 힘을 빌어 공동으로 관리하는 것

④ 공동경영 : 균등출자, 균등출역 및 균등분배를 이상으로 이루어지는 생산요소의 결합체로 이해

소유협업	소유권과 경영권을 협업조직에 이양하여 그 가치에 해당하는 지분권을 할당받아 공동경영을 하고 그 지분권에 따라 배당 받는 형태
완전협업	모든 시업, 생산, 판매, 기술습득, 시설물 설치, 이용 등을 공동으로 실시하는 공동 경영 형태
부분협업	묘목생산, 식재작업, 육림작업, 목재생산 등 산림경영활동의 하나 또는 몇 개 부분만을 공동으로 실시하는 형태로서 품앗이, 두레 등을 예가 됨.

2) 문제점

■ 협업경영의 문제점
본래 개별경영을 해체하고 모든 자본과 노동을 통합하여 경영 전체를 공동화하는 방식이다. 어떤 형태의 경영이든 협업경영은 공동출자·공동출역·균등분배를 원칙으로 하고 있으므로 이 원칙이 지켜지지 않을 때 문제가 생긴다.

① 불충분한 시장조사 : 시장성을 충분히 검토하지 않고 착수하여 실패할 확률이 높음.

② 과잉투자 : 협업경영의 경우 자금조달이 쉬우므로 필요 이상의 과잉투자로 수익성을 저하시킴.

③ 불확실한 기술 : 서로 믿고 기술관리를 소홀히해 실패하는 경우가 생김.

④ 노동제한 현상 : 수익은 노동의 양과 질에 따라 배분해야하나, 노동의 질이 낮아져 능률이 저하되고, 노동은 낮은 수준에서 평준화됨.

⑤ 통제질서의 결여 : 협업경영에서는 각자의 자격이 평등하므로 지휘권확립이 어려움.

⑥ 자본제한현상 : 협업경영은 균등투자를 하므로 출자액을 정할 때 자본력이 가장 적은 사람을 기준으로 하기 쉬움, 이런 경우 출자규모가 작아져 협업경영의 효과를 거두지 못함.

⑦ 협업경영기간 : 기간이 길면 협업구성원의 변동이 생기게 되고, 협업의 시작시점과 다른 상황으로 협업을 해치거나 어떤 한사람으로 변모하게 됨.

■■■■ 1. 산림경영총론

1. 산림경영의 특징을 설명한 것 중 옳지 않은 것은?

① 생산기간이 길다.
② 임목의 성숙기가 일정하다.
③ 임목은 비옥도가 낮은 토지에서도 자란다.
④ 생산은 자연조건에 영향을 받는다.

해설 **1**
임목의 성숙기는 생리적인 부분으로 일정할 수 없다.

2. 산림경영을 옳게 설명한 것은?

① 정해진 목적을 달성하기 위한 산림생산을 하는 조직과 활동
② 산림생산을 하기 위한 계획과 사무업무
③ 임지를 대상으로 하여 노동과 자본재를 사용, 목재 등을 생산하는 것
④ 국가나 단체에서 산림생산을 하기 위한 경영수단

해설 **2**
산림경영은 정해진 목적을 달성하기 위해 산림에서 노동과 자본재를 사용하여 조림·벌채 및 기타 작업을 통하여 임산물을 생산하는 조직과 활동을 말한다.

3. 우리나라에서 가장 많은 면적을 차지하는 산림은?

① 공유림
② 국유림
③ 사유림
④ 회사림

해설 **3**
사유림은 우리나라 전체 산림면적의 약 70%를 차지하고 있다.

4. 공유림의 경영목적 중 잘못된 것은?

① 부재산주에 대한 대리경영을 목적으로 한다.
② 지방재정 수입의 확보를 목적으로 한다.
③ 공공의 복리증진을 목적으로 한다.
④ 사유림경영에 대한 시범을 목적으로 한다.

해설 **4**
공유림은 모범적인 산림경영을 실시하여 사유림 경영의 시범이 되고, 공공복지를 증진하고, 지방재정 수입의 확보를 목적으로 국유림을 무상 대여한 것이다.

정답 1. ② 2. ① 3. ③ 4. ①

5. 영구적으로 국가에서 소유하고 목재생산과 공익증진을 위주로 경영하려고 하는 산림은?

① 요존국유림   ② 불요존국유림
③ 공유림   ④ 사유림

6. 사유림의 경영주체가 아닌 것은?

① 회사   ② 문중
③ 종교단체   ④ 지방자치단체

7. 우리나라 산림소유자의 주종을 이루고 있는 삼림경영 면적은?

① 5ha 미만   ② 5~10ha
③ 10~30ha   ④ 30~50ha

8. 사유림을 소유 규모별 경영형태로 구분한 것 중 틀린 것은?

① 겸업적 임업   ② 농가임업
③ 주업적 임업   ④ 산간임업

9. 사유림이라고 볼 수 없는 것은?

① 회사림   ② 사찰림
③ 군유림   ④ 산업비림

10. 삼림의 종류를 구분할 때 소유권에 의해 구분되는 것이 아닌 것은?

① 국유림   ② 민유림
③ 보안림   ④ 사찰림

해 설

해설 **5**
요존국유림이란 산림경영임지의 산림경영임지의 확보, 임업기술개발 및 학술연구, 공익상 보존할 필요가 있는 국유림을 말한다.

해설 **6**
지방자치단체는 공유림의 경영주체이다.

해설 **7**
농가임업의 형태로 5ha 미만 규모이다.

해설 **8**
소유규모에 따라 겸업적 임업, 주업적 임업, 농가임업, 부업적임업으로 구분한다.

해설 **9**
군유림은 공유림에 해당된다.

해설 **10**
보안림은 토사의 유출, 붕괴방지, 수원함양, 공중 보건을 위한 산림이다.

정답   5. ①   6. ④   7. ①   8. ④
     9. ③   10. ③

11. 우리나라 산림경영의 개선방향으로 부적합한 것은?

① 기계화 추진
② 협업화 경영
③ 개별작업에 의해 벌채
④ 생산기술의 개선

12. 산림경영의 경제적 특성이 아닌 것은?

① 임업생산은 조방적이다.
② 임목의 성숙기가 일정하지 않다.
③ 육성임업과 채취임업이 병존한다.
④ 공익성이 크므로 제한성이 많다.

13. 다음 중 산림경영의 기술적 특성이 아닌 것은?

① 생산기간이 대단히 길다.
② 기후조건에 대한 요구도가 낮다.
③ 임목의 성숙기가 일정하지 않다.
④ 임업 노동은 계절적인 제약이 적다.

14. 산림경영의 생산요소가 아닌 것은?

① 임지
② 자본재
③ 임목가격
④ 임업노동

15. 임업노동의 일반적인 특성을 바르게 설명한 것은?

① 산림이 넓고 험하기 때문에 필요한 자재의 수송은 어려우나 작업감독은 용이하다.
② 작업장소인 산림까지 이동시간이 길어서 실제 작업시간도 길어진다.
③ 단위면적당 노동량이 많아 노동분쟁이 자주 일어난다.
④ 농업노동력을 벌채나 운반노동에 이용하려면 별도로 훈련을 시켜야 한다.

해 설

해설 **11**
유령임분의 경영은 법정상태까지 유도하고 상황에 알맞은 벌채작업을 한다.

해설 **12**
임목의 성숙기 및 수확기 결정은 임업의 기술적 특성이다.

해설 **13**
④는 산림경영의 경제적 특성이다.

해설 **14**
산림경영의 생산요소는 노동, 임지, 자본재, 임목축적, 자본장비도 등이다.

해설 **15**
산림생산에 소요되는 단위면적당 노동은 농업에 비하여 적으므로 산림이 광대한 면적을 차지하고 있음에도 불구하고 국민에게 노동기회를 많이 주지 못한다.

정답 11. ③ 12. ② 13. ④ 14. ③
15. ④

16. 임업노동의 능률을 향상시킬 수 있는 방법이 아닌 것은?

① 자가노동력 확보   ② 노동기구의 개량
③ 작업의 공동화   ④ 노동 배분의 합리화

17. 다음 중 임지의 일반적인 특성에 포함되지 않는 것은?

① 임지는 소모성이 없기 때문에 유지비가 적게 든다.
② 임지는 매매가 자주 되지 않으므로 투하자본의 회수가 어렵다.
③ 임지는 임업노동이 이루어지는 곳이므로 임업노동의 대상이 된다.
④ 임지는 비교적 교통이 불편하기 때문에 임지의 경제적 가치는 교통의 편리함.
   또는 불편함에 의해 결정된다.

18. 다음 사항 중 임지의 특성이 아닌 것은?

① 임지는 임업 이외의 용도로 변경될 가능성이 많다.
② 임지는 소모성이 없기 때문에 유지비가 적게 든다.
③ 임지는 넓고 험하며 높은 지대에 위치하므로 집약적 작업이 쉽다.
④ 수직적으로 생육환경이 크게 다르므로 여러 가지 수종이 생육한다.

19. 다음 중 고정자본은 어느 것인가?

① 농약   ② 산림용 비용
③ 벌채용 톱   ④ 임도

20. 산림경영 생산요소 중 임지의 특성이 아닌 것은?

① 집약적인작업이 어렵다.
② 생육환경이 같으므로 단일수종이 생육한다.
③ 투자자본의 회수가 어렵다.
④ 소모성이 없기 때문에 유지비가 적게 든다.

해   설

해설 16
산림노동의 능률 향상 방안은 작업의 능률화, 종사지 합숙소의 운영, 작업로의 설치, 의료시설의 구비, 산림작업단 구성 등이다.

해설 17
임지는 임업노동이 이루어지는 곳이지만 임지 자체가 노동의 대상이 아니며 노동이 성립할 수 있도록 하는 매개체의 역할을 한다.

해설 18
임지는 일반적으로 교통이 불편한 산악지로 구성되어 있고 그 면적이 광활하며 단위면적당 생산성이 농업에 비하여 낮고 집약적인 작업이 어렵다.

해설 19
고정자본에는 차도, 차량, 삭도, 임도, 운하, 하천 등이 있다.

해설 20
임지는 수직적인 분포에 따라 생육환경이 크게 다르므로 여러 종류의 임목이 자란다.

정답 16. ① 17. ③ 18. ③ 19. ④
20. ②

21. 산림경영 자산 중 가장 중요한 자산은?

① 고정자산   ② 유동자산

③ 부채   ④ 임목자산

22. 산림경영 자산 중 일반적으로 고정자산이라 할 수 없는 것은?

① 임지   ② 임업용사무실

③ 임목축적   ④ 임도

23. 임업생산의 요소 중 다른 1차 산업과 다른 것은 어느 것인가?

① 임지   ② 자본

③ 임목축적   ④ 임업노동

24. 임업생산에 필요한 자본재 중에서 유동자본재(流動資本財)에 속하는 것은?

① 기계   ② 운반시설

③ 비료   ④ 임도

해 설

해설 **21**

자본재 중 산림경영의 기본이 되는 것은 노동 대상인 임목이며, 임목을 계속해서 목재를 생산하는 자본으로 볼 때에는 임목축적이라 한다.

해설 **22**

임목축적은 임목이 벌채되기 전에는 고정자본재로, 벌채된 후에는 생산기능을 잃어버리기 때문에 유동자본재로 취급한다.

해설 **23**

임목축적이란 장래 목재수확을 거두기 위하여 임지에 보유되어 있는 임목의 전체를 말하며, 다른 1차산업의 토지, 자본, 노동 등과 차별되는 임업생산의 요소이다.

해설 **24**

종자, 묘목, 비료 등은 유동자본재이다.

정답   21. ④   22. ③   23. ③   24. ③

25. 산림의 임령구성의 기본형은 다음의 네가지로 된다. 우리나라 산림의 임령구성 형태와 보속경영이 가능한 임령 구성형태를 각각 표현한 것은?

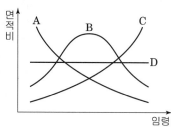

① 우리나라 : A, 보속가능 : D
② 우리나라 : B, 보속가능 : C
③ 우리나라 : A, 보속가능 : C
④ 우리나라 : B, 보속가능 : D

26. 산림에 대한 투입과 산림에서의 산출을 정하는 가장 큰 요인은?

① 투자자본과 노동
② 교통과 노동사정
③ 벌기령과 벌채방법
④ 산림면적과 임령구성

27. 다음 중 협업의 형태로 보기 어려운 것은?

① 공동작업
② 공동이용
③ 공동관리
④ 공동분배

28. 주업적 산림경영의 필요조건과 가장 관계가 적은 것은?

① 산림의 집단화
② 복합 경영 형태의 추진
③ 매년 균등량의 보속생산
④ 산림 관리 조직의 정비

해설 **25**

A형 임령은 투자는 많으나 수입은 적은 구조, D형 임령은 보속적인 수입이 가능한 이상적인 산림의 임령 구조이다.

해설 **26**

산림에 대한 투입과 산출을 좌우하는 산림구성의 기본은 산림면적과 임령구성이다.

해설 **27**

경영규모를 확대하여 생산성을 향상시키는 임업경영형태를 협업이라고 하며, 소규모 산림소유자들이 각자가 소유하고 있는 임지·노동의 생산요소를 상호 결합·공동화한다.

해설 **28**

주업적 산림경영의 필요조건은 경영순환의 합리화에 있다.

정답 25. ① 26. ④ 27. ④ 28. ②

29. 부차적 임업경영의 주 목적이 아닌 것은?

① 재산유지　　　　　　　② 묘지확보
③ 투기적 동기　　　　　　④ 임목매각

30. 부차적 산림경영의 특색을 바르게 설명한 것은?

① 산림경영의 주체성이 확고하고 매우 강하다.
② 임업생산은 장기성이기 때문에 대규모의 자본을 투입하여 경영한다.
③ 유휴노동이나 유휴자본을 이용하여 산림을 경영하거나 비축적자산으로 보유한다.
④ 노동 및 자금의 투입과 판매수입면에서 개별경제에 대하여 비중이 큰 경영이다.

31. 제지회사가 펄프원료를 공급하기 위한 산림경영은?

① 주업적 산림경영　　　　② 부차적 산림경영
③ 종속적 산림경영　　　　④ 비종속적 산림경영

32. 산림에서 간벌한 임목을 환경미화목으로 이용하거나 관광수를 생산하여 수입을 올리는 형태의 임업을 무엇이라 하는가?

① 혼목임업　　　　　　　② 수예적 임업
③ 관광임업　　　　　　　④ 부산물임업

해설 **29**
임목매각, 원료재 공급 등은 주업적 임업경영의 목적이다.

해설 **30**
부차적 산림경영은 산림경영의 주체성이 강하지 못하고 주로 유휴 노력이나 유휴 자본을 이용하여 식재·임상개량(林相改良) 등의 사업을 하거나 비축적자산으로 보유하는 것이 보통이다.

해설 **31**
종속적·산림경영은 다른 산업에 원자재를 공급하기 위한 산림경영 형태로 제지회사나 제재업자가 자기 수요의 원목을 공급하기 위하여 산림을 경영하는 것이다.

해설 **32**
복합산림경영의 목적은 농가의 수입을 늘릴 수 있도록 복합적으로 생산하는 것을 말하며, 그 형태로는 농지임업, 혼농임업, 비임지임업, 혼목임업, 양봉산물임업, 수예적 임업, 관광임업 등이 있다.

정답　**29.** ④　**30.** ③　**31.** ③　**32.** ②

핵심
02 산림경영계획(이론)

학습주안점

• 산림경영의 지도 원칙에 대해 이해하고 암기해야 한다.
• 임업의 생산기간과 관련한 용어(벌기령, 벌채령, 윤벌기, 회귀년)를 이해하고 수목의 기준 벌기령을 알아두어야 한다.
• 벌기령의 종류에 대해 암기해야한다.
• 법정림의 개념과 구비조건과 공식을 이해하고 적용할 수 있어야 한다.
• 산림생산능력 지위의 개념과 지위사정방법을 알아야 한다.

1 산림경영계획의 목적 및 지도 원칙

1. 목적

① 경영주체의 자유의사에 의하여 결정되는 것이지만 산림생산의 물적 기초인 자연적 요소와 산림에 부과된 사회적·법률적 의무관계 및 일반경제환경 등에 의해서 그 목적에 제한이 가해짐.

② 시대적 변천에 따라 그 중요성의 경중이 다소 변화되어 왔으며 일반적으로는 영속적으로 임목의 최대량을 생산하면서 공익적·복지적 기능을 발휘할 수 있는 다목적적인 경영이 강조되고 있음.

2. 산림(임업)경영의 지도 원칙 ☆☆☆

1) 수익성의 원칙

① 최대의 이익 또는 이윤을 얻을 수 있도록 경영하여야 한다는 원칙
② 임업경영에 있어서 수익성 최대는 궁극적으로 국민생활에 가장 수요가 많은 수종과 재종을 최대량으로 생산함으로써 이루어짐.
③ 사기업의 경우 궁극적인 최고의 지도원칙

2) 경제성의 원칙

① 합리성의 원칙 또는 합목적성의 원칙이라고 하며, 최대의 경제성을 올리도록 경영·생산·실행하는 것
② 최소의 비용으로 최대의 효과를 발휘하는 원칙, 일정한 비용으로 최대의 수익을 올리는 원칙, 일정한 수익에 대하여 비용을 최소로 줄이는 원칙, 임업경영에 있어서 수익성 실현의 전제적·기초적 원칙

■ **산림경영의 지도원칙(요약)**
① 수익성의 원칙 : 최대의 이익을 얻을 수 있도록 경영
② 경제성의 원칙 : 최소의 비용으로 최대의 효과
③ 생산성의 원칙 : 단위면적당 평균적으로 많은 목재 생산
④ 공공성의 원칙 : 사회적 의의를 발휘
⑤ 보속성의 원칙 : 매년 균등하고 영구한 수확
⑥ 합자연성의 원칙 : 자연법칙을 존중
⑦ 환경보전의 원칙 : 환경양호 등의 기능 발휘

■ **산림경영의 지도원칙 분류**

경제원칙	• 수익성의 원칙 • 경제성의 원칙 • 생산성의 원칙 • 공공성의 원칙
보속성의 원칙	• 목재 생산의 보속 • 목재생산 균등의 보속
복지원칙	• 합자연성 원칙 • 환경 보전의 원칙

3) 생산성의 원칙

① 토지 생산력을 최대로 추구하는 원칙, 임업경영에 있어서는 재적수확최대의 벌기령, 즉 평균 생장량이 최대인 시기를 벌기로 채택

② 산림경영자체의 직접적이고 궁극적 목적인 국민이 가장 원하는 수종과 재종을 최대량으로 생산한다는 것은 생산성의 원칙에 의해 달성이 가능하며 또한 수익성의 원칙을 달성시키는 전체적 조건이 됨.

4) 공공성의 원칙

① 공공경제성의 원칙, 후생성의 원칙, 공익성의 원칙 또는 경제후생성의 원칙

② 임업 또는 산림생산의 사회적 의의를 더욱더 발휘하고 인류생활의 복리를 더욱더 증진할 수 있도록 경영하자는 원칙

③ 산림경리 성립의 초창기인 18세기경까지는 지도원칙으로서 지배적 위치를 차지하고 있었으나 자본주의 경제발전과 더불어 수익성 원칙에 그 위치를 양보하게 됨.

④ 모든 산림경영이 궁극적으로 추구해야 하는 최고의 지도 원칙

5) 보속성의 원칙

① 산림에서 수확이 연년 균등하게 또는 영구히 존속할 수 있도록 경영하는 원칙

② 유형

구분	내용
광의적 보속성	임지가 항상 유용한 임목으로 피복되고 이것이 건전하게 자라도록 하는 산림생산에 근거를 둔 개념
협의의 보속성	산림에서 매년 거의 같은 양의 목재를 수확하는 것으로 이는 목재 공급에 근거를 둔 개념

③ 보속성 중요성

구분	기준
공공경제적 측면의 중요성	• 인류생활에 필수품인 목재의 수요에 대하여 매년 균등하게 공급 • 사회정책면에서 지방민에게 노동기회를 주어 생활안정을 도모 • 목재 관련 사업의 보호 및 발전에 기여
사경제적 (산림경영적) 측면의 중요성	• 재정 관리의 합리화를 기할 수 있음. • 임산물을 시장에 공급하여 수익을 올릴 수 있음. • 유리한 시장을 확보 • 숙련된 산림기술자를 확보 • 물적 작업수단의 항상적 이용이 가능

■ 보속성 필요성
임목은 생장기간이 길기 때문에 목재 공급의 균형이 일단 파괴되면 단시일 내에 복구할 수 없고, 또 목재는 부피가 크고 무거워서 먼 거리에 운반이 곤란하므로 목재 수요조절에 지장이 많고 수익성에도 영향을 준다는 점 등에서 보속성이 필요

6) 합자연성의 원칙

① 임목의 생장·생활에 관해 자연법칙을 존중하여 경영·생산하는 원칙

② 산림경영에 있어 근원적이고 지속적인 원칙

7) 환경보전의 원칙

① 국토보안의 원칙 또는 환경양호의 원칙, 산림미(山林美)의 원칙이라고도 함.

② 산림경영은 국토보안·수원함양 등의 기능을 충분히 발휘할 수 있도록 운영하여야 한다는 원칙

2 임업의 생산기간

1. 벌기령과 벌채령 ☆☆

■ 벌기령과 벌채령의 상호관계
① 임목이 외부로부터 아무런 영향을 받지 않으면 당연히 가장 유리한 시기인 벌기령에 벌채되므로 벌기령과 벌채령은 일치
② 벌채순서의 정리, 특수한 목재수요에 대한 공급, 경영주의 재정적 사정, 풍해·충해 등 재해에 대한 처리 등으로 보통 성숙기를 전후해서 벌채 실시

1) 벌기령

임분이 처음 성립하여 생장하는 과정에 있어서 어느 성숙기에 도달하는 계획상의 연수, 임목의 경제적 성숙기

구분	내용
법정벌기령	벌기령과 벌채령이 일치할 때의 벌기령
불법정벌기령	벌기령과 벌채령이 일치하지 않을 때의 벌기령

2) 벌채령

임목이 실제로 벌채되는 연령, 계획상 인위적 성숙기인 벌기령과 구별

3) 수목의 기준 벌기령 ☆

구분	국유림	공·사유림 (기업경영림)
가. 일반기준벌기령		
소나무	60년	40년(30)
(춘양목보호림단지)	(100년)	(100년)
잣나무	60년	50년(40)
리기다소나무	30년	25년(20)
낙엽송	50년	30년(20)
삼나무	50년	30년(30)
편백	60년	40년(30)
참나무류	60년	25년(20)
포플러류	3년	3년

구분	국유림	공·사유림 (기업경영림)
나. 특수용도기준벌기령 　　펄프·갱목·표고·영지·천마재배·목공예용 및 목 　　탄·목초액·섬유판의 용도로 사용하고자 할 경우 　　에는 일반기준벌기령중 기업경영림의 기준벌기령을 　　적용한다. 다만, 소나무의 경우에는 특수 용도기준 　　벌기령을 적용하지 아니한다.		

[비고]

기준 벌기령이 명시되지 아니한 수종 중 침엽수류의 경우에는 편백의 기준벌기령을, 활엽수류의 경우에는 참나무류의 기준벌기령을 각각 적용한다. 다만, 불량림의 수종갱신을 위한 벌채·피해목·옻나무 또는 지장목의 벌채와 간이산림토양도상의 비옥도 Ⅰ급지 내지 Ⅲ급지인 지역에서 리기다소나무를 벌채하는 경우에는 기준벌기령을 적용하지 아니한다.

2. 윤벌기(輪伐期)와 회귀년(回歸年) ☆☆☆

1) 윤벌기

① 보속작업에 있어서 한 작업급에 속하는 모든 임분을 일순벌하는 데 요하는 기간, 최초에 벌채된 임분을 또다시 벌채하기까지에 요하는 기간

② 각 임분마다 지위가 다르기 때문에 개개 임분의 벌기령에도 각각 차이가 있다는 것은 당연하지만 경영적 견지에서는 작업급의 임목은 이를 구성하고 있는 각 임분의 평균적 벌기령에서 성숙된다고 간주, 각 작업급의 평균적 성숙기를 윤벌령(輪伐齡)이라고 함.

③ 윤벌기는 작업급을 구성하는 임분을 순차적으로 벌채하여 처음에 벌채한 임분까지 돌아오는 데 걸리는 기간이며 보통 5의 배수로 정함.

④ 갱신기 : 벌채 후 갱신이 바로 이루어지지 못하면 늦어지는 만큼 윤벌기가 늦어지는데 이 기간을 갱신기라고 함. (윤벌기=윤벌령+갱신기).

2) 회귀년

① 택벌림의 벌구식 택벌작업에 있어서 맨 처음 택벌을 실시한 일정 구역을 또 다시 택벌하는데 걸리는 기간

② 회귀년 길이에 따른 관계

구분	내용
조림관계	• 회귀년 길이를 짧게 하여 1회의 벌채량을 적게 하는 것이 조림기술 측면 유리함. • 임목생장 촉진, 수종구성상태, 병충해에 따른 고손목 처리, 평균적으로 좋은 재질의 목재 생산에서 유리

■ 윤벌기와 벌기령의 차이
　① 윤벌기는 작업급 개념, 벌기령은 임목·임분의 개념
　② 윤벌기는 기간개념이고, 벌기령은 연령개념
　③ 윤벌기는 작업급은 일순벌 하는 데 소요하는 기간이고, 벌기령은 임목 그 자체의 생산기간을 나타내는 예상적 연령적 개념

■ 정리기와 갱신기의 개념 ☆☆
　① 정리기(개량기, 갱정기)
　　불법정인 영급관계를 법정영급관계로 시정하여 경제적인 손실을 적게 하려면 노령임분이 많은 작업급에서는 윤벌기보다 짧은 기간을, 유령임분이 많은 작업급에서는 윤벌기보다 긴 기간에 벌채하여 불법적인 영급관계를 법정인 영급으로 정리하는 기간
　② 갱신기
　　산벌작업에 있어서 설치하는 예상적인 기간개념으로 산벌작업은 예비벌·하종벌·후벌로 나누어 갱신이 완료되는데, 이처럼 예비벌을 시작하여 후벌을 마칠 때까지의 기간

구분	내용
보호관계	긴 회귀년은 벌채량이 많아져 풍토·토사 붕괴 등 산림보호에 문제점을 야기하므로 짧은 회귀년을 채택하는 것이 유리
벌채작업관계	단위 면적당 많은 벌채를 해야만 유리하므로 긴 회귀년이 요망
기반시설관계	임도와 방화시설은 투자비가 많이 들어 긴 회귀년을 요함.
임분 재적과의 관계	택벌된 임분 재적이 택벌직전의 재적으로 회복하는 데 요하는 연수로 결정

■ 벌기령의 종류(요약) ☆☆☆
① 조림적(자연적,생리적) 벌기령 : 산림을 영구적으로 왕성하게 육성
② 공예적 벌기령 : 이용 목적에 알맞게 생산
③ 재적수확최대의 벌기령 : 단위면적당 수확되는 목재 생산량이 최대 (총평균생장량과 밀접)
④ 화폐수입최대의 벌기령 : 일정면적에서 최대의 화폐수입
⑤ 산림순수입최대의 벌기령 : 산림총수입에서 생산비를 공제한 연간순수입이 최대
⑥ 토지순수입최대의 벌기령 : 영구히 순수입을 얻을 수 있다고 할 때 그 순수입의 현재가치로 환산, 경제적 견지에서 가장 합리적
⑦ 수익률최대의 벌기령 : 수익성의 원칙에 입각한 벌기령

■ 재적수확최대 벌기령의 특징
① 적당한 수확표만 있으면 비교적 용이하게 벌기를 정할 수 있음.
② 산림의 시업방법에 변동이 없는 한 항상 일정한 연도가 벌기로 됨.
③ 이 벌기령은 평균생장량 최대의 시점으로 결정하여야 하는데. 그 최대점 부근에서 연령의 변화에 따른 평균생장량의 변화가 심하지 않으므로 그 시기를 조절하면 다른 벌기령의 목적에도 부합되게 할 수 있음.
④ 다른 벌기령보다 벌기가 심하게 짧아짐.

3. 벌기령의 종류

1) 조림적 벌기령

① 자연적 벌기령 또는 생리적 벌기령이라고 함.
② 산림 자체를 가장 왕성하게 육성시키고 유지시킴, 조림학적·병충학적·생리학적인 점을 고려하여 벌기령을 결정하나, 집약적인 임업경영에서는 무의미한 벌기령

2) 공예적 벌기령

① 임목이 일정한 용도에 적합한 크기의 용재를 생산하는 데 필요한 연령을 기준으로 하여 결정되는 벌기령(표고자목생산, 펄프재 등의 용도)으로 짧은 벌기령이 일반적임.
② 형상보다는 수종의 용도에 따라 결정되고 형상이 될 때의 벌기령으로 수종 선택이 중요

3) 재적수확 최대의 벌기령

① 단위면적에서 수확되는 목재생산량이 최대가 되는 연령을 벌기령으로 결정
② 공익성을 띤 국유림과 사유림에서 채택될 수 있는 것으로 우리나라에서 법정벌기령을 이 방법으로 채택
③ 목재의 용도가 구조재에서 형상에 무관한 섬유, 제지, 펄프 등의 가공재로 바뀌고 있으므로, 단위면적당 가장 많은 목재를 생산할 수 있는 벌기령의 채택은 바람직한 방법

4) 화폐수입 최대의 벌기령

① 일정한 면적에서 매년 평균적으로 최대의 화폐수입을 올릴 수 있는 연령을 벌기령으로 정하는 방법
② 이 벌기령은 결정 수식에서 비용 및 자본가에 대한 고려가 없음.
③ 수확의 시기에 대한 이자계산이 없고 또 경제적 사정에 따라 변동하기 쉬운 점 등의 결점을 가지고 있기 때문에 현실적으로 많이 적용되지 않음.

5) 산림순수입 최대의 벌기령 ☆

① 산림의 총수입에서 이 총수입을 올리는 데 들어간 일체의 경비를 공제한 것을 산림순수입이라 하고, 이 순수입이 최대가 되는 연령을 정하는 방법

② 산림순수입최대의 벌기령은 자본을 고려하지 않은 점, 이자를 고려하지 않은 점, 장래의 수입을 미리 예정한 점 등의 결점이 있음.

③ 벌기령 가운데 가장 긴 벌기령으로 우리나라도 양에서 질을 주로 하는 용재생산으로 이어지면 위의 벌기령으로 전환되게 됨.

$$\text{산림순수입의 평균액} = \frac{A_U + \sum D - (C + UV)}{U}$$

A_u : 주벌수확, C : 조림비, $\sum D$: 간벌수확합계, V : 관리비, U : 벌기령

핵심 PLUS

■ 산림순수입 최대의 벌기령
연간 순수입이 최대가 되도록 하는 벌기로 이상적인 연년보속작업을 전제로 함.

6) 토지 순수익 최대의 벌기령 ☆

① 임지를 임목생산에 이용하여 그 임지에서 영구히 순수입을 얻을 수 있다고 할 때 그 순수입을 현재의 가치로 환산한 것을 토지기망가라고 함.

② 수확의 수입시기에 따른 이자를 계산한 총수입에서 이에 대한 조림비·관리비·이자액을 공제한 토지 순수입의 자본가가 최고가 되는 때의 벌기령

③ 토지기망가를 최대로 하는 u(벌기령)를 정하는 방법으로, 아래 식 중 u를 여러 가지로 변경하여 이에 대응하는 각종 계산인자를 대입하여 식의 값이 최고가 되는가를 결정함.

$$B_u = \frac{A_u + (D_a 1.0 P^{u-a} + D_b 1.0 P^{u-b} + \cdots)}{1.0 P^u - 1} - V$$

$B_u = u$년 때의 토지기망가, A_u : 주벌수입,
$D_a 1.0 P^{u-a}$: a년도 간벌수입의 u년 때의 후가,
u : 윤벌기, P : 이율, V : 관리자본

④ 토지기망가 계산에 있어 벌기령에 미치는 영향요인 ☆☆

구분	내용
이율(P)	이율이 높을수록 벌기령이 짧아짐
주벌수확(A_u)	소경목에 비하여 대경목의 단가가 높을수록 벌기령이 길어지고, 이에 반하여 소경목과 대경목의 단가 차이가 적을 때에는 벌기령이 짧아짐
간벌수입($\sum D$)	간벌량이 많고 간벌시기가 빠를수록 벌기가 짧아짐
조림비(C)	조림비가 적을수록 벌기령이 짧아지지만 이의 영향은 극히 적음
관리자본(V)	벌기령의 장단과 무관

⑤ 여건이 같을 때 벌기령에 제일 먼저 도달함.

CHAPTER 02 산림경영계획(이론)

7) 수익률 최대의 벌기령

① 순수익의 생산자본에 대한 비, 즉 수익률 최고의 시기로 정하는 것
② 수익성에 원칙하여 입각한 벌기령으로 기업림에 적용

3 법정림

1. 법정림의 개념

① 재적수확의 보속을 실현할 수 있는 내용과 조건을 구비한 산림으로 오스트리아의 황실에서 처음으로 개념과 명칭이 시작됨.
② 경제성과 보속성을 동시에 완전히 만족시킬 수 있는 산림이므로 경제림 경영의 궁극적인 목적과 일치한다고 말할 수 있음.
③ 법정의 조건 : 임지가 최적의 상태로 유지 및 보전될 것, 임목이 수종의 혼효 및 품종에 대해 환경적·경영적으로도 최적의 상태로 구성되고 있을 것

2. 법정상태

1) 법정영급분배 ☆

① 1년생에서부터 벌기에 이르는 각 영계의 임분을 구비하고, 또한 그 각 영계의 임분의 면적이 동일한 것을 말하는데, 이는 현실적으로 각 영계의 면적이 동일하기는 조사하기 어려워 몇 개의 영계를 합하여 영급을 편성하고 각 영급의 면적이 같으면 법정으로 하여 이때의 영급을 말함.

$$a = \frac{F}{U}, \qquad A = \frac{F}{U} \times n$$

여기서, a : 법정영계면적,
A = 법정영급면적, F = 작업급의 면적, U = 윤벌기, n = 1영급의 영계 수

② 개위면적에 의한 법정영급분배 : 임지는 부분적으로 생산능력에 차이가 있으므로 이와 같은 임지의 생산 능력에 알맞게 각 영계별 면적을 가감하여 각 영계의 벌기재적이 동일하도록 수정한 면적으로 그 계산방법을 보면 다음과 같다.

임분	면적(ha)	1ha당 벌기재적(m³)	비고
Ⅰ	300	200	윤벌기 100년
Ⅱ	400	150	1영급=10영계
Ⅲ	300	100	
계	1,000		

■ 법정림 ☆
① 재적수확의 보속을 실현할 수 있는 내용과 조건을 완전히 구비한 산림
② 보속적으로 작업을 할 수 있는 산림. 경제성과 보속성을 동시에 만족시키는 산림

■ 법정림의 구비조건 4가지
① 법정영급분배(기본사항)
② 법정임분배치
③ 법정생산량
④ 법정축적

[예시]
산림면적이 120ha, 윤벌기 40년, 1영급에 10영계인 때 법정영급면적과 법적 영계면적을 구하시오.
해설
① 법적영급면적 = $\left(\dfrac{120}{40}\right) \times 10 = 30$ha

② 법적영계면적 = $\dfrac{120}{40} = 3$ha

㉮ 벌기평균재적(m^3)

$$Q = \frac{q_1 f_1 + q_2 f_2 + \cdots q_n f_n}{f_1 + f_2 + \cdots + f_n} = \frac{200 \times 300 + 150 \times 400 + 100 \times 300}{300 + 400 + 300}$$

$$= 150 m^3$$

㉯ 각 임분의 개위면적

　㉠ I 등지 : $f_1' = \dfrac{q_1}{Q} f_1 = \dfrac{200}{150} \times 300 = 400 \, (ha)$

　㉡ II 등지 : $f_2' = \dfrac{q_2}{Q} f_2 = \dfrac{150}{150} \times 400 = 400 \, (ha)$

　㉢ III 등지 : $f_3' = \dfrac{q_3}{Q} f_3 = \dfrac{100}{150} \times 300 = 200 \, (ha)$

㉰ 법정영급면적

　㉠ I 등지 : $A_1 = \dfrac{Q}{q_1} \times \dfrac{F}{U} \times n = \dfrac{150}{200} \times \dfrac{1,000}{100} \times 10 = 75 \, (ha)$

　㉡ II 등지 : $A_2 = \dfrac{Q}{q_2} \times \dfrac{F}{U} \times n = \dfrac{150}{150} \times \dfrac{1,000}{100} \times 10 = 100 \, (ha)$

　㉢ III 등지 : $A_3 = \dfrac{Q}{q_3} \times \dfrac{F}{U} \times n = \dfrac{150}{100} \times \dfrac{1,000}{100} \times 10 = 150 \, (ha)$

㉱ 영급수

　㉠ I 등지 : $\dfrac{300}{75} = 4 \, (개)$

　㉡ II 등지 : $\dfrac{400}{100} = 4 \, (개)$

　㉢ III 등지 : $\dfrac{300}{150} = 2 \, (개)$ 즉, 10개의 영급이 있다.

2) 법정임분배치

각 영계의 임분이 위치적으로 잘 배치되어서 벌채운반 · 산림보호 및 갱신하는데 있어서 지장을 주지 않도록 배치하는 것

3) 법정생장량

① 법정림의 1년간의 생장량의 합계
② 법정생장량의 계산은 각 영계 임분이 점령한 면적이 동일하고 각 영계 임분의 생장이 법정이라는 것을 전제로 함.
③ 법정생장이란 현실림에서 볼 수 있는 생장을 의미하는 것이 아니고 임지가 완전히 보호되어 있고 임목은 입지에 적합한 수종이며, 충분한 입목도를 유지해 가며 건전하게 생장하는 것을 의미

■ 법정생장량과 법정축적
　① 법정생장량 : 법정림의 1년 생장량
　② 법정축적 : 매년 균등한 재적수확을 얻을 수 있는 정상적인 산림축적 (하계 축적으로 표시)

[예시] 산림면적 300ha, 윤벌기 60년일 때 법적영계면적, 벌기임분재적, 법정생
장량을 구하시오.

구분	임령				
	20	30	40	50	60
ha당 재적(m³)	40	100	180	260	340

해설 ① 법정영계면적 : F/U=300/60=5ha
② 벌기임분의 재적 : V=340×5=1,700m³
③ 법정생장량은 벌기임분의 재적과 같으므로 이 법정림의 생장량은 1,700m³
가 된다.

4) 법정축적

① 영급분배와 생장상태가 법정일 때 보유할 작업급 전체의 축적으로 매년 균등한
재적수확을 얻을 수 있는 정상적인 산림축적을 말함.

② 법정축적의 크기는 계절에 따라 다르며, 추계축적이 가장 크고 춘계축적이 가장
작으며, 하계축적은 추계축적과 춘계축적의 평균치로서 보통 법정축적은 하계
축적으로 계산됨.

③ 벌기수확에 의한 방법은 수확표에 의한 방법보다 정확하지 못하지만 극히 간단하
므로 법정축적을 계산할 때 많이 사용됨, 여기에서 소개된 모든 공식들은 윤벌
기(U년)와 면적(u ha)이 같을 때의 계산식이므로 만약 작업급 면적이 F 라면
윗 식에서 구한 수치에 ($\frac{F}{U}$)를 곱해야 그 작업급의 전체 축적을 얻을 수 있음.

- 수확표에 의한 법정축적=$n(m_n+m_{2n}+...+m_{u-n}+\frac{m_u}{2})\times\frac{산림면적(F)}{윤벌기(U)}$
- 벌기수확에 의한 법정축적=$\frac{U}{2}m_u\times\frac{산림면적(F)}{윤벌기(U)}$

여기서 n : 1영급에 포함된 영계수, $m_n, m_{2n},...$: 축적

3. 법정벌채량

① 법정수확량이라고도 하며 법정림에서 법정상태를 파괴하지 않고, 특히 법정축
적을 감소시키지 않고 벌채되는 재적

② 법정벌채량은 기간에 따라 법정연벌량으로도 표시할 수 있으며, 법정림에서는
법정연간벌채량(법정연벌량), 법정생산량, 벌기임분재적이 일치하게 됨.

법정연간벌채량(NAC)=법정생장량(I_n)
 =벌기평균생장량(MAI)×윤벌기(R)
 =벌기임분재적(V_n)

③ 법정연벌량의 법정축적에 대한 백분율을 법정연벌률(법정수확률)이라 하며, 다음과 같은 공식으로 산출함.

$$법정연벌률(p) = \frac{법정벌채량}{법정축적(V_s)} \times 100 = \frac{벌기임분재적(m_n)}{법정축적(V_s)} \times 100$$

$$법정축적(V_s) = \frac{U}{2}m_u, \text{이므로 법정연벌률}(p) = \frac{200}{U}$$

$$법정벌채량 = \frac{법정연벌률(P)}{100} \times 법정축적(V_s)$$

4 산림생산능력(지위)과 밀도

1. 지위사정의 목적

① 임지에서 어떤 수종을 심으면 잘 자랄 것인가를 결정하고, 어떤 작업종과 윤벌기를 채택할 것인가 등의 시업의 지침으로 삼기 위해
② 영림계획 수립 시 임지의 생산능력에 따라 수확예정을 위해
③ 임지의 매매 시 임지가를 정하는 데 있어서 지위등급에 의한 가격사정 등에 필요

2. 지위의 간접적 산정 방법

1) 지위지수에 의한 방법

① 지위를 표시하는 기준에는 3급(상·중·하) 또는 5급(I~V등지)으로 나누는 비교 지위급에 의한 방법, 일정연령에 있어서의 임목의 수고 또는 재적 생장량으로 표시된 지위지수에 의한 방법
② 지위를 수치적으로 평가하기 위해 일정한 기준임령 우세목의 평균수고로서 지위를 분류하여 지수화한 것을 지위지수(地位指數)라 한다. 현재 우리나라 대부분 수종의 기준임령은 20년, 이태리포플러는 12년, 잣나무, 상수리나무, 신갈나무 등은 30년임.
③ 지위지수는 어떤 나무에 있어서 몇 년생일 때는 나무의 높이가 몇 m에 달할 수 있다는 식으로 임지의 생산능력을 구체적인 숫자로 나타낸 것임.
④ 지위지수 사정 방법 ☆

구분	내용
지위지수 분류곡선에 의한 방법	인공림, 성림지의 경우 주임목의 우세목 평균수고와 임령을 측정하여 지위지수곡선에 의거하여 횡축의 해당 임령과 종축의 해당 수고의 교차점을 통과하는 곡선을 해당 지위지수라고 함
지위지수 분류표에 의한 방법	임령, 우세목의 평균 수고. 지위지수가 제시된 지위지수 분류표에 대입하여 사정하는 방법

■ 산림생산능력(지위)의 개념 ☆

① 지위는 임지의 잠재적 생산능력을 평가하는 기준이며, 밀도에 의해 임목의 비대생장에 영향을 받으며, 지위와 밀도는 임목의 생산량과 재질의 판단 기준이 됨.
② 지위란 임지의 생산능력을 말하며, 토양적 작용의 결과로서 정해지며, 임업경영학·기후·지형·생물 등 환경인자의 종합적 작용의 결과로 정해짐.
③ 지위는 일정불변한 것이 아니고 수종 및 지방에 따라서 달라지므로 지방별로 각 수종에 대하여 구분되어야 함.
④ 간접적 지위 평가법에는 지위지수, 구간법, 환경인자에 의한 접근, 지표식물에 의한 접근 등이 있음.

■ 입지환경과 토양환경인자 ☆

구분	내용
입지 환경 인자	기후대, 표고, 모암, 방위, 지형, 경사, 경사형태, 암석노출도 등
토양 단면 인자	토심, 층위, 층계, 토색, 토성, 유기물, 토양구조, 건습도, 견밀도, 퇴적양식, 토양배수, 침식상태 등

2) 환경에 의한 방법

① 무입목지, 치수지 등의 임지에 대한 지위 평가방법

② 환경인자에 의한 지위지수 판정 기준표에 의거하여 각 인자에 해당하는 점수를 합계한 값이 조사 임지의 지위지수가 됨.

③ 물리적 환경인 토양을 지위지수에 연결시키는 방법

3) 지표식물(指標植物)에 의한 방법

① 식물 중에는 비옥한 임지에서만 생육하는 것과 척박한 곳에서도 생육할 수 있는 것이 있으므로 이러한 사실을 이용하여 지위를 분류하는 방법

② 기후가 한랭하여 지표식물의 종류가 적은 곳에서 주로 적용

③ 환경조건을 판정하는 식물개체 또는 군락을 지표식물 또는 지표종(指標種)이라 하며, 뚜렷한 생태적 의미가 있어야 함, 지표식물로서는 수목 또는 관목, 초본, 지의류가 사용되며 개체보다 군락이 더욱 신뢰도가 높음.

④ 지표식물의 종류에는 기후적 지표식물, 토지적 지표식물, 지리적 지표식물, 연속적 지표식물 등이 있으며 너도밤나무 숲은 토양이 두꺼운 비옥지를, 느티나무숲·물푸레나무숲·굴피나무숲은 다소 습생인 비옥지를 나타냄.

■ 임분밀도척도방법
  단위면적당 임목본수, 재적, 흉고단면적, 상대밀도, 임분밀도지수, 상대임분밀도, 수관경쟁인자 등

3. 임분밀도의 척도 방법 ☆

① 임목의 축적량, 임지의 이용도, 임목 간의 경쟁강도 등을 평가할 수 있으며 밀도가 높을수록 임목의 생장률은 감소함.

② 단위면적당 임목본수, 재적, 흉고(가슴높이)단면적, 상대밀도, 임분밀도지수, 상대임분밀도. 수관경쟁인자, 상대공간지수 등이 임분밀도의 척도로 사용됨.

구분	내용
상대밀도	흉고단면적과 평방평균직경을 병합시킨 것
수관경쟁인자	임목수관의 지상투영면적의 백분율
상대공간지수	우세목의 수고에 대한 입목간 평균거리의 백분율

③ 임목의 간격은 직경, 수고, 수관확장 등의 요소에 따라 결정되어야 하며 간벌, 부분적 벌채, 식재 시에는 지위·수종·재적들의 상호작용을 포함시켜 적정한 임분밀도를 결정함.

④ 입목도 : 이상적인 임분의 재적 또는 흉고단면적에 대한 실제 임분의 재적 또는 흉고단면적의 비율(예 실제 임분의 흉고단면적이 80인데 총 점유면적은 120이 되어야 한다면, 참조 임분에 대한 축적비율은(80/120)×100, 즉 입목도는 67%)

■■■■ 2. 산림경영계획(이론)

1. 다음 중 산림경영의 지도원칙이 아닌 것은?

① 수익성의 원칙   ② 공공성의 원칙

③ 인간성의 원칙   ④ 합자연성의 원칙

> 해설 **1**
>
> 산림경영의 지도원칙에는 수익성의 원칙, 경제성의 원칙, 생산성의 원칙, 공공성의 원칙, 보속성의 원칙, 합자연성의 원칙. 환경보전의 원칙 등이 있다.

2. 오늘날 사기업(私企業)의 경우에 있어서 최고의 산림경영의 지도원칙으로 가장 적당한 것은?

① 수익성 원칙   ② 경제성 원칙

③ 보속성 원칙   ④ 공공성 원칙

> 해설 **2**
>
> 수익성 원칙은 사기업의 경우에 있어서 궁극적인 최고의 지도원칙이며 국민생활에 가장 수요가 많은 수종과 재종을 최대량으로 생산함으로써 이루어진다.

3. 산림경영의 목적에 대한 설명으로 틀린 것은?

① 국가는 국민의 복리증진과 재정 수입에 목적을 둔다.

② 공공단체는 공공단체의 수익사업에만 목적을 둔다.

③ 농가는 일반적으로 임업소득을 증대하는데 목적을 둔다.

④ 펄프회사는 원료 공급에 목적을 둔다.

> 해설 **3**
>
> 공공단체는 산림의 공익 · 복지적 기능에 목적을 둔다.

4. 일정한 비용으로 최대의 수익을 올리는 산림경영 지도원칙은?

① 수익성 원칙   ② 생산성 원칙

③ 경제성 원칙   ④ 합자연성 원칙

> 해설 **4**
>
> 경제성 원칙은 합리성 원칙 또는 합목적성 원칙이라고도 불린다.

5. 다음 중 경제성 원칙을 옳게 설명한 것은?

① 이윤을 최대로 실현하기 위한 원칙

② 이윤율을 최대로 실현하기 위한 원칙

③ 최소한의 비용으로 최대의 효과를 얻도록 하는 원칙

④ 최대의 생산성을 추구하는 원칙

> 해설 **5**
>
> 경제성의 원칙은 최소의 비용으로 최대의 효과를 발휘하는 원칙, 일정한 비용으로 최대의 수익을 올리는 원칙, 일정한 수익에 대하여 비용을 최소로 줄이는 원칙을 말한다.

> 정답   1. ③   2. ①   3. ②   4. ③
>   5. ③

6. 생산성 원칙을 실현하려면 어느 생장량이 최대인 시기를 벌기로 채택하여야 하는가?

① 총생장량
② 평균생장량
③ 연년생장량
④ 한계생장량

7. 수익성 원칙의 구체적 파악은 이윤율의 대소에 의하는데 K 를 임지, 임목축적, 임도 등에 투하된 총액, E 를 임목수익의 총액, A 를 조림비, 관리비 등의 비용이라고 할 때 이윤율의 계산식은?

① $P = \dfrac{E-A}{K} \times 100$

② $P = \dfrac{A-E}{K} \times 100$

③ $P = \dfrac{K-E}{A} \times 100$

④ $P = \dfrac{E-K}{A} \times 100$

8. 단위면적당 평균적으로 가장 많은 목재를 생산하도록 하는 원칙은?

① 수익성 원칙
② 후생성 원칙
③ 공익성 원칙
④ 생산성 원칙

9. 우리나라와 같이 목재가 부족한 경우 벌기령을 적용하는 가장 바람직한 방법은?

① 갱신을 하는데 좋은 종자를 가장 많이 생산하는 때
② 산림순수입이 최대일 때
③ 재적수확이 최대일 때
④ 토지순수입이 최대일 때

10. 보속성 원칙의 필요성에 있어서 공공경제적 입장에서의 보속 필요성에 해당되지 않는 것은?

① 인류생활의 필수품인 목재의 수요에 대해 연년의 균등
② 매년 일정량의 임산물을 시장에 공급함으로써 최대의 이익을 얻는다.
③ 사회면에서 지방민에게 노동기회를 주어 생활의 안전을 목재 관련 사업의 보호 및 발전에 기여한다.
④ 목재관련 사업의 보호 및 발전에 기여한다.

해 설

해설 6
생산성의 원칙의 실현은 벌기령을 임목의 생장량이 최대인 시기, 즉 재적수확 최대의 벌기령을 채택한다.

해설 7
수익성은 이윤 또는 이익을 얻는 힘, 즉 수익력을 말하며 이윤과 자본과의 관계인 수익률 또는 이윤율 등에 의하여 구체적으로 표현된다.

해설 8
생산성의 원칙은 단위면적당 평균적으로 가장 많은 목재를 생산하자는 원칙으로 최대 목재생산의 원칙과 같은 의미로 해석된다.

해설 9
목재가 부족한 경우 단위면적당 평균적으로 가장 많은 목재를 생산하는 벌기령을 적용하는 생산성 원칙이 바람직하다.

해설 10
② 는 사경제적으로 산림경영적 측면의 중요성이다.

정답
6. ② 7. ① 8. ④ 9. ③
10. ②

11. 산림경영의 지도원칙 중 환경임업과 가장 관계가 적은 것은?

① 환경보전의 원칙　　　　② 환경양호의 원칙
③ 보속성 원칙　　　　　　④ 합자연성의 원칙

12. 보속작업의 이점이 아닌 것은?

① 사업량에 변동이 적으므로 경영관리상 유리하다.
② 임산물 판매에 유리하다.
③ 매년 벌채 및 갱신면적이 크므로 벌채작업이 편리하다.
④ 산림종사자에게 안정적인 노동기회를 준다.

13. 자연법칙을 존중하여 경영 생산하는 원칙은?

① 보속성 원칙　　　　　　② 합자연성 원칙
③ 경제성 원칙　　　　　　④ 공공성 원칙

14. 산림경영은 국토보안·수원함양·자연보호 등의 기능을 충분히 발휘할 수 있도록 운영해야 한다는 의미를 갖고 있는 산림경영의 원칙은?

① 합자연성의 원칙　　　　② 환경보전의 원칙
③ 공공성의 원칙　　　　　④ 생산성의 원칙

15. 휴양림을 조성하여 경영할 때 가장 고려해야 할 지도원칙은?

① 생산성의 원칙　　　　　② 보속성의 원칙
③ 산림미의 원칙　　　　　④ 공공성의 원칙

해설 **11**
보속성의 원칙은 산림에서 매년수확을 균등하고 영구히 존속하는 경영하는 원칙을 말한다.

해설 **12**
보속작업 시 매년의 갱신면적이 작아지므로 산림보전에는 유리해진다.

해설 **13**
합자연성 원칙은 자연법칙을 존중하여 산림을 경영하는 원칙이며, 산림생산에 있어 전제적으로 받아들여야 할 원칙이다.

해설 **14**
환경보전의 원칙은 국토보안의 원칙, 환경양호의 원칙, 산림미(山林美)의 원칙으로 불린다.

해설 **15**
산림미의 원칙은 환경 보전의 원칙이라고도 하며 산림경영이 국토보안·수원함양·자연보호 등의 기능을 충분히 발휘할 수 있도록 운영하여야 한다는 원칙이다.

정답 11. ③ 12. ③ 13. ② 14. ②
15. ③

16. 산림경영의 지도원칙에 대한 설명 중 맞지 않는 것은?

① 수익성 원칙은 최대의 이익 또는 이윤을 얻을 수 있도록 하는 것이다.

② 경제성 원칙은 합목적성의 원칙이라고도 하며, 수익성 실현의 전제로 간주될 수 있다.

③ 생산성 원칙은 재적수확최대의 벌기령을 채택하여 달성할 수 있다.

④ 합자연성 원칙은 산림 수확을 매년 균등하게 영구히 존속할 수 있도록 하는 것이다.

17. 임분이 처음 성립하여 생장하는 과정 중 어느 성숙기에 도달하는 계획상의 연수로서 경영목적에 따라 미리 정해지는 벌채될 나이를 무엇이라 하는가?

① 윤벌령　　　　　　　　② 벌기령

③ 벌채령　　　　　　　　④ 윤벌기

18. 경영계획에서 나무를 벌채하기로 예정한 시기로 가장 적당한 것은?

① 벌채령　　　　　　　　② 벌기령

③ 윤벌령　　　　　　　　④ 회귀년

19. 벌기령 결정에 고려할 점으로 보기 어려운 것은?

① 작업급의 크기　　　　　② 시장에서 요구하는 재종

③ 임황 및 지황　　　　　　④ 경제적인 요소

20. 임목의 생장곡선에서 연년생장량과 평균생장량이 만나는 점은?

① 벌기령　　　　　　　　② 유령기

③ 장령기　　　　　　　　④ 노령기

해　　설

해설 16
④의 내용은 보속성의 원칙이다.

해설 17
벌기령은 임분이 성립하여 성숙기에 이르는 계획적인 연수이다.

해설 18
벌기령은 경영의 목적에 따라 미리 정해지는 연령을 말한다.

해설 19
벌기령은 경영의 목적에 따라 미리 정해지는 연령을 말한다.

해설 20
임목은 평균생장량이 극대점을 이루는 해에 벌채한다.

정답 16. ④　17. ②　18. ②　19. ①
20. ①

21. 법정벌기령을 바르게 나타낸 것은?

① 벌기령과 벌채령이 일정치 않을 때
② 벌기령과 벌채령이 일치할 때
③ 윤벌기와 윤벌령이 일정치 않을 때
④ 윤벌기와 윤벌량이 일정할 때

22. 공유림 잣나무의 일반기준 벌기령은?

① 35년   ② 50년
③ 60년   ④ 70년

23. 국유림 편백의 일반기준 벌기령은?

① 35년   ② 50년
③ 60년   ④ 100년

24. 국유림 낙엽송의 일반기준 벌기령은?

① 35년   ② 40년
③ 50년   ④ 70년

25. 보속작업을 할 때 한 작업급에 속하는 모든 임분을 일순벌하는 데 소요되는 기간을 무엇이라고 하는가?

① 벌기령   ② 벌채령
③ 윤벌령   ④ 윤벌기

해설 **21**

벌기령과 벌채령이 일치할 때의 벌기령을 법정벌기령, 벌기령과 벌채령이 일치하지 않을 때의 벌기령을 불법정벌기령이라 한다.

해설 **22**

잣나무의 벌기령은 국유림 60년, 공·사유림 50년 이다.

해설 **23**

편백의 벌기령은 국유림 60년, 공·사유림 40년 이다.

해설 **24**

낙엽송의 벌기령은 국유림 50년, 사유림 30년 이다.

해설 **25**

윤벌기는 한 작업급 내의 모든 임분을 일순벌하는 데 필요한 기간으로 최초에 벌채된 임분을 또 다시 벌채하기까지의 기간을 말한다.

정답 21. ②   22. ②   23. ③   24. ③
25. ④

26. 윤벌기가 45년, 갱신기가 2년인 임분의 윤벌령은 몇 년인가?

① 41년   ② 43년

③ 45년   ④ 47년

27. 왜림에서 맹아력이 가장 왕성할 때를 벌기령으로 삼는 것은?

① 생리적 벌기령   ② 공예적 벌기령

③ 최대 재적 수확 벌기령   ④ 산림 순수확 최고의 벌기령

28. 생리적 벌기령(조림적 벌기령)을 적용함에 있어서 고려하지 않아도 되는 사항은?

① 갱신   ② 산림의 생산성

③ 병충해   ④ 목재운반 관계

29. 어느 일정한 용도에 적합한 크기를 생산하는데 필요한 연령을 기준으로 하여 결정된 벌기령은?

① 자연적 벌기령   ② 공예적 벌기령

③ 재적수확최대의 벌기령   ④ 산림순수익최대의 벌기령

30. 이상적인 연년 보속작업을 전제로 하는 벌기령은?

① 자연적 벌기령   ② 공예적 벌기령

③ 토지순수입최대의 벌기령   ④ 산림순수입최대의 벌기령

해 설

해설 26

R(윤벌기)=Re(윤벌령)+r(갱신기간)

해설 27

천연갱신을 할 경우에는 임목이 다량의 충실한 종자를 생산할 수 있을 때로, 왜림의 경우에는 맹아력이 왕성한 때를 생리적 벌기령으로 정한다.

해설 28

생리적 벌기령은 갱신, 산림의 생산성, 결실관계 등 조림적 사항과 병해충적인 사항을 고려하여 적용한다.

해설 29

공예적 벌기령은 어느 일정한 용도에 적합한 크기를 생산하는데 필요한 연령을 기준으로 결정된 벌기령을 말한다.

해설 30

산림순수입최대의 벌기령은 산림순수입에서 생산비를 공제한 연간순수입이 최대가 되도록 벌기를 정하는 것으로 이상적인 연년보속작업을 전제로 한다.

정답 26. ②   27. ①   28. ④   29. ②
30. ④

31. 회귀년과 관련된 내용 중 틀린 것은?

① 회귀년 길이의 장단은 택벌림의 축적과 벌채량에 현상이 나타나게 한다.
② 회귀년이 짧으면 면적당 벌채될 재적이 많다.
③ 연벌구역면적은 회귀년의 길이에 반비례한다.
④ 회귀년이 길면 임지의 축적이 적어지게 된다.

해 설

해설 31
회귀년이 짧으면 단위면적에서 벌채되는 재적이 적다.

32. $\dfrac{Au+ \sum D - (C+ UV)}{U}$ 의 식이 나타내는 벌기령은?

① 토지순수입최대의 벌기령
② 산림순수입최대의 벌기령
③ 재적수확최대의 벌기령
④ 임리최대의 벌기령

해설 32
산림순수입최대벌기령은 산림총수입에서 생산비를 공제한 연간순수입이 최대가 되도록 벌기를 정하는 것으로 이상적인 연년보속작업을 전제로 한다.

33. 산림순수입최대의 벌기령 결정과 관련이 없는 인자는?

① 주벌수입
② 조림비
③ 이율
④ 윤벌기

해설 33
이율은 토지순수입최대의 벌기령에 적용된다.

34. 다음 벌기령 중 간단작업에 적용이 곤란한 것은?

① 생리적 벌기령
② 재적수확최대의 벌기령
③ 산림순수입최대의 벌기령
④ 공예적 벌기령

해설 34
산림순수입최대의 벌기령은 벌기령이 짧지 않아 대용재생산, 국토보전을 맡고 있는 국유림·보안림에서 주로 적용되고 있다.

35. 토지기망가가 가장 클 때를 벌기령으로 정한 것은?

① 조림적 벌기경
② 재적수확최대의 벌기령
③ 공예적 벌기령
④ 토지순수입최대의 벌기령

해설 35
토지순수입최대의 벌기령은 임지에 대한 장래 기대되는 순수입의 자본가가 최대가 되는 시기 즉, 토지기망가가 최대가 되는 시기를 벌기령으로 정하는 것이다.

정답 31. ② 32. ② 33. ③ 34. ③
35. ④

36. 여건이 같을 때 다음 벌기령 중 제일 먼저 벌기령에 도달하는 것은?

① 산림순수입최고의 벌기령
② 토지순수입 최고의 벌기령
③ 재적수확최고의 벌기령
④ 화폐수입최고의 벌기령

해설 **36**
토지순수입최고 벌기령은 계산인자의 변동에 따라 크게 영향을 받는다.

37. 조림비(C)와 토지기망가(Bu)의 크기의 관계는?

① C가 많으면 Bu가 크다.
② C가 Bu의 값보다 항상 적다.
③ C가 적으면 Bu가 크다.
④ 상관관계가 없다.

해설 **37**
조림비와 관리비가 작을 때 토지기망가는 크다.

38. 토지기망가의 크기에 영향을 주는 인자의 설명이 잘못된 것은?

① 이율이 작을수록 최대값이 빨리 온다.
② 주벌수입의 증대속도가 빨리 감퇴할수록 최대값이 빨리 온다.
③ 간벌수입이 클수록 최대값이 빨리 온다.
④ 관리비는 임지기망가가 최대로 되는 시기와는 관계가 없다.

해설 **38**
이율이 높을수록 벌기령이 짧아지므로 최대값이 빨리 온다.

39. 다음 중 토지순수익최대의 벌기령에서 벌기령에 영향을 미치는 요소가 아닌 것은?

① 이윤
② 주벌수확
③ 간벌수입
④ 관리자본

해설 **39**
관리자본은 벌기령의 장단과 무관하다.

40. 다음에서 벌기령의 장단에 관련된 설명 중 맞는 것은?

① 토지순수익최대의 벌기령 〈 산림순수익최대의 벌기령 〈 재적수확최대의 벌기령
② 토지순수익최대의 벌기령 〈 재적수확최대의 벌기령 〈 산림순수익최대의 벌기령
③ 재적수확최대의 벌기령 〈 산림순수익최대의 벌기령 〈 토지순수익최대의 벌기령
④ 산림순수익최대의 벌기령 〈 재적수확최대의 벌기령 〈 토지순수익최대의 벌기령

해설 **40**
산림순수익최대의 벌기령이 가장 길고, 토지순수익최대의 벌기령이 가장 짧다.

정답 36. ② 37. ③ 38. ① 39. ④
40. ②

41. 작업급의 영급 관계가 편중되어 노령림이 너무 많거나 유령림이 너무 많을 때 윤벌기로 구한 연벌량에서 오는 불이익을 적게 하여 수확량을 대략 균등하게 지속시키기 위해서 채택하는 생산기간은?

① 회귀년
② 갱신기
③ 개량기
④ 윤벌령

해설 41
개량기(정리기)는 불법정인 영급관계를 법정인 영급으로 정리·개량하는 기간으로 개별작업을 실시하려는 산림에 주로 적용한다.

42. 법정림을 구성하기 위한 법정상태요건에 해당되지 않는 것은?

① 법정노동력 공급
② 법정생장량
③ 법정임분배치
④ 법정축적

해설 42
법정상태의 구비조건은 법정영급분배, 법정임분배치, 법정생장량, 법정축적 등이다.

43. 법정림의 조건 중 가장 기본적인 사항은?

① 법정생장
② 법정축적
③ 법정영급분배
④ 법정임분배치

해설 43
각 영계가 동일한 면적율 차지하는 것을 법정영급분배라 한다.

44. 보속작업을 하는 데 가장 적합한 산림은 어느 것인가?

① 유령림
② 법정림
③ 과숙림
④ 이령림

해설 44
법정림은 재적수확의 보속을 실현할 수 있는 내용과 조건을 완전히 구비한 산림을 말한다.

45. 법정림(法正林)을 바르게 설명한 것은?

① 보속작업을 할 수 있는 산림
② 수익성 원칙만을 만족시키는 임분
③ 재적평분법을 적용하는 임분
④ 수확통제를 해야 할 임분

해설 45
법정림이란 보속작업을 하는 데 지장이 없는 상태에 있는 산림을 말한다.

정답 41. ③ 42. ① 43. ③ 44. ②
45. ①

46. 작업급 면적이 1,200ha이고 윤벌기가 60년일 때 법정영급면적은 얼마인가?
(단, 영계=20이다)

① 200ha　　　　　　　　② 400ha
③ 300ha　　　　　　　　④ 600ha

해　설

해설 **46**

$$법정영급면적=(\frac{1,200}{60})\times20$$
$$=400ha$$

47. 산림면적이 120ha, 윤벌기 40년, 1영급이 10영계인 때의 법정영급면적과 법정
영계면적은?

① 30ha와 3ha　　　　　② 30ha와 10ha
③ 3ha와 30ha　　　　　④ 10ha와 30ha

해설 **47**

$$법정영급면적=(\frac{120}{40})\times10$$
$$=30ha$$
$$법정영계면적=\frac{120}{40}=3ha$$

48. 다음 중에서 법정임분배치를 알맞게 설명한 것은?

① 각 영계 임분이 같은 면적을 점유하고 있는 상태
② 각 영계 임분이 벌기까지 존재하는 상태
③ 모든 임분이 같은 영계로 구성되어 있는 상태
④ 각 임분이 벌채, 보호, 갱신에 알맞도록 배치된 상태

해설 **48**

각 임분의 위치적 상호관계가 벌채·
보호, 갱신 등의 경영목적에 합당하도록
적절하게 배치되어 있는 것을 법정임분
배치라 한다.

49. 다음 중 법정생장량을 바르게 설명한 것은?

① 임분의 총생산량　　　② 법정림의 1년간 생장량
③ 법정림의 총생산량　　④ 법정림의 10년간 생산량

해설 **49**

법정생장량은 법정림의 1년간 생장량
즉, 법정림의 각 영계 임분의 연년생장
량의 합계이다.

50. 법정림에서 벌기축적과 같은 것은?

① 법정축적　　　　　　　② 법정생장량
③ 법정영계에 대한 생장량　④ 법정임분배치

해설 **50**

법정생장량=벌기임분재적=벌기축적

정답　46. ②　47. ①　48. ④　49. ②
50. ②

51. 법정축적 계산에 있어서 춘기축적은 추기축적에 비하여 어떠한가?

① 약간 많다.　　　　　　　② 같다.
③ 벌기임분의 축적만큼 적다.　④ 벌기임분의 축적만큼 많다.

52. 법정축적은 무엇으로 나타내는 것인가?

① 춘계축적　　　　　　　　② 하계축적
③ 추계축적　　　　　　　　④ 동계축적

53. 수확표에 의하여 법정림의 축적을 계산하는 공식은 다음과 같다. 이 식에서 $\dfrac{F}{U}$ 는 무엇을 나타내는가?

$$Vs = n(m_n + m_{2n} + \cdots + m_{u-n} + \frac{m_u}{2}) \times \frac{F}{U}$$

① 법정림의 평균연령　　　　② 수확표의 임령 간격
③ 법정영계면적　　　　　　④ 법정림의 윤벌기

54. 산림면적=F, 윤벌기=U, 법정임분의 벌기 임분재적=m_u, 법정축적=Vs 라 할 때 법정축적의 계산식은? (단, 벌기수확에 의한 방법인 경우)

① $\dfrac{m}{U} \times 2\dfrac{F}{U}$　　　　　　② $\dfrac{U}{2}m_u \times \dfrac{U}{F}$

③ $\dfrac{U}{2}m_u \times \dfrac{F}{U}$　　　　　　④ $\dfrac{2}{U}m_u \times \dfrac{F}{U}$

해설 **51**
법정축적은 추계축적이 가장 크고 춘계축적이 가장 작으며, 하계축적은 추계축적과 춘계축적의 평균치이다.

해설 **52**
법정축적은 춘계축적과 추계축적의 평균치인 하계축적으로 표시한다.

해설 **53**
F/U=산림면적/윤벌기=법정영계면적

해설 **54**
벌기수확에 의한 법정축적
$= \dfrac{윤벌기}{2} \times \dfrac{법적임분의}{벌기임분재적} \times \dfrac{산림면적}{윤벌기}$

정답 **51.** ③　**52.** ②　**53.** ③　**54.** ③

55. 다음의 법정축적을 수확표에 의한 방법에 의하여 계산하면 얼마인가? (단, A=100ha, R=50년)

구분	임령 .				
	10	20	30	40	50
재적(m³)	21	180	366	521	645

① 7,680m³
② 16,550m³
③ 28,210m³
④ 41,560m³

해설

해설 **55**

수확표에 의한 법정축적

$$=10\left(21+180+366+521+\frac{645}{2}\right)$$
$$\times\left(\frac{100}{50}\right)$$
$$=28,210\text{m}^3$$

56. 법정축적이 400m³, 윤벌기가 40년이고, 영급면적이 40ha일 때 법정연벌률은 얼마인가?

① 1%
② 3%
③ 5%
④ 10%

해설 **56**

법정연벌률 $(P)=\dfrac{200}{\text{윤벌기}\,U}$

$$=\frac{200}{40}$$
$$=5\%$$

57. 수확표에서 윤벌기 50년일 때 벌기수확이 100m³라 하면 이 산림의 법정축적을 벌기수확에 의한 방법으로 구하면? (단, 산림면적 200ha)

① 3,000m³
② 10,000m³
③ 15,000m³
④ 20,000m³

해설 **57**

법정축적 $=\left(\dfrac{50}{2}\right)100\times\left(\dfrac{200}{50}\right)$

$$=2,500\times4$$
$$=10,000\text{m}^3$$

58. 지위의 설명에 맞는 말은?

① 법정상태의 기준
② 지표식물의 조사
③ 수종별 구성상태
④ 임지의 생산능력 표시

해설 **58**

지위란 임지의 생산능력으로 토양·기후·지형·생물 등 환경인자의 종합적 작용의 결과로서 정해진다.

59. 지위사정에 있어서 일반적으로 지위지수로 나타내는 방법은?

① 재적에 의하는 방법
② 토지인자를 종합하여 판단하는 방법
③ 지표식물에 의하는 방법
④ 수고에 의하는 방법

해설 **59**

지위를 수치적으로 평가하기 위해 일정한 기준임령 우세목의 평균수고로서 지위를 분류하여 지수화한 것을 지위지수라 한다.

정답 55. ③ 56. ③ 57. ② 58. ④
59. ④

60. 지위지수가 14라 할 때 다음 중 가장 관계가 있는 것은?

① 수고
② 직경
③ 생장량
④ 연령

61. 산림의 생산요소 중 지위를 사정하는 방법이 아닌 것은?

① 재적에 의한 방법
② 지표식물에 의한 방법
③ 임지황폐도에 의한 방법
④ 수고에 의한 방법

62. 임분밀도의 척도로 사용하지 않는 것은?

① 흉고단면적
② 단위면적당 임목본수
③ 수관경쟁인자
④ 토양의 등급

63. 생장량, 지위, 입목도를 알 수 있는 도표는?

① 수확표
② 수간석해도
③ 실적계수표
④ 입목 간재적표

64. 수확표와 관련이 없는 것은?

① 평균수고
② 재적
③ 지위등급
④ 지리등급

65. 우리나라의 수확표와 관계가 없는 것은?

① 지위지수
② 평균직경
③ 표고
④ 흉고단면적

해　설

해설 **60**

지위를 수치적으로 평가하기 위해 일정한 기준임령 우세목의 평균수고로서 지위를 분류하여 지수화한 것을 지위지수라고 한다.

해설 **61**

지위 사정법에는 재적과 밀접한 관계가 있는 수고를 이용하는 지위 지수에 의한 방법, 환경인자에 의한 방법, 지표식물에 의한 방법 등이 있다.

해설 **62**

임분밀도는 단위면적당 임목본수, 재적, 흉고단면적, 상대밀도, 임분밀도지수, 상대임분밀도, 수관경쟁인자, 상대공간지수 등이 밀도의 척도로 사용된다.

해설 **63**

수확표는 장래의 생장량과 수량의 예측, 경영성과 및 지위의 판정 등에 이용이 가능하며, 산림의 상태와 목적에 알맞게 적용한다.

해설 **64**

수확표는 산림의 단위면적당 주수·지름·수고·재적·생장량 등을 임령별, 지위별, 주·부임목별로 표시한 것이다.

해설 **65**

수확표에는 임령, 지위, 재적, 주수, 평균수고, 생장량, 평균흉고, 평균직경 등이 표시된다.

정답 60. ①　61. ③　62. ④　63. ①
64. ④　65. ③

03 산림경영계획의 실제

핵심 PLUS

학습주안점
- 산림경영계획의 목표와 내용에 대해 알아두어야 한다.
- 산림측량의 종류와 산림구획의 개념을 이해하고 임반과 소반에 대해 명확히 알아두어야 한다.
- 산림의 임황조사와 지황조사의 세부 내용을 알아두어야 한다.
- 산림경영계획기법과 관련해 선형계획법의 개념과 전제조건을 암기해야 한다.
- 산림의 기능별 조성관리내용에 대해 알아두어야 한다.

■ 수립에 따른 주체와 대상
① 산림기본계획 : 수립주체는 산림청장, 전국을 대상으로 함.
② 국유림 : 지역산림계획(수립주체 : 지방산림청장·대상은 관할구역)→국유림종합계획(수립주체 : 국유림관리소장, 대상 : 관할구역), 국유림경영계획(수립주체 : 지방산림청장, 대상 : 경영계획구)
③ 공·사유림 : 지역산림계획(수립주체는 시·도지사·대상은 관할구역), 산림경영계획(수립주체 : 지방자치단체장 또는 산림소유자, 대상 : 경영계획구)

1 산림경영계획

1. 산림경영계획의 수립주체와 대상

| 산림기본계획
(산림청장,
전국산림) | ⇨ | 국유림 지역산림계획
: 지방산림청장, 관할
국유림 | 국유림 산림경영계획
: 지방산림청장, 경영계획구 |
| | | 공사유림 지역산림계획
: 시도지사, 공·사유림 | 공·사유림 산림경영계획
: 산림소유자, 산림기술자
작성하여 시장·군수의
인가를 받음. |

2. 산림기본계획의 작성순서와 내용

1) 작성순서

최종 심의서 → 일반 현황 → 산림 구획 → 전차기 국유림 경영계획 → 경영 목표 → 경영 방침 → 사업계획 → 재정계획 → 노동력, 임업계획 → 실행시 유의 사항 → 작업설명서 → 첨부자료

2) 산림기본계획의 내용 : 20년 단위

① 산림시책의 기본목표 및 추진방향
② 산림자원의 조성 및 육성에 관한 사항
③ 산림의 보전 및 보호에 관한 사항
④ 산림의 공익 기능 증진에 관한 사항

⑤ 산림재해의 예방 및 복구에 관한 사항

⑥ 임산물의 생산, 가공, 유통 및 수출에 관한 사항

⑦ 산림의 이용구분 및 이용계획에 관한 사항

⑧ 임도 등 산림경영기반의 조성에 관한 사항

⑨ 산림통합관리권역의 설정 및 관리에 관한 사항

표. 우리나라의 산림기본계획

1차 치산녹화 계획	1973~1978	국토 녹화의 기반 마련	4년 조기 달성
2차 치산녹화 계획	1979~1987	장기수, 경제수를 포함한 국토녹화의 완성	산지이용실태조사 실시
3차 산림기본 계획	1988~1997	산지의 자원화	산림기본계획 작성
4차 산림기본 계획	1998~2007	지속가능한 산림경영	산림기본법, 산촌개발, 백두대간법, 등
5차 산림기본 계획	2008~2017	녹색복지국가의 실현, 가치 있는 국가자원, 건강한 국토, 쾌적한 녹색공간	
6차 산림기본 계획	2018~2037	기본목표, 하위목표 (핵심플러스 내용참고)	20년 계획, 10년 단위로 상·하반기 구분

3. 지방청 관할 구역

① 특별시장, 광역시장·특별자치시장·도지사·특별자치도지사 및 지방산림청
    장은 산림기본계획에 따라 관할지역의 특수성을 고려한 지역산림계획을 수립

② 지역산림계획은 다음의 지역산림계획구를 단위로 하여 수립함.

③ 시·군 자치구의 지역산림계획구 : 시·군의 행정구역. 다만, 산림청 소관 국유림
    이 소재한 구역을 제외함.

④ 지방산림청 국유림관리소의 지역산림계획구 : 지방산림청 국유림관리소 관할
    구역 중 산림청 소관 국유림이 소재한 구역

⑤ 지역산림계획은 10년마다 이를 수립하되, 산림의 상황 또는 경제사정의 현저
    한 변경 등의 사유가 있는 경우에는 이를 변경할 수 있음.

■ 6차 산림기본계획
1. 기본목표
① 산림 자원, 관리체계의 고도화
② 산림 산업 및 일자리 창출
③ 임업소득의 안정 및 산촌 활성화
④ 일상속 산림복지 체계 확보
⑤ 산림생태계 건강성 유지
⑥ 산림재해 예방으로 국민안전 확보
⑦ 국제 산림 협력을 주도하고 산림녹
    화 완성
⑧ 산림정책의 기반 구축

2. 하위 목표
① 경제 산림 : 지역 일자리 창출, 안
    전한 생활환경, 청정 임산물 생산
② 복지 산림 : 도시 녹색공간, 산림교
    육으로 삶의 질 상승, 산림휴양과
    레포츠 등의 국민여가 활동. 산림
    치유로 국민 건강
③ 생태 산림 : 보전과 이용의 조화,
    질적 양적 편익의 증대, 산불 산사
    태로부터 보호

■ 지방청 관할 구역
① 북부 지방청(강원도 원주 소재) :
    춘천, 양구, 인제, 홍천, 수원, 서울
② 동부 지방청(강릉시 소재) : 강릉,
    양양, 평창, 영월, 정선, 삼척, 태백
③ 남부 지방청(경북 안동 소재) : 영주,
    영덕, 구미, 울진, 양산
④ 중부 지방청(충남 공주 소재) : 충주,
    보은, 단양, 부여
⑤ 서부 지방청(전북 남원시 소재) :
    정읍, 무주, 영암, 순천, 함양

2 산림경영계획의 개념과 내용

1. 개념

① 산림경영계획이란 산림의 장기적인 생산기간을 고려하여 산림자원의 보속적 배양으로 생산력의 증진을 도모하며 국토를 보전할 수 있는 합리적인 경영계획을 말함.

② 우리나라에서는 1919년 사유림이나 공유림에 대한 시업안 편성이 시작

③ 1961년 산림법에 의해 산림경영계획에 관한 법적 근거를 두고 국유림경영계획과 민유림경영계획을 구분하여 편성

④ 2006년 산림자원의 조성 및 관리에 관한 법률에 의해 산림청장은 국유림종합계획에 따라 경영계획구단위로 국유림경영계획을 10년마다 수립·시행하고 있음.

■ 국유림경영계획의 주목표
① 보호기능
② 임산물 생산기능
③ 휴양 및 문화기능
④ 고용기능
⑤ 경영수지개선

2. 내용

① 산림보호, 임산물생산, 휴양문화, 고용기능 등을 증진, 국유림 경영에 대한 수지개선을 통해 합리적인 국유림경영이 이루어지도록 유도

② 산림경영계획구에 대한 종합적인 경영계획을 10년 단위로 작성

③ 산림경영계획의 작업순서 ☆

예비조사와 일반조사 → 산림측량과 산림구획 → 산림조사 → 산림사업의 내용결정과 도면정리 → 수확조절 → 조림계획 → 산림시설계획 → 산림경영사업의 수지계산 → 경영계획 설명서 작성 → 산림경영계획의 수정과 재편성

④ 산림경영계획 운용과정의 순서

경영계획 → 연차계획 → 사업예정 → 사업실행 → 조사업무

3. 국유림경영계획(10년 단위)

1) 목표

① 산림이 지니고 있는 사회적, 경제적, 환경적 및 문화적 기능을 지속 가능한 방식으로 최적 발휘하면서 생태계로서 산림이 자연의 잠재력을 총체적으로 유지, 증진할 수 있도록 함.

② 보호기능(경관보호, 야생동물보호, 소음방지, 수자원보호, 토양보호, 기후보호, 대기질 개선), 임산물 생산기능, 휴양 및 문화기능, 고용기능, 경영수지개선

■ 소유자로 본 산지의 구분
전국토의 64% 산림, 국유림이 약 22%, 공유림이 8%, 나머지 약 70%가 사유림

2) 국유림의 종류

① 산지법 : 국유림의 관리 및 경영에 관한 법률: 요존국유림, 불요존국유림

㉮ 산림청이 관할하는 국유림(100.7만 ha)과 다른 부처에서 관할하는 국유림(24.7만 ha)으로 나뉨.

ⓝ 요존국유림

　　㉠ 임업연구, 학술개발, 사적, 성지, 기념물, 문화재, 상수원, 생태계 보호지, 기타 대통령령 영구히 국가가 소유

　　㉡ 목재 생산과 공익의 증진

　　㉢ 국유림 관리소, 출장소에서 관리

　　㉣ 매각 불가

ⓓ 불요존국유림

　　㉠ 매각이나 교환 등을 통하여 민간에게 처분할 수 있는 국유림

　　㉡ 다른 산업에 활용할 수 있는 산림을 의미하지만, 임업적인 가치를 충분히 발휘할 수 있는 산림으로서 목재생산을 목적으로 사용되거나 휴양자원으로 활용될 수 있는 산림

　　㉢ 다른 부처에서 관할하는 국유림은 국방이나 문화재 보호 등을 목적으로 산림청 이외의 다른 정부기관에서 관리하고 있는 산림을 말함.

② 산지관리법 (산지구분도 1:5,000~25,000)

㉮ 보전 임업용 산지 : 산림자원조성과 임업생산기능 증진에 필요한 산지

　　㉠ 채종림, 시험림, 요존국유림, 임업진흥권역산지, 집단천연림, 인공조림지

　　㉡ 채종림 : 우수한 종자를 얻기 위해 만들어진 삼림

　　㉢ 시험림 : 조림 시험림, 경제육성 시험림, 숲가꾸기 시험림, 복합경영 시험림, 산림인증 시험림, 임업기계화 시험림

　　㉣ 기타 임업용 생산기능의 증진

㉯ 보전 공익용 산지 : 공익에 필요한 산지

　　㉠ 산림보호구역

　　㉡ 자연휴양림 (산림 문화, 휴양에 관한 법률)

　　㉢ 산지전용제한지역

　　㉣ 야생동식물보호구역

　　㉤ 공원구역(자연공원법)

　　㉥ 문화재보호구역(문화재 보호법)

　　㉦ 개발제한구역

　　㉧ 보전녹지지역

　　㉨ 생태계환경보전지역

　　㉩ 습지보호구역

　　㉪ 특정도서지역

　　㉫ 사찰림

　　㉬ 백두대간 보호지역

　　㉭ 임업연구, 학술개발, 사적, 성지, 기념물, 문화재, 상수원·생태계보호, 도시자연공원

㉰ 준보전산지: 보전 이외의 산지

■ 산지관리법에 의한 분류

산지	보전산지	임업용산지
		공익용산지
	준보전산지	

③ 산림자원의 조성 및 관리에 관한 법률 ☆

유형	내용
생활환경보전림	• 도시 주변의 경관유지, 쾌적한 생활환경의 유지 • 도시공원, 풍치보안림, 비사방비림, 개발제한구역 등
자연환경보전림	• 생태 문화, 역사, 경관, 학술적 가치 • 채종원, 채종림, 보건보안림, 어부보안림, 습지보호지역, 대학 연습림, 사찰림, 백두대간보호림, 문화재 보호림
산지재해방지림	• 산사태, 토양유출, 산불, 병해충 등의 방지 및 보전 • 사방 사업법(사방지), 산림법(토사방비보안림), 산불방지, 산사태 위험지역(침엽수 단순림), 병해충 위험지 (단순림)
산림휴양림	• 자연휴양림 • 국민의 정서함양, 보건휴양 및 산림교육
수원함양림	• 상수원 보호림, 한강·금강·낙동강·영산강·섬진강 수계, 댐 • 농업용수, 발전용수, 공업용수
목재생산림	• 목재 생산 위주

■ 산림기능도 범례 색채

구분	색채
생활환경보전림	연두색
자연환경보전림	보라색
산지재해방지림	주황색
수원함양림	하늘색
목재생산림	초록색

3) 국유림경영계획서

① 최종심의서, 일반현황, 산림구획, 산림현황, 국유림경영계획의 성과분석, 경영 목표, 경영방침, 사업계획, 재정계획, 노동력수급 및 임업기계계획, 국유림경영 계획 실행상의 유의할 사항, 작업설명서, 첨부자료 순

② 계획의 실행상황은 경영계획구별로 연간·중간(5년마다) 및 최종으로 구분하여 평가함.

4. 공·사유림 경영계획

1) 공유림경영계획구

해당 지역에 소재하는 공유림으로서 그 소유자가 산림 계획을 작성할 산림의 단위

■ 공·사유림경영계획
국유림경영계획과 기본적인 목표와 방법에는 별 차이가 없으나, 다만 산림경영에 대한 소유자의 희망에 따라 세부적인 계획을 수립하고 해당 시장·군사·구청장에게 경영계획 인가를 받아야 한다.

■ 경영계획구
① 국유림 : ○○ 관리소 XX도
② 사유림 : ○○리 사유림 일반·협업·기업림 경영계획구/ 임반과 소반을 구분

2) 사유림경영계획구 ☆

해당 지역에 소재하는 사유림으로서 그 소유자가 산림경영 계획을 작성할 산림의 단위

일반경영계획구	사유림의 소유자가 자기 소유의 산림을 단독으로 경영하기 위한 경영계획구
협업경영계획구	서로 인접한 사유림을 2인 이상의 산림소유자가 협업으로 경영하기 위한 경영계획구
기업경영림계획구	기업경영림을 소유한 자가 기업경영림을 경영하기 위한 경영계획구

3) 산림경영계획을 작성하는 자는 산림경영계획서에 다음의 사항이 포함되도록 함.

① 조림 면적, 수종별 조림수량 등에 관한 사항
② 어린나무 가꾸기 및 솎아베기 등 숲가꾸기에 관한 사항
③ 벌채방법·벌채량 및 수종별 벌채시기 등에 관한 사항
④ 임도·작업로·운재로 등 시설에 관한 사항
⑤ 그 밖에 산림소득의 증대를 위한 사업 등 산림경영에 필요한 사항

3 산림측량과 산림구획

1. 산림측량 ☆

구분	내용
주위측량	• 산림의 경계선을 명백히하고 그 면적을 확정하기 위하여 경계를 따라 주위측량 • 큰 구역에서는 그 내부의 고정적 경계선(방화선, 농지, 원야, 암석지 등의 경계선), 하천, 계류, 군·면경계, 도로 및 운반로 등을 측량
산림구획측량	주위측량이 끝난 후 산림구획계획이 수립되면 임반, 소반의 구획, 선 및 면적을 구하기 위하여 산림구획측량
시설측량	교통로 및 운반로 개설과 기타 산림경영에 필요한 건물을 설치하고자 할 때는 설치예정지에 대한 측량

2. 산림구획

① 산림생산 이용계획을 수립하기 위한 것으로 경영계획구, 임반 및 소반으로 구획
② 사유림은 일반경영계획구, 협업경영계획구, 기업경영림 계획구로 구분
③ 경영계획구는 산림상황·지형관계·임산물반출관계, 목재판로관계, 행정구역관계 등을 기준으로 정하며 산림경영계획의 기본단위가 됨.
④ 국유림관리소명 다음에 지역명을 붙여 사용 (예 : 춘천국유림관리소 화천경영계획구)

3. 임반(林班) ☆☆☆

1) 기능

산림의 위치표시, 시업기록의 편의 등을 고려하기 위한 고정적 구획

2) 임반의 구획

임반은 소반 및 보조소반 등 산림 구획의 골격을 형성·능선·하천 등 자연경계나 도로 등 고정적 시설을 따라 확정

핵심 PLUS

■ 산림측량(요약)

주위측량	경계선을 명백히 하기위해
구획측량	임반, 소반의 구획선 및 면적을 구하기 위해
시설측량	교통로 및 운반로 개설

■ 일반조사 ☆

구분	내용
일반 사항	산림의 관리 및 경영의 연력, 산림경영에 관한 수용의 개요, 교통의 임산물의 반출상황, 임산물수급 시장상황, 부근부락 및 임업노동사정
산림 현황	산림의 위치(행정구역상, 지리학상 또는 경제적 위치), 산림의 면적과 분포, 경계상황, 기후(온도, 강수량, 공중습도, 바람), 지세, 지질과 토성, 임목의 상황

■ 임반과 소반(요약)
① 임반 : 고정적 구획, 능선·하천·도로·방화선등에 의해 구획, 100ha 내외 구획
② 소반 : 산림의 기능, 지정, 임종, 작업종 등이 상이할 때, 최소면적 1ha 이상

3) 임반의 면적

현지 여건상 불가피한 경우를 제외하고는 가능한 100ha 내외로 구획

4) 임반의 표기

① 경영계획구 유역 하류에서 시계방향으로 연속되게 아라비아 숫자 1, 2, 3, …으로 표기

② 신규 재산 취득 등의 사유로 보조 임반을 편성할 때는 연접된 임반의 번호에 보조번호를 1-1, 1-2, 1-3, …순으로 부여

> [예시] 1-0 : 1임반, 1-1 : 1임반 1보조임반

4. 소반 ☆☆☆

1) 소반의 구획

① 산림의 기능(생활환경보전림, 자연환경보전림, 수원함양림, 산지재해방지림, 산림휴양림, 목재생산림 등)이 상이할 때

② 지종(입목지, 무립목지, 법정지정림 등)이 상이할 때

③ 임종, 임상 및 작업종이 상이할 때

④ 임령, 지위, 지리 또는 운반계통이 상이할 때

2) 소반의 면적

최소 면적은 1ha 이상으로 구획하되, 부득이한 경우에는 소수점 한자리까지 기록 가능

3) 소반의 표기

① 임반의 번호와 같은 방향으로 소반명을 1-1-1, 1-1-2, 1-1-3, …으로 연속되게 부여함.

② 보조소반의 경우에는 연접된 소반의 번호에 1-1-1-1, 1-1-1-2, 1-1-1-3, …순으로 부여함.

> [예시] ① 1임반 1보조임반 1소반 3보조소반 : 1-1-1-3
> ② 1임반 1소반 3보조소반 : 1-0-1-3

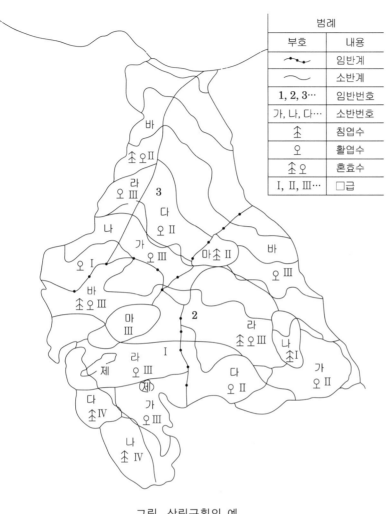

범례	
부호	내용
~•~	임반계
~	소반계
1, 2, 3…	임반번호
가, 나, 다…	소반번호
⬆	침엽수
오	활엽수
⬆오	혼효수
I, II, III…	□급

그림. 산림구획의 예

4 산림조사

1. 일반현황조사

① 삼림의 지리적 위치 및 지세, 면적, 기상
② 경영연혁, 산림개황, 교통시설 및 임산물 시장 상황, 원주민의 실정, 국유림경영과 지역사회의 요구사항

핵심 PLUS

■ 위치도 범례

구분	기호	색채
국유림	▭	연두색
임반계	1.5cm • 간격 2mm	흑색
소반	―	〃
침엽수	⬆ (가로세로 5mm)	〃
활엽수	오 (가로세로 5mm)	〃
혼효림	⬆ 오	〃
영급	I, II, III, …	〃
소밀도	′, ″, ‴	〃
임도	1mm 실선	자주색

CHAPTER 03
산림경영계획의 실제

■ 산림조사 목적과 구분
① 경영계획구에 대한 정확한 지황·임황 및 관련 정보를 조사·파악하여 장차 산림경영계획방침을 결정하는 중요한 기초자료로 활용한다.
② 산림조사는 크게 지황조사와 임황조사로 구분된다. 산림조사 시 단위에 있어 면적은 ha(헥타르), 축적(재적)은 m³(세제곱미터), 죽재의 경우는 묶음 또는 다발(종전속(束)으로 한다.

핵심 PLUS

■ 지황조사☆
해당 산림에서 임목의 생육에 영향을
미치는 지형적, 환경적 특성을 조사하
는 것으로 지종 구분, 방위, 경사도,
표고, 토성, 토심, 건습도, 지위, 지리,
하층식생 등이 포함한다.

■ 지종의 분류☆
① 사업지 : 임산물 생산의 주력
② 사업제한지 : 보안림(시도지사, 지방
산림청장이 지정), 공원, 채종림,
시험지, 사방지, 명승지, 천연보호림,
천연기념물 보호, 군사보호구역, 특수
개발지역
③ 제지
• 묘포, 건물, 임도, 방화선, 도로, 하천,
암석지 등 경영에 필요한 시설
• 산림생산에 이용되지 않는 토지

2. 지황조사(地況調査) ☆ ☆ ☆

1) 지종구분

① 입목재적(본수)비율에 따른 구분

구분	내용
임목지	수관점유면적 및 입목본수의 비율이 30% 초과 임분
무립목지	• 미립목지 : 수관점유면적 및 입목본수의 비율이 30% 이하 임분 • 제지 : 암석 및 석력지로서 조림이 불가능한 임지, 도로 하천, 초지, 방화선, 저목장, 묘포지, 부속건물, 암석지, 초생지, 소택지, 습지, 하층식생 등

② 법정제한지에 따른 구분

구분	내용
법정제한지	산림자원의 조성 및 관리에 관한 법률 등 관계 법률에 의거 지정된 법정임지 (국립공원, 보안림. 산림유전자원보호림 등)
일반경영림	법정제한지로 지정되지 않은 임지(별도로 구분하지는 않음)

2) 방위

동, 서, 남, 북, 남동, 남서, 북동, 북서 등 8방위

3) 경사도

구분(약어)	경사도
완경사지(완)	15° 미만
경사지(경)	15~20° 미만
급경사지(급)	20~25° 미만
험준지(험)	25~30° 미만
절험지(절)	30° 이상

4) 표고

지형도에 의거 최저에서 최고로 표시(예 : 660~800)

5) 토성

구분	약어	기준
사토(사)	S	흙을 손에 쥐었을 때 대부분 모래만으로 구성된 감이 있는 토양(점토 함유량이 12.5% 이하)
사양토(사양)	SL	모래가 대략 1/3~2/3를 함유하고 있는 토양(점토 함유량이 12.5~25%)
양토(양)	L	대략 1/3 미만의 모래를 함유하고 있는 토양(점토 함유량이 25~37.5%)
식양토(식양)	SCL	점토가 대략 1/3~2/3를 함유하고, 점토 중 모래를 약간 촉감할 수 있는 토양(점토 함유량이 37.5~50%)
식토(점)	C	점토가 대부분인 토양(점토 함유량이 50% 이상)

핵심 PLUS

■ 토성의 구분
사토(사)−사양토(사양)−양토(양)−
식양토(식양)−식토(점)

6) 토심

천(淺)	중(中)	심(深)
유효 토심 30cm 미만	유효 토심 30~60cm	유효 토심 60cm 이상

■ 토심(토양의 깊이) 구분
천, 중, 심

7) 건습도

구분	기준	해당지
건조	손으로 꽉 쥐었을 때 수분에 대한 감촉이 거의 없음.	바람받이에 가까운 경사지
약건	손으로 꽉 쥐었을 때 손바닥에 습기가 약간 묻은 정도	경사가 약간 급한 사면
적윤	손으로 꽉 쥐었을 때 손바닥 전체에 습기가 묻고 물에 대한 감촉이 뚜렷함.	계곡, 평탄지, 계곡평지, 산록부
약습	손으로 꽉 쥐었을 때 손가락 사이에 물기가 약간 비친 정도	경사가 완만한 사면
습	손으로 꽉 쥐었을 때 손가락 사이에 물방울이 맺히는 정도	낮은 지대로 지하수위가 높은 곳

■ 건습도(토양의 습도)
건조−약건−약습−습−건조

8) 지위

㉮ 임지의 생산력 판단지표로 우세목의 수령과 수고를 측정하여 지위지수표에서 지수를 찾은 후 상, 중, 하로 구분

㉯ 적용수종 : 침엽수는 주수종을 기준, 활엽수는 참나무를 적용

■ 지위
① 임지생산력 판단 지표
② 지위지수표에서 지위 찾음
③ 상, 중, 하(3등급) 구분
④ 침엽수가 주수종이 됨.

CHAPTER 03 산림경영계획의 실제

핵심 PLUS

▪ 지리
① 임지 경제적인 위치
② 임도 또는 도로까지 거리를 100m 구분
③ 10급지 나눔.

9) 지리

임도 또는 도로까지의 거리를 100m 단위로 구분

급지	범위(m)	급지	범위(m)
1	100	6	501~600
2	101~200 이하	7	601~700
3	201~300 이하	8	701~800
4	301~400 이하	9	801~900
5	401~500 이하	10	901

10) 하층식생

천연치수발생 상황과 산죽, 관목, 초본류의 종류 및 지면 피복도를 조사

▪ 임황조사
① 현재의 산림의 상태를 조사하고 현재의 생산력 등을 고려하여 장차 경영계획 내에서 사업방법
② 벌기, 수종의 갱신, 수확의 예정, 벌채순서 등을 결정할 자료를 얻기 위해 조사하는 것
③ 임종, 임상, 수종, 혼효율, 임령, 영급, 수고, 경급, 소밀도, 축척 등

3. 임황조사 ☆☆☆

1) 임종

인공림(인), 천연림(천)

2) 임상

① 입목지 : 수관점유면적 및 입목본수의 비율에 따라 구분

구분(약어)	기준
침엽수림(침)	침엽수가 75% 이상 점유하고 있는 임분
활엽수림(활)	활엽수가 75% 이상 점유하고 있는 임분
혼효림(혼)	침엽수 또는 활엽수가 26~75% 미만 점유하고 있는 임분

② 입목재적(立木材積) : 서있는 단목의 재적을 말하는 것, 입목의 흉고직경, 수고, 형수를 측정하여 재적을 결정
③ 무림목지 : 입목본수비율이 30% 이하인 임분

3) 수종

주요 수종명을 기입하고 혼효림의 경우 5종까지 조사가능

4) 혼효율

주요 수종의 수관점유면적비율 또는 입목본수비율(재적)에 의하여 100분율로 산정

5) 임령

① 임분의 나이를 말하며 임분의 최저~최고 수령, 수령범위를 분모로 하고 평균 수령을 분자로 표시
② 인공조림지는 조림연도의 묘령을 기준으로 하고, 식별이 불분명한 임지는 생장추를 사용한다.

6) 영급

① 10년을 Ⅰ영급으로 표시
② Ⅰ영급 : 1~10년생, Ⅱ영급 : 11~20년생, Ⅲ영급 : 21~30년생 등

7) 수고(m)

① 임분의 최저·최고 및 평균을 측정하여 최저·최고수고의 범위를 분모로 하고 평균 수고를 분자로 하여 표기(예 $\frac{15}{10 \sim 20}$)
② 축적을 계산하기 위한 수고는 측고기를 이용하여 가슴높이 지름 2cm 단위별로 평균이 되는 입목의 수고를 측정하여 삼점평균 수고를 산출(경급별 수고 산출)

8) 경급(cm)

① 입목가슴높이 지름의 최저·최고 평균을 2cm 단위로 측정
② 입목가슴높이 지름의 최저·최고범위를 분모로 하고 평균지름을 분자로 표기 (예 $\frac{20}{14 \sim 26}$)

9) 소밀도

조사면적에 대한 입목의 수관면적이 차지하는 비율을 100분율로 표시

구분	약어	기준
소	′	수관밀도가 40% 이하 임분
중	′ ′	수관밀도가 41~70% 이하 임분
밀	′ ′ ′	수관밀도가 71% 이상 임분

10) 축적

① ha당 축적은 입목지면적과 무임목지 면적의 합으로 총 입목축적을 나누어 구함.
② ha당 축적과 총축적은 소수점 이하 둘째 자리까지 구함.

핵심 PLUS

[예시]
어떤 임분의 임령이 최고 20, 최소 10, 평균임령 16인 임분일 때, 임령을 표시하시오.

해설

$\frac{16}{10 \sim 20}$

■ 치수~대경목의 구분

구분	기준
치수	흉고직경 6cm 미만의 임목이 50% 이상 생육하는 임분
소경목	흉고직경 6~16cm의 임목이 50% 이상 생육하는 임분
중경목	흉고직경 18~28cm의 임목이 50% 이상 생육하는 임분
대경목	흉고직경 30cm 이상의 임목이 50% 이상 생육하는 임분

■ 축적의 구분

구분	기준
현실축적	실제조사된 자료를 토대로 현실축적을 산출
법정축적	조사된 영급상태와 생장상태가 법정상태인 축적을 산출
연년생장량	국립산림과학원에서 배부된 지역별 생장률표를 적용

4. 조사일반

1) 재적측정 대상입목

가슴높이지름 6cm 이상의 입목

2) 가슴높이지름 측정부위 및 측정단위

지상고 1.20m 위치의 직경을 2cm 괄약으로 측정(4cm : 3.0~4.9cm, 6cm : 5.0~6.9cm)

3) 수고측정

m 단위로 측정하고 m 이하는 반올림하여 정수처리함.

4) 조사방법

① 전수조사 : 소반 내의 모든 입목의 경급과 수고를 조사하여 재적을 산출
② 표준지 조사
   ㉮ 표준지는 산림(소반)내 평균임상인 개소에서 선정
   ㉯ 1개 표준지 면적은 최소 0.04ha(20m×20m, 10m×40m 등)
   ㉰ 수고는 가슴높이 지름별로 평균수고를 산출(동일 유역에서는 같은 수고를 적용가능)
   ㉱ 표준지 내에서 측정된 입목의 평균 가슴높이 지름과 평균수고를 통하여 표준지내재적을 구한 후 이를 기준으로 해당 산림(소반)의 ha당 축적과 총 축적을 산출

5. 부표(簿表)와 도면

1) 산림조사부

① 지황·임황의 조사결과를 총괄하여 표시한 양식으로 산림조사부에 의하여 수종별, 영급별 면적과 축적, 생장량 등의 일람표를 작성
② 산림조사부 기재순서는 임반번호 및 소반기호의 순으로 함.

2) 산림경영계획도

① 1 : 5,000 또는 1 : 6,000 지형도에 임소반, 임상, 영급, 소밀도, 사업위치 등을 기재
② 임상은 착색하고 영급별은 농담식(濃淡式)으로 표시하는데 영급이 높을수록 색채가 짙어짐
③ 산림경영계획도에는 작성년월일, 행정구역계, 임소반계, 하천, 방위, 면적, 임상, 영급, 축적, 소밀도, 임도, 도로, 주벌, 간벌, 조림, 소생물권 등을 표시하되 추가할 사항은 작성자의 판단에 따름.

■ 부표와 도면의 내용
① 부표 : 경계부, 면적표, 지위 및 지리별 면적표, 지종·임상·영급별 면적축적표, 산림조사부 등
② 도면 : 기본도, 위치도, 산림경영계획도 등이 있다. 기본도는 측량에 따른 구역 확정 및 면적계산에 이용되며, 위치도는 산림경영계획구 등의 위치를 표시
③ 부표와 도면작성 : 위와 같은 조사 내용을 될 수 있는 대로 각종 부표 또는 도면에 기재, 조사결과를 부표와 도면에 옮김으로써 벌채개소의 배치, 반출관계 등 모든 작업을 일목요연하게 알 수 있음.

6. 시업체계의 조직

1) 시업내용 결정
① 산림 취급에 대한 일반적 방침을 정하여 당면한 시업기에 대한 벌채, 조림 등의 구체적 예정계획을 수립
② 장래의 시업방침에 대한 조림수종 선정, 작업종의 선정, 윤벌기 결정, 작업급의 편성, 벌채순서의 결정 등이 있음.

2) 과정
① 수종선정 : 임산물의 수요 · 가격 · 시장성, 시업제한림에서는 그 사업의 적합성 여부 등을 감안하여 선정
② 작업종의 선정 ☆☆
  ㉮ 원칙적으로 소반마다 채용할 작업종을 결정
  ㉯ 작업종은 산의 현황과 갱신수종의 상태, 과거에 채용하였던 작업종의 운영성과 경제성 등을 고려하여 채용 · 작업종이 다른 임분을 하나의 작업급으로 취급하는 것은 피하는 것이 원칙
  ㉰ 고려할 점은 천연적 요소, 축적관계, 재정적 관계, 지방적 목재수요, 운반설비 등
③ 윤벌기의 결정
  ㉮ 임분생장 · 목재이용면을 고려하여 임목의 평균생장량이 최대인 시기를 정하여 결정
  ㉯ 우리나라의 일반산림은 재적수확최대의벌기령을 취함.
④ 작업급
  ㉮ 수종 · 작업종 · 벌기령이 유사한 임분의 집단으로 수확보속을 위한 단위조직
  ㉯ 벌채는 작업종과 입지조건, 지방적으로 특수한 목재수요 관계, 운반설비 및 벌채 사업실행관계와 벌채순서에 따라 결정

7. 산림경영계획의 총괄

1) 산림경영계획설명서
① 산림경영계획을 작성한 취지와 내용을 철저히 이해하고 산림경영계획 작성의 목적을 달성하기 위하여 여러 가지 사항에 대한 설명이 필요함.
② 시설내용이 결정된 사유와 부표, 도면 등으로 나타낼 수 없는 사항을 보충적으로 설명함

2) 산림경영계획설명서 기재 사항
① 사업구의 설정
② 지황과 임황

③ 시설계획상의 참고사항

④ 사업구 면적

⑤ 임반 수·임반면적과 구획설정의 이유

⑥ 시업내용 : 수종, 작업급, 벌기, 회귀년, 윤벌기, 연벌채량 산정, 벌채순서, 조림 계획, 토목, 기타 시설계획

⑦ 산림개량을 위한 시설

⑧ 장차의 수지견적

⑨ 시업실행상 주의할 점에 대한 의견

⑩ 실행자의 준칙

⑪ 편성의 공정과 경비

3) 산림경영계획 구분 ☆

구분	기준
예업	일반조사, 산림측량과 산림구획, 산림조사, 부표와 도면작성
본업	시업내용 결정, 수확과 조림계획, 시설계획, 시업계획의 총괄
후업	보수 및 조사업무, 경영안의 재편과 검정

8. 산림경영계획의 변경과 기법

1) 산림경영계획 변경

① 산림경영계획의 변경에는 정기검정, 임시검정, 일부수정 등이 있음.

② 일반적인 변경 사유

㉮ 산림기본계획, 지역산림계획 및 국유림종합계획이 변경된 경우

㉯ 국유림경영계획 중간평가 결과 변경이 필요하다고 인정될 경우

㉰ 국유림경영계획상 시업계획이 없는 개소를 시업하고자 할 경우

㉱ 임소반의 경계 수정 및 면적을 변경할 경우

㉲ 공·사유림의 매수·교환, 조림대부·분수림의 환수 등 신규취득 산림에 대하여 조림 등의 사업을 하고자 하는 경우

2) 산림경영계획기법

① 선형계획법(Linear Programming, LP)

㉮ 주어진 목적을 달성하기 위하여 이윤이나 비용 등 한정된 자원을 어떻게 해야 가장 유효적절하게 각종 용도에 배분할 수 있는가 하는 최적배치와 생산계획의 문제 등을 해결하기 위하여 개발된 수리적 기법

㉯ 생산·수송·인원배치계획 외에도 기업의 생산 활동에 이용되는 방법

② 선형계획법은 1차식으로 나타낼 수 있는 여러 가지 제약조건하에서 1차방정식으로 된 목적함수를 최대화 혹은 최소화 할 수 있도록 자원을 배분하는 기법으로 이것을 풀기 위해서는 보통 심플렉스법이 사용되고 있다.

③ 선형계획모형은 최대화와 최소화의 두 유형으로 이익이나 수익에 관한 상황에서는 최대화, 생산자원이나 비용에 관한 상황에서는 최소화가 사용

④ 선형계획모형의 전제조건에는 비례성, 비부성, 부가성, 분할성, 선형성, 제한성, 확정성 등이 있음.

9. 산림의 기능별 구분과 그 내용(산림의 기능별 조성관리 지침)

1) 목재생산림 조성관리

① 목표로 하는 산림

㉮ 목표생산재를 안정적으로 생산할 수 있는 산림

㉯ 인공림에서는 대경재, 중경재, 소경재로 구분

대경재	• 목표지름 : 40cm 이상 • 용도 : 문화재, 화장단판, 합판, 고급제재(각재, 판재) 구조재, 고급건축재, 가구재, 악기재 등
중경재	• 목표지름 : 40cm 미만 20cm 이상 • 용도 : 건축재, 소형가구재, 공예재, 일반제재(각재, 판재) 등
소경재	• 목표지름 : 20cm 미만 • 용도 : 가설재, 포장재, 일반제재(소각재, 소판재), 펄프재, 칩, 톱밥용 등

㉰ 천연림에서는 대경재, 중경재, 특용소경재로 구분

대경재	• 목표지름 : 40cm 이상 • 용도 : 문화재, 화장단판, 합판, 고급제재(각재, 판재) 등
중경재	• 목표지름 : 40cm 미만 20cm 이상 • 용도 : 구조재, 고급건축재, 가구재, 악기재, 일반제재(각재, 판재) 등
특용소경재	• 목표지름 : 20cm 미만 • 용도 : 특수용(약용식용), 공예재, 버섯용 원목, 펄프재

② 인공림의 조성관리

㉮ 조림

㉠ 조림 수종은 주수종과 부수종으로 구분하여 식재

㉡ 주수종은 생산목표재가 되는 수종

㉢ 부수종은 산림의 생태적 안정성을 위해 또는 보조적 목재생산재로 활용할 수 있는 수종

㉯ 숲가꾸기

㉠ 목표생산재가 정해지기 전까지 숲가꾸기를 실시함.

■ 산림의 기능구분 ☆
① 목재생산림
② 수원함양림
③ 산지재해방지림
④ 자연환경보전림
⑤ 산림휴양림
⑥ 생활환경보전림

■ 목재생산림의 관리목표
생태적 안정을 기반으로 하여 국민경제 활동에 필요한 양질의 목재를 지속적·효율적으로 생산공급하기 위한 산림

■ 관리의 원칙
목재생산림은 목표로 하는 산림에 따라 목표생산재를 설정하고 그에 적합한 산림사업의 시기, 강도, 횟수 등을 달리하여 최소의 투입으로 최대의 효과를 내도록 함.

■ 목재 생산림 관리대상
① 국유림의 경 및 관리에 관한 법률에 의한 요존국유림(要存國有林)
② 임업 및 산촌 진흥촉진에 관한 법률에 의한 임업진흥권역 안의 목재생산을 위한 산림
③ 그 밖에 목재생산기능 증진을 위해 관리가 필요하다고 산림관리자가 인정하는 산림

ⓛ 도태간벌은 목표생산재가 우량대경재일 경우 적용할 수 있음.

ⓒ 설계감리를 시행할 경우에는 수종과 생산목표재에 따라 인공림의 수종별 시업기준에 따라 작업을 실시할 수 있음.

ⓔ 목표생산재가 일반소경재일 경우에는 수종의 특성에 따라 솎아베기 작업시 가지치기를 생략할 수 있음.

③ 천연림의 조성관리

㉮ 갱신(更新)

㉠ 갱신 수종은 주수종과 부수종으로 구분

ⓛ 주수종은 생산목표재가 되는 수종으로 함.

ⓒ 부수종은 산림의 생태적 안정성을 위해 또는 보조적 목재생산재로 활용할 수 있는 수종

㉯ 숲가꾸기

㉠ 목표생산재가 정해지기 전까지는 숲가꾸기를 실시함.

ⓛ 목표생산재가 우량대경재일 경우에는 도태간벌을 적용함.

ⓒ 설계감리를 시행할 경우에는 수종과 생산목표재에 따라 천연림의 수종별 시업기에 따라 작업을 실시할 수 있음.

ⓔ 목표생산재가 일반소경재일 경우에는 수종의 특성에 따라 솎아베기 작업시 가지치기를 생략할 수 있음.

■ 수원함양림의 관리목표
수자원함양기능과 수질정화기능이 고도로 증진되는 산림

2) 수원함양림의 조성관리

① 목표로 하는 산림 : 다층혼효림(多層混淆林)

② 관리대상

㉮ 산림보호법에 의한 산림보호구역 중 수원함양보호구역

㉯ 수도법에 의한 상수원보호구역 안의 산림

㉰ 한강 수계 상수원 수질개선 및 주민지원 등에 관한 법률에 의한 한강수계 지역 안에서 수원함에 직접적인 영향을 주는 산림

㉱ 영산강·섬진강 수계 물 관리 및 주민지원 등에 관한 법률에 의한 섬진강수계 지역 안에서 수원함에 직접적인 영향을 주는 산림

㉲ 금강 수계 물 관리 및 주민지원 등에 관한 법률에 의한 금강수계 지역 안에서 수원함에 직접적인 영향을 주는 산림

㉳ 낙동강 수계 물 관리 및 주민지원 등에 관한 법률에 의한 낙동강수계 지역 안에서 수원함에 직접적인 영향을 주는 산림

㉴ 댐 건설 및 주변지역 지원 등에 관한 법률에 의한 댐으로 집수되는 자연경계 구획 산림

㉵ 그 밖에 수원함양기능 증진을 위해 관리가 필요하다고 산림관리자가 인정하는 산림

③ 조림

나무의 뿌리가 다층구조를 이룰 수 있도록 참나무류, 소나무 등의 심근성 수종을 중심으로 천근성수종이 혼합되도록 조림수종을 선정

④ 숲가꾸기

　㉮ 하천과 계곡(1/25,000 지형도 상의 계곡을 말함)의 홍수위, 호소의 만수위 등 수계로부터 100m 이내 지역 또는 집수유역 안의 지역은 약제를 사용하지 않고 인력으로 제거하고 기타 지역은 약해(藥害)가 발생하지 않도록 소면적으로 제거

　㉯ 솎아베기(간벌)

　　㉠ 수관울폐도(樹冠鬱蔽度)를 50~80% 수준으로 유지하는 것을 원칙으로 함.

　　㉡ 솎아베기를 시행하지 않아 울폐된 침엽수림과 다음의 각 지역은 건강한 숲이 될 때까지 약도(弱度)의 솎아베기를 5년 이상의 간격으로 수회 실시하여 산림토양을 보전하고 입목의 수원함양기능을 증진

> – 계곡으로부터 계곡부 홍수위 폭 만큼의 계곡부 양안 지역
> – 호소, 저수지 등 수변부는 만수위로부터 30m 이내 지역
> – 하천의 홍수위로부터 30m 이내 지역

⑤ 수확

　㉮ 수원함양림에서는 목재생산림의 우량대경재를 목표생산재로 하고 수확함.

　㉯ 가급적 골라베기를 원칙으로 하되 불가피할 경우 모두베기와 모수작업(母樹作業)은 하나의 벌채면적을 5ha 미만으로 함.

3) 산지재해방지림의 조성관리

① 목표로 하는 산림

　㉮ 산사태, 토사유출에 강한 다층혼효림

　㉯ 대형산불을 방지하기 위해 내화수림대(耐火樹林帶)가 포함된 혼효림

　㉰ 산림병해충에 강하고 생태적으로 건강한 다층혼효림

② 관리대상

　산사태, 토사유출, 대형산불, 산림병해충 등 산림재해 발생 방지 및 임지(林地) 보전을 위하여 지정결정 또는 관리하는 산림으로서 다음과 같음.

③ 사방지 등 토사유출이 우려되는 산림

　㉮ 조림

　　㉠ 사방지는 오리나무, 아까시나무, 싸리나무 등 질소고정 효과가 큰 수종과 속성수를 혼합하여 조림수종을 선정

　　㉡ 나무의 뿌리가 다층구조를 이룰 수 있도록 참나무류, 소나무 등의 심근성수종을 중심으로 천근성 수종이 혼합되도록 조림수종을 선정

　　㉢ 토심이 깊은 곳에는 활엽수, 얕은 곳에는 침엽수 위주로 조림수종을 선정

　　㉣ ha당 5,000본을 기준으로 입지 조건에 따라 조정

핵심 PLUS

■ 산지재해방지림의 관리목표
산사태, 토사유출, 대형산불, 산림병해충 등 각종 산림재해에 강한 산림

■ 산지재해방지림의 관리대상(세부내용)
① 사방사업법에 의한 사방지(砂防地) (산사태복구지 포함)
② 산림보호법에 의한 산림보호구역 중 재해방지보호구역
③ 과밀(過密) 임분(林分)으로서 산사태가 우려되는 지역의 침엽수 단순림
④ 대형산불의 발생이 우려되는 지역의 침엽수 단순림
⑤ 소나무재선충병 방제특별법에 의한 피해지역
⑥ 산림병해충의 피해 우려가 있는 단순림
⑦ 그 밖에 산지재해방지기능 증진을 위해 관리가 필요하다고 산림관리자가 인정하는 산림

④ 숲가꾸기

ⓒ 산림의 사방기능 제고를 위한 경우를 제외하고는 숲가꾸기를 실시하지 않음.

ⓒ 뿌리 발달과 하층식생(下層植生)의 생육 촉진을 위해 Ⅲ령급 이상의 산림
에 대해 솎아베기 실시

ⓒ 침엽수림은 솎아베기를 통해 다층혼효림으로 전환 유도

④ 산사태, 산불, 산림병해충 등 산림재해로 인한 피해 복구 등 공익적 목적을
위한 경우를 제외하고는 벌채하지 않음.

④ 그 밖의 사항에 관해서는 사방사업법 등 관계법령의 규정에 따름.

④ 산사태가 우려되는 과밀 침엽수 단순림

㉮ 대상지 : 낙엽송, 편백 등의 침엽수 단순림 중 산림관리자가 산사태 피해 이력,
현재의 산림 상태 등을 고려하여 결정

㉯ 조림 : 조림이 필요할 경우는 심근성 수종을 중심으로 혼효림 조성

㉰ 숲가꾸기 : 숲의 활력이 회복될 때까지 약도의 솎아베기를 5년 이상의 간격
으로 수회 실시하여 산사태와 수해, 풍해, 설해 등을 예방하고 장기적으로
는 뿌리 발달이 좋은 혼효림으로 조성

⑤ 대형산불의 발생이 우려되는 지역의 침엽수 단순림

㉮ 대상지 : 산림관리자가 대형산불의 피해 이력, 현재의 산림 상태 등을 고려
하여 결정

㉯ 조림

ⓒ 산불피해지를 복구할 경우에는 주풍(主風) 방향을 고려하여 참나무류 등
내화수종으로 30m 내외의 내화수림대를 교호로 조성하되 내화수림대간
의 간격은 30m 이상으로 함.

ⓒ 산불피해지의 벌채는 교호대상(交互帶狀)으로 하고 벌채하지 않은 지역
은 조림지가 어린나무가꾸기에 도달할 시점에 벌채 후 조림을 실시

ⓒ 벌채 후 조림할 경우에는 혼효림으로 조성

ⓒ 마을, 도로, 농경지 인접 지역 산림은 내화수림대를 조성

㉰ 숲가꾸기

ⓒ 내화수림대를 조성할 침엽수림은 강도(强度)의 솎아베기를 실시하거나
약도(弱度)의 솎아베기를 수회 반복 실시하여 혼효림으로 유도

ⓒ 솎아베기를 통한 자연발생 활엽수가 부족할 경우에는 하층에 활엽수 식재
가능

⑥ 산림병해충의 피해 우려가 있는 단순림

㉮ 대상지 : 산림관리자가 산림병해충 피해 이력, 현재의 산림 상태 등을 고려
하여 결정

㉯ 조림 : 산림병해충의 피해가 없는 수종을 선정하거나 혼효림이 조성될 수
있도록 수종을 선정하여 산림병해충 발생을 방지 또는 확산을 저지

④ 숲가꾸기
  ㉠ 단순림 또는 솎아베기가 지연되어 활력이 떨어지는 산림은 활력이 회복
    될 때까지 약도의 솎아베기를 5년 이상의 간격으로 수회에 걸쳐 실시하
    여 종다양성이 높고 생태적 활력이 좋은 혼효림으로 조성
  ㉡ 그 밖에 산림병해충 피해지의 방제에 관한 사항은 산림병해충방제규정
    (산림청 훈령)에 따름.

4) 자연환경보전림의 조성관리

① 목표로 하는 산림 : 다층혼효림 또는 지정결정관리의 목적을 달성할 수 있는
  산림
② 관리대상 : 생태문화역사학술적 가치를 보전하기 위하여 지정결정 또는 관리
  하는 산림으로서 다음과 같음.

> ㉮ 산림자원의 조성 및 관리에 관한 법률에 의한 채종림, 채종원, 시험림
> ㉯ 산림보호법에 의한 산림보호구역 중 산림유전자원보호구역
> ㉰ 백두대간 보호에 관한 법률에 의한 백두대간보호지역 안의 산림
> ㉱ 국토의 계획 및 이용에 관한 법률에 의한 보전녹지지역 안의 산림
> ㉲ 자연공원법에 의한 자연공원 안의 산림
> ㉳ 자연환경보전법에 의한 자연생태계경관보전지역, 생태자연도 1등급 권역 안의 산림
> ㉴ 야생동식물보호법에 의한 야생동식물보호구역 안의 산림
> ㉵ 습지보전법에 의한 습지보호지역 안의 산림
> ㉶ 독도등도서지역의생태계보전에관한특별법에 의한 특정도서 안의 산림
> ㉷ 전통사찰보존법에 의한 사찰림
> ㉸ 문화재보호법에 의한 문화재보호구역 안의 산림
> ㉹ 수목원정원조성 및 진흥에 관한 법률에 의한 수목원 안의 산림
> ㉺ 대학설립운영규정에 의한 연습림
> ㉻ 고등학교 이하 각급 학교 설립운영규정에 의한 교지 안의 학교 숲
> ㉾ 그 밖에 자연환경보전을 위해 관리가 필요하다고 산림관리자가 인정하는 산림

③ 관리의 기본 방향
  ㉮ 보전형
    ㉠ 조림
      – 현재 자라고 있는 수종 또는 그 지역의 자생수종으로 선정
      – 동일 지역에서 천연적으로 발생한 어린나무나 종자를 묘목으로 생산
        하여 조림
    ㉡ 숲가꾸기
      – 약도의 솎아베기를 5년 이상의 간격으로 수회 실시하여 산림 구조의
        급격한 변화를 피하고 안정도를 높임.
      – 채종림(採種林)은 강도의 솎아베기를 실시하여 종자 생산량과 종자의
        품질을 개선

■ 자연환경보전림의 관리목표
  보호할 가치가 있는 산림자원이 건강
  하게 보전될 수 있는 산림

■ **자연환경보전림의 유형구분** ☆

보전형	생태계, 유전자원 보호 등을 위해 보전해야 할 산림
문화형	역사문화적 가치 보호 등을 위해 보전해야 할 산림
학술교육형	학술교육의 목적으로 보전해야 할 산림

■ 수확–골라베기, 모두베기, 모수작업
① 골라베기
  • 비율은 재적 기준 30% 이내로 함.
  • 버섯용원목을 위한 골라베기 비율은 재적 기준 50% 이내로 함.
② 모두베기
  • 벌채 대상지 면적은 최대 50ha 이내로 함.
  • 벌채면적이 5ha 이상인 경우에는 '친환경 벌채 기준'에 따라 평균경급 이상의 입목을 1ha 당 50본 이상 고르게 존치시켜야 함.
  • 산림생태계 및 경관유지를 위하여 필요하다고 인정하는 경우에는 벌채면적이 5ha 미만인 경우에도 친환경 벌채 기준에 따라 할 수 있음.
③ 모수작업
  • 종자의 결실이 풍부하여 천연갱신이 가능한 임지에 실행
  • 대상지의 면적이 5ha 이상일 경우 하나의 벌채구역은 5ha 이내로 하고, 벌채구역과 벌채구역 사이에는 폭 20m 이상의 수림대를 남겨두어야 함.
  • 모수는 형질이 우수하여야 하며 ha 당 15~20본을 남김.
  • 갱신상 조성 작업까지 완료하여야 함.
  • 모수작업은 모수의 종자결실이 풍부한 시기에 실행
  • 3년 이내에 어린나무의 발생량이 ha당 5,000본 미만인 경우에는 조림 또는 보완조림 실행

ⓒ 수확
  – 산사태, 산불, 산림병해충 등 산림재해로 인한 피해 복구 등 공익적 목적을 위한 경우를 제외하고는 벌채하지 않음.
  – 골라베기를 원칙으로 하되 모두베기와 모수작업은 하나의 벌채면적을 5ha 미만으로 함.
  – 모두베기와 모수작업은 '산림자원 조성관리 일반지침'의 '수확'의 벌채 실행방법을 따름.

ⓝ 문화형
  ㉠ 조림
    – 자생 또는 특별히 보존해야 할 수종을 조림수종으로 선정
    – 동일 지역에서 천연적으로 발생한 어린나무나 종자를 묘목으로 생산하여 조림
    – 수목의 고사 등으로 빈 공간이 생겨 토양 유실 등 공익적 기능의 저하가 우려될 경우에 우선적으로 조림
  ㉡ 숲가꾸기
    – 약도의 솎아베기를 5년 이상의 간격으로 수회 실시하여 숲의 활력도 제고
    – 보호해야 할 주요 수종이 다른 경쟁 수종에 피압(被壓)될 경우에는 경쟁 수종을 우선적으로 제거
    – 특별히 보존해야 할 숲 또는 나무는 인위적인 피해를 막기 위해 보호 울타리 등 보호시설을 설치할 수 있음.
  ㉢ 수확
    – 산사태, 산불, 산림병해충 등 산림재해로 인한 피해 복구 등 공익적 목적을 위한 경우를 제외하고는 벌채하지 않음.
    – 골라베기를 원칙으로 하되 모두베기와 모수작업은 하나의 벌채구역을 2ha 미만으로 함.
    – 모두베기와 모수작업 시 벌채구역과 벌채구역 사이에는 최소 20m 이상의 수림대를 등고선 방향으로 존치

ⓞ 학술교육형
  ㉠ 연습림은 연구와 연습의 목적에 맞게 숲을 조성ㆍ관리하되 활력(活力)을 유지하기 위해 지속적으로 솎아베기 실시
  ㉡ 학교 부지 안의 숲은 향토자생 수종으로 선정하여 조성하고 방음, 교육, 휴식, 경계 등 그 기능이 최대로 발휘될 수 있도록 유지관리

5) 산림휴양림의 조성관리

① 목표로 하는 산림 : 지역적 특성에 적합한 다층림 또는 다층혼효림

② 관리대상 : 쾌적한 환경과 휴식처를 제공하여 인간의 정신육체적 건강의 유지증진에 기여하는 기능으로 지정결정 또는 관리하는 산림으로서 다음과 같음.

  ㉮ 산림문화휴양에 관한 법률에 의한 자연휴양림

  ㉯ 그 밖에 휴양기능 증진을 위해 관리가 필요하다고 산림관리자가 인정하는 산림

③ 산림휴양림의 구분

  ㉮ 시설부지, 등산로, 산책로 주변으로부터 가시권을 고려하여 30m 이내 지역은 공간이용지역으로 함.

  ㉯ 공간이용지역을 제외한 지역은 자연유지지역으로 함.

④ 공간이용지역의 관리

  ㉮ 조림

    ㉠ 경관수종, 화목류, 관목류, 식이(食餌)수종, 지역특색수종으로 선정

    ㉡ 식재조림, 천연갱신 등을 통한 이단림 등 다층혼효림으로 조성하되 지역적국소적으로 특성있는 수종이 있을 경우 동일 수종으로 후계림을 조성하여 다층림으로 조성

  ㉯ 숲가꾸기

    ㉠ 생태적 활력도 제고를 위해 솎아베기 등 숲가꾸기 실시

    ㉡ 희귀식물, 노령목, 괴목(槐木), 노령고사목 등은 보존함. 다만, 산림병해충의 전염확산의 우려가 있을 경우에는 제거할 수 있음.

    ㉢ 사방지, 송진채취림 등 과거의 특별산림사업지는 보존

    ㉣ 덩굴제거는 필요할 경우 인력으로 제거

    ㉤ 살초목제(殺草木劑) 사용금지

    ㉥ 살충제, 화학비료의 대량 사용금지

    ㉦ 작업 시기는 방문객이 적은 시기에 실시

    ㉧ 열식간벌 등 기계적 솎아베기를 금지하고 가급적 약도의 솎아베기를 실시

  ㉰ 수확 : 산사태, 산불, 산림병해충 등 산림재해로 인한 피해 복구 등 공익적 목적을 위한 경우를 제외하고는 벌채하지 않음.

⑤ 자연유지지역의 관리 : 가급적 목재생산림의 우량대경재에 준하여 관리하되, 산림재해방지 등 별도의 기능이 요구될 경우 해당 산림의 기능에 준하여 관리할 수 있음.

■ 산림휴양림의 관리목표

① 다양한 휴양기능을 발휘할 수 있는 특색 있는 산림

② 종다양성이 풍부하고 경관이 다양한 산림

■ 생활환경보전림의 관리목표
도시와 생활권 주변의 경관유지 등 쾌적한 환경을 제공하는 산림

■ 생활환경보전림 관리대상
도시 또는 생활권 주변의 경관 유지, 쾌적한 생활환경 유지 기능을 위해 지정·결정 또는 관리하는 산림으로서 다음과 같음.
① 산림자원의 조성 및 관리에 관한 법률에 의한 도시림
② 산림자원의 조성 및 관리에 관한 법률에 의한 경관보안림, 비사·해안방비보안림
③ 도시공원법에 의한 도시공원 안의 산림
④ 개발제한구역의 지정 및 관리에 관한 특별조치법에 의한 개발제한구역 안의 산림
⑤ 그 밖에 생활환경보전기능 증진을 위해 관리가 필요하다고 산림관리자가 인정하는 산림

6) 생활환경보전림의 조성관리

① 유형구분

공원형	거주자의 자연체험, 레크리에이션, 환경교육 등의 장소로 이용하는 산림
경관형	심리적 안정감을 주고 시각적으로 풍요로움을 주는 산림
방풍방음형	바람, 소음, 대기오염물질을 완화시켜 쾌적한 거주환경이 되도록 하는 산림
생산형	거주자의 쾌적한 거주환경을 훼손하지 않는 범위 내에서 목재를 생산하는 산림

② 목표로 하는 산림

공원형경관형	생태적경관적으로 다양한 다층혼효림
방풍방음형	방풍과 방음의 기능을 최대한 발휘할 수 있는 다층림 또는 계단식 다층림
생산형	생태적으로 건강한 목재생산림

③ 공원형경관형

㉠ 식재조림, 천연갱신, 솎아베기 등을 통한 다층혼효림으로 조성하되 지역적으로 특성있는 수종이 있을 경우, 동일 수종으로 후계림을 조성하여 다층림으로 조성할 수 있음.

㉡ 수종은 경관수종, 화목류, 관목류, 식이수종, 지역특색수종으로 선정

㉢ 희귀식물, 노령목, 괴목, 노령고사목 등은 보존함. 다만, 산림병해충의 전염확산의 우려가 있을 경우에는 제거할 수 있음.

㉣ 덩굴제거는 하천계곡의 홍수위, 호소의 만수위 등 수계와 방문객이 이동하는 산책로 등으로부터 100m 이내 또는 집수유역 안의 지역은 약제를 사용하지 않고 인력으로 제거하고 기타 지역은 약해가 발생하지 않도록 소면적으로 제거

㉤ 살초목제 사용금지

㉥ 살충제, 화학비료는 대량 사용금지

㉦ 작업 시기는 방문객이 적은 시기에 실시

㉧ 열식간벌 등 기계적 솎아베기는 금지하고 가급적 약도의 솎아베기를 실시

㉨ 생리적 수확기에 달한 산림, 산불산림병해충 등 피해지 이외에는 수확 벌채하지 않음.

④ 방풍방음형

㉠ 최소 30m 폭으로 계단식 다층림의 수림대를 조성

㉡ 30m 이내로 수림대를 조성할 경우에는 다층림으로 조성

ⓓ 수종은 경관수종, 화목류, 관목류, 식이수종, 지역특색수종으로 선정하되 침엽수림을 포함하여야 함.

ⓔ 산물을 전량 수거하여 산불을 예방

ⓕ 임분은 약도의 솎아베기 등 숲가꾸기를 통해 활력도 제고

⑤ 생산형

ⓐ 목재생산림의 우량대경재에 준하여 관리함.

ⓑ 골라베기를 원칙으로 하되 모두베기와 모수작업은 하나의 벌채면적을 5ha 미만으로 함.

■■■■ 3. 산림경영계획의 실제

1. 우리나라 산림기본계획의 계획기간은 얼마로 하는가?

① 5년　　　　　　　　　　② 10년
③ 15년　　　　　　　　　　④ 20년

해   설

해설 **1**
산림경영계획구에 대한 종합적인 경영
계획을 20년 단위로 작성한다.

2. 우리나라에서 사유림이나 공유림에 대한 시업안 편성이 시작된 해는 언제인가?

① 1911년　　　　　　　　　② 1919년
③ 1926년　　　　　　　　　④ 1961년

해설 **2**
1919년에 사유림·공유림의 사업안이
편성, 1961년에는 국유림경영계획과 민유
림경영계획을 구분하여 편성하게 되었다.

3. 산림경영계획 편성시 절차상 가장 늦게 이루어져야 할 것은?

① 산림을 구획하고 각 부분의 위치·형상 및 면적을 명백히 한다.
② 산림부분에 따른 수종·작업종·윤벌기를 정하여 시업체계를 수립한다.
③ 조림에 대한 작업방침을 정하고 또 이에 따른 작업분량을 예정한다.
④ 임도·방화선·묘포 그 밖의 시설계획을 세운다.

해설 **3**
산림측량과 산림구획 → 산림조사 →
산림사업의 내용결정 → 조림계획

4. 산림경영계획 편성시 일반조사로 조사해야 할 사항인 것은?

① 입목도　　　　　　　　　② 산림의 지리적 위치
③ 생장률　　　　　　　　　④ 혼효율

해설 **4**
산림의 위치(행정구역상, 지리학상 또
는 경제적 위치)와 같은 산림현황은 일반
조사에 해당된다.

5. 다음 중에서 우리나라 사유림의 산림경영계획을 작성하기 위한 경영계획구에 해당되지 않는 것은?

① 일반경영계획구　　　　　② 보통경영계획구
③ 협업경영계획구　　　　　④ 기업경영림계획구

해설 **5**
사유림은 일반·협업·기업경영림계획
구로 구분한다.

정답 1. ④　2. ②　3. ④　4. ②
5. ②

6. 산림경영구 설정에 고려할 사항이다. 옳지 않은 것은?

① 산림의 크기·모양 및 배치관계
② 임산물의 이용정도
③ 교통의 편리 및 임산물의 반출관계
④ 지종구분관계

7. 산림의 위치를 표시한다든지 산림시업의 기록업무의 편의를 도모하기 위하여 산림구획을 하는 것을 무엇이라 하는가?

① 산림경영계획구　　　　② 사업구
③ 임반　　　　　　　　　④ 소반

8. 일반적인 임반의 기준면적은?

① 50ha　　　　　　　　② 100ha
③ 200ha　　　　　　　　④ 300ha

9. 임반의 기호로 알맞은 것은?

① 1, 2, 3 …　　　　　　② A, B, C …
③ 가, 나, 다 …　　　　　④ Ⅰ, Ⅱ, Ⅲ …

10. 다음 중 소반의 구획기준이 아닌 것은?

① 임령이 동일할 때
② 지종이 상이할 때
③ 임상, 수종, 작업종이 상이할 때
④ 임령, 지리 또는 운반계통이 상이할 때

해　　설

해설 **6**
지종구분관계는 소반에서 고려할 사항이다.

해설 **7**
임반은 산림경영에 편리하도록 산림경영계획구를 구분한 것이다.

해설 **8**
가능한 100ha 내외로 구획하고, 현지여건상 불가피한 경우는 조정이 가능하다.

해설 **9**
산림경영계획구 유역 하류에서 시계방향으로 연속되게 아라비아 숫자로 표기한다.

해설 **10**
소반의 구획기준은 산림의 기능, 지종, 임종, 임상, 작업종, 임령, 지위, 지리 또는 운반계통이 상이할 때이다.

정답　6. ④ 7. ③ 8. ② 9. ①
10. ①

11. 소반(小班)구획의 기준으로 될 수 없는 것은?

① 기능
② 수종
③ 천연적인 구획계
④ 작업종

해설 **11**
기능 및 지종구분이 상이할 때, 수종 및 작업종이 상이할 때, 임령 및 지위의 차이가 현저할 경우 등은 소반으로 구분한다.

12. 산림 구획에서 소반의 명칭으로 쓰일 수 있는 것은?

① 1, 2, 3 …
② ㄱ, ㄴ, ㄷ …
③ 가, 나, 다 …
④ 지역의 고유명칭을 사용

해설 **12**
소반은 임반번호와 같은 방향으로 소반명을 1-1-1, 1-1-2, 1-1-3 …연속되게 부여한다.

13. 우리나라 현행 임분 산림경영계획 작성을 위한 산림조사시 구획한 임지의 경사도 중 급경사지의 규정으로 맞는 것은?

① 경사 15° 미만
② 경사 15°~20° 미만
③ 경사 20°~25° 미만
④ 경사 30° 이상

해설 **13**
① 완경사지 ② 경사지 ④ 절험지

14. 산림조사부 기재시의 지황조사 사항 중 맞지 않는 것은?

① 방위는 8방위로 구분
② 경사도는 완, 경, 급, 험, 절로 구분
③ 토양의 습도(건습도)는 건, 중, 습으로 구분
④ 토양의 깊이(토심)는 천, 중, 심으로 구분

해설 **14**
건습도는 적윤, 약건, 약습, 습, 건조로 구분한다.

15. 우리나라의 지위는 다음 중 몇 등급으로 나누는가?

① 3등급
② 5등급
③ 7등급
④ 9등급

해설 **15**
지위는 임지생산력의 판단지표로 해당 임분 우세목의 수령과 수고를 측정하여 지위지수분류표에 의하여 상·중·하로 구분 표시한다.

정답 **11.** ③ **12.** ① **13.** ③ **14.** ③
15. ①

16. 임지의 경제적인 위치를 나타내는 용어는?

① 지위
② 지리
③ 지세
④ 지대

17. 다음 중 임황인자가 아닌 것은?

① 임상
② 소밀도
③ 경사도
④ 임령

18. 다음 중 산림조사의 임황조사 사항이 아닌 것은?

① 임령
② 혼효율
③ 영급
④ 지위

19. 산림경영계획상의 지종 구분 중 제지에 해당되지 않는 것은?

① 암석지
② 초생지
③ 입목지
④ 저목장

20. 다음 중 산림경영계획 작성기준상 제지에 해당되는 것은?

① 채종림
② 보안림
③ 사방지
④ 묘포지

21. 다음 임상(林相) 가운데 혼효림(混淆林)을 바르게 표현한 것은?

① 침엽수가 75% 이상인 임분
② 활엽수가 75% 이상인 임분
③ 활엽수가 20% 이상 80% 이하인 임분
④ 침엽수 또는 활엽수가 26% ~ 75% 이하인 임분

해설 **16**
지리는 임지의 경제적 위치로 해당 소반 중심에서 임도 또는 도로까지의 거리를 10급지로 구분한다.

해설 **17**
경사도, 방위 등의 지세는 지황인자이다.

해설 **18**
임지의 생산능력인 지위는 지황조사 사항이다.

해설 **19**
입목지는 입목재적(본수) 비율(입목도)이 30%를 초과하는 임분이다.

해설 **20**
제지는 임지 이외의 토지인 묘포지, 임도, 방화선, 저목장 등을 말한다.

해설 **21**
혼효율(수종점유율)은 입목재적(본수) 또는 수관점유면적 비율에 의하여 100분율로 산정한다.

22. 침엽수림이란 침엽수가 몇 % 이상 점유한 임분인가?

① 30% ② 50%

③ 60% ④ 75%

23. 어떠한 임분 내의 임령이 최고 20, 최소 10, 평균임령 16인 임분이 있다. 이를 바르게 표시한 것은?

① $\dfrac{10 \sim 20}{16}$ ② $10/16/20$

③ $\dfrac{20 \sim 10}{16}$ ④ $\dfrac{16}{10 \sim 20}$

24. 어느 임분의 임령을 조사한 결과 37년생이었다. 이를 영급으로 표시할 때 그 기호는?

① Ⅱ ② Ⅲ

③ Ⅵ ④ Ⅳ

25. Ⅲ영급 임분은 임령이 다음 중 어디에 속하는 임분을 말하는가?

① 11 ~ 20 년생 ② 21 ~ 30 년생

③ 31 ~ 40 년생 ④ 41 ~ 50 년생

26. 임황조사 시 경급의 구분 기준에서 소경목(小徑木)에 해당 되는 것은?

① 흉고직경 6cm 미만의 임목이 50% 이상 생육하는 임분

② 흉고직경 6 ~ 16cm의 임목이 50% 이상 생육하는 임분

③ 흉고직경 18 ~ 28cm의 임목이 50% 이상 생육하는 임분

④ 흉고직경 30cm 이상 임목이 생육하는 임분

해   설

해설 **22**

• 침엽수림 : 침엽수가 75% 이상 점유하고 있는 임분

• 활엽수림 : 활엽수가 75% 이상 점유하고 있는 임분

해설 **23**

임분의 최저~최고 수령 범위를 분모로 하고 가장 많이 분포된 임분의 평균수령을 분자로 표시한다.

해설 **24**

Ⅳ 영급은 31 ~ 40 년생을 말한다.

해설 **25**

영급은 10년을 기준으로 한다.

해설 **26**

① 치수 ② 소경목 ③ 중경목 ④ 대경목

정답 22. ④ 23. ④ 24. ④ 25. ②
26. ②

27. 우리나라에서 적용되고 있는 경급(徑級)에 있어서 중경목(中徑木)의 흉고직경 범위는?

① 6 ~16cm
② 18 ~ 28cm
③ 30 ~ 40cm
④ 40cm 이상

28. 산림조사의 임황조사 항목 중 소밀도 "중"에 대한 범위는?

① 수관밀도가 30 ~ 70%인 임분
② 수관밀도가 31 ~ 80%인 임분
③ 수관밀도가 41 ~ 70%인 임분
④ 수관밀도가 40 ~ 80%인 임분

29. 간벌 기타 보육상의 지침으로 하기 위하여 현실임분 축적과 그 임분에 해당하는 정상임분 축적과의 비를 100분율로 표시한 것은?

① 소밀도
② 울폐도
③ 폐쇄도
④ 입목도

30. 어느 지역의 25년생 잣나무 임분을 조사하였더니 입목축적이 45m³이었으며, 재적표상의 입목재적은 50m³였다면 이 임분의 입목도는 얼마인가?

① 40%
② 50%
③ 90%
④ 100%

31. 산생지(미임목지)로 산정할 수 있는 입목도(立木度)는?

① 0.1
② 0.2
③ 0.3
④ 0.4

해설 **27**
중경목은 흉고직경 18~28cm의 임목이 50% 이상 생육하는 임분이다.

해설 **28**
소밀도는 울폐도나 폐쇄도라고도 하며 수관투영면적에 대한 임목 생립면적의 백분율로 표시한다.

해설 **29**
입목도는 정상 임분의 축적에 대한 현실 임분의 축적을 100분율로 표시한 것으로 그 비율이 낮을수록 정상임분에 뒤떨어지는 상태를 나타낸다.

해설 **30**
$$입목도 = \frac{현재축적}{정상축적}$$
$$= \left(\frac{45}{50}\right) \times 100$$
$$= 90\%$$

해설 **31**
입목도가 30% 이하인 임분은 미입목지로 간주한다.

32. 산림경영계획에 관한 다음 내용 중 틀린 것은?

① 임종은 인공림 · 천연림의 구분이다
② 영급은 10년을 한 단위로 한다.
③ 임령은 분모에 평균을 표시한다.
④ 소밀도는 조사면적에 대한 입목의 수관면적이 차지하는 비율을 백분율로 표시한다.

33. 산림경영계획 작성 시 부표 중에서 가장 중요하다고 생각되는 것은?

① 면적표　　　　　　② 산림조사부
③ 경계부　　　　　　④ 영급별 면적축적표

34. 작업종의 선정요건과 가장 거리가 먼 것은?

① 천연적 요소　　　　② 소밀도
③ 축적관계　　　　　④ 운반설비

35. 산림경영계획의 내용결정에 있어서 작업종의 결정에 대한 설명 중 틀린 것은?

① 원칙적으로 소반마다 채용할 작업종을 결정한다.
② 작업종은 산림의 현황과 갱신수종의 상태, 과거에 채용하였던 작업종의 운영성과 그리고 경제성 등을 고려하여 채용한다.
③ 작업종은 작업급설정의 주요 인자이므로 작업종이 다른 임분을 하나의 작업급으로 취급하는 것은 피하는 것이 원칙이다.
④ 우리나라에서는 사유림에서의 왜림작업 채택을 금하고 있다.

36. 산림의 벌채와 갱신(更新)을 어떠한 방법으로 하는가에 따라 나눈 산림가꾸기의 형태를 다음 중 무엇이라 하는가?

① 작업종　　　　　　② 작업급
③ 경급　　　　　　　④ 입목도

37. 산림시업의 중요한 내용의 결정에 해당되지 않는 것은?

① 수종
② 작업종
③ 벌기령
④ 축적

38. 작업급에 대한 설명 중 가장 옳은 것은?

① 작업종이 같은 임분의 집단
② 작업종, 수종이 같은 임분의 집단
③ 수종, 벌기령이 같은 임분의 집단
④ 수종, 작업종, 벌기령이 비슷한 임분의 집단

39. 산림경영계획설명서에 포함되는 사항이 아닌 것은?

① 산림경영계획의 재편성
② 지황과 임황
③ 산림개량을 위한 시설
④ 시업내용

40. 산림경영의 업무 중 본업(本業)에 해당되지 않는 것은?

① 산림을 구획(區劃)하는 일
② 윤벌기(輪伐期)를 결정하는 일
③ 식재할 수종(樹種)을 결정하는 일
④ 작업종(作業種)을 결정하는 일

41. 다음 중 산림경영계획의 변경 사유에 해당되지 않는 것은?

① 산림경영자가 변경하고 싶을 때
② 국유림 경영계획상 시업계획이 없는 개소를 시업하고자 할 경우
③ 임·소반의 경계 수정 및 면적을 변경할 경우
④ 공·사유림 매수·교환, 조림대부·분수림의 환수 등 신규취득 산림에 대하여 조림 등의 사업을 하고자 할 경우

해설 37
장래의 시업방침에 대한 기본적 요점은 조림수종 선정, 작업종의 선정, 윤벌기 결정, 작업급의 편성, 벌채순서의 결정 등이 있다.

해설 38
작업급은 수종, 작업종, 벌기령이 유사한 임분의 집단으로 수확보속을 위한 단위조직이다.

해설 39
산림경영계획설명서에는 산림경영계획을 작성한 취지와 산림경영계획 작성의 목적을 달성하기 위한 여러 가지 사항에 대한 설명이 포함되어 있다.

해설 40
②, ③, ④와 같은 시업내용 결정은 본업에 속하고, 산림측량과 산림을 구획하는 일은 예업에 속한다.

해설 41
산림경영계획의 변경 사유는 시업기 동안 발생한 경영과 관련된 현저한 변화 등이다.

정답 37. ④ 38. ④ 39. ① 40. ①
41. ①

42. 산림경영계획 시업상 필요한 시설계획이 아닌 것은?

① 경영기안　　　　　　② 조림에 관한 시설
③ 운재설비에 관한 시설　④ 산림보호에 관한 시설

43. 오늘날 컴퓨터의 발달과 더불어 산림경영계획 분야 및 산림의 다목적 이용계획에 적용하는 수학적 분석기법으로 가장 널리 산림경영 분야에서 사용되는 방법은?

① 선형계획법　　　　　　② 동적계획법
③ 비선형계획법　　　　　④ 그물망분석법

해　설

해설 42
시설계획에는 ②, ③, ④ 외에 산림이용에 관한 시설, 국토보안에 관한시설 등이 있다.

해설 43
선형계획법(Linear Programming, LP)은 주어진 목적을 달성하기 위하여 이윤이나 비용 등 한정된 자원을 어떻게 해야 가장 유효적절하게 각종 용도에 배분할 수 있는가 하는 최적배치와 생산계획의 문제 등을 해결하기 위하여 개발된 수리적 기법이다.

정답　42. ① 43. ①

04 지속 가능한 산림경영

1 산림경영개념의 발전

1. 보속수확

① 목재를 현재뿐만 아니라 미래에도 지속적으로 공급하기 위하여 벌채량이 생장량을 초과해서는 안된다는 개념

② 17세기 근대 임업이 시작된 이후로 산림경영의 중심적 개념

③ 기본적으로 물질생산을 기초로 한 것으로 산림의 공익적 기능에 미치는 영향이 무시된다는 단점이 있음.

2. 다목적 이용

① 산림의 목재생산기능 및 공익적 기능의 제고가 주요 이슈

② 1960년 미국의 다목적 이용 : 보속수확법안이 제정되면서 제도화

③ 전통적 보속수확개념을 확대한 것

④ 건전한 생태계유지 보전이라는 진정한 다목적 경영을 이룰 수 없다는 비판을 받음.

3. 다자원적 산림경영

① 경영목적이 다양한 재화와 서비스의 동시 생산을 추구하는 것

② 이의 실현을 위해서는 산림생태계의 유지·보전이 핵심적인 제약요소가 되는 개념

③ 산림의 다양한 편익이 같은 공간에서 동시적으로 유지·보전 및 생산되어야 한다는 것을 함축함.

④ 자원 간의 상호 연관성을 고려함으로써 상호 의존적으로 유용한 재화 및 서비스를 최소비용으로 동시에 생산하게 함.

4. 지속 가능한 산림경영

① 1992년 유엔환경개발회의를 계기
② 산림자원 및 임지는 현재 및 미래 세대의 사회적 · 경제적 · 생태적 · 문화 및 정신적 요소를 지속적으로 충전시킬 수 있도록 경영되어야 하는 개념
③ 산림생태계의 장기적인 건강성을 유지 증진시키는 개념

■ 몬트리올프로세스의 기준 및 지표
1993년 9월에 몬트리올에서 '온대림' 등의 지속 가능한 개발에 관한 전문가 세미나를 출발점으로 온대림의 지속 가능한 산림경영을 위한 기준 및 지표를 마련하였고, 우리나라는 이 지표에 의거 지속 가능한 산림경영에 대한 기준을 만들었다.

2 몬트리올프로세스의 기준 및 지표

1. 기준 1. 생물 다양성의 보전(지표 4개)

① 임종별, 임상별 면적
② 산림유형별, 영급별 면적
③ 유전자원 보존림, 종자 생산림 면적
④ 생물다양성 및 경관보전을 위한 보호림

2. 기준 2. 산림생태계의 생산력 유지(지표 4개)

① 목재생산 가능면적
② 자생/외래수종의 인공조림 면적/축적
③ 연간생장량 대비 연간 벌채량
④ 경영계획 수립 산림면적

3. 기준 3. 산림생태계의 건강도와 활력도 유지(지표 2개)

① 피해산림면적
② 대기오염 물질 농도

4. 기준 4. 수자원과 토양의 유지와 보전(지표 5개)

① 토양침식면적
② 토양의 화학적 성질변화
③ 인위적 요인에 의한 토양의 물리적 성질의 변화 면적
④ 화학적 성질변화가 생긴 산림지역 내 계류수의 비율
⑤ 토사유출방지 및 수자원보호를 위한 보호림

5. 기준 5. 지구탄소순환에 대한 산림의 기여(지표 2개)

① 산림바이오매스 총 탄소 저장량
② 산림바이오매스 탄소수지

6. 기준 6. 사회적 수요를 충족시키기 위한 장기적이며, 다양한 사회·경제 편익의 강화와 유지(지표 6개)

① 목재 및 목제품 생산량/생산액
② 단기소득 임산물 생산량/생산액
③ 목재 및 목제품 소비량
④ 단기소득 임산물 소비량
⑤ GDP중 산림부문 기여율
⑥ 휴양 및 관광목적으로 지정된 산림비율

7. 기준 7. 산림의 보전과 지속 가능한 산림경영을 위한 법적·제도적·경제적 체계(지표 5개)

① 재산권과 토지이용권의 보장 및 정당한 절차에 따른 재산권 분쟁을 해결하는 법적 체계 구비 정도
② 산림의 다양한 가치를 고려한 산림부문의 주기적인 산림관련 분야 계획 수립 및 평가 정도
③ 산림관련 공공정책과 의사결정 과정에 민간 참여 기회 및 일반 국민의 정보접근 기회 제공
④ 관련분야의 계획과 조정을 포함한 주기적인 산림분야의 계획수립·평가 및 정책 검토의 이행
⑤ 대중참여 및 교육·홍보·지도 프로그램 그리고 이용 가능한 산림관련 정보의 제공

3 산림경영인증제도

1. 세계표준화기구(International Organization for Standardization, ISO)의 환경경영시스템(EMS : ISO 14001)

① 세계표준화기구(ISO)는 1947년에 스위스에서 설립된 비정부기구로서 대표적인 국제적 표준화기관으로 꼽힘
② ISO의 목적은 국가와 지역에 따라 서로 다른 제품과 용역의 규격 및 기준을 세계 공통으로 통일하여 국제무역을 촉진하는 것
③ ISO의 규격 중 환경경영시스템에 관계하는 규격이 'ISO 14000' 시리즈임.
④ ISO 14001은 환경개선을 계속적으로 추진하는 사업에 대한 규격으로 1996년 9월 1일부터 발효됨
⑤ ISO 14001은 계획(plan)을 수립하여 실행(do)하고 점검(check)하여 그 결과가 좋지 않을 경우에는 방침과 계획을 수정(act)하는 'plan-do-check-act' 시스템으로 되어 있음.

■ **산림경영인증제도**
환경·사회·경제를 배려한 지속 가능한 산림경영을 세계수준에서 인증하여, 그곳으로부터 생산된 임산물을 소비자가 우선적으로 구입하도록 하는 것으로 임산물 유통을 통하여 임업경영을 지원하는 제도

■ **산림국제인증기구: FSC, PEFC**
① FSC(Forest Stewardship Council, 국제산림관리협의회) : 독일 본에 본부를 둔 산림관련 국제단체로 자체 산림경영 및 임산물 생산유통 인증시스템을 개발·보급하여 지속가능한 산림경영의 이행 확대를 위해 노력하고 있으며 독자적인 인증체계로 운영(우리나라는 FSC인증을 받음)
② PEFC(Programme for the Endorsement of Forest Certification schemes, 국제산림인증연합 프로그램) : 범유럽프로세스에서 개발된 지속가능한 산림경영의 기준과 지표에 의거 유럽지역과 미국, 캐나다 등의 국가를 중심으로 국가별 자체인증제도를 상호인정해주는 체계

2. 산림관리협회(Forest Stewardship Council, FSC)의 산림경영인증(Forest Management Certification, FM)

① 산림경영인증은 경영단위에서 실행하고 있는 경영활동이 FSC의 원칙과 기준에 맞게 지속 가능하게 경영되고 있는가를 심사하는 것
② FSC의 인증산림에서 생산된 목재와 목제품에는 FSC의 로고마크가 부착
③ FSC의 산림인증은 목재 라벨링을 수반하는 형태로 실시되고 있는 것이 ISO 14001인증과 다른 점
④ FSC의 10가지 원칙

■ FSC 인증
① 산림을 사회, 경제, 환경적 관점에서 책임있게 유지 및 관리하여 지속 가능한 산림경영을 수행하기 위한 자발적 국제규격
② 난개발, 불법개간, 불법 벌목 등으로 훼손되는 산림 자원과 지구환경을 보호하기 위한 목적
③ 종류
  • 산림경영자를 위한 FM
  • 산림제품 취급하는 기업을 위한 CoC

원칙 1 : 법률과 FSC 원칙의 준수	국내의 모든 산림관련 법률 및 국제조항과 협정을 존중하고, 모든 FSC의 원칙과 기준을 준수하여 산림을 경영해야 한다.
원칙 2 : 소유권 · 사용권 및 책임	토지와 산림자원에 관한 장기적인 소유권 및 사용권을 명확히 정의하고, 문서화하고, 법적으로 확립해야 한다.
원칙 3 : 원주민의 권리	원주민이 그들의 토지 · 영토 · 자원을 소유하고, 이용하고, 관리하는 원주민의 법적 · 관습적 권리를 인정하고 존중해야 한다.
원칙 4 : 지역사회와의 관계 및 노동자의 권리	산림노동자와 지역사회의 장기적인 사회적 경제적 복지를 유지하거나 향상시키도록 산림을 경영해야 한다.
원칙 5 : 산림이 제공하는 편익	산림관련 작업시, 경제적 타당성과 다양한 환경적 · 사회적 편익을 확보할 수 있도록 산림의 다양한 임산물 및 산림서비스의 효율적인 이용을 촉진시킬 수 있도록 산림을 경영해야 한다.
원칙 6 : 환경에 미치는 영향	생물다양성과 그와 관련된 가치 · 수자원 · 토양 및 독특하고 취약한 생태계 및 경관을 보전하고, 그렇게 함으로써 산림의 생태적 기능과 본래의 모습을 유지하도록 산림을 경영해야 한다.
원칙 7 : 경영계획	사업의 규모 및 내용에 적합한 경영계획을 작성하고, 이행하며, 변경해야 한다. 장기경영목표와 이를 달성하는 수단을 제시하여야 한다.
원칙 8 : 모니터링 및 평가	산림상태, 임산물 생산량, 임산물 가공, 유통단계의 추적체계, 경영활동 및 이러한 활동의 사회적 · 환경적 영향을 평가하기 위해 산림경영의 규모와 내용에 걸맞게 모니터링을 실시해야 한다.
원칙 9 : 보전가치가 높은 산림의 유지	• 보전가치가 높은 산림지역 내에서의 경영활동은 보전가치가 높은 산림을 정의하는 속성을 유지하거나 향상시켜야 한다. • 보전가치가 높은 산림에 관한 결정은 예방차원의 접근방식으로 이루어져야 한다.
원칙 10 : 인공림	• 원칙 및 기준 1~9와 원칙 10 및 그 기준에 따라 인공림을 계획하고 경영해야 한다. • 인공조림은 다양한 사회 및 경제적 편익을 제공하고 전세계 임산물 수요를 충족시키는 데 공헌하지만, 천연림의 경영을 보완하고, 천연림의 이용압력을 감소시키고 천연림의 복원 및 보전을 촉진시킬 수 있어야 한다.

3. 산림인증계획승인프로그램(Programme for the Endorsement Forest Certification, PEFC)의 인증 및 CoC인증(chain of custody certification)

① 가공유통과정에서 인증된 목재나 목제품이 다른 제품과 구별·식별되어 사용되고 있는가를 심사하여 목재생산부터 소비까지의 연쇄적인 흐름을 검증 산림경영인증과는 별도의 체계임.
② CoC인증은 FM인증 산림에서 생산된 목재를 사용하여 가공한 제품을 인증하는 제도로서 제품에는 FSC의 마크가 부착
③ 인증된 임산물을 적극적으로 취급하는 업자집단을 구매자단체라 칭함.
④ CoC인증제도에 관하여 FSC는 1997년 9월에 함량비율표시제를 도입하고, 보다 유연한 라벨링방침을 구사

4 기후변화

1. 온실가스의 종류 ☆

온실가스	주요 발생원	배출량
이산화탄소(CO_2)	에너지 사용, 산림 벌채	77%
메탄(CH_4)	화석원료, 폐기물, 농업, 축산	14%
아산화질소(N_2O)	산업공정, 비료 사용, 소각	8%
수소불화탄소(HFCs)	에어컨 냉매, 스프레이 분사제	
과불화탄소(PFCs)	반도체 세정용	1%
육불화황(SF_6)	전기 절연용	

2. 기후변화협약(United Nations Framework Convention on Climate Change, UNFCCC)

1) 목적

① 지구온난화를 규제 방지하기 위한 국제협약
② 1992년 6월 리우국제환경회의에서 채택됨.

2) 교토의정서

법적 구속력이 없는 기후변화 협약에 대해 1997년 일본 교토에서 선진국의 온실가스배출에 관한 법적 구속력이 있는 각국마다의 수치를 약속한 교토의정서 채택

■ 지구 온난화의 영향
① 기온 상승은 바닷물의 온도 상승, 빙하 융해, 바닷물 팽창
② 기온이 2℃ 상승한다면 기후대가 위도방향 300km, 수직방향 300m가 변화됨
③ 종자식물의 이동속도 증가로 생육이 불가능한 지역 발생
④ 이상가뭄 및 홍수·물 부족 등으로 농업에 지장
⑤ 열대지역의 전염병 증대

■ 교토의정서 – 교토메카니즘
온실가스를 효과적이고 경제적으로 줄이기 위하여 공동이행제도(JI), 청정개발체제(CDM), 배출권거래제도(ET)와 같은 유연성체제를 도입하였는데, 이들을 교토메카니즘(Kyoto Mechanism)이라고 한다.

CHAPTER 04 지속 가능한 산림경영

① 공동이행제도(Joint Implementation ; JI) : 온실가스를 의무적으로 감축해야 하는 부속서 Ⅰ의 국가들 사이에서 온실가스 감축사업을 공동으로 수행하는 것을 인정하는 제도로 한 국가가 다른 국가에 투자하여 감축한 온실가스량의 일부분을 투자국의 감축실적으로 인정하는 것

② 청정개발체제(Clean Development Mechanism ; CDM) : 온실가스 감축의무가 있는 선진국이 감축의무가 없는 개발도상국에서 온실가스감축사업을 수행하여 얻어진 탄소배출권을 선진국의 의무 감축량에 포함시킬 수 있도록 한 것

③ 탄소배출권거래제도(International Emission Trade ; IET) : 감축 의무국가가 의무감축량을 초과하여 달성하였을 경우, 그 초과분을 다른 감축의무국가와 거래할 수 있는 제도이며, 그 반대 의미도 가능하여 일반상품과 같이 시장성을 가지는 것

3) 파리협정 (신기후체제) ☆

① 2015년 프랑스 파리에서 개최된 제21차 기후변화협약 당사국 총회에서는 2020년 만료된 교토의정서를 대체하는 파리협정이 채택, 2021년 1월부터 적용될 기후변화 대응을 담은 기후변화협약으로 2016년 11월 발효됨.

② 내용

㉮ 장기목표로 산업화 이전 대비 지구평균기온 상승을 2도 낮은 수준으로 유지하고 온도상승을 1.5도 이하로 제한하기로 협의

㉯ 온실가스 감축에 국가별 기여방안은 스스로 정하는 방식을 채택하여, 매 5년마다 상향된 목표를 제출하되 공통의 차별화된 책임 및 국가 간의 여건을 감안할 수 있도록 합의

㉰ 모든 국가에 온실가스 감축과 적응의 책무가 강화됨.

㉱ 산림의 기능을 보전. 증진시키는 것은 이러한 책무를 다하기 위해 반드시 수반되어야 함.

핵심

05 산림의 수확조정

학습주안점

- 수확조정법의 발달순서를 암기해야 한다.
- 고전적 수확 조정기법의 각 종류와 기준되는 방법에 대해 알아야 한다.
- 현대적 수확 조정기법의 각 종류와 기준되는 방법에 대해 알아야 한다.

1 수확조정의 개념 및 발달순서 ☆☆

1) 개념

일반적인 산림수확은 일정기간 또는 일정산림에서 생산되는 임산물의 이용적 견지에서 채취되는 총량을 말함.

2) 수확조정법의 발달 순서

단순구획윤벌법 → 재적배분법 → 평분법 → 법정축적법 → 영급법 → 생장량법

3) 수확량의 사정

① 생장률(生長率)에 의한 방법 : 각 직경계(直徑階)의 표준목 몇 개에 대한 생장률을 구하거나 또는 전임분의 표준목 몇 주에 대한 생장률을 구해서 벌채연도까지의 생장량을 추정 가산하여 벌채시기의 총재적 및 직경급의 범위를 추정

② 수확표에 의한 방법 : 해당 임분에 알맞은 수확표를 이용하여 필요한 연도에 대한 수확량을 사정할 수 있음.

2 고전적 수확조정 기법 ☆☆☆

1. 구획윤벌법(區劃輪伐法=구획면적법=면적배분법)

① 가장 오래된 수확조정법으로 14세기 전반~18세기 후반까지의 유일한 수확조정법으로 사용됨.

② 확고부동한 면적을 기초로 하기 때문에 계획을 수립하고 업무를 실행하는 데 편리

③ 윤벌기를 거치는 동안 산림은 법정상태가 되며, 매년 동일 면적을 벌채하게 되면 불법정한 현실림은 제1윤벌기 동안에 경제적으로 큰 손실이 따름.

핵심 PLUS

■ 수확표
산림의 단위면적당 주수 · 지름 · 재적 · 생장량 등을 임령별, 지위별, 주 · 부임목별로 표시한 것으로, 이 수확표를 이용하면 입목재적 및 생장량의 추정, 지위판정, 입목도 및 벌기령의 결정, 수확량의 예측, 산림평가 등을 간편하게 할 수 있음.

■ 산림의 수확조정기법(요약)

구획 윤벌법	단순구획윤벌법, 비례구획윤벌법
재적 배분법	Beckmann법, Hufnagl법
평분법	재적평분법, 면적평분법, 절충평분법
법정 축적법	교차법: Kameraltaxe법, Heyer법, Karl법, Gehrhardt법 이용률법: Hundeshagen 법, Matel법 수정계수법: Breymann법, Schmidt법
영급법	순수영급법, 임분경제법, 등면적법
생장량법	Martin법, 생장률법(생장 량법), 조사법

④ 용재림에서는 적용할 가치가 적고, 장소적 규제의 필요성이 적은 신탄림 작업에 응용할 수 있지만 실용성이 높지 않음.

⑤ 종류

㉮ 단순구획윤벌법 : 전 산림 면적을 기계적으로 윤벌기 연수로 나누어 벌구면적을 같게 하는 방법

$$f(벌구면적) = \frac{F(전산림면적)}{u(윤벌기연수)}$$

㉯ 비례구획윤벌법 : 토지의 생산력에 따라 개위면적을 산출하여 벌구면적을 조절함으로써 연수확량을 균등하게 하는 방법

$$f(벌구면적) = \frac{F}{u}$$

■ 재적배분법
　재적을 기준으로 하여 수확예정량을 결정한다.

2. 재적배분법(材積配分法)

1) Beckmann법

① 1759년 Beckmann에 의해 창안된 재적을 기준으로 한 방법

② 작업급 내의 전임목을 대·소에 따라 성목과 미성목으로 나누고 미성목이 성목으로 자라는데 필요한 기간을 경리기간으로 정하여 경리기간에 생장량을 고려하여 재적수확을 균등히 하는 것

③ 축적과 생장량의 사정이 기술적을 곤란하고, 재적 보속성도 낮아 집약적 경영에는 그 응용성이 약하다고 볼 수 있으나 당시에 택벌림과 중림작업을 근거로 하여 성립됨.

2) Hufnagl법

① 전임분을 윤벌기 연수의 1/2 이상 되는 연령의 것과 이하의 것으로 나누어 전자는 윤벌기의 전반에, 후자는 윤벌기의 후반에 수확할 수 있도록 함.

② 개별작업에 응용할 수 있도록 고안된 것이며 산림의 영급분배가 거의 균등할 경우에 적용

③ U/2년 이상 임분과 그 미만의 면적차가 15% 이하일 때 적합한 방법

④ 축적과 생장량을 측정해야 하므로 기술적인 면에서 복잡하고 재적수확의 보속도 불안정함.

$$E = \frac{2V}{U} + \frac{aF \times Z}{2}$$

V : 전재적, Z : 1ha당 연년생장량, F : $U/2$년 이상 연령의 면적, U : 윤벌기

3. 평분법(平分法) ☆

1) 재적평분법

한 윤벌기에 대하여 벌채안을 만들고 각 분기마다 벌채량을 균등하게 하여 재적 수확의 보속을 도모하려는 방법

2) 면적평분법 ☆

① 재적수확의 균등보다는 장소적인 규제를 더 중시하여 각 분기의 벌채 면적을 같게 하는 방법

② 내용

㉮ 기초 단위는 임반임.

㉯ 임분 배치 관계상 뒤에 배치상 후에 임분이 과숙되어 있으면 이를 제1분기에 다시 중복하여 배정하게 되는데, 이를 복벌(재벌)이라고 함.

㉰ 처음에 배정된 임분이 유령림일 경우에는 원래 배정된 분기에 수확하지 않고 다음 윤벌기까지 벌채를 연기하도록 하는데, 이를 경리기 외 편입이라고 함.

3) 절충평분법

① 절충평분법은 면적평분법의 법정임분배치와 재적평분법의 재적보속을 동시에 이루려는 방법

② 절충평분법은 융통성이 있으며 여러 가지 작업에 적용이 가능

③ 우리나라의 영림계획에서 주로 이 방법을 응용하고 있음.

4. 법정축적법

1) 개요

① 각 작업급에 대한 현실림의 축적과 생장량, 그리고 법정축적을 사정하고, 일정한 수식으로 표준 벌채량을 계산하여 현실림을 법정림 상태로 유도하는 방법이기 때문에 수식법이라고함.

② 평분법과는 달리 벌채량이 먼저 결정되고 그 후에 분기별 벌채될 임분이 선정됨.

③ 경리기간이 짧음.(매년 수확 조절하는 것이 이상적이나 실제는 10년 단위로 함)

④ 영급관계가 현저하게 불법정한 산림에는 적용하지 못함, 대부분의 산림에 응용이 가능

2) 교차법

① Kameraltaxe법 : 1788년 오스트리아 황실령에서 근원하며, 표준연벌량이 생장량의 1/2보다 적지 않도록 하는 것이 좋음, 성숙림에서는 현재의 평균생장량·유령림에서는 수확표에 의한 벌기평균생장량을 사용함.

$$E = Z + \frac{V_w - V_n}{a}$$

E : 표준연벌량, Z : 전림(작업급)의 생장량, V_w : 현실축적, V_n : 법정축적, a : 갱정기

② Heyer법 : 평분법과 Kameraltaxe법을 절충하여 창안

$$E = Z(조정계수) + \frac{V_w - V_n}{a}$$

③ Karl법 : Kameraltaxe법을 개조하여 만든 방법

- 축적의 증감에 따라 연년생장량이 비례하여 증감된다고 가정한 공식

$$E = Z \pm \frac{D_V}{a} \mp \frac{D_Z}{a} \times n$$

Z : 갱정기 초에 실측한 현실연년생장량
D_V : $V_W - V_n$ (현실축적과 법정축적의 차)
D_Z : $Z - Z_n$ (현실연년생장량과 법정연년생장량의 차)
a : 갱정기　　　　　n : 측정한 후의 경과연수

④ Gehrhardt법 : 수식법과 영급법을 절충

$$E = \frac{Z_n + Z_w}{2} + \frac{V_W - V_n}{a}$$

Z_n : 수확표에서 구한 주부림목의 법정 생산량
Z_w : 현실연년생장량, V_w : 현실축적, V_n : 법정축적
u : 갱정기

3) 이용률법

① Hundeshagen법 : 생장량이 축적에 비례한다는 가정하에서 유도되고 있지만 임분의 생장은 유령임분에서는 왕성하고 과숙임분에서는 왕성하지 못하므로 임분의 영급상태가 불법정일 때는 적용할 수 없음.

$$E = V_w \times \frac{E_n}{V_n}$$

V_w : 현실축적, V_n : 법정축적, E_n : 법정벌채량, E_n/V_n : 이용률

② Mantel법

㉮ Hundeshagen법을 변형한 것으로서 현실축적을 윤벌기의 반, 즉 $U/2$로 나눈 것을 벌채량으로 함.

㉯ 이 방법은 간단하게 계산할 수 있는 방법이며, 오랜 기간이 경과하여야만 법정축적에 도달할 수 있고, 임분의 영급상태가 법정에 가깝지 않으면 적용하기 곤란함.

$$E = V_w \times \frac{V_w}{\dfrac{U}{2_n}} = V_w \times \frac{2}{U}$$

V_w : 현실축적, U : 윤벌기

4) 수정계수법

① Breymann법 : 수확조정에 임령을 사용하였고, 실행이 간단하기 때문에 10년마다 검정하여 수정하면 개벌교림작업에 응용할 수 있으나 임령을 고려하지 않는 택벌작업에는 적용할 수 없음.

$$E = E_n \times \frac{A}{\dfrac{U}{2}}$$

E_n : 법정수확량, A : 현실림의 평균임령

② Schmidt법

㉮ 현실생장량에 V_w / V_n의 수정계수를 곱하여 수확량을 계산하는 방법

㉯ 법정 축적이 유지되도록 유도하지만 Hundeshagen법과 같이 갱정 기간이 불분명하다.

$$E = Z_w \times \frac{V_w}{V_n}$$

Z_w : 현실생장량, V_w : 현실축적, V_n : 법정축적

5. 영급법(齡級法)

1) 순수영급법

① 절충평분법이 점차 발전되어 완성된 것으로 개벌작업. 산벌작업 등 벌구식 작업을 할 수 있는 임분에 적용

② 임분배치와 법정영급을 고려하여 수확은 노령림을 먼저하고, 시업계획기간은 10~20년으로 하며, 과거의 갱신·보육·수확량 등의 실적을 검토하여 시업안을 계속 편성하고 이것을 기준으로 하여 적정한 수확량을 결정함.

③ 이 방법은 각종 개벌작업·산벌작업 등 벌구식 작업을 할 수 있는 임분에 응용

■ 영급법

① 평분법은 법정영급배치에 너무 치중하여 임반 내의 임분 차이가 고려되지 않고 임반이 단위가 되어 정리되므로 경제적 손실이 크며, 이에 대한 손실을 막기 위해 영급법이 발전

② 임분의 경제성을 높이고 법정상태의 실현을 통한 수확의 보속을 위하여 임반 내 임분의 상태를 고려한 소반을 시업단위로 몇 개의 영계를 합한 영급을 편성한 다음 법정림의 영급과 대조하여 그 과부족을 조절할 수 있는 벌채안을 만드는 것

2) 임분경제법

① 산림을 구성하고 있는 각 임분을 가장 경제적으로 벌채하면 산림전체가 경제적으로 유리하게 경영된다는 방법

② 경제성을 중시하기 때문에 자연법칙이 경시되기 쉽고, 토지순수익설에 의하여 벌기를 결정하게 되므로 벌기가 짧아지기 쉬우며, 개벌작업에는 적합하지만 택벌작업이나 산벌작업에는 적용할 수 없음.

③ 토지기망가를 계산하여 토지기망가가 가장 큰 벌기를 작업급의 윤벌기로 하고, 10~20년을 1시업기로 하는 벌채안을 작성

④ 제1시업기에 벌채할 임분 ☆

 ㉮ 사업상 벌채를 필요로 하는 임분

 ㉯ 성숙기에 도달한 임분

 ㉰ 벌채순서상 희생적 벌채를 해야 할 임분

 ㉱ 성숙여부가 불분명한 임분

3) 등면적법

① 순수영급법과 임분경제법의 결점을 보완

② 영급법과 같이 1시업기를 경리기간으로 하여 일정 기간마다 시업안을 검정하여 수정하고, 또한 지위·지리·화폐수확 등을 고려하여 벌채 장소를 선정하기 때문에 수확보속상 안전

③ 모든 영급법은 개벌 작업에 적합하기 때문에 택벌작업 또는 이와 유사한 작업을 실시하는 산림에는 적용하기 곤란

6. 생장량법

1) Martin법

① 각 임분의 평균생장량 합계를 수확예정량으로 삼는 것으로 평균생장량의 합계가 전림의 연년생장량과 같다고 하는 가정은 잘못된 것으로 적용 범위가 한정적임.

② 계산이 간편하고 윤벌기가 필요하지 않으며, 벌채장소를 지정하지 않으므로 영급배치가 법정상태인 개벌작업림의 계산적 수확조정법으로 응용되고 있다.

③ 각 임분의 연령 평균 생장량 합계=간벌수확을 포함한 최고령임분의 재적=전림의 연년생장량=수확량

■ 생장량법

① 지금까지의 수확조절법은 면적이나 재적에 근거를 두어 수확량을 조절하였으나 생장량법은 생장량이 곧 수확량이 되도록 하는 방법

② 생장량법에는 각 임분의 평균생장량 합계를 수확량으로 정하는 Martin법, 현실축적에 각 임분의 평균생장률을 곱하여 얻는 생장량을 수확량으로 삼는 생장률법, 조사법 등이 있음.

2) 생장률법(생장량법)

① 현실 축적에 각 임분의 평균생장률을 곱하여 얻은 연년생장량을 수확예정량으로 하는 방법

② 윤벌기 또는 벌기를 정할 필요가 없으며, 택벌작업 임분과 개벌작업 임분에 다 같이 적용

$$E = V_w \times 0.0P = Z$$
$$V_w : 현실축적, \ P : 생장률, \ Z : 연년생장량$$

3) 조사법 ☆

① 개요

㉮ 일정한 수식이나 특수한 규정이 따로 정해져 있는 것이 아니라 경험을 근거로 하여 실행하는 것으로 목표는 어디까지나 조림, 무육을 위주로 함.

㉯ 산림이 어떠한 상태에 있을 때 자연을 최대로 이용하여 산림생산을 어떻게 지속시킬 수 있을 것인가를 장기간에 거쳐 경험적으로 파악하여 집약적인 임업경영을 실현하는데 그 목적이 있음.

② 실시요령

㉮ 산림을 소면적의 임반으로 구획하는데 12~15ha를 초과하지 않는 것이 좋음.

㉯ 경리기간은 원칙적으로 각 임반이 1회 벌채되는 기간을 말하며 5~8년이 좋음.

㉰ 소경목(20~30cm) : 중경목(35~50cm) : 대경목(55cm 이상)=2 : 3 : 5의 재적비율이 이상적임.

$$Z = V_2 - V_1 + n$$
$$여기서, \ Z : 생장량, \ V_2 : 경리기 말기 축적, \ V_1 : 경리기 초기 축적,$$
$$n : 경리기간 중 벌채량$$

③ 문제점

㉮ 생장량의 조사에 많은 시간과 비용이 소요되고 기술을 필요

㉯ 경영자는 경험에 의하여 실행하기 때문에 고도의 기술적 숙련을 요함.

㉰ 현실림은 개벌에 의한 동령 일제림이 많으므로 적용범위가 선택적

㉱ 조사법은 개벌작업을 제외한 모든 작업법에 응용할 수 있지만 현실적으로 거의 택벌림 작업에 적용됨.

■ 현대적 수확조정 기법
21세기에 이르러서는 산림의 공익성
(환경성)이 부상하여 생태적 측면을
고려한 산림수확조절방법에 대한 요구
도가 높아지게 되어 과학적 의사결정
방법으로의 최적화 기법이 나타나게
되었다.

3 현대적 수확조정 기법

1. 선형계획법

산림수확조절을 위하여 가장 널리 사용되는 경영과학적 기법 중의 하나로, 하나의 목표 달성을 위하여 한정된 자원을 최적 배분하는 수리계획법의 일종이다.

1) 선형계획모형

선형계획법은 선형의 제약조건 고려 하에 선형의 목적함수를 최적화하기 위하여 $X_1, X_2, \cdots, X_n$의 값을 결정하는 수학적 방법이다. 즉 선형계획모형은

$$Z = \sum_{j=1}^{n} C_j X_j \quad \cdots\cdots\cdots\cdots\cdots\cdots\cdots\cdots\cdots\cdots\cdots\cdots\cdots\cdots\cdots ㉠$$

$$\sum_{j=1}^{n} A_{ij} X_j \; 값을 \; (\leq, =, \geq) B_i \quad \cdots\cdots\cdots\cdots\cdots\cdots\cdots ㉡$$

$$X_i \geq 0 \quad \cdots\cdots\cdots\cdots\cdots\cdots\cdots\cdots\cdots\cdots\cdots\cdots\cdots\cdots\cdots\cdots\cdots\cdots\cdots ㉢$$

등의 세 가지 부분으로 표시되는데, 이 경우에 $A_{ij} \cdot B_j$ 및 C_i는 상수에 해당한다. 위의 세 가지 식은 선형계획의 기본모형을 나타낸다.

㉠식은 목적함수식을 나타내고, 어느 문제의 '최적해'는 최댓값 또는 최솟값을 나타낸다. ㉡식은 제약조건을, 그리고 ㉢식은 비부조건을 나타낸다.

2) 선형계획모형의 전제조건

① 비례성 : 선형계획모형에서 작용성과 이용량은 항상 활동수준에 비례하도록 요구된다. 선형계획모형의 이러한 특성은 '비례성 전제'라고 하는 표현으로 알려져 있다.

② 비부성 : 의사결정변수 $X_1, X_2, \cdots, X_n$은 어떠한 경우에도 음(−)의 값을 나타내서는 안된다.

③ 부가성 : 두 가지 이상의 활동이 동시에 고려되어야 한다면 전체생산량은 개개 생산량의 합계와 일치해야 한다. 즉, 개개의 활동 사이에 어떠한 변환작용도 일어날 수 없다는 것을 의미한다.

④ 분할성 : 모든 생산물과 생산수단은 분할이 가능해야 한다. 즉, 의사결정변수가 정수는 물론 소수의 값도 가질 수 있다는 것을 의미한다.

⑤ 선형성 : 선형계획모형에서는 모형을 정하는 모든 변수들의 관계가 수학적으로 선형함수, 즉 1차함수로 표시되어야 한다.

⑥ 제한성 : 선형계획모형에서 모형을 구성하는 활동의 수와 생산방법은 제한이 있어야 한다.

⑦ 확정성 : 선형계획모형에서 사용되는 모든 매개변수(목적함수와 제약조건의 계수)들의 값이 확정적으로 이러한 값을 가져야 한다는 것을 의미한다.

즉, 이것은 선형계획법에서 사용되는 문제의 상황이 변하지 않는 정적인 상태에 있다고 가정하기 때문이다.

2. 정수계획법

① 선형계획은 목적함수가 가분성을 전제로 하는 소수점 이하까지 나타낼 수 있다. 예를 들면, 산림작업 인원수 같은 것은 정수로만 표시해야하기 때문에 이와 같은 문제를 해결하기 위해 정수 계획법이 사용됨.

② 이 방법의 특성은 선형목적함수, 선형제약조건식, 모형변수들이 0 또는 양의 정수, 특정변수에 대한 정수제약조건 등으로 구분

3. 목표계획법

선형계획법에서와 같이 목적함수를 직접적으로 최대화 또는 최소화하지 않고, 목표들 사이에 존재하는 편차를 주어진 제약조건하에서 최소화하는 기법으로 산림의 다목적 이용을 위한 경영계획문제에 적용할 수 있는 방법이다.

4. 수확표의 이용

1) 수확표의 기재 사항

여러 가지가 있어서 일정하지 않지만, 일반적인 형식은 주임목(또는 주벌수확〈Principal Yield〉)과 부임목(또는 간벌수확〈Intermediate Yield〉)으로 나누어지며, 각각 일정 연한(5년)마다 다음과 같은 사항들을 기입한다.

① 본수 : 단위면적당의 총 본수를 기입한다.

② 재적합계 : 단위면적당의 간재적을 기입하는 것이 보통이지만, 경우에 따라서는 가지재적도 함께 기입한다.

③ 흉고단면적(Basal Area)합계 : 단위면적당의 흉고단면적합계를 기입한다. 이 것은 현실림의 입목도를 사정하는데 필요하다.

④ 평균직경 : 임분의 평균직경을 기입한다. 이것을 평균흉고직경 또는 중앙직경이라고 하며, 이것은 지위판정에 사용된다.

⑤ 평균수고 : 임분의 평균수고를 기입한다. 이것을 중앙임분고 또는 중앙고라고도 하며, 이것은 지위판정에 사용된다.

⑥ 평균재적 : 표준목의 재적을 기입한다.

⑦ 임분형수 : 임분의 평균형수를 기입한다.

■ 수확표
① 수확표(Yield Table)는 보통 입지(Site)별로 만들어지며, 어떤 수종에 대하여 일정한 작업법을 채용하였을 때, 일정 연한(5년)마다 단위면적당 본수·재적 및 이와 관계있는 기타 주요 요소의 값을 표시한 것이다.
② 수확표는 재적(또는 목재)을 표시한 수확표와 목재수확량을 금액으로 표시한 금원후확표(Money Yield Table)로 나누어진다. 후자는 목재 재적에 산지의 목재단가를 곱한 것이다. 수확표는 그 지방에 적합하게 만든 수확표를 지방적수확표(Empirical or Actual Yield Table)라 하고 어느 지방을 고려하지 않고 만들어지는 수확표를 법정수확표(Normal Yield Table) 또는 일반적 수확표라 한다.

⑧ 성장량 : 연년성장량과 평균성장량으로 나누어서 기입한다. 연년성장량은 1년 간의 성장을 뜻하지만, 수확표에 있어서는 보통 5년으로 나눈 정기평균성장량 을 말하며, 평균성장량은 총평균성장량을 말한다.

⑨ 성장률 : 일반적으로 재적성장률을 기입한다.

⑩ 주임목과 부임목 : 주임목은 주벌수확을 기입하고, 부임목은 간벌수확을 기입한다.

⑪ 입목도 : 밀·중·소로 3가지로 구분하여 기입한다.

⑫ 지위 : 5등급 또는 3등급으로 나타내는데, 우리 나라에서는 5등급으로 기입하고 있다.

⑬ 임령 : 5년을 영급으로 하여 기입하는 경우도 있지만, 미국에서는 10년을 영급 으로 하여 기입하고 있다. 앞에서 몇 가지 항목을 기술하였으나 수확표에는 전부 또는 그 일부를 기입하게 된다.

2) 대표적인 수확표의 예

위치_____   지위_____   조사자_____

연령	주임목								부임목	
	평균 직경 (cm)	평균 수고 (m)	평균 형수	ha당					ha당	
				본수	단면적 (m²)	재적 (m³)	재적		본수	간재적 (m³)
							연년 성장량 (m³)	평균 성장량 (m³)		
15	−	6.0	−		22.4	80.8	−	5.4	−	−
20	12.4	8.5	0.526	2855	25.3	158.8	15.6	7.9	−	−
25	15.5	10.7	0.497	2369	45.0	238.8	16.0	9.6	486	14.6
30	18.2	12.5	0.487	2004	52.4	321.5	16.6	10.7	365	19.4
35	20.6	14.1	0.484	1744	58.4	405.7	16.8	11.6	259	21.3
·	·	·	·	·	·	·	·	·	·	·
·	·	·	·	·	·	·	·	·	·	·
·	·	·	·	·	·	·	·	·	·	·

① 수확표를 만드는 데 있어서는 여러 가지 자료를 수집하게 된다. 지방적 수확표 일 경우에는 기상 및 토지조건이 비슷하며, 시업방법이 서로 같은 곳에서는 다 음과 같은 방법으로 수집한다.

㉮ 조건에 알맞은 임분을 선정하여 고정표본점을 만들고 필요 연도마다 실측 하여 얻은 값을 이용한다. 이 고정표본점에 대해서는 간벌이라든가 기타 작 업을 보통 것과 같이 실시한다.

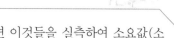

㉯ 일정 연도마다 조건에 알맞은 임분이 있으면 이것들을 실측하여 소요값(소요치)을 얻는다.

㉰ 벌기에 가까운 삼림에서 조건에 알맞은 임분을 골라 현재의 크기를 측정하고 표준목을 선정하여 이것을 수간해석하고 과거의 크기를 추정하여 임분의 성장법칙을 알아낸다. 이 방법을 지임분법(Indicating Method)이라 한다.

㉱ 그 지방에 있는 여러 가지 지위 및 임령 중에서 조건에 알맞은 것을 될 수 있는 대로 많이 선정하여 이것을 측정하고 정리하여 성장법칙을 알아낸다.

㉲ 위의 각 방법을 혼용한다.

② 수확표는 수확예정량, 성장량조사, 지위사정, 임분재적사정, 간벌의 지침, 임업의 경영계획, 임업정책의 수립 또는 시업의 시행방법 등에 걸쳐 대단히 널리 사용되며, 중요한 의의를 가지고 있음.

■■■■ 5. 산림의 수확조정

1. 수확조절방법이 발전된 순서에 따라 배열된 것은?

① 재적배분법 – 평분법 – 구획윤벌법
② 영급법 – 법정축적법 – 재적평분법
③ 재적배분법 – 영급법 – 조사법
④ 조사법 - 재적배분법 – 평분법

2. 산림 수확조절의 발달 순서상 가장 빠른 것이라 생각되는 것은?

① 평분법   ② 구획윤벌법
③ 조사법   ④ 법정축적법

3. 한 윤벌기를 몇 개의 분기로 나누고 매 분기마다 수확량이 같게 하려는 의도로 고안된 수확조절법은?

① 구획윤벌법   ② 재적배분법
③ 법정축적법   ④ 평분법

4. 면적을 기준으로 한 수확법은?

① 구획윤벌법   ② 재적배분법
③ 평분법   ④ 개위면적법

5. 재적수확의 균등보다 장소적 규제를 더 중요시하는 수확조절법은?

① 재적평분법   ② 재적배분법
③ 면적평분법   ④ 절충평분법

해   설

해설 **1**
발전순서 : 구획윤벌법 – 재적배분법 – 평분법 – 법정축적법 – 영급법 – 생장량법(조사법)

해설 **2**
구획윤벌법은 가장 오래된 수확조정법으로 14세기 전반 ~ 18세기 후반까지 수확조정법으로 사용되어 왔다.

해설 **3**
평분법은 재적평균법 – 면적평분법 – 절충평분법으로 발전하였다.

해설 **4**
구획윤벌법은 전 산림 면적을 윤벌기 연수와 같은 수의 벌구로 나누어 한 윤벌기를 거치는 가운데 매년 한 벌구씩 벌채 수확할 수 있도록 규정한 것을 말한다.

해설 **5**
면적평분법은 재적평분법에 비해 재적수확의 균등보다는 장소적인 규제를 더 중요시하여 각 분기의 벌채면적을 같게 한다.

정답 1. ③ 2. ② 3. ④ 4. ①
5. ③

6. 다음 중 면적평분법에 대한 설명으로 잘못된 것은?

① 과숙한 임분의 배당은 복벌(複伐)의 방법을 취한다.
② 유령 임분의 배당은 경리기외 편입방법을 취한다.
③ 각 분기의 벌채면적을 같게 한다.
④ 각 분기마다 수확량을 같게 한다.

7. 복벌(複伐) 또는 경리기외 편입 등이 사용되는 수확조절법은?

① 구획윤벌법   ② 재적배분법
③ 면적평분법   ④ 임분경제법

8. 평분법의 종류에 대한 설명이 아닌 것은?

① 윤벌기에 대한 벌채안을 만들고 각 분기마다 벌채량을 같게하여 재적수확의 보속을 도모하려는 방법
② 전 산림면적을 윤벌기 연수와 같은 수의 벌구로 나누어 한 윤벌기를 거치는 가운데 매년 한 벌구씩 벌채하는 방법
③ 재적수확의 균등보다는 장소적인 규제를 더 중요시하며 각 분기의 벌채면적을 같게하는 방법
④ 법정 임분배치와 재적 보속을 동시에 이루고자 하는 방법

9. 수확조절에 있어서 사업상 필요한 임분 벌채, 벌기에 도달한 임분의 벌채, 벌채 순서를 조절하기 위한 벌채 등과 깊은 관계가 있는 것은?

① 면적 평분법   ② 영급법
③ 구획 윤벌법   ④ 임분 경제법

해설 **6**
④는 한 윤벌기에 대한 벌채안을 만들고 각 분기의 벌채량(수확량)을 동일하게 하여 현실림에서 균일한 재적수확을 올리려는 방법은 재적평분법이다.

해설 **7**
면적평균법에서 과숙된 임분의 중복 배당을 복벌(複伐) 또는 재업(再伐)이라 하고 유령 임분의 벌채 연기를 경리기외편입이라 한다.

해설 **8**
① 재적평분법, ② 구획윤벌법, ③ 면적평분법, ④ 절충평분법

해설 **9**
임분경제법에서 제1시업기에 벌채할 임분의 선정기준이다.

정답 6. ④ 7. ③ 8. ② 9. ④

10. 일정한 수식이나 특수한 규정이 따로 정해져 있는 것이 아니라 경험을 근거로 실행하는 수확조절법은?

① 법정축적법

② 생장률법

③ 조사법

④ 영급법

해설 **10**

조사법은 경험을 근거로 실행한다. 조림과 무육을 위주로 하며 조방적인 경영을 하는 산림에는 적용이 곤란하다.

11. 산림수확에 관한 기술 중 옳지 않은 것은?

① 토석채취(土石採取)는 부산물 수확이다.

② 간벌수확은 조림 후 주벌수확 때까지의 무육상 벌채한 임목수확이다.

③ 주벌수확은 벌기수확을 말한다.

④ 산지개간을 위한 수확은 주벌수확이다.

해설 **11**

주벌수확은 벌기수확, 비갱신수확, 택벌수확 등을 포함한다.

12. 조사법에서 소, 중, 대경목의 재적 비율은?

① 2 : 3 : 5

② 1 : 3 : 5

③ 5 : 3 : 2

④ 5 : 3 : 1

해설 **12**

조사법에서 기간생장량을 가장 크게 하기 위한 소경목 : 중경목 : 대경목의 재적 비율은 2 : 3 : 5이다.

13. 다음의 산림수확조절법 중 윤벌기를 계산인자로 사용할 필요가 없는 것은?

① 재적평분법

② Mantel법

③ 임분경제법

④ 조사법

해설 **13**

조사법의 계산인자는 어떤 기간에 대한 생장량과 축적, 벌채 이용 및 고사량 등이다.

정답 10. ③ 11. ③ 12. ① 13. ④

06 산림평가

핵심 PLUS

학습주안점

- 산림평가의 구성내용과 특수성에 대해 이해해야 한다.
- 산림평가 산림경영요소의 비용, 수익, 임업이율에 대한 내용을 이해하고 암기해야 한다.
- 산림평가와 관계가 있는 계산적 기초 공식인 복리산 공식의 전가식, 후가식 등을 이해하고 적용할 수 있어야 한다.
- 임지평가방법의 임지비용가, 임지기망가, 임지 매매가 방식을 구분하고 적용 공식을 알아야 한다.
- 임목평가방법의 유령림, 벌기미만 장령림, 중령림, 벌기이상 임목에서 적용되는 평가방법을 알고 있어야 한다.

1 산림평가의 구성내용과 특수성

1. 산림평가의 구성내용 ☆

1) 임지

위치 · 지형 · 지질 · 면적 등의 자연요소와 지위 · 지리별로 구분하여 평가

2) 임목

수종 · 용도 · 임령 등으로 구분하여 평가

3) 부산물

임지 내의 토석 · 광물 · 동식물 등으로 구분하여 평가

4) 시설

임도 · 건물 · 보호시설 · 휴양시설 등으로 구분하여 평가

5) 공익적 기능

보전적 기능, 환경보호기능 등으로 구분하여 평가

2. 산림평가의 입장에서 본 산림의 특수성

① 산림은 다른 생산 상품과는 달리 자연적으로 장기간에 걸쳐 생산된 것이므로 동형동질인 것은 없음.
② 임업의 대상지로서 산림은 수익을 예측에 어려움이 있음.

■ 산림평가의 개념
① 임지와 임목을 비롯한 여러 생산물로 구성되어 있는 산림의 경제적 가치를 화폐 액수로 나타낸 것이다. 산림 평가에서는 장래에 대한 사전 계산을 주로 한다.
② 산림평가는 다음과 같은 경우에 많이 활용된다.
㉮ 산림의 매매 · 교환 · 분할 및 병합할 때의 가격사정
㉯ 산림보험의 보험금액 및 산림피해의 손해액 결정
㉰ 산림수용 및 담보가치결정

③ 산림의 평가는 현재뿐만 아니라 과거와 장래에 걸친 여러 문제도 중요한 평가 인자가 됨.

④ 장래의 목재가격의 변동·생산량·재질의 향상 등의 예측이 매우 어려움.

⑤ 최근의 토지 가격의 급상승·레저산업에의 전용·자연보호 등 산림에 대한 가치관이 다양화되었으며, 장래에도 이러한 경향이 더 강화될 것임.

⑥ 최근 산림의 이용구분조사가 실시되었음에도 불구하고 매매가격은 보통 임업으로서의 이용가격을 상회하는 것이 일반적이다. 이러한 문제는 산림의 가격을 불안정하게 하여 평가를 어렵게 함.

⑦ 토지가격과 노임의 급상승현상은 인공림에서 벌기수입과 육성비용과의 균형을 유지할 수 없게 하여 임업이율이 '마이너스(−)'가 되게 하는 경향이 생김.

3. 임업생산의 3요소 ☆☆☆

① 임지, 임업자본, 노동

② 다른 토지생산업의 경우와 같이 토지, 자본, 노동의 세 가지 요소가 필요하며, 이들이 임업경영자의 소득의 근원이 됨.

③ 토지는 지대를, 자본은 이자를, 노동은 임금이라는 대가를 제공

2 산림평가의 산림 경영 요소

1. 비용

1) 조림비

① 조림비는 산림을 육성하는 데 희생된 가치의 총화를 말하는 것으로 넓은 의미로서는 식재비(정지비+신식비+보식비+묘목대+묘목운반비 등), 벌초비(풀베기+덩굴치기), 제벌비, 간벌비, 가지치기 비용 등을 포함함.

② 대규모 경영에서 설치물이 필요하게 되면 이들 설치비의 감가상각비와 수선비 등도 조림비에 포함하지만, 일반적인 조림비는 조림을 한 후 임분이 완전히 성립할 때까지에 지출되는 육림적 경비를 말함.

③ 조림비는 갱신방법, 임지의 상황과 지리적 위치, 식재주수, 묘목 또는 종자의 가격 및 노임의 고저 등에 따라서 일정하지 않으며, 천연하종갱신은 인공갱신에 비하여 조림비가 적고 맹아갱신은 더욱 적게 들며 지위가 나쁜 곳은 좋은 곳보다 조림비가 많이 드는 것이 보통임.

■ 산림평가의 산림경영요소에는 비용, 수익, 임업이율 등이 있다.

■ 비용
① 산림평가와 관계있는 임업경영요소
② 수익을 올리기 위해 실제로 희생된 가치소비 또는 그 예측액을 말함.
③ 조림비, 관리비 및 지대, 채취비 등이 포함된다.

2) 관리비 및 지대

① 관리비는 조림비와 채취비를 제외한 일체의 비용

② 산림경영관리의 인건비와 이에 수반되는 물건비 및 사무소 등 고정시설의 감가상각비, 산불감시대 및 방화설비, 산림구획 등에 소요되는 산림보호 및 구획보전비, 영림계획비, 제세공과금, 보험료, 노무자에 대한 복지시설비, 시험연구비 등

③ 관리비는 일반적인 경상비이므로 산림평가에서는 이들 비용의 연간평균액을 산출하여 해마다 같은 액수가 지출되는 것으로 취급함.

④ 지대는 일반적으로 직접 지출되는 비용은 아니지만 비용계산시에는 지가에 이율을 곱하여 지대로 간주함.

3) 채취비

① 주산물과 부산물을 수확하고 제품화하여 운반하는 데 소요되는 일체의 경비

② 입목을 벌채하여 원목으로 판매하는 경우의 비용에는 조사비 · 벌목조재비 · 집재비 · 운반비 · 판매비 · 잡비 · 기업이윤 등이 있음.

③ 산림평가에서는 비용을 보통 조림비, 관리비, 지대 등으로 구분하며 채취비를 포함할 때도 있으나, 벌기 이상 임목의 가격을 평가하는 시장가역산법 등에서는 채취비를 비용으로 취급하지 않음.

④ 임목으로 매각처리 하는 경우 채취비를 구성하는 부분은 임목재적조사비가 해당됨.

2. 수익

1) 주수익과 부수익

주수익	• 주산물의 수익 • 주산물은 주로 임지의 상층공간을 점유하여 생산되는 목재, 죽재를 말함.
부수익	• 부산물의 수익 • 부산물은 산림의 하층공간을 차지하여 생산되는 하층잡목. 사료, 산채, 균류, 주산물에서 분리되는 수피, 수지, 수실, 낙엽 및 임지에서 채굴되는 토석, 기타 산림에 부수하여 생기는 산물

2) 주벌수익과 간벌수익

주벌수익	• 성숙기에 도달한 임목을 갱신하기 위해 벌채할 때. 피해목 정리 · 영급배치의 정리를 위한 벌채 • 임지를 타용도에 제공하기 위해 벌채할 때 얻어지는 수익
간벌수익	• 조림 후 주벌수확을 얻을 때까지 무육상 필요에 의하여 벌채한 임목의 수익 • 주벌 이외의 별채임목 등의 수익

CHAPTER 06 산림평가

▪ 수익
① 산림평가와 관계가 있는 임업경영 요소
② 주수익 : 주벌수익, 간벌수익
③ 부수익 및 부산물 수익 : 주산물 입죽목 이외의 임지에서 취득되는 재화의 수익

■ 임업이율
① 산림평가와 관계가 있는 임업경영 요소
② 이율 종류

기간	장기이율, 단기이율
현실성	현실이율, 평정이율
용도	경영이율, 환원이율

③ 임업이율 : 장기이자, 평정이율, 명목적 이율
④ 명목이율 : 일반 물가등귀율을 내포

3. 임업이율 ☆☆☆

① 이율은 자본에 대한 이자의 비율로 보통 백분율을 사용하여 나타냄.

② 산림은 그 생산기간이 길어 경영효과분석에 이율이 미치는 영향이 지대하며, 임업의 자본이 임목축적이라는 특수자본이라는 점 등을 고려해야 함.

③ 임업이율의 특징 ☆☆☆

㉮ 임업이율은 대부이자가 아니고 극단적인 장기이자임.

㉯ 임업이율은 실물자본재 용역의 대가에 대한 현실이율(실질적 이율)이 아니고, 평정이율(명목적 이율, 물가 등귀율을 고려한 통상적인 계산 이율)임.

④ 임업이율의 크기

㉮ 산림평가 등 임업경영계산에 사용되는 평정이율(계산이율)을 임업이율은 장기간이므로 임업투자에 대한 예측하지 못한 위험성과 불확실성이 큼.

㉯ 자본을 장기간 고정시킴으로써 매년의 현금수익이 장기에 걸쳐 불가능하게 됨.

⑤ 임업이율을 저이율로 평정해야 하는 이유 ☆

㉮ 재적 및 금원수확의 증가와 산림 재산가치의 등귀

㉯ 산림소유의 안정성

㉰ 재산 및 임료수입의 유동성

㉱ 산림 관리경영의 간편성

㉲ 생산기간의 장기성

㉳ 문화발전에 따른 이율의 저하

㉴ 기호 및 간접이익의 관점에서 나타나는 산림소유에 대한 개인적 가치평가

3 산림평가와 관계있는 계산적 기초

1. 이자의 종류

■ 산림의 이자계산
연년 작업인 경우와 같이 해마다 이자 계산을 해야 할 때에는 단리산으로 계산 하고, 간단작업과 같이 생산기간을 단위로 하여 이자를 계산할 때에는 복리산으로 계산함.

① 단리산은 최초의 원금에 대해서만 이자를 계산하는 방법이며 보통 단기의 이자 계산에 사용

$$N = V(1 + nP)$$
$$N : 원리합계, \ V : 원금, \ P : 이율, \ n : 기간$$

② 복리산은 일정기간마다 이자를 원금에 가산하여 얻은 원리합계를 다음의 원금으로 또 차기의 원리합계를 구하는 방법을 되풀이하는 것

$$N = V \times (1 + P)^n$$
$$N : 원리합계, \ V : 원금, \ P : 이율, \ n : 기간$$

2. 복리산 공식 ☆☆☆

1) 후가식

$$N= V(1+P)^n$$
여기서, $(1+P)^n$ 는 후가계수임.

2) 전가식 : n년 후의 N원에 해당되는 현재가 V를 구하는 식

$$V= \frac{N}{(1+P)^n} \quad \text{여기서, } \frac{1}{(1+P)^n} \text{는 전가계수임.}$$

3) 유한연년이자계산식

① 후가식(매년 말에 r원씩 n회 수득할 수 있는 이자의 후가 합계)

$$N= \frac{r}{0.0P}\{(1+P)^n-1\}$$

② 전가식(매년 말에 r원씩 n회 수득할 수 있는 이자의 전가 합계)

$$K= \frac{r}{0.0P} \times \frac{(1+P)^n-1}{(1+P)^n}$$

4) 유한정기이자계산식

① 후가식(m년마다 r원씩 n회 수득할 수 있는 이자의 후가 합계)

$$N= \frac{r}{(1+P)^m-1}\{(1+P)^{mn}-1\}$$

② 전가식(m년마다 r원씩 n회 수득할 수 있는 이자의 전가 합계)

$$K= \frac{r}{(1+P)^{mn}} \times \frac{(1+P)^{mn}-1}{(1+P)^m-1}$$

5) 무한이자계산식

① 무한연년이자 전가계산식

- 매년 말에 가서 r원씩 균등히 수익을 영구히 얻을 수 있는 재(財)의 현재가 치이므로 자본가와 환원가를 구할 때 이용됨.

$$V= \frac{r}{0.0P^n}$$

[예시]
금년에 간벌수입이 100만원의 순수입이 있어 이를 연이율 10%로 하여 2년 후의 후가를 계산하면 얼마인가?

해설
$$N= V(1+P)^n$$
$$= 1,000,000(1+0.1)^2$$
$$= 121만원$$

② 무한정기이자의 전가계산식

- 현재부터 n년마다 r원씩 영구적으로 수득하는 이자의 전가합계 : 주벌수확과 같이 벌기마다 정기적으로 일정한 수입을 영구히 얻을 경우의 현재가인 자본가를 구할 때 이용

$$V = \frac{r}{0.0P^n - 1}$$

4 부동산평가방법과 산림의 평가

1. 부동산감정평가방법

1) 거래사례비교법

대상물건과 가치형성요인이 같거나 비슷한 물건의 거래사례와 비교하여 대상물건의 현황에 맞게 사정보정(事情補正), 시점수정, 가치형성요인 비교 등의 과정을 거쳐 대상물건의 가액을 산정하는 감정평가방법

2) 공시지가기준법

감정평가의 대상이 된 토지와 가치형성요인이 같거나 비슷하여 유사한 이용가치를 지닌다고 인정되는 표준지(비교표준지)의 공시지가를 기준으로 대상토지의 현황에 맞게 시점수정, 지역요인 및 개별요인 비교, 그 밖의 요인의 보정(補正)을 거쳐 대상토지의 가액을 산정하는 감정평가방법

3) 수익환원법

대상물건이 장래 산출할 것으로 기대되는 순수익이나 미래의 현금흐름을 환원하거나 할인하여 대상물건의 가액을 산정하는 감정평가방법

4) 수익분석법

일반기업 경영에 의하여 산출된 총수익을 분석하여 대상물건이 일정한 기간에 산출할 것으로 기대되는 순수익에 대상물건을 계속하여 임대하는 데에 필요한 경비를 더하여 대상물건의 임대료를 산정하는 감정평가방법

2. 산림과 임분의 평가

1) 산림의 평가

① 감정평가업자는 산림을 감정평가할 때에 산지와 입목(立木)을 구분하여 감정 평가함.

② 입목은 거래사례비교법을 적용하되, 소경목림인 경우에는 원가법을 적용할 수 있음.

■ 감정평가
토지 등의 경제적 가치를 판정하여 그 결과를 가액으로 표시하는 것

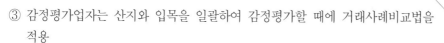

③ 감정평가업자는 산지와 입목을 일괄하여 감정평가할 때에 거래사례비교법을
　적용
④ 감정평가업자는 과수원을 감정평가할 때에 거래사례비교법을 적용

2) 임분의 평가

① 임분은 임지와 임목으로 구성된 산림의 일부분으로 일반적으로 산림의 일부분
　인 임분을 평가하는 경우가 많음.
② 임분의 평가는 임지의 가격과 임목의 가격을 합한 가격을 산림가로 취급

5 임지평가방법 ☆☆

1. 임지평가의 개요

임지는 부동산의 성격을 지니고 있으므로 임지나 임목의 평가는 부동산의 평가방
식인 원가방식, 수익방식, 비교방식, 절충방식 등으로 구분한다.

원가방식	• 원가방법 : 가격시점에서 대상물건의 재조달원가에 감가수정을 하여 대상물건이 가지는 현재의 가격을 산정 • 비용가법 : 취득원가의 복리합계액에 의함.
수익방식	• 기망가법 : 대상물건이 장래 산출할 것으로 기대되는 순수익 또는 미래의 현금 흐름을 적정한 율로 환원 또는 할인하여 가격시점에 있어서의 평가가격을 산정, 장래에 기대되는 수입의 전가합계에 의함. • 환원가법 : 연년수입의 전가합계에 의함.
비교방식	• 직접비교법 : 거래사례와 비교하여 대상물건의 유사성이나 동일성 등 사례를 통해 가격을 산정 • 간접비교법 : 임지를 개발지역으로 조성하여 매각하는 등의 가격 비교
절충방식	위의 방식을 절충하여 산정

2. 원가방식에 의한 임지평가

1) 비용가(費用價)

① 산림의 취득, 임목의 생산 등에 소요된 경비를 기초로 한 가격으로 원가라고
　도 함.
② 인공조림지의 임목비용가는 조림 후 현재까지 소요된 비용의 합계를 말함.
③ 산림평가에서는 계산기간이 길어 유령 임목의 평가 외에는 비용의 계산은 적
　용되지 않음.

- 산정방법

환원가법	연년수입의 전가합계
기망가법	장래기대수입의 전가합계
비용가법	취득원가의 복리합계
원가방법	재조달원가의 단순합계액

2) 임지비용가

① 임지를 구입한 후 현재까지 들어간 일체 비용의 후가합계에서 그동안 수입된 후가 합계를 공제한 것

② 임지비용가법을 적용할 수 있는 경우

㉮ 임지소유자가 매각할 때 최소한 그 임지에 투입된 비용을 회수하고자 할 때

㉯ 임지소유자가 임지에 투입한 자본의 경제적 효과를 분석 검토하고자 할 때

㉰ 그 임지의 가격을 평정하는 데 다른 적당한 방법이 없을 때

③ 임지비용가는 임지구입비 등 임지의 취득과 유지관리에 필요한 비용, 임지 취득 후 임지 개량에 투입된 비용, 앞의 비용 투입 후 평가시점까지의 이자 등으로 구성

④ 임지비용가 공식

㉮ A원으로 임지를 구입하고 동시에 임지개량비로서 M원을 지출한 후 이후 수입 없이 현재까지 n년이 경과하였을 때

$$B_K = (A+M)(1+P)^n$$

㉯ n년 전에 임지를 A원으로 구입하고 m년 전에 M원의 임지개량비를 투입하였을 때

$$B_K = A(1+P)^n + M(1+P)^m$$

여기서, B_K : 임지비용가 A : 임지구입비, M : 임지개량비,

n : 임지 구입 후 현재까지의 경과연수,

m : 임지 구입 후 세금이 있는 연도,

v : 매년 관리비, I : 수입의 후가, P : 이율

3. 수익방식에 의한 임지평가

1) 기망가법(期望價)

① 기망가는 앞으로 얻을 수 있으리라고 기대되는 수익을 현재의 시점으로 할인한 평가액으로 현재가라고도 하며 수익의 시점이 부정기적이거나, 수익액이 동일하지 않아도, 또 영구히 계속되지 않는 경우에도 계산됨.

② 기망가의 특수한 경우로서 환원가가 있으며, 수익환원가 또는 자본가라고 하는 것은 매년 일정한 수익을 영구히 얻는다고 할 때 그 연간 수익의 현재가를 합계한 가격을 말함.

③ 기망가의 단점은 평가된 가격이 이율(할인율)에 따라 달라지는 것으로 수익시기가 그다지 길지 않은 장령기의 임목평가에 적용

2) 임지기망가(Faustmann의 지가식)

① 임지기망가 계산 : 임지에서 일정한 사업을 영구적으로 실시한다고 가정할 때 토지에서 기대되는 순수익의 현재 합계액을 말함, 임지기망가가 최대로 되는 때를 벌기(u)로 한 것을 토지 순수익 최대의 벌기령 또는 이재적벌기령이라고 함.

$$B_u = \frac{(A_u + D_a 1.0p^{u-a} + D_b 1.0p^{u-b} + \cdots + D_q 1.0p^{u-q}) - C 1.0p^u}{1.0p^u - 1} - V$$

B^u : u년 때의 토지기망가, A_u : 주벌수익, C : 조림비, u : 윤벌기, p : 이율
V : 관리자본($\frac{v}{0.0p}$), $D_a 1.0p^{u-a}$: a년도 간벌수익의 u년 때의 후가

② 임지기망가법으로 벌기령을 정할 때 최대값 ☆

⑦ 이율 : 이율 P의 값이 클수록 최대값에 도달하는 시기가 빠름

⑭ 주벌수익 : 주벌수익의 증대속도가 빨리 감퇴할수록 임지기망가의 최대값이 빨리 온다. 지위가 양호한 임지일수록 임지기망가가 최대로 되는 시기가 빨리 오며, 벌기가 짧아짐.

⑭ 간벌수익 : 간벌수익이 클수록 임지기망가의 최대값이 빨리 옴.

⑭ 조림비 : 조림비가 클수록 임지기망가의 최대시기가 늦어짐.

⑭ 관리비 : 최대값과는 관계가 없음.

⑭ 채취비 : 임지기망가식에는 나타나 있지 않지만, 일반적으로 채취비가 클수록 임지기망가의 시기가 늦어짐.

③ 임지기망가 적용상의 문제점

⑦ 임지기망가법은 동일한 작업법을 영구히 계속함을 전제로 한 것으로 실제적으로는 장기간에 걸쳐 동일한 사업방법을 시행한다는 것은 비현실적임.

⑭ 전체 산림에서 각각 임분을 나누어 사업하여 임지순수익을 최대로 하려면 반드시 대면적의 동령단순림의 조성을 유도하게 되며, 산림생태상의 건전성이 파괴됨.

⑭ 단벌기가 되어 임지가 황폐해짐.

⑭ 계산식에 이율의 대소가 임지기망가에 미치는 영향은 극히 예민하고 큰데 반하여 이율의 결정에 대한 확실한 근거를 얻을 수 없음.

3) 수익환원법

수익환원법은 택벌림과 같이 연년수입이 있는 경우에 적용하는 방식

$$B = \frac{(R-c)1.0S}{1.0i - 1.0S}$$

R : 1ha당 연간수입, c : 1ha당 연간비용, i : 환원이율, S : 매년 물가 등귀율(%)

CHAPTER 06 산림평가

4. 비교방식에 의한 임지평가

- 비교방식에 의한 임지평가
평가하고자 하는 임지와 유사한 다른
임지의 매매사례가격과 비교하여 평가
하는 방식이다. 직접사례비교법(대용
법, 입지법)과 간접사례비교법이 있음.

1) 매매가(賣買價)

① 임지의 매매가란 산림, 임지, 임목이 현실적으로 매매되고 있는 가격으로 시가(時價) 또는 시장가격이라고 함.

② 산림, 임지, 임목의 매매는 대개 특수한 사정에 의해 성립되는 수가 많으므로 매매가 적용할 때에는 이 사정을 고려해야 함.

③ 장령기 이상의 임목에 대해서는 목재시장에서 판매되고 있는 가격을 기초로 하여 임목의 벌채 . 운반 등에 소요된 비용을 공제하여 간접적으로 임목의 매매가를 역산할 수 있음.

2) 임지매매가

① 임지가 현실적으로 매매되는 시가를 말하며 평가하려 하는 임지와 조건이 비슷한 임지가 매매된 실례에 따라 평가함.

② 조건이 비슷하지 않더라도 적정한 가격으로 매매된 인접 임지 가격을 조사하여 다음과 같은 식으로 임지 가격을 결정함.

- 임목평가의 개요
① 임지에서 자라고 있는 임목의 가격을 평가하는 것으로 임목의 상태에 따라 적합한 평가방법을 선정

② 일반적으로 유령림에는 임목비용가법, 벌기 미만의 장령림에는 임목기망가, 중령림에는 임목비용가법과 임목기망가법의 중간적인 Glaser법, 벌기 이상 임목에는 임목매매가가 적용되는 시장가역산법을 사용함.

③ 임목의 평가

$$B = B' \times \frac{S}{S'} \times \frac{L}{L'}$$

B : 평가하려고 하는 임지의 단위면적당 가격
B' : 인접 임지의 단위면적당 가격
S : 평가할 임지의 지위 등급별 지수(혹은 일정 연도의 단위 면적당 생산량)
S' : 인접 임지의 지위 등급별 지수(혹은 일정 연도의 단위 면적당 생산량)
L : 평가할 임지의 지리 등급별 지수(혹은 단위 면적당 운반비)
L' : 인접 임지의 지리 등급별 지수(혹은 단위 재적당 운반비)

원가방식에 의한 임목평가	원가법, 비용가법
수익방식에 의한 임목평가	기망가법, 수익환원법
원가수익절충방식 에 의한 임목평가	임지기망가 응용법, Glaser법
비교방식에 의한 임목평가 매매가법	시장가역산법

6 임목평가방법 ☆☆☆

1. 유령림의 임목평가법

1) 원가법

실제 원가의 누계를 평가액으로 하는 방법

- 임목비용가
① 임목원가라고도 하며 임목을 육성하는 데 들어간 일체의 경비 후가에서 그동안 수입의 후가를 공제한 가격이다. 즉 순경비의 현재가(後價) 합계로서 결정한 가격

② 임업 이외에 일반적으로는 평가 재산의 취득원가를 기초로 하여 평가하는 원가법(취득원가법)으로, 임목평가에서는 유령림에 주로 이 방법을 적용함.

2) 비용가법

① 비용가법은 동령임분에서의 임목을 m년생인 현재까지 육성하는 데 소요된 순비용(육성가치)의 후가합계이다.

② 이때까지 투입한 비용(지대, 조림비, 관리비 등)의 후가를 계산하고, 이 비용의 후가합계에서 그 동안 간벌 등에 의하여 얻어진 수익의 후가를 공제한 방법

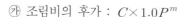

㉮ 조림비의 후가 : $C \times 1.0P^m$

㉯ 관리비의 후가합계 : $V(1.0P^m - 1)$ (단, $V = \dfrac{v}{0.0P}$)

㉰ 지대의 후가합계 : $B(1.0P^m - 1)$ (단, $B = \dfrac{b}{0.0P}$)

㉱ 간벌수익의 후가합계 : $\sum D_a 1.0P^{m-a}$

$$H_{KM} = (B + V)(1.0P^m - 1) + C \times 1.0P^m - \sum D_a 1.0P^{m-a}$$

2. 벌기 미만 장령림의 임목평가

1) 임목기망가법

① 벌기에 가까운 임목의 평가가 많이 쓰임.

② 임목기망가는 벌채할 때까지에 얻을 수 있는 수입의 현재가 합계에서 그 동안에 들어갈 경비의 현재가의 합계를 공제한 것

③ 순수익의 현재가격을 구하는 것이므로 임목수익가라고도 함.

2) 계산방법

$$H_{EM} = \frac{A_u + D_n 1.0P^{u-n} + B + V}{1.0P^{u-m}} - (B + V)$$

$$= \frac{A_u + D_n 1.0P^{u-n} - (B + V)(1.0P^{u-m} - 1)}{1.0P^{u-m}}$$

여기서, B : 벌채비, V : 관리비

3) 임목기망가의 크기

① 이율 : 이율이 높으면 임목기망가는 작아짐.

② 수입 : 수입이 크면 임목기망가가 커짐.

③ 경비 : 경비가 크면 임목기망가가 작아짐.

4) 임목기망가의 응용

① 이론적으로 임목기망가는 모든 연령에 적용할 수 있으나 유령림에서는 장래 수확이 확실치 않아 주로 임목비용가를 사용하며, 적정벌기에 이르러 벌채하려 할 때는 주로 임목매매가에 의하여 임목가를 평정하는 것이 일반적임.

② 임목기망가의 적용

㉮ 미숙한 임목을 임지와 같이 매도할 때

㉯ 임목의 벌채 또는 피해에 대한 손해배상액의 결정

㉰ 임목의 성숙기를 결정할 때

3. 중령림의 임목평가

1) Glaser식

① Glaser는 임목의 생장에 따른 단위 면적당 가격의 변동은 입목재적과 임목가격 차라는 두 가지 요소의 변동과 관계가 깊다는 사실을 발견함.

② 평가상 가장 문제가 되는 이율을 사용하지 않아 주관성이 개입될 여지가 적고, 또 복리계산을 할 필요가 없어 계산이 간단하고 원가수익의 절충적인 성격을 띠고 있어 벌기 전의 중간 영급목의 평가에 적당함.

③ 공식

$$A_m = (A_u - C_o) \times \frac{m^2}{u^2} + C_o$$

A_m : m년 현재의 평가대상 임목가
A^u : 적정벌기령 u년에서의 주벌수익(m년 현재의 시가)
C_o : 초년도의 조림비(지존, 신식, 하예비 등)
u : 표준벌기령

2) Glaser 보정식

① 10년생까지의 투입된 비용의 후가합계를 임목비용가식에서 구한 후 임목가를 산정, 일반적으로 11년생 이상의 인공림에서의 임목평가에 적당

② C년 때 조림비의 미래가 합계를 A_c로 표기할 경우

$$A_m = (A_u - C_{10}) \times \frac{(m-10)^2}{(u-10)^2} + C_{10}$$

4. 벌기 이상의 임목평가 (우리나라의 일반적 임목평가법 ; 시장가역산법) ☆☆☆

1) 임목매매가 계산에서 공제하여야 할 비용

① 벌목비, 조재비, 하산운재비, 운반비, 기업이익, 이자, 잡비

② 벌목작업 기간이 길어서 투하자본의 회수기간의 지연으로 시장원목가를 할인하여 원목가를 할인할 필요가 있으면 다음 계산식을 이용함.

$$x = f\left(\frac{a}{1+mp+r} - b\right)$$

x : 단위 재적당(m³) 임목가, f : 조재율(이용률)
a : 단위 재적당 원목의 시장가, m : 자본 회수기간
b : 단위 재적당 벌채비 · 운반비 · 사업비 등의 합계
p : 월이율, r : 기업이익률

2) 계산인자

① 원목시장가의 사정(a)
  ㉮ 원목시장가라 함은 제재상이 시중에서 매매하는 원목도매가를 말함.
  ㉯ 임목가 사정에 필요한 원목가는 임목을 산 사람이 임목을 벌채 운반하여 매각
     할 수 있는 장소의 가격이어야 함.

② 벌목운반비 사정(b)
  ㉮ 주요한 비목은 벌목비, 조재비, 집재비, 하산운재비, 수송비 및 잡비 등으로
     구성
  ㉯ 벌채운반비는 임지의 상황, 임목의 형상, 운반거리의 장단, 운반시설의 종류
     등에 따라서 각각 다르므로 일률적으로 단위 재적당 얼마라고 정할 수 없으
     나, 해당 임분의 채취비를 계산하는 것이 편리, 벌채운반비는 임목가에서
     차지하는 비중이 크므로 사정에 시간과 노력을 많이 들여 정확하게 계산하
     여야 함.

③ 기업이익(r)
  ㉮ 기업이익을 많이 정하면 임목가는 작아지고 기업이익을 적게 하면 임목가
     는 높아져서 육림자의 소득은 증가될 것이므로 기업이익 결정시 신중을 기해
     야 함.
  ㉯ 기업이익의 대소는 기업이익률로 표시하는 데 벌목작업과 같이 위험성이
     많은 사업의 경우 높은 것이 보통이며 벌목작업이 비교적 안전한 경우에는
     5~10%, 위험한 벌목 작업인 경우 10~20%가 일반적임.

④ 이자율(p) : 벌목작업은 단기간에 이루어지므로 산림경영계산에서 적용하는
   임업이 자율보다 높은 것이 보통이며, 벌목작업의 이율은 연이율보다는 월이
   율을 사용함.

⑤ 자본회수기간(m)
  ㉮ 벌목사업에 투하된 자본이 원목을 시장에 매각함으로써 환급되는 기간
  ㉯ 그 기간은 어떤 부분은 1개월 후에 회수될 것이고, 또 어떤 부분은 2, 4, …
     개월 내에 순차적으로 회수될 것이므로 자본회수기간을 정확히 정한다는
     것은 곤란하며, 보통 벌목사업기간의 1/2, 2/3로 정함.

⑥ 조재율(f)
  ㉮ 표준목의 원목재적을 임목줄기 재적으로 나눈 것으로, 수종 수형에 따라 다르
     나 보통 수종별로 구분됨.
  ㉯ 잎갈나무류 0.8~0.9, 소나무류 0.5~0.8, 일반 활엽수 0.4~0.7, 침엽수
     0.7~0.9 정도임.

핵심 PLUS

■ 산림피해의 평정원칙
  ① 피해받은 재산은 금전으로 이루어
     질 수 밖에 없다.
  ② 토양 및 임목과 같은 부동산의 피해
     액은 전후의 가치를 비교함으로써
     측정한다.
  ③ 인접 산림을 기준으로 하여 피해액
     을 평정한다.
  ④ 실리적인 기초에서 평정되어야 하
     지만 관상적 가치와 같은 것이 사회
     에서 일반적으로 인정이 될 때에는
     고려해야 한다.
  ⑤ 손실액은 현재가로 할인하므로 자본
     가의 손실과 일치한다.
  ⑥ 피해액 결정이 곤란할 때는 재해 복구
     비용이 평정기준으로 될 수 있다.
  ⑦ 이윤의 발생이 이론적으로 확실하게
     되면 이윤에 의한 피해액도 평정한다.
  ⑧ 1차에 의한 2차적인 피해액에 대하여
     도 보상하여야 한다.

■■■■ 6. 산림평가

1. 비용이란 수익을 올리기 위해 실제로 희생된 가치소비액 또는 그 예측액을 말하는데, 산림평가에서 비용이라 할 수 없는 것은?

① 조림비   ② 정리비
③ 채취비   ④ 관리비

해설 **1**
산림평가의 비용이란 보통 조림비, 채취비, 관리비 및 지대를 말한다.

2. 다음 중 산림평가 대상이라 할 수 없는 것은?

① 임분   ② 임목
③ 임지   ④ 원목

해설 **2**
산림평가의 대상은 임지, 임목, 임분 등이다.

3. 산림평가에서 관리비에 포함될 수 없는 비용은?

① 경계보전비   ② 산림구획비
③ 벌초비   ④ 사업안편성비

해설 **3**
벌초비의 풀베기와 덩굴치기는 조림비에 속한다.

4. 다음 중 산림평가 시 관리비에 해당하지 않는 것은?

① 관리인의 봉급   ② 통신사무비
③ 벌목운재비   ④ 기계기구수리비

해설 **4**
원목을 생산하는데 필요한 조사비, 벌목비, 조재비, 집재비, 운재비, 수송비, 판매비, 기업이윤, 위험부담금 등은 채취비에 포함된다.

5. 다음 중 채취비에 해당하는 것은?

① 임도감가상각비   ② 경계보전비
③ 임목재적조사비   ④ 영림계획편성비

해설 **5**
임목으로 매각처분을 하는 경우 채취비를 구성하는 부분은 임목재적조사비가 해당된다.

정답 1. ② 2. ④ 3. ③ 4. ③
5. ③

6. 다음은 산림평가의 주종을 이루고 있는 평가가격이 아닌 것은?

① 비용가   ② 매매가
③ 기망가   ④ 기호가

7. 임업이율의 성격을 잘못 나타낸 것은?

① 평정이율   ② 명목적 이율
③ 장기이율   ④ 단기이율

8. 임업에서 흔히 사용되는 임업이율은?

① 평정이율   ② 은행이율
③ 보통이율   ④ 현실이율

9. 임업이율을 낮게 해야 하는 이유로 적당한 것은?

① 자본을 장기간 고정시킨다.
② 재해에 대한 위험성이 크다.
③ 생산기간이 길다.
④ 산림 경영 관리가 복잡하다.

10. 원금 V를 투입하여 n년 간 거치이식하면 그 기말에 얻은 n년 간의 복리와 원금과의 원리합계를 얻는다. 이것을 V의 n년 후의 후가라 할 때 맞는 식은?

① $N = V \div (1+P)^n$ ② $N = V - (1+P)^n$
③ $N = V + V(1+P)^n$ ④ $N = V(1+P)^n$

[해설] **6**

① 비용가 : 산림의 취득, 임목의 생산 등에 소요된 경비를 기초로 한 가격으로 원가라고도 한다.
② 매매가 : 산림, 임지, 임목이 현실적으로 매매되고 있는 가격으로 시가 또는 시장가격이라 한다.
③ 기망가 : 미래에 기대되는 수익을 현재의 시점으로 할인 한 평가액으로 이것을 현재가라고도 한다.

[해설] **7**
임업은 장기적인 생산기간이 소요되므로 장기이율을 적용해야 한다.

[해설] **8**
임업이율은 현실이율(실질적 이율)이 아닌 평정이율(명목적 이율)을 적용한다.

[해설] **9**
임업이율을 낮게 해야 하는 이유는 재적 및 금원수확의 증가와 산림재산의 가치 등귀, 산림소유의 안정성, 산림재산 및 임료수입의 유동성, 산림 경영관리의 간편성, 생산기간의 장기성 등이다.

[해설] **10**
복리법은 일정기간마다 이자를 원금에 가산하여 얻은 원리합계를 다음의 원금으로 또 가치의 원리합계를 구하는 방법을 되풀이하는 것이다.

정답   6. ④   7. ④   8. ①   9. ③
10. ④

CHAPTER 06 산림평가

11. 다음 공식 중 단리산은 어느 것인가? (단, N : 원리금 합계, V : 원금, P : 이율, n : 기간)

① $N = V(1 - P^n)$ ② $N = V(1 + P^n)$

③ $N = V(1 + nP)$ ④ $N = V(1 - nP)$

해설 11

단리법은 최초의 원금에 대해서만 이자를 계산하는 방법이며 보통 단기 이자 계산이 사용된다. $N = V(1 + nP)$

---

12. 100,000원으로 토지를 구입하고 5년을 경과했을 때 토지비용가는 얼마인가? (이율 5%=1.2763)

① 12,500원   ② 12,763원

③ 125,000원   ④ 127,630원

해설 12

$N = V(1 + P)^n$
$= 100,000(1 + 0.05)^5$
$= 100,000(1.2763)$
$= 127,630$원

---

13. $(1 + P)^n = 1,629$ 일 때 1,000원을 투자했을 때의 후가는?

① 162.9원   ② 1,629원

③ 16,290원   ④ 162,900원

해설 13

$N = V(1 + P)^n$
$= 1,000 \times 1.629$
$= 1629$원

---

14. 금년에 간벌수입이 100만원의 순수입이 있어 이를 연이율 10%로 하여 2년 후의 후가를 계산하면 얼마인가?

① 112만원   ② 121만원

③ 132만원   ④ 143만원

해설 14

$N = V(1 + P)^n$
$= 1,000,000(1 + 0.1)^2$
$= 1,000,000(1.21) = 121$만원

---

15. 50년을 벌기로 하는 소나무림이 있다. 30년 되는 해에 간벌수입으로 20,000원의 순수입이 있었다고 한다면 연이율 5%로 할 때 벌기까지의 후가는? ($1.05^{20} = 2.6533$)

① 26,533원   ② 79,599원

③ 53,066원   ④ 75,379원

해설 15

$N = V(1 + P)^n$
$= 20,000(1 + 0.05)^{20}$
$= 20,000(2.6533)$
$= 53,066$원

정답 11. ③   12. ④   13. ②   14. ②
15. ③

16. 매년 240만원씩 순수익을 얻을 수 있는 산림을 3,600만원에 구입하였을 때의 연간 손익은? (단, 연이율 6%)

① 손해 24만원
② 이익 24만원
③ 손해 400만원
④ 이익 400만원

17. 다음 중 전가계수(前價係數)와 같은 뜻이 아닌 것은?

① 현가계수(現價係數)
② 할인계수(割引係數)
③ 복리율(複利率)
④ 일괄현가계수(一括現價係數)

18. 앞으로 5년이 지나서 200,000원에 판매될 산림이 있다. 이 산림의 현재가치는 얼마인가? (이율 : 5%, $\frac{1}{(1+0.05)^5}=0.7835$)

① 723,900원
② 255,260원
③ 200,000원
④ 156,700원

19. 매년 말에 r씩 영구히 수득할 수 있는 이자의 전가합계 K를 나타내는 식인 무한연년이자의 전가합계식은?(P=이자율)

① $K=\dfrac{r}{0.0P}$
② $K=\dfrac{r}{1.0P}$
③ $K=\dfrac{r}{1.0P-1}$
④ $K=\dfrac{r}{1.0P+1}$

해설 **16**

$K=\dfrac{r}{P}=\dfrac{2,400,000}{0.06}=40,000,000$

4,000만원 가치의 산림을 3,600만원에 구입하여 400만원 이익이 발생하였으므로 연간 손익은 4,000,000×0.06=240,000원

해설 **17**
전가계수는 후가계수의 역수로 현가계수 · 현가율 · 할인계수 · 일괄현가계수 등이라 하며 일반적으로 표를 이용한다.

해설 **18**
$V=\dfrac{N}{(1+P)^n}$
$=200,000×0.7835$
$=156,700원$

해설 **19**
이 식은 매년 r씩 균등히 수익을 영구히 얻을 수 있는 재(財)의 현재가치이므로 자본가 또는 환원가를 구할 때 이용된다.

20. 벌기를 15년으로 하는 왜림에서 매 벌기마다 100,000원의 순수입을 영구히 올릴 수 있다고 한다. 연이율을 8%로 하여 이 왜림을 10년생일 때에 매수한다고 하면 그 현재가는 얼마 인가? (단. $1.08^{10} = 2.1589, \dfrac{1}{(1.08)^{15}-1} = 0.4604$이다.)

① 73,235원　　　　　② 89,396원
③ 99,396원　　　　　④ 109,263원

해 설

해설 20

벌기 15년인 왜림을 10년생일 때 매수하면 제1회 수입은 5년 후에 얻을 수 있고 제2회 수입은 15년마다 얻을 수 있다.

$$K = \frac{R(1+P)^{n-m}}{(1+P)^n-1}$$
$$= \frac{100,000 \times 1.08^{15-5}}{1.08^{15}-1}$$
$$= 100,00 \times 2.1589 \times 0.4604$$
$$= 99,396원$$

21. 매년 50,000원씩 조림비를 5년간 지불한다고 하면 연이율을 5%로 할 때 마지막 지불이 끝났을 때의 후가는 얼마인가? (단, $1.05^5 = 1.2763$)

① 257,200원　　　　　② 257,500원
③ 265,000원　　　　　④ 276,300원

해설 21

$$K = \frac{r\{(1+p)^n-1\}}{0.0P}$$
$$= \frac{50,000\{(1.05)^5-1\}}{0.05}$$
$$= 50,000 \times 0.2763 \times 20$$
$$= 276,300원$$

22. 매년 말 r씩 n회 수득할 수 있는 이자의 전가합계를 구하는 식

$$K = \frac{r}{(0.0P)} \times \frac{(1+P)^n-1}{(1+P)^n} \text{에서는} \frac{(1+P)^n-1}{(1+P)^n} \text{은 무엇인가?}$$

① 연금 전가계수　　　　　② 연금 투가계수
③ 자본 회수계수　　　　　④ 감채계수

해설 22

연금전가계수·연금불복리계라고 하며, 계산은 표를 사용한다.

23. m년마다 R씩, 도합 n회 얻을 수 있는 이자의 후가합계 K를 구하는 공식은 어느 것인가? (P : 이율)

① $K = \dfrac{R\{(1+P)^m-1\}}{(1+P)^n-1}$　　　② $K = \dfrac{R\{(1+P)^n-1\}}{(1+P)^m-1}$

③ $K = \dfrac{R\{(1+P)^{mn}-1\}}{(1+P)^m-1}$　　　④ $K = \dfrac{R\{(1+P)^m-1\}}{(1+P)^n-1}$

해설 23

m년마다 R씩, 도합 n회 얻을 수 있는 이자의 후가합계를 구하는 유한정기이자의 계산식이다.

정답　20. ③　21. ④　22. ①　23. ③

24. 임목비용가와 임지비용가를 합계한 것은?

① 임분비용가
② 임분기망가
③ 임분매매가
④ 임분원가

해 설

해설 **24**
임분은 임지와 임목으로 구성된 산림의 일부분으로 일반적으로 산림의 일부분인 임분을 평가하는 경우가 많다.

25. 다음 중에서 임지비용가(林地費用價)를 알맞게 설명한 것은?

① 임지를 구입한 후 현재까지 들어간 비용의 후가합계액에서 같은 기간에 발생한 수입의 전가합계액을 공제한 것
② 임지를 구입한 후 현재까지 들어간 비용의 전가합계액에서 같은 기간에 발생한 수입의 후가합계액을 공제한 것
③ 임지를 구입한 후 현재까지 들어간 비용의 후가합계액에서 같은 기간에 발생한 수입의 후가합계액을 공제한 것
④ 임지를 구입한 후 현재까지 들어간 비용의 전가합계액에서 같은 기간에 발생한 수입의 전가합계액을 공제한 것

해설 **25**
임지비용가는 임지를 구입한 후 조림 등 임목육성에 적합한 상태로 개발하는 데 소요된 순비용의 현재가 합계를 뜻한다.

26. 임지비용가법을 적용할 수 있는 경우가 아닌 것은?

① 임지소유자가 매각할 때 최소한 그 토지에 투입된 비용을 회수 하고자 할 때
② 임지소유자가 그 토지에 투입한 자본의 경제적 효과를 분석 검토하고자 할 때
③ 임지의 가격을 평정하는 데 다른 적당한 방법이 없을 때
④ 임지에 일정한 시업을 영구적으로 실시한다고 가정하여 그 토지에서 기대되는 순수익의 현재 합계액을 산출할 때

해설 **26**
④는 임지기망가의 내용이다.

27. 임지비용가 계산 시 비용으로 인정되지 않는 것은?

① 임지 매입 대금
② 임지 개량 경비
③ 재산세
④ 조림비

해설 **27**
임지비용가 계산에는 앞으로 투입될 비용은 포함되지 않는다.

정답 24. ① 25. ③ 26. ④ 27. ④

28. 다음 비용 중 임지비용가 계산에 해당되지 않는 것은?

① 임지구입에 소요된 비용
② 임지를 임목육성에 적합하도록 개량한 비용
③ 장차 그 임지에 투입될 비용
④ 비용 투입한 후 현재까지 그 비용에 대한 이자

29. 15년 전에 100,000원으로 소나무 임지를 구입한 후 지금까지 매년 5,000원씩의 관리비를 지출하였을 때 이 임지의 비용가(費用價)는 얼마인가?(이율5%, $(1+0.05)^{15}=2.0789$)

① 218,285원
② 225,000원
③ 282,890원
④ 315,780원

30. 산림평가에 있어서 기망가가 비교적 실용화되지 못하는 주된 이유는?

① 먼 장래의 수확을 예상할 수 없기 때문에
② 장래의 수확을 예상하기가 쉽기 때문에
③ 이율 결정이 용이하기 때문에
④ 과거의 지출실적을 파악하기 곤란하기 때문에

31. 임지에서 일정한 사업을 영구히 계속할 때 해당 임지에서 얻을 수 있는 이익의 현재가의 합계는?

① 임지매매가
② 임지원가
③ 임목비용가
④ 임지기망가

32. 어느 재화에서 장래 매년 같은 금액의 수익을 기대할 수 있을 때 그 현재가에 의하여 평정되는 가치평정방법은 어느 것인가?

① 매매가
② 비용가
③ 기망가
④ 환원가(자본가)

해 설

해설 28

임지비용가는 임지구입비 등 임지의 취득과 유지관리에 필요한 비용, 임지 취득 후 임지 개량에 투입된 비용, 앞의 비용 투입 후 평가시점까지의 이자 등으로 구성된다.

해설 29

$$B_k = A(1+P)^n + \frac{(M+v)\{(1+P)^n-1\}}{P}$$
$$= 100,000(2.0789) + \frac{5,000(1.0789)}{0.05}$$
$$= 207,890 + 107,890$$
$$= 315,780원$$

해설 30

평가된 가격이 이율(할인율)에 따라 달라지므로 수익시기가 그다지 길지 않은 장령기의 임목평가에 적용된다.

해설 31

임지기망가는 주벌수입, 간벌수입 및 부산물수입 등의 현재가에서 조림비와 관리비 등의 비용을 공제하여 구한다.

해설 32

환원가는 어떤 재(財)로부터 매년 같은 금액의 수익을 영구히 얻을 경우를 말한다.

정답 28. ③ 29. ④ 30. ① 31. ④
32. ④

33. 환원가(還元價)에 관한 설명 중 맞는 것은?

① 환원이율이 크면 클수록 수익가격도 증가한다.
② 환원이율이 작으면 작을수록 수익가격은 증가한다.
③ 수익만 일정하면 수익가격은 환원이율의 대소에 관계가 없다.
④ 수익발생이 없는 물건에 대하여도 수익가격을 구할 수 있다.

해 설

해설 **33**
환원가(K)=수익(r)/연이율(P)이며, 수익이 발생하지 않는 물건에는 적용하기 어렵다.

34. 일정한 벌기마다 같은 액수의 수입을 영구히 얻을 수 있는 임지의 기망가(期望價)를 구하려고 한다. 다음 중 어느 표를 이용하는 것이 편리한가?

① 무한정기수입의 전가 계수표
② 유한연년수입의 전가 계수표
③ 무한연년수입의 전가 계수표
④ 유한정기수입의 전가 계수표

해설 **34**
임지기망가의 임지는 무한히 정기적으로 일정한 수입을 올린다고 가정된다.

35. 임지의 평가에 적용하는 임지기망가법과 수익환원법의 설명으로 맞지 않는 것은?

① 두 방법 모두 수익방식에 의하여 임지를 평가할 때 사용한다.
② 두 방법 모두 일제림(一齊林)을 전제로 하는 임지의 평가 방법이다.
③ 임지기망가법에 의하여 산출된 지가는 산림경영을 위해 임지를 매입할 때 지불할 수 있는 최고 한도액을 의미한다.
④ 수익환원법은 무한연년 이자식을 적용하여 임지를 평가하는 방법이다.

해설 **35**
임지기망가법은 일제림을 전제로, 수익환원법은 택벌림 또는 연년보속작업을 전제로 한다.

36. 다음 임지기망가에 대한 설명 중 맞지 않는 것은?

① 벌기가 짧을수록 커지나 어느 시기 최대에 도달한 후부터는 점차 감소한다.
② 조림 비가 클수록 작아진다.
③ 이율이 낮을수록 커진다.
④ 간벌수익이 클수록 커진다.

해설 **36**
임지기망가는 벌기가 커지면 값이 증가하다가 어느 시기에 최대에 도달하고 그 후부터 점차 감소한다.

정답 33. ② 34. ① 35. ② 36. ①

37. 임지기망가 계산과 관계가 없는 것은?

① 주벌수익   ② 벌채비
③ 벌기연수   ④ 이율

38. 임지기망가를 결정짓는 요인이 아닌 것은?

① 주벌수입   ② 간벌수입
③ 조재율   ④ 조림비와 관리비

39. 임지기망가 계산에 있어서 맞지 않는 것은?

① 주벌수익 및 간벌수익의 값이 클수록 임지기망가는 커진다.
② 조림비가 클수록 임지기망가는 작아진다.
③ 관리비가 클수록 임지기망가는 커진다.
④ 이율이 높을수록 임지기망가는 작아진다.

40. 임지기망가 최대의 시기에 관한 기술 중 잘못된 것은?

① 주벌수익의 증대속도가 빨리 감퇴할수록 빨리 나타난다.
② 간벌수익이 클수록 빨리 나타난다.
③ 이율이 낮을수록 빨리 나타난다.
④ 채취비가 적을수록 빨리 나타난다.

41. 다음 임지기망가의 계산식 중에서 $\dfrac{v}{0.0P}$ 는 무엇을 의미하는가?

$$B_u = \frac{A_u + D_a(1+P)^{u-a} + \cdots D_q(1+P)^{u-q} - C(1+P)^u}{(1+P)^u - 1} - \frac{v}{0.0P}$$

① 주벌수익   ② 관리비
③ 간벌수익   ④ 조림비

해 설

해설 37
임지기망가의 계산인자는 수익, 간벌수익, 조림비, 관리비, 이율, 벌기 등이다.

해설 38
조재율은 표준목의 원목재적을 임목줄기 재적으로 나눈 것이다.

해설 39
조림비와 관리비가 적을수록 임지기망가는 커진다.

해설 40
이율이 크면 최대값에 도달하는 시기가 빠르다.

해설 41
임지기망가 최종식에서 $\dfrac{v}{0.0P}$ 는 관리자본(v)이다.

42. 임목생산에 들어간 각종 비용의 원리금 합계에서 육림기간 중에 얻은 간벌수입이나 기타 임산물 수입의 원리금 합계를 공제한 나머지를 가리키는 것은?

① 육림비
② 차액지대
③ 수익가
④ 임목원가

43. 유령림의 임목평가에 가장 적합한 방법은?

① 비용가법
② 환원가법
③ 기망가법
④ 매매가법

44. 다음 중 조림이 5년 정도 경과한 유령임분 임목의 평가식으로 가장 적절한 것은?

① Glaser식
② 임목기망가식
③ 임목비용가식
④ 시장가역산법

45. 현재 m년에서 벌채 예정된 V년까지의 임목기망가식은?

① 주벌 및 간벌수확 전가합계 – 지대 및 관리비 후가합계
② 주벌 및 간벌수확 전가합계 – 지대 및 관리비 전가합계
③ 주벌 및 간벌수확 후가합계 – 지대 및 관리비 후가합계
④ 주벌 및 간벌수확 후가합계 – 지대 및 관리비 전가합계

46. 임목의 평가에 적용되는 Glaser법을 바르게 설명하고 있는 것은?

① 임목비용가와 지가를 합한 것이다.
② 임목매매가에 벌기를 적용한 식이다.
③ 임목매매가와 임목비용가를 절충한 식이다.
④ 임목비용가와 임목기망가를 절충한 식이다.

해설 **42**

임목비용가는 임목원가라고도 하며 순경비의 현재가(後價)합계로서 결정한 가격이다.

해설 **43**

임목을 육성하는 데 들어간 일체의 경비 후가에서 그동안 수입의 후가를 공제하는 임목비용가법을 사용한다.

해설 **44**

유령림의 임목평가법에는 임목비용가식이 있다.

해설 **45**

임목기망가는 벌채할 때까지에 얻을 수 있는 수입의 현재가 합계에서 그 동안에 들어갈 경비의 현재가의 합계를 공제한 것이다.

해설 **46**

Glaser법은 중령림의 임목을 평가하는 방법이다.

정답 42. ④ 43. ① 44. ③ 45. ②
46. ④

47. 유령림에서 장령림에 이르는 중간영급(中間領級)의 임목을 평가하는 방법으로 가장 적합한 방법은?

① 임목비용가법
② 임목기망가법
③ Glaser 법
④ 임목매매가법

해설 47

Glaser법은 성숙 중간에 있는 중간영급 임목의 가격평정을 위하여 임목비용가법과 임목기망가법의 중간적인 방법으로 고안된 것이다.

48. 벌기령을 40년으로 하는 30년 된 낙엽송 임분 1 ha가 있다. 이 임분은 벌기 때의 주벌수확으로 50,000,000원을 얻을 수 있고 10년간 조림비 300,000원이 투입되었다면 현재의 임목가는? (단, 이율 5%, $(1+0.05)^{10} = 1.6288$)

① 11,235,841원
② 16,853,762원
③ 22,471,683원
④ 33,707,524원

해설 48

$$A_m = (A_u - A_c)\frac{(m-c)^2}{(u-c)^2} + A_c$$

$$A_m = [50,000,000 - 300,000(1.05)^{10}]$$
$$\frac{(30-10)^2}{(40-10)^2} + 300,000 \times (1.05)^{10}$$
$$= (50,000,000 - 488,640)(0.444)$$
$$+ 488,640$$
$$= 21,983,043 + 488,640$$
$$= 22,471,683$$

49. 일반적으로 입목(立木)을 평정하는 방법은?

① 시장자료 비교법
② 시장가역산법
③ 생산원가법
④ 매매사례비교법

해설 49

시장가역산법은 평가하려는 임목 비슷한 조건과 성질을 가지는 임목의 실제의 거래시세로서 가격을 결정하는 임목의 평가방법이다.

50. 벌기에 달한 임목가를 평정하는 방법으로서 가장 적합한 방법은?

① 수익환원법
② 복성식평가법
③ 시장자료비교법
④ 시장가역산법

해설 50

시장가역산법은 우리나라에서 실제 목재를 이용하려고 벌채를 할 때 가장 많이 사용되는 계산방법으로 임목 매매가가 적용되며 비교방식의 간접법에 해당한다.

51. 벌기에 달한 노령임목의 평정으로서 가장 많이 쓰이는 임목가 결정법은 어느 것인가?

① 임목매매가
② 임목비용가
③ 임목기망가
④ Glaser법

해설 51

임목매매가는 벌기에 달한 성숙임목이나 간벌목과 벌기에 가까운 임목의 가격을 결정할 때 많이 사용된다.

정답 47. ③   48. ③   49. ②   50. ④
51. ①

52. 시장가역산법에 의해 임목을 평가하려고 할 때 계산 항목에 포함되지 않는 것은?

① 임목육성에 투입된 비용
② 벌출 운반에 소요될 것으로 예측되는 총비용
③ 벌출된 원목의 매매로부터 예측되는 최기시장가격
④ 벌출·운반 및 매각사업에서 얻어질 수 있을 것으로 예측되는 정상이윤

해 설

해설 **52**

시장가역산법의 계산에는 단위 재적당 임목가, 단위 재적당 원목 시장가, 단위 재적당 벌목비·운반비·기타 일체 비용, 조재율, 자본회수 기간, 월이율, 기업이익률 등이 포함된다.

53. 원목 가격 구성요소의 대부분을 차지하는 것은?

① 벌채목   ② 운반비
③ 조림비   ④ 무육비

해설 **53**

운반비는 원목의 가격에서 차지하는 비중이 크므로 사정에 시간과 노력을 많이 들여 정확하게 계산하여야 한다.

54. 임목의 평가방법을 분류해 놓은 것 중 연결이 틀린 것은?

① 원가방식 : 비용가법
② 수익방식 : Glaser법
③ 원가수익절충방법 : 임지기망가법응용
④ 비교방식 : 시장가역산법

해설 **54**

수익방식은 기망가법이고, Glaser법은 원가수익절충방법이다.

55. 시장역산가식에서 X=임목가, A=임목시가, m=자본회수기간, p=금리, r=기업이익률, B=생산비이다. f는 무엇인가?

$$X = f\left(\frac{A}{1+mp+r} - B\right)$$

① 조림비   ② 조재율
③ 채취비   ④ 조사비

해설 **55**

조재율은 표준목의 원목재적을 임목줄기 재적으로 나눈 것으로, 수종 수형에 따라 다르다.

정답   52. ①   53. ②   54. ②   55. ②

56. 소나무원목의 시장평균가격이 1m³당 45,000원, 1m³당 벌목운반비 기타비용이 17,000원, 조재율 85%, 월이율 1%, 자본회수기간 4개월, 기업이익률 10%라고 할 때 m³당 임목가는?

① 19,103원   ② 38,206원

③ 50,878원   ④ 57,309원

57. 시장가역산식에서 조재율이 90%, 원목가가 80,000원/m³, 생산비가 40,000원/m³이고, 1+mp+r=1.0이라면 임목가격은 얼마인가?

① 40,000원   ② 38,000원

③ 36,000원   ④ 30,000원

해 설

해설 **56**

$$X = 0.85\left(\frac{45,000}{1+4\times0.01+0.10} - 17,000\right)$$
$$= 19,103원$$

해설 **57**

$$X = f\left(\frac{A}{1+mp+r} - B\right)$$
$$= 0.90\left(\frac{80,000}{1.0} - 40,000\right)$$
$$= 36,000원$$

정답 56. ①   57. ③

07 | 임업경영계산

학습주안점

- 임업경영자산을 고정자산과, 임목자산, 유동자산으로 구분할 수 있어야 한다.
- 감가상각에 대해 이해하고 계산할 수 있어야 한다.
- 원가관리분류에 변동원가와 고정원가를 구분할 수 있어야 한다.
- 임업경영의 성과분석과 관련해 임업소득, 임업순수익을 개념과 적용내용에 대해 자세히 알고 있어야 한다.
- 육림비의 구성요소와 분석내용을 이해하고 암기해야 한다.
- 산림투자효율의 결정 방법에 유형별 특징을 알고 있어야 한다.
- 손익분기점의 의미를 분석할 수 있어야 한다.

1 임업자산과 부채

1. 임업자산

1) 개요

임업자산 중에서 가장 가치가 큰 것은 임목축적임.

2) 임업경영자산 ☆

① 고정자산
　㉮ 토지(임지)
　㉯ 임목 : 산림축적
　㉰ 건물 : 임업용 사무실·주택·창고 등
　㉱ 구축물 : 임도·삭도·숯가마 등
　㉲ 기계 : 임업용인 큰 기계
　㉳ 동물 : 임업에 사용되는 소나 말
② 유동자산
　㉮ 미처분 임산물 : 임업생산물로서 처분되지 않는 것
　㉯ 임업용 생산자재 : 묘목·비료·약제 등
　㉰ 유통자산 : 현금·증권 등

2. 부채

① 소극재산인 부채(Liability)는 그 경영이 타인에 대해 장래의 어느 시기에 가서 자산으로 갚아야 할 채무 차입금 · 미불금 · 지불수표 · 외상매입금 등을 말함.

② 자본을 자기자본(自己資本)이라고 부르는데 대하여, 부채는 타인자본(他人資本)이라 부르기도 함.

③ 부채는 일반적으로 거래나 계약에 의하여 발생한 부채는 물론이고, 이미 지불 사유가 발생하였으나 아직 지불하지 않은 노임 · 상여금 등도 부채로 봄.

3. **감가상각** ☆☆☆

1) 개념

① 자산의 유용성과 가치는 사용을 계속함에 따라 점차 소모되어 가는데 이러한 가치를 감가(減價)라고 하고, 그 감가를 보상하는 것을 감가상각(減價償却)이라 함.

② 건물, 기계, 기타, 설비 등의 고정자본재는 시일의 경과에 따라 그 본질적인 가치가 저하되며, 그 감가된 상당액을 보상하는 비용을 감가상각비라고 함.

③ 시간의 경과에 따른 부패, 부식 등에 의한 가치의 감소, 시장변화 및 제조방법 등의 변경으로 인해 사용할 수 없게 된 경우도 감가상각으로 처리함.

2) 감가의 종류 (원인에 따라)

진부화에 의한 감가	과학의 발달과 신기계를 발명으로 인한 경우
부적응에 의한 감가	사업 확장으로 종래 설비가 부적응한 경우

■ 감가상각액 계산법
① 정액법 : (취득원가 – 잔존가치) / 추정내용연수
② 정률법
③ 연수합계법
④ 비례법 : 작업시간 비례법, 생산량 비례법
⑤ 급수법

3) **감가상각액 계산법**

① **정액법(직선법)**

㉮ 가장 간단한 방법, 각 사용연도에 할당하여 해마다 균등하게 감가하는 방법

㉯ 매년 감가되는 정도가 일정하다는 것이 사실상 옳지 않고, 내용연수의 추정에 불확실성이 많음.

㉰ 잔존가격은 일반적으로 취득원가의 10%, 상각률은 1/내용년수

㉱
$$감가상각비 = \frac{(취득원가 - 잔존가치)}{추정내용연수}$$

② **정률법**

㉮ 체감잔고법(遞減殘高法), 연도초 가액의 일정비율을 매년의 감가상각액으로 감가하게 되는 것

㉯ 일정한 비율(상각률)을 미리 계산하여 매년말 미상각잔고에 그 상각률을 적용하여 그 연도의 상각액을 산출하는 방법

㉰

$$감가상각비 = (취득원가 - 감가상각누계액) \times 감가율$$

$$여기서, \ 감가율 = 1 - \sqrt[n]{\frac{잔존가치}{취득원가}}$$

$$n : 내용연수$$

③ 연수합계법

㉮ 취득원가에서 잔존가치를 뺀 금액을 해당 자신의 내용연수의 합계로 나눈 후 남은 내용연수로 곱하여 감가상각비를 산출하는 방식

㉯ 각 연도의 감가율은 내용연수의 합계를 분모로 하고, 내용연수를 역순으로 표시한 수치를 분자로 하여 계산하는 방법

㉰

$$감가율 = \frac{(취득원가 - 잔존가치) \times 잔존내용연수}{내용연수의합계}$$

④ 작업시간비례법

㉮ 자산의 감가가 단순히 시간의 경과에 따라 나타나는 것이 아니라, 사용정도에 비례하여 나타난다는 것을 전제로 하여 계산하는 방법

㉯

$$감가상각비 = 실제작업시간 \times 시간당 \ 감가상각률$$

㉰

$$시간당 \ 감가상각률 = \frac{(취득원가 - 잔존가치)각연도의 \ 작업시간수}{자산존속기간 \ 중 \ 총 \ 작업시간수}$$

⑤ 생산량비례법

㉮ 벌채권이나 채굴권 등의 조업도를 상각하는 경우로 작업시간비례법과 유사한 방법

㉯

$$감가상각비 = 실제생산량 \times 생산량당 \ 감가상각률$$

㉰

$$생산량당 \ 감가상각률 = \frac{취득원가 - 잔존가치}{추정 \ 총 \ 생산량}$$

⑥ 급수법(級數法) : 이 방법은 내용연수가 지난 후에 미상환액이 남는 일이 없고 또 정해진 폐물가격에까지 투자액을 감가상각할 수 있음.

2 임업원가관리

1. 원가관리(Cost Control)의의

① 원가통제라고도 하며, 실제원가를 표준원가 또는 예산원가와 비교하여 경영의 비합리적인 요소를 제거하는 것

② 현재 생산조건을 전제로 하여 가능한 원가를 절약하여 일정한 수준의 경영활동을 수행하는 관리 기능을 말함.

■ 원가계산과 원가통제

원가계산	여러 경영 목적을 위하여 실제원가를 결정하는 과정
원가통제	예정된 원가와 실제원가 사이의 차이 및 원인검토

③ 일정 수준의 생산을 유지하면서 가능한 낮은 원가로 생산하는 것이 원가관리의 목표가 됨.

2. 원가의 분류

1) 원가의 기록을 위한 분류

① 책임소재별 원가 : 조직 안에 많은 부서와 공장이 있을 경우에는 원가를 각 부서나 공장별로 분류하여 집계할 필요가 있음.

② 주문·공정 및 제품별 원가 : 기업이 제조업인 경우의 원가, 제조원가(Manufacturing Costs)는 주문별(각 제품의 주문별로 원가를 독립적으로 분류하여 집계)·제조공정별 또는 제품에 따라 계산할 필요가 있음.

③ 직접원가와 간접원가 : 직접원가(Direct Costs)는 특정 부분의 제품 또는 공정별로 쉽게 알아 낼 수 있는 원가, 직접재료비와 직접노무비로 세분할 수 있음.

④ 변동원가와 고정원가 ☆☆

㉮ 변동원가(Variable Costs) : 제품의 생산수준에 따라 비례적으로 변동하는 원가, 직접재료비와 직접노무비가 변동원가에 해당됨.

㉯ 고정원가(Fixed Costs) : 제품의 생산수준이 변하여도 총액이 고정되어 있는 원가, 공장장의 급료나 공장 건물의 감가상각비는 고정원가에 속함.

㉰ 고정원가라고 하더라도 장기적으로 관찰해 보면 시간의 흐름에 따라 변동하는 것이 원칙임.

2) 특수한 원가결정을 위한 분류

① 현금지출원가와 매몰원가

㉮ 현금지출원가(Out-of-Pocket Costs)는 현재 보유하고 있는 자원을 사용할 때 발생하는 원가

㉯ 매몰원가(Sunk Costs)는 과거에 이미 현금을 지불하였거나 부채가 발생한 원가를 말함.(이미 발생한 원가).

② 기회원가

㉮ 생산활동에 여러 가지 대체방안(Alternatives)이 있을 때, 그 중에서 어떠한 한 가지 방안은 선택하게 되면 다른 방안을 선택할 수 없게 되어 그 방안에서 얻을 수 있는 수익을 포기해야 함.

㉯ 한 가지 방안의 선택 때문에 다른 방안을 선택할 수 없게 되어 포기한 수익을 기회원가(Opportunity Costs)라고 함.

③ 한계원가와 증분원가

㉮ 한계원가(Marginal Costs)는 어떤 생산수준에서 제품을 한 단위 더 생산할 때 추가로 발생하는 원가, 증분원가(Incermental Costs)는 제품 여러 단위를 더 생산할 때 추가로 발생하는 원가를 말함.

④ 증분원가는 차액원가(Differential Costs)로 일반적으로 경영의사의 결정은 증분원가를 기초로 이루어짐, 생산량이 한 단위 더 추가적으로 증가하거나 감소됨으로써 변화하는 이익보다는 여러 단위가 증감됨으로써 변화하는 이익을 고려하여 의사를 결정함.

3 원가계산

1. 원가계산의 목적

① 제품·공정·작업단위 또는 부서별로 원가를 확정함.
② 기업의 제조·판매 또는 관리와 관련되는 비용의 지출은 통제
③ 제품원가의 추정과 적정 판매가격을 결정하기 위한 기준을 제공
④ 원가회계부문에 의해 제공된 정보를 기초로 하여 경영정책을 수립

2. 원가계산방법

1) 생산형태의 상위에 따라

① 개별원가계산
  ㉮ 주문별 원가계산(Special Order Cost System)
  ㉯ 공장 또는 어느 한 부문에서 생산되는 제품의 원가를 개개의 제품단위별로 직접 계산하는 방법
  ㉰ 주로 주문에 의하여 제품을 생산하는 가구제조업·조선업·건축업 등의 산업에서 많이 사용
  ㉱ 제품을 주문한 소비자에게 제품의 원가와 일정한 이익을 합계한 제품의 가격을 청구하는 데 도움이 됨.

② 종합원가계산
  ㉮ 공정별 원가계산(Process Cost System)
  ㉯ 제지업·화학공업·방적공업 등과 같이 같은 종류와 같은 규격의 제품이 연속적으로 생산되는 경우에 사용
  ㉰ 일정 기간 동안에 생산된 제품 전체의 원가를 종합적으로 계산하여 그것을 같은 기간 동안에 생산된 제품의 전체량으로 나누어 평균원가인 단위 원가를 산출

2) 계산목적의 상위에 따라

① 실제원가계산 : 실제 소비된 재료비·노무비·경비를 계산
② 예정원가계산 : 제품을 생산하기 전에 그 원가를 예정하여 계산하는 것을 사전원가계산이라고도 함.

3) 원가계산의 구조

① 요소별 원가계산 : 1단계로 재료비·노무비·경비의 요소를 세분하여 비목별로 원가를 계산

② 부문별 원가계산 : 1단계에서 파악된 원가요소를 원가부문별로 분류·집계함.

③ 제품별 원가계산 : 3단계에서 요소별 원가계산에서 얻은 직접비를 제품별로, 부문별 원가계산에서 얻은 부문비를 제품별로 배부하여 제조원가를 계산함.

3. 원가비교

1) 기간비교

기업 전체의 원가 또는 기업 내 일정 부서의 원가를 과거의 원가와 비교하여 그 변화와 증감상태를 분석 관찰하는 방법

2) 상호비교

어떤 기업·공장 또는 일정부문의 원가를 같은 기간의 다른 기업·공장 또는 일정 부문의 원가와 비교하여 그 차이를 분석 관찰하는 방법

3) 표준실제비교

원가차이분석, 같은 기업·공장 또는 일정 부문의 실제원가와 표준원가를 비교하여 그 차이를 분석 평가하는 방법

■ 임업경영분석의 목적
일정기간동안 임업경영활동의 종합적 판단 후 임업경영 개선을 위한 자료를 얻기 위함.

4 임업경영의 분석

1. 분석내용

① 임업경영자산의 현황을 분석, 경영자산의 수량과 성능을 조사하고, 그 자료에 의하여 합리적인 경영조직이 세워졌는지를 검토함.

② 임업경영의 성과를 분석하고, 일정 기간 동안에 이룩한 경영의 결과를 투입한 경영요소와 관련시켜 적절히 운영되었는가를 판단함.

③ 육림비를 분석하고, 생산물의 단위당 비용을 조사하여 능률을 검토함.

■ 임업경영 분석방법의 세 가지 측면
① 자산의 수량과 성능, 경영조직의 양부(良否)
② 경영성과와 경영요소와의 비율
③ 단위당 생산물의 생산비

2. 임업경영의 현황분석

1) 임업경영자산의 평가

① 자산 수량과 성능을 조사하고 그들의 가치를 평가

② 경영자산의 가치는 삼림평가이론에 의하여 결정하면 되지만, 경영분석에서는 일반적으로 원가방법을 적용함.

③ 원가방법이란 자산의 조성 또는 구입비에 들어간 지난날의 원가를 계산하여
경영자산의 평가액으로 간주하는 것을 말함.

2) 임목자산의 구성

① 임목자산의 구성상태는 양적인 면과 질적인 면의 두 가지 측면을 고려
  ㉮ 임목자산의 양적 지표로서는 보유산림면적 자체보다 인공림의 면적이나 임목
    자산장비율 등이 사용
  ㉯ 임목자산의 구성에 대한 질적 지표로서는 인공림이 차지하는 비율 또는 인공
    림의 임령구성 상태 등이 사용

② 안정성분석

> • 고정자산구성비율$(\%) = \dfrac{고정자산}{경영자산} \times 100$
>
> • 유동자산구성비율 $= \dfrac{유동자산}{경영자산} \times 100$

③ 임목자산장비율 : 임목자산의 구성비율

> 임목자산장비율$(\%) = \dfrac{임목자산}{임업경영자산} \times 100$

④ 임목자산의 기별구성비

> 무육기 : 보육기 : 이용기 $= 25 : 50 : 25$
> (보육기 임목이 50% 정도 구성되고, 무육기와 이용기 임목이 각기 25% 차지하고
> 있으면 삼림경영이 지속적으로 안정성을 유지할 것으로 판단)

3) 임목자산의 변화

① 경영규모나 자산이 전년도와 비교하여 얼마나 변화하였는가를 분석하는 것을
성장성 분석이라고 함.
② 임목자산의 변화상태를 파악하려면 임목자산을 평가하여 임목자산의 증감액
을 조사해야하며, 임목자산의 증감률은 증감액을 재고량으로 나누어 산정함.
③ 임목자산의 이용 상황은 임목자산의 변화율 또는 임목성장액의 내부보유율을
계산해 보는 것이 좋으며, 임목자산의 성장성을 판단할 때는 임목성장액, 임목
자산의 증감율, 임목성장액의 내부보유율 등이 지표로 이용됨.

> • 임목자산의 증감률 $= \dfrac{연도 내 증감액}{연도 초 재고액} \times 100$
>
> • 임목성장액의 내부보유율 $= \dfrac{연도 내 성장액 - 연도 내 매각액}{연도 내 성장액} \times 100$

5 임업경영의 성과분석 ☆☆☆

1. 임가소득

■ 임업경영의 성과는 임가소득, 임업소득 또는 임업순수익으로 파악할 수 있다.

임가소득＝임업소득＋농업소득＋기타소득

■ 임가소득은 임업을 경영하는 임가가 한 해 동안에 여러 가지 소득행위로 얻은 성과를 합계를 말하며, 임업경영활동에 의하여 얻은 임업소득과 농업을 비롯한 임업이 아닌 부문의 겸업 또는 부업에 의하여 얻은 임업 외 소득으로 구성된다.

2. 임업소득과 임업순수익 ☆

① 임업소득은 임업조수익에서 임업경영비를 뺀 나머지로 임업경영의 결과에 의하여 직접적으로 얻은 소득

② 소득의 크기가 임업경영의 성과를 나타내는 가장 정확한 지표가 됨.

• 임업소득＝임업조수익－임업경영비

• 임업조수익＝임업현금수입＋임산물가계소비액＋미처분임산물증감액＋임업생산자재재고증감액＋임목성장액

• 임업경영비＝임업현금지출＋감가상각액＋미처분임산물재고감소액＋임업생산자재재고감소액＋주벌임목감소액

㉮ 임업현금수입 : 지난 한 해 동안에 생산한 임산물의 판매수입으로서 임목이나 원목의 매각 대금과 부산물의 매각대금이 포함.

㉯ 임산물가계소비액 : 그 해에 생산한 임산물 중 가계를 위하여 소비한 임산물의 평가액

㉰ 미처분 임산물증감액 : 원목·숯·버섯 및 그 밖의 부산물의 연도 말 가액이 연도 초에 비하여 증가 또는 감소한 액수

㉱ 임업생산재 재고증감액 : 묘목·비료·약제·소기구 등의 연도 말 재고품의 가액이 연도초에 비하여 증가 또는 감소한 액수

㉲ 임목성장액 : 지난 한 해 동안의 임목가치증가액으로서 임업관리회계에서는 이러한 성장액을 그 기간의 수일으로 간주하므로 순수익을 구하려면 임목매각대금에서 벌채임목의 원가(육림비누적액)를 공제해야 함.

㉳ 주임목감소액 : 주벌한 임목의 평가액

③ 임업순수익

㉮ 임업경영이 순수익의 최대를 목표로 하는 자본가적 경영이 이루어졌을 때 얻을 수 있는 수익을 뜻함.

㉯ 임업순수익은 임업경영을 다른 일반적인 기업경영과 같이 순수하게 고용노동에 의하여 경영된다고 가정했을 때의 성과지표이므로, 임업경영을 다른 기업과 비교해 보는 데 유효함.

[예제]
임업조수익이 500만원이고, 임업경영비가 100만원이면 임업소득률은 얼마인가?

해설

① 임업소득＝임업조수익－임업경영비

② 임업소득률＝$\dfrac{임업소득}{임업조수익} \times 100$

$\quad = \dfrac{4,000,000}{5,000,000} \times 100$

$\quad = 80\%$

ⓒ 임업순수익도 임업소득과 마찬가지로 산림(인공림) 면적이 커짐에 따라 증대됨.

- 임업순수익 = 임업소득 − 가족임금추정액
  = 임업조수익 − 임업경영비 − 가족임금추정액
- 임업의존도(%) = $\dfrac{임업소득}{임가소득} \times 100$
- 임업소득가계충족률(%) = $\dfrac{임업소득}{가계비} \times 100$
- 임업소득률(%) = $\dfrac{임업소득}{임업조수익} \times 100$

3. 임업소득의 구성

① 각 생산요소에 귀속하는 임업소득의 계산방법

- ㉮ 임지에 귀속하는 소득=임업소득−(자본이자+가족노임추정액)
- ㉯ 자본에 귀속하는 소득=임업소득−(지대+가족노임추정액)
- ㉰ 가족노동에 귀속하는 소득=임업소득−(지대+자본이자)
- ㉱ 경영관리에 귀속하는 소득(기업자의 이윤)=임업순수익−(지대+자본이자)

② 임업자본수익률은 연도별 또는 서로 다른 임업경영의 자본효율을 비교하는데 이용될 수 있을 뿐만 아니라, 자본의 운용이자율을 결정하는 근거가 됨.

$$자본수익률(\%) = \dfrac{임업소득}{자본} \times 100$$

6 육림비 분석

1. 육림비의 정의 및 구성요소 ☆☆

1) 육림비의 정의

① 육림비란 임목생산에 들어간 비용의 원리합계
② 육림기간 중에 얻은 수입의 원리합계를 공제한 것이 소위 말하는 임목원가(Cost Value of Stumpage)을 말함.

2) 육림비의 구성요소 ☆

① 노동비 : 노동비에는 고용노동비와 가족노동비가 포함.
② 직접재료비 : 종자, 묘목, 비료, 약제 등에 들어가 경비와 자급재료의 견적액을 포함함.
③ 공통재료비 : 산림용 소기구 구입비, 건물, 기계 등의 유지수선비, 임대료 등으로서 사용일수와 사용면적에 따라 임분별로 분배 계산함.

④ 감가상각비 : 토지를 제외한 고정자본을 사용시간에 따라 분배 계산함.

⑤ 지대 : 실제로 지불한 고정자산액 중 그 임목의 부담할 분을 계산함.

⑥ 자본이자 : 일반적으로 육림 중 가장 많은 비중을 차지함.

3. 육림비의 분석 ☆

① 육림비는 대부분 평정이율에 의하여 계산된 이자로 육림비의 대소는 이율에 따라 크게 변함, 육림비를 절감하려면 이자를 줄이고 경비를 절감하며 투자자금의 회수기간을 단축시키는 방법을 강구함.

② 경비를 절감하려면 경비의 대부분을 차지하는 노임의 효율을 조사하고, 자본회수기간을 단축시키려면 벌기령을 단축과 임목생육기간 중 가능한 한 많은 부수입을 올리는 방법을 강구함.

7 임업(산림)투자결정

1. 자본예산

① 임업생산과 같이 그 효과가 장기적으로 나타나는 투자대상에 있어서는 투자결정의 중요성이 더욱 크며, 이와 같은 장기적인 투자를 위한 총괄적인 계획

② 자본예산의 수행 과정

㉮ 투자목적의 설정

㉯ 투자목적을 달성하기 위한 투자대상의 선정

㉰ 각 투자대상에서 기대되는 현금 흐름의 측정

㉱ 현금흐름의 평가(투자안의 타당성 분석)

㉲ 투자의 결정

2. 투자효율의 측정

1) 목적

투자의 상대적 유리성을 판단하는 기준

2) 투자효율의 결정방법 ☆☆☆

① 회수기간법 : 시간가치 고려하지 않음, 사업에 착수하여 투자에 소요된 모든 비용을 회수할 때까지의 기간을 말하고, 연 단위로 표시하며 다음과 같이 계산함.

> ㉮ 자금회수기간=투자액/매년 현금 유입액
> ㉯ 회수기간이 기업에서 설정한 회수기간보다 짧으면 그 사업은 투자 가치가 있는 유리한 사업이라 판단

■ 육림비의 절감
① 이자절감 : 육림비에서 가장 큰 비중을 차지함
② 경비절감 : 경비의 대부분은 노임
③ 자본회수기간 단축 : 벌기령 단축, 부수입 증대

■ 산림투자 결정 ☆
① 투자효율 측정
  • 회수시간법 : 시간가치를 고려하지 않음.
  • 투자이익률법 : 평균이익률법, 시간가치를 고려하지 않음, 연평균순수익 / 연평균투자액
  • 순현재가치법 : 현가법, 시간가치를 고려함.
  • 수익 · 비용률법 : B/C율 > 1(→ 투자가치사업), 시간가치를 고려함
  • 내부투자수익률법 : 시간가치를 고려함
② 감응도분석 : 불확실한 미래의 상황변화를 사업분석에 포함시킴.

② 투자이익률법 또는 평균이익률법 : 시간가치 고려하지 않음, 연평균순수익과 연평균투자액(감가상각비 제외)에 의해 다음과 같이 계산함.

> ㉮ 투자이익률=연평균순수익/연평균투자액
> ㉯ 투자대상의 평균이익률이 기업에서 내정한 이익률보다 높으면 그 투자안을 채택

③ 순현재가치법 또는 현가법
  - ㉮ 시간가치 고려함, 단순히 현재가치법, NPV법, NPW법이라고 함.
  - ㉯ 미래에 발생할 모든 현금흐름을 적절한 할인율로 할인하여 현재가치로 나타나며 장기투자를 결정하는 방법
  - ㉰ 현재가가 0보다 큰 투자 안을 투자할 가치가 있는 것으로 평가하거나, 0보다 작으면 경제성이 없는 것으로 의사결정을 함.

④ 수익·비용률법
  - ㉮ 시간가치를 고려함, 순현재가치법의 단점을 보완하기 위하여 수익·비용률법(B/C Ratio, benefit /cost ratio method)을 사용
  - ㉯ 투자비용의 현재가에 대하여 투자의 결과로 기대되는 현금유입의 현재가 비율을 나타냄.
  - ㉰ B/C 율이 1보다 크면 투자할 가치가 있는 사업으로 평가

⑤ 내부투자수익률법(internal rate of return method ,IRR법)
  - ㉮ 시간가치 고려함, 투자에 의해 예상되는 현금유입의 현재가와 현금유출 현재가를 같게 하는 할인율을 말하며, 내부이익률이 할인율보다 클 때 투자안을 수락하고 반대일 때는 기각 또는 거부함.
  - ㉯ 투자로 인한 IRR과 기업에서 바라는 기대수익률을 비교하여 IRR이 클 때 투자가치가 있는데, 국제금융기관에서 널리 이용함.

3. 불확실성과 감응도 분석(sensitivity analysis)

1) 감응도 분석
① 불확실한 미래의 상황변화와 같은 불확실성을 사업 분석에 포함시킨 것으로, 불확실성에 대비할 수 있는 조치는 최저 수익률설정, 기대되는 내용 연수는 짧게, 현금흐름의 비관적 추정, 낙관·비관·최선의 추측을 동시비교, 감응도 분석 등을 사용
② 수익과 비용의 주요 결정인자에 가장 불확실성이 클 것을 예상되는 인자에 상이한 값을 적용하여 투자사업의 선택기준이 얼마나 민감하게 변화되는가를 측정함.

2) 임업투자에서 감응도 분석의 고려 대상 ☆
① 생산물의 가격 및 노임 등의 가격요인
② 생산량
③ 원료 및 원자재의 가격변화에 따른 사업비용의 변화
④ 사업 기간의 지연

8 손익분기점의 분석 ☆☆☆

1. 수익과 비용

① 손익계산은 일정한 회계기간에 발생한 총수익과 총비용을 차감하여 그 기간 동안의 순손익을 나타내는 것

② 수익은 경영활동의 결과로 자본의 증가를 가져온 원인을 뜻하며 비용은 경영활동의 결과로 자본의 감소를 가져온 원인을 뜻함.

③ 손익법 : 순이익(순손실)=총수익−총비용

④ 손익계산서 등식 : 수익=비용+순이익

■ 손익계산서의 유용성
① 기업의 경영활동 성과를 측정할 수 있는 정보를 제공
② 기업의 이익력 판단과 미래 순이익의 흐름에 관한 정보 제공
③ 기업의 경영계획이나 배당정책을 수립하기 위한 정보제공
④ 경영분석을 위한 중요한 정보를 제공
⑤ 경영자의 능력경영이나 경영업적을 평가하기 위한 정보를 제공

2. 손익계산서

1) 개념

일정기간 기업의 경영성과를 나타내는 보고서(기업경영실적)

2) 양식

① 계정식 : 재무상태표, T자형으로 좌우로 나누어 좌측 즉 차변을 비용, 우측 즉 대변을 수익으로 하고 양자의 차손을 순손실로 하여 좌우(차변·대변)를 평균하여 표시하는 것

② 보고식 : 우리나라에서는 보고식 작성을 원칙으로 함.

3) 벌기의 손익 계산

완전간단작업	• 손익=임목매상대−조림비 원가누계−관리비 원가누계 • 손익=임목매상대−조림비 원가누계−관리비 원가누계−경영자의 연년 정상보수평가액의 누계
보속경영	• 손익=임목매상대−조림비−관리비 • 손익=임목매상대−임목축적 성장가−조림비−관리비

[예제]
어느 한 임분에서의 총비용 및 총수익이 다음식에 의해 결정된다고 할 때, 손익분기점에서 발생하는 생산량은?
C : 총비용, R : 총수익, Q : 생산량(m³)

• C=5,000Q+1,000,000
• R=10,000Q

해설
손익분기점은 총수익과 총비용이 같아지는 점이므로 C=R이 된다.
5,000Q+1,000,000=10,000Q
1,000,000=5,000Q
Q=200m³

3. 손익분기점의 의미와 가정 및 분석

1) 손익분기점 의미

① CVP 분석, 즉 원가 C(cost), 조업도(Volume), 이익(Profit) 관계를 분석

② 수익과 비용을 비교하여 수익이 비용을 초과하면 이익, 비용이 수익을 초과하면 손실이라 하며, 손익분기점은 총수익이 총비용과 같아지는 판매수준

③ 손실도 이익도 발생하지 않는 판매수준 즉, 손실과 이익이 나누어지는 점을 말함.

2) 분석을 위한 가정 ☆

① 가정

    ㉮ 제품의 판매가격은 판매량이 변동하여도 변화되지 않음.

    ㉯ 원가는 고정비와 변동비로 구분할 수 있음.

    ㉰ 제품 한 단위당 변동비는 항상 일정함.

    ㉱ 고정비는 생산량의 증감에 관계없이 항상 일정함.

    ㉲ 생산량과 판매량은 항상 같으며, 생산과 판매에 동시성이 있음.

    ㉳ 제품의 생산능률은 변함이 없음.

② 손익분기점의 분석방법

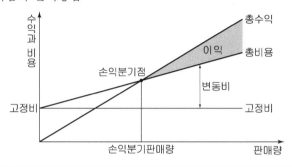

직선으로 표시되는 총비용선과 총수익선이 교차하는 점(매출액수준)이 손익분기점이 됨.

■■■ 7. 임업경영계산

1. 어느 임업경영자가 자기 소유의 산림에 대한 임지, 임목축적 설비 등의 총재산(자산)을 파악한 결과 7,180만원이었고, 부채는 1,510만원이었다. 이 경영자의 자기자본은?

① 7,180만원　　　　　　　② 1,510만원
③ 8,690만원　　　　　　　④ 5,670만원

2. 미처분 임산물은 임업경영 자산 중 어느 자산에 속하는가?

① 유동자산　　　　　　　② 임목자산
③ 고정자산　　　　　　　④ 부채

3. 다음 중 자산에 들지 않는 것은?

① 중간생산물　　　　　　② 출자금
③ 건물　　　　　　　　　④ 미불금

4. 고정자산의 감가 원인에 해당하지 않는 것은?

① 사용소모에 의한 감가　　② 인플레이션에 의한 감가
③ 자연적 소모에 의한 감가　④ 부적응에 의한 감가

5. 감가상각액의 계산법 중 가장 간단하고 보편적인 감가계산법은?

① 연수합계법　　　　　　② 정액법
③ 정률법　　　　　　　　④ 생산량비례법

해　설

해설 **1**
총재산(자산)
=타인자본(부채)+자기자본(자본)
71,800,000
=15,100,000+자기자본
자기자본=56,700,000원

해설 **2**
미처분 임산물, 산림용 생산자재인 묘목·비료·약제 등은 유동자산에 속한다.

해설 **3**
미불금(미지급금)은 부채에 속한다.

해설 **4**
고정자산의 가치소모 이유는 사용 소모, 자연적 소모, 경제적 진부화 등이다.

해설 **5**
정액법은 가장 간단한 방법으로 직선법이라고도 한다.

정답　1. ④　2. ①　3. ④　4. ②
5. ②

6. 감가상각비용에 대한 설명으로 옳지 않은 것은?

① 고정자산의 감가원인은 물리적 원인과 기능적 원인으로 나눌 수 있다.
② 새로운 발명이나 기술진보에 따른 사용가치의 감가는 감가상각비로 처리하지 않는다.
③ 시장변화 및 제조방법 등의 변경으로 인하여 사용 할 수 없게 된 경우에도 감가상각비로 처리한다.
④ 감가상각비는 시간의 경과에 따른 부패, 부식, 감모 등에 의한 가치의 감소를 포함한다.

해 설

해설 **6**
과학의 발달과 신기계의 발명으로 인한 사용가치의 감가를 진부화에 의한 감가라 한다.

7. 감가상각비를 계산하는 방법 중에서 감가상각비 총액을 각 연도에 할당하여 해마다 균등하게 감가하는 방법은?

① 정률법
② 작업시간비례법
③ 정액법
④ 연수합계법

해설 **7**
정액법은 가장 간단하고 보편적인 감가계산법이다.

8. 물(物)의 사용 정도에 따라 그 감손의 정도에 차이가 생기게 되는 것으로 사용의 정도에 따라 감가상각을 처리하는 방법은?

① 정률법
② 급수법
③ 비례상각법
④ 부정상각법

해설 **8**
비례상각법은 기계 등의 고정설비를 사용함에 있어 그 사용정도에 따라 상각액을 결정하는 방법이다.

9. 감가상각액의 계산방법에 대해 옳게 설명되지 않은 것은?

① 일반적으로 정액법이 널리 쓰인다.
② 정률법을 사용하면 연도가 경과함에 따라 감가상각액이 점점 커진다.
③ 정액법은 구입시 한 번의 계산으로 매년의 감가상각액을 알 수 있다.
④ 용량이 연도에 따라 심히 다른 경우에는 사용비례법이 적당 하다.

해설 **9**
정률법의 경우 연수가 경과함에 따라 자산액이 감소되기 때문에 감가상가액이 감하게 된다.

정답 6. ② 7. ③ 8. ③ 9. ②

10. 어떤 물건의 장부원가가 5,000,000원인데 폐기 시의 잔존가액이 200,000원으로 예상되고 그 내용 년 수를 10년으로 볼 때 정액법에 의한 매년의 감가상각비는?

① 480,000원 　　　　　　② 500,000원

③ 520,000원 　　　　　　④ 460,000원

11. 대학 연습림 관리소 건물의 장부원가가 5,000만원이고, 폐기할 때의 잔존가치가 1,000만원으로 예상되며 그 내용연수가 50년이라고 한다. 다음 중 이 건물의 연간 감가상각비를 정액법에 의해 계산하면 얼마가 되는가?

① 70만원 　　　　　　② 80만원

③ 90만원 　　　　　　④ 100만원

12. 취득원가가 50만원이고, 폐기할 때의 잔존가치가 5만원으로 추정되는 체인톱이 있다. 이 톱의 총사용가능기간은 9만 시간인데, 실제 작업시간이 4,500시간일 때의 총감가상각비는?

① 150,000원 　　　　　　② 20,000원

③ 22,500원 　　　　　　④ 25,000원

13. 취득원가가 40만원이고, 폐기할 때의 잔존가치가 10만원으로 추정되어지는 체인 톱이 있다. 이 톱의 총사가용가능시간을 6만 시간이라 할 때 시간당 감가상각률을 작업시간비례법에 의하여 계산하면 얼마인가?

① 7월 　　　　　　② 6원

③ 5원 　　　　　　④ 4원

해　설

해설 10

$$\frac{5,000,000-200,000}{10}=480,000원$$

해설 11

$$감가상각비=\frac{구입가격-폐물가격}{내용연수}$$
$$=\frac{50,000,000-10,000,000}{50}$$
$$=800,000$$

해설 12

$$감가상각비=\frac{구입가격-폐물가격}{내용연수}$$
$$=\frac{500,000-50,000}{90,000}$$
$$=5원$$
$$총감가상각비=실제 작업시간$$
$$\times시간당 감가상각률$$
$$=4,500\times5$$
$$=22,500원$$

해설 13

$$\frac{400,000-100,000}{60,000}=5원$$

정답 10. ① 11. ② 12. ③ 13. ③

14. 임업경영분석의 주목적은?

① 임목축적을 조사 평가하기 위하여
② 수익성을 조사하기 위하여
③ 임업경영의 개선을 위한 자료를 얻기 위하여
④ 투입과 산출만을 조사하는 과정이다.

15. 다음 중 한 해에 자란 임목자산 중에서 판매되지 아니하고 남아있는 임목자산의 비율을 성장액의 내부보유율이라고 하는 데 다음 중 맞게 표현한 것은?

① $\dfrac{\text{연도내 성장액} - \text{연도내 매각액}}{\text{연도내 매각액}} \times 100$

② $\dfrac{\text{연도내 성장액} - \text{연도내 매각액}}{\text{연도내 성장액}} \times 100$

③ $\dfrac{\text{연도초 성장액} - \text{연도초 매각액}}{\text{연도초 매각액}} \times 100$

④ $\dfrac{\text{연도초 성장액} - \text{연도초 매각액}}{\text{연도초 성장액}} \times 100$

16. 임업경영의 성과를 분석하는 데 있어서 틀린 설명은?

① 나무의 생육기간은 오랜 시일이 걸리기 때문에 다른 일반적인 경영에서와 같이 짧은 기간 동안의 성과를 명확하게 계산할 수 없는 경우가 많다.
② 임업경영의 성과를 해마다 분석하는 것은 특별한 일이 없는 한 가급적 피하는 것이 좋다.
③ 임업경영의 성과는 임가소득, 임업소득 또는 임업순수익으로 파악할 수 있다.
④ 경영성과를 분석하는 것은 앞으로의 경영개선을 위하여 매우 중요한 것이다.

17. 임업경영 성과분석의 방법에 대한 설명으로 옳지 않은 것은?

① 임가소득은 임업소득과 임업외소득으로 구성된다.
② 임업경영의 성과는 임가소득, 임업소득, 임업순수익으로 파악 할 수 있다.
③ 임업소득은 임업경영의 결과에 의하여 직접적으로 얻은 소득으로 임업경영성과를 나타내는 가장 정확한 지표가 된다.
④ 임업순수익은 임업소득과 마찬가지로 산림면적(인공림)에 반비례한다.

해설 **14**
임업경영분석은 일정기간 동안의 임업경영 활동을 종합적으로 판단하여 차후의 임업경영 개선을 위한 자료를 얻기 위한 것이다.

해설 **15**
임목자산의 성장성을 판단할 때에는 임목성장액, 임목자산의 증감률, 임목성장액의 내부보유율 등이 지표로 이용된다.

해설 **16**
임업경영의 성과를 해마다 분석하여 발전의 지표로 삼아야 한다.

해설 **17**
임업순수익과 임업소득은 산림면적(인공림)에 비례한다.

CHAPTER 07 임업경영계산

18. 임업경영의 성과분석 중 맞는 것은?

① 임업소득=임업조수익-임업경영비
② 임업소득=임업조수익-임업생산비
③ 임업순수익=임업소득-임업경영비
④ 임업경영비=임업순수익-임업조수익

19. 임업조수익 400만원, 생산비 300만원, 경영비 200만원, 고용노동비 150만원, 중간재비 100만원이면 임업소득은?

① 300만원　　　　　② 250만원
③ 200만원　　　　　④ 100만원

20. 임업조수익이 500만원이고, 임업경영비가 100만원이면 임업소득률은 얼마인가?

① 20%　　　　　② 40%
③ 60%　　　　　④ 80%

21. 다음 중 설명이 틀린 것은?

① 임가소득은 임업소득, 농업소득, 기타소득을 더한 값이다.
② 임업의존도는 임가소득을 임업소득으로 나누어 100을 곱한 값 이다.
③ 임업소득은 임업조수익에서 임업경영비를 뺀 값이다.
④ 임업소득률은 임업소득에서 임업조수익을 나누어 100을 곱한 값이다.

22. 임목생산에 들어간 원리합계를 무엇이라 부르는가?

① 육림비　　　　　② 노동비
③ 감가상각비　　　　　④ 지대

해　　설

해설 **18**
• 임업순수익
  =임업소득-가족노임추정액
• 임업경영비
  =산림현금지출+감가상각액
  　+미처분 임산물재고감소액
  　+임업생산자재 재고감소액
  　+주벌 임목 감소액

해설 **19**
• 임업소득=임업조수익-임업경영비
  =400만원-200만원

해설 **20**
• 임업소득 = 임업조수익 - 임업경영비
• 임업소득률 = $\dfrac{\text{임업소득}}{\text{임업조수익}} \times 100$
  $= \dfrac{4,000,000}{5,000,000} \times 100$
  $= 80\%$

해설 **21**
• 임업의존도 = $\dfrac{\text{임업소득}}{\text{임가소득}} \times 100$

해설 **22**
육림비는 임목생산에 들어간 경비의 원리합계를 말하며, 육림비에서 육림기간 중 얻은 수입의 원리합계(후가)를 공제한 것이 임목원가이다.

정답 18. ① 19. ③ 20. ④ 21. ②
　　 22. ①

23. 육림비의 절감방법이 아닌 것은?

① 낮은 이자율의 자본을 이용한다.
② 투입한 자본의 회수기간을 짧게 한다.
③ 노임을 절약할 수 있는 방법을 찾는다.
④ 가급적이면 중간부수입(간벌수입 등)을 적게 하는 것이 유리하다.

24. 일정 기간 동안의 기업 경영실적을 나타내는 것은?

① 대차대조표
② 잉여금 계산서
③ 제조원가보고서
④ 손익계산서

25. 벌기에 있어서 손익을 계산하는 방법 중에서 완전 간단작업의 경우는 어느 것인가?

① 손익=임목매상대－조림비 원가누계－관리비 원가누계
② 손익=임목매상대－조림비－관리비
③ 손익=임목매상대－임목축적 성장가－조림비－관리비
④ 손익=임목매상대－조림비－관리비－육림비

26. 손익분기점의 분석을 위해서는 몇 가지의 가정이 필요한데 가장 거리가 먼 것은?

① 제품의 판매가격은 판매량이 변동하여도 변화되지 않는다.
② 원가는 고정비와 변동비로 구분할 수 있다.
③ 제품 한 단위당 변동비는 항상 일정하다.
④ 생산량과 판매량은 항상 다르며, 생산과 판매에 보완성이 있다.

27. 투자에 의하여 발생할 미래의 모든 현금 흐름을 알맞은 할인율로 할인하여 계산한 현재가를 기준하여 장기투자를 결정하는 방법은?

① 투자이익률법
② 순현재가치법
③ 수익·비용률법
④ 내부투자수익률법

해 설

해설 **23**
육림비를 절감하려면 임목생육 기간 중 가능한 한 많은 부수입을 올리는 방법을 강구해야 한다.

해설 **24**
기업경영실적은 손익계산서로 나타낸다.

해설 **25**
①에서 경영자의 연년정상보수 평가액의 누계를 추가로 차감하기도 한다.

해설 **26**
생산량과 판매량은 항상 같으며 생산과 판매에 동시성이 있다.

해설 **27**
순현재가치법은 현재가치법, NPV법, NPW법이라고도 한다.

CHAPTER 07 임업경영계산

28. 어느 한 임분에서의 총비용 및 총수익은 다음 식에 의해 결정된다고 할 때, 손익분기점이 발생하는 생산량으로 알맞은 것은? C : 총비용, R : 총수익, Q : 생산량(m³)

$$C = 5,000\,Q + 1,000,000 \qquad R = 10,000\,Q$$

① 100 m³
② 200 m³
③ 300 m³
④ 400 m³

29. 산림투자 경제성분석 방법 중 수익성지수를 사용하는 방법은?

① 투자이익률법
② 순현재가치법
③ 수익 · 비용률법
④ 내부투자수익률법

30. 산림투자 사업에서 감응도 분석의 대상으로 고려하여야 할 주요 요인에 해당하지 않는 것은?

① 생산물의 가격 및 노임 등의 가격 요인
② 생산량
③ 자본예산
④ 사업기간의 지연

정답　28. ②　29. ③　30. ③

08 산림생장 및 구조

학습주안점

• 총가생장에 대한 개념과 내용을 이해해야 한다.
• 산림생장의 형태에 따른 종류를 이해하고 암기해야 한다.
• 평균생장량과 연년생장량간의 관계를 알고 있어야 한다.
• 생장률 적용공식인 단리산식, 복리산식, 프레슬러식, 슈나이더식을 이해하고 암기해야 한다.
• 동령림과 이령림의 임분구조에 대해 이해해야 한다.

1 생장량

1. 수목의 생장에 따른 생장량 ☆

① 재적생장 : 지름과 수고의 증가에 의한 부피 증가
② 형질생장 : 지름이 커지고 재질이 좋아지는데서 오는 단위 재적당 가격상승
③ 등귀생장 : 물가상승과 도로, 철도 등의 개설로 인한 운반비의 절약에 기인하는 임목가격의 상승
④ 총가생장=재적생장+형질생장+등귀생장

2. 임목의 부분에 따른 성장량(=생장량)

① 직경성장 : 흉고직경(DBH)의 성장
② 단면적성장 : 흉고단면적의 성장
③ 수고성장 : 수고의 성장
④ 재적성장 : 재적의 성장

3. 산림생장의 형태에 따른 분류 ☆☆

1) 총생장량

① 임목이 발생하여 일정한 연령에 이르기까지의 총생산량을 말하며, 연년생장량의 총화가 곧 총생산량이 됨.
② 현재의 연령이 벌기와 같을 때에는 벌기 생장량이란 말도 사용함.

핵심 PLUS

■ 나무의 생장
① 생장(生長, growth increment)은 하나의 수목 또는 수목의 집단인 임분에서 매년 생리적 현상이 일어나는 증가로 길이(length)의 증가와 두께(thickness)의 증가를 말한다.
② 나무의 길이 증가를 수고생장(樹高生長, height growth), 두께의 증가를 지름생장(直徑生長 : diameter growth)이라 하며, 이 두 생장의 결과로 이루어지는 체적의 증가를 재적생장(材積生長, volume growth)이라 한다.

■ 생장량 측정(요약)
① 총생장량 : 시간의 흐름에 따른 수확량의 변화, 누운 S자 형태
② 평균생장량 : 임목의 현재 총재적을 생육연수로 나눈 것
③ 연년생장량 : 1년간의 생장량
④ 정기생장량 : 일정기간 동안의 생장량
⑤ 정기평균생장량 : 정기생장량을 정기연수로 나눈 것
⑥ 진계생장량 : 산림조사기간 동안 측정할 수 있는 생장량

2) 평균생장량

① 어느 주어진 기간 동안 매년 평균적으로 증가한 양

② 임목의 현재 총 재적을 생육연수로 나눈 것으로, 임목이 생육한 기간 중의 평균 생장량

③ 현재 재적을 V, 생육연수를 n 으로 총평균생장량은 $\dfrac{V}{n}$ 으로 산정

④ 재적수확최대의 벌기령은 벌기평균생장량이 최대인 때를 벌기령으로 정하는 방법

3) 연년생장량

① 임령이 1년 증가함에 따라 추가적으로 증가하는 양

② n 년 때의 재적을 v, $n+1$년 때의 재적을 V 라 할 때 연년생장량은 $V-v$임.

4) 정기생장량

① 일정기간 동안의 생장량

② n년 때의 재적을 v, $n+m\,(m \rangle 1)$년 때의 재적을 V라 하면 정기생장량은 $V-v$임.

5) 정기평균생장량

① 정기생장량을 정기연수로 나눈 것으로 일정기간 동안의 평균생장량임.

② n년 때의 재적을 v, $n+m\,(m \rangle 1)$년 때의 재적을 V라 하면 정기평균생장량 은 $V-v$가 됨.

③ 산림에서 연년생장량을 잰다는 것은 극히 어려우므로 정기평균생장량을 측정 하여 그 기간 동안의 연년생장량으로 간주하는 수가 많음.

6) 진계생장량(進界生長量)

산림조사기간 동안 측정할 수 있는 크기로 생장한 새로운 임목들의 재적

4. 평균 생장량과 연년 생장량 간의 관계 ☆☆☆

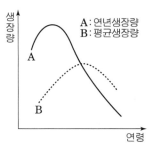

① 처음에는 연년생장량(A)이 평균생장량(B)보다 큼.

② 연년생장량(A)은 평균생장량(B)보다 빨리 극대점을 가짐.

③ 평균생장량(B)의 극대점에서 두 성장량의 크기가 같게 됨.

[예시]
소나무 25년생의 ha당 재적이 100m³였 던 것이 30년생 때 150m³가 되었다. 이 때 생장량은 $\dfrac{(150-100)}{5}=10\mathrm{m^3}$ 이다.
이 생장량은 어떤 생장량이 되는가?

[해설]
연년생장량으로 정기평균생장량을 측정 하여 연년생장량으로 간주한다.

■ 생장주기에 따른 5가지의 생장량 측정 방법

측정 초기 의 입목 재적 (V1)	측정 말기 의 입목 재적 (V2)	측정 기간 중 고사 량 (M)	측정 기간 중 벌채 량 (C)	측정 기간 중 진계 생장 량 (I)

① 진계생장량을 포함하는 총생장량
  = V2+M+C−V1
② 초기 재적에 대한 총생장량
  = V2+M+C−I−V1
③ 진계생장량을 포함하는 순생장량
  = V2+C−V1
④ 초기 재적에 대한 순생장량
  = V2+C−I−V1
⑤ 입목축적에 대한 순변화량
  = V2−V1

④ 평균생장량(B)이 극대점에 이르기까지는 연년생장량(A)이 항상 평균생장량보다 큼.

⑤ 평균생장량(B)극대점을 지난 후에는 연년생장량(A) 평균생장량(B)보다 하위에 있다. 즉, A < B가 됨.

⑥ 연년생장량(A)이 극대점에 이르는 기간을 유령기, 이때부터 평균생장량(B)의 극대점까지를 장령기, 그 이후를 노령기라 할 수 있음.

⑦ 임목은 평균생장량(B)이 극대점을 이루는 해에 벌채하는 것이 가장 이상적임.

2 생장률 ☆☆☆

1. 생장률(growth percentage)개념

① 일정 기간에 생장한 양을 생장 전의 재적으로 나눈 백분율로 수고, 지름, 단면적 및 재적 등에 대해서 계산되고 있으나, 대개 생장률이라고 하면 재적생장률을 말함.

② 생장률은 과거의 생장량뿐만 아니라 앞으로의 생장량을 추정하는데 쓰이며 임업경영상 매우 중요함.

2. 적용공식

1) 단리산 공식

$$P = \frac{V-v}{n \times v} \times 100$$

여기서, P : 생장률(%), V : 현재의 재적, n : 기간 연수, v : n년 전의 재적

[예시] 1990년의 ha당 재적이 150m³, 10년 후인 2000년의 재적이 220m³였다고 하면 단리에 의한 생장률은?

$$P = \frac{220-150}{10 \times 150} \times 100 = 4.7\%$$

2) 복리산 공식

$$P = \left(\sqrt[n]{\frac{V}{v}} - 1\right) \times 100$$

여기서, P : 생장률(%), V : 현재의 재적(최후의 크기), n : 기간 연수,
v : n년전의 재적(최초의 크기)

[예시] $V=220$m³, $v=150$m³, $n=10$인 경우, P를 계산하면

$$P = \left(\sqrt[10]{\frac{220}{150}} - 1\right) \times 100 = 3.9\%$$ 즉, 복리산공식에 의하면 3.9%가 된다.

■ 생장률 공식(요약)

① 단리산식 p=
$$\frac{현재의 재적 - n년전의 재적}{n년 \times n년전의 재적} \times 100$$

② 복리산식 p =
$$\left(^{(기간연수)}\sqrt{\frac{현재의 재적}{n년전의 재적}} - 1\right) \times 100$$

③ 프레슬러식 p=
$$\frac{현재의 재적 - n년전의 재적}{현재의 재적 + n년전의 재적} \times \frac{200}{기간}$$

④ 슈나이더식=
$$\frac{상수}{나이테수 \times 흉고지름}$$

[예시]

30년생 소나무의 재적이 100m³, 40년생 소나무의 재적이 200m³일 때 프레슬러 공식에 의한 생장률은?

$$p = \frac{200-100}{200+100} \times \frac{200}{(40-30)} = 6.67\%$$

[예시]

흉고높이에서 생장추를 이용하여 반경 1cm 내의 연륜수 5를 얻었다. 흉고직경 30cm, 상수 K=500일 때, 슈나이더식을 이용한 재적생장률은?

$$p = \frac{K}{n \times D} = \frac{500}{5 \times 30} = 3.3\%$$

■ 이령림과 동령림의 임분구조 ☆☆

이령림	동령림
• 전체 임분에서 직경분포의 변화 상태는 역 J자 모양 • 직경급이 증가할수록 본수가 적어짐. • 이령림은 연령과 크기가 다양함.	• 종모양 정규분포형태 • 평균직경에서 최대 입목본수 • 평균에서 멀어지면 감소 • 유령림 : 낮은 직경급에서 수종분포, 종이 좁음, 평균에 밀집 • 장령림 : 직경급 커지고 전체 본수 감소, 분산도 커지고 넓어짐

3) 프레슬러(Pressler)공식

$$P = \frac{V-v}{V+v} \times \frac{200}{n}$$

여기서, P : 생장률(%), V : 현재의 재적, n : 기간 연수, v : n년 전의 재적

4) 슈나이더(Schneider)식

$$P = \frac{K}{n \times D}$$

여기서, P : 생장률(%), n : 수피 안쪽 1cm 안에 있는 나이테수
D : 흉고 지름,
K : 상수(직경30cm 이하인 나무는 550, 30cm 초과는 500)

3 임분생장량

1. 이령림의 생장

1) 직경계(直徑階)에 대한 직경생장
① 소경급에서는 평균직경 생장량이 서서히 증가하여 중경급에서는 최대가 되고 대경급에서는 점차적으로 감소되는 것이 일반적임.
② 인공이 전혀 가해지지 않은 이령림에서는 피압목이 많이 나타나고 또 과밀한 부분이 생기므로 평균 직경 생장량 특히 소경급의 평균 생장량을 저하시킴.

2) 임분의 직경분포의 변화상태
① 이령림의 전체 임분에서 직경분포의 변화 상태는 대체로 역 J자형임.
② 균형잡힌 이령림의 경우 각 직경계의 분포면적이 동일한 것이므로 소경목이 여러주 있는 곳에는 대경목의 경우 자연 적은 본수가 서있기 때문임.

2. 동령림의 생장

1) 동령림생장의 일반사항
① 동령림에서 임령이 증가하면 임목 사이에 심한 경합이 일어나고 그 결과로 임목 주수가 현저히 감소
② 간벌이나 제벌은 임분이 자연적 발달과정에서 주수 감소가 가장 심히 나타나는 시기에 실시해야 하며 임목 주수의 감소는 유령림에서 현저함.

2) 수고생장

유령 시에는 왕성하여 일찍 생장의 최고점에 도달한 후 서서히 감소하나 지위가 좋은 곳의 수고생장은 지위가 나쁜 곳보다 생장이 가장 빠른 시점에 도달하는 시기가 빠름.

3) 직경생장

직경의 생장경로는 대체로 수고생장의 경로와 비슷하나 연륜폭의 면적이 가장 큰 시기, 즉 단면적의 생장이 가장 큰 생장을 하는 시기는 이보다 늦게 나타남.

4) 임분의 단면적생장

임분의 단면적 합계는 일정한 양에 도달한 후에는 거의 같은 양을 유지하게 되는데 이것은 개개 나무의 단면적은 조금씩이라도 증가하지만 나무의 주수가 자연고사 라든가 간벌 등으로 감소하기 때문임.

5) 재적생장

재적생장은 직경생장과 수고생장의 결과로 이루어지는 것이므로 생장 경로도 양자의 생장경로를 합계한 것과 같다고 할 수 있음.

■■■■ 8. 산림생장 및 구조

1. 잣나무 30년생의 ha당 재적이 120m³였던 것이 35년생 때 160m³이 되었다. 이 때의 생장량은 (160 - 120)/5 = 8m³이다. 이 생장량은 다음 중 어디에 해당하는가?

① 연년생장량   ② 정기생장량
③ 총생장량   ④ 총평균생장량

해설 **1**

정기평균생장량의 공식으로 연년생장량은 측정하기 어려우므로 정기평균생장량을 측정하여 그 기간 동안의 연년생장량으로 간주하는 수가 많다.

2. 생장량곡선을 표시한 그림이다. A는 무엇을 뜻하는가?

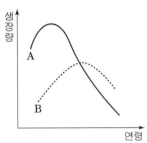

① 평균생장량   ② 연년생장량
③ 총생장량   ④ 정기생장량

해설 **2**

생장관계를 파악하기 위해 가로축에 연령을 세로축에 생장량을 기준하였으며 A는 연년생장량 B는 평균생장량을 나타낸다.

3. 임목이 발아하면서 현재에 이르기까지 생장한 전체의 생장량은?

① 연년생장량   ② 정기생장량
③ 총생장량   ④ 정기평균생장량

해설 **3**

총생장량은 연년생장량의 총화이며, 만약 현재의 연령이 벌기와 같을 때를 벌기생장량이라 한다.

4. 다음 중 재적의 연년생장량 곡선과 평균생장량 곡선의 관계가 바르게 설명된 것은?

① 평균생장량이 최대인 점에서 두 곡선은 만난다.
② 연년생장량이 최대인 점에서 두 곡선은 만난다.
③ 두 곡선이 만나는 시점까지는 평균생장량이 연년생장량보다 항상 크다.
④ 두 곡선이 만나는 시점을 벌기령으로 정하는 것을 산림순수익 최대의 벌기령이라 한다.

해설 **4**

평균생장량의 극대점에서 두 생장량의 크기는 같다.

정답 1. ① 2. ② 3. ③ 4. ①

5. 재적 연년생장량과 평균생장량과의 관계 중 틀린 것은?

① 평균생장량이 상승하고 있는 동안에는 연년생장량이 크다.
② 평균생장량이 최대일 때는 연년생장량과 같다.
③ 평균생장량이 하강할 때는 연년생장량이 크다.
④ 평균생장량의 극대점은 연년생장량의 극대점보다 작다.

6. 연년생장량과 평균생장량의 관계를 설명한 것 중 옳지 않은 것은?

① 평균생장량이 최대가 될 때 연년생장량과 평균생장량은 같다.
② 평균생장량이 상승하는 동안에는 연년생장량은 평균생장량보다 크다.
③ 평균생장량이 하강할 때 연년생장량은 상승한다.
④ 평균생장량이 하강하는 동안에는 연년생장량은 평균생장량보다 작다.

7. 다음중 프레슬러의 생장률 공식으로 가장 적당한 것은? (현재 재적= V, n년전 재적= v, 경과연수= n, 생장률(%)= P)

① $P = \dfrac{V-v}{V+v} \times 100$

② $P = \dfrac{V-v}{V+v} \times \dfrac{200}{n}$

③ $P = \dfrac{V-v}{V+v} \times \dfrac{n}{200}$

④ $P = \dfrac{V-v}{V+v} \times 200$

8. 20년 때의 축적이 50m³, 25년때의 축적이 60m³였다고 한다면 프레슬러 공식으로 계산된 생장률은 얼마인가?

① 약 3.1 %

② 약 3.6 %

③ 약 4.3 %

④ 약 5.5 %

해　　설

[해설] 5

평균생장량이 극대점을 지나 하강할 때는 연년생장량이 평균생장량보다 하위에 있다.

[해설] 6

평균생장량이 하강할 때는 연년생장량도 하강한다.

[해설] 7

프레슬러공식은 생장이 왕성한 임목에서는 과솟값, 나이가 많은 임목에서는 과댓값을 나타낸다.

[해설] 8

$$P = \frac{V-v}{V+v} \times \frac{200}{n}$$
$$= \frac{60-50}{60+50} \times \frac{200}{5}$$
$$= 0.0909 \times 40$$
$$= 3.636\%$$

정답 5. ③　6. ③　7. ②　8. ②

9. 흉고직경 20cm 되는 소나무를 흉고높이에서 생장추를 이용하여 수피 밑 1cm 내의 연륜수를 조사하였더니 5개라고 할 때, 이 나무의 생장률을 슈나이더 공식에 의하여 구하면 얼마인가? (K : 550)

① 3.0%   ② 4.5%

③ 5.5%   ④ 6.0%

10. 현재 A 임분의 재적은 200m³/ha인데, 이 임분의 5년전 재적은 160m³/ha였다. 프레슬러식에 의한 임분의 재적생장률은?

① 2.2 %   ② 3.3 %

③ 4.4 %   ④ 5.5 %

11. 임목생장률 계산식이 아닌 것은?

① 단리산 공식   ② 복리산 공식

③ 뉴턴 공식   ④ 프레슬러 공식

12. 동령림임분에서 일반적으로 생장의 최고점에 가장 빨리 도달하는 생장인자는?

① 직경 생장   ② 단면적 생장

③ 수고 생장   ④ 재적 생장

13. 이령림에서 경급 분포도는 어떻게 나타나는가?

① S자형   ② 종형(鐘形)

③ Sin 곡선   ④ J자형의 반대곡선

해   설

해설 **9**

$$P = \frac{K}{n \cdot D} = \frac{550}{5 \cdot 20} = 5.5\%$$

해설 **10**

$$P = \frac{V-v}{V+v} \times \frac{200}{n}$$
$$= \frac{200-160}{200+160} \times \frac{200}{5}$$
$$= 0.1111 \times 40$$
$$= 4.444\%$$

해설 **11**

임목생장률 계산식에는 단리산 공식, 복리산 공식, 슈나이더 공식, 프레슬러 공식 등이다.

해설 **12**

수고생장은 유령 시에는 왕성하여 일찍 생장의 최고점에 도달한 후 서서히 감소하나 지위가 좋은 곳의 수고생장은 지위가 나쁜 곳보다 생장이 가장 빠른 시점에 도달하는 시기가 빠르다.

해설 **13**

이령림 전체 임분의 직경분포 변화 상태는 역 J자형으로 각 직경계의 분포면적이 동일한 것이므로 소경목이 여러 주 있는 곳에는 대경목의 경우 자연 적은 본수가 서있기 때문이다.

정답   9. ③   10. ③   11. ③   12. ③
13. ④

09 산림측정

학습주안점

- 임목의 직경 측정과 수고 측정에 사용되는 기구를 알아야 하고, 측정시 주의할 점에 유념해서 학습해야 한다.
- 벌채목의 재적 측정공식을 암기하고 적용할 수 있어야 한다.
- 나무의 연령을 측정하는 방법과 임분의 연령 측정방법을 구분해서 알고 있어야 한다.
- 수간석해의 의미와 방법(원판의 채취위치)을 알고 있어야 한다.
- 임목재적 측정방법과 임분의 재적 측정방법을 이해하고 방법을 암기해야 한다.

핵심 PLUS

1 직경의 측정

1. 측정기구

1) 윤척

① 자(Graduated Scale)에 2개의 다리(Arm)가 수직으로 붙어 있는데, 1개의 다리는 고정되어 있으므로 이것을 고정각(Fixed Arm)이라 하고, 나머지 것은 자 위를 움직일 수 있도록 만들어졌기 때문에 이것을 유동각(Mobile Arm) 이라 함.

② 특징

㉮ 휴대가 편하고 사용이 간단함.

㉯ 미숙한 사람도 쉽게 사용할 수 있음.

㉰ 윤척은 사용 전에 반드시 조정이 필요함.

㉱ 직경의 크기에 제한을 받으며, 나무의 반경이 윤척 다리의 길이보다 짧아야 함.

③ 윤척의 사용법

㉮ 경사진 곳에서는 뿌리 근처보다 높은 곳에서 측정

㉯ 흉고부(지상 1.2m)를 측정

㉰ 흉고부에 가지가 있으면 가지 위나 아래를 측정

㉱ 수간 축에 직각으로 측정

■ 입목의 직경을 측정하는 데 사용되는 기구는 여러 가지 있지만, 직경을 측정할 위치가 낮아서 직접 측정할 수 있을 때에는 윤척(Caliper)·직경테이프(Diameter Tape 또는 Grirth Tape)·빌티모아스틱(Biltimore Caliper) 등을 사용하고, 측정할 위치가 높을 때에는 프리즘(Prism)식 윤척 또는 스피겔 릴라스코프(Spiegel Relascope)를 사용한다.

■ 직경측정기구 ☆
자, 윤척, 직경테이프, 빌트모어스틱, 섹타포크, 포물선윤척

2) 직경테이프(Diameter Tape)

① 나무의 둘레를 측정하여 직접 직경을 구할 수 있도록 만들어진 것으로 나무의 둘레는 직경×3.14159임.

② 직경테이프는 휴대하기 편하고 직경의 크기에 제한받지 않으며 나무 줄기가 불규칙한 나무측정에 편리함.

③ 나무의 둘레를 S라 하면, 직경 D는 다음과 같이 구함.

$$D = \frac{S}{3.14159}$$

3) 빌티모아스틱(Biltimore Stick)

① 길이 30cm 정도의 자(Straight Rule)

② 눈에서 50cm정도 떨어진 임목에 그 임목의 직경과 평행하게 대고 눈에서 수간의 한쪽 끝과 다른 한쪽 끝을 연결하는 선을 그었을 때, 두 선의 자와 교차되는 곳의 길이로 그 나무의 직경을 측정할 수 있도록 눈금을 넣은 것

③ 나무의 지름을 D 하면, 시준선이 자와 교차되는 거리 S 는 다음과 같이 구함.

$$S = \frac{D}{\sqrt{1 + \dfrac{D}{50}}}$$

4) 섹터포크(Sector Fork)

나무의 수피의 접선에 위치한 자의 눈금을 읽어 흉고직경을 측정

2. 흉고직경

■ 흉고직경
임목의 재적을 계산할 때는 일반적으로 지상 1.2m 높이(가슴 높이)의 직경을 측정하는데 이를 흉고직경이라고 함.

1) 측정방법

① 임목의 재적 산출을 위해 직경을 측정할 때는 일반적으로 2cm 범위를 하나의 직경 측정단위로 묶어 괄약하는데 2cm 괄약에서 8cm는 7cm 이상 9cm 미만을 의미함.

② 임목의 재적을 산출하기 위한 직경 측정시는 괄약직경 6cm(실제직경 5cm) 이상만 측정함.

■ 수피를 측정하는 기구
수피측정기(Bark gauge)

2) 수피내 측정

① 직경은 수피까지 합한 직경을 수피외 직경(Diameter Outside Bark ; D. O. B.)과 수피를 제외한 목질부만의 직경을 수피내 직경(Diameter Inside Bark ; D. I. B.)이라 함.

② 수피내 직경을 구하고자 할 때에는 수피를 측정해야 되는데, 수피내를 측정시 공식은 다음과 같다.

$$D.I.B = D.O.B - 2 \times B(수피두께)$$

3. 측정의 정확성 ☆☆☆

1) 측정방법

측정은 예정된 정확도의 범위 내에서 능률적이고 최소의 경비로서 측정을 해야 함.

2) 측정시 주의점

① 윤척을 사용할 때에는 유동각이 정확히 자와 직교해야 함.

② 측정은 수간축과 직교하는 방향

③ 흉고직경을 측정할 때에는 지상으로부터 정확히 1.2m 높이를 측정

④ 수간이 흉고 이하에서 분지된 나무는 분지된 하나하나를 모두 측정

⑤ 흉고부위가 비정상적으로 팽배 또는 위축되거나 결함이 있을 경우에는 이로 인한 영향을 받지 않은 상하최단거리 부위직경을 측정하고 이를 평균함.

2 수고의 측정

1. 측고의 종류와 사용법

1) 측고기 종류

① **와이제 측고기**(Weise Hypsometer)

㉮ 금속제 원통에 시준장치가 있고 원통에 붙어 있는 자는 톱니모양으로 되어 있음.

㉯ 닮은꼴 삼각형의 원리(상사삼각형)를 이용

㉰ 수고를 측정할 때는 먼저 나무에서 측정할 장소까지의 수평거리를 정확히 측정한 다음, 나무의 첨단을 보고 측정한 값과 나무의 밑을 보고 측정한 값을 합산함.

㉱ 휴대가 편리하고 수고 눈금자가 톱니로 되어있어 읽기에 편하나 수평거리 측정이 곤란한 산지에서의 사용이 불편함.

㉲ 경사진 곳에서 측정할 때는 등고(等高)위치에서 측정한다.

② **아소스 측고기**(Aos's Hypsometer) : 사거리를 측정하여 한 번의 측정에 의하여 나무의 높이를 구할 수 있는 것이 장점

③ **크리스튼 측고기**(Christen Hypsometer) : 간편한 기구로 구조는 20cm 또는 30cm 되는 금속 또는 목재로 된 봉에 불규칙한 값을 표시, 일정한 길이로 예를 들면, 2m 또는 3m의 폴과 함께 사용함.

④ **아브네이 핸드 레블**(Abney Hand Level)

㉮ 수고를 측정하는 데 있어서 가장 편리하고 많이 사용

㉯ 휴대하기에 간편하고, 그 구조도 간단하며 비교적 정확함.

㉰ 수고는 100m 떨어진 곳에서 측정해야 하며, 만일 20m 떨어진 곳에서 수고를 70으로 읽었다면 70을 100으로 환산한 값은 $70 \times (20/100) = 14m$가 됨.

핵심 PLUS

▪ 측고기의 사용

① 입목의 재적을 측정하기 위해서는 직경과 함께 입목의 높이를 측정함.

② 직접측정법 : 높이가 낮은 나무의 수고 측정으로 1.5m 정도의 대나무 여러 개를 조립한 측고봉 등을 이용함.

③ 간접측정법 : 기하학적 원리(닮은꼴 삼각형)나 삼각법의 원리를 이용하여 수고측정기인 측고기로 측정함.

▪ 수고측정기구 ☆

① 와이제 측고기, 아소스 측고기, 크리스튼 측고기, 메리트 측고기

② 삼각법 원리 이용
아브네이 핸드 레블, 하가 측고기, 부루메라이스 측고기, 스피겔릴라코프, 순토 측고기, 덴드로미터, 히프소미터

⑤ 하가 측고기

㉮ 삼각법의 원리를 응용하여 모양이 간단하고 측정이 쉬운 측고기로 아브네이 핸드 레블 개량한 것임.

㉯ 15m, 20m, 25m, 30m 떨어진 위치에서 수고간 측정하며, %를 나타낼 수 있는 눈금도 있어 어느 위치에서나 측정이 가능함.

㉰ 수평거리를 맞출 때는 회전나사를 돌려 원하는 눈금을 맞추며, 측고기를 적절히 조정하여 임목의 최상층부를 측정하고, 다시 임목의 최하단부를 측정하는데 관측자의 고도가 포함되어 있으므로 최상층부 측정값에서 최하단부 측정값을 뺀 값이 수고가 됨.

⑥ 블루메라이스 측고기(Blume Leiss Hypsometer)

㉮ 삼각법의 원리를 응용하여 15m, 20m, 30m 떨어진 위치에서 수고를 측정, 접안경을 통해 정점(A)과 근저부(B)를 조준하여 측정함.

㉯ 측정인의 위치를 고려하여 두 점의 위치로 수고를 측정함.

　　㉠ 측정인이 목적물보다 위쪽에 있을 때 : B − A

　　㉡ 측정인이 목적물과 같은 높이일 때 : A + B

　　㉢ 측정인이 목적물보다 아래쪽에 있을 때 : A − B

⑦ 스피겔 릴라코프(Spiegel Relascope) : 각산정 표준지법에 사용되는 측정기구로 ha당 흉고단면적, 수고 등 다양한 항목에 대한 측정이 가능

⑧ 순토 측고기

㉮ 왼쪽 눈금 및 오른쪽 눈금이 각각 20m 및 15m에서 측정할 때에 사용됨.

㉯ 15m 떨어진 부근에서 입목을 측정할 경우에는 중간 1/15의 눈금 수치, 20m 떨어진 부근에서 입목을 측정할 경우에는 중간 1/20의 눈금 수치를 읽고 그 수치를 (+)하거나 (−)하면 그 수치가 수고가 됨.

⑨ 덴드로미터(Dendrometer) : 일본에서 만든 것으로, 기구 하나로 수고 측정은 물론 방위각, 경사각도 측정할 수 있음.

⑩ 히프소미터

㉮ 측정하고자 하는 입목과 20m(수평거리) 떨어진 거리에서 입목을 향하여 히프소미터를 수직으로 세워서 잡음.

㉯ 히프소미터의 눈금 영(0)을 측정하고자 하는 입목의 지제부(근부)와 일치되는 시선과 맞춘 다음 자를 움직이지 말고 입목의 초단부를 올려다 볼 때 초단부와 일치하는 자 눈금의 수치가 그 나무의 수고가 됨.

① 경사지에서는 가능하면 등고(等高) 위치에서 측정

② 초두부와 근원부를 잘 볼 수 있는 위치에서 측정

③ 입목까지의 수평거리는 될 수 있는 대로 수고와 같은 거리를 취함.

④ 수평거리를 취할 수 없을 때에는 사거리와 경사각을 측정해서 수평거리를 환산

2) 측고기 사용상의 주의사항 ☆☆☆

① 측정위치는 측정하고자 하는 나무의 정단과 밑이 잘 보이는 지점을 선정함.

② 측정위치가 가까우면 오차가 생기므로, 수고를 목측하여 나무의 높이만큼 떨어진 곳에서 측정함.

③ 경사진 곳에서 측정할 때에는 오차가 생기기 쉬우므로 여러 방향에서 측정하여 그 값을 평균하고, 평탄한 곳이라도 2회 이상 측정하여 평균값을 구함.

2. 수고측정

1) 벌채목의 수고측정

① 벌채목은 줄자로 정확하게 수고를 측정, 개략값을 필요로 할 때에는 포올과 같은 간단한 기구로 측정이 가능함.

② 벌채목의 수고 측정에 있어서 주의해야 할 것은 나무가 넘어질 때 초두부가 꺾여져 나가는 경우가 있다는 것과 근주의 높이를 가산해 주어야 함.

2) 임분의 수고측정

① 매목조사를 하여 표준목의 수고는 흉고지름의 합계를 전체 그루 수로 나눈 값을 가지는 수고를 측정하거나, 수고곡선법에 의해 정함.

② 수고곡선은 가로축에 흉고직경, 세로축에 수고를 해당 위치에 점을 찍어 연결하면 불규칙한 곡선이 되는데 이것을 평활한 곡선으로 연결해 줌.

3 벌채목의 재적측정

1. 주요 구적식(벌채 재적 측정방법)

1) 후버식 (Huber's formula) ☆☆

① Huber식은 중앙단면적식 또는 중앙직경식이라고 함.

$$V = r \cdot l$$
V : 통나무의 재적, r : 중앙단면적$(m^2) = g_{1/2}$, l : 재장(m)

② 수간의 대부분은 포물선체와 원주에 가까운 형상을 하고 있으므로 위 식은 비교적 널리 사용되며, 측정과 계산이 다른 구적식에 비하여 간편함.

③ 장재에 있어서는 오차가 커지므로 짧은 목재에 사용함.

2) 스말리안식(Smalian formula) ☆☆

• 평균 양단면적식이라고도 하며, 원구 지름과 말구 지름을 구하여 재적을 측정함.

$$V = \frac{(g_o + g_n)}{2} \times l$$
여기서, g_o : 원구단면적(m^2), g_n : 말구단면적(m^2), l : 길이

3) 리케식 (Riecke formula, Newton식)

① Newton식은 수학상으로는 Newton이라는 사람이 만든 것이지만 Riecke(1849)가 응용하였기 리케식이라고 함.

② 측정과 계산이 복잡하여 널리 사용되지는 않지만 정확한 값을 얻을 수 있음.

■ 벌채목의 재적측정
① 임목의 형상
 • 임목의 형상은 수종, 입지환경 및 기타 여러 가지 조건에 따라서 상이함.
 • 수간축(樹幹軸, stem axis) : 일반적으로 규칙적으로 생육한 나무의 수간의 중심선은 직선으로 생각할 수 있으므로 이 중심선을 수간축이라고 함.
 • 간곡선(幹曲線, stem curve) : 수간축을 가지는 평면이 수간의 표면과 만나는 곡선
② 임목의 재적은 간곡선의 회전으로 이루어지는 회전체의 체적으로 보면 됨.
③ 수간은 완정체(소단부를 가지고 있는 수간)와 결정체(소단부를 잘라 버린 것)의 두 가지로 구분할 수 있음.

■ 벌채목의 재적측정방법
① 후버식: 중앙단면적식
② 스말리안식: 평균 양단면적식
③ 리케식
④ 5분주식
⑤ 4분주식
⑥ 말구직경제곱법
⑦ 브레레톤 공식
⑧ 구분구적법

■ 후버식, 스말리안식, 라케식 값의 비교
스말리안식 > 리케식 > 후버식

$$V = \frac{g_o + 4g_m + g_n}{6} \times l$$

여기서, g_o : 원구단면적(m²), g_m : 중앙 단면적, g_n : 말구단면적(m²), l : 길이

4) 5분주식

① 프랑스에서 일반적으로 사용되는 식으로서, Huber식의 약 1.0053배의 과대치를 주고 있으며 중앙단면의 원이 아닐 때의 오차는 더 커짐.

② Huber식이 과소치를 주기 때문에 5분주식이 더 좋은 결과를 준다고 하는 설이 있음.

$$V = \left(\frac{U}{5}\right)^2 \times l \quad 여기서, \; U : 중앙위치의 둘레$$

5) 4분주 공식

영국에서 사용되고 있는 구적식으로 통나무의 중앙 둘레 값을 사용함.

$$V = \left(\frac{U}{4}\right)^2 \times l \quad 여기서, \; U : 중앙둘레, \; l : 길이$$

6) 말구직경제곱법(말구직경자승법) ☆

① 말구직경의 제곱에 재장을 곱한 것으로서, 재장이 짧을 때에는 과대치를, 재장이 길 때에는 과소치를 가져옴.

$$V = d_n^2 \times l \quad 여기서, \; d_n : 말구지름, \; l : 길이$$

② 우리나라에서 통나무의 재적을 구하는 데 있어서는 말구직경자승법을 이용하며, 이때 말구직경은 말구에서 평균직경을 cm단위로 측정하고 길이는 0.1m단위로 측정함.

㉮ 국산재인 경우

㉠ 재장이 6m 미만인 것 :

$$V = d_n^2 \times l \times \frac{1}{10,000} \, (\text{m}^3) \quad 또는 \quad V = d_n^2 \times l \times \frac{1}{10} \, (\text{dm}^3)$$

㉡ 재장이 6m 이상인 것 :

$$V = \left(d_n + \frac{C'-4}{2}\right)^2 \times l \times \frac{1}{10,000} \, (\text{m}^3) \quad 또는$$

$$V = \left(d_n + \frac{C'-4}{2}\right)^2 \times l \times \frac{1}{10} \, (\text{dm}^3)$$

여기서, C' : 통나무의 길이로 m 단위의 수

ⓝ 수입재인 경우

$$V = d_n^2 \times \frac{\pi}{4} \times \ell \times \frac{1}{10,000} \, (\text{m}^3) \quad \text{또는} \quad V = d_n^2 \times \frac{\pi}{4} \times \ell \times \frac{1}{10} \, (\text{dm}^3)$$

7) 브레레튼 공식(Brereton formula)

① 미국 · 인도네시아 및 필리핀 등지에서 사용되는 공식으로서, 양단평균직경을 갖는 원주로 계산하는 방법
② 직경을 cm, 길이를 m로 측정할 경우 : m³재적으로 구함.

$$V = \left(\frac{d_o + d_n}{2}\right)^2 \times \frac{\pi}{4} \times l \times \frac{1}{10,000} \, (\text{m}^3)$$
여기서, d_0 : 원구지름, d_n : 말구직름, l: 길이

■ 브레레튼 공식 ☆
우리나라에서는 동남아시아산 활엽수
인 남양재를 수입할때 측정하는 방법
이다.

8) 구분구적법(sectional meaurement)

① 길이가 긴 벌채목은 각 부분의 변화가 심하므로, 보통 사용하는 구적식으로는 오차가 많아지게 되므로, 긴 벌채목의 재적을 구할 때나 정밀한 재적 측정이 필요함. 이때에는 이것을 짧게 구분하여 각 부분에 구적식을 적용하여 각 부분의 재적을 구한 다음, 이것을 합계하여 전체의 재적을 구하는 방법
② 일반적으로 많이 쓰이는 공식은 후버식과 스말리안식을 적용

2. 정밀 재적측정

1) 불규칙한 통나무의 재적측정

① 비중법 : 비중이란 어떤 물질의 무게와 4℃인 물의 무게와의 비율로, 어떤 물체의 무게를 물속에서 측정하면 공기 중에서 측정한 무게보다 이 물체에 의해 배출된 무게만큼 가벼워지는 원리로 재적을 측정하는 방법
② 무게비법 : 측정하려면 목재의 양이 많을 때 적용하는 방법, 표본을 선정하여 전체 재적을 구함.

$$V = \frac{G}{g} \cdot v \, (\text{m}^3)$$
여기서, V : 전체 재적, G : 전체 무게, g : 표본의 무게, V : 표본의 재적

2) 제재목의 재적측정

각재나 판재의 재적은 정육면체나 직육면체의 부피를 계산하는 요령과 같이 가로×세로×높이로 구함.

3. 이용재적의 계산 및 공제량

1) 이용재적의 계산

① 통나무를 제재하여 판자 또는 각목으로 이용할 때의 재적을 이용재적이라 하며, 우리나라에서는 말구 지름 제곱법이 이용되고 있음.

② 통나무의 이용재적을 구할 때는 말구 지름을 측정하는 방법이 다른데 이 방법을 검척법(檢尺法)이라 하며 다음과 같이 측정함.

   ㉮ 말구에서 수피를 제외한 최소직경을 측정

   ㉯ 단위치수는 1cm로 하고 단위치수 미만은 끊어버림

   ㉰ 최소직경이 15cm 이상으로 최소직경에 직각인 직경과의 차이가 3cm를 넘을 때는 3cm마다 1cm를 가산함.

   ㉱ 최소직경이 40cm 이상일 때는 그 차가 4cm 이상일 때 4cm마다 1cm를 가산함.

2) 공제량

■ 공제량
통나무에 옹이가 있거나 일부가 썩었을 때는 결함이 있는 부분을 이용재적에서 공제한다.

① 결함이 한쪽에만 있을 때

$$V = d^2 \cdot \frac{L}{2} \quad \text{여기서, } d \text{ : 결함의 직경, } L \text{ : 길이}$$

② 결함이 양쪽에 있을 때

$$V = d_0{}^2 \cdot \frac{L}{2} \quad \text{여기서, } d_0 \text{ : 결함이 큰 곳의 직경, } L \text{ : 길이}$$

4. 수피 · 지조 및 근주의 재적측정법

1) 수피량

① 수피재적표에 의한 방법 : 수피재적표에서 직접 구할 수 있음.

② 수피율표에 의한 방법 : 수피율은 유피재적(有皮材積)에 대한 무피재적(無皮材積)의 비율로서 유피재적에 수피율을 곱하여 직접 수피재적을 구할 수 있음.

2) 지조량(枝條量)

① 지조는 나뭇가지를, 지조율은 수간재적에 대한 지조재적의 비율을 말함.

② 지조재적표에 의한 방법

   ㉮ 벌채목에서 지조를 채취하여 물이 가득 들어있는 용기에 넣었을 때 넘쳐 나온 물의 양을 측정하여 지조재적을 환산하여 구함.

   ㉯ 지조량은 수고 및 지하고와 관계가 깊음.

   ㉰ 지조율표에 의한 방법 : 수간재적에 대한 지조재적의 비율이 수종별 흉고직경별로 표시되어 있는 지조율표를 이용하여 지조의 재적은 수간재적에 해당 직경의 지조율을 곱하여 간단하게 구할 수 있음.

4 연령의 측정

1. 단목의 연령을 측정하는 방법

1) 기록에 의한 방법

인공림에 있어서는 조림에 대한 기록 및 푯말 또는 조림을 한 사람의 기억에 의하여 임령을 추정

2) 목측법에 의한 방법

3) 지절에 의한 방법

① 가지가 윤상으로 자라는 수종에 있어서는 가지를 이용하여 임령을 추정, 매년 규칙적으로 가지를 윤상으로 확장하기 때문에 가지를 세면 나무의 연령을 알 수 있음.

② 노령이 되면 가지가 떨어지는 것이 있으므로 세어서 추정하는데 어려움이 있음.

③ 지절을 이용하여 임령을 추정할 수 있는 대표적 수종은 소나무, 잣나무 등이 있음.

4) 나이테 수에 의한 방법

① 나무의 나이는 벌목된 나무 단면의 나이테 수에다 수종별로 그 높이까지 자라는 연수(보통 2~5년)를 더하여 구하여야 함.

② 일부 계곡 등지에 생육하는 나무는 토사 등으로 인해 줄기 밑 부분의 상당부가 묻혀 있으므로 벌목된 부위의 나이테로써 그 나무의 나이를 측정하는 것은 오류를 가져올 수 있음.

5) 생장추(生長維, increment borer)에 의한 방법

① 벌채목은 직접 연륜을 세어 연령을 측정할 수 있으나, 입목일 경우에는 생장추를 사용해서 목편을 빼내어 목편에 나타난 연령수를 세어서 임령을 측정함.

② 목편을 빼낼 때에는 수간축과 직교하는 방향이며, 송곳을 삽입할 때에는 반드시 송곳이 입목의 중심부를 통과하도록 함.

6) 흉고직경에 의한 방법

① 측정목의 흉고직경과 나이와의 관계를 타당한 수식의 형태로 표현하여 일정 흉고직경 수치의 대입으로 나무 나이를 추정하는 방법

② 이 방법은 측정이 곤란한 오지의 나무, 오래된 노거수, 나이테로써 나이의 식별이 곤란한 나무 등의 개략적인 나이를 추정할 때 이용되나 오차의 범위가 넓어 정확성을 요하는 경우에는 다소 무리가 있음.

■ 핵심 PLUS

■ 나무의 연령
① 임목의 연령은 임목이 발아하면서 부터의 경과연수를 달하며. 각 나이테의 수로 나타낸다.
② 임목은 계절에 따른 형성층의 세포분열 차이로 춘재(春材, spring wood)와 추재 (秋材. autumn wood)가 생기며, 이 춘재와 추재에 의하여 나타나는 것이 나이테(年輪, annual ring)이다.
③ 나이테는 1년에 1개씩 생기지만 이상 기후나 해충 등의 피해를 받아 거짓 나이테(爲年論)가 생기는 수가 있다.
④ 현실령(現實齡)이란 임목종자가 발아하여 현재의 임목 상태에 이르기까지의 통상적인 나무의 나이를 말한다.

2. 임분의 연령을 측정하는 방법

1) 동령림

① 각 임목의 연령이 동일하거나 또는 거의 동일한 임분, 인공조림지
② 동령림의 임령은 임분 안에서 표준 크기를 가지고 있는 나무를 골라 단목의 연령측정법을 적용하여 구함.

2) 이령림

① 여러 가지 임령을 가지는 임목으로 구성된 임분, 임분의 연령을 구하고자 할 때에는 그 평균령을 구하여 이령림의 연령, 평균령이란 그 임분이 가지는 재적과 같은 재적을 가지는 동령림의 임령을 말함.
② 이령림의 재적을 조사한 결과가 500m³였다고 하면 같은 면적의 동령림에서 500m³의 재적을 얻을 수 있는 임령을 말함.
③ 임분이 갖는 임령의 범위를 분모로 표시하고, 가장 많이 분포된 임분의 평균수령을 분자로 표시함.

■ 이령림 연령측정방법
① 본수령
② 재적령
③ 면적령
④ 표본목령

3) 이령림의 연령측정방법

① 본수령 ☆

$$A = \frac{n_1 a_1 + n_2 a_2 + \cdots + n_n a_n}{n_1 + n_2 + \cdots + n_n}$$

A : 평균령, n : 영급의 본수, a : 영급

② 재적령

㉮ Smalian식

$$A = \frac{V_1 + V_2 + \cdots + V_n}{\dfrac{V_1}{a_1} + \dfrac{V_2}{a_2} + \cdots \dfrac{V_n}{a_n}}$$

V : 각 영급의 재적, a : 영급

㉯ Block식

$$A = \frac{V_1 a_1 + V_2 a_2 + \cdots + V_n a_n}{V_1 + V_2 + \cdots + V_n}$$

③ 면적령

$$A = \frac{f_1 a_1 + f_2 a_2 + \cdots + f_n a_n}{f_1 + f_2 + \cdots + f_n} \ , \ f : 면적$$

④ 표본목령 : 임분에서 표본목을 선정한 다음 표본목의 연령을 측정하여 이것을 평균한 것으로서, 다음과 같은 식이 사용됨.

$$A = \frac{a_1 + a_2 + \cdots + a_n}{m}, \ m : \text{표본목본수}$$

⑤ 이와 같이 하여 평균임령을 산출하지만 실제로 추정하는데 응용하기에는 여러 가지 난점이 있음. 따라서 일반적으로 분모에는 임분 내의 임령의 범위를, 분자에는 추정의 임령을 표시하는 방법을 사용하고 있으며 예를 들면 다음과 같음.

$$\frac{35}{20 \sim 40} \ \text{또는} \ \frac{40}{10 \sim 80}$$

5 수간석해

1. 수간석해의 방법

1) 벌채목의 선정

그 임분의 표준목을 벌채목으로 선정하여 선정된 임목에 대해서는 벌채하기 전에 부근의 지황 및 임황을 조사 기록하며, 필요에 따라서는 임목의 위치도도 그려 둔다.

2) 원판의 채취위치 ☆

① 보통 흉고직경이 1.2m로 했을 경우에는 지상 0.2m 되는 곳을 선정하여 두께 3~5cm 정도로 수간에 직각이 되도록 벌채점 위를 베어냄.

② 지표 부위로부터 처음에는 1m, 그 이상은 2m마다 채취하며 나중의 것은 1m가 되게 하며, 원판은 5년 간격으로 수심을 중심으로 동·서·남·북의 4방향에서 측정하여 평균반경·직경·단면적을 구함.

3) 원판의 측정

① 벌채점에 나타난 나이테 수에 벌채점이 자라는데 소요된 연수를 합산하여 수령을 측정
② 측정할 단면은 나이테가 선명하게 나타나도록 대패나 칼로 잘 깎아놓음.

4) 수고 생장량

수령에서 원판에 나타난 나이테 수를 감하면 원판 채취 높이까지 자라는데 소요된 연수를 얻을 수 있으며 직교좌표의 횡축에 수령, 종축에 수고를 기준으로 생장 곡선을 그림

CHAPTER 09
산림측정

핵심 PLUS

5) 수간석해도의 작성

① 수고생장량 · 반경 · 수령 등을 알면 수간석해도를 그릴 수 있음.

② 횡축에는 지름, 종축은 수고를 나타내며 축적은 나무의 크기에 따라 정하는데 1/2, 1/3, 1/5 정도로 함.

6) 수고의 결정방법

직선연장법	• 수간석해도에서 어떤 영급의 최후 단면의 값과 그 바로 앞의 단면의 값을 연결한 직선을 그대로 연장하여 수간축과 만나게 하여 그 교점을 수고로 하는 방법 • 이때 그 연장선이 다음 단면고보다 높아지는 경우에는 위로 올라가지 않도록 단면고와 연결함.
평행선법	수간석해도에서 밖에 있는 영급의 선과 평행선을 그어 수간축과 만나는 점을 그 영급의 수고로 하는 방법

7) 재적계산

수간재적은 나무의 부위에 따라 결정 간재적 · 초단부재적 및 근주 재적의 3부분으로 나누어 계산함.

6 입목의 재적 측정 방법 ★★☆

1. 형수(形數)법

1) 형수의 의미

① 수간의 직경 및 높이가 같은 원주의 관계를 알아야 하는데, 수간재적과 원주체적의 비를 형수라고 함.

$$형수 = \frac{수간재적}{원주체적}$$

② 원주를 비교원주 또는 기초원주라 하고 형수를 f로 표시하며, 수고를 h, 단면적을 g라 하면 원주의 체적은 gh가 되므로 형수는 다음과 같이 표시한다.

$$V = ghf, \qquad f = \frac{V}{gh}$$

따라서, f가 결정되면 수간재적은 원주재적에 f를 곱해 줌으로써 구할 수 있음.

■ **임목재적 측정 방법**
① 형수법
  • 정형수
  • 부정형수
  • 절대형수
  • 단목형수
  • 임분형수
② 약산법
  • 망고법
  • 덴진법
③ 목측법
  • 직접목측 : 기계나 기구 없이 눈으로 보고
  • 간접목측 : 수간의 직경, 수고 등을 눈으로 측정후 공식에 대입

■ **형수법**
① 형수의 기준 직경을 대개 흉고에서 취하며, 수간의 흉고직경 및 수고와 같은 크기를 가진 원주의 체적과 수간재적의 비(수간재적/원주체적)를 흉고형수(cubic formfactor)라고 한다.
② 임목재적을 구할 때의 형수는 흉고형수, 재적계수라고도 한다.

■ **임목의 재적 측정 요소** ☆
직경-수고-형수

2) 흉고형수의 결정법 ☆

① 흉고형수는 수고와 흉고직경의 함수로 표시하며 형수의 크기는 일반적으로 0.4~0.6의 범위 내에 있고 우리나라에서는 0.45를 사용함.

② 흉고형수는 수고가 높아질수록, 직경이 커질수록 작아지는 경향을 보이고 수고와 직경이 점차 커짐에 따라 그 변화가 극히 작아짐. 즉, 벌기령에 달한 임분의 형수는 거의 일정함.

③ 일반적으로 지위가 양호할수록 흉고형수는 작은 경향이 있고. 지하고가 높고 수관량이 적은 나무일수록 흉고형수가 큼.

④ 형수법으로 재적을 계산하려면 임목의 흉고직경과 수고를 측정하여 적당한 형수표에서 형수의 값을 찾아 $V = g \cdot h \cdot f$로 계산함.

3) 형수의 종류

직경측정 위치에 따른 형수	정형수	비교원주의 직경을 수고의 $1/n$(일반적으로 1/20)되는 곳의 직경과 같게 정한 경우
	절대형수	비교원주의 직경위치를 최하부에 정하는 것
	부정형수	1.2m 높이에서 직경을 측정, 흉고형수라고 함
구성에 따른 형수	단목형수	연령 또는 그 밖의 조건을 고려하지 않고 크기와 형상이 비슷한 나무의 형수를 평균한 것
	임분형수	임목의 집단인 임분의 총재적을 그 임분의 흉고단면적합계와 평균수고를 곱한 값으로 나눈 값

■ 재적의 종류에 따른 분류

수간형수	줄기만을 고려하여 만든 형수
지조형수	가지와 잎만을 고려하여 만든 형수
근주형수	그루터기와 뿌리를 고려하여 만든 형수
수목형수	수간·근주·지조 모두를 포함시켜 구하는 형수

2. 약산법과 목측법

1) 약산법

① 망고법 ☆

㉮ Pressler의 망고법은 재적을 간단히 계산하는 방법

㉯ 흉고직경의 1/2이 되는 직경을 가진 곳의 수고와 흉고직경에 의해 재적을 구하는 방법

㉰ 흉고직경의 1/2이 되는 직경을 가진 곳을 망점이라 하고 벌채점에서 망점까지의 높이를 망고(H), 벌채점에서 흉고까지의 높이를 m이라 하면 임목재적은 다음과 같다.

$$V = \frac{2}{3} g \left(H + \frac{m}{2} \right)$$

$g : \frac{\pi}{4} D^2$, D : 흉고직경, H : 망고, m : 흉고

㉱ 망고는 보통 목측으로 구하며, 대체로 60~80%로 70% 전후의 것이 가장 많음.

[예시]
잣나무의 흉고직경이 36cm, 수고가 25m
일 때 덴진식에 의해 재적을 구하시오.

해설

$$V = \frac{36^2}{1,000} = 1.296\text{m}^3$$

② Denzin식

㉮ 자승법이라고도 하며, 흉고직경만으로도 재적을 측정할 수 있음.

㉯ 수고 25m, 형수 0.51 인 경우를 전제로 하여 대략적인 값을 알고자 할 때 사용되는 방법

$$V = \frac{D^2}{1,000}$$

D : 흉고직경

2) 목측법

① 기계류를 사용하지 않고 입목을 보아서 재적 측정하는 방법
② 방법

직접목측법	기계나 기구 없이 입목을 눈으로 보고 바로 재적을 추정하는 방법으로 고도의 숙련을 요함.
간접목측법	임목재적 계산에 필요한 수간의 직경, 수고 등을 눈으로 측정, 그 수치를 공식에 대입하여 계산하는 방법

③ 주의사항 ☆

㉮ 측정하려는 나무에서의 거리를 항상 일정함.

㉯ 경사지에서는 경사면 위에서 측정하는 것이 오차가 적음.

㉰ 맑은 날 햇빛을 향하여 측정하면 높게, 햇빛을 등지면 낮게 보임.

㉱ 수피가 거칠고 검은 것은 작게 보이고, 매끄럽고 선명한 것은 비교적 크게 보임.

3. 입목재적표에 의한 방법

① 재적표를 사용하는 데 필요한 요소를 측정하여 재적표에서 직접 입목의 재적을 구하는 방법

② 입목재적표는 수종별, 지방별로 작성되어 있으므로 재적을 구하고자하는 입목의 수종과 지방을 고려하여 해당 재적표를 찾아 사용함.

③ 재적표에 의하여 재적을 구할 때는 수고와 흉고직경은 직접 측정해야 함.

④ 측정한 수고와 흉고직경을 재적표 횡축의 흉고직경 수치와 종축의 수고 수치가 직각으로 만나는 점이 구하고자 하는 재적이 됨.

7 임분재적측정 방법

1. 전림법 방법

1) 매목조사법 ☆☆

① 임목재적을 조사하고자 전 산림 또는 일부 조사구역 내의 전임목에 대하여 수목 직경을 측정하는 것

② 수고는 수고곡선에 의하여 구하고 재적은 수고와 지름을 함수로 한 재적표를 이용하여 구하며, 매목조사를 할 때에는 측정예정지를 답사하여 측정에 필요한 계획을 세움

③ 매목조사법(매목직경조사법)

㉮ 인원 : 기장자 1명, 측정자 1~2명

〈매목조사 야장의 예〉

구분		소나무		참나무		잎갈나무	
		본수	계	본수	계	본수	계
직경	6	正下	8	正	5		
	8	正正正丁	17	正下	8		
	10	正正正正正	25	正正丁	12	下	3
	12	正正正一	16	丅下	4	丁	2
	14	正正正正正正正正正 正正正正正正正正正 正正下	113	下	3	·	·
	·	·	·	·	·	·	·
	·	·	·	·	·	·	·
	·	·	·	·	·	·	·
	·	·	·	·	·	·	·

㉯ 매목조사 실행 ☆

• 등고선방향으로 진행하여 피로를 경감시킴.

• 윤척을 사용할 때는 정확히 높이 1.2m 지점에 괄약(2cm 간격)으로 측정하거나, 흉고단면적의 불규칙으로 인한 오차를 줄이기 위해서는 직경테이프를 사용하는 것이 좋음.

• 6cm 이하는 측정 안함.

• 正자를 사용

• 정밀을 요구할 때는 장경과 단경을 측정하여 평균하여야 하나, 일반적으로 임의의 방향 한번 측정

• 기장자는 측정자가 읽는 내용의 오기를 피하기 위하여 복창

핵심 PLUS

■ 임분재적 측정 방법

① 전림법 : 매목조사법, 매목목측법, 재적표를 이용 방법, 항공사진 이용방법, 수확표 이용방법

② 표준목법

• 단급법 : 임목의 그루수를 같은 몇 개의 계급으로 나누고, 같은 수의 표준목 선정, 단1개의 표준목 선정

• 드라우드법 : 각 직경급의 본수에 따라 비례 배분함, 매목본수가 많을 때 적당

• 우리히법 : 임목을 몇 개의 계급으로 나누고, 각 계급의 본수를 동일하게 함.

• 하르티히법 : 전체 흉고단면적 합계를 구함, 계산은 복잡하나 정확함.

③ 목측법 : 시간과 경비절약, 개략적수치를 얻음, 간접추정방법

■ 전림법의 개요

① 전임목을 한 나무도 남기지 않고 조사 측정하여 임분재적을 측정하는 방법

② 편백나무나 삼나무 등 가격이 비싼 임목은 전림법을 이용

③ 각 개체의 개성을 정확히 파악할 수 있고 정도를 높일 수 있음.

④ 면적이 작은 임분이나 정밀을 요하는 실험·연구를 위한 조사 등이 아니면 적용하지 않음.

⑤ 전림법에는 매목조사법, 매목목측법, 재적표 및 수확표 이용방법, 항공사진을 이용하는 방법 등이 있음.

CHAPTER 09 산림측정

㉰ 주의사항

- 수간이 분기되었을 때 각 측정하는데, 과대치를 가져오므로 약간 위에서 측정
- 2인 이상일 때 교대하여 측정치를 부름.
- 수종이 상이할 때 수종을 먼저 부르고 난 후 직경을 부르고, 기장자의 복창이 끝난 후 다음 수종으로 이동
- 기장자는 항상 측정자를 지휘·감독함.

㉲ 매목목측법 : 하나 하나의 임목에 대하여 일일이 목측에 의하여 재적을 측정하는 방법

㉳ 재적표를 이용하는 방법 : 직경 및 수고 등을 직접 측정하거나 목측한 다음 그 결과로 재적을 산출할 때 입목재적표를 이용하는 방법

㉴ 항공사진을 이용하는 방법

㉵ 수확표를 이용하는 방법 : 수확표는 5년 간격으로 만들어지는데, 임분의 임령과 지위 또는 지위지수를 결정하면 수확표에서 쉽게 임분재적을 구함

2. 표본조사법

① 표본추출 : 통계학적 방법에 의하며 임의추출법, 계통적 추출법, 층화추출법, 부차추출법, 이중추출법 등이 있음.

임의 추출법	표본을 추출하려는 모집단인 임분을 표본단위와 같은 크기로 구분한 리스트에서 임의로 표본을 추출하는 방법
계통적 추출법	추출대상에 대해 일정한 계통을 정해놓고 표본을 추출하는 방법
층화 추출법	먼저 임분을 몇 개로 나누고(층화), 층화하여 표본을 추출하는 방법
부차 추출법	모집단을 여러 개의 집단으로 나누고, 그 중에서 몇 개를 추출한 후, 추출된 집단에서 다시 표본점을 추출하여 조사하는 방법
이중 추출법	항공사진과 지상조사를 병행하여 조사하는 방법

② 표본조사를 위해 선정되는 구역을 표본점이라 하며. 표본점의 단위는 작은 것을 많이 취하는 것이 경비면과 정확도에 있어서 큰 것보다 유리함.

3. 표준지법

1) 임분재적 구하기

$$V = v \cdot \frac{A}{a}$$

여기서, V : 임분재적, v : 표준지 재적, A : 임분면적, a : 표준지 면적

2) 표준지법

산림의 면적이 넓거나 지세가 험준하여 측정이 어려울 때 정밀한 조사를 필요로 하지 않을 때 이용되며 원형표준지법, 대상표준지법, 각산정표준지법 등이 있음.

3) 표준지를 선정할 때의 유의사항

① 표준지는 장방형 또는 정방형과 같이 면적계산에 용이한 형상으로 선정
② 경사지에서는 산정상에서 산각(山脚)의 띠모양(帶狀)으로 표준지를 설정함.
③ 표준 이상의 개소를 선정하지 말고 전체를 파악하여 임상이 고르게 포함되도록 함.
④ 지위를 고려하여 한쪽으로 치우치지 않도록 함.
⑤ 5ha 정도의 임분은 전림법으로 측정하고 그 이상일 때는 표준지법을 이용
⑥ 표준지의 크기는 노령림은 크게 하고 유령림은 작게 함.

4) 각산정표준지법 ☆

① 비터리히(Bitterich)가 발표한 것으로 표준지 설정과 매목조사가 필요하지 않음.
② 표본점을 필요로 하지 않기 때문에 플롯레스샘플링(plotless sampling)이라함.
③ 임분의 흉고단면적 합계(G)를 구하기 위해 만들어진 것이 릴라스코프이며, G는 릴라스코프로 측정한 단면적계수 k와 임목의 본수 n의 곱으로 구함.

$$V = G \cdot H \cdot F = k \cdot n \cdot H \cdot F$$

여기서, V : 전체 임분의 재적 G : 임분의 흉고단면적 합계($k \cdot n$)
k : 릴라스코프로 측정한 단면적계수, n : 임목의 본수,
H : 임분의 평균수고, F : 임분형수

4. 표준목법

1) 표준목 인자를 결정하는 방법

① 흉고직경의 결정
   ㉮ 흉고단면적법(By Basal Area) : 매목조사의 결과에서 얻어진 직경을 가지고 흉고단면적을 계산한 다음, 그 평균을 표준목의 흉고단면적으로 하는 방법

$$\overline{G} = \frac{\sum G}{n}$$

$\overline{G}$: 표준목의 평균흉고단면적, n : 임목본수, G : 임목의 흉고단면적

위와 같이 하여 표준목의 흉고단면적이 얻어지면 흉고직경을 구하게 되는데, 표준목의 흉고직경($\overline{d}$)은 다음과 같음.

$$\overline{d} = \sqrt{\frac{4}{\pi} \cdot \overline{G}} = 1.1284 \sqrt{\overline{G}}$$

④ 산술평균직경법 : 매목조사에서 얻은 직경의 합계를 구하여 이것을 임목본수로 나눈 값을 표준목의 흉고직경으로 하는 방법

$$\bar{d} = \frac{\sum d}{n}$$

$\bar{d}$: 표준목의 흉고직경, n : 임목본수, d : 임목의 흉고직경

우리나라에서는 대부분 이 방법에 의하여 표준목의 흉고직경을 구함.

⑤ Weise법 : 임목을 직경이 작은 것부터 나열하였을 때, 작은 것에서부터 60%에 해당하는 위치에 있는 임목의 직경이 표준목의 직경이 됨.

② 표준목의 수고 결정

② 매목 조사의 결과로 얻어지는 흉고직경의 합계를 전체 그루 수로 나눈 값을 가지는 나무의 수고를 측정하여 얻음.

④ 흉고직경에 대한 수고의 크기를 나타내는 수고곡선을 이용하여 표준목의 수고를 결정

③ 흉고형수의 결정 : 표준목의 재적을 계산하기 위하여 흉고 형수를 이용하는 경우도 있으며, 각 직경 급마다 평균적인 형수를 산출하여 사용함. 그러나 그 방법이 대단히 복잡하기 때문에 일반적으로 형수표를 사용

2) 표준목법의 종류 ☆☆☆

① 단급법

② 전 임분을 1개의 급(Class)으로 취급하여 단 1개의 표준목을 선정하는 방법으로 간편함.

④ 임상과 형상고($h \cdot f$)가 균일한 임분에 많이 사용함.

$$V = v' \times N$$

V : 전임분재적, v' : 표준목의 재적, N : 전 임분의 임목본수

② 드라우드법 (Draudt's Method)

② 단급법에서는 전임분을 대상으로 하여 표준목을 선정하지만, Draudt법에서는 각 직경급을 대상으로 하여 표준목을 선정

④ Draudt법에 의하여 표준목을 선정할 때에는 먼저 전체에서 몇 본의 표준목을 선정할 것인가를 정한 다음, 각 직경급의 본수에 따라 비례 배분함.

$$V = v \times \frac{N}{n}$$

V : 전임분재적, n : 표준목수, N : 전임분의 임목본수, v : 표준목의 재적합계

⑤ 매목본수가 많을 때 좋은 방법

③ 우리히법(Urich's Method)

Urich는 전임목을 몇 개의 계급(Grade)으로 나누고 각 계급의 본수를 동일하게
한 다음 각 계급에서 같은 수의 표준목을 선정하여 임분의 재적을 측정함.

$$V = v \times \frac{G}{g}$$

v : 표준목의 재적합계, g : 표준목의 흉고단면적합계,
G : 임분의 흉고단면적합계

④ 하르티히법(Hartig's Method)

㉮ Urich는 각 계급의 본수를 동일하게 하였으나, Hartig는 각 계급의 흉고단
면적을 동일하게 함.

㉯ Hartig법을 적용하고자 할 때에는 먼저 계급수를 정하고 전체 흉고단면적합
계를 구한 다음, 이것을 계급수로 나누어서 각 계급의 흉고단면적합계로 함.

$$V_n = v_n \times \frac{G}{g}$$

v_n : 표준목의 재적합계, g : 표준목의 흉고단면적합계,
G : 임분의 흉고단면적합계

8 산림의 지리정보시스템

1. GIS의 구성 요소

① 자료

자료의 종류	일련의 연속된 좌표에 의하여 수치화된 자료인 디지털형 자료
자료의 구조	공간자료와 속성자료
자료의 형태	백터자료와 래스터자료

② 소프트웨어 : 패키지화된 스프트웨어(ArcView, Mapinfo)

③ 하드웨어 : 데스크탑PC, 워크스테이션, 입력장비(디지타이저, 스캐너, 키보드
등), 출력장비(플로터, 프린터 등)

④ 인적자원 : 자료제작자, 관리자, 프로그래머, 운영자, 사용자 등

⑤ 응용프로그램

2. GIS의 기능과 산림분야(FGIS)의 응용

1) 자료구축기능

① GIS의 공간 및 속성자료를 수치 형태로 입력·저장하는 것을 의미

② 임상도·산림입지도·산림이용기본도·국임소반도·임도망도 등의 수치지도 제작

> ※ GIS(Geographic Information System)
> 정의
> 수치지도란 전산화된 모든 지도를 일컫
> 는 반면, 지리정보시스템은(GIS)은 수치
> 지도를 제작하고, 수치지도를 활용하여
> 다양한 공간분석이 가능한 정보시스템
> 을 이르는 말이다.

2) 자료관리기능

① 다양하고 방대한 양의 자료를 관리할 수 있는 기능으로 데이터베이스관리시스템으로 불리는 모듈에서는 각종 공간 및 속성자료의 생성·조회·삭제 등을 담당

② 정보유통을 위한 자료표준화 및 공유기반조성 등의 지원책과 제도적 정비

3) 자료분석기능

① 공간분석·모델링·모니터링·지형분석 등 다양한 분석 가능

② 산사태위험도, 산불위험도, 산림기능구분도, 유출 분석도, 유역구 분도, 적지적수도, 백두대간 보호지역도 등 다양한 주제도를 이용한 공간분석

4) 자료 및 정보의 제공

① 다수의 사용자가 각자의 요구에 따라 전산망을 통하여 GIS 자료와 분석기능을 활용할 수 있는 환경으로 변화

② FGIS와 국가지리정보체계의 기본계획 간에는 상호 협력적이고 일관된 정책목표들이 수립·시행되고 있어 보다 체계적이고 효율적인 정보구축·공유 및 활용기반을 제공

■■■ 9. 산림측정

1. 다음 중 임목의 직경측정 기구가 아닌 것은?

① 윤척
② 빌트모어 스틱
③ 직경테이프
④ 레지스토그래프

레지스토그래프는 단목의 연령을 측정하는 기구이다.

2. 윤척에 대한 설명 중 틀린 것은?

① 윤척은 입목의 직경을 측정하기 위해 만들어졌다.
② 윤척의 구조는 고정각과 유동각이 있다.
③ 측정시는 윤척의 3면과 입목이 꼭 닿도록 해야 한다.
④ 윤척을 나무에 댈 때는 수간축과 평행하도록 측정한다.

윤척을 나무에 댈 때는 수간축에 직각이 되도록 한다.

3. 다음은 윤척의 장단점에 대한 설명이다. 그 중 틀린 것은?

① 휴대가 편하고 사용이 간단하다.
② 윤척은 착용전에 반드시 조정이 필요하다.
③ 직경 크기에 제한을 받지 않는다.
④ 유동각이 때로는 잘 움직이지 않을 때가 있다.

직경크기에 제한을 받으며 나무의 반경이 윤척다리의 길이보다 짧아야 측정이 가능하다.

4. 눈금의 간격이 3.14159로 되어 있는 직경 측정기구는?

① 윤척
② 직경테이프
③ 자
④ 빌트모어 스틱

직경테이프는 나무의 둘레를 측정하여 직접 직경을 구할 수 있도록 만든 기구로, 휴대하기 편하고 직경의 크기에 제한받지 않으며 나무줄기가 불규칙한 나무측정에 편리하다.

5. 가슴높이 지름(흉고직경)은 땅 위에서 몇 m되는 지점인가?

① 0.5m
② 1.0m
③ 1.2m
④ 2.4m

임목의 재적을 계산할 때는 일반적으로 지상 1.2m 높이(가슴높이)의 직경을 측정하며, 이를 흉고직경이라 한다.

정답 1. ④ 2. ④ 3. ③ 4. ②
5. ③

CHAPTER 09 산림측정

6. 2cm 괄약으로 직경을 측정하는 경우 실측치 7.4011의 직경은 몇 cm로 기록하는가?

① 6cm
② 7cm
③ 7.5cm
④ 8cm

7. 직경을 측정할 때 수피를 포함하는 경우와 수피를 뺀 목질부만을 직경으로 나누어 생각할 수 있다. 다음에서 수피를 측정하는 기구는?

① 윤척 (Caliper)
② 수피측정기 (Bark gauge)
③ 빌트모어 스틱 (Biltmore stick)
④ 섹타포크 (Sector fork)

8. 어떤 입목의 수피 외직경(DOB)을 측정하였더니 14cm였고, 수피 두께가 5mm였다. 이 입목의 수피 내직경(DIB)은 얼마인가?

① 13.5cm
② 13cm
③ 12.5cm
④ 12.1cm

9. 경사지에서 직경을 측정할 때의 방법으로 가장 적합한 것은?

① 경사 위쪽에서 측정한다.
② 경사 아래쪽에서 측정한다.
③ 수평 방향에서 측정한다.
④ 지면의 평균되는 지점에서 측정한다.

10. 수고측정에 사용되지 않는 것은?

① 와이제 측고기
② 아브네이 핸드 레블
③ 생장추
④ 하가 측고기

해 설

[해설] 6
임목의 재적 산출을 위해 직경을 측정할 때는 일반적으로 2cm 범위를 하나의 직경 측정단위로 묶어 괄약하는데 2cm 괄약에서 8cm는 7cm 이상 9cm 미만을 의미한다.

[해설] 7
수피는 수피를 포함하여 측정하는 경우와 수피를 제외하고 특정하는 경우가 있다.

[해설] 8
수피 내직경(DIB)은 수피 외직경(DOB)에서 수피의 두께를 뺀 값으로 $14 - (0.5 \times 2) = 13.0$cm이다.

[해설] 9
경사지에서는 위쪽 경사면과 수간이 만나는 곳에서 수평방향으로 측정한다.

[해설] 10
생장추는 임목의 연령을 측정할 때 사용한다.

정답   6. ④   7. ②   8. ②   9. ③
10. ③

11. 와이제 측고기 사용상의 주의사항 중 옳지 않은 것은?

① 측정하고자 하는 나무의 정단과 밑이 잘 보이는 지점을 선정한다.
② 수목까지의 수평거리는 될 수 있는 한 수고와 같은 거리에서 측정한다.
③ 수평거리를 알기 어려울 때는 사거리(斜距離)를 측정하고 그 고저각을 재 수평 거리로 환산한다.
④ 경사진 곳에서 측정할 때는 오차를 줄이기 위해 끝이 잘 보이는 높은 곳에서 측정한다.

12. 삼각법을 이용한 측고기이지만 여러가지 단점을 보완한 가장 편리한 측고기는?

① 아브네이 핸드 레블   ② 브루메라이스 측고기
③ 하가 측고기   ④ 와이제 측고기

13. 측수(測樹)란 주로 임목 또는 임분의 재적과 무엇을 측정하는 것인가?

① 수령, 생장량   ② 재적, 축적
③ 수고, 수령   ④ 크기, 용량

14. 하가측고기로 기계를 적절히 조정한 후 입목의 최상층부가 18m, 최하단부가 2m 로 측정되었다. 이 입목의 수고는?

① 18 m   ② 20 m
③ 16 m   ④ 14 m

15. 다음 중 수고를 정확히 측정하기 위하여 바람직한 측정 방법은?

① 수고보다 가까운 거리에서 측정한다.
② 수고 정도의 거리에서 측정한다.
③ 나무가 서있는 등고선보다 높은 위치에서 측정한다.
④ 나무가 서있는 등고선보다 낮은 위치에서 측정한다.

해　　설

[해설] **11**
경사지에서는 가능하면 등고(等高)위치 에서 측정한다.

[해설] **12**
하가 측고기는 아브네이 핸블의 단점을 보완한 측고기이다.

[해설] **13**
측수는 임목 또는 임분의 재적, 수령, 생 장량의 측정하는 것으로 산림경영계획 을 수립하고 합리적인 임목의 가격을 산 출할 수 있다.

[해설] **14**
최하단부 측정값에 관측자의 고도가 포 함되어 있으므로 최상층부 측정값에서 최하단부 측정값을 뺀 값이 수고가 된다.

[해설] **15**
입목까지의 수평거리는 가능한 수고와 같은 거리를 취한다.

정답 **11.** ④ **12.** ③ **13.** ① **14.** ③
15. ②

16. 단목(單木)의 연령 측정방법이 아닌 것은?

① 나이테 수에 의한 방법
② 지절(技節)에 의한 방법
③ 방위(方位)에 의한 방법
④ 생장추에 의한 방법

해설 **16**
단목의 연령은 기록, 나이테 수, 생장추, 기타 측정기기, 지절, 흉고직경 등으로 측정할 수 있다.

17. 임령이 48년이고 1.2m에서 채취한 원판의 나이테 수가 43개이다. 이 나무가 1.2m 자라는 데 소요된 햇수는?

① 5년
② 43년
③ 48년
④ 91년

해설 **17**
나무의 나이는 벌목된 나무 단면의 나이테 수에 수종별로 그 높이까지 자라는 연수를 더하여 구한다.
임령(48)=나이테 수(43)+자란 연수(5)

18. 단목의 연령 측정 방법이 아닌 것은?

① 기록에 의한 방법
② 생장추에 의한 방법
③ 지절에 의한 방법
④ 측고기에 의한 방법

해설 **18**
측고기는 나무높이(수고)를 측정하는 기구이다.

19. 지절을 세어서 임령을 추정할 수 있는 대표적인 수종은?

① 대나무
② 소나무
③ 상수리나무
④ 느티나무

해설 **19**
가지가 윤상으로 자라는 수종에 있어서는 가지를 이용하여 임령을 추정한다. 매년 규칙적으로 가지를 윤상으로 확장하기 때문에 가지를 세면 나무의 연령을 알 수 있으며 소나무와 잣나무 등은 지절로 임령추정이 가능하다.

20. 생장추(increment borer)에 의한 연령의 측정을 설명한 것 중 잘못된 것은?

① 입목인 경우에 사용
② 목편(木片)을 빼어 그곳에 나타난 연륜수를 세어서 측정
③ 목편을 빼낼 때는 수간축(樹幹軸)과 평행
④ 수심을 통과하도록 한다.

해설 **20**
목편을 빼낼 때는 생장추의 송곳 부위와 줄기가 직각을 이루어야 한다.

정답　16. ③　17. ①　18. ④　19. ②
　　　20. ③

21. 다음 중 이령림의 연령 측정방법에 해당하지 않는 것은?

① 본수령　　　　　　　　② 재적령

③ 표준목령　　　　　　　④ 벌기령

22. 이령림의 평균임령이 아닌 것은?

① 본수령　　　　　　　　② 현실령

③ 재적령　　　　　　　　④ 면적령

23. 어느 잣나무 임분의 영급별 임목본수는 다음과 같다. 즉 Ⅰ영급 10본, Ⅱ영급 30본, Ⅲ영급50본, Ⅳ영급 70본, Ⅴ영급 40본이라고 할 때 본수령은 얼마인가?

① 1.5 영급　　　　　　　② 2.5 영급

③ 3.5 영급　　　　　　　④ 4.5 영급

24. 5년생이 60주, 10년생이 40주라면 본수령은 얼마인가?

① 5년　　　　　　　　　② 6년

③ 7년　　　　　　　　　④ 8년

25. 다음 중 어떤 벌채목의 중앙 흉고직경이 d cm라 할 때 단면적을 계산하는 식은?

① $g = \dfrac{d^2}{2}$　　　　　　② $g = d^2$

③ $g = \dfrac{\pi}{4}d^2$　　　　　　④ $g = \dfrac{4}{\pi}d^2$

해설 **21**

평균임령을 구하는 방법은 본수령, 재적령, 면적령, 표준목령 등이 있으나 분모에는 임분 안의 임령의 범위를 나타내고 분자에는 평균입령을 나타내는 방법이 많이 사용된다.

해설 **22**

이령림의 연령측정방법은 본수령, 재적령, 면적령, 표본목령이 있다.

해설 **23**

본수령에 의한 이령림의 연령 측정 방법
$$= \frac{(1 \times 10) + (2 \times 30) + (3 \times 50) + (4 \times 70) + (5 \times 40)}{10 + 30 + 50 + 70 + 40}$$
$$= 700/200$$
$$= 3.5$$

해설 **24**

본수령에 의한 이령림의 연령 측정 방법
$$= \frac{(5 \times 60) + (10 \times 40)}{60 + 40} = 700/100 = 7$$

해설 **25**

벌채목의 단면적은 그 단면의 모양을 원으로 보고 지름을 측정한 후 구하며 $g = 0.785d^2$으로도 나타낸다.

26. 다음 중 벌채목의 중앙단면적과 재장의 길이로서 재적을 측정할 수 있는 방법은?

① 후버식　　　　　　　　　② 스말리안식
③ 뉴턴식　　　　　　　　　④ 분주식

해	설

해설 **26**
후버식은 널리 쓰이는 간편한 방법으로 중앙단면적식이라고도 하며, 긴 목재를 사용하면 오차가 커지므로 짧은 목재에 사용한다.

27. 중앙 지름이 8cm, 길이가 10m인 통나무의 재적을 후버식에 의해 구하면?

① 0.1m^3　　　　　　　　② 0.05m^3
③ 0.3m^3　　　　　　　　④ 0.04m^3

해설 **27**
$$V = 0.785d^2 \cdot L = 0.785 \cdot 0.08^2 \cdot 10 = 0.05 \text{m}^3$$

28. 벌채목의 원구 및 말구직경, 재장을 이용하여 재적을 구하는 구적식으로 가장 적당한 것은?

① 후버식　　　　　　　　　② 스말리안식
③ 리케식　　　　　　　　　④ 구분구적식

해설 **28**
스말리안식은 평균 양단면적식 이라고도 하며 원구 지름과 말구 지름을 구하여 재적을 측정한다.

29. 말구직경 24cm, 원구직경 34cm이고, 재장이 4m인 통나무의 재적을 스말리안(Smalian)식에 의하여 구하면 얼마인가?

① 0.272m^3　　　　　　　② 0.292m^3
③ 0.302m^3　　　　　　　④ 0.252m^3

해설 **29**
$$V = 0.785 \cdot \frac{d_0^2 + d_n^2}{2} \cdot L$$
$$= 0.785 \frac{0.34^2 + 0.24^2}{2} 4$$
$$= 0.2719 \text{m}^3$$

30. 원구단면적이 0.04m^2, 말구단면적이 0.02m^2, 재장이 7m인 통나무의 재적을 스말리안식에 의해 구하면?

① 0.21m^3　　　　　　　　② 0.23m^3
③ 0.25m^3　　　　　　　　④ 0.27m^3

해설 **30**
$$V = \frac{g_0 + g_n}{2} \cdot L = \frac{0.04 + 0.02}{2} \cdot 7 = 0.21 \text{m}^3$$

정답 26. ① 27. ② 28. ② 29. ①
30. ①

31. 우리나라에서 수입 남양재를 측정하는 기준 방법은?

① 말구직경자승법　　　　② 호퍼스법
③ 스크리브너 로그 롤　　④ 브레레튼법

32. 1치×1치×12자의 값으로 가장 적당한 것은?

① 1 재　　　　② 1 평
③ 1 척　　　　④ 1 묶음

33. 우리나라에서 통나무 재적을 구할 때 이용되는 공식은?

① 말구직경자승법　　　　② 중앙단면적식
③ 양단면적식　　　　　　④ 평균직경자승법

34. 말구가 5치이고 길이가 24자인 통나무의 이용재적은 몇 재인가?

① 40재　　　　② 50재
③ 60재　　　　④ 70재

35. 말구 지름 30cm, 길이가 4m인 통나무의 재적을 산림청법에 의해 구하면?

① 0.29m³　　　　② 0.36m³
③ 0.54m³　　　　④ 0.92m³

36. 벌채목의 재적 측정방법이 아닌 것은?

① 후버식　　　　② 스말리안식
③ 리케식　　　　④ 망고법

해설 **31**

브레레튼법은 미국, 인도네시아, 필리핀 등에서 사용되는 방법으로 우리나라에서는 동남아시아산 활엽수인 남양재를 수입할 때 측정하는 방법이다.

해설 **32**

말구 지름을 치(寸), 통나무의 길이를 자(尺)로 측정하여 재적을 재(才)로 나타낸다. 즉, 1재는 1치×1치×12자이다.

해설 **33**

말구직경자승법은 우리나라에서 널리 이용되는 구적식이다.

해설 **34**

$$V = \frac{1}{12}dn^2 \cdot L = \frac{5^2 \cdot 24}{12} = 50재$$

해설 **35**

$$V = dn^2 \cdot L \cdot \frac{1}{10,000} = \frac{30^2 \cdot 4}{10,000} = 0.36m^3$$

해설 **36**

망고법은 임목의 재적을 측정하는 약산법이다.

정답　31. ④　32. ①　33. ①　34. ②
　　　35. ②　36. ④

37. 벌채목의 통나무 재적 측정시 오차가 가장 적은 방법은?

① 스말리안식 ② 후버식
③ 리케식 ④ 구분구적법

38. 우리나라에서 이용재적을 구하고자 할 때 직경은 몇 cm 단위로 측정하는가?

① 1 cm ② 2 cm
③ 3 cm ④ 4 cm

39. 다음은 우리나라에서 사용되는 검척법에 대하여 설명한 것 이다. 틀리는 것은?

① 입목에서 직경은 흉고직경을 측정한다.
② 말구에서 수피를 제외한 최소직경을 측정한다.
③ 측정단위는 1 cm 이다.
④ 통나무의 길이는 최단거리이다.

40. 수간석해 시 계산되지 않는 것은?

① 재적 ② 평균생장량
③ 연년생장량 ④ 영급별 중량

41. 다음 중 입목 재적측정에 이용되는 형수에 대하여 올바르게 설명한 것은 어느 것인가?

① 수간재적과 원주무게의 비 ② 수간길이와 원주부피의 비
③ 수간재적과 원주부피의 비 ④ 수간길이와 원주무게의 비

해 설

해설 **37**
구분구적법은 변화가 심한 긴 벌채목의 측정오차를 줄이기 위해 짧게 구분된 각 부분에 구적식을 적용한 다음 이것을 합계하여 전체의 재적을 구하는 방법이다.

해설 **38**
단위치수는 1cm로 하고 단위치수 미만은 끊어버린다.

해설 **39**
검척법은 말구에서 수피를 제외한 최소 직경을 측정한다.

해설 **40**
수간석해 시 재적, 임분생장량 등이 계산되어야 한다.

해설 **41**
수간재적과 원주부피의 비를 형수(形數, form factor)라 하며, 임목의 재적을 측정하기 위해서는 수간의 재적과 원주부피를 알아야한다.

정답 37. ④ 38. ① 39. ① 40. ④
41. ③

42. 다음 중 형수를 바르게 설명한 것은?

① 수고가 높아질수록 커진다.
② 직경이 커질수록 커진다.
③ 직경이 점차 커짐에 따라 변화가 크다.
④ 수고와 흉고직경의 함수로 표시

43. 흉고형수의 값은 대체로 얼마의 범위의 것이 가장 많은가?

① 0.2 ~ 0.4　　② 0.4 ~ 0.6
③ 0.6 ~ 0.8　　④ 0.8 ~ 1.0

44. 수고 10m, 흉고단면적 0.02m³인 임목이 있다. 흉고형수(胸高形數)를 0.3이라고 할 때 그 임목의 재적은 얼마인가?

① 0.06m³　　② 0.03m³
③ 0.25m³　　④ 5m³

45. 흉고직경이 18cm, 수고가 5m, 입목의 형수가 0.45이면, 이 나무의 재적은 얼마인가?

① 0.047m³　　② 0.052m³
③ 0.057m³　　④ 0.062m³

46. 다음 중 형수(form factor)의 설명으로 옳지 않은 것은?

① 흉고직경을 기준으로 하는 형수를 정형수라 한다.
② 수간 최하부의 직경을 기준으로 하는 형수를 절대형수라 한다.
③ 일반적으로 지위가 양호할수록 흉고형수는 작은 경향이 있다.
④ 지하고가 높고 수관량이 적은 나무일수록 흉고형수가 크다.

해 설

해설 **42**
형수는 수고가 높아질수록, 직경이 커질수록 작아지는 경향이 있으며, 수고와 직경이 점차 커짐에 따라 그 변화가 극히 작아지며, 벌기령에 달한 임분의 형수는 거의 일정하다.

해설 **43**
흉고형수의 크기는 일반적으로 0.4~0.6의 범위 내에 있고 우리나라에서는 0.45를 사용하며, 수고와 흉고직경의 함수로 표시한다.

해설 **44**
$V = g \cdot h \cdot f = 0.02 \times 10 \times 0.3 = 0.06\text{m}^3$

해설 **45**
$V = 0.785 \cdot d^2 \cdot f \times \ell$
$= 0.785 \times (0.18)^2 \times 0.45 \times 5$
$= 0.0572\text{m}^3$

해설 **46**
흉고직경을 기준으로 하는 형수를 흉고형수라 한다.

정답 42. ④　43. ②　44. ①　45. ③
46. ①

47. 다음 중 입목의 재적측정 요소로만 짝지어진 것은?

① 원주 - 수고 - 형수
② 수고 - 직경 - 형수
③ 단면적 - 직경 - 형수
④ 원주 - 단면적 - 직경

해설 **47**

형수법으로 재적을 계산하려면 임목의 흉고직경과 수고를 측정하여 적당한 형수표에서 형수의 값을 찾아 $V = g \cdot h \cdot f$ 로 계산한다.

48. 흉고지름이 50cm인 나무의 재적을 덴진법으로 구하면?

① 0.05m³
② 0.5m³
③ 2.5m³
④ 5.0m³

해설 **48**

$$V = \frac{d^2}{1,000} = \frac{50^2}{1,000} = 2.5\text{m}^3$$

49. 흉고직경의 1/2이 되는 직경을 가진 곳의 수고를 이용하여 재적을 구하는 방법은?

① 형수법
② 덴진(Denzin)식
③ 망고법
④ 5분주식

해설 **49**

망고법은 흉고직경의 1/2이 되는 직경을 가진 곳을 망점, 벌채점에서 망점까지의 높이를 망고(H)라고 한다.

50. 목측법에 의하여 입목재적을 측정할 때의 주의할 점을 틀리게 설명한 것은?

① 목측할 나무에서의 거리를 항상 일정하게 한다.
② 경사진 곳에 나무가 있을 때는 경사면위에서 목측(目測)하면 오차가 크다.
③ 광선의 명암(明暗), 광선투사 방향에 주의
④ 지엽의 유무와 수피가 평활한가의 여부에 주의

해설 **50**

경사지에서는 경사면 위에서 측정하는 것이 오차가 적다.

51. 매목조사는 측정대상지 각 임목의 어떤 인자를 측정하는가?

① 흉고직경
② 수고
③ 흉고단면적
④ 흉고형수

해설 **51**

매목조사법은 임분의 재적측정에서 조사대상 임본을 구성하고 있는 임목의 흉고직경만을 측정하는 것이다.

정답 47. ② 48. ③ 49. ③ 50. ②
51. ①

52. 표준지 매목조사사항을 기술한 것으로 틀리는 것은?

① 흉고직경 측정기구에는 대표적으로 윤척이 있다.
② 흉고란 땅위에서 1.2m의 높이를 말한다.
③ 흉고직경 측정은 1cm 괄약으로 측정한다.
④ 흉고직경 6cm 이상이 측정 대상이다.

53. 매목조사방법의 설명으로 옳지 못한 것은?

① 일반적으로 측정자 1~2명, 기장자 1명의 2~3명이 한 조가 된다.
② 흉고단면적의 불규칙으로 인한 오차를 줄이기 위해서는 직경테이프를 사용하는 것이 바람직하다.
③ 측정자가 부른 측정치를 기입할 때 기장자는 혼선을 피하기 위해 복창을 해서는 안 된다.
④ 윤척을 사용할 경우에는 직교하는 두 방향을 측정하는 것이 바람직하나, 시간을 줄이기 위해서는 임의의 방향으로 한번만 측정한다.

54. 임분재적을 측정하는 방법 중 전림법에 해당되지 않는 것은?

① 매목목측법
② 수확표를 이용하는 방법
③ 재적표를 이용하는 방법
④ 표본조사법

55. 대면적 산림축적을 측정하고자 할 때 채택하기 어려운 것은?

① 임의추출법
② 매목조사법
③ 층화추출법
④ 계통적 추출법

56. 일반적으로 이용되는 임분재적 계산방법은?

① 각산정표준지법
② 표준지법
③ 표준목법
④ 표본조사법

해설 **52**
흉고직경은 2cm 괄약으로 측정한다.

해설 **53**
측정자가 부른 측정치를 기입할 때는 오기(誤記)를 피하기 위해 기장자가 복창해야 한다.

해설 **54**
전림법에는 매목조사법, 매목목측법, 재적표 및 수확표 이용방법, 항공사진을 이용하는 방법 등이 있다.

해설 **55**
전림법에는 임분을 구성하는 모든 나무를 측정하는 방법으로 매목조조사법이 있으며, ①, ③, ④는 표본조사법에 속한다.

해설 **56**
표준목법이란 매목조사를 실시한 임분에서 표준목을 선정해 계산하는 방법이다.

정답 52. ③ 53. ③ 54. ④ 55. ②
56. ③

CHAPTER 09 산림측정

57. 표준목으로서 갖추어야할 인자가 이닌 것은?

① 수종   ② 흉고직경
③ 수고   ④ 형수

해설 **57**
표준목은 직경,,수고, 형수 등이 그 임분의 평균값을 가지는 나무를 말한다.

58. 다음 표준목법 중에서 전체 임분을 1개의 급으로 취급하는 간편한 방법은?

① 단급법   ② 드라우드법
③ 우리히법   ④ 하르티히법

해설 **58**
단급법은 전체 임분을 1개의 급으로 취급하는 방법으로 임상과 형상고가 균일한 임분에 적용한다. 드라우드법, 우리히법, 하르티히법은 모두 계급법이다.

59. 전 임분을 본수가 같은 몇 개의 계급으로 나누고, 각 계급에서 같은 수의 표준목을 선정하여 임목재적을 계산하는 방법은?

① Urich 법   ② Draudt 법
③ Hartig 법   ④ 단급법

해설 **59**
우리히법은 전 임분을 각 지름계별 임목 그루수를 고려하여 각 계급의 그루수를 같게 한 다음, 각 계급에서 같은 수의 표준목을 선정하는 방법이다.

60. 다음 중 직경계에 따라 전 임목을 3~5개의 계급으로 나누는 표준목법은?

① Urich 법   ② Draudt 법
③ Hartig 법   ④ 단급법

해설 **60**
드라우드법은 임분을 구성하고 있는 직경계에 따라 표준목을 선정하는 방법으로 표준목의 선정이 간단하고 표준목이 각 직경계에 골고루 배분되므로 비교적 정확하다.

61. 표준목의 재적을 측정할 때. 각 계급의 흉고단면적을 같게 한 것으로서 계산이 복잡하지만 정확도가 높은 방법은?

① 단급법   ② Urich 법
③ Hartig 법   ④ Draudt 법

해설 **61**
하르티히법은 각 계급의 흉고단면적을 가게 한 것으로 전 임분을 임목의 그루수가 같은 몇 개의 계급으로 나누고 각 계급에서 같은 수의 표준목을 선정하는 방법이다.

62. 임분재적 측정을 위한 표준목법 중 매목본수가 많을 때 가장 좋은 방법은?

① Draudt 법   ② Hartig 법
③ Urich 법   ④ 단급법

해설 **62**
표준목법중 매목본수가 많을 때는 드라우드법이 가장 좋고 그 다음은 하르티히법, 우리히법이며 가장 정확도가 낮은 것이 단급법이다.

정답 57. ① 58. ① 59. ① 60. ②
61. ③ 62. ①

63. 표본점 단위(sample unit)를 취하는데 있어서 경비면과 정확도에 있어서 가장 적합한 방법은?

① 표본점 단위가 작은 것을 많이 취한다.
② 표본점 단위가 큰 것을 많이 취한다.
③ 표본점 단위가 작은 것을 적게 취한다.
④ 표본점 단위가 큰 것을 적게 취한다.

64. 임분을 몇 개로 구분하여 각 구분된 임분에서 표본을 추출하여 추정하는 방법은?

① 임의추출법　　　　② 계통적 추출법
③ 층화추출법　　　　④ 부차추출법

65. 재적측정을 위한 표준지 선정시 주의할 점을 기술한 것 중 옳지 않은 것은?

① 표준 이상의 개소를 선정하지 말 것
② 임연(林緣)에서 표준지를 선정할 것
③ 평탄지에서는 그 형상을 장방형 또는 정방형으로 할 것
④ 경사지에서는 산정(山頂)에서 산각(山脚)의 대(帶)상 표준지로 설정할 것

66. 표준지 측정 실행상의 주의사항에 어긋나는 것은?

① 표준지의 형상은 편리한 형으로 한다.
② 전체를 파악하여 임상이 고르게 포함되도록 한다.
③ 지위도 고려하여 전체의 지위를 총망라하여 편견되지 않도록 한다.
④ 표준지의 크기는 노령림은 작게 하고 유령림은 크게 한다.

67. 표준지 설정과 매목 조사를 하지 않고, 단면적 합계를 구할 수 있는 방법은?

① 각산정표준지법　　② 원형대상표준지법
③ 대상표준지법　　　④ 무작위적표준지법

해설 **63**
표본조사를 위해 선정되는 구역을 표본점이라 하며, 표본점의 단위는 작은 것을 많이 취하는 것이 경비면과 정확도에 있어서 큰 것보다 유리하다.

해설 **64**
층화추출법은 동질적인 것이 한 구분이 되도록 층화하여 표본을 추출하는 방법이다.

해설 **65**
표준지법은 임분 안에서 일정한 면적의 임지를 선정하여 그 재적을 조사한 다음 면적비율에 의해 전체 임분의 재적을 구하는 방법이다.

해설 **66**
전림에 대한 표준지 총면적은 대체로 노령림 7%, 장령림 5%, 유령림에서는 1~2% 정도가 되도록 한다.

해설 **67**
각산정표준지법은 비터리히(Bitterich)가 발표한 것으로 표준지 설정과 매목 조사가 필요하지 않다.

CHAPTER 09
산림측정

정답　63. ①　64. ③　65. ②　66. ④
67. ①

68. 비터리히(Bitterich)법으로 임분재적을 측정하기 위하여 계수 1(k=1)인 릴라스코프로 측정한 결과 0.5로 세어진 것이 12, 1로 세어진 것이 28이었다. 이 측정 결과를 옳게 서술한 것은?

① 이 임분의 ha당 재적은 34m³이다.

② 이 임분의 총재적은 34m³이다.

③ 이 임분의 ha당 흉고단면적 합계는 34m³이다.

④ 이 임분의 총흉고단면적 합계는 34m³이다.

69. 단면적계수 K=4의 프리즘(prism)으로 셈한 본수가 10, 평수고가 15m, 임분형수 0.5이면 각산정측정법(角算定測定法)으로 산출한 ha당 재적은?

① 200m³
② 300m³
③ 400m³
④ 600m³

해   설

해설 68

흉고단면적 합계(G)＝단면적계수(k)·본수(n)＝$(0.5 \times 12)+(1 \times 28)=34\text{m}^2$

해설 69

$V= G \cdot H \cdot F = k \cdot n \cdot H \cdot F$
  $= 4 \times 10 \times 15 \times 0.5$
  $= 300\text{m}^3$

정답 68. ③ 69. ②

10 | 자연휴양림

- 자연휴양림의 공익적 효용에 다른 직접·간접효과에 대해 이해해야 한다.
- 자연휴양림의 입지조건과 용도지구 설정을 알고 있어야 한다.
- 산림·휴양 관련법과 관련한 자연휴양림, 삼림욕장, 치유의 숲, 숲길, 유아숲체험원, 산림문화자산, 산림교육전문가 배치기준에 대해 알고 있어야 한다.
- 산림휴양지역의 특징과 이용영향에 대해 이해해야 한다.
- 휴양정보 제공과 환경해설을 위한 환경해설의 개념과 해설시 기본원칙에 대해 알아야 한다.

1 자연휴양림의 공익적 기능과 유형

1. 자연휴양림의 공익적 기능

1) 자연휴양림의 직접효과

① 산림의 푸르름의 인간의 감각기관을 통해 정신적·육체적 양면에 직접적으로 영향을 끼치게 됨으로써 풍부한 인간성의 육성과 정서함에 기여하고, 인간생활의 복지와 건강을 증진시키는 효과

② 관련인자

구분	내용
생물적 인자	생체에 직접적인 영향을 끼치는 해염입자, 풍부한 자외선, 살균작용, 색소침착작용 등
무생물적 인자	인간의 심리적 만족에 영향을 끼치는 인자로 아름다운 자연환경, 투명한 하늘, 숲과 새들의 지저귐 등

2) 자연휴양림의 간접효과

① 인간의 물리적 환경과 밀접한 대응관계를 가짐으로써 인간정주환경에 대하여 방호적 또는 보호적 기능을 수행

② 부수적으로는 인간생활의 건강과 안전에 기여하는 기능으로서 대기정화기능·소음방지기능·방화능·환경보전적기능·기상환경완화로서의 효용·공해완화의 효용·재해방지의 효용·생활환경보전의 효용 등

■ 자연휴양림
임산물의 생산과 자연생태계의 유지 및 보전을 전제로 하면서 국민의 보건휴양·정서함양·푸르름의 접촉 등과 같은 휴양 및 레크리에이션적 가치의 창출 및 활용을 목적으로 개발·관리되는 산림을 말한다.

■ 자연휴양림의 공익적 효용에 따른 효과
① 직접효과 : 건강증진 효과, 정서함양 효과, 레크리에이션 효과
② 간접효과 : 환경보존 효과, 기상환경완화 효과, 공해완화 효과, 재해방지 효과, 생활환경보전 효과

CHAPTER 10 자연휴양림

3) 산림의 보건휴양적 기능

구분	내용
개인적편익	자연에 기초한 직접적 경험을 기초로 함, 활동은 정적인 것부터 폭넓고 다양한 경험적 활동들과 관련됨
사회적편익	개인적 편익보다 큰 단위의 편익으로 사회전체에 영향을 말함.
경제적편익	휴양자원의 개발 및 관리로 고용의 기회 및 소득의 증대를 기하고, 지역 사회 발전을 도모하여 지역전체의 생산가치가 증가하여 세입의 증대 등 부차적인 편익이 파생됨
보건휴양	산림휴양과 건강증진 레크리에이션 활동을 보다 편리하고 건전하게 하기 위해 야영장, 산책로, 삼림욕장 등 조성해 현대 생활에서 일어나는 정신적 육체적 피로를 회복해 줌.
풍치조성	• 자연경관이 뛰어난 명승지와 관광지를 아름답게 가꾸어 풍경자원으로 인식 • 풍치조성과 더불어 동식물의 보호 및 야생조수의 보호도 포함시켜 산림 생태계를 종합적으로 관리 · 보전하여 자연경관을 오래도록 보존하게 함.

① 개인적 편익

심리적 편익	일상생활의 스트레스로부터 탈피하여 자연속에서 편안함과 안정을 찾음.
환경적 편익	야외휴양 참여로 자연환경에 대한 태도와 행동을 변하게 함.
건강편익	정신적 · 육체적 건강의 편익
공동체에서의 야외휴양	자연 속에서 상호공감대 형성
어린이의 발전	새로운 환경에 대처할 수 있는 자신감과 자기발전을 더욱 풍부하게 함.

② 사회적 편익

가족이 공감대 형성	가족상호간 이해의 폭을 넓히고 대화의 장을 제공
사회적 결속 강화	사회적 동질감 형성
놀이문화의 건전성 제고	여가 문화 활성화에 기여함.

2. 산림휴양자원의 유형과 기능

1) 산림휴양자원의 유형 ☆☆

이용자중심형, 자원중심형, 중간형

구분	내용
이용자중심형	• 자원의 접근성이 양호하고, 일상생활에 이용이 가능한 곳으로 도시 근교림 이상을 벗어나지 못하는 일상적 도시생활주기에 다른 여가 활동이 가능한 곳 • 인공시설의 설치가 필요(도시공원).
자원중심형	• 자원이 갖는 휴양가치의 우수성이 인정되고 특이성과 다양성을 가지고 있어 장기간 휴양이 가능한 지역 • 휴양활동보다 자원의 질이 주된 대상으로 광대한 면적과 자연성의 확보가 요구됨
중간형	레크레이션 이용이나 접근이 우수한 가치를 지니고 지리적으로 중간 적 위치에 있는 지역

앞으로는 자연관찰 학습형, 산악스포츠 이용형, 임업활동 체험형 등 공급자 측면에서 바람직한 휴양림의 프로그램을 개발·제시하는 계도적 입장도 병행해야 함.

2) 자연휴양림의 유형

① 자원특성에 따른 분류 : 산악형, 내륙수변형, 해안형, 문화재 중심형

구분	내용
산악형	• 경관이 수려하고 임상이 울창한 산림으로 이루어지고, 자연휴양 자원의 가치를 지니고 있는 지역으로 지리산, 설악산, 한라산, 내장산, 월악산, 소백산 등의 국립공원 지정됨 • 정부는 자연경관을 최대한 보전하는 환경친화적인 시설로 숲속 의 집, 산악레포츠 등 산림체류형 휴양지로 개발하고 있음.
내륙수변형	내륙의 강, 하천, 호수, 댐 등의 입지를 배경으로 한 지역으로 침수 나 유실의 염려가 없는 지역
해안형	• 해안의 수려한 경관자원, 도서, 해수욕장 등의 입지를 배경으로 한 임해관광지 • 한려해상, 태안반도, 다도해, 변산반도 등의 국립공원 지정
문화재중심형	역사문화적 가치를 지닌 지역이나 천연기념물 등이 있는 지역을 배경으로 한 지역으로 경주 등이 국립공원으로 지정

② 개발주체에 따른 분류 : 국·공유림형, 사유림

구분	내용
국·공유림형	관리운영의 주체가 국가 또는 공공단체로 구성
사유림	사유림 소유자 또는 협업경영체가 관리운영의 주체가 되며 다목적 산림경영형태를 취함.

■ 자연휴양림의 유형 ☆☆

자원 특성에 따른 분류	산악형, 내륙수변형, 해 안형, 문화재 중심형
개발주체에 따른 분류	국·공유림형, 사유림
지역적 입지 에 따른 분류	도시근교형, 도시·산 간의 중간형, 산간오 지형
수림공간 유 형별 분류	산개림형, 소생림형, 밀생림형

CHAPTER 10 자연휴양림

③ 지역적 입지에 따른 분류 : 도시근교형, 도시 · 산간의 중간형, 산간오지형

구분	내용
도시근교형	도시인의 1일 생활권에서 이용 가능한 도시에서 1~2시간 거리에 위치한 산림
도시 · 산간의 중간형	주말 또는 하루 이용 중심의 옥외휴양활동을 즐길 수 있는 비교적 우수한 레크레이션 자원가치를 지닌 곳, 산촌민박과 야영장 등 숙박체험형 산림휴양지 조성
산간오지형	관광지 · 유원지와의 차별성을 부각시키면서 이용자의 이용거리가 가장 먼곳에 지역 특성 및 주변휴양자원을 이용하여 다양성 및 특이성을 나타낸 것

④ 수림공간 유형별 분류 : 산개림형, 소생림형, 밀생림형

구분	내용
산개림	식생밀도가 낮고, 독립된 단목이나 소수그룹의 식재가 초지를 바탕으로 산개된 수림의 자연휴양림
소생림	수관 울폐도를 기준으로 할 때 산개림과 밀생림의 중간형태이고, 산개림과 같이 인공적 관리를 기초로 하여 성립된 형태로서 간벌 등의 인위적 관리가 이루어져야 하는 임분 형태의 자연휴양림
밀생림	목층과 아교목층의 수관이 상호중첩되어 거의 하늘을 뒤덮을 정도의 극히 폐쇄적인 수림형으로 자연식생림이 주체가 되고, 연중을 통하여 거의 변화 없는 수관에 의해 지배되는 공간의 자연휴양림

〈휴양림의 수림공간 유형에 따른 특성〉

구분	산개림	소생림	밀생림
수림피도(교목 · 중목층)	10~30% (20% 전후)	40~60% (50% 전후)	70~100%
임상(초목층)	지피식생	억새 · 조릿대 · 야초	상대적으로 적음.
관목(저목층)	낮은 가지치기	선택적 도입 또는 보전	주로 내음성 수종
레크리에이션이용 밀도	높음.	중간	낮음.
레크리에이션활동 자유도	높음.	중간	낮음.
공간적 기능	체류 · 휴식	이동 및 산책	차폐 및 보전
보유관리	지피정리 · 시비 및 관수	낮은 가지치기 · 간벌 · 낙엽채취 및 환원	자연상태에 의존
주요 수종	활엽수 · 침엽수	낙엽활엽수	침엽 · 활엽수

3) 기능

구분	내용
야외여가 기능	• 레크리에이션 기능 • 스트레스나 정신적 압박으로부터 심리적 위안이나 재생으로 이끌어 주며, 가족구성원의 상호이해와 결속을 다져 줌. • 사회적 관계성을 발전시켜 사회적 통합에 도움을 줌.
지역개발 기능	• 다양한 휴양문화 프로그램을 개발하여 산림 휴양시설을 조성함으로써 지역주민의 소득 증대 • 지역의 생산 및 유통활동을 촉진시켜 고용기회를 확대하고 사회간접시설 등의 확충으로 지역주민 복지 증진 • 지역특성에 알맞은 특산물 개발하여 경영활동 촉진
산림경영적 기능	• 목재생산 · 휴양객유치 · 부산물 생산 등 복합적 경영으로 산림경영의 경제성 확보 • 자연휴양림 조성과 방문객에 의한 임산물의 소비는 산림 내의 동식물의 보호 관리를 촉진시킬 수 있음.
교화적 기능	• 휴양시설확충과 산림문화진흥으로 삶의 질 향상에 기여 • 인간에게 사색공간 제공함으로써 정서를 풍부하게 함. • 자연환경을 경험함으로써 교육적 기능, 청소년 숲속교육을 정규교육화하여 초 · 중 · 고등학생의 수련기회 확대하여 청소년의 창조성 계발

2 자연휴양림의 입지조건

1. 입지조건

1) 수요측면
① 자연휴양림의 배후도시상황 · 거주인구 · 기존시설 등의 사회 경제적 레크리에이션 수요에 대응되는 곳
② 다수 국민이 쉽게 접근 또는 이용할 수 있는 지역의 산림지역
③ 교통기관 · 도로망의 정비 및 관광시설 설치 계획을 갖고 있는 곳
④ 자연휴양적 이용과 목재생산과의 합리적 조정을 도모할 수 있는 곳

2) 공급측면
① 자연경관이 아름답고 임상이 울창한 산림
② 자연 · 휴양적 가치(등산 · 하이킹 · 피크닉 · 피서 · 온천 · 자연탐승 등)를 갖는 곳
③ 풍치적 시업(풍치수의 조림 · 육림 등)을 하여 자연 휴양적 이용이 가능한 지역
④ 재해의 발생 위험이 적은 지역
⑤ 주변의 소하천 · 호수 등의 입지와 식수원의 확보가 가능한 곳

2. 자연휴양림의 용도지구 설정

구분	내용
풍치보호지구	원칙적으로 벌채를 하지 않는 천연기념물 지정지 · 보호림 · 풍치보안림 등
풍치정비지구	현재 축적의 10% 내외로 택벌을 원칙적으로 하는 견본림 · 전시림 · 기념조림지 · 시설지 주변 · 찻도 · 연안지대 등 이용 지점에서 바라본 대상 지점
시업조정지구	풍치적인 배려와 목재생산을 겸하는 지구로서 보속적인 목재생산을 위하여 법정림으로 유도되도록 산림시업 실행
시설지구	숙박시설, 위생시설, 체험 · 교육시설, 체육시설

■ 목적
산림문화와 산림휴양자원의 보전 · 이용 및 관리에 관한 사항을 규정하여 국민에게 쾌적하고 안전한 산림문화 · 휴양서비스를 제공함으로써 국민의 삶의 질 향상에 이바지함.

3 산림 · 휴양 관련 법

1. 산림문화 · 휴양에 관한 법

1) 산림문화 · 휴양기본계획
① 산림문화 · 휴양기본계획 등의 수립 · 시행 : 산림청장은 관계중앙행정기관의 장과 협의하여 전국의 산림을 대상으로 산림문화 · 휴양기본계획을 5년마다 수립 · 시행할 수 있다.
② 기본계획의 내용
㉮ 산림문화 · 휴양시책의 기본목표 및 추진방향
㉯ 산림문화 · 휴양 여건 및 전망에 관한 사항
㉰ 산림문화 · 휴양 수요 및 공급에 관한 사항
㉱ 산림문화 · 휴양자원의 보전 · 이용 · 관리 및 확충 등에 관한 사항
㉲ 산림문화 · 휴양을 위한 시설 및 그 안전관리에 관한 사항
㉳ 산림문화 · 휴양정보망의 구축 · 운영에 관한 사항
㉴ 그 밖에 산림문화 · 휴양에 관련된 주요시책에 관한 사항
③ 산림청장은 기본계획을 수립하거나 변경하는 경우에는 「산림복지 진흥에 관한 법률」에 따른 산림복지진흥계획과 연계되도록 한다.
④ 산림청장 또는 특별시장 · 광역시장 · 특별자치시장 · 도지사 · 특별자치도지사는 기본계획에 따라 관할 구역의 특수성을 감안하여 지역산림문화 · 휴양계획을 5년마다 수립 · 시행할 수 있다.
⑤ 산림청장 또는 시 · 도지사는 기본계획 또는 지역계획을 수립하는 경우 산림문화, 산림휴양, 산림치유 및 산림레포츠 등 부문별로 수립할 수 있다.
⑥ 산림청장은 지역계획의 추진실적을 평가하고, 그 결과에 따라 지방자치단체에 차등하여 지원할 수 있다.
⑦ 기본계획 및 지역계획의 수립절차, 변경 등에 관하여 필요한 사항은 대통령령으로 정한다.

2) 용어정의

산림문화· 휴양	산림과 인간의 상호작용으로 형성되는 총체적 생활양식과 산림 안에서 이루어지는 심신의 휴식 및 치유 등을 말한다.
자연휴양림	국민의 정서함양·보건휴양 및 산림교육 등을 위하여 조성한 산림(휴양시설과 그 토지를 포함)을 말한다.
산림욕장	국민의 건강증진을 위하여 산림 안에서 맑은 공기를 호흡하고 접촉하며 산책 및 체력단련 등을 할 수 있도록 조성한 산림(시설과 그 토지를 포함)을 말한다.
산림치유	향기, 경관 등 자연의 다양한 요소를 활용하여 인체의 면역력을 높이고 건강을 증진시키는 활동을 말한다.
치유의 숲	산림치유를 할 수 있도록 조성한 산림(시설과 그 토지를 포함)을 말한다.
숲길	등산·트레킹·레저스포츠·탐방 또는 휴양·치유 등의 활동을 위하여 제23조에 따라 산림에 조성한 길(이와 연결된 산림 밖의 길을 포함)을 말한다.
산림문화 자산	산림 또는 산림과 관련되어 형성된 것으로서 생태적·경관적·정서적으로 보존할 가치가 큰 유형·무형의 자산을 말한다.
숲속야영장	산림 안에서 텐트와 자동차 등을 이용하여 야영을 할 수 있도록 적합한 시설을 갖추어 조성한 공간(시설과 토지를 포함)을 말한다.
산림레포츠	산림 안에서 이루어지는 모험형·체험형 레저스포츠를 말한다.

3) 자연휴양림

① 지정권자 : 산림청장 ☆

② 지정의 타당성평가기준 : 자연휴양림, 산림욕장, 치유의 숲, 숲속야영장 및 산림레포츠시설의 대상지에 대한 다음 각 호의 기준을 말함.

구분	기준
경관	표고차, 임목 수령, 식물 다양성 및 생육 상태 등이 적정할 것
위치	접근도로 현황 및 인접도시와의 거리 등에 비추어 그 접근성이 용이할 것
면적	• 자연휴양림: 국가 또는 지방자치단체가 조성하는 경우에는 30만 제곱미터, 그 밖의 자가 조성하는 경우에는 20만제곱미터, 「도서개발 촉진법」에 따른 도서 지역의 경우에는 조성주체와 관계없이 10만제곱미터로 함. • 치유의 숲: 국가 또는 지방자치단체가 조성하는 경우에는 50만제곱미터(특별시 또는 광역시의 관할구역에 조성하는 경우에는 25만제곱미터), 그 밖의 자가 조성하는 경우에는 30만제곱미터(특별시 또는 광역시의 관할구역에 조성하는 경우에는 15만제곱미터). 다만, 「도서개발 촉진법」 제2조에 따른 도서 지역의 경우에는 조성주체와 관계없이 10만제곱미터함.
개발여건	개발비용, 토지이용 제한요인 및 재해빈도 등이 적정할 것

③ 자연휴양림조성계획의 작성

㉮ 계획의 내용 ☆

■ 자연휴양림의 지정신청

① 자연휴양림의 지정 또는 지정구역 변경을 신청하려는 자는 별지 서식의 신청서에 다음 각 호의 서류를 첨부하여 시장·군수·구청장에게 제출하여야 한다.

② 신청서류 ☆
• 지번·지목·지적·소유자별 토지조서 1부
• 산림의 소유권 또는 사용·수익권을 증명할 수 있는 서류 1부
• 자연휴양림 예정지의 위치도(축척 2만5천분의1) 및 구역도(축척 5천분의1 또는 6천분의 1) 각 1부
• 설치하고자 하는 주요시설 등 자연휴양림의 조성방향에 대한 개요서 1부
• 「자연환경보전법」에 따라 환경부장관과 협의에 필요한 사전입지조사서 9부

CHAPTER 10 자연휴양림

핵심 PLUS

■ 자연휴양림조성계획 포함사항☆
① 시설물의 종류, 규모가 표시된 시설계획 1부
② 시설물종합배치도
③ 조성기간 및 연도별 투자계획서 1부
④ 자연휴양림의 관리 및 운영방법 1부
⑤ 산림경영계획

• 시설물(도로를 포함)의 종류 · 규모 등이 표시된 시설계획서 1부
• 시설물종합배치도(축척 6천분의1 이상 1천200분의1 이하 임야도)
• 조성기간 및 연도별 투자계획서 1부
• 자연휴양림의 관리 및 운영방법 1부

㉯ 산림경영계획

• 자연휴양림조성계획을 승인받으려는 자는 신청서에 각 사항이 포함된 자연휴양림조성계획서를 첨부하여 시장 · 군수 · 구청장에게 제출하여야 한다.
• 신청서를 제출받은 시장 · 군수 · 구청장은 현지조사를 실시하고 그 결과를 신청서와 함께 시 · 도지사에게 제출하여야 한다.
• 자연휴양림조성계획의 승인신청을 받은 시 · 도지사는 시설의 종류 · 규모 · 배치, 자연경관의 보존, 산지의 형질변경 및 그 밖의 자연휴양림조성계획의 내용이 자연휴양림의 지정목적에 부합되는지를 검토하여 적합하다고 인정되면 그 신청을 승인하여야 한다.
• 산림청장이 자연휴양림조성계획을 작성 · 변경작성하거나 시 · 도지사가 자연휴양림조성계획을 승인 · 변경 승인한 경우에는 자연휴양림의 명칭 · 위치 · 면적, 시설물의 종류 · 규모가 표시된 시설계획, 시설물종합배치도, 연도별 투자계획 등을 고시하여야 한다.

④ 자연휴양림 안에 설치할 수 있는 시설의 규모
㉮ 설치에 따른 산림의 형질변경 면적(임도 · 순환로 · 산책로 · 숲체험코스 및 등산로의 면적을 제외)은 10만 제곱미터 이하가 되도록 할 것
㉯ 건축물이 차지하는 총 바닥면적은 1만 제곱미터 이하가 되도록 할 것
㉰ 개별 건축물의 연면적은 900제곱미터 이하로 할 것. 다만, 「식품위생법」에 따른 휴게음식점 또는 일반음식점의 연면적은 200제곱미터 이하로 하여야 한다.
㉱ 건축물의 층수는 3층 이하가 되도록 할 것
⑤ 자연휴양림의 휴식년제 ☆
㉮ 산림청장 또는 지방자치단체의 장은 자연휴양림의 보호 및 이용자의 안전 등을 위하여 국유 또는 공유 자연휴양림의 전부 또는 일부 구역에 대하여 일정 기간 동안 일반인의 출입을 제한하거나 금지하는 휴식년제를 실시할 수 있다.
㉯ 그 외의 자연휴양림의 경우에는 그 소유자의 신청에 따라 시장 · 군수 또는 자치구의 구청장이 휴식년제를 실시할 수 있다.
㉰ 산림청장 또는 지방자치단체의 장은 휴식년제를 실시하는 경우에는 해당 자연휴양림의 위치 · 면적 · 출입의 제한 또는 금지기간 그 밖에 농림축산식품부령이 정하는 사항을 고시하여야 한다.

㉠ 휴식년제를 실시하는 자연휴양림에 출입하고자 하는 자는 산림청장 또는 지방자치단체의 장의 허가를 받아야 한다. 다만, 산림사업의 시행, 산불진화 그 밖에 농림축산식품부령이 정하는 사유가 있는 경우에는 허가받지 아니하고 출입할 수 있다.

⑥ 자연휴양림의 지정해제

㉮ 산림청장은 자연휴양림으로 지정된 산림이 다음 각 호의 어느 하나에 해당하는 사유가 발생한 경우에는 그 지정을 해제하거나 지정된 구역의 일부를 변경할 수 있다.

- 자연휴양림의 지정을 받은 자가 지정해제 또는 지정구역 변경을 요청하는 경우
- 천재지변 등으로 인한 피해로 산림의 임상·면적 등에 따른 타당성 평가 기준에 적합하지 아니하게 된 경우
- 공공사업의 시행 등으로 인하여 지정목적을 달성할 수 없거나 지정구역의 변경이 필요한 경우

㉯ 산림청장은 자연휴양림의 지정을 해제하거나 지정된 구역의 일부를 변경한 때에는 이를 산림소유자 또는 대부등을 받은 자 및 관계 행정기관의 장에게 통보하고 자연휴양림의 명칭·위치·지번·지목·면적 그 밖의 필요한 사항을 고시하여야 한다.

⑦ 자연휴양림 타당성평가 조사서 세부내용 (산림청고시) ☆ ☆

㉮ 타당서 평가 조사서

항 목	평 가 점 수				
	1 점	2 점	3 점	4 점	5 점
가. 경 관					
(1) 표고차	100m 미만	200m 미만	300m 미만	400m 미만	400m 이상
(2) 환경파괴 정도	매우 심함.	심한 편임	보 통	건전함.	매우 건전
(3) 관망지점 유무[주1]	1방향만 가능	2방향까지 가능	3방향까지 가능	3방향이 2곳 이상 가능	4방향 모두 가능
(4) 불쾌인자[주2]	불쾌인자 2 이상	불쾌인자 1	보 통	아름다움	매우 아름다움
(5) 독특성[주3]					
○ 폭 포	없 음	빈 약	높이 2~3m	높이 4~5m, 높이 2~3m 2개	높이 6m 이상 1개 또는 4~5m 2개, 2~3m 4개

■ 자연휴양림의 지정을 위한 타당성평가 항목(요약)

① 경관 : 표고차, 환경파괴정도, 관망지점유무, 불쾌인자, 독특성, 상층목수령, 식물다양성 생육상태, 야생동물의 종다양성
② 위치 : 비포장 도로거리, 접근도로폭, 인접도시와 거리지수, 대중교통이용 편의성
③ 수계 : 주류장, 최대계류폭, 수질, 수변이용가능(길이, 평균폭) 수계경관, 유수기간
④ 휴양유발 : 연계가 가능한 역사문화자원, 휴양기회의 다양성, 개발전 이용 수준
⑤ 개발여건 : 시설가능면적, 토지소유권, 토지이용 제한 요인, 과거재해빈번도, 예상 재해 위험도, 예상 개발비, 주차장확보

항 목	평 가 점 수				
	1 점	2 점	3 점	4 점	5 점
○ 특징 바위	없 음	빈 약	넓이 25~50m² 미만	50~100m² 미만, 25~50m² 미만 2개	100m² 이상 또는 10~100m² 미만 2개, 25~50m² 미만 4개
○ 소(沼)	없 음	빈 약	직경 4~6m	직경 7~9m	직경 10m 이상 또는 7~9m 2개, 4~6m 4개
○ 동 굴	없 음	–	–	–	동굴 있음.
(6) 상층목 수령	10년 이내	20년 이내	30년 이내	40년 이내	40년 초과
(7) 식물 다양성	단 순	비교적 단순	보 통	다양, 침활혼효	다양, 특산식생
(8) 생육 상태 (울폐도)	매우 불량	불 량	보 통	양 호	매우 양호
(9) 야생동물의 종다양성	드 묾	청취 또는 흔적 확인	시·청취 가능	종 다양성 높다	종 다양성 매우 높다
나. 위 치					
(1) 비포장 도로거리	비포장도로 25km 이상	24km내	16km내	8km내	4km내
(2) 접근도로 폭	이륜차 이하	1차선 확장 가능	1차선	2차선 확장 가능	2차선
(3) 인접도시와 거리지수[주4]	지수 6	지수 5	지수 4	지수 3	지수 2
(4) 대중교통이용 편의성[주5]	없음.	–	보통	–	높음.
다. 수 계[주6]					
(1) 주 류 장	주계곡 최장의 10%	주계곡 최장의 20%	주계곡 최장의 30%	주계곡 최장의 40%	주계곡 최장의 50%
(2) 최대 계류폭	2m 이하	3~4m	5~6m	7~8m	9m 이상
(3) 수 질	매우 오염	약간 오염	보 통	깨끗한 편임	매우 깨끗함.
(4) 수변 이용가능 (길이)	주류장 길이의 20% 미만	주류장 길이의 20% 이상	주류장 길이의 50% 이상	주류장 길이의 70% 이상	주류장 길이의 80% 이상
(5) 수변 이용가능 (평균폭)	한쪽 폭 5m 이하	6~10m	11~15m	16~20m	21m 이상
(6) 수계 경관	매우 나쁨	나 쁨	보 통	양 호	매우 양호

항 목	평 가 점 수				
	1 점	2 점	3 점	4 점	5 점
(7) 유수 기간	3개월	4개월	6개월	8개월	12개월(상시)
라. 휴양유발					
(1) 연계가능한 역사·문화자원 유무*주7)	없 음	마을, 면 보호수	시·군 보호수	도 보호수, 기념물, 전설	국보, 보물, 사적, 문화재, 천연기념물 5종 이상
(2) 휴양기회의 다양성*주8)	1~2종	–	3~4종	–	5종 이상
(3) 개발 전 이용 수준	이용 전무	–	약간 이용	–	보통 이용
마. 개발여건					
(1) 시설가능면적 (경사15° 이하)	지정대상산림 최소면적의 1% 미만	지정대상산림 최소면적의 2% 미만	지정대상산림 최소면적의 3% 미만	지정대상산림 최소면적의 5% 미만	지정대상산림 최소면적의 5% 이상
(2) 토지소유권*주9)	소유자 5인 이상	소유자 4인	소유자 3인	소유자 2인	소유자 1인
(3) 토지이용 제한요인*주10)	매우 많음.	많 음	보 통	없는 편	전혀 없음.
(4) 과거 재해 빈번도	빈 번	–	드 믐	–	없 음
(5) 예상 재해 위험도 *주11)					
(6) 예상개발비 (지형변형정도)	필 요	–	보 통	–	없 음
(7) 주차장 확보	주차 공간 불가	매 입	확보 가능 (소규모)	확보 가능 (대규모)	기존 주차장 활용 가능

*주1) 관망지점 : 자연휴양림 지정 예정지내에서 예정지 밖을 조망할 수 있는 지점
*주2) 불쾌인자 : 1. 산사태발생지 2. 미복구절개지 3. 채석장 등 광산 4. 산불발생지 5. 부적합 구조물 6. 쓰레기 매립 7. 빈번한 차량운행
*주3) 독 특 성 : 폭포, 특징바위, 소, 동굴 중 2개 항목의 평균을 평점에 집계
*주4) 거리지수 : 접근시간(0.5시간 단위) × 도시 지수(300만명 이상 : 1, 100만~300만명 미만 : 2, 10만~100만명 미만 : 3, 10만명 미만 : 4)로서 최소값 적용
*주5) 대중교통 이용 편의성 : 예정지 진입지점까지 접근 가능한 버스, 지하철 등 자가용 이외의 교통수단 이용가능 여부
*주6) 수계 : 주류장(主流長 : 주된 계곡의 길이)의 1/3지점에서 평가
*주7) 역사문화자원 : 대상지 주변 반경 5km이내 보호수, 천연기념물, 사적, 문화재, 특산임산물 등
*주8) 휴양기회 : 산책, 휴식, 야영, 자연학습, 등산, 놀이, 낚시, 수렵, 계곡물놀이, 승마 등
*주9) 토지소유권이 다수이더라도 이용 동의를 받은 경우에는 1인으로 인정
*주10) 예정지내 문화재보호구역, 생태자연도 1등급 지역 등 토지이용제한요인 편입 정도로 판단
*주11) 예상 재해위험도 : 산사태, 급경사지, 토석류 등의 위험요인. 산사태취약지역이 포함되는 경우에는 불가능. 다만, 방재시설을 하는 것을 조건으로 하는 경우에는 가능

㉯ 평가방식

- 평가항목에 대한 타당성평가는 반드시 현장에서 실시하되, 시·도 또는 관계 분야 전문가와 합동으로 실시할 것
- 현장조사시 「타당성평가 조사서」의 항목별 세부기준 해당란에 "○"로 표기
- 평가점수 합이 총점 대비 66.6%(2/3) 이상인 경우에 한하여 지정 또는 조성 대상에 포함.(적지 판정기준)
- 평가점수의 합이 총 150점 중 100점 이상인 경우에 한하여 자연휴양림 지정 대상에 포함.

⑧ 자연휴양림시설의 종류 및 설치기준

시설의 구분	시설의 종류
숙박시설	숲속의 집·산림휴양관·트리하우스 등
편익시설	임도·야영장(야영데크를 포함)·오토캠핑장·야외탁자·데크로드·전망대·야외쉼터·야외공연장·대피소·주차장·방문자안내소·인산물판매장 및 매점과 「식품위생법」에 따른 휴게음식점 및 일반음식점 등
위생시설	취사장·오물처리장·화장실·음수대·오수정화시설·샤워장 등
체험·교육시설	산책로·탐방로·등산로·자연관찰원·전시관·천문대·목공예실·생태공예실·산림공원·숲속교실·숲속수련장·산림박물관·교육자료관·곤충원·동물원·식물원·세미나실·산림작업체험장·임업체험시설, 로프체험시설 등
체육시설	철봉·평행봉·그네·족구장·민속씨름장·배드민턴장·게이트볼장·썰매장·테니스장·어린이놀이터·물놀이장·산악승마시설·운동장·다목적잔디구장·암벽등반시설·산악자전거시설, 행글라이딩시설,패러글라이딩시설 등
전기·통신시설	전기시설·전화시설·인터넷·휴대전화중계기·방송음향시설 등
안전시설	펜스·화재감시카메라·화재경보기·재해경보기·보안등·재해예방시설·사방댐·방송시설 등

시설의 구분	설치기준
숙박시설	• 산사태 등의 위험이 없을 것 • 일조량이 많은 지역에 배치하되, 바깥의 조망이 가능하도록 할 것
편익시설	야영장 및 오토캠핑장은 자연배수가 잘 되는 지역으로서 산사태 등의 위험이 없는 안전한 곳에 설치할 것
위생시설	• 쾌적성과 편리성을 갖추도록 설치할 것 • 산림오염이 발생되지 않도록 할 것 • 식수는 먹는물 수질기준에 적합할 것 • 외부 화장실에는 장애인용 화장실을 설치할 것

시설의 구분	설치기준
체험 · 교육 시설	• 산책로 · 탐방로 · 등산로 등 숲길은 폭을 1미터 50센티미터 이하 (안전 · 대피를 위한 장소 등 불가피한 경우에는 1미터 50센티미터 를 초과할 수 있다)로 하되, 접근성 · 안전성 · 산림에의 영향 등을 고려하여 산림형질변경이 최소화될 수 있도록 설치할 것 • 자연관찰원은 자연탐구 및 학습에 적합한 산림을 선정하여 다양한 수종을 관찰할 수 있도록 할 것 • 숲속수련장은 강의실 · 숙박시설 · 광장 등을 갖추어야 하며, 1회에 100명 이상을 동시에 수용할 수 있는 규모로 설치할 것 • 임업체험시설은 경사가 완만한 지역에 설치하여야 하며, 체험활동에 필요한 기본장비 등을 갖출 것

⑨ 자연휴양림의 레크리에이션 공간 및 시설배치방식

구분	내용
이동공간 중심의 배치방식	산책로 · 운동로 · 승마로 등과 같은 순환체계가 중심 시설
체류공간 중심의 배치방식	정적휴식공간(집회 · 캠핑 · 학습 등) 및 동적운동시설(수영장 · 테니스 코트)이 중심

4) 삼림욕장

① 산림욕장시설의 종류 ☆☆

구분	시설의 종류
편익시설	임도 · 전망대 · 야외탁자 · 데크로드 · 야외쉼터 · 야외공연장 · 대피소 · 주차장 · 방문자안내소 등
위생시설	오물처리장 · 화장실 · 음수대 · 오수정화시설 등
체험 · 교육 시설	산책로 · 탐방로 · 등산로 · 자연관찰원 · 목공예실 · 생태공예실 · 숲속교실 · 곤충원 · 식물원 등
체육시설	철봉 · 평행봉 · 그네 · 배드민턴장 · 족구장 · 어린이놀이터 · 물놀이장 · 운동장 · 다목적잔디구장 등
전기 · 통신 시설	전기시설 · 전화시설 · 휴대정화중계기 · 방송음향시설 등
안전시설	펜스 · 화재감시카메라 · 화재경보기 · 재해경보기 · 보안등 · 재해예방시설 · 사방댐 등

② 산림욕장시설의 설치기준

구분	설치기준
편익시설	• 경사가 완만한 산림을 대상으로 할 것 • 산책로 · 의자 · 간이쉼터 등 삼림욕에 필요한 시설을 설치할 것

■ 삼림욕장의 조성
① 산림청장은 소관 국유림에 산림욕장 또는 치유의 숲(산림욕장등)을 조성할 수 있다.
② 공유림 또는 사유림의 소유자 또는 국유림의 대부등을 받은 자는 소유하고 있거나 대부등을 받은 산림을 산림욕장등으로 조성하려면 농림축산식품부령으로 정하는 바에 따라 산림욕장등에 필요한 시설 및 숲가꾸기 등의 조성계획(산림욕장등 조성계획)을 작성하여 시 · 도지사의 승인을 받아야 한다.

CHAPTER 10 자연휴양림

구분	설치기준
위생시설	• 쾌적성과 편리성을 갖추도록 시설할 것 • 산림오염이 발생되지 않도록 할 것 • 식수는 먹는물 수질기준에 적합할 것 • 외부 화장실에는 장애인용 화장실을 설치할 것
체험·교육 시설	• 산책로·탐방로·등산로 등 숲길은 폭을 1미터 50센티미터 이하(안전·대피를 위한 장소 등 불가피한 경우에는 1미터 50센티미터를 초과할 수 있다)로 하되, 접근성·안전성·산림에의 영향 등을 고려하여 산림형질변경이 최소화 될 수 있도록 설치할 것 • 자연관찰원은 자연탐구 및 학습에 적합한 산림을 선정하여 다양한 수종을 관찰할 수 있도록 할 것

5) 치유의 숲

① 치유의 숲을 조성할 수 있는 산림

국가 및 지방자치단체가 조성할 경우	50만 제곱미터 이상인 산림
국가 및 지방자치단체 외의 자가 조성할 경우	30만 제곱미터 이상인 산림

② 치유의 숲 안에 설치할 수 있는 시설의 규모

㉮ 산림형질변경 면적(임도·순환로·산책로·숲체험코스 및 등산로의 면적은 제외)은 치유의 숲 전체면적의 10퍼센트 이하가 되도록 할 것

㉯ 건축물이 차지하는 총 바닥면적은 치유의 숲 전체면적의 2% 이하가 되도록 할 것

㉰ 건축물의 층수는 2층 이하가 되도록 할 것

③ 치유의 숲 시설의 종류

구분	시설의 종류
산림치유시설	숲속의 집·치유센터·치유숲길·일광욕장·풍욕장·명상공간·숲체험장·경관조망대·체력단련장·체조장·산책로·탐방로·등산로·산림작업장 등
편익시설	임도·야외탁자·데크로드·야외쉼터·대피소·주차장·방문자센터·안내판·임산물판매장·매점·「식품위생법」에 따른 휴게음식점 및 일반음식점 등
위생시설	오물처리장·화장실·음수대·오수정화시설 등
전기·통신 시설	전기시설·전화시설·인터넷·휴대전화중계기·방송음향시설 등
안전시설	펜스·화재감시카메라·화재경보기·보안등·재해예방시설·사방댐 등

④ 치유의 숲시설의 설치기준

구분	설치기준
산림치유시설	• 향기 · 경관 · 빛 · 바람 · 소리 등 산림의 다양한 요소를 활용할 수 있도록 하되, 건축물은 흙 · 나무 등 자연재료를 사용하여 저층 · 저밀도로 시설하고 운동시설은 접근성 · 안전성 등을 고려하여 설치할 것 • 치유숲길은 폭을 1미터 50센티미터 이내(안전 · 대피를 위한 장소 등 불가피한 경우에는 1미터 50센티미터를 초과할 수 있다)로 하되, 접근성 · 안전성 · 산림에의 영향 등을 고려하여 산림형질 변경이 최소화될 수 있도록 설치할 것
편익시설	• 경사가 완만한 산림에 주변경관과 주화되도록 설치할 것 • 방문자센터는 정보 제공 · 홍보 · 상담 등의 시설을 갖출 것 • 「식품위생법」에 따른 휴게음식점 및 일반음식점은 식이요법을 시행하는 데에 적합하게 설치할 것
위생시설	• 쾌적하고 편리하며 산림오염이 발생되지 않도록 설치할 것 • 식수는 먹는물 수질 기준에 적합할 것 • 외부 화장실에는 장애인용 화장실을 설치할 것

6) 숲길

① 숲길기본계획

㉮ 숲길 시책의 기본목표 및 추진방향

> • 숲길에 관한 수요와 여건 및 전망
> • 숲길 조성 추진체계 및 관리기반 구축에 관한 사항
> • 숲길 정보망의 구축 · 운영에 관한 사항
> • 그 밖에 숲길과 관련된 주요 시책에 관한 사항

㉯ 산림청장은 숲길기본계획의 시행성과 및 사회적 · 지역적 · 산림환경적 여건변화 등을 고려하여 필요하다고 인정하면 숲길기본계획을 변경할 수 있다.

㉰ 산림청장은 숲길기본계획을 수립하거나 변경하는 경우에는 「산림복지 진흥에 관한 법률」에 따른 산림복지진흥계획과 연계되도록 하여야 한다.

㉱ 지방산림청장과 지방자치단체의 장은 숲길기본계획이 수립된 경우 관할 산림(「자연공원법」에 따른 자연공원을 제외)에 대하여 숲길기본계획에 따라 매년 숲길의 조성 · 관리 연차별계획을 수립하여야 한다.

㉲ 산림청장 및 숲길관리청은 숲길기본계획 및 숲길연차별계획을 수립하거나 이를 변경하기 위한 기초 자료로 사용하기 위하여 숲길의 예정노선 및 그 주변 산림의 현황과 이미 조성한 숲길의 운영 · 관리 실태를 조사하여야 한다.

㉳ 산림청장 및 숲길관리청은 조사업무를 「산림조합법」에 따른 산림조합 등 대통령령으로 정하는 법인 · 단체에 위탁할 수 있다.

■ 숲길기본계획의 수립
산림청장은 등산 · 트레킹 · 산림레포츠 · 탐방 및 휴양 · 치유 등의 활동을 증진하기 위하여 숲길의 종류별로 전국 산림에 대한 숲길의 조성 · 관리기본계획을 5년마다 수립 · 시행할 수 있다

② 숲길의 종류

등산로	산을 오르면서 심신을 단련하는 활동을 하는 길
트레킹길	길을 걸으면서 지역의 역사·문화를 체험하고 경관을 즐기며 건강을 증진하는 활동을 하는 길 •둘레길 : 시점과 종점이 연결되도록 산의 둘레를 따라 조성한 길 •트레일 : 산줄기나 산자락을 따라 길게 조성하여 시점과 종점이 연결되지 않는 길
레저스포츠길	산림에서 하는 레저·스포츠 활동을 하는 길
탐방로	산림생태를 체험·학습 또는 관찰하는 활동을 하는 길
휴양·치유숲길	산림에서 휴양·치유 등 건강증진이나 여가활동을 하는 길

③ 숲길의 운영·관리

㉮ 숲길관리청은 숲길 운영·관리 업무를 수행한다.

- 숲길의 이용촉진과 이용자의 안전·편의 증진을 위한 안전시설·종합안내판, 전망대 및 해설표시판 등의 시설물 설치 및 보수·관리
- 숲길을 효율적으로 유지·관리하기 위한 실태조사를 매년 1회 이상 실시
- 숲길의 이용정보 제공을 위하여 숲길에 대한 안내센터 설치 및 운영·관리
- 건전한 산행문화 정착을 위한 「산림교육의 활성화에 관한 법률」에 따른 숲길등산지도사의 배치·활용
- 그 밖에 산림청장이 숲길을 보전하고 이용 및 안전·편의를 증진하기 위하여 숲길관리청이 수행할 필요가 있다고 인정하는 업무

㉯ 숲길의 노선 중 다른 숲길의 노선과 연접·중복되는 구간의 노선은 관계 숲길관리청이 협의하여 정한 숲길관리청이 운영·관리할 수 있다.

㉰ 숲길관리청은 지역주민·시민단체 등이 숲길의 운영·관리 프로그램에 참여할 수 있도록 하여야 한다.

7) 유아숲 체험원

① 입지조건

㉮ 숲의 식생(植生)이 다양하여야 하고, 숲의 건전성을 유지하고 있어야 함.

㉯ 유아숲 체험원 위험시설(「주택건설기준 등에 관한 규정」으로부터 수평거리 50m 이상 떨어진 곳에 위치)

㉰ 차량의 접근이 가능한 지역에서부터 1km 이내에 위치

② 규모 및 시설

㉮ 규모 : 1만m² 이상

㉯ 시설

야외체험학습장	숲체험, 생태놀이, 관찰학습 등을 할 수 있는 공간으로서 그 규모는 유아숲 체험원 전체 규모의 30% 이상

대피시설	비, 바람 등을 피할 수 있는 시설로서 목재구조 간이시설이나 임시시설이어야 함.
안전시설	위험지역에는 목재로 된 안전펜스 등의 안전시설을 설치
휴게시설	• 화장실이나 의자, 탁자 등 • 입지의 특성에 맞게 이용하기 편리한 구조로 되어 있을 것 • 자연친화적인 간이시설 또는 임시시설일 것

③ 유아숲 체험원 운영 프로그램 및 교구 등
  ㉮ 계절에 따라 운영할 수 있는 체험프로그램
  ㉯ 프로그램 운영을 위한 다양한 교구가 적정하게 준비
  ㉰ 응급조치를 위한 비상약품 및 간이 의료기구와 소화기 등 비상재해 대비 기구 등을 갖추어야 함.

④ 유아숲 체험원의 운영인력
  ㉮ 유아의 상시 참여인원이 25명 이하인 경우 : 유아숲 지도사 1명
  ㉯ 유아의 상시 참여인원이 26명 이상 50명 이하인 경우 : 유아숲 지도사 2명
  ㉰ 유아의 상시 참여인원이 51명 이상인 경우 : 유아숲 지도사 3명
  ㉱ 유아의 안전을 위한 유아숲 지도사 외에 보조교사가 선정·배치되어 있어야 함.

8) 산림문화자산

① 지정기준 ☆

유형산림 문화자산	토지·숲·나무·건축물·목재제품·기록물 등 형체를 갖춘 것으로서 생태적·경관적·예술적·역사적·정서적·학술적으로 보존가치가 높은 산림문화자산일 것
무형산림 문화자산	전설·전통의식·민요·민간신앙·민속·기술 등 형체를 갖추지 아니한 것으로서 예술적·역사적·학술적으로 보존가치가 높은 산림문화자산일 것

② 국가 산림문화자산 및 시·도 산림문화자산의 지정
  ㉮ 국가 산림문화자산

  > • 국유림 안에 소재하는 산림문화자산
  > • 둘 이상의 시·도에 걸쳐있는 산림문화자산
  > • 시·도지사가 국가 산림문화자산으로 지정하여줄 것을 산림청장에게 신청하는 시·도 산림문화자산
  > • 그 밖에 국가적 차원에서 지정·관리가 필요하다고 산림청장이 인정하는 산림문화자산

  ㉯ 시·도 산림문화자산

④ 산림청장 또는 시·도지사는 산림문화자산을 지정하려면 관계 행정기관의 장 및 관련 분야 전문가의 의견을 들어야 한다.

④ 산림문화자산의 지정기준 및 지정방법 등에 관하여 필요한 세부사항은 산림청장이 정한다.

③ 산림문화자산의 지정 및 지정해제

㉮ 산림청장 또는 시·도지사는 산림문화자산을 대통령령으로 정하는 기준·방법 등에 따라 국가 또는 시·도 산림문화자산으로 지정할 수 있다. 다만, 「문화재보호법」에 따른 지정문화재·가지정문화재·등록문화재·보호물 또는 보호구역은 제외한다.

㉯ 산림문화자산을 지정하려면 대통령령으로 정하는 바에 따라 이를 공고하고 해당 소유자 및 이해관계자 등의 의견을 들어야 한다.

㉰ 산림청장 또는 시·도지사는 지정된 국가 또는 시·도 산림문화자산이 다음 어느 하나에 해당하게 된 경우에는 해당 지정산림문화자산의 전부 또는 일부에 대하여 그 지정을 해제할 수 있다.

- 「문화재보호법」에 따른 지정문화재·보호물 또는 보호구역으로 지정되거나 등록문화재로 등록된 경우
- 천재지변이나 그 밖의 사유로 지정 목적을 달성하기 어렵게 되거나 지정가치를 상실한 경우
- 도로·철도·학교·군사시설이나 그 밖에 대통령령으로 정하는 공용·공공용 시설의 용지로 사용하려는 경우
- 그 밖에 공익목적으로 사용하기 위하여 그 지정의 해제가 불가피하다고 인정되는 경우

㉱ 산림청장 또는 시·도지사는 지정·지정해제를 한 경우 농림축산식품부령으로 정하는 바에 따라 그 사실을 고시하고, 그 소유자 및 관할 시장·군수·구청장에게 알려야 한다.

㉲ 산림문화자산의 지정·지정해제의 절차 등에 필요한 사항은 농림축산식품부령으로 정한다.

2. 산림교육의 활성화에 관한 법률

1) 목적 및 정의

① 목적 : 산림교육의 활성화에 필요한 사항을 정하여 국민이 산림에 대한 올바른 지식을 습득하고 가치관을 가지도록 함으로써 산림을 지속가능하게 보전하고 국가와 사회 발전 및 국민의 삶의 질 향상에 이바지함.

② 정의 ☆

구분	내용
산림교육	산림의 다양한 기능을 체계적으로 체험·탐방·학습함으로써 산림의 중요성을 이해하고 산림에 대한 지식을 습득하며 올바른 가치관을 가지도록 하는 교육
산림교육전문가	산림교육전문가 양성기관에서 산림교육 전문과정을 이수한 사람
숲해설가	국민이 산림문화·휴양에 관한 활동을 통하여 산림에 대한 지식을 습득하고 올바른 가치관을 가질 수 있도록 해설하거나 지도·교육하는 사람
유아숲지도사	유아가 산림교육을 통하여 정서를 함양하고 전인적(全人的) 성장을 할 수 있도록 지도·교육하는 사람
숲길등산지도사	국민이 안전하고 쾌적하게 등산 또는 트레킹을 할 수 있도록 해설하거나 지도·교육하는 사람

3) 산림교육전문가 배치기준 ☆☆☆

산림전문가	배치시설	배치기준
숲해설가	「산림문화·휴양에 관한 법률」에 따른 자연휴양림	2명 이상
	「산림문화·휴양에 관한 법률」에 따른 산림욕장	1명 이상
	「국유림의 경영 및 관리에 관한 법률」에 따라 지정된 국민의 숲	1명 이상
	「수목원·정원의 조성 및 진흥에 관한 법률」에 따른 수목원	2명 이상
	「산림보호법」 제2조제2호에 따른 생태숲 (산림생태원을 포함한다)	1명 이상
	「산림자원의 조성 및 관리에 관한 법률」에 따른 도시림 및 생활림	1명 이상
	「자연공원법」에 따른 자연공원 (국립공원은 제외한다)	1명 이상
유아숲지도사	법에 따라 등록된 유아숲체험원	별표 3 제4호에 따른 유아숲체험원 운영인력의 배치기준
	그 밖에 국가 또는 지방자치단체의 장이 유아숲지도사 활용에 적합하다고 인정하는 지역	1명 이상

CHAPTER 10 자연휴양림

산림전문가	배치시설	배치기준
숲길등산지도사	「산림문화 · 휴양에 관한 법률」에 따른 자연휴양림	1명 이상
	「산림문화 · 휴양에 관한 법률」에 따른 산림욕장	1명 이상
	「산림문화 · 휴양에 관한 법률」에 따른 숲길	2명 이상
	「자연공원법」에 따른 자연공원 (국립공원은 제외한다)	1명 이상

4 산림휴양시설의 운영 및 관리

1. 매슬로우(Maslow)의 인간의 동기(욕구)5가지

■ 마슬로우 욕구 위계 단계
욕구가 인간행동에 일차적인 영향을
준다는 가설로 휴양은 인간의 욕구충
족을 위해 필요한 것으로 보았다.

미 숙 ↓ 성 숙	기초욕구	생리적 · 생존적 목표, 의(依) · 식(食) · 주(住) · 성(性) 등의 요소 포함.
	안전욕구	기초적 욕구가 충족될 때 안전의 욕구와 관련하여 긴장 경험, 안보 · 질서 · 보호의 규범, 위험의 감소 등
	소속감	안전의 욕구가 만족되면 대인관계가 형성하면서 요구가 시작됨, 가족 및 친척관계, 친구관계 등
	자아지위	타인과의 관계에서 안전성을 확보한 후 그룹 내에서 특별한 지위를 차지하려는 욕구
	자아실현	4단계에서 만족을 얻은 후 자신의 내적 성장에 관심을 갖고 자신과의 도전에서 더 창조적이고, 많은 성취 요구

2. 자연휴양림의 관리 · 운영

1) 관리 · 운영 일반

① 자연휴양림의 조성자가 관리 · 운영함을 원칙으로 함.

② 자연휴양림의 관리 · 운영자는 이용객들의 불편이 없도록 안내판에 자연휴양림 개장기간 · 이용료 및 시설사용료 징수기준 등을 자연휴양림 입구에 게시하여야하며, 이용절차 및 방법 등은 세부기준을 정하여 운영할 수 있음.

2) 자연휴양림의 관리 · 운영의 위탁

① 산림청장 또는 지방자치단체의 장은 자연휴양림 또는 삼림욕장의 효율적인 조성 또는 관리를 위하여 필요할 때에는 자연휴양림 · 산림욕장 또는 치유의 숲의 조성 또는 관리에 필요한 재정적 능력이 있는 다음의 법인 · 단체 등에 자연휴양림 또는 삼림욕장 등의 조성 또는 관리를 위탁할 수 있음.

② 위탁기간은 3년부터 5년까지의 기간으로 하되, 산림청장 또는 지방자치단체의 장이 필요하다고 인정되는 경우 2년부터 5년까지 범위에서 그 위탁기간을 연장할 수 있음.

3. 자연휴양림의 안전관리

1) 안전관리계획
① 자연휴양림의 시설물·이용객 등에 대한 안전관리를 담당하는 조직의 구성
② 직원에 대한 안전관리 교육·훈련
③ 안전점검의 방법 및 점검주기
④ 재난·사고의 발생 시 조치방안
⑤ 그 밖에 자연휴양림의 안전관리를 위하여 산림청장이 필요하다고 인정하는 사항

2) 안전점검
① 산림청장 및 지방자치단체의 장은 자연휴양림에 대하여 반기별 1회 이상 안전점검을 실시하여야 한다.
② 산림청장 및 지방자치단체의 장은 자연휴양림을 관리하는 자가 실시한 안전점검 결과를 요청할 수 있다.

3) 안전관리 계획 수립
① 재난발생시 대책반 구성 및 책임사항
② 재난발생시 세부조치 사항
③ 내/외부에 대한 비상상황 전달 방안
④ 인명 대피·구조계획

4) 시설물의 안전관리
① 소방시설의 경우 「화재예방, 소방시설 설치·유지 및 안전관리에 관한 법률」에 따라 소화설비, 경보설비, 피난설비 등 소방시설의 설치·유지 및 소방대상물의 안전관리를 실시한다.
② 전기시설의 경우 「전기용품안전 관리법」 및 「전기사업법」에 따른 안전인증, 점검 및 조치를 실시하고 누전차단기를 설치하여야 한다. 또한, 전선 피복이 노출된 부위가 없는 지 상시 점검하여야 한다.
③ 가스시설의 경우 「액화석유가스의 안전관리 및 사업법」에 따른 안전인증, 점검 및 조치를 실시하고 상시 점검하여야 한다.
④ 체육시설의 경우 「체육시설의 설치·이용에 관한 법률」에 따른 안전·위생의 기준을 준수하여 운영하여야 한다. 다만, 어린이놀이터의 경우에는 「어린이놀이시설 안전관리법」에 따른 안전점검 및 안전진단을 실시한다.

■ 자연휴양림의 조성 및 관리운영을 위탁받을 수 있는 자 ☆
① 산림조합법에 따른 산림조합중앙회 또는 산림조합
② 민법에 따라 산림문화·휴양을 목적으로 산림청장의 허가를 받아 설립된 비영리법인
③ 지방공기업에 따라 설립된 지방공사 및 지방공단
④ 독림가·임업후계자·산림기술자 또는 15년 이상 산림분야의 공무원이었던 자 5명 이상으로 구성된 단체

■ 운영관리자의 책무
① 자연휴양림 운영·관리자는 화재 등 재난이나 그 밖의 위급한 상황으로부터 이용객의 생명과 안전을 우선적으로 고려해야 한다.
② 자연휴양림 운영·관리자는 사고 및 재난발생의 잠재적 발생 가능성을 파악하여 사전에 예방하고, 재난이 발생한 경우 그 피해를 최소화하도록 노력해야 한다.
③ 자연휴양림의 운영·관리자는 안전점검 계획 수립 시 안전점검리스트를 작성하여야 하며, 안전관리 강화에 필요한 사항은 안전점검리스트에 반영하고 신속히 대처방안을 강구하도록 한다.

CHAPTER 10 자연휴양림

⑤ 자연휴양림 내 식수의 경우 「먹는물 관리법」에서 정한 검사기관에서 음용적합 판정을 받은 후 그 결과를 게시한다.

⑥ 짚라인 등 고위험군 산림레포츠 시설의 경우 관광진흥법 등 관계법령에 따라 안전점검 전문기관으로부터 인증 및 안전점검을 받아야 한다.

5) 안전점검의 실시

매일점검	자연휴양림의 운영·관리자가 시설, 건축물, 영상정보처리기기에 대하여 매일 실시하는 안전점검
월별점검	매월 4일 안전점검의 날 전반적인 시설물 등 안전점검
반기점검	중앙점검반과 함께 자연휴양림 운영·관리 전반에 대하여 상·하반기 연 2회 실시하는 안전점검
특별점검	산사태, 산불 등 치명적인 위험을 야기할 사고 발생 가능성이 있거나, 다중 이용시설의 중대 안전사고가 발생하여 동종의 유사 사고를 예방할 필요성이 있는 경우 실시하는 안전점검

6) 사고조치

① 자연휴양림의 운영·관리자는 재난·안전사고 발생 시 이용객에게 안내방송 등으로 알려 사고로 인한 피해를 최소화 하여야 한다.

② 자연휴양림의 운영·관리자는 재난·안전사고 발생 시 유관기관에 지체 없이 신고하고, 별표의 보고체계에 따라 신속히 보고하여야 한다.

③ 자연휴양림의 운영·관리자는 재난·안전사고 발생 시 재난별, 계절별, 위기단 계별 대응방안을 숙지하고 이용객의 안전을 확보하기 위한 조치를 하여야 한다.

④ 자연휴양림의 운영·관리자는 재난·안전사고 발생 시 필요한 인력의 지원을 해당 지역팀 또는 지자체에 요청할 수 있다.

4. 시설관리

1) 자연휴양림의 입장료 징수

① 자연휴양림의 소유자는 자연휴양림 등을 이용하는 자로부터 입장료, 시설사용 료 및 체험료를 징수할 수 있다.

② 자연휴양림의 입장료 또는 시설사용료 및 체험료는 해당 자연휴양림 또는 시설 의 조성·유지 및 관리에 필요한 비용을 고려하여 적정하게 정하여야 한다.

2) 자연휴양림 등에서의 금지행위

① 지정된 장소 외에서 취사행위 및 흡연행위

② 오물이나 쓰레기를 버리는 행위

■ 자연휴양림의 입장료를 징수하지 않는 자
  ① 국빈 및 그 수행원
  ② 외교사절 및 그 수행원
  ③ 만 6세 이하 및 만 65세 이상인 자
  ④ 공무수행을 위하여 출입하는 자
  ⑤ 장애인 및 국가유공자, 숲사랑지도
    원, 푸른숲선도원, 해당휴양림 읍·
    면·동 거주자 등

3) 편익시설의 관리

산책로	• 등산로 주변의 적절한 시업관리로 쾌적한 동선 체계를 유지 • 주변에 대한 적절한 정보를 제공하여 휴양체험의 효과를 높임.
야영장	• 예상최대이용인원을 수용할 수 있는 규모로 전기·급수 등이 원활하고 위생시설은 이용자에게 보다 편리하게 배치 • 하천으로부터 10m 이상 띄워 설치
산막	• 간이 숙박시설을 포함한 것으로 자연채광에 대한 관리가 이루어지고 위생·급배수 시설은 기후에 대한 대비가 필요
주차장	• 주차장부터 이용시설까지의 동선관리에 유의하고, 관리·이용에 불편이 없도록 조성
위생시설(화장실)	• 관리가 용이한 곳에 집중 배치하고 위생적으로 청결히 관리함.

5. 휴양수요 예측 및 공급

1) 휴양수요 예측

① 휴양수요는 휴양을 행하고자 하는 소비자의 욕망 또는 욕구로서, 휴양에 참여할 희망자의 수, 휴양자원을 이용하는 휴양객의 수를 나타냄.

② 휴양수요는 잠재수요에 대응하는 현재수요로 이루어지는 과정을 설명하는 욕구(need), 요구(want), 수요(demand)의 비교가 필요함.

③ 수요의 종류 ☆

잠재수요	휴양에 대한 요구
유효수요	요구는 구매력이 있을 때 유효수요가 됨.
현재수요	유효수요가 현실적으로 나타난 실제 참여

2) 휴양수요 공급

① 휴양시설의 영구적인 이용을 위해 적정이용수준을 정하고 지켜야 함.

② 이용가능성이 있는 이용자가 어디에, 어느 정도, 어떤 성향이 있는지, 이용 유형, 인접휴양시설과의 접근성, 도로망 등의 정보를 파악함.

■ 수용력
① 수용력 : 자연환경 또는 이용자의 체험수준이 과밀이용으로 인한 손상을 주지 않는 범위 내에서 유지될 수 있는 최대한도를 의미
② 적정 휴양 수용력 : 물리적 환경과 이용자의 질을 저하시키지 않고 특정기간 동안 휴양자원이 수용할 수 있는 수용력

■ 욕구와 요구
① 욕구 : 휴양수요를 발생시키는 가장 근본적인 요건으로 무엇인가 부족한 감이 느껴지는 상태
② 요구 : 욕구를 충족시키기 위한 수단으로 문화나 개인차에 따라 달라짐.

CHAPTER 10 자연휴양림

핵심 PLUS

3) 수용력의 종류

생태적수용력	• 이용자의 영향을 지탱할 수 있는 자연생태계 능력의 한계 • 고유능력, 자연적 능력, 자연 감내용량 용어로도 표현 • 환경생태계의 자기회복능력이나 자기정화능력의 한계 내에서 인간의 활동을 흡수하고 지탱해낼 수 있는 능력 • 지피식생의 피복률, 야생동식물의 생태적 지표(중요도 등), 토양견밀도, 토양유실 등
물리적수용력	• 일정한 공간 내에 입장시키거나 통제할 수 있는 최대 인원수(차량, 행위 포함) • 주차장, 관람석, 식당 등의 설계에 기초가 됨. • 야영장의 숙박 인원, 단위면적 당 방문자 수(밀도), 민감지역 내의 방문자 수 등
시설적수용력	• 인공구조물이나 시설물의 최적 공간규모 또는 휴양활동의 질을 보장할 수 있는 최고 공간규모로 허용 가능한 시설적 수용력을 임계용량이라 함. • 주차장·야영장·화장실 등의 시설에 관계되는 수용력 • 특정 시설당 이용자수, 관리인력당 이용자수, 시설 사용일 수, 시설사용 대기시간 등
사회심리적수용력	• 지각적 수용력 또는 행동력 수용력이라고 함. • 휴양경험을 통한 이용자 만족도에 근거한 수용력 • 방문객의 경험에 미칠 수 있는 영향인자는 단위시간 당 타 이용자 조우 빈도(마주치는 횟수), 고적감을 저해할 활동 보고 상황, 특정 지역 내의 타 이용자 조우 빈도, 다른 이용객 또는 집단의 종류와 크기 등 • 이용객의 휴양경험에 직결

4) 휴양 수용력

① 산림휴양 관리의 기본목적인 자원 및 예산의 한정 범위 내에서 이용객에게 최대의 휴양 만족을 제공한다는 전제 하에 고려되어야 함.
② 휴양지역에서 특정한 시간에 자원의 훼손 또는 이용경험의 훼손이 발생하지 않는 수준의 이용이어야 하므로 다면적인 개념이며, 관리자가 예산 및 자원의 제한을 고려하여 조정할 수 있는 융통성이 필요함.

5) 수요 관련 계산식 ☆

① 연간관람객수＝최대일이용자수×회전율×연간이용일
② 지원시설 소요면적＝최대시 이용객수×이용률×1인당 소요면적
③ 야영수요＝야영참가인×야영횟수×평균 숙박일수

④ 1일 수용력은 최대일 이용자 보다 낮게 책정하고, '최대일 이용자수/연간 총이용자수'가 나타나는 최대일률의 60~80% 정도를 피크로 함, 피크는 한 시점에서의 최대 이용자수를 나타냄.

⑤ 산정방법

㉮ 최대일이용자수 1,200명, 회전율 1/1.4, 연간이용일 250일(단, 가동률 50%, 최대일 이용자수 이용률 80%)일 때 연간이용자수를 산정하시오.

> ▶ 최대일이용자수×최대일 이용자수 이용률×회전율×연간이용일×가동률 =
> $1,200 \times 0.8 \times \dfrac{1}{1.4} \times 250 \times 0.5 = 85,714.28... \rightarrow 85,715$명

㉯ 최소시이용객수 300명, 평균 이용객수가 500명, 최대시이용객수가 800명, 이용률이 1/80일 때, 1인당 소요면적이 3.3m²라면 화장실의 소요 공간 규모는?

> ▶ 최대시이용객수×이용률×1인당 소요면적= $800 \times \dfrac{1}{80} \times 3.3 = 33m^2$

6. 이용자관리

1) 이용자관리

① 이용자는 휴양시설공간을 효율적으로 이용할 수 있도록 시설의 특성을 활용하여 적합성을 근거로 참가기회와 쾌적성을 누릴 수 있도록 함.

② 이용자의 과도한 집중이나 동선의 혼잡을 피해 원활히 유동될 수 있게 하며, 주차장 등은 연중 이용될 수 있는 위치를 선택하고, 이용객을 감시할 필요가 있는 시설은 가급적 모아서 배치하면 관리비용을 절감할 수 있음.

③ 휴양시설의 이용효율 증대를 위하여 볼거리의 효과가 높은 시설은 가급적 중심부에 배치하여 경영 · 관리효과를 증대시킬 수 있음.

핵심 PLUS

▪ 관련 개념
① 원수 : 연간 이용자수
② 일 이용자수 : 연간 관광객수에 대한 비율(최대일률, 최대일 집중률, 피크율)
  • 최대일률(집중률) : 최대일방문객의 연간방문객에 대한 비율로 계절형에 따라 차이가 남
  • 최대일률 = 최대일 이용자수 / 연간 이용자수
③ 회전율 : 1일 중 가장 많은 이용자수 / 그날의 총 이용자수 비율

▪ 이용자의 행동
① 불법행동 : 시설과 기물파손, 야생 동식물의 포획 및 절취 등 법규에 따라 응징하나 미지나 무숙련의 행동은 상황판단을 하여 대응
② 부주의 : 무의식적 습관에서 유발되는 쓰레기버리기, 소음 · 고성방가, 금지구역에서의 취사 · 야영 등의 행위에 대하여 설득과 교육으로 시정될 수 있도록 지도
③ 이밖에 자연이나 유적의 훼손, 정보 부재에 의한 집중이용 행위 등에서 야기되는 행동은 교육 및 사전홍보 제공으로 미연에 방지할 수 있도록 함.

핵심 PLUS

■ 이용자 안전관리
  ① 위험의 원인
  • 자원적원인, 시설적원인, 인적원인
  • 인적원인 : 불안전한 행동 야기, 위험장소 접근, 시설장치의 기능 미숙, 복장·보호구 잘못 사용
  • 물적원인 : 자원·시설의 불안전한 상태에서 야기, 시설물의 결함, 급경사 미끄러움 등으로 정기적인 점검을 통해 감지
  ② 위험방지대책
  • 회피 : 위험요소가 발생하지 않도록 위험발생요인을 찾아내고 문제점 파악 인식대책을 강구함.
  • 위험요인의 감소
  • 방치 : 위험의 가능성을 어느정도 감수, 위험발생 빈도가 희박하거나 손해가 미비할 때
  • 전이 : 사고손해를 제3자에게 전이함.

2) 관리기법

① 휴양림 방문자의 이용밀도를 조절하고 안전과 질서를 유지하는 관리기법
② 직접관리기법, 간접관리기법 ☆☆

직접관리기법	• 이용자의 행동을 규제하고 이용자 스스로의 행동은 제한을 받음. • 규정의 부과, 지역통제, 사용규제, 활동 제한, 법에서는 벌금·과태료 등 직접적 방법으로 행동에 영향을 줌. • 과태료는 산림청장, 시도지사 또는 시장·군수·구청장이 부과·징수함. • 입산금지(선택의 자유가 제한), 자연휴식년제(이용범위한정), 시설 내의 이용시간 제한, 참여인원수 제한, 취사행위금지 등 ▶ 효과 : 직접관리는 효과면에서는 기대할 수 있으나, 이용자의 자유의사를 존중하여 최대한 이용자에게 선택권이 주어질 수 있도록 관리되어야 하고, 이용자가 간접적인 관리방법을 이해하고 있을 때 매우 바람직함.
간접관리기법	• 이용자의 행동에 간접 영향을 주어 스스로 법규를 준수하는 등 이용자에게 제공되는 홍보·교육 등은 휴양관리에 동참하게 하는 관건이 됨. • 산책로·야영장의 정비, 주변 휴양시설의 연계개발, 지역별·계절별 차등입장료 적용 등은 선택의 자유를 보장하고 통제성이 적음. ▶ 효과 : 간접관리는 직접 관리 방법의 시행 전 이용자에 대한 교육·홍보차원에서 이용자의 욕구를 충족시켜 만족을 느낄 수 있게 하는 긍정적 관리가 될 수 있음.

5 산림휴양자원 및 이용관리

1. 휴양지역 특성 및 관리내용

1) 휴양지역의 특성

지역적 특성	지역의 공간적 특성으로 이용자이 출발지로부터의 거리, 도달시간, 접근의 애로사항 등이 있음.
거시적 특성	지역의 자연 및 사회조건의 특성을 근거로 구성하고 있는 물리적·생물적·사회적 환경과 경관 등
국지적 특성	지역에 국한된 물리적·생물적·사회적 관리적 특성으로 이용객의 경험에 영향을 주며, 이용객의 휴양활동을 규정하기 때문에 관리자가 가장 고려해야하는 속성임.

2) 휴양지역의 구분 관리

집중영향지역	• 과도한 집중으로 토양의 답압이 심하고 지피식생이 생존이 힘든지역 • 동선의 혼잡을 피해 원활한 유동이 이루어질 수 있고 이용자에게 부정적 영향을 끼치지 않도록 배치
중간지역	• 집중적으로 이용되지 않고 생물종들이 서식할 수 있는 시설과 시설 사이의 자연지역 • 자원의 특성을 살려 미적 경관으로 이용자의 만족도를 높여줌
완충지역	• 개발 휴양 시설 지역을 벗어나 자연 지역으로 시작되는 경계에 속하는 지역 • 이용자에게는 참가기회와 쾌적성을, 지역주민에게는 생활환경의 보호유지를 이룰 수 있음.

2. 이용영향

1) 식생에 미치는 영향

① 수목 등을 포함한 식생은 휴양인자로서 식생의 천이상태, 휴양활동에 의한 이용 및 토양 등의 상호복합요인에 따라 식생의 반응이 나타남.

② 휴양활동에서 나타나는 식생의 영향은 답압의 직접적인 영향을 받는 야영장에서 일어나는 피복의 감소를 들 수 있음.

③ 식생의 변화는 수목의 종류에 따라 다르게 나타날 수 있으며, 답압에 의한 토양의 물리적인 변화는 뿌리부분에 간접적인 영향을 끼침.

2) 토양에 미치는 영향

① 휴양활동에 의하여 가장 먼저 심각하게 영향을 받는 인자

② 휴양활동이 토양에 미치는 7단계 순환과정 ☆

낙엽 및 표토물질의 제거	이용자에 의한 답압으로 표면침식, 산화 등에 의하여 낙엽과 부식층이 제거
토양 유기물질의 유실	낙엽·표토물질 제거는 토양유기물질의 감소를 초래
토양 공극의 감소	지피 식생의 고사. 종자 발아 저해 초래
공기 및 수분 투과량의 감소	답압에 의해 공극 부분이 제거되고, 토양입자는 서로 밀착되어 공기와 수분이동의 통로인 공극이 감소
수분 흡수율 감소	수분이 토양 속에서 거의 이동하지 않음.
수분 유출량의 증가	유거수의 증가로 표면침식이 증가
토양 유실의 증가	수목의 뿌리가 지표에 노출되고 등산로 확장 초래 등 토양의 자기회복능력이 저하되고 악순환이 계속됨

■ 휴양자원 관리를 위한 전제
① 휴양자원의 변화는 자연환경의 불가피한 특성이다.
② 이용영향은 휴양 이용의 필연적인 결과이다.
③ 이용영향은 비교적 예측가능한 시간적·공간적 형태를 가진다.
④ 이용영향은 환경의 내성 차이에 따라 다르다.
⑤ 환경의 요소들은 생태학적으로 서로 유기적 관계에 있다.
⑥ 이용초기에는 받는 영향이 크지만 이용이 많아질수록 영향의 정도가 낮아진다.

CHAPTER 10 자연휴양림

3) 야생동물에 미치는 영향

① 이용자의 휴양활동으로 야생동물이 흥분하거나 스트레스를 받아 동물의 행동에 변화를 일으켜 서식지를 옮기거나, 죽는 경우이며, 이용자에 의한 불법 포획과 살상문제가 심각하게 대두됨

② 휴양활동에 의한 서식환경의 변화에 따른 생태계의 파괴는 서식의 변화, 번식력의 감소 등으로 종 다양성을 감소시킴.

4) 수질에 미치는 영향

① 수질은 쉽게 눈에 보이지 않는 변화가 일어나 감지하기가 어렵고 이용 영향에 의한 피해는 서서히 발생

② 수질은 피부 접촉(수영 등), 식수의 사용 등 건강과 밀접한 관련을 갖는 휴양자원으로 부영양화, 부유물질 증가, 용존산소량 감소, 배설물에 의한 세균오염 등에 의한 심각한 우려를 나타냄.

6 생태계 관리와 휴양정보제공

1. 생태계 관리

1) 생태계 관리 일반내용

① 휴양시설의 유형에 적정한 간벌기준을 마련

② 자연경관이 아름다운 주위환경을 테마 경관으로 연출하기 위한 산림시업방법을 수립한다.

③ 중하층식생의 천연 보육시 하층의 야생식물종이나 군락, 희귀종을 보전하고, 미입목지 및 개벌적지 조림과 천연림보육 등 육림을 철저하게 함.

④ 다양한 수종을 관찰할 수 있는 전시림 · 수목원 등을 조성하여 자원가치를 확보하고, 휴양시설 주변은 경관보완을 위하여 조경수를 식재함.

⑤ 연못과 계류는 야생동물의 서식, 음수가 가능하도록 환경친화적으로 조성하여 자연생태계의 관찰 장소로 활용함.

⑥ 특별히 경관을 보존해야 할 지역은 벌채를 가급적 억제하고, 벌채시업은 택벌로 함.

⑦ 산림경영은 산림경영계획에 의해 실행하고 임도시설은 순환로, 오솔길, 산책로 등 다목적으로 활용함.

2) 임연부의 생태적 관리

① 외곽 임연부 : 산림과 타용도지역과의 경계를 이루는 부분으로 초본지대, 관목지대, 교목지대로 구분되며 숲의 경계효과가 크고, 이용자의 가시지역(可視地域)으로 갱신, 식재조림, 무육시 특별한 주의를 요하며 활엽수와 관목류를 조화있게 조성

② 내부 임연부 : 수로, 조망로, 놀이터, 휴식터 등의 경계지역

3) 휴양림의 생태적 관리

① 노령림, 장령림, 유령림, 치수림, 나지가 집중되지 않고 변화 있게 배치되고, 군상, 열상, 소군상 등의 다양한 형태의 혼효림을 조성

② 보잔목이나 모수(母樹)그룹 등의 대경목(大徑木) 그룹이 많이 있게 하고, 윤벌기를 길게 함.

2. 휴양정보 제공 및 환경해설

1) 휴양정보 제공

① 휴양정보는 접근의 용이성, 자연성의 우수정도, 휴양시설물의 존재유무, 휴양방해요소의 존재유무 등을 제공하게 함.

② 휴양활동은 제한된 정보를 동해서 형성된 이미지와 이용자의 욕구가 결합하여 이용자에게 축적되는 정보량과 교양에도 좌우될 수 있지만, 휴양자원이 지니고 있는 자연, 역사, 문화, 민속 등의 배경과 어우러져 휴양자원의 공간구성에 활용되어야 함.

③ 휴양자원의 성격, 주변과의 관련성을 연계하여 자원의 지속적인 활용이 유도되어야 함.

④ 휴양지역의 구조, 주변 교통망의 변화, 주변자원과의 연계성 등을 고려하여 휴양수요의 동향을 밝혀야 함.

⑤ 휴양자원의 이용 및 자원훼손의 최소화를 위한 자연학습장의 설치 등을 부각시켜 휴양경험의 증진을 도모

⑥ 휴양자원의 보존 및 이용자 만족과 안전을 위한 휴양기회를 제공

2) 환경해설 ☆☆

① 개요

㉮ 환경해설은 휴양자원과 관련된 이용자의 교육직 욕구를 충족시켜 관련 지식의 이해와 습득을 돕는 서비스 활동

㉯ 환경해설제도는 1916년 미국에 국립공원국이 설치되고 그 중요 업무로 도입되어, 1919년부터는 미국 국립공원협회의 주요한 업무가 되었으며, 일본은 산림 인스트럭터(산림해설자)라는 자격제도까지 구비하고 있음.

핵심 PLUS

▪ 임연부(林緣部, forest edge)
숲의 가장자리는 다양한 수종, 단풍, 꽃, 식용 열매 등으로 이루어지며, 곤충과 야생동물의 먹이와 서식장소를 제공하는 등 휴양기능을 증진시킴

▪ 환경해설이란?
① F. Tilden(1974): 환경해설은 단순한 사실적 정보의 제공보다는 실제 대상을 보여주고, 직접 체험이나 적절한 매체를 통하여 현상에 내재된 의미와 관련성을 나타내 보이려고 하는 교육적 활동이라 하고, 보전 분야에 헌신한 작가로 국립공원의 상징성을 강조함.
② E. Mills(1870~1922): "환경해설"이라는 용어를 등장시켜 현대적인 환경해설의 기초를 확립하고 적용 원리 지침, 기술적 발전에 노력함.

CHAPTER 10 자연휴양림

핵심 PLUS

■ 환경해설 기본원칙 ☆
① 이용자의 개성과 배경에 연계하여 이루어져야 한다.
② 정보제공에 국한하지 않고 흥미와 자극을 주어야 한다.
③ 부분해설이 아니다 전체적인 해설이 되어야 한다.
④ 주제와 관계없이 많은 기술의 활용이 포함되어야 한다.
⑤ 어린이를 대상으로 할 때에는 어린이 특유의 철학으로 접근해야 한다.

■ 휴게마케팅
휴양자원의 서비스 시스템은 대부분 국가 · 지방자치단체 및 공공기관에서 운영 · 관리하고 있으며, 문화서비스업에 속하는 휴양부문은 상업적 서비스의 관리 운영 측면에서 낮은 경쟁력을 보이고 있는데, 이는 휴양 제공의 목적이 비영리적인 공익성에 따르기 때문이다.

■ 휴양서비스의 특성
① 무형성 : 형태가 없음
② 동시성(비분리성) : 서비스가 제공되는 동시에 고객에 의해 소비됨.

㉰ 숲해설가 : 국민이 산림문화 · 휴양에 관한 활동을 통하여 산림에 대한 지식을 습득하고 올바른 가치관을 가질 수 있도록 해설하거나 지도 · 교육하는 사람

② 환경해설의 목표
㉠ 장소와의 연계성 : 적정한 이용의 제고로 흥미와 이해를 증진하고, 장소 보전에 대한 당위성을 도모
㉡ 관계기관과의 연계성 : 기관의 이미지를 제고하고, 규제 · 제한 등의 관리부분에서 대중참여를 장려함.
㉢ 이용자와의 연계성 : 이용자와의 교류를 통해 반응을 직접 감지할 수 있고, 자연 문화 환경의 이해와 인식제고 및 일상생활에 통찰력 가미와 격려를 줄 수 있음.

③ 환경해설의 방법
㉠ 안내자 해설 : 이용자를 대상으로 안내인이 직접 현장에서 대화를 나눌 수 있고, 일정한 프로그램으로 환경해설을 수행하는 방식
㉡ 자기 안내 해설 : 안내자 없이 이용자 스스로 해설을 위한 매체(인터넷, 안내판, 유인물, 영상 및 자동응답기기 등)를 활용하여 내용을 터득할 수 있도록 시설을 제공하는 방식

7 휴양마케팅

1) 휴양 마케팅의 필요성

① 휴양 마케팅은 이용자에게 자연과 접할 수 있는 기회와 정서함양과 휴식 및 교육의 기회를 제공하는 것으로, 이용자의 욕구를 충족시킬 수 있는 서비스를 개발하고 이용료의 산정, 홍보를 통한 판매의 촉진, 상품과 서비스의 효율적 분배 등을 포함한 마케팅 활동이 이루어져야 한다.

② 마케팅은 이용자가 어떠한 상품이나 서비스를 원하는가를 파악하고 이용자의 요구나 욕구를 수집하여 이를 충족시킬 수 있는 상품을 생산하는 일련의 활동이므로, 휴양 마케팅은 이용자의 요구나 욕구에 부응하는 프로그램을 개발을 개발하고, 지속적인 모니터링을 통하여 휴양기회를 제공해야 할 필요성이 높다.

③ 이질성 : 서비스의 생산과 인도과정에 가변요소가 많음.

④ 소멸성 : 서비스는 재고로 보관할 수 없고, 서비스생산에 재고와 저장이 불가능하므로 서비스는 소멸됨.

2) 휴양 마케팅의 구성요소

핵심 PLUS

▪ 휴양 마케팅의 구성요소(4P)
상품(product), 가격(price),
유통(place), 촉진(promotion)

상품	• 이용자의 욕구를 충족시킬 직접적인 산물인 휴양의 기회로서. 시장 조사를 통해 이용자가 원하는 제품을 제공 • 차별화전략, 포장, 상표, 디자인, 서비스 등
가격	• 이용자가 부담하는 입장료·이용료 등의 직접가격과 여행비용, 장비구입비 등의 간접가격을 포함한 화폐적 가격과 휴양활동에 소요되는 시간과 노력·계획 등 비화폐적 가격이 포함. • 심리적 가격전략. 고가전략. 저가전략 등
유통	• 제품을 누가. 언제. 어떻게 이용하느냐와 관련된 것으로 장소의 선택. 소요 시간 등은 가장 편리하게 제공되어져야 한다는 측면을 고려하여야 함. • 유통경로 선택, 유통계획 수립 등
촉진	• 이용자들에게 제품의 성능 및 가격. 판매장소를 알리는 정보를 전달하여 판매를 촉진하는 활동 • 인터넷, 방송·언론을 통한 영상화나 기사화, 광고, 홍보, 전시, 시식회, 대면접촉, 특별판매촉진의 방법을 이용하며, 이 중에서 대면접촉은 판매효과가 느림.

3) 기업의 입장(4P), 고객의 입장(4C)

마케터 관점(4P)		고객 관점(4C)
상품(product)	↔	고객가치(Customer value)
가격(price)	↔	고객측 비용(Cost to the Customer)
유통(place)	↔	편리성 (Convenience)
촉진(promotion)	↔	의사소통 (Communication)

■■■ 10. 자연휴양림

1. 다음 중 산림휴양자원의 3가지 유형에 해당하는 것은?

① 고밀도 휴양형, 중간형, 저밀도 휴양형
② 자연환경형, 중간형, 이용자중심형
③ 이용자중심형, 중간형, 자원중심형
④ 야생형, 중간형, 도시형

해설 **1**
산림휴양자원은 자원중심형, 이용자중심형, 중간형으로 구분한다.

2. 다음 중 이용자중심형 자연휴양자원의 유형은?

① 자연휴양림   ② 도시의 공원
③ 도립공원   ④ 국립공원

해설 **2**
①, ④ 자원중심형 ② 이용자중심형, ③중간형

3. 산림휴양자원의 정의를 포괄적으로 대변하는 것은?

① 산림문화 · 휴양에 관한 법률에 명시된 자연휴양림을 말한다.
② 국립공원 등 자연공원을 말한다.
③ 시민의 휴식처인 도시림을 말한다.
④ 이용자 욕구를 만족시킬 휴양기회를 제공하는 자연적, 인공적 산림 환경요소를 말한다.

해설 **3**
산림휴양자원이란 산림의 보전적 효용 및 산림의 경제적 가치를 향상시키면서 생산적 기능을 중시하며 국민의 보건휴양 및 자연풍경조성과 지역주민의 소득향상에 활용되는 산림자원을 의미한다.

4. 다음은 휴양림의 입지 유형에 따른 분류이다. 해당되지 않는 것은?

① 도시근교형   ② 산간오지형
③ 해안형   ④ 도시 · 산간 중간형

해설 **4**
③은 자원특성에 따른 휴양림의 분류이다.

정답 1. ③ 2. ② 3. ④ 4. ③

5. 야외휴양의 구분 중 그 설명이 옳지 않은 것은?

① 자원중심형 휴양은 자연자원을 배경으로 이루어진다.
② 이용자중심형 휴양은 개발된 환경에서 이루어진다.
③ 자원중심형 휴양은 원시형, 도시형, 중간형으로 세분된다.
④ 이용자중심형 휴양은 자연휴양림, 도립공원 등의 유형을 포함한다.

6. 자연휴양림의 자원특성에 따른 유형이 아닌 것은?

① 산간 오지형　　　　② 내륙 수변형
③ 산악 산림형　　　　④ 역사 문화형

7. 자연휴양림의 기능이 아닌 것은?

① 소득향상　　　　② 보건휴양
③ 자연교육　　　　④ 국토보전

8. 휴양림의 입지조건은 임상이 양호하고 경관이 우수한 지역을 전제로 휴양적 가치를 지닌 곳이라면 적지라고 할 수 있다. 실제 자연휴양림 적지선정은 수요측면과 공급측면에서 기준설정이 가능한데, 다음 중 수요측면이 아닌 것은?

① 국민이 쉽게 이용할 수 있는 지역에 위치한 산림
② 배후 도시상황·거주인구·기존시설 등의 사회경제적 레크리에이션 수요에 대응되는 곳
③ 해당 산림의 자연휴양림적 이용과 목재생산과의 합리적 조정을 도모할 수 있는 곳
④ 해당 산림 상태와 각종 시설과의 조화를 도모하면서 풍치적 사업을 하여 자연휴양적 이용이 기능한 지역

9. 자연공원과 비교할 때 자연휴양림만이 가지는 특성은?

① 보건휴양　　　　② 정서함양
③ 산림교육　　　　④ 임업생산

해설 **5**
이용자중심형 휴양은 일상적 도시생활에 따른 여가활동이 가능한 곳으로 인공시설의 설치가 필요하다.

해설 **6**
산악형·내륙수변형·해안형·문화재중심형은 자원특성에 따른 유형, 산간오지형은 지역적 입지에 따른 휴양림의 분류이다.

해설 **7**
자연휴양림은 국민의 보건휴양, 정서함양, 자연교육, 산림소유자의 소득을 향상시키기 위해 조성 및 관리되는 산림이다.

해설 **8**
④의 산림 등은 공급측면의 입지조건이다.

해설 **9**
자연공원은 자연생태계나 자연 및 문화경관을 대표할 만한 지역으로 선정되며, 자연휴양림은 특산물의 개발 및 이용이 가능하다.

정답
5. ④　6. ①　7. ④　8. ④
9. ④

CHAPTER 10 자연휴양림

10. 다음 중 자연휴양림의 지정권자는?

① 농림축산식품부장관   ② 산림청장
③ 지방자치단체장   ④ 지방산림청장

11. 자연휴양림 지정 신청 시의 첨부서류가 아닌 것은?

① 지번 · 지목 · 지적 · 소유자별 토지조서
② 산림의 소유권 또는 사용. 수익권을 증명할 수 있는 서류
③ 자연휴양림 예정지의 위치도 및 구역도
④ 산림경영계획서

12. 자연휴양림의 지정목적이 아닌 것은?

① 자연생태계의 보전   ② 산림소유자의 소득증대
③ 자연학습교육   ④ 국민의 보건휴양 및 정서함양

13. 산림문화 · 휴양기본계획은 몇 년마다 수립 · 시행하여야 하는가?

① 5년   ② 10년
③ 15년   ④ 20년

14. 다음 중 산림교육의 활성화에 따른 법률에서 정의하는 산림교육전문가로 볼 수 없는 자는?

① 숲해설가   ② 숲사랑지도원
③ 유아숲지도사   ④ 숲길체험지도사

해   설

해설 10
자연휴양림은 산림청장이 지정, 지정 해제 및 변경, 설치 승인 취소권한을 가진다.

해설 11
산림경영계획서는 자연휴양림의 조성 및 변경 시 자연휴양림조성계획(변경) 승인신청서에 첨부해야 할 서류이다.

해설 12
자연휴양림은 국민이 쉽게 이용 할 수 있는 지역에 위치한 산림이다.

해설 13
산림청장은 관계 중앙행정기관의장과 협의하여 전국의 산림을 대상으로 산림문화 · 휴양기본계획을 5년마다 수립 · 시행하여야 한다.

해설 14
산림교육전문가는 산림교육전문가 양성기관에서 산림교육 전문과정을 이수한 사람으로서 숲해설가, 유아숲지도사, 숲길 체험지도사에 해당하는 사람을 말한다.

정답 10. ②   11. ④   12. ①   13. ①
14. ②

15. 산림청장이 산림교육을 활성화하기 위해 수립·시행해야 할 산림교육종합계획에 포함되어야 할 사항으로 거리가 먼 것은?

① 산림교육전문가의 체계적 육성 및 지원 방안
② 산림교육자료의 개발 및 보급
③ 산림문화·휴양정보망의 구축·운영에 관한 사항
④ 산림교육의 활성화를 위한 재원조달 방안

16. 다음 중 숲길등산지도사가 2명 이상 배치되어야 하는 시설은?

① 숲길 ② 자연휴양림
③ 산림욕장 ④ 자연공원(국립공원 제외)

17. 다음 중 유형산림문화자산으로 보기 어려운 것은?

① 토지 ② 숲
③ 민간신앙 ④ 목재제품

18. 사유 자연휴양림의 구역면적 기준 규모로 가장 적당한 것은?

① 20만m² 이상 ② 30만m² 이상
③ 50만m² 이상 ④ 100만m² 이상

19. 자연휴양림 지정 타당성평가 세부기준에 포함되지 않는 것은?

① 친환경농산물판매장 ② 경관
③ 수계 ④ 개발여건

해 설

해설 **15**
산림청장은 산림교육을 활성화하기 위하여 산림교육의 기본목표와 추진방향, 산림교육전문가의 체계적 육성 및 지원 방안, 산림교육의 활성화를 위한 기반의 구축 방안, 산림교육자료의 개발 및 보급, 산림교육에 대한 실태조사 및 평가에 관한 사항, 산림교육의 활성화를 위한 재원조달 방안 등이 포함된 산림교육종합계획을 5년마다 수립·시행하여야 한다.

해설 **16**
숲길체험지도사는 숲길에 2명 이상, 자연휴양림·산림욕장·자연공원(국립공원 제외)에 1명 이상 배치되어야 한다.

해설 **17**
• 무형산림문화자산 : 전설·전통의식·민요·민간신앙·민속·기술 등 형체를 갖추지 아니한 것으로서 예술적·역사적·학술적으로 보존가치가 높은 산림문화자산
• 유형산림문화자산 : 토지·숲·나무·건축물·목재제품·기록물 등 형체를 갖춘 것으로서 생태적·경관적·예술적·역사적·정서적·학술적으로 보존가치가 높은 산림문화자산

해설 **18**
국가 및 지방자치단체가 조성하는 경우에는 30만m² 이상, 그 외의 자가 조성하는 경우에는 20만m² 이상의 산림이어야 한다.

해설 **19**
경관, 위치, 수계, 휴양유발, 개발여건의 5개 조사인자가 있다.

정답 15. ③ 16. ① 17. ③ 18. ①
19. ①

PART 01. 임업경영학 핵심이론 **229**

CHAPTER 10 자연휴양림

20. 산촌 휴양지의 타당성평가를 위한 입지조건 중 사회적 조건은?

① 지형지질   ② 도로교통

③ 식생   ④ 경관

21. 자연휴양림 지정 타당성평가 세부기준에서 시설가능 면적의 기준 경사는?

① 7° 이하   ② 15° 이하

③ 20° 이하   ④ 30° 이하

22. 자연휴양림 지정 타당성평가 세부기준에서 접근시간의 기준은?

① 0.5시간   ② 1시간

③ 2시간   ④ 3시간

23. 인구가 200만명인 인접도시에서 휴양림까지 걸리는 시간이 2시간일 경우 거리지수는?

① 2   ② 4

③ 8   ④ 16

24. 산림청에서 제시한 자연휴양림 지정 타당성평가 세부기준에서 가장 점수가 높은 것은?

① 표고차 200m 미만   ② 표고차 300m 미만

③ 표고차 400m 미만   ④ 표고차 400m 이상

해 설

해설 20

도로교통은 위치에 관한 조사인자에 해당된다.

해설 21

시설가능면적은 경사 15° 이하이다.

해설 22

거리지수 = 접근시간(0.5시간 단위) × 도시지수

해설 23

거리지수 = 접근시간(0.5시간 단위) × 도시지수(300만명 이상 : 1, 100만~300만명 미만 : 2, 10만~100만명 미만 : 3, 10만명 미만 : 4) 의 식을 이용한다. 접근시간은 2시간이므로 0.5시간 단위로 계산하면 4가 되고, 인구가 200만명이므로 도시지수는 2이다. 따라서 구하고자 하는 거리지수 = 4 × 2 = 8이 된다.

해설 24

표고차 100m 미만은 1점, ①은 2점, ②은 3점, ③은 4점, ④은 5점이다.

정답 20. ②   21. ②   22. ①   23. ③   24. ④

25. 휴양림 조성 시에 비포장도로와의 거리가 어느 정도일 때 가장 타당성평가 기준 점수가 높은가?

① 4 km
② 6 km
③ 8 km
④ 10 km

26. 휴양림에 적용되는 휴양기회에 포함되지 않는 것은?

① 산책
② 자연학습
③ 수렵
④ 특산물 구입

27. 휴양림의 타당성평가에서 수계는 주류장의 어느 지점에서 평가하는가?

① 1/2
② 1/4
③ 1/5
④ 1/3

28. 자연휴양림 지정 타당성평가에서 평가점수의 합이 총점 대비 몇 % 이상인 경우에 지정 또는 조성 대상에 포함되는가?

① 80% 이상
② 66.6% 이상
③ 50% 이상
④ 33.3% 이상

29. 자연휴양림 지정 타당성평가에서 휴양유발 인자에 포함되지 않는 사항은?

① 휴양기회의 다양성
② 역사·문화적 유산
③ 주차장 확보
④ 특산물의 유무

30. 휴양림을 지정, 해제 및 변경할 때 고시하지 않아도 되는 것은?

① 휴양림의 명칭
② 휴양림의 위치
③ 소유자별 지번, 면적
④ 접근 안내도

해설 **25**
25km 이상 : 1점, 24km 내 : 2점, 16km 내 : 3점, 8km 내 : 4점, 4km 내 : 5점

해설 **26**
휴양기회는 산책, 휴식, 야영 자연학습, 등산, 놀이, 낚시, 수렵, 계곡수욕, 승마 등이다.

해설 **27**
수계는 주류장(主流長 : 주된 계곡의 길이)의 1/3 지점에서 평가한다.

해설 **28**
타당성 평가점수의 합이 총점대비 66.6% (2/3) 이상인 경우에 한하여 지정 또는 조성 대상에 포함된다.

해설 **29**
주차장확보, 시설 가능 면적, 토지이용 제한요인 등은 개발여건 인자에 포함된다.

해설 **30**
산림청장은 자연휴양림의 지정을 해제하거나 지정된 구역의 일부를 변경한 때에는 자연휴양림의 명칭·위치·지번·지목·면적 등 필요한 사항을 고시하여야 한다.

정답 25. ① 26. ④ 27. ④ 28. ②
29. ③ 30. ④

CHAPTER 10 자연휴양림

31. 다음 중 자연휴양림 조성계획에 포함되지 않는 것은?

① 시설물의 종류·규모가 표시된 시설계획
② 산림경영계획
③ 시설물종합배치도
④ 환경영향평가보고서

해설 **31**
자연휴양림 조성계획에는 ①②③ 외에 조성기간 및 연도별 투자계획, 자연휴양림의 관리 및 운영방법 등이 필요하다.

32. 휴양림 시설물종합배치도의 축척은 얼마인가?

① 1 : 1,200
② 1 : 9,000
③ 1 : 10,000
④ 1 : 25,000

해설 **32**
시설물종합배치도는 1 : 6,000 내지 1 : 1,200 임야도가 필요하다.

33. 자연휴양림 지정 타당성평가 세부기준에서 경관의 항목에 포함되지 않는 것은?

① 관망지점 유무
② 불쾌인자
③ 개발여건
④ 독특성

해설 **33**
개발여건은 경관항목에 포함되지 않는다.

34. 자연휴양림 지정 타당성평가 방식이 잘못 설명된 것은?

① 평가항목에 대한 타당성평가는 제출서류를 근거로 내부 회의에서 실시한다.
② 현장조사 시 「타당성평가 조사서」의 항목별 세부기준 해당란에 "○"로 표기한다.
③ 산림청장 또는 시·도지사는 타당성 평가를 대통령령으로 정하는 기관 또는 단체에 위탁하여 실시할 수 있다.
④ 평가점수의 합이 총점 대비 66.6%(2/3) 이상인 경우에 한하여 지정 또는 조성 대상에 포함한다.

해설 **34**
평가항목에 대한 타당성평가는 반드시 현장에서 실시하되, 시·도 또는 관계 분야 전문가와 합동으로 실시한다.

35. 시·도지사가 자연휴양림조성계획의 승인을 취소한 경우 누구에게 통보하여야 하는가?

① 농림축산식품부장관
② 국립산림과학원장
③ 산림청장
④ 환경부장관

해설 **35**
자연휴양림조성 승인의 취소시 시·도지사가 자연휴양림조성계획의 승인을 취소한 때에는 산림청장에게 통보하여야 한다.

정답 31. ④ 32. ① 33. ③ 34. ①
35. ③

36. 휴양시설의 기능에 해당하지 않는 것은?

① 이용훼손으로부터 휴양자원을 보호한다.
② 휴양자원의 관리와 유지에 필요하다.
③ 이용객의 필요를 충족시킨다.
④ 휴양 이용자의 이미지를 제고한다.

37. 자연휴양림의 휴식년제에 대해 잘못 설명한 것은?

① 휴식년제란 자연휴양림의 보호 및 이용자의 안전 등을 위하여 국유 또는 공유 자연휴양림의 전부 또는 일부 구역에 대하여 일정 기간 동안 일반인의 출입을 제한하거나 금지하는 것을 말한다.
② 사유 자연휴양림의 경우에는 그 소유자가 임의대로 휴식년제를 실시할 수 있다.
③ 휴식년제를 실시하는 자연휴양림에 출입하고자 하는 자는 산림청장 또는 지방 자치단체의 장의 허가를 받아야 한다.
④ 산림청장 또는 지방자치단체의 장이 휴식년제를 실시하는 경우에는 그 내용을 고시하여야 한다.

38. 자연휴양림의 휴양시설 기준 중 틀린 것은?

① 자연관찰원은 다양한 수종을 관찰할 수 있도록 할 것
② 산책로와 자연탐방로의 노폭은 3m 내외로 할 것
③ 임업체험시설은 경사가 완만한 지역에 설치할 것
④ 위생시설은 산림오염이 발생되지 않도록 할 것

39. 다음 자연휴양림시설의 종류가 아닌 것은?

① 편익시설
② 위생시설
③ 사행오락시설
④ 체험·교육시설

해   설

해설 **36**
자연휴양림 시설을 설치하는 목적은 산림자원 및 자연자원이 가지고 있는 보건휴양가치를 증진시키고 고유한 특성을 보호·보전하기 위한 것이다.

해설 **37**
자연휴양림 휴식년제는 국유 또는 공유 외의 자연휴양림의 경우에는 그 소유자의 신청에 따라 시장·군수·구청장의 허가를 받아야 한다.

해설 **38**
산책로, 탐방로, 등산로, 등 숲길은 폭을 1.5m 내외로 하되, 접근성·안전성·산림에의 영향 등을 고려하여 산지의 형질변경을 최소화한다.

해설 **39**
자연휴양림의 기본시설에는 ①, ②, ④외 체육시설, 전기·통신시설, 안전시설 등이 있다.

해   설

40. 자연휴양림시설의 종류에 속하지 않는 것은?

① 오토캠핑장 · 야영장 등의 편익시설
② 농구장, 오락장(game room) 등의 위락시설
③ 취사장, 오물처리장 등의 위생시설
④ 자연관찰원, 숲속교실 등의 체험 · 교육시설

[해설] **40**
위락시설은 자연휴양림시설의 종류에 속하지 않는다.

41. 자연휴양림시설 중 체험 · 교육시설은?

① 산림욕장   ② 민속씨름장
③ 자연관찰원   ④ 안내판

[해설] **41**
자연휴양림의 체험 · 교육 시설에는 산책로 · 탐방로 · 등산로 · 자연관찰원 · 전시관 · 천문대 · 목공예실 · 생태공예실 · 산림공원 · 숲속교실 · 숲속수련장 · 산림박물관 · 교육자료관 · 곤충원 · 동물원 · 식물원 · 세미나실 · 산림작업 체험장 · 임업체험시설 등이 있다,

42. 다음 중 자연휴양림 내 체육시설은?

① 민속씨름장   ② 산책로
③ 산림욕장   ④ 자연관찰원

[해설] **42**
체육시설에는 철봉 · 평행봉 그네 · 족구장 · 민속씨름장 · 배드민턴장 · 게이트볼장 · 썰매장 테니스장 · 어린이놀이터 · 물놀이장 · 산악승마시설 · 운동장 · 다목적잔디구장 · 암벽등반시설 등이 있다.

43. 휴양림 안에 설치할 수 있는 대피소나 방문자안내소는 어떠한 시설의 종류에 속한다고 할 수 있는가?

① 위생시설   ② 편익시설
③ 임업체험시설   ④ 교육시설

[해설] **43**
임도 · 야영장(야영데크 포함) · 오토캠핑장 · 야외탁자 · 데크로드 · 전망대 · 야외쉼터 · 야외공연장 · 대피소 · 주차장 · 방문자안내소 · 임산물판매장 및 매점과 「식품위생법」에 따른 휴게음식점 및 일반 음식점 등은 편익시설이다.

44. 다음 중 자연휴양림 내 위생시설은?

① 공중전화   ② 취사장
③ 물놀이장   ④ 야외탁자

[해설] **44**
위생시설에는 취사장, 오물처리장, 화장실, 음수대, 오수정화시설, 샤워장 등이 있다.

정답 40. ② 41. ③ 42. ① 43. ②
44. ②

45. 다음 자연휴양림의 일반적인 조성방침으로 틀린 것은?

① 산림의 다목적 경영의 일환으로 조성한다.
② 산림자원 중심의 감상, 체험, 탐방을 위한 자연친화적 공간을 조성한다.
③ 휴양림 내 휴게음식점, 산악체육시설 등을 설치할 수 없다.
④ 휴양시설은 자연과 조화 있게 설치하고 산림훼손을 최소화한다.

해설 **45**
자연휴양림 내에는 산악체육시설과 휴게음식점 등의 기타 편익시설을 설치할 수 있다.

46. 치유의 숲 조성 및 설치 시설의 규모에 관해 잘못 설명한 것은?

① 국가 및 지방자치단체가 치유의 숲을 조성할 경우 50만m² 이상인 산림에 조성한다.
② 치유의 숲 시설의 설치에 따른 산림형질변경 면적(임도·순환로·산책로·숲체험코스 및 등산로의 면적은 제외)은 치유의 숲 전체면적의 10% 이하가 되도록 한다.
③ 건축물의 층수는 2층 이하가 되도록 한다.
④ 치유의 숲 시설 중 건축물이 차지하는 총 바닥면적은 치유의 숲 전체면적의 5% 이하가 되도록 한다.

해설 **46**
치유의 숲 시설 중 건축물이 차지하는 총 바닥면적은 치유의 숲 전체면적의 2% 이하가 되도록 한다.

47. 자연휴양림시설의 설치에 따른 산림의 형질변경 면적은 얼마 이하가 되어야 하는가?

① 5만m² ② 10만m²
③ 15만m² ④ 20만m²

해설 **47**
자연휴양림시설의 설치에 따른 산림의 형질변경 면적(임도·순환로·산책로·숲체험코스 및 등산로의 면적을 제외한다)은 10만m² 이하가 되도록 한다.

48. 자연휴양림 내 건축시설의 기준으로 잘못된 것은?

① 건축물의 층수는 3층 이하가 되도록 한다.
② 건축물의 연면적은 200m² 이하로 할 것. 다만, 「식품위생법」에 따른 휴게음식점 또는 일반음식점의 연면적은 900m² 이하로 하여야 한다.
③ 자연휴양림시설 중 건축물이 차지하는 총 바닥면적은 1만m² 이하가 되도록 한다.
④ 숲속수련장은 강의실·숙박시설·광장 등을 갖추어야 한다.

해설 **48**
개별 건축물의 연면적은 900m² 이하로 할 것. 다만, 「식품위생법」에 따른 휴게음식점 또는 일반음식점의 연면적은 200m² 이하로 하여야한다.

CHAPTER 10
자연휴양림

정답 45. ③ 46. ④ 47. ② 48. ②

49. 휴양시설의 기준으로 옳은 것은?

① 자연휴양림에 사용하는 통나무는 품질이 좋은 캐나다나 미국산을 수입하여 사용한다.
② 휴양시설 설치에 따라 형질변경되는 산림면적은 10만m² 이하가 되도록 한다.
③ 휴양시설 설치에 따라 형질변경(形質變更)되는 산림면적에는 순환로도 포함된다.
④ 시설용 자재는 조성하기에 편리한 재료면 된다.

50. 자연휴양림의 관리운영에 관한 설명 중 틀린 것은?

① 자연휴양림은 휴양림의 소유자만이 운영·관리할 수 있다.
② 자연휴양림은 위탁관리될 수 있다.
③ 자연휴양림은 산불위험기간 등에 이용자의 입장을 금지할 수 있다.
④ 관리운영자는 이용자의 편의도모, 이용안내 및 안전관리에 유의해야 한다.

51. 자연휴양림 관리의 궁극적인 목표는?

① 휴양객에게 양질의 휴양 경험 서비스 제공
② 각종시설의 최고상태 유지
③ 울창한 산림 조성과 목재 생산량 확보
④ 최대의 경제적 수익

52. 자연휴양림 관리 운영자의 고유 관리 책무와 거리가 먼 것은?

① 산불예방 및 진화　　　② 각종 자연 관련 행사 개최
③ 환경오염 방지 및 산지 정화　　④ 휴양림내 동식물 표본 제작

해　　설

해설 **49**
휴양시설 설치에 따라 형질변경되는 산림면적에서 임도·순환로·산책로·숲체험코스 및 등산로의 면적은 제외된다.

해설 **50**
자연휴양림은 조성자가 관리·운영함을 원칙으로 하나 산림문화·휴양에 관한 법률에 의하여 위탁을 승인 받은 경우에는 위탁을 받은 자를 관리·운영자로 본다.

해설 **51**
다양한 휴양기능을 발휘할 수 있는 종다양성이 풍부하고 특색 있는 산림을 유지하는 것이다.

해설 **52**
자연휴양림 관리·운영자의 유의사항으로는 ①, ②, ③ 외에 이용자의 편익도모, 휴양림 내 동·식물 보호, 시설물의 훼손방지 등이 있다.

정답 **49.** ②　**50.** ①　**51.** ①　**52.** ④

53. 자연휴양림 내의 산림경영에 대한 설명 중 가장 거리가 먼 것은?

① 경관 수종, 지역특색 수종으로 선정한다.
② 열식간벌 등 기계적 솎아베기를 한다.
③ 방문객이 적은 시기에 작업한다.
④ 살충제 및 화학비료의 대량 사용을 금지한다.

54. 휴양림의 조성 또는 관리 · 운영을 위탁받을 수 있는 기관이 아닌 것은?

① 산림조합중앙회
② 지방공사 및 지방공단
③ 시 · 도지사
④ 독림가 · 임업후계자 · 산림기술자 또는 산림분야의 공무원이었던 자로서 실무경험이 각각 15년 이상인 자 5인 이상으로 구성된 단체

55. 이용객 관리에 있어서 이용객 제한의 방법에 속하지 않는 것은?

① 산장 등의 사전예약제
② 높은 입장료의 부과
③ 등산로의 휴식년제
④ 승용차 이용의 억제

56. 휴양림 관리에 있어서 이용객의 행위를 규제하는 데 초점을 맞춘 것을 직접관리라고 한다. 다음 중 직접관리의 예에 해당되지 않는 것은?

① 지정된 야영장의 할당
② 입장료 및 사용료의 부과
③ 구역별 이용규제
④ 시간대별 이용규제

해　설

[해설] 53
열식간벌 등 기계적 솎아베기는 금지하고 가급적 약도의 솎아베기를 한다.

[해설] 54
위탁기간은 3년부터 5년까지의 기간으로 하되, 산림청장 또는 지방자치단체의 장이 필요하다고 인정하는 경우에는 2년부터 5년까지의 범위에서 그 위탁기간을 연장할 수 있다.

[해설] 55
이용객 제한의 방법에는 직접적인 관리방법과 간접적인 관리방법이 있다.

[해설] 56
②는 간접관리에 해당한다.

[정답] 53. ② 54. ③ 55. ④ 56. ②

57. 이용자 관리에 있어서 직접적 관리에 대한 설명이 맞지 않는 것은?

① 직접적 관리는 그 지역 내에서 누릴 수 있는 이용객 선택의 자유를 제한한다.

② 직접적 관리는 효과가 가시적이지만 이용객의 선택의 자유를 제한하므로 신중히 고려한 후 선택해야 한다.

③ 직접적 관리는 자원의 지속과 다른 이용객의 휴양경험을 보호하기 위해 대체로 수긍되고 있다.

④ 직접적 관리는 최소한의 통제만으로 이용객의 행위에 영향을 주는데 초점을 맞추고 있으며, 교육서비스 또는 기회의 제공을 통해 관리대안을 시행한다.

58. 이용객의 행위에 영향을 미치게 하기 위한 관리방법 중 간접적인 관리방법에 해당하는 내용은?

① 과태료의 부과　　　　　② 한 지역내의 이용시간 제한
③ 차등 입장료의 적용　　　④ 등산로의 안식년제

59. 이용객에 대한 일반적인 관리 대응방법으로 알맞지 않은 것은?

① 야영행위에 있어서의 오염과 소음을 야기시키는 부주의한 행동에 대해서는 설득과 교육, 규칙의 적용으로 대응한다.

② 야생 동·식물 절취 등의 불법적인 행동에 대해서는 설득과 교육, 규칙의 적용으로 대응한다.

③ 정보부재에 의한 한 지역의 집중 이용에 대해서는 교육 및 정보를 제공한다.

④ 조심스러운 이용에도 발생하는 훼손은 다른 지역으로 이용을 유도하거나 이용자 수를 제한한다.

60. 휴양수요를 발생시키는 가장 근본적인 요건은?

① 요구　　　　　　　　　② 욕구
③ 유효수요　　　　　　　④ 잠재수요

해　　설

[해설] **57**

직접적 관리는 이용자의 행동을 규제하고 이용자 스스로의 행동은 제한을 받으며, 벌금·과태료 등 직접적 방법으로 행동에 영향을 주는 것이다.

[해설] **58**

산책로·야영장의 정비. 주변 휴양시설의 연계개발. 지역별·계절별 차등 입장료 적용 등은 선택의 자유를 보장하고, 통제성이 적은 간접관리방법에 해당된다.

[해설] **59**

시설과 기물의 파손. 야생 동·식물의 포획 및 절취 등의 불법 행동은 법규에 따라 응징하나 무지나 미숙련에 의한 행동은 상황을 판단하여 대응한다.

[해설] **60**

휴양수요의 발생에 근본적인 요건은 소비자의 욕망 또는 욕구로서, 휴양에 참여할 희망자의 수, 휴양자원을 이용하는 휴양객의 수를 나타낸다.

정답 57. ④　58. ③　59. ②　60. ②

61. 휴양에 대한 요구를 나타내는 수요는?

① 실제수요　　　　　　　② 현재수요
③ 잠재수요　　　　　　　④ 예측수요

62. 이용자 수요 추정시 사용되는 피크용량(peak capacity)에 대한 설명으로 맞는 것은?

① 이용객이 최대의 휴식을 갖는 시간
② 한 시점에서의 최대 이용자수
③ 계산을 위해 단기간 동안에 발생할 수 있는 실제 피크 이용자 수의 5분의 4를 취하는 것이 일반적이다.
④ 하루 중 이용객이 가장 많이 집중하는 시간의 이용자 수

63. 야외 휴양 관리를 위한 수용력의 개념 구분에 해당되지 않는 것은?

① 생태적수용력　　　　　② 경제적수용력
③ 시설적 수용력　　　　　④ 물리적 수용력

64. 사회심리적 수용력의 영향 인자를 파악할 수 있는 요소는?

① 다른 이용객과 만나는 횟수　　② 화장실 이용객수
③ 주차장 이용객수　　　　　　　④ 특정 동식물의 관찰 개체수

65. 휴양관리에 있어 시설적 수용력에 중요시되는 영향인자가 아닌 것은?

① 주차장을 이용하는 사람 수　　② 야영장을 이용하는 사람 수
③ 방문객/관리요원의 비율　　　　④ 단위면적당 사람 수

해설 **61**
휴양에 대한 요구는 잠재수요를 말하며, 과거의 실측치를 통하여 직접 현재수요를 추정해 나가는 수요 예측 방법보다는 잠재수요를 고려한 현재수요의 추정이 수요예측의 기본적인 접근방법이다.

해설 **62**
1일수용력은 최대일 이용자보다 낮게 책정하고, 최대일률의 60~80% 정도를 피크용량으로 한다.

해설 **63**
수용력은 물리적 수용력, 시설적 수용력, 생태적 수용력, 사회심리적 수용력으로 구분할 수 있다.

해설 **64**
단위시간당 또는 특정지역 내에서 다른 이용자와의 조우 빈도(만나는 횟수)는 사회적 수용력의 영향인자이다.

해설 **65**
단위면적당 방문자 수는 밀도로 물리적 수용력의 영향인자이다.

정답 61. ③　62. ②　63. ②　64. ①
65. ④

CHAPTER 10 자연휴양림

66. 생태적 수용력의 영향지표가 아닌 것은?

① 지피식생의 피복률　　② 야생동물의 다양성
③ 타 이용자와의 조우 빈도　　④ 토양견밀도

해설 66
생태적 수용력은 생태적 가치의 감소가 나타나지 않는 한도 내에서 허용할 수 있는 최대한도의 휴양이용수준이다.

67. 임계용량에 대한 설명 중 바른 것은?

① 한 시점에서의 최대 이용자수를 말한다.
② 휴양 이용객과 지역 상주 인구수의 비율을 말한다.
③ 1인당 휴양 공간 면적 규모를 말한다.
④ 허용 가능한 시설 수용력을 말한다.

해설 67
시설적 수용력은 휴양활동의 질을 보장할 수 있는 최소공간규모를 나타내며, 인공구조물이나 시설물의 최적 공간규모를 말한다.

68. 다음 휴양지역의 속성 중 이용객의 경험에 영향을 주며, 이용객의 휴양활동을 규정하기 때문에 관리자가 가장 신경을 써야하는 속성은 어떤 것인가?

① 지역적 속성　　② 거시적 속성
③ 국지적 속성　　④ 국가적 속성

해설 68
지역에 국한된 물리적·생물적·사회적·관리적 특성이다.

69. 휴양이용에 의하여 영향을 받는 주요인자가 아닌 것은?

① 토양　　② 대기의 질
③ 야생동물　　④ 식생

해설 69
주요인자는 토양, 야생동물, 식생, 수질 등이다.

70. 휴양활동에 의하여 가장 먼저 심각하게 영향을 받는 인자는?

① 야생동물　　② 식생
③ 토양　　④ 수질

해설 70
토양의 휴양활동에 의해 가장 심각하게 영향을 받는 인자이다.

정답 66. ③　67. ④　68. ③　69. ②
70. ③

71. 휴양이용에 따른 토양답압으로 나타나는 현상이 아닌 것은?

① 토양유기물이 증가한다.
② 토양공극을 감소시킨다.
③ 토양공기와 물의 흡수를 방해한다.
④ 토양침식에 대한 잠재력이 증가한다.

72. 휴양자원과 관련된 지식을 방문객들이 이해하고 습득할 수 있도록 제공하는 교육활동
이며, 그러한 지식에는 해당지역의 지질학적인 특성, 야생 동식물, 생태, 역사와 문화,
환경보호 등이 포함될 수 있다. 이러한 서비스 프로그램을 무엇이라 하는가?

① 환경보고　　　　　　　② 환경편익
③ 환경해설　　　　　　　④ 환경관리

73. 야외휴양관리에 있어 환경해설의 역할이 아닌 것은?

① 야외휴양 제공 기관의 목표달성을 위한 중요한 도구이다.
② 환경해설은 이용객의 흥미와 이해를 높여준다.
③ 환경해설은 정보와 흥미를 전달하지만 이용객들의 행동을 변화시키지 못한다.
④ 환경해설은 휴양정책결정에 있어 대중 참여의 핵이 될 수 있다.

74. 환경해설이 지녀야 할 기본원칙에 해당하는 것은?

① 환경해설은 어린이와 어른을 구별할 필요가 없다.
② 환경해설은 호기심을 유발시키지 않도록 한다.
③ 환경해설은 전체적인 것보다 특정 문제를 다루어야 한다.
④ 환경해설은 정보나 지식을 일방적으로 전달하지 않도록 한다.

75. 휴양마케팅의 서비스 특성 중 서비스 수행에 있어서 잠재적으로 지니고 있는 변
동 가능성을 의미하는 특성은?

① 무형성(無形性)　　　　② 비분리성(非分離生)
③ 동시성(同時性)　　　　④ 이질성(異質性)

해설 **71**
휴양이용에 의해 낙엽 · 표토물질 등 토양
유기물이 유실된다.

해설 **72**
환경해설은 휴양자원과 관련된 이용자의
교육적 욕구를 충족시켜 관련 지식의 이
해와 습득을 돕는 서비스 활동이다.

해설 **73**
환경해설은 이용자의 참여와 경험확대
의 기회를 제공하고 자연환경을 보호하는
생활자세를 체득하게 한다.

해설 **74**
어린이를 대상으로 할 때에는 어린이
특유의 철학으로 접근해야 한다. 정보
제공에 국한하지 않고 흥미와 자극을
주어야 한다. 부분해설이 아니라 전체
적인 해설이 되어야 한다.

해설 **75**
서비스 특성에는 무형성, 동시성, 비분
리성, 이질성, 소멸성 등이 있다.

정답 71. ① 72. ③ 73. ③ 74. ④
75. ④

CHAPTER 10 자연휴양림

76. 휴양마케팅의 중요 요소가 아닌 것은?

① 상품　　　　　　　　② 가격

③ 장소　　　　　　　　④ 프로그램

77. 휴양서비스의 질을 높이기 위해서는 현재 제공되는 서비스에 대해 고객이 어떻게 생각하고 있는 지를 우선 알아야 한다. 서비스의 종류에 따라 또는 평가자에 따라 평가의 목적이 각기 다를 수 있지만 기본적으로 대부분의 평가가 지닌 목적으로 적당하지 않은 것은?

① 비용과 편익의 분석을 위하여

② 서비스의 제공목적과 목표가 달성되었는지를 점검하기 위하여

③ 프로그램이 참여자의 만족과 삶의 질에 어떻게 관여하는지를 알기 위하여

④ 서비스의 가치와 질의 유지만을 위하여

78. 이용자 안전관리에 있어서 위험사태가 발생하였을 경우 보일 수 있는 대처 자세가 아닌 것은?

① 회피　　　　　　　　② 손해정도

③ 전이　　　　　　　　④ 방치

79. 이용객 안전에 관한 원칙이 아닌 것은?

① 안전과 응급서비스 계획안의 계속적인 분석과 수정

② 어린이 등 안전사고의 우려가 높은 이용객이 규칙과 규율을 지키도록 할 것

③ 모든 이용객이 잠재적인 위험요소를 인식하도록 할 것

④ 위험지역을 알리는 표지판과 접근 방지물의 설치

80. 이용자의 안전을 위하여 관리자가 수행하여야 할 사항으로 옳지 않은 것은?

① 모든 이용자가 규칙과 규율을 지키도록 교육프로그램을 실시한다.

② 위험지역을 알리는 표지판과 접근 방지물을 설치한다.

③ 이용자의 안전을 위하여 이용료 및 시설사용료를 인상한다.

④ 응급상황에 대처할 수 있도록 안전교육을 실시하고 사고발생의 재발을 방지한다.

해　　설

해설 76

휴양마케팅의 중요 요소는 제품(product), 가격(price), 장소(place), 촉진(promotion)의 4p이다.

해설 77

서비스 평가의 목적은 목표의 달성도 평가, 서비스 개선과 능률화, 서비스 장애요인 발견 및 제거, 서비스의 강화, 서비스 부진 발견, 비용과 편익의 분석, 추정 등이다.

해설 78

위험 방지 대책에는 회피, 요인의 감소, 방치, 전이 등이 있다.

해설 79

모든 이용객이 규칙과 규율을 지키도록 해야 한다.

해설 80

관리자는 이용자의 안전을 위해 교육프로그램의 실시, 위험요인을 제거할 책무, 안전교육실시, 사고발생의 재발을 방지할 책무가 있다.

정답 76. ④　77. ④　78. ②　79. ②
80. ③

7개년 기출문제

학습전략

핵심이론 학습 후 핵심기출문제를 풀어봄으로써 내용 다지기와 더불어 시험에서 실전감각을 키울 수 있도록 하였고, 왜 정답인지를 문제해설을 통해 바로 확인할 수 있도록 하였습니다.

이후, 산림기사에 출제되었던 최근 7개년 기출문제를 풀어봄으로써 스스로를 진단하면서 필기합격을 위한 실전연습이 될 수 있도록 하였습니다.

1회

1회독 □ 2회독 □ 3회독 □

1. 재적조사에 대한 설명으로 옳지 않은 것은?

① 유용 수종은 수종별로 나누어 실시한다.
② 원칙적으로 모든 소반을 답사하여 표준지가 될 수 있는 지역을 정한다.
③ 산림의 실태조사 중에서 제일 중요한 작업으로서 수확을 조절하는데 절대 필요한 작업이다.
④ 법정축적법·재적평분법·조사법 등과 같이 축적과 생장량에 중점을 두고 있는 방법에서는 정확하게 할 필요가 없어 약식으로 한다.

해설 바르게 고치면
법정축적법·재적평분법·조사법 등과 같이 축적과 생장량에 중점을 두고 있는 방법에서는 재적조사를 정확하게 해야 한다.

2. 원가계산을 위한 원가비교 방법으로 옳지 않은 것은?

① 기간비교
② 상호비교
③ 수익비용비교
④ 표준실제비교

해설 원가비교방법
기간비교, 상호비교, 표준실제비교

3. 현재 축적이 1,000m³이고 생장률이 연 3%일 때 단리법에 의한 9년 후 축적은?

① 1,270m³
② 1,300m³
③ 1,344m³
④ 1,453m³

해설 원금 : V, 기간의 이율 : P, 기간 : n, 원리합계 : N
N = V(1 + nP) = 1,000{1 + (9×0.03)}
= 1,000(1.27) = 1,270m³

4. 임업이율의 성격으로 옳은 것은?

① 명목이율
② 실질이율
③ 대부이율
④ 현실이율

해설 임업이율의 성격
① 대부이자가 아니고 자본이자이다.
② 평정이율이며, 명목적이율이다.
③ 장기이율이다.

5. 임목의 연년생장량과 평균생장량간의 관계에 대한 설명으로 옳은 것은?

① 초기에는 연년생장량이 평균생장량보다 작다.
② 연년생장량이 평균생장량보다 최대점에 늦게 도달한다.
③ 평균생장량이 최대가 될 때 연년생장량과 평균생장량은 같게 된다.
④ 평균생장량이 최대점에 이르기까지는 연년생장량이 평균생장량보다 항상 작다.

해설 바르게 고치면
① 처음에는 연년생장량이 평균생장량보다 크다.
② 연년생장량은 평균생장량보다 빨리 극대점을 갖는다.
④ 평균생장량이 극대점에 이르기까지는 연년생장량이 항상 평균생장량보다 크다.

6. 형수를 사용해서 입목의 재적을 구하는 방법을 형수법이라고 하는데, 비교 원주의 직경 위치를 최하단부에 정해서 구한 형수는?

① 정형수
② 단목형수
③ 절대형수
④ 흉고형수

해설 ① 정형수 : 비교원주의 직경을 수고의 1/n(일반적으로 1/20)되는 곳의 직경과 같게 정하는 경우
② 절대형수 : 비교원주의 직경위치를 최하단부에 정함
③ 부정형수(흉고형수) : 비교원주의 직경위치를 항상 1.2m에 되는 곳에 정함

정답 1. ② 2. ① 3. ③ 4. ② 5. ① 6. ②

7. 투자비용의 현재가에 대하여 투자의 결과로 기대되는 현금 유입의 현재가 비율을 나타내는 것으로 투자효율을 결정하는 방법은?

① 회수기간법　　　② 수익비용률법
③ 순현재가치법　　④ 투자이익률법

해설 수익 · 비용률법(benefit/cost ratio method)
　① 시간의 가치를 고려함
　② 투자비용의 현재가에 대하여 투자의 결과로 기대되는 현금유입의 현재가비율을 나타낸다.
　③ 각 투자안의 상대적 수익성을 표시한 수익성지수를 사용하며, 투자안을 평가할 때 수익성지수가 1보다 크면 그 투자안은 투자가치가 있는 것으로 판단된다.

8. 수확표의 내용과 관련이 없는 것은?

① 재적　　　　② 평균수고
③ 지위등급　　④ 지리등급

해설 수확표의 내용
　본수, 재적합계, 흉고단면적합계, 평균직경, 평균수고, 평균재적, 임분형수, 성장량, 성장률, 주림목과 부림목, 임목도 지위, 임령

9. 다음 조건에서 5년간 발생한 순수익은?

- 35년생 소나무림 임목축적 : 90m³
- 40년생 소나무림 임목축적 : 100m³
- 5년 동안의 이용재적량 : 30m³
- 소나무의 임목 1m³ 당 가격 : 10,000원

① 350,000원　　② 400,000원
③ 450,000원　　④ 500,000원

해설 ① 5년간 발생한 임목축적 : 100 − 90 = 10m³
　② 5년 동안의 이용재적량 : 30m³
　③ 40m³ × 10,000원 = 400,000원

10. 자연휴양림시설의 종류에 따른 규모의 기준으로 옳지 않은 것은?

① 건축물의 층수는 3층 이하일 것
② 건축물이 차지하는 총 바닥면적은 1만제곱미터 이하일 것
③ 음식점을 제외한 개별 건축물의 연면적은 900 제곱미터 이하일 것
④ 시설 설치에 따른 산림의 형질변경 면적은 20만 제곱미터 이하일 것

해설 바르게 고치면
　자연휴양림시설의 설치에 따른 산림의 형질변경 면적(임도, 순환로, 산책로, 숲체험코스 및 등산로의 면적을 제외한다)은 10만m² 이하가 되도록 한다.

11. 임업경영의 생산성 원칙을 달성하기 위하여 어떤 종류의 생장량이 최대인 시기를 벌기로 결정해야 하는가?

① 총생장량
② 연년생장량
③ 평균생장량
④ 한계생장량

해설 재적수확최대의 벌기령
　단위면적에서 수확되는 목재생산량이 최대가 되는 연령의 벌기령으로 벌기평균생장량이 최대인 때를 정한다.

12. 자본장비도와 자본효율의 개념을 임업에 도입할 때 자본장비도에 해당하는 것은?

① 노동　　　② 소득
③ 생장률　　④ 임목축적

해설 적절한 자본장비도(임목축적)와 자본효율(생장률)을 갖추어야 소득(생장량)이 증가한다.

13. 임분밀도를 나타내는 척도로 옳지 않은 것은?

① 재적
② 입목도
③ 지위지수
④ 상대공간지수

해설 임분밀도의 척도
단위면적당 임목본수, 재적, 흉고단면적, 상대밀도, 임분밀도지수, 상대임분 밀도, 수관경쟁인자, 상대공간지수 등

14. 자연휴양림으로 지정된 산림에 휴양시설의 설치 및 숲가꾸기 등의 조성계획을 승인하는 자는?

① 산림청장
② 시·도지사
③ 농림축산식품부장관
④ 자연휴양림 관리소장

해설 자연휴양림으로 지정된 산림에 휴양시설의 설치 및 숲가꾸기 등을 하려는 자는 휴양시설 및 숲가꾸기 등의 조성계획(자연휴양림조성계획)을 작성하여 시·도지사의 승인을 받아야 한다. 이를 변경하려는 때에도 또한 같다.

15. 다음과 같은 조건에서 시장가역산식을 이용한 임목가는?

- 원목시장가격 : 100,000원
- 총비용 : 30,000원
- 정상이윤 : 20,000원

① 50,000원
② 70,000원
③ 80,000원
④ 150,000원

해설 시장가역산법
① 벌기에 달하거나 벌기 이상의 원목에 대하여는 같은 종류의 원목이 시장에서 매매되는 가격을 조사해서 원목을 시장까지 벌채하여 운반하는 데 드는 비용을 역으로 공제하여 임목의 가격을 구한다.
② 임목매매가 계산에서 공제하여야 할 비용은 벌목비, 조재비, 하산비, 운반비, 기업이익, 이자, 잡비 등이다.
③ 시장임목가가 100,000원이므로 역산하여 총비용과 정상이윤을 공제하면 100,000 − 50,000 = 50,000원이 된다.

16. 벌구식 택벌작업에서 맨 처음 벌채된 벌구가 다시 택벌될 때까지의 소요기간을 무엇이라고 하는가?

① 회귀년
② 벌기령
③ 윤벌기
④ 벌채령

해설 택벌림
몇 개의 구역으로 나누어 작업하는 벌구식 택벌작업에서 일단 택벌된 벌구가 또다시 택벌될 때까지의 기간을 회귀년이라 하며, 작업 구역은 회귀년마다 택벌이 되풀이된다.

17. 입목재적표는 입목의 재적을 구하기 위해 만들어진 재적표를 말하는데, 방안지에 곡선을 그리고 자유곡선법에 의해 평활한 곡선으로 수정하여 완성하게 된다. 이 곡선에서 수치를 읽어 재적표를 만드는 방법은?

① 형수법
② 직접법
③ 도표법
④ 곡선도법

해설 입목재적표
재적을 산출하는 요인인 직경과 수고, 형수 등을 사용하여 수종별로 미리 재적을 계산하여 알기 쉽게 만들어 놓은 표를 말한다.

18. 임업경영자산 중 유동자산으로 볼 수 없는 것은?

① 임업 종자
② 임업용 기계
③ 미처분 임산물
④ 임업생산 자재

해설 유동자산
미처분임산물(산림생산물로서 처분되지 않은 것), 산림용 생산자재(묘목·비료·약제) 등

19. 임목 재적측정 시 가장 먼저 할 일은?

① 조사목 선정
② 조사구역 설정
③ 조사목의 중량 측정
④ 임분의 현존량 추정

정답 13. ③ 14. ② 15. ① 16. ① 17. ④ 18. ② 19. ②

해설 재적 측정 순서
조사구역 설정 → 조사목 선정 → 조사목의 측정 →
임분의 현존량 추정

20. 어떤 임지는 육림용으로 사용할 수도 있고, 목축용으로 사용할 수도 있다. 이 때 임지를 육림용으로 사용할 경우 목축용으로 사용할 때 얻을 수 있는 수익을 포기하는 것을 의미하는 원가는?

① 기회원가　　　② 변동원가
③ 한계원가　　　④ 증분원가

해설 ① 기회원가
　　• 경제적 재화 내지 용역에 2개 이상의 용도가 있을 때, 1개를 취하고 다른 것을 포기하기 때문에 잃게 되는 이익 또는 수익을 말한다.
　　• 실제의 회계지급으로 계산된 것이 아니고 견적액이다.
② 변동원가
　　• 조업도의 변동에 직접 비례하여 증가하는 원가
　　• 일정한 생산설비로 조업도의 변동에 따라 크기가 변동하는 원가로 가변가라고도 한다.
③ 한계 원가
　　• 생산량 전체의 평균적인 비용이 아니고, 생산량을 1단위 증가시키기 위해 필요한 비용
④ 증분원가
　　• 생산량의 증가에 따라 증감하는 원가 부분으로, 생산량이 증대하는 방향에서 보아 증분원가라 하고, 반대로 생산량이 감소하는 방향으로 보아 감소원가라고도 부른다.

2회   1회독 □ 2회독 □ 3회독 □

1. 흉고형수에 대한 설명으로 옳은 것은?

① 지위가 양호할수록 형수가 크다.
② 흉고직경이 작아질수록 형수가 작다.
③ 수고가 작은 나무일수록 형수가 크다.
④ 지하고가 낮고 수관의 양이 적은 나무가 형수가 크다.

해설 바르게 고치면
　　① 지위가 양호할수록 형수가 작다.
　　② 흉고직경이 커질수록 형수가 작다.
　　④ 지하고가 높고 수관의 양이 적은 나무가 형수가 크다.

2. 수간석해에 대한 설명으로 옳지 않은 것은?

① 표준목을 대상으로 실시한다.
② 수간과 직교하도록 원판을 채취한다.
③ 흉고를 1.2m로 했을 경우 지상 1.2m를 벌채점으로 한다.
④ 수목의 성장과정을 정밀히 사정할 목적으로 측정하는 것이다.

해설 벌채점의 위치
　　① 흉고를 1.2m로 했을 경우 : 지상 0.2m 되는 곳을 선정
　　② 흉고를 1.3m로 했을 경우 : 지상 0.3m 되는 곳을 선정

3. 임지의 가격 형성에 영향을 미치는 요인을 개별적 요인과 지역적 요인으로 구분할 경우 개별적 요인이 아닌 것은?

① 임지의 위치
② 임지의 면적
③ 임지의 지세
④ 임지의 토양상태

해설 개별적 요인(내적요인)
　　지위, 임종, 혼효율, 임상, 영급, 하층식생 등

4. 다음 조건에서 Huber식에 의한 통나무 재적은?

- 재장 : 5m
- 원구직경 : 25cm
- 중앙직경 : 23cm
- 말구직경 : 18cm

① 약 0.127m³
② 약 0.157m³
③ 약 0.208m³
④ 약 0.245m³

해설 후버식
　　① 중앙단면적이라고도 하며, 널리 쓰이는 간편한 방법으로 긴 목재를 사용하면 오차가 커지므로 짧은 목재에 사용한다.
　　② 재적(후버식, m³)

$$= 중앙직경(m)^2 \times \frac{3.14}{40,000} \times 재장(m)$$

$$= 0.23^2 \times \frac{3.14}{40,000} \times 5 = 0.2076m^3$$

5. 어떤 임목의 흉고단면적이 0m³, 수고가 14m 형수는 0.4일 때 형수법에 의한 재적은(m³)?

① 0.14
② 0.56
③ 1.4
④ 5.6

해설 형수법에 의한 재적
　　흉고단면적×수고×형수 = 0.1×14×0.4 = 0.56

6. 다음 그림에서 총수익선과 총비용선이 만나는 점(A)을 무엇이라 하는가?

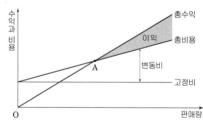

① 수익최대점
② 비용최대점
③ 비용최소점
④ 손익분기점

해설 손익분기점
　　총수익선과 총비용선이 교차하는 점이 손익 분기점이 된다.

7. 임업경영비를 올바르게 표현한 것은?

① 임업소득 − 가족임금추정액
② 임업소득 − (자본이자 + 가족노임추정액)
③ 임업현금수입 + 임산물가계소비액 + 임목성장액 + 미처분임산물증감액 + 임업생산자재 재고 증감액
④ 임업현금지출 + 감가상각액 + 주임목감소액미처분임산물재고감소액 + 임업생산 자재 재고 감소액

해설 ①은 임업순수익, ②은 임지에 귀속하는 소득, ③은 임업조수익

8. 다음 조건의 잣나무 임분에서 하이어(Heyer) 공식 법에 의한 표준벌채량(m³/ha)은?

> • 평균생장량 : 7m³/ha • 현실축적 : 350m³/ha
> • 법정축적 : 400m³/ha • 갱정기 : 20년
> • 조정계수 : 0.9

① 3.8   ② 4.8
③ 5.3   ④ 6.3

해설 표준벌채량(Heyer법)

$$= (평균생장량 \times 조정계수) + \frac{현실축적 - 법정축적}{갱정기}$$

$$= (7 \times 0.9) + \frac{350 - 400}{20}$$

$$= 6.3 + (-2.5) = 3.8m^3$$

9. 임분 수확표에 필요한 인자로 옳지 않은 것은?

① 임지표고   ② 지위지수
③ 평균직경   ④ 흉고단면적

해설 임분 수확표
① 산림의 단위면적당 주수·지름·수고·재적·생장량 등을 임령별, 지위별, 주·부임목별로 표시한 것
② 입목재적 및 생장량의 추정, 지위판정. 입목도 및 벌기령의 결정, 수확량의 예측, 산림평가 등을 간편하게 할 수 있다.

10. 시설별 숲해설가 배치 기준으로 옳지 않은 것은?

① 수목원은 2명 이상
② 국립공원은 1명 이상
③ 산림욕장은 1명 이상
④ 자연휴양림은 2명 이상

해설 ① 숲해설가
• 자연휴양림과 수목원 : 2명 이상
• 산림욕장, 국민의 숲, 생태숲(산림생태원), 도시림 및 생활림, 자연공원(국립공원은 제외) : 1명 이상 배치
② 유아숲지도사 −유아숲체험원

11. 임업이율의 성격으로 옳지 않은 것은?

① 현실이율이 아니고 평정이율이다.
② 단기이율이 아니고 장기이율이다.
③ 대부이자가 아니고 자본이자이다.
④ 명목적 이율이 아니고 실질적 이율이다.

해설 임업이율은 실물자본재 용역의 대가에 대한 현실이율(실질적 이율)이 아니고 평정이율(명목적 이율)을 적용한다.

12. 지황조사 항목으로 토양의 점토 함유량이 30%인 토양형은?

① 사토(사)
② 양토(양)
③ 사양토(사양)
④ 식양토(식양)

해설 ① 사토 − 점토함량 12.5% 이하
② 사양토 − 점토함량 12.5~25%
③ 양토 − 25~37.5%
④ 식양토 − 37.5~50%
⑤ 점토 − 50% 이상

정답 7. ④ 8. ① 9. ① 10. ② 11. ④ 12. ②

13. 산림 관리회계에서 주로 다루는 내용으로 옳지 않은 것은?

① 원가평가
② 원가계산
③ 업적평가
④ 계획수립과 특수한 의사결정에 도움이 되는 정보제공

해설 관리회계의 내용
원가통제, 원가계산, 업적평가와 기업의 성장을 위한 계획 수립 등의 문제

14. 임목의 가격을 평가하기 위해 조사해야 할 항목으로 가장 거리가 먼 것은? (단, 주벌수확의 경우임)

① 재종별 시장가격
② 부산물 소득 정도
③ 조재율 또는 이용률
④ 총재적의 재종별 재적

해설 임목평가
① 임지에서 자라고 있는 임목의 가격을 평가하는 것으로 임목의 상태에 따라 적합한 평가방법을 선정한다.
② 재종별 시장가격, 조재율(이용률), 총재적의 재종별 재적 등

15. 치유의 숲 안에 설치할 수 있는 시설에 해당하지 않는 것은?

① 편익시설
② 위생시설
③ 안정시설
④ 전기 · 통신시설

해설 치유의 숲에 설치하는 시설
산림치유시설, 편익시설, 위생시설, 전기 · 통신시설, 안전시설 등

16. 임목평가 방법에 대한 설명으로 옳지 않은 것은?

① 장령림의 임목평가는 임목기망가법을 적용한다.
② 벌기 이상의 임목평가는 시장가역산법을 적용한다.
③ 중령림의 임목평가에는 원가수익절충방법인 Glaser법을 적용한다.
④ 유령림의 임목평가는 비용가법을 적용하며 이자를 포함하지 않는다.

해설 바르게 고치면
유령림은 임목비용가법을 적용하며, 이자를 포함한다.

17. 임업투자결정방법에 있어 수익비용률법에 의해 투자효율을 분석하는 식은?

① 수익 ÷ 비용
② 비용 ÷ 수익
③ 수익 − 비용
④ 비용 − 수익

해설 수익비용률법
투자비용의 현재가에 대하여 투자의 결과로 기대되는 현금유입의 현재가비율을 나타낸다.

18. 산림수확조절을 위해 면적-재적검증방법 이용 시 필요한 사항으로 옳지 않은 것은?

① 미래 임분을 위한 윤벌기
② 임분 수확 우선순위의 결정
③ 소반으로 구분된 모든 산림면적
④ 수확 시까지 각 연령의 생장량을 계산할 수 있는 능력

해설 면적 − 재적 검증방법 이용시 필요한 사항
① 미래 임분을 위한 윤벌기
② 임분 수확 우선순위의 결정
③ 수확 시까지 각 연령의 생장량을 계산할 수 있는 능력
④ 연령(영급)으로 구분된 모든 산림면적

정답 13. ① 14. ② 15. ③ 16. ④ 17. ① 18. ③

19. 임업의 경제적 특성으로 옳지 않은 것은?

① 임업생산은 조방적이다.
② 자연조건의 영향을 많이 받는다.
③ 육성임업과 채취임업이 병존한다.
④ 원목가격의 구성요소 대부분이 운반비이다.

해설 임업의 경제적 특성
　① 임업생산은 조방적이다.
　② 육성임업과 채취임업이 병존한다.
　③ 원목가격의 구성요소 대부분이 운반비이다.
　④ 임업은 공익성이 크므로 제한성이 많다.
　⑤ 임업노동은 계절적 제약을 크게 받지 않는다.

20. 임목의 평균생장량이 최대가 될 때를 벌기령으로 정한 것은?

① 재적수확 최대의 벌기령
② 화폐수익 최대의 벌기령
③ 순수익 최대의 벌기령
④ 산림순수익 최대의 벌기령

해설 ① 재적수확 최대의 벌기령
　　• 단위면적당 매년 평균적으로 수확되는 목재 생산량이
　　　최대가 되는 연령을 벌기령으로 정하는 것
　　• 벌기평균생장량이 최대인 때를 벌기령으로 정한다.
　② 화폐수익 최대의 벌기령
　　• 일정한 면적에서 매년 평균적으로 최대의 화폐수익을
　　　올릴 수 있는 연령을 벌기령으로 하는 것
　　• 수입만 합계하고 자본과 이자계산은 하지 않은 점이
　　　단점이다.

　③ 토지순수익 최대의 벌기령
　　• 수확의 수입시기에 따르는 이자를 계산한 총수입에서
　　　이에 대한 조림비, 관리비 및 이자를 공제한 토지순수
　　　입의 자본가가 최고가 되는 때를 벌기령으로 정하는
　　　것
　　• 이율에 따라 많은 변화가 있기 때문에 벌기령에도 많
　　　은 차이가 나타나는 것이 결점이긴 하지만, 경제가 안
　　　정된 상황에서는 채용될 수 있는 벌기령이다.

④ 산림순수익 최대의 벌기령
　• 산림의 총수익을 올리는 데 들어간 일체의 경비를 공
　　제한 산림순수익이 최대가 되는 연령을 벌기령으로 하
　　는 것 조림비와 관리비에 대한 이자를 계산하지 않는다.
　• 축적에 대한 생장이 보통 이율에도 미치지 못하는 산
　　림도 있으므로 경제적 경영 측면에서 볼 때 적용하기
　　어렵다.

정답　19. ②　20. ①

1. 유동자산에 해당하지 않은 것은?

① 현금   ② 묘목
③ 산림축적   ④ 미처분 임산물

해설 ① 유동자산 : 미처분 임산물, 산림용 생산자재(묘목·비료·약제) 등
② 산림축적 : 임목이 벌채되기 전까지는 고정자산

2. 산림청장은 관계중앙행정기관의 장과 협의하여 전국의 산림을 대상으로 산림문화·휴양기본계획을 몇 년마다 수립·시행 하는가?

① 1년마다
② 5년마다
③ 10년마다
④ 20년마다

해설 산림청장은 관계중앙행정기관의 장과 협의하여 전국의 산림을 대상으로 산림문화·휴양기본계획을 10년마다 수립·시행하여야 한다.

3. 산림의 수자원 함양기능을 증진시키기 위한 바람직한 관리방법이 아닌 것은?

① 벌기령을 길게한다.
② 2단림 작업을 실시한다.
③ 소면적 벌채를 실시한다.
④ 대면적 개벌을 실시한다.

해설 대면적의 개벌은 임지의 황폐화와 수자원 함양기능을 감소시킨다.

4. Huber식에 의한 수간석해 방법으로 옳지 않은 것은?

① 구분의 길이를 2m로 원판을 채취한다.
② 반경은 일반적으로 5년 간격으로 측정한다.
③ 단면의 반경은 4방향으로 측정하여 평균한다.
④ 벌채점의 위치는 흉고 높이인 지상 1.2m로 한다.

해설 벌채점은 흉고가 1.2m일 경우 지상 0.2m 되는 곳을 선정하여 두께 3~5cm 정도로 수간에 직각이 되도록 벌채점 위를 벤다.

5. 종합원가계산 방법에 대한 설명으로 옳지 않은 것은?

① 공정별 원가계산방법이라고도 한다.
② 제품의 원가를 개개의 제품단위별로 직접 계산 하는 방법이다.
③ 같은 종류와 규격의 제품이 연속적으로 생산되는 경우에 사용한다.
④ 생산된 제품의 전체원가를 총생산량으로 나누어서 단위원가를 산출한다.

해설 ① 종합원가계산
• 같은 종류와 규격의 제품이 연속적으로 생산되는 경우에
• 제품을 연속해서 다량으로 생산하는 기업에 적용되며 일정기간 제품생산에 소요된 원가요소를 집계하여 생산된 완성품의 수량으로 나누어 1단위당의 원가를 구한다.
② 개별원가계산
• 제품의 원가를 개개의 제품단위별로 직접 계산하는 방법

6. 투자에 의해 장래에 예상되는 현금 유입과 유출의 현재가를 동일하게 하는 할인율로서 투자효율을 결정하는 방법은?

① 회수기간법   ② 순현재가치법
③ 내부수익률법   ④ 수익·비용가법

해설 내부수익률
투자를 하여 미래에 예상되는 현금유입의 현재가치와 예상되는 현금유출의 현재가치를 같게 하는 할인율을 말한다.

정답   1. ③   2. ③   3. ④   5. ②   6. ③

7. 임지기망가 계산식에서 필요한 인자가 아닌 것은?

① 조림비   ② 산림면적
③ 주벌수익   ④ 간벌수익

해설 임지기망가 필요 인자
    주벌수익과 간벌수익, 조림비와 관리비, 이율, 윤벌기 등

8. 법정상태의 요건이 아닌 것은?

① 법정벌채량   ② 법정생장량
③ 법정영급분배   ④ 법정임분배치

해설 법정상태의 요건
    법정축적, 법정생산량, 법정영급분배, 법정임분배치

9. 법정림의 산림면적이 60ha, 윤벌기 60년, 1영급을 편성한 영계가 10개로 구성된 경우 법정영급면적은? (단, 갱신기는 고려하지 않음)

① 10ha   ② 20ha
③ 30ha   ④ 50ha

해설 법정영급면적
$$= \frac{산림면적}{벌기령} \times 1영급에 포함된 영계수 = \frac{60}{60} \times 10 = 10ha$$

10. 다음 그림과 같은 4가지 형태의 산림의 구조 중 속성수 도입 및 복합임업경영(혼농임업 등)도입이 필요한 산림구조는?

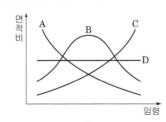

① A   ② B
③ C   ④ D

해설 A형
    ① 우리나라 산림의 유형으로 유령림이 많아 수입이 없고 투자가 많은 구조이다.
    ② 임업경영만으로는 경제적인 자립이 어렵기 때문에 수입의 다변화를 꾀하는 것이 바람직하다.
    ③ 속성수 도입 및 복합임업경영(혼농임업등) 도입이 필요한 산림구조이다.

11. 노령림과 미숙림이 함께 존재하는 임분을 벌채할 때 어느 쪽이든지 경제적 불이익을 감소시키기 위하여 설정하는 기간은?

① 갱신기
② 윤벌기
③ 회기년
④ 정리기

해설 정리기(갱정기, 개량기)
    불법정인 영급관계를 법정인 영급으로 정리 및 개량하는 기간으로 개벌작업 산림에 주로 적용한다.

12. 소생림 중심의 자연휴양림 관리방법으로 옳은 것은?

① 여름철 산책공간 조성을 위해 교목림으로 육성한다.
② 출입제한 등의 이용규제가 없어도 높은 자연성을 유지할 수 있다.
③ 이용밀도가 가장 높은 공간이므로 답압에 의한 영향을 고려해야 한다.
④ 인위적 관리를 통해 수목은 적게 하고 잔디 및 초지가 잘 자라도록 관리한다.

해설 소생림형
    수관 울폐도를 기준으로 할 때 밀생림형과 산개림형의 중간 형태로 저목림이나 교목림의 육성방식으로 구분 형성이 가능하다.
    보기의 ②는 밀생림 중심의 자연휴양림 관리방법, ③④는 산개림 중심의 자연휴양림 관리방법

정답   7. ②   8. ①   9. ①   10. ①   11. ④   12. ①

13. 임목의 흉고직경은 20cm, 수고는 15m, 형수는 0.4를 적용하였을 경우 임목의 재적은?

① 0.018m³   ② 0.188m³
③ 1.884m³   ④ 18.840m³

해설 재적 $= \dfrac{3.14}{40,000} \times 20^2 \times 15 \times 0.4$

$\qquad = 0.1884 \rightarrow 0.188m^3$

14. 생장량을 구분할 때 수목의 생장에 따른 분류와 임목의 부분에 따른 분류가 있다. 다음 중 수목의 생장에 따른 분류에 해당되지 않는 것은?

① 등귀생장   ② 직경생장
③ 재적생장   ④ 형질생장

해설 수목의 생장 분류
① 재적생장 : 지름과 수고 생장에 따른 임목의 부피 증가
② 형질생장 : 목재의 질이 좋아짐, 목재 단위량에 대한 가격의 상승
③ 등귀생장 : 화폐가치의 하락이나 목재공급량의 부족에 의한 가격의 상승
④ 총가생장 : 재적생장 + 형질생장 + 등귀생장

15. 임도를 신설하기 위해 필요한 비용을 전액 대출받고 10년 간 상환하는 경우에 임도 시설비용에 대하여 매년마다 균등한 액수의 상환비용을 의미하는 것은?

① 유한연년이자 전가식
② 유한연년이자 후가식
③ 무한정기이자 전가식
④ 무한정기이자 후가식

해설 유한연년이자 전가식
매년 말 r씩 n회 얻을 수 있는 이자의 전가합계

16. 임목의 흉고직경을 계산하는 방법으로 산술평균직경법(a)과 흉고단면적법(b)의 관계에 대한 설명으로 옳은 것은?

① a와 b는 같은 값이 된다.
② a가 b보다 큰 값이 된다.
③ b가 a보다 큰 값이 된다.
④ a와 b사이에는 일정한 관계가 없다.

해설 임목의 흉고단면적 합계(b)가 임목의 산술평균직경법(a) 합계보다 큰 값이 된다.

17. 다음 시장역산가식에서 b가 의미하는 것은?

$$임목단가 = 이용률\left(\dfrac{생산원목의\ 판매\ 예정단가}{1 + 자본회수기간 \times 이율} - b \right)$$

① 조재율
② 임목시가
③ 임목가격
④ 단위생산비용

해설 단위 재적당 벌목비, 운반비, 사업비, 기타 일체비용이 포함된 단위 생산비이다.

18. 조림 후 5년이 경과한 산지에 산불로 인하여 임목이 소실되었을 경우 피해액을 조사하기 위해 가장 적합한 임목가 계산방법은?

① Glaser법
② 임목매매가
③ 임목기망가
④ 임목비용가

해설 유령림의 평가
임목을 육성에 들어간 일체의 경비 후가에서 그동안 수입의 후가를 공제하는 임목비용가법을 적용한다.

정답   13. ②   14. ②   15. ①   16. ③   17. ④   18. ④

19. 임업소득의 계산방법으로 옳은 것은?

① 자본에 귀속하는 소득 = 임업순수익 − (지대 + 자본이자)

② 임지에 귀속하는 소득 = 임업소득 − (지대 + 가족노임추정액)

③ 가족노동에 귀속하는 소득 = 임업소득 − (지대 + 자본이자)

④ 경영관리에 귀속하는 소득 = 임업소득 − (지대 − 가족노임추정액)

해설 바르게 고치면

① 자본에 귀속하는 소득
    = 임업소득 − (지대 + 가족노임추정액)

② 임지에 귀속하는 소득
    = 임업소득 − (자본이자 + 가족노임추정액)

④ 경영관리에 귀속하는 소득
    = 임업순수익 − (지대 + 자본이자)

20. 벌채목의 길이가 20m, 원구단면적이 0.6m²이고, 중앙단면적이 0.55m², 말구단면적이 0.4m²일 경우에 스말리안(Smalian)식에 의한 재적은?

① 8.0m³   ② 10.0m³

③ 10.3m³   ④ 11.0m³

해설 $\dfrac{원구단면적 + 말구단면적}{2} \times 길이$

$= \dfrac{0.6 + 0.4}{2} \times 20 = 10\text{m}^3$

1. 임지기망가를 적용하는데 있어 이론과 현실이 달라 발생하는 문제점으로 옳지 않은 것은?

① 플러스(+) 값만 발생되어 현실과 맞지 않는다.
② 수익과 비용인자는 평가시점에 따라 수시로 변동한다.
③ 동일한 작업을 영구히 계속하는 것은 비현실적이다.
④ 임업이율을 정하는 객관적인 근거가 없어 평정이 자의적으로 되기 쉽다.

해설 임지기망가
① 어떤 임지에 일정한 시업을 영구히 했을 때, 그 임지에서 얻을 수 있다고 생각되는 순수익의 현재가를 합계하여 정한 가격
② 지가를 산정하면 −의 값을 나타내는 경우가 생겨 실제와 맞지 않는다.

2. 어느 임업 법인체의 임목벌채권 취득원가가 8,000만원이고, 잔존가치는 3,000만원이라고 한다. 총벌채 예정량은 10만m³이고 당기 벌채량은 4천m³이라고 하면 당기 총 감가상각비는?

① 1,000,000원   ② 2,000,000원
③ 3,000,000원   ④ 4,000,000원

해설 생산량비례법
① 보유중인 자산의 감가가 단순히 시간이 경과함에 따라 나타난다고 하기보다는 생산량에 비례하여 나타난다고 하는 것을 전제로 하여 감가상각비를 계산하는 방법이다
② 벌채권이나 채굴권 등의 조업도를 상각하는 경우로 작업시간비례법과 유사

• 생산량당 감가상각률 $= \dfrac{\text{취득원가} - \text{잔존가치}}{\text{추정 총 생산량}} =$

$\dfrac{80,000,000 - 30,000,000}{100,000} = 500$

• 감가상각비 = 실제생산량 × 생산량당 감가상각률
$= 4,000 \times 500 = 2,000,000$원

3. 수확조정 방법 중 조사법에 대한 설명으로 옳지 않은 것은?

① 주로 개벌작업에 적용하고 있다.
② 직접 연년생장량을 측정하여 수확예정량을 결정한다.
③ 경영자의 경험에 의하기 때문에 고도의 기술적 숙련을 필요로 하는 문제점이 있다.
④ 자연법칙을 존중하면서 임업의 경제성을 높이고 다량의 목재생산을 지속하려는 방법이다.

해설 조사법
개벌작업을 제외한 모든 작업법에 응용 가능하지만, 현실적으로 거의 택벌림 작업에 적용되고 있다.

4. 임업이율 중 일반 물가등귀율을 내포하고 있는 것은?

① 자본 이자
② 평정 이율
③ 장기적 이율
④ 명목적 이율

해설 임업이율의 특징
① 임업이율은 화폐자금의 사용대가이다.
② 임업이율은 평정이율이며, 물가등귀율을 포함한 명목적이율이다.
③ 임업이율은 장기이율이다.

5. 윤척 사용법에 대한 설명으로 옳지 않은 것은?

① 수간 축에 직각으로 측정한다.
② 흉고부(지상 1.2m)를 측정한다.
③ 경사진 곳에서는 임목보다 낮은 곳에서 측정한다.
④ 흉고부에 가지가 있으면 가지 위나 아래를 측정한다.

해설 바르게 고치면
경사진 곳에서는 임목보다 높은 곳에서 측정한다.

 정답 1. ① 2. ② 3. ① 4. ④ 5. ③

6. 경영계획구 내에서 수종, 작업종, 벌기령이 유사하여 공통적으로 시업을 조절할 수 있는 임분의 집단은?

① 임반　　　　　　② 작업급
③ 시업단　　　　　④ 벌채열구

해설 ① 임반
　　• 산림의 위치를 명확히 하고 사업실행이 편리하도록 영림구를 세분한 고정적인 산림 구획단위
　　② 벌채열구(伐採列區)
　　• 법정의 벌채순서에 따라 배치된 임분군
　　• 이러한 배치상태의 임분군은 임목이 받기 쉬운 각종 위해(危害)를 막고 임목벌채시 인접임분에 입히게 되는 손상을 방지할 수 있으며, 갱신의 안정과 벌채한 목재의 반출을 원활하게 실행할 수 있다.

7. 전체 산림 면적을 윤벌기 연수와 같은 수의 벌구로 나누어 한 윤벌기를 거치는 동안 매년 한 벌구씩 벌채 수확할 수 있도록 조정하는 방법은?

① 평분법　　　　　② 재적배분법
③ 법정축적법　　　④ 구획윤벌법

해설 ① 평분법 : 윤벌기를 일정한 분기로 나누어 분기마다 수확량을 균등하게 하는 방법
　　② 재적배분법 : 한 윤벌기에 대한 벌채안을 만들고 각 분기마다 벌채량을 같게 재적수확의 보속을 도모하는 방법
　　③ 법정축적법 : 작업급에 대한 법정축적과 현실림의 축적 및 생장량을 조사하고 일정한 공식으로 표준벌채량을 계산하여 현실림의 축적을 점차 법정축적에 도달하도록 하는 방법

8. 자연휴양림의 수림 공간 형성 특성 중 레크레이션 활동 공간으로써 자유도가 가장 높은 구역은?

① 산개림형　　　　② 열개림형
③ 소생림형　　　　④ 밀생림형

해설 산개림 중심의 자연휴양림
　　공간적 특성은 전망이 양호하고, 개방적 경관을 즐길 수 있으며, 활동 공간의 면적이 확보되기 때문에 레크레이션 활동의 자유도가 최대로 높은 구역이고, 그룹에 의한 집단적 이용이 가능하며, 이용밀도도 가장 높은 공간이다.

9. 법정림의 법정상태 요건이 아닌 것은?

① 법정축적　　　　② 법정벌채량
③ 법정영급분배　　④ 법정임분배치

해설 법정림의 법정상태요건
　　법정축적, 법정생산량, 법정영급분배, 법정임분배치

10. 임분이 성장하여 성숙기에 도달하는 산림경영계획상의 연수는?

① 벌채령　　　　　② 벌기령
③ 윤벌기　　　　　④ 회귀령

해설 ① 벌채령 : 임목이 실제로 벌채되는 연령
　　③ 윤벌기 : 보속작업에 있어서 한 작업급에 속하는 모든 임분을 일순벌하는데 요하는 기간
　　④ 회귀령 : 택벌림의 벌구식 택벌작업에 있어서 맨 처음 택벌을 실시한 일정 구역을 또 다시 택벌하는데 걸리는 기간

11. 산림에서 간벌할 임목을 대묘로 굴취하여 도시의 환경 미화목으로 사용함으로써 중간수입을 얻는 임업경영의 형태는?

① 농지임업　　　　② 혼목임업
③ 수예적임업　　　④ 비임지임업

해설 복합임업경영의 형태
　　① 농지임업 : 농지의 주변이나 둑, 농지와 산지와의 경계선 등에 유실수·특용수·속성수 등을 식재하여 조기 수입을 올리는 임업

② 혼목임업 : 산림 내에 가축을 방목하여 야생초를 가축의 사료로 이용하는 임업형태

③ 비임지임업 : 임지가 아닌 하천부지, 구릉자 도로변, 철로변, 부락공한지, 건물이나 운동장 주변에 속성수, 밀원식물, 연료목 등을 식재하여 수입원을 다양화

④ 혼농임업 : 농업과 임업을 겸하면서 축산업까지 도입하여 서로의 장점으로 지속농업을 가능케 하는 복합영농의 한 형태

⑤ 양봉임업 : 산림내의 밀원식물을 이용하여 양봉을 같이하는 형태의 임업

⑥ 부산물 임업 : 산림의 부산물(종실, 수피, 수액, 버섯, 산약초 등)을 주로 채취하거나 증식하여 농가소득을 올리는 형태

---

12. 잣나무 30년생의 ha당 재적이 120㎥였던 것이 35년생 때 160㎥가 되었다. 이 때 (160 − 120) ÷ 5 = 8㎥의 계산식으로 구하는 성장량은?

① 연년성장량   ② 정기성장량

③ 총평균성장량   ④ 정기평균성장량

해설 **정기평균성장량**
일정기간(n년 간) 성장한 양을 말하며, 정기성장량을 n으로 나누면 일년간의 성장량이 구해진다.

---

13. 임가소득에 대한 설명으로 옳지 않은 것은?

① 농업소득도 임가소득에 포함된다.

② 임업외 소득도 임가소득에 포함된다.

③ 겸업 또는 부업으로 인한 소득은 임가소득에서 제외된다.

④ 임가소득지표로 생산자원의 소유형태가 서로 다른 임가 사이의 임업경영성과를 직접 비교할 수 없다.

해설 임가소득=임업소득 + 농업소득 + 기타소득(겸업 또는 부업소득)

---

14. 임지기망가의 기본 공식으로 옳은 것은?(단, R=수익에 대한 전가, C=비용에 대한 전가, n=벌기연수, p=이율)

① $\dfrac{R-C}{0.0_p}$ ② $\dfrac{R-C}{1.0_p^{\,n}}$

③ $\dfrac{R-C}{1.0_p^{\,n}-1}$ ④ $\dfrac{R-C}{1.0_p(1.0_p^{\,n}-1)}$

해설

$$B_u = \dfrac{A_u + D_a 1.0p^{u-a} + D_b 1.0p^{u-b} + \ldots + D_q 1.0p^{u-q} - C1.0p^u}{1.0p^u - 1} - V$$

여기서, B_u : u년 때의 토지기망가

A_u : 주벌수익, C : 조림비, u : 윤벌기, p : 이율,

V : 관리자본 $\left(\dfrac{v}{0.0p}\right)$

$D_a 1.0p^{u-a}$: a년도 간벌수익의 u년 때의 후가

---

15. 임업소득에 대한 설명으로 옳지 않은 것은?

① 임업소득은 조림지 면적이 커짐에 따라 증대된다.

② 임업조수익 중에서 임업소득이 차지하는 비율을 임업의존도라 한다.

③ 임업소득 가계충족율은 임가의 소비경제가 임업에 의하여 지탱되는 정도를 나타낸다.

④ 임업순수익은 임업경영이 순수익의 최대를 목표로 하는 자본가적 경영이 이루어졌을 때 얻을 수 있는 수익이다.

해설 임업의존도 = $\dfrac{\text{임업소득}}{\text{임가소득}} \times 100$

---

16. 형수(form factor)에 대한 설명유로 옳지 않은 것은?

① 정형수는 흉고직경을 기준으로 한다.

② 절대형수는 수간 최하부의 직경을 기준으로 한다.

③ 지하고가 높고 수관량이 적은 나무 일수록 흉고형수가 크다.

④ 일반적으로 지위가 양호할수록 흉고형수는 작은 경향이 있다.

정답   12. ④   13. ③   14. ③   15. ②   16. ①

해설 형수의 종류
① 정형수 : 비교 원기둥의 지름 위치를 수고의 1/n이 되는 위치의 지름과 같게 정한 형수
② 절대 형수 : 비교 원기둥의 지름 위치를 맨 밑부분에 정한 형수
③ 흉고(가슴높이)형수 : 비교 원기둥의 지름 위치를 가슴높이 위치에 정한 형수(대개 0.4~0.6이며 우리나라는 0.45를 쓴다.)
④ 단목 형수 : 크기와 모양이 비슷한 나무를 몇 개 모아 각각 형수를 구한 후 그 값을 평균한 것

17. 잣나무의 흉고직경이 36cm, 수고가 25m일 때 덴진(Denzin)식에 의한 재적(㎥)은?

① 0.025 ② 0.036
③ 1.296 ④ 2.592

해설 덴진법에 의한 입목 재적 계산
① V=ghf 의 형수법을 사용할 때, 수고를 25m 그리고 형수는 0.51을 전제로 계산하면 $V=\dfrac{d^2}{1,000}$이 된다. 여기서 d(cm)는 흉고직경으로 이와 같이 수고와 형수를 고정시켜 흉고직경 하나만 알면 입목의 재적을 계산할 수 있도록 만든 식을 덴진식이라고 한다.
② 수고가 25m보다 크거나 또는 작을 경우 오차가 생기므로 오차의 폭을 보정하기 위하여 Denzin이 만든 보정표를 이용하여 입목의 재적을 측정하는 방법이다.
→ $V=\dfrac{36^2}{1,000}=1.296$

18. 해마다 연말에 간벌수입으로 100만원씩 수입이 있는 임분을 가지고 있을 때, 이 임분의 자본가는?(단, 이율은 4%)

① 9,615,385원 ② 1,040,000원
③ 2,500,000월 ④ 25,000,000원

해설 임분의 자본가 : $\dfrac{1,000,000}{0.04}=25,000,000$원

19. 손익분기점에 대한 설명으로 옳지 않은 것은?

① 원가는 노동비와 재료비로 구분한다.
② 고정비는 생산량 증감에 관계없이 항상 일정하다.
③ 제품의 판매가격은 판매량과 관계없이 항상 일정하다.
④ 제품 한 단위당 변동비는 생산량에 관계없이 항상 일정하다.

해설 바르게 고치면
원가는 고정비와 변동비로 구분한다.

20. 산림휴양림의 공간이용지역 관리에 관한 설명으로 옳지 않은 것은?

① 기계적 솎아베기 금지
② 덩굴제거는 필요한 경우 인력으로 제거
③ 작업시기는 방문객이 적은 시기에 실시
④ 가급적 목재생산림의 우량대경재에 준하여 관리

해설 ④은 자연유지지역의 관리에 관한 설명이다.

정답 17. ③ 18. ④ 19. ① 20. ④

1. 지위지수에 대한 설명으로 옳지 않은 것은?

① 임지의 생산능력을 나타낸다.
② 우세목의 수고는 밀도의 영향을 많이 받는다.
③ 지위지수 분류표 및 곡선은 동형법 또는 이형법으로 제작할 수 있다.
④ 우리나라에서는 보통 임령 20년 또는 30년일 때 우세목의 수고를 지위지수로 하고 있다.

해설 우세목의 수고생장은 지위의 차이에 민감하여 우세목의 연령별 수고로써 표시

2. 단목의 연령측정 방법이 아닌 것은?

① 목측에 의한 방법   ② 지절에 의한 방법
③ 방위에 의한 방법   ④ 생장추에 의한 방법

해설 방위는 연령 측정과 상관없다.

3. 법정림에서 법정벌채량과 의미가 다른 것은?

① 법정수확률
② 법정연벌량
③ 법정생장량
④ 벌기평균생장량 × 윤벌기

해설 법정벌채량은 법정수확량이다.

4. 수간석해를 통해 총 재적을 구할 때 합산하지 않아도 되는 것은?

① 근주재적   ② 지조재적
③ 결정간재적   ④ 초단부재적

해설 수간석해의 재적을 계산하는 데 있어서는 일반적으로 결정 간재적 · 초단부 재적 및 근주 재적의 3부분으로 나누어 계산한다.

5. 임목의 평가방법에 대한 분류방식으로 옳지 않은 것은?

① 비교방식 – Glaser법
② 수익방식 – 기망가법
③ 원가방식 – 비용가법
④ 원가수익절충방식–임지기망가법 응용법

해설 원가수익절충방법
　　Glaser법

6. 윤벌기에 대한 설명으로 옳지 않은 것은?

① 택벌작업에 따른 법정림의 개념이다.
② 임목의 생산기간과는 일치하지 않는다.
③ 작업급의 법정영급분배를 예측하는 기준이다.
④ 작업급의 모든 임목을 일순벌하는데 소요되는 기간이다.

해설 윤벌기
　　개벌작업에 따른 법정림 사상의 개념

7. 산림보호법에서 규정한 산림보호구역의 종류가 아닌 것은?

① 생활환경보호구역   ② 재해방지보호구역
③ 백두대간보호구역   ④ 산림유전자원보호구역

해설 산림보호구역의 지정
　　① 생활환경보호구역 : 도시, 공단, 주요 병원 및 요양소의 주변 등 생활환경의 보호 · 유지와 보건위생을 위하여 필요하다고 인정되는 구역
　　② 경관보호구역 : 명승지 · 유적지 · 관광지 · 공원 · 유원지 등의 주위, 그 진입도로의 주변 또는 도로 · 철도 · 해안의 주변으로서 경관 보호를 위하여 필요하다고 인정되는 구역

정답　1. ②　12. ③　3. ①　4. ②　5. ①　6. ①

③ 수원함양보호구역 : 수원의 함양, 홍수의 방지나 상수원 수질관리를 위하여 필요하다고 인정되는 구역

④ 재해방지보호구역 : 토사 유출 및 낙석의 방지와 해풍·해일·모래 등으로 인한 피해의 방지를 위하여 필요하다고 인정되는 구역

⑤ 산림유전자원보호구역 : 산림에 있는 식물의 유전자와 종또는 산림생태계의 보전을 위하여 필요하다고 인정되는 구역

수명	감가상각비용
1년 초	30,000,000
2년 초 (1년 말)	$30,000,000 - (30,000,000 \times \frac{1(경과연수)}{4(내용연수)})$ $= 22,500,000$
3년초 (2년 말)	$30,000,000 - (30,000,000 \times \frac{2}{4})$ $= 15,000,000$
4년초 (3년 말)	$30,000,000 - (30,000,000 \times \frac{3}{4})$ $= 7,500,000$
5년초 (4년 말)	$30,000,000 - (30,000,000 \times \frac{4}{4}) = 0$
계	75,000,000

② 연평균투자액 $75,000,000 \times \frac{1}{5} = 15,000,000$

③ 투자이익률 $= \frac{이익}{평균투자액} \times 100$

$= \frac{7,200,000}{15,000,000} \times 100 = 48\%$

8. 임도 개설을 위하여 투자한 굴삭기의 비용이 3,000만원, 수명은 5년, 폐기 이후의 잔존가치는 없다고 한다. 이 투자에 의하여 5년 동안 해마다 720만원의 순이익이 있다면 투자 이익률은? (단, 감가상각비 계산은 정액법을 적용)

① 36%

② 48%

③ 64%

④ 7%

해설 [풀이1]

① 평균투자액 $= \frac{취득원가 + 잔존가치}{2}$

$= \frac{30,000,000 + 0}{2} = 15,000,000$ 원

② 투자이익률 $= \frac{이익}{평균투자액} \times 100$

$= \frac{7,200,000}{15,000,000} \times 100 = 48\%$

[풀이2]

① 감가상각비용산정

9. 임지기망가가 최대치에 도달하는 시기에 대한 설명으로 옳은 것은?

① 이율이 낮을수록 빨리 나타난다.

② 채취비가 클수록 빨리 나타난다.

③ 조림비가 클수록 늦게 나타난다.

④ 간벌수확이 적을수록 빨리 나타난다.

해설 바르게 고치면

① 이율 P의 값이 클수록 최대값이 빨리 온다.

② 채취비는 상관없다.

④ 간벌수익이 클수록 Bu의 최대값이 빨리 온다.

10. 임업소득에 작용하는 생산요소에 포함되지 않는 것은?

① 임지   ② 자본
③ 노동   ④ 보속성

해설 생산의 3요소
임지, 노동, 자본

11. 임업이율이 보통이율보다 낮게 평정되는 이유로 옳지 않은 것은?

① 생산기간의 장기성
② 산림소유의 안정성
③ 산림재산의 유동성
④ 산림 관리경영의 복잡성

해설 임업이율을 저이율로 평정해야 하는 이유
① 재적 및 금원수확의 증가와 산림 재산가치의 등귀
② 생산기간의 장기성
③ 산림 관리경영의 간편성
④ 재산 및 임료수입의 유동성
⑤ 산림소유의 안정성
⑥ 문화발전에 따른 이율의 저하

12. 자연휴양림의 공익적 효용을 직접효과와 간접효과로 구분할 때 간접효과에 해당되는 것은?

① 대기정화기능
② 건강증진효과
③ 정서함양효과
④ 레크레이션효과

해설 자연휴양림의 간접효과
① 인간생활의 건강과 안전에 기여하는 기능
② 내용
  • 대기정화기능, 소음방지기능, 방화기능, 환경보전적 기능, 기상환경완화로서의 효용, 공해완화의 효용, 재해방지의 효용, 생활환경보전의 효용 등

13. 유형고정자산의 감가 중에서 기능적 요인에 의한 감가에 해당되지 않는 것은?

① 부적응에 의한 감가
② 진부화에 의한 감가
③ 경제적 요인에 의한 감가
④ 마찰 및 부식에 의한 감가

해설 마찰 및 부식에 의한 감가
물리적 감가요인

14. 우리나라에서 통나무의 재적을 구하는데 이용되는 재적검량방법에 의해 계산한 벌채목의 재적(m^3)은?

• 원구직경 : 16cm	• 말구직경 : 14cm
• 중앙직경 : 15cm	• 재장 : 8.5m

① 0.099
② 0.167
③ 0.198
④ 0.218

해설 말구직경법(재장이 6m 이상)

$$V = \left(d_n + \frac{l' - 4}{2}\right)^2 \times l \times \frac{1}{10,000} (m^3)$$

식에서, l' : 통나무의 길이로 m : 단위의 수

재적 $= \left(14 + \frac{8-4}{2}\right)^2 \times 8.5 \times \frac{1}{10,000} = 0.218 m^3$

15. 유동 자본재에 속하는 것은?

① 임도   ② 기계
③ 묘목   ④ 저목장

해설 유동 자본재
종자, 묘목, 비료, 약제 등

16. 표준목법에 의한 임분 재적 측정 방법으로, 전 임목을 몇 개의 계급으로 나누고 각 계급의 본수를 동일하게 하여 표준목을 선정하는 것은?

① 단급법   ② Urich법
③ Hartig법   ④ Draudt법

해설 우리히(Urich)법
　전림목을 몇 개의 계급(Grade)으로 나누고 각 계급의 본수를 동일하게 한 다음 각 계급에서 같은 수의 표준목을 선정하는 방법

17. 임업투자 결정과정의 순서로 옳은 것은?

① 투자사업 모색 → 현금흐름 추정 → 투자사업의 경제성 평가 → 투자사업 재평가 → 투자사업 수행
② 현금흐름 추정 → 투자사업의 경제성 평가 → 투자사업 모색 → 투자사업 수행 → 투자사업 재평가
③ 투자사업 모색 → 현금흐름 추정 → 투자사업의 경제성 평가 → 투자사업 수행 → 투자사업 재평가
④ 현금흐름 추정 → 투자사업 모색 → 투자사업의 경제성 평가 → 투자사업 수행 → 투자사업 재평가

　투자사업의 모색 → 현금흐름 추정 → 투자사업의 경제성 평가(회수기간법, 현금흐름할인법) → 투자사업의 수행 → 투자사업의 재평가

18. 자연휴양림 지정을 위한 타당성평가 기준이 아닌 것은?

① 경관   ② 면적
③ 위치   ④ 활용여건

해설 자연휴양림 타당성 평가기준의 항목
　경관, 면적, 위치, 수계, 휴양유발, 개발여건 등

19. 임업의 특성으로 옳지 않은 것은?

① 임업생산은 노동집약적 이다.
② 육성임업과 채취임업이 병존한다.
③ 임업노동은 계절적 제약을 크게 받지 않는다.
④ 원목가격의 구성요소 중 운반비가 차지하는 비율이 가장 낮다.

해설 임업의 경제적 특성 중 운반비
　① 임업의 원목가격구성요소의 대부분이 운반비이다
　② 임목은 무겁고 부피가 크기 때문에 운반비가 많이 든다.
　③ 육성임업을 확대하려면 임도를 개설하여 운반비를 줄임으로써 경영주의 수입이 많아지도록 하는 지원대책이 필요하다.

20. 어느 법정림의 춘계축적이 900m³, 추계축적이 1,100m³라 할 때 법정축적은?

① 900m³   ② 1,000m³
③ 1,100m³   ④ 2,000m³

해설 법정축적(하계축적)

춘계축적과 추계축적의 평균치 이므로 $\dfrac{900+1,100}{2} =$ 1,000m³

1. 연이율이 5%이고 매년 800,000원씩 조림비를 5년간 지불하며, 마지막 지불이 끝났을 때 이자의 후가합계는?

① 약 199,526원

② 약 626,820원

③ 약 1,021,025원

④ 약 4,420,800원

해설 유한연년이자의 후가식

$$\frac{800,000}{0.05} \times (1.05^5 - 1) = 4,420,800원$$

2. 산림경영의 지도원칙으로 옳지 않은 것은?

① 수익을 비용으로 나누어 그 값이 최소가 되도록 경영한다.

② 최대의 순수익 또는 최고의 수익률을 올리도록 경영한다.

③ 생산물량을 생산요소의 양으로 나눈 값이 최대가 되도록 경영한다.

④ 가장 질 좋은 임목을 안정된 가격에 다량 생산하여 국민의 기대에 부응하도록 경영한다.

해설 바르게 고치면

수익에서 비용을 제외하여 그 값이 최대가 되도록 한다.

3. 법정수확표를 이용한 임목 재적 추정에 가장 불필요한 것은?

① 지위지수

② 영급 분배표

③ 임분의 영급

④ 법정임분과 관련된 임목축적

해설 수확표에서 영급분배표는 관계가 없다.

4. 각 계급의 흉고단면적 합계를 동일하게 하여 표준목을 선정한 후 전체 재적을 추정하는 방법은?

① 단급법

② Urich법

③ Harting법

④ Draudt법

해설 ① 단급법 : 전 임분을 1개의 급(Class)으로 취급하여 단 1개의 표준목을 선정하는 방법이므로 가장 간편하다.

② Urich 법 : 전림목을 몇 개의 계급(Grade)으로 나누고 각 계급의 본수를 동일하게 한 다음 각 계급에서 같은 수의 표준목을 선정한다.

③ Hartig법 : 각 계급의 흉고단면적을 동일하게 하며, 먼저 계급수를 정하고 전체 흉고단면적합계를 구한다. 이것을 계급수로 나누어서 각 계급의 흉고단면적 합계로 한다. 각 계급의 본수가 결정되면 각 계급의 표준목의 크기를 구한 다음, 표준목을 선정 측정하여 전체 재적을 추정한다.

④ Draudt 법 : 각 직경급을 대상으로 하여 표준목을 선정한다. 표준목을 선정할 때에는 먼저 전체에서 몇 본의 표준목을 선정할 것인가를 정한 다음, 각 직경급의 본수에 따라 비례 배분한다.

5. 임업경영의 분석을 위한 공식으로 옳지 않은 것은?

① 자본수익율 = 순수익 ÷ 자본

② 임업의존도 = 임업소득 ÷ 임가소득

③ 임압소득율 = 임업소득 ÷ 임업자본

④ 임업소득가계충족율 = 임업소득 ÷ 가계비

해설 임업소득율(%) = $\frac{임업소득}{임업조수익} \times 100$

6. 산림탄소상쇄 제도의 사업유형이 아닌 것은?

① 신규조림

② 산림개발

③ 산림경영

④ 산지전용억제

해설 산림탄소상쇄제도

① 산림 조성, 산림 경영, 산림전용 방지, 목질 바이오매스 이용으로 기업의 온실가스 감축 의무를 달성할 수 있는 제도

정답 1. ④ 2. ① 3. ② 4. ③ 5. ③ 6. ②

② 탄소 상쇄(carbon offset)는 기업, 단체 등이 온실가스 배출량을 줄이기 위한 조치를 했음에도 생기는 배출량을 외부 감축 실적으로 상쇄하는 것을 의미한다.

7. 임목의 평가방법에 대한 설명으로 옳은 것은?

① 원가방식에는 기망가법이 있다.
② 수익방식에는 비용가법이 있다.
③ 원가수익 절충방식에는 매매가법이 있다.
④ 벌기 이싱의 임목평가는 시장가역산법으로 실시한다.

해설 ① 원가방식 – 비용가법
② 수익방식 – 기망가법
③ 절충방식 – 비교방식에 의한 비교법

8. 특정 용도에 적합한 용재를 생산하는 데 필요한 연령을 기준으로 결정되는 벌기령은?

① 공예적 벌기령
② 자연적 벌기령
③ 재적수확 최대의 벌기령
④ 산림순수익 최대의 벌기령

해설 ① 공예적 벌기령
• 임목이 일정한 용도에 적합한 크기의 용재를 생산하는 데 필요한 연령을 기준으로 하여 결정되는 벌기령(표고자목생산, 펄프재 등의 용도)으로 짧은 벌기령이 일반적이다.
② 자연적 벌기령
• 조림적 벌기령, 생리적 벌기령 삼림 자체를 가장 왕성하게 육성시키고 유지시키는 것
• 임목이 자연적으로 고사하는 연령 또는 천연 갱신을 하는 데 가장 적절한 시기를 벌기령으로 하는 것
③ 재적수확 최대의 벌기령
• 단위면적에서 수확되는 목재생산량이 최대가 되는 연령을 벌기령으로 하는 것
• 벌기평균생장량이 최대인 때를 벌기령으로 정하는 방법

④ 삼림순수익 최대의 벌기령
• 삼림순수익(총 수입에서 총 지출을 공제한 액수의 평균액)이 최대가 되는 연령을 벌기령으로 하는 방법

9. 수간석해를 할 때 반경은 보통 몇 년 단위로 측정하는가?

① 1년
② 3년
③ 5년
④ 10년

해설 수간석해
① 반경은 해마다 측정하여도 무방하지만 그 값이 대단히 작기 때문에 일반적으로는 5년마다 측정한다.
② 반경은 5의 배수가 되는 연륜까지를 측정한다.

10. 화폐의 시간적 가치를 고려하여 투자효율을 분석하는 방법으로 가장 거리가 먼 것은?

① 회수기간법
② 순현재가치법
③ 내부수익율법
④ 편익−비용 비율법

해설 ① 회수기간법 : 시간가치 고려 안함
② 투자이익률법 또는 평균이익률법 : 시간가치 고려 안함

11. 산림문화・휴양기본계획은 몇 년마다 수립 시행하는가?

① 1
② 5
③ 10
④ 20

해설 산림청장은 관계중앙행정기관의 장과 협의하여 전국의 산림을 대상으로 산림문화・휴양기본계획을 5년마다 수립・시행할 수 있다.

정답 7. ④ 8. ① 9. ③ 10. ① 11. ②

12. 임지비용가법을 적용할 수 있는 경우가 아닌 것은?

① 임지의 가격을 평정하는 데 다른 적당한 방법이 없을 때
② 임지소유자가 매각 시 최소한 그 토지에 투입된 비용을 회수하고자 할 때
③ 임지소유자가 그 토지에 투입한 자본의 경제적 효과를 분석 검토하고자 할 때
④ 임지에서 일정한 시업을 영구적으로 실시한다고 가정하여 그 토지에서 기대되는 순수익의 현재 합계액을 산출 할 때

해설 바르게 고치면
비용가법이므로 순수익의 합계를 산출할 때는 사용하지 않는다.

13. 자산, 부채, 자본의 관계를 잘 나타낸 것은?

① 자산 = 자본 + 부채
② 자산 = 자본 − 부채
③ 자산 = 부채 − 자본
④ 자산 = 자본 ÷ 부채

해설 자산 = 자본 + 부채

14. 손익분기점 분석을 위한 가정으로 옳지 않은 것은?

① 생산과 판매는 동시성이 있다.
② 제품의 생산능률은 변함이 없다.
③ 제품 한 단위당 변동비는 생산량에 따라 증가한다.
④ 제품의 판매가격은 판매량이 변동하여도 변화되지 않는다.

해설 바르게 고치면
제품 한 단위당 변동비는 항상 일정하다.

15. 흉고높이에서 생장추를 이용하여 반경 1cm 내의 연륜수 5를 얻었다. 흉고직경이 32cm, 상수가 500일 때 슈나이더(Schneider)식을 이용한 재적 생장율은?

① 2.5% ② 3.1%
③ 3.6% ④ 4.0%

해설 재적생장율 : $\dfrac{500}{5 \times 32}$ = 3.13%

16. 등귀생장에 관한 설명으로 옳은 것은?

① 재적의 증가를 말한다.
② 매년 1년 동안 생장한 양을 말한다.
③ 단위량에 대한 가격의 증가를 말한다.
④ 목재의 수급관계 및 화폐가치의 변동 등에 의한 가격의 변화를 말한다.

해설 등귀생장
물가상승과 도로, 철도 등의 개설로 인한 운반비의 절약에 기인하는 임목가격의 상승에 관한 생장을 말한다.

17. 어떤 산림의 현실 축적이 200,000m³이고, 윤벌기가 40년일 때 Mantel법(Masson법)에 의한 표준연벌량은?

① 5,000m³ ② 10,000m³
③ 15,000m³ ④ 20,000m³

해설 표준연벌량 = 200,000 × $\dfrac{2}{40}$ = 10,000m³

18. 현재 5년생인 동령림에서 임목을 육성하는 데 소요된 순비용(육성원가)의 후가합계는?

① 임목비용가 ② 임목기망가
③ 임목매매가 ④ 임목원가계산

해설 임목비용가

　현재 n년 생의 임목 비용가란 임목을 조성하는데 실지로 쓴 비용을 합계한 것을 말한다. 즉, n년 간 비용의 후가 합계에서 그 동안 수입의 후가 합계를 뺀 순 비용가 합계를 산출하면 된다.

19. 임목의 생장량을 측정하는 데 있어서 현실생장 량의 분류에 속하지 않는 것은?

① 연년생장량　　　　② 정기생장량
③ 벌기생장량　　　　④ 벌기평균생장량

해설 평균생장량은 일정기간의 생장량으로 현실생장량이 아니다.

20. 숲해설가의 배치기준으로 옳지 않은 것은?

① 수목원 – 2명 이상
② 산림욕장 – 1명 이상
③ 국립공원 – 2명 이상
④ 자연휴양림 – 2명 이상

해설 산림교육전문가의 배치기준
　　① 자연휴양림, 수목원 : 2명 이상
　　② 삼림욕장, 국민의 숲, 생태숲, 도시림 및 생활림, 자연공원(국립공원제외) : 1명 이상

1회

1회독 □ 2회독 □ 3회독 □

1. 소나무 임분의 벌기평균생장량이 6m³/ha이고 윤벌기가 50년이라고 할 때 이 임분의 법정연벌량과 법정수확률은 각각 얼마인가?

① 300m³/ha, 3% ② 300m³/ha, 4%
③ 600m³/ha, 3% ④ 600m³/ha, 4%

해설 ① 법정연벌량 = 6m³/ha × 50년 = 300m³/ha

② 법정수확률 = $\frac{200}{50}$ = 4%

2. 측고기를 사용할 때 주의사항으로 옳지 않은 것은?

① 여러 방향에서 측정하면 오차를 줄일 수 있다.
② 경사지에서는 가급적 등고 위치에서 측정한다.
③ 측정하고자 하는 나무 끝과 근원부가 잘 보이는 지점을 선정해야 한다.
④ 측정위치가 멀면 오차도 생기므로 나무 높이의 절반정도 떨어진 곳에서 측정하는 것이 좋다.

해설 바르게 고치면
측정위가 멀면 오차가 생기므로 나무의 높이만큼 떨어진 곳에서 수고를 측정한다.

3. 동령림의 직경급별 임분구조는 전형적으로 어떤 형태로나타나는가? (단, x축은 흉고직경, y축은 본수를 나타냄)

① J자 형태 ② W자 형태
③ 역 J자 형태 ④ 정규분포 형태

해설 동령림
정규분포 형태, 이령림 - 역 J자 형태

4. 임업경영 성과분석 방법으로 임업의존도 계산식에 해당하는 것은?

① $\frac{가계비}{임업소득} \times 100$ ② $\frac{임업소득}{임가소득} \times 100$

③ $\frac{가계비}{임가소득} \times 100$ ④ $\frac{임업소득}{임업조수익} \times 100$

해설 임업의존도 = $\frac{임업소득}{임가소득} \times 100$

5. 연간 임산물 생산과 관련된 고정비가 2백만원, 변동비가 5천원, 판매단가가 6천원일 경우 손익분기점에 해당하는 임산물 생산량은?

① 181개 ② 334개
③ 2,000개 ④ 20,000개

해설 손익분기점
① 총수익(R)과 총비용(C)이 같아지는 점이므로, 손익분기 판매량은 고정비(FC)를 단위당 판매가격에 대한 변동비의 비율을 뺀 값으로 나눈 값이다.

② $\frac{2,000,000}{6,000 - 5,000}$ = 2,000개

6. 암반에 대한 설명으로 옳지 않은 것은?

① 산림구획의 골격을 형성한다.
② 고정적 시설을 따라 확정한다.
③ 보조임반을 편성할 때는 인접한 암반의 보조번호를 부여한다.
④ 임반의 표기는 경영계획구 상류에서 시계방향으로 표기를 시작한다.

해설 바르게 고치면
임반의 표기는 경영계획구 하류에서 시계방향으로 표기를 시작한다.

정답 1. ② 2. ④ 3. ④ 4. ② 5. ③ 6. ④

7. 수확조정법에 대한 설명으로 옳지 않은 것은?

① Hufnagl법은 재적배분법의 일종이다.
② 전 산림면적을 윤벌기 연수와 동일하게 벌구로 나누고 매년 한 벌구씩 수확하는 방법을 구획윤벌법이라 한다.
③ 토지의 생산력에 따라 개위면적을 산출하여 벌구면적을 조절, 연수확량을 균등하게 하는 방법을 비례구획윤벌법이라 한다.
④ 전 임분을 윤벌기 연수의 1/2 이상 되는 연령의 것과 그 이하의 것으로 나누어 전자는 윤벌기의 전반에, 후자는 윤벌기 후반에 수확하는 방법을 Beckmann법이라 한다.

해설 전 임분을 윤벌기 연수의 1/2 이상 되는 연령의 것과 그 이하의 것으로 나누어 전자는 윤벌기의 전반에, 후자는 윤벌기 후반에 수확하는 방법을 Hufnagl법이라 한다.

8. 임업기계의 감가상각비(D)를 정액법으로 구하는 공식으로 옳은 것은? (단, P : 기계구입가격, S : 기계 폐기시의 잔존가치, N : 기계의 수명)

① $D = \dfrac{S-P}{N}$ 　 ② $D = \dfrac{P-S}{N}$

③ $D = \dfrac{N}{S-P}$ 　 ④ $D = \dfrac{N}{P-S}$

해설 정액법
① 정액법은 매년 일정금액으로 차감하는 방식을 말한다.
② 공식 : $\dfrac{\text{취득원가} - \text{잔존가치}}{\text{추정내용연수}}$

9. 자연휴양림을 조성 및 신청하려는 자가 제출하여야 하는 예정지의 위치도 축척 크기는?

① 1/5,000　　　　② 1/15,000
③ 1/25,000　　　　④ 1/50,000

해설 자연휴양림 예정지의 위치도는 축척 1/25,000, 구역도는 축척 1/5,000 또는 1/6,000을 제출해야 한다.

10. 임분 재적 측정을 위하여 전 임목을 면 개의 계급으로 나누고 각 계급의 본수를 동일하게한 다음 각 계급에서 같은 수의 표준목을 선정하는 방법은?

① 단급법　　　　② 우리히(Urich)법
③ 하르티히(Hartig)법　④ 드라우트(Draudt)법

해설 표준목법
① 단급법 : 임목의 그루수를 같은 몇 개의 계급으로 나누고, 같은 수의 표준목 선정, 단1개의 표준목 선정
② 우리히법 : 임목을 몇 개의 계급으로 나누고, 각 계급의 본수를 동일하게 함
③ 하르티히법 : 전체 흉고단면적 합계를 구함, 계산복잡하나 정확함
④ 드라우드법 : 각 직경급의 본수에 따라 비례 배분, 매목 본수가 많을 때 적당

11. 임업 이율의 종류 중 용도에 따른 이율에 해당하는 것은?

① 경영이율, 환원이율　② 단기이율, 장기이율
③ 현실이율, 평정이율　④ 공정이율, 시중이율

해설 임업이율의 종류
① 용도에 따른 이율 : 경영이율, 환원이율
② 기간에 따른 이율 : 단기이율, 장기이율
③ 사업의 종류에 따른 이율 : 공정이율, 시중이율

12. 산림 생산기간에 대한 설명으로 옳지 않은 것은?

① 회귀년은 택벌작업에 적용되는 용어이다.
② 회귀년의 길이와 연벌구역면적은 정비례한다.
③ 벌채 후 갱신이 지연되는 경우 늦어지는 기간을 갱신기라고 한다.
④ 어떤 임분에서 벌채와 동시에 갱신이 시작되는 경우 윤벌기와 윤벌령은 동일하다.

해설 바르게 고치면
회귀년의 길이와 연벌구역면적은 반비례한다.

13. 산림휴양림의 조성 및 관리에 대한 설명으로 옳지 않은 것은?

① 방풍 및 방음형으로 관리할 수 있다.
② 공간이용지역과 자연유지지역으로 구분한다.
③ 관리목표는 다양한 휴양기능을 발휘할 수 있는 특색 있는 산림조성이다.
④ 법령에 의한 자연휴양림 휴양기능 증진을 위해 관리가 필요한 산림을 대상으로 한다.

해설 산림 휴양림의 설치 및 운영관리 내용
① 자연휴양림 이용객의 안전 및 시설물 보호
② 이용객에 대한 산림훼손 방지 및 산림경관의 보존
③ 환경오염방지
④ 산불예방 및 진화체제 확립

14. 임업 투자계획의 경제성을 평가하는 방법이 아닌 것은?

① 순현재가치   ② 편익비용비
③ 내부수익률   ④ 수확표 분석

해설 투자효율 측정방법
순현재가치법, 투자이익율법, 회수기간법, 수익비용률법, 내부투자수익률법 등

15. 임지를 취득한 후 조림 등 임목 육성에 알맞은 상태로 계량하는 데 소요되는 모든 비용의 후가에서 그 동안 수입의 후가를 공제한 가격을 무엇이라 하는가?

① 임지비용가   ② 임지기망가
③ 임지공제가   ④ 임지매매가

해설 임지비용가
① 비용의 후가 - 수입의 후가
② 가격평정에 다른 방법 없을 때, 매각시 투입된 비용 회수시

16. 임목의 평균생장량과 연년생장량에 대한 설명으로 옳지 않은 것은?

① 초기에는 연년생장량이 크다.
② 연년생장량의 극대점이 평균생장량의 극대점보다 빨리 온다.
③ 연년생장량의 극대점에서 연년생장량과 평균생장량은 일치한다.
④ 평균생장량의 극대점에서 평균생장량과 연년생장량은 일치한다.

해설 바르게 고치면
연년생장량의 극대점에서 연년생장량이 평균생장량보다 크다.

17. 흉고직경 20cm, 수고 10m인 입목의 재적이 약 0.14m³인 경우 형수의 수치는?

① 약 0.11   ② 약 0.14
③ 약 0.45   ④ 약 0.55

해설 ① 공식 : 수간재적 $= \frac{\pi}{4} \times$흉고직경$^2 \times$수고$\times$형수

② $0.14 = \frac{\pi}{4} \times 20^2 \times 10 \times$형수
형수 $= 0.446 \rightarrow$ 약 0.45

18. 임목 평가에 적용하는 Glaser식에 대한 설명으로 옳은 것은?

① 임목 비용가법과 임목기망가법을 절충한 식이다.
② 임목 매매가법과 임목비용가법을 절충한 식이다.
③ 임목 매매가법과 임목기망가법을 절충한 식이다.
④ 예상이익을 현재가치로 환산하여 임목의 가치를 구하는 방법이다.

해설 Glaser식
① 중령림의 임목평가
② 원가수익절충방식, 임목비용가와 임복기망가를 절충한 식

19. 다음 설명에 해당하는 용어는?

> 재적이 0.5 m³인 통나무 2개 가격의 합보다 재적이 1m³인 통나무 1개의 가격이 훨씬 높다.

① 형질생장   ② 가치생장
③ 등귀생장   ④ 재적생장

해설 형질생장(形質生長)
  ① 지름이 커지고 재질이 좋아지는데서 오는 단위재적당 가격상승에 유래한다.
  ② 어느 기간에 임목의 형질이 변하기 때문에 발생하는 차이로서 일반적으로 재적생장에 따라 임목의 경급이 상위 경급이 되며, 재종이 향상되기 때문에 발생하는 단가의 차이이다.

20. 시장가역산법으로 임목가를 평정할 때 필요하지 않은 인자는?

① 집재비   ② 운반비
③ 조림 및 육림비   ④ 벌목 및 조재비

해설 시장가역산법
  ① 육림비를 평가하지않고 벌채비용만 적용한다.
  ② 필요인자 : 단위재적당 원목의 시장가, 벌목비, 운반비, 조재율, 자본회수기간, 월이율, 기업이익률

1. 임업경영의 지도원칙 중 경제성의 원칙에 대한 설명으로 옳지 않은 것은?

① 최소의 비용으로 최대의 효과를 발휘하는 것이다.
② 일정한 비용으로 최대의 수익을 올릴 수 있도록 하는 것이다.
③ 일정한 수익으로 올리기 위하여 비용을 최소한으로 줄이는 것이다.
④ 최대의 비용으로 매년 같은 양의 수익을 올릴 수 있도록 하는 것이다.

해설 경제성의 원칙
　　최소의 비용으로 최대의 효과 발휘, 일정 비용으로 최대의 수익을 올리는 원칙, 일정한 수익에 대하여 비용을 최소로 줄이는 원칙

2. 산림청장 또는 시 · 도지사가 산림문화 휴양 기본계획 및 지역계획을 수립하거나 이를 변경하고자 할 때에 실시해야하는 기초조사 내용은?

① 산림문화 · 휴양정보망의 구축 · 운영 실태
② 산림문화 · 휴양자원의 보전 · 이용 · 관리 및 확충 방안
③ 산림문화 · 휴양을 위한 시설 및 안전관리에 관한 사항
④ 산림문화 · 휴양자원의 현황과 주변지역의 토지이용 실태

해설 계획수립을 위한 기초조사
　　산림문화 · 휴양자원의 현황과 주변지역의 토지이용실태 등의 조사

3. 임업 순수익 계산 방법으로 옳은 것은?

① 임업조수익 + 임업경영비
② 임업조수익 − 감가상각액
③ 임업조수익 + 가족임금추정액
④ 임업조수익 − 임업경영비 − 가족임금추정액

해설 임업순수익
　　= 임업소득 − 가족임금추정액
　　= 임업조수익 − 임업경영비 − 가족임금추정액

4. 산림경영을 위하여 설정하는 산림구획이 아닌 것은?

① 임반　　　　　② 소반
③ 표준지　　　　④ 경영계획구

해설 산림구획
　　① 산림은 면적이 넓고 지세의 변화가 크기 때문에 산림을 구분하여 산림생산 및 이용계획을 수립하는 것이 편리하기 때문이다.
　　② 산림구획순서 : 경영계획구 → 임반 → 소반

5. 수익 · 비용율법을 투자의 의사결정방법으로 사용할 때 투자 가치가 있는 사업으로 평가되는 것은? (단, B는 수익이고 C는 비용)

① B/C율 > 1
② B/C율 < 1
③ B/C율 > 0
④ B/C율 < 0

해설 B/C율 > 1이 되면 투자가치가 있는 사업으로 평가한다.

6. 육림비에 대한 설명으로 옳지 않은 것은?

① 고정비는 종자, 묘목, 거름, 농약 등이 포함된다.
② 노동비에는 고용노동비와 가족노동비가 포함된다.
③ 자본이자는 차입자본과 자기자본이자가 포함된다.
④ 임지지대는 차입지와 자가임지의 지대 또는 토지자본이자를 의미한다.

해설 바르게 고치면
　　유동비는 종자, 묘목, 거름, 농약 등이 포함된다.

정답　1. ④　2. ④　3. ④　4. ③　5. ①　6. ①

7. 손익분기점 분석에 필요한 가정으로 옳지 않은 것은?

① 원가는 고정비와 유동비로 구분할 수 있다.
② 제품의 생산능률은 판매량에 관계없이 일정하다.
③ 제품 한 단위당 변동비는 판매량에 따라 달라진다.
④ 제품의 판매가격은 판매량이 변동하여도 변화되지 않는다.

해설 바르게 고치면
제품 한 단위당 변동비는 항상 일정하다.

8. 산림평가에 대한 설명으로 옳지 않은 것은?

① 부동산 감정평가와 동일한 평가방법 적용이 용이하다.
② 공익적 기능을 포함한 다면적 이용에 대한 평가도 포함한다.
③ 산림을 구성하는 임지 · 임목 · 부산물 등의 경제적 가치를 평가한다.
④ 생산기간이 장기적이고 금리의 변동이 커서 정밀하게 평기하기 쉽지 않다.

해설 산림평가는 산림의 주요 구성내용인 임지와 임목은 일반적으로 부동산으로 취급 · 임지와 임목은 그 성질이 다르다.

9. 산림수확 조절을 위한 선형계획모형의 전제조건이 아닌 것은?

① 비례성
② 활동성
③ 부가성
④ 제한성

해설 선형계획모형의 전제조건
비례성, 비부성, 부가성, 분할성, 확정성, 선형성, 제한성

10. 측고기 사용 방법으로 옳지 않은 것은?

① 수목의 높이만큼 떨어진 곳에서 측정한다.
② 측정 위치가 수목과 가까울수록 오차가 생긴다.
③ 측정하고자 하는 수목의 정단과 밑이 잘 보이는 지점을 선정한다.
④ 경사진 곳에서 측정할 때는 오차를 줄이기 위해 수목의 정단이 잘 보이는 높은 곳에서 측정한다.

해설 바르게 고치면
경사진 곳에서 측정할 때는 오차를 줄이기 위해 등고의 위치에서 측정한다.

11. 농지의 주변이나 둑, 농지와 산지의 경계에 유실수, 특용수, 속성수 등을 식재하여 임업 수입의 조기화를 도모하는 것은?

① 혼목임업
② 혼농임업
③ 농지임업
④ 부산물임업

해설 복합임업경영의 형태
① 혼목임업 : 임간방목이란 말로 표현하기도 하는 형태의 임업이다. 임목이 울폐되기 전 일정 기간 동안 산림 내에 가축을 방목하여 임지의 야생초를 이용하게 하는 방법
② 혼농임업 : 농업과 임업을 겸하면서 축산까지 도입하여 식량, 과실, 풀사료, 땔감, 목재 등을 생산하고 토양보전을 실천하여 지속농업을 가능케 하는 복합영농
③ 농지임업 : 농지의 주변이나 둑, 농지와 산지와의 경계선 등지에 유실수, 특용수, 속성수 등을 식재하여 임업 수입의 조기화를 도모
④ 부산물임업 : 산림의 부산물(종실, 수피, 수엽, 수액, 수근, 버섯, 산채, 약초 등)을 주로 채취하거나 증식하여 농가소득을 올리는 형태의 임업
⑤ 비임지임업 : 임지가 아닌 하천부지, 구릉지, 원야, 도로변, 철도변, 부락 공한지, 건물이나 운동장의 주변에 속성수, 밀원식물, 연료목 등을 식재하여 수입의 다원화를 도모
⑥ 양봉임업 : 산림내의 밀원식물(蜜源植物)을 이용하여 양봉을 같이 하는 형태의 임업

정답   7. ③   8. ①   9. ②   10. ④   11. ③

⑦ 수예적 임업 : 산림에서 간벌한 임목을 대묘로 굴취하여 도시의 환경미화목으로 이용하거나 꽃나무와 기타 관광수를 생산하여 중간수입을 거두는 임업

⑧ 수렵임업 : 야생동물을 보호·증식하여 삼림에서의 수렵장 수입을 올리도록 하여 산림수입의 증가를 도모

⑨ 휴양임업 : 관광임업, 산림 내에 휴양시설을 갖추어 휴양객을 유치함으로써 수입을 올리는 임업

해설 평균연령 측정 방법
　　본수령, 재적령, 면적령, 표준목령

15. 5년 전의 임분재적이 80m³/ha이고, 현재의 임분재적이 100m³/ha인 경우 Pressler 식에 의한 임분재적 생장률은?

① 약 3.3%　　　　② 약 4.4%
③ 약 5.5%　　　　④ 약 6.6%

해설 $\dfrac{100-80}{100+80} \times \dfrac{200}{5}$ = 약 4.44%

12. 임업이율의 분류로 옳지 않은 것은?

① 업종에 의한 분류 – 명목이율
② 용도에 의한 분류 – 경영이율
③ 현실성에 의한 분류 – 평정이율
④ 기간의 장단에 의한 분류 – 장기이율

해설 바르게 고치면
　　용도에 의한 분류 – 명목이율

16. 다음 설명에 해당하는 것은?

국민의 건강증진을 위하여 산림 안에서 맑은 공기를 호흡하고 접촉하여 산책 및 체력 단련 등을 할 수 있도록 조성한 산림(시설과 그 토지를 포함)이다.

① 숲길　　　　　　② 산림욕장
③ 치유의 숲　　　　④ 자연휴양림

해설 ① 숲길 : 등산·트레킹·레저스포츠·탐방 또는 휴양·치유 등의 활동을 위하여 산림에 조성한 길
　　② 삼림욕장 : 국민의 건강증진을 위하여 산림 안에서 맑은 공기를 호흡하고 접촉하며 산책 및 체력단련 등을 할 수 있도록 조성한 산림
　　③ 자연휴양림 : 국민의 정서함양·보건휴양 및 산림교육 등을 위하여 조성한 산림

13. 시장가역산법에 의한 임목가 결정에 필요한 인자로 가장 거리가 먼 것은?

① 원목시장가　　　② 벌채운반비
③ 기업이익율　　　④ 조림 및 관리비

해설 시장가역산법
　　① 임목평가법 중 하나로 원목시장의 원목매매가를 조사한 후, 여기에서 원목이 시장에 출하될 때까지 소요되는 비용을 뺀 값으로 임목가를 추정하는 방법
　　② 단위재적당 원목의 시장가, 벌목비, 운반비, 조재율, 자본회수기간, 월이율, 기업이익률

17. 똑같은 산림경영패턴이 영구히 반복된다는 것을 가정한 임지의 평가 방법은?

① 임지비용가법　　② 임지기망가법
③ 임지예상가법　　④ 임지매매가법

14. 임분의 연령을 측정하는 방법에 해당되지 않은 것은?

① 재적령　　　　　② 면적령
③ 생장추법　　　　④ 표본목령

---

① 원가방식 : 임지비용가 – (비용의 후가 – 수입의 후가), 가격평정에 다른 방법 없을 때, 매각시 투입된 비용 회수시

② 수익방식 : 임지기망가 – 동일한 경영이 반복 (순수입전가 – 경비의 전가)

③ 비교방식 임지매매가 – 평가임목과 비슷한 조건과 성질을 가지는 임목의 거래시세로 가격 결정, 시장가역산법

④ 절충방식– 수익가 비교절충, 기망가 비교절충, 주벌수익 비교절충 등

---

18. 임분의 재적을 측정하기 위해 임분의 임목을 모두 조사하는 방법이 아닌 것은?

① 표본조사법
② 매목조사법
③ 재적표 이용법
④ 수확표 이용법

해설 표본조사법

표본을 추출하고 이것을 측정하여 전임분을 추정하는 방법

---

19. 법정림에서 산림면적이 400ha, 윤벌기가 50년이면 1영계의 면적은?

① 0.8 ha
② 8 ha
③ 80 ha
④ 800 ha

해설 법정영계면적 : $\dfrac{400}{50}$ = 8ha

---

20. 지위가 서로 다른 3개 임분의 면적과 벌기재적이 다음 표와 같을 때 Ⅰ등지 임분의 개위면적은?

임분	면적(ha)	1ha당 벌기재적(m^3)	비고
Ⅰ등지	300	200	윤벌기 100년 1영급=10영계
Ⅱ등지	400	150	
Ⅲ등지	300	100	

① 200 ha
② 300 ha
③ 400 ha
④ 500 ha

해설 ① 벌기평균재적 :

$$\frac{300 \times 200 + 400 \times 150 + 300 \times 100}{300 + 400 + 300} = 150\text{m}^3$$

② 개위면적 : 각 영계별 면적을 가감하여 벌기재적이 동일하도록 수정

$$\frac{\text{ha당 벌기재적}}{\text{벌기평균재적}} \times \text{현실면적} = \frac{200}{150} \times 300$$

$$= 400\text{ha}$$

1. 자연휴양림 지정을 위한 대상지의 타당성 평가 기준으로 옳지 않은 것은?

① 개발여건 : 개발비용, 토지이용 제한요인 및 재해빈도 등이 적정할 것.

② 생태여건 : 표고차, 임목, 수령, 식물 다양성 및 생육상태 등이 적정할 것.

③ 면적 : 국가 또는 지방자치단체가 조성하는 경우 30만제곱미터 이상일 것.

④ 위치 : 접근도로 현황 및 인접도시와 거리 등에 비추어 그 접근성이 용이할 것.

해설 표고차, 임목, 수령, 식물 다양성 및 생육 상태 등이 적정할 것 → 경관 평가기준

2. 항속림 사상과 가장 밀접한 관계가 있는 임업경영의 지도원칙은?

① 수익성 원칙   ② 공공성 원칙

③ 생산성 원칙   ④ 합자연성 원칙

해설 항속림사상
　　　합자연성 원칙

3. 복합임업경영의 주요목적으로 가장 적합한 것은?

① 임업 주수입의 증대

② 임업 조수입의 증대

③ 임업 경영지의 대단지화

④ 임업 수입의 조기화와 다양화

해설 복합입업경영의 주목적
　　　임업 수입의 조기화와 다양화

4. 산림투자에 있어서 미래상황의 불확실성을 투자분석에 포함시킨 것은?

① 회수기간법

② 감응도분석

③ 내부수익률법

④ 순현재가치법

해설 감응도분석
　　　미래 상황의 불확실성을 투자분석에 포함시켜 경제성분석 지표가 어느 정도 민감하게 변화되는가를 예측하는 것을 말한다.

5. 생장량에 대한 설명으로 옳지 않은 것은?

① 연년생장량은 총생장량을 수령 또는 임령으로 나눈 양이다.

② 총생장량은 처음에는 점증하다가 증가세가 변곡점에서 최대에 달한다.

③ 평균생장량이 최고점에 달한 이후 벌채하지 않고 두는 것은 비효율적이다.

④ 정기평균생장량은 일정한 기간의 생장량을 그 기간의 연수로 나눈 값이다.

해설 바르게 고치면
　　　연년생장량은 임령이 1년 증가함에 따른 추가적 증가 양을 말한다.

6. 기준벌기령 이상에 해당하는 임지에서 수확을 위한 벌채가 아닌 것은?

① 골라베기   ② 모두베기

③ 솎아베기   ④ 모수작업

해설 기준벌기령 이상의 임지에서 수확벌채
　　　골라베기, 모두베기, 모수작업, 왜림작업

정답　 1. ②   2. ④   3. ④   4. ②   5. ①   6. ③

7. 임지평가 방법에 대한 설명으로 옳지 않은 것은?

① 환원가법은 연년수입의 전가합계로 평가한다.
② 비용가법은 취득원가의 복리합계액으로 평가한다.
③ 원가방법은 재조달원가의 전가합계액으로 평가한다.
④ 기망가법은 장래에 기대되는 수입의 전가합계로 평가한다.

해설 바르게 고치면
원가방법은 재조달원가의 총액으로 평가한다.

8. $\dfrac{A_u + \sum D - (C + uV)}{u}$의 식이 나타내는 벌기령은?

(단, Au: 주벌수확, C: 조림비, u: 벌기령 ∑D: 간벌수확합계, V: 관리비)

① 재적수확 최대의 벌기령
② 화폐수익 최대의 벌기령
③ 토지순수익 최대의 벌기령
④ 산림순수익 최대의 벌기령

해설 산림의 총수익에서 이 총수익을 올리는 데 들어간 일체의 경비를 공제한 것을 산림순수익이라 하고, 이 순수익이 최대가 되는 연령을 산림순수익 최대의 벌기령이라고 한다.

9. 현재 기준연도에서 벌채 예정연도까지의 임목기망가 산출 공식으로 옳은 것은?

① (주벌 및 간벌수확 후가합계) - (지대 및 관리비 후가합계)
② (주벌 및 간벌수확 후가합계) - (지대 및 관리비 전가합계)
③ (주벌 및 간벌수확 전가합계) - (지대 및 관리비 후가합계)
④ (주벌 및 간벌수확 전가합계) - (지대 및 관리비 전가합계)

해설 임목기망가
평가 대상 임분의 벌기에 도달할 때까지 얻을 수 있는 간벌 수익과 주벌 수익 등 총수익의 현재가에서 벌기까지 들어갈 총비용의 현재가를 차감하여 그 잔액을 임목 평가액으로 하는 것

10. 현재 축적이 1,000m³이고 생장률이 연 3%일 때 단리법에 의한 9년 후 축적은?

① 1,030m³ ② 1,127m³
③ 1,270m³ ④ 1,304m³

해설 1000 + {1 + (9×0.03)} = 1,270m³

11. 감가삼각비의 계산방법 중 정액법에 의한 것은?

① $\dfrac{취득원가 - 잔존가치}{추정내용연수}$
② (취득원가 - 잔존가치) × 감가율
③ 실제작업시간 × $\dfrac{취득원가 - 잔존가치}{추정총작업시간}$
④ (취득원가 - 감가삼각비누계액) × (감가율)

해설 정액법은 매년 일정금액으로 차감하는 방식을 말한다.

12. 보속작업에 있어서 하나의 작업급에 속하는 모든 임분을 일순 벌하는데 소요되는 기간은?

① 윤벌령 ② 윤벌기
③ 벌기령 ④ 벌채령

해설 윤벌기와 벌기령

	윤벌기	벌기령
개념	작업급	임목, 임분의 개념
시간적 범위	기간개념	연령개념
정의	작업급을 일순벌 하는데 소요되는 기간	임목의 생산기간을 나타내는 연령

13. 임업경영자산 중 유동자산으로 볼 수 없는 것은?

① 임업 종자   ② 임업용 기계
③ 미처분 임산물   ④ 임업생산 자재

해설 ① 고정자본재 : 건물, 기계, 운반시설, 제재설비, 임도, 임목
　　② 유동자본재 : 종자, 묘목, 약제, 비료, 미처분임산물, 벌채되기 전의 임목

14. 수고 측정에 적합하지 않는 기구는?

① 섹타포크(sector fork)
② 덴드로미터(dendrometer)
③ 스피겔리라스코프(spigel relascope)
④ 아브네이핸드레블(Abney hand level)

해설 섹타포크
　　직경측정기구

15. 수간석해에 대한 설명으로 옳지 않은 것은?

① 표준목을 대상으로 실시한다.
② 수간과 직교하도록 원판을 채취한다.
③ 흉고를 1.2m로 했을 경우 지상 1.2m를 벌채점으로 한다.
④ 수목의 성장과정을 정밀히 사정할 목적으로 측정하는 것이다.

해설 바르게 고치면
　　흉고를 1.2m로 했을 경우 지상 0.2m를 벌채점으로 한다.

16. 산림교육활성화를 위하여 산림교육종합계획을 수립 · 시행하는 자는?

① 산림청장   ② 시 · 도지사
③ 국유림관리소장   ④ 농림축산식품부 장관

해설 산림청장은 산림교육을 활성화하기 위해 산림교육종합계획을 5년마다 수립 · 시행한다.

17. 정적임분생장모델에 해당하는 것은?

① 수확표
② 산림조사부
③ 확률밀도함수
④ 누적밀도함수

해설 임분생장모델
　　① 정적임분생장모델 : 관리방법이 하나로 고정된 상태에서 임분의 생장과 수확을 예측하는 것, 간벌의 강도 또는 주기 등이 고정된 상태에서 임분의 생장과 수확을 예측
　　② 동적임분생장모델 : 임분의 생장을 다양하게 예측할 수 있는 임분차원의 생장 모델 시업종류 및 간벌의 강도가 달라짐에 따라 임분상태와 생장을 예측

18. 임업조수익 중에서 임업소득이 차지하는 비율은?

① 임업의존율
② 임업소득률
③ 임업순수익률
④ 임업소득가계충족률

해설 임업소득률(%) $= \dfrac{임업소득}{임업조수익} \times 100$

19. 산림경영에서 매년 발생하는 수익이 20만원, 연이율이 5%인 경우에 자본가는?

① 1만원   ② 4만원
③ 1백만원   ④ 4백만원

해설 200,000 ÷ 0.05 = 4,000,000원

정답   13. ②   14. ①   15. ③   16. ①   17. ①   18. ②   19. ④

20. 어떤 밤나무의 말구직경이 14cm이고 재장이 8.5m 일 때 국내산 원목의 재적검량방법에 의한 재적은?

① 0.1308m^3 ② 0.1667m^3

③ 0.2176m^3 ④ 0.4352m^3

해설 $\left(14 + \dfrac{8-4}{2}\right)^2 \times 8.5 \times \dfrac{1}{10,000} = 0.2176\text{m}^3$

정답 20. ③

1 · 2회 1회독 □ 2회독 □ 3회독 □

1. 산림문화 휴양에 관한 법률에서 정의된 국민의 정서함양, 보건휴양 및 산림교육 등을 위하여 조성한 산림에 해당하는 것은?

① 삼림욕장
② 치유의 숲
③ 숲속야영장
④ 자연휴양림

해설 **산림휴양시설(산림문화 · 휴양에 관한 법률)**
① 자연휴양림 : 국민의 정서함양 · 보건휴양 및 산림교육 등을 위하여 조성한 산림(휴양시설과 그 토지를 포함)
② 삼림욕장 : 국민의 건강증진을 위하여 산림 안에서 맑은 공기를 호흡하고 접촉하며 산책 및 체력단련 등을 할 수 있도록 조성한 산림(시설과 그 토지를 포함)
③ 치유의 숲 : 산림치유를 할 수 있도록 조성한 산림(시설과 그 토지를 포함)
④ 숲속야영장 : 산림 안에서 텐트와 자동차 등을 이용하여 야영을 할 수 있도록 적합한 시설을 갖추어 조성한 공간(시설과 토지를 포함)

2. 임분재적 측정방법으로 전수조사에 해당되는 것은?

① 목측
② 표본조사
③ 매목조사
④ 계통적 추출

해설 **매목조사법**
① 전임법
② 각 입목의 직경, 수고, 형수를 조사 측정하여 재적을 측정하는 방법이다.

3. 생태 · 문화 · 역사 · 경관 · 학술적 가치의 보전에 필요한 산림은?

① 수원함양림
② 생활환경보전림
③ 산지재해방지림
④ 자연환경보전림

해설 **산림의 6대기능**
① 수원함양림 : 수자원함양과 수질정화를 위하여 필요한 산림
② 산지재해방지림 : 산사태, 토사유출, 대형산불, 산림병해충 등 각종 산림재해의 방지 및 임지의 보전에 필요한 산림
③ 자연환경보전림 : 생태 · 문화 · 역사 · 경관 · 학술적 가치의 보전에 필요한 산림
④ 목재생산림 : 생태적 안정을 기반으로 하여 국민경제활동에 필요한 양질의 목재를 지속적 · 효율적으로 생산 · 공급할 수 있는 산림
⑤ 산림휴양림 : 산림휴양 및 휴식공간의 제공을 위하여 필요한 산림
⑥ 생활환경보전림 : 도시 또는 생활권 주변의 경관유지, 쾌적한 생활환경의 유지를 위하여 필요한 산림

4. 임업이율의 성격으로 옳지 않은 것은?

① 현실이율이 아니고 평정이율이다.
② 단기이율이 아니고 장기이율이다.
③ 대부이자가 아니고 자본이자이다.
④ 명목적 이율이 아니고 실질적 이율이다.

해설 **바르게 고치면**
실질적 이율이 아니고 명목적 이율이다.

5. Huber식에 의한 수간석해 방법으로 옳지 않은 것은?

① 구분의 길이를 2m로 원판을 채취한다.
② 반경은 일반적으로 5년 간격으로 측정한다.
③ 벌채점의 위치는 가슴높이인 지상 1.2m로 한다.
④ 단면의 반경은 4방향으로 측정한 값의 평균값이다.

해설 **바르게 고치면**
벌채점의 위치는 흉고를 1.2m로 했을 경우 지상 0.2m 되는 곳을 벌채점으로 결정한다.

정답 1. ④ 2. ③ 3. ④ 4. ④ 5. ③

6. 다음 조건에서 프레슬러(Pressler) 공식을 이용한 임목의 수고생장률은?

> • 2010년 임목의 수고는 15m
> • 2015년 임목의 수고는 18m

① 약 0.4% ② 약 3.6%
③ 약 36.4% ④ 약 44.4%

해설 프레슬러 생장률공식

$$= \left(\frac{\text{현재 재적} - n\text{년 재적}}{\text{현재재적} + n\text{년 재적}} \right) \times \frac{200}{n}$$

$$\frac{18-15}{18+15} \times \frac{200}{5} = 3.6363\ldots \rightarrow \text{약 } 3.6\%$$

7. 자본장비도에 대한 설명으로 옳지 않은 것은?

① 종사자 1인당 자본액이다.
② 종사자 수를 총자본으로 나눈 것이다.
③ 일반적으로 고정자본에서 토지를 제외한다.
④ 경영의 총자본은 고정자본과 유동자본의 합이다.

해설 자본장비도

① $\dfrac{\text{고정자본}}{\text{종사자수}} = $ 기본장비도

② $\dfrac{\text{총자본}}{\text{종사자수}} = $ 자본장비도

③ $\dfrac{\text{소득}}{\text{총자본}} = $ 자본효율

④ $\dfrac{\text{소득}}{\text{종사자수}} = $ 총자본

⑤ 총자본 = 고정자본+유동자본

8. 산림경영의 지도원칙 중 경제원칙이 아닌 것은?

① 공공성 ② 수익성
③ 보속성 ④ 생산성

해설 산림경영의 지도원칙
① 경제원칙 : 공공성, 수익성, 경제성, 생산성
② 복지원칙 : 합자연성, 환경보전
③ 보속성 : 목재수확균등의 보속, 목재생산의 보속

9. 산림수확 조절방법 중 수리계획법이 아닌 것은?

① 장기계획법 ② 선형계획법
③ 목표계획법 ④ 정수계획법

해설 산림수확 방법의 종류
선형 계획법, 정수 계획법, 목표 계획법

10. 숲길의 조성·관리 연차별계획에 포함되어야 할 사항은?

① 1년 단위 연차별 투자실적 및 계획
② 5년 단위 연차별 투자실적 및 계획
③ 10년 단위 연차별 투자실적 및 계획
④ 20년 단위 연차별 투자실적 및 계획

해설 산림청장은 등산·트레킹·산악레포츠·탐방 또는 휴양·치유 활동을 증진하기 위해 '숲길의 조성·관리기본계획'과 숲길연차별계획을 5년마다 세워야 한다.

11. 종합원가계산 방법에 대한 설명으로 옳지 않은 것은?

① 공정별 원가계산방법이라고도 한다.
② 제품의 원가를 개개의 제품단위별로 직접 계산하는 방법이다.
③ 같은 종류와 규격의 제품이 연속적으로 생산되는 경우에 사용한다.
④ 생산된 제품의 전체원가를 총생산량으로 나누어 단위 원가를 산출한다.

해설 종합원가계산(process cost system)
① 원가계산기간에 발생한 총원가를 그 기간의 총생산량으로 나누어 제품단위당 원가를 산정하는 방법이다.
② 종합원가계산이 행해지는 경우에도 제품이 단일제품일 경우에는 단순종합원가계산이 되고 제품이 두 개 이상인 경우에는 조별 종합원가계산이 된다.
③ 종합원가계산에는 공정별로 계산하는 경우가 있어 전부원가의 공정별 계산의 가공비만의 공정별계산을 행하는 경우도 있다.

정답 6. ② 7. ② 8. ③ 9. ① 10. ② 11. ②

12. 감가상각비에 대한 설명으로 옳지 않은 것은?

① 시간의 경과에 따른 부패, 부식 등에 의한 가치의 감소를 포함한다.

② 고정자산의 감가원인은 물리적 원인과 기능적 원인으로 나눌 수 있다.

③ 새로운 발명이나 기술진보에 따른 사용 가치의 감가는 감가상각비로 처리하지 않는다.

④ 시장변화 및 제조방법 등의 변경으로 인하여 사용할 수 없게 된 경우에도 감가상각비로 처리한다.

해설 감가 상각비

① 고정 자산의 가격 감소를 보상하기 위한 비용

② 고정 자산은 사용에 따른 노후화, 시간의 경과에 따른 노후화, 기술의 진보 등에 의해 가치가 떨어진다.

13. 산림의 경제성 분석방법 중 현금흐름할인법에 해당하지 않는 것은?

① 회수기간법　　　② 순현재가치법

③ 내부수익률법　　④ 편익비용비율법

해설 현금흐름할인법과 회수기간법

① 현금흐름할인법

• 순현재가치법, 내부수익률법, 편익비용비율법

• 화폐의 시간적 가치를 고려하여 분석하는 방법

② 회수기간법

• 투자금의 회수기간이 측정 가능

• 화폐를 시간적 가치를 고려하지 않는 분석방법

14. 벌구식 택벌작업에서 맨 처음 벌채된 벌구가 다시 택벌될 때까지의 소요기간을 무엇이라고 하는가?

① 벌기령　　　　② 윤벌기

③ 벌채령　　　　④ 회귀년

해설 ① 벌기령 : 임분이 성숙기에 도달하여 벌채하려는 계획상의 년수

② 윤벌기 : 개벌작업에서 작업급에 속하는 모든 임분을 일순벌하는데 요하는 기간

③ 벌채령 : 임목이 실제로 벌채되는 연령

④ 회귀년 : 택벌작업에서 첫 택벌을 실시한 구역을 다시 택벌하는데 걸리는 기간

15. 임목재적 측정 시 가장 먼저 할 일은?

① 조사목 선정　　② 조사목 측정

③ 조사구역 설정　④ 임분의 현존량 추정

해설 임목재적 측정

조사구역설정 − 조사목 선정 −조사목 측정 − 임분의 현존량 추정

16. 다음 조건에서 글라저(Glaser)의 보정식에 따른 15년생 현재의 평가대상 임목가는?

> • 현재 15년생인 소나무림 1ha의 조림비와 10년생까지 지출한 경비의 후가합계가 60만원이다.
> • 30년생의 벌기수확이 380만원으로 예상된다.

① 800,000원

② 812,500원

③ 850,000원

④ 887,500원

해설 글러저 보정식

① 글라저법에서 기점을 조림후 10년으로 하는 방법

② 적정벌기령(r)때 임목가격을 Ar, m년생의 임목가를 Am, 초년도의 조림비(정지·신식·풀베기 등의 비용)를 C0, 10년생까지에 투입된 비용의 후가합계를 C10

$$Am = (Ar - C10) \times \frac{(m-10)^2}{(r-10)^2} + C10$$

$$= (3,800,000 - 600,000) \times$$

$$\frac{(15-10)^2}{(30-10)^2} + 600,000$$

$$= 800,000원$$

정답　12. ③　13. ①　14. ④　15. ③　16. ①

17. 손익분기점 분석을 위한 가정으로 옳지 않은 것은?

① 제품의 생산능률은 변화한다.
② 제품 한 단위당 변동비는 항상 일정하다.
③ 고정비는 생산량의 증감에 관계없이 항상 일정하다.
④ 제품의 판매가격은 판매량이 변동하여도 변화되지 않는다.

해설 바르게 고치면
제품의 생산능률은 변하지 않는다.

18. 입목의 가격을 산정하기 위한 방법으로 시장역산가 공식에 사용하지 않는 인자는?

① 조재율
② 간벌수익
③ 자본회수기간
④ 원목의 시장단가

해설 시장역산가 공식
① 임목평가법 중 하나로 원목시장의 원목매매가를 조사한 후, 여기에서 원목이 시장에 출하될 때까지 소요되는 비용을 뺀 값으로 임목가를 추정하는 방법이다.
② 적용인자 : 원목시장가, 벌목비, 운반비, 기타비용, 조재율, 자본회수기간, 월이율, 기업이익율

19. 임목수관의 지상투영면적 백분율로 나타내는 임분밀도의 척도는?

① 상대밀도
② 임분밀도지수
③ 상대공간지수
④ 수관경쟁인자

해설 임분밀도를 나타내는 척도
단위면적당 임목본수, 재적, 흉고단면적입목도, 상대밀도, 임분밀도지수, 수관경쟁인자, 상대공간지수

20. 벌기가 20년인 활엽수 맹아림의 임목가는 40만원이다. 마르티나이트(Martineit) 식으로 계산한 15년생의 임목가는?

① 112,500원   ② 150,000원
③ 225,000원   ④ 350,000원

해설 $\dfrac{15 \times 15}{20 \times 20} \times 400,000 = 225,000$원

1. 다음 조건에서 임분의 초기 재적에 대한 순생장량 계산 공식은?

> • V1 : 측정 초기의 생존 임목의 재적
> • V2 : 측정 말기의 생존 임목의 재적
> • M : 측정기간 동안의 고사량
> • C : 측정기간 동안의 벌채량
> • A : 측정기간 동안의 진계생장량

① V2 − V1
② V2 + C − V1
③ V2 + C − A − V1
④ V2 + M + C − A − V1

해설 생장주기에 따른 다섯가지의 생장량 측정방법

측정초기의 입목재적(V1)	측정말기의 입목재적(V2)	측정기간 중 고사량(M)	측정기간 중 벌채량(C)	측정기간 중 진계생장량(A)

① 진계생장량을 포함하는 총생장량 = V2+M+C−V1
② 초기 재적에 대한 총생장량 = V2+M+C−A−V1
③ 진계생장량을 포함하는 순생장량 = V2+C−V1
④ 초기 재적에 대한 순생장량 = V2+C−A−V1
⑤ 입목축적에 대한 순변화량 = V2−V1

2. 다음과 같은 그림으로 분석이 가능한 임분구조가 아닌 것은?

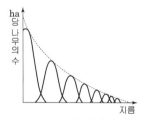

① 동령림
② 택벌림
③ 이령림
④ 영급이 다양한 임분

해설 전체 임분에서 ha당 나무의 수가 지름별로 다양하므로 택벌림 또는 이령림, 영급이 다양한 임분으로 볼 수 있다.

3. 산림문화 · 휴양에 관한 법률에 의한 산림문화 자산에 대한 설명으로 다음 ( ) 안에 들어갈 내용으로 옳지 않은 것은?

> • 산림문화자산이란 산림 또는 산림과 관련되어 형성된 것으로서 ( )으로 보존할 가치가 큰 유형 · 무형의 자산을 말한다.

① 사회적
② 생태적
③ 경관적
④ 정서적

해설 산림문화자산
산림 또는 산림과 관련되어 형성된 것으로서 생태적 · 경관적 · 정서적으로 보존할 가치가 큰 유형 · 무형의 자산을 말한다.

4. 회귀년에 대한 설명으로 옳은 것은?

① 임목이 실제로 벌채되는 연령이다.
② 택벌을 실시한 일정 구역에 또 다시 택벌하기까지의 기간이다.
③ 보속작업에서 작업급에 속하는 모든 임분을 벌채하는 데 소요되는 기간이다.
④ 임분이 처음 성립하여 생장하는 과정에 있어 성숙기에 도달하는 계획상의 연수이다.

해설 ①은 벌채령, ③은 윤벌기, ④는 벌기령에 대한 설명이다.

5. 임업소득이 5백만원이고 임가소득이 1천만원일 때 임업의존도는?

① 0.5%
② 5%
③ 50%
④ 200%

해설 임업의존도(%) = $\dfrac{임업소득}{임가소득} \times 100$

$\dfrac{5,000,000}{10,000,000} \times 100 = 50\%$

6. 수간석해에서 원판측정 방법에 해당하는 것은?

① 표준목법
② 수고곡선법
③ 직선연장법
④ 원주등분법

해설 원판측정방법
    삼각등분법, 원주등분법, 절충법

7. 임지의 평가 방법이 아닌 것은?

① 수익가법
② 비용가법
③ 환원가법
④ 기망가법

해설 임지평가방법
    환원가법, 기망가법, 비용가법

8. 순토측고기를 사용하여 임목의 수고를 측정할 때 올바른 계산식은?

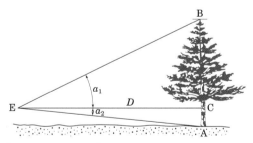

① $(\tan a1 + \tan a2) \times D$
② $(\tan a1 - \tan a2) \times D$
③ $(\cos a1 + \cos a2) \times D$
④ $(\cos a1 - \cos a2) \times D$

해설 수고 = 측정거리(D) $\times$ ($\tan a1 + \tan a2$)

9. 임업경영의 비용을 조림비, 관리비, 지대, 채취비로 구분할 때 관리비에 속하는 것은?

① 벌목비
② 감가상각비
③ 목재 운반비
④ 묘목 구입비

해설 관리비
    ① 관리비는 조림비와 채취비를 제외한 일체의 비용
    ② 산림경영관리의 인건비와 이에 수반되는 물건비 및 사무소 등 고정시설의 감가상각비, 산불감시대 및 방화설비, 산림구획 등에 소요되는 산림보호 및 구획보전비, 영림계획비, 제세공과금, 보험료, 노무자에 대한 복지시설비, 시험연구비 등

10. 다음 조건에서 시장가역산식을 이용한 임목가는?

- 임목의 시장가격 : 100,000원
- 자금회수기간 : 10개월
- 월이율 : 10%
- 총비용 : 30,000원

① 20,000원
② 50,000원
③ 70,000원
④ 80,000원

해설 $x = f\left(\dfrac{a}{1+mp+r} - b\right)$

여기서,
x : 단위 재적당(m³) 임목가, f : 조재율(이용률)
a : 단위 재적당 원목의 시장가
m : 자본 회수기간
b : 단위 재적당 벌채비, 운반비, 사업비 등의 합계
p : 월이율, r : 기업이익률
* 제시된 내용만 적용함

$\left(\dfrac{100,000}{1+10\times0.1} - 30,000\right) = 20,000$원

정답   6. ④   7. ①   8. ①   9. ②   10. ①

11. 투자효율의 결정방법 중 화폐의 시간적 가치를 고려하지 않는 것은?

① 순현재가치법
② 투자이익율법
③ 수익비용율법
④ 내부투자수익율법

해설 투자이익률법(평균이익률법)
　　① 시간가치 고려하지 않음
　　② 투자이익률 = 연평균순수익/연평균투자액

12. 자본장비도에 대한 설명으로 옳지 않은 것은?

① 자본장비율이라고도 한다.
② 1인당 소득은 자본장비도와 자본효율에 의해서 정해진다.
③ 다른 요소에 변화가 없을 때 자본이 많아지면 자본효율이 커진다.
④ 자본장비도는 경영의 총자본을 경영에 종사하는 사람의 수로 나눈 값을 말한다.

해설 바르게 고치면
　　자본장비도에서 다른요소에 변화없다고 가정할때 자본이 많아지면 자본장비도는 커지지만 자본효율이 작아지므로 양자의 상승적으로 나타나는 소득은 작아진다.

13. 임업이율의 성격이 아닌 것은?

① 평정이율
② 장기이율
③ 자본이자
④ 실질적 이율

해설 임업이율
　　자본이자이며 장기이율이고, 평정이율이며 명목이율이다.

14. 산림경영계획을 위한 지황조사에서 유효토심의 구분 기준으로 옳은 것은?

① 천 : 유효토심 20cm 미만
② 중 : 유효토심 20~30cm
③ 경 : 유효토심 30~60cm
④ 심 : 유효토심 60cm 이상

해설 토심구분

천(淺)	중(中)	심(深)
유효 토심 30cm 미만	유효 토심 30~60cm	유효 토심 60cm 이상

15. 다음 조건에서 정액법에 의한 감가상각비는?

- 기계톱 구입비 : 35만원
- 폐기 시 잔존가액 : 5만원
- 사용연수 : 5년

① 5만원/년　　　② 6만원/년
③ 7만원/년　　　④ 8만원/년

해설 정액법

$$감가상각비 = \frac{(취득원가 - 잔존가치)}{추정내용연수}$$

$$= \frac{350,000 - 50,000}{5} = 6만원/년$$

16. 평균생장량이 최대가 되는 때를 벌기령으로 결정하는 것은?

① 수익률 최대의 벌기령
② 재적수확 최대의 벌기령
③ 화폐수익 최대의 벌기령
④ 토지순수익 최대의 벌기령

해설 ① 수익률최대의 벌기령 : 수익성의 원칙에 입각한 벌기령
　　② 재적수확최대의 벌기령 : 단위면적당 수확되는 목재 생산량이 최대 (총평균생장량과 밀접)

③ 화폐수입최대의 벌기령 : 일정면적에서 최대의 화폐수입
④ 토지순수입최대의 벌기령 : 영구히 순수입을 얻을 수 있다고 할 때 그 순수입의 현재가치로 환산, 경제적 견지에서 가장 합리적

17. 우리나라 원목의 말구직경을 측정하는 방법으로 옳은 것은?

① 수피를 포함한 길이 검척 내의 최대 직경으로 한다.
② 수피를 포함한 길이 검척 내의 최소 직경으로 한다.
③ 수피를 제외한 길이 검척 내의 최대 직경으로 한다.
④ 수피를 제외한 길이 검척 내의 최소 직경으로 한다.

해설 우리나라 원목의 말구직경을 측정하는 방법
수피를 제외한 길이 검척 내의 최소 직경, cm단위로 측정하되 단위치수는 1cm로 하고 1cm 미만은 끊어 버린다.
예) 2cm~2.9cm까지는 2cm로, 3cm~3.9cm까지는 3cm로 한다.

18. 다음 그림에서 이익에 해당하는 것은?

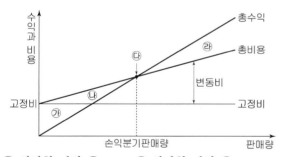

① 삼각형 면적 ㉮
② 삼각형 면적 ㉯
③ 삼각형 면적 ㉰
④ 점 ㉱에서의 수입

해설
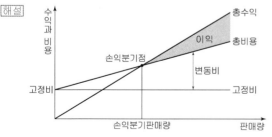

19. 총생장량, 평균생장량, 연년생장량간의 관계에 대한 설명으로 옳지 않은 것은?

① 평균생장량과 연년생장량 두 곡선이 만나기 전에는 연년생장량이 더 크다.
② 연년생장량곡선은 총생장량곡선이 변곡점에 이르는 시점에서 최고점에 도달한다.
③ 평균생장량곡선은 원점을 지나는 직선이 총생장량곡선과 접하는 시점에서 최고점에 도달한다.
④ 평균생장량과 연년생장량 두 곡선은 총생장량 곡선이 최고에 도달하는 시점에서 서로 만난다.

해설 바르게 고치면
평균생장량과 연년생장량 두 곡선은 평균생장량 곡선이 최고에 도달하는 시점에서 서로 만난다.

20. 자연휴양림 안에 설치할 수 있는 시설의 종류가 아닌 것은?

① 위생시설
② 체육시설
③ 안정시설
④ 편익시설

해설 자연휴양림 시설 종류
숙박시설, 위생시설, 체험·교육시설, 체육시설

정답 17. ④ 18. ③ 19. ④ 20. ③

1. 산림 경영의 지도 원칙 중 경제 원칙에 해당하는 것은?

① 합자연성 원칙　② 공공성의 원칙
③ 보속성의 원칙　④ 환경보전의 원칙

해설 공공성의 원칙
① 사회적 의의를 발휘
② 공공경제성의 원칙, 후생성의 원칙, 공익성의 원칙 또는 경제후생성의 원칙

2. 자연휴양림 시설의 종류에 해당되지 않는 것은?

① 수익시설　　　② 위생시설
③ 체육시설　　　④ 체험 · 교육시설

해설 자연휴양림 시설
숙박시설, 위생시설, 체험 · 교육시설, 체육시설

3. 국유림에서 임목생산을 위한 기준 벌기령으로 옳은 것은?

① 잣나무 : 60년　② 참나무류 : 50년
③ 일본잎갈나무 : 30년 ④ 리기다소나무 : 20년

해설 ② 참나무류 : 60년
③ 일본잎갈나무 : 50년
④ 리기다소나무 : 30년

4. 25년생 잣나무 임분의 입목재적이 45m³/ha이고 수확표의 입목재적은 50m³/ha이라면 입목도는?

① 0.5　　　　　② 0.7
③ 0.9　　　　　④ 1.1

해설 입목도 $= \dfrac{\text{현재축적}}{\text{정상축적}} = \dfrac{45}{50} = 0.9$

5. 임업 원가에 대한 설명으로 옳지 않은 것은?

① 제품의 생산 수준에 따라 비례하는 원가를 변동 원가라 한다.
② 특정 제품의 생산만을 위해서 발생한 원가를 직접 원가라 한다.
③ 과거에 이미 현금을 지불하였거나 부채가 발생한 원가를 매몰 원가라 한다.
④ 어떤 생산 수준에서 제품의 여러 단위를 더 생산할 때 추가로 발생하는 원가를 한계 원가라 한다.

해설 어떤 생산 수준에서 제품의 여러 단위를 더 생산할 때 추가로 발생하는 원가를 증분 원가라 한다.

6. 이율의 크기를 결정하는 주요 요인이 아닌 것은?

① 대출 기간　　　② 자본의 크기
③ 자본 투하의 위험성　④ 투하 자본의 유동성

해설 이율의 크기 결정요인
대출 기간(대부 기간), 자본 투하의 위험성, 투하 자본의 유동성

7. 산림문화 · 휴양 기본계획은 몇 년마다 수립 · 시행하는가?

① 5년　　　　　② 15년
③ 10년　　　　　④ 20년

해설 산림문화 · 휴양기본계획 등의 수립 · 시행
산림청장은 관계중앙행정기관의 장과 협의하여 전국의 산림을 대상으로 산림문화 · 휴양기본계획을 5년마다 수립 · 시행할 수 있다.

정답　1. ②　2. ①　3. ①　4. ③　5. ④　6. ②　7. ①

8. 수간석해를 통하여 계산할 수 없는 것은?

① 근주 재적
② 지조 재적
③ 소단부 재적
④ 결정 간재적

해설 수간석해 시 지조 재적은 고려하지 않는다.

9. 투자 비용의 현재가에 대하여 투자의 결과로 기대되는 현금 유입의 현재가 비율을 나타내어 투자효율을 결정하는 방법은?

① 순현재가치법
② 투자이익률법
③ 수익비용률법
④ 내부투자수익률법

해설 수익 · 비용률법(benefit/cost ratio method)
① 시간의 가치를 고려함
② 투자비용의 현재가에 대하여 투자의 결과로 기대되는 현금유입의 현재가비율을 나타낸다.
③ 각 투자안의 상대적 수익성을 표시한 수익성지수를 사용하며, 투자안을 평가할 때 수익성지수가 1보다 크면 그 투자안은 투자가치가 있는 것으로 판단된다.

10. 기계톱의 구입가가 100만원, 내용 연수는 10년, 폐기 시 가격이 20만원일 때 정액법에 의한 감가상각비는?

① 2만원/년
② 8만원/년
③ 10만원/년
④ 20만원/년

해설 정액법
① 정액법은 매년 일정금액으로 차감하는 방식을 말한다.
② 공식 : $\dfrac{취득원가 - 잔존가치}{추정내용연수}$

$= \dfrac{1,000,000 - 200,000}{10} = 80,000원/년$

11. 임상 개량의 목적이 달성될 때까지 임시적으로 설정하는 예상적 기간은?

① 회귀년
② 갱신기
③ 윤벌기
④ 정리기

해설 정리기(갱정기, 개량기)
불법정인 영급관계를 법정인 영급으로 정리 및 개량하는 기간으로 개별작업을 실시하려는 산림에 주로 적용한다.

12. 흉고직경과 중앙직경의 비율로 표시하여 임목의 완만도를 의미하는 것은?

① 형율
② 직경율
③ 절대형율
④ 상대형율

해설 ① 직경율 – 흉고직경과 중앙직경의 비율, 임목의 완만도
② 형률 – 상·하부의 특정 위치의 직경의 비의 함수
③ 절대형률 – 흉고직경과 흉고직경 이상의 중앙직경의 비를 각 형상급에 따라 수고의 함수

13. 이율이 4%이고 매년 말에 수익이 200만원일 때 자본가는?(단, 무한연년수입의 전가합계식으로 산정)

① 50만원
② 192만원
③ 208만원
④ 5,000만원

해설 무한연년이자 전가식

$$자본가 = \frac{r}{0.0p} = \frac{2,000,000}{0.04} = 50,000,000원$$

14. 윤척을 사용하는 방법으로 옳지 않은 것은?

① 수간 축에 직각으로 측정한다.
② 흉고부(지상 1.2m)를 측정한다.
③ 경사진 곳에서는 임목보다 낮은 곳에서 측정한다.
④ 흉고부에 가지가 있으면 가지 위나 아래를 측정한다.

해설 윤척 사용 시 경사진 곳에서는 뿌리 근처보다 높은 곳에서 측정한다.

정답 8. ② 9. ③ 10. ② 11. ④ 12. ② 13. ④ 14. ③

15. 임지기망가가 최대값에 도달하는 시기에 대한 설명으로 옳지 않은 것은?

① 조림비가 클수록 늦어진다.
② 이율의 값이 클수록 빨라진다.
③ 관리비가 많아질수록 늦어진다.
④ 간벌 수익이 많을수록 빨라진다.

해설 관리비
　　최대값과는 관계가 없음.

16. 산림의 가치 평가 방법으로 재화의 판매 가격의 최저한도 결정에 활용에 가장 적합한 것은?

① 비용가 　　　　② 매매가
③ 기망가 　　　　④ 자본가

해설 ① 비용가 : 재화의 판매가격의 최저 한도, 소비한 과거의 비용을 현재가로 환산한 것
② 매매가 : 시장가격에 의하여 가치를 평가하는 것으로서 평가하려는 재화와 동일하거나 유사한 다른 재화의 가격을 표준으로 하여 재화의 가격을 정하는 방법
③ 기망가 : 재화의 구입 가격의 최고 한도, 기대되는 수익을 일정한 비율로 할인하여 현재가를 구하는 방법
④ 자본가 : 매년 동액의 수익을 영구히 얻을 경우의 현재가, 기대되는 수익을 일정한 비율로 할인하여 현재가를 구하는 방법

17. 산림 수확 조절 방법으로 다수의 목표를 가지는 의사 결정 문제의 해결에 가장 적합한 것은?

① 목표계획법 　　　　② 정수계획법
③ 선형계획법 　　　　④ 비선형계획법

해설 현대적 산림 수확 조절 방법
① 선형계획법 : 하나의 목표달성을 위하여 한정된 자원을 최적 배분하는 수리계획법의 일종
② 정수계획법 : 사람의 수 등은 소수가 아닌 정수로 표시해야 그 의미가 맞으며, 이와 같은 문제를 해결하는 데 정수계획법이 사용하며 일반선형계획 모형과 같음

③ 목표계획법 : 선형계획법의 확장된 형태, 단일 목표나 다수의 목표를 가지는 의사결정문제해결에 매우 유효한 기법
④ 비선형계획법 : 선형제약조건을 가지면서 2차 목적함수를 극대화 (혹은 극소화)하게 되는데, 2차 계획법이 선형계획법과 다른 점은 목적함수가 1차항 뿐 아니라 2차항들도 포함하는 기법

18. 연년생장량에 대한 설명으로 옳은 것은?

① 벌기에 도달했을 때의 생장량
② 총생장량을 임령으로 나눈 양
③ 일정한 기간 내에 평균적으로 생장한 양
④ 임령이 1년 증가함에 따라 추가적으로 증가하는 수확량

해설 ① 벌기에 도달했을 때의 생장량 : 벌기 생장량
② 총생장량을 임령으로 나눈 양 : 총 평균 생장량
③ 일정한 기간 내에 평균적으로 생장한 양 : 정기 생장량

19. 임목축적, 생장률, 생장량의 관계에 대한 설명으로 옳은 것은?

① 생장률이 일정할 경우 임목축적이 작으면 생장량은 커진다.
② 임목축적이 일정한 산림의 경우 생장률과 생장량은 반비례한다.
③ 임목축적이 매우 많은 경우 생장률도 상승하여 생장량이 커진다.
④ 생장률이 높아도 임목축적이 매우 작으면 생장량은 상대적으로 작아진다.

해설 임업에 있어서 임목축적이 너무 많으면 생장률이 낮아져서 임목축적과 생장률의 상승인 생장량이 작아지고, 반대로 생장률이 크더라도 축적이 작으면 역시 생장량이 작아지게 된다.

정답　15. ③　16. ①　17. ①　18. ④　19. ④

20. 산림 조사에서 험준지에 해당하는 경사는?

① 15~20° ② 20~25°
③ 25~30° ④ 30° 이상

해설 산림조사시 경사도

구분(약어)	경사도
완경사지(완)	15° 미만
경사지(경)	15~20° 미만
급경사지(급)	20~25° 미만
험준지(험)	25~30° 미만
절험지(절)	30° 이상

1회

1회독 □ 2회독 □ 3회독 □

1. 임령에 따른 연년생장량과 평균생장량의 관계에 대한 설명으로 옳지 않은 것은?

① 처음에는 연년생장량이 평균생장량보다 크다.
② 평균생장량의 극대점에서 두 생장량의 크기는 다르다.
③ 연년생장량은 평균생장량보다 빨리 극대점을 가진다.
④ 평균생장량이 극대점에 이르기까지는 연년생장량이 항상 평균생장량보다 크다.

해설 바르게 고치면
평균생장량의 극대점에서 두 생장량의 크기가 같게 된다.

2. 임지기망가의 최대값에 영향을 주는 인자에 대한 설명으로 옳지 않은 것은?

① 이율이 낮을수록 최대값이 빨리 온다.
② 간벌 수익이 클수록 최대값이 빨리 온다.
③ 주벌 수익의 증대속도가 빨리 감퇴할수록 최대값이 빨리 온다.
④ 관리비는 임지기망가가 최대로 되는 시기와는 관계가 없다.

해설 바르게 고치면
이율이 크면 최대값에 도달하는 시기가 빠르다.

3. 산림생장 및 예측모델을 구축하는데 있어서 제일 먼저 수행해야 할 과정은?

① 자료수집
② 모델구성
③ 모델선정 및 설계
④ 자료 분석 및 생장 함수식 유도

해설 산림생장 및 예측모델 구축
• 산림생장 함수식들을 일련의 법칙성에 따라 연계시켜 산림의 생장 및 수확을 예측할 수 있도록 한 체계
• 산림관리방법에 따른 미래의 생장 및 수확량을 예측
• 과정 : 모델선정 및 설계 → 자료수집 → 자료분석 및 생장함수식 유도 → 모델구성 → 검증

4. 이자를 계산인자로 포함하는 벌기령은?

① 공예적 벌기령
② 재적수확 최대 벌기령
③ 화폐수익 최대 벌기령
④ 토지순수익 최대 벌기령

해설 토지 순수익 최대의 벌기령
수확의 수입시기에 따른 이자를 계산한 총수입에서 이에 대한 조림비·관리비·이자액을 공제한 토지 순수입의 자본가가 최고가 되는 때의 벌기령

5. 벌채실행을 모두베기로 할 때 벌채면적은 최대 30ha 이내로 하되, 벌채면적이 5ha 이상일 경우에는 하나의 벌채 구역을 몇 ha 이내로 하는가?

① 3ha   ② 5ha   ③ 6ha   ④ 10ha

해설 모두베기와 어미나무작업은 벌채면적을 5ha이내로 한다.

6. 산림평가 시 임업이율은 보통이율보다 낮아야 하는 이유로 옳지 않은 것은?

① 생산기간의 장기성 때문
② 산림소유의 불안정성 때문
③ 산림의 관리경영이 간편하기 때문
④ 재적 및 금원 수확의 증가와 산림재산 가치의 등귀 때문

해설 바르게 고치면
산림소유의 안정성 때문

정답 1. ② 2. ① 3. ③ 4. ④ 5. ② 6. ②

7. 30년생 임목이 7본, 25년생 임목이 12본, 20년생 임목이 7본인 경우 본수령으로 계산한 평균임령은?

① 15년   ② 20년
③ 25년   ④ 30년

해설 이령림의 연령측정방법

$$A = \frac{n_1a_1 + n_2a_2 + \cdots + n_na_n}{n_1 + n_2 + \cdots + n_n}$$

여기서, A : 평균령, n : 영급의 본수, a : 영급

$$A = \frac{7 \times 30 + 12 \times 25 + 7 \times 20}{7 + 12 + 7} = 25 \, 년$$

8. 임업자산의 유형과 구성요소의 연결로 옳지 않은 것은?

① 유동자산 – 비료
② 유동자산 – 현금
③ 고정자산 – 묘목
④ 임목자산 – 산림축적

해설 유동자산 – 묘목

9. 산림경영의 지도원칙 중 보속성의 원칙에 해당되지 않는 것은?

① 합자연성
② 목재수확 균등
③ 생산자본 유지
④ 화폐수확 균등

해설 보속성의 원칙과 합자연성의 원칙
- 보속성의 원칙은 산림에서 수확이 연년 균등하게 또는 영구히 존속할 수 있도록 경영하는 원칙을 말한다.
- 합자연성의 원칙은 임목의 생장·생활에 관해 자연법칙을 존중하여 경영·생산하는 원칙으로 산림경영에 있어 근원적이고 지속적인 원칙을 말한다.

10. 손익분기점의 분석을 위한 가정에 대한 설명으로 옳지 않은 것은?

① 제품 한 단위당 변동비는 항상 일정하다.
② 총비용은 고정비와 변동비로 구분할 수 있다.
③ 제품의 판매가격은 판매량이 변동하여도 변화되지 않는다.
④ 생산량과 판매량은 항상 다르며 생산과 판매에 보완성이 있다.

해설 바르게 고치면
생산량과 판매량은 항상 같으며, 생산과 판매에 동시성이 있다.

11. 임업투자 결정 중 현금유입을 통하여 투자금액을 회수하는데 소요되는 기간을 가지고 투자 결정을 하는 방법은?

① 회수기간법
② 내부수익률법
③ 순현재가치법
④ 수익·비용비법

해설 회수기간법
시간가치 고려하지 않고, 사업에 착수하여 투자에 소요된 모든 비용을 회수할 때까지의 기간을 말하고, 연 단위로 표시한다.

12. 법정림(개벌작업)에서 작업급의 윤벌기가 50년인 경우의 법정수확률은?

① 2%   ② 3%
③ 4%   ④ 5%

해설 법정수확률(법정연벌률)

$$P = \frac{200}{윤벌기} = \frac{200}{50} = 4\%$$

13. 수간석해를 위한 원판 채취방법에 대한 설명으로 옳지 않은 것은?

① 원판의 두께는 10cm가 되도록 한다.
② 원판을 채취할 때는 수간과 직교하도록 한다.
③ 측정하지 않을 단면에는 원판의 번호와 위치를 표시하여 둔다.
④ Huber식에 의한 방법에서 흉고이상은 2m 마다 원판을 채취하고 최후의 것은 1m가 되도록 한다.

해설 수간석해를 위한 원판 채취방법
보통 흉고직경이 1.2m로 했을 경우에는 지상 0.2m 되는 곳을 선정하여 두께 3~5cm 정도로 수간에 직각이 되도록 벌채점 위를 베어낸다.

14. 트레킹길 중 산줄기나 산자락을 따라 길게 조성하여 시점과 종점이 연결되지 않는 길은?

① 둘레길
② 탐방로
③ 트레일
④ 산림레포츠길

해설 트레킹길
• 길을 걸으면서 지역의 역사·문화를 체험하고 경관을 즐기며 건강을 증진하는 활동을 하는 길
• 둘레길 : 시점과 종점이 연결되도록 산의 둘레를 따라 조성한 길
• 트레일 : 산줄기나 산자락을 따라 길게 조성하여 시점과 종점이 연결되지 않는 길

15. 산림경영의 대상이 되는 경영계획구에 대해서 산림소유자나 지방자치단체장이 수립하는 계획은?

① 지역산림계획
② 산림기본계획
③ 산림경영계획
④ 국유림경영계획

해설 산림경영계획
산림의 장기적인 생산기간을 고려하여 산림자원의 보속적 배양으로 생산력의 증진을 도모하며 국토를 보전할 수 있는 합리적인 경영계획으로 지방자치단체장 또는 산림소유자가 수립하는 계획을 말한다.

16. 임목평가의 방법 중에서 유령림의 평가에 가장 적합한 것은?

① Glaser법
② 시장가역산법
③ 임목기망가법
④ 임목비용가법

해설 유령림의 평가 방법
임목을 육성하는 데 들어간 일체의 경비 후가에서 그동안 수입의 후가를 공제하는 임목비용가법을 사용한다.

17. 다음 조건에 따라 정액법으로 구한 임업기계의 감가상각비는?

| • 취득원가 : 5,000,000원 |
| • 잔존가치 : 500,000원 |
| • 내용연수 : 50년 |

① 90,000원/년
② 100,000원/년
③ 500,000원/년
④ 1,100,000원/년

해설 정액법은 감가상각비 총액을 각 연도에 할당하여 해마다 균등하게 감가하는 방법을 말한다.

$$\frac{5,000,000 - 500,000}{50} = 90,000 \text{원/년}$$

18. 임목재적을 측정하기 위한 흉고형수에 대한 설명으로 옳지 않은 것은?

① 지위가 양호할수록 형수가 작다.
② 수고가 작을수록 형수는 작아진다.
③ 연령이 많아질수록 형수는 커진다.
④ 흉고직경이 작아질수록 형수는 커진다.

해설 흉고형수는 수고가 높아질수록 작아지는 경향이 있다.

정답   13. ①   14. ③   15 ③   16. ④   17. ①   18. ②

19. 이율은 5%이고 앞으로 10년 후에 300,000원의 간벌수익을 얻으리라고 예상하면 간벌수입의 전가합계는?

① 약 69,000원　　　② 약 184,000원

③ 약 489,000원　　　④ 약 1,296,000원

해설 $V = \dfrac{N}{(1+P)^n} = \dfrac{300{,}000}{(1+0.05)^{10}} = $ 약 184,000원

20. 자연휴양림을 조성 신청하려는 자가 제출하여야 하는 자연휴양림 구역도의 축척은?

① 1/5,000　　　② 1/10,000

③ 1/15,000　　　① 1/25,000

해설 자연휴양림 예정지의 위치도(축적 2만5천분의1) 및 구역도(축척 5천분의1 또는 6천분의 1) 각 1부를 제출한다.

2회
1회독 ☐ 2회독 ☐ 3회독 ☐

1. 산림 평가와 관련된 산림의 특수성에 대한 설명으로 옳지 않은 것은?

① 관광 산업으로 산지 전용 등 산림에 대한 가치관이 다양화되고 있다.

② 산림은 자연적으로 장기간에 걸쳐 생산된 것이므로 완전히 동형·동질인 것은 없다.

③ 산림 평가에 있어서 과거와 장래에 걸친 여러 문제는 중요한 평가 인자로 고려하지 않는다.

④ 임업의 대상지로서 산림은 수익을 예측하기가 어렵고 적합한 예측 방법도 확립되어 있지 않다.

[해설] 바르게 고치면

산림의 평가는 현재뿐만 아니라 과거와 장래에 걸친 여러 문제도 중요한 평가 인자가 된다.

2. 유령림의 임목을 평가하는 방법으로 가장 적합한 것은?

① Glaser법   ② 비용가법
③ 기망가법   ④ 매매가법

[해설] 임목평가방법

일반적으로 유령림에는 임목비용가법, 벌기 미만의 장령림에는 임목기망가, 중령림에는 임목비용가법과 임목기망가법의 중간적인 Glaser법, 벌기 이상 임목에는 임목매매가가 적용되는 시장가역산법을 사용한다.

3. 다음 조건에 따른 자본에 귀속하는 소득은?

• 임업소득 : 10,000,000원
• 가족노임추정액 : 5,000,000원
• 지대 : 1,000,000원
• 자본이자 : 500,000원

① 3,500,000원   ② 4,000,000원
③ 4,500,000원   ④ 10,500,000원

[해설] 자본에 귀속하는 소득=임업소득-(지대+가족노임추정액)=10,000,000-(1,000,000+5,000,000)=4,000,000원

4. 임지기망가에 대한 설명으로 옳지 않은 것은?

① 조림비가 클수록 임지기망가가 최대로 되는 시기가 늦어진다.

② 이율이 클수록 임지기망가가 최대로 되는 시기가 빨리 온다.

③ 간벌수익이 클수록 임지기망가가 최대로 되는 시기가 빨리 온다.

④ 지위가 양호한 임지일수록 임지기망가가 최대로 되는 시기가 늦어진다.

[해설] 바르게 고치면

지위가 양호한 임지일수록 임지기망가가 최대로 되는 시기가 빨리 오며, 벌기가 짧아진다.

5. 다음 조건을 활용하여 Austrian 공식으로 구한 표준연벌량은?

• 대상 임분 : 소나무림
• 윤벌기 : 60년
• 갱정기 : 20년
• 연년생장량 : 10,500m³
• 현실임분 축적 : 249,000m³
• 법정축적 : 245,000m³

① 10,500m³   ② 10,700m³
③ 11,100m³   ④ 14,500m³

[해설] Austrian법과 축적과 생장량을 기초로 하는 공식법
① 내용
• 총축적을 높이거나 낮추어 조정하는 방법으로 생장량을 결합하는 방법
• 표준연벌량=연년생장량+(현실임분축적-법정축적/갱정기)
② 표준 연벌량=10,500+(249,000-245,000/20)
        =10,700m³

정답 1. ③ 2. ② 3. ② 4. ④ 5. ②

6. 어떤 잣나무의 흉고형수가 0.4702, 흉고직경이 20cm, 수고가 10m인 경우 형수법에 의한 입목재적은?

① 0.1476m^3 　② 0.5906m^3

③ 1.4764m^3 　④ 2.9529m^3

해설 $V = 0.785 \cdot d^2 \cdot f$
$= 0.785 \times (0.2)^2 \times 0.4702 \times 10 = 0.1476\text{m}^3$

7. 임분 재적 측정 방법으로 표본조사법 중 선표본점법에 해당하는 것은?

① 임의 추출법　② 층화 추출법

③ 부차 추출법　④ 계통적 추출법

해설 선표본점법(line-plot method)
면적의 산림조사에서 적용되는 표본조사법으로, 임분을 몇 개의 대상(帶狀)으로 분할한 다음 그 중심선 상 또는 분할한 선에서 일정한 거리를 두고 분할한 선과 평행하는 선상에서 일정한 간격을 두어 표본점을 계통적으로 추출하는 방법을 말한다.

8. 자연휴양림 안에 설치할 수 있는 시설의 규모에 대한 설명으로 옳은 것은?

① 3층 이상의 건축물을 건축하면 안 된다.
② 일반음식점영업소 또는 휴게음식점영업소의 연면적은 900m^2 이하로 한다.
③ 자연휴양림시설 중 건축물이 차지하는 총 바닥면적은 $10,000\text{m}^2$ 이하가 되도록 한다.
④ 자연휴양림시설의 설치에 따른 산림의 형질변경 면적은 $10,000\text{m}^2$ 이하가 되도록 한다.

해설 바르게 고치면
① 건축물의 층수는 3층 이하가 되도록 할것
② 일반음식점영업소 또는 휴게음식점영업소의 연면적은 200m^2 이하로 한다.
④ 자연휴양림시설의 설치에 따른 산림의 형질변경 면적은 $100,000\text{m}^2$ 이하가 되도록 한다.

9. 입목의 직경을 측정하는데 사용하는 도구가 아닌 것은?

① 윤척(caliper)
② 직경 테이프(diameter tape)
③ 빌티모아 스티크(biltimore stick)
④ 아브네이 핸드 레블(abney hand level)

해설 아브네이 핸드 레블 : 수고측정기구

10. 공 · 사유림 산림경영계획을 작성하기 위한 임황조사 항목이 아닌 것은?

① 지위
② 경급
③ 임령
④ 총축적

해설 임황조사 항목
임종, 임상, 수종, 혼효율, 임령, 영급, 수고, 경급, 소밀도, 축적 등

11. 산림투자의 경제성 분석방법이 아닌 것은?

① 회수기간법
② 순현재가치법
③ 외부수익률법
④ 편익비용비율법

해설 산림투자의 경제성 분석방법
• 회수시간법 : 시간가치 고려하지 않음.
• 투자이익률법 : 평균이익률법, 시간가치 고려하지 않음. 연평균순수익 / 연평균투자액
• 순현재가치법 : 현가법, 시간가치를 고려함.
• 수익 · 비용률법 : 결과, B/C율 > 1(→투자가치사업)
• 내부투자수익률법

정답　6. ①　7. ④　8. ③　9. ④　10. ①　11. ③

12. 다음 조건에서 시장가역산법을 적용한 소나무 원목의 임목가는?

- 시장 가격 : 300,000원
- 생산 비용 : 100,000원
- 조재율 : 70%
- 투입 자본의 회수기간 : 5년
- 자본의 연이율 : 4%
- 기업 이익률 : 30%

① 55,000원   ② 70,000원
③ 95,000원   ④ 125,400원

해설 $x = f\left(\dfrac{a}{1+mp+r} - b\right)$

$= 0.7\left(\dfrac{300,000}{1+5\times0.04+0.30} - 100,000\right)$

$= 70,000$원

13. 산림의 생산기간에 대한 설명으로 옳지 않은 것은?

① 회귀년이 짧은 경우 단위면적에서 벌채될 재적이 많다.
② 벌기령과 벌채령이 일치할 때 벌기령을 법정벌기령이라 한다.
③ 개량기는 개벌작업을 하는 산림에 적용되는 기간이며 정리기라고도 한다.
④ 윤벌기란 보속작업에 있어서 한 작업급내의 모든 임분을 1순벌하는데 필요한 기간이다.

해설 바르게 고치면
회귀년이 긴 경우 단위면적에서 벌채될 재적이 많다.

14. 임업경영의 지표분석 중 수익성 분석 항목이 아닌 것은?

① 자본순수익   ② 자본이익률
③ 토지회전율   ④ 자본회전율

해설 수익성 분석 항목
수익성은 이윤 또는 이익을 얻는 힘, 즉 수익력을 말하며 이윤과 자본과의 관계인 수익률 또는 이윤율 등에 의하여 구체적으로 표현된다.

15. 우리나라 임업 경영의 특성이 아닌 것은?

① 생산기간이 대단히 길다.
② 임업은 공익성이 크므로 제한성이 많다.
③ 임업노동은 계절적 제약을 크게 받지 않는다.
④ 육성임업과 채취임업은 함께 실시하기 어렵다.

해설 임업의 경제적 특성
- 임업에는 육성적 임업과 채취적 임업이 있다.
- 자본회수가 장기성이다.
- 원목가격의 구성요소의 대부분이 운반비이다.
- 임업노동은 계절적 제약을 크게 받지 않는다.
- 임업생산은 조방적(粗放的)이다.
- 임업은 공익성이 크므로 제한성이 많다.

16. 자연휴양림의 지정권자는?

① 산림청장   ② 시·도지사
③ 시장·군수   ④ 국립자연휴양림관리소장

해설 자연휴양림의 지정권자는 산림청장이다.

17. 산림경영의 지도원칙 중 보속성의 원칙이 아닌 것은?

① 목재 생산의 보속
② 임업기술 유지의 보속
③ 생산자본 유지의 보속
④ 목재수확 균등의 보속

해설 보속성의 원칙
목재 생산의 보속, 목재생산 균등의 보속, 생산자본 유지의 보속

정답   12. ②   13. ①   14. ③   15. ④   16. ①   17. ②

18. 법정림을 구성하기 위한 법정상태의 요건에 해당되지 않는 것은?

① 법정축적   ② 법정생장량
③ 법정노동력   ④ 법정임분배치

해설 법정림의 구비조건 4가지
  • 법정영급분배
  • 법정임분배치
  • 법정생산량
  • 법정축적

19. 이령림의 연령을 측정하는 방법이 아닌 것은?

① 벌기령   ② 본수령
③ 재적령   ④ 표본목령

해설 이령림 연령측정방법
  분수령, 재적령, 면적령, 표본목련

20. 다음 손익분기점 분석 공식에서 q가 의미하는 것은?
(단, TC는 총비용, FC는 총고정비, v는 단위당 변동비)

$$TC = FC + v \times q$$

① 손실비
② 총수익
③ 판매가격
④ 손익분기점의 생산량

해설 손익분기점 분석
  • 총수익과 총비용이 같아지는 점을 손익분기점이라고 한다.
  • 총비용=총고정비+단위당 변동비×판매량

정답 18. ③   19. ①   20. ④

3회

1. 산림경영계획 작성 시 임황조사 항목이 아닌 것은?

① 지위   ② 임상
③ 임종   ④ 소밀도

해설 임황조사 항목
임종, 임상, 수종, 혼효율, 임령, 영급, 수고, 경급, 소밀도, 축척

2. 다음 중 유동자본으로만 올바르게 나열한 것은?

가. 묘목	나. 임도
다. 벌목기구	라. 제재소 설치비

① 가   ② 가, 나
③ 나, 다   ④ 가, 다, 라

해설 유동 자본재
① 조림비 : 종자, 묘목, 비료, 정지·식재·풀베기 등의 비용
② 관리비 : 감독자의 급료, 사업소의 사무비, 수선비. 공과잡비 등
③ 사업비 : 벌목, 운반, 제재 등에 요하는 임금 및 소모품비

3. 임업의 특성에 대한 설명으로 옳지 않은 것은?

① 임업생산은 노동집약적이다.
② 육성임업과 채취임업이 병존한다.
③ 원목 가격의 구성요소 중 운반비가 차지하는 비율이 가장 낮다.
④ 토지나 기후 조건에 대한 요구도가 타 산업에 비해 상대적으로 낮다.

해설 임업의 경제적 특성
① 임업에는 육성적 임업과 채취적 임업이 있다.
② 자본회수가 장기성이다.
③ 원목가격의 구성요소의 대부분이 운반비이다.

④ 임업노동은 계절적 제약을 크게 받지 않는다.
⑤ 임업생산은 조방적(粗放的)이다.
⑥ 임업은 공익성이 크므로 제한성이 많다.

4. 임가소득에 대한 설명으로 옳지 않은 것은?

① 농업소득도 임가소득에 포함된다.
② 임업외소득도 임가소득에 포함된다.
③ 겸업 또는 부업으로 인한 소득은 임가소득에서 제외된다.
④ 임가소득지표로 생산자원의 소유 형태가 서로 다른 임가 사이의 임업경영성과를 직접 비교할 수 없다.

해설 임가소득
① 임업을 경영하는 임가가 한 해 동안에 여러 가지 소득 행위로 얻은 성과를 합계
② 임업경영활동에 의하여 얻은 임업소득과 농업을 비롯한 임업이 아닌 부문의 겸업 또는 부업에 의하여 얻은 임업 외 소득으로 구성

5. 임목의 생장량을 측정하는데 있어서 현실생장량의 분류에 속하지 않는 것은?

① 연년생장량
② 정기생장량
③ 벌기생장량
④ 벌기평균생장량

해설 현실생장량
① 일정한 기간 내에 현실적으로 생장한 양을 말한다. 이것은 어떤 기간동안의 생장량인가에 따라 다양한 용어로 구분한다.
② 1년 동안에 생장한 양이면 연년생장량, 일정한 기간 내에 생장한 양이면 정기생장량, 벌기에 도달되었을 때까지의 총 생장량을 벌기생장량이라고 한다.

정답   1. ①   2. ①   3. ③   4. ③   5. ④

6. 육림비 절감 방법으로 옳지 않은 것은?

① 낮은 이자율의 자본을 이용한다.
② 투입한 자본의 회수기간을 짧게 한다.
③ 노임을 절약할 수 있는 방법을 찾는다.
④ 중간 부수입(간벌수입 등)은 최소화한다.

해설 육림비의 절감
　　① 이자절감 : 육림비에서 가장 큰 비중을 차지함
　　② 경비절감 : 경비의 대부분은 노임
　　③ 자본회수기간 단축 : 벌기령 단축, 부수입 증대

7. 산림조사기간 동안 측정할 수 있는 크기로 생장한 새로운 임목들의 재적을 의미하는 것은?

① 순변화량　　　　　② 순생장량
③ 총생장량　　　　　④ 진계생장량

해설 순변화량, 생장량, 진계생장량
　　① 순변화량 : 측정 말기 입목재적 - 측정 초기 입목재적
　　② 생장량 : 시간의 흐름에 따른 수확량의 변화, 누운 S자 형태
　　③ 진계생장량 : 산림조사기간 동안 측정할 수 있는 크기로 생장한 새로운 임목들의 재적

8. 산림 생산기간에 대한 설명으로 옳지 않은 것은?

① 회귀년은 택벌작업에 적용되는 용어이다.
② 회귀년의 길이와 연벌구역면적은 정비례한다.
③ 벌채 후 갱신이 지연되는 경우 늦어지는 기간을 갱신기라고 한다.
④ 어떤 임분에서 벌채와 동시에 갱신이 시작되는 경우 윤벌기와 윤벌령은 동일하다.

해설 회귀년
　　① 택벌림의 벌구식 택벌작업에 있어서 맨 처음 택벌을 실시한 일정 구역을 또 다시 택벌하는데 걸리는 기간
　　② 회귀년이 길다 : 연 벌구면적이 적음, 벌채량잉 많아지고, 임지 축적이 줄어든다.

9. 산림평가에서 임업이율을 높게 평정할 수 없고 오히려 보통이율보다 약간 낮게 평정해야 하는 이유에 해당하지 않는 것은?

① 산림 소유의 안전성
② 산림 수입의 고소득성
③ 산림관리경영의 간편성
④ 문화 발전에 따른 이율의 저하

해설 임업이율을 저이율로 평정해야 하는 이유
　　① 재적 및 금원수확의 증가와 산림 재산가치의 등귀
　　② 산림소유의 안정성
　　③ 재산 및 임료수입의 유동성
　　④ 산림 관리경영의 간편성
　　⑤ 생산기간의 장기성
　　⑥ 문화발전에 따른 이율의 저하
　　⑦ 기호 및 간접이익의 관점에서 나타나는 산림소유에 대한 개인적 가치평가

10. 임목의 가격을 평가하기 위해 조사해야 할 항목으로 가장 거리가 먼 것은? (단, 주벌수확의 경우임)

① 재종별 시장가격
② 부산물 소득 정도
③ 조재율 또는 이용률
④ 총재적의 재종별 재적

해설 주벌 수확 사정
　　총재적의 재종별 재적, 재종별 비율, 조재율, 이용율, 단위재적당 채취비(벌채, 운반, 잡비), 재종별 시장가격

11. 산림 면적이 1,200ha, 윤벌기 40년, 1영급이 10영계일 때 법정영급면적과 법정영계면적을 순서대로 올바르게 나열한 것은?

① 30ha, 100ha
② 30ha, 300ha
③ 300ha, 30ha
④ 300ha, 100ha

해설 $A = \dfrac{F}{U} \times n$, $\quad a = \dfrac{F}{U}$

여기서, a : 법정영계면적,

$\quad A =$ 법정영급면적, $\quad F =$ 작업급의 면적

$\quad U =$ 윤벌기, $\quad n = 1$영급의 영계 수

$\dfrac{1200}{40} \times 10 = 300\text{ha}$, $\quad \dfrac{1200}{40} = 30\text{ha}$

12. 자본장비도 개념을 임업에 도입할 때 자본효율에 해당하는 것은?

① 축적   ② 생장량

③ 벌채량   ④ 생장률

해설 자본효율의 개념을 임업에 적용할 경우

임목축적과 생장률이 너무 크거나 작으면 생장량이 작아지므로 적절한 자본장비도(임목축적)와 자본효율(생장률)을 갖추어야 소득(생장량)이 증가한다.

13. 다음 조건에 따라 연수합계법으로 계산된 제3년도 감가상각비는?

- 취득원가 : 5,000만원
- 폐기할 때 잔존가격 : 500만원
- 추정내용연수 : 10년

① 약 360만원   ② 약 655만원

③ 약 900만원   ④ 약 1,350만원

해설 연수합계법

감가율 $= \dfrac{(\text{취득원가} - \text{잔존가치}) \times \text{잔존내용연수}}{\text{내용연수의합계}}$

$=$ 내용연수합계 $= \dfrac{n(n+1)}{2} = \dfrac{10(10+1)}{2} = 55$

① 1차년도 : $\dfrac{(50{,}000{,}000 - 5{,}000{,}000) \times 10}{55}$

$= 8{,}181{,}818.182$

② 2차년도 : $\dfrac{(50{,}000{,}000 - 5{,}000{,}000) \times 9}{55}$

$= 7{,}363{,}636.364$

③ 3차년도 : $\dfrac{(50{,}000{,}000 - 5{,}000{,}000) \times 8}{55}$

$= 6{,}545{,}454.545$

14. 임지생산능력을 판단 및 결정하는 방법으로 가장 거리가 먼 것은?

① 직경에 의한 방법

② 지표식물에 의한 방법

③ 환경인자에 의한 방법

④ 지위지수에 의한 방법

해설 임지생산능력 판단 및 결정 방법

① 지위지수에 의한 방법

② 지표식물에 의한 방법

④ 환경인자에 의한 방법

15. 다음 조건에 따른 원목의 재적은?

- 재장 : 4.2m
- 말구직경 : 30cm
- 계산 방법 : 말구직경자승법

① 0.126m³   ② 0.378m³

③ 1.260m³   ④ 3.780m³

해설 $V = d_n^2 \times l$ (여기서, d_n : 말구직름, l : 길이)

$0.3^2 \times 4.2 = 0.378\text{m}^3$

16. 연이율이 6%이고 매년 240만원씩 영구히 순수익을 얻을 수 있는 산림을 3,600만원에 구입하였을 때의 이익은?

① 225만원   ② 400만원

③ 3,374만원   ④ 4,000만원

정답   12. ④   13. ②   14. ①   15. ②   16. ②

$K = \dfrac{r}{P} = \dfrac{2,400,000}{0.06} = 40,000,000$

4,000만원 가치의 산림을 3,600만원에 구입하여 400만원 이익이 발생하였다.

17. 임령에 따라 적용한 임목의 평가방법으로 가장 적합한 것은?

① 유령림의 임목 : 비용가법
② 중령림의 임목 : 기망가법
③ 벌기 이후의 임목 : Glaser법
④ 벌기 미만 장령림의 임목 : 매매가법

해설 ① 유령림 : 비용가법
　　② 벌기 미만의 장령림 : 기망가
　　③ 중령림 : Glaser법
　　④ 벌기 이상 임목 : 시장가역산법

18. 입목의 연년생장량과 평균생장량간의 관계에 대한 설명으로 옳은 것은?

① 초기에는 연년생장량이 평균생장량보다 작다.
② 연년생장량이 평균생장량보다 최대점에 늦게 도달한다.
③ 평균생장량이 최대가 될 때 연년생장량과 평균생장량은 같게 된다.
④ 평균생장량이 최대점에 도달한 후에는 연년생장량이 평균생장량보다 크다.

해설 평균 생장량과 연년 생장량 간의 관계
　　① 처음에는 연년생장량이 평균생장량보다 큼.
　　② 연년생장량은 평균생장량 보다 빨리 극대점을 가짐.
　　③ 평균생장량의 극대점에서 두 성장량의 크기가 같게 됨.
　　④ 평균생장량이 극대점에 이르기까지는 연년생장량이 항상 평균생장량보다 큼.
　　⑤ 평균생장량극대점을 지난 후에는 연년생장량 평균생장량 보다 하위에 있다.

19. 임분의 재적을 측정하기 위해 임분의 임목을 모두 조사하는 방법이 아닌 것은?

① 표본조사법
② 매목조사법
③ 재적표 이용법
④ 수확표 이용법

해설 임분재적 측정 방법
　　① 전림법 : 매목조사법, 매목목측법, 재적표를 이용 방법, 항공사진 이용방법, 수확표 이용방법
　　② 표준목법 : 단급법, 드라우드법, 우리히법, 하르티히법

20. 산림구획 시 현지 여건상 불가피한 경우를 제외하고 임반을 구획하는 면적 기준은?

① 1ha
② 10ha
③ 100ha
④ 500ha

해설 임반의 면적
　　현지 여건상 불가피한 경우를 제외하고는 가능한 100ha 내외로 구획한다.

1회
1회독 □   2회독 □   3회독 □

1. 묘목을 심어 성림하기까지 지출되는 비용에 해당하는 항목은?

① 지대
② 조림비
③ 채취비
④ 관리비

해설 조림비
산림을 육성하는 데 희생된 가치의 총화로 식재비(정지비+신식비+보식비+묘목대+묘목운반비 등), 벌초비(풀베기+덩굴치기), 제벌비, 간벌비, 가지치기 비용 등을 포함한다.

2. 입목 직경을 수고의 $\frac{1}{n}$ 되는 곳의 직경과 같게하여 정한 형수는?

① 정형수
② 수고형수
③ 절대형수
④ 흉고형수

해설 ① 정형수 : 수고 1/n 위치의 직경을 기준으로 한 형수
② 절대형수 : 비교원주의 직경위치를 최하단부에 정해서 구한 형수
③ 흉고형수 : 부정형수, 직경위치를 수고의 1.2m를 기준으로 한 형수

3. 임업의 경제적 특성으로 옳지 않은 것은?

① 임업생산은 조방적이다.
② 자연조건의 영향을 많이 받는다.
③ 육성임업과 채취임업이 병존한다.
④ 원목가격의 구성요소 대부분이 운반비이다.

해설 자연조건의 영향을 많이 받는다.
→ 임업의 기술적 특성

4. 원가계산을 위한 원가비교 방법으로 옳지 않은 것은?

① 기간비교
② 상호비교
③ 표준실제비교
④ 수익비용비교

해설 원가비교
① 기간비교 : 기업 전체의 원가 또는 기업 내 일정 부서의 원가를 과거의 원가와 비교하여 그 변화와 증감상태를 분석 관찰하는 방법
② 상호비교 : 어떤 기업 · 공장 또는 일정부문의 원가를 같은 기간의 다른 기업 · 공장 또는 일정부문의 원가와 비교하여 그 차이를 분석 관찰하는 방법
③ 표준실제비교 : 원가차이분석, 같은 기업 · 공장 또는 일정 부문의 실제원가와 표준원가를 비교하여 그 차이를 분석 평가하는 방법

5. 임업기계의 감가상각비(D)를 정액법으로 구하는 공식으로 옳은 것은? (단, P : 기계구입가격, S : 기계 폐기 시의 잔존가치, N : 기계의 수명)

① $D = \dfrac{P-S}{N}$

② $D = \dfrac{S-P}{N}$

③ $D = \dfrac{N}{S-P}$

④ $D = \dfrac{N}{P-S}$

해설 정액법
① 가장 간단한 방법으로 각 사용연도에 할당하여 해마다 균등하게 감가하는 감가상각을 말한다.
② 감가상각비 $= \dfrac{\text{기계구입가격} - \text{기계 폐기 시 잔존가치}}{\text{기계의 수명(추정내용연수)}}$

6. 임목 축적이 2010년 150m³, 2020년 220m³일 때 단리에 의한 생장률은?

① −4.7%
② −3.2%
③ +3.2%
④ +4.7%

해설 $\dfrac{220-150}{10 \times 150} \times 100 = 4.66 \cdots \rightarrow 4.7\%$

정답   1. ②   2. ①   3. ②   4. ④   5. ①   6. ④

7. 산림평가에서 전가계산식에 사용되는 요소가 아닌 것은?

① 환원율 ② 할인율
③ 전가계수 ④ 현재가계수

해설 산림평가 전가계산식 사용요소
할인율, 전가계수, 현재가계수

8. 유형고정자산의 감가 중에서 기능적 요인에 의한 감가에 해당되지 않는 것은?

① 부적응에 의한 감가
② 진부화에 의한 감가
③ 경제적 요인에 의한 감가
④ 마찰 및 부식에 의한 감가

해설 감가의 종류
① 물질적 감가 : 사용소모에 의한 감가, 자연적소모에 의한 감가, 마찰 및 부식에 의한 감가
② 기능적감가 : 부적응에 의한 감가(사업확장 종래 설비의 부적응), 진부화에 의한 감가(과학의 발달과 신기계 발명으로 자신의 진부화), 경제적 요인의 감가

9. 임목을 평가하는 방법에 대한 설명으로 옳은 것은?

① 유령림은 임목기망가로 평가한다.
② 장령림은 임목비용가로 평가한다.
③ 벌기 이상의 성숙림은 시장가역산법으로 평가한다.
④ 식재 직후의 임분은 원가수익절충법으로 평가한다.

해설 바르게 고치면
① 유령림은 임목비용가로 평가한다.
② 장령림은 임목기망가로 평가한다.
④ 중령림은 원가수익절충법으로 평가한다.

10. 자연휴양림조성계획에 포함되는 사항이 아닌 것은?

① 산림경영계획
② 조성기간 및 연도별 투자계획
③ 시설물의 종류 및 규모 등이 표시된 시설계획
④ 축척 1:1,000 임야도가 포함된 시설물 종합배치도

해설 자연휴양림 조성계획에 포함되는 사항
① 조성기간 및 연도별투자계획
② 시설물(도로를 포함)의 종류 및 규모가 표시된 시설계획
③ 축척 1/6,000 이상 1/1,200 이하 임야도 포함 시설물 종합배치도
④ 산림경영계획자연휴양림 관리 및 운영방법
⑤ 산림경영계획

11. 각 계급의 흉고단면적 합계를 동일하게 하여 표준목을 선정한 후 전체 재적을 추정하는 방법은?

① 단급법 ② Urich법
③ Hartig법 ④ Draudt법

해설 ① 단급법 : 전 임분을 한 개의 급으로 취단 1개의 표준목 선정
② Urich법 : 각 계급의 본수를 동일하게 하고 각계급에서 같은 수의 표준목 선정
③ Draudt법 : 각 직경급을 대상으로 표준목 선정

12. 다음 조건에 따라 Hundeshagen 이용율법으로 계산한 연간 벌채량은?

• 현실 축적: $280\mathrm{m}^3$
• 임분 수확표 축적: $250\mathrm{m}^3$
• 연간 생장량: $10\mathrm{m}^3$

① $8.2\mathrm{m}^3$ ② $8.9\mathrm{m}^3$
③ $11.2\mathrm{m}^3$ ④ $11.5\mathrm{m}^3$

Hundeshagen 이용율법

$$현실축적 = 법정축적 \times \frac{법정벌채량}{이용률}$$

$$= 280 \times \frac{10}{250} = 11.2 m^3$$

13. 산림에서 임목을 벌채하여 제재목을 생산할 때 부수적으로 톱밥이 생산되는데, 이러한 두 가지 생산물의 관계를 무엇이라고 하는가?

① 결합생산
② 경합생산
③ 보완생산
④ 보합생산

해설 ① 결합생산 : 어느 한 생산물이 생산하는 과정에서 또 다른 생산물이 함께 생산되는 경우
② 경합생산 : 주어진 자원으로 어느 한 생산물을 더 생산하기 위해서는 다른 생산물을 감소해야 할 경우
③ 보완생산 : 주어진 일정량의 생산요소로 두 가지 생산물을 생산할 경우 그중 어느 한 생산물을 증산하기 위해 생산요소를 증가할 대 다른 생산물의 생산도 증가될 경우
④ 보합(보충)생산 : 다른 생산물의 생산물을 증감시키지 않고 한가지 생산물의 생산량을 증가시킬 경우

14. 법정림의 춘계축적이 900m³, 추계축적이 1,100m³라 할 때 법정축적(m³)은?

① 200
② 1,000
③ 1,100
④ 2,000

해설 법정축적은 하계축적으로 춘계와 추계의 평균값을 구하여 산정한다.

$$\frac{900 + 1,100}{2} = 1,000 m^3$$

15. 임업소득을 계산하는 방법으로 옳은 것은?

① 자본에 귀속하는 소득 = 임업순수익 − (지대+자본이자)
② 가족노동에 귀속하는 소득 = 임업소득 − (지대+자본이자)
③ 임지에 귀속하는 소득 = 임업소득 − (지대+가족노임추정액)
④ 경영관리에 귀속하는 소득 = 임업소득 − (지대+가족노임추정액)

해설 바르게 고치면
① 자본에 귀속하는 소득=임업소득−(지대+ 가족노임추정액)
③ 임지에 귀속하는 소득 = 임업소득 − (자본이자+가족노임추정액)
④ 경영관리에 귀속하는 소득= 임업순수익−(지대+자본이자)

16. 다음 조건에 따라 후버(Huber)식에 의해 구한 원목재적은?

- 원구 단면적 : $0.030 m^2$
- 중앙 단면적 : $0.025 m^2$
- 말구 단면적 : $0.018 m^2$
- 재장 : 15m

① $0.225 m^3$
② $0.360 m^3$
③ $0.375 m^3$
④ $0.450 m^3$

해설 후버식은 중앙단면적식 또는 중앙직경식으로 중앙단면적에 재장을 곱해 구한다.
$0.025 m^2 \times 15m = 0.375 m^3$

17. 임분 밀도의 척도에 해당하지 않는 것은?

① 입목도
② 지위지수
③ 흉고단면적
④ 상대공간지수

해설 임분 밀도의 척도

입목도, 임목본수, 재적, 흉고단면적, 상대밀도, 임분밀도 지수, 상대임분밀도, 수관경쟁인자, 상대공간지수 등이 임 분밀도의 척도로 사용된다.

18. 산림경영패턴이 영구히 반복된다는 것을 가정한 임지의 평가 방법은?

① 비용가법 ② 환원가법
③ 매매가법 ④ 기망가법

해설 임지기망가법

동일한 경영이 반복된다고 가정할 때의 임지평가 방법을 말한다.

19. 수간석해를 할 때 반경은 보통 몇 년 단위로 측정하는가?

① 1년 ② 3년
③ 5년 ④ 10년

해설 수간석해 시 원판은 5년 간격으로 수심을 중심으로 동·서·남·북의 4방향에서 측정하여 평균반경·직경·단면적을 구한다.

20. 임목축적에서 생장에 따른 분류가 아닌 것은?

① 정기생장 ② 재적생장
③ 형질생장 ④ 등귀생장

해설 수목의 생장에 따른 생장량은 재적생장, 형질생장, 등귀생장으로 분류된다. 정기생장은 삼림생장의 형태에 따른 분류에 해당된다.

2022년 1회

2회

1회독 ☐ 2회독 ☐ 3회독 ☐

1. 산림경영계획에서 임종 구분으로 옳은 것은?

① 임반, 소반
② 천연림, 인공림
③ 입목지, 무립목지
④ 침엽수림, 활엽수림, 혼효림

해설 ① 천연림, 인공림 : 임종
　　② 임목지, 무립목지 : 지종
　　③ 침엽수림, 활엽수림, 혼효림 : 임상

2. 다음 조건에서 정액법에 의한 임업기계의 연간 감가상각비는?

- 내용연수 : 50년
- 취득 비용 : 5,000만원
- 폐기할 때 잔존가치 : 1,000만원

① 50만원　　　　　② 80만원
③ 100만원　　　　④ 160만원

해설 정액법에 의한 감가상각비

$$\frac{50,000,000 - 10,000,000}{50} = 800,000원$$

3. 현재의 가치가 10,000원인 임목을 이자율 4%로 4년 동안 임지에 존치하였다면 4년 동안의 임목가치 증가액은?

① 약 1,700원　　　② 약 2,700원
③ 약 10,000원　　④ 약 11,700원

해설 ① 4년 후 임목가치는 후가계수 적용 :
　　　$10,000 \times (1+0.4)^4 = 11,699원$
　　② 임목가치 증가액 : 11,699-10,000
　　　=1,699 → 약 1,700원

4. 국유림 경영의 목표에서 다섯 가지 주목표에 해당되지 않는 것은?

① 보호기능　　　　② 고용기능
③ 경영수지 개선　④ 국제협력 강화

해설 국유림경영의 목표
　　산림보호기능, 임산물 생산기능, 휴양 및 문화기능, 고용기능, 경영수지개선

5. 평균생장량과 연년생장량간의 관계에 대한 설명으로 옳은 것은?

① 초기에는 평균생장량이 연년생장량보다 크다.
② 평균생장량이 연년생장량에 비해 최대점에 빨리 도달한다.
③ 평균생장량이 최대일 때 연년생장량과 평균생장량은 같게 된다.
④ 평균생장량이 최대점에 이르기까지는 연년생장량이 평균생장량보다 항상 작다.

해설 바르게 고치면
　　① 초기에는 연년생장량이 평균생장량보다 크다.
　　② 연년생장량이 평균생장량에 비해 최대점에 빨리 도달한다.
　　④ 평균생장량이 최대점에 이르기까지는 연년생장량이 평균생장량보다 항상 크다.

6. 자본장비도에 대한 설명으로 옳은 것은?

① 노동생산성은 자본장비도와 자본효율에 의해 결정된다.
② 다른 요소에 변화가 없다고 할 때 자본이 많아지면 자본효율은 커진다.
③ 자본액 중에서 유동자본을 포함한 고정자본을 종사자로 나눈 것이다.
④ 다른 요소에 변화가 없다고 할 때 자본이 많아지면 자본장비도는 작아진다.

정답　1. ②　2. ②　3. ①　4. ④　5. ③　6. ①

해설 자본장비도
① 노동생산성은 자본장비도와 자본효율에 의해 결정된다.
② 자본장비도＝경영의 총자본(고정자본＋유동자본) ÷ 경영에 종사자수
③ 기본장비도＝ 고정자본÷ 경영에 종사자수
④ 다른요소가 변화가 없을 때 자본이 많아지면 자본장비도는 커진다.

7. 유동자본으로만 올바르게 짝지은 것은?

① 임도, 임업기계　　② 묘목, 임업기계
③ 임도, 미처분 임산물　④ 묘목, 미처분 임산물

해설 ① 임도, 임업기계 - 고정자본
② 묘목, 미처분임산물 – 유동자본

8. 임업조수익의 구성요소에 해당하는 것은?

① 감가상각액
② 임업현금지출
③ 미처분 임산물 증감액
④ 농업생산자재 재고 증감액

해설 임업조수익＝임업현금수입＋임산물가계소비액＋미처분임산물증감액＋임업생산자재재고증감액＋임목성장액

9. 다음 조건에 따른 시장가역산법에 의한 소나무 원목의 임목가는?

- 시장 도매가격 : 100,000원/m³
- 벌채운반 비용 : 60,000원/m³
- 벌목작업 기간 : 3개월　· 월이율 : 2%
- 기업이익률 : 10%　　· 조재율 : 80%

① 약 210원/m³　　② 약 2,100원/m³
③ 약 20,970원/m³　④ 약 209,660원/m³

해설 시장가역산법에 의한 소나무 원목의 임목가

$$0.8\left(\frac{100,000}{1.0 + (3 \times 0.02) + 0.1} - 60,000\right) = 20,966 \rightarrow$$
20,970원

10. 임지기망가의 크기에 영향을 주는 인자에 대한 설명으로 옳지 않은 것은?

① 이율이 높으면 높을수록 임지기망가는 커진다.
② 조림비와 관리비의 값은 (－)이므로 이 값이 클수록 임지기망가는 작아진다.
③ 주벌수익과 간벌수익의 값은 (＋)이므로 이 값이 클수록 임지기망가는 커진다.
④ 벌기령이 높아지면 임지기망가는 처음에는 증가하다가 어느 시기에 최대에 도달하고, 그 후부터는 점차 감소한다.

해설 바르게 고치면
이율이 높으면 임지기망가는 작아진다.

11. 산림수확 조절방법 중 면적평분법을 적용할 수 없는 작업종은?

① 복벌　　　　② 재벌
③ 개벌　　　　④ 택벌

해설 면적평분법 적용 작업종
복벌, 재벌, 개벌

12. 다음 설명에 해당하는 평가 방법은?

투자 효율을 측정할 때 현재가가 0보다 크면 투자할 가치가 있다.

① 회수기간법　　② 순현재가치법
③ 수익비용률법　④ 투자이익률법

정답　7. ④　8. ③　9. ③　10. ①　11. ④　12. ②

해설 순현재가치법(현가법)

현재가가 0보다 큰 투자 안을 투자할 가치가 있는 것으로 평가하거나, 0보다 작으면 경제성이 없는 것으로 의사결정을 함.

해설 ① 정형수 : 입목직경을 수고의 1/n 되는 곳의 직경과 같게 하여 정한 형수

③ 흉고형수 : 부정형수라고도 함, 직경위치를 수고의 1.2m 되는 곳에 정한 형수

④ 절대형수 : 비교원주의 직경위치를 최하부로 정한 형수

13. 산림경영의 지도원칙 중에서 수익성의 원칙에 대한 설명으로 옳은 것은?

① 토지의 생산력을 최대로 추구하는 원칙

② 최대의 경제성을 올리도록 경영하는 원칙

③ 최소의 비용으로 최대의 효과를 발휘하는 원칙

④ 최대의 이익 또는 이윤을 얻을 수 있도록 경영하는 원칙

해설 ① 토지의 생산력을 최대로 추구하는 원칙: 생산성 원칙

② 최대의 경제성을 올리도록 경영하는 원칙 : 경제성 원칙

③ 최소의 비용으로 최대의 효과를 발휘하는 원칙: 경제성의 원칙

16. 수간석해를 이용하여 전체 재적을 구할 때 합산하지 않아도 되는 것은?

① 근주재적

② 지조재적

③ 결정간재적

④ 초단부재적

해설 수간석해를 이용한 재적계산

재적 = 결정간재적+초단부재적+근주재적

17. 다음에 주어진 법정림 수확표를 이용하여 계산한 법정생장량은? (단, 산림면적은 300ha, 윤벌기는 60년)

임령(년)	20	30	40	50	60
재적(m^3/ha)	40	100	180	260	340

① 184m^3

② 920m^3

③ 1,700m^3

④ 17,000m^3

해설 ① 법정영계면적=$\frac{300}{60}$=5ha

② 벌기임분의 재적재적=340×5=1,700m^3

14. 산림경영계획에서 1-2-3-4로 표시된 산림구획이 의미하는 것은?

① 임반-보조임반-소반-보조소반

② 임반-소반-보조임반-보조소반

③ 경영계획구-임반-소반-보조소반

④ 경영계획구-임반-보조임반-소반

해설 1-2-3-4 산림구획의 의미는 임반-보조임반-소반-보조소반이다.

18. 임지의 지위지수를 결정하는 방법에 대한 설명으로 옳은 것은?

① 기준 임령에서 임분의 전체 축적으로 결정한다.

② 기준 임령에서 임분의 우세목 수고로 결정한다.

③ 기준 임령에서 임분의 우세목 재적으로 결정한다.

④ 기준 임령에서 임분을 구성하는 우세목과 열세목의 평균직경으로 결정한다.

해설 임지의 지위지수는 기준 임령에서 임분의 우세목 수고로 결정한다.

15. 형수를 사용해서 입목의 재적을 구하는 방법을 형수법이라고 하는데, 비교 원주의 직경 위치를 최하단부에 정해서 구한 형수는?

① 정형수

② 단목형수

③ 흉고형수

④ 절대형수

19. 유령림의 임목을 평가하는 방법으로 가장 적합한 것은?

① 비용가법
② 매매가법
③ 기망가법
④ Glaser법

해설 ① 매매가법 : 벌기이상 임목
② 기망가법 : 벌기 미만의 장령림
③ Glaser법 : 중령림

20. 임목의 흉고직경을 계산하는 방법으로 산술 평균직경법(a)과 흉고단면적법(b)의 관계에 대한 설명으로 옳은 것은?

① a와 b는 같은 값이 된다.
② a가 b보다 큰 값이 된다.
③ b가 a보다 큰 값이 된다.
④ a와 b 사이에는 일정한 관계가 없다.

해설 임목 흉고직경 계산시 크기
산술평균직경 < 흉고단면적법

1. 자본장비도와 자본효율의 개념을 임업에 도입할 때 자본장비도에 해당하는 것은?

① 임목축적 ② 생장률
③ 소득 ④ 노동

해설 자본장비도
① 경영의 총자본(고정자본+유동자본)을 경영에 종사하는 사람으로 나눈 값
② 자본장비도와 자본효율의 개념을 임업에 적용할 경우 임목축적과 생장률이 너무 크거나 작으면 생장량이 작아지므로 적절한 자본장비도(임목축적)와 자본효율(생장률)을 갖추어야 소득(생장량)이 증가한다.

2. 연간 임산품생산과 관련된 고정비가 2,000,000원이고, 변동비가 5,000원이다. 임산품의 판매단가가 6,000원일 경우에 손익분기점에 해당하는 임산품의 생산량을 계산하면?

① 400개 ② 500개
③ 1,000개 ④ 2,000개

해설 임산물 생산량(판매량)

$$\frac{고정비용}{판매비용-가변비용} = \frac{2,000,000}{6,000-5,000}$$
$$= 2,000개$$

3. 손익분기점분석에 따른 총비용을 E=f+bX로 계산 할 때 이식에서 X가 뜻하는 것은?(단, 식에서 E는 총비용, f는 고정비, b는 단위당 변동비이다.)

① 판매량 ② 변동비
③ 고정비 ④ 총수익

해설 총비용=고정비+(단위당 변동비×판매량)

4. 임업투자 결정과정의 순서로 올바른 것은?

① 현금흐름 추정 → 투자사업의 경제성 평가 → 투자사업 모색 → 투자사업 수행 → 투자사업 재평가
② 현금흐름 추정 → 투자사업 모색 → 투자사업의 경제성 평가 → 투자사업 수행 → 투자사업 재평가
③ 투자사업 모색 → 현금흐름 추정 → 투자사업의 경제성 평가 → 투자사업 수행 → 투자사업 재평가
④ 투자사업 모색 → 현금흐름 추정 → 투자사업의 경제성 평가 → 투자사업 재평가 → 투자사업 수행

해설 임업투자 시 투자목적을 설정하고 투자사업을 모색한 다음 현금흐름을 추정해 투자사업의 경제성을 평가하여 투자를 수행하고 사업에 대한 재평가를 실시한다.

5. 자연휴양림의 공익적 효용을 직접효과와 간접효과로 구분할 때 간접효과인 것은?

① 대기정화기능 ② 건강증진효과
③ 정서함양효과 ④ 레크레이션효과

해설 자연휴양림의 간접효과
대기정화기능, 소음방지기능, 방화기능 등

6. 시장가 역산법에 의한 임목가의 결정과 관련이 없는 것은?

① 원목시장가 ② 벌채운반비
③ 조림무육관리비 ④ 기업이익률

해설 임목매매가 계산에서 공제하여야 할 비용 벌목비, 조재비, 하산운재비, 운반비, 기업이익, 이자, 잡비 등

7. 임목수관이 지상투영면적의 백분율로 나타내는 임분밀도의 척도는?

① 상대밀도 ② 임분밀도지수
③ 상대공간지수 ④ 수관경쟁인자

① 상대밀도 : 흉고단면적과 평방평균직경을 병합시킨 것
② 수관경쟁인자 : 임목수관의 지상투영면적의 백분율
③ 상대공간지수 : 우세목의 수고에 대한 입목간 평균거리의 백분율

7. 임목수관이 지상투영면적의 백분율로 나타내는 임분밀도의 척도는?

① 상대밀도　　　　② 임분밀도지수
③ 상대공간지수　　④ 수관경쟁인자

해설 ① 상대밀도 : 흉고단면적과 평방평균직경을 병합시킨 것
② 수관경쟁인자 : 임목수관의 지상투영면적의 백분율
③ 상대공간지수 : 우세목의 수고에 대한 입목간 평균거리의 백분율

8. 임업조수익이 500만원이고, 임업경영비가 100만원이면 임업소득률은 얼마인가?

① 20%　　　　　② 40%
③ 60%　　　　　④ 80%

해설 임업소득＝임업조수익－임업경영비

$$임업소득률 = \frac{임업소득}{임업조수익} \times 100$$

$$= \frac{4,000,000}{5,000,000} \times 100 = 80\%$$

9. 자연휴양림 안에 설치할 수 있는 시설의 규모로서 임도순환로·산책로·숲체험코스 및 등산로의 면적을 제외하고 산림의 형질을 변경할 수 있는 허용면적은?

① 10만m² 이하　　② 20만m² 이하
③ 30만m² 이하　　④ 50만m² 이하

해설 자연휴양림의 산림의 형질 변경 허용면적은 10만m²이하가 되도록 한다.

10. 5년 전의 임분재적이 80m³/ha이고 현재의 임분재적이 100m³/ha Pressler일 경우 식에 의한 임분재적 성장률은 약 몇 %인가?

① 3.3　　　　　② 4.4
③ 5.5　　　　　④ 6.6

해설 $P = \dfrac{V-v}{V+v} \times \dfrac{200}{n}$

$\dfrac{100-80}{100+80} \times \dfrac{200}{5} = 4.4\%$

11. 임업에서 지리가 중요시되는 이유와 가장 밀접한 관계가 있는 임업의 특성은?

① 육성임업과 채취임업이 병존한다.
② 원목가격의 구성요소 중 운반비가 차지하는 비중이 높다.
③ 임업노동은 계절적 제약을 크게 받지 않는다.
④ 임업생산은 노동 조방적이다.

해설 산림수익은 운반조건에 지배되기 때문에 지리가 중시된다.

12. 현재 년생인 동령림에서 임목을 육성하는 데 소요된 순비용 (육성원가)의 후가합계는 무엇인가?

① 임목비용가
② 임목기망가
③ 임목원가계산
④ 임목매매가

해설 임목비용가(임목원가)
임목을 육성하는 데 들어간 일체의 경비 후가에서 그동안 수입의 후가를 공제한 가격이다. 즉 순경비의 현재가(後價)합계로서 결정한 가격을 말한다.

13. 다음 중 원가계산의 목적이 아닌 것은?

① 기업의 제조 판매 또는 관리와 관련되는 비용의 지출을 통제한다.
② 제품원가의 추정과 적정판매 가격을 결정하기 위한 기준을 제공한다.
③ 임업자산 평가를 총괄한다.
④ 원가회계 부문에 의해 제공된 정보를 기초로 하여 경영 정책을 수립한다.

해설 원가계산의 목적
  ① 제품·공정·작업단위 또는 부서별로 원가를 확정한다.
  ② 기업의 제조·판매 또는 관리와 관련되는 비용의 지출은 통제한다.
  ③ 제품원가의 추정과 적정 판매가격을 결정하기 위한 기준을 제공한다.
  ④ 원가회계부문에 의해 제공된 정보를 기초로 하여 경영 정책을 수립한다.

14. 이령림의 경영에서 요구되는 결정인자가 아닌 것은?

① 회귀년   ② 윤벌기
③ 임분구조   ④ 잔존임목축적수준

해설 이령림의 경영구조는 회귀년에 의해 결정되고, 동령림의 경영구조는 벌기령에 의해 결정된다.

15. 수확표에 의하여 법정림의 축적을 계산하는 공식이 다음과 같을 때 이 식에서 $\frac{A}{R}$ 는 무엇을 나타내는가? (R =윤벌기, A=작업급 면적)

$$V_s = n(V_n + V_{2n} + V_{3n} + ... + V_r/2) \times \frac{A}{R}$$

① 법정림의 평균연령   ② 수확표의 임령 간격
③ 법정영계면적   ④ 법정림의 윤벌기

해설 각 영계가 동일한 면적을 차지하는 것을 법정영계면적 이라고 한다.

16. 최대시 이용객 수가 800명, 이용율이 1/80, 1인당 소요면적이 3.3m² 이라면 화장실의 소요 공간규모는?

① 12.38m²   ② 20.63m²
③ 33.00m²   ③ 40.00m²

해설 최대시 이용객 수×이용률×1인당 소요면적
  $= 800 \times \frac{1}{80} \times 3.3 = 33.00 m^2$

17. 임지기망가의 최대값에 관한 설명 중 틀린 것은?

① 주벌수익의 증가속도가 빠를수록 임지기망가의 최대값이 빨리 온다.
② 간벌수익이 많을수록 임지기망가의 최대값이 빨리 온다.
③ 조림비가 많을수록 임지기망가의 최대 시기가 늦어진다.
④ 이율이 높을수록 임지기망가의 최대값이 늦어진다.

해설 이율이 높을수록 벌기령이 짧아지므로 최대값이 빨리 온다.

18. 수간석해를 할 때 원판 채취방법 설명으로 틀린 것은?

① Huber식 의한 방법은 흉고이상은 2m 마다 원판을 채취하고 최후의 것은 1m가 되도록 한다.
② 원판을 채취할 때는 수간과 직교하도록 한다.
③ 원판의 두께는 10cm가 되도록 한다.
④ 측정하지 않을 단면에는 원판의 번호와 위치를 표시하여 둔다.

해설 바르게 고치면
  원판의 두께는 3~5cm가 되도록 한다.

정답 13. ③ 14. ② 15. ③ 16. ③ 17. ④ 18. ③

19. 잣나무의 흉고직경이 36cm, 수고가 25m일 때 덴진 (Denzin)식에 의하여 재적을 구하면 몇 m³인가?

① 0.02m³ ② 0.036m³
③ 1.296m³ ④ 2.592m³

해설 덴진식은 수고 25m, 형수 0.51인 경우를 전제로 하여 대략적인 값을 알고자 할 때 사용되는 방법이다.

$$V = \frac{D^2}{1,000} = \frac{36^2}{1,000} = 1.296 \text{m}^3$$

20. 수확조정법에 대한 설명으로 옳지 않은 것은?

① Hufnagl법은 재적배분법의 일종이다.
② 전 산림면적을 윤벌기 연수와 동일하게 벌구로 나누고 매년 한 벌구씩 수확하는 방법을 구획윤벌 법이라 한다.
③ 토지의 생산력에 따라 개위면적을 산출하여 벌구면적을 조절, 연수확량을 균등하게 하는 방법을 비례구획윤벌법이라 한다.
④ 전 임분을 윤벌기 연수의 1/2 이상 되는 연령의것과 그 이하의 것으로 나누어 전자는 윤벌기의 전반에, 후자는 윤벌기 후반에 수확하는 방법을 Beckmann법이라 한다.

해설 바르게 고치면
전 임분을 윤벌기 연수의 1/2 이상 되는 연령의 것과 그 이하의 것으로 나누어 전자는 윤벌기의 전반에, 후자는 윤벌기 후반에 수확하는 방법을 Hufnagl법이라 한다.

1회
1회독 □ 2회독 □ 3회독 □

1. 원가계산을 위한 원가비교 방법으로 옳지 않은 것은?

① 기간비교   ② 상호비교
③ 수익비용비교   ④ 표준실제비교

해설 원가비교방법
기간비교, 상호비교, 표준실제비교

2. 임업이율의 성격으로 옳은 것은?

① 명목이율   ② 실질이율
③ 대부이율   ④ 현실이율

해설 임업이율의 성격
① 대부이자가 아니고 자본이자이다.
② 평정이율이며, 명목적이율이다.
③ 장기이율이다.

3. 자연휴양림시설의 종류에 따른 규모의 기준으로 옳지 않은 것은?

① 건축물의 층수는 3층 이하일 것
② 건축물이 차지하는 총 바닥면적은 1만제곱미터 이하일 것
③ 음식점을 제외한 개별 건축물의 연면적은 900 제곱미터 이하일 것
④ 시설 설치에 따른 산림의 형질변경 면적은 20만 제곱미터 이하일 것

해설 바르게 고치면
자연휴양림시설의 설치에 따른 산림의 형질변경 면적(임도, 순환로, 산책로, 숲체험코스 및 등산로의 면적을 제외한다)은 10만m^2 이하가 되도록 한다.

4. 자본장비도와 자본효율의 개념을 임업에 도입할 때 자본장비도에 해당하는 것은?

① 노동   ② 소득
③ 생장률   ④ 임목축적

해설 적절한 자본장비도(임목축적)와 자본효율(생장률)을 갖추어야 소득(생장량)이 증가한다.

5. 다음 조건에서 5년간 발생한 순수익은?

• 35년생 소나무림 임목축적 : $90m^3$
• 40년생 소나무림 임목축적 : $100m^3$
• 5년 동안의 이용재적량 : $30m^3$
• 소나무의 임목 $1m^3$ 당 가격 : 10,000원

① 350,000원
② 400,000원
③ 450,000원
④ 500,000원

해설 ① 5년간 발생한 임목축적 : $100 - 90 = 10m^3$
② 5년 동안의 이용재적량 : $30m^3$
③ $40m^3 \times 10,000$원 $= 400,000$원

6. 임목 재적측정 시 두 번째 해야 할 일은?

① 조사목 선정
② 조사구역 설정
③ 조사목의 중량 측정
④ 임분의 현존량 추정

해설 재적 측정 순서
조사구역 설정 → 조사목 선정 → 조사목의 측정 → 임분의 현존량 추정

정답   1. ③ 2. ① 3. ④ 4. ④ 5. ② 6. ①

7. 벌구식 택벌작업에서 맨 처음 벌채된 벌구가 다시 택벌될 때까지의 소요기간을 무엇이라고 하는가?

① 윤벌기   ② 벌채령
③ 회귀년   ④ 벌기령

해설 택벌림
몇 개의 구역으로 나누어 작업하는 벌구식 택벌작업에서 일단 택벌된 벌구가 또다시 택벌될 때까지의 기간을 회귀년이라 하며, 작업 구역은 회귀년마다 택벌이 되풀이된다.

8. 다음과 같은 조건에서 시장가역산식을 이용한 임목가는?

- 원목시장가격 : 100,000원
- 총비용 : 30,000원
- 정상이윤 : 20,000원

① 50,000원
② 70,000원
③ 80,000원
④ 150,000원

해설 시장가역산법
① 벌기에 달하거나 벌기 이상의 원목에 대하여는 같은 종류의 원목이 시장에서 매매되는 가격을 조사해서 원목을 시장까지 벌채하여 운반하는 데 드는 비용을 역으로 공제하여 임목의 가격을 구한다.
② 임목매매가 계산에서 공제하여야 할 비용은 벌목비, 조재비, 하산비, 운반비, 기업이익, 이자, 잡비 등이다.
③ 시장임목가가 100,000원이므로 역산하여 총비용과 정상이윤을 공제하면 100,000 − 50,000 = 50,000원이 된다.

9. 임분밀도를 나타내는 척도로 옳지 않은 것은?

① 지위지수   ② 입목도
③ 재적   ④ 수관경쟁인자

해설 임분밀도의 척도
단위면적당 임목본수, 재적, 흉고단면적, 상대밀도, 임분밀도지수, 상대임분 밀도, 수관경쟁인자, 상대공간지수 등

10. 평균생장량이 최대가 되는 때를 벌기령으로 결정하는 것은?

① 수익률 최대의 벌기령
② 재적수확 최대의 벌기령
③ 화폐수익 최대의 벌기령
④ 토지순수익 최대의 벌기령

해설 ① 수익률최대의 벌기령 : 수익성의 원칙에 입각한 벌기령
② 재적수확최대의 벌기령 : 단위면적당 수확되는 목재 생산량이 최대 (총평균생장량과 밀접)
③ 화폐수입최대의 벌기령 : 일정면적에서 최대의 화폐수입
④ 토지순수입최대의 벌기령 : 영구히 순수입을 얻을 수 있다고 할 때 그 순수입의 현재가치로 환산, 경제적 견지에서 가장 합리적

11. 다음 조건에서 정액법에 의한 감가상각비는?

- 기계톱 구입비 : 35만원
- 폐기 시 잔존가액 : 5만원
- 사용연수 : 5년

① 5만원/년   ② 6만원/년
③ 7만원/년   ④ 8만원/년

해설 정액법

$$감가상각비 = \frac{(취득원가 - 잔존가치)}{추정내용연수}$$

$$= \frac{350,000 - 50,000}{5} = 6만원/년$$

12. 수간석해에서 원판측정 방법에 해당하는 것은?

① 삼각등분법 ② 직선연장법
③ 수고곡선법 ④ 표준목법

해설 원판측정방법
삼각등분법, 원주등분법, 절충법

13. 임지기망가의 최대치에 도달하는 속도를 빠르게 하기 위한 조건으로 옳지 않은 것은?

① 조림비가 많을수록
② 간벌수확이 많을수록
③ 주벌수확의 증대속도가 빠를수록
④ 이윤이 높을수록

해설 바르게 고치면
조림비가 많을수록 임지기망가의 최대 시기가 늦어진다.

14. 손익분기점의 분석을 위한 가정에 대한 설명으로 옳지 않은 것은?

① 총비용은 고정비와 변동비로 구분할 수 있다.
② 제품 한 단위당 변동비는 항상 일정하다.
③ 생산량과 판매량은 항상 다르며 생산과 판매에 보완성이 있다.
④ 제품의 판매가격은 판매량이 변동하여도 변화되지 않는다.

해설 바르게 고치면
생산량과 판매량은 항상 같으며, 생산과 판매에 동시성이 있다.

15. 30년생 임목이 7본, 25년생 임목이 12본, 20년생 임목이 7본인 경우 본수령으로 계산한 평균임령은?

① 15년 ② 20년
③ 25년 ④ 30년

해설 이령림의 연령측정방법

$$A = \frac{n_1 a_1 + n_2 a_2 + \cdots + n_n a_n}{n_1 + n_2 + \cdots + n_n}$$

여기서, A : 평균령, n : 영급의 본수, a : 영급

$$A = \frac{7 \times 30 + 12 \times 25 + 7 \times 20}{7 + 12 + 7} = 25년$$

16. 기준벌기령 이상에 해당하는 임지에서 수확을 위한 벌채가 아닌 것은?

① 솎아베기 ② 모두베기
③ 모수작업 ④ 골라베기

해설 솎아베기는 수확을 위한 벌채가 아니라 숲을 가꾸기위한 벌채이다.

17. 산림환경자원으로서 야생동물의 서식밀도는 어떻게 표시하는가?

① 10ha당의 마릿수(봄철)
② 10ha당의 마릿수(여름철)
③ 100ha당의 마릿수(봄철)
④ 100ha당의 마릿수(여름철)

해설 야생동물보호기본계획에 따라 야생동물의 서식밀도는 여름철 100ha당의 마릿수로 표시한다.

18. 산림평가에 대한 설명으로 옳지 않은 것은?

① 부동산 감정평가와 동일한 평가방법 적용이 용이하다.
② 공익적 기능을 포함 다면적 이용에 대한 평가도 포함한다.
③ 산림을 구성하는 임지 · 임목 · 부산물 등의 경제적 가치를 평가한다.
④ 생산기간이 장기적으로 금리의 변동이 커서 정밀하게 평가하기 쉽지 않다.

해설 산림평가
임지와 임목 및 부산물 등의 경제적 가치를 화폐액수로 나타낸 것으로 일반 부동산의 평가방법을 적용하면 안 된다.

정답 12. ① 13. ① 14. ③ 15. ③ 16. ① 17. ④ 18. ①

19. 임지의 자연적 생산력을 가장 포괄적으로 표시하는 것은?

① 지위
② 지리
③ 임목비옥도
④ 토양습도

해설 지위
① 임지의 생산능력
② 토양·기후·지형·생물 등 환경인자의 종합적 작용의 결과로서 정해진다.

20. 형수(form factor)에 대한 설명 내용으로 옳지 않은 것은?

① 절대형수는 수간 최하부의 직경을 기준으로 한다.
② 정형수는 흉고직경을 기준으로 한다.
③ 지하고가 높고 수관량이 적은 나무 일수록 흉고형수가 크다.
④ 일반적으로 지위가 양호할수록 흉고형수는 작은 경향이 있다.

해설 형수의 종류
① 정형수 : 비교 원기둥의 지름 위치를 수고의 1/n이 되는 위치의 지름과 같게 정한 형수
② 절대형수 : 비교 원기둥의 지름 위치를 맨 밑부분에 정한 형수
③ 흉고(가슴높이)형수 : 비교 원기둥의 지름 위치를 가슴높이 위치에 정한 형수(대개 0.4~0.6이며 우리나라는 0.45를 쓴다.)
④ 단목형수 : 크기와 모양이 비슷한 나무를 몇 개 모아 각각 형수를 구한 후 그 값을 평균한 것

2회

1회독 □ 2회독 □ 3회독 □

1. 임업투자 결정과정의 순서로 올바른 것은?

① 현금흐름 추정 → 투자사업의 경제성 평가 → 투자사업 모색 → 투자사업 수행 → 투자사업 재평가

② 현금흐름 추정 → 투자사업 모색 → 투자사업의 경제성 평가 → 투자사업 수행 → 투자사업 재평가

③ 투자사업 모색 → 현금흐름 추정 → 투자사업의 경제성 평가 → 투자사업 수행 → 투자사업 재평가

④ 투자사업 모색 → 현금흐름 추정 → 투자사업의 경제성 평가 → 투자사업 재평가 → 투자사업 수행

해설 임업투자 결정과정
투자사업 모색 → 현금흐름 추정 → 투자사업의 경제성 평가 → 투자사업 수행 → 투자사업 재평가

2. 임업자본 중 유동자본으로 맞는 것은?

① 묘목 ② 벌목기구
③ 기계 ④ 임도

해설 묘목 – 유동자본

3. 취득원가 2,000만원, 잔존가액 80만원인 목재운반용 트럭이 있다. 이 트럭의 총 운행가능거리가 15만㎞이고 실제 운행거리가 4만㎞이면, 생산량 비례법에 의한 총 감가상각액은?

① 3,120,000원 ② 4,120,000원
③ 5,120,000원 ④ 6,120,000원

해설 ① 운행거리당 감가상각률
$$\frac{20,000,000원 - 800,000원}{150,000시간} = 128$$
② 감가상각비
=실제운행거리×운행거리당 감가상각률
=40,000×128=5,120,000원

4. 동령림(同齡林)의 임분구조는 전형적으로 어떤 형태로 나타나는가?

① 역 J자 형태 ② J자 형태
③ W자 형태 ④ 정규분포 형태

해설 동령림의 임분구조 – 정규분포 형태

5. 산림의 경계선을 명백히 하고 그 면적을 확정하기 위해 실시하는 측량은?

① 주위측량 ② 시설측량
③ 세부측량 ④ 산림구획측량

해설 • 주위측량 : 산림을 경계를 명확히 하고 확정하기 위한 측량
• 산림구획측량 : 임반과 소반의 구획선 및 면적을 명확히 하기 위한 측량
• 시설측량 : 임도 신설 및 보수를 위한 측량

6. 임목수관이 지상투영면적의 백분율로 나타내는 임분밀도의 척도는?

① 상대밀도 ② 임분밀도지수
③ 상대공간지수 ④ 수관경쟁인자

해설 임분밀도의 척도
• 단위면적 당 임목 본수, 재적, 흉고단면적, 상대밀도, 임분밀도지수, 상대임분밀도(상대공간지수), 수관경쟁인자
• 상대공간지수 : 우세목의 수고에 대한 입목 평균거리의 백분율
• 수관경쟁인자 : 임목수관의 지상투영면적의 백분율

7. 자본장비도와 자본효율의 개념을 임업에 도입할 때 자본장비도에 해당하는 것은?

① 임목축적 ② 생장률
③ 소득 ④ 노동

해설 자본장비도와 자본효율을 임업에 도입
자본장비도–임목축적, 자본효율–생장률, 소득–생장량

정답 1. ③ 2. ① 3. ③ 4. ④ 5. ① 6. ④ 7. ①

8. 이령림 경영시스템에서 산림수확조절 방법에서 요구되고 있는 결정인자는?

① 회귀년
② 벌기령
③ 이용간벌
④ 윤벌기

해설 이령림은 택벌식으로 회귀년을 적용한다.

9. 유령림에서 장령림에 이르는 중간영급(中間令級)의 임목을 평가하는 방법으로 가장 적합한 것은?

① 임목비용가법
② 임목기망가법
③ 글라제르(Glaser)법
④ 임목매매가법

해설 중령림 임목 평가방법 – 글라제르(Glaser)법

10. 마케팅의 구성 요소 중 야외휴양에 있어서 이용객에게 제공될 휴양기회에 해당하는 요소는?

① 가격
② 판촉
③ 분배
④ 상품

해설 휴양기회 – 상품

11. 산림을 비축적 자산의 하나로 보유하는 산림의 경영형태는?

① 종속적 임업경영
② 부차적 임업경영
③ 주업적 임업경영
④ 가업적 임업경영

해설 부차적 임업경영
• 농업을 하면서 임업을 부업적으로 하는 경우
• 산림을 비축적 자산으로 보유하고 있다가 예기치 않은 지출이 필요하면 임목을 매각

12. 통나무의 중앙단면적이 0.25m²이고 길이가 15m라고 할 때 이 통나무의 재적을 후버(Huber)식에 의해 구하면 얼마인가?

① 2.25m³
② 2.75m³
③ 3.25m³
④ 3.75m³

해설 $0.25\text{m}^2 \times 15\text{m} = 3.75\text{m}^3$

13. 산림문화휴양에 관한 법률에 따라 자연휴양림 지정을 위한 타당성평가 기준으로 틀린 것은?

① 경관 : 표고차, 임목, 수령, 식물 다양성 및 생육 상태 등이 적정할 것
② 위치 : 접근도로 현황 및 인접도시와의 거리 등에 비추어 그 접근성이 용이할 것
③ 수계 : 계류 길이, 계류 폭, 수질 및 유수기간 등이 적정할 것
④ 휴양요소 : 유용적·문화적 유산, 산림문화자산 및 특산물 등이 다양할 것

해설 바르게 고치면
휴양요소 : 역사적·문화적 유산, 산림문화자산 및 특산물 등이 다양할 것

14. 임업소득의 계산방법 중 옳은 것은?

① 가족노동에 귀속하는 소득=임업소득−(지대+자본이자)
② 경영관리에 귀속하는 소득=임업소득−(지대+자본이자)
③ 임지에 귀속하는 소득=임업소득−(지대+가족노임 추정액)
④ 자본에 귀속하는 소득=임업순수익−(지대+자본이자)

해설 바르게 고치면
② 경영관리에 귀속하는 소득=임업순수익－(지대＋자본이자)
③ 임지에 귀속하는 소득=임업소득－(자본이자＋가족노임추정액)
④ 자본에 귀속하는 소득=임업소득－(지대＋가족노임추정액)

15. 매년 800,000원씩 조림비를 5년간 지불한다면 마지막 지불이 끝났을 때의 유한연년수입의 후가합계식을 이용하여 후가를 계산하면 약 얼마인가?(단, 이율은 5%이고 1.055=1.2763을 적용한다.)

① 4,420,800원
② 4,420,000원
③ 5,526,000원
④ 5,700,000원

해설 후가식(매년 말에 r원씩 n회 수득할 수 있는 이자의 후가합계)

$$N = \frac{r}{0.0p}(1.0p^n - 1)$$

$$= \frac{800,000}{0.05}(1.2763 - 1) = 4,420,800원$$

16. 임지의 평가에서 똑같은 산림경영패턴이 영구히 반복된다는 것을 가정한 평가법은?

① 임지비용가법
② 임지기망가법
③ 임지예상가법
④ 임지매매가법

해설 임지기망가법
동일한 작업법을 영구히 계속된다는 것을 전제로 한다.

17. 어떤 임목의 흉고단면적이 0.1m^2, 수고가 14m일 때 형수법에 의해 이 임목의 재적을 구하면?(단, 형수는 0.4이다.)

① 0.14m^3
② 0.56m^3
③ 1.4m^3
④ 5.6m^3

해설 임목의 재적=형수×흉고단면적×수고
=0.4×0.1×14=0.56m^3

18. 산림문화휴양에 관한 법률에 규정된 자연휴양림 지정 타당성 평가기준으로 틀린 것은?

① 경관
② 수계
③ 이용자 만족도
④ 휴양요소

해설 자연휴양림의 지정을 위한 타당성 평가기준
경관, 위치, 면적, 수계, 휴양요소, 개발여건

19. 국유림 경영의 주목표가 아닌 것은?

① 보호기능
② 임산물 생산기능
③ 휴양 및 문화기능
④ 지속성 및 경제성

해설 국유림 경영의 주목표
보호기능, 임산물생산기능, 휴양 및 문화기능, 고용기능, 경영수지개선

정답 14. ① 15. ① 16. ② 17. ② 18. ④ 19. ④

20. 다음 수확조정기법 중 생장량법에 속하지 않는 것은?

① 생장률법   ② 조사법
③ Bekmann법   ④ Martin법

해설 • 생장량법 : 생장률법(생장량)법, 조사법, Martin법
　　 • Bekmann법 : 재적배분법

1. 임업원가관리에서 원가에 대한 설명으로 옳지 않은 것은?

① 어떤 생산수준에서 제품의 여러 단위를 더 생산할 때 추가로 발생하는 원가를 한계원가라 한다.
② 특정 제품의 생산만을 위해서 발생한 원가를 직접원가라 한다.
③ 과거에 이미 현금을 지불하였거나 부채가 발생한 원가를 매몰원가라 한다.
④ 제품의 생산수준에 따라 비례하는 원가를 변동원가라 한다.

해설 한계원가
   생산량을 1단위 증가시키기 위해 필요한 비용

2. 임업의 기술적 특징으로 옳지 않은 것은?

① 임목의 성숙기가 일정하지 않다.
② 생산기간이 대단히 길다.
③ 임업생산이 집약적이다.
④ 자연조건의 영향을 많이 받는다.

해설 바르게 고치면
   임업생산은 조방적이다.

3. 미처분 임산물은 임업경영자산 중 어디에 속하는가?

① 부채
② 유동자산
③ 임목자산
④ 고정자산

해설 미처분임산물 : 유동자산

4. 앞으로도 수년간 수확이 정기적으로 예상되는 밤나무 임분의 평가는 어떤 방법으로 이루어져야 하는가?

① 대용법   ② 입지법
③ 기망가법   ④ 임지비용가

해설 기망가법은 정기적 벌기 등에 예상되는 평가에 적용한다.

5. 산림수확조절법 중에서 윤벌기를 계산인자로 사용할 필요가 없는 것은?

① Mantel법   ② 조사법
③ 임분경제법   ④ 재적평분법

해설 조사법
   일정한 수식이나 특수한 규정을 정하지 않고 경험을 근거로 실행한다.

6. 순토측고기를 사용하여 임목의 수고를 측정할 때 올바른 측정계산법은?

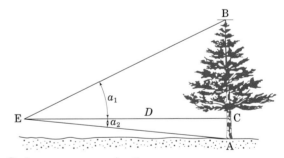

① $(\tan a_1 + \tan a_2) \times D$
② $(\tan a_1 + \tan a_2) \times D \times 100$
③ $(\cos a_1 + \cos a_2) \times D$
④ $(\cos a_1 + \cos a_2) \times D \times 100$

해설 수고 측정시 각 a_1, a_2를 더한 탄젠트 값에 측정자와 나무 사이의 거리를 곱하여 구한다.

7. 중간 영림의 임목평가에 적용하는 Glaser식에 대한 설명으로 옳은 것은?

① 임목매매가법과 임목기망가법을 절충한 식이다.
② 임목매매가법과 임목비용가법을 절충한 식이다.
③ 임목비용가법과 임목기망가법을 절충한 식이다.
④ 예상이익을 현재가치로 환산하여 임목의 가치를 구하는 방법이다.

해설 글라저식은 비용가와 기망가법을 절충한 식이다.

8. 내용연수가 50년인 대학 학술림 관리소 건물의 장부원가는 5,000만원이고, 폐기할 때의 잔존가치가 1,000만원인 경우 정액법에 의한 이 건물의 연간 감가상각비는?

① 60만원
② 80만원
③ 100만원
④ 120만원

해설 연간 감가상각비

$$= \frac{50,000,000 - 10,000,000}{50년} = 800,000원$$

9. 산림경영계획에서 1-2-3-1로 표시된 산림구획이 의미하는 것은?

① 1 임반 2 보조임반 3 소반 1 보조소반
② 1 임반 2 소반 3 보조임반 1 보조소반
③ 1 경영계획구 2 임반 3 소반 1 보조소반
④ 1 경영계획구 2 임반 3 보조임반 1 소반

해설 산림구획표시 의미
임산 – 보조임반 – 소반 – 보조소반

10. 임목의 연년생장량과 평균생장량간의 관계를 바르게 설명한 것은?

① 초기에는 연년생장량이 평균생장량보다 작다.
② 연년생장량이 평균생장량보다 최대점에 늦게 도달한다.
③ 평균생장량이 최대가 될 때 연년생장량과 평균생장량은 같게 된다.
④ 평균생장량이 최대점에 이르기까지는 연년생장량이 평균생장량보다 항상 작다.

해설 바르게 고치면
① 초기에는 연년생장량이 평균생장량보다 크다.
② 연년생장량이 평균생장량보다 최대점에 빨리 도달한다.
④ 평균생장량이 최대점에 이르기까지는 연년생장량이 평균생장량보다 항상 크다.

11. 말구직경 20cm, 원구직경 24cm, 재장이 2m인 통나무의 재적을 스말리안(Smalian)식에 의해 구한 것은? (단, 소수 넷째자리에서 반올림 할 것)

① 0.024m³
② 0.077m³
③ 0.098m³
④ 0.182m³

해설 스말리안식 $= \dfrac{원구단면적 + 말구단면적}{2} \times 재장$

$$= \frac{(\pi \times 0.1^2) + (\pi \times 0.12^2)}{2} \times 2 = 0.07665..$$
$$\rightarrow 0.077m^3$$

12. 재적이 0.5m³인 통나무 2개 가격의 합보다 재적 1m³인 통나무 1개의 가격이 훨씬 높다. 그 이유를 가장 잘 나타낸 것은?

① 형질생장
② 가치생장
③ 등귀생장
④ 재적생장

해설 수목의 생장
- 재적생장 : 재적의 증가
- 형질생장 : 형질이 양호해짐에 따라 단위량에 대한 가격이 증가
- 등귀생장 : 수급관계 및 화폐가치의 변동에 따른 증가

13. 숲 해설의 주제를 선택할 때 바람직하지 않은 것은?

① 가능한 전문성이 높은 주제를 선택한다.
② 흥미를 유발할 수 있는 주제를 선택한다.
③ 청중의 특성과 연관되어 있는 주제를 선택한다.
④ 청중에게 유익한 경험을 줄 수 있는 주제를 선택한다.

해설 숲 해설의 주제 선택은 일반인을 대상으로 하기 때문에 보편적인 주제를 선택하도록 한다.

14. 소나무림 40년생(지위지수 10)의 현실 축적이 280m³, 임분 수확표에서 ha당 축적이 250m³, 연간 생장량이 10m³인 경우 Hundeshagen 이용률법으로 계산한 연간 벌채량은 얼마인가?

① 8.2m³
② 8.9m³
③ 11.2m³
④ 11.5m³

해설 연간 벌채량 = 현실축적 × $\dfrac{\text{법정벌채량}}{\text{법정축적}}$

$$= 280 \times \frac{10}{250} = 11.2\text{m}^3$$

15. 임업 협업경영의 원칙으로 옳지 않은 것은?

① 공동출역
② 공동출자
③ 균등분배
④ 균등관리

해설 임업 협업경영의 원칙
공동출자, 공동출역, 공동관리, 균등분배

16. 산림에서 임목을 벌채하여 제재목을 생산할 때 부수적으로 톱밥이 생산되는데, 이러한 두 가지 생산물의 관계를 무엇이라고 하는가?

① 결합생산
② 경합생산
③ 보완생산
④ 보합생산

해설 결합생산
하나의 생산과정에서 두가지 이상의 물건이 생산되는 관계일 때를 말한다.

17. 수확표상의 흉고단면적에 대한 실제 흉고단면적의 비율을 나타내는 것은?

① 소밀도
② 입목도
③ 상대밀도
④ 상대공간지수

해설 임목도
이상적인 임분의 재적 또는 흉고단면적에 대한 실제 임분의 재적 또는 흉고단면적의 비율을 나타낸다.

18. 수간석해를 통하여 계산할 수 없는 것은?

① 근주재적
② 소단부재적
③ 지조재적
④ 결정간재적

해설 수간석해를 통해 가능한 재적 계산
근주재적, 소단부재적, 결정간재적

19. 다음 중 "산림자원의 조성 및 관리에 관한 법률"에 정의된 산림의 기능으로 옳지 않은 것은?

① 수원함양림
② 산림휴양림
③ 자연환경보전림
④ 환경생활보전림

해설 산림의 6대기능
수원함량림, 산지재해방지림, 자연환경보전림, 생활환경보전림, 산림휴양림, 목재생산림

정답 13. ① 14. ③ 15. ④ 16. ① 17. ② 18. ③ 19. ④

20. 임업소득에 대한 설명으로 옳지 않은 것은?

① 임업소득은 조림지 면적의 크기에 비례하여 증대된다.
② 임업순수익은 임업경영이 순수익의 최대를 목표로 하는 자본가적 경영이 이루어졌을 때 얻을 수 있는 수익이다.
③ 임업소득가계충족율은 임가의 소비경제가 임업에 의하여 지탱되는 정도를 나타낸다.
④ 임업조수익 중에서 임업소득이 차지하는 비율을 임업의존도라 한다.

해설 임업의존도 $= \dfrac{임업소득}{임가소득} \times 100$

7개년 기출문제

학습전략

핵심이론 학습 후 핵심기출문제를 풀어봄으로써 내용 다지기와 더불어 시험에서 실전감각을 키울 수 있도록 하였고, 왜 정답인지를 문제해설을 통해 바로 확인할 수 있도록 하였습니다.

이후, 산림산업기사에 출제되었던 최근 7개년 기출문제를 풀어봄으로써 스스로를 진단하면서 필기합격을 위한 실전연습이 될 수 있도록 하였습니다.

1. 국유림경영계획을 위한 지황 조사항목에 대한 설명으로 옳지 않은 것은?

① 방위는 8방위로 구분한다.
② 무립목지는 미립목지와 제지로 구분한다.
③ 경사도에서 험준지는 25° 이상 30° 미만을 말한다.
④ 임도에서 도로까지 450m인 경우 지리는 4급지로 표시한다.

해설 바르게 고치면
   4급지 – 301 ~ 400m 이하

2. 산림경리의 업무 내용이 아닌 것은?

① 산림조사   ② 조림계획
③ 수확규정   ④ 임업소득률 결정

해설 산림경리의 업무 내용
   산림주위측량, 산림구획, 산림조사, 시업관계사항조사, 시업체계의 조직, 수확규정, 조림계획, 시업상 필요한 시설계획, 시업조사검증

3. 총비용과 총수익이 같아져서 이익이 0(zero)이 되는 판매액의 수준을 무엇이라 하는가?

① 고정비   ② 변동비
③ 손실영역   ④ 손익분기점

해설 손익분기점
   ① 한 기간의 매출액이 당해기간의 총비용과 일치하는 점
   ② 매출액이 그 이하로 감소하면 손실이 나며, 그 이상으로 증대하면 이익을 가져오는 기점을 가리킨다.

4. 수확조정방법에 대한 설명으로 옳지 않은 것은?

① 면적조정법은 주로 택벌작업에 응용된다.
② 임분경제법과 등면적법은 영급법에 속한다.
③ 재적배분법, 재적평분법 등은 재적 수확의 보속을 추구한다.
④ 면적평분법, 순수영급법 등은 법정 상태의 실현을 추구한다.

해설 면적조정법은 개벌 또는 작업에 응용되며, 재적조정법은 택벌작업에 응용된다.

5. 유령림의 임목평가에 가장 적합한 방법은?

① 환원가법
② 기망가법
③ 비용가법
④ 매매가법

해설 ① 환원가법 : 벌기 미만의 장령림
   ② 기망가법 : 벌기 미만의 장령림
   ④ 매매가법 : 벌기 이상의 임목

6. 임업경영을 경제적 특성과 기술적 특성으로 구분할 때 기술적 특성에 해당하는 것은?

① 생신기간이 대단히 길다.
② 육성임업과 채취임업이 병존하다.
③ 원목가직의 구성요소 대부분이 운반비이다.
④ 임업노동은 계절적 제약을 크게 받지 않는다.

해설 임업의 기술적 특성
   ① 생산기간이 대단히 길다.
   ② 임목의 성숙기가 일정하지 않다.
   ③ 토지나 기후조건에 대한 요구도가 낮다.
   ④ 자연조건의 영향을 많이 받는다.

정답 1. ④ 2. ④ 3. ④ 4. ① 5. ③ 6. ①

7. 임분의 재적을 추정할 때 전 임목을 몇 개의 계급으로 나누어 각 계급의 본수를 동일하게 한 다음 각 계급에서 같은 수의 표준목을 선정하는 방법은?

① 단급법
② Urich법
③ Hartig법
④ Draudt법

해설 표준목 선정방법

① 단급법 : 전림분을 1개의 급(Class)으로 취급하여 단 1개의 표준목을 선정하는 방법

② Draudt법 : 각 직경급을 대상으로 하여 표준목을 선정한다. 선정시 먼저 전체에서 몇 본의 표준목을 선정할 것인가를 정한 다음, 각 직경급의 본수에 따라 비례 배분

③ Urich법 : 전림목을 몇 개의 계급(Grade)으로 나누고 각 계급의 본수를 동일하게 한 다음 각 계급에서 같은 수의 표준목을 선정

④ Hartig법 : 계급수를 정하고 전체 흉고단면적합계를 구한 다음, 이것을 계급수로 나누어서 각 계급의 흉고단면적합계를 구함

8. 중령림 평가방법으로 원가수익절충방식을 적용하는 대표적인 평가방법은?

① Glaser법
② 매매가법
③ 수익환원법
④ 임목기망가법

해설 ② 매매가법 : 벌기 이상의 임목
③ 환원가법 : 벌기 미만의 장령림
④ 기망가법 : 벌기 미만의 장령림

9. 흉고직경이 50cm, 수고가 18m, 수간재적이 1.59m³인 입목의 흉고형수는?(단, π = 3.14)

① 약 0.40
② 약 0.45
③ 약 0.50
④ 약 0.55

해설 수간재적 $=\dfrac{흉고형수\times3.14\times흉고직경^2\times수고}{40,000}$

$1.59=\dfrac{흉고형수\times3.14\times50^2\times18}{40,000}$

흉고형수 = 약 0.45

10. 벌채목의 중앙단면적과 재장의 길이로 재적을 측정하는 방법은?

① 후버식
② 뉴턴식
③ 스말리안식
④ 브레레튼식

해설 ① Huber식 : 중앙단면적식 또는 중앙직경식

$V=r\cdot l$

식에서 V : 통나무의 재적, r : 중앙단면적(m²)$=g_{1/2}$, l : 재장(m)

② Newton식 : RIECKE의 공식

$$V=\dfrac{g_0+4g_{1/2}+g_n}{6}\times l$$

③ Smalian식 : 평균양단면적식

$$V=\dfrac{(g_0+g_n)}{2}\times l$$

식에서 g_0 : 원구단면적(m²), g_n : 말구단면적(m²)

④ Brereton식 : 미국·인도네시아 및 필리핀 등지에서 사용되는 공식, 양단평균직경을 갖는 원주로 계산

11. 산림평가에 영향을 끼칠 수 있는 주요산림 구성내용이 아닌 것은?

① 임지
② 임목
③ 관리비
④ 부산물

해설 산림평가에 영향을 끼칠 수 있는 주요 산림 구성내용
임지, 임목, 부산물, 시설, 공익적 기능

12. 10년 후에 100만원의 가치가 있는 산림의 전가(현재가)는?(단, 이율은 5%)

① 약 853,000원
② 약 613,900원
③ 약 653,000원
④ 약 813,900원

해설 산림의 전가(현재가) = 1,000,000원/1.05^{10}
= 1,000,000원/1.6289
= 약 613,900원

정답 7. ② 8. ① 9. ② 10. ① 11. ③ 12. ②

13. 순현재가치를 영(0)이 되게 하는 할인율의 크기로 투자효율을 평가하는 방법은?

① 회수기간법   ② 순현재가치법
③ 내부수익률법   ④ 수익비용비법

해설 ① 회수기간법
- 시간가치 고려 안함
- 사업에 착수하여 투자에 소요된 모든 비용을 회수할 때까지의 기간을 말하며, 회수기간이 기업에서 설정한 회수기간보다 짧으면 그 사업은 투자가치가 있는 유리한 사업이라 판단
② 순현재가치법 또는 현가법
- 시간가치 고려함
- 투자의 결과로 발생하는 현금유입을 일정한 할인율로 할인하여 얻은 현재가와 투자비용을 할인하여 얻은 현금유출의 현재가를 비교하는 방법으로 현재가가 0보다 큰 투자안을 투자할 가치가 있는 것으로 평가
③ 내부투자수익률법
- 시간가치 고려함
- 투자에 의해 장래에 예상되는 현금유입의 현재가와 현금유출의 현재가를 같게 하는 할인율
④ 수익 · 비용률법
- 시간가치 고려함
- 순현재가치법의 단점을 보완하기 위하여 수익
- 비용률법(B/C Ratio)을 사용하는데, 이 방법은 투자비용의 현재가에 대하여 투자의 결과로 기대되는 현금유입의 현재가 비율

14. 이상적인 임분의 재적 또는 흉고단면적에 대한 실제 임분의 재적 또는 흉고단면적의 비율로 나타내는 임분밀도의 척도는?

① 입목도   ② 상대밀도
③ 임분밀도지수   ④ 상대공간지수

해설 거리독립 경쟁지수(임분)
① 입목도 : 임분의 흉고단면적/이상적인 임분의 흉고단면적
② 임분밀도지수 : ha당 입목본수와 밀도 추정, 1ha당 10인치 직경의 목재의 본수로 표준화, 동령인공림
② 상대공간지수(RSI) : 우세목 수고에 대한 입목간 평균 거리의 백분율

15. 주벌수확의 임목가격을 사정하기 위해 일반적으로 고려하지 않는 것은?

① 조재율
② 단위재적당 채취비
③ 총재적의 재종별 재적
④ 화폐가치 하락에 의한 임목가격의 상대적 등귀

해설 벌기 이상의 임목평가
① 우리나라의 일반적 임목평가 : 시장가역산법
$$② \ x = f\left(\frac{a}{1+mp+r} - b\right)$$
x : 단위 재적당(m^3) 임목가
f : 조재율(이용률)
a : 단위 재적당 원목의 시장가
m : 자본 회수기간
b : 단위 재적당 벌채비, 운반비, 사업비 등의 합계
p : 월이율
r : 기업이익률

16. 감가상각비 계산을 위한 요소가 아닌 것은?

① 취득원가   ② 잔존가치
③ 자산상태   ④ 추정내용연수

해설 감가상각비 계산을 위한 4대 요소
취득원가, 잔존가치, 추정 내용연수, 감가상각방법

17. 「산림자원의 조성 및 관리에 관한 법률」 규정에 의한 산림기술자 중 산림경영기술자의 업무범위가 아닌 것은?

① 산림경영계획의 수립
② 임도사업과 사방사업의 설계 및 시공
③ 도시림 등의 조성사업 설계 및 시공
④ 산림병해충 방제 관련 사업 설계 및 시공

해설 산림경영기술자의 기술등급 · 자격요건 및 업무범위(산림자원의 조성 및 관리에 관한 법률 시행령)

정답   13. ③   14. ①   15. ④   16. ③   17. ②

기술등급	자격요건	업무범위
기술특급	「국가기술자격법」에 따른 산림기술사의 자격을 가진 자	• 조림, 숲가꾸기 또는 산림병해충 방제사업과 관련된 설계 · 시공 및 감리
기술1급	「국가기술자격법」에 따른 산림기사의 자격을 가진 자	• 가로수등 수목의 전정사업 • 산림경영계획의 수립 • 도시림 등의 조성 • 관리사업에 대한설계 · 시공 및 감리
기술2급	「국가기술자격법」에 따른 산림산업기사의 자격을 가진 자	• 산림욕장의 조성 • 관리사업에 대한 설계 · 시공 및 감리 • 산림조사 및 선목
기능특급	「국가기술자격법」에 따른 산림기능장의 자격을 가진 자	• 조림, 숲가꾸기 또는 산림병해충 방제사업의 시공 • 도시림 등의 조성 －관리사업 관련시공 • 산림욕장의 조성 －관리시공
기능1급	「국가기술자격법」에 따른 산림기능사의 자격을 가진 자	
기능 2급	산림인력개발기관에서 6주 이상의 교육을 이수한 자	

19. 면적이 150ha이고, 윤벌기가 30년이며, 1개의 영급이 10개의 영계로 구성되어 있는 산림의 법정영급면적은?

① 3ha   ② 30ha
③ 50ha   ④ 300ha

해설 $A = \dfrac{F}{U} \times n = \dfrac{150}{30} \times 10 = 50\text{ha}$

여기서, A : 법정영급면적
F : 작업급의 면적
U : 윤벌기
n : 영급의 영계 수

20. 삼각법을 응용한 수고 측고기는?

① 와이제 측고기   ② 아소스 측고기
③ 크리스튼 측고기   ④ 블루메라이스 측고기

해설 와이제 측고기, 아소스 측고기, 크리스튼 측고기 : 상사삼각법을 응용한 수고 측고기

18. 다음 괄호 안에 들어갈 용어로 가장 적합한 것은?

> 임업경영은 일정한 목적을 가지고 (　　)을 하는 조직과 활동을 말한다.

① 경제활동   ② 임업생산
③ 경제적 기능   ④ 공익적 기능

해설 임업경영
① 일정한 목적을 가지고 임업생산을 하는 조직과 활동
② 산림을 계획적으로 갱신, 생육하여 목재를 생산하여 소득을 올리는 것을 주목적으로 하는 경제활동

정답 18. ②   19. ③   20. ④

2회   1회독 □ 2회독 □ 3회독 □

1. 산림경영계획에 대한 설명으로 옳은 것은?

① 우리나라 국유림종합계획 기간은 5년이다.
② 사유림 소유자의 산림경영계획 수립은 의무가 아니라 권장사항이다.
③ 한번 작성된 산림경영계획은 그 계획기간 동안에는 변경이 불가능하다.
④ 국유림경영계획 작성의 의무는 국유림이 존재하는 해당 지방자치단체장에게 있다.

해설 바르게 고치면
① 우리나라 국유림종합계획 기간은 10년이다.
③ 한번 작성된 산림경영계획은 그 계획기간 동안에는 변경이 가능하다.
④ 국유림경영계획 작성의 의무는 국유림이 존재하는 해당 지방산림청장에게 있다.

2. 임업경영 지도원칙 중에서 보속성 원칙에 대한 설명으로 옳은 것은?

① 수익률을 가장 크게 하는 원칙
② 해마다 목재수확을 균등하게 할 수 있는 원칙
③ 최소의 비용으로 최대의 효과를 발휘는 원칙
④ 생산량을 생산요소의 수량으로 나눈 값이 최고가 되도록 하는 원칙

해설 바르게 고치면
① 수익률을 가장 크게 하는 원칙 : 수익성의 원칙
③ 최소의 비용으로 최대의 효과를 발휘는 원칙 : 경제성의 원칙
④ 생산량을 생산요소의 수량으로 나눈 값이 최고가 되도록 하는 원칙 : 생산성의 원칙

3. 흉고형수에 영향을 미치는 인자가 아닌 것은?

① 수고   ② 지위
③ 수종   ④ 근원직경

해설 흉고형수를 좌우하는 인자
① 수종과 품종, 생육구역, 지위,
② 수관밀도, 지하고와 수관의 양, 수고, 흉고직경, 연령

4. 임업경영의 성과를 나타내는 가장 정확한 지표로 임업경영의 결과에 의하여 직접적으로 얻은 소득에 해당하는 것은?

① 임업소득
② 임업조수익
③ 임업총수입
④ 임업현금수입

해설 입업소득
① 임업소득은 임업경영 성과를 나타낸다
② 임업소득 = 임업조수익 − 임업경영비
③ 임업조수익 = 임업현금수입 + 임산물가계소비액 + 미처분 임산물증가액 + 임업생산 자재재고증가액 + 임목성장액

5. 보속작업에서 한 작업급에 속하는 모든 임분을 일순벌하는데 필요한 기간을 나타내는 임업생산기간은?

① 윤벌기   ② 갱정기
③ 회귀년   ④ 정리기

해설 ① 정리기
• 개량기, 갱정기
• 불법정인 영급관계를 법정인 영급으로 정리하는 기간
② 회귀년
• 택벌림의 벌구식 택벌작업에 있어서 맨 처음 택벌을 실시한 일정 구역을 또 다시 택벌하는데 걸리는 기간

정답   1. ②   2. ②   3. ④   4. ①   5. ①

6. 수확조정기법 중 평분법에 대한 설명으로 옳지 않은 것은?

① 재적평분법은 일반적으로 경제변동에 대한 탄력성이 없는 것으로 평가 된다.

② 절충평분법은 재적평분법과 면적평분법의 장점을 채택하여 절충한 것이다.

③ 면적평분법은 제2윤벌기에 산림이 법정상태가 되어 개벌작업에는 응용할 수 없다.

④ 평분법의 특징은 윤벌기를 일정한 분기로 나누어 분기마다 수확량을 균등하게 하는 것이다.

해설 바르게 고치면
면적평분법은 제2윤벌기에 산림이 법정상태가 되어 택벌작업에는 응용할 수 없다.

7. 수고곡선 유도방법으로 자료가 많은 경우 또는 정확도를 요구할 때 사용하는 것은?

① 이동평균법   ② 자유곡선법
③ 최소자승법   ④ 드라우트법

해설 최소자승법
① 회귀식에서 오차항의 제곱의 합을 최소화하는 모회귀계수를 추정하는 방법
② 이론치와 측정치의 차이의 제곱의 합계를 최소로 하는 방법

8. 우리나라 산림 소유 구분에 따른 분류로 옳지 않은 것은?

① 법정림   ② 공유림
③ 국유림   ④ 사유림

해설 ① 산림의 소유 구분 – 국유림, 공유림, 사유림
② 법정림 – 엄정보속·재적수확의 실현이 가능하도록 조건을 갖춘 산림

9. 음(−)의 값이 나올 수 있는 투자효율 분석법은?

① 회수기간법   ② 순현재가치법
③ 투자이익률법   ④ 수익비용률법

해설 순현재가치법
현재가가 0보다 큰 투자 안을 투자할 가치가 있는 것으로 평가하므로 음수가 나올 수 있다.

10. 산림자원의 효율적 조성과 육성을 위해 산림의 기능구분에 해당하지 않는 것은?

① 목재생산림   ② 산림휴양림
③ 수원함양림   ④ 기업경영림

해설 산림의 기능별 구분
수원함양림, 산지재해방지림, 자연환경보전림, 생활환경보전림, 목재생산림, 산림휴양림

11. 유령림의 임목평가방법으로 가장 적합한 것은?

① 비용가법   ② 기망가법
③ 매매가법   ④ 환원가법

해설 ① 기망가법 – 벌기 미만 장령림
② 매매가법 – 벌기 이상 임목
③ 환원가법 – 벌기 미만 장령림

12. 임업의 경제적 특성에 해당되는 것은?

① 자연조건의 영향을 많이 받는다.
② 임목의 성숙기가 일정하지 않다.
③ 토지나 기후조건에 대한 요구도가 낮다.
④ 임업노동은 계절적 제약을 크게 받지 않는다.

정답   6. ③   7. ③   8. ①   9. ②   10. ④   11. ①   12. ④

해설 임업의 기술적 특성
① 생산기간이 대단히 길다.
② 임목의 성숙기가 일정하지 않다.
③ 토지나 기후조건에 대한 요구도가 낮다.
④ 자연조건의 영향을 많이 받는다.

13. 어떤 소나무림에서 간벌을 하면 500만원씩의 수입을 얻을 것으로 예상된다. 연중에는 3회 간벌을 하고, 5년간 연이율을 5%로 적용할 경우 후가계산에 적합한 식은?

① $\dfrac{500만원 \times [1.05^5 - 1]}{1.05^{15}}$

② $\dfrac{500만원 \times [1.05^{15} - 1]}{1.05^5}$

③ $\dfrac{500만원 \times [1.05^5 - 1]}{1.05^{15} - 1}$

④ $\dfrac{500만원 \times [1.05^{15} - 1]}{1.05^5 - 1}$

해설 유한정기이자의 계산식 = $\dfrac{500만원 \times [1.05^{15} - 1]}{1.05^5 - 1}$

14. 고정자본재에 해당하는 것은?

① 농약   ② 묘목
③ 임도   ④ 산림용 비료

해설 고정자본재
건물, 기계, 운반시설, 제재설비, 임도, 임목 등

15. 임지취득 후 조림 등 임목육성에 적합한 상태로 개량하는데 소요된 모든 비용의 후가에서 그 동안의 수입의 후가를 공제한 값으로 평가하는 방법은?

① 대용법   ② 수익환원법
③ 임지비용가   ④ 임지기망가법

해설 임지비용가
임지를 취득하고 이를 조림 등 임목육성에 적합한 상태로 개량하는데 소요된 순비용의 후가합계로 평가하는 방법

16. 각산정표준지법에서 스피겔릴라스코프를 사용하여 1개의 표준점에서 측정된 나무의 평균본수가 10본이었으며, 사용된 흉고단면적 정수는 2m²이었다면 이 임분의 ha당 흉고단면적은?

① 5m²   ② 8m²
③ 12m²   ④ 20m²

해설 ha당 흉고단면적은 $2m^2 \times 10본 = 20m^2$

17. 법정축적은 일반적으로 어느 계절의 축적으로 계산하는가?

① 춘계   ② 하계
③ 추계   ④ 동계

해설 법정축적
① 추계축적과 춘계축적의 평균
② 일반적으로 법정축적을 구하라고 하면 평균값인 하계축적을 구한다.

18. 25년생 잣나무 임분의 입목재적이 45m³/ha이고, 수확표의 입목재적은 50m³/ha이라면 입목도는?

① 0.5   ② 0.7
③ 0.9   ④ 1.1

해설 입목도 = $\dfrac{\text{실제 임분의 재적}}{\text{이상적인 임분의 재적}} = \dfrac{45}{50} = 0.9$

정답   13. ④   14. ③   15. ③   16. ④   17. ②   18. ③

19. 임목 측정에서 불완전한 기계 또는 계산에 의해 발생하는 오차는?

① 과오　　　　　　② 누적오차
③ 상쇄오차　　　　④ 표본오차

해설 ① 과오 : 측정자의 부주의한 오차
　　② 누적오차
　　　• 일정한 조건하에서 일련의 관측값에 항상 같은 방향(+ 또는 −)과 같은 크기로 발생하는 오차
　　　• 관측 횟수에 따라 오차가 누적됨으로써 누차 또는 정오차라고도 한다.
　　③ 상쇄오차(부정오차, 상차)
　　　• 일어나는 원인이 확실치 않거나 관측시 조건이 순간적으로 변화하기 때문에 원인을 찾기 힘든 오차
　　　• 때때로 부정오차는 서로 상쇄되기도 하므로 최소 제곱이 널리 사용된다.

20. 감가상각비의 계산방법 중에 감가상각비 총액을 각 사용연도에 할당하여, 매년 균등하게 감가하는 방법은?

① 정액법　　　　　② 정률법
③ 연수합계법　　　④ 작업시간비례법

해설 ① 정률법 – 취득원가에서 감가상각비 누계액을 뺀 다음의 장부 원가에 일정율의 감가율을 곱하여 감가상각비를 산출하는 방법
　　② 연수합계법
　　　• 정률법이 삼각비의 체감이 급격하기 때문에 체감의 속도를 보다 완화하기 위한 대용법
　　　• 취득원가의 잔존가치를 차감한 금액에 상각률을 곱하여 감가상각비를 계산
　　④ 작업시간비례법 – 보유중인 자산의 감가가 단순히 시간이 경과함에 따라 나타나기보다는 작업시간에 비례하여 나타난다고 하는 것을 전제로 하여 감가상각비를 계산하는 방법

정답　19. ②　20. ①

해설 산림평가의 응용분야에 산림의존도 사정은 관련이 없다.

1. 임업조수익을 계산하기 위해 사용되는 인자는?

① 감가상각액　　　② 현금지출액
③ 임업 외 현금수입액　④ 미처분임산물증감액

해설 임업조수익 = 임업현금수입 + 임산물가계소비액 + 미처
분임산물증감액 + 임업생산자재재고증감
액 + 임목성장액

2. 임지기망가에 대한 설명으로 옳은 것은?

① 관리비는 임지기망가가 최대로 되는 시기와 관계없
다.
② 이율이 높을수록 임지기망가가 최대로 되는 시기가
늦게 온다.
③ 간벌수익이 클수록 임지기망가가 최대로 되는 시기가
늦게 온다.
④ 임지기망가가 최대로 되는 때를 벌기로 한 것을 시장
가격 최대의 벌기령이라 한다.

해설 바르게 고치면
② 이율이 높을수록 임지기망가가 최대로 되는 시기가 빨
리 온다.
③ 간벌수익이 클수록 임지기망가가 최대로 되는 시기가 빨리
온다.
④ 임지기망가가 최대로 되는 때를 벌기로 한 것을 토지순
수익 최대의 벌기령 또는 이재적벌기령이라 한다.

3. 산림평가가 임지와 임목의 평가 이외에도 여러 분야에서
응용되고 있다. 다음 중 응용분야로 거리가 먼 것은?

① 산림의존도의 사정
② 산림과세의 기준설정
③ 산림피해의 손해액 결정
④ 산림의 매매, 교환의 가격사정

4. 벌기령에 대한 설명으로 옳은 것은?

① 임목이 실제로 벌채되는 연령
② 모든 임분을 일순벌하는데 필요한 기간
③ 맨 처음 택벌한 일정구역을 또 다시 택벌하는데 필요
한 기간
④ 임분이 생장하는 과정에 있어서 어느 성숙기에 도달하는
계획상의 연수

해설 바르게 고치면
① 임목이 실제로 벌채되는 연령 : 벌채령
② 모든 임분을 일순벌하는데 필요한 기간 : 윤벌기
③ 맨 처음 택벌한 일정구역을 또 다시 택벌하는 데 필요
한 시간 : 회귀년

5. 임분의 재적을 측정하는 방법 중에서 표본점을 필요
로 하지 않기 때문에 플롯레스 샘플링(Plotless Sampling)
이라고 하는 방법은?

① 표본조사법　　　② 원형표준지법
③ 대상표준지법　　④ 각산정 표준지법

해설 각산정 표준지법이 플롯레스 샘플링(Plotless
Sampling)이다.

6. 말구직경 26cm, 중앙직경 30cm, 원구직경 36cm, 재장
이 4m인 통나무를 Huber식에 의하여 계산한 재적은?

① 약 0.212m³　　　② 약 0.283m³
③ 약 0.302m³　　　④ 약 0.407m³

해설 Huber식
$V = 0.785 \times d^2 \times l = 0.785 \times 0.3^2 \times 4 = 0.2836$

정답　1. ④　2. ①　3. ①　4. ④　5. ④　6. ②

7. 산림경리의 업무내용 중 본업에 속하지 않는 것은?

① 수확규정
② 조림계획
③ 시설계획
④ 산림구획

해설 산림경리의 업무내용
① 산림주위측량, 산림구획, 산림조사, 시업관계사항조사
  – 전업 또는 예업
② 시업체계의 조직, 수확규정, 조림계획, 시업상 필요한
  시업계획 – 주업 또는 본업
③ 시업조사검토 – 후업

8. 평가방법에 따른 대상으로 올바르게 짝지어진 것은?

① 기망가 – 성숙림
② 매매가 – 장령림
③ 비용가 – 유령림
④ 자본가 – 중령림

해설 바르게 고치면
① 기망가 – 장령림
② 매매가 – 성숙림
④ 자본가 – 장령림

9. 임업의 경제적 특성으로 원목가격 구성요소에서 가장 큰 항목은?

① 지대
② 육림비
③ 운반비
④ 감가상각비

해설 원목가격 구성요소에서 가장 큰 항목은 운반비이다.

10. 다음 조건에서 단일수입의 복리산식 중 전가계산식으로 옳은 것은?

> • V_n : n년 후의 후가　• V_0 : 전가
> • p : 이율　　　　　　• n : 연수

① $V_0 = \dfrac{V_n}{(1+p)^n}$　　② $V_0 = \dfrac{V_n}{(1+p)^{n-1}}$

③ $V_n = \dfrac{V_0(1+p)^n}{p}$　　④ $V_n = \dfrac{V_0(1+p)^{n-1}}{p}$

해설 전가계산식 $= V_0 = \dfrac{V_n}{(1+p)^n}$

11. 우리나라 산림의 소유별 구조에서 가장 많은 비율을 차지하고 있는 것은?

① 국유림
② 사유림
③ 도유림
④ 군유림

해설 산림의 소유별 비율
사유림 > 국유림 > 군유림 > 도유림

12. 임분밀도를 나타내는 척도 중 우세목의 수고에 대한 입목간 평균거리의 백분율을 의미하는 것은?

① 입목도
② 상대밀도
③ 상대공간지수
④ 임분밀도지수

해설 ① 입목도 : 이상적인 임분의 재적 또는 흉고단면적에 대한 실제 임분의 재적 또는 흉고단면적의 비율
② 상대밀도 : 평균임분직경에 대한 단위면적당 흉고단면적의 값
④ 임분밀도지수 : 지위지수와 임령이 독립적인 순수 동령림에 대한 밀도 척도

정답　7. ④　8. ③　9. ③　10. ①　11. ②　12. ③

13. 산림경영계획을 위한 지황조사 항목에 대한 설명으로 옳은 것은?

① 방위는 임지의 주 사면을 보고 4방위로 구분한다.
② 지리는 임지의 생산능력에 따라 m 단위로 표시한다.
③ 토양의 건습도는 일반적으로 습, 중, 건 5단계로 분류한다.
④ 경사도는 5단계로 구분하는데 가장 완만한 완경사지는 15° 미만을 말한다.

해설 바르게 고치면
　① 방위는 임지의 주 사면을 보고 8방위로 구분한다.
　② 지리는 임지의 생산능력에 따라 100m 단위로 표시한다.
　③ 토양의 건습도는 일반적으로 건조, 약건, 적윤, 약습, 습의 5단계로 분류한다.

14. 임분재적이 ha당 180m³, 임분형수가 0.4, 임분평균수고가 15m인 경우 ha당 흉고단면적은?

① 4.8m²
② 12m²
③ 30m²
④ 72m²

해설 임분재적 = 임분형수 × ha당 흉고단면적 × 임분평균수고,
　180=0.4 × ha당 흉고단면적 × 15
　∴ ha당 흉고단면적 = 30m²

15. 임업자산 중 고정자산이 아닌 것은?

① 임도
② 묘목
③ 집재도구
④ 벌목기계

해설 묘목 – 유동자산

16. 1,000만 m²의 산림에 대한 숲가꾸기 실시설계의 책임기술자를 배치하고자 할 때 필요한 인력에 해당하는 것은?

① 기능특급 산림경영기술자 1인
② 기술특급 산림경영기술자 1인
③ 해당 업무분야 실무경력 4년 이상 기술1급 산림경영기술자 1인
④ 해당 업무분야 실무경력 6년 이상 기능2급 산림경영기술자 1인

해설 실시설계의 책임기술자 배치기준(산림자원의 조성 및 관리에 관한 법률 시행규칙)

사업 종류	규 모	배치기준
숲가꾸기	300만 제곱미터 이하	기술2급 이상인 산림경영기술자 1명
	600만 제곱미터 이하	다음 각 호의 어느 하나에 해당하는 사람 1명 • 기술1급 이상인 산림경영기술자 • 해당 업무분야 실무경력 2년 이상인 기술2급 산림경영기술자
	900만 제곱미터 이하	다음 각 호의 어느 하나에 해당하는 사람 1명 • 기술특급 산림경영기술자 • 해당 업무분야 실무경력 2년 이상인 기술1급 산림경영기술자
	1,200만 제곱미터 이하	다음 각 호의 어느 하나에 해당하는 사람 1명 • 해당 업무분야 실무경력 2년 이상인 기술특급 산림경영기술자 • 해당 업무분야 실무경력 4년 이상인 기술1급 산림경영기술자
	1,200만 제곱미터 초과	1,200만제곱미터 이하에 해당하는 책임기술자와 1,200만제곱미터 초과규모에 해당하는 책임가술자 추가 배치
조림	전체사업	다음 각 호의 어느 하나에 해당하는 사람 1명 • 기술1급 이상인 산림경영기술자 • 해당 업무분야 실무경력 4년 이상인 기술2급 산림경영기술자
임도	공사금액 5억원 이상	특급 또는 1급 산림공학기술자 1명

정답　13. ④　14. ③　15. ②　16. ③

	공사금액 5억원 미만	2급 산림공학기술자 1명
사방	공사금액 2억원 이상	특급 또는 1급 산림공학기술자 1명
	공사금액 2억원 미만	2급 산림공학기술자 1명

※ 비고 : "해당 업무분야 실무경력"이란 2006년 8월 4일 이후 숲가꾸기 설계·감리업무를 수행한 경력을 말한다.

17. 취득원가에서 감가상각비 누계액을 뺀 후 장부원가에 일정률의 감가율을 곱하여 감가상각비를 산출하는 방법은?

① 정률법
② 연수합계법
③ 생산량비례법
④ 작업시간비례법

해설 ① 연수합계법 : 취득원가의 잔존가치를 차감한 금액에 상각률을 곱하여 감가상각비를 계산
② 생산량비례법 : 보유 중인 자산의 감가가 생산량에 비례하여 나타난다고 하는 것을 전제로 하여 감가상각비를 계산하는 방법
③ 작업시간비례법 : 보유 중인 자산의 감가가 작업시간에 비례하여 나타난다고 하는 것을 전제로 하는 방법

18. 어느 임분의 ha당 20년 전 재적이 200m³이고, 현재 재적이 300m³일 때, 이 임분의 재적을 Pressler공식으로 계산한 생장률은?

① 2%
② 3%
③ 4%
④ 5%

해설 pressler공식 $= \dfrac{300\text{m}^3 - 200\text{m}^3}{300\text{m}^3 + 200\text{m}^3} \times \dfrac{200}{20} = 2\%$

19. 법정림에서 법정상태 요건이 아닌 것은?

① 법정축적
② 법정수확
③ 법정생장량
④ 법정영급분배

해설 법정상태 요건
법정축적, 법정생장량, 법정영급분배, 법정임분배치

20. 경영규모의 확장으로 인하여 물리적으로 고정자산의 사용이 가능하지만 경제적 이유로 이를 사용할 수 없기 때문에 폐기시키는 경우에 해당하는 것은?

① 물리적 감가
② 부적응 감가
③ 진부화 감가
④ 부패·부식 감가

해설 • 물리적 감가 : 건물의 물리적 상태가 시간의 흐름이나 자연 작용으로 노후화되거나 이용으로 인한 마멸·파손·화재나 지진 등의 우발적 사고로 인한 손상 등으로 인한 가치 손실
• 진부화 감가 : 물질적으로는 아무런 가치의 감소가 없어도 유행에 뒤지거나 비효율 등의 원인에 의해서 자산의 가치를 감소시킬 필요가 있을 때의 감가

1회   1회독 □ 2회독 □ 3회독 □

1. 수종별 벌기령이 옳지 않은 것은?(단, 공·사유림의 일반기준 벌기령을 적용)

① 소나무 : 40년
② 잣나무 : 50년
③ 참나무류 : 25년
④ 포플러류 : 10년

해설 포플러류 벌기령 – 3년

2. 시장가역산법에 의해 임목의 가치를 평가하려고 할 때 계산 항목에 포함되지 않는 것은?

① 임목 육성에 투입된 비용
② 벌출된 원목의 예측되는 시장가격
③ 벌채·운반에 소요될 것으로 예측되는 비용
④ 벌채·운반 및 매각사업에서 얻어 질 수 있을 것으로 예측되는 정상

해설 벌기이상의 임목평가법인 시장가역산법에 임목 육성에 투입된 비용은 적용되지 않는다.

3. 임업경영규모나 자산을 전년도와 비교하여 얼마나 변화하였는지 분석하는 방법은?

① 손익 분석   ② 부채 분석
③ 성장성 분석   ④ 감가상각비 분석

해설 성장성 분석
① 매출액, 단기 순이익, 납입자본금, 자기자본, 부가가치, 종업원 수, 고정자산 등
② 각 자료의 증가율을 시계열로 놓고 분석하는 방법을 택한다.

4. 원구단면적이 0.35m²이고 말구단면적이 0.25m²인 통나무의 길이가 6m라고 할 때 스말리안식에 의한 통나무의 재적은?

① 0.8m³   ② 1.5m³
③ 1.8m³   ④ 2.1m³

해설 스말리안식에 의한 통나무의 재적

$$= \frac{0.35 + 0.25}{2} \times 6 = 1.8 \text{m}^3$$

5. n년 전의 재적을 v, 현재의 재적을 V라고 할 때, m년 동안의 정기평균생장량은 V와 v의 평균재적에 대하여 몇 %에 해당하는지를 알아보기 위한 식은?

① Meyer   ② Denzin
③ Pressler   ④ Schneider

해설 Pressler 식

$$P = \frac{V - v}{V + v} \times \frac{200}{m}$$

6. 임업 및 산촌진흥 촉진에 관한 법률에 의한 '임업인'에 해당하지 않는 것은?

① 1년 중 30일 이상 임업에 종사하는 자
② 3ha 이상 산림에서 임업을 경영하는 자
③ 산림조합법 제18조에 따른 조합원으로 임업을 경영하는 자
④ 임업경영을 통한 임산물 연간 판매액이 120만원 이상인 자

해설 임업인의 범위
① 3헥타르 이상의 산림에서 임업을 경영하는 자
② 1년 중 90일 이상 임업에 종사하는 자
③ 임업경영을 통한 임산물의 연간 판매액이 120만원 이상인 자
④ 「산림조합법」에 따른 조합원으로서 임업을 경영하는 자

정답   1. ④   2. ①   3. ③   4. ③   5. ③   6. ①

7. 25년생 소나무의 재적이 2.5m³일 때 평균생장량은?

① 0.010m³   ② 0.025m³
③ 0.100m³   ④ 0.250m³

[해설] $\dfrac{0+2.5}{25}$ = 0.100m³

8. 손익분기점 분석에 필요한 가정의 설명으로 옳은 것은?

① 제품을 생산하는 능률은 변함이 없다.
② 고정비는 생산량의 증감에 따라 변한다.
③ 생산량과 판매량은 항상 같은 것은 아니다.
④ 제품 한 단위당 변동비는 제품 생산이 늘어남에 따라 함께 증가한다.

[해설] 손익분기점 분석
  ① 원가(Cost), 조업도(Volume), 이익(Profit)의 관계를 분석
  ② 다음과 같은 가정이 필요하다.
    • 제품의 판매가격은 판매량이 변동하여도 변화되지 않는다.
    • 원가는 고정비와 변동비로 구분할 수 있다.
    • 제품 한 단위당 변동비는 항상 일정하다.
    • 고정비는 생산량의 증감에 관계없이 항상 일정하다.
    • 생산량과 판매량은 항상 같으며, 생산과 판매에 동시성이 있다.
    • 제품의 생산 능률은 변함이 없다.

9. 산림평가에 사용되는 임업이율의 성격으로 옳지 않은 것은?

① 대부이자가 아니고 자본이자이다.
② 현실이율이 아니고 평정이율이다.
③ 단기이율이 아니고 장기이율이다.
④ 명목적 이율이 아니고 실질적 이율이다.

[해설] 임업이율의 성격
  ① 임업이율은 대부이자가 아니고 자본이자이다.
  ② 임업이율은 평정이율이며, 명목적 이율이다.
  ③ 임업이율은 장기이율이다.

10. 10만원으로 임지를 구입 하고 5년이 경과했을 때 임지비용가는? (단, 이율은 5%)

① 약 7,380원
② 약 63,800원
③ 약 87,500원
④ 약 127,630원

[해설] $B_k = (A+M)1.0P^n$
    $= (100,000+0) \times 1.05^5 = 100,000 \times 1.2763$
    $= 127,630$원

11. 임가소득 중에서 임업소득이 차지하는 비율은?

① 임업소득률
② 임업의존도
③ 임업조수익
④ 임업소득가계충족률

[해설] 임업의존도 = $\left(\dfrac{임업소득}{임가소득} \right) \times 100$

12. 산림수확조절을 위한 방법으로 아래 Austrain 공식에 대한 설명으로 옳지 않은 것은?

$$Y = I + \left(\dfrac{G_a - G_r}{a} \right)$$

① a : 갱정기
② I : 총생장량
③ G_r : 법정축적
④ G_a : 현실임분의 축적

[해설] 바르게 고치면
  I는 연년생장량으로 보통 순정기 연년생장량을 기초로 결정한다.

13. 임업노동의 특성에 대한 설명으로 옳지 않은 것은?

① 단위면적당 노동량이 많고 노동강도가 강하다.
② 산림경영 규모가 작아서 기계의 연속 가동일수가 짧다.
③ 작업장소인 산림까지의 이동시간이 길어서 실제 작업시간은 짧다.
④ 농업 노동력을 벌채·운반노동에 이용하려면 별도의 훈련이 필요하다.

해설 임업노동의 특성
① 산림면적이 넓고 험하므로 필요한 자재의 수송이 어렵고 작업감독이 곤란하다.
② 작업장소까지의 이동시간이 길어서 실제 작업시간이 짧다.
③ 산림이 험하므로 기계화가 어렵고 규모가 작아서 기계의 연속 가동일수가 짧다.
④ 단위면적당 노동량이 적으므로 노동분쟁과 같은 번거로운 일이 없다.
⑤ 농업 노동을 벌채·운반에 이용하려면 별도의 교육훈련이 필요하다.
⑥ 임업노동은 대개 농업의 잉여노동력을 사용하므로 산림작업을 농한기에 배분하도록 한다.

14. 임목생산에 들어간 비용의 원리합계는?

① 지대   ② 육림비
③ 노동비   ④ 감가상각비

해설 ① 육림비 – 임목생산에 들어간 비용의 원리합계
② 임목원가 – 육림비에서 육림기간 중의 수입합계를 공제한 것

15. 산림평가 방법 중 수익방식의 장점으로 옳지 않은 것은?

① 과학적이고 논리적이다.
② 일반 경제원칙에서 대체의 원칙과 부합한다.
③ 평가자의 주관이 개입될 여지가 비교적 적다.
④ 안정된 시장에서는 데이터만 정확하면 대체로 가격이 정확하게 평가된다.

해설 바르게 고치면
일반 경제원칙에서 예측의 원칙과 부합한다.

16. 지황조사 항목이 아닌 것은?

① 방위   ② 지리
③ 지위   ④ 소밀도

해설 소밀도 – 임황조사항목

17. 벌구식 택벌작업급에 있어서 택벌구가 일순 택벌된 다음 최초의 택벌구로 벌채가 되돌아오는데 소요되는 기간은?

① 갱신기   ② 윤벌기
③ 개량기   ④ 회귀년

해설 ① 윤벌기 – 보속작업에 있어서 한 작업급에 속하는 모든 임분을 일순벌하는 데 요하는 기간
② 회귀년 – 택벌림의 벌구식 택벌작업에 있어서 맨처음 택벌을 실시한 일정 구역을 또다시 택벌하는데 요하는 기간
③ 정리기
  • 불법정인 영급 관계를 법정 영급 관계로 시정하여 경제적 손실 최소화
  • 개량기와 갱정기
④ 갱신기
  • 산벌작업에 있어서 설치하는 예상적인 기간 개념 : 예비벌·하종벌·후벌로 나누어 갱신이 완료
  • 예비벌을 시작하여 후벌을 마칠 때까지의 기간
  • 임분에 따라서 반드시 일정한 것은 아님
  • 개벌작업에서의 갱신기

18. 법정림의 4가지 요건에 해당되지 않는 것은?

① 법정축적   ② 법정수확
③ 법정생장량   ④ 법정영급분배

해설 법정림
① 개념 : 재적수확의 엄정보속을 실현할 수 있는 내용조 건을 완전히 갖춘 산림을 말함
② 법정영급분배, 법정임분배치, 법정생장량, 법정축적

19. 우리나라의 경우 대경목으로 분류하는 흉고직경의 크기는?

① 18cm 이상　　　② 28cm 이상
③ 30cm 이상　　　④ 52cm 이상

해설 ① 치수 – 흉고직경 6cm 미만의 임목이 50% 이상 생육 하는 임분
② 소경목 – 흉고직경 6~16cm의 임목이 50% 이상 생육 하는 임분
③ 중경목 – 흉고직경 18~28cm의 임목이 50% 이상 생 육하는 임분
④ 대경목 – 흉고직경 30cm 이상의 임목이 생육하는 임 분

20. 측고기를 사용하여 수고를 측정할 때 주의사항으로 옳은 것은?

① 수고 정도의 거리에서 측정한다.
② 수고보다 가까운 거리에서 측정한다.
③ 나무가 서 있는 등고선보다 높은 위치에서만 측정한다.
④ 나무가 서 있는 등고선보다 낮은 위치에서만 측정한다.

해설 바르게 고치면
측고기를 사용하여 수고를 측정할 때는 등고선의 수평방 향에서 수고 정도의 거리에서 측정한다.

정답　**19.** ③　**20.** ①

2회

1회독 □ 2회독 □ 3회독 □

1. 산림기본법에 명시된 산림경영계획으로 옳은 것은?

① 산림기본계획, 지역산림계획
② 산림기본계획, 광역산림계획
③ 산림종합계획, 지역산림계획
④ 산림종합계획, 광역산림계획

해설 산림경영계획 내용
  법정계획은 산림기본계획, 지역산림계획(산림기본법), 산림경영계획(산림자원의 조성 및 관리에 관한 법률)

2. 주로 원가관리 목적과 재고자산 평가 등의 용도로 활용하는 원가는?

① 표준원가
② 변동원가
③ 고정원가
④ 기회원가

해설 표준원가
  원가관리 목적과 재고자산 평가 등의 용도로 활용

3. 법정림에 대한 설명으로 옳은 것은?

① 법으로 정해진 산림
② 목재 수확을 위해 지정한 산림
③ 해마다 균등하게 목재를 수확할 수 있는 산림
④ 산림 파괴를 막기 위해 정부가 보호 하는 산림

해설 법정림
  해마다 균등하게 목재를 수확할 수 있는 산림

4. 단위면적에서 수확되는 목재생산량이 최대가 되는 연령을 벌기령으로 하는 방법은?

① 수익률 최대의 벌기령
② 화폐수익 최대의 벌기령
③ 재적수확 최대의 벌기령
④ 토지 순수익 최대의 벌기령

해설 목재생산량이 최대가 되는 벌기령은 재적수확 최대의 벌기령이다.

5. 벌기 이상의 임목 평가법으로 가장 적절한 것은?

① Glaser법　　　② 임목비용가법
③ 임목기망가법　　④ 시장가역산법

해설 벌기 이상의 임목 평가법은 시장가 역산법이다.

6. 다음 ( ) 안에 알맞은 것은?

> 산림조사에서 매목조사 시 흉고직경은 (A)cm
> 괄약으로 수종별로 측정하여 기록하되 (B)cm
> 미만은 측정하지 않는다.

① A : 2, B : 2　　　② A : 2, B : 6
③ A : 6, B : 2　　　④ A : 6, B : 6

해설 산림조사에서 매목조사 시 흉고직경은 (2)cm
  괄약으로 수종별로 측정하여 기록하되 (6)cm
  미만은 측정하지 않는다.

7. 매년 말에 r씩 영구히 수득할 수 있는 무한연년이자의 전가합계식(표)은?(단, P = 연이율)

① $K = \dfrac{r}{0.0p}$　　　② $K = \dfrac{r}{1.0p}$

③ $K = \dfrac{r}{1.0p - 1}$　　④ $K = \dfrac{r}{1.0p + 1}$

정답　1. ①　2. ①　3. ③　4. ③　5. ④　6. ②　7. ①

해설 무한 연년이자 전가식
매년 말에 가서 r원씩 영구적으로 수득할 수 있는

전가합계 $V = \dfrac{r}{0.0p}$

8. 일반적으로 사용하는 원가 비교 방법이 아닌 것은?

① 기간비교
② 상호비교
③ 표준실제비교
④ 부가가치비교

해설 원가비교방법
기간비교, 상호비교, 표준실제비교

9. 산림평가에서 유동자본에 해당하지 않는 것은?

① 조림비
② 관리비
③ 사업비
④ 제재소 설치비

해설 제재소 설치는 고정비에 해당된다.

10. 산림조사에 관한 설명으로 옳지 않은 것은?

① 지위는 임지생산력 판단 지표이다.
② 임종은 침엽수림, 활엽수림, 침활혼효림으로 구분한다.
③ 혼효율은 수종별 입목재적, 본수, 수관점유면적 비율에 의하여 백분율로 산정한다.
④ 소밀도는 조사면적에 대한 입목의 수관면적이 차지하는 비율을 백분율로 표시한다.

해설 임상은 침엽수림, 활엽수림, 침활혼효림으로 구분, 임종은 인공림 · 천연림으로 구분한다.

11. 국유림경영계획 실행상황을 평가하는데 해당되지 않는 것은?

① 예비평가
② 중간평가
③ 사전평가
④ 최종평가

해설 국유림경영계획 실행평가이므로 사전평가는 하지 않는다.

12. 산림경영의 지도원칙 중 보속성의 원칙에 대한 설명으로 옳은 것은?

① 공공경제성의 원칙 · 경제후생의 원칙이라고도 한다.
② 최소 비용에 대한 최대 효과의 원칙이라고 할 수 있다.
③ 자연에 순응하고 어울리는 복지적 경영을 해야 하는 고차원적 원칙이다.
④ 산림에서 매년 수확을 균등적, 항상적으로 계속되도록 경영하려는 원칙이다.

해설 산림경영의 지도원칙 중 보속성의 원칙은 보속수확 개념이다.

13. 수간석해의 방법으로 총재적을 얻을 때 고려하지 않아도 되는 것은?

① 근주재적
② 지조재적
③ 결정간재적
④ 초단부재적

해설 수간석해 시 지조재적은 고려하지 않는다.

14. 감가가 발생하는 요인 중 물리적 감가에 해당되는 것은?

① 부적응에 의한 감가
② 진부화에 의한 감가
③ 경제적 요인에 의한 감가
④ 마모, 손상 및 오손에 의한 감가

해설 마모, 손상 및 오손에 의한 감가가 물리적 감가에 해당된다.

정답 8. ④ 9. ④ 10. ② 11. ③ 12. ④ 13. ② 14. ④

15. 윤벌기와 관련된 작업으로 가장 적합한 것은?

① 개벌작업　　　　② 택벌작업
③ 모수작업　　　　④ 왜림작업

해설 윤벌기는 개벌작업이다.

16. 다음 도표에서 손익분기점은?

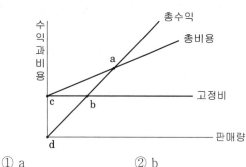

① a　　　　② b
③ c　　　　④ d

해설 손익분기점은 총수익과 총비용이 같아지는 지점인 a 이다.

17. 어떤 입목의 수피 외직경이 14cm이고, 수피 두께가 5mm일 때 수피 내직경은?

① 12.0cm　　　　② 12.5cm
③ 13.0cm　　　　④ 13.5cm

해설 내직경 = 수피 외직경이 14cm − 수피 두께0.5cm ×2 (양쪽이므로) = 13.0cm

18. 다음과 같은 이령림의 평균 임령은?

수령	10년	15년	20년
본수	120본	100본	80본

① 약 13.8년　　　　② 약 14.3년
③ 약 14.8년　　　　④ 약 15.3년

해설
$$A = \frac{n_1a_1 + n_2a_2 + \ldots + n_na_n}{n_1 + n_2 + \ldots + n_n}$$
$$= (1{,}200 + 1{,}500 + 1{,}600)/(120 + 100 + 80)$$
$$= 14.3 \text{ 년}$$
식에서 A : 평균령, n : 영급의 본수, a : 영급

19. 사유림의 규모가 15ha일 때 해당하는 경영형태는?

① 농가임업　　　　② 부업적임업
③ 겸업적임업　　　　④ 주업적임업

해설 부업적임업
① 농업이 축산 또는 기타 사업을 하면서 여력을 이용하여 임업을 경영하는 것
② 5~30ha의 규모

20. 현 산림축적이 ha당 1,000m³이고 연평균 생장률이 3%일 때, 10년 후 산림 축적을 복리식 후가계산식으로 계산하면?

① 약 131m³　　　　② 약 1,305m³
③ 약 1,344m³　　　　④ 약 13,786m³

해설 후가=$1{,}000 \times 1.03^{10} = 1{,}000 \times 1.344 = 1{,}344$m³

1. 임업 이율에 해당하는 것은?

① 평정 이율
② 현실 이율
③ 단기 이율
④ 실질적 이율

해설 임업이율의 성격
　　① 임업이율은 대부이자가 아니고 자본이자이다.
　　② 임업이율은 평정이율이며, 명목적 이율이다.
　　③ 임업이율은 장기이율이다.

2. 임업경영 분석자료 중 조수익이 4,500,000원, 경영비가 1,500,000원이면 소득률은?

① 약 33%　　　　② 약 67%
③ 약 150%　　　　④ 약 300%

해설 ① 임업소득 = 임업조수익 − 경영비 = 4,500,000 −
　　　1,500,000 = 3,000,000원

　　② 임입소득률 = $\dfrac{임업소득}{임업조수익} \times 100$

　　　　　　　 = $\dfrac{3,000,000}{4,500,000} \times 100$

　　　　　　　 = 66.7%

3. 입목 재적 계산에 필요한 요소로만 나열된 것은?

① 수고, 형수, 단면적
② 수고, 형수, 원주율
③ 직경, 형수, 단면적
④ 직경, 단면적, 원주율

해설 입목재적 = 형수 × 단면적 × 수고

4. 임지의 특성에 대한 설명으로 옳지 않은 것은?

① 임지는 임업 이외의 용도로 변경될 수 있다.
② 임지의 경제적 가치는 교통의 편리여부에 영향을 많이 받는다.
③ 임지는 생육환경이 수직적으로 비슷하므로 생육하는 수종들도 단순하게 나타난다.
④ 임지는 넓고 험하며 높은 지대에 위치하고 있어서 주로 조방적인 작업이 이루어진다.

해설 바르게 고치면
　　임지는 생육환경이 수직적으로 다양한 수종들이 나타난다.

5. 정액법을 이용한 임업 자산의 감가상각액 산출 방법은?

① 폐기가격 ÷ 내용연수
② 구입가격 ÷ 내용연수
③ (폐기가격 − 구입가격) ÷ 내용연수
④ (구입가격 − 폐기가격) ÷ 내용연수

해설 정액법 = (구입가격 − 폐기가격) ÷ 내용연수

6. 구분구적식으로 중앙단면적을 이용하여 벌채분의 재적을 계산하는 방법은?

① Huber식　　　　② Hoppus식
③ Newton식　　　　④ Pressler식

해설 Huber식은 중앙단면적식 또는 중앙직경식이라 한다.
　　$V = r \cdot l$ 식에서 V : 통나무의 재적, r : 중앙단면적
　　$(m^2) = g_{1/2}$, l : 재장(m)

7. 지황조사 항목이 아닌 것은?

① 지위　　　　② 지리
③ 임종　　　　④ 경사도

해설 임종 − 임황조사 항목

정답　**1.** ①　**2.** ②　**3.** ①　**4.** ③　**5.** ④　**6.** ①　**7.** ③

8. 임업경영의 지도원칙으로 매년 목재수확을 균등하게 하여 영속적으로 목재를 공급하는 것은?

① 보속성의 원칙　　　② 공공성의 원칙
③ 생산성의 원칙　　　④ 합자연석의 원칙

해설 목재를 균등하게 공급 – 보속성의 원칙

9. 임업경영자산으로 유동자산이 아닌 것은?

① 현금　　　　② 묘목
③ 비료　　　　④ 임목

해설 임목 – 고정자산
　　 산림축적 – 유동자산

10. 산림조사에서 지종 구분에 해당되지 않는 것은?

① 제지　　　　② 입목지
③ 황폐지　　　④ 무입목지

해설 황폐지
　　 사방사업 대상지

11. 벌기미만 장령림의 임목평가에 주로 사용하는 방법은?

① 원가법　　　② 기망가법
③ 비용가법　　④ 시장가역산법

해설 벌기미만의 장령림 – 기망가법

12. 재적수확 최대의 벌기령을 채택하는 기준이 되는 생장량은?

① 총생장량　　　② 연년생장량
③ 정기생장량　　④ 총평균생장량

해설 재적수확 최대의 벌기령
　　① 단위면적에서 수확되는 목재생산량이 최대가 되는 연령을 벌기령
　　② 총평균생장량이 최대가 되는 것

13. 단목의 연령을 측정하는 방법에 대한 설명으로 옳은 것은?

① 목측으로도 나무의 크기에 관계없이 정확한 나무의 나이를 측정할 수 있다.
② 기록에 의한 방법은 과거의 조림 기록에 의해 나무의 연령을 측정하는 것이다.
③ 지절에 의한 방법은 가지의 모양에 관계없이 가지의 수를 세어 연령을 파악하는 것이다.
④ 성장추를 이용하여 흉고부위에서 목편을 채취하고 연륜수를 파악하면 그것이 곧 그 나무의 연령이 된다.

해설 바르게 고치면
　　① 목측으로는 나무의 크기에 관계없이 정확한 나무의 나이를 측정할 수 없다.
　　③ 지절에 의한 방법은 가지의 모양에 따라 가지의 수를 세어 연령을 파악하는 것이다.
　　④ 성장추를 이용하여 흉고부위에서 목편을 채취해 연륜수를 파악하고 거기에 흉고부위까지의 성장 연령을 더한 것이 나무의 연령이 된다.

14. 다음 조건에서 Kameraltaxe법에 의한 전체 연간표준벌채량은?

・산림면적 : 100ha
・ha당 현실축적 : 40m³
・ha당 현실 연간생장량 : 2m³
・ha당 법정축적 : 60m³
・정리기 : 20년

① 1m³　　　　② 3m³
③ 100m³　　　④ 300m³

해설 Kameraltaxe법의 표준연벌량 E는

$$E = Z + \frac{V_W - V_n}{a}$$

(Z : 전림(작업급)의 생장량, V_W : 현실축적,

V_n : 법정축적, a : 갱정기)

연벌량 $= 2 + \dfrac{40 - 60}{20} = 1m^3 \times 100ha = 100m^3$

18. 임목자산의 구성 상태로서 질적지표를 나타내는 것은?

① 경영자가 보유하고 있는 전체 산림면적
② 경영자가 보유하고 있는 임목자산장비율
③ 경영자가 보유하고 있는 임목자산 중에서 부채가 차지하는 비율
④ 경영자가 보유하고 있는 임목자산 중에서 인공림의 임령 구성 상태

해설 임목자산의 양적지표, 질적지표
　　① 양적지표 : 산림면적, 임목자산장비율, 부채차지비율
　　② 질적지표 : 인공림 임령구성 상태

15. 20m×10m 크기의 표준지에서 매목조사를 통하여 측정된 임목 본수는 60본이었다. 이 경우 이 임분의 ha당 본수는 얼마로 추정되는가?

① 150
② 300
③ 1,500
④ 3,000

해설 1ha=10,000m²/(20×10)=50×60본=3,000본

19. 지위 평가방법으로 옳지 않은 것은?

① 지표식물에 의한 방법
② 우세목의 연령에 의한 방법
③ 준우세목의 수고에 의한 방법
④ 토양인자를 종합하여 판단하는 방법

해설 지위평가방법
　　① 지표식물에 의한 방법
　　② 수고에 의한 방법
　　③ 토양인자를 종합해 판단하는 방법

16. 임업원가 계산방법으로 개별원가계산에 대한 설명으로 옳지 않은 것은?

① 공정별 원가계산방법이라고도 한다.
② 주문에 의하여 제품을 생산하는 경우에 많이 사용한다.
③ 제품의 원가를 개개의 제품단위별로 직접 계산하는 방법이다.
④ 소비자에게 제품의 원가와 일정한 이익을 포함한 제품가격을 청구하는데 도움이 된다.

해설 바르게 고치면
　　종합원가계산은 공정별 원가계산방법이라고도 한다.

20. Glaser법을 이용한 산불피해지역의 피해액을 추정하려 할 때 필요한 인자가 아닌 것은?

① 주벌 수입
② 산불 발생년도 조림비
③ 평가 대상 산림의 임령
④ 벌기령(주벌 시의 임령)

17. 임지기망가의 값이 작아지는 경우로 옳은 것은?

① 이율이 낮아질 때
② 벌기가 짧아질 때
③ 조림비가 커질 때
④ 간벌 수익이 커질 때

해설 조림비와 관리비 값은 마이너스이므로 이 값이 크면 클수록 임지기망가가 작아진다.

정답 15. ④　16. ①　17. ③　18. ④　19. ②　20. ②

해설 Glaser법

① 공식 : $A_m = (A_u - C_0) \times \dfrac{m^2}{u^2} + C_0$

② 관련요소

A_m : m년 현재의 평가대상 임목가

A_u : 적정벌기령 u년에서의 주벌수익

　　　 (m년 현재의 시가)

C_0 : 초년도의 조림비

m : 평가시점

u : 표준벌기령

1. 다음 (   )안에 들어갈 용어로 가장 적합한 것은?

> 자본재 중에서 임업경영의 기본이 되는 것은 임목이다. 임목은 원래 종자나 또는 묘목이 자라서 성립되는 것인데, 앞으로 생산을 계속하는 자본으로 볼 때 (   ) 이란 명칭을 사용한다.

① 생장   ② 유동자본
③ 고정자본   ④ 임목축적

해설 자본재의 종류
  ① 고정자본재 : 건물, 기계, 운반시설, 제재설비, 임도, 임목 등
  ② 유동자본재 : 종자, 묘목, 약재, 비료 등
  ③ 임목은 원래 어린 묘목이 자라서 성립된 것인데 이것은 자본으로 보며 임목축적이라 한다.

2. 임업순수익을 계산하는 식으로 옳은 것은?

① 조수익-임업경영비
② 임업소득-임업경영비
③ 조수익-임업경영비-가족임금추정액
④ 임업소득-임업경영비-가족임금추정액

해설 임업순수익 = 임업조수익-임업경영비-가족임금추정액

3. 산림면적이 800ha이고, 윤벌기가 40년이며 1영급이 10개의 영계로 구성된 산림의 법정 영급면적은?

① 100ha   ② 200ha
③ 300ha   ④ 400ha

해설 법적영급면적 $\frac{800}{40} \times 10 = 200$ha

4. 법정상태의 요건이 아닌 것은?

① 법정생장량   ② 법정벌기령
③ 법정영급분배   ④ 법정임분배치

해설 법정상태구비조건
  법정영급분배, 법정임분배치, 법정생장량, 법정축적

5. 재적 수확의 보속을 실현할 수 있는 내용과 조건을 구비한 산림은?

① 보호림   ② 보안림
③ 법정림   ④ 천연림

해설 법정림
  ① 재적수확의 보속을 실현할 수 있는 내용과 조건을 완전히 구비한 산림
  ② 보속적으로 작업을 할 수 있는 산림. 경제성과 보속성을 동시에 만족시키는 산림

6. 임업경영의 지도원칙 중에서 최소의 비용으로 최대의 효과를 발휘할 수 있게 하는 원칙은?

① 경제성 원칙   ② 수익성의 원칙
③ 생산성의 원칙   ④ 보속성의 원칙

해설 경제성의 원칙
  ① 합리의 원칙 또는 합목적성의 원칙
  ② 최소의 비용으로 최대의 효과를 발휘하는 원칙
  ③ 일정한 비용으로 최대의 수익을 올리는 원칙
  ④ 일정한 수익에 대하여 비용을 최소로 줄이는 원칙

7. 연이율이 16%일 때 매년 말에 200만원의 이자를 영구히 얻기 위한 자본가는 얼마인가?

① 32만원   ② 320만원
③ 1150만원   ④ 1250만원

해설 자본가 =2,000,000÷0.16=12,500,000만원

정답   1. ④   2. ③   3. ②   4. ②   5. ③   6. ①   7. ④

8. 임분재적 측정방법인 표준목법의 종류 중 모든 임분을 1개의 급으로 취급하여 단 1개의 표준목을 선정하는 방법은?

① 단급법
② Urich법
③ Haetig법
④ Draudt법

해설 준목법

① 단급법 – 임목의 그루수를 같은 몇 개의 계급으로 나누고, 같은 수의 표준목 선정, 단1개의 표준목 선정
② 우리히법 – 임목을 몇 개의 계급으로 나누고, 각 계급의 본수를 동일하게 함
③ 하르티히법 – 전체 흉고단면적 합계를 구함, 계산이 복잡하나 정확함
④ 드라우드법 – 각 직경급의 본수에 따라 비례 배분, 매목본수가 많을 때 적당

9. 이령림의 어떤 임분에서 5년생이 60본이고, 10년생이 40본일 경우 본수령은?

① 5년
② 6년
③ 7년
④ 8년

해설 본수령

① 저마다 연령이 다른 입목 본수(立木本數)의 산술 평균에 따라 산출되는 이령림의 연령
② $\frac{5\times60+10\times40}{100} = 7$년

10. 감가상각액의 계산법 중 직선법이라고도 하며 가장 간단하고 보편적인 방법은?

① 정액법
② 정률법
③ 연수합계법
④ 생산량비례법

해설 정액법

① 매년마다 같은 금액을 감가상각하는 방법
② 직선법, 직선식상각법, 균등상각법이라고도 함
③ $\frac{취득원가 - 잔존가치}{추정내용연수}$

11. N=V×1.0P^n식에서 1.0P^n은 무엇인가? (단, N=합계액, V=원금, P=연이율, n=연수)

① 연금계수
② 현가계수
③ 전가계수
④ 후가계수

해설 ① 1.0 P^n : 후가계수
② $\frac{1}{P^n}$: 전가계수

12. 산림경영계획을 위한 산림구획에 대한 설명으로 옳지 않은 것은?

① 임반의 면적은 불가피한 경우를 제외하고는 100ha 내외로 구획한다.
② 동일한 임반 내에서 임종, 임상 및 영급이 상이할 경우에는 소반으로 구획한다.
③ 지방자치단체의 장은 소유하고 있는 공유림별로 산림경영계획을 10년 단위로 수립한다.
④ 소반은 필요에 의해 구획을 변경할 수 있으며, 소반번호는 가, 나, 다 등의 일련번호를 붙인다.

해설 바르게 고치면

소반은 필요에 의해 구획을 변경할 수 있으며, 소반번호는 1-1-1, 1-1-2, 1-1-3 등의 일련번호를 붙인다.

13. 벌채목의 실적계수 크기에 관계없는 인자는?

① 수종
② 통나무의 형상
③ 통나무의 크기
④ 통나무의 임목도

해설 실적계수

① 실적(목재만의 재적)을 층적(목재와 공간을 포함한 용적)으로 나눈 비(%)
② 수종, 형상과 크기, 쌓는 방법, 목재의 건조 등과 같은 인자들에 의하여 그 값이 달라지는데 일반적으로 그 값은 0.6~0.7의 범위가 가장 많다.

14. 임업투자사업에서 감응도 분석 대상으로 고려해야 할 주요 요인이 아닌 것은?

① 생산량
② 감가상각비
③ 사업기간의 지연
④ 생산물의 가격 및 노임 등의 가격요인

해설 감응도 분석
① 감응도분석은 편익과 비용의 주요 결정인자에 대하여 가장 불확실성이 큰 것으로 예상되는 인자에 대해 상이한 값을 적용하여 투자사업의 선택기준(NPV, B/C율, IRR)이 얼마나 민감하게 변화되는 가를 측정하는 것을 말한다.
② 분석시 고려요인
 • 생산량
 • 생산물의 가격 및 노임 등의 가격요인
 • 원료 및 원자재의 가격변화에 따른 사업비용의 변화
 • 사업기간의 지연

15. 산림의 가격 평가방법이 아닌 것은?

① 지대가법
② 기망가법
③ 비용가법
④ 매매가법

해설 산림 가격 평가방법
 기망가법, 비용가법, 매매가법, 자본가법

16. 임업노동의 특성으로 옳지 않은 것은?

① 단위 면적당 노동량이 다른 산업 노동에 비해 비교적 많다.
② 작업 장소가 넓고 험하기 때문에 감독과 자재 수송이 곤란하다.
③ 조림 및 육림, 벌채, 반출 노동은 작업자의 특수한 훈련이 필요하다.
④ 임업노동을 위한 이동 시간이 길기 때문에 실제 작업량은 많지 않다.

해설 임업노동의 특성
① 산림면적이 넓고 험하므로 필요한 자재의 수송이 어렵고 작업감독이 곤란하다.
② 작업장소까지의 이동시간이 길어서 실제 작업시간이 짧다.
③ 산림이 험하므로 기계화가 어렵고 규모가 작아서 기계의 연속 가동일 수가 짧다.
④ 단위면적당 노동량이 적으므로 노동분쟁과 같은 번거로운 일이 없다.
⑤ 농업 노동을 벌채·운반에 이용하려면 별도의 교육훈련이 필요하다.
⑥ 임업노동은 대개 농업의 잉여노동력을 사용하므로 산림작업을 농한기에 배분하도록 한다.

17. 수확을 위한 벌채기준으로 옳지 않은 것은?

① 골라베기 비율은 재적기준 30% 이내로 한다.
② 모수 작업 시 모수는 1ha당 15~20본을 존치시킨다.
③ 왜림작업 시 벌채 절단면이 북향으로 약간 기울게 한다.
④ 골라베기 작업 시 표고 재배용 나무는 재적기준 50% 이내로 할 수 있다.

해설 벌채방법은 빗물 등으로 인한 썩음을 방지하고 맹아발생이 용이하도록 절단면을 남향으로 약간 기울게 한다.

18. 임업원가관리에 있어 특수한 의사결정을 위한 원가 유형의 분류가 아닌 것은?

① 기회원가
② 직접원가
③ 한계원가
④ 현금지출원가

해설 특수한 의사결정을 위한 원가 유형의 분류
① 현금지출원가와 매몰원가
② 기회원가
③ 한계원가와 증분원가

정답 14. ② 15. ① 16. ① 17. ③ 18. ②

19. 산림 평가방법인 임지기망가법과 수익환원법에 대한 설명으로 옳은 것은?

① 두 방법 모두 일제림을 전제로 하는 임지의 평가방법이다.

② 수익환원법은 택벌림과 같이 연년수입이 있는 경우에 적용하는 방식이다.

③ 임지기망가는 임지에서 장래에 기대되는 순수익의 미래가(후가) 합계로 정한 가격이다.

④ 임지기방가법에 의하여 산출된 지가는 임업경영을 위한 임지를 매입할 때 지분할 수 있는 최저 한도액을 의미한다.

해설 ① 임지기망가법 : 일제림을 전제로 하는 평가법, 동일한 작업방법을 영구히 적용함, 무한정기이자식 사용
② 수익환원법 : 택벌림 또는 연속보속생산을 하는 방법, 무한연년이자식 적용

20. 임목재적 계산식 $\frac{\pi}{4}d^2 \times$수고$\times$형수에서 d가 흉고 직경일 경우 $\frac{\pi}{4}d^2$은 무엇인가?

① 임목재적   ② 통나무재적
③ 흉고단면적   ④ 흉고직경합계

해설 임목재적 = 흉고단면적×수고×형수

1. 산림경영 지도원칙 중 경제원칙에 해당하지 않는 것은?

① 공공성의 원칙

② 수익성의 원칙

③ 생산성의 원칙

④ 합자연성의 원칙

해설 합자연성의 원칙

① 임목의 생활·생장에 관해 자연법칙을 존중하여 경영·생산하는 원칙

② 임업경영의 궁극적인 원칙은 아니며, 어디까지나 이 원칙은 본질적으로 수익성·공공성·보속성의 원칙을 실현·달성하기 위한 수단적이고 또 기초적인 지도원칙

2. 회귀년과 관련된 작업종은?

① 개벌작업

② 모수작업

③ 택벌작업

④ 왜림작업

해설 ① 윤벌기 : 개벌작업에서 작업급에 속하는 모든 임분을 일순벌하는데 요하는 기간

② 회귀년 : 택벌작업에서 첫 택벌을 실시한 구역을 다시 택벌하는데 걸리는 기간

3. 전국 단위의 산림계획에 따라 관할지역의 특수성을 고려하여 수립하는 산림경영계획은?

① 지역산림계획

② 산림기본계획

③ 국유림경영계획

④ 국유림종합계획

해설 지역산림계획

산림 기본 계획에서 제시된 목표나 기준에 따라 산림 업무에 대한 기본적인 사항을 지역의 여러 조건들에 적절하게 수립하는 구체적 계획

4. 임지의 지위를 사정하는데 주로 사용하는 방법은?

① 수고에 의한 방법

② 재적에 의한 방법

③ 토양인자에 의한 방법

④ 지피식물에 의한 방법

해설 지위지수의 사정

① 산림경영에서는 지위를 우세목의 수고로부터 추정하여 활용

② 일정 기준임령에서의 우세목의 수고를 지위지수라 함

③ 이를 이용하여 임지의 생산능력을 수치로 나타냄

5. 임분이 처음 성립하여 생장하는 과정에 있어서 어느 성숙기에 도달하는 계획상의 연수는?

① 벌기령

② 벌채령

③ 윤벌령

④ 회귀령

해설 벌기령

① 벌기령이란 임목이 산림 경영목적에 적합한 크기에 도달하는데 걸릴 것이라고 생각되는 계획적인 연수

② 임목의 경제적 성숙기

6. 일반적으로 적용하는 침엽수의 조재율은?

① 0.1~0.3

② 0.4~0.6

③ 0.6~0.9

④ 1.0~1.1

해설 ① 침엽수의 조재율 0.6~0.9

② 활엽수의 조재율 0.4~0.7

7. 20년 전의 재적이 100m³일 때 프레슬러 공식을 적용하여 재적생장률을 구하면?

① 1%

② 2%

③ 3%

④ 4%

해설 $\dfrac{150-100}{150+100} \times \dfrac{200}{20} = 2\%$

정답   1. ④   2. ③   3. ①   4. ①   5. ①   6. ③   7. ②

8. 취득 원가가 20만원인 기계톱의 내용년수가 5년이고 폐기 시 잔존가치가 5만원일 때, 정액법에 의한 연간 감가상각비는?

① 1만원
② 2만원
③ 3만원
④ 4만원

해설 정액법 $= \dfrac{\text{취득원가} - \text{잔존가치}}{\text{추정내용연수}}$

$= \dfrac{200,000 - 50,000}{5} = 30,000$원

9. 수목의 직경과 수고 측정이 모두 가능한 기구는?

① 섹타포크
② 덴드로미터
③ 아브네이레블
④ 스피겔릴라스코프

해설 ① 섹타포크 : 수목의 직경을 측정하는 기구
② 덴드로미터 : 수고 측정 기구
③ 아브네이레블 : 수고 측정 기구
④ 스피겔릴라스코프 : 수목의 직경과 수고 측정

10. 손익분기점 분석에 설정하는 가정으로 옳지 않은 것은?

① 재고는 없다.
② 제품 단위당 비용은 일정하다.
③ 제품의 생산능률은 변함이 없다.
④ 제품의 판매가는 생산량에 따라 변한다.

해설 바르게 고치면
제품의 판매가는 생산량이나 판매량에 따라 변하지 않는다.

11. 임업경영 분석에 대한 설명으로 옳지 않은 것은?

① 임업소득은 임업조수익에서 임업경영비를 뺀 값이다.
② 임가소득은 임업소득, 농업소득, 기타소득을 더한 값이다.
③ 임업의존도는 임가소득을 임업소득으로 나누어 100을 곱한 값이다.
④ 임업소득율은 임업소득에서 임업조수익을 나누어 100을 곱한 값이다.

해설 바르게 고치면
임업의존도는 임업소득을 임가소득으로 나누어 100을 곱한 값이다.

12. 임업의 기술적 특성이 아닌 것은?

① 생산 기간이 대단히 길다.
② 임목의 성숙기가 일정하지 않다.
③ 자연 조건의 영향을 많이 받는다.
④ 임업 노동은 계절적 제약을 크게 받지 않는다.

해설 임업의 기술적 특성
① 임업은 생산기간이 대단히 길다
② 임목의 성숙기가 일정하지 않다
③ 토지나 기후조건에 대한 요구도가 낮다
④ 자연조건의 영향을 많이 받는다.

13. 임업 이율을 분류할 때 용도에 따른 이율은?

① 경영이율
② 장기이율
③ 평정이율
④ 대부이율

해설 임업 이율의 분류
① 업종에 의한 분류 : 대부이율과 예금이율
② 기간의 장단에 의한 분류 : 단기이율, 장기이율
③ 현실성에 의한 분류 : 현실이율, 평정이율
④ 용도에 의한 분류 : 경영이율, 환원이율
⑤ 성질에 의한 분류 : 주관적 이율, 객관적 이율

정답 8. ③ 9. ④ 10. ④ 11. ③ 12. ④ 13. ①

14. 산림평가와 관계있는 임업경영요소가 아닌 것은?

① 수익 ② 비용
③ 임업 기술 ④ 임업 이율

해설 ① 수익
- 주수익 : 주벌수익, 간벌수익
- 부수익 및 부산물수익
② 비용-조림비, 관리비 및 지대, 채취비
③ 임업이율

15. 농지의 주변이나 둑, 농지와의 경계선 등지에 유실수, 특용수, 속성수 등을 식재하여 임업수입의 조기화를 도모하는 복합임업경영 형태에 해당하는 것은?

① 혼농임업
② 농지임업
③ 비임지임업
④ 부산물임업

해설 ① 혼농임업 : 농업과 임업을 겸하면서 축산까지 도입하여 식량, 과실, 풀사료, 땔감, 목재 등을 생산하고 토양보전을 실천하여 지속농업을 가능케 하는 복합영농
② 농지임업 : 농지의 주변이나 둑, 농지와 산지와의 경계선 등지에 유실수, 특용수, 속성수 등을 식재하여 임업수입의 조기화를 도모
③ 비임지임업 : 임지가 아닌 하천부지, 구릉지, 원야, 도로변, 철도변, 부락 공한지, 건물이나 운동장의 주변에 속성수, 밀원식물, 연료목 등을 식재하여 수입의 다원화를 도모
④ 부산물임업 : 삼림의 부산물(종실, 수피, 수엽, 수액, 수근, 버섯, 산채, 약초 등)을 주로 채취하거나 증식하여 농가소득을 올리는 형태의 임업

16. 자산을 획득하기 위하여 제공한 경제적 가치의 측정치는?

① 손익 ② 수익
③ 비용 ④ 원가

해설 ① 손익 : 경영활동 과정에서 새로운 가치의 증식 혹은 가치의 손실
② 수익 : 생산활동에 의한 가치의 형성 또는 증식, 생산적 재화 또는 용역의 제공에 의하여 기업이 받는 대가 (매출액)
③ 비용 : 자산을 영업활동에 사용하면서 얻게 되는 수익의 대응하여 발생하는 부분의 가치
④ 원가 : 자산을 취득하는 과정에서 발생하는 모든 부대비용

17. Huber 식의 약 1.0053배 과대치를 주고 중앙단면적이 원이 아닐 때 오차가 더 커지는 구적식은?

① 5분주법 ② 호퍼스법
③ 브레레튼법 ④ 스크리브너 로그 롤

해설 5분주법 : $\left(\dfrac{중앙위치둘레}{5}\right)^2 \times 2 \times 재장$

18. 산림조사 결과 다음과 같을 때 평균임령은?

• 30년생 : 20주	• 35년생 : 10주
• 40년생 : 10주	• 45년생 : 10주

① 35년 ② 36년
③ 37.5년 ④ 38년

해설 평균임령
$$\dfrac{30 \times 20 + 35 \times 10 + 40 \times 10 + 45 \times 10}{20 + 10 + 10 + 10} = 36년$$

19. 현재 거래되고 있는 임지의 시가로써 평가하려는 임지와 조건이 유사한 다른 임지의 실제 거래가격을 비교하여 결정하는 평가방법은?

① 임지비용가 ② 임지매매가
③ 임지기망가 ④ 임지사정가

정답 14. ③ 15. ② 16. ④ 17. ① 18. ② 19. ②

해설 ① 임지매매가 : 평정하고자 하는 임지와 같은 지위 및 지리를 가지는 토지의 가격으로 정하는 것
② 임지기망가 해당임지에서 장래 기대되는 순이익의 현재가(전가)합계로 정한 가격
③ 임지비용가 : 임지를 취득하고 이를 조림 등 임목육성에 적합한 상태로 개량하는데 소요된 순 비용의 현재가 합계, 즉 후가합계로 평가하는 방법

20. 유령림의 임목평가 방식으로 알맞은 것은?

① Glaser식
② 임목비용가법
③ 시장가역산법
④ 임목기망가법

해설 임목평가법
① 유령림의 임목평가법 – 원가법, 비용가법
② 중령림의 임목평가법 – Glaser
③ 벌기미만 장령림의 임목평가 – 임목기망가법(벌기에 가까운 임목평가)수익환원법
④ 벌기이상의 임목평가 – 시장가역산법(우리나라 일반적임목평가)

정답 20. ②

1. 흉고직경 측정 자료가 2cm 괄약으로 정리되었을 경우, 흉고직경 10cm는 어떤 흉고직경의 측정범위에 속하는가?

① 8cm 이상 ~ 10cm 미만
② 9cm 이상 ~ 11cm 미만
③ 10cm 이상 ~ 12cm 미만
④ 9.5cm 이상 ~ 11.5cm 미만

해설 흉고직경 측정범위
   ① 입목재적 산출을 위해 직경을 측정할 때 일반적으로 2cm 범위를 하나의 직경측정단위로 묶어서 즉, 괄약(括約)하여 사용
   ② 10cm의 2cm괄약 범위는 9cm 이상 11cm 미만 범위

2. 임업의 경제적 특성에 대한 설명으로 옳지 않은 것은?

① 임업생산은 조방적이다.
② 생산기간이 대단히 길다.
③ 공익성이 커서 제한성이 많다.
④ 육성임업과 채취임업이 병존한다.

해설 임업의 경제적 특성과 기술적 특성

임업의 경제적 특성	임업의 기술적 특성
• 육성임업과 채취임업이 병존함	• 생산기간이 길다.
• 원목가격 구성요소의 대부분은 운반비임	• 임목의 성숙기간이 일정하지 않음
• 임업노동은 계절적 제약을 크게 받지 않음	• 토지나 기후조건에 대한 요구도가 낮음
• 임업생산은 조방적임	• 자연조건의 영향을 많이 받음
• 임업은 공익성이 커서 제한성이 많음	• 인공적 조절은 한정적이므로 자연을 잘 활용해야함

3. 흉고형수에 영향을 미치는 인자가 아닌 것은?

① 수고   ② 지위
③ 수종   ④ 근원직경

해설 흉고형수좌우인자
   ① 수종 · 품종에 따라 수간형상과 성장이 상이하므로 형수에 차이가 있다.
   ② 기후 및 토질에 따라 지역별 수형 · 성장이 변화하여 형수에 영향을 준다.
   ③ 지위는 양호할수록 형수가 작다.
   ④ 동일수종나무도 지하고가 높고 수관양이 적은나무가 형수가 크다.
   ⑤ 수고가 작은 나무일수록 형수가 크다.
   ⑥ 흉고직경이 작아질수록 형수가 커진다.
   ⑦ 동일수종이라도 연령이 상이하면 연령이 많을수록 형수가 커진다.

4. 법정림 개념을 적용하기에 가장 적합한 작업방법은?

① 개벌작업
② 택벌작업
③ 산벌작업
④ 중림작업

해설 법정림 개념 적용
   개벌작업

5. 산림조사 항목으로 지황 조사항목이 아닌 것은?

① 지세   ② 지위
③ 지리   ④ 임종

해설 지황조사
   임지의 생산력 및 경제적 가치의 판단자료를 위한 대상임지의 기후, 지세, 방위, 경사, 토성, 토양심도, 토양습도, 지위, 지리 등의 조사

정답   1. ②   2. ②   3. ④   4. ①   5. ④

6. 산림경영계획에서 소반구획의 최소 면적은?

① 0.1 ha   ② 1 ha

③ 10 ha   ④ 100 ha

해설 소반과 임반
  ① 소반 : 지형지물, 유역경계를 달리, 시업상 취급다를시 다르게 구획, 최소면적은 1ha 이상으로 구획
  ② 임반 : 산림구획의 골격 형성, 임반 면적은 불가피한 경우 제외하고 가능한 100ha내외 능선, 하천, 도로 등 자연경계나 도로 등 고정적 시설에 따라 확정

7. 고정자산에 대한 설명으로 옳은 것은?

① 처분을 목적으로 소유하는 자산

② 물리적으로 이동이 불가능한 자산

③ 시간에 따른 가치의 변화가 없는 자산

④ 자산이 가지고 있는 생산능력을 이용하기 위해 소유하는 자산

해설 고정자산
  ① 경제의 활동수단으로서 계속적으로 기업에 사용되는 자산을 말한 것인바 고정자산은 무형의 고정자산과 유형의 고정자산으로 나뉜다.
  ② 무형의 고정자산 : 특허권, 특허실시권, 영업권, 상표권, 실용신안권, 전매권, 채굴권, 공업원, 광업권, 자치권, 대리권, 지상권 등
  ③ 유형의 고정자산 : 전물, 공작물, 토지, 기구, 비품, 용구 및 공구, 설비, 궤도 및 차량, 장치, 건설비 등

8. 임업이율의 성격으로 옳지 않은 것은?

① 임업이율은 대부이자이다.

② 임업이율은 장기이율이다.

③ 임업이율은 명목적 이율이다.

④ 임업이율의 계산은 복리를 적용한다.

해설 바르게 고치면
  임업이율은 대부이자가 아닌 자본이자이다.

9. 임업경영의 성과분석에서 계산되는 다음의 항목 중에서 가장 큰 값은?

① 임가소득   ② 임업소득

③ 기타소득   ④ 임업순수익

해설 임가소득 = 임업소득 + 농업소득 + 기타소득

10. 임목 생산에 들어간 각종 비용의 원리금 합계에서 육림기간 중에 얻은 간벌수입이나 기타 임산물 수입의 원리금 합계를 공제한 나머지를 가리키는 것은?

① 육림비   ② 수익가

③ 차액지대   ④ 임목원가

해설 임목원가
  ① 임목생산에 들어간 비용의 원리합계(육림비)에서 육림기간 중에 얻은 수입의 원리합계를 공제한 것이 임목원가
  ② 임목비용가와 같은 의미

11. 임분의 재적을 추정할 때 전 임목을 몇 개의 계급으로 나누어 각 계급의 본수를 동일하게 한 다음 각 계급에서 같은 수의 표준목을 선정하는 방법은?

① 단급법

② Urich법

③ Hatrig법

④ Draudt법

해설 표준목법
  ① 단급법 – 임목의 그루수를 같은 몇 개의 계급으로 나누고, 같은 수의 표준목 선정, 단1개의 표준목 선정
  ② 우리히법 – 임목을 몇 개의 계급으로 나누고, 각 계급의 본수를 동일하게 함
  ③ 하르티히법 – 전체 흉고단면적 합계를 구함, 계산복잡하나 정확함
  ④ 드라우드법 – 각 직경급의 본수에 따라 비례 배분, 매목본수가 많을 때 적당

정답   6. ②   7. ④   8. ①   9. ①   10. ④   11. ②

12. 임지생산능력을 판단하는 항목으로 옳지 않은 것은?

① 법정축적에 의한 방법
② 환경인자에 의한 방법
③ 지위지수에 의한 방법
④ 지표식물에 의한 방법

[해설] 임지생산능력 판단 항목
환경인자, 지위지수, 지표식물

13. 임업 경영의 지도원칙 중 보속성의 원칙에 대한 설명으로 옳은 것은?

① 국민의 복리 증진을 목표로 하는 원칙
② 최소의 비용으로 최대의 효과를 발휘하게 하는 원칙
③ 해마다 목재 수확을 양적 및 질적으로 계속적으로 균등하게 하는 원칙
④ 생산량을 투입한 생산 요소의 수량으로 나눈 값이 최고가 되도록 하는 원칙

[해설] 보속성의 원칙
산림을 연년 균등하게 수확하고 영구히 존속할 수 있도록 경영하는 원칙이다.

14. 벌기 4년마다 순수익 R을 영속적으로 얻을 수 있는 임지가 있다. 연이율이 p%일 경우 이 임지에서 발생하는 수익의 전가합계식은?

① $R \div p^4$
② $R \div (1 + p)^4$
③ $R \div (p^4 - 1)$
④ $R \div \{(1 + p)^4 - 1\}$

[해설] 무한정기수입의 전가합계식
$R \div \{(1 + p)^4 - 1\}$

15. 어떤 산림의 벌체권 취득원가가 5천만원이고 잔존가치는 없으며 벌채추정량이 1백만m³이고 당기벌채량이 1천m³이라면 총감가상각비는? (단, 생산량 비례법 이용)

① 500원
② 5,000원
③ 50,000원
④ 500,000원

[해설] 생산량 비례법

① 생산량 비례법 $= \dfrac{\text{취득원가} - \text{잔존가치}}{\text{총작업량}}$

② $\dfrac{50,000,000 - 0}{1,000,000} = 50$원/m³

③ 감가상각비
= 실제작업량 × 생산량당 감가상각률 $1,000 \times 50$
= 50,000원

16. 아래와 같은 수확표가 주어질 때 벌기수확에 의한 법정축적은? (단, 산림면적은 100ha, 윤벌기는 50년)

구분	임령				
	10	20	30	40	50
재적(m³)	20	175	360	520	630

① 27,800 m³
② 31,250 m³
③ 31,500 m³
④ 32,250 m³

[해설] $\dfrac{50}{2} \times 630 \times \dfrac{100}{50} = 31,500$m³

17. 말구직경 24cm, 중앙직경 28cm, 원구직경 34cm, 재장이 4m 인 통나무를 Newton식(또는 Riecke식)으로 계산한 재적은?

① 약 0.246 m³
② 약 0.255 m³
③ 약 0.272 m³
④ 약 0.295 m³

[해설] 뉴턴식

$= \dfrac{\pi}{4}(\text{말구직경}^2 + 4 \times \text{중앙직경}^2 + \text{원구직경}^2) \times \dfrac{\text{재장}}{6}$

$= \dfrac{\pi}{4}(0.24^2 + 4 \times 0.28^2 + 0.34^2) \times \dfrac{4}{6} = 0.255$m³

정답　12. ①　13. ③　14. ④　15. ③　16. ③　17. ②

18. 어떤 재화로부터 장차 얻을 수 있을 것으로 기대되는 수익을 일정한 이율로 할인하여 구한 현재가를 무엇이라 하는가?

① 기망가   ② 매매가

③ 비용가   ④ 자본가

해설 산림평가의 가치방법

① 기망가(수익가)
  - 어떤 재화에서 기대되는 수익을 일정한 이율로 할인하여 현재가를 구한 것
  - 재화수입가격의 최고한도, 장령림 임지평가

② 매매가
  - 평가하려는 재화와 동일 유사한 다른 재화의 가격을 표준으로 하여 정하는 것으로 시가 및 시장가격
  - 성숙림 임지에 적용

③ 비용가
  - 소비한 과거의 비용을 현재가로 환산한 것
  - 재화의 최저 한도액

④ 자본가
  - 수익환원가 또는 공조가라고 함
  - 어떤 재화로부터 매년 일정한 연수액을 영구히 얻을 수 있을 경우 그 연수액을 공정한 이율로 나눠 현재가 즉 자본가를 결정하는 방법

19. 농지의 주변이나 농지와 산지의 경계선 등에 유실수나 특용수 또는 속성수 등을 식재하여 임업수입의 조기화를 도모하는 형태의 임업경영은?

① 혼농임업   ② 혼목임업

③ 농지임업   ④ 비임지임업

해설 ① 혼농임업 : 농업과 임업을 겸하면서 축산까지 도입하여 식량, 과실, 풀사료, 땔감, 목재 등을 생산하고 토양 보전을 실천하여 지속농업을 가능케 하는 복합영농

② 농지임업 : 농지의 주변이나 둑, 농지와 산지와의 경계선 등지에 유실수, 특용수, 속성수 등을 식재하여 임업수입의 조기화를 도모

③ 비임지임업 : 임지가 아닌 하천부지, 구릉지, 원야, 도로변, 철도변, 부락 공한지, 건물이나 운동장의 주변에 속성수, 밀원식물, 연료목 등을 식재하여 수입의 다원화를 도모

④ 부산물임업 : 삼림의 부산물(종실, 수피, 수엽, 수액, 수근, 버섯, 산채, 약초 등)을 주로 채취하거나 증식하여 농가소득을 올리는 형태의 임업

20. 음(-)의 값이 나올 수 있는 투자효율 분석법은?

① 회수기간법   ② 투자이익률법

③ 순현재가치법   ④ 수익비용률법

해설 순현재가치법(NPV)

① 투자안에서 발생하는 현금편익의 현재가치에서 현금유출의 현재가치를 마이너스한값이다.

② 미래 발생할 모든 현금흐름을 적절한 할인율로 할인하여 현재가치로 나타내며 장기투자결정에 이용

③ 0보다 큰 투자안 중 NPV > 0 일 때 사업가치가 있다고 판단

1. 다음 4가지 형태의 산림구조 중에서 수입이 가장 적고 투자가 가장 많은 것은?

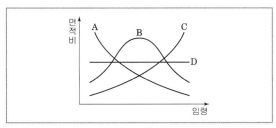

① A
② B
③ C
④ D

해설 ① A형
- 유령림이 많아 수입없고 투자많다 (부업형) 임업경영으론 수입부족
- 복합임업경영도입, 속성수, 유실수, 버섯, 부산물, 특수임산물 생산

② B형
- 장령림이 많아 일정기간 후 많은 수확기대, 앞으로 벌채갱신조절
- 적은벌채를 서서히 진행하면서 임령구성의 수정이 필요

③ C형
- 성숙림이 많아 당분간 산출가능 D형에 가깝게 벌채갱신유도
- 벌채와 갱신면적 늘리되 상당히 긴시간에 걸쳐 임령구성조절

④ D형
- 가장 이상적인 산림구조로 보속생산이 가능.

2. 수확표의 주요 용도가 아닌 것은?

① 지위 판정
② 지리 판정
③ 경영성과 판정
④ 장래의 생장량과 수확량 예측

해설 수확표의 주요용도
용도 장래의 수확량 예측, 경영기술과 지위 판정, 경영성과와 육림보육의 지침

3. 우리나라 공 · 사유림의 경영계획 작성을 위한 임반의 크기 기준은?

① 0.1 ha 내외
② 1 ha 내외
③ 10 ha 내외
④ 100 ha 내외

해설 임반
① 산림구획의 골격형성, 임반경계는 특별한 경우 제외하고 변경하지 않는다.
② 임반면적은 불가피한 경우 제외하고 가능한 100ha 내외 능선,하천,도로 등 자연경계나 도로등 고정적 시설에 따라 확정한다.

4. 임가소득은 4억원이고 임업소득이 1억2천만원인 경우 임업의존도는?

① 3%
② 4%
③ 30%
④ 40%

해설 임업의존도 $= \dfrac{\text{임업소득}}{\text{임가소득}} \times 100$

$= \dfrac{120,000,000}{400,000,000} \times 100 = 30\%$

5. 법정상태를 위한 구비조건이 아닌 것은?

① 법정생장량
② 법정수확률
③ 법정영급분배
④ 법정임분배치

해설 법정상태 구비조건
법정영급분배, 법정임분배치, 법정생장량, 법정축적

정답   1. ①   2. ②   3. ④   4. ③   5. ②

6. 재적수확 최대의 벌기령에 해당하는 경우는?

① 등귀생장이 최대일 때
② 형질생장이 최대일 때
③ 화폐수익이 최대일 때
④ 벌기평균생장량이 최대일 때

해설 재적수확최대벌기령
단위면적에서 수확되는 목재생산량이 최대가 되는 연령을 벌기령으로 하는 것, 벌기평균생장량이 최대일 때, 각 연령에 대한 총평균생장량을 비교함으로써 정한다.

7. 중령림의 임목을 평가하는 방법으로 가장 적합한 것은?

① Glaser법
③ 기망가법
② 비용가법
④ 매매가법

해설 Glaser법
초년도 조림비를 기점으로 벌기수확을 중점으로 하는 곡선식을 구해 중간 임령의 임분가치 평가하는 방법

8. 임지의 생산능력을 나타내는 지위와 연관성이 가장 큰 것은?

① 직경생장
② 수고생장
③ 수관생장
④ 이용고생장

해설 지위사정방법
3급(상중하)로 나누며, 우세목 평균수고로 지수화한다.

9. 임업자본 중에서 유동자본에 해당하는 것은?

① 임도
② 조림비
③ 벌목기구
④ 제재소 설비

해설 ① 유동자본 : 조림비, 관리비, 사업비(종자, 묘목, 약제, 비료)
② 고정자본 : 임지, 임목, 건물, 기계, 운반시설, 제재설비, 임도 등

10. 단목의 연령측정 방법이 아닌 것은?

① 기록에 의한 방법
② 목측에 의한 방법
③ 생장추를 이용한 방법
④ 표본목령에 의한 방법

해설 단목연령측정방법
나이테, 기록, 목측, 나뭇가지(지절), 생장추를 이용한 방법

11. 입목의 간재적이 $0.8m^3$이고 벌채 조재 후 원목 재적은 $0.65m^3$일 때 조재율은?

① 약 8%
② 약 12%
③ 약 81%
④ 약 123%

해설 조재율

$$\frac{원목재적}{간재적(줄기재적)} \times 100 = \frac{0.65}{0.8} \times 100$$
$$= 81.25 \rightarrow 약\ 81\%$$

12. 다음 조건에 해당하는 기계들의 작업시간비례법에 의한 감가상각비는?

> • 취득원가 : 950,000원
> • 폐기할 때의 잔존가치 : 50,000원
> • 사용가능 시간 : 90,000시간
> • 실제사용 시간 : 45,000시간

① 225,000원
② 250,000원
③ 350,000원
④ 450,000원

정답 6. ④ 7. ① 8. ② 9. ② 10. ④ 11. ③ 12. ④

해설 작업시간비례법

① 사용한 작업시간에 비례하여 자산의 가치가 소멸하는 유형자산의 감가상각에 적용하는 방법

② 감가상각액

$= (\text{취득원가} - \text{잔존가치}) \times \dfrac{\text{당기실제작업시간}}{\text{총예상작업시간}}$

$= (950,000 - 50,000) \times \dfrac{45,000}{90,000}$

$= 450,000$

---

13. 부가가치가 가장 낮은 주업적 임업경영의 업무 순서로 옳은 것은?

① 식재 → 육림 → 입목매각

② 식재 → 육림 → 벌채 → 원목매각

③ 식재 → 육림 → 벌채 → 원료원목공급(제지)

④ 식재 → 육림 → 벌채 → 표고생산 · 제탄 · 제재

해설 주업적임업경영

① 국공유림을 위시하여 회사의 산림과 독립가의 임업

② 형태

• 식재 → 육림 → 임목매각 : 일반적인형태, 부가가치가 낮다.

• 식재 → 육림 → 벌채 → 원목매각 : 벌채노동에 대한 특수훈련 및 장비필요

• 식재 → 육림 → 벌채 → 표고,제탄,제재 : 부가가치 높다, 기술과 자본필요

• 식재 → 육림 → 벌채 → 원료원목공급 : 제지회사 큰회사의 경영, 기계화된 경영

---

14. 벌채목의 원구와 말구의 단면적을 평균한 단면적을 사용하여 재적을 산출하는 방법은?

① 4분주식

② 후버 (Huber)식

③ 뉴톤(Newton) 식

④ 스말리안(Smalian)식

해설 스말리안공식(Smalian's formula)

벌채목 재적을 구하는 공식, 원구단면적과 말구단면적의 평균값에 목재의 길이를 곱하여 구한다.

---

15. 임목 원가라고도 하며 간벌 이전의 유령 임목에 대한 가격 산정에 적용할 수 있는 것은?

① 임지기망가

② 임목기망가

③ 임목비용가

④ 임목매매가

해설 ① 임지비용가 : 임지를 취득하고 임목육성에 적합한 상태로 개량하는데 소요한 총비용의 현재가합계로 평가하는방법

② 임목기망가 : 임목의 현재부터 벌채예정년까지 기대되는 수익의 전가합계와 그동안 투입될 비용의 전가합계를 공제한 차액(장령림평정)

③ 임목비용가 : 임목육성시 투입된 경비(조림,관리,지대)의 후가에서 수입의 후가를 공제한 것(유령림평정)

④ 임목매매가 : 임목의 최근 매매사례가격을 기준

---

16. 측고기를 이용하여 수고를 측정할 때 주의사항으로 옳지 않은 것은?

① 수목의 높이보다 가까운 거리에서 측정하면 오차를 줄일 수 있다.

② 측정하고자 하는 수목의 정단과 밑이 잘 보이는 지점에서 측정하여야 한다.

③ 경사진 곳에서는 오차가 생기기 쉬우므로 가능하면 등고선 방향에서 측정한다.

④ 측고기의 종류에 따라 사용 방법이 다르기 때문에 측고기 사용법을 숙지하는 것이 오차를 줄일 수 있는 방법이다.

해설 측고기 주의사항

① 경사지에선 등고선 방향에서 측정한다.

② 초두부와 근원부를 잘 볼 수 있는 위치에서 측정한다.

③ 입목까지 수평거리는 수고와 같은 거리를 유지한다,

④ 수평거리를 구하지 못 할 때는 사거리와 경사각을 측정해서 수평거리를 환산한다.

---

17. 이율이 높아짐에 따라 임지기망가의 변화로 옳은 것은?

① 커진다.
② 작아진다.
③ 일시적으로 작아졌다가 다시 커진다.
④ 일시적으로 커졌다가 다시 작아진다.

해설 이율이 높아지면 임지기망가는 작아진다.

18. 임업조수익의 계산 항목에 포함되지 않는 것은?

① 임목성장액
② 임업현금수입
③ 임업현금지출
④ 미처분 임산물 증감액

해설 임업조수익 = 임업현금수입 + 임산물가계소비액 + 미처분 임산물 재고증가액 + 임업 생산자재 재고증가액 + 임목성장액

19. 경급을 구분하는 기준으로 옳은 것은?

① 치수 : 흉고직경 8cm 미만
② 소경목 : 흉고직경 8~16cm
③ 중경목 : 흉고직경 18~28cm
④ 대경목 : 흉고직경 50cm 이상

해설 경급을 구분하는 기준
① 흉고높이의 지름 측정하고 평균경급산출
② 기준내용
• 치수 : 흉고직경 6cm미만 50% 이상 생육하는 임분
• 소경목 : 흉고직경 6~16cm미만 50% 이상 생육하는 임분
• 중경목 : 흉고직경 18~28cm미만 50% 이상 생육하는 임분
• 대경목 : 흉고직경 30cm이상 입목이 생육하는 임분

20. 산림기본계획 수립 및 시행에 포함되지 않는 사항은?

① 지역산림 협력에 관한 사항
② 산림시책의 기본목표 및 추진방향
③ 산림의 공익기능 증진에 관한 사항
④ 산림자원의 조성 및 육성에 관한 사항

해설 산림기본계획 수립 및 시행
① 산림시책의 기본목표 및 추진방향
② 산림자원의 조성 및 육성에 관한 사항
③ 산림의 보전 및 보호에 관한 사항
④ 산림의 공익기능 증진에 관한 사항
⑤ 산림재해의 예방 및 복구 등에 관한 사항
⑥ 임산물의 생산·가공·유통 및 수출 등에 관한 사항
⑦ 산림의 이용구분 및 이용계획에 관한 사항

1. 임업경영의 성과분석에 대한 설명으로 옳지 않은 것은?

① 임가소득, 임업소득, 임업순수익 등으로 파악할 수 있다.
② 임업소득은 임업조수익에서 임업경영비를 뺀 나머지를 말한다.
③ 짧은 기간 동안의 성과는 명확하게 계산할 수 없는 경우가 많다.
④ 임가소득으로 서로 다른 임가 사이의 경영성과에 대하여 직접 비교가 용이하다.

해설 바르게 고치면
임가소득으로 소유상태가 다른 임가사이의 임업경영 성과 비교에는 어려움이 있다.

2. 임업경영의 지도 원칙이 아닌 것은?

① 공정성의 원칙　　② 경제성의 원칙
③ 수익성의 원칙　　④ 보속성의 원칙

해설 산림경영의 지도원칙
① 수익성의 원칙
② 경제성의 원칙
③ 생산성의 원칙
④ 공공성의 원칙
⑤ 보속성의 원칙
⑥ 합자연성의 원칙
⑦ 환경보전의 원칙

3. 다음 조건에서 스말리안식에 의한 재적은?

• 말구직경 : 24cm	• 중앙직경 : 30cm
• 원구직경 : 32cm	• 재장 : 4m

① 약 $0.2317m^3$　　② 약 $0.2512m^3$
③ 약 $0.2617m^3$　　④ 약 $0.3021m^3$

해설 $V = \dfrac{(g_o + g_n)}{2} \times l$

여기서, g_o : 원구단면적(m^2),
　　　　 g_n : 말구단면적(m^2),
　　　　 l : 길이

$\dfrac{\pi 0.16^2 + \pi 0.12^2}{2} \times 4$ = 약 $0.2512m^3$

4. 정리기에 대한 설명으로 옳은 것은?

① 불법정인 영급관계를 법정인 영급으로 개량하는 기간이다.
② 산벌작업에서 예비벌을 시작하여 후벌을 마칠 때까지의 기간이다.
③ 보속작업에서 한 작업급에 속하는 모든 임분을 일순벌하는데 필요한 기간이다.
④ 벌구식 택벌작업에서 맨 처음 택벌한 구역을 또다시 택벌하는데 필요한 기간이다.

해설 ②는 갱신기, ③은 윤벌기, ④는 회귀년에 대한 설명이다.

5. 다음 조건에서 정액법에 의한 감가상각비는?

• 벌도목을 집재하기 위하여 10년 전에 7천5백만원으로 펠러번처를 구입하였다.
• 펠러번처의 중고 가격은 2천만원이다.

① 20만원/년　　② 55만원/년
③ 200만원/년　　④ 550만원/년

해설 정액법

감가상각비 $= \dfrac{(취득원가 - 잔존가치)}{추정내용연수}$

$= \dfrac{75,000,000 - 20,000,000}{10} = 5,500,000만원/년$

정답　**1.** ④　**2.** ①　**3.** ②　**4.** ①　**5.** ④

6. 산림경영계획 수립을 위한 임황조사에 대한 설명으로 옳지 않은 것은?

① 혼효림의 경우는 5종까지 주요 수종을 조사할 수 있다.
② 가슴높이지름 6cm 이상의 입목을 측정하여 총축적을 산정한다.
③ 인공 조림지에서는 조림년도를 아는 경우에도 측정 대상의 입목에 생장추를 이용하여 임령을 산정한다.
④ 임분 수고의 최저, 최고 및 평균을 측정하여 임분 수고의 범위를 분모로 하고 평균 수고를 분자로 하여 표시한다.

해설 바르게 고치면
　　인공조림지는 조림연도의 묘령을 기준으로 임령을 산정하고, 그 밖에 임령 식별이 불분명한 임지는 생장추로 목편을 채취하여 임령을 산정한다.

7. 임지가격의 결정 방법으로 옳지 않은 것은?

① 자산가에 의한 방법
② 매매가에 의한 방법
③ 기망가에 의한 방법
④ 비용가에 의한 방법

해설 임지가격의 결정방법
　　임지비용가, 임지기망가, 임지매매가

8. 유령림의 임목 평가방법으로 임목가격의 최저 한도액을 이용하는 것은?

① 원가법
② 매매가법
③ 비용가법
④ 시장가역산법

해설 유령림 임목 평가방법 – 임목비용가법

9. 산림경영계획 수립 시 소반구획을 달리하는 경우에 속하지 않는 것은?

① 지종이 상이할 때
② 작업종이 상이할 때
③ 지위, 지리가 상이할 때
④ 임종, 경급이 상이할 때

해설 소반의 구획
　　① 산림의 기능(생활환경보전림, 자연환경보전림, 수원함양보전림, 산지재해방지림, 산림휴양림, 목재생산림 등)이 상이할 때
　　② 지종(입목지, 무립목지, 법정지정림 등)이 상이할 때
　　③ 임종, 임상 및 작업종이 상이할 때
　　④ 임령, 지위, 지리 또는 운반계통이 상이할 때

10. 전체 임분을 본수가 같은 몇 개의 계급으로 나누고, 각 계급에서 같은 수의 표준목을 선정하여 임목 재적을 계산하는 방법은?

① 단급법
② Urich 법
③ Hartig법
④ Draudt 법

해설 임분재적 측정 – 표준목법
　　① 단급법 : 임목의 그루수를 같은 몇 개의 계급으로 나누고, 같은 수의 표준목 선정, 단1개의 표준목 선정
　　② 우리히법 : 임목을 몇 개의 계급으로 나누고, 각 계급의 본수를 동일하게 함
　　③ 하르티히법 : 전체 흉고단면적 합계를 구함, 계산은 복잡하나 정확함
　　④ 드라우드법 : 각 직경급의 본수에 따라 비례 배분함, 매목본수가 많을 때 적당

11. 공유림에 대한 설명으로 옳지 않은 것은?

① 공공복지 증진을 목적으로 한다.
② 경영기관의 재정수입 확보에 기여하여야 한다.
③ 사유림보다는 1ha당 평균축적이 적은 편이다.
④ 모범적인 산림경영으로 사유림 경영의 시범이 되어야 한다.

정답　6. ③　7. ①　8. ③　9. ④　10. ②　11. ③

解説 흉고직경
임목의 재적을 계산할 때는 일반적으로 지상 1.2m 높이(가슴 높이)의 직경을 측정하는데 이를 흉고직경이라고 한다.

15. 산림평가에 대한 설명으로 옳지 않은 것은?

① 임도·저목장·건물 등 임지 안의 시설에 대하여 평가한다.
② 임지 안의 동물·토석·광물 등에 대하여는 평가하지 않는다.
③ 산림의 공익적 기능은 종류별로 분류하여 계량평가를 한다.
④ 임지는 자연적 요소, 지위 및 지리별 입목지·벌채적지·미립목지·시설부지·암석지·지소 등으로 나누어 평가한다.

解説 산림평가의 구성내용
① 임지 : 위치·지형·지질·면적 등의 자연요소와 지위·지리별로 구분하여 평가
② 임목 : 수종·용도·임령 등으로 구분하여 평가
③ 부산물 : 임지 내의 토석·광물·동식물 등으로 구분하여 평가
④ 시설 : 임도·건물·보호시설·휴양시설 등으로 구분하여 평가
⑤ 공익적 기능 : 보전적 기능, 환경보호기능 등으로 구분하여 평가

12. 다음 그림에서 보속 생산이 가능한 형태의 산림 구성은?

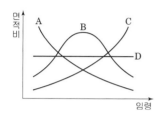

① A형　　　　② B형
③ C형　　　　④ D형

解説 ① 그림의 산림구성
A : 유령림이 많은 산림,
B : 장령림이 많은 산림,
C : 성숙림이 많은 산림,
D : 유령림·장령림·성숙림이 혼재한 산림
② D : 여러 계층의 임목이 골고루 있으므로 이상적인 구성을 하고 있어서 보속생산이 가능한 이상적 산림구성

13. 임업자산 중 유동자산이 아닌 것은?

① 임도　　　　② 묘목
③ 비료　　　　④ 미처분 임산물

解説 임도 - 고정자산

16. 산림평가에서 복리산 공식에 해당되지 않는 것은?

① 증가 계산식　　　② 전가 계산식
③ 무한이자 계산식　④ 유한이자 계산식

解説 복리산공식
① 일정기간마다 이자를 원금에 가산하여 얻은 원리합계를 다음의 원금으로 또 차기의 원리합계를 구하는 방법을 되풀이하는 것
② 후가식, 전가식, 유한연년이자계산식, 유한정기이자계산식, 무한이자계산식

14. 우리나라의 경우 흉고직경은 입목의 지상 몇 미터 높이에서 측정하는가?

① 0.5m　　　　② 1.0m
③ 1.2m　　　　④ 1.5m

17. 수확조정 방법 중 법정축적법에 대한 설명으로 옳은 것은?

① 교차법, 임분경제법, 등면적법 등이 있다.
② 법정축적에 도달하도록 하는 수식법이다.
③ 수확량을 산출하고 벌채장소를 규정한다.
④ 수확량을 기초로 생장량을 예측하는 협의의 생장량법이다.

해설 법적축적법 특징
① 법정축적에 도달하게 하는 수식법
② 수확량만 산정하고 벌채장소에 대한 규정은 없음
③ 생장량을 기초로 하여 수확량을 예정하는 방법
④ 이들 수확조정대상은 재적이며, 경리기간은 대게 10년임.

18. 이상적인 임분의 ha당 재적이 30m³이고, 현실 임분의 ha당 재적이 15m³이라면 임분의 입목도는?

① 0.1
② 0.5
③ 1
④ 2

해설 입목도 = $\dfrac{현재축적}{정상축적}$ = $\dfrac{15}{30}$ = 0.5

19. 감가가 발생하는 요인 중 물리적 감가에 해당되는 것은?

① 부적응에 의한 감가
② 진부화에 의한 감가
③ 경제적 요인에 의한 감가
④ 마모 및 손상에 의한 감가

해설 물리적 감가
기계나 건물과 같은 고정 자산이 시간이 지남에 따라 노후화되어 그 가치가 감소하는 감가

20. 생장의 종류를 수목의 생장에 따른 분류와 임목의 부분에 따른 분류가 있을 때, 수목의 생장에 따른 분류에 속하지 않는 것은?

① 재적생장   ② 형질생장
③ 수고생장   ④ 등귀생장

해설 수목의 생장에 따른 생장량
① 재적생장 : 지름과 수고의 증가에 의한 부피 증가
② 형질생장 : 지름이 커지고 재질이 좋아지는데서 오는 단위 재적당 가격상승
③ 등귀생장 : 물가상승과 도로, 철도 등의 개설로 인한 운반비의 절약에 기인하는 임목가격의 상승
④ 총가생장=재적생장+형질생장+등귀생장

1. 곰솔의 벌기가 35년이고 ha당 40,000원씩의 순수입을 영구히 얻을 수 있는 임지의 자본가는?(단, 이율은 5%이며, (1.05)35=5.516임)

① 약 2,000원　　　　② 약 7,300원
③ 약 8,900원　　　　④ 약 14,000원

해설 ① 자본가 : ha당 매년 40,000원씩 수입을 영구히 하는

경우 $= \dfrac{40,000}{0.05}$

② 35년마다 얻는 수익 : $\dfrac{40,000}{1.05^{35}-1} =$ 약 8,857원

→ 약 8,900원

2. 임지기망가가 최댓값이 되는 시기에 대한 설명으로 옳지 않은 것은?

① 조림비가 클수록 임지기망가가 최댓값이 되는 시기가 빨리 온다.
② 관리비는 임지기망가가 최댓값이 되는 시기와는 관계가 없다.
③ 간벌수익이 클수록 임지기망가가 최댓값이 되는 시기가 빨리 온다.
④ 적용하는 이율이 클수록 임지기망가가 최댓값이 되는 시기가 빨리 온다.

해설 임지기망가가 최댓값이 되는 시기
　　① 벌기령을 정할 때 최댓값에 도달하는 시기
　　② 관련인자
　　　• 이율 : 이율의 값이 클수록 최댓값이 빨리 온다. (벌기가 짧아짐)
　　　• 주벌수익 : 주벌수익의 증대속도가 빨리 감퇴할수록 최댓값이 빨리 온다. 지위가 양호한 임지일수록 최대로 되는 시기가 빨리 온다. (벌기가 짧아짐)
　　　• 간벌수익 : 간벌수익이 클수록 최댓값이 빨리 온다.
　　　• 조림비 : 조림비가 클수록 최대시기가 늦어진다.
　　　• 관리비 : 최댓값과는 관계가 없다.
　　　• 채취비 : 임지기망가식에는 나타나 있지 않지만, 일반적으로 채취비가 클수록 임지기망가의 시기가 늦어진다.

3. 경영계획구 면적이 500ha이고 윤벌기가 50년이며, 1영급이 20영계일 경우 법정영급면적은?

① 200ha　　　　② 400ha
③ 600ha　　　　④ 800ha

해설 $A = \dfrac{F}{U} \times n = \dfrac{500}{50} \times 20 = 200\text{ha}$

(A = 법정영급면적, F=작업급의 면적, U=윤벌기, n=1영급의 영계 수)

4. 25년생 소나무의 재적이 0.25m³일 때 평균 생장량은?

① 0.010m³　　　　② 0.025m³
③ 0.100m³　　　　④ 0.250m³

해설 평균생장량 $= \dfrac{0.25}{25} = 0.01\text{m}^3$

5. 임지 생산력을 판단하는 기준 중 가장 정확한 지위사정 방법은?

① 환경인자에 의한 방법　　② 지위지수에 의한 방법
③ 지표식물에 의한 방법　　④ 종자생산량에 의한 방법

해설 지위지수 산정
　　임지의 잠재적 생산능력을 평가하는 정확한 방법이다.

6. 임목평가방법이 아닌 것은?

① 임목상각가　　　　② 임목매매가
③ 임목비용가　　　　④ 임목기망가

해설 임목평가방법
　　① 유령림 – 원가법, 비용가법
　　② 중령림 – 원가수익절충법, Glaser법
　　③ 장령림 – 기망가법, 수익환원법
　　④ 벌기령 이상의 임목 – 시장매매가, 시장가역산법

정답　1. ③　2. ①　3. ①　4. ①　5. ②　6. ①

7. 유동자본재에 해당하지 않는 것은?

① 묘목   ② 입목
③ 종자   ④ 벌채 후 목재

[해설] ① 고정자본재 : 건물, 기계, 운반시설, 제재설비, 임도, 임목 등
    ② 유동자본재 : 종자, 묘목, 약제, 비료 등
    ③ 임목축적
     • 입목이 벌채되기 전까지는 고정자본
     • 입목이 벌채되면 생산기능을 잃게 됨으로 유동자본으로 분류

8. 어느 임업 법인체의 임목벌채권 취득 원가가 8,000만원이고, 잔존가치는 3,000만원이라고 한다. 총 벌채 예정량은 10만m이고 당기 벌채량은 2,000m라고 하면 당기 총 감가상각비는?

① 1,000,000원   ② 2,000,000원
③ 3,000,000원   ④ 4,000,000원

[해설] ① 감가상각률 $= \dfrac{\text{취득원가} - \text{잔존가치}}{\text{추정 총 작업시간}}$

$= \dfrac{80,000,000 - 30,000,000}{100,000}$

$= 500$

② 총 감가상각비 = 감가상각률 × 당기 벌채량
               = 500 × 2,000
               = 1,000,000원

9. 임업이율의 특징으로 옳은 것은?

① 대부이율   ② 명목이율
③ 현실이율   ④ 단기이율

[해설] 임업이율의 성격
  • 임업이율은 대부이자율 아니고 자본이율이다.
  • 임업이율은 평정이율이며, 명목적 이다.
  • 임업이율은 장기이율이다.

10. 법정림의 법정상태 요건으로 해당하지 않는 것은?

① 법정축적
② 법정벌채량
③ 법정임분배치
④ 법정영급분배

[해설] 법정림의 법정상태 요건
    법정영급분배, 법정축적, 법정생장량, 법정임분배치

11. 장래에 기대되는 수익을 일정한 이율로 할인하여 현재가를 구하는 산림평가 방법은?

① 기망가법   ② 비용가법
③ 매매가법   ④ 입목가법

[해설] 기망가법
    기망가는 미래의 기대되는 수익을 일정한 이율로 할인하여 현재가를 구하는 방법이다.

12. 경영계획을 수립할 때 가장 먼저 구획하는 것은?

① 소반   ② 임반
③ 작업급   ④ 경영계획구

[해설] 경영계획수립 순서
    경영계획구 → 임반 → 소반 순

13. 임목의 연년생장량과 평균생장량간의 관계에 대한 설명으로 옳은 것은?

① 초기에는 연년생장량이 평균생장량보다 작다.
② 연년생장량이 평균생장량보다 최대점에 늦게 도달한다.
③ 평균생장량이 최대가 될 때 연년생장량과 평균생장량은 같게 된다.
④ 평균생장량이 최대점에 이르기까지는 연년생장량이 평균생장량보다 항상 작다.

정답   7. ②   8. ①   9. ②   10. ②   11. ①   12. ④   13. ③

해설 바르게 고치면
① 처음에는 연년생장량이 평균생장량보다 크다.
② 연년생장량은 평균생장량보다 빨리 극대점을 갖는다.
④ 평균생장량이 극대점에 이르기까지는 연년생장량이 항상 평균생장량보다 크다.

14. 산림경영의 지도원칙으로 옳지 않은 것은?

① 수익성의 원칙　② 공공성의 원칙
③ 기회비용의 원칙　④ 합자연성의 원칙

해설 산림경영의 지도원칙
- 수익성의 원칙
- 경제성의 원칙
- 생산성의 원칙
- 공공성의 원칙
- 보속성의 원칙
- 합자연성의 원칙
- 환경보전의 원칙

15. Glaser식에 대한 설명으로 옳은 것은?

① 복리계산을 하기 때문에 복잡하다.
② 이율을 사용하므로 주관성이 개입된다.
③ 비용가법과 기망가법의 중간적 방법이다.
④ 벌기가 지난 임목의 가치 측정에 적당한 방법이다.

해설 Glaser식
성숙 중간에 있는 임목의 가격평정을 위하여 임목비용가법과 임목기망가법의 중간적인 방법으로 고안된 것이다.

16. 윤벌기가 30년이고 작업급의 면적이 120ha인 일본 잎갈나무림의 법정축적을 벌기수확에 의한 방법으로 계산하면 얼마인가?

[수확표]

연령(년)	10	20	30
ha당 재적	20	50	80

① 3,000m³　② 4,200m³
③ 4,800m³　④ 6,000m³

해설 법정축적 = $\dfrac{30}{2} \times 80 \times \dfrac{120}{30}$ = 4,800m³

17. 보속작업에 있어서 하나의 작업급에 속하는 모든 임분을 일순벌하는 데 소요되는 기간은?

① 윤벌령　② 윤벌기
③ 벌기령　④ 벌채령

해설 윤벌기
① 한 작업급 내의 모든 임분을 일순벌하는 데 필요한 기간
② 최초에 벌채된 임분을 또 다시 벌채하기까지에 요하는 기간

18. 「산림교육의 활성화에 관한 법률 시행령」에 따라 숲길체험지도사를 배치하지 않아도 되는 시설은?

① 자연공원　② 국립공원
③ 삼림욕장　④ 자연휴양림

해설 ① 산림교육전문가 – 숲해설가, 유아숲지도사, 숲길체험지도사
② 숲길체험지도사 – 자연휴양림, 산림욕장, 자연공원, 숲길 등에 배치

19. 말구직경자승법으로 통나무의 직경을 측정하는 방법으로 옳은 것은?

① 수피를 제외한 길이 검척 내의 최대 직경으로 한다.
② 수피를 포함한 길이 검척 내의 최소 직경으로 한다.
③ 수피를 포함한 길이 검척 내의 최대 직경으로 한다.
④ 수피를 제외한 길이 검척 내의 최소 직경으로 한다.

해설 바르게 고치면
말구에서 수피를 제외한 최소직경을 측정하고, 단위치수는 1cm로 하고 단위치수 미만은 끊어버린다.

정답 14. ③　15. ③　16. ③　17. ②　18. ②　19. ④

20. 단목의 연령측정 방법이 아닌 것은?

① 방위에 의한 방법　　② 지절에 의한 방법
③ 목측에 의한 방법　　④ 생장추에 의한 방법

해설 방위는 연령 측정과 상관없다.

1회

1회독 □　2회독 □　3회독 □

1. 임업경영의 지도원칙 중에서 자연보호와 보건휴양을 중요시하는 것은?

① 생산성의 원칙 　　② 보속성의 원칙
③ 수익성의 원칙 　　④ 환경보전의 원칙

<u>해설</u> 환경보전의 원칙
　　국토보안, 수원함양, 보건휴양 기능을 충분히 발휘할 수 있도록 경영하는 원칙이다.

2. 흉고직경 26cm, 수고 20m인 잣나무의 재적을 형수법으로 계산하면 얼마인가?(단, 형수는 0.4544이다)

① 약 $0.121m^3$ 　　② 약 $0.482m^3$
③ 약 $0.642m^3$ 　　④ 약 $0.964m^3$

<u>해설</u> 임목재적 $= 0.785 \times$ 흉고직경$^2 \times$ 수고 $\times$ 형수
　　　　　$= 0.785 \times 0.26^2 \times 20 \times 0.4544 = 0.482m^3$

3. 순토측고기를 사용하여 임목의 수고를 측정할 때 올바른 측정계산법은?

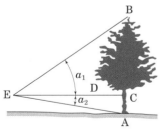

① $(\tan a_1 + \tan a_2) \times D$
② $(\tan a_1 + \tan a_2) \times D \times 100$
③ $(\cos a_1 + \cos a_2) \times D$
④ $(\cos a_1 + \cos a_2) \times D \times 100$

<u>해설</u> 수목 측정시 실제 수고는 기저부 측정자의 눈높이 위와 아래 2개의 수치를 합산하여 구한다.
　　　$\tan\theta = \dfrac{\text{높이}}{\text{밑변}}$ 으로 나타낸다.

4. 유령림에서 장령림에 이르는 중간영급(中間領級)의 임목을 평가하는 방법으로 가장 적합한 방법은?

① 임목비용가법 　　② 임목기망가법
③ Glaser법 　　　④ 임목매매가법

<u>해설</u> Glaser법
　　　성숙 중간에 있는 중간영급 임목의 가격평정을 위하여 임목비용가법과 임목기망가법의 중간적인 방법으로 고안된 것이다.

5. 어떤 물건의 장부원가가 5,000,000원인데 폐기 시의 잔존가액이 200,000원으로 예상되고 그 내용 년 수를 10년으로 볼 때 정액법에 의한 매년의 감가상각비는?

① 480,000원 　　② 500,000원
③ 520,000원 　　④ 460,000원

<u>해설</u> $\dfrac{5,000,000 - 200,000}{10} = 480,000$원

6. 다음 중 산림경영의 기술적 특성이 아닌 것은?

① 생산기간이 대단히 길다.
② 기후조건에 대한 요구도가 낮다.
③ 임목의 성숙기가 일정하지 않다.
④ 임업 노동은 계절적인 제약이 적다.

<u>해설</u> ④는 산림경영의 경제적 특성이다.

7. 우리나라와 같이 목재가 부족한 경우 벌기령을 적용하는 가장 바람직한 방법은?

① 갱신을 하는데 좋은 종자를 가장 많이 생산하는 때
② 산림순수입이 최대일 때
③ 재적수확이 최대일 때
④ 토지순수입이 최대일 때

해설 우리나와 같이 목재가 부족한 경우 단위면적당 평균적으로 가장 많은 목재를 생산하는 벌기령을 적용하는 생산성 원칙이 바람직하다.

8. 다음 중 임황인자가 아닌 것은?

① 임상   ② 소밀도
③ 경사도   ④ 임령

해설 경사도, 방위 등의 지세는 지황인자이다.

9. 윤벌기가 45년, 갱신기가 2년인 임분의 윤벌령은 몇 년인가?

① 41년   ② 43년
③ 45년   ④ 47년

해설 윤벌령, 윤벌기
• 각 작업급의 평균적 성숙기를 윤벌령이라고 함
• R(윤벌기)=Re(윤벌령)+r(갱신기간)
• 윤벌령 = 45-2 = 43년

10. 앞으로 5년이 지나서 200,000원에 판매될 산림이 있다. 이 산림의 현재가치는 얼마인가?

(이율 : 5%, $\dfrac{1}{(1+0.05)^5}=0.7835$)

① 723,900원   ② 255,260원
③ 200,000원   ④ 156,700원

해설 $V=\dfrac{N}{(1+P)^n}=200,000 \times 0.7835$
$=156,700$원

11. 다음 중 이령림의 연령 측정방법에 해당하지 않는 것은?

① 본수령   ② 재적령
③ 표준목령   ④ 벌기령

해설 평균임령을 구하는 방법
• 본수령, 재적령, 면적령, 표준목령 등
• 일반적으로는 분모에는 임분 안의 임령의 범위를 나타내고 분자에는 평균입령을 나타내는 방법이 많이 사용됨

12. 다음 중 재적의 연년생장량 곡선과 평균생장량 곡선의 관계가 바르게 설명된 것은?

① 평균생장량이 최대인 점에서 두 곡선은 만난다.
② 연년생장량이 최대인 점에서 두 곡선은 만난다.
③ 두 곡선이 만나는 시점까지는 평균생장량이 연년생장량보다 항상 크다.
④ 두 곡선이 만나는 시점을 벌기령으로 정하는 것을 산림순수익 최대의 벌기령이라 한다.

해설 평균생장량의 극대점에서 두 생장량의 크기는 같다.

13. 원구단면적이 0.04m², 말구단면적이 0.02m², 재장이 7m인 통나무의 재적을 스말리안식에 의해 구하면?

① 0.21m³
② 0.23m³
③ 0.25m³
④ 0.27m³

해설 $V=\dfrac{g_0+g_n}{2}\cdot L=\dfrac{0.04+0.02}{2}\cdot 7=0.21\text{m}^3$

14. 20년 때의 축적이 50m³, 25년때의 축적이 60m³였다고 한다면 프레슬러 공식으로 계산된 생장률은 얼마인가?

① 약 3.1% ② 약 3.6%
③ 약 4.3% ④ 약 5.5%

해설 $P = \dfrac{V-v}{V+v} \times \dfrac{200}{n} = \dfrac{60-50}{60+50} \times \dfrac{200}{5}$
$= 0.0909 \times 40 = 3.636\%$

15. 전 임분을 본수가 같은 몇 개의 계급으로 나누고, 각 계급에서 같은 수의 표준목을 선정하여 임목재적을 계산하는 방법은?

① Urich법 ② Draudt법
③ Hartig법 ④ 단급법

해설 우리히법
전 임분을 각 지름계별 임목 그루수를 고려하여 각 계급의 그루 수를 같게 한 다음, 각 계급에서 같은 수의•표준목을 선정하는 방법이다.

16. 자연휴양림 지정 타당성평가에서 휴양유발 인자에 포함되지 않는 사항은?

① 휴양기회의 다양성
② 역사 · 문화적 유산
③ 주차장 확보
④ 특산물의 유무

해설 주차장확보, 시설 가능 면적, 토지이용 제한요인 등은 개발여건 인자에 포함된다.

17. 소반(小班)구획의 기준으로 될 수 없는 것은?

① 기능 ② 수종
③ 천연적인 구획계 ④ 작업종

해설 기능 및 지종구분이 상이할 때, 수종 및 작업종이 상이할 때, 임령 및 지위의 차이가 현저할 경우 등은 소반으로 구분한다.

18. 어떤 물건의 장부원가가 5,000,000원인데 폐기 시의 잔존가액이 200,000원으로 예상되고 그 내용 년 수를 10년으로 볼 때 정액법에 의한 매년의 감가상각비는?

① 480,000원 ② 500,000원
③ 520,000원 ④ 460,000원

해설 $\dfrac{5,000,000 - 200,000}{10} = 480,000$원

19. 임지비용가법을 적용할 수 있는 경우가 아닌 것은?

① 임지소유자가 매각할 때 최소한 그 토지에 투입된 비용을 회수하고자 할 때
② 임지소유자가 그 토지에 투입한 자본의 경제적 효과를 분석 검토하고자 할 때
③ 임지의 가격을 평정하는 데 다른 적당한 방법이 없을 때
④ 임지에 일정한 시업을 영구적으로 실시한다고 가정하여 그 토지에서 기대되는 순수익의 현재 합계액을 산출할 때

해설 ④은 임지기망가의 내용이다.

20. 2cm 괄약으로 직경을 측정하는 경우 실측치 7.4011의 직경은 몇 cm로 기록하는가?

① 6cm ② 7cm
③ 7.5cm ④ 8cm

해설 임목의 재적 산출을 위해 직경을 측정할 때는 일반적으로 2cm 범위를 하나의 직경 측정단위로 묶어 괄약하는데 2cm 괄약에서 8cm는 7cm 이상 9cm 미만을 의미한다.

정답 14. ② 15. ① 16. ③ 17. ③ 18. ① 19. ④ 20. ④

2회

1회독 □ 2회독 □ 3회독 □

1. 회귀년과 관련된 내용 중 틀린 것은?

① 회귀년 길이의 장단은 택벌림의 축적과 벌채량에 현상이 나타나게 한다.
② 회귀년이 짧으면 면적당 벌채될 재적이 많다.
③ 연벌구역면적은 회귀년의 길이에 반비례한다.
④ 회귀년이 길면 임지의 축적이 적어지게 된다.

해설 회귀년이 짧으면 단위면적에서 벌채되는 재적이 적다.

2. 20년 때의 축적이 50m³, 25년때의 축적이 60m³였다고 한다면 프레슬러 공식으로 계산된 생장률은 얼마인가?

① 약 3.1%
② 약 3.6%
③ 약 4.3%
④ 약 5.5%

해설 $P = \dfrac{V-v}{V+v} \times \dfrac{200}{n} = \dfrac{60-50}{60+50} \times \dfrac{200}{5}$
$= 0.0909 \times 40 = 3.636\%$

3. 산림의 관리경영에 소요되는 관리비에 포함되지 않는 것은?

① 채취비
② 보험료
③ 감가상각비
④ 산림보호비

해설 관리비
• 산림의 관리경영에 소요되는 비용
• 인건비, 물건비, 감가상각비, 산림보호비, 영림계획비, 제세공과금, 보험료, 복지시설비, 시험연구비 등
• 조림비와 채취비에 속하지 않는 일체의 경비를 말함

4. 다음 비용 중 임지비용가 계산에 해당되지 않는 것은?

① 임지구입에 소요된 비용
② 임지를 임목육성에 적합하도록 개량한 비용
③ 장차 그 임지에 투입될 비용
④ 비용 투입한 후 현재까지 그 비용에 대한이자

해설 임지비용가
임지구입비 등 임지의 취득과 유지관리에 필요한 비용, 임지 취득 후 임지 개량에 투입된 비용, 앞의 비용 투입 후 평가시점까지의 이자 등으로 구성된다.

5. 작업급 면적이 1,800ha이고 윤벌기가 60년일 때 법정영급면적은 얼마인가? (단, 영계=20이다)

① 200ha
② 400ha
③ 300ha
④ 600ha

해설 법정영급면적 $= \left(\dfrac{1,800}{60}\right) \times 20 = 600\text{ha}$

6. 흉고직경의 1/2이 되는 직경을 가진 곳의 수고를 이용하여 재적을 구하는 방법은?

① 형수법
② 덴진(Denzin)식
③ 망고법
④ 5분주식

해설 망고법은 흉고직경의 1/2이 되는 직경을 가진 곳을 망점, 벌채점에서 망점까지의 높이를 망고(H)라고 한다.

7. 임목생장률 계산식이 아닌 것은?

① 단리산식
② Pressler식
③ Brereton식
④ Schneider식

해설 Brereton식 : 임목재적 계산식

정답 1. ② 2. ② 3. ① 4. ③ 5. ④ 6. ③ 7. ③

8. 임업경영의 지도원칙 중 공공성의 원칙으로 옳은 것은?

① 국민의 복리 증진을 목표로 하는 원칙
② 최소의 비용으로 최대의 효과를 발휘하게 하는 원칙
③ 해마다의 목재수확을 양적 및 질적으로 계속적으로 균등하게 하는 원칙
④ 자연법칙을 존중하여 경영·생산하는 원칙

해설 ②는 경제성의 원칙
③은 보속성의 원칙
④는 합자연성의 원칙

9. 산림조사 항목으로 임지에서 임도나 도로까지의 거리를 나타내는 것은?

① 지세　　　　　　② 지위
③ 지력　　　　　　④ 지리

해설 지리
• 임지의 경제적인 위치
• 임도 또는 도로까지의 거리로 100m 단위로 구분한다.

10. 100,000원으로 토지를 구입하고 5년을 경과했을 때 토지비용가는 얼마인가? (이율 5%=1.2763)

① 12,500원　　　　② 12,763원
③ 125,000원　　　　④ 127,630원

해설 $N = V(1+P)^n = 100,000(1+0.05)^5$
$= 100,000(1.2763) = 127,630$원

11. 경영계획에서 나무를 벌채하기로 예정한 시기로 가장 적당한 것은?

① 벌채령　　　　　② 벌기령
③ 윤벌령　　　　　④ 회귀년

해설 벌기령
경영의 목적에 따라 벌채하기 위해 미리 정해지는 연령을 말한다.

12. 다음 중 조림이 5년 정도 경과한 유령임분 임목의 평가식으로 가장 적절한 것은?

① Glaser식
② 임목기망가식
③ 임목비용가식
④ 시장가역산법

해설 유령림의 임목평가법에는 임목비용가식이 있다.

13. 토지기망가의 크기에 영향을 주는 인자의 설명이 잘못된 것은?

① 이율이 작을수록 최대값이 빨리 온다.
② 주벌수입의 증대속도가 빨리 감퇴할수록 최대값이 빨리 온다.
③ 간벌수입이 클수록 최대값이 빨리 온다.
④ 관리비는 임지기망가가 최대로 되는 시기와는 관계가 없다.

해설 이율이 높을수록 벌기령이 짧아지므로 최대값이 빨리 온다.

14. 우리나라의 수확표와 관계가 없는 것은?

① 지위지수
② 평균직경
③ 표고
④ 흉고단면적

해설 수확표에는 임령, 지위, 재적, 주수, 평균수고, 생장량, 평균흉고, 평균직경 등이 표시된다.

정답　8. ①　9. ④　10. ④　11. ②　12. ③　13. ①　14. ③

15. 임업조수익 400만원, 생산비 300만원, 경영비 200만원, 고용노동비 150만원, 중간재비 100만원이면 임업소득은?

① 300만원　　　　　② 250만원
③ 200만원　　　　　④ 100만원

해설 임업소득=임업조수익－임업경영비
　　　　　=400만원－200만원

16. 산림조사부 기재시의 지황조사 사항 중 맞지 않는 것은?

① 방위는 4방위로 구분
② 경사도는 완, 경, 급, 험, 절로 구분
③ 토양의 습도(건습도)는 적윤, 약건, 약습, 습, 건조로 구분
④ 토양의 깊이(토심)는 천, 중, 심으로 구분

해설 바르게 고치면
　　　방위는 8방위로 구분한다.

17. 일정한 수식이나 특수한 규정이 따로 정해져 있는 것이 아니라 경험을 근거로 실행하는 수확조절법은?

① 법정축적법　　　② 생장률법
③ 조사법　　　　　④ 영급법

해설 조사법
　　　경험을 근거로 실행한다. 조림과 무육을 위주로 하며 조방적인 경영을 하는 산림에는 적용이 곤란하다.

18. 손익분기점의 분석을 위해서는 몇 가지의 가정이 필요한데 가장 거리가 먼 것은?

① 제품의 판매가격은 판매량이 변동하여도 변화되지 않는다.
② 원가는 고정비와 변동비로 구분할 수 있다.
③ 제품 한 단위당 변동비는 항상 일정하다.
④ 생산량과 판매량은 항상 다르며, 생산과 판매에 보완성이 있다.

해설 생산량과 판매량은 항상 같으며 생산과 판매에 동시성이 있다.

19. 임업이율의 성격을 잘못 나타낸 것은?

① 평정이율　　　　② 명목적 이율
③ 장기이율　　　　④ 단기이율

해설 임업은 장기적인 생산기간이 소요되므로 장기이율을 적용해야 한다.

20. 원목의 시장평균가격이 1m³당 45,000원, 1m³당 벌목운반비 기타비용이 17,000원, 조재율 85%, 월이율 1%, 자본회수기간 4개월, 기업이익률 10%라고 할 때 m³당 임목가는?

① 19,103원　　　　② 38,206원
③ 50,878원　　　　④ 57,309원

해설 $X = f\left(\dfrac{A}{1+mp+r} - B\right)$

$X = \left(\dfrac{45,000}{1+4 \times 0.01 + 0.10} - 17,000\right) = 19,103$원

1. 지위지수에 대한 설명으로 옳은 것은?

① 임지의 생산력 판단지표이다.
② 택벌작업을 하는 산림에 설정되는 기간 개념이다.
③ 10등급으로 임도 또는 도로까지의 거리를 100m 단위로 구분하는 것이다.
④ 작업급에 의한 산림의 생산조직화에 있어 이상적인 개념으로 제시된 산림조직이다.

해설 지위지수
임지의 잠재적 생산능력을 평가하는 기준이다.

2. 산림에 대한 인식을 단순히 경제적인 역할에만 한정하지 않고, 사회적 · 경제적 · 생태적 · 문화 및 정신적 역할로 인식하여 산림을 경영하고자 하는 것을 무엇이라 하는가?

① 보속수확 산림경영
② 지속가능한 산림경영
③ 다목적이용 산림경영
④ 다자원적 산림경영

해설 지속가능한 산림경영
산림의 생태적 건전성과 산림자원의 장기적인 유기 · 증진을 통하여 현재 세대뿐만 아니라 미래세대의 사회적 · 경제적 · 생태적 · 문화적 및 정신적으로 다양한 산림수요를 충족하게 할 수 있도록 산림을 보호하고 경영하는 것을 말한다.

3. 임업경영의 경제적 특성에 대한 설명으로 옳지 않은 것은?

① 임업생산은 조방적이다.
② 공익성이 커서 제한성이 많다.
③ 육성임업과 채취임업은 병존한다.
④ 임업노동은 계절적 세약을 크게 받는다.

해설 임업경영의 기술적 특성과 경제적 특성

임업의 기술적 특성	임업의 경제적 특성
• 생산기간이 대단히 길다. • 임목의 성숙기가 일정하지 않다. • 토지나 기후조건에 대한 요구도가 낮다. • 자연조건의 영향을 많이 받는다.	• 육성임업과 채취임업이 병존한다. • 원목가격의 구성요소의 대부분이 운반비이다. • 임업노동은 계절적 제약을 크게 받지 않는다. • 임업생산은 조방적이다. • 임업은 공익성이 크므로 제한성이 많다.

4. 임업이율의 특징으로 옳은 것은?

① 대부이율   ② 명목이율
③ 현실이율   ④ 단기이율

해설 임업이율의 성격
• 임업이율은 대부이자율 아니고 자본이율이다.
• 임업이율은 평정이율이며, 명목적이다.
• 임업이율은 장기이율이다.

5. 법정림의 법정상태 요건으로 해당하지 않는 것은?

① 법정축적   ② 법정생장량
③ 법정임종배치   ④ 법정영급분배

해설 법정림의 법정상태 요건
법정영급분배, 법정축적, 법정생장량, 법정임분배치

6. 조림비가 500만원이 소요된 산림에서 30년 뒤의 후가는?(단, 이율은 5%임)

① 524만원   ② 1,500만원
③ 2,160만원   ④ 15,000만원

해설 5,000,000원 × 1.05³⁰ = 21,609,712원

정답 1. ① 2. ② 3. ④ 4. ② 5. ③ 6. ③

7. 임업자본 중 유동자본으로 맞는 것은?

① 묘목　　　　　　② 벌목기구
③ 기계　　　　　　④ 임도

해설 종자, 묘목, 비료 등은 유동자본재이다.

8. 진계생장량에 대한 설명으로 옳은 것은?

① 고사량과 벌채량을 포함한 총 생장량
② 측정 초기의 생존 임목 재적이 측정 말기에 변화한 변화량
③ 측정 초기의 생존 임목 재적과 측정 말기의 생존 임목 재적의 차이
④ 산림 조사기간 동안 측정할 수 있는 크기로 생장한 새로운 임목들의 재적

해설 진계생장량
• 신규로 생장량에 편입되는 임목
• 산림조사기간 동안 측정할 수 있는 크기로 생장한 새로운 임목들의 재적

9. 법정림의 수확량이 다음 표와 같고 산림면적은 360ha, 윤벌기는 60년 일 때 법정생장량(m³)은?

구분	임령				
	20	30	40	50	60
1ha당 재적(m³)	40	100	180	260	340

① 1,930　　　　　② 2,040
③ 2,150　　　　　④ 2,260

해설 • 법정영계면적＝$\dfrac{산림면적(F)}{윤벌기(U)}＝\dfrac{360}{60}＝6ha$
• 벌기임분의 재적(V)
＝벌기의 ha당 재적×법정영계면적
＝$340×6＝2,040m^3$

10. 우리나라 수확표의 기준임령에서 지위지수의 결정 방법은 무엇인가?

① 토양의 환경인자에 의하여
② 임분의 우세목 평균수고에 의하여
③ 임분의 우세목, 피압목의 평균수고에 의하여
④ 임분의 우세목, 준우세목, 피압목의 평균수고에 의하여

해설 수확표의 지위지수의 결정 방법은 임분의 우세목의 평균수고에 의한다.

11. 말구직경이 40cm, 재장이 5m인 국산재 통나무의 말구직경자승법에 의한 재적(m³)은?

① 0.628　　　　　② 0.800
③ 0.840　　　　　④ 1.000

해설 길이 6m 미만인 것

$$V＝d_n{}^2×l×\frac{1}{10,000}\ (m^3)$$

$$＝40^2×5×\frac{1}{10,000}＝0.8m^3$$

12. 임목의 육림비 구성에서 가장 높은 비율을 점유하는 항목은?

① 노동비　　　　　② 관리비
③ 재료비　　　　　④ 이자비

해설 임목의 육림비
• 구성에서 높은 비율 : 이율
• 평정이율로 육림비를 줄이려면 이자를 줄여야 함

13. 구분구적식으로 중앙단면적을 주로 이용하는 것은?

① Huber식　　　　② Pressler식
③ Hoppus식　　　④ Newton식

해설 Huber식
중앙단면적을 이용해 중앙단면적식, 중앙직경식이라고도 한다.

정답　7. ①　8. ④　9. ②　10. ②　11. ②　12. ④　13. ①

14. 다음 조건에서 시장가역산법에 의한 임목의 m³ 당 매매가는?

- 원목의 시장평균가격 : 10만원/m³
- 벌채 · 운반 기타 비용 : 6만원/m³
- 조재율 : 80%
- 예상이익률 : 13%

① 약 21,100원
② 약 22,800원
③ 약 25,600원
④ 약 29,700원

해설 시장가역산법

$$X = f\left(\frac{a}{1+mp+r} - b\right)$$

$$= 0.8\left(\frac{100,000원}{1+0.13} - 60,000원\right) = 22,797원$$

X : 단위 재적당(m³) 임목가
f : 조재율(이용률)
a : 단위 재적당 원목의 시장가
m : 자본 회수기간
b : 단위 재적당 벌채비, 운반비, 사업비 등의 합계
p : 월이율
r : 기업이익률

15. 다음 중 소반을 구획하는 경우가 아닌 것은?

① 지종구분이 서로 다를 때
② 임종 및 작업종이 서로 다를 때
③ 임령 및 지위의 차이가 현저할 때
④ 병충해 피해나 간벌작업이 이루어 질 때

해설 소반의 구획
- 산림의 기능(생활환경보전림, 자연환경보전림, 수원함양보전림, 산지재해 방지 림, 산림휴양림, 목재생산림 등)이 상이할 때
- 지종(입목지, 무립목지, 법정지정림 등)이 상이 할 때
- 임종, 임상 및 작업종이 상이할 때
- 임령, 지위, 지리 또는 운반계통이 상이할 때

16. 국유림경영계획에서는 산림을 6가지 기능으로 구분하여 관리하고 있다. 다음 중 생태 · 문화 및 학술적으로 보호할 가치가 있는 자연 및 산림을 보호 · 보전하기 위한 산림의 기능을 무엇이라 하는가?

① 자연환경보전기능
② 생활환경보전기능
③ 수원함양기능
④ 산지재해방지기능

해설 산림은 기능에 따라 목재생산림, 수원함양림, 산지재해방지림, 자연환경보전림, 산림휴양림, 생활환경보전림 등으로 구분된다.

17. 산림문화 · 휴양에 관한 법률에 따라 자연휴양림시설에서 다음과 같은 설치기준에 해당하는 것은?

- 산사태 등의 위험이 없을 것
- 일조량이 많은 지역에 배치하되, 바깥의 조망이 가능하도록 할 것

① 편익시설
② 숙박시설
③ 위생시설
④ 안전시설

해설 보기의 사항은 자연휴양림시설 중 숙박시설의 설치 기준이다.

18. 경사지에서 직경을 측정할 때의 방법으로 가장 적합한 것은?

① 경사 위쪽에서 측정한다.
② 경사 아래쪽에서 측정한다.
③ 수평 방향에서 측정한다.
④ 지면의 평균되는 지점에서 측정한다.

해설 경사지에서는 위쪽 경사면과 수간이 만나는 곳에서 수평방향으로 측정한다.

19. 다음 중 자산, 부채, 자본의 관계를 잘 나타낸 것은?

① 자산=자본−부채　　② 자산=자본+부채

③ 자산=부채−자본　　④ 자산=자본÷부채

해설 총재산(자산)=타인자본(부채)+자기자본(자본)으로 표시한다.

20. 임지의 평가에서 똑같은 산림경영패턴이 영구히 반복된다는 것을 가정한 평가법은?

① 임지비용가법　　② 임지기망가법

③ 임지예상가법　　④ 임지매매가법

해설 임지기망가

일제림에서 정해진 시업을 영구적으로 실시한다고 가정할 때, 그 임지에서 기대되는 순수익의 현재가격(총수입의 현재가격 − 총비용의 현재가격)이다.

1. 윤척 사용법에 대한 설명으로 옳지 않은 것은?

① 수간 축에 직각으로 측정한다.
② 흉고부에 가지가 있으면 가지 위나 아래를 측정한다.
③ 흉고부(지상 1.2m)를 측정한다.
④ 경사진 곳에서는 임목보다 낮은 곳에서 측정한다.

해설 바르게 고치면
경사진 곳에서는 임목보다 높은 곳에서 측정한다.

2. 법정림의 법정상태 요건이 아닌 것은?

① 법정축적
② 법정벌채량
③ 법정영급분배
④ 법정임분배치

해설 법정림의 법정상태요건
법정축적, 법정생산량, 법정영급분배, 법정임분배치

3. 자연휴양림의 수림 공간 형성 특성 중 레크레이션 활동 공간으로써 자유도가 가장 높은 구역은?

① 산개림형
② 열개림형
③ 소생림형
④ 밀생림형

해설 산개림 중심의 자연휴양림
공간적 특성은 전망이 양호하고, 개방적 경관을 즐길수 있으며, 활동 공간의 면적이 확보되기 때문에 레크레이션 활동의 자유도가 최대로 높은 구역이고, 그룹에 의한 집단적 이용이 가능하며, 이용밀도도 가장 높은 공간이다.

4. 잣나무 30년생의 ha당 재적이 120㎥였던 것이 35년 생 때 160㎥가 되었다. 이 때 (160−120)÷5=8㎥의 계산식으로 구하는 성장량은?

① 연년성장량
② 정기성장량
③ 총평균성장량
④ 정기평균성장량

해설 정기평균성장량
일정기간(n년 간) 성장한 양을 말하며, 정기성장량을 n으로 나누면 일년간의 성장량을 구한다.

5. 삼각법을 응용한 수고 측고기는?

① 와이제 측고기
② 아소스 측고기
③ 크리스튼 측고기
④ 블루메라이스 측고기

해설 상사삼각법을 응용한 수고 측고기
와이제 측고기, 아소스 측고기, 크리스튼 측고기

6. 중령림 평가방법으로 원가수익절충방식을 적용하는 대표적인 평가방법은?

① Glaser법
② 매매가법
③ 수익환원법
④ 임목기망가법

해설 ① 매매가법 : 벌기 이상의 임목
② 환원가법 : 벌기 미만의 장령림
③ 기망가법 : 벌기 미만의 장령림

7. 임업경영을 경제적 특성과 기술적 특성으로 구분할 때 기술적 특성에 해당하는 것은?

① 생신기간이 대단히 길다.
② 육성임업과 채취임업이 병존하다.
③ 원목가직의 구성요소 대부분이 운반비이다.
④ 임업노동은 계절적 제약을 크게 받지 않는다.

정답 1. ④ 2. ② 3. ① 4. ④ 5. ④ 6. ① 7. ①

해설 임업의 기술적 특성
① 생산기간이 대단히 길다.
② 임목의 성숙기가 일정하지 않다.
③ 토지나 기후조건에 대한 요구도가 낮다.
④ 자연조건의 영향을 많이 받는다.

10. 다음 조건에서 작업시간비례법에 의한 총감가상각비는?

- 기계톱 취득원가 : 55만원
- 잔존가치 : 5만원
- 총 사용가능시간 : 10만시간
- 실제 작업시간 : 5천시간

① 20,000원 ② 22,500원
③ 25,000원 ④ 30,000원

해설 ① 시간당 감가상각률
$$= \frac{\text{취득원가} - \text{잔존가치}}{\text{추정총작업시간}} = \frac{550,000 - 50,000}{100,000} = 5$$
② 감가상각비 = 실제작업시간 × 시간당 감가상각률
$$= 5,000 \times 5 = 25,000원$$

8. 총비용과 총수익이 같아져서 이익이 0(zero)이되는 판매액의 수준을 무엇이라 하는가?

① 손익분기점
② 변동비
③ 손실영역
④ 고정비

해설 손익분기점
① 한 기간의 매출액이 당해기간의 총비용과 일치하는 점
② 매출액이 그 이하로 감소하면 손실이 나며, 그 이상으로 증대하면 이익을 가져오는 기점을 가리킨다.

11. 임황조사에서 경사도 구분으로 옳지 않은 것은?

① 험준지(험) : 경사 25° 이상
② 완경사지(완) : 경사 15° 미만
③ 경사지(경) : 경사 15~20° 미만
④ 급경사지(급) : 경사 20~25° 미만

해설 경사도 구분과 경사도

구분	경사도
완경사지(완)	15° 미만
경사지(경)	15~20° 미만
급경사지(급)	20~25° 미만
험준지(험)	25~300° 미만
절험지(절)	30° 미만

9. 다음 중 소반을 구획하는 경우가 아닌 것은?

① 지종구분이 서로 다를 때
② 병충해 피해나 간벌작업이 이루어 질 때
③ 임령 및 지위의 차이가 현저할 때
④ 임종 및 작업종이 서로 다를 때

해설 소반의 구획
① 산림의 기능(생활환경보전림, 자연환경보전림, 수원함양보전림, 산지재해방지림, 산림휴양림, 목재생산림)이 상이할 때
② 지종(입목지, 무립목지, 법정지정림 등)이 상이할 때
③ 임종, 임상 및 작업종이 상이할 때
④ 임령, 지위, 지리 또는 운반계통이 상이할 때

12. 물가상승과 도로, 철도 등의 개설로 인한 운반비의 절약에 기인하는 산림의 임목가격의 상승을 의미하는 것은?

① 재적생장 ② 등귀생장
③ 근원생장 ④ 형질생장

해설 등귀생장
목재의 수급관계 및 화폐가치의 변동 등에 의한 목재 가격의 등귀를 말한다.

정답 8. ① 9. ② 10. ③ 11. ③ 12. ②

13. 임업경영요소 중 유동자본에 속하는 것은?

① 임도   ② 종자
③ 기계톱   ④ 사무실

해설 고정자본과 유동자본
   ① 고정자본 : 건물, 기계, 운반시설, 제재설비, 임도, 임목 등
   ② 유동자본 : 종자, 묘목, 약제, 비료 등

14. 어떤 산림에서 간벌수입 1천만원을 연이율 5%로 20년 후의 벌기까지 거치하면 후가는?

① 약 2,650만원
② 약 2,950만원
③ 약 3,660만원
④ 약 3,960만원

해설 후가
   $10,000,000원 \times (1+0.05)^{20} =$약 2,650만원

15. 진계생장량에 대한 설명으로 옳은 것은?

① 고사량과 벌채량을 포함한 총 생장량
② 측정 초기의 생존 임목 재적이 측정 말기에 변화한 변화량
③ 측정 초기의 생존 임목 재적과 측정 말기의 생존임목 재적의 차이
④ 산림 조사기간 동안 측정할 수 있는 크기로 생장한 새로운 임목들의 재적

해설 진계생장량
   ① 신규로 생장량에 편입되는 임목
   ② 산림조사기간 동안 측정할 수 있는 크기로 생장한 새로운 임목들의 재적

16. 통나무의 길이가 7m, 원구의 단면적이 $1.4m^2$, 말구의 단면적이 $0.6m^2$일 때 스말리안(Smalian)식에 의한 이 통나무의 재적은 얼마인가?

① $0.3m^3$ ② $1.2m^3$
③ $7.0m^3$ ④ $30m^3$

해설 스말리안식
$$\frac{1.4+0.6}{2} \times 7 = 7.0m^3$$

17. 작업급의 면적이 100ha, 윤벌기를 25년으로 할때 법정영계면적은?

① 0.4ha   ② 4ha
③ 250ha   ④ 2,500ha

해설 법정영계면적 $= \dfrac{산림면적}{윤벌기} = \dfrac{100}{25} = 4ha$

18. 수간석해도 작성방법에 해당하는 것은?

① 절충법   ② 평행선법
③ 원주등분법   ④ 삼각등분법

해설 수간석해도의 작성방법
   수고곡선법, 직선연장법, 평행선법

19. 산림경영의 지도원칙 중 보속성의 원칙에 대한설명으로 옳은 것은?

① 공공경제성의 원칙 · 경제후생의 원칙이라고도 한다.
② 최소 비용에 대한 최대 효과의 원칙이라고 할 수 있다.
③ 산림에서 매년 수확을 균등적, 항상적으로 계속되도록 경영하려는 원칙이다.
④ 자연에 순응하고 어울리는 복지적 경영을 해야 하는 고차원적 원칙이다.

2022년 1회

해설 산림경영의 지도원칙 중 보속성의 원칙은 보속수확 개념
이다.

20. 산림기본법에 명시된 산림경영계획으로 옳은 것은?

① 산림기본계획, 지역산림계획
② 산림기본계획, 광역산림계획
③ 산림종합계획, 지역산림계획
④ 산림종합계획, 광역산림계획

해설 산림경영계획 내용
법정계획은 산림기본계획, 지역산림계획(산림기본법), 산
림경영계획(산림자원의 조성 및 관리에 관한 법률)

정답 20. ①

1. 산림의 관리경영에 소요되는 관리비에 포함되지 않는 것은?

① 채취비
② 보험료
③ 감가상각비
④ 산림보호비

해설 관리비
① 산림의 관리경영에 소요되는 비용
② 인건비, 물건비, 감가상각비, 산림보호비, 영림계획비, 제세공과금, 보험료, 복지시설비, 시험연구비 등
③ 조림비와 채취비에 속하지 않는 일체의 경비

2. 우리나라의 경우 대경목으로 분류하는 흉고직경의 크기는?

① 18cm 이상   ② 28cm 이상
③ 30cm 이상   ④ 45cm 이상

해설 원목규격고시에는 통나무 재종(직경에 따름)
① 소경재지름 : 5cm 미만
② 중경재 : 지름 15cm 이상 30cm 미만
③ 대경재 : 지름 30cm 이상인 것으로 구분

3. 임목생장률 계산식이 아닌 것은?

① 단리산식
② Pressler식
③ Brereton식
④ Schneider식

해설 Brereton식 : 임목재적 계산식

4. 국유림경영계획을 위한 산림조사 항목에 대한 설명으로 옳지 않은 것은?

① 영급은 10년을 한 단위로 한다.
② 임령은 분모에 평균을 표시한다.
③ 임종은 인공림·천연림의 구분이다.
④ 소밀도는 조사면적에 대한 입목의 수관면적이 차지하는 비율을 백분율로 표시한다.

해설 바르게 고치면
임령은 분자에 평균을 표시한다.

5. 임목기망가의 설명으로 옳은 것은?

① 임목 생산경비의 후가합계이다.
② 임목 생산경비의 전가합계이다.
③ 장차 기대되는 순수입의 후가합계에서 그동안 투입될 비용의 후가합계를 공제한 것이다.
④ 장차 기대되는 순수입의 전가합계에서 그동안 투입될 비용의 전가합계를 공제한 것이다.

해설 임목기망가
현재의 임목을 장래 발생할 수익과 비용에 기초하여 평가하는 방법

6. 흉고직경 20cm되는 소나무를 흉고높이에서 생장추를 이용하여 수피 밑 1cm 내의 연륜수를 조사하였더니 5개라고 할 때, 이 나무의 생장률을 슈나이더 공식에 의하여 구하면 얼마인가? (K : 550)

① 3.0%   ② 4.5%
③ 5.5%   ④ 6.0%

해설 $P = \dfrac{K}{n \times D} = \dfrac{550}{5 \times 20} = 5.5\%$

정답   1. ①   2. ③   3. ③   4. ②   5. ④   6. ③

7. 다음 중 임목직경 측정에 적합하지 않은 기구는?

① 포물선윤척
② 빌티모아스틱
③ 아브네이레블
④ 스피겔릴라스코프

해설 아브네이레블 : 수고측정기구

8. 다음 중 산림측량의 종류로 옳지 않은 것은?

① 주위측량
② 시설측량
③ 구획측량
④ 하해측량

해설 하해측량
하천 · 항만 등에 관한 측량으로서 수위, 유량, 조류, 수심 등의 측정내용이다.

9. 산림경영계획수립을 위한 지황조사 표기 내용으로 틀린 것은?

① 지리 6급지 – 601~700m
② 토심 중 – 유효토심 30~60cm
③ 급경사지(급) – 경사도 20~25° 미만
④ 소밀도 중–수관밀도가 41~70%인 임분

해설 지리 6급지 – 501~600m

10. 임분의 재적측정법이 아닌 것은?

① 전림법   ② 목측법
③ 형수법   ④ 표본조사법

해설 형수법 : 임목의 재적측정법

11. 한 윤벌기를 몇 개의 분기로 나누고 매 분기마다 수확량이 같게 하려는 의도로 고안된 수확조절법은?

① 구획윤법벌   ② 재적배분법
③ 법정축적법   ④ 평분법

해설 평분법은 재적평균법 – 면적평분법 – 절충평분법으로 발전하였다.

12. Glaser법을 이용한 산불피해지역의 피해액을 추정하려 할 때 필요한 인자가 아닌 것은?

① 주벌수입
② 벌기령(주벌시의 임령)
③ 산불 발생연도 조림비
④ 평가대상 산림의 임령

해설 Glaser 법

① $A_m = (A_u - C_0) \times \dfrac{m^2}{u^2} + C_0$

② 관련인자
- Am : m년 현재의 평가대상 임목가
- A_u : 적정벌기령 u년에서의 주벌수익(m년 현재의 시가)
- C_0 : 초년도의 조림비
- m : 평가시점 임령
- u : 표준벌기령

13. 전체 임목을 몇 개의 계급으로 나누고, 각 계급의 본수를 동일하게 한 다음 각 계급에서 같은 수의 표준목을 선정하는 방법은?

① 단급법   ② Urich법
③ Hartig법   ④ Draudt법

해설 Urich법
- 전림목을 몇 개의 계급(Grade)으로 나누고 각 계급의 본수를 동일하게 한 다음 각 계급에서 같은 수의 표준목을 선정

정답   7. ③   8. ④   9. ①   10. ③   11. ④   12. ③   13. ②

- $V = v \times \dfrac{G}{g}$

  (V : 표준목의 재적 합계, g : 표준목의 흉고단면적 합계, G : 임분의 흉고단면적 합계)

14. 정상임분의 축적이 3,000본이나 현실임분의 축적이 2,000본인 경우의 임목도는?

① 1.5%

② 6.7%

③ 66.7%

④ 150.0%

해설 임목도

$\dfrac{2,000}{3,000} \times 100 = 66.7\%$

15. 구분구적식으로 중앙단면적을 주로 이용하는 것은?

① Huber식

② Pressler식

③ Hoppus식

④ Newton식

해설 Huber식은 중앙단면적을 이용해 중앙단면적식, 중앙직경식이라고도 한다.

16. 10년 후에 산림의 가치가 백만원이고, 산림의 연간 생장률(총 가격생장률)이 6%이면 현재가는?

① 458,400원

② 558,400원

③ 1,690,800원

④ 1,790,800원

해설 현재가 = $\dfrac{1,000,000원}{1.06^{10}} = 558,394원$

17. 수종별 벌기령이 옳지 않은 것은? (단, 공·사유림의 일반기준 벌기령을 적용)

① 소나무 : 40년

② 잣나무 : 50년

③ 참나무류 : 25년

④ 포플러류 : 10년

해설 포플러류 – 3년

18. 주업적 임업의 설명으로 옳지 않은 것은?

① 기업과 독립가의 임업이 해당된다.

② 주로 연료 및 농용재 생산을 위한 임업형태이다.

③ 임업을 주업으로 하는 100ha 이상의 임업형태이다.

④ 임업을 독립된 경영조직으로 운영하는 임업형태이다.

해설 보기 ②는 농가임업에 대한 설명이다.

① 농가임업 : 연료, 사료, 농용재 등 또는 조상의 묘를 모시기 위하여 소유하는 산림으로 5ha 미만으로 목재 생산을 주로 하지 않는 산림이며, 협업경영 등이 대안이 될 수 있다.

②

주업적 임업	임업경영을 전념으로 하거나 임업을 위한 경영부서를 두고 경영하는 경우로 100ha 이상의 규모를 말함
부업적 임업	농업이 축산 또는 기타 사업을 하면서 여력을 이용하여 임업을 경영 5~30ha의 규모
겸업적 임업	다른 사업을 하면서 임업에도 투자하는 경영을 말하며, 30~100 ha의 규모로 부업적 임업과 아울러 우리나라 사유림의 핵심을 이룸

19. 이령림에서 경급 분포도는 어떻게 나타나는가?

① S자형

② 종형(鐘形)

③ Sin 곡선

④ J자형의 반대곡선

해설 이령림 전체 임분의 직경분포 변화 상태는 대체로 역 J자형으로 각 직경계의 분포면적이 동일한 것이므로 소경목이 여러 주 있을 곳에는 대경목의 경우 자연히 적은 본수가 서있기 때문이다.

정답 14. ③ 15. ① 16. ② 17. ④ 18. ② 19. ④

20. 자연휴양림의 수림 공간 형성 특성 중 레크리에이션 활동 공간으로써 자유도가 가장 높은 구역은?

① 열 개림형　　　② 소생림형
③ 산개림형　　　④ 밀생림형

해설 레크레이션 이용 밀도 및 활동자유도
: 산개림(높음) > 소생림(중간) > 밀생림(낮음)

1회독 □   2회독 □   3회독 □

1. 산림에 대한 인식을 단순히 경제적인 역할에만 한정하지 않고, 사회적·경제적·생태적·문화 및 정신적 역할로 인식하여 산림을 경영하고자 하는 것을 무엇이라 하는가?

① 보속수확 산림경영   ② 지속가능한 산림경영
③ 다목적이용 산림경영 ④ 다자원적 산림경영

해설 지속가능한 산림경영
① 1992년 유엔환경개발회의를 계기
② 산림자원 및 임지는 현재 및 미래 세대의 사회적·경제적·생태적·문화 및 정신적 요소를 지속적으로 충전시킬 수 있도록 경영되어야 하는 개념

2. 재적 측정이 가능하고 목재로서 이용가치가 높은 임목은 시장역산가식에 의하여 평가할 수 있다. 아래 식은 시장역산가를 나타내는 관계식이다. 여기서 b는 무엇인가? (단, x는 임목단가, f는 이용율(조재율), a는 생산원목의 최기 시장에서의 판매단가, ℓr은 자본회수기간을 나타낸다.)

$$x = f\left(\frac{a}{1+\ell r} - b\right)$$

① 이용율   ② 임목시가
③ 단위 생산비   ④ 임목가격

해설 단위 생산비(b)
단위 재적당 벌채비, 운반비, 사업비 등의 합계로 임지의 상황, 임목의 형상, 운반거리의 장단, 운반시설의 종류 등에 따라서 각각 다르다.

3. 자연휴양림의 입지선정 조건으로 거리가 먼 것은?

① 수원이 풍부한 곳
② 경관이 수려하고 임상이 울창한 곳
③ 생물의 종이 풍부하고 개발이 제한되어 있는 곳
④ 개발이 가능하고 각종 여건이 용이하며 접근성이 좋은 곳

해설 자연휴양림은 개발비용, 토지이용 제한요인 및 재해빈도 등 개발여건이 적절해야 입지가 가능하다.

4. 표준목법 중에서 전임목의 몇 개의 계급(grade)으로 나누고 각 계급의 흉고단면적을 동일하게 하여 임분의 재적을 추정하는 방법은?

① 단급법   ② Draudt법
③ Urich법   ④ Hartig법

해설 하르티히법
표준목법으로 적용하고자 할 때에는 먼저 계급수를 정하고 전체 흉고단면적합계를 구한 다음, 이것을 계급수로 나누어서 각 계급의 흉고단면적합계로 한다.

5. 다음 중 임황인자가 아닌 것은?

① 임상   ② 소밀도
③ 경사도   ④ 임령

해설 경사도, 방위 등의 지세는 지황인자이다.

6. 임업소득에 작용하는 생산요소에 포함되지 않는 것은?

① 보속성   ② 임지
③ 자본   ④ 노동

해설 임업소득의 생산요소
임지, 노동, 자본

7. 중앙 직경이 10cm, 재장이 10m인 통나무의 재적을 Huber식으로 계산하면?

① 0.0785m³   ② 0.0975m³
③ 0.1050m³   ④ 0.1230m³

정답 1. ② 2. ③ 3. ③ 4. ④ 5. ③ 6. ① 7. ①

[해설] Huber식은 중앙단면적식 또는 중앙직경식이라고 하며 중앙단면적과 재장을 곱해 재적을 구한다.

$$\frac{\pi D^2}{4} \times l = \frac{\pi (0.1)^2}{4} \times 10 = 0.0785 \text{m}^3$$

9. 임업이율 중 일반 물가등귀율을 내포하고 있는 것은?

① 자본 이자
② 평정 이율
③ 장기적 이율
④ 명목적 이율

[해설] 명목적 이율은 물가 등귀율을 내포한 계산이다.

10. 임업자본 중 유동자본으로 맞는 것은?

① 묘목
② 벌목기구
③ 기계
④ 임도

[해설] 유동자본
묘목, 미처분임산물, 비료, 종자 등

11. 취득원가 2,000만원, 잔존가액 80만원인 목재운반용 트럭이 있다. 이 트럭의 총 운행가능거리가 15만km이고 실제 운행거리가 4만km이면, 생산량 비례법에 의한 총 감가상각액은?

① 3,120,000원
② 4,120,000원
③ 5,120,000원
④ 6,120,000원

[해설] 작업시간비례법
자산의 감가가 단순히 시간의 경과에 따라 나타나는 것이 아니라, 사용정도에 비례하여 나타난다는 것을 전제로 하여 계산하는 방법

$$\frac{(2,000 - 80) \times 40,000}{150,000} = 5,120,000원$$

12. 자연휴양림 조성의 목적이 아닌 것은?

① 임산물의 생산
② 훼손된 산림의 복구
③ 자연생태계를 유지·보전
④ 레크리에이션적 가치의 창출 및 활용

[해설] 자연휴양림의 조성목적
임산물의 생산과 자연생태계의 유지및 보전을 전제로 하면서 국민의 보건휴양·정서함양·푸르름의 접촉 등과 같은 휴양 및 레크리에이션적 가치의 창출 및 활용을 목적으로 개발·관리되는 산림을 말한다.

13. 동령림(同齡林)의 임분구조는 전형적으로 어떤 형태로 나타나는가?

① 역 J자 형태
② J자 형태
③ W자 형태
④ 정규분포 형태

[해설] 동령림의 임분구조
종모양 정규분포형태로 평균직경에서 최대 입목본수를 나타낸다.

14. 산림생장 및 수확예측모델의 구성인자가 아닌 것은?

① 기상예측
② 생장예측
③ 고사예측
④ 진계생장예측

[해설] 생장량과 고사량, 진계생장 등을 고려해 임분의 생장량을 예측한다.

15. 산림의 경계선을 명백히 하고 그 면적을 확정하기 위해 실시하는 측량은?

① 주위측량
② 시설측량
③ 세부측량
④ 산림구획측량

16. 국유림경영계획에서는 산림을 6가지 기능으로 구분하여 관리하고 있다. 다음 중 생태·문화 및 학술적으로 보호할 가치가 있는 자연 및 산림을 보호·보전하기 위한 산림의 기능을 무엇이라 하는가?

① 자연환경보전기능   ② 생활환경보전기능
③ 수원함양기능   ④ 산지재해방지기능

해설 산림의 6대기능
생활환경보전림, 자연환경보전림, 수원함양림, 산지재해방지림, 산림휴양림, 목재생산림

17. 이령림 경영시스템에서 산림수확조절 방법에서 요구되고 있는 결정인자는?

① 벌기령   ② 회귀년
③ 이용간벌   ④ 윤벌기

해설 회귀년
택벌림(이령림)의 벌구식 택벌작업에 있어서 맨 처음 택벌을 실시한 일정 구역을 또 다시 택벌하는데 걸리는 기간을 말한다.

18. 마케팅의 구성 요소 중 야외휴양에 있어서 이용객에게 제공될 휴양기회에 해당하는 요소는?

① 가격   ② 판촉
③ 분배   ④ 상품

해설 휴양 마케팅의 구성요소(4P)
상품(product : 휴양기회), 가격(price : 입장료), 유통(place : 이용경로), 촉진(promotion : 홍보)

19. 산림구획 시 임반의 면적은 현지 여건상 불가피한 경우를 제외하고 가능한 한 얼마를 기준으로 구획하는가?

① 50ha 내외   ② 100ha 내외
③ 300ha 내외   ④ 500ha 내외

해설 임반의 면적
현지 여건상 불가피한 경우를 제외하고는 가능한 100ha 내외로 구획한다.

20. 유령림에서 장령림에 이르는 중간영급(中間令級)의 임목을 평가하는 방법으로 가장 적합한 것은?

① 임목비용가법   ② 임목기망가법
③ 글라제르(Glaser)법   ④ 임목매매가법

해설 중령림의 임목평가
Glaser는 임목의 생장에 따른 단위 면적당 가격의 변동은 입목재적과 임목가격 차라는 두 가지 요소의 변동과 관계가 깊다는 사실을 발견하고 비용가법과 기망가법의 중간적 방법인 원가수익절충방법을 적용하였다.

1회

1회독 □ 2회독 □ 3회독 □

1. 국유림경영계획 작성을 위한 임황조사의 설명으로 옳지 않은 것은?

① 임종(林種)은 인공림과 천연림으로 구분한다.
② 수종은 혼효림의 경우 5종까지 조사할 수 있다.
③ 영급은 10년을 1영급으로 하며, 기호는 아라비아숫자로 표기한다.
④ 혼효율은 주요 수종의 수관면적비율이나 입목본수비율(재적비율)에 의해 100분률로 산정한다.

해설 바르게 고치면
영급은 10년을 1영급으로 하며, 기호는 로마자로 표기한다.

2. 단일수입의 복리산식에서 전가계산식으로 옳은 것은?(단, V_n : n년 후의 후가, V_o : 전가, p : 이율, n : 연수, r : 연년수입 또는 연년지출)

① $V_o = \dfrac{V_n}{(1+p)^{n-1}}$ ② $V_o = \dfrac{V_n}{(1+p)^n}$

③ $V_n = \dfrac{V_o(1+p)^{n-1}}{p}$ ④ $V_n = \dfrac{V_o(1+p)^n}{p}$

해설 전가는 후가를 $(1+P)^n$으로 나눈 값을 말한다.

3. 산림면적이 800ha이고, 윤벌기가 40년이며, 1영급이 10개의 영계로 구성된 산림의 법정 영급면적은?

① 100ha   ② 200ha
③ 300ha   ④ 400ha

해설 ① 법정영급면적 = $\dfrac{면적}{윤벌기} \times 영계수 = \dfrac{800}{40} \times 10$
= 200ha

② 영급수 = $\dfrac{윤벌기}{영계} = \dfrac{40}{10} = 4개$

4. 다음 중 산림경영의 기술적 특성이 아닌 것은?

① 생산기간이 대단히 길다.
② 기후조건에 대한 요구도가 낮다.
③ 임목의 성숙기가 일정하지 않다.
④ 임업 노동은 계절적인 제약이 적다.

해설 ④는 산림경영의 경제적 특성이다.

5. 다음 중 임업원가의 설명으로 옳지 않은 것은?

① 직접원가(Direct Costs):특정 제품이나 공정에만 발생했다는 것을 쉽게 식별할 수 있는 원가
② 변동원가(Variable Costs):제품의 생산수준에 따라 비례적으로 변동하는 원가
③ 현금지출원가(Out-of pocket Costs):과거에 이미 현금을 지불하였거나 부채가 발생한 원가
④ 한계원가(Marginal Costs):어떤 생산수준에서 제품을 한 단위 더 생산할 때 추가로 발생하는 원가

해설 ① 현금지출원가 : 현재 보유하고 있는 자원을 사용할 때 발생하는 원가
② 매몰원가 : 과거에 이미 현금을 지불하였거나 부채가 발생한 원가

6. 장래에 기대되는 순수입의 현재가 합계로써 임지를 평가하는 방법은?

① 임목비용가법   ② 임지기망가법
③ 임목기망가법   ④ 임지환원가법

정답 1. ③ 2. ② 3. ② 4. ④ 5. ③ 6. ②

해설 임지기망가법

해당임지에서 일정의 시업을 영구히 했을 때 그 임지로부터 얻을 수 있는 순수익을 현재가(전가)합계로 정한 것으로 임지수익가, 임지기대값이라고도 말한다.

7. 토지 및 기후요소 등을 포함한 입지의 좋고 나쁜 정도에 대한 생산능력의 등급과 재적생산력을 표시하는 용어는?

① 지세　　　　　　② 지위
③ 위치　　　　　　④ 지리

해설 지위

임지의 생산능력평가하는 기준으로, 밀도에 의해 임목의 비대생장에 영향을 받는다. 지위와 밀도는 임목의 생산량과 재질의 판단기준이 된다.

8. 총비용과 총수익이 같아져서 이익이 0(Zero)이 되는 판매액의 수준을 무엇이라 하는가?

① 고정비　　　　　② 변동비
③ 손실영역　　　　④ 손익분기점

해설 손익분기점

일정기간의 총수익의 합계로부터 총비용의 합계를 차감한 금액으로 도표상 총수익선과 총비용선이 교차하는 점을 손익분기점이라고 한다.

9. 잣나무 임분의 현실재적이 300m³/ha이고, 수확표에서 구한 법정축적이 400m³/ha, 그리고 수확표에서 구한 법정벌채량이 20m³/ha라고 할 때 훈데스하겐(Hundeshagen) 공식법에 의한 표준연벌채량은?

① 15m³/ha　　　　② 25m³/ha
③ 35m³/ha　　　　④ 45m³/ha

해설 표준연벌채량 $= 300 \times \dfrac{20}{400} = 15\text{m}^3/\text{ha}$

10. 임목재적측정을 위하여 임목수간재적표가 이용되고 있다. 우리나라에서 주로 사용되는 일반적 재적표의 측정인자로 옳은 것은?

① 형수와 수고　　　② 형수와 수령
③ 흉고직경과 수고　④ 흉고직경과 형수

해설 벌채조사시 수고와 흉고직경을 측정인자로 한다.

11. 다음은 시장가역산법으로 임목을 평가하는 수식이다. 이 식에서 f는?

$$X = f\left(\frac{a}{1+lr} - b\right)$$

① 생산비　　　　　② 이용률
③ 임목시가　　　　④ 원목시가

해설 시장가역산법 수식의 요소

f : 조재율(이용율), a : 원목시장가, l : 자본회수기간, r : 월이율, b : 기타비용

12. 산림의 가격 평가방법이 아닌 것은?

① 지대가법　　　　② 기망가법
③ 비용가법　　　　④ 매매가법

해설 산림의 가격 평가방법

기망가법, 비용가법, 매매가법

13. 측고기 사용상의 주의사항으로 가장 옳은 것은?

① 수고 정도의 거리에서 측정한다.
② 수고보다 가까운 거리에서 측정한다.
③ 나무가 서 있는 등고선보다 높은 위치에서만 측정한다.
④ 나무가 서 있는 등고선보다 낮은 위치에서만 측정한다.

해설 측고기는 수고 정도의 거리 위치에서 수평방향으로 측정한다.

14. 다음 중 수고 측정기구가 아닌 것은?

① 트랜짓(Transit)
② 덴드로미터(Dendrometer)
③ 빌티모아스틱(Biltimore Stick)
④ 아브네이레블(Abney Hand Level)

[해설] 빌티모아스틱: 직경 측정기구

15. 산림경영계획의 사업실행 순서로 옳은 것은?

① 연차계획 → 사업예정 → 사업실행 → 조사업무
② 조사업무 → 연차계획 → 사업예정 → 사업실행
③ 조사업무 → 사업예정 → 연차계획 → 사업실행
④ 연차계획 → 조사업무 → 사업예정 → 사업실행

[해설] 산림경영계획의 사업실행 순서
　　　연차계획 → 사업예정 → 사업실행 → 조사업무

16. 임지기망가의 크기에 대한 설명으로 옳지 못한 것은?

① 벌기가 커질수록 임지기망가는 커진다.
② 이율이 높을수록 임지기망가는 작아진다.
③ 조림비와 관리비가 클수록 임지기망가는 작아진다.
④ 주벌수익과 간벌수익이 클수록 임지기망가는 커진다.

[해설] 바르게 고치면
　　　벌기가 커질수록 임지기망가는 작아진다.

17. 산림경영계획을 위한 산림구획에 대한 설명 중 옳지 않은 것은?

① 공유림경영계획구는 일반적으로 행정구역(시, 군, 구 등)으로 나눈다.
② 소반은 필요에 의해 구획을 변경할 수 있으며, 소반번호는 가, 나, 다 등의 일런번호를 붙인다.
③ 임반의 면적은 불가피한 경우를 제외하고는 100ha 재외로 구획한다.
④ 동일한 임반 내에서 임종, 임상 및 작업종이 상이할 경우에는 소반으로 구획한다.

[해설] 소반은 필요에 의해 구획을 변경할 수 있으며, 소반번호는 임반의 번호와 같은 방향으로 소반명을 1-1-1, 1-1-2, 1-1-3 ....으로 연속되게 부여한다.

18. 우리나라 산림조사에서 주로 사용하는 임목직경측정의 괄약은?

① 2cm 괄약　　　② 3cm 괄약
③ 4cm 괄약　　　④ 5cm 괄약

[해설] 임목의 흉경직경 측정시 2cm 괄약으로 한다.

19. 수확조정기법 중 평분법에 대한 설명으로 옳지 않은 것은?

① 재적평분법은 일반적으로 경제변동에 대한 탄력성이 없는 것으로 평가된다.
② 절충평분법은 재적평분법과 면적평분법의 장점을 채택하여 절충한 것이다.
③ 면적평분법은 제2윤벌기에 산림이 법정상태가 되어 개벌작업에는 응용할 수 없다.
④ 평분법의 특징은 윤벌기를 일정한 분기로 나누어 분기마다 수확량을 균등하게 하는 것이다.

[해설] 면적평분법은 개벌작업에 적용된다.

정답　14. ③　15. ①　16. ①　17. ②　18. ①　19. ③

20. 연료 획득 또는 조상의 묘를 모시기 위하여 5ha 미만의 사유림을 보유하고 경영하는 임업의 형태로 옳은 것은?

① 겸업임업　　　　② 주업임업
③ 부업임업　　　　④ 농가임업

해설 임업경영 형태
　① 농가임업: 5ha 미만
　② 부업적임업: 5~30ha
　③ 겸업적임업: 30~100ha
　④ 주업적임업: 100ha 이상

2회

1회독 ☐ 2회독 ☐ 3회독 ☐

1. 자본장비도와 자본효율의 개념을 임업경영에 적용한 것으로 옳은 것은?

① 자본장비도 : 소득, 자본효율 : 노동
② 자본장비도 : 노동, 자본효율 : 생장률
③ 자본장비도 : 임목축적, 자본효율 : 노동
④ 자본장비도 : 임목축적, 자본효율 : 생장률

> 해설 ① 자본장비도 = $\dfrac{\text{자본(고정자본+유동자본)}}{\text{종사자수}}$
>
> ② 자본장비도(임목의 축적)과 자본효율(생장률)을 갖추었을 때 소득(생장량)이 많아진다.

2. 임분 재적이 180m³, 임분 형수가 0.4, 임분 평균 수고가 15m일 경우, 이때의 흉고단면적은?

① 4.8m³   ② 12m³
③ 30m³   ④ 72m³

> 해설 임분재적 = 형수×수고×흉고단면적
>
> 180 = 0.4×15×흉고단면적   흉고단면적 = 30m³

3. 임지기망가에 관한 설명으로 옳지 않은 것은?

① 이율이 높을수록 임지기망가는 커진다.
② 무육비가 많을수록 임지기망가는 작아진다.
③ 조림비가 많을수록 임지기망가는 작아진다.
④ 주수확이 많을수록 임지기망가는 커진다.

> 해설 임지기망가의 크기에 영향을 주는 요인
>
> ① 주벌수익과 간벌수익 : 이 값은 항상 양수(+)이므로 이 값이 크고 빠를수록 임지기망가가 커짐
>
> ② 조림비와 관리비 : 이 값은 음수이므로 이 값이 클수록 임지기망가가 작아짐
>
> ③ 이율 : 이율이 높으면 높을수록 임지기망가는 작아짐
>
> ④ 벌기 : 윤벌기가 크면 클수록 임지기망가는 작아짐

4. 산림평가의 대상이 아닌 것은?

① 임지
② 임목
③ 부산물
④ 임업기계

> 해설 산림평가의 대상
>
> 임지, 임목, 부산물, 시설, 공익적 기능

5. 수간석해의 방법으로 총재적을 얻을 때 고려하지 않아도 되는 것은?

① 근주재적
② 지조간재적
③ 결정간재적
④ 초단부재적

> 해설 수간석해방법의 재적계산
>
> 수간재적은 나무의 부위에 따라 결정 간재적 · 초단부재적 및 근주 재적의 3부분으로 나누어 계산한다.

6. 소반의 구획요건으로 옳지 않는 것은?

① 지종이 상이할 때
② 방위가 상이할 때
③ 임종, 임상 및 작업종이 상이할 때
④ 임령, 지위, 지리 및 운반계통이 현저히 상이할 때

> 소반 구획
>
> ① 산림의 기능(생활환경보전림, 자연환경보전림, 수원함양보전림, 산지재해방지림, 산림휴양림, 목재생산림 등)이 상이할 때
>
> ② 지종(입목지, 무립목지, 법정지정림 등)이 상이할 때
>
> ③ 임종, 임상 및 작업종이 상이할 때
>
> ④ 임령, 지위, 지리 또는 운반계통이 상이할 때

7. 벌기 40년의 잣나무에서 벌기마다 1천만원의 수입을 연이율 5%로 영구히 얻기 위한 전가합계는?

① 약 142만원   ② 약 149만원
③ 약 166만원   ④ 약 175만원

해설 무한 정기이자 전가식
① 현재부터 m년마다 R원씩 영구적으로 수득할 수 있는 이자의 전가합계
② $V = \dfrac{10,000,000}{1.05^{40}-1} = 1,660,000$원

8. 자산을 획득하기 위하여 제공한 경제적 가치의 측정치는?

① 원가   ② 손익
③ 수익   ④ 비용

해설 자산에 대한 경제적 가치 측정치를 원가라고 한다.

9. 임가소득 중에서 임업소득이 차지하는 비율을 무엇이라 하는가?

① 임업의존도
② 임업소득률
③ 임업조수익
④ 임업소득가계충족률

해설 ① 임업의존도(%)$= \dfrac{\text{임업소득}}{\text{임가소득}} \times 100$

② 임업소득률$= \dfrac{\text{임업소득}}{\text{임업조수익}} \times 100$

③ 임업조수익= 임업현금수입+임산물가계소비액+미처분임산물증감액+임업생산자재재고증감액+임목성장액

④ 임업소득가계충족률(%)$= \dfrac{\text{임업소득}}{\text{가계비}} \times 100$

10. 임업노동의 특성에 대한 설명으로 옳지 않은 것은?

① 단위면적당 노동량이 많고 노동강도가 강하다.
② 작업장소인 산림까지의 이동시간이 길어서 실제 작업시간이 짧다.
③ 농업노동력을 벌채·운반노동에 이용하려면 별도의 훈련이 필요하다.
④ 산림경영규모가 작아서 기계의 연속 가동일수가 짧다.

해설 임업노동은 단위면적당 노동량이 농업에 비해 적어 노동분쟁 등이 적다.

11. 산림평가에 사용되는 임업이율의 성격과 거리가 먼 것은?

① 대부이자가 아니고 자본이자이다.
② 현실이율이 아니고 평정이율이다.
③ 단기이율이 아니고 장기이율이다.
④ 명목적 이율이 아니고 실질적 이율이다.

해설 임업이율
① 임업이율은 장기이율이다.
② 임업이율은 평정이율이며, 명목적 이율이다.
③ 임업이율은 대부이자가 아니고 자본이자이다.

12. 산림경영의 효율적이고 합리적으로 운영될 수 있도록 경영계획에서의 삼림구획 순서로 맞는 것은?

① 경영계획구 → 소반 → 임반
② 임반 → 경영계획구 → 소반
③ 소반 → 임반 → 경영계획구
④ 경영계획구 → 임반 → 소반

해설 산림구획순서
경영계획구 → 임반 → 소반

13. 국유림경영계획을 위한 지황조사에 대한 설명으로 틀린 것은?

① 방위는 8방위로 구분한다.

② 경사도에서 험준지는 25~30° 미만을 말한다.

③ 지위지수는 상, 중, 하로 구분한다.

④ 임도에서 도로까지 450m인 경우 4급지로 표시한다.

해설 임도에서 도로까지 100m 단위로 표시하며, 450m는 5급지이다.

14. 임업자본 중에서 유동자본에 해당하는 것은?

① 벌목기구   ② 조림비

③ 임도   ④ 제재소 설비자본

해설 ① 유동자본 : 종자, 묘목, 약제, 비료 등
② 고정자본 : 임도, 임목, 제재설비, 운반시설, 건물, 기계 등

15. 기계톱을 50만원에 구입하였다. 이 톱의 내용연수는 3년, 폐기시의 잔존가치를 5만원이라 하면 감가상각비는 얼마인가?

① 5만원   ② 10만원

③ 15만원   ④ 20만원

해설 $\dfrac{500,000-50,000}{3년}=150,000원$

16. 투자의 상대적 유이성을 판단하는 기준을 투자효율이라고 하는데, 투자효율의 결정방법이 아닌 것은?

① 회수기간법   ② 투자이익률법

③ 임의가치법   ④ 수익 · 비용률법

해설 투자효율 결정방법
① 회수기간법(시간가치를 고려하지 않음)
② 투자이익률법(시간가치를 고려하지 않음)

③ 순현재가치법(시간가치 고려함)
④ 수익 · 비용률법(시간가치 고려함)
⑤ 내부투자수익률법(시간가치 고려함)

17. 임목의 평가방법에 대한 분류 중 비교방식에 해당하며 간접적 평가방법인 것은?

① 비용가법   ② 시장가역산법

③ 기망가법   ④ 순수익법

해설 임목평가방식
① 원가법 : 원가법, 비용가법
② 수익방식 : 기망가법, 수익환원법
③ 원가수익절충방식 : Glaser법
④ 비교방식 : 매매가법, 시장가역산법

18. 임업경영에서 조림수종 선택시 유의 사항으로 틀린 것은?

① 조림수종 선정시 향토수종 중에서 주수종을 선택할 것

② 일시에 새로운 수종을 대량으로 변경하지 말 것

③ 조림기술에 맞는 수종을 선택할 것

④ 각 임지에 적합한 단일 수종만을 선택할 것

해설 임지는 혼효수종으로 선택하는 것이 유리하다.

19. 공 · 사유림 경영계획에서 실시하는 산림조사 시 표준지 면적은 최소 몇 ha인가?

① 0.02ha   ② 0.04ha

③ 0.06ha   ④ 0.08ha

해설 공 · 사유림 경영계획의 표준지 최소면적
20×20m, 10×40m으로 0.04ha로 한다.

20. 수종을 조사하여 임목의 배열상태를 명백히 하고 침엽수림·활엽수림 또는 침활혼효림으로 나누는 것은?

① 임상
② 임종
③ 임지
④ 임령

해설 임상

① 입목지: 수관점유면적 및 입목본수의 비율에 따라 구분

구분(약어)	기준
침엽수림(침)	침엽수가 75% 이상 점유하고 있는 임분
활엽수림(활)	활엽수가 75% 이상 점유하고 있는 임분
혼효림(혼)	침엽수 또는 활엽수가 26~75% 미만 점유하고 있는 임분

② 무림목지: 입목본수비율이 30% 이하인 임분

1. 공유림 경영의 목적으로 옳지 않은 것은?

① 공공복지 증진
② 국유림 경영의 지원
③ 재정수입의 확보
④ 사유림 경영의 시범

해설 공유림 경영의 목적
　　공공복지 증진, 재정수입의 확보, 사유림 경영의 시험

2. 임지 생산력을 판단하는 기준 중 가장 정확한 지위사정 방법은?

① 종자생산량에 의한 방법
② 지표식물에 의한 방법
③ 지위지수에 의한 방법
④ 환경인자에 의한 방법

해설 지위지수 산정
　　임지의 잠재적 생산능력을 평가하는 정확한 방법이다.

3. 경영계획구 면적이 500ha이고 윤벌기가 50년이며, 1영급이 20영계일 경우 법정영급면적은?

① 200ha
② 400ha
③ 600ha
④ 800ha

해설 $A = \dfrac{F}{U} \times n = \dfrac{500}{50} \times 20 = 200\,ha$

（A = 법정영급면적, F=작업급의 면적, U=윤벌기, n=1영급의 영계 수）

4. 수확조정기법과 관계가 없는 것으로 연결된 것은?

① 생장량법 : 연년생장량
② 조사법 : 택벌림에서 실행
③ 재적평분법: 개위면적산출
④ 임분경제법 : 법정상태 실현추구

해설 바르게 고치면
　　재적평분법 : 각 분기마다 벌채량을 균등하게 하여 재적수확의 보속 수확

5. 지황조사 항목에 포함되지 않는 것은?

① 지리　　　　　② 소밀도
③ 지위　　　　　④ 경사도

해설 소밀도
　　임황조사 항목

6. 육림비 항목 중 가장 작은 비중을 차지하는 것은?

① 이자　　　　　② 지대
③ 재료비　　　　④ 감가상각비

해설 육림비의 구성 비중 순서
　　이자 > 노동비 > 재료비 > 지대 > 감가상각비의 순

7. 다음 조건에서 말구직경자승법에 의한 통나무 재적(m^3)은?

| • 원구직경 : 40cm | • 중앙직경 : 30cm |
| • 말구직경 : 20cm | • 재장 : 5m |

① 0.20　　　　　② 0.45
③ 0.80　　　　　④ 2.00

정답　1. ②　2. ③　3. ①　4. ③　5. ②　6. ④　7. ①

재장이 6m 미만인 것

$$V = d_n^2 \times l \times \frac{1}{10,000} = 20 \times 20 \times 5 \times \frac{1}{10,000} = 0.2\text{m}^3$$

8. 주벌수익에 해당하지 않는 것은?

① 적합한 벌채시기에 완전한 생산물로 된 임목을 벌채작업으로 수확한 것
② 임지를 임목육성 이외의 용도로 사용하기 위하여 벌채작업으로 수확한 것
③ 제벌과정에서 벌채작업으로 수확한 것
④ 갱신과정에서 병충해 피해로 인한 벌채작업으로 수확한 것

제벌은 어린나무가꾸기로 간벌수익에 해당된다.

9. 임업경영 분석자료 중 조수익이 4,500,000원, 경영비가 1,500,000원이면 소득률은?

① 약 33%
② 약 67%
③ 약 150%
④ 약 300%

① 임업소득 = 임업조수익 − 경영비
= 4,500,000 − 1,500,000
= 3,000,000원

② 임업소득률 = $\dfrac{\text{임업소득}}{\text{임업조수익}}$
= $\dfrac{3,000,000}{4,500,000} \times 100 = 66.7 \rightarrow$ 약 67%

10. 정액법을 이용한 임업 자산의 감가상각액 산출 방법은?

① 폐기가격 ÷ 내용연수
② 구입가격 ÷ 내용연수
③ (폐기가격 − 구입가격) ÷ 내용연수
④ (구입가격 − 폐기가격) ÷ 내용연수

정액법 = (구입가격 − 폐기가격) ÷ 내용연수

11. 임지기망가의 값이 작아지는 경우로 옳은 것은?

① 이율이 낮아질 때
② 벌기가 짧아질 때
③ 조림비가 커질 때
④ 간벌 수익이 커질 때

조림비와 관리비 값은 마이너스이므로 이 값이 크면 클수록 임지기망가가 작아진다.

12. 구분구적식으로 중앙단면적을 이용하여 벌채분의 재적을 계산하는 방법은?

① Huber식
② Hoppus식
③ Newton식
④ Pressler식

Huber식은 중앙단면적식 또는 중앙직경식이라 한다.
$V = r \cdot l$
식에서　V : 통나무의 재적
　　　　r : 중앙단면적$(\text{m}^2) = g_{1/2}$
　　　　l : 재장(m)

13. 재적수확 최대의 벌기령을 채택하는 기준이 되는 생장량은?

① 총생장량
② 연년생장량
③ 정기생장량
④ 총평균생장량

재적수확 최대의 벌기령
① 단위면적에서 수확되는 목재생산량이 최대가 되는 연령을 벌기령
② 총평균생장량이 최대가 되는 것

정답　8. ③　9. ②　10. ④　11. ③　12. ①　13. ④

14. 유령림의 임목평가 방식으로 알맞은 것은?

① Glaser식
② 임목비용가법
③ 시장가역산법
④ 임목기망가법

해설 **임목평가법**
① 유령림의 임목평가법 – 원가법, 비용가법
② 중령림의 임목평가법 – Glaser
③ 벌기미만 장령림의 임목평가 – 임목기망가법(벌기에 가까운 임목평가)수익환원법
④ 벌기이상의 임목평가 – 시장가역산법(우리나라 일반 적임목평가)

15. 국유림경영계획을 위한 산림조사 항목에 대한 설명으로 옳지 않은 것은?

① 임종은 인공림 · 천연림의 구분이다.
② 임령은 분자에 평균을 표시한다.
③ 영급은 5년을 한 단위로 한다.
④ 소밀도는 조사면적에 대한 입목의 수관면적이 차지하는 비율을 백분율로 표시한다.

해설 바르게 고치면
영급은 10년을 한 단위로 한다.

16. 다음 중 산림측량의 종류로 옳지 않은 것은?

① 주위측량
② 하해측량
③ 구획측량
④ 시설측량

해설 **하해측량**
하천 · 항만 등에 관한 측량으로서 수위, 유량, 조류, 수심 등의 측정내용이다.

17. 임지비용가법을 적용할 수 있는 경우가 아닌 것은?

① 임지소유자가 매각할 때 최소한 그 토지에 투입된 비용을 회수하고자 할 때
② 임지소유자가 그 토지에 투입한 자본의 경제적 효과를 분석 검토하고자 할 때
③ 임지의 가격을 평정하는 데 다른 적당한 방법이 없을 때
④ 임지에 일정한 사업을 영구적으로 실시한다고 가정하여 그 토지에서 기대되는 순수익의 현재 합계액을 산출할 때

해설 ④은 임지기망가의 내용이다.

18. 측고기를 사용하여 수고를 측정할 때 주의사항으로 옳은 것은?

① 수고보다 가까운 거리에서 측정한다.
② 수고 정도의 거리에서 측정한다.
③ 나무가 서 있는 등고선보다 높은 위치에서만 측정한다.
④ 나무가 서 있는 등고선보다 낮은 위치에서만 측정한다.

해설 바르게 고치면
측고기를 사용하여 수고를 측정할 때는 등고선의 수평방향에서 수고 정도의 거리에서 측정한다.

19. 임업경영규모나 자산을 전년도와 비교하여 얼마나 변화하였는지 분석하는 방법은?

① 손익 분석
② 부채 분석
③ 성장성 분석
④ 감가상각비 분석

해설 **성장성 분석**
① 매출액, 단기 순이익, 납입자본금, 자기자본, 부가가치, 종업원 수, 고정자산 등
② 각 자료의 증가율을 시계열로 놓고 분석하는 방법을 택한다.

정답 14. ② 15. ③ 16. ② 17. ④ 18. ② 19. ③

20. 시장가역산법에 의해 임목의 가치를 평가하려고 할 때 계산 항목에 포함되지 않는 것은?

① 벌채된 원목의 예측되는 시장가격
② 임목 육성에 투입된 비용
③ 벌채·운반에 소요될 것으로 예측되는 비용
④ 벌채·운반 및 매각사업에서 얻어질 수 있을 것으로 예측되는 정상

해설 벌기이상의 임목평가법인 시장가역산법에 임목 육성에 투입된 비용은 적용되지 않는다.

산림기사 · 산림산업기사 ①권

임업경영학 下

定價 27,000원

저 자 이 윤 진
발행인 이 종 권

2023年 10月 20日 초 판 인 쇄
2023年 10月 26日 초 판 발 행

發行處 (주) 한솔아카데미

(우)06775 서울시 서초구 마방로10길 25 트윈타워 A동 2002호
TEL : (02)575-6144/5   FAX : (02)529-1130
〈1998. 2. 19 登錄 第16-1608號〉

※ 본 교재의 내용 중에서 오타, 오류 등은 발견되는 대로 한솔아
   카데미 인터넷 홈페이지를 통해 공지하여 드리며 보다 완벽한
   교재를 위해 끊임없이 최선의 노력을 다하겠습니다.

※ 파본은 구입하신 서점에서 교환해 드립니다.

www.inup.co.kr / www.bestbook.co.kr

ISBN 979-11-6654-371-5 14520
ISBN 979-11-6654-370-8 (세트)

PASS

2024 한번에 끝내기

산림기사·산림산업기사

임업경영학

최근 7개년 기출문제

산림기사·산업기사 CBT실전테스트

실제 컴퓨터 필기 자격시험 환경과 동일하
게 구성하여 CBT(컴퓨터기반시험) 실전
테스트 풀기

www.bestbook.co.kr

www.inup.co.kr